Navegación Astronómica

Compendio y Cálculos

Navegación Astronómica

Compendio y Cálculos

Itsaso Ibáñez

eman ta zabal zazu

Universidad del País Vasco
Euskal Herriko Unibertsitatea

CIP. Biblioteca Universitaria
Ibáñez Fernández, Itsaso

Navegación astronómica : compendio y cálculos /Itsaso Ibáñez. – Bilbao : Universidad del País Vasco / Euskal Herriko Unibertsitatea, Argitalpen Zerbitzua = Servicio Editorial, D.L. 2016. – XIII, 548 p. : il., gráf. ; 24 cm.
Bibliografía: p. 371-374. Anexos.
D.L.: BI-65-2016. — ISBN: 978-84-9082-300-2

1. Navegación astronómica.

527.6:528

ISBN: 978-84-9082-300-2
Depósito legal/Lege gordailua: BI-65-2016

Dedicado a ellas y a ellos,
que aspiran a ser Pilotos de la Marina Mercante,
por inspirar nuestra labor docente.

Índice

INTRODUCCIÓN

Desde la más remota antigüedad, los navegantes han recurrido a la observación de los astros visibles para orientarse y conocer su posición. Desde que Hiparco (s. II a.C.) fijara la suerte de la Geografía y de la Náutica a la de la Astronomía, todo marino ha debido conocer los rudimentos de la mecánica celeste y, a su vez, muchos de los avances en el estudio del movimiento de los astros han sido consecuencia de las propias necesidades que la navegación planteaba.

Durante siglos, la navegación estuvo condicionada por la dificultad de obtener las coordenadas geográficas (latitud y longitud) que definen la situación del buque en la mar. Desde antiguo, se sabía obtener la latitud, por la observación de estrellas próximas al polo o del Sol a mediodía. Sin embargo, mayor problema ofrecía el cálculo en la mar de la longitud, que no sería solucionado satisfactoriamente hasta bien entrado el siglo XVIII.

En la segunda mitad del siglo XX, asistimos a una revolución que ha afectado a todas las ramas del saber. En solo unos decenios, se han producido avances espectaculares en los distintos ámbitos científicos y técnicos, propiciados por el desarrollo de la electrónica y de la informática, a los que la navegación no ha sido ajena. A partir de la Segunda Guerra Mundial, se desarrollaron sistemas de navegación basados en la recepción a bordo de señales electromagnéticas transmitidas desde estaciones en posición fija y conocida sobre la superficie terrestre. En el transcurso de pocos años, buena parte de estos procedimientos han quedado obsoletos, siendo sustituidos por sistemas de navegación por satélite. En esta era espacial, se diseñan y fabrican «estrellas artificiales» con importantes aplicaciones científicas y tecnológicas, que, en lo que a la navegación se refiere, han simplificado notablemente el posicionamiento en la mar, a la par que han permitido alcanzar unas cotas de exactitud impensables hace tan solo tres décadas.

Es aventurado prever lo que deparará el futuro, en un mundo en el que la tecnología progresa a un ritmo fulgurante. De momento, estos importantes avances no han arrinconado la navegación astronómica más tradicional, que no depende del suministro eléctrico, ni su disposición está a merced de otra voluntad que la propia. Por ello, lejos de ser meramente historia, la navegación astronómica, fundada en principios establecidos en la segunda mitad del siglo XIX, no solo continúa utilizándose hoy, sino que, en el tercer milenio, su importancia ha sido reconocida por la Organización Marítima Internacional (OMI), debiendo su estudio formar parte del currículo de las y los actuales pilotos.

Tabla 1. Normas mínimas de competencia establecidas en el STCW' 78, en su forma enmendada[1].

a) Sección A-II/1 - Función: Navegación, a nivel operacional

Normas mínimas de competencia aplicables a **oficiales encargados de la guardia de navegación**, en buques de arqueo bruto ≥ 500	
COMPETENCIA	**CONOCIMIENTOS, COMPRENSIÓN Y APTITUD**
Planificar y dirigir una travesía y determinar la situación	Navegación astronómica: Aptitud para determinar la situación del buque utilizando los cuerpos celestes. Compases magnéticos y giroscópicos: Aptitud para determinar errores del compás magnético y giroscópico empleando medios astronómicos y terrestres, y para compensar tales errores.

b) Sección A-II/2 - Función: Navegación, a nivel de gestión

Normas mínimas de competencia aplicables a **capitanes y primeros oficiales** de puente, en buques de arqueo bruto ≥ 500.	
COMPETENCIA	**CONOCIMIENTOS, COMPRENSIÓN Y APTITUD**
Determinar por cualquier medio la situación y la exactitud del punto	Determinación de la situación, en cualquier circunstancia: 1. Mediante observaciones astronómicas
Determinar y compensar los errores del compás	Aptitud para tener en cuenta los errores de los compases magnéticos y giroscópicos.

En efecto, parece haber un amplio consenso entre la comunidad marítima internacional sobre la creciente necesidad de disponer de medios de posicionamiento seguros y precisos incluso durante la navegación oceánica o de altura. La solución se encuentra, sin duda, en los sistemas globales de navegación por satélite (GNSS, en sus siglas inglesas). Sin embargo, la vulnerabilidad de estos

[1] Véase: IMO (2011, pp. 99-100 y 112-113).

sistemas, que pueden fallar debido a diferentes causas, constituye una amenaza real[2] y, por ello, las personas expertas coinciden en señalar la navegación astronómica como el único medio de posicionamiento alternativo[3], sobre todo para la Marina Mercante y la de recreo, ya que es poco probable que los barcos de estas flotas estén dotados de sofisticados Sistemas de Navegación Inercial.

Sin embargo, es un hecho innegable que buena parte de la oficialidad de puente de la Marina Mercante abandona la práctica de la navegación astronómica una vez finalizado su período de formación. Esto se debe posiblemente a una confianza excesiva en los precisos y fáciles de utilizar sistemas de navegación por satélite, unida a la consideración de la navegación astronómica como un antiguo y obsoleto método de situación cuyo aprendizaje resulta, además, complicado y su práctica laboriosa, para conseguir una precisión de 1 o 2 millas[4]. En palabras de un estudiante de la promoción de 2010-11:

> «Comprendo la importancia de la navegación astronómica en la actualidad, pero con lo poco que se utiliza, en el momento en el que la necesite la realidad es que no me acordaré de nada. Es por esto que en esta asignatura de navegación astronómica yo dedicaría mucho tiempo a las tres o cuatro cosas más importantes y haría una simple mención de la existencia del resto... Dicho esto, concluyo medio en broma, medio en serio con esta viñeta.»

[2] Véase: Peacock (2012).

[3] Véase, por ejemplo, la comunicación presentada por Steven Bell, en el Symposio organizado por la UKHO en la Embajada Británica de Washington DC en abril de 2013, con el título: «The future of celestial navigation: A British viewpoint».

[4] La exactitud en la situación obtenida a partir de la observación de astros depende de distintos factores. Atendiendo a los métodos de cálculo empleados, la precisión puede variar desde 0,15 millas hasta 1 o 2 millas (Peacock, 2011, pp. 5-12). En términos generales, se suele conceder a la navegación astronómica una precisión de 1 o 2 millas. Malkin (2014) discute este extremo y examina cada fuente de error, concluyendo que algunas líneas de posición pueden ser más precisas que otras.

La enseñanza de la navegación astronómica debe, sin duda, adaptarse a los nuevos tiempos, ajustando los programas de las asignaturas en duración y contenidos, despojando de complejidad las explicaciones de sus fundamentos y reduciendo los métodos y los problemas expuestos al mínimo necesario.

Con esta obra pretendemos cubrir un doble objetivo. Por una parte, tomando como base estos criterios, nuestra intención es facilitar el aprendizaje práctico de esta materia para determinar la corrección del compás y para obtener la situación del buque por medio de la observación de astros, tanto durante el día como en los crepúsculos. Por otra parte, deseamos satisfacer la necesidad, planteada por el alumnado del Grado en Náutica y Transporte Marítimo de la ETS de Náutica y Máquinas Navales de la UPV/EHU, de disponer de cálculos resueltos que ilustren los distintos casos y sirvan de referencia para el estudio. Veríamos nuestros objetivos ampliamente superados si este trabajo, fruto de nuestra experiencia docente, resultara asimismo de utilidad a las personas dedicadas a la docencia de la navegación astronómica para uso marítimo, tarea no exenta de dificultades en el siglo XXI.

Para poner al alumnado en situación se propone un proyecto sobre el que pivotarán los aprendizajes de la asignatura. Su resolución se plantea como un puzle y los equipos de estudiantes tendrán que obtener las piezas necesarias para, finalizando el curso, ser capaces de determinar la situación del buque y los errores del compás utilizando los cuerpos celestes, así como de utilizar autónomamente los instrumentos y publicaciones náuticas necesarias para ello.

La estructura de la obra responde precisamente a la resolución del proyecto, constituyendo cada capítulo una de las piezas del puzle.

EL PROYECTO: ¿DÓNDE ♒⁂/%$💣&☠♒ ESTAMOS?

Escenario

Pertenecéis a la oficialidad de puente de un buque en navegación de altura. Equipado con los más modernos sistemas de navegación, repentinamente, debido a una avería, se produce un corte en el suministro eléctrico de los equipos, que dejan de funcionar.

Mientras el personal del departamento de máquinas intenta reparar la avería, debemos proseguir viaje y llegar a puerto de destino en la fecha prevista.

Se dispone de cartas de navegación de papel adecuadas para la travesía, compás magistral, sextante, cronómetro, cronógrafo, Star Finder, Almanaque Náutico del año en curso, Tablas Rápidas, calculadora... y cielo despejado...

Las piezas

		**¿Entiendo el problema...?**
	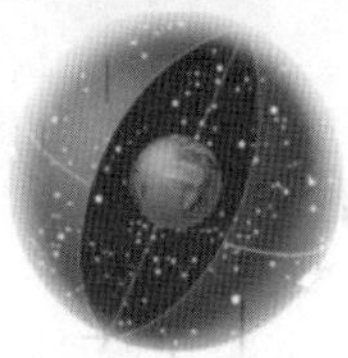	**¿Tengo los conocimientos necesarios de astronomía de posición...?**
		**¿Sé cómo obtener las efemérides (d y hl) del astro, correspondientes al instante de la observación?**
		**¿Sé cómo observar astros y obtener su av?**
		**¿Puedo precisar el instante (HcG) en que he observado el astro?**

	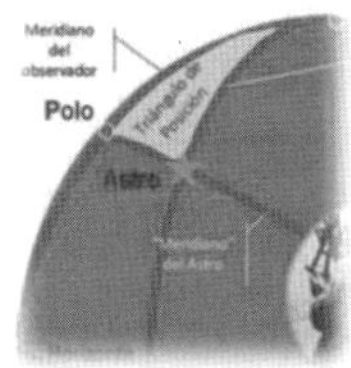	**¿Sé resolver el triángulo de posición?**
		**¿Conozco las líneas de posición que se emplean en la navegación astronómica?**
	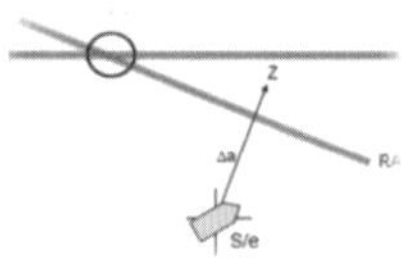	**¿Sé obtener la S/o?** **¿Sé determinar la Ct del compás?**

Cada pieza contiene ejemplos, así como un buen número de ejercicios y cálculos resueltos. También se incluyen varios ejercicios y cálculos «propuestos», cuya resolución esperamos publicar separadamente, para completar esta obra.

¿Entiendo el problema...?

El problema fundamental que resuelve la navegación astronómica es la obtención de las coordenadas geográficas que definen la posición del buque, por medio de la observación de astros. Se hace pues necesario recordar brevemente el sistema de coordenadas geográficas astronómicas, para después ver cómo se relacionan estas con los astros.

1.1. Coordenadas geográficas astronómicas

Para definir las posiciones sobre la superficie terrestre, es necesario sustituir la figura real, irregular, de la Tierra, formada por los mares y continentes, por otras superficies de referencia más adecuadas. En una primera aproximación, se utiliza el **geoide**: una superficie ideal definida por un criterio físico. Se trata de la superficie de nivel que se obtendría al considerar la Tierra rodeada por sus mares en reposo, incluyendo el lugar ocupado por los continentes. La superficie del geoide conserva la condición de ser normal en cada punto a la dirección de la gravedad, esto es, normal a la dirección que en cada punto adoptaría una plomada al alcanzar el equilibrio. Esta dirección se define como la **vertical del lugar**.

Para el levantamiento cartográfico no se puede utilizar el geoide pues, al igual que la superficie real de la Tierra, presenta irregularidades. Por ello, en la mayor parte de investigaciones geodésicas y astronómicas se suele adoptar un **elipsoide de revolución** de dimensiones muy aproximadas a las del geoide, como superficie de referencia matemática. El elipsoide de referencia escogido se «coloca» en relación a la superficie terrestre de forma que se consiga un «encaje» óptimo de la zona a cartografiar, constituyendo así un elipsoide de referencia adaptado o ***datum* geodésico**. Las coordenadas geográficas: latitud y longitud, se denominan geodésicas si se calculan utilizando como superficie de referencia un *datum* geodésico. Las cartas náuticas y los sistemas de posicionamiento global (GNSS) utilizan sistemas de **coordenadas geográficas geodésicas**. Dependiendo del *datum* utilizado, las coordenadas geográficas geodésicas de un mismo punto pueden diferir. Es lo que se conoce como **desviación por *datum***.

Un observador situado sobre un punto de la superficie terrestre solo puede determinar en la práctica una dirección: la vertical del lugar (dada por la dirección de la plomada). Por tanto, todas las observaciones que se practiquen lo serán, necesariamente, en relación con dicha vertical y, por ello, estarán referidas al geoide. Las **coordenadas geográficas astronómicas** se definen a partir de la vertical del lugar y se obtienen por medio de la observación de astros.

La **latitud astronómica** (l, φ) es el ángulo formado por la vertical del lugar y el ecuador terrestre. También puede definirse como el complemento del ángulo que forma esta vertical con la dirección del eje polar terrestre.

Se cuenta de 0° —en el ecuador— a 90° —en los polos—, hacia el norte (N) o hacia el sur (S). Convencionalmente, se asigna signo positivo a las latitudes norte y signo negativo a las latitudes sur. Su complemento se denomina colatitud: $c = 90° - l$.

Figura 1.1. Coordenadas geográficas astronómicas.

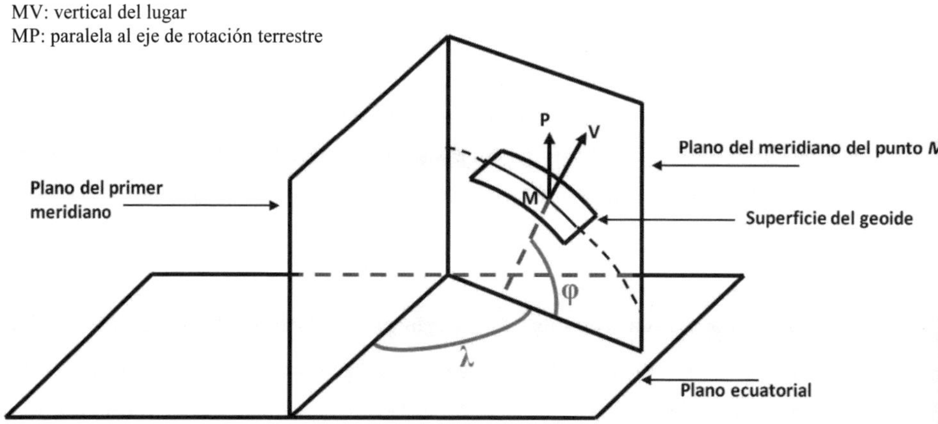

La **longitud astronómica** (L, λ) es el ángulo diedro formado entre el plano del primer meridiano (meridiano de Greenwich) y el plano meridiano del punto considerado.

Se cuenta de 0° a 180°, hacia el este (E) o hacia el oeste (W) de Greenwich. Convencionalmente, se asigna signo positivo a las longitudes este y signo negativo a las longitudes oeste.

Para definir las coordenadas astronómicas rigurosamente, se puede utilizar la **esfera celeste**[1]. En la Figura 1.2, se representa una esfera celeste geocéntrica, cuyo centro coincide con el centro de masas de la Tierra. En un instante dado, una recta paralela a la vertical del lugar donde se encuentra un observador (*O*) se hace pasar por el centro de la esfera, cortando la esfera celeste en dos puntos: el **zenit** (*Z*), en la dirección situada por encima del observador, y el **nadir** (*Z'*), por debajo.

Figura 1.2. Esfera celeste geocéntrica.

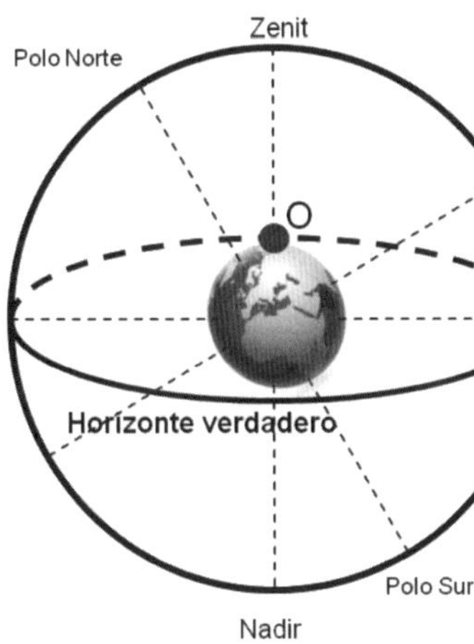

El **meridiano celeste** de un observador se define como el círculo máximo que pasa por el zenit del observador y los polos celestes. El eje polar celeste divide el meridiano

[1] En astronomía de posición, no interesa tanto la distancia a la que se encuentran los distintos cuerpos celestes, sino la dirección en que aparecen a la vista del observador; por ello, suelen considerarse proyectados sobre una esfera gigantesca, de radio arbitrario, denominada **esfera celeste**.

celeste en dos semicírculos denominados meridiano superior de lugar (MSL) —el que pasa por el zenit— y meridiano inferior de lugar (MIL) —el que pasa por el nadir—.

En el mismo instante considerado, la recta que pasa por el centro de la esfera y es paralela al eje instantáneo de rotación terrestre, llamada **eje polar**, determina en la esfera celeste los puntos denominados **polos celestes**. El polo norte celeste (*Pn*) es el polo desde el cual la rotación de la Tierra tiene lugar en sentido directo o antihorario —contrario a las agujas del reloj—, y el polo sur celeste (*Ps*) es el polo desde el cual la rotación de la Tierra aparece en sentido retrógrado u horario —el mismo de las agujas del reloj—. El **ecuador celeste** (*QQ'*) es el círculo máximo perpendicular al eje polar, lugar geométrico de los puntos de latitud astronómica 0°.

El **horizonte astronómico** es un plano perpendicular a la vertical astronómica —en la esfera, perpendicular a la **línea zenit-nadir**—, que pasa por el observador. Se suelen distinguir distintas clases de horizonte (Figura 1.3):

- **horizonte racional o verdadero** (*HvHv'*): plano perpendicular a la vertical que pasa por el centro de masas de la tierra. También se denomina así al círculo máximo formado por la intersección de este plano con el de la esfera celeste geocéntrica. Divide esta esfera celeste en dos hemisferios: el hemisferio visible, que contiene al zenit, y el hemisferio invisible, que contiene al nadir.

- **horizonte sensible o aparente** (*HaHa'*): plano perpendicular a la vertical que pasa por el punto donde se encuentra el observador. En la esfera celeste geocéntrica, el horizonte aparente se materializa en un círculo menor, paralelo al horizonte verdadero, que pasa por el observador.

- **horizonte visible o de la mar** (*HmHm'*): el definido al trazar tangentes a la tierra desde la situación del observador. Si este se encontrara sobre la superficie de la Tierra, horizonte aparente y horizonte visible se confundirían.

El polo celeste que está por encima del horizonte del observador, se denomina **polo elevado**, y es el que se encuentra más próximo al zenit. El polo opuesto, que queda bajo el horizonte del observador, se llama **polo depreso**.

Figura 1.3. Distintas clases de horizontes en la esfera celeste geocéntrica.

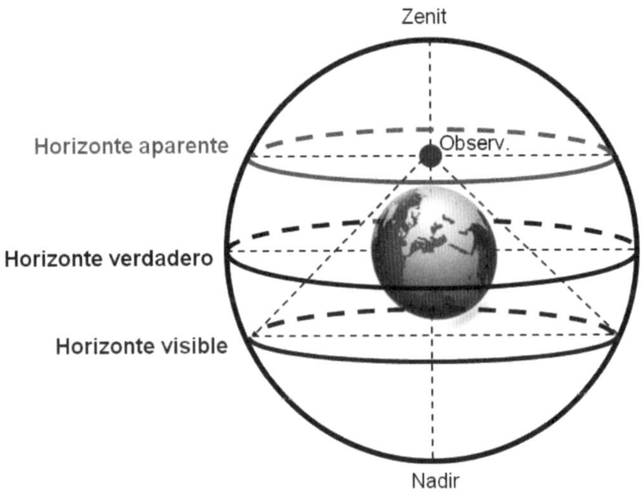

Las definiciones precedentes suministran los elementos geométricos necesarios para establecer astronómicamente, sobre la esfera celeste, un sistema de coordenadas geográficas de los puntos de la superficie terrestre. Sistema que se obtiene fijando, mediante ángulos en el espacio, la dirección de la vertical del lugar (o lo que es lo mismo, de la línea zenit-nadir).

En la esfera celeste geocéntrica, representada en la Figura 1.4, pueden definirse, además de los elementos mencionados anteriormente:

- **Línea norte-sur**: determinada por la intersección del meridiano celeste y el horizonte verdadero. Sus extremos determinan los puntos cardinales norte (N) —el más próximo al polo norte— y sur (S) —el más próximo al polo sur—.

- **Línea este-oeste**: determinada por la intersección del horizonte verdadero y el ecuador celeste. Sus extremos determinan los puntos cardinales este (E) y oeste (W).

Figura 1.4. Coordenadas geográficas astronómicas en la esfera celeste geocéntrica.

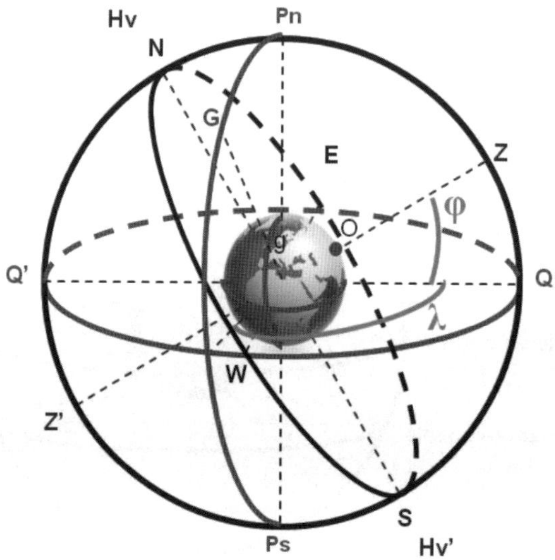

Siendo los planos del ecuador y del horizonte perpendiculares al plano meridiano, sus intersecciones también serán perpendiculares. Las líneas norte-sur (N-S) y este-oeste (E-W) dividen el horizonte en cuatro cuadrantes numerados desde el norte, hacia el este. Es precisamente este horizonte lo que representa la rosa de los vientos de las agujas o compases náuticos.

Figura 1.5. Horizonte y Rosa de los vientos[2].

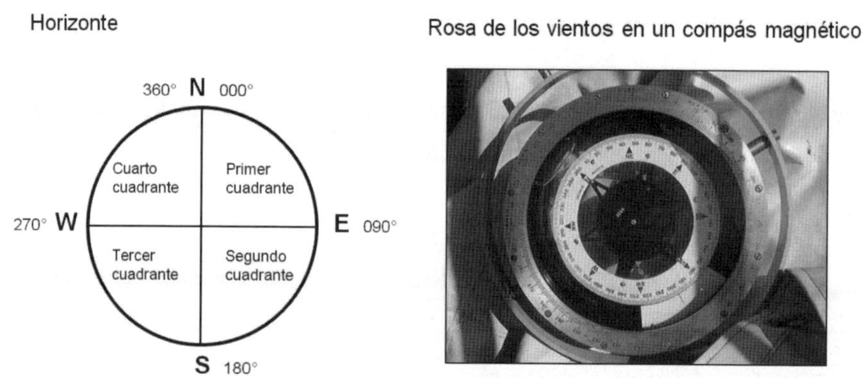

[2] La fotografía del mortero del compás magnético es cortesía de Kristina Santos.

Así como el ecuador celeste divide la esfera celeste en los hemisferios norte y sur y el horizonte verdadero en los hemisferios visible e invisible; el meridiano celeste también divide la esfera en dos hemisferios: el oriental —que contiene el punto cardinal este (E)— y el occidental —que contiene el punto cardinal oeste (W)—.

De esta forma, se ha establecido una correspondencia entre los puntos del geoide y los de la esfera celeste geocéntrica —y, por tanto, con los de la esfera terrestre—. **A cada punto del geoide le corresponderá un único punto en la esfera** (*O* en la terrestre y *Z* en la celeste), **definidos por el mismo par de coordenadas** (latitud astronómica y longitud astronómica) ya que:

- las direcciones de la vertical (línea zenit-nadir) y del eje polar son, por construcción, paralelas a sus correspondientes en el geoide y, por tanto, iguales los ángulos que forman, es decir, la colatitud. Lo que implica que también lo será su complemento, es decir, la latitud.

- también por construcción, los planos del primer meridiano y del meridiano del lugar en la esfera son paralelos a sus correspondientes en el geoide y, por consiguiente, iguales los ángulos que forman, esto es, la longitud.

1.2. Coordenadas geográficas y su relación con los astros observados

Una vez definidas las coordenadas geográficas astronómicas y establecida la equivalencia entre las correspondientes al observador y las de su zenit, se verá cómo es que se pueden obtener a partir de la observación de astros.

Supongamos que, en un instante determinado, un observador con zenit en *Z* observa un astro (*A*) que se encuentra en la posición en que aparece en la Figura 1.6. Si trazamos un semicírculo máximo que pase por los polos y por el astro y otro que pase por el zenit, por el nadir y por el astro, habremos construido un triángulo esférico, formado en las posiciones del polo elevado (en este caso el *Pn*), el astro (*A*) y el zenit (*Z*), llamado **triángulo de posición**, cuya resolución es uno de los elementos básicos de la navegación astronómica. En este triángulo la latitud astronómica aparecerá en el lado polo elevado-zenit y la longitud astronómica en el ángulo en el polo, combinada con alguna coordenada que defina la posición del astro. Resulta evidente que necesitamos saber más para resolver el problema planteado, comenzando por algo de astronomía de posición.

Figura 1.6. Coordenadas geográficas en el triángulo esférico formado en las posiciones del polo elevado, el astro y el zenit.

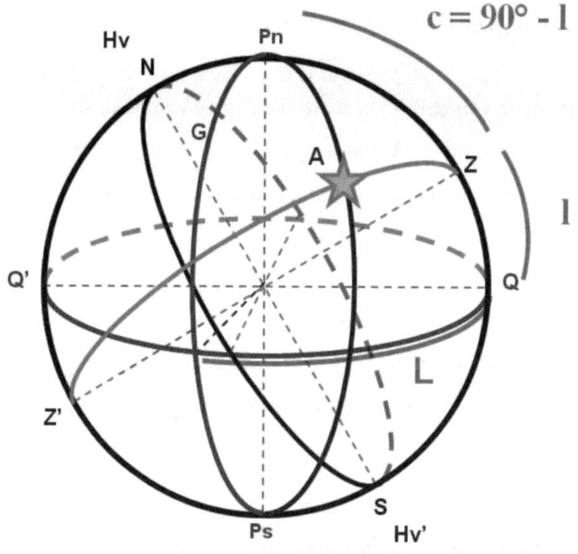

Hasta aquí las explicaciones. Para familiarizarse con estos conceptos, es recomendable construir esferas celestes. Completada esta pieza del puzle adecuadamente, se habrán adquirido los resultados de aprendizaje esperados, que se muestran en la Tabla 1.1.

Tabla 1.1. Pieza 1: resultados de aprendizaje esperados.

Resultados de aprendizaje
Define y utiliza adecuadamente el sistema de coordenadas geográficas astronómicas
Entiende y explica el fundamento de la navegación astronómica

1.3. Ejercicios resueltos

1.3.1. Dibuja la esfera celeste (polo elevado arriba y hemisferio oriental por detrás del papel) correspondiente a un observador en l = 50° N, L = 30° E, señalando los siguientes elementos: eje polar, ecuador, línea zenit-nadir, horizonte verdadero, puntos cardinales, primer meridiano y coordenadas geográficas.

Paso 1. Se traza un círculo que representa el meridiano de lugar en la esfera celeste. A continuación, se trazan 2 diámetros, en corte ortogonal. Sus extremos se rotulan como corresponda, en este caso, como se indica que el polo elevado debe estar arriba, se coloca el polo norte en esa posición, por ser la latitud del observador norte.

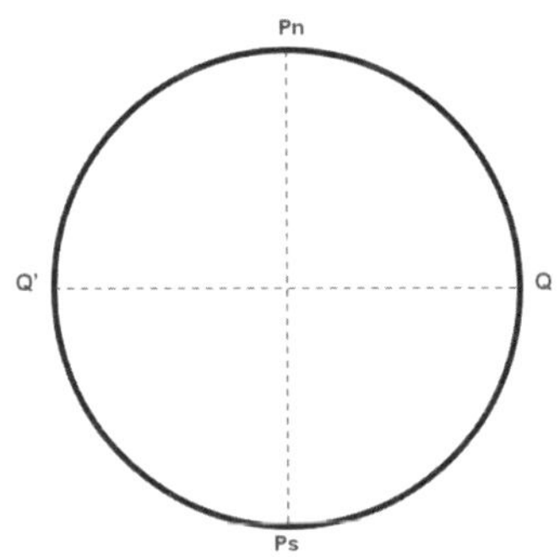

Paso 2. Utilizando el valor de la latitud, se traza el diámetro correspondiente a la línea zenit-nadir. Perpendicular a la misma, se traza otro diámetro que será la línea norte-sur del horizonte, que recordamos se forma por intersección del plano del horizonte y el meridiano de lugar.

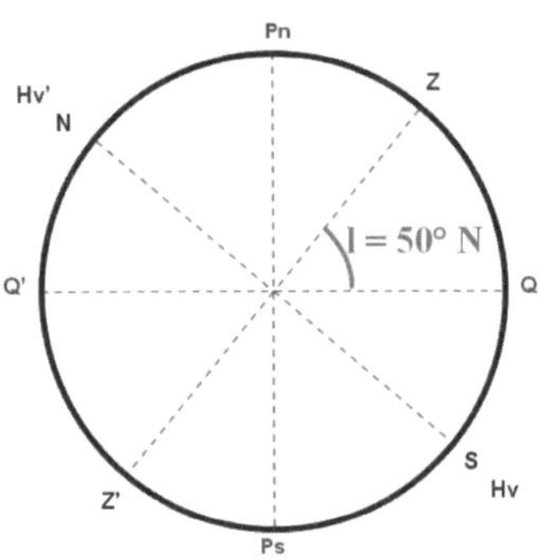

La línea zenit-nadir podría haberse trazado de forma que el zenit quedara a la izquierda del polo elevado. La esfera así dibujada correspondería al mismo observador, pero estaría girada 180° alrededor del eje polar. La de la figura es la correcta en este caso ya que se indica que el hemisferio oriental debe quedar detrás. Aunque aún no está trazada la línea este-oeste, ya intuimos que esto será así: colocándonos en el zenit, miramos al punto cardinal norte; 90° a la derecha de este estará el punto cardinal este, que quedará detrás.

Paso 3. Damos volumen a mano alzada al ecuador y al horizonte. La intersección de estos dos planos dará lugar a la línea este-oeste.

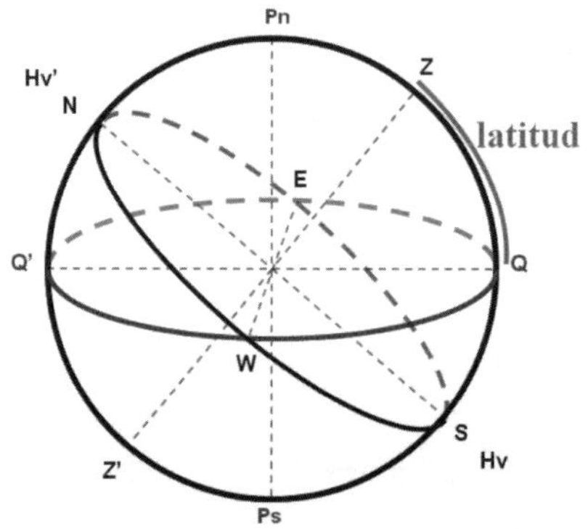

Ya tenemos trazados el eje polar (línea *Pn-Ps*), el ecuador celeste (círculo máximo *QQ'*), la línea zenit-nadir (línea *Z-Z'*), el horizonte verdadero (círculo máximo *HvHv'*) con los puntos cardinales (N, S, E, W) y, de las coordenadas geográficas, la latitud.

Paso 4. Por último, dada la longitud del observador (L = 030° E), hay que colocar el primer meridiano. Sabemos que el meridiano superior de lugar (MSL) está 30° al este de Greenwich. Sobre el ecuador, marcamos dónde debe caer el pie del meridiano de Greewinch (MSG), origen de longitudes. Una vez se comprueba que efectivamente el MSL queda 30° al este de este punto, se traza un semicírculo máximo que representará el MSG (*Pn-G-Ps*).

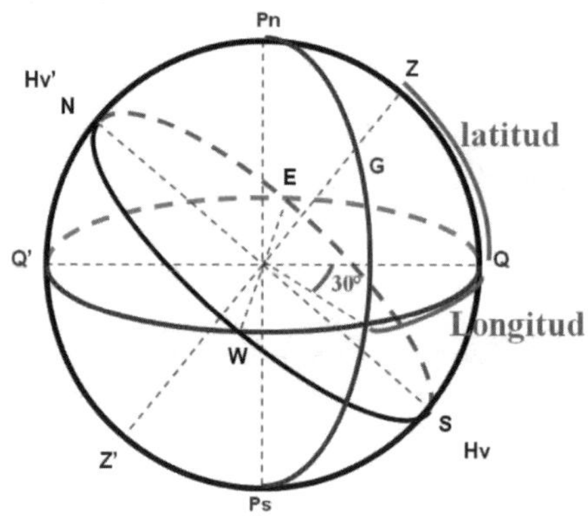

1.3.2. Dibuja la esfera celeste (zenit arriba y hemisferio occidental por detrás del papel) correspondiente a un observador en l = 43° N, L = 135° W, señalando los siguientes elementos: eje polar, ecuador, línea zenit-nadir, horizonte verdadero, puntos cardinales primer meridiano y coordenadas geográficas.

Pasos 1 y 2:

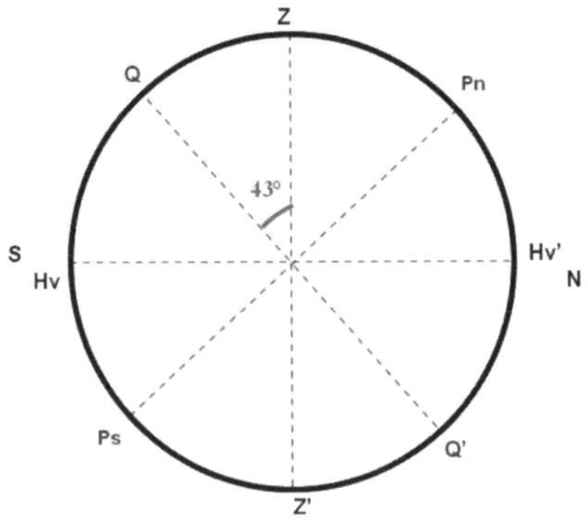

Paso 3:

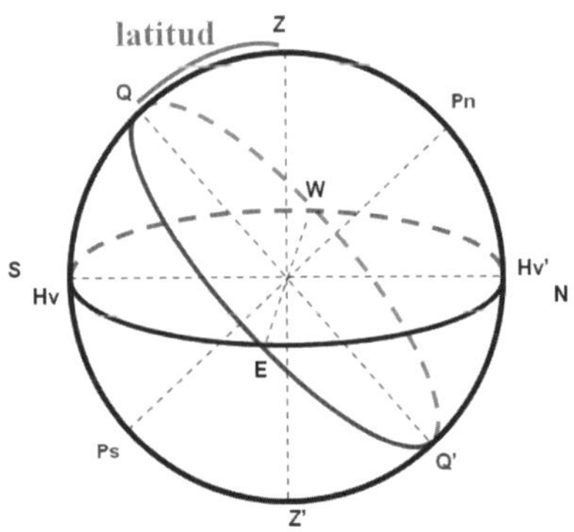

Paso 4:

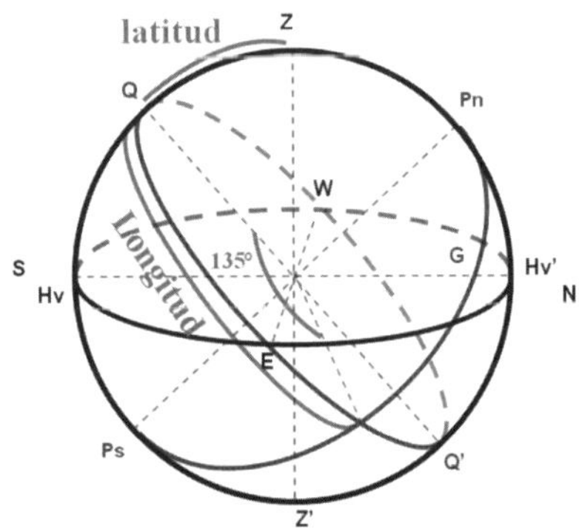

1.3.3. Dibuja la esfera celeste (polo elevado arriba y hemisferio occidental por detrás del papel) correspondiente a un observador en l = 43° S, L = 135° E, señalando los siguientes elementos: eje polar, ecuador, línea zenit-nadir, horizonte verdadero, puntos cardinales, primer meridiano y coordenadas geográficas.

Pasos 1 y 2:

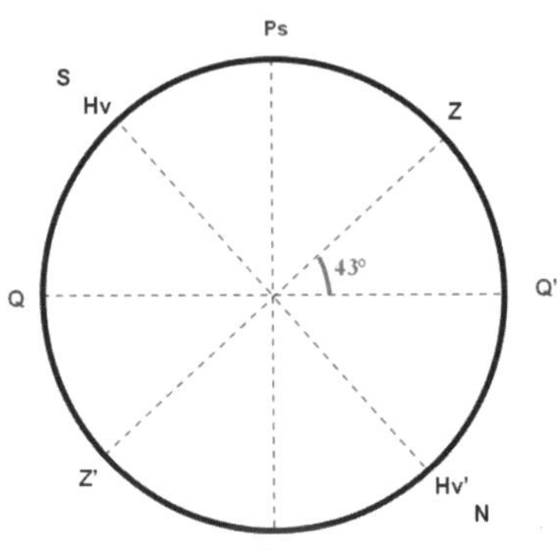

Paso 3:

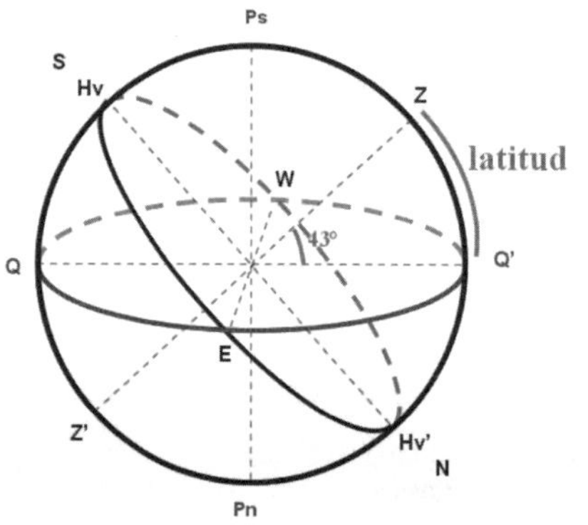

Paso 4:

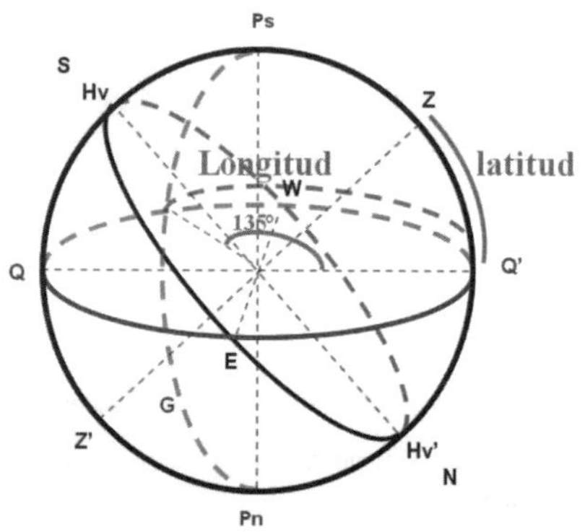

1.4. Ejercicios propuestos

1.4.1. Dibuja la esfera celeste (zenit arriba y hemisferio occidental por detrás del papel) correspondiente a un observador en l = 25° S, L = 160° W, señalando los siguientes elementos: eje polar, ecuador, línea zenit-nadir, horizonte verdadero, puntos cardinales, primer meridiano y coordenadas geográficas.

1.4.2. Dibuja la esfera celeste (polo elevado arriba y hemisferio occidental por detrás del papel) correspondiente a un observador en l = 20° S, L = 115° E, señalando los siguientes elementos: eje polar, ecuador, línea zenit-nadir, horizonte verdadero, puntos cardinales, primer meridiano y coordenadas geográficas.

1.4.3. Dibuja la esfera celeste (polo elevado arriba y hemisferio oriental por detrás del papel) correspondiente a un observador en l = 40° N, L = 180°, señalando los siguientes elementos: eje polar, ecuador, línea zenit-nadir, horizonte verdadero, puntos cardinales, primer meridiano y coordenadas geográficas.

		**¿Tengo los conocimientos necesarios de astronomía de posición...?**

En esta pieza, se prestará atención a los conceptos fundamentales de los sistemas de referencia espacial y temporal, que se explicarán de forma concisa a lo largo de 4 apartados, sin perder de vista su aplicación práctica a la navegación.

2.1. Astros de navegación

La navegación astronómica se sirve de un número limitado de cuerpos celestes, por medio de su observación con el sextante, son: el Sol (⊙); la Luna (☾); cuatro planetas: Venus (♀), Marte (♂), Júpiter (♃) y Saturno (♄); y una selección de estrellas[1] (★), cuyas efemérides se encuentran en los almanaques náuticos.

2.1.1. Las estrellas

Las estrellas, también denominadas «fijas», son enormes masas globulares de gas incandescente que brillan con luz propia. Se mueven en el espacio, aunque, debido a la enorme distancia a que se encuentran, desde la Tierra, su movimiento no se percibe inmediatamente, de modo que aparentemente sus posiciones relativas no varían, contemplándose formando grupos que durante siglos mantienen su forma casi inmutable: las constelaciones. Para un observador sobre la superficie terrestre, las estrellas aparecen como puntos luminosos, aunque se observen con telescopios potentes. Las estrellas presentan, además, una variación continua en la intensidad de su brillo y color, que se denomina centelleo. Algunas de ellas se encuentran a unos pocos años luz de distancia y otras a varios cientos. Sin embargo, para el ojo humano, todas las estrellas parecen estar a la misma distancia y, puede considerarse, que todas se

[1] El *Almanaque Náutico*, editado por el Real Instituto y Observatorio de la Armada (RIOA) en San Fernando, Cádiz, contiene efemérides de una selección de 99 estrellas. Otros, como el *Nautical Almanac* publicado ahora por el United Kingdom Hydrographic Office (UKHO), contienen una selección más reducida compuesta por 57 estrellas.

encuentran situadas sobre la superficie de una imaginaria esfera de tamaño gigantesco, con el observador en su centro: la esfera celeste.

Las constelaciones se denominan bien con nombres mitológicos como Orión, Andrómeda o Perseo; bien con nombres de animales u objetos como Carro, León, Toro o Escorpio, sugeridos por las formas que representan y la fantasía de los primeros observadores. En el siglo II a.C., ya se publicó un catálogo que comprendía 48 constelaciones. En la actualidad, la Unión Astronómica Internacional (IAU, en sus siglas inglesas) reconoce 88 constelaciones, que son en realidad áreas claramente delimitadas[2] que cubren toda la esfera celeste, y que mantienen el nombre que originalmente se les asignó. Cada constelación comprende todas las estrellas que se encuentran dentro de los límites establecidos, aunque es frecuente utilizar la misma denominación para referirse únicamente a las estrellas más brillantes o características de la constelación.

Figura 2.1. Límites de la constelación Cassiopea, de acuerdo con la UAI.

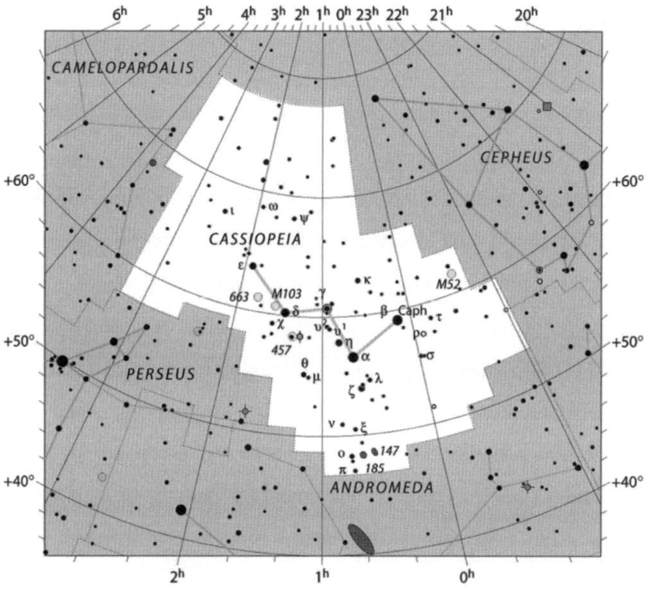

[2] En 1930 la UAI acordó que las constelaciones estuvieran limitadas por paralelos de declinación y semicírculos horarios, reconociendo oficialmente 88. Véase: http://www.iau.org/public/constellations/

La magnitud estelar aparente es una medida de intensidad luminosa que indica cuánto brilla más un astro que otro. Parece deberse a Hiparco (s. II a.C.) la primera clasificación de las estrellas visibles según su **brillo aparente**. Según esta clasificación, aún válida en lo esencial, las estrellas se agruparon en seis clases: de primera a sexta magnitud. Se trataba de una clasificación de estrellas completamente arbitraria: las magnitudes se asignaban de forma que el ojo experimentara la misma variación de sensación al pasar de una magnitud a otra, lo que originó que a una misma estrella le fueran asignadas magnitudes diferentes por observadores diferentes. En 1830, el astrónomo Herschel descubrió que una estrella de primera magnitud es aproximadamente 100 veces más brillante que una de sexta, lo que permitió establecer una relación entre las magnitudes estelares aparentes y el brillo aparente de las estrellas. La relación es sencilla y se basa en una ley psico-física que establece que si un estímulo —brillo— aumenta en progresión geométrica —como 1, 2, 4, 8, 16, etc.—, la sensación resultante —magnitud— aumenta en progresión aritmética —1, 2, 3, 4, 5, etc.—. Partiendo de esta ley, se determinó empíricamente que las estrellas de magnitud 2 son 2,5 veces más brillantes que las de magnitud 3; que las estrellas de magnitud 3 son 2,5 veces más brillantes que las de magnitud 4; etc. Siguiendo este criterio, se reasignaron valores de magnitud estelar aparente a las estrellas. A las estrellas de mayor brillo se les asignaron magnitudes de 0,9; 0,8; 0,7; [...]; 0,0; siguiendo por valores negativos. La estrella con mayor brillo durante la noche es Sirius, y tiene una magnitud aparente de –1,6. Con la misma escala, la magnitud aparente de nuestro Sol es –26,7. Se siguen conservando las denominaciones de primera magnitud, segunda magnitud, etc. Desde los valores negativos hasta una magnitud de 1,4, se consideran astros de primera magnitud; a la segunda pertenecerían los astros cuya magnitud está comprendida entre 1,5 y 2,4; y así sucesivamente.

Figura 2.2. Magnitud estelar aparente.

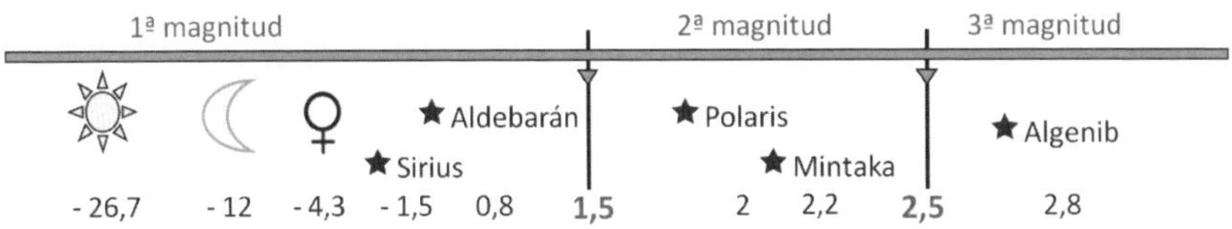

Para distinguir a las estrellas individualmente, a las principales se les ha dado un nombre propio. De origen diverso, la mayor parte de estos nombres son de procedencia árabe como Altair o Aldebarán; otros provienen del latín como Arcturus o Regulus. Generalmente, las estrellas se identifican con letras del alfabeto griego seguidas del genitivo latino del nombre de la constelación. Así, por ejemplo, la estrella Polar (*Polaris*) también se conoce como α-*Ursa Minoris*.

Tabla 2.1. Nombre latino de las principales constelaciones y alfabeto griego.

CONSTELACIÓN	GENITIVO	CONSTELACIÓN	GENITIVO
Andromeda	Andromedae	Leo	Leonis
Aquarius	Aquarii	Libra	Librae
Aquila	Aquilae	Lyra	Lyrae
Argo	Argus	Ophiuchus	Ophiuchi
Aries	Arietis	Orion	Orionis
Auriga	Aurigae	Pavo	Pavonis
Australe	Australis	Pegasus	Pegasi
Bootes	Bootis	Perseus	Persei
Canis	Canis	Phoenix	Phoenicis
Cassiopeia	Cassiopeae	Piscis Australis	Piscis Australis
Centaurus	Centauri	Scorpio	Scorpii
Columba	Columbae	Taurus	Tauri
Crux	Crucis	Triangulum Australe	Trianguli Australis
Cygnus	Cygni	Ursa Major	Ursae Majoris
Gemini	Geminorum	Ursa Minor	Ursae Minoris
		Virgo	Virginis

ALFABETO GRIEGO (minúsculas)			
α Alpha	η Eta	ν Nu	τ Tau
β Beta	θ Theta	ξ Xi	υ Upsilon
γ Gamma	ι Iota	ο Omicron	φ Phi
δ Delta	κ Kappa	π Pi	χ Chi
ε Epsilon	λ Lambda	ρ Rho	ψ Psi
ζ Zeta	μ Mu	σ Sigma	ω Omega

Los catálogos son listas de estrellas, numeradas correlativamente y, generalmente, ordenadas con algún criterio. Los planisferios son mapas de estrellas o representaciones la esfera celeste sobre un plano, en los que las posiciones de las estrellas suelen señalarse con un código de símbolos que permite apreciar su magnitud. Las estrellas van también señaladas con el nombre (o letra griega) que las distingue y, cuando el planisferio va asociado a un catálogo, con el número de este que les corresponde. El *Almanaque náutico* incluye un catálogo de 99 estrellas y 4 planisferios.

Conociendo algunas constelaciones y estrellas se pueden reconocer otras trazando enfilaciones o líneas imaginarias en la esfera celeste. Fácilmente reconocibles en el firmamento, resultan de gran utilidad para el navegante las constelaciones: Osa Mayor (*Ursa Major*), Osa Menor (*Ursa Minor*), Cassiopea (*Cassiopeia*), Orión (*Orion*), Pegaso (*Pegasus*), Escorpión (*Scorpio*) y Cruz del Sur (*Crux*). Fácilmente reconocibles por sus formas características, las principales estrellas que forman estas constelaciones pueden verse en la Figura 2.3. Partiendo de estas constelaciones, por medio de enfilaciones, pueden encontrarse otras estrellas importantes, tal como se muestra en la Figura 2.4.

Figura 2.3. Algunas constelaciones de interés.

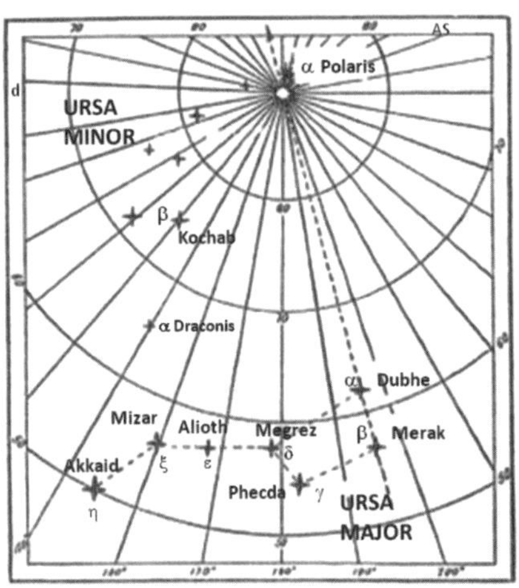

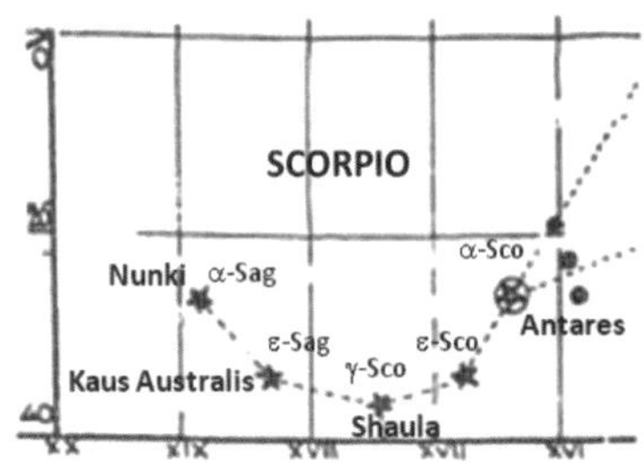

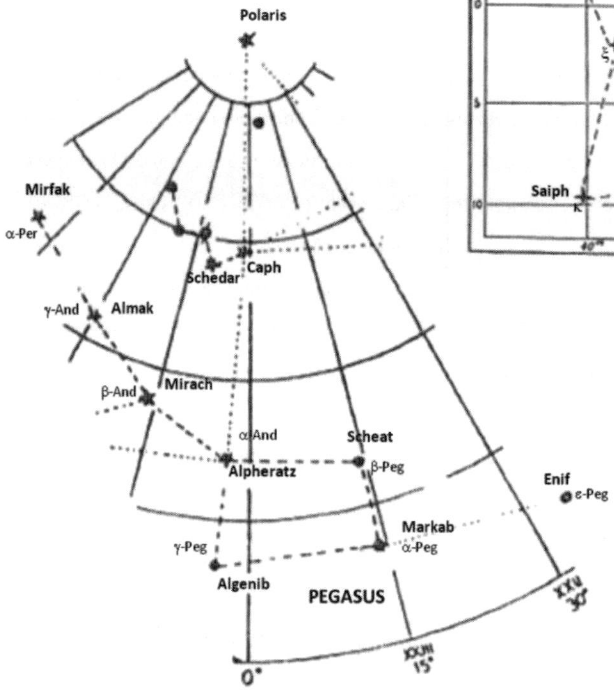

Polaris
Mirfak
α-Per
Schedar
Caph
γ-And
Almak
β-And
Mirach
α-And
Scheat
Alpheratz
β-Peg
Enif
ε-Peg
Markab
α-Peg
γ-Peg
Algenib
PEGASUS
0°

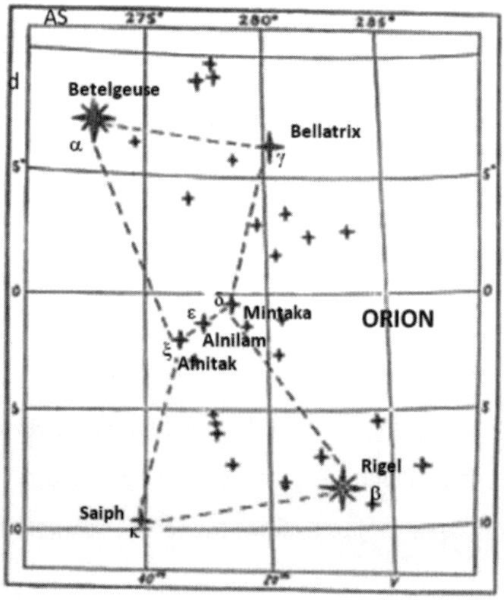

Betelgeuse
Bellatrix
Mintaka
ORION
Alnilam
Alnitak
Rigel
Saiph

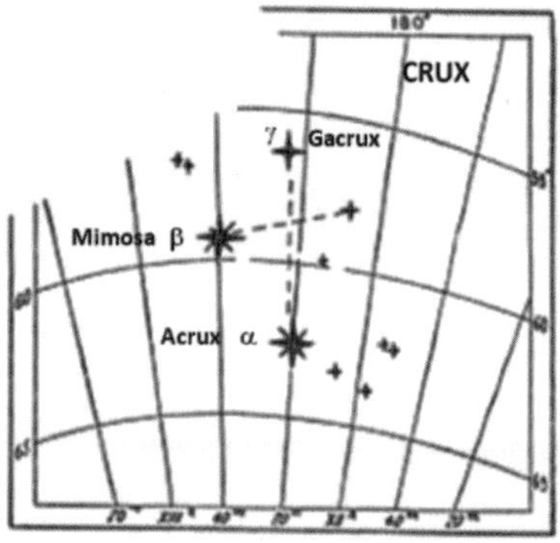

CRUX
Gacrux
Mimosa β
Acrux α

Figura 2.4. Enfilaciones para encontrar las estrellas principales.

Reconocimiento de estrellas por enfilaciones de la Osa Mayor

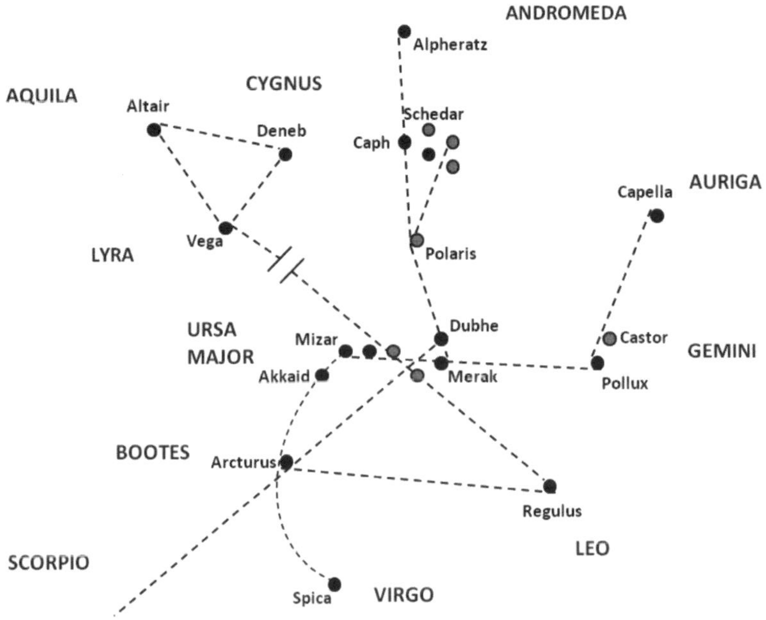

Reconocimiento de estrellas por enfilaciones de Orión

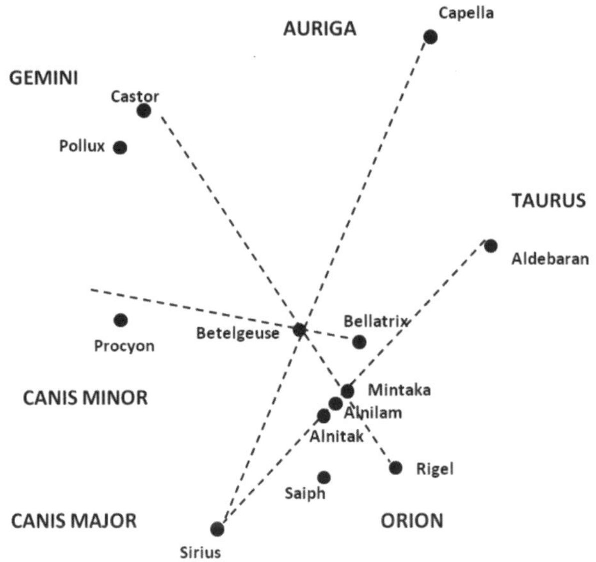

Reconocimiento de estrellas por enfilaciones de Pegaso

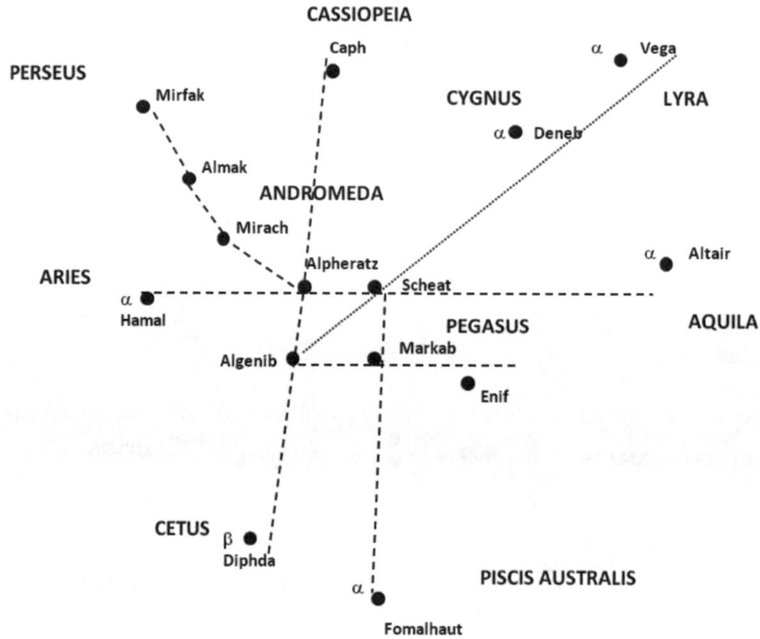

Reconocimiento de estrellas por enfilaciones de la Cruz del Sur

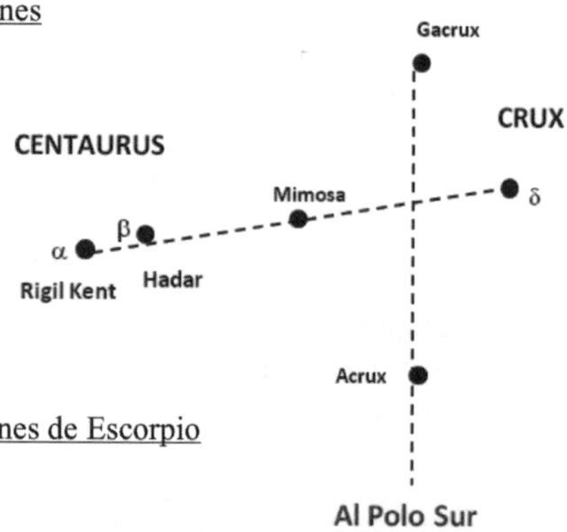

Reconocimiento de estrellas por enfilaciones de Escorpio

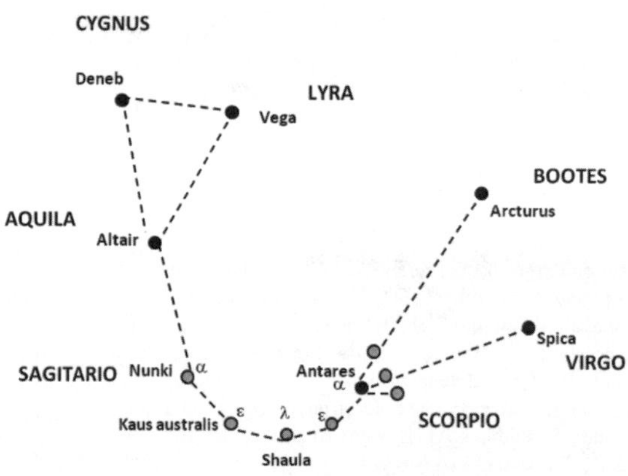

2.1.2. El Sol

El Sol, cuerpo central de nuestro sistema planetario y principal fuente de energía, es una estrella de tipo medio que, aunque pueda no parecerlo, es similar a otras muchas estrellas que se ven en el firmamento. Se ve el Sol como un disco en lugar de un mero punto luminoso porque está relativamente próximo a nuestro planeta. La distancia media entre el Sol y la Tierra es de unos 150 millones de kilómetros.

2.1.3. Los planetas

Los planetas que orbitan alrededor de nuestro Sol son grandes masas sólidas, aproximadamente esféricas, relativamente frías, que no tienen luz propia, pero que son visibles porque reflejan la luz que reciben del Sol. Son ocho[3] los planetas conocidos de nuestro sistema solar: Mercurio, Venus, Tierra, Marte, Júpiter, Saturno, Urano y Neptuno. Estos dos últimos solo pueden verse con ayuda de telescopio. A primera vista, los planetas tienen un aspecto similar al de la multitud de estrellas que brillan en el firmamento; pero, un observador puede identificar fácilmente un planeta por una o varias de las siguientes características:

- A diferencia de las estrellas, que centellean, la luz que proviene de los planetas es constante.

- Los planetas vagan por el firmamento, de donde deriva su denominación de «astros errantes». Mientras que las distancias relativas entre las estrellas se conservan; un planeta que en un momento dado está próximo a una estrella, puede más tarde ser observado en la vecindad de otra estrella.

[3] El término «planeta» es antiguo, sin embargo, hasta recientemente no se ha dispuesto de una verdadera definición científica del mismo. La Unión Astronómica Internacional (UAI) lo definió en 2006 como un cuerpo celeste que: (a) está en órbita alrededor del Sol, (b) tiene suficiente masa para que su propia gravedad supere las fuerzas de cuerpo rígido de manera que adquiera una equilibrio hidrostático (forma prácticamente redonda), (c) ha limpiado la vecindad de su órbita. Así, Plutón quedó excluido de la lista de planetas de nuestro Sistema Solar, pasando a formar parte de la nueva categoría denominada «planetas enanos». V. las resoluciones correspondientes de la UAI (B-5 y B-6) en: http://www.iau.org/static/resolutions/Resolution_GA26-5-6.pdf

- Cuando los planetas se observan a través de un telescopio aparecen como pequeños discos luminosos, cuyo diámetro dependerá del aumento del instrumento. Las estrellas, por el contrario, aparecen como puntos luminosos aunque se observen con telescopios de gran tamaño.

- Los planetas se encuentran en una estrecha banda circular del firmamento, denominada **zodíaco**.

Tomando como base sus propias observaciones y, sobre todo, las de su maestro Tycho Brahe (1546-1601), Johannes **Kepler** (1571-1630) enunció tres **leyes** referentes al movimiento de traslación de los planetas alrededor del Sol, publicadas en 1609, aún vigentes. Anotamos aquí las dos primeras:

1.ª— Los planetas describen órbitas elípticas alrededor del Sol, ocupando el centro del Sol un foco común a todas ellas.

2.ª— Las áreas elípticas descritas por los radios vectores que unen el centro del Sol con el de un planeta, son proporcionales a los tiempos empleados en recorrerlas, es decir, las áreas descritas en tiempos iguales son, asimismo, iguales.

Figura 2.5. Órbita planetaria.

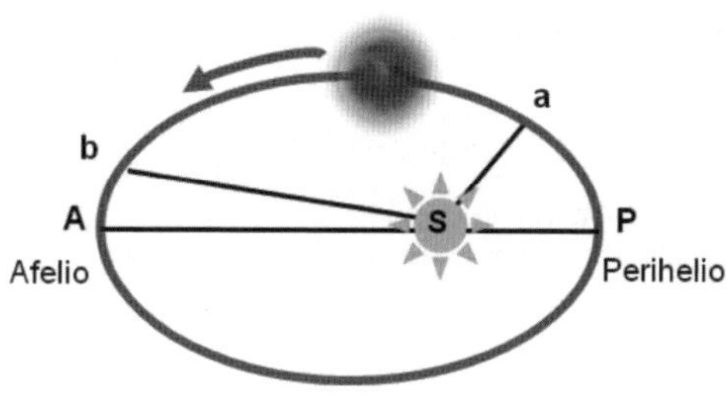

En la Figura 2.5, se ve al Sol ocupando el foco de una elipse que representa la órbita de un planeta. La traslación de los planetas alrededor del Sol se produce en sentido directo (de occidente a oriente o sentido antihorario).

De la primera ley de Kepler se deduce que por describir órbitas elípticas, la distancia a que se encuentran los planetas del Sol no es constante. El punto más alejado de la órbita de un planeta es el **afelio** (*A*); y el más próximo el **perihelio** (*P*). La línea que une afelio y perihelio se denomina **línea de los ápsides** de la órbita, y coincide con el eje mayor de la elipse.

De acuerdo con la segunda ley de Kepler, un planeta debe emplear el mismo tiempo en desplazarse del punto *P* al punto *a* que de *b* a *A* (suponiendo iguales las áreas de los sectores elípticos *aSP* y *ASb*). De esto se deduce, como se aprecia fácilmente en la Figura 2.5, que un planeta no recorre su órbita con velocidad uniforme, siendo esta tanto mayor cuanto menor es su distancia al Sol. En consecuencia, la velocidad de traslación de un planeta será mayor en las proximidades del perihelio que en las del afelio.

2.1.4. El movimiento de traslación de la Tierra

Además de su movimiento diario de rotación alrededor de su eje, como es sabido, la Tierra se traslada alrededor del Sol. Tanto la rotación como la traslación se manifiestan al observador terrestre como un movimiento aparente de los astros en la bóveda celeste. La rotación de la Tierra es responsable de la alternancia día-noche y a sus consecuencias se hará referencia en el apartado 2.3. El resultado fundamental de la traslación, es la sucesión de estaciones. Si diariamente se observa el Sol —por ejemplo, cada día al ser mediodía verdadero—, y se sitúa en la esfera celeste[4], se obtendrán posiciones como las que se muestran en la Figura 2.6.

Figura 2.6. Eclíptica.

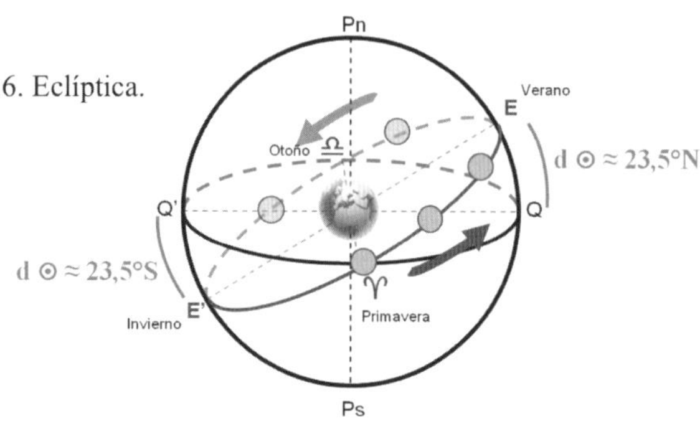

[4] Utilizando por ejemplo las coordenadas «declinación» y «ascensión recta» del sistema de coordenadas uranográficas ecuatoriales que se explicará en el próximo apartado.

Situado de esta forma, la curva que parece describir el Sol a lo largo de un año resulta ser una circunferencia máxima de la esfera celeste, denominada eclíptica. La eclíptica (*EE'*) es la representación en la esfera celeste del plano de la órbita descrita por el Sol en su movimiento aparente alrededor de la Tierra. Movimiento aparente que es consecuencia del movimiento real de traslación de la Tierra alrededor del Sol, al considerar la Tierra inmóvil y fija en el espacio. El plano de la eclíptica divide la esfera celeste en dos hemisferios, contando con un eje polar (diámetro de la esfera celeste perpendicular al plano de la eclíptica) cuyos extremos son los polos de la eclíptica.

Figura 2.7. Órbita de la Tierra alrededor del Sol.

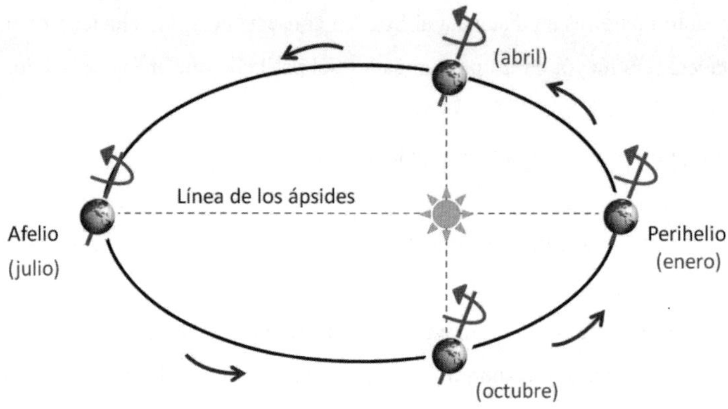

Ambos movimientos, el de traslación de la Tierra y el aparente del Sol, se producen en sentido directo —de occidente a oriente o, lo que es lo mismo, en sentido antihorario—, como puede observarse en la Figura 2.8.

En la Figura 2.6, se observa que el plano de la eclíptica forma con el ecuador celeste un ángulo cuyo valor es 23° 27', consecuencia directa del modo en que se produce la revolución de la Tierra alrededor del Sol, pues este es el mismo ángulo que forma el ecuador terrestre con la dirección de la traslación, como se aprecia en la Figura 2.7.

La intersección del plano de la eclíptica y del plano del ecuador celeste da lugar a la **línea de los equinoccios**, cuyos extremos son los puntos equinocciales denominados primer punto de **Libra** (♎) o punto equinoccial de otoño y primer punto de **Aries** (♈)

o punto equinoccial de primavera. Cuando el Sol se encuentra en estos puntos, está sobre el ecuador (su declinación[5] es: $d\odot = 0^\circ$), y la duración del día es igual a la de la noche para cualquier lugar de la superficie terrestre. Los puntos de la eclíptica que distan 90° de los puntos equinocciales, son los **solsticios.** En estos, el Sol parece detenerse, alcanzando su valor máximo en declinación: en el solsticio de verano (*E*, ♋) $d\odot = 23^\circ\ 27'$ N; y en el de invierno (*E'*, ♑) $d\odot = 23^\circ\ 27'$ S.

Figura 2.8. Del movimiento real de la Tierra al movimiento aparente del Sol.

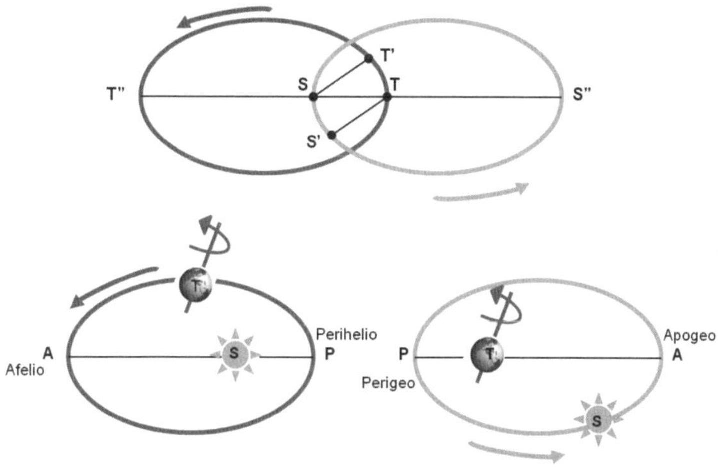

Cuando el Sol, en su recorrido aparente por la eclíptica, se encuentra en los equinoccios y en los solsticios, comienzan las distintas estaciones del año. Así, haciendo referencia a la sucesión de estaciones en el hemisferio norte, cuando se encuentra en Aries comienza la primavera; cuando se encuentra en el solsticio de verano da comienzo esta estación, cuando se encuentra en Libra comienza el otoño, al que sucede el invierno que comienza cuando el Sol está en el solsticio de este nombre.

La línea de los ápsides (en el movimiento aparente del Sol, la línea *AP*, que une perigeo y apogeo) forma un ángulo de unos 16° con la línea de los solsticios (*EE'* en la Figura 2.6). Esto indica que la Tierra está más próxima al Sol en enero y más alejada en julio.

[5] La declinación es una coordenada celeste de los sistemas de coordenadas: horarias y uranográficas ecuatoriales, que será definida en el apartado 2.2.2. En este punto baste señalar que la declinación de estos sistemas de coordenadas celestes es similar a la latitud del sistema de coordenadas geográficas.

2.1.5. La Luna

La Luna, el único satélite natural de la Tierra, es un astro oscuro que solo es visible cuando lo ilumina el Sol. La distancia media de la Luna a la Tierra es de aproximadamente 384.000 km. La Luna rota alrededor de su eje y se traslada alrededor de la Tierra —de occidente a oriente—, describiendo una órbita elíptica en la que la Tierra ocupa uno de los focos. El período de su rotación es igual al período de su traslación (o **revolución sidérea**): 27,3 días, por lo que siempre muestra hacia la Tierra la misma cara y popularmente se habla de «la cara oculta de la Luna».

Figura 2.9. Esfera celeste: órbita lunar y eclíptica.

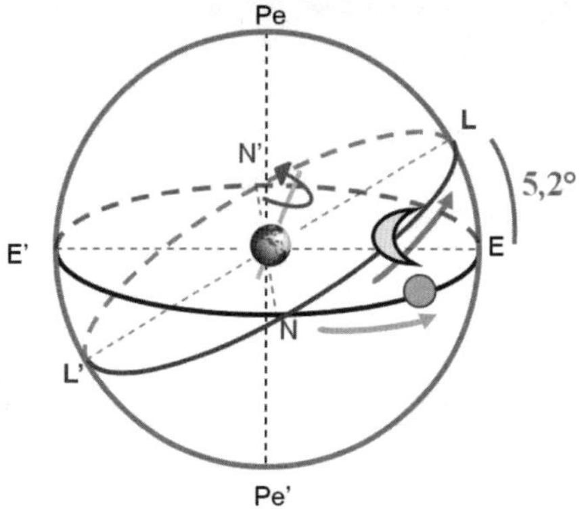

Trasladando la órbita lunar a la esfera celeste (Figura 2.9), se tiene que la Luna describe un círculo máximo (*LL'*) con una inclinación media de 5° 9' respecto a la eclíptica (*EE'*). La intersección de la órbita lunar y la eclíptica es la línea de los nodos (*NN'*), cuyos extremos son: *N*: nodo ascendente —la Luna pasa del hemisferio sur al norte, respecto de la eclíptica— y *N'*: nodo descendente —la Luna pasa del hemisferio norte al sur—[6]. La Luna se desplaza unos 13° al día, en sentido directo, sobre la circunferencia máxima *LL'*; mientras que el Sol se desplaza, tan solo 1°, aproximadamente, sobre la eclíptica, también en sentido directo. Si proyectamos las posiciones diarias del Sol y la Luna sobre el ecuador celeste (Figura 2.10) se observa que ambos astros tienen un

[6] Para que se produzca un eclipse de Sol o de Luna, esta debe encontrarse sobre la eclíptica, algo que solo puede tener lugar cuando la Luna se encuentra en uno de los nodos.

movimiento diario similar sobre el ecuador[7]. Por ello, el tiempo que la Luna tarda en alcanzar la misma posición relativa respecto al Sol es de aproximadamente 29,5 días, y se conoce con el nombre de **revolución sinódica**, **lunación** o **mes lunar**.

Figura 2.10. Movimiento diario de las proyecciones de la Luna y el Sol sobre el ecuador celeste.

Haciendo un cálculo grosero:

☾ 360° → 27 días
13° → 1 día

⊙ 360° → 365 días
1° → 1 día

En 27 días:

⊙ 27° → 27 días

Para recorrer esos 27°:

☾ 27° → 2 días

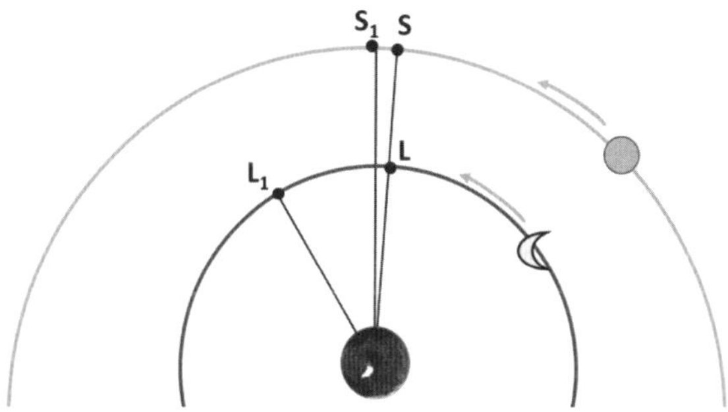

Observada desde la Tierra, la Luna pasa por cuatro fases o estadios aparentes en su silueta, que se van sucediendo en el mismo orden y que dependen de las posiciones relativas de ambos astros respecto del Sol (v. Figura 2.11):

Figura 2.11. Fases de la Luna.

1. Luna nueva
2. Cuarto creciente
3. Luna llena
4. Cuarto menguante

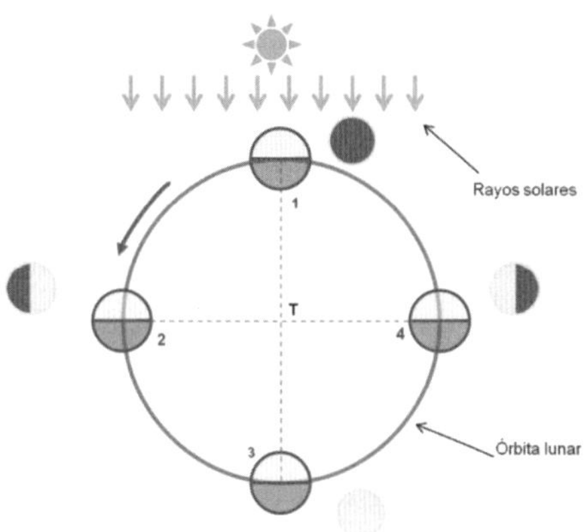

[7] En realidad, se trata de la variación diaria en la ascensión recta de estos astros, una de las coordenadas celestes que se verá en el siguiente apartado.

2.2. Coordenadas celestes

En la Pieza 1, se ha hecho referencia al sistema de coordenadas geográficas astronómicas, únicas que podían determinarse por medio de la observación astronómica. Este sistema podía ser trasladado a la esfera celeste, estableciendo sobre esta un sistema de coordenadas geográficas de los puntos de la superficie terrestre, representados en la esfera celeste por sus respectivos zenit.

El principal interés de la navegación astronómica es, precisamente, obtener la situación del buque sobre la superficie terrestre a partir de la observación de los astros de navegación, aquellos cuyas efemérides se incluyen en el *Almanaque Náutico*. Para ello es necesario establecer, sobre la esfera celeste, la relación existente, en un instante determinado, entre la posición del observador y la posición de un astro. Para entender esta relación, además de las coordenadas geográficas, se hace necesario explicar los distintos sistemas de coordenadas que definen las posiciones de los astros sobre la esfera celeste.

2.2.1. Coordenadas horizontales o azimutales

Estas coordenadas, junto con las horarias que se verán después, pertenecen a los llamados sistemas de coordenadas locales, ya que dependen de la posición del observador. Sus características generales se presentan de forma esquemática en la Tabla 2.2.

Los círculos de referencia en este sistema de coordenadas son el horizonte verdadero y el vertical norte. El origen del sistema es el punto cardinal Norte.

Horizonte verdadero (*HvHv'*) y **línea zenit-nadir** (*ZZ'*) han sido definidos en la Pieza 1. **Verticales** son los círculos máximos, perpendiculares al horizonte, que contienen la línea zenit-nadir. Entre ellos, destacan algunos, como el **vertical primario**: círculo vertical que pasa por los puntos cardinales este (E) y oeste (W). La línea zenit-nadir divide los verticales en dos semicírculos, denominados igualmente verticales. Destacan entre dichos semicírculos el **vertical norte**, que contiene el polo norte y el punto cardinal norte; y el **vertical sur**, que contiene el polo sur y el punto cardinal de este mismo nombre. El círculo vertical formado por el vertical norte y el vertical sur coincide con el círculo máximo meridiano de lugar.

Tabla 2.2. Sistema de coordenadas horizontales.

COORDENADAS HORIZONTALES O AZIMUTALES	
Círculo fundamental de referencia	**HORIZONTE VERDADERO**
Eje polar	LÍNEA ZENIT-NADIR
Polo fundamental	ZENIT
Círculos secundarios	VERTICALES
Semicírculo secundario de referencia	**VERTICAL NORTE**
Paralelos secundarios	ALMICANTARAT
Coordenadas	**ALTURA** (*av*); **AZIMUT** (*Zv*)

Recibe el nombre de **almicantarat** todo círculo menor paralelo al horizonte verdadero.

Altura verdadera (*av*) es el arco de vertical del astro comprendido entre el horizonte verdadero y el centro del astro o almicantarat del astro. También puede definirse como el ángulo formado en el centro de la Tierra, en el plano del vertical del astro, entre el horizonte y el centro del astro.

El almicantarat será pues el lugar geométrico de todos los astros de la esfera celeste que tienen la misma altura verdadera.

La altura se mide de 0° a 90° y será positiva cuando el astro se encuentra en el hemisferio visible y negativa cuando se encuentra en el hemisferio invisible. En este último caso se dice que el astro está depreso y no interesa al navegante ya que por no estar sobre el horizonte no lo podrá observar.

Se llama **distancia cenital** (*z*) al arco de vertical comprendido entre el centro del astro y el zenit. Para los astros cuya altura es positiva, la distancia cenital es el complemento de la altura ($z = 90° - av$).

Azimut (*Zv*) es el arco de horizonte comprendido entre el vertical norte y el vertical del astro. Por ello, el vertical es el lugar geométrico de todos los astros de la esfera celeste que tienen el mismo azimut.

Figura 2.12. Coordenadas horizontales o azimutales.

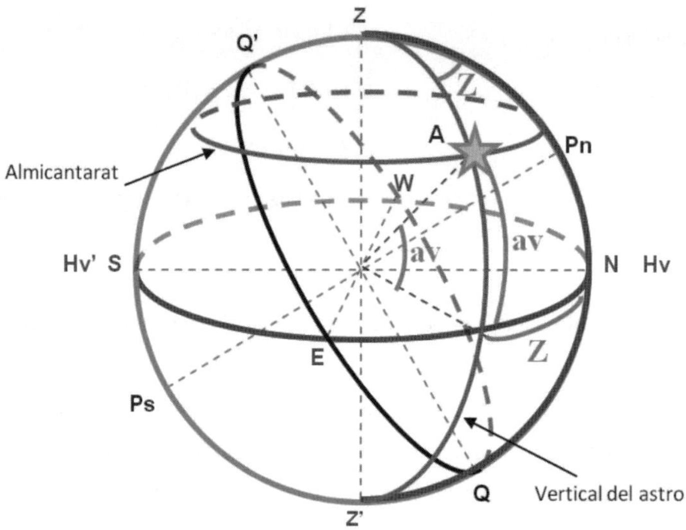

Al igual que los rumbos, el azimut se mide sobre el horizonte y puede expresarse en circulares o en cuadrantales. Recibe el nombre de **azimut circular** (o **azimut náutico**) si se cuenta a partir del vertical norte, de 0° a 360°, en sentido horario (por el este). Se denomina azimut cuadrantal si se mide desde el punto cardinal norte o sur (el más próximo), de 0° a 90°, hacia el este u oeste, hasta el pie del vertical del astro. Por ejemplo: $Zv = 140° =$ S 40° E. El complemento del azimut cuadrantal se denomina **amplitud**, y se define como el arco de horizonte comprendido entre el punto cardinal este u oeste, el más próximo, y el pie del vertical del astro.

Figura 2.13. Distintas formas de contar el azimut de los astros.

Las figuras representan la **proyección ortogonal del hemisferio visible sobre el horizonte verdadero.**
El centro de los círculos es el zenit (*Z*). El diámetro N-S es la línea norte-sur (que coincide con el meridiano de lugar) y el diámetro E-W, la línea este-oeste. Los radios representan los verticales de los astros.

LATITUD NORTE

Astro en hemisferio oriental

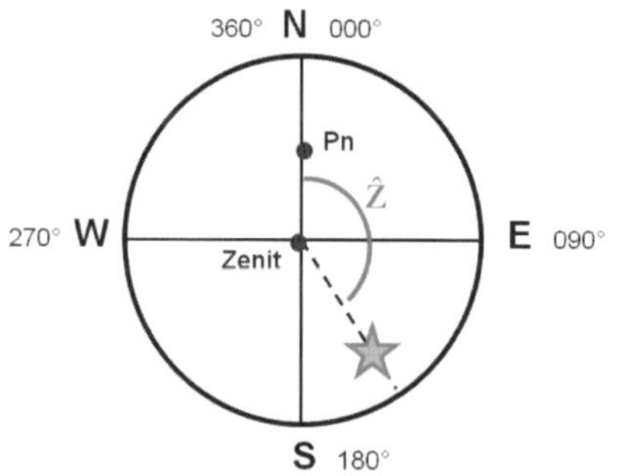

Azimut náutico	Azimut cuadrantal	Ángulo cenital
140°	S 40 °E	N 140° E

Astro en hemisferio occidental

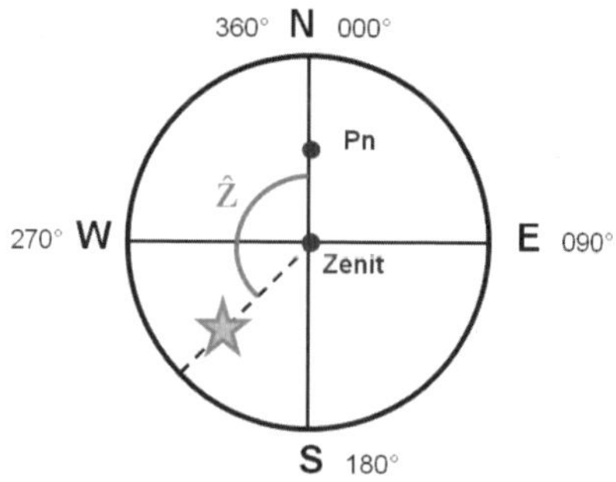

Azimut náutico	Azimut cuadrantal	Ángulo cenital
230°	S 50 °W	N 130° W

LATITUD SUR

Astro en hemisferio oriental

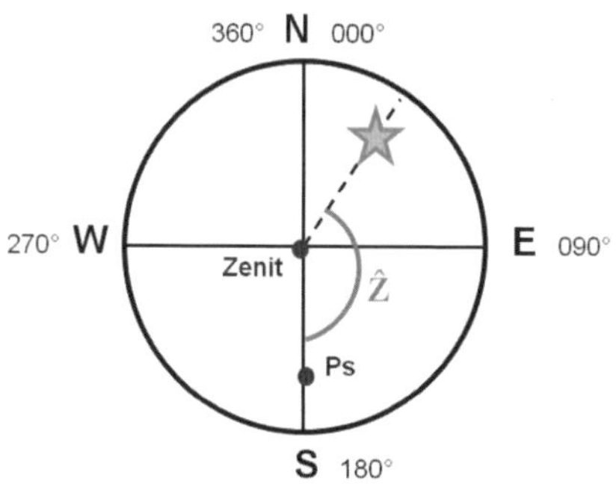

Azimut náutico	Azimut cuadrantal	Ángulo cenital
040°	N 40 °E	S 140° E

Astro en hemisferio occidental

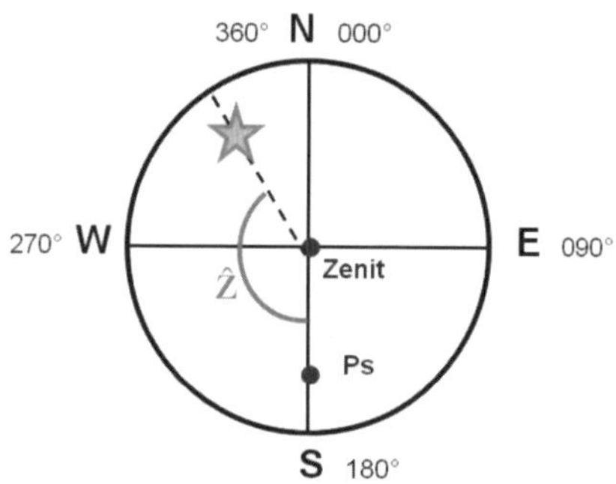

Azimut náutico	Azimut cuadrantal	Ángulo cenital
330°	N 30 °W	S 150° W

Una tercera forma de contar el azimut es como **ángulo cenital** ($\hat{Z}$): ángulo diedro menor de 180°, formado por los planos que contienen el vertical del astro y el vertical de referencia (vertical norte o vertical sur, el del mismo nombre que el polo elevado o, lo que es lo mismo, que la latitud del observador). El valor de este ángulo equivale al arco de horizonte comprendido entre el punto cardinal norte o sur (el de igual nombre que el polo elevado) y el pie del vertical del astro.

2.2.2. Coordenadas horarias

Los elementos fundamentales en este sistema de coordenadas se recogen de forma esquemática en la Tabla 2.3.

Tabla 2.3. Sistema de coordenadas horarias.

COORDENADAS HORARIAS	
Círculo fundamental de referencia	**ECUADOR CELESTE**
Eje polar	LÍNEA DE LOS POLOS CELESTES
Polo fundamental	POLO NORTE CELESTE
Círculos secundarios	CÍRCULOS HORARIOS
Semicírculo secundario de referencia	**MERIDIANO SUPERIOR DE LUGAR**
Paralelos secundarios	PARALELO DE DECLINACIÓN
Coordenadas	**DECLINACIÓN** (*d*); **HORARIO** (*h*)

Los círculos de referencia en este sistema de coordenadas son el ecuador celeste y el meridiano superior de lugar (MSL). El origen del sistema es el pie del MSL sobre el ecuador.

Círculos horarios son círculos máximos perpendiculares al ecuador celeste. La línea de los polos divide estos círculos en dos semicírculos horarios que van de polo a polo, pasando por el centro de los astros.

Paralelos de declinación son círculos menores paralelos al ecuador celeste, que pasan por el centro de los astros.

Figura 2.14. Coordenadas horarias.

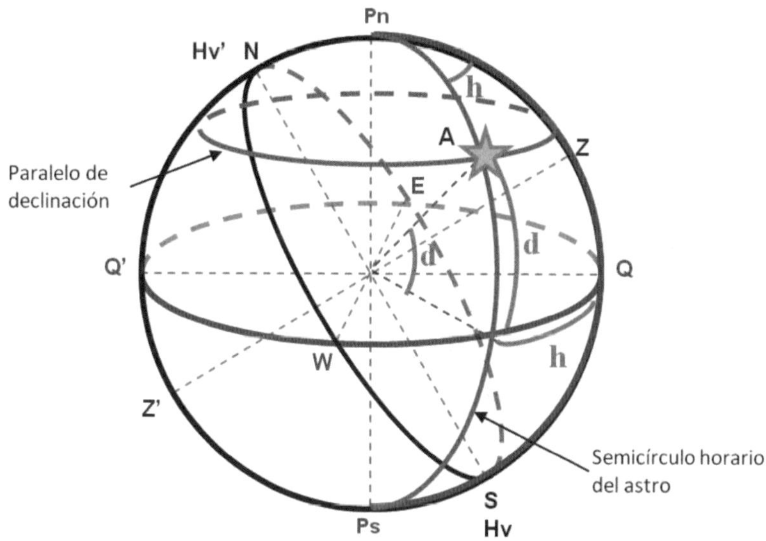

Declinación (*d*) es el arco de semicírculo horario comprendido entre el ecuador celeste y el centro del astro o su paralelo de declinación. También se define como el ángulo medido en el centro de la Tierra, en el plano del semicírculo horario del astro, desde el ecuador celeste hasta el centro del astro. Se mide de 0° a 90° hacia el norte o hacia el sur, según el hemisferio en que se encuentre el astro. El paralelo de declinación es el lugar geométrico de los puntos de la esfera celeste que tienen la misma declinación.

El arco de semicírculo horario comprendido entre el centro del astro y el polo elevado se llama **distancia polar** (Δ). Cuando la latitud y la declinación son de la misma especie (esto es, ambas norte o ambas sur): $\Delta = 90° - d$; y cuando la latitud y la declinación son de distinta especie (esto es, una norte y la otra sur): $\Delta = 90° + d$.

Horario (*h*) es el arco de ecuador celeste comprendido entre el pie del meridiano superior de lugar y el pie del semicírculo horario del astro. Dependiendo del meridiano adoptado como referencia, el horario de un astro puede ser **horario local** (*hl*) u horario en

Greenwich (*hG*). El horario se mide de 0° a 360° desde el meridiano de referencia, hacia el oeste (horario astronómico). El semicírculo horario es el lugar geométrico de los puntos de la esfera celeste que tienen el mismo horario.

Figura 2.15. Distintas formas de contar el horario de los astros.

Las figuras representan la **proyección ortogonal del hemisferio norte sobre el ecuador celeste.**
El centro de los círculos es el Polo norte celeste (*Pn*).
Los radios representan los semicírculos horarios de los astros y los meridianos.

Astro en hemisferio occidental:

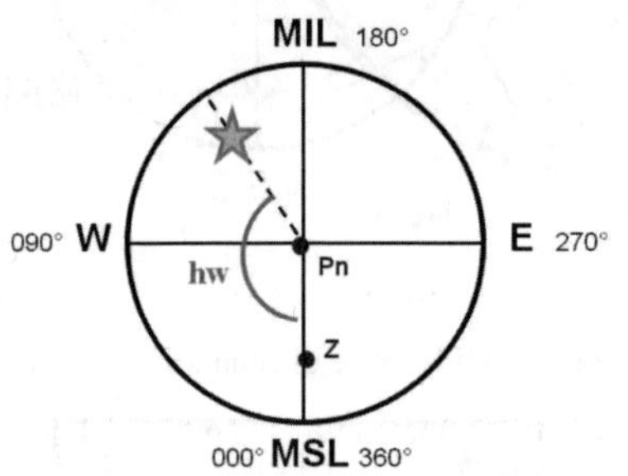

Horario astronómico	Ángulo en el polo
130°	130° W

Astro en hemisferio oriental

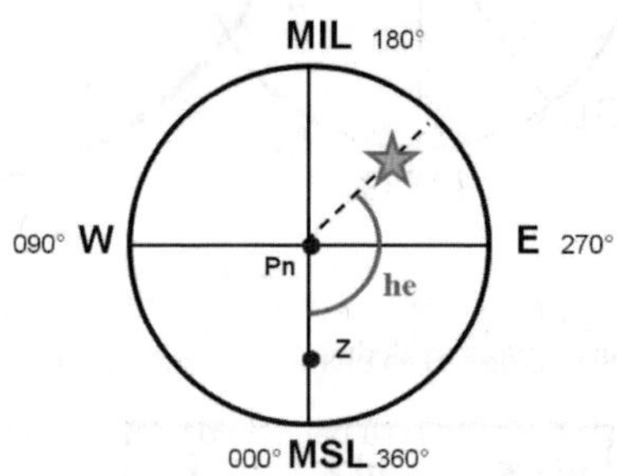

Horario astronómico	Ángulo en el polo
220°	140° E

También puede definirse el horario como el ángulo diedro, menor de 180°, formado por los planos que contienen el semicírculo horario del astro y el meridiano de referencia (o, lo que es lo mismo, **ángulo en el polo**, que es el ángulo medido en el polo celeste, desde el meridiano superior de lugar hasta el semicírculo horario del astro). Cuando se expresa el horario de esta forma, se mide de 0° a 180°, a partir del meridiano de referencia, hacia el este —horario oriental (*he*)— o hacia el oeste —horario occidental (*hw*)—.

Figura 2.16. Relación entre el horario local y el horario en Greenwich.

Las figuras representan la **proyección ortogonal del hemisferio norte y del sur sobre el ecuador celeste.** En el centro de los círculos estará el Polo norte o sur celeste (*Pn* / *Ps*). En las figuras se representa el *Pn* en el centro. Los radios son los semicírculos horarios de los astros y los meridianos (Pn-MSG: meridiano superior de Greenwich; PnMSL: meridiano de un lugar de longitud W; y PnMSL': meridiano de un lugar de longitud E).

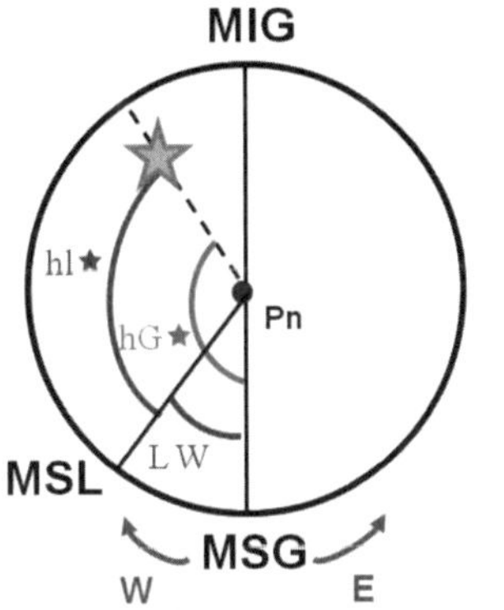

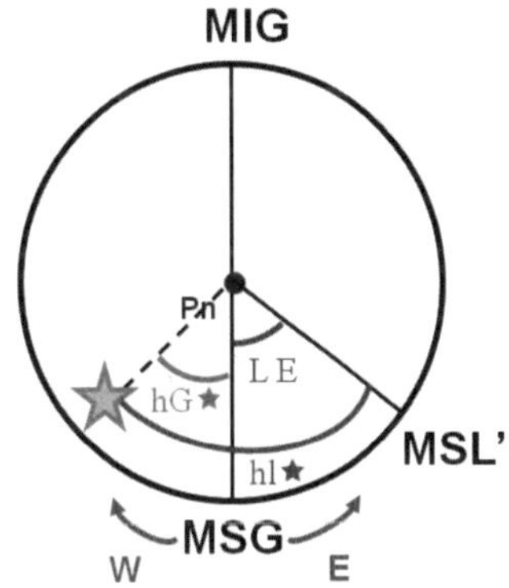

De las figuras se deduce:

hG★	=	hl★	+	L
E+		E+		E+
W−		W−		W−

hl★	=	hG★	−	L
E+		E+		E+
W−		W−		W−

2.2.3. El triángulo de posición

Si, además de señalar en la esfera celeste las coordenadas geográficas de un observador cuyo zenit es *Z*, se sitúa un astro con sus coordenadas horizontales y horarias, se obtiene el triángulo esférico ***PAZ*** —definido por los semicírculos máximos: meridiano superior de lugar, semicírculo horario y vertical del astro observado—, que recibe el nombre de **triángulo de posición**. Mediante este triángulo, fundamental en la navegación astronómica, se determina la relación existente entre la posición del observador sobre la superficie terrestre y la posición de un astro sobre la esfera celeste.

Figura 2.17. Triángulo de posición.

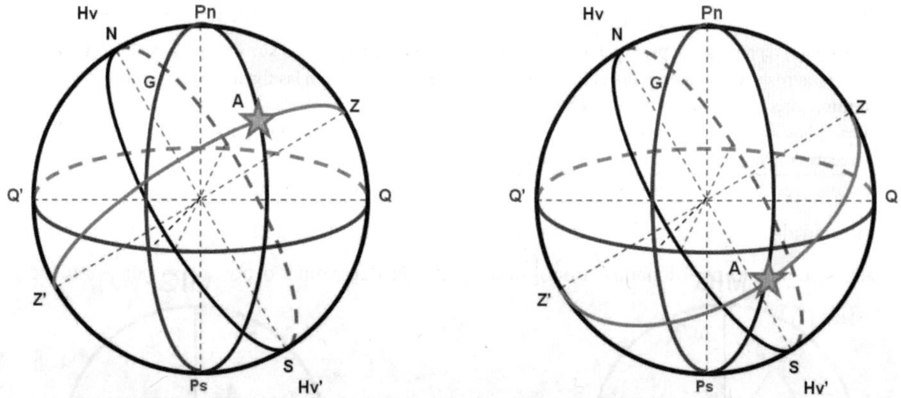

Los <u>vértices</u> del triángulo de posición son: *P*: polo elevado (de igual nombre que la latitud del observador); *A*: astro y *Z*: zenit.

Los <u>lados</u> del triángulo de posición son los arcos de círculo máximo: *PZ*: colatitud ($c = 90° - l$); *PA*: distancia polar ($\Delta = 90° \pm d$); y *AZ*: distancia cenital[8] ($z = 90° - av$).

Por formarse el triángulo de posición en el polo elevado, la distancia polar será: **Δ = 90° – *d*** si latitud (*l*) y declinación (*d*) son de la misma especie (ambas norte o ambas sur); y será **Δ = 90° + *d*** si latitud y declinación son de distinta especie (una norte y otra sur).

Los <u>ángulos</u> del triángulo de posición, siempre menores de 180°, son: *P*: ángulo en el polo, expresión del horario local de astro; Ẑ: ángulo cenital: expresión del azimut del astro; *A*: ángulo paraláctico, este último de menor importancia para la navegación astronómica.

[8] La distancia cenital se considera siempre complemento de la altura verdadera porque, por tratarse de un astro observado, siempre se encuentra en el hemisferio visible (altura positiva).

2.2.4. Coordenadas uranográficas ecuatoriales

Al contrario que las horizontales y las horarias, las coordenadas de este sistema son independientes del observador, pudiendo ser utilizadas con carácter universal y publicadas en almanaques o catálogos.

Este sistema, cuyos elementos se resumen de forma esquemática en la Tabla 2.4, es muy similar al de las coordenadas horarias, con la variante de que el origen, como en todos los sistema de coordenadas uranográficas, queda determinado por el primer punto de Aries (♈).

Los **máximos de ascensión** son los círculos horarios de los astros, que reciben una denominación diferente por tratarse de un sistema de coordenadas diferente a las horarias. Entre ellos, se selecciona como semicírculo secundario de referencia el semicírculo horario que pasa por el primer punto de Aries, origen del sistema, que recibe el nombre de **primer máximo de ascensión**.

Tabla 2.4. Coordenadas uranográficas ecuatoriales.

COORDENADAS URANOGRÁFICAS ECUATORIALES	
Círculo fundamental de referencia	**ECUADOR CELESTE**
Eje polar	LÍNEA DE LOS POLOS CELESTES
Polo fundamental	POLO NORTE CELESTE
Círculos secundarios	MÁXIMOS DE ASCENSIÓN
Semicírculo secundario de referencia	**PRIMER MÁXIMO DE ASCENSIÓN** (♈)
Paralelos secundarios	PARALELO DE DECLINACIÓN
Coordenadas	**DECLINACIÓN** (*d*); **ASCENSIÓN RECTA** (*AR*)

Las definiciones de **paralelo de declinación** y de la coordenada **declinación** (*d*) son las mismas que las proporcionadas para las coordenadas horarias.

La **ascensión recta** (*AR*) es el arco de ecuador celeste comprendido entre el primer máximo de ascensión y el pie del máximo de ascensión del astro. Se mide, a partir de Aries, de 0° a 360°, en sentido directo, es decir, en el sentido del movimiento aparente del Sol sobre la eclíptica, esto es, hacia el este. También puede definirse como el ángulo diedro formado por los planos del primer máximo de ascensión y el máximo de ascensión del astro; o como el ángulo correspondiente en el polo celeste.

Figura 2.18. Coordenadas uranográficas ecuatoriales.

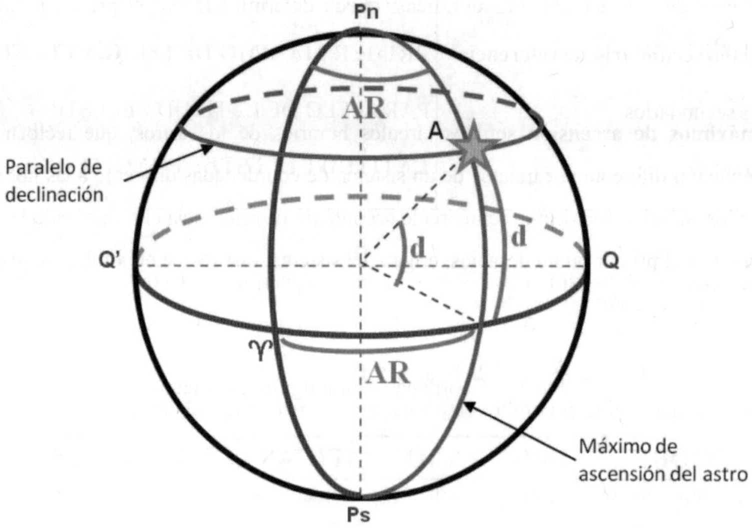

Normalmente, en lugar de la ascensión recta, se suele utilizar el **ángulo sidéreo** (*AS*): *AS* = 360° – *AR*, o lo que es lo mismo, el arco de ecuador desde Aries hasta el pie del máximo de ascensión del astro, contado de 0° a 360°, hacia el oeste.

Los catálogos de estrellas, como el que incluye el *Almanaque Náutico*, proporcionan declinación y ángulo sidéreo de las estrellas, ordenándolas según el valor creciente de esta última coordenada.

2.2.5. Coordenadas uranográficas eclípticas

Al igual que en el caso anterior, el origen de este sistema de coordenadas también es el primer punto de Aries (♈).

Tabla 2.5. Coordenadas uranográficas eclípticas.

COORDENADAS URANOGRÁFICAS ECLÍPTICAS	
Círculo fundamental de referencia	**ECLÍPTICA**
Eje polar	LÍNEA DE LOS POLOS DE LA ECLÍPTICA
Polo fundamental	POLO NORTE DE LA ECLÍPTICA
Círculos secundarios	MÁXIMOS DE LONGITUD CELESTE
Semicírculo secundario de referencia	**PRIMER MÁXIMO DE LONG. CELESTE (♈)**
Paralelos secundarios	PARALELO DE LATITUD CELESTE
Coordenadas	**LATITUD CELESTE; LONGITUD CELESTE**

Los **máximos de longitud celeste** son semicírculos máximos que contienen los polos de la eclíptica y pasan por el centro de los astros. Entre ellos, se selecciona como semicírculo secundario de referencia el que pasa por el primer punto de Aries, origen del sistema, que recibe el nombre de primer máximo de longitud celeste.

Los **paralelos de latitud celeste** son círculos menores, paralelos a la eclíptica, que pasan por el centro de los astros.

Latitud celeste es el arco de máximo de longitud celeste comprendido entre la eclíptica y el centro del astro o su paralelo de latitud celeste. Se cuenta de 0° a 90°, a partir de la eclíptica y recibe el nombre de boreal o austral, según el hemisferio en que se halle el astro. También puede definirse como el ángulo medido en el centro de la Tierra, en el plano del máximo de longitud celeste, desde la eclíptica hasta el centro del astro.

Longitud celeste es el arco de eclíptica comprendido entre el pie del primer máximo de longitud celeste y el pie del máximo de longitud del astro. Se cuenta sobre la eclíptica, a partir de Aries, de 0° a 360°, en sentido directo. También puede definirse como el ángulo diedro formado por los planos que contienen el primer máximo de longitud y el máximo de longitud celeste del astro.

Figura 2.19. Coordenadas uranográficas eclípticas.

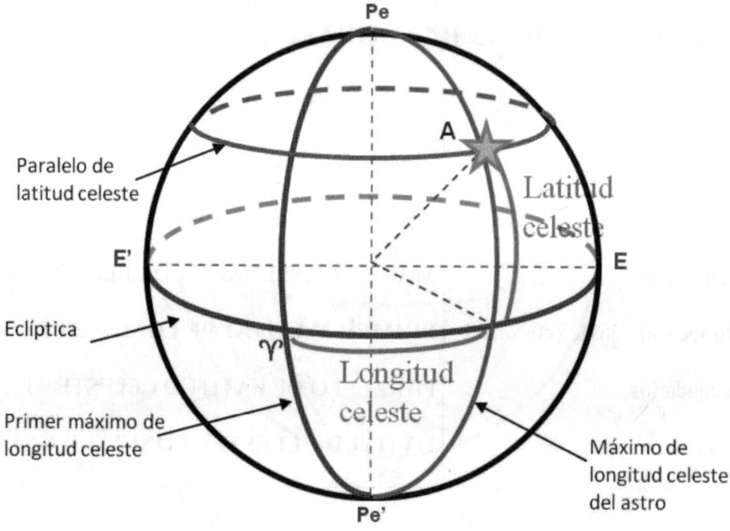

Cuando dos cuerpos celestes se encuentran en el mismo máximo de longitud celeste, tienen ambos la misma longitud celeste y se dice que están en **conjunción**. Cuando dos cuerpos celestes se encuentran en máximos de longitud celeste opuestos, sus longitudes celestes difieren 180°, y se dice que están en **oposición**. La conjunción y la oposición de la Luna y el Sol recibe el nombre de **sizigia**. Cuando la longitud celeste de dos astros difiere en 90° o en 270°, se dice que están en **cuadratura**.

2.2.6. Relación entre las distintas coordenadas que se miden en el ecuador

Las coordenadas que se miden sobre el ecuador son: **longitud** geográfica (*L*), **horario** (*hl, hG*), y **ángulo sidéreo** (*AS*).

En la Figura 2.20 se han señalado estas coordenadas para un astro en una posición determinada (★) y un meridiano de longitud este. De forma similar, podría construirse una figura para un meridiano de longitud oeste. Pueden así deducirse las expresiones que relacionan estas coordenadas, añadiendo otras a las obtenidas en la Figura 2.16.

Figura 2.20. Coordenadas que se miden en el ecuador.

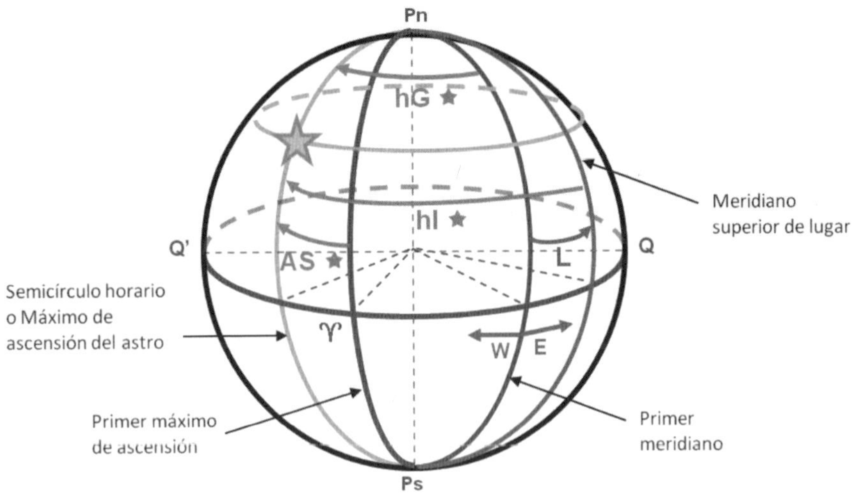

hG★	=	**hl★**	+	**L**
E+ W−		E+ W−		E+ W−
hG★	=	**hG♈**	+	**AS★**
E+ W−		E+ W−		E+ W−

hl★	=	**hG★**	−	**L**
E+ W−		E+ W−		E+ W−
hl★	=	**hl♈**	+	**AS★**
E+ W−		E+ W−		E+ W−

2.2.7. Dadas las coordenadas horizontales de un astro, calcular sus coordenadas horarias: procedimiento gráfico

Las coordenadas horizontales de un astro pueden obtenerse a partir de la observación del mismo en un instante determinado: la **altura verdadera** se consigue efectuando las correcciones oportunas a la observada con el sextante; y el **azimut verdadero**, aplicando la corrección total al azimut de aguja[9].

[9] Debe tenerse en cuenta que el calificativo **verdadero** tiene una acepción distinta según se aplique a la altura o al azimut. Aplicado a la **altura**, indica que esta se refiere al horizonte verdadero. Aplicado al **azimut** indica que el norte de referencia es el verdadero o geográfico.

Conocidas estas coordenadas, utilizando un procedimiento analítico o gráfico —como el que aquí se expondrá—, pueden calcularse las coordenadas horarias: **declinación** y **horario local**. Una vez determinado de esta forma el horario local del astro en el instante de la observación, las relaciones entre las coordenadas que se miden en el ecuador, anteriormente obtenidas, permiten deducir el horario en Greenwich del astro o su ángulo sidéreo. Si el astro observado era desconocido, esta información permite reconocerlo, con ayuda del *Almanaque náutico*. Como se verá en la pieza 3, dedicada a esta publicación, el *Almanaque* proporciona, para cada instante del año, la declinación y el horario en Greenwich que tienen el Sol, la Luna, Venus, Marte, Júpiter y Saturno (también el *hG*♈); así como la declinación y ángulo sidéreo de 99 estrellas seleccionadas.

Procedimiento gráfico para obtener las coordenadas horarias de un astro, conocidas sus coordenadas horizontales:

En este caso, los **datos** son: la latitud del observador (*l*), la altura verdadera (*av*) y el azimut verdadero del astro (*Zv*); y las **incógnitas**: la declinación (*d*) y el horario local (*hl*) del astro. A continuación, se ofrecen los pasos del procedimiento gráfico, ilustrados con el siguiente ejemplo:

EJEMPLO: el 24 de noviembre de 2014, un observador en l = 43° N, observa un astro con *av*★ = 18° y *Zv* ★ = N 77° W. Se pide la declinación y el horario local del astro en ese instante.

RESOLUCIÓN:

1. En el plano del papel se traza un círculo que representa en la esfera celeste el **meridiano** del lugar, con el **polo elevado arriba**. Con la colatitud y con ayuda del transportador, se sitúa el **zenit** que se colocará a la derecha o a la izquierda del polo, de tal forma que el hemisferio que se representa en el papel sea aquel (oriental u occidental) en que se encuentra el astro. Luego, como diámetros del círculo trazado, se representan el ecuador, perpendicular al eje polar, y el horizonte, perpendicular a la línea zenit-nadir.

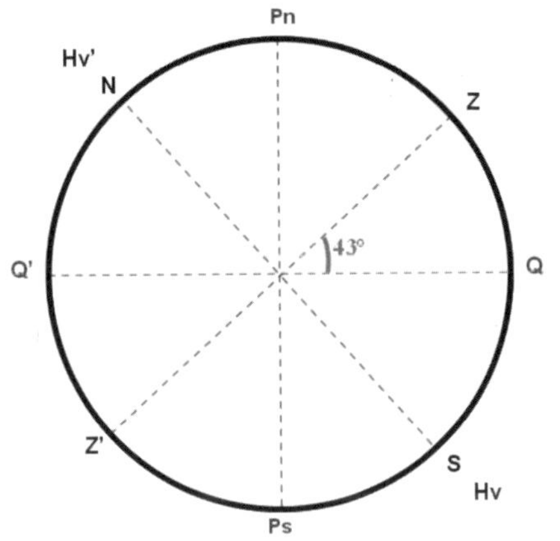

l = 43° N

2. Desde el horizonte, y con centro en el de la esfera, se traza hacia el zenit una recta que forme un ángulo igual al de la **altura verdadera** del astro. Por el punto donde esta corte al meridiano, se traza una línea recta paralela al horizonte, que representará el **almicantarat** (*A'A"*) del astro. El extremo del almicantarat que queda más próximo al polo elevado se denomina *A'*. La posición del astro estará en algún punto del almicantarat *A'A"*.

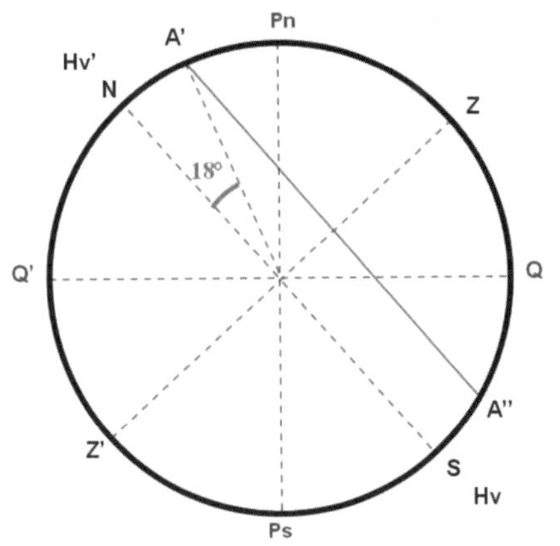

av ★= 18°

3. Con centro en el punto *M* (intersección del almicantarat *A'A"* con la línea zenit-nadir), se traza una semicircunferencia de radio *MA'* = *MA"*. Esta semicircunferencia, que

puede trazarse bien hacia el centro del meridiano, bien hacia el exterior, representa el **rebatimiento**[10] **del almicantarat**.

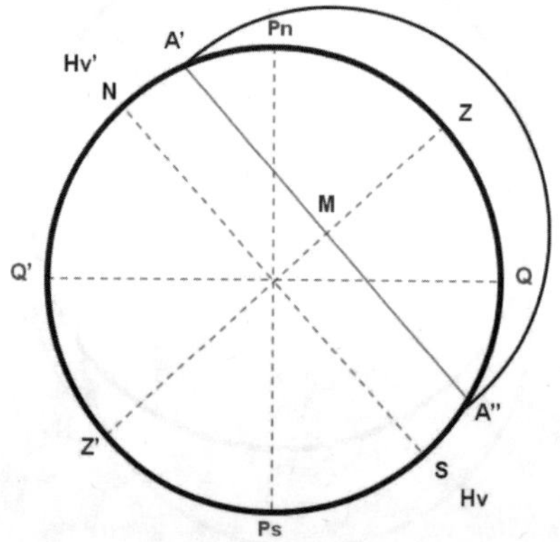

4. Ahora se utiliza la segunda coordenada conocida: el azimut. Si se conoce el ángulo cenital, con centro en *M* y lado *MA'* se toma un ángulo (de 0° a 180°) igual a dicho ángulo. Si se tiene el azimut expresado en cuadrantales, según sea su origen (norte o sur), se tomará el ángulo de azimut (de 0° a 90°) a partir del lado *MA'* (si el origen del azimut es del mismo nombre que el polo elevado) o del lado *MA''* (si el origen del azimut es del mismo nombre que el polo depreso). La recta así obtenida corta el rebatimiento del almicantarat en un punto al que se asigna la letra *R*.

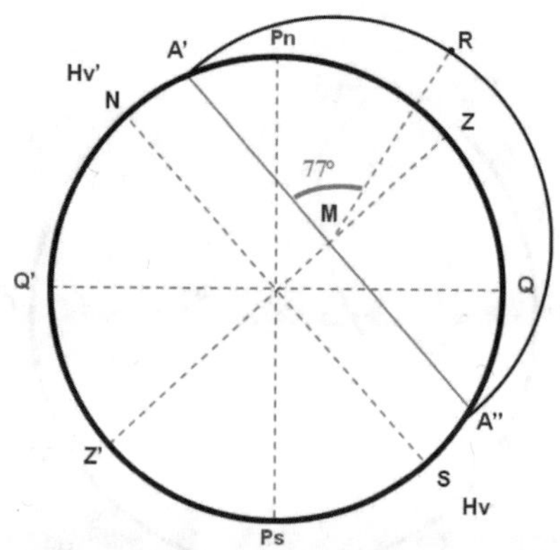

Zv ★ = N 77° W

[10] En geometría descriptiva, el **rebatimiento** se define como la construcción de una representación de una figura plana, a partir de sus proyecciones, consistente en una rotación alrededor de una recta horizontal del plano en que está situada la figura, que lo lleva sobre el plano de proyección.

5. Desde el punto *R* se traza una perpendicular al almicantarat *A'A"*. La intersección de ambas es la **posición del astro**: *A*.

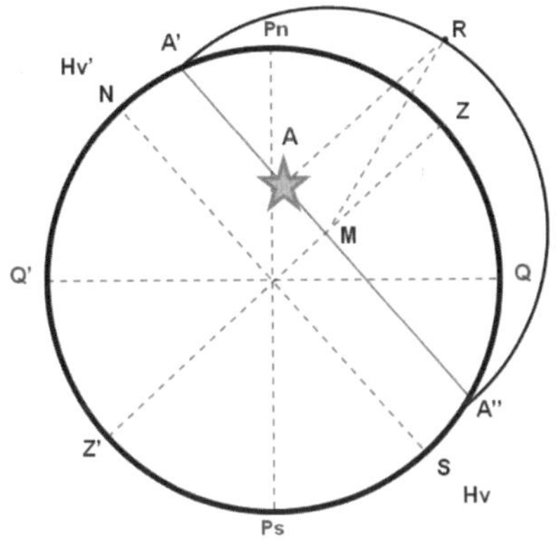

6. Por la posición del astro, A, se traza la recta *p'p"*, paralela al ecuador, que representa el **paralelo de declinación del astro**. Siempre se tiene la precaución de situar el punto *p"* sobre el meridiano superior de lugar. El ángulo: *p'OQ'* = *p"OQ*, proporciona el valor de la **declinación del astro**.

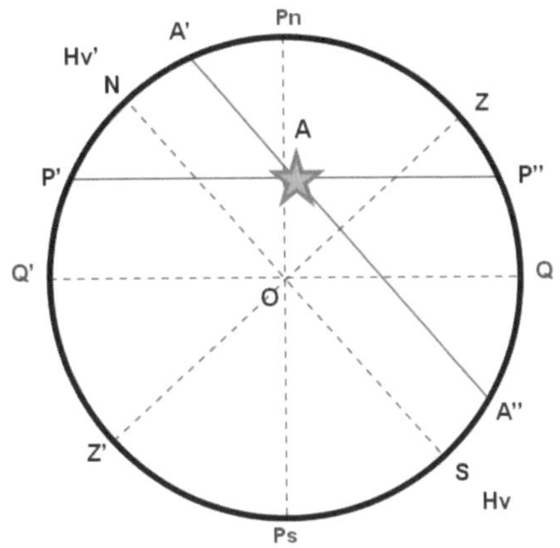

ángulo *p'OQ'* = ángulo *p"OQ* = *d* ★

d **★ = 23° N** (+)

7. Con centro en *C* (intersección del paralelo de declinación del astro y la línea de los polos) y radio *Cp'* = *Cp"*, se traza una semicircunferencia que es el rebatimiento del paralelo de declinación. Esta semicircunferencia, al igual que en el caso del almicantarat, puede trazarse hacia el interior o hacia el exterior de la esfera celeste.

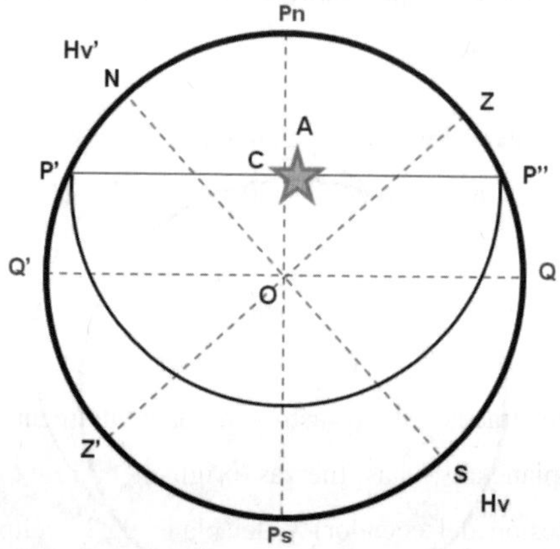

8. Desde la posición del astro, A, se traza una recta perpendicular al paralelo *p'p''*, que corta al rebatimiento del paralelo de declinación en A_1. El ángulo $p''CA_1$ (<u>siempre desde el meridiano superior de lugar</u>) proporciona el valor del **horario local** del astro, expresado como ángulo en el polo, es decir, de 0° a 180°, y será oriental (E), si el azimut en cuadrantales es de componente este; y occidental (W), si el azimut es de componente oeste.

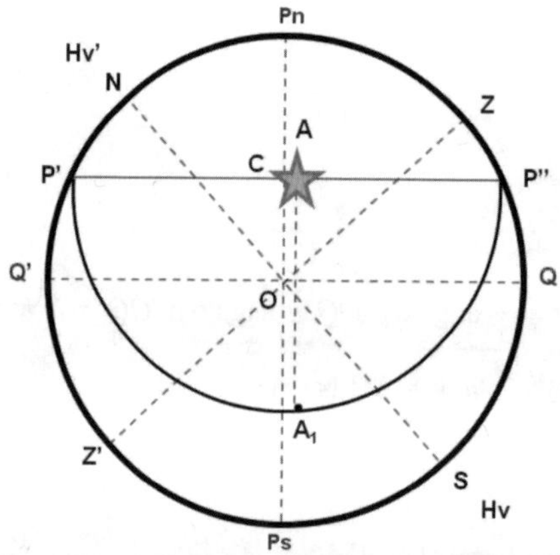

ángulo $p''CA_1 = hl$★

hl **★ = 085° W**

2.2.8. Variación en las coordenadas celestes como consecuencia de los movimientos de precesión y nutación

Las coordenadas celestes experimentan pequeñas variaciones como consecuencia de los movimientos de precesión y nutación de la Tierra.

La **precesión** es un lento desplazamiento hacia el oeste de los equinoccios a lo largo de la eclíptica, como resultado de un balanceo de la Tierra en su movimiento de rotación, causado por la fuerza de atracción de los astros, fundamentalmente del Sol y de la Luna, pero también de los planetas. Estas fuerzas originan el movimiento del plano del ecuador terrestre (precesión del ecuador) y del plano de la eclíptica (precesión de la eclíptica). La precesión general es el resultado de la combinación de ambas. Como consecuencia, Aries presenta un movimiento retrógrado anual de aproximadamente 50,3" sobre la eclíptica, y de 46,1" sobre el ecuador.

Figura 2.21. Revolución del polo norte celeste alrededor del polo de la eclíptica.

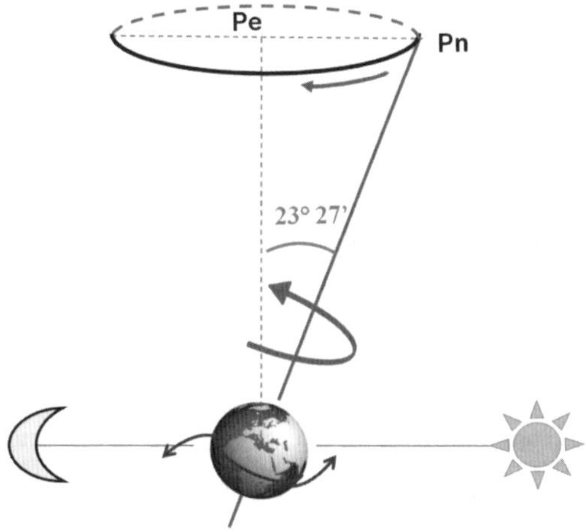

Como es lógico, el cambio de posición del ecuador, de la eclíptica y del primer punto de Aries implica una variación en los sistemas de coordenadas celestes. Así, la **precesión del ecuador** (en la Figura 2.22, el plano del ecuador se mueve de *Q* a *Q'*) origina el movimiento de Aries sobre la eclíptica, en sentido retrógrado, lo que produce un aumento constante de las longitudes celestes en aproximadamente 50,3" por año, no afectando a las latitudes celestes. Asimismo, se producirá una variación en ascensión recta y declinación, distinta para cada estrella, según la posición que estas ocupen en la esfera celeste.

Figura 2.22. Variación en las coordenadas celestes por causa de la precesión.

a) Precesión del ecuador b) Precesión de la eclíptica

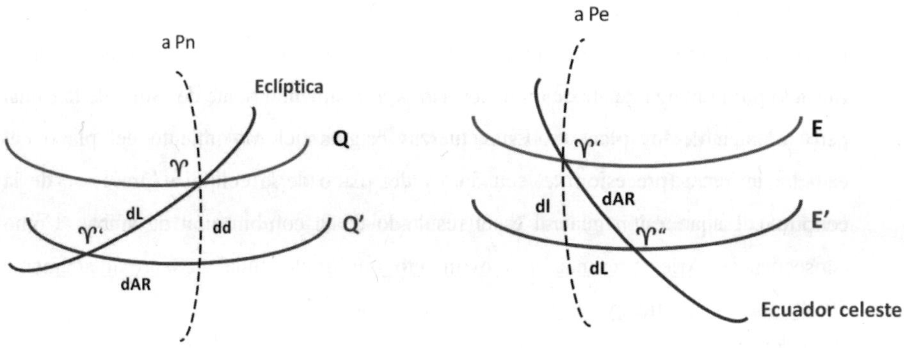

La **precesión de la eclíptica**, por su parte, origina un movimiento del plano de la eclíptica (en la Figura 2.22, de *E* a *E'*), aunque el movimiento de esta será mucho más débil que el del ecuador y, por tanto, su efecto mucho menor que el de la precesión del ecuador. Aún así, como se ve en la Figura 2.22, se alteran ligeramente las latitudes y longitudes celestes y las ascensiones rectas de las estrellas, no modificando sus declinaciones.

La **nutación**, de menor magnitud que la precesión, es un leve cabeceo del eje polar terrestre sobre su posición media. Este movimiento se debe a que las fuerzas de precesión cambian constantemente en dirección y magnitud, a causa de la variación en las posiciones y distancias del Sol, Luna y planetas, respecto a la Tierra. El movimiento de nutación se combina con el de precesión, dando como resultado que el polo describa una curva sinuosa, alrededor de su posición media.

En cuanto a la variación que produce la nutación en las coordenadas celestes, se obtiene de una forma análoga a las de la precesión. Si no se realizan correcciones por nutación, se hablará de coordenadas medias; y si se realizan, se hablará de coordenadas verdaderas.

2.3. Movimiento diurno aparente de los astros

En el apartado 2.1.4 se ha hecho referencia a los dos movimientos básicos de nuestro planeta: el de rotación y el de traslación. Ambos se manifiestan al observador terrestre como un movimiento aparente de los astros en la esfera celeste. Las consecuencias de la traslación se explicaron en aquel epígrafe. Aquí, se hará referencia a las consecuencias de la rotación de la Tierra, responsable de la alternancia día-noche y, en general, del movimiento diurno aparente de los astros, esto es, el movimiento de las estrellas, el Sol, la Luna y los planetas respecto al observador sobre la superficie terrestre, que ve cómo estos astros aparecen por el este (hemisferio oriental) y describen un arco sobre el horizonte, hasta que desaparecen por el oeste (hemisferio occidental).

2.3.1. Movimiento aparente de los astros

En la Figura 2.23 se ha dibujado una representación de la esfera celeste, en la que se ha trazado la línea zenit-nadir (*ZZ'*), correspondiente a un observador situado sobre la superficie terrestre; su horizonte verdadero (*HH'* o *NS*); la línea de los polos celestes (*PnPs*); y el ecuador celeste (*QQ'*). Si dicho observador toma las coordenadas horizontales de una estrella (altura verdadera y azimut) varias veces durante un día, por ejemplo, de hora en hora, y con estas coordenadas va situando la citada estrella en la esfera celeste, obtendrá los puntos *A, A', A'',...*

Como se aprecia en la Figura 2.23, en un día sidéreo, o lo que es lo mismo, en el tiempo que la Tierra tarda en dar una vuelta completa en su movimiento de rotación, la estrella describe un círculo menor, paralelo al ecuador, es decir, un **paralelo de declinación**. Asimismo, midiendo los arcos de paralelo (*AA', A'A'',...*) recorridos en el mismo intervalo de tiempo, se aprecia que son iguales, prueba de que dicho **movimiento es uniforme**.

Si un observador, situado en otro lugar de la superficie terrestre, repitiera la misma operación, tomando las coordenadas azimutales de esta misma estrella, y la situara sobre su esfera celeste, aunque la línea zenit-nadir y el horizonte habrían variado, el resultado conseguido, en cuanto al movimiento de la estrella, sería idéntico.

Figura 2.23. Movimiento diurno aparente de los astros.

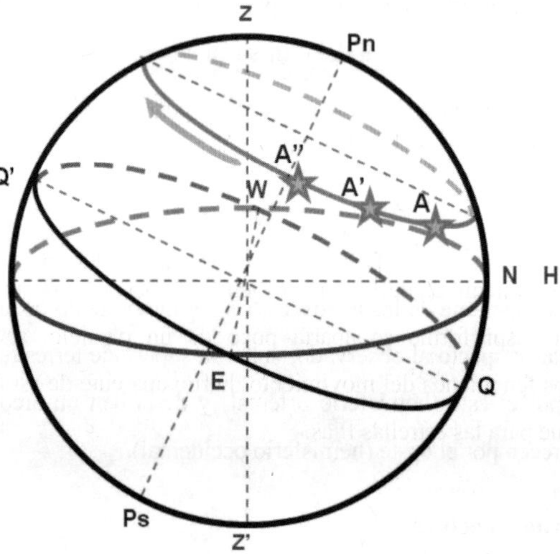

Se puede deducir, por tanto, que **las estrellas tienen un movimiento diurno aparente de rotación alrededor de la línea de los polos celestes, de oriente a occidente, y que dicho movimiento es uniforme.** Este movimiento aparente de las estrellas o fijas, que pueden considerarse engastadas en la esfera celeste, es producido por el movimiento real de rotación de la Tierra, alrededor de su eje polar, de occidente a oriente.

Figura 2.24. Movimiento diurno aparente de un astro errante.

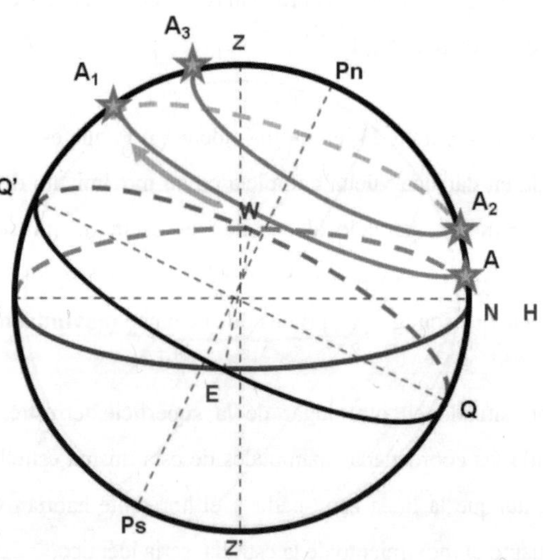

Si en lugar de una estrella cualquiera, se hubieran tomado las coordenadas horizontales de uno de los **astros errantes** (Sol, Luna o planetas), la curva descrita por este astro, no coincidiría exactamente con un paralelo, ni su movimiento sería uniforme. Debido a su movimiento en declinación, la curva descrita tendría forma de espiral, como la representada de forma exagerada en la Figura 2.24.

No obstante, en el caso de los astros errantes, particularmente para el Sol y los planetas, para los que el movimiento en declinación es lento (no ocurre lo mismo para la Luna), y su trayectoria diurna espiriforme se aparta poco de un paralelo, se podrá, en general, considerar que los fenómenos del movimiento diurno aparente de estos astros se producen de igual forma que para las estrellas fijas.

2.3.2. Arcos diurno y nocturno

En la Figura 2.25 se ha dibujado la esfera celeste correspondiente a un observador cuyo zenit está en *Z*. La línea *ZZ'* es la línea zenit-nadir y *HH'* su horizonte verdadero. Asimismo, se representan los paralelos de declinación (*AA', BB', CC'*,...) descritos por distintos astros durante su movimiento diurno aparente, de oriente a occidente.

Figura 2.25. Arcos diurno y nocturno.

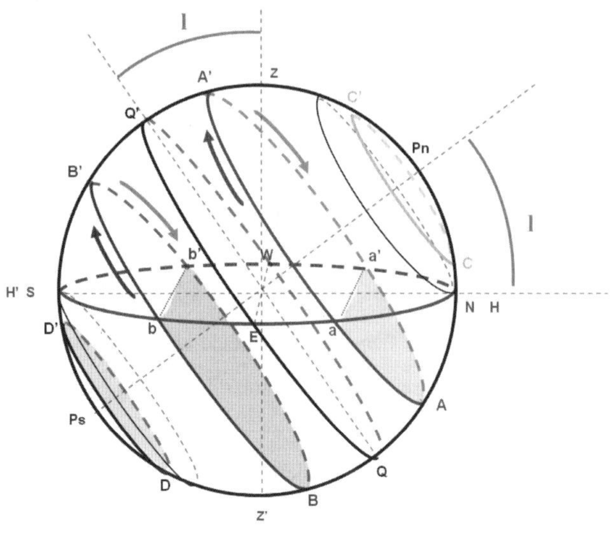

Los paralelos de declinación de los distintos astros quedan divididos por el horizonte verdadero del observador en dos arcos: **arco diurno** (el que queda en el hemisferio visible) y **arco nocturno** (el que queda en el hemisferio invisible).

Arco diurno: recibe este nombre porque si se trata del Sol, mientras recorre este arco está sobre el horizonte y es de día. Si se trata de otros astros —excepto la Luna y, en ocasiones, Venus—, solo podrán verse si mientras recorren su arco diurno es de noche.

Arco nocturno: recibe este nombre porque si se trata del Sol, mientras recorre este arco es de noche. En general, al recorrer los astros sus arcos nocturnos no podrán verse por encontrarse por debajo del horizonte, en el hemisferio invisible.

En la Figura 2.25 también se aprecia que hay otro tipo de astros que todo su paralelo de declinación es arco diurno (como el *C*); y otros (como el *D*) para los que todo su paralelo es arco nocturno.

2.3.3. Ortos y ocasos. Astros circumpolares

Se llama **orto** de un astro a la salida o aparición de este en el horizonte; y **ocaso**, a la puesta o desaparición del mismo en el horizonte. Si el horizonte de referencia es el verdadero, se habla de ortos y ocasos verdaderos; y si es el horizonte visible o de la mar, los ortos y ocasos se denominan aparentes.

De la Figura 2.26 se deduce:

- Los astros (*N, C*) cuya $\boldsymbol{d > 90° - l}$, siendo **latitud y declinación de la misma especie**, se encuentran en el casquete esférico visible (*NPnN'*). Están siempre por encima del horizonte y se llaman astros circumpolares. No tienen ortos ni ocasos (excepto si $d = 90° - l$, en cuyo caso tienen un instante de ocaso y orto simultáneos). Si este astro fuera el Sol, no se pondría, y habría luz solar durante las 24 horas del día.

- Los astros (*S, D*) cuya $\boldsymbol{d > 90° - l}$, siendo **latitud y declinación de la distinta especie**, se encuentran en el casquete esférico invisible (*SPsS'*). Están siempre por debajo del horizonte y se llaman <u>astros anticircumpolares</u>. No tienen ortos ni ocasos (excepto si $d = 90° - l$, en cuyo caso tienen un instante de orto y ocaso simultáneos). Si este astro fuera el Sol, no saldría, y sería de noche las 24 horas del día.

Figura 2.26. Ortos y ocasos de los astros. Astros circumpolares.

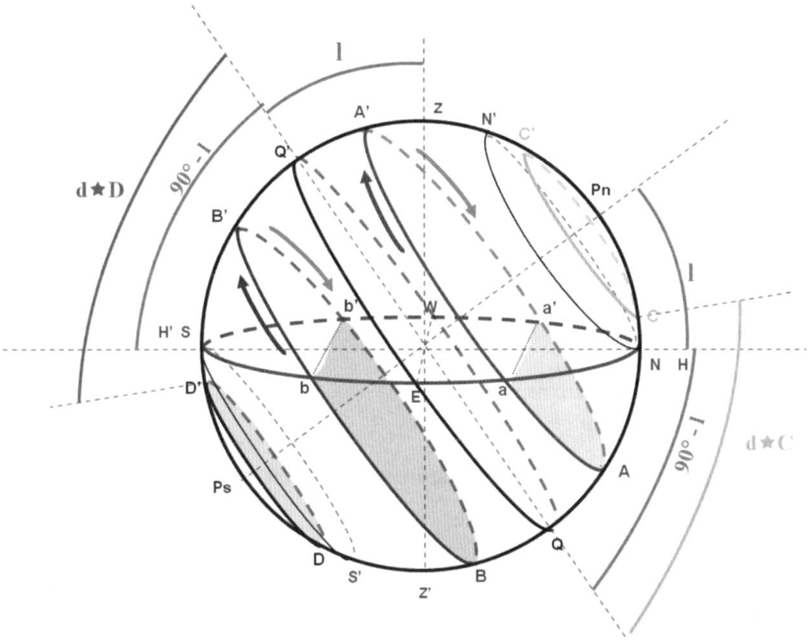

Astro	d★	signos d★	signos l	orto	ocaso	Arco diurno (ad) Arco nocturno (an)
A	$< 90° - l$	N	N	a	a'	ad > an
N	$= 90° - l$	N	N	Simultáneos en N		Solo ad
C	$> 90° - l$	N	N			Solo ad
Q	$= 0°$		N	E	W	ad = an
B	$< 90° - l$	S	N	b	b'	ad < an
S	$= 90° - l$	S	N	Simultáneos en S		Solo an
D	$> 90° - l$	S	N			Solo an

- Astros (*A*) cuya $d < 90° - l$, siendo **latitud y declinación de la misma especie**. Tienen ortos y ocasos, siendo su arco diurno mayor que el nocturno. Si se tratase del Sol, el día tendría mayor duración que la noche.

- Astros (*Q*) cuya $d = 0°$. Tiene su orto y su ocaso verdaderos en los puntos cardinales este y oeste respectivamente. Sus arcos diurno y nocturno son iguales. Si el astro fuera el Sol, el día y la noche tendrían la misma duración.

- Astros (*B*) cuya $d < 90° - l$, siendo **latitud y declinación de distinta especie**, Tienen ortos y ocasos, siendo su arco nocturno mayor que el diurno. Si se tratase del Sol, la noche tendría mayor duración que el día.

2.3.4. Variación de las coordenadas horizontales de los astros

2.3.4.1. Variación de la altura de los astros

Los astros en su movimiento diurno aparente describen un paralelo de declinación, variando su altura respecto del horizonte.

Si un astro presenta ortos y ocasos ($d < 90° - l$), un observador sobre la superficie terrestre (cuyo zenit se encuentra en *Z*) ve cómo aparece por el este (hemisferio oriental), luego describe un arco sobre el horizonte, hasta que desaparece por el oeste (hemisferio occidental).

Mientras el astro está bajo el horizonte, su altura es negativa. Al producirse su orto, está sobre el horizonte y su altura es cero. Después, comienza a describir su arco diurno y su altura va aumentando. Al llegar al meridiano superior de lugar —o en sus proximidades— alcanza la altura su valor máximo. Luego, comienza a disminuir hasta que se produce el ocaso del astro, momento en que su altura vuelve a ser cero por encontrarse en el horizonte. Comienza a describir su arco nocturno (astro bajo el horizonte ⇒ altura negativa), la altura sigue disminuyendo hasta que el astro alcanza su altura mínima al llegar al meridiano inferior de lugar —o sus proximidades—. Después, la altura sigue siendo negativa pero va aumentando.

Figura 2.27. Movimiento diurno aparente: variación de la altura de los astros.

<u>MSL</u>: (*A'', C'*) **si latitud y declinación constantes** altura máxima (culminación superior)

<u>Hemisferio Occidental</u>: disminuye la altura

<u>MIL</u>: (*A, C*) **si latitud y declinación constantes** altura mínima (culminación inferior)

<u>Hemisferio Oriental</u>: aumenta la altura

Altura meridiana: altura del astro a su paso por el MSL y por el MIL.

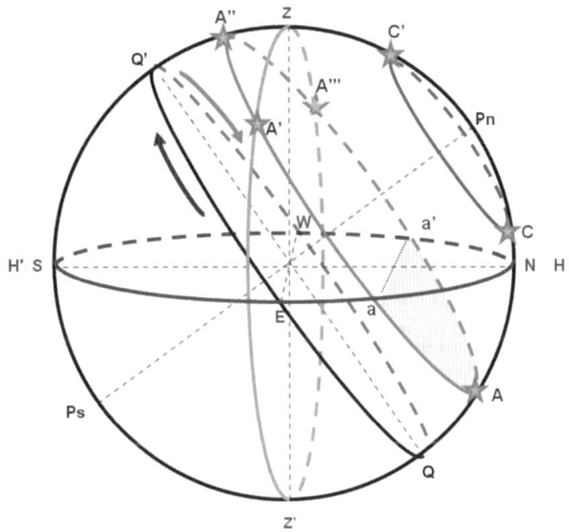

En general, puede decirse que los astros tienen su mínima altura al paso por el meridiano inferior de lugar —o en sus proximidades—. La altura va aumentando mientras recorre el hemisferio oriental, hasta alcanzar su valor máximo al paso por el meridiano superior de lugar —o en sus proximidades—. Después, mientras el astro describe su paralelo de declinación en el hemisferio occidental, su altura va disminuyendo, hasta llegar de nuevo a tener la mínima altura en el meridiano inferior de lugar —o en sus proximidades—.

Si un <u>astro es circumpolar</u> ($d > 90° - l$, siendo ambas norte o sur), no presenta ortos ni ocasos; pero, la variación diurna de su altura sigue la norma general, aunque siempre tenga signo positivo. Lo mismo es aplicable para un <u>astro anticircumpolar</u> ($d > 90° - l$, siendo una norte y la otra sur), aunque en este caso su altura solo toma valores negativos.

Si la esfera celeste representada en la Figura 2.27 no sufre variaciones durante el movimiento diurno aparente de un astro, es decir, **si la latitud del observador y la declinación del astro son constantes**, este **tendrá su altura máxima al paso por el meridiano superior de lugar y la mínima al paso por el meridiano inferior de lugar.**

Variación de la altura de la estrella Polar. Cálculo de la latitud

La latitud geográfica astronómica —única que se puede determinar por observaciones astronómicas—, coincide con la altura del polo celeste sobre el horizonte. En efecto, tal como se aprecia en la Figura 2.28, el arco de meridiano del horizonte al polo elevado, además de ser **la latitud del observador, es la altura del polo celeste sobre su horizonte verdadero**. Así, el problema del cálculo de la latitud estaría resuelto si en el firmamento estuviera señalada la posición del polo elevado.

Figura 2.28. Latitud geográfica y altura del polo elevado.

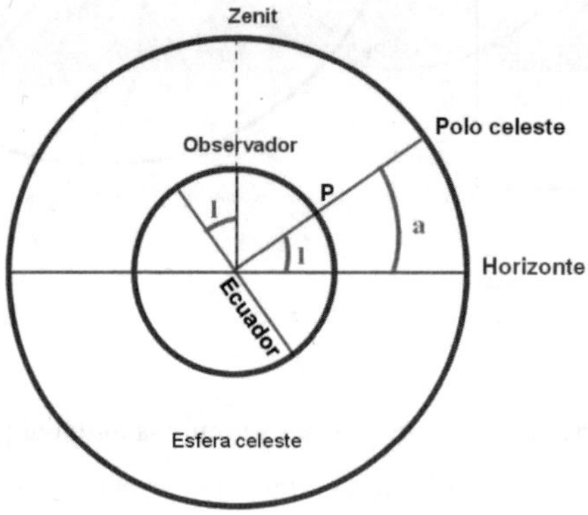

La estrella Polar (✳) está muy cerca del polo norte celeste, con una declinación en diciembre de 2014: d✳ = 89° 19,8' N. Es por esto que, cuando se observa Polaris, la latitud del lugar puede obtenerse aplicando una pequeña corrección a la altura verdadera de esta estrella.

En la Figura 2.29, se ha obtenido una fórmula para obtener la latitud a partir de la altura de la estrella Polar: $l = av\text{✳} - \Delta \cos h\text{✳}$. Esta fórmula es aproximada, por considerar planos triángulos sobre la esfera, pero resulta suficientemente exacta para latitudes inferiores a 40°, por no llegar a media milla el error que se comete con su empleo. Se han deducido fórmulas más precisas, como la debida a J. J. Littrow en 1822, que es la tabulada en el *Almanaque Náutico* (pp. 382-384), tal como se verá en la Pieza 3:

$$l = av\,\text{✳} - \Delta \cos h\text{✳} + \tfrac{1}{2} \tan av\text{✳}\, \Delta^2 \operatorname{sen}^2 h\text{✳} \operatorname{sen} 1'$$

Figura 2.29. Distintas posiciones de la estrella Polar. Cálculo de la latitud.

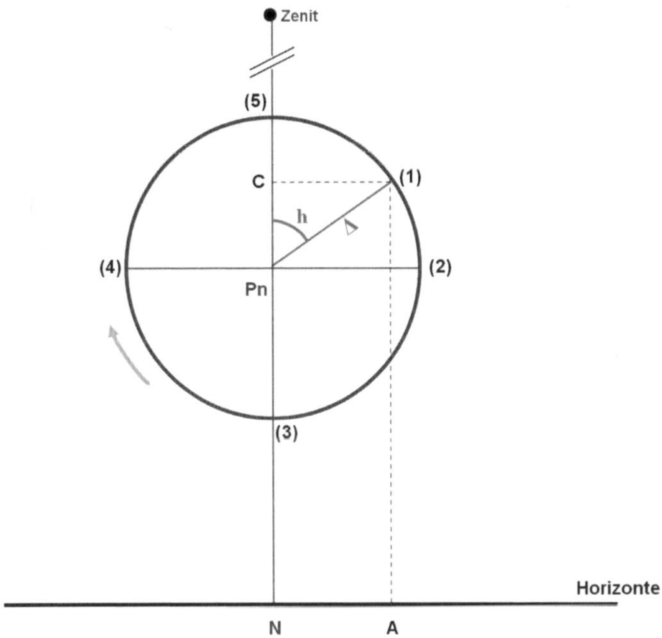

Z: zenit
Pn: Polo norte celeste
N: punto cardinal Norte
→ sentido del movimiento diurno aparente de la estrella Polar

(1) una posición cualquiera de la estrella Polar
(3) Paso de la Polar por el meridiano inferior de lugar (*Pn N ... Ps*)
(5) Paso de la Polar por el meridiano superior de lugar (*Pn Z ... Ps*)

Δ: distancia polar, complemento de la declinación de la estrella ($\Delta = 90° - d$ ✳)
h: horario local de la estrella Polar, cuando está en (1)
***A*(1)**: altura verdadera (*av* ✳) de la estrella Polar, cuando está en (1)

NPn: latitud del lugar (*l*)

Estrella Polar en las posiciones **(2)** y **(4)**: ***NPn = l = av*** ✳

En cualquier otra posición, habrá que aplicar una corrección a la altura de la Polar para obtener la latitud. Para la posición **(1)**, dicha corrección será *PnC*. Considerando plano el triángulo *Pn*(1)*C*, la corrección vendrá dada por la expresión:

$$PnC = \Delta \cos h \Rightarrow \boldsymbol{l = av} ✳ - \boldsymbol{\Delta \cos h} ✳.$$

Gráficamente (de la figura) y analíticamente (de la expresión anterior), puede deducirse que cuando la polar está en **(3)**, $h = 180°$: ***l = av*** ✳ + **Δ** ; y si está en **(5)**, $h = 000°$: ***l = av*** ✳ – **Δ**.

2.3.4.2. Variación del azimut de los astros

El **vertical primario** (VP) es el círculo vertical (que contiene la línea zenit-nadir) que pasa por los puntos cardinales este y oeste. La peculiaridad del vertical primario es que al pasar un astro por él, su ángulo cenital vale 90°, siendo su azimut náutico: *Zv* = 090° (si el astro se encuentra a oriente de meridiano), o *Zv* = 270° (si el astro se encuentra a occidente de meridiano). En la Figura 2.30 se ha representado la esfera celeste de un observador situado en latitud norte. En ella se puede observar que no todos los astros cortan el vertical primario en su movimiento diurno aparente.

Figura 2.30. Astros en el vertical primario.

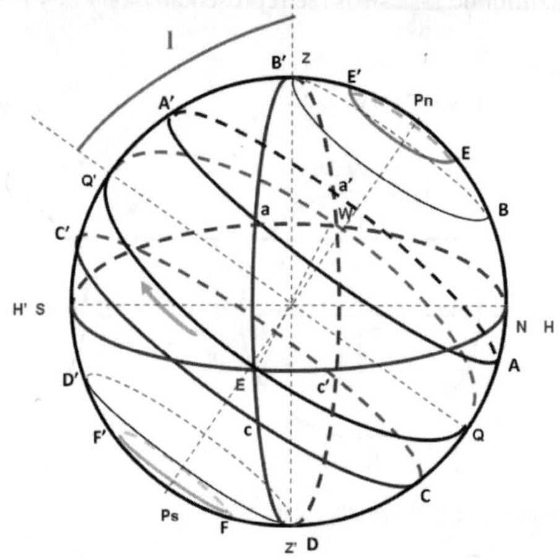

Astro	d★	signos		VP a oriente merid.			VP a occidente merid.		
		d★	l	punto	Zv	av	punto	Zv	av
A	< *l*	N	N	*a*	090°	+	*a'*	270°	+
C	< *l*	S	N	*c*	090°	–	*c'*	270°	–
Q	= 0°		N	*E*	090°	0°	*W*	270°	0°
B	= *l*	N	N	*Z*	090°	90°	*Z*	270°	90°
D	= *l*	S	N	*Z'*	090°	– 90°	*Z'*	270°	– 90°
E	> *l*	N	N						
F	> *l*	S	N						

De la Figura 2.30 se puede deducir que para que un **astro corte el vertical primario** su declinación debe ser: $\boldsymbol{d \leq l}$; y para que este corte se produzca **sobre el horizonte** debe ser, además, del **mismo signo que la latitud**. Este es un caso interesante en navegación puesto que si se observa un astro a su paso por el vertical primario, el triángulo de posición es rectángulo.

También se deduce que el azimut de los astros va variando mientras realizan su movimiento diurno aparente, aunque no siempre toma todos los valores posibles (es decir, de 000° a 360°). Para analizar la variación del azimut de los astros deben considerarse tres casos: 1) $d\star < l$; 2) $d\star = l$; y 3) $d\star > l$.

Figura 2.31. Variación del azimut de los astros (se representan $d\star$= N y l = N).

Caso 1) $d\star < l$ Caso 2) $d\star = l$ Caso 3) $d\star > l$

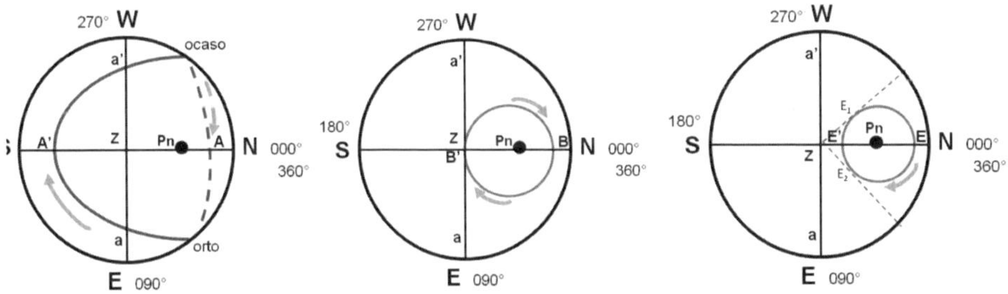

Caso 1) $d\star < l$.

Se trata de astros que al recorrer aparentemente su paralelo de declinación, sí cortan el vertical primario, como los astros *A* y *C* de la Figura 2.30.

En la Figura 2.31 se representa la proyección ortogonal del paralelo de declinación del astro *A* sobre el horizonte del observador, círculo máximo sobre el que se mide el azimut. Se observa que el astro culmina en el meridiano superior de lugar (*A'*) cara al sur, con altura verdadera positiva; y en el meridiano inferior de lugar cara al norte, con altura negativa. Se observa, asimismo, que el azimut verdadero ha tomado todos los valores crecientes desde Zv = 000° hasta Zv = 360°.

Caso 2) $d \bigstar = l$

Al recorrer aparentemente su paralelo de declinación, estos astros tangentean el vertical primario (como los astros *B* y *D* de la Figura 2.30). En la Figura 2.31 se representa la proyección ortogonal del paralelo de declinación del astro *B* sobre el horizonte del observador. Se observa que el astro culmina en el meridiano inferior de lugar (*B*) cara al norte ($Zv = 000°$); y en el meridiano superior de lugar (*B'*) en el mismo zenit, tangenteando el vertical primario, siendo su $Zv = 090°$, pasando un instante después a valer $Zv = 270°$. Por lo que el azimut verdadero del astro no toma valores comprendidos entre 090° y 270°.

Caso 3) $d \bigstar > l$

Se trata de astros que, al recorrer aparentemente su paralelo de declinación, no pasan por el vertical primario (como los astros *E* y *F* de la Figura 2.30). De forma similar a los casos anteriores, en la Figura 2.31 se representa la proyección del astro *E* sobre el horizonte. Se observa que este astro tiene su culminación inferior (paso por MIL) en *E*, con $Zv = 000°$; pasa por E_2, punto de máxima digresión en el que el ángulo cenital alcanza su máximo valor (menor de 90°); para llegar al meridiano superior de lugar en *E'* con $Zv = 000°$. Después, llega al punto de máxima digresión E_1, donde el ángulo cenital tiene de nuevo su máximo valor (menor de 90°); alcanzando otra vez el meridiano inferior de lugar en *E*.

2.3.4.3. Relación entre los movimientos en azimut y altura

Una estrella fija recorre aparentemente su paralelo de declinación con movimiento uniforme. Debido a este movimiento, su azimut y su altura varían, pero estas variaciones no se producen de forma uniforme.

En la Fig. 2.32 se representa el arco de paralelo que aparentemente recorre un astro sobre el horizonte de un observador. El astro recorrerá arcos de paralelo iguales (*AA'*, *A'A"*,…) en tiempos iguales. Sin embargo, las correspondientes variaciones en altura ($\Delta a'$, $\Delta a''$,…) no son iguales, como tampoco lo son las variaciones en azimut ($\Delta Z'$, $\Delta Z''$,…). Como la altura y el azimut son coordenadas que se miden sobre círculos máximos perpendiculares, cuando la variación en altura es máxima la del azimut es mínima, y viceversa. Así, en el instante en que el astro pasa por el meridiano superior de lugar, el arco de paralelo que recorre (ΔP) es paralelo al horizonte, coincidiendo prácticamente con la variación en azimut (ΔZ), siendo mínima —nula— entonces la variación en altura.

Figura 2.32. Variación en azimut y en altura de los astros.

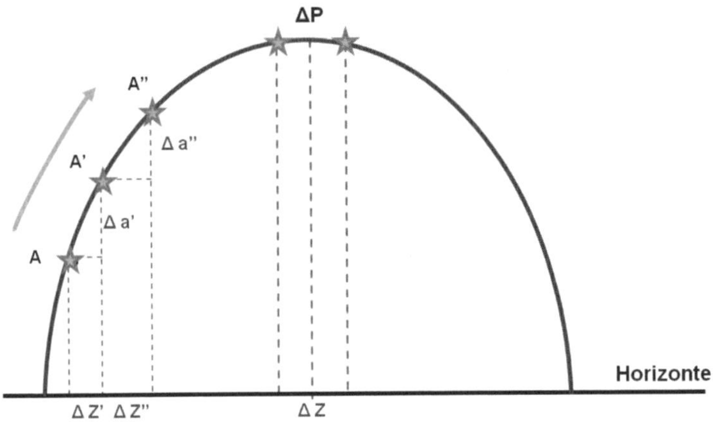

La variación máxima en altura y mínima en azimut sucede cuando el astro pasa por el vertical primario. La variación mínima en altura y máxima en azimut ocurre al paso del astro por el meridiano.

2.3.5. Variación de las coordenadas horarias de los astros

La declinación de los astros no varía como consecuencia de su movimiento diurno aparente, pero sí varía su horario.

Los astros, en su movimiento diurno aparente, describen órbitas circulares alrededor del eje polar y, por tanto, todos pasan por el meridiano superior de lugar y por el meridiano inferior de lugar. Si en la esfera celeste (Figura 2.33) se trazan los semicírculos horarios que pasan por los puntos cardinales este y oeste, se tienen los semicírculos de 90°, ya que al pasar los astros por estos su horario oriental u occidental (esto es, su ángulo en el polo) tiene este valor (hl = 090° E; hl = 090° W).

Figura 2.33. Movimiento diurno aparente: variación del horario de los astros.

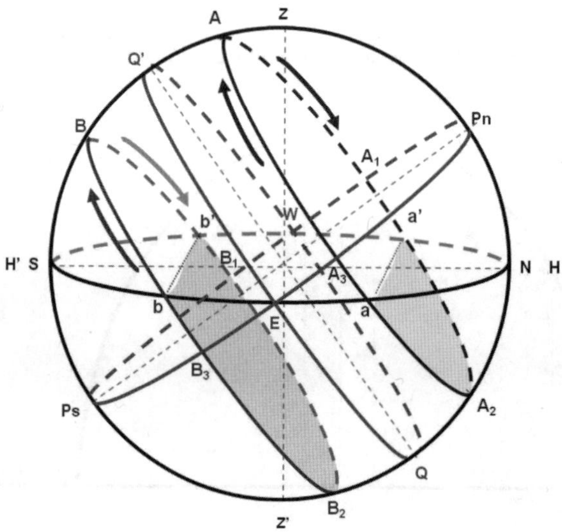

Astro *A*			**Astro *B***		
A	MSL	$hl = 000°$	***B***	MSL	$hl = 000°$
A_1	s.h. 90°	$hl = 090°$	***b'***	ocaso	$hl < 090°$
a'	ocaso	$hl > 090°$	B_1	s.h. 90°	$hl = 090°$
A_2	MIL	$hl = 180°$	B_2	MIL	$hl = 180°$
a	Orto	$hl > 180°$	B_3	s.h. 90°	$hl = 270°$
A_3	s.h. 90°	$hl = 270°$	***b***	orto	hl > 270°
A	MSL	$hl = 360°$	***B***	MSL	$hl = 360°$

Se observa en la Figura 2.33 que los astros, al pasar por el meridiano superior de lugar (origen de los horarios), tienen $hl = 000°$; luego, pasan al hemisferio occidental y al llegar al semicírculo horario de 90°, su horario es: $hl = 090°$. El horario sigue creciendo y al llegar al meridiano inferior de lugar vale: $hl = 180°$; después, alcanza el semicírculo horario de 90° con *hl* = 270°. Completa el astro su paralelo de declinación alcanzando de nuevo el meridiano superior de lugar con *hl* = 360°.

En resumen, en su movimiento diurno aparente, el horario astronómico de un astro adquiere todos los valores posibles, de 000° a 360°, entre dos pasos consecutivos por el meridiano superior de lugar. Es por esto que la variación del horario de los astros constituye una buena base para la medida del tiempo. La unidad de tiempo puede conseguirse si en lugar de graduar el ecuador de 000° a 360°, se graduara de 00 h a 24 h, actuando la proyección del semicírculo horario del astro sobre el ecuador como manecilla de reloj (Figura 2.34).

Figura 2.34. Conversión de arco en tiempo.

15° de arco corresponden a 1 h de tiempo.

1° de arco a 4 minutos de tiempo.

$$\frac{\textbf{arco}}{\textbf{15}} = \textbf{tiempo}$$

$$\textbf{tiempo} \cdot \textbf{15} = \textbf{arco}$$

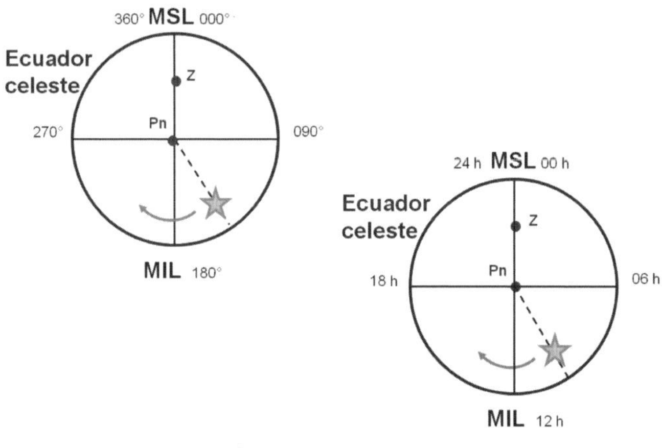

2.3.6. Paso de los astros por el meridiano de lugar. Cálculo de la latitud

Ya se ha comentado que en su movimiento diurno aparente todos los astros pasan por el meridiano superior e inferior de lugar. También se ha hecho referencia al valor de la altura, el horario local y el azimut de los astros en los instantes de su paso por meridiano.

La observación de los astros a su paso por meridiano (MSL y MIL) tiene un **interés especial** para la navegación, pues **al coincidir sobre el mismo círculo máximo el polo elevado, el zenit y el astro**, no se forma triángulo de posición, y **se puede obtener una**

latitud observada de forma muy sencilla. De hecho, la observación del Sol a mediodía fue uno de los primeros procedimientos (junto con la observación de la estrella Polar) utilizados en la mar para obtener una latitud de confianza (Figura 2.35).

Figura 2.35. Latitud por la altura meridiana (de culminación superior) del Sol.

En la esfera celeste:

PnPs: eje del mundo
QQ': ecuador celeste
Z: zenit
Z': nadir
HvHv': horizonte verdadero
PnZPs: meridiano superior de lugar
☀: Sol a su paso por meridiano superior de lugar (MSL)

l: latitud

d ⊙: declinación del Sol

a⊙: altura meridiana del Sol

z: distancia cenital (90° – *a*⊙)

$$l = d - z$$

siendo:

d + si N y – si S

z + si astro observado cara al norte (*Z* = N) y
– si cara al sur (*Z* = S)

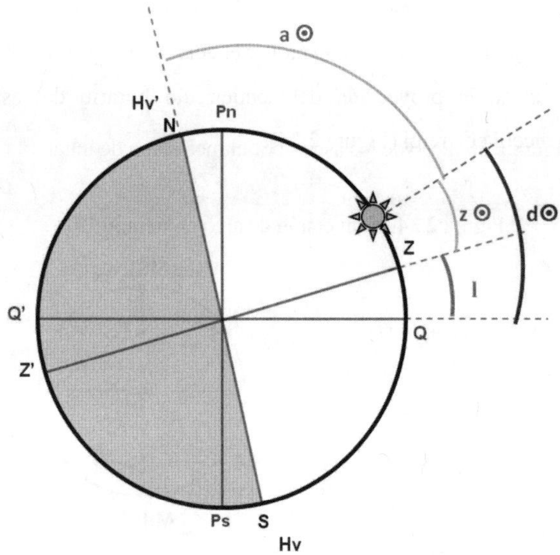

En la Figura 2.36, se han proyectado sobre el meridiano los paralelos de declinación de distintos astros. Se aprecia que todos los astros pasan por el meridiano en su movimiento diurno aparente, pero no siempre lo hacen con altura positiva. Como en navegación lo que interesa es, precisamente, observar los astros en ese instante, aquí **se analizarán tan solo los casos en que el paso por meridiano se produzca sobre el horizonte (*av* = +).**

Pasan por el meridiano superior de lugar (MSL) **con altura verdadera positiva**, todos los astros cuya culminación superior se produzca entre el horizonte y el polo elevado (en la Figura, en *A'*, *C'*, *D'* y en *B'*). Se trata pues de aquellos astros cuya declinación es de la misma especie que la latitud (***l* y *d* = signo**); y los que siendo su declinación de distinta especie que la latitud, sea menor que la colatitud (***d* < 90° – *l*; siendo *l* y *d* ≠ signo**).

Pasan por el meridiano inferior de lugar (MIL) **con altura verdadera positiva**, todos los astros cuya culminación inferior se produzca entre el horizonte y el polo elevado (en la Figura, solo el astro en *D*), es decir, los **astros circumpolares**, que como se sabe se caracterizan por ser su declinación mayor que la colatitud, siendo ambas de la misma especie (***d* > 90° – *l*; siendo *l* y *d* = signo**).

Figura 2.36. Paso de los astros por el meridiano de lugar.

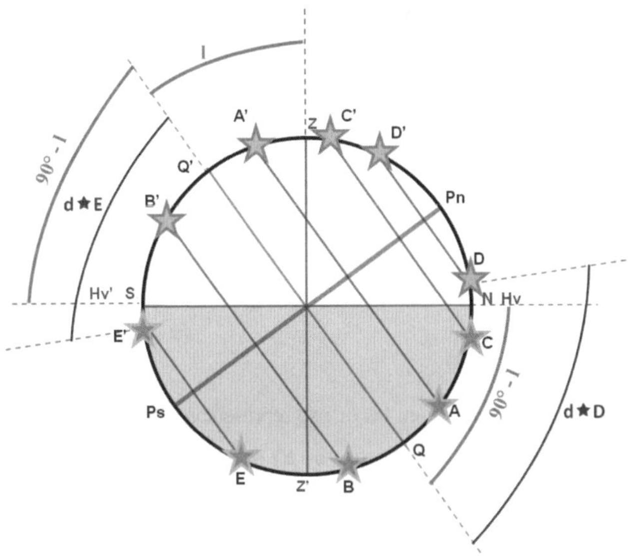

En cuanto al **horario local**, coordenada que se mide sobre el ecuador a partir del meridiano superior de lugar, su valor es **000°** al paso del astro por meridiano superior de lugar (**MSL**), y **180°** a su paso por el meridiano inferior (**MIL**).

Por último, en lo que respecta al **azimut verdadero** de los astros, por coincidir el meridiano de lugar (MSL + MIL) con el círculo máximo formado por la suma del vertical norte y el vertical sur (VN + VS), a su paso por meridiano superior o inferior de lugar, el azimut de un astro podrá ser **norte**, si se encuentra sobre el vertical norte o **sur**, si se encuentra sobre el vertical sur.

Tabla 2.6. Coordenadas al paso de los astros por meridiano.

<table>
<tr><th colspan="3">MSL</th><th colspan="3">MIL</th></tr>
<tr><td rowspan="3">av</td><td rowspan="2">+</td><td>l y d = signo:
todos ★</td><td rowspan="3">av</td><td rowspan="2">+</td><td rowspan="2">★ circumpolar
$d > 90° - l$
l y d = signo</td></tr>
<tr><td>l y $d \neq$ signo:
$d < 90° - l$</td></tr>
<tr><td>máxima</td><td>si l y d★ = constantes</td><td>mínima</td><td>si l y d★ = constantes</td></tr>
<tr><td>hl</td><td colspan="2">$hl = 000°$</td><td>hl</td><td colspan="2">$hl = 180°$</td></tr>
<tr><td rowspan="2">Zv</td><td>Zv = N</td><td>si d★ más al N que l</td><td rowspan="2">Zv</td><td>Zv = N</td><td>si l = N</td></tr>
<tr><td>Zv = S</td><td>si d★ más al S que l</td><td>Zv = S</td><td>si l = S</td></tr>
</table>

A partir de las Figuras 2.37 y 2.38, en las que se representan distintos astros a su paso por meridiano superior (astros A) e inferior (astros B) de lugar sobre el horizonte (av = +), pueden deducirse las condiciones que, con carácter general, indican si en dichos instantes un astro se ha observado cara al norte (astro sobre el vertical norte ⇒ Zv = N) o cara al sur (astro sobre el vertical sur ⇒ Zv = S):

- **MSL con *av* = +** :

  ***Zv* = N** si la declinación del astro (d★) más al norte que la latitud (l)

  ***Zv* = S** si la declinación del astro (d★) más al sur que la latitud (l)

- **MIL con *av* = +** :

  ***Zv* = N** si la latitud (l) es norte

  ***Zv* = S** si la latitud (l) es sur

2.3.6.1. Cálculo de la latitud al paso de los astros por el meridiano superior de lugar (MSL)

En la Figura 2.37, se han trazado dos círculos que representan los meridianos de dos observadores: uno en latitud norte y otro en latitud sur. Como diámetros de los mismos, se han trazado: el eje polar (*PnPs*), el ecuador celeste (*QQ'*), la línea zenit-nadir (*ZZ'*) y el horizonte verdadero (*NS*). Se han representado distintos astros a su paso por meridiano superior de lugar (semicírculo máximo *PnZPs*) que cumplen la condición de encontrarse en dicho instante en el hemisferio visible ($av = +$).

Figura 2.37. Cálculo de la latitud al paso de los astros por el MSL.

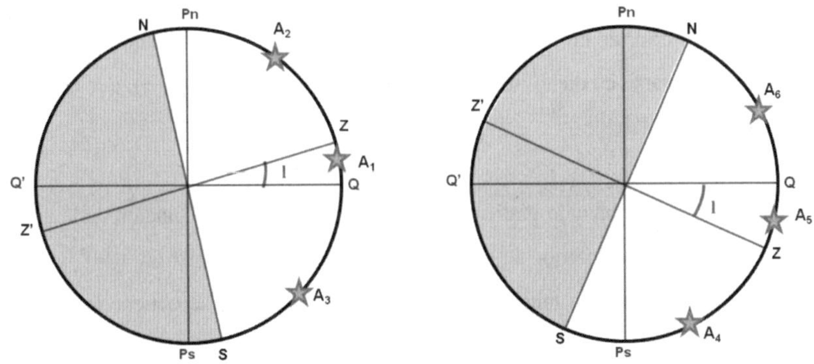

En la Figura 2.37, se tienen <u>los arcos</u>:

QZ = latitud (l) ***QA*** = declinación ($d\star$) ***AZ*** = distancia cenital ($z = 90° - av^m\star$)

ASTROS:				
A_1	$QZ = QA_1 + A_1Z$	$\Rightarrow l = d + z$	Z = S	($d\star$ = N; l = N)
A_2	$QZ = QA_2 - A_2Z$	$\Rightarrow l = d - z$	Z = N	($d\star$ = N; l = N)
A_3	$QZ = A_3Z - QA_3$	$\Rightarrow l = z - d$	Z = S	($d\star$ = S; l = N)
A_4	$QZ = QA_4 - A_4Z$	$\Rightarrow l = d - z$	Z = S	($d\star$ = S; l = S)
A_5	$QZ = QA_5 + A_5Z$	$\Rightarrow l = d + z$	Z = N	($d\star$ = S; l = S)
A_6	$QZ = A_6Z - QA_6$	$\Rightarrow l = z - d$	Z = N	($d\star$ = N; l = S)

En la Figura 2.37 se ha obtenido gráficamente la latitud del lugar, en función del complemento de la altura meridiana de culminación superior de los distintos astros (es decir, de la distancia cenital: $z = 90° - av^m$) y de su declinación. Como resultado, asignando los signos que se indican, se obtiene la fórmula general:

$$\boldsymbol{l = d - z}$$

l	d	z
N +	N +	+ si ★ cara norte
S –	S –	– si ★ cara sur

2.3.6.2. Cálculo de la latitud al paso de los astros por el meridiano inferior de lugar (MIL)

En la Figura 2.38, de construcción similar a la Figura 2.37, se han representado a su paso por el meridiano inferior de lugar (semicírculo máximo *PnZ'Ps*) los astros que cumplen la condición de encontrarse en dicho instante en el hemisferio visible ($av = +$), que como se sabe, son los circumpolares.

En la Figura 2.38 se ha obtenido gráficamente la latitud del lugar, en función de la altura meridiana de culminación inferior de los astros, y de su distancia polar ($\Delta = 90° \pm d$★). Como resultado, sin que haga falta tener en cuenta ningún signo, se obtiene la fórmula general:

$$\boldsymbol{l = a_v^{\,m} + \Delta}$$

Dado que solo se pueden observar astros circumpolares ($d > 90° - l$; l y d = signo) a su paso por el MIL, la distancia polar será siempre el complemento de la declinación ($\Delta = 90° - d$); y la **latitud** así obtenida será **norte o sur, del mismo signo que la declinación**.

Figura 2.38. Cálculo de la latitud al paso de los astros por el MIL.

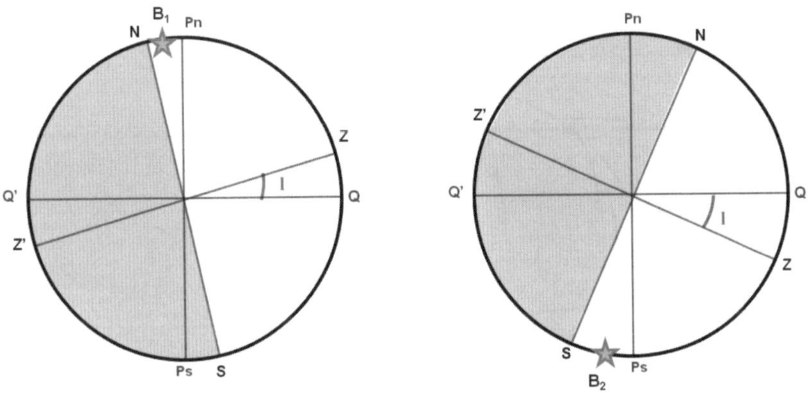

En la Figura 2.38, se tienen <u>los arcos</u>:

NPn; SPs = latitud (l) ***NB*** = altura ($av^m\bigstar$) ***BP*** = distancia polar ($\Delta = 90° - d\bigstar$)

ASTROS:

$\boldsymbol{B_1}$	$NPn = NB_1 + B_1Pn$	$\Rightarrow l = av + \Delta$
$\boldsymbol{B_2}$	$SPs = SB_2 + B_2Ps$	$\Rightarrow l = av + \Delta$

<u>Cuando se obtenga una latitud observada</u> (bien por la altura de la estrella Polar o bien por la altura meridiana de un astro cualquiera), se tomará esta en sustitución de la latitud de estima, lo que se conoce como <u>rectificar la situación de estima</u>.

2.3.7. Casos particulares: esferas celestes recta y paralela

2.3.7.1. Esfera celeste recta

Es la esfera correspondiente a un observador que se encuentra en el ecuador (l = 0°), tal como la que se muestra en la Figura 2.39.

Todos los astros tienen orto y ocaso, siendo su arco diurno igual al nocturno. En el caso del Sol, el día siempre tiene la misma duración que la noche.

Figura 2.39. Esfera celeste recta.

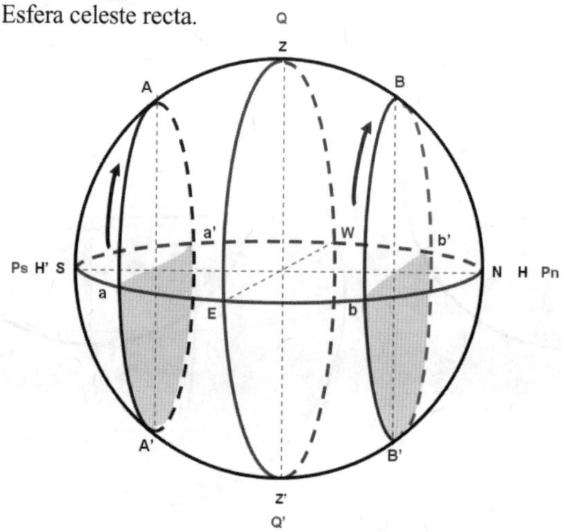

Ecuador (QQ') **= Vertical primario** (VP)
Horizonte verdadero (HH') **= círculo horario de 90°** ($PnEPsWPn$)

Astro *Q* ($d = 0°$): se encuentra siempre sobre el vertical primario.

Astro *B* (d = N): en el momento de su orto (b) y de su ocaso (b'), la amplitud (90° − Zv cuadr.) es igual a la declinación. Al pasar por el MSL su altura verdadera es igual a la distancia polar.

Astro *A* (d = S): en el momento de su orto (a) y de su ocaso (a'), la amplitud (90° − Zv cuadr.) es igual a la declinación. Al pasar por el MSL su altura verdadera es igual a la distancia polar.

2.3.7.2. Esfera celeste paralela

Es la esfera correspondiente a un observador que se encuentra en el polo ($l = 90°$). En la Figura 2.40, se muestra una esfera para un observador en el polo norte ($l = 90°$ N).

En la esfera paralela no existe meridiano del observador, ya que todos los meridianos pasan por los polos y por el zenit y el nadir. Al no existir este meridiano, tampoco existen los puntos cardinales, no habiendo posibilidad, por tanto, de medir el horario ni el azimut.

Los astros no tienen ni ortos ni ocasos.

Figura 2.40. Esfera celeste paralela.

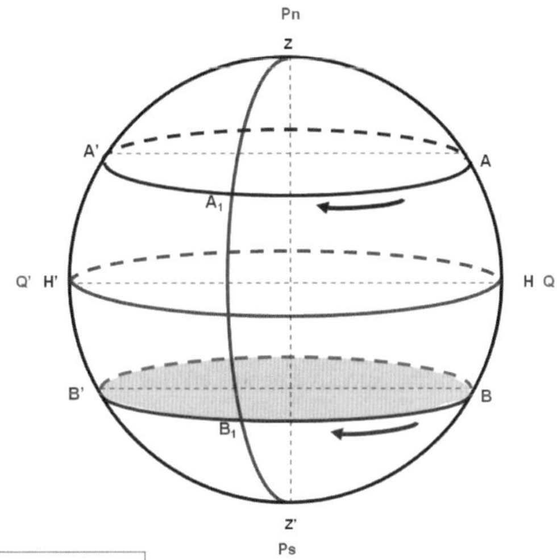

Ecuador (*QQ'*) **= Horizonte verdadero** (*HH'*)

Paralelos de declinación = Almicantarats

Meridianos y Semicírculos horarios = Verticales

Si la latitud es **90° N**, el zenit coincide con el polo norte y el observador verá todos los astros del hemisferio norte (es decir, aquellos cuya declinación sea norte); y los verá con altura verdadera igual a su declinación. Recorrerán aparentemente el horizonte los astros cuya declinación sea 0°. Cuando el Sol se encuentra en el hemisferio norte (desde el equinoccio de primavera hasta el de otoño), será continuamente de día para este observador situado en el polo norte; y cuando este astro tenga declinación sur (desde el equinoccio de otoño hasta el de primavera), estará bajo su horizonte (no será continuamente de noche, debido a la claridad que proporciona la luz crepuscular: desde la puesta del Sol hasta que tiene una altura verdadera de –18°).

Consideraciones similares podrían hacerse para un observador en el polo sur.

2.4. La medida del tiempo

Aunque difícil de definir satisfactoriamente, según Vives, el tiempo es «aquella variable que describe los cambios medidos en el mundo de la experiencia física». El concepto de tiempo aparece así íntimamente ligado con la medida del movimiento físico, que consiste fundamentalmente en la ordenación de diferentes sucesos respecto a otros sucesos, es decir, una ordenación obtenida como resultado de una comparación. Los métodos de ordenación de sucesos se suelen clasificar, en la práctica, en dos categorías distintas, que dan lugar a dos métodos de medida del tiempo: el primer método consiste en el estudio y medida de movimientos continuos (por ejemplo, del movimiento de rotación —o el de traslación— de la Tierra); y el segundo se reduce a contar sucesos periódicos, es decir, que se repiten sucesivamente en las mismas condiciones físicas (por ejemplo, las oscilaciones de un péndulo o de un átomo excitado). A estos dos métodos pertenecen, por ejemplo, las sucesivas definiciones de segundo[11].

Desde la más remota antigüedad, la medida del tiempo ha sido un problema típicamente astronómico. El movimiento continuo de rotación de la Tierra, cuya determinación se reduce a medidas de ángulos, ha dado origen a diversas escalas de **tiempo astronómico rotacional**, que son las utilizadas en navegación astronómica y como argumento de entrada en los Almanaques Náuticos.

2.4.1. Unidades naturales para la medición del tiempo

La referencia exterior finalmente adoptada, con carácter general, para la medida del tiempo, ha sido el Sol, debido a su influencia sobre la vida en nuestro planeta. De esta forma, surgen dos unidades naturales: el día y el año, consecuencia, respectivamente, de los movimientos de rotación y de traslación de la Tierra.

[11] En efecto, en 1956, el Comité Internacional de Pesos y Medidas, basándose en el movimiento aparente de traslación, estableció la siguiente definición de **segundo**: «la fracción 1/31.556. 925,97474 del año trópico para 1900 enero 0 a 12 horas del tiempo de las efemérides». Definición que fue sustituida el 13 de octubre de 1967, cuando la XIII Conferencia General de Pesos y Medidas de París adoptó el segundo atómico como unidad legal del tiempo físico, sustituyendo al segundo de las efemérides utilizado anteriormente para el mismo fin, pero definido de forma que ambos coincidieran. El **segundo**, unidad de tiempo del **Sistema Internacional**, se define como «la duración de 9.192.631.770 períodos de la radiación correspondiente a la transición entre los dos niveles hiperfinos del estado fundamental del átomo de Cesio 133».

El **día** es el intervalo de tiempo transcurrido entre dos pasos consecutivos del Sol, en su movimiento diurno aparente, por el meridiano de un mismo lugar. Arbitrariamente, el día se ha dividido en 24 horas, la hora en 60 minutos y el minuto en 60 segundos.

Un **año** es el tiempo que tarda el Sol en recorrer aparentemente la eclíptica. El año se divide en 12 meses y en un poco más de 52 semanas, que también son unidades arbitrarias elegidas para su subdivisión.

Por otra parte, **para precisar un instante, se puede utilizar la variación del horario de un astro cualquiera, expresada en horas** (como se indicó en el apartado 2.3.5), ya que dicha variación es función del tiempo. Así expresado, este horario toma el nombre de hora o tiempo. En la Figura 2.34 se vio cómo el movimiento aparente de las proyecciones del semicírculo horario de un astro sobre el ecuador es análogo al de la manecilla pequeña de un reloj analógico graduado de 0 a 24 horas.

Para que un astro nos permita medir correctamente el tiempo, este movimiento (variación en horario) **debe ser uniforme, para lo cual su variación en ascensión recta** (o ángulo sidéreo) **debe ser también uniforme**.

El primer punto de Aries ha demostrado ser el punto de referencia de la esfera celeste más conveniente para medir la rotación terrestre, dando lugar al **tiempo sidéreo**. No obstante, el tiempo rotacional también se mide utilizando el Sol como astro de referencia, a pesar de constituir un reloj astronómico imperfecto, dando lugar al denominado **tiempo solar**.

2.4.2. Tiempo sidéreo

Entre los puntos de referencia bien definidos sobre la esfera celeste, el más conveniente para medir la rotación de la Tierra es el **primer punto de Aries**. En efecto, un observador dado puede medir directamente el movimiento angular del meridiano local respecto a Aries, sin más que observar el paso por el meridiano local de estrellas de ascensión recta conocida[12].

[12] Como es sabido, las ascensiones rectas se cuentan sobre el ecuador, a partir del primer punto de Aries, y, por tanto, en el instante del paso de una estrella por el meridiano su ascensión recta es igual al ángulo horario de Aries.

De esta forma resulta que las sucesivas posiciones de la Tierra en su movimiento de rotación se determinan con gran precisión, respecto a un observador arbitrario, por el valor del ángulo horario de Aries en el meridiano del observador[13].

Se define **día sidéreo** como el intervalo de tiempo —sidéreo— transcurrido entre dos pasos consecutivos del punto ♈ por el meridiano superior de un mismo lugar. Así, pues, en un día sidéreo el ángulo horario de Aries aumenta 360°. El día sidéreo se divide en 24 horas sidéreas —que se cuentan a partir de la culminación superior— medida cada hora por un movimiento horario de 15°. Cada hora sidérea se divide en 60 minutos sidéreos y cada minuto sidéreo en 60 segundos sidéreos.

Hay que tener en cuenta, sin embargo, que Aries es un punto móvil sobre la esfera celeste, debido a los movimientos de precesión y nutación ya comentados en el apartado 2.2.8. Debido a la precesión general, el punto equinoccial medio retrograda sobre la eclíptica unos 50,3” cada año; y sobre el ecuador —círculo donde se cuentan los ángulos horarios— unos 46,1” por año. El día sidéreo medio, por tanto, resulta algo menor que la duración exacta de la rotación terrestre respecto a un equinoccio que pudiera considerarse fijo. La diferencia entre la rotación terrestre y el día sidéreo medio es de 0,0084 s (Figura 2.41).

Figura 2.41. Diferencia entre la rotación terrestre y el día sidéreo medio.

$$\frac{46{,}1''}{15} = 3{,}07 \text{ s por año}$$

$$\frac{3{,}07\text{s}}{366} = 0{,}0084 \text{ s por día}$$

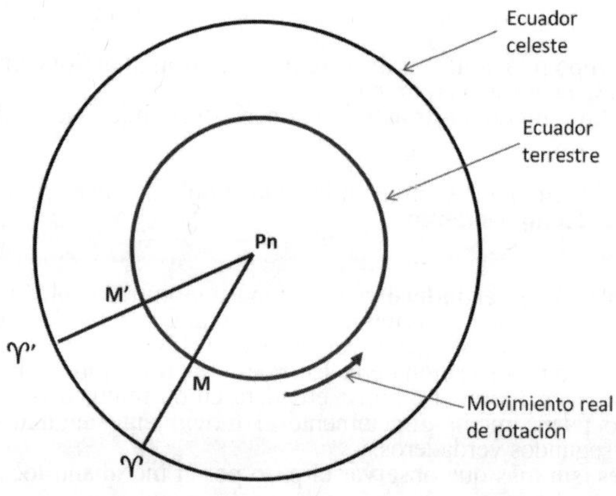

[13] Aunque es el que proporciona mayor exactitud, el tiempo sidéreo tampoco constituye una medida de tiempo uniforme, puesto que se producen ciertas irregularidades tanto en los movimientos de rotación terrestre y del meridiano como en el de precesión de Aries, entre otras.

Hora sidérea o **tiempo sidéreo local**, en un determinado instante, es el horario astronómico de Aries (hl♈) en dicho instante, expresado en tiempo. El *Almanaque Náutico* proporciona el hG♈ en arco.

El horario astronómico del primer punto de Aries es una magnitud angular que, como se vio en el apartado 2.2.6, permite establecer relaciones entre los ángulos sidéreos y los horarios de los astros:

hG★	=	**hG♈**	+	**AS★**
E+		E+		E+
W−		W−		W−

hl★	=	**hl♈**	+	**AS★**
E+		E+		E+
W−		W−		W−

Despejando en estas fórmulas el horario astronómico de Aries, se obtiene la expresión de la hora sidérea.

Actualmente, estas expresiones solo se utilizan para hallar el horario de las estrellas. **El *Almanaque Náutico* proporciona el *AS*★ y el *hG*♈, y las relaciones anteriores permiten reducir el volumen del *Almanaque*, al no tener que publicar el horario de cada estrella.**

2.4.3. Tiempo verdadero

Es el tiempo que se mide utilizando el Sol verdadero como astro de referencia.

Día (solar) verdadero es el tiempo transcurrido entre dos pasos consecutivos del centro del Sol por el meridiano superior de un mismo lugar. El día verdadero se divide en 24 horas verdaderas. La hora verdadera en 60 minutos verdaderos y el minuto verdadero en 60 segundos verdaderos.

Hora solar verdadera local (Hv) o **tiempo solar verdadero local** (Tv), en un determinado instante, es el horario astronómico del centro del Sol (hl☉) en dicho instante, expresado en tiempo. El *Almanaque Náutico* proporciona el hG☉ en arco.

Mediodía verdadero en un lugar es el momento del paso del centro del Sol verdadero por el meridiano superior de dicho lugar (*hl*☉ = 000°; Hvl = 00h). El movimiento del ángulo horario del centro del Sol verdadero entre dos mediodías consecutivos, define el día solar verdadero. Así pues, en un día solar verdadero, el ángulo horario del centro del Sol varía en 360°.

En la Figura 2.42, se muestra la combinación de los movimientos reales de rotación y traslación de la Tierra alrededor del Sol. Cuando la Tierra está en el punto *A* de su órbita elíptica alrededor del Sol, el meridiano del observador se encuentra con el centro del Sol verdadero. Después de dar una revolución completa en su movimiento de rotación, el centro del Sol no se encuentra en el meridiano de este observador porque la Tierra se ha trasladado hasta el punto *B* de su órbita. La Tierra debe seguir rotando alrededor de su eje para que el centro del Sol vuelva a estar sobre el meridiano del observador, lo que sucede cuando la Tierra alcanza la posición *C*.

Figura 2.42. Día verdadero.

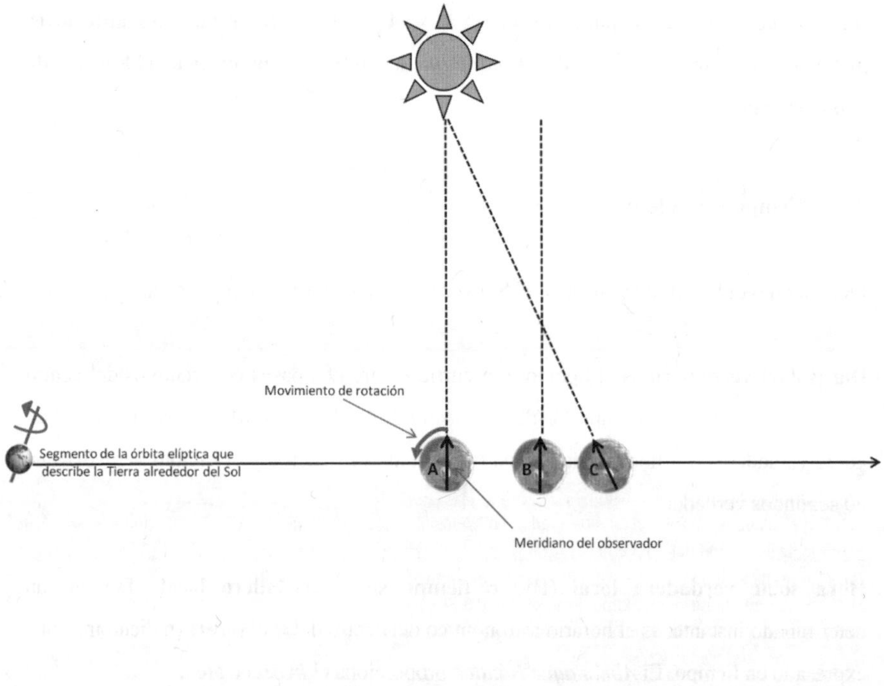

En la Figura 2.43, considerando el movimiento real de rotación de la Tierra, se tiene que el meridiano del observador (*PnM*) pasa por el Sol (*S*) y por una estrella fija (★) en un instante determinado. Después de una rotación completa de la Tierra alrededor de su eje, el meridiano encuentra de nuevo a la estrella, pero no al Sol, que se habrá trasladado en sentido directo debido a su movimiento aparente en la esfera celeste. Cuando el meridiano encuentra de nuevo al Sol (en *S'*), habrá transcurrido un día verdadero.

Figura 2.43. Movimiento aparente diario del Sol verdadero respecto a las fijas.

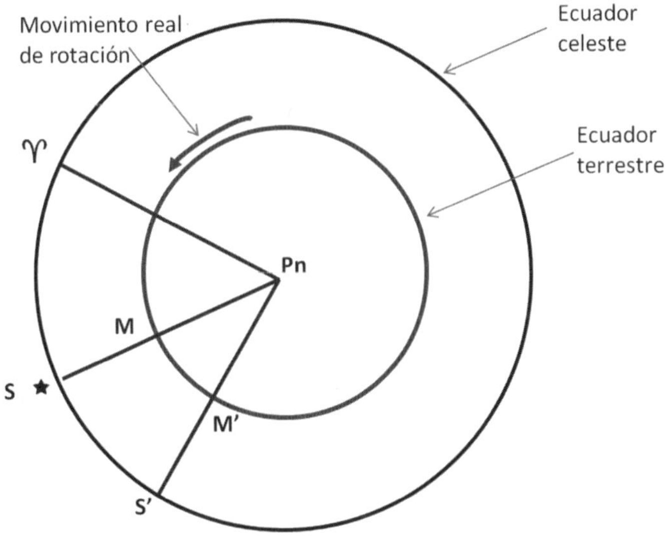

En la Figura se representan el ecuador terrestre y el celeste y las siguientes proyecciones sobre el plano ecuatorial:

Pn: polo norte

Pn♈: primer máximo de ascensión

PnM: meridiano superior de un observador en el instante en que coincide con el semicírculo horario o máximo de ascensión del Sol verdadero (*PnS*)

PnM': meridiano superior del mismo observador transcurridas 24 horas verdaderas

PnS: semicírculo horario o máximo de ascensión del Sol verdadero en un instante dado

PnS': semicírculo horario o máximo de ascensión del Sol verdadero 24 horas verdaderas más tarde

El arco de ecuador *SS'* es la diferencia en ascensión recta ($\Delta AR\odot v = \Upsilon S' - \Upsilon S$) del Sol verdadero en un día verdadero. Por tanto, un día verdadero excede la duración de un día sidéreo precisamente en dicha cantidad:

$$\textbf{1 día verdadero} = \textbf{1 día sidéreo} + \Delta AR\odot v$$

Considerando la duración del día sidéreo aproximadamente uniforme, se demuestra que la variación en ascensión recta del Sol verdadero es variable, lo que implica que los días verdaderos no tienen igual duración y que el tiempo verdadero no es uniforme[15]. **La diferencia entre el día verdadero más largo y el más corto es de unos 51 segundos.** Dado que esta discrepancia es relativamente pequeña, el tiempo verdadero se utilizó para la medida del tiempo, hasta que el perfeccionamiento de la técnica de relojería hizo que se acusara dicha diferencia. Por esta razón, el Sol verdadero ha sido sustituido por otro imaginario llamado **Sol medio**, como se verá más adelante, cuyo movimiento sobre el ecuador celeste ($\Delta AR\odot m$) sí es uniforme.

2.4.4. Tiempo medio

Para obtener un tiempo uniforme y, por tanto, días de igual duración, se ha recurrido al **Sol medio**: un Sol imaginario que **recorre el ecuador con velocidad uniforme** por lo que tiene una **variación en ascensión recta también uniforme**, condición necesaria para que la medida del tiempo por medio de este Sol (**tiempo medio**) sea, a su vez, **uniforme**. La velocidad con que el Sol medio recorre el ecuador coincide con la velocidad media del Sol verdadero sobre la eclíptica.

El tiempo que se mide tomando como referencia el Sol medio recibe el nombre de **tiempo medio**.

Día medio es el tiempo transcurrido entre dos pasos consecutivos del centro del Sol medio por el meridiano superior de un mismo lugar. La duración del día medio es el promedio de

[15] En efecto, la variación diurna del horario del Sol verdadero está sujeta a grandes y complicadas oscilaciones a lo largo del año, que tienen su origen en las desigualdades del movimiento aparente del Sol a lo largo de la eclíptica (consecuencia de la segunda Ley de Kepler) y en la inclinación de la eclíptica respecto del ecuador. Como consecuencia de tales oscilaciones, el movimiento en ascensión recta —y, por tanto, en ángulo horario— del Sol verdadero es irregular y no puede servir de base para definir un tiempo uniforme.

la de todos los días verdaderos del año. El día medio se divide en 24 horas medias; la hora media en 60 minutos medios y el minuto medio en 60 segundos medios.

La **hora media** (Hm) o **tiempo medio** (Tm) en un determinado instante, en un determinado lugar, se puede definir como el intervalo medio (es decir, evaluado en unidades de tiempo medio) transcurrido desde que el centro del Sol medio pasó por el meridiano superior de lugar. La hora media viene dada por el horario astronómico del Sol medio (*hl*⊙m) en dicho instante, expresado en tiempo. No obstante, dado que el Sol medio es imaginario, el tiempo medio no puede determinarse directamente mediante la observación, sino a partir del tiempo verdadero, tras aplicarle la ecuación de tiempo (*Et*).

Figura 2.44. Ecuación de tiempo.

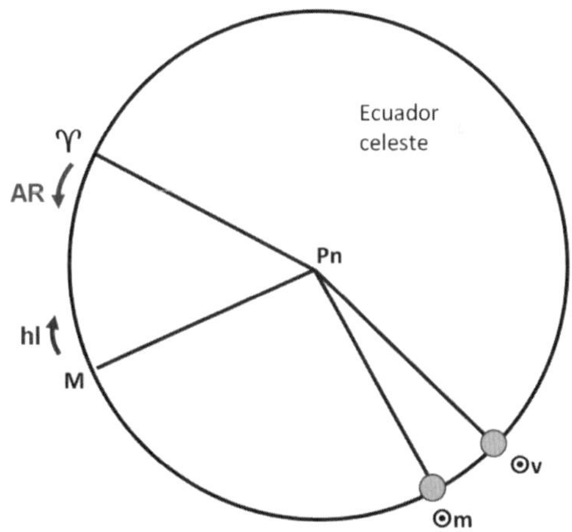

En la Figura se muestra el ecuador celeste, sobre el que se han proyectado:

Pn: polo norte celeste
Pn♈: primer máximo de ascensión
M: meridiano superior de un lugar
Pn ⊙v : semicírculo horario (o máximo de ascensión) del Sol verdadero en un instante dado
Pn ⊙m : semicírculo horario (o máximo de ascensión) del Sol medio en el mismo instante

Los arcos de ecuador celeste:
M⊙v = *hl* ⊙v (W) *M* ⊙m = *hl* ⊙m (W) ♈ ⊙v = *AR* ⊙v (E) ♈ ⊙m = *AR* ⊙m (E)

⊙v ⊙m = *Et* ⇒ ***Et* = *hl*⊙ m – *hl*⊙ v** y ***Et* = *AR*⊙ v – *AR*⊙ m**

La **ecuación de tiempo** (*Et*) indica el desfase entre la hora local media y la hora local verdadera en un instante determinado y puede definirse como la suma algebraica de todas las correcciones que es preciso aplicar a la hora solar verdadera (o lo que es lo mismo, al horario local del Sol verdadero) para despojarla de todas las irregularidades, y obtener así la hora solar media.

Hm = Hv + Et (en tiempo) **hl⊙m = hl⊙v + Et** (en arco)

Figura 2.45. Variación de la ecuación de tiempo a lo largo del año.

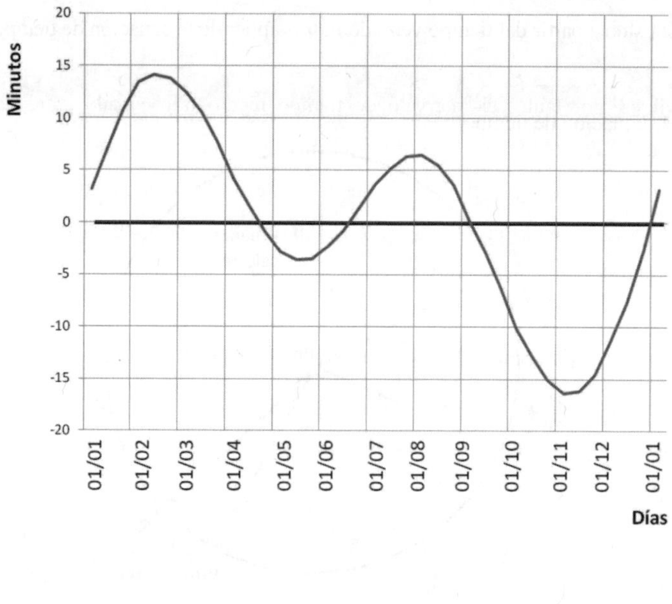

La ecuación de tiempo se reduce a cero aproximadamente el 15 de abril, el 15 de junio, el 1 de septiembre y el 24 de diciembre. Cuatro veces al año adquiere valores extremos, produciéndose los máximos, aproximadamente, el 11 de febrero (*Et* ≈ + 14 minutos) y el 2 de noviembre (*Et* ≈ – 16 minutos). En consecuencia, **la hora media difiere como máximo de la hora verdadera en unos 16 minutos** (el valor máximo de la ecuación de tiempo).

Dado que la ecuación de tiempo no se puede determinar de forma exacta, el Sol medio proporciona una unidad de tiempo aproximadamente uniforme: la **unidad de tiempo medio**. Unidad de tiempo que utilizan las siguientes clases de hora: hora civil, hora legal y hora oficial.

2.4.5. Tiempo civil

Como se ha visto, el tiempo medio se cuenta a partir del paso del centro del Sol medio por el meridiano superior del lugar, momento que señala el inicio del día medio local (Hml = 00h). Sin embargo, para el desarrollo de la vida civil, se ha considerado más práctico contar los días a partir del paso del centro del Sol medio por el **meridiano inferior de lugar**, recibiendo el tiempo contado de esta forma el nombre de hora o tiempo civil. Dado que esto tan solo supone la modificación del meridiano de referencia, **la unidad de tiempo empleada en la medida del tiempo civil es la unidad de tiempo medio**.

El **día civil** es, por tanto, el intervalo de tiempo medio transcurrido entre dos pasos consecutivos del centro del Sol medio por el meridiano inferior de un mismo lugar. Al igual que el día medio, el día civil se divide en 24 horas (de tiempo medio), cada hora en 60 minutos y cada minuto en 60 segundos. El día medio y el día civil tienen la misma duración: 24 horas de tiempo medio.

Hora civil (Hc) o **tiempo civil** (Tc) es el intervalo de tiempo medio transcurrido desde que el centro del Sol medio pasó por el meridiano inferior del lugar. Por iniciarse el día civil 12 horas medias antes que el día medio, la hora civil en cualquier instante es 12 horas mayor que la hora media correspondiente.

Figura 2.46. Hora media y Hora civil en un mismo instante.

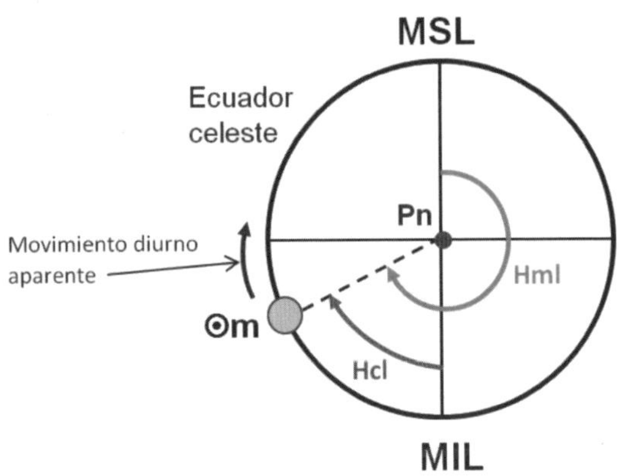

En un mismo instante, cada meridiano tiene su hora civil (Hcl). La diferencia de la hora civil de dos lugares viene dada por la diferencia de sus longitudes geográficas expresadas en tiempo. En efecto, en la Figura 2.47 se representa el ecuador celeste, las proyecciones del meridiano de Greenwich (*G*), y las de dos meridianos: *M* y *M',* ambos en longitud oeste (los radios *Pnm* y *Pnm'* representan los respectivos meridianos inferiores de lugar). En un instante cualquiera, definido por la posición del centro del Sol medio en ⊙m, se tiene una hora civil diferente en cada lugar: en *M* Hcl; y en *M'* Hcl', siendo la diferencia entre ambas la diferencia entre sus longitudes (ΔLt).

Figura 2.47. Diferencia de hora civil entre dos lugares.

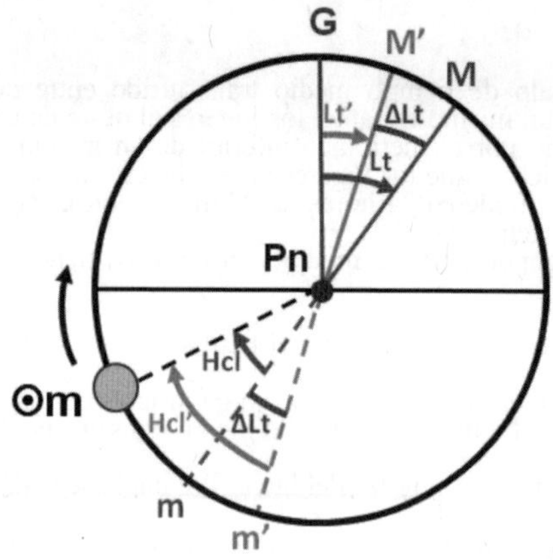

$$Hcl' - Hcl = \Delta\ Lt$$

2.4.6. Tiempo universal

Se llama **tiempo universal** (UT, de sus siglas en inglés) al tiempo civil referido al meridiano de Greenwich, es decir, a la **hora civil de Greenwich** (HcG) o tiempo transcurrido desde que el centro del Sol medio pasó por el meridiano inferior de Greenwich.

En 1912, en el Congreso Internacional de París, se decidió adoptar esta hora como referencia universal para usos astronómicos y tráfico radiotelegráfico. En el *Almanaque Náutico*, el argumento de entrada para obtener la efemérides de los distintos astros es la hora civil de Greenwich (HcG) o Tiempo Universal (TU).

Figura 2.48. Diferencia entre la *HcG* y la *Hcl* en un mismo instante.

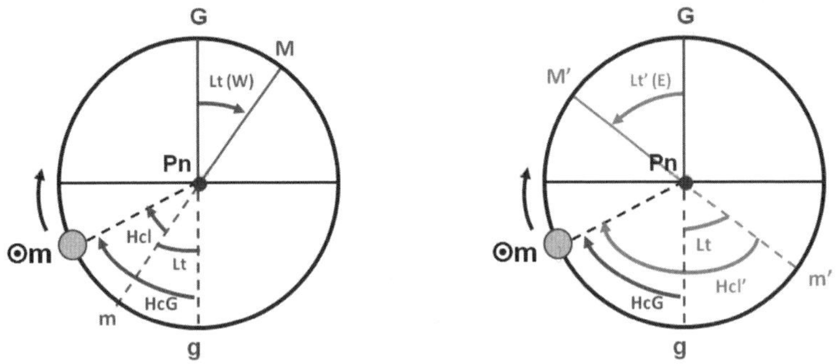

En primer lugar, se observa que, en un mismo instante, los lugares al oeste de Greenwich cuentan menos horas que en Greenwich, y que los lugares al este de Greenwich cuentan o tienen una hora mayor que en Greenwich.

Se puede obtener, asimismo, la expresión que relaciona el tiempo universal (UT u HcG) con la hora civil de lugar (Hcl) de un meridiano cualquiera, en un instante determinado:

$$\mathbf{Hcl} = \mathbf{HcG} + \overset{E+}{\underset{}{\overset{W-}{\mathbf{Lt}}}}$$

$$\mathbf{HcG} = \mathbf{Hcl} - \overset{E+}{\underset{}{\overset{W-}{\mathbf{Lt}}}}$$

En esta relación, la longitud debe estar, como es lógico, expresada en tiempo y, en ella, debe observarse el criterio de signos: longitudes al este de Greenwich, signo positivo y longitudes al oeste, signo negativo.

<u>EJEMPLO</u>: Al ser HcG = 11 h 17,6 min (12/01/2014), ¿qué Hcl será en un lugar de L = 118° 16' W?

$$\frac{\mathbf{L°}}{\mathbf{15}} = \mathbf{Lt} \quad \Rightarrow \quad \frac{118°\ 16'\ W}{15} = 07\ h\ 53{,}1\ min\ W$$

$$\mathbf{Hcl} = \mathbf{HcG} \mp \mathbf{Lt}$$

HcG	=	11 h 17,6 min (12)
Lt	=	07 h 53,1 min W –
Hcl	=	**03 h 24,5 min (12)**

N.B.: En adelante, al resolver los cálculos, horas y minutos se anotarán separados por un guión, sin expresar las unidades, que se consideran sobrentendidas.

2.4.7. Hora legal

Hace poco más de un siglo era práctica habitual que la hora usada en cada estado fuera la hora civil del meridiano principal del mismo (normalmente el meridiano que pasaba por el instrumento meridiano del principal Observatorio nacional). Así, en Inglaterra se vivía con arreglo a la hora civil de Greenwich; en Francia con arreglo a la hora del meridiano de París; etc.

En la actualidad, esta situación sería impensable, pues las relaciones internacionales se verían dificultadas de seguir empleándose el tiempo civil para poner en hora los relojes. En efecto, en un mismo instante la hora civil es diferente para cada meridiano y, dado que dicha diferencia no es un número exacto de horas (sino el valor de la diferencia en longitud expresada en tiempo), resultaría poco práctico adoptar, en la vida cotidiana, la hora civil de lugar (Hcl) para la medida del tiempo.

A bordo de los buques, en particular, para cada grado de diferencia en longitud contraído habría que adelantar (navegando hacia el este) o atrasar (navegando hacia el oeste) 4 minutos la hora que señala el reloj de bitácora.

Para evitar esta situación, en 1912 se adoptó, por acuerdo internacional, el convenio de los husos horarios, en virtud del cual, la Tierra queda dividida en 24 zonas o husos horarios, contando los lugares comprendidos en un mismo huso horario la misma hora, denominada **hora legal** u **hora de zona** (Hz).

En la Figura 2.49 se muestra la división del ecuador terrestre en 24 husos horarios. **Cada huso comprende 15° de arco de ecuador o, si se expresa en tiempo, una hora**. Los husos horarios se numeran de la siguiente forma:

- huso cero (*Z* = 0) que tiene como meridiano central el meridiano superior de Greenwich, y como meridianos límite de huso los de L = 7° 30' E y L = 7° 30' W.

- 12 husos hacia el este (signo positivo)

- 12 husos hacia el oeste (signo negativo)

Hay que señalar que el huso 12 es el que tiene como meridiano central el de L = 180° (meridiano inferior de Greenwich) y como meridianos límite de huso los de L = 172° 30' E y L = 172° 30' W. La mitad de este huso horario corresponde al huso 12 W y la otra mitad al huso 12 E.

Figura 2.49. División del ecuador terrestre en 24 husos horarios.

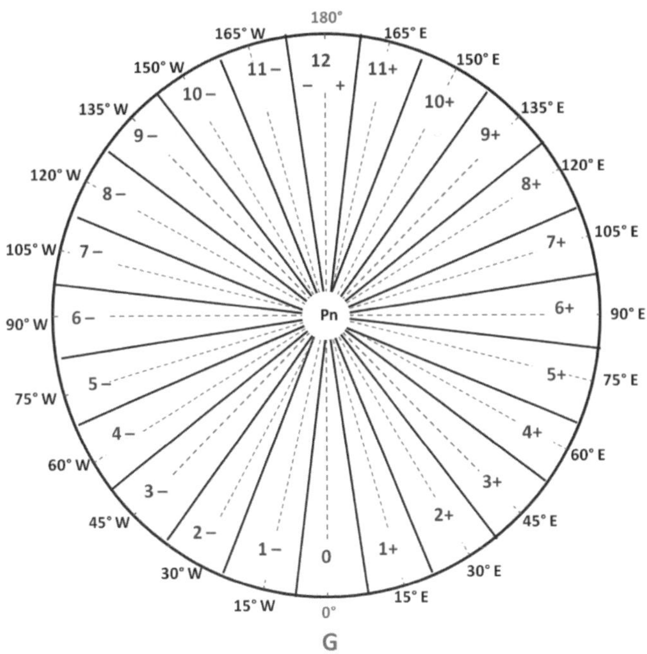

Todos los lugares comprendidos dentro del mismo huso horario cuentan la misma **hora legal** (Hz), que es **la hora civil de lugar correspondiente al meridiano central del huso**. Así, la hora legal del huso cero es la hora civil de Greenwich (***Z* = 0 → Hz = HcG**).

Con este sistema de husos horarios, en un instante determinado, la diferencia entre dos horas legales es siempre un número exacto de horas, ya que dos meridianos centrales consecutivos tienen una diferencia en longitud de 15° (o una hora). Como la hora civil en Greenwich (HcG o UT) es la hora legal (Hz) del huso cero, para pasar de HcG a Hz y viceversa, bastará conocer el huso horario o zona del lugar (que proporciona el número de horas de diferencia), teniendo en cuenta que las zonas al este de Greenwich cuentan más hora que en el huso cero, y menos horas al oeste de Greenwich:

$$\textbf{Hz} = \textbf{HcG} + \underset{}{\overset{\text{E}+}{\underset{\text{W}-}{}}}\textbf{Z}$$

$$\textbf{HcG} = \textbf{Hz} - \overset{\text{E}+}{\underset{\text{W}-}{}}\textbf{Z}$$

Para determinar la zona o huso horario en que se encuentra un lugar, debe expresarse su longitud en tiempo: Lt = *H* h *M* min. Si el número de minutos *M* es menor de 30, el número de horas *H* es el del huso horario ($M < 30$ min → $Z = H$); si, por el contrario, el número de minutos *M* excede los 30 minutos, la zona es una unidad mayor que el número de horas *H* de la longitud en tiempo ($M > 30$ min → $Z = H + 1$). Como es obvio, la zona será este u oeste, según sea la longitud.

<u>EJEMPLO</u>: El 3 de abril de 2001, al ser HcG = 05 h 12 min, se desea calcular la Hz y la Hcl que habrá en dos lugares de L = 25° W y de L = 035° W, respectivamente.

L = 25° W → Lt = 1 h 40 min W → Z = 2 W

HcG	=	05-12 (3)	HcG	=	05-12 (3)
Lt	=	01-40 W –	Z	=	2 W –
Hcl	=	**03-32 (3)**	**Hz**	=	**03-12 (3)**

L = 35° W → Lt = 2h 20 min W → Z = 2 W

HcG	=	05-12 (3)		HcG	=	05-12 (3)
Lt	=	02-20 W –		Z	=	2 W –
Hcl	=	**02-52 (3)**		**Hz**	=	**03-12 (3)**

La diferencia en longitud entre los meridianos central y límite de un huso es de 7,5° (arco) o 30 min (tiempo), por lo cual, para cualquier lugar de un huso, la diferencia entre su hora legal y su hora civil será como máximo de 30 minutos.

A bordo, cuando el buque se encuentre en puerto, la hora que se lleva en el reloj de bitácora (**Hrb**) es la hora oficial (**Ho**) del país. En navegación, en el reloj de bitácora se llevará la hora legal (**Hz**) del huso correspondiente. Normalmente, la **hora del reloj de bitácora** no se cambia en el instante de cruzar el huso, sino que, con el fin de no perturbar el normal funcionamiento de los servicios del buque, suele hacerse durante las guardias de mar nocturnas. Si se cambia de huso horario navegando hacia el este, se adelanta una hora el reloj de bitácora; y se atrasará una hora si el huso horario se cruza navegando hacia el oeste. No obstante, en los cálculos que aquí se plantean, se considerará siempre que la hora del reloj de bitácora es siempre igual a la hora legal (**Hrb = Hz**).

2.4.8. Hora oficial

La hora oficial (Ho) es la adoptada por los diferentes estados, a partir del Convenio Internacional de Husos Horarios. No obstante, la hora oficial no siempre coincide con la hora legal (Hz).

Algunos países, por ejemplo, consideran una única zona horaria, aunque algunos de sus territorios queden fuera de esta. Este es el caso del estado español, en el que todo el territorio peninsular tiene la misma hora oficial, a pesar de que no todo queda dentro del mismo huso horario: en su mayor parte pertenece al huso cero; pero, una pequeña porción al NW queda en el huso 1 W.

También es frecuente que los países tiendan a adelantar la hora (sobre todo en verano), a fin de aprovechar al máximo la luz solar. Así, por ejemplo, además de lo expuesto en el párrafo anterior, en el estado español los meses de invierno se tiene una hora de adelanto respecto de la hora legal correspondiente, y dos en verano.

El *Almanaque Náutico* (pp. 393-396) ofrece una lista de países indicando cuál es la diferencia entre la hora civil en Greenwich y la hora oficial (O = TU – Ho):

Ho = HcG – O

EJEMPLO: Al ser HcG = 15-32,8 (19 de febrero de 2014), ¿cuál es la Ho en las Islas Galápagos (Ecuador)?

Almanaque Náutico, p. 394: Galápagos: TU – Ho = + 6 h

HcG	=	15-32,8 (19)
O	=	6 +(–)
Ho	=	**09-32,8 (19)**

La Oficina Internacional de Pesos y Medidas de París (BIPM, de sus siglas en francés) es la entidad encargada de la metrología, a escala mundial. En lo que a la hora se refiere, es la encargada de mantener el Tiempo Universal Coordinado (UTC, de sus siglas en inglés), que es la escala de tiempo utilizada en la actualidad para diseminar las señales horarias, como se verá en el siguiente apartado. Así, por ejemplo, en Bilbao, la hora oficial en verano es UTC + 2h.

2.4.9. Tiempo Atómico Internacional (TAI) y Tiempo Universal Coordinado (UTC)

En la década de 1970, la escala de tiempo atómico vino a reemplazar a la escala de tiempo rotacional utilizada hasta entonces, basada en el movimiento irregular de rotación de la Tierra. En efecto, en 1971, por decisión de la XIV Conferencia General de Pesas y Medidas, se adoptó el denominado **Tiempo Atómico Internacional** (TAI), una escala de tiempo uniforme y estable, que no está sincronizada con la rotación terrestre. La Oficina Internacional de Pesos y Medidas (BIPM, en sus siglas en francés) mantiene la unidad de esta escala de tiempo atómico lo más próxima posible al segundo definido en el Sistema Internacional, utilizando los datos provenientes de unos 400 relojes atómicos emplazados en 69 institutos nacionales.

Cuando se adoptó el TAI, algunas comunidades de usuarios, en particular quienes utilizaban la navegación astronómica, demandaron que esta escala estuviera de alguna manera sincronizada con la rotación terrestre. En 1972, la Unión Internacional de Telecomunicaciones (ITU, de sus siglas en inglés) definió un procedimiento consistente en la adición de un segundo intercalar cuando fuera necesario, de tal suerte que la diferencia entre la referencia de tiempo internacional (TAI) y el tiempo rotacional (HcG o UT) fuera inferior a 0,9 s. La escala resultante se denomina **Tiempo Universal Coordinado** (UTC en sus siglas inglesas) y es la que mantiene el BIPM y la que se difunde a través de las radioseñales horarias.

En resumen, UTC conserva, desde enero de 1972, el mismo ritmo que la escala de tiempo atómico TAI; pero difiere de esta escala un número exacto de segundos, el necesario para que el UTC no difiera del UT, argumento de entrada del *Almanaque Náutico*, en más de 9 décimas de segundo (0,9 s). El Servicio Internacional de Rotación de la Tierra y Sistemas de Referencia (IERS, en sus siglas en inglés), responsable de monitorizar la rotación terrestre, es el organismo que decide y anuncia las fechas en las que se introducirán los segundos intercalares. Desde la adopción de este sistema en 1972 ha sido necesario añadir 26 segundos a la hora UTC. El último ha sido introducido el 1 de julio de 2015, al ser 00 h UTC.

Tabla 2.7. Segundos intercalares a 1 de julio de 2015 (TAI – UTC).

Segundo intercalar positivo	TAI - UTC	Número total de segundos intercalares desde enero de 1972
1 julio 2012	35 s	25 s
1 julio 2015	36 s	26 s

Señalar, por último, que la introducción de segundos intercalares está siendo cuestionada. De hecho, el IERS anunció que no añadiría el 31 de diciembre de 2014 el segundo intercalar que correspondía. Ante esto, la Oficina del Almanaque del

Almirantazgo inglés se planteó la posibilidad de publicar el *Nautical Almanac* para 2015 utilizando como argumento de entrada para las efemérides la hora UTC. Finalmente, no fue necesario y el segundo intercalar se ha introducido al finalizar el mes de junio de 2015.

2.4.10. Fecha del meridiano 180°

En la Figura 2.50 se representan el ecuador celeste y el terrestre y sobre estos las proyecciones de los meridianos de dos lugares uno al este y otro al oeste de Greenwich, ambos con una longitud muy próxima a los 180°:

$$Lt\,(M) = 12\text{ h} - a \;\text{ W} \qquad Lt\,(M') = 12\text{ h} - a \;\text{ E}$$

Figura 2.50. Fecha del meridiano 180°.

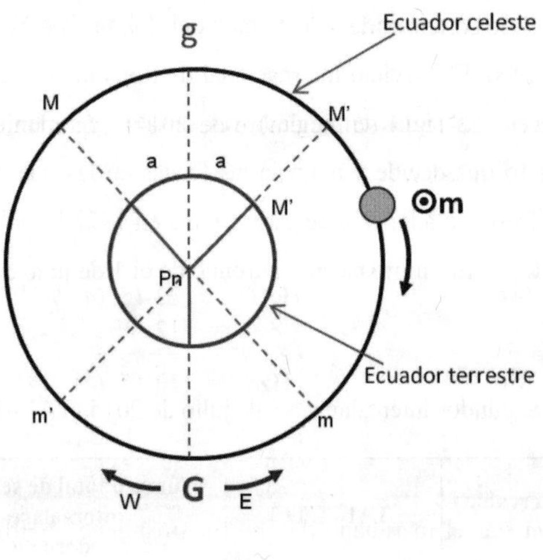

Sabiendo que, en un instante determinado, Hcl = HcG + Lt (E+, W–), en la Figura se tiene:

$$Hcl\,(M') = HcG + (12\text{ h} - a)\text{ E} + \; = HcG + (12\text{ h} - a)$$
$$Hcl\,(M) = HcG + (12\text{ h} - a)\text{ W} - \; = HcG - (12\text{ h} - a)$$

Restando ordenadamente: $Hcl\,(M') - Hcl\,(M) = (12\text{ h} - a) + (12\text{ h} - a) = 24\text{ h} - 2a$

Si se hace que *a* sea igual a cero, esto es, que los meridianos *M* y *M'* se confundan con el meridiano de 180°, se tendrá: Hcl (*M'*) – Hcl (*M*) = 24 h ⇨ **Hcl (*M'*) = Hcl (*M*) + 24 h**.

Esto demuestra que en el meridiano inferior de Greenwich, o meridiano de 180°, se tiene una misma hora (Hcl); pero, según se venga de un lugar de longitud este u oeste, se tiene un día de diferencia en la fecha.

De forma similar, todos los lugares en el huso horario 12 cuentan con la misma hora legal; pero, la fecha en los lugares de la zona 12 E es mayor en una unidad que la fecha de los de la zona 12 W. Por ello, al cruzar el meridiano de 180° navegando hacia el este (se pasa de tener L = E a tener L = W), habrá que disminuir en una unidad la fecha del reloj de bitácora. Y, del mismo modo, navegando hacia el oeste, al cruzar el meridiano de 180° (se pasa de tener una L = W a tener una L = E), habrá que aumentar en una unidad la fecha del reloj de bitácora. Esto es en la realidad. Al resolver los cálculos que se proponen, el problema desaparece puesto que la Hrb (u Hz) se calcula a partir de la HcG, obteniéndose directamente la fecha que le corresponde.

EJEMPLO: Al ser HcG = 22-15 (4 de diciembre de 2014), ¿qué Hz es en un lugar de L = 178° E y en otro de L = 178° W?

HcG	=	22-15 (4)	HcG	=	22-15 (4)
Z	=	12 E +	Z	=	12 W –
Hz	=	**10-15 (5)**	**Hz**	=	**10-15 (4)**

Como se ha visto, al cruzar el meridiano de 180°, se mantiene la Hrb pero se atrasa o adelanta la fecha en una unidad, según se navegue hacia el este o hacia el oeste. Este cambio de un día en la fecha que debe hacerse en la mar, al cruzar el meridiano inferior de Greenwich, no se lleva, como es lógico, de forma tan rigurosa en tierra, en las islas y territorios en las proximidades del mismo. La denominada **línea internacional de cambio de fecha**, no coincide exactamente con el meridiano de 180°, sino que presenta una serie de inflexiones para evitar, por ejemplo, que en una misma unidad territorial se tengan fechas diferentes.

2.4.11. Aceleración de las fijas (*A*) y retardo de la luna (*R*°)

En la Figura 2.51 se representan el ecuador terrestre y el celeste, sobre los que se ha proyectado el meridiano de un observador (*PnM*), el semicírculo horario del Sol medio (*PnSm*), así como el primer máximo de ascensión (*Pn*♈).

En su movimiento real de rotación, la Tierra gira de occidente a oriente (sentido antihorario). En un instante dado, el meridiano del lugar (*M*) pasa por una estrella ecuatorial (★) y por el Sol medio (*Sm*). Más tarde, tras completar la Tierra una revolución en su movimiento de rotación, el meridiano *M* encontrará de nuevo la estrella. Pero, debido a que el Sol medio tiene un movimiento diario en ascensión recta, en sentido directo, el meridiano *M* tendrá que recorrer, además, el arco *SmSm'* para encontrar de nuevo al Sol medio.

Figura 2.51. Aceleración de las fijas.

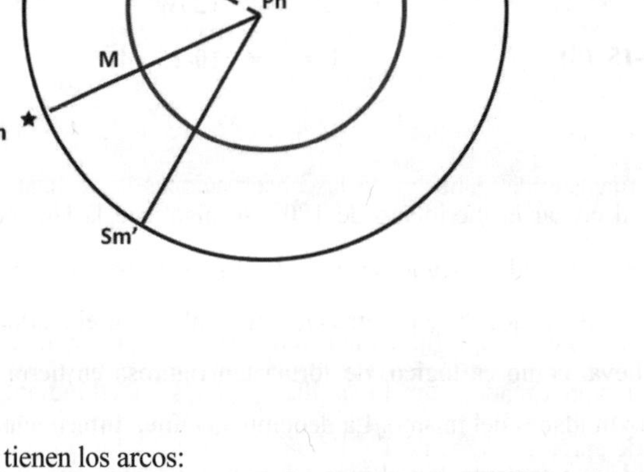

En la Figura se tienen los arcos:

$$SmSm' = ♈Sm' - ♈Sm = AR⊙m' - AR⊙m = \Delta AR⊙m$$

Al valor en tiempo de la variación diaria de la ascensión recta del Sol medio (ΔAR⊙m) se le da el nombre de **aceleración de las fijas (*A*)**, ya que al pasar el meridiano por la estrella antes que por el Sol medio, aquella parece haberse adelantado a este dicha cantidad, lo que se aprecia con un reloj que bata tiempo medio, como los que nosotros utilizamos. Este valor se ha cuantificado en:

$$A = \Delta AR\odot\text{m} = 3\text{ min }55{,}91\text{ s de tiempo medio.}$$

Lo que indica que un día medio es más largo que un día sidéreo en esa cantidad:

$$1\text{ día medio} = 1\text{ día sidéreo} + \Delta AR\odot\text{m}$$

A lo largo del año, el Sol se mueve aparentemente, hacia el este, entre las estrellas. La diferencia entre el día solar medio y el sidéreo es de unos 4 minutos. Si, por ejemplo, se toma como referencia el instante del orto de una estrella, cualquier noche, esta saldrá aproximadamente 4 minutos antes que la noche anterior. Expresado de otra forma, como consecuencia de que nuestros relojes baten segundos de tiempo solar medio, la esfera celeste parece moverse hacia el oeste aproximadamente un grado cada noche. La vuelta completa (360°) se asocia con el año. Es por esto por lo que las constelaciones que vemos en verano y en invierno, por ejemplo, no son las mismas.

A diferencia de las estrellas, que presentan aceleración, la **Luna presenta retardo (*R*°)**.

La causa de que las estrellas, prácticamente fijas sobre la esfera celeste, presenten aceleración, se debe a la variación diaria de la ascensión recta del Sol medio (ΔAR⊙m o aceleración de las fijas) unida al hecho de las observaciones se realizan tomando como referencia el tiempo medio.

La Luna, en cambio, no permanece fija en la esfera celeste, sino que tiene un movimiento en ascensión recta de aproximadamente 13° al día; mientras que el movimiento del Sol en ascensión recta es de aproximadamente 1° al día (v. Figura 2.10 en el apartado 2.1.5). En consecuencia, la Luna parece retrasarse en unos 50 minutos cada día.

Completada esta pieza del puzle adecuadamente, se habrán adquirido los resultados de aprendizaje esperados, que se muestran en la Tabla 2.8, y que pueden resumirse así: «Conoce, comprende y utiliza con soltura los elementos de la astronomía de posición indispensables para la navegación astronómica».

Tabla 2.8. Pieza 2: resultados de aprendizaje esperados.

Resultados de aprendizaje
Conoce qué cuerpos celestes se emplean en la navegación astronómica y por qué.
Sabe distinguir un planeta de una estrella e identifica las estrellas que observa por medio de enfilaciones o con ayuda de planisferios.
Explica las consecuencias de los movimientos de traslación y de rotación de la Tierra.
Define y utiliza adecuadamente los distintos sistemas de coordenadas celestes.
Deduce y maneja las expresiones que relacionan las coordenadas que se miden en el ecuador.
Construye correctamente el triángulo de posición, define sus elementos.
Obtiene las coordenadas horarias de un astro a partir de las horizontales, empleando un procedimiento gráfico.
Conoce los principios del movimiento aparente de los astros (diurno, anual).
Describe las condiciones necesarias para que un astro sea circumpolar, para que corte el vertical primario y para que pase por el meridiano (superior e inferior) de lugar por encima del horizonte.
Explica la variación de las coordenadas celestes de los astros, como consecuencia de su movimiento aparente.
Demuestra que la altura del polo elevado sobre el horizonte es igual a la latitud del lugar.
Aplica las fórmulas para el cálculo de la latitud del lugar por observación de la altura de la estrella Polar y por la observación de los astros a su paso por meridiano.
Conoce significativamente las distintas escalas de tiempo que se emplean en navegación, así como las distintas clases de hora que emplean unidades de tiempo medio.
Convierte unas clases de hora en otras.
Explica cómo se obtiene la longitud por la comparación de hora entre dos lugares.
Entiende la necesidad de utilizar una hora de referencia universal (TU).
Comprende los conceptos de aceleración de las fijas y retardo de la Luna.

2.5. Ejercicios resueltos

2.5.1. Astros

2.5.1.1. En la figura que se adjunta, identifica las estrellas que reconozcas.

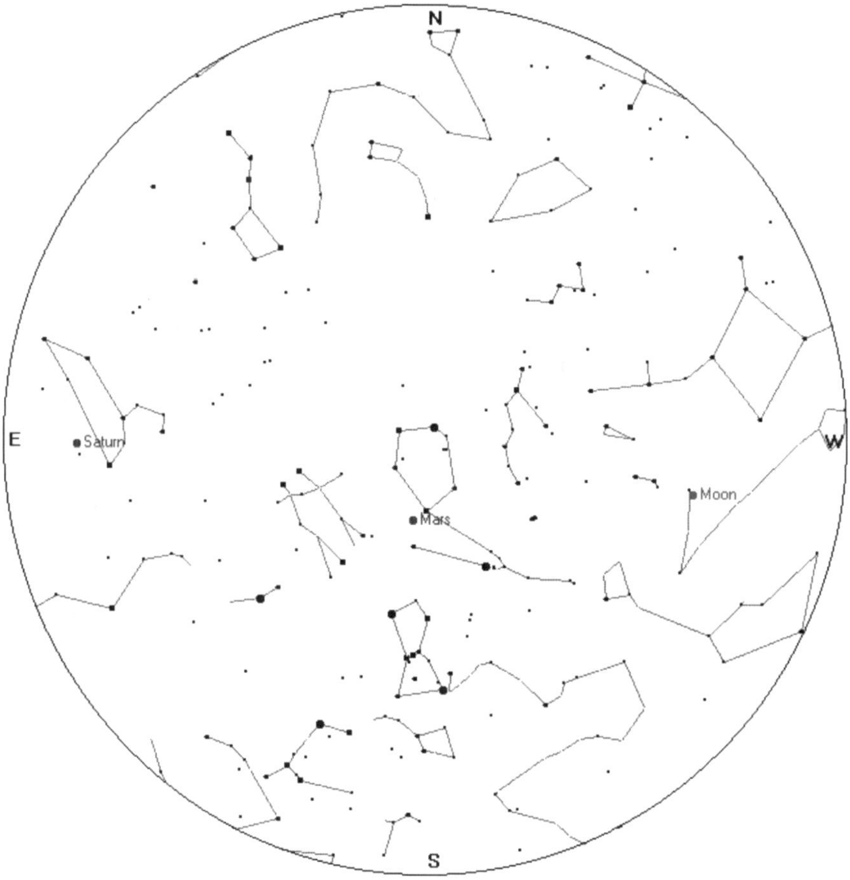

De las estudiadas anteriormente, en la mitad superior de la figura, son fácilmente reconocibles las constelaciones Osa Mayor, Osa Menor, Cassiopea y Pegaso.

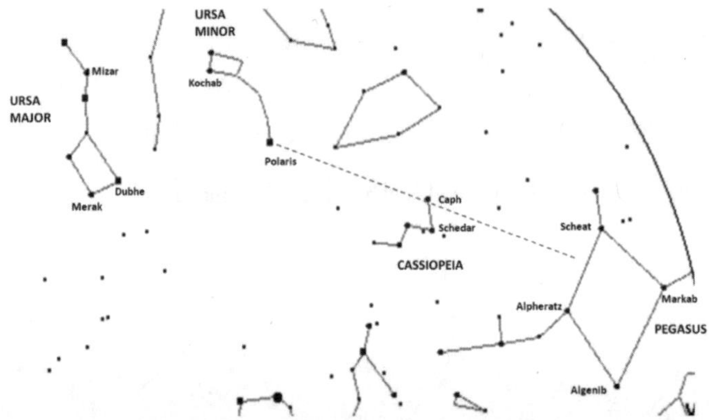

En la mitad inferior, se distingue claramente Orión y, a partir de enfilaciones, algunas estrellas próximas de primera magnitud.

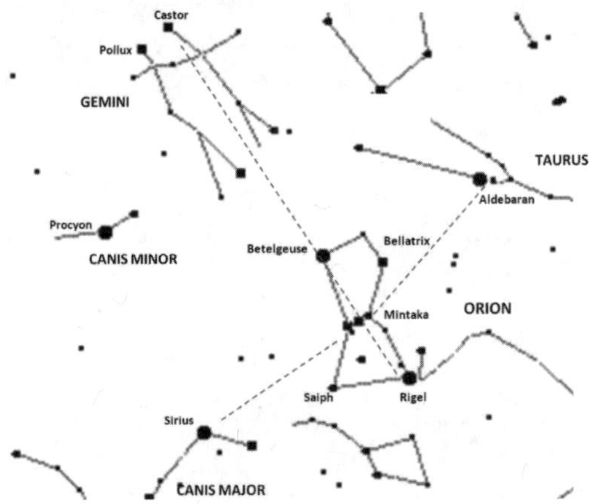

2.5.2. Coordenadas celestes

2.5.2.1. Dibuja la esfera celeste (polo elevado arriba y hemisferio oriental por detrás del papel) correspondiente a un observador en l = 43° N, L = 042° W.

a) Indica claramente los siguientes elementos: ecuador, MSL, puntos cardinales, primer meridiano y coordenadas geográficas.

b) Sitúa en la esfera un astro con d ★ = 38° S y hl ★ = 140°

c) Dibuja el triángulo de posición correspondiente, indicando el valor de los ángulos y lados que puedas, sin hacer cálculos adicionales.

a)

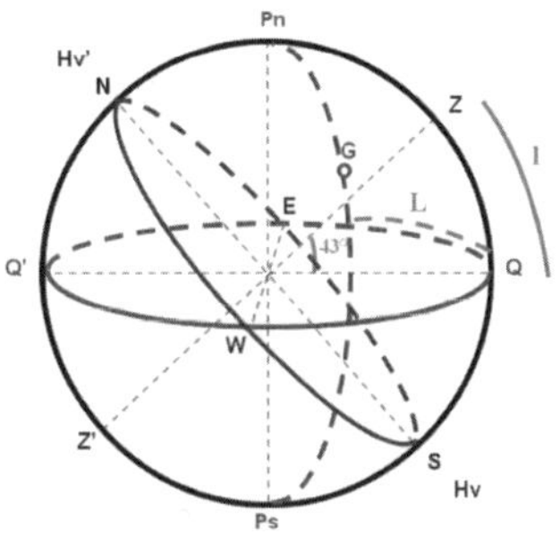

- Ecuador: círculo máximo QQ'
- MSL: semicírculo máximo PnZPs
- Puntos cardinales: N, S, E y W indicados sobre el horizonte verdadero (HvHv')
- Primer meridiano: semicírculo máximo PnGPs
- Coordenadas geográficas: latitud (l) y longitud (L)

b)

Para situar el astro con d ★ = 38° S y hl ★ = 140°, en primer lugar, utilizando el hl, determinamos el punto del ecuador por donde debe pasar el semicírculo horario del astro y lo trazamos.

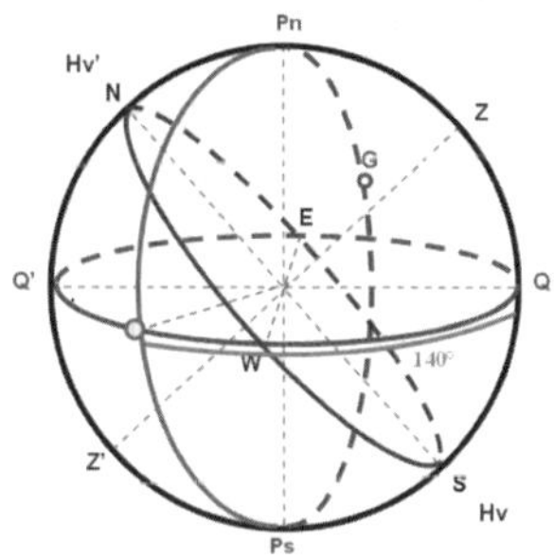

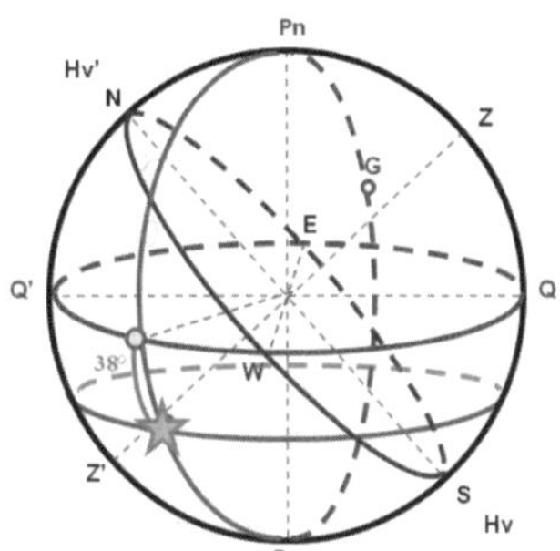

Después, sobre el semicírculo horario, llevamos el valor de la declinación del astro, desde el ecuador hacia el polo sur, y trazamos el paralelo de declinación del astro, que se encontrará en la intersección de ambos círculos.

c)

Para trazar el triángulo de posición, formado en las posiciones del polo elevado (Pn en este caso), astro y zenit, necesitamos trazar primero el vertical del astro, semicírculo máximo ZAZ'.

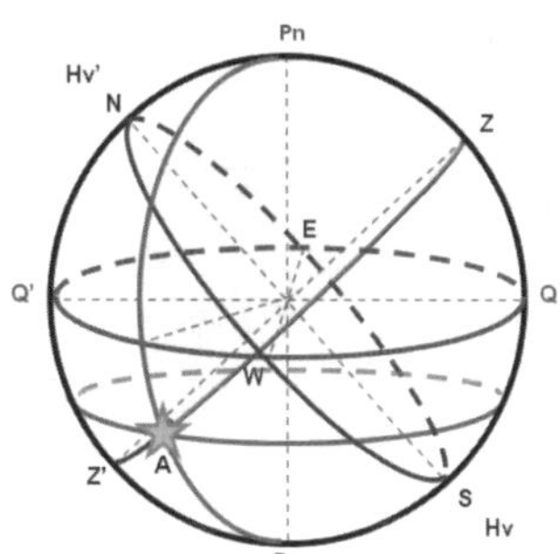

Los lados son:

- Arco PnZ: colatitud (c). Arco de meridiano superior de lugar: c = 90° – l = 47°.
- Arco PnA: distancia polar (Δ). Arco de semicírculo horario: Δ = 90° + d★ = 128°. En este caso, Δ > 90° por ser la latitud y la declinación de distinta especie.
- Arco AZ: distancia cenital (z). En este caso, se aprecia en la figura que el astro queda bajo el horizonte y el arco de vertical AZ será mayor de 90°. No es este el caso de los astros que se observan en la mar, ya que se encuentran siempre sobre el horizonte y su distancia cenital es siempre menor de 90°.

El ángulo en el polo elevado, comprendido entre el plano del meridiano de lugar y el del semicírculo horario del astro, se corresponde con el arco de ecuador que estos semicírculos máximos interceptan. Se trata de una forma de expresar el horario local del astro, de 000° a 180°. En este caso, el ángulo en el polo coincide con el horario local astronómico: hl ★ = 140°W.

2.5.2.2. Expresa los siguientes horarios locales astronómicos como ángulo en el polo según corresponda: hl = 000°, hl = 050°, hl = 090°, hl = 120°, hl = 180°, hl = 190°, hl = 270°, hl = 285°, hl = 322°, hl = 360°.

El horario local se mide sobre el ecuador celeste, a partir del meridiano superior de lugar (MSL), hasta el pie del semicírculo horario del astro, y se cuenta de 000° a 360° por el oeste.

El ángulo en el polo, elemento del triángulo de posición, mide como máximo 180°. Es una forma de expresar el horario, contado a partir del MSL, de 000° a 180° hacia el este o hacia el oeste.

	hl astronómico	Ángulo en el polo
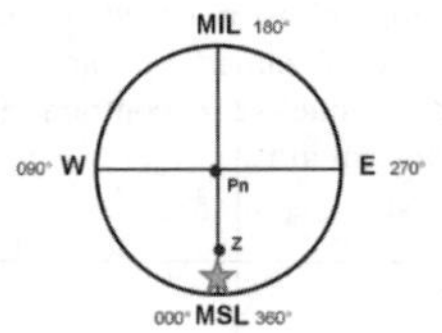	000°	000°
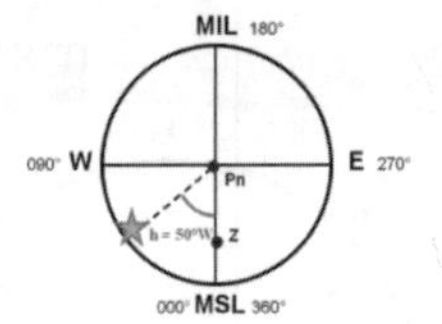	050°	050° W
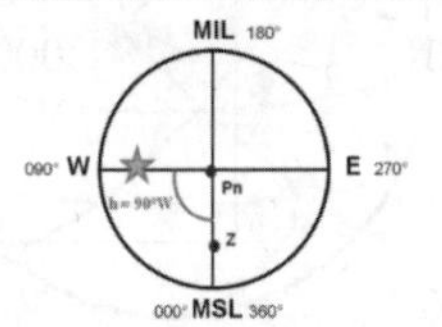	090°	090°W

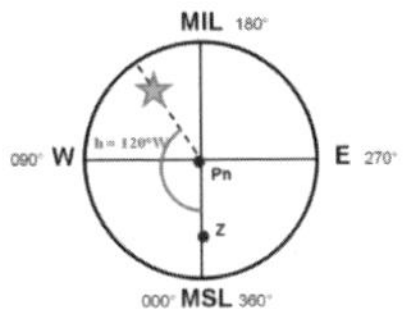	120º	120º W
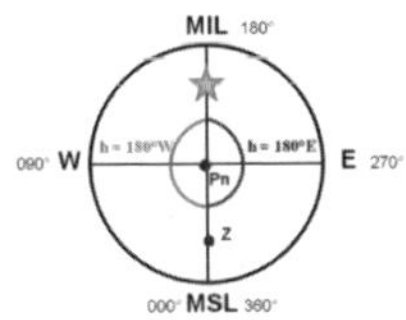	180º	180º
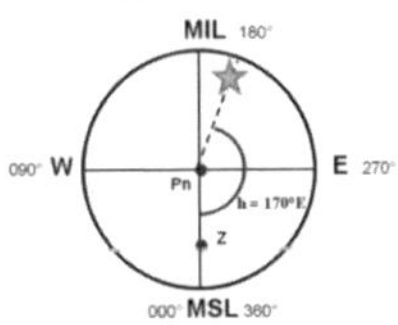	190º	170º E
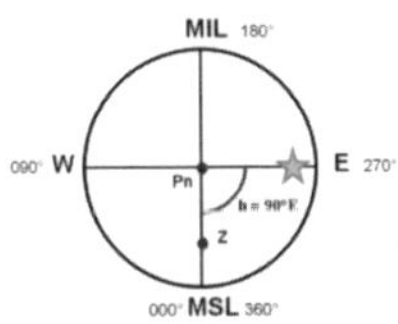	270º	090º E
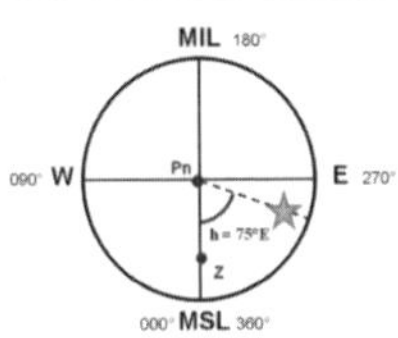	285º	075º E
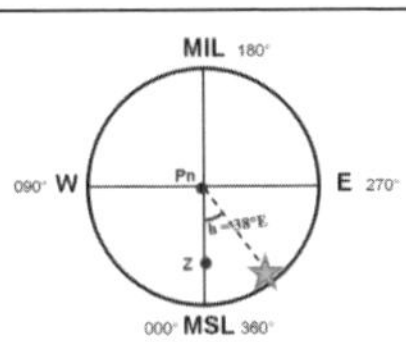	322º	038º E
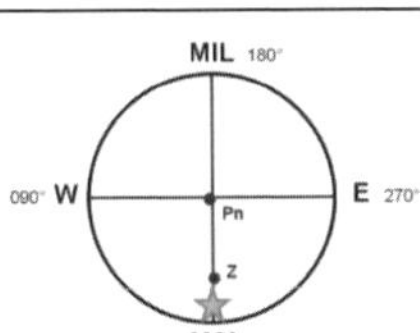	360º	000º

2.5.2.3. Dibuja la esfera celeste (zenit arriba y hemisferio occidental por detrás del papel) correspondiente a un observador en l = 35° S y L = 175° E.

a) Indica claramente los siguientes elementos: ecuador, horizonte, puntos cardinales, meridiano de Greenwich (MSG), meridiano superior de lugar (MSL), coordenadas geográficas y vertical norte.

b) Sitúa en la esfera un astro con av★ = 26° y Zv ★ = 300°

c) Dibuja el triángulo de posición correspondiente, indicando el valor de los lados y ángulos que puedas, sin hacer cálculos adicionales.

a)

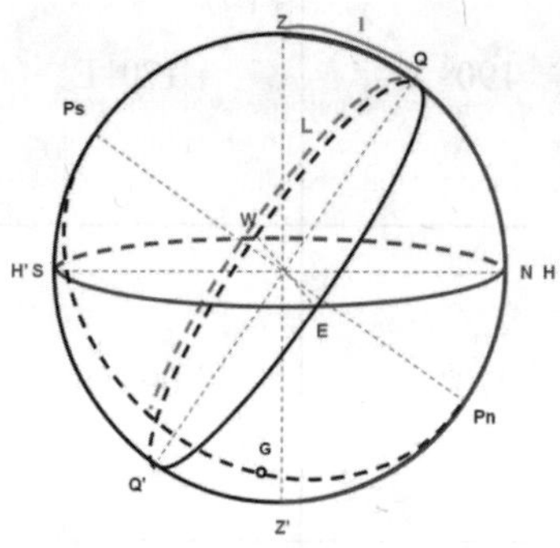

- Ecuador: círculo máximo QQ'
- Horizonte verdadero: círculo máximo HH'
- Puntos cardinales: N, S, E y W indicados sobre el horizonte verdadero
- MSG o primer meridiano: semicírculo máximo PnGPs
- MSL: semicírculo máximo PnZPs
- Coordenadas geográficas: latitud (l) y longitud (L)
- Vertical norte: semicírculo máximo ZNZ'

b)

Para situar el astro con av★ = 26° y Zv★ = 300°, en primer lugar, utilizando el azimut, determinamos el punto del horizonte por donde debe pasar el vertical del astro y lo trazamos.

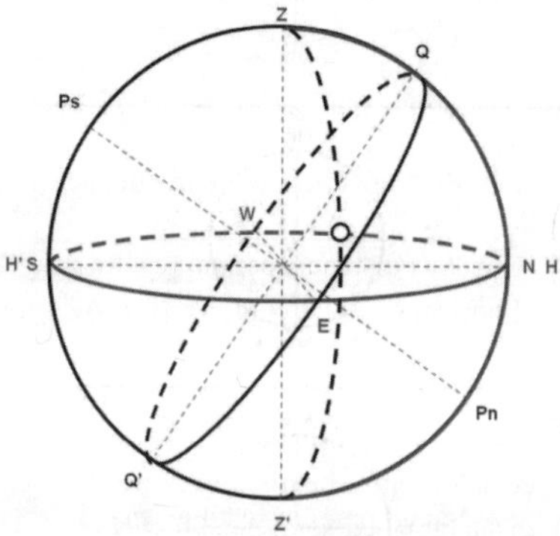

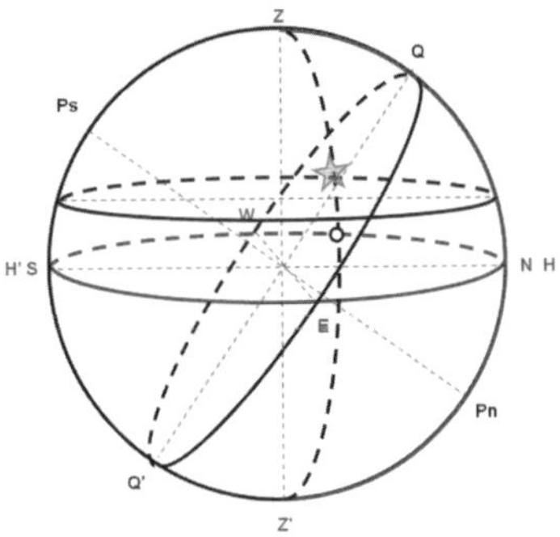

Después, sobre el vertical, llevamos el valor de la altura del astro, desde el horizonte hacia el zenit, y trazamos el almicantarat del astro, que se encontrará en la intersección de ambos círculos.

c)

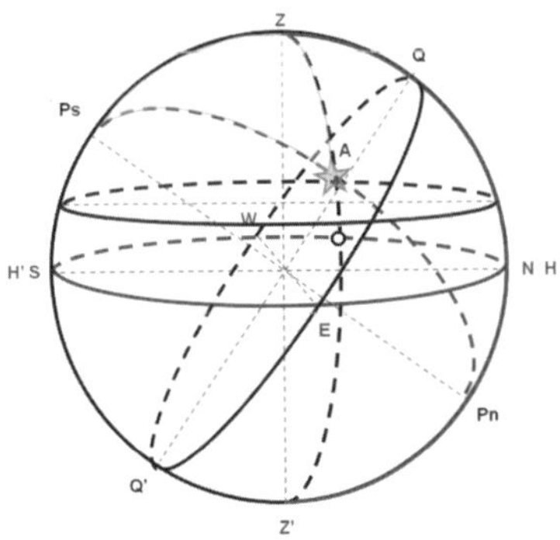

Para trazar el triángulo de posición, formado en las posiciones del polo elevado (Ps en este caso), astro y zenit, necesitamos trazar primero el semicírculo horario del astro, semicírculo máximo PnAPs.

Los lados son:

- Arco PsZ: colatitud (c). Arco de meridiano superior de lugar: c = 90° – l = 55°.
- Arco AZ: distancia cenital (z). En este caso, por tratarse de un astro observado, queda sobre el horizonte y el arco de vertical AZ será menor de 90°: z = 90° – av★ = 64°.
- Arco PnA: distancia polar (Δ). Arco de semicírculo horario: Δ = 90° ± d★. En la figura se aprecia que, de haber trazado el paralelo de declinación del astro, este quedaría cerca del ecuador, en el hemisferio norte. Por ser latitud y declinación del astro de distinto signo, la distancia polar será: Δ > 90°.

El ángulo cenital, comprendido entre el plano del vertical norte y el del vertical del astro, se corresponde con el arco de horizonte que estos semicírculos máximos interceptan. Se trata de una forma de expresar el azimut del astro, de 000° a 180°, contando a partir del punto cardinal norte o sur, el de igual denominación que la latitud del observador. En este caso, el ángulo cenital coincide con el azimut expresado en cuadrantales: $\hat{Z}$ = S 60°W.

2.5.2.4. Expresa los siguientes azimutes en cuadrantales y como ángulo cenital, para un observador en <u>latitud norte</u>: Zv ★1 = 300°, Zv ★2 = 080°, Zv ★3 = 115°, Zv ★4 = 180°, Zv ★5 = 235°.

El azimut se mide sobre el horizonte, a partir del vertical norte. Al igual que los rumbos puede medirse en circulares (azimut náutico) —desde el punto cardinal norte, de 000° a 360° por el este—, o en cuadrantales —desde el norte o desde el sur, de 00° a 90°, hacia el este o hacia el oeste—. El ángulo en el zenit, elemento del triángulo de posición, es una tercera forma de medir el azimut: se cuenta desde el norte (si la altitud es norte) o desde el sur (si la altitud es sur), de 000° a 180° hacia el este o hacia el oeste.

	Azimut náutico	Azimut cuadrantal	Ángulo cenital
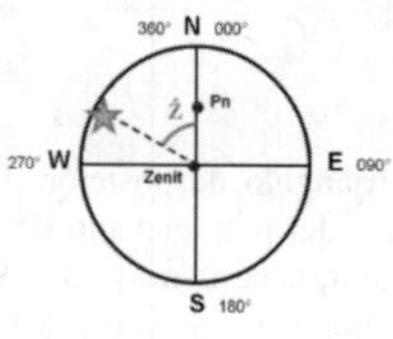	300º	N 60º W	N 060º W
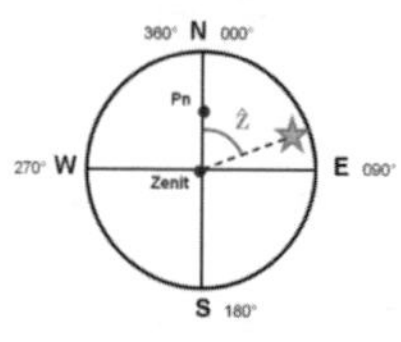	080º	N 80º E	N 080º E
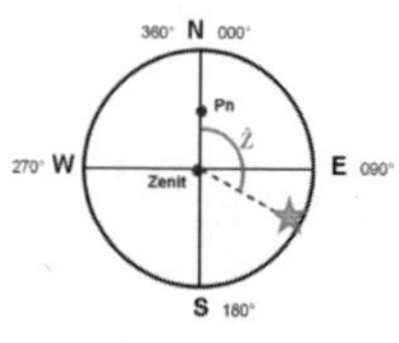	115º	S 65º E	N 115º E
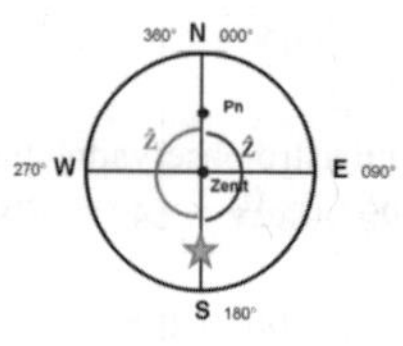	180º	S	N 180º E u W
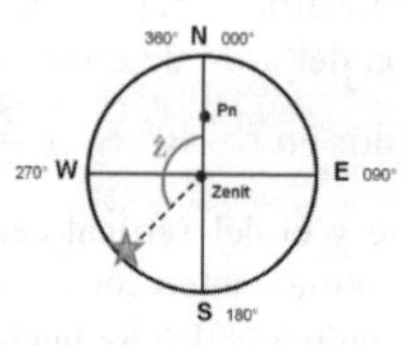	235º	S 55º W	N 125º W

2.5.2.5. Expresa los siguientes azimutes en cuadrantales y como ángulos cenitales para un observador en latitud sur: Zv ★1 = 320°, Zv ★2 = 050°, Zv ★3 = 270°, Zv ★4 = 125°, Zv ★5 = 240°.

	Azimut náutico	**Azimut cuadrantal**	**Ángulo cenital**
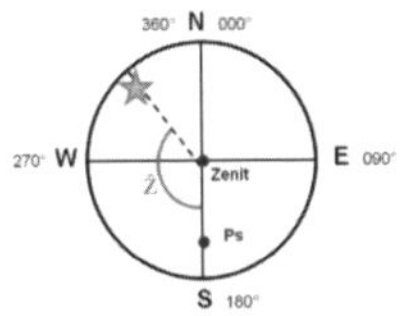	320º	N 40º W	S 140º W
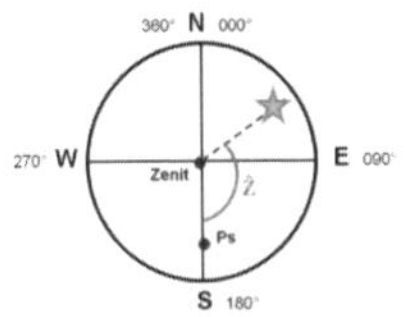	050º	N 50º E	S 130º E
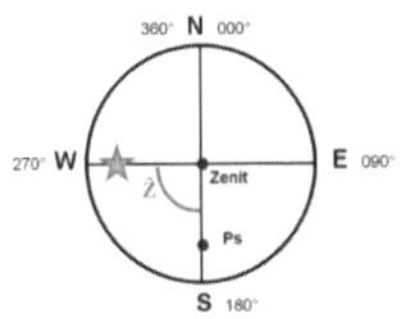	270º	W	S 090º W
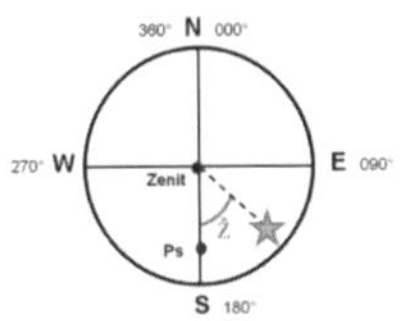	125º	S 155º E	S 055º E
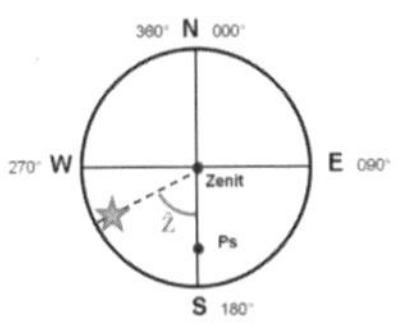	240º	S 60º W	S 060º W

2.5.2.6. Construye el triángulo de posición para un observador en l = 40° S, L = 020° E, que observa un astro cuya d★ = 30° N y su hl★ = 200°.

En este y en los dos casos que siguen se trata de construir los triángulos de posición correspondientes a cada caso. Podrían construirse sobre la esfera celeste o bien, como aquí se hará, particularizar el caso general que se muestra en la figura.

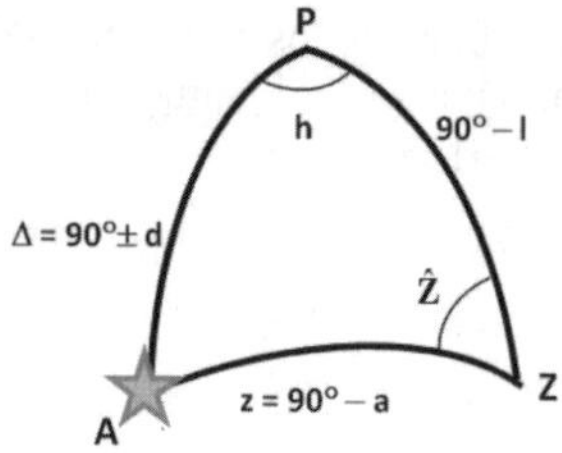

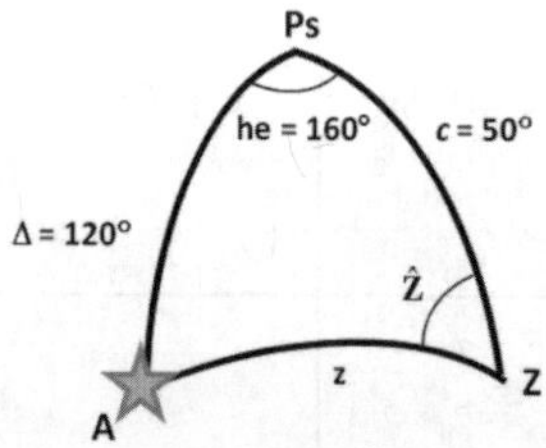

En este caso, si se calcula la altura del astro, se obtiene un valor negativo que indica que se trata de un astro que no se ha observado por estar bajo el horizonte. Por ello la distancia cenital (z) será mayor de 90°.

No se dan los valores de la distancia cenital ni del ángulo cenital porque aún no se ha explicado cómo determinar la altura y el azimut con los datos que proporciona el ejercicio.

2.5.2.7. Construye el triángulo de posición para un observador en l = 40° S, L = 020° E, que observa un astro cuya d★ = 20º S y su hl★ = 080º.

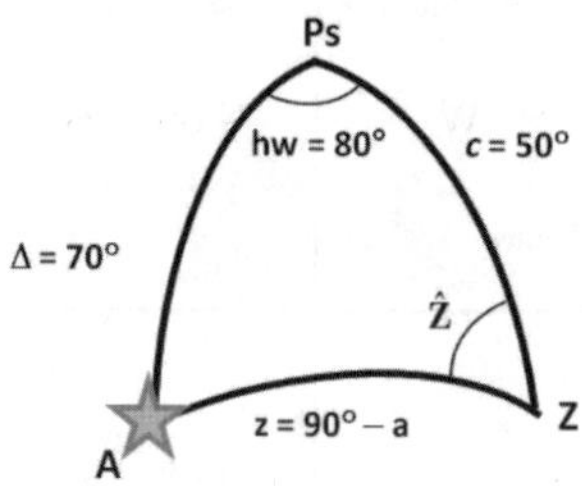

En este caso, si se calcula la altura del astro, se obtiene un valor positivo que indica que se trata de un astro que se encuentra sobre el horizonte. Por ello la distancia cenital (*z*) será menor de 90°.

Al igual que en el caso anterior, no se dan los valores de la distancia cenital ni del ángulo cenital porque aún no se ha explicado cómo determinar la altura y el azimut con los datos que proporciona el ejercicio.

2.5.2.8. Construye el triángulo de posición para un observador en l = 37° N, L = 150° E, que ve un astro cuya av★ = 50° y su Zv★ = 315°.

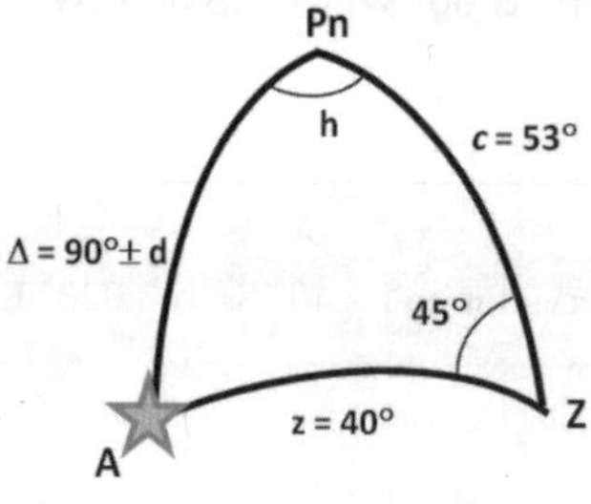

En este caso, se trata de un astro que se ha observado, por ello la distancia cenital (*z*) será menor de 90°. El ángulo cenital contará desde el norte, por ser de este signo la latitud, coincidiendo con el azimut expresado en cuadrantales: Ẑ = N 45° W.

Para obtener los valores de la distancia polar y del ángulo en el polo, hay que determinar primero la declinación y el horario local, a partir de los datos que proporciona el ejercicio, tal como se ha explicado en el apartado 2.2.7.

Con el procedimiento gráfico, dada la latitud, la altura y el azimut del astro, obtenemos su declinación y horario.

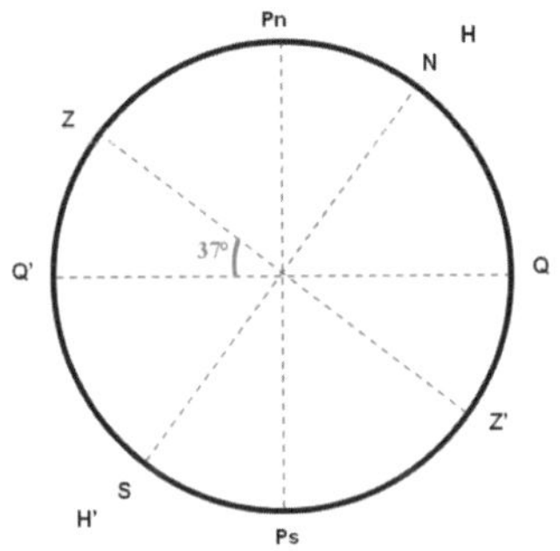

Trazamos un círculo que representa el meridiano de lugar sobre el que proyectaremos los distintos elementos. Trazamos los diámetros que representan el eje polar, con el polo elevado arriba, y, perpendicular a este, el ecuador celeste.

Con la latitud, trazamos el diámetro que representa la línea zenit-nadir, y, perpendicular a esta, el diámetro que representa la línea norte-sur del horizonte.

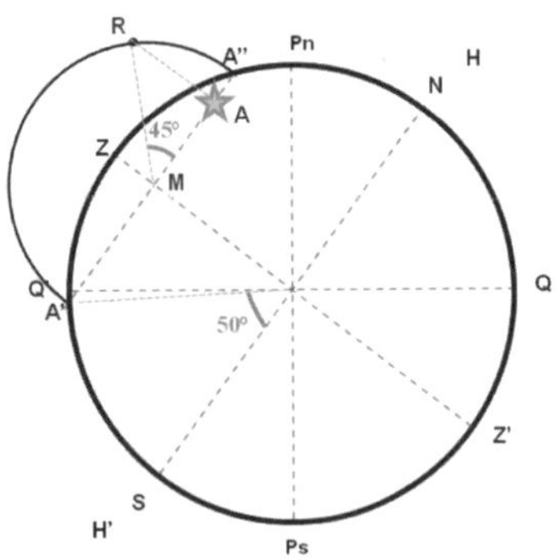

A partir del horizonte, llevamos los 50° de la altura, hacia el zenit. Por el punto obtenido, trazamos una paralela al horizonte (A'A'') que representa la proyección del almicantarat sobre el meridiano.

Con centro en el punto central del almicantarat (M) y con radio MA' trazamos una semicircunferencia que representa el rebatimiento del almicantarat.

Después se utiliza el Zv = N 45° W. Desde A'', por estar próximo al punto cardinal norte, desde el que cuenta el azimut, se llevan los 45°, determinando el punto R en el almicantarat rebatido. Desde R se lleva una perpendicular al almicantarat determinando sobre este la posición del astro.

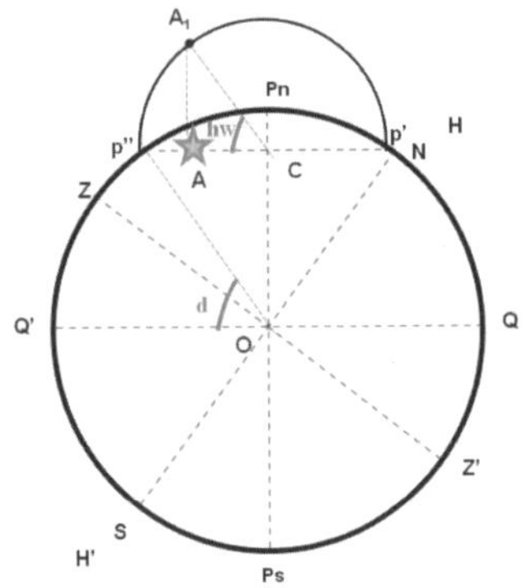

Por la posición del astro se traza una paralela al ecuador (p'p''), que representa la proyección del paralelo de declinación sobre el meridiano. Se rebate. Desde el astro se lleva una perpendicular al paralelo de declinación hasta que corta su rebatimiento en A_1. Se une A_1 con el centro del paralelo (C).

Ya se pueden medir la declinación (ángulo QOp' o Q'Op'') y el horario local, expresado como ángulo en el polo, tomado desde p'' por ser el extremo del paralelo de declinación que cae sobre el meridiano superior de lugar, origen de esta coordenada (ángulo p''CA_1). El azimut es de componente W porque el astro está en el hemisferio occidental y, por tanto, su horario será también W

d★ = 56° N **hl ★ = 053° W**

El triángulo de posición finalmente, quedará:

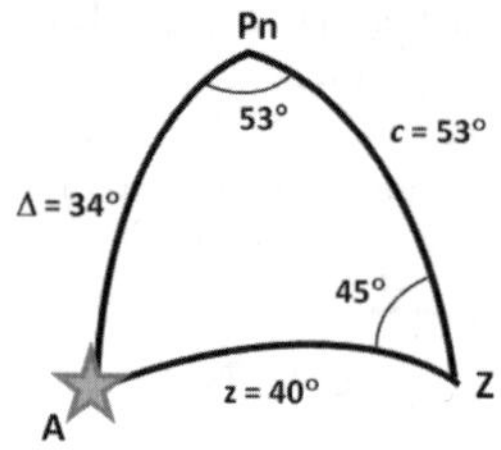

2.5.2.9. Un observador en: l = 50° S, L = 000°, ve un astro con av★ = 30° y Zv★ = N 36,5° E. Determina su declinación y su horario en Greenwich astronómico.

En primer lugar, habrá que obtener d★ y hl★ por procedimiento gráfico.

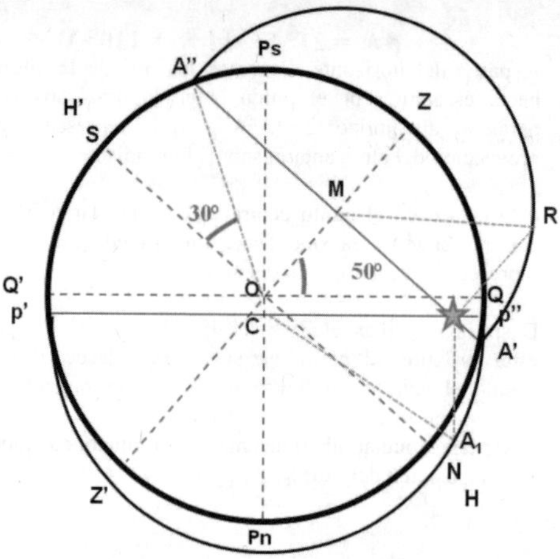

Finalizado el trazado de la figura correspondiente, tal como se ha explicado en el ejercicio anterior, se pueden medir la declinación (ángulo QOp' o Q'Op'') y el horario local (ángulo p''CA_1). El azimut es de componente E porque el astro está en el hemisferio oriental y, por tanto, su horario será también E.

d★ = 03° N hl ★ = 031° E

Como se pide calcular el hG★, habrá que utilizar la expresión que relaciona las coordenadas que se miden en el ecuador, en este caso: **hG★= hl ★ + L** (teniendo en cuenta los signos: E+, W–).

hl ★	=	031° E +
L	=	000°
hG★	=	031° E
hG★	**=**	**329° W**

2.5.2.10. Un observador en l = 40° S L = 060° E, ve una estrella con av★ = 00° y Zv★ = 242°. Determina su declinación y su ángulo sidéreo, sabiendo que en ese instante el hG♈ = 083° 45,6'.

Como en el caso anterior, en primer lugar, habrá que obtener d★ y hl★ por procedimiento gráfico. Se trata de un caso particular de un astro en el horizonte verdadero, con av★ = 00°, siendo su Zv★ = 242° = S 62° W. Se encuentra en el hemisferio occidental, por lo que se trata del momento del ocaso verdadero del astro. Seguramente se trate del Sol o de la Luna ya que planetas y estrellas no se suelen poder ver cuando están próximos al horizonte.

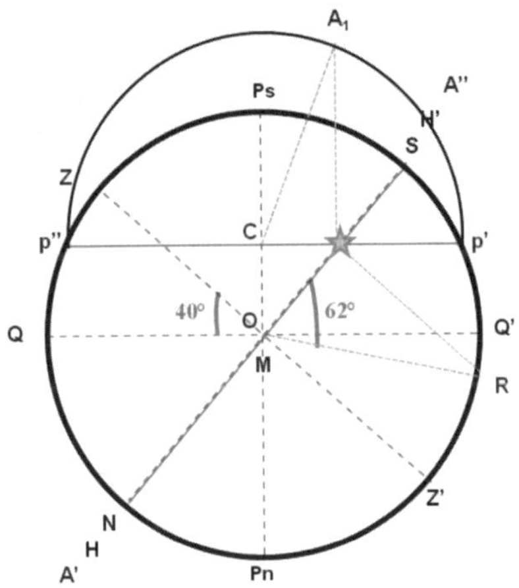

Finalizado el trazado de la figura, se pueden medir la declinación (ángulo QOp' o Q'Op'') y el horario local (ángulo p''CA$_1$). El azimut es de componente W porque el astro está en el hemisferio oriental y, por tanto, su horario será también W.

d★ = 21° S   hl ★ = 110° W

Como se pide calcular el hG★, habrá que utilizar las expresiones que relacionan las coordenadas que se miden en el ecuador, en este caso: **hG★ = hl ★ + L** y **AS★ = hG★ – hG♈** (teniendo en cuenta en ambos casos los signos: E+, W–).

hl ★	=	110° W –
L	=	060° E +
hG★	=	050° W –
hG♈	=	083° 45,6' W– (+)
AS★	=	033° 45,6' E
AS★	**=**	**326° 14,4' W**

2.5.2.11. En un lugar de l = 40° 24,5' N se observó una estrella en el zenit. Calcula las coordenadas azimutales, horarias y uranográficas ecuatoriales, sabiendo que en ese instante, el horario local de Aries era hl ♈ = 230° 03'.

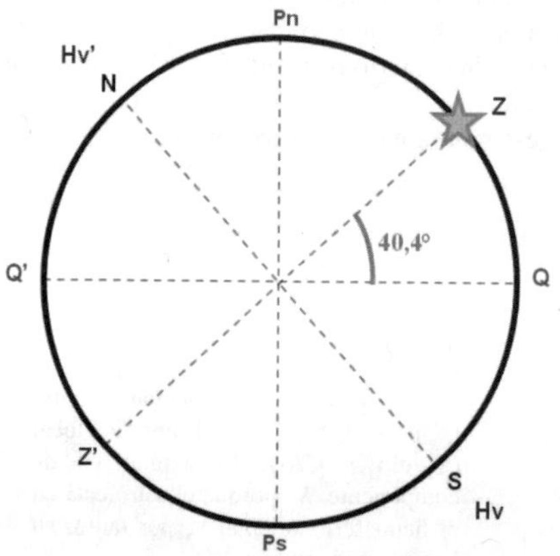

Coordenadas horarias:

Si el astro se encuentra en el mismo zenit su declinación coincide con la latitud:

d★ = 40° 24,5' N

Se encuentra, además, en su movimiento diurno aparente, en el momento de su paso por meridiano superior de lugar, por lo que su horario será:

hl ★= 000°

Coordenadas horizontales:

Por estar en el zenit, el astro se observa con

av ★= 90°

Tal como se vio en el apartado 2.3.4.2, en los casos en que d★ = l, al paso por el MSL el astro tangentea el vertical primario, siendo su azimut:

Zv★ = 090° y, un instante después,

Zv★ = 270°.

Coordenadas uranográficas ecuatoriales:

La declinación será la misma: **d★ = 40° 24,5' N**

Para determinar el valor de la ascensión recta (AR), el círculo de la figura representa el ecuador celeste y los radios las proyecciones del meridiano superior de lugar (PnM) y del primer máximo de ascensión (Pn♈). El astro se encuentra en el momento de su paso por el MSL.

El arco M♈ (por el oeste) es el hl♈.
El arco ♈M (por el este) es la ascensión recta (AR) que buscamos.
El arco ♈M (por el oeste) es el ángulo sidéreo (AS) de la estrella.

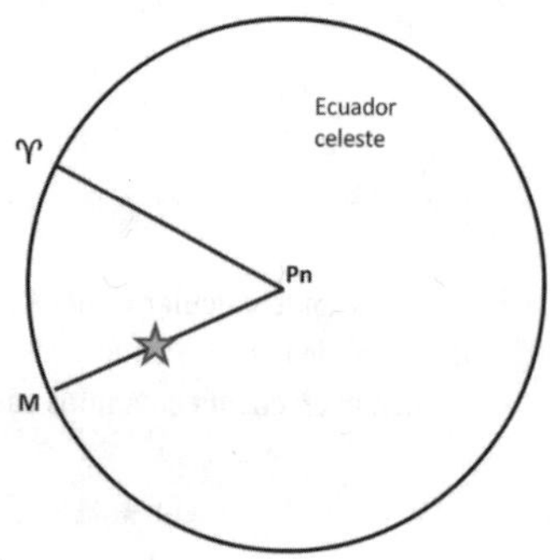

Luego: hl ♈ = 230° 03' W ⇨ **AR★ = 230° 03' E**

AS ★ = (360° – AR ★) W ⇨ AS ★ = 129°57' W

2.5.3. Movimiento diurno aparente de los astros

2.5.3.1. Explica la duración del día y de la noche (arco diurno (ad) y nocturno (an) del Sol), a lo largo del año, para un observador situado en l = 70° N.

MARZO	Sol en equinoccio de primavera	d ⊙ = 00°	ad = an
		d ⊙ = 10° N	ad > an
		d ⊙ = 20° N	todo ad
JUNIO	Sol en solsticio de verano	d ⊙ = 23,5° N	todo ad
		d ⊙ = 20° N	todo ad
		d ⊙ = 10° N	ad > an
SEPTIEMBRE	Sol en equinoccio de otoño	d ⊙ = 00°	ad = an
		d ⊙ = 10° S	an > ad
		d ⊙ = 20° S	todo an
DICIEMBRE	Sol en solsticio de invierno	d ⊙ = 23,5° S	todo an
		d ⊙ = 20° S	todo an
		d ⊙ = 10° S	an > ad
MARZO	Sol en equinoccio de primavera	d ⊙ = 00°	ad = an

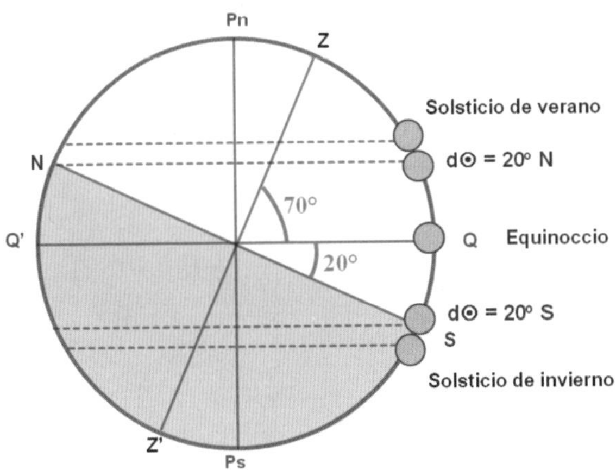

2.5.3.2. Explica y compara la duración del día y de la noche, en Sevilla (l = 37° 23' N, L = 006° W); Bilbao (l = 43° 20' N, L = 03° 02' W) y Cabo Norte (l = 71° N, L = 26° W), cuando el Sol está en el primer punto de Aries, cuando está en el Solsticio de verano y cuando está en el Solsticio de invierno.

Tal como se desprende de las figuras y de la tabla resumen, con el Sol en el equinoccio, en los 3 lugares el día y la noche tienen la misma duración. En el solsticio de verano, en todos los casos el arco diurno es mayor que el nocturno, aunque el ad Sevilla < ad Bilbao < ad C.Norte. En el solsticio de invierno en los 3 casos el arco nocturno es mayor que el diurno, aunque el ad Sevilla > ad Bilbao > ad C.Norte.

		d ⊙	SEVILLA	BILBAO	CABO NORTE
MARZO	equinoccio de primavera	00°	ad = an	ad = an	ad = an
JUNIO	solsticio de verano	23,5° N	ad > an	ad > an	todo ad
DICIEMBRE	solsticio de invierno	23,5° S	ad < an	ad < an	todo an

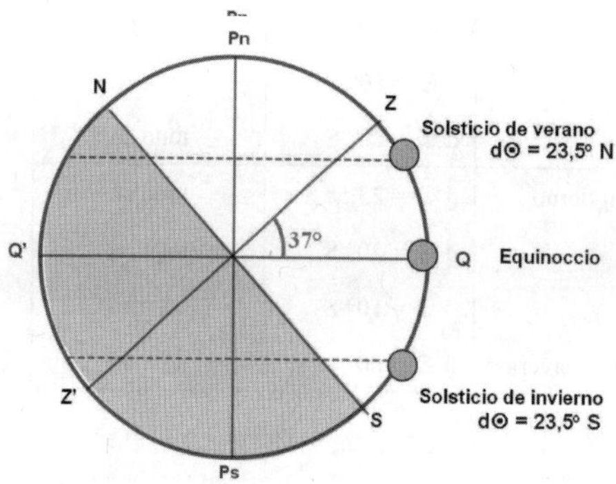

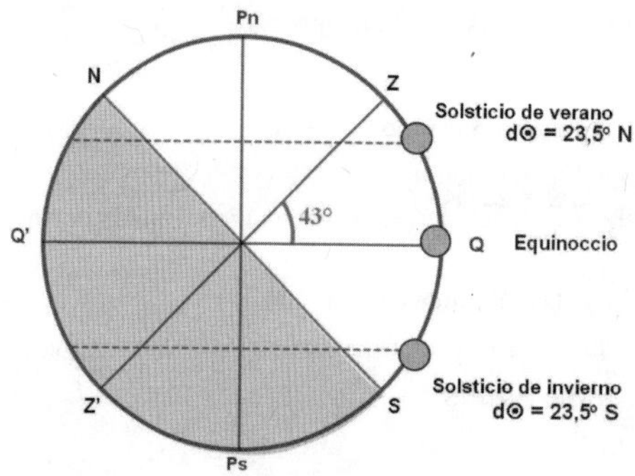

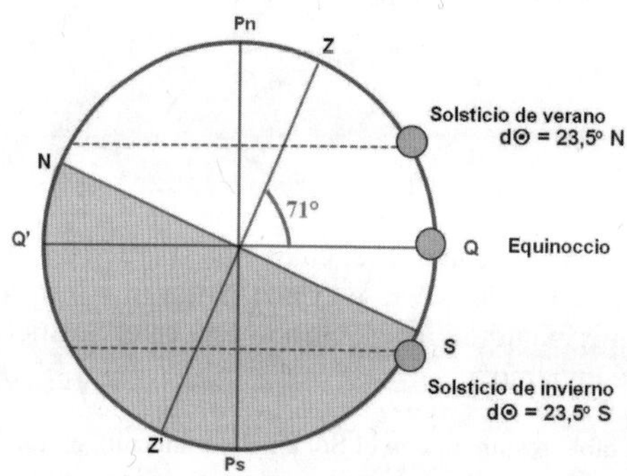

2.5.3.3. ¿Para qué latitudes la estrella Polar es un astro anticircumpolar?
d✱ = 89,3° N.

Un astro es anticircumpolar cuando se cumple una doble condición:

- la latitud del observador y declinación del astro deben ser de distinto signo (una norte y la otra sur), y
- la declinación del astro debe ser mayor que la colatitud: d★ > 90° – l , o lo que es lo mismo: l > 90° – d★.

d✱ = 89,3° N ⇨ 90° – d✱ = 0,7°

La estrella Polar será anticircumpolar para observadores en latitudes sur:

l > |0,7° S|

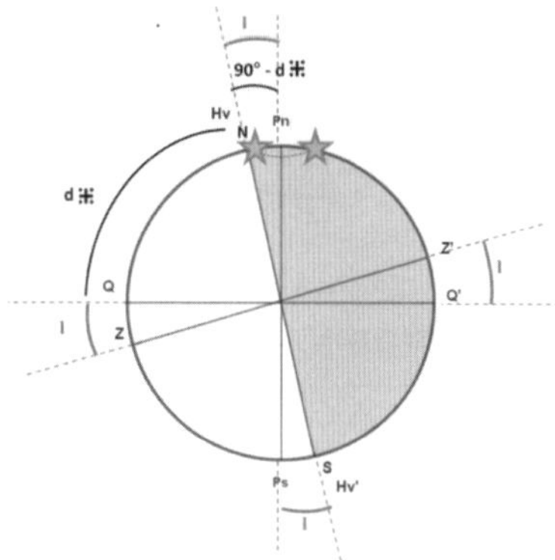

2.5.3.4. ¿Para qué latitudes *Acrux* (α-*Crucis*) es un astro circumpolar?
d★ *Acrux* = 63,2° S.

Un astro es circumpolar cuando se cumple una doble condición:

- la latitud del observador y declinación del astro deben ser del mismo signo (ambas norte o ambas sur), y
- la declinación del astro debe ser mayor que la colatitud (d★ > 90° – l), o lo que es lo mismo, la latitud mayor que la distancia polar (l > 90° – d★)

d★ = 63,2° S ⇨ 90° – d★ = 26,8°

La estrella *Acrux* será circumpolar para observadores en latitudes sur:

l > |26,8° S|

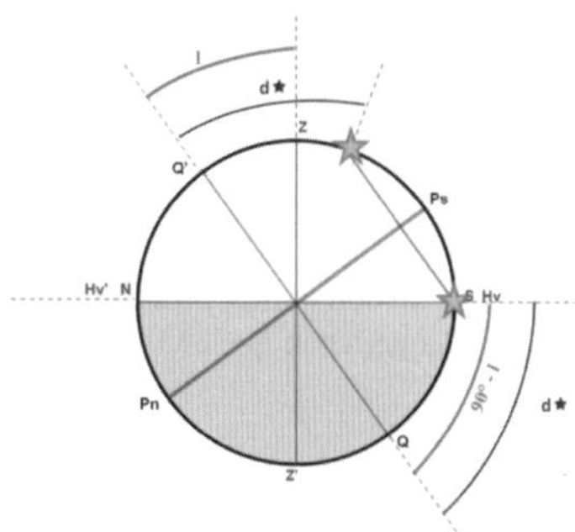

2.5.3.5. Indica con qué azimut culminan los siguientes astros en el MSL y en el MIL, para un observador en l = 30° N:
d★1 = 15° N; d★2 = 30° N; d★3 = 40° N; d★4 = 15° S; d★5 = 35° S.

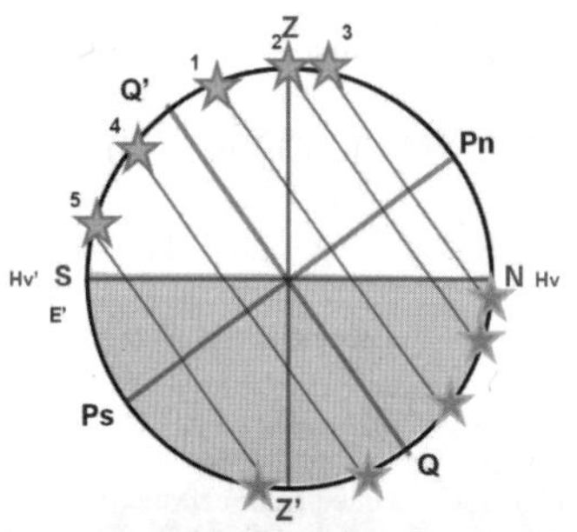

Astro	MSL Zv	MIL Zv
1	S	N
2	090° y 270°	N
3	N	N
4	S	N
5	S	S

2.5.3.6. Se observa la estrella polar a su paso por MIL, con av✳ = 48° 28,4'. Calcula la latitud observada, sabiendo que la d✳ = 89° 19,4' N.

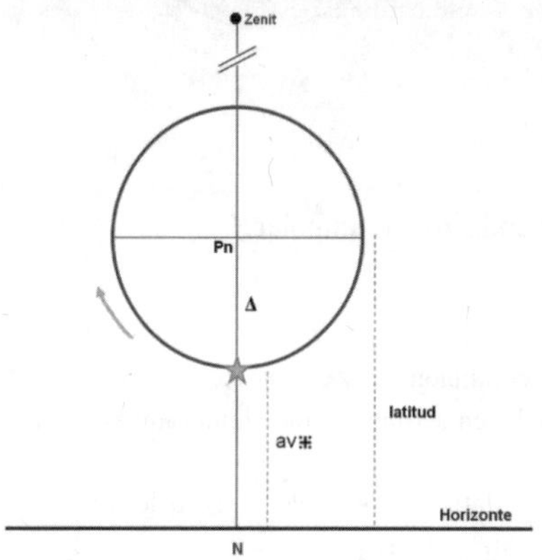

A su paso por el MIL, la estrella Polar se encuentra, en su movimiento diurno aparente, en la posición que se indica en la figura. Solo se observan sobre el horizonte a su paso por MIL los astros circumpolares. La distancia polar (Δ) es en este caso el complemento de la declinación de la estrella.

Como es sabido, la altura del polo elevado sobre el horizonte coincide con la latitud del lugar. En este caso, como se muestra en la figura, vendrá dada por la expresión:

$$\mathbf{l = av✳ + \Delta}$$

✳		90°		av✳	=	48° 28,4'
d	=	89° 19,4' N		Δ	=	00° 40,6' +
Δ	=	00° 40,6'		**lo**	=	**49° 09,0' N**

Siempre que se determina una latitud observada (lo), se procede a rectificar la situación de estima (S/e), operación que consiste en sustituir la latitud de estima (le) por la latitud observada (lo).

2.5.3.7. Dibuja la esfera celeste correspondiente a un observador en l = 20° N.

a) Representa en la esfera el movimiento diurno aparente del Sol el día del equinoccio de primavera (indicando con una flecha el sentido en que se produce dicho movimiento).

b) Señala la posición del Sol en el momento de su ocaso. Indica el valor en ese momento de sus coordenadas horizontales y de sus coordenadas horarias.

c) Señala la posición del Sol en el momento del paso por el meridiano superior de lugar. Deduce en ese caso particular la fórmula para obtener la latitud observada.

a)

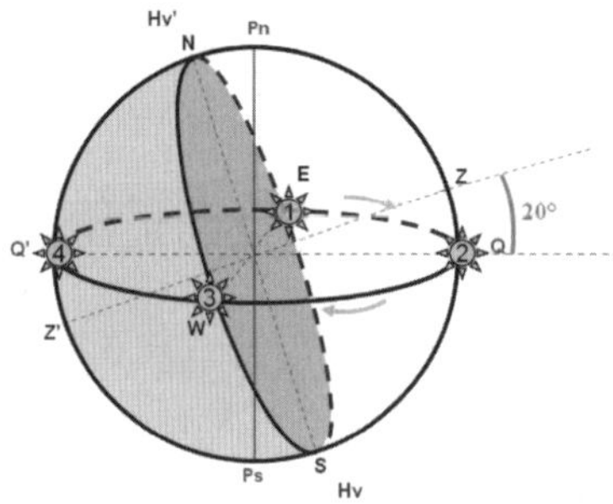

En la figura se representa la esfera celeste correspondiente a un observador en l = 20° N, en la que se ha sombreado el hemisferio invisible.

En los equinoccios la declinación del Sol es d⊙ = 00°, por lo que ese día el paralelo de declinación que describe el Sol en su movimiento diurno aparente coincide con el ecuador celeste.

b) El orto verdadero del Sol se produce exactamente en el punto cardinal este y su ocaso verdadero, indicado en la posición «3» se produce en el punto cardinal oeste.

Por encontrarse sobre el horizonte verdadero, su altura verdadera será av⊙ = 00° y por encontrarse en el punto cardinal oeste, su Zv ⊙ = 270°.

Del mismo modo, por encontrarse sobre el ecuador celeste, su declinación es d⊙ = 00° y su hl⊙ = 090°, por distar 90° del MSL, por el oeste.

c) En la posición «2» se representa el momento del paso del Sol por el MSL. Polo elevado, zenit y astro se encuentran sobre el mismo semicírculo máximo. El arco SQ es la altura verdadera meridiana del Sol y el arco QZ, su complemento, la distancia cenital, que, coincide con la latitud del lugar. Por tanto, en este caso particular: **l = z = 90° – av^{m}⊙**.

A este mismo resultado se llega particularizando la fórmula general: **l = d – z**, con su criterio de signos. La declinación es cero y el astro se observa cara al sur (por encontrarse en el vertical sur), por lo que el signo de la distancia cenital en la fórmula es negativo.

2.5.3.8. Se observa a su paso por el MSL un astro cara al sur cuya d★ = 20º N y su av^{m}★= 75º. Calcula la latitud observada.

La fórmula para obtener la latitud a partir de la observación de la altura meridiana de culminación superior es:

S –		S –		– si ★ cara sur
N +		N +		+ si ★ cara norte
l	=	***d***	–	***z***

Por tanto, particularizándola para este caso concreto:

		90°
av^{m}★	=	75°
z	=	15°

d★	=	20° 00,0' N +
z	=	15° 00,0' – (+)
lo	=	**35° 00,0' N**

2.5.3.9. Se observa la estrella *Dubhe* a su paso por el MIL, con a_v^m ★ = 23° 16,5'. Calcula la latitud observada. d★ *Dubhe* = 61° 45'N

La fórmula para obtener la latitud a partir de la observación de la altura meridiana de culminación inferior es:

$$l = a_v^m + \Delta$$

Los astros que se observan a su paso por MIL son los circumpolares. Una de las condiciones para que un astro sea circumpolar es que la latitud y la declinación sean del mismo signo. Por tanto, la distancia polar en este caso es siempre menor de 90°.

		90°
d★	=	61° 45,0' N
Δ	=	28° 15,0'

av^m★	=	23° 16,5'
Δ	=	28° 15,0'
lo	**=**	**51° 31,5' N**

2.5.3.10. ¿En qué casos la duración del día es igual a la duración de la noche?

Para que la duración del día sea igual a la duración de la noche, es necesario que los arcos diurno y nocturno del Sol sean iguales.

Como se ha visto en el apartado 2.3.7, esto sucede para los observadores que se encuentran en el ecuador (**l = 00°).** Se trata del caso particular de la esfera celeste recta.

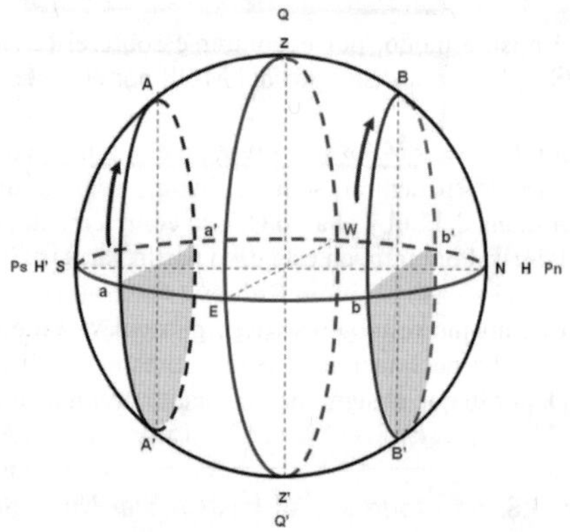

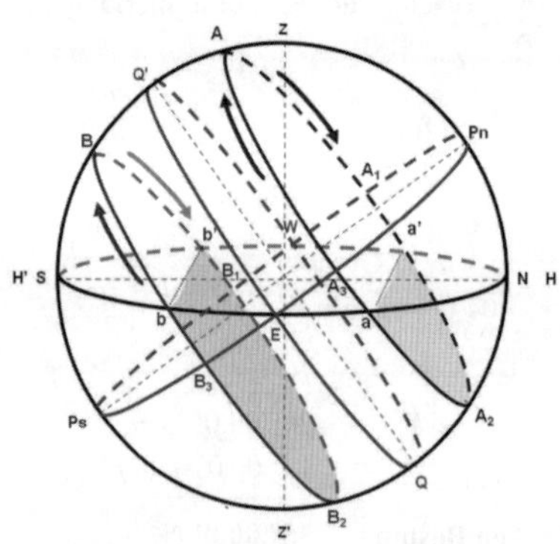

En latitudes distintas de 0°, los arcos diurno y nocturno son iguales cuando el paralelo de declinación que describe el astro en su movimiento diurno aparente coincide con el ecuador.

En el caso del Sol, esto sucede dos veces al año, cuando se encuentra en los equinoccios (Aries en marzo y Libra en septiembre) y su declinación es **d⊙ = 00°.**

2.5.4. La medida del tiempo

N.B.:

1. La fecha del cálculo (fecha con que se inicia el enunciado de un cálculo) es la del lugar.

2. Si tras una hora se expresa entre paréntesis una fecha, esta corresponde a la hora a la que acompaña.

3. Por comodidad, en lugar de anotar las horas como se debe (e.g., 21 h 10,5 min ó 21h 10 min 30 s), se suprimirán las unidades, separando horas, minutos y segundos (cuando proceda), por un guión (e.g., en el caso anterior: 21-10,5 ó 21-10-30).

4. Para resolver los cálculos consideraremos que Hrb = Hz

5. Las fórmulas a aplicar son:

$$\mathbf{Hcl} = \mathbf{HcG} + \overset{\substack{E+\\W-}}{\mathbf{Lt}}$$

$$\mathbf{HcG} = \mathbf{Hcl} - \overset{\substack{E+\\W-}}{\mathbf{Lt}}$$

$$\mathbf{Hz} = \mathbf{HcG} + \overset{\substack{E+\\W-}}{\mathbf{Z}}$$

$$\mathbf{HcG} = \mathbf{Hz} - \overset{\substack{E+\\W-}}{\mathbf{Z}}$$

2.5.4.1. Al ser HcG = 24-00 (31 diciembre 2014),
a) ¿qué Hcl tendrán en Sidney (Australia) (l = 33° 50' S y L = 151° 15' E)?
b) ¿qué Hcl tendrán en Boston (l = 42° 23' N y L = 071° 03' W)?

a)

$$\frac{L°}{15} = \frac{151°\ 15'\ E}{15} = Lt = 10\ h\ 05{,}0\ min\ E$$

HcG = 24-00,0 (31)
Lt = 10-05,0 E +

Hcl = 34-05,0 (31)
Hcl = 10-05,0 (1) **en Sidney**

b)

$$\frac{L°}{15} = \frac{071°\ 03'\ W}{15} = Lt = 04\ h\ 44{,}2\ min\ W$$

HcG = 24-00,0 (31)
Lt = 04-44,2 W –

Hcl = 19-15,8 (31) **en Boston**

2.5.4.2. El 25 de diciembre de 2014, al ser Hcl = 20-40,2 en L = 152° 20,5' E, se pide determinar la HcG.

$$\frac{L^{\circ}}{15} = \frac{152^{\circ}\ 20{,}5'\ E}{15} = Lt = 10\ h\ 09{,}4\ min\ E$$

Hcl	=	20-40,2 (25)
Lt	=	10-09,4 E + (–)
HcG	**=**	**10-30,8 (25)**

2.5.4.3. El 10 de febrero de 2014, al ser HcG = 12-58-03 en L = 128° 36,4' W, se pide determinar la Hcl.

$$\frac{L^{\circ}}{15} = \frac{128^{\circ}\ 36{,}4'\ W}{15} = Lt = 08\ h\ 34\ min\ 26\ s\ W$$

HcG	=	12-58-03
Lt	=	08-34-26 W –
Hcl	**=**	**04-23-37 (10)**

2.5.4.4. El 9 de mayo de 2014, al ser HcG = 19-14-28 en L = 175° 24,5' E, se pide determinar la Hcl.

$$\frac{L^{\circ}}{15} = \frac{175^{\circ}\ 24{,}5'\ E}{15} = Lt = 11\ h\ 41\ min\ 38\ s\ E$$

HcG	=	19-14-28
Lt	=	11-41-38 E +
Hcl	=	30-56-06
Hcl	**=**	**06-56-06 (9)**
Lt	=	11-41-38 E + (–)
HcG	=	19-14-28 **(8)**

2.5.4.5. El 23 de enero de 2014, en un lugar de L = 118° 16' W es Hcl = 03-24,5.
a) ¿Cuál es la HcG? ¿Cuál es la Hz?
b) En ese mismo momento, en otro lugar es Hcl = 12-00. ¿En qué longitud se encuentra dicho lugar?

a)

$$\frac{L°}{15} = \frac{118° 16' W}{15} = Lt = 07 h 53,1 min W \Rightarrow Z = 8 W$$

Hcl	=	03-24,5 (23)
Lt	=	07-53,1 W – (+)
HcG	**=**	**11-17,6 (23)**
Z	=	8 W –
Hz	**=**	**03-17,6 (23)**

b) Por contar más hora que en Greenwich, el lugar estará en longitud E.

HcG	=	11-17,6 (23)
Hcl	=	12-00,0 (23)
Lt	=	00-42,4 E
L	**=**	**10° 36' E**

2.5.4.6. Hallar la Hcl de un lugar en L = 040° E, sabiendo que, en el mismo instante, en otro lugar de L = 050° W, es Hcl = 19-00 (19 abril 2014).

Como es sabido, la diferencia en la hora que en un mismo instante cuentan dos lugares, coincide con la diferencia en longitud de los mismos, expresada en tiempo. No obstante, se resolverá este caso determinando la HcG, como es habitual en los cálculos de navegación.

$$\frac{L°}{15} = \frac{050° W}{15} = Lt = 03 h 20 min W$$

$$\frac{L°}{15} = \frac{040° E}{15} = Lt = 02 h 40 min E$$

Hcl	=	19-00,0 (19)
Lt	=	03-20,0 W – (+)
HcG	**=**	**22-20,0 (19)**
Lt'	=	02-40,0 E +
Hcl'	=	25-00,0 (19)
Hcl'	**=**	**01-00,0 (20)**

2.5.4.7. Si en un lugar «A» de L = 067° 45' W es Hz = 14-20 (15). ¿Qué Hz será en ese mismo instante en otro lugar «B» en L = 113° 15' E?

$$\frac{L°}{15} = \frac{113° 15' E}{15} = Lt = 07 h 33,0 min E \Rightarrow Z = 8 E$$

$$\frac{L°}{15} = \frac{067° 45' W}{15} = Lt = 04\ h\ 31{,}0\ min\ W \Rightarrow Z = 5\ W$$

Hz	=	14-20,0 (15)
Z	=	5 W – (+)
HcG	**=**	**19-20,0 (15)**
Z'	=	8 E +
Hz'	=	27-20,0 (15)
Hz'	**=**	**03-20,0 (16)**

2.5.4.8. El 9 de noviembre de 2014, al ser Hz = 19-41-53, en L = 113° 39,6' W, se pide determinar la Hcl.

$$\frac{L°}{15} = \frac{113° 36{,}9' W}{15} = Lt = 07\ h\ 34\ min\ 38\ s\ W \Rightarrow Z = 8\ W$$

Hz	=	19-41-53 (9)
Z	=	8 W – (+)
HcG	=	27-41-53 (9)
Lt	=	07-34-38 W –
Hcl	**=**	**20-07-15 (9)**

2.5.4.9. El 15 de enero de 2014, al ser HcG = 17-27-37, en L = 164° 43,4' E, se pide determinar la Hz.

$$\frac{L°}{15} = \frac{164° 43{,}4' E}{15} = Lt = 10\ h\ 58\ min\ 54\ s\ E \Rightarrow Z = 11\ E$$

HcG	=	17-27-37
Z	=	11 E +
Hz	=	28-27-37
Hz	**=**	**04-27-37 (15)**
Z	=	11 E + (–)
HcG	=	17-27-37 **(14)**

2.5.4.10. Al ser HcG = 07-48-32 (1 marzo 2014),
a) ¿cuál será la Hz en Port Victoria (Seychelles);
b) ¿cuál será la Hcl en Tahití (Sociedad)?
c) ¿y la Ho en Sidney (Nueva Gales del Sur, Australia)? y
d) ¿cuál será la longitud de un lugar que cuenta con una Hcl = 23-22,1 (28 febrero)?

En primer lugar, es necesario conocer la longitud de los lugares propuestos. Para ello, puede consultarse, por ejemplo, el *Lloyd's maritime atlas of world ports and shipping places*. En la edición de 2005, encontramos: Port Victoria (I. Seychelles), L = 55° 27' E; Tahití (I. Sociedad), L = 149° 35' W.

a) Port Victoria (I. Seychelles), L = 55° 27' E ⇨ Lt = 03 h 41 min 48 s E ⇨ Z = 4 E

HcG	=	07-48-32 (1)
Z	=	4 E +
Hcl	**=**	**11-48-32 (1)**

b) Tahití (I. Sociedad), L = 149° 35' W ⇨ Lt = 09 h 58 min 20 s W

HcG	=	07-48-32 (1)
Lt	=	09-58-20 W –
Hcl	**=**	**21-50-12 (28)**

c) En el *Almanaque Náutico* para 2014, p.393, encontramos, para Nueva Gales del Sur, Australia: UT – Ho = – 10 h ⇨ UT + 10 h = Ho

HcG	=	07-48-32 (1)
O	=	10 – (+)
Ho	**=**	**17-48-32 (1)**

d) Por contar menos hora que en Greenwich, el lugar estará en longitud W.

HcG	=	07-48-32 (1)		
Hcl	=	23-22-06 (28)		
Lt	=	08-26-26 W	⇨	L = 126° 36,5' W

2.5.4.11. Al ser HcG = 03-20 (28 enero 2014), determinar la Hcl y la Hz que en ese instante tiene un lugar en L = 178° W y otro lugar en L = 178° E.

$$\frac{L°}{15} = \frac{178°}{15} = Lt = 11\text{ h }52\text{ min }00\text{ s} \quad ⇨ \quad Z = 12$$

HcG	=	03-20 (28)
Lt	=	11-52 W –
Hcl	=	**15-28 (27)**

HcG	=	03-20 (28)
Z	=	12 W –
Hz	=	**15-20 (27)**

HcG	=	03-20 (28)
Lt	=	11-52 E +
Hcl	=	**15-12 (28)**

HcG	=	03-20 (28)
Z	=	12 E +
Hz	=	**15-20 (28)**

2.6. Ejercicios propuestos

2.6.1. Astros

2.6.1.1. Estando en l = 32° S, una noche de abril de 2014, mirando hacia el sur, vemos el firmamento estrellado que se muestra en la figura. Indica los nombres de las estrellas que reconozcas.

2.6.2. Coordenadas celestes

2.6.2.1. Indica en la figura los elementos del sistema de coordenadas horarias.

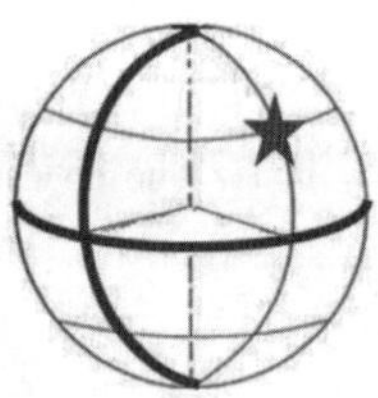

2.6.2.2. Indica en la figura los elementos del sistema de coordenadas uranográficas ecuatoriales.

2.6.2.3. Indica en la figura los elementos del sistema de coordenadas horizontales.

2.6.2.4. Indica en la figura los elementos del sistema de coordenadas uranográficas eclípticas.

2.6.2.5. Completa la siguiente tabla.

	GEOGRÁFICAS	HORIZONTALES	HORARIAS	URANOGRÁF. ECUATORIALES	URANOGRÁF. ECLÍPTICAS
Polo fundamental	Polo norte				
Eje Polar	Línea de los polos				
Círculo fundamental de referencia	Ecuador				
Círculos secundarios	meridianos				
Semicírculo secundario de referencia	Meridiano Superior de Greenwich				
Paralelos secundarios	paralelos de latitud				
Coordenadas	latitud (φ, l)				
	longitud (λ, L)				

2.6.2.6. Dibuja la esfera celeste de un observador en l = 50° S, L = 125° E

a) Indica claramente los siguientes elementos: ecuador, MSL, puntos cardinales, primer meridiano, coordenadas geográficas y vertical norte.

b) Sitúa en la esfera un astro con av★ = 36° y Zv★ = 250° y dibuja el triángulo de posición correspondiente.

c) En el triángulo de posición, indica el valor de los lados y ángulos (en el polo y en el zenit), calculando por el procedimiento gráfico los elementos necesarios.

2.6.2.7. Dibuja el triángulo de posición correspondiente a: l = 05° N, L = 008° W, av ★ = 18°, Zv ★ = 144°. Indica el valor de los lados y ángulos (en el polo y en el zenit), calculando por el procedimiento gráfico los elementos necesarios.

2.6.2.8. Un observador en l = 28° 09' N, L = 015° 25' W observa un astro con av★ = 40°, Zv★ = 135°. Se pide calcular la declinación (d) y el horario en Greenwich (hG) astronómico de dicho astro por procedimiento gráfico.

2.6.2.9. Un observador en l = 43° N, L = 038°18' W ve un astro con av★= 69° y Zv★ = 222°. Se pide calcular la declinación (d) y el ángulo sidéreo (AS) de dicho astro, por procedimiento gráfico.

2.6.3. Movimiento diurno aparente de los astros

2.6.3.1. Explica la duración del día y de la noche (arco diurno y nocturno del Sol), a lo largo del año, para un observador situado en l = 70° S.

2.6.3.2. Compara la duración del día y de la noche en Hammerfest (Noruega) (l = 70° 40' N, L = 023° 41' E), Portugalete (l = 43° 20' N, L = 003° 02' W), Santa Cruz de Tenerife (l = 28°' 29' N, L = 016° 14' W) y en el puerto antártico Decepción (l = 62° 58' S, L = 060° 42' W), cuando el Sol está en el primer punto de Aries, cuando está en el Solsticio de verano y cuando está en el Solsticio de invierno.

2.6.3.3. ¿En qué latitudes y en qué épocas del año tenemos el conocido como «Sol de medianoche», es decir, el Sol como astro circumpolar?

2.6.3.4. Considerando que la constelación Cruz del Sur se encuentra entre los límites: d★ Acrux = 63,2° S y d★ Gacrux = 57,2° S:

a) ¿Para qué observadores son circumpolares los astros que forman esta constelación?

b) ¿Para qué observadores son anticircumpolares dichos astros?

c) ¿Qué sucede para observadores en otras latitudes?

2.6.3.5. Se observa la estrella polar a su paso por MSL, con av✵ = 48° 28,4'. Calcula la latitud observada, sabiendo que la d✵= 89° 19,5' N.

2.6.3.6. Dibuja la esfera celeste correspondiente a un observador en l = 70° N.

a) Representa en la esfera el movimiento diurno aparente del Sol el día del solsticio de verano (indicando con una flecha el sentido en que se produce dicho movimiento).

b) Señala la posición del Sol en el momento del paso por el meridiano inferior de lugar. Deduce en ese caso particular la fórmula para obtener la latitud observada.

2.6.3.7. Indica con qué azimut culminan los siguientes astros en el MSL y en el MIL, para un observador en l = 15° S:
d★1 = 10° N; d★2 = 20° N; d★3 = 30° N; d★4 = 40° N; d★5 = 05° S; d★6 = 15° S; d★7 = 25° S; d★8 = 35° S.

2.6.3.8. Di si es verdadero o falso, razonándolo gráficamente:

a) Se encuentran en el meridiano inferior de lugar los astros que se observan cara al polo depreso.

b) Se encuentran en el meridiano inferior de lugar los astros que, observándose cara al polo elevado, su altura es mayor que la latitud

2.6.3.9. Observamos un astro a su paso por MSL, cara al norte, con av^{m}★ = 65°. Calcula la latitud observada. d★ = 60° N.

2.6.3.10. El 9 de mayo de 2014, se observa la ★ *Denebola*, a su paso por el MSL, cara al norte, con $a_v^m = 35° 11,3'$. Calcula la latitud observada. d★ = 14° 29,4'N.

2.6.3.11. El día del solsticio de invierno (21/12/2014), se observa el Sol a su paso por el meridiano inferior de lugar con av^m ⊖ = 10° 05,6'. Calcula la latitud observada. d⊙= 23° 26,1' S

2.6.4. La medida del tiempo

2.6.4.1. Al ser HcG = 01-00 (22 enero 2014), ¿Cuál será la Hcl de un lugar en L = 100° W? ¿Cuál será la Hcl de un lugar en L = 100° E?

2.6.4.2. El 10 de mayo de 2014, al ser Hcl = 21-04-49, en L = 128° 36,4' W, se pide determinar la HcG.

2.6.4.3. El 4 de agosto de 2014 al ser Hcl = 20-48-15, en L = 127° 51,4' E, se pide determinar la HcG.

2.6.4.4. El 7 de enero de 2014, al ser HcG = 05-19-54 en L = 160° 37,3' W, se pide determinar la Hcl.

2.6.4.5. Al ser Hcl = 12-10 (22 junio 2014) en un lugar en l = 33° N, L = 172° W:

a) ¿Qué Hz será en l = 33° N, L = 062° 43,8' E?

b) ¿Qué Hcl será en l = 33° S, L = 062° 43,8' W?

c) ¿En qué longitud está un lugar que tiene Hcl = 15-10 (22)?

2.6.4.6. Hallar la Hcl de un lugar en L = 040° W, sabiendo que en el mismo instante, en otro lugar de L = 030° E, es Hcl = 02-00 (8 junio 2014).

2.6.4.7. El 24 de diciembre de 2014, al ser HcG = 16-24-30, estando en L = 171° 26,6' E, se pide determinar la Hcl.

2.6.4.8. Si en un lugar «A» en L = 170° E es Hz = 10-30 (16). ¿Qué Hz será en ese mismo instante en otro lugar «B» en L = 115° W?

2.6.4.9. El 10 de mayo de 2014, al ser Hcl = 07-28,9, estamos en L = 155° 32' W. Se pide determinar la Hz.

2.6.4.10. El 10 de junio de 2014, al ser HcG = 08-40-24, en L = 155° 32' E, se pide determinar la Hz.

2.6.4.11. El 23 de octubre de 2014, al ser Hz = 07-46-50, en L = 094° 48,6' W, se pide determinar la HcG.

2.6.4.12. El 14 de agosto de 2014, al ser Hz = 21-33-12, en L = 158° 44,2' W, se pide determinar la HcG.

2.6.4.13. Al ser HcG = 05-15-24 (23 octubre 2014), determina la Hcl y la Hz que en ese instante tiene un lugar en L = 179° 30' E y otro en L = 179° 30' W.

2.6.4.14. El 24 de febrero de 2014, al ser Hcl = 07-18, el buque *Sextante* sale de Sidney (l = 33° 51' S, L = 151° 14' E), rumbo a Vancouver (l = 49° 09' N, L = 125° 55' W) con Vs = 20 nudos.

... Después de varios acaecimientos, el día 1 de marzo, al ser HcG = 17-48-32, el *Sextante* está en S/e: l = 20° S, L = 170° E. En ese momento, el capitán decide gobernar al Rv = E, moderando la Vs a 18 nudos. Ct = 10°–.

Se pide:
1) Rumbo loxodrómico hacia Vancouver; Hcl de llegada a dicho puerto
2) Ra para gobernar al Rv = E
3) Intervalo navegado hasta el momento en que debe cambiarse la fecha del reloj de bitácora; Hrb un minuto antes y un minuto después de dicho instante.

2.6.4.15. El 7 de febrero de 2014, se gobierna al Ra = 114,5°, en zona de dm = 8° E, Δ = 2° +, con Vs = 18 nudos. Al ser Hrb = 01-30, en situación observada S/o: l = 34° 53,2' S, L = 169° 37,1' E, navegamos en estas condiciones, sin viento ni corriente, hasta ser Hrb = 02-34,5. En este momento, ponemos Rv = E, Vs = 18 nudos, dm = 8° E, Δ = 0°.

Se pide:
1) S/e al poner Rv = E
2) Intervalo navegado hasta el momento en que debe cambiarse la fecha del reloj de bitácora; Hrb 12 minutos antes y 12 minutos después de dicho instante.

2.6.4.16. El 28 de enero de 2014, al ser HcG = 11-55, en S/e: l = 30° N, L = 179° 20' E, se gobierna al Ra = 075°, Ct = 3°–, con Vs = 16 nudos. Al ser HcG = 17-00 se enmienda el rumbo 25° a Er., dm = 10° E, Δ = 8°–. Al ser HcG = 20-24 se arrumba a un punto «P» en lp = 29° 20' N, Lp = 178° 30' E. Ct = 2°+. Navegamos así hasta HcG = 23-54.

Se pide:
1) Ra hacia «P»
2) S/e final
3) Hz para cada HcG indicada

		**¿Sé cómo obtener las efemérides (d y hl) del astro, correspondientes al instante de la observación?**

El objeto del *Almanaque Náutico* es proporcionar, con la exactitud necesaria, las efemérides astronómicas que se precisan para las observaciones que se realizan a bordo durante la navegación, así como otros datos de utilidad.

Para la descripción que sigue a continuación, se ha tomado como referencia el *Almanaque Náutico 2014*, publicado por el Real Instituto y Observatorio de la Armada en San Fernando, Cádiz.

3.1. Descripción del *Almanaque*

Las primeras páginas (pp. 1-9) del *Almanaque* suministran información sobre datos astronómicos, calendario, fases de la Luna y eclipses.

En su parte principal (pp. 10-375), el *Almanaque* proporciona, para cada día, datos sobre el Sol (☉), la Luna (☾), el primer punto de Aries (♈) y los cuatro planetas observables en la mar: Venus (♀), Marte (♂), Júpiter (♃) y Saturno (♄).

SOL: la información ofrecida es SD (semidiámetro); PMG (paso del astro por el meridiano superior de Greenwich); hG (horario en Greenwich del astro) y d (declinación del astro) para cada hora entera de tiempo universal (UT: Universal Time); horas de salida y puesta del Sol y de comienzo y finalización de los crepúsculos civil y náutico (en días alternos), para distintas latitudes del meridiano superior de Greenwich.

LUNA: SD; Edad; PMG y Rº (retardo); PHE (paralaje horizontal ecuatorial) para las 04h, 12h y 20h de UT; hG y d para cada hora de tiempo universal; horas de salida y puesta de la Luna para distintas latitudes del meridiano superior de Greenwich.

PRIMER PUNTO DE ARIES: PMG y hG para cada hora entera de tiempo universal.

PLANETAS: Mag. (magnitud estelar aparente); PMG; hG y d para cada hora entera de tiempo universal.

Después, el *Almanaque* (pp. 376-379) recoge un **catálogo de 99 estrellas** (★) seleccionadas (casi todas de primera y segunda magnitud), indicando sus magnitudes estelares, sus ángulos sidéreos (AS) y sus declinaciones (d). Las estrellas se ordenan según valores decrecientes de sus ángulos sidéreos (AS). Los valores que se proporcionan de ángulo sidéreo (AS) y declinación (d) corresponden al día 15 de cada mes, aunque, dada su pequeña variación, pueden considerarse constantes para todo el mes. El *Almanaque* contiene un encarte o cartulina independiente en la que figura un extracto del catálogo de estrellas. Esta cartulina puede servir también como marcador de la página del *Almanaque* en que estemos trabajando.

En las páginas finales del *Almanaque* se encuentran algunas tablas e información diversa, entre las que destacan:

- pp. 387-389: correcciones a aplicar a la altura observada de los distintos astros (Ao) para obtener la correspondiente altura verdadera (av).

- pp. 393-396: hora oficial (Ho). El *Almanaque* recoge, para distintos lugares, la diferencia entre la hora de tiempo universal y la hora oficial (UT – Ho, o lo que es lo mismo, HcG – Ho).

- pp. 403-425: descripción y explicación ejemplificada del uso del *Almanaque Náutico*.

- pp. 427-456: Tablas de interpolación, que ayudan a interpolar para obtener los horarios en Greenwich (hG) de los distintos astros para horas de tiempo universal no enteras.

3.2. Cálculo del horario en Greenwich (hG) y de la declinación (d)

Ya se ha mencionado que la parte principal del *Almanaque* proporciona estas efemérides, para cada día, de hora en hora de tiempo universal (es decir, para *HcG* enteras) para el Sol, la Luna, los cuatro planetas y el primer punto de Aries (de este solo el *hG*).

Se trata, pues, de explicar el **procedimiento a seguir para calcular horarios y declinaciones a una hora no entera de tiempo universal**. El problema **se puede resolver por** medio de la **interpolación directa o utilizando las Tablas de Interpolación** (pp. 427-456).

Tablas de interpolación.— Cada página tiene dos columnas, cada una de ellas para un minuto completo. La tabla de cada minuto cuenta con seis columnas:

- la primera columna corresponde al argumento de entrada (minuto y segundos de Tiempo Universal: UT);
- las tres columnas siguientes corresponden a las **correcciones a aplicar** por dichos minutos y segundos **a los horarios en Greenwich** obtenidos en la página principal para una hora entera, bien de Sol o planetas, del primer punto de Aries o de la Luna;
- en la quinta columna figuran valores de diferencias; y
- en la sexta columna figuran las correcciones que corresponden a dichas diferencias.

Las Tablas de Interpolación se han confeccionado considerando una variación horaria uniforme en el horario en Greenwich de los distintos puntos y astros.

Tabla 3.1. Tablas de Interpolación: variación horaria considerada.

PUNTO O CUERPO CELESTE	VARIACIÓN DEL hG POR HORA
Sol y Planetas	15° 00’
Aries	15° 02,5’
Luna	14° 19’

Para el Sol y el primer punto de Aries, dicha variación en realidad es prácticamente uniforme, por lo que no es necesario aplicar ninguna corrección por diferencia al horario obtenido.

Para la Luna y los planetas, la citada variación no es uniforme. En la parte principal del *Almanaque* figuran para estos astros las «diferencias» (para cada hora en el caso de la Luna y para cada día en el caso de los planetas) entre la variación real y la tabulada. Para obtener el **horario en Greenwich** de estos astros, al obtenido en la parte principal —para una hora entera— habrá que aplicar, además de la corrección por minutos y segundos —obtenida en las Tablas de interpolación— una corrección por la existencia de dichas «diferencias», que se obtiene en la sexta columna de dichas Tablas. En el caso de la Luna, la corrección por diferencia que se aplica al horario es siempre positiva. Mientras que, para los planetas, el signo de la diferencia también es el signo con que debe aplicarse la corrección correspondiente.

En cuanto a la **declinación** de los astros para un instante cualquiera, aunque puede obtenerse utilizando las Tablas de las correcciones por diferencias, es preferible obtenerla por interpolación, para evitar confusiones.

<u>EJEMPLOS</u>:

SOL: Hallar el hG⊙ y la d⊙ al ser HcG = 13-30-12 (05.02.2014).

A.N. p. 45 (UT 13 h)	hG⊙	=	011° 30,2’
A.N. p. 442 ($C^{\underline{ón}}$ x 30 min 12 s)	$C^{\underline{ón}}$	=	7° 33,0’
	hG⊙	**=**	**019° 03,2’ W**

A.N. p. 45 (UT 13 h)	d⊙	=	15° 50,7’ –		
A.N. p. 45 (UT 14 h)	d⊙	=	15° 49,9’ –		
	$V^{\underline{ón}}$	=	0,8’ +	——	1h UT
			X	——	0 h 30 min 12 s

⇩

X = 0,4’ +

En la práctica, esta interpolación suele hacerse a ojo.

A.N. p. 45 (UT 13 h)	d☉	=	15° 50,7' –
$C^{\underline{ón}}$ x 30 min 12 s	$C^{\underline{ón}}$	=	0,4' +
	d☉	**=**	**15° 50,3' –**

LUNA: Hallar el hG ☾ y la d ☾ al ser HcG = 02-31-45 (05.02.2014).

A.N. p. 45 (UT 02 h)	hG☾	=	141° 29,1'	(Dif. = 110)
A.N. p. 442 ($C^{\underline{ón}}$ x 31 min 45 s)	$C^{\underline{ón}}$	=	007° 34,6'	
A.N. p. 442 ($C^{\underline{ón}}$ x Dif = 110)	$C^{\underline{ón}}$	=	05,8'	
	hG☾	**=**	**149° 09,5' W**	

A.N. p. 45 (UT 02 h)	d☾	=	10° 25,5' +		
A.N. p. 45 (UT 03 h)	d☾	=	10° 34,8' +		
	$V^{\underline{ón}}$	=	9,3' +	——	1h UT
			X	——	0 h 31 min 45 s

⇩

X = 4,9' +

A.N. p. 45 (UT 02 h)	d☾	=	10° 25,5' +
$C^{\underline{ón}}$ x 31 min 45 s	$C^{\underline{ón}}$	=	4,9' +
	d☾	**=**	**10° 30,4' +**

VENUS: Hallar el hG ♀ y la d ♀, al ser HcG = 11-30-09 (05.02.2014).

A.N. p. 45 (UT 11 h)	hG♀	=	016° 04,7'	(Dif. = 20 +)
A.N. p. 442 ($C^{\underline{ón}}$ x 30 min 09 s)	$C^{\underline{ón}}$	=	7° 32,3' +	
A.N. p. 442 ($C^{\underline{ón}}$ x Dif = 20 +)	$C^{\underline{ón}}$	=	1,0' +	
	hG♀	**=**	**023° 38,0' W**	

A.N. p. 45 (UT 11 h)	d♀	=	16° 00,4' –
$C^{\underline{ón}}$ x 30 min 09 s	$C^{\underline{ón}}$	=	0,1' –
	d♀	**=**	**16° 00,5' –**

Figura 3.1. Página del *Almanaque Náutico* correspondiente al día 05.02.2014

Miércoles 5 de febrero de 2014 45

UT	SOL SD: 16′.2 PMG: 12^h $14^m.0$		LUNA SD: 15′.7 Edad: $5^d.1$ PHE { 4^h: 57′.4; 12^h: 57′.1; 20^h: 56′.8 } PMG: 17^h 04^m R°: 49^m				Latitud	Puesta de Sol	Fin del crepúsculo		Salida de Luna		Puesta de Luna	
	hG ☉	Dec	hG ☾	Dif	Dec	Dif			Civil	Náutico	Hora	R°	Hora	R°
h	° ′	° ′	° ′		° ′		°	h m	h m	h m	h m	m	h m	m
0	176 30.9	− 16 00.6	112 29.0		+ 10 06.7		60 N	16 24	17 11	18 01	9 27	23	** **	***
1	191 30.8	− 15 59.8	126 59.0	110	16.1	94	58	34	17	04	34	25	** **	***
2	206 30.8	59.0	141 29.1	111	25.5	94	56	42	22	07	40	27	** **	***
3	221 30.7	58.3	155 59.1	110	34.8	93	54	49	27	09	45	29	** **	***
4	236 30.7	57.5	170 29.2	111	44.1	93	52	16 55	31	12	50	30	** **	***
5	251 30.6	− 15 56.8	184 59.2	110	+ 10 53.2	91	50	17 01	17 35	18 14	9 54	32	** **	***
6	266 30.6	− 15 56.0	199 29.3	111	+ 11 02.3	91	45	17 13	17 44	18 19	10 03	35	** **	***
7	281 30.5	55.3	213 59.4	111	11.4	91	40	24	52	24	11	37	** **	***
8	296 30.5	54.5	228 29.6	112	20.3	89	35	33	17 59	29	18	39	23 56	58
9	311 30.4	53.7	242 59.7	111	29.2	89	30	40	18 05	34	24	41	49	56
10	326 30.4	53.0	257 29.8	111	38.1	89	20	17 54	17	43	34	44	37	53
11	341 30.3	− 15 52.2	272 00.0	112	+ 11 46.8	87	10 N	18 06	18 28	18 53	10 44	46	23 26	51
12	356 30.3	− 15 51.5	286 30.1	111	+ 11 55.5	87	0	18 17	18 39	19 04	10 52	49	23 16	49
13	11 30.2	50.7	301 00.3	112	+ 12 04.1	86	10 S	29	18 51	16	11 01	52	23 06	47
14	26 30.2	49.9	315 30.5	112	12.6	85	20	41	19 04	32	10	55	22 55	45
15	41 30.1	49.2	330 00.7	112	21.1	85	30	18 56	21	19 51	21	57	43	42
16	56 30.1	48.4	344 30.9	112	29.5	84	35	19 04	31	20 04	27	59	36	40
17	71 30.0	− 15 47.6	359 01.1	112	+ 12 37.8	83	40	19 13	19 43	20 19	11 34	62	22 28	39
18	86 30.0	− 15 46.9	13 31.3	112	+ 12 46.0	82	45	19 25	19 57	20 38	11 43	63	22 19	36
19	101 29.9	46.1	28 01.6	113	+ 12 54.1	81	50	38	20 15	21 03	53	66	08	33
20	116 29.9	45.3	42 31.8	112	+ 13 02.2	81	52	45	24	15	11 57	68	22 03	32
21	131 29.9	44.6	57 02.0	112	10.2	80	54	19 52	34	30	12 03	69	21 57	31
22	146 29.8	43.8	71 32.3	113	18.1	79	56	20 00	45	21 48	08	72	51	29
23	161 29.8	43.0	86 02.6	113	26.0	79	58	09	20 58	22 11	15	73	44	27
24	176 29.7	− 15 42.3	100 32.8	112	+ 13 33.7	77	60 S	20 19	21 13	22 41	12 22	76	21 36	25

UT	ARIES PMG 14^h $57^m.3$	VENUS Mag.: −4.8 PMG: 9^h 56^m		MARTE Mag.: +0.2 PMG: 4^h 33^m		JÚPITER Mag.: −2.6 PMG: 21^h 47^m		SATURNO Mag.: +0.5 PMG: 6^h 23^m	
	hG ♈	hG ♀	Dec	hG ♂	Dec	hG ♃	Dec	hG ♄	Dec
h	° ′	° ′	° ′	° ′	° ′	° ′	° ′	° ′	° ′
0	135 04.1	210 42.5	− 15 59.3	291 41.4	− 6 59.2	32 10.8	+ 23 06.3	264 06.9	− 16 15.8
1	150 06.6	225 44.6	59.4	306 43.2	59.4	47 13.5	06.4	279 09.2	15.8
2	165 09.1	240 46.6	59.5	321 45.1	59.6	62 16.2	06.4	294 11.6	15.8
3	180 11.5	255 48.6	59.6	336 47.0	− 6 59.8	77 18.9	06.4	309 13.9	15.8
4	195 14.0	270 50.7	59.7	351 48.8	− 7 00.0	92 21.6	06.4	324 16.3	15.8
5	210 16.5	285 52.7	− 15 59.8	6 50.7	− 7 00.2	107 24.3	+ 23 06.5	339 18.6	− 16 15.8
6	225 18.9	300 54.7	− 15 59.9	21 52.6	− 7 00.4	122 27.0	+ 23 06.5	354 21.0	− 16 15.9
7	240 21.4	315 56.7	− 16 00.0	36 54.5	00.6	137 29.7	06.5	9 23.4	15.9
8	255 23.8	330 58.7	00.1	51 56.3	00.8	152 32.4	06.5	24 25.7	15.9
9	270 26.3	346 00.7	00.2	66 58.2	01.0	167 35.1	06.5	39 28.1	15.9
10	285 28.8	1 02.7	00.3	82 00.1	01.2	182 37.9	06.6	54 30.4	15.9
11	300 31.2	16 04.7	− 16 00.4	97 02.0	− 7 01.4	197 40.6	+ 23 06.6	69 32.8	− 16 16.0
12	315 33.7	31 06.7	− 16 00.5	112 03.8	− 7 01.6	212 43.3	+ 23 06.6	84 35.1	− 16 16.0
13	330 36.2	46 08.7	00.6	127 05.7	01.7	227 46.0	06.6	99 37.5	16.0
14	345 38.6	61 10.7	00.7	142 07.6	01.9	242 48.7	06.7	114 39.8	16.0
15	0 41.1	76 12.7	00.8	157 09.5	02.1	257 51.4	06.7	129 42.2	16.0
16	15 43.6	91 14.6	00.9	172 11.4	02.3	272 54.1	06.7	144 44.5	16.1
17	30 46.0	106 16.6	− 16 01.0	187 13.2	− 7 02.5	287 56.8	+ 23 06.7	159 46.9	− 16 16.1
18	45 48.5	121 18.6	− 16 01.1	202 15.1	− 7 02.7	302 59.5	+ 23 06.8	174 49.3	− 16 16.1
19	60 51.0	136 20.5	01.3	217 17.0	02.9	318 02.2	06.8	189 51.6	16.1
20	75 53.4	151 22.5	01.4	232 18.9	03.1	333 04.9	06.8	204 54.0	16.1
21	90 55.9	166 24.4	01.5	247 20.8	03.3	348 07.6	06.8	219 56.3	16.1
22	105 58.3	181 26.4	01.6	262 22.7	03.5	3 10.3	06.9	234 58.7	16.2
23	121 00.8	196 28.4	01.7	277 24.5	03.7	18 13.0	06.9	250 01.0	16.2
24	136 03.3	211 30.3	− 16 01.8	292 26.4	− 7 03.9	33 15.8	+ 23 06.9	265 03.4	− 16 16.2
Dif	—	+20	−1	+19	−2	+27	0	+24	0

Figura 3.2. Página de las Tablas de Interpolación del *Almanaque Náutico*.

442 CORRECCIONES

30m	Sol y planetas	Aries	Luna	Dif.	Correc.	31m	Sol y planetas	Aries	Luna	Dif.	Correc.
s	° ′	° ′	° ′		′	s	° ′	° ′	° ′		′
0	7 30.0	7 31.2	7 9.5	**0**	0.0	**0**	7 45.0	7 46.3	7 23.8	**0**	0.0
1	7 30.3	7 31.5	7 9.7	**3**	0.2	**1**	7 45.3	7 46.5	7 24.1	**3**	0.2
2	7 30.5	7 31.7	7 10.0	**6**	0.3	**2**	7 45.5	7 46.8	7 24.3	**6**	0.3
3	7 30.8	7 32.0	7 10.2	**9**	0.5	**3**	7 45.8	7 47.0	7 24.5	**9**	0.5
4	7 31.0	7 32.2	7 10.5	**12**	0.6	**4**	7 46.0	7 47.3	7 24.8	**12**	0.6
5	7 31.3	7 32.5	7 10.7	**15**	0.8	**5**	7 46.3	7 47.5	7 25.0	**15**	0.8
6	7 31.5	7 32.7	7 10.9	**18**	0.9	**6**	7 46.5	7 47.8	7 25.2	**18**	0.9
7	7 31.8	7 33.0	7 11.2	**21**	1.1	**7**	7 46.8	7 48.0	7 25.5	**21**	1.1
8	7 32.0	7 33.2	7 11.4	**24**	1.2	**8**	7 47.0	7 48.3	7 25.7	**24**	1.3
9	7 32.3	7 33.5	7 11.6	**27**	1.4	**9**	7 47.3	7 48.5	7 26.0	**27**	1.4
10	7 32.5	7 33.7	7 11.9	**30**	1.5	**10**	7 47.5	7 48.8	7 26.2	**30**	1.6
11	7 32.8	7 34.0	7 12.1	**33**	1.7	**11**	7 47.8	7 49.0	7 26.4	**33**	1.7
12	7 33.0	7 34.2	7 12.4	**36**	1.8	**12**	7 48.0	7 49.3	7 26.7	**36**	1.9
13	7 33.3	7 34.5	7 12.6	**39**	2.0	**13**	7 48.3	7 49.5	7 26.9	**39**	2.0
14	7 33.5	7 34.7	7 12.8	**42**	2.1	**14**	7 48.5	7 49.8	7 27.2	**42**	2.2
15	7 33.8	7 35.0	7 13.1	**45**	2.3	**15**	7 48.8	7 50.0	7 27.4	**45**	2.4
16	7 34.0	7 35.2	7 13.3	**48**	2.4	**16**	7 49.0	7 50.3	7 27.6	**48**	2.5
17	7 34.3	7 35.5	7 13.6	**51**	2.6	**17**	7 49.3	7 50.5	7 27.9	**51**	2.7
18	7 34.5	7 35.7	7 13.8	**54**	2.7	**18**	7 49.5	7 50.8	7 28.1	**54**	2.8
19	7 34.8	7 36.0	7 14.0	**57**	2.9	**19**	7 49.8	7 51.0	7 28.4	**57**	3.0
20	7 35.0	7 36.2	7 14.3	**60**	3.1	**20**	7 50.0	7 51.3	7 28.6	**60**	3.2
21	7 35.3	7 36.5	7 14.5	**63**	3.2	**21**	7 50.3	7 51.5	7 28.8	**63**	3.3
22	7 35.5	7 36.7	7 14.7	**66**	3.4	**22**	7 50.5	7 51.8	7 29.1	**66**	3.5
23	7 35.8	7 37.0	7 15.0	**69**	3.5	**23**	7 50.8	7 52.0	7 29.3	**69**	3.6
24	7 36.0	7 37.2	7 15.2	**72**	3.7	**24**	7 51.0	7 52.3	7 29.5	**72**	3.8
25	7 36.3	7 37.5	7 15.5	**75**	3.8	**25**	7 51.3	7 52.5	7 29.8	**75**	3.9
26	7 36.5	7 37.7	7 15.7	**78**	4.0	**26**	7 51.5	7 52.8	7 30.0	**78**	4.1
27	7 36.8	7 38.0	7 15.9	**81**	4.1	**27**	7 51.8	7 53.0	7 30.3	**81**	4.3
28	7 37.0	7 38.3	7 16.2	**84**	4.3	**28**	7 52.0	7 53.3	7 30.5	**84**	4.4
29	7 37.3	7 38.5	7 16.4	**87**	4.4	**29**	7 52.3	7 53.5	7 30.7	**87**	4.6
30	7 37.5	7 38.8	7 16.7	**90**	4.6	**30**	7 52.5	7 53.8	7 31.0	**90**	4.7
31	7 37.8	7 39.0	7 16.9	**93**	4.7	**31**	7 52.8	7 54.0	7 31.2	**93**	4.9
32	7 38.0	7 39.3	7 17.1	**96**	4.9	**32**	7 53.0	7 54.3	7 31.5	**96**	5.0
33	7 38.3	7 39.5	7 17.4	**99**	5.0	**33**	7 53.3	7 54.5	7 31.7	**99**	5.2
34	7 38.5	7 39.8	7 17.6	**102**	5.2	**34**	7 53.5	7 54.8	7 31.9	**102**	5.4
35	7 38.8	7 40.0	7 17.9	**105**	5.3	**35**	7 53.8	7 55.0	7 32.2	**105**	5.5
36	7 39.0	7 40.3	7 18.1	**108**	5.5	**36**	7 54.0	7 55.3	7 32.4	**108**	5.7
37	7 39.3	7 40.5	7 18.3	**111**	5.6	**37**	7 54.3	7 55.5	7 32.6	**111**	5.8
38	7 39.5	7 40.8	7 18.6	**114**	5.8	**38**	7 54.5	7 55.8	7 32.9	**114**	6.0
39	7 39.8	7 41.0	7 18.8	**117**	5.9	**39**	7 54.8	7 56.0	7 33.1	**117**	6.1
40	7 40.0	7 41.3	7 19.0	**120**	6.1	**40**	7 55.0	7 56.3	7 33.4	**120**	6.3
41	7 40.3	7 41.5	7 19.3	**123**	6.3	**41**	7 55.3	7 56.6	7 33.6	**123**	6.5
42	7 40.5	7 41.8	7 19.5	**126**	6.4	**42**	7 55.5	7 56.8	7 33.8	**126**	6.6
43	7 40.8	7 42.0	7 19.8	**129**	6.6	**43**	7 55.8	7 57.1	7 34.1	**129**	6.8
44	7 41.0	7 42.3	7 20.0	**132**	6.7	**44**	7 56.0	7 57.3	7 34.3	**132**	6.9
45	7 41.3	7 42.5	7 20.2	**135**	6.9	**45**	7 56.3	7 57.6	7 34.6	**135**	7.1
46	7 41.5	7 42.8	7 20.5	**138**	7.0	**46**	7 56.5	7 57.8	7 34.8	**138**	7.2
47	7 41.8	7 43.0	7 20.7	**141**	7.2	**47**	7 56.8	7 58.1	7 35.0	**141**	7.4
48	7 42.0	7 43.3	7 21.0	**144**	7.3	**48**	7 57.0	7 58.3	7 35.3	**144**	7.6
49	7 42.3	7 43.5	7 21.2	**147**	7.5	**49**	7 57.3	7 58.6	7 35.5	**147**	7.7
50	7 42.5	7 43.8	7 21.4	**150**	7.6	**50**	7 57.5	7 58.8	7 35.7	**150**	7.9
51	7 42.8	7 44.0	7 21.7	**153**	7.8	**51**	7 57.8	7 59.1	7 36.0	**153**	8.0
52	7 43.0	7 44.3	7 21.9	**156**	7.9	**52**	7 58.0	7 59.3	7 36.2	**156**	8.2
53	7 43.3	7 44.5	7 22.1	**159**	8.1	**53**	7 58.3	7 59.6	7 36.5	**159**	8.3
54	7 43.5	7 44.8	7 22.4	**162**	8.2	**54**	7 58.5	7 59.8	7 36.7	**162**	8.5
55	7 43.8	7 45.0	7 22.6	**165**	8.4	**55**	7 58.8	8 0.1	7 36.9	**165**	8.7
56	7 44.0	7 45.3	7 22.9	**168**	8.5	**56**	7 59.0	8 0.3	7 37.2	**168**	8.8
57	7 44.3	7 45.5	7 23.1	**171**	8.7	**57**	7 59.3	8 0.6	7 37.4	**171**	9.0
58	7 44.5	7 45.8	7 23.3	**174**	8.8	**58**	7 59.5	8 0.8	7 37.7	**174**	9.1
59	7 44.8	7 46.0	7 23.6	**177**	9.0	**59**	7 59.8	8 1.1	7 37.9	**177**	9.3
60	7 45.0	7 46.3	7 23.8	**180**	9.2	**60**	8 0.0	8 1.3	7 38.1	**180**	9.5

ESTRELLAS: Hallar el hG★ y la d★ de *Rigel*, al ser HcG = 08-31-12 (05.02.2014).

Para determinar el horario en Greenwich de una estrella, en primer lugar debe obtenerse el del primer punto de Aries. Luego, se resuelve el problema, utilizando la conocida expresión:

hG★	=	**hG♈**	+	**AS★**
E+		E+		E+
W−		W−		W−

A.N. p. 376 AS ★ *Rigel* = 281° 11,4' W

A.N. p. 377 **d ★ *Rigel* = 8° 11,4 −**

A.N. p. 45 (UT 08 h)	hG♈	=	255° 23,8'
A.N. p. 442 (C^ón^ x 31 min 12 s)	C^ón^	=	7° 49,3'
	hG♈	=	263° 13,1' W −
A.N. p. 376	AS ★	=	281° 11,4' W −
	hG★	=	544° 24,5' W
	hG★	=	**184° 24,5' W**

3.2.1. Precauciones en el cálculo del horario

En los cálculos que se establecen, puede que se proporcione la hora como HcG, Hz, Hcl u Ho. Por una parte, como se sabe, la fecha del cálculo es la del lugar (Hz) y, por otra parte, el *Almanaque* tiene como argumento de entrada tiempo universal (HcG).

Cuando el cálculo comienza con la fecha y la situación de estima al ser una Hcl u Hz determinada, como la fecha del cálculo corresponde a la hora proporcionada, el problema se resuelve determinando la HcG con su fecha correspondiente, con la que se entra en el *Almanaque* para calcular el horario. El problema surge cuando el cálculo proporciona una fecha y una situación de estima al ser una HcG. En este caso, hay que tener cuidado y siempre, antes de entrar en el *Almanaque*, se debe **comprobar la fecha de la HcG proporcionada, que no siempre se corresponde con la fecha del cálculo.**

3.3. Dado el horario de un astro, calcular la hora

Se recuerda que el *Almanaque Náutico* proporciona horas de tiempo universal (HcG); horarios en Greenwich astronómicos (hG = ... W) y ángulos sidéreos contados también hacia el oeste (AS = ... W).

Dado el horario en Greenwich del Sol, la Luna, un planeta o una estrella, puede obtenerse la hora (HcG) correspondiente, operando de forma inversa a la descrita en el apartado anterior.

EJEMPLOS:

SOL: El 5 de febrero de 2014, se pide calcular la HcG al tener el Sol hG⨀ = 019° 03,2' W.

hG⨀	=	019° 03,2' W				
A.N. p. 45 P.I.(*)	=	011° 30,2' W	→	HcG	=	13-00-00 (5)
$C^{\underline{ón}}$ x min y s	=	7° 33,0'	→ A.N. p. 442	min y s	=	30-12
				HcG	**=**	**13-30-12 (5)**

(*) P.I. = Próximo inferior

LUNA: El 5 de febrero de 2014, se pide calcular la HcG al tener la Luna hG☾ = 149° 05,6' W.

hG☾	=	149° 05,6' W					
A.N. p. 45 P.I.(*)	=	141° 29,1' W	(Dif. = 110)	→	HcG	=	02-00-00 (5)
$C^{\underline{ón}}$ x min y s + + $C^{\underline{ón}}$ x Dif	=	7° 36,5' (*)					
$C^{\underline{ón}}$ x Dif A.N. p. 442	=	5,8' –					
$C^{\underline{on}}$ x min y s	=	7° 30,7'		→ A.N. p. 442	min y s	=	31-29
					HcG	**=**	**02-31-29 (5)**

(*) Tomando 7° 36,5' como Corrección por minutos y segundos, se encuentra, en las Tablas de Interpolación, el minuto en que buscar el valor de la Corrección por diferencia.

PLANETA: El 5 de febrero de 2014, se pide calcular la HcG al tener Venus hG♀ = 336° 22' E.

En el caso de los planetas se procede igual que para la Luna, con la particularidad que la corrección por diferencia ($C^{\underline{ón}}$ x Dif) se aplica con signo contrario al indicado en la parte principal del *Almanaque Náutico*.

		360°					
hG♀	=	336° 22,0' E					
hG♀	=	023° 38,0' W					
A.N. p. 45 P.I.(*)	=	016° 04,7' W	(Dif. = 20 +)	→	HcG	=	11-00-00 (5)
$C^{\underline{ón}}$ x min y s + + $C^{\underline{ón}}$ x Dif	=	7° 33,3' (*)					
$C^{\underline{ón}}$ x Dif A.N. p. 442	=	1,0' –					
$C^{\underline{ón}}$ x min y s	=	7° 32,3'		→ A.N. p. 442	min y s	=	30-09
					HcG	**=**	**11-30-09 (5)**

(*) Tomando 7° 33,3' como Corrección por minutos y segundos, se encuentra, en las Tablas de Interpolación, el minuto en que buscar el valor de la Corrección por diferencia.

ESTRELLA: El 5 de febrero de 2014, se pide calcular la HcG en que la estrella *Rigel* pasará por el meridiano inferior de lugar (MIL) en L = 100° E.

Al paso de un astro por el MIL, su hl★ = 180°. Se obtiene el hG★ con la fórmula:

hG★	**=**	**hl★**	**+**	**L**
E + W –		E + W –		E + W –

Se toma del *Almanaque* el AS ★. Luego , se obtiene el hG ♈ de la expresión:

hG♈	**=**	**hG★**	**–**	**AS★**
E + W –		E + W –		E + W –

Después, procediendo de forma similar a la empleada en el caso del Sol, se obtendrá la HcG buscada.

A.N. p. 376 AS ★ *Rigel* = 281° 11,4' W

hl★	=	180° 00,0' W –				
L	=	100° 00,0' E +				
hG★	=	080° 00,0' W –				
AS★	=	281° 11,4' W – (+)				
hG♈	=	201° 11,4' E				
hG♈	=	158° 48,6' W				
A.N. p. 45 P.I.(*)	=	150° 06,6' W	→	HcG	=	01-00-00 (5)
$C^{\underline{ón}}$ x min y s	=	8° 42,0'	→ A.N. p. 444	min y s	=	34-42
(*) P.I. = Próximo inferior				**HcG**	=	**01-34-42 (5)**
				Lt	=	6-40-00 E +
				Hcl	=	08-14-42 **(5)**

3.3.1. Precauciones en el cálculo de la hora

Utilizando el *Almanaque* se debe entrar con el horario en Greenwich (hG) astronómico (W) para hallar la hora de Tiempo Universal (UT = HcG) correspondiente. En estos casos, como precaución, siempre se determinará la hora local (Hz, Hcl) correspondiente a la hora civil en Greenwich (HcG) obtenida, chequeando que la fecha de la Hz corresponda a la del cálculo. Si no fuera así, con el horario en Greenwich (hG) se debe entrar en el *Almanaque* en el día adecuado, de forma que la fecha de la hora civil en Greenwich (HcG) obtenida sea tal que en el lugar (Hz) se tenga la fecha del cálculo.

3.4. Otros problemas que se resuelven con el *Almanaque*

Anteriormente se ha mencionado que el *Almanaque Náutico*, en sus páginas finales, ofrece Tablas e información sobre distintos extremos, cuya utilización se irá atendiendo a medida que sea necesario. Como ejemplo, aquí se prestará atención a los siguientes casos:

- cálculo de la latitud observada a partir de la observación de la estrella Polar,
- cálculo del azimut verdadero de la estrella Polar

3.4.1. Cálculo de la latitud observada a partir de la altura de la estrella Polar

En el apartado 2.3.4.1, al explicar la variación de la altura de los astros como consecuencia de su movimiento diurno aparente, se ha hecho referencia a la variación en la altura de la estrella Polar y al cálculo de la latitud a partir de la altura verdadera de esta estrella, que viene dada por la fórmula:

$$\mathbf{l = av\ \text{✻} - \Delta \cos h\ \text{✻} + \tfrac{1}{2} \tan av\ \text{✻}\ \Delta^2 sen^2\ h\ \text{✻}\ sen\ 1'}$$

Fórmula que se ha tabulado y se ofrece en el *Almanaque Náutico*, en tres tablas, en pp. 382-384, permitiendo obtener la latitud de forma rápida y cómoda.

Como la declinación y el ángulo sidéreo de la estrella Polar varían muy poco en un año, para construir las tablas del *Almanaque* se han calculado las correcciones tomando valores medios de la declinación y el ángulo sidéreo de la Polar:

$$\mathbf{l = av\ \text{✻} - \Delta \cos (hl\ \text{♈} + AS\ \text{✻}) + \tfrac{1}{2} \tan av\ \text{✻}\ \Delta^2 sen^2 (hl\ \text{♈} + AS\ \text{✻})\ sen\ 1'}$$

Así, la primera corrección: $C1 = -\ \Delta \cos (hl\ \text{♈} + AS\ \text{✻})$, se consigue entrando en la Tabla I (pp. 382-383) con el hl♈.

Y la segunda corrección: $C2 = \frac{1}{2} \tan av\ \text{✻}\ \Delta^2 sen^2 (hl\ \text{♈} + AS\ \text{✻})\ sen\ 1'$, se consigue entrando en la Tabla II (p. 384) con la altura de la Polar y el hl ♈.

Si se hace uso del *Almanaque náutico*, debe aplicarse una tercera corrección (C3) por la diferencia existente entre los valores reales de las coordenadas de la estrella Polar y los valores medios empleados para el cálculo de las correcciones tabuladas. Para obtener esta corrección (C3), se entra en la Tabla III (p. 384) con el hl ♈ y la fecha.

EJEMPLO: El 5 de febrero de 2014, en situación de estima S/e: l = 25° 05' N, L = 040° 25' W, durante el crepúsculo vespertino, al ser Hcl = 18-24-04, se observa la estrella Polar: av ✻ = 25° 39,8'. Se pide: latitud observada (lo).

HcG	=	**Hcl**	–	**Lt**
				E +
				W –

hl♈	=	**hG♈**	–	**L**
E +		E +		E +
W –		W –		W –

$$\frac{L°}{15} = \frac{40° \ 25' \ W}{15} = Lt = 02 \text{ h } 41 \text{ min } 40 \text{ s W}$$

Hcl	=	18-24-04 (5)
Lt	=	02-41-40 W – (+)
HcG	=	**21-05-44 (5)**

hG♈ a 21 hTU (5)	=	090° 55,9’
C^ón^ x 05 min 44 s	=	1° 26,2’
hG♈ a 21-05-44 TU (5)	=	092° 22,1’ W –
L	=	040° 25,0’ W – (+)
hl♈	=	051° 57,1’ W

	av ✱	=	25° 39,8’
A.N. p. 383, T. I, con hl♈ (W)	C1	=	39,9’ –
A.N. p. 384, T.II, con hl♈ (W) y av✱	C2	=	0
A.N. p. 384, T.III, con hl♈ (W) y fecha	C3	=	0,2’ +
	lo	=	**25° 00,1’ N**

3.4.2. Cálculo del azimut verdadero de la estrella Polar

La Tabla «Azimutes de la Polar, 2014» de la página 385 del *Almanaque*, que tiene como argumentos de entrada la latitud (l) y el horario local de Aries (hl♈), proporciona el azimut verdadero (Zv) de la estrella Polar.

A bordo con la alidada se observa el azimut de aguja (Za) de la estrella Polar. Calculado para el mismo instante su azimut verdadero (Zv), la comparación de ambos permite obtener la corrección total del compás.

EJEMPLO: En el mismo caso anterior… El 5 de febrero de 2014, en situación de estima S/e: l = 25° 05’ N, L = 040° 25’ W, durante el crepúsculo vespertino, al ser Hcl = 18-24-04, se observa la estrella Polar: Zv ✱ = 008,3°. Se pide la corrección total (Ct) del compás.

De la resolución del caso anterior se tiene:

HcG = 21-05-44 (5) → hl♈ = 051° 57,1' W

A.N. p. 385:

con l = 25° 05' N y con hl♈ = 051° 57,1' W ⇨ Zv✳ = 0,1° – = N 0,1° W = 359,9°

Zv✳	=	359, 9°
Za✳	=	008,3°
Ct	**=**	**8,4° –**

A la finalización de esta pieza, se conocerá, comprenderá y utilizará la información y datos procedentes del *Almanaque Náutico*, que se obtendrán de forma autónoma. Los resultados de aprendizaje concretos se detallan en la Tabla 3.2.

Tabla 3.2. Pieza 3: resultados de aprendizaje esperados.

Resultados de aprendizaje
Obtiene la declinación y el horario de los distintos astros, en un instante determinado.
Deduce la hora, dado el horario del astro observado.
Reconoce un astro desconocido observado.
Calcula la latitud observada a partir de la altura meridiana de culminación superior o inferior.
Obtiene las correcciones a aplicar para calcular la latitud observada a partir de la altura de la estrella Polar.
Obtiene el azimut verdadero de la estrella Polar y lo utiliza para determinar los errores del compás.

3.5. Cálculos resueltos

3.5.1. El 7 de diciembre de 2014 al ser HcG = 23-18-20 nos encontramos en S/e: l = 42° 55’ S, L = 058° 10’ E.
Se pide: d y hl (expresado como ángulo en el polo) de Sol, Luna, Marte y ★ *Vega*.

$$\frac{L°}{15} = \frac{058°\ 10'\ E}{15} = Lt = 03\ h\ 52\ min\ 40\ s\ E \rightarrow Z = 4\ E$$

HcG	=	23-18-20
Z	=	4 E +
Hz	=	27-18-20
Hz	=	03-18-20 (7)
Z	=	4 E + (–)
HcG	**=**	**23-18-20 (6)**

SOL:

hG⊙ a 23 hTU (6)	=	167° 12,3’
$C^{ón}$ x 18 min 20 s	=	4° 35,0’
hG⊙ a 23-18-20 TU (6)	=	171° 47,3’ W –
L	=	058° 10,0’ E + (–)
hl⊙	=	229 ° 57,3’ W
hl⊙	**=**	**130 ° 02,7’ E**

d⊙ a 23 hTU (6)	=	22° 33,7’ –
$C^{ón}$ x 18 min 20 s	=	0,1’ –
d⊙	**=**	**22° 33,8’ –**

LUNA:

hG☾ a 23 hTU (6)	=	341° 08,4’	(Dif. = 93)
$C^{ón}$ x 18 min 20 s	=	4° 22,5’	
$C^{ón}$ x Dif	=	2,9’	
hG☾ a 23-18-20 TU (6)	=	345° 33,8’ W –	
L	=	058° 10,0’ E + (–)	
hl☾	=	403 ° 43,8’ W	
hl☾	**=**	**43 ° 43,8’ W**	

d☾ a 23 hTU (6)	=	18° 34,5’ +
$C^{ón}$ x 18 min 20 s	=	0,3’ +
d☾	**=**	**18° 34,8’ +**

MARTE:

hG♂ a 23 hTU (6)	=	116° 34,4’	(Dif. = 4 +)
$C^{ón}$ x 18 min 20 s	=	4° 35,0’	
$C^{ón}$ x Dif	=	0,1’ +	
hG♂ a 23-18-20 TU (6)	=	121° 09,5’ W –	
L	=	058° 10,0’ E + (–)	
hl♂	**=**	**179° 19,5’ W**	

d♂ a 23 hTU (6)	=	21° 07,5’ –
$C^{ón}$ x 18 min 20 s	=	0,1 +
d ♂	**=**	**21° 07,4’ –**

★ VEGA:

hG♈ a 23 hTU (6)	=	060° 38,9’		
$C^{ón}$ x 18 min 20 s	=	4° 35,8’		
hG♈ a 23-18-20 TU (6)	=	065° 14,7’ W –		
AS★	=	080° 38,7’ W –	A.N. pp. 378-379	**d★ = 38° 48,1’ +**
hG ★		145° 53,4’ W –		
L	=	058° 10,0’ E + (–)		
hl★	=	204° 03,4’ W		
hl★	**=**	**155° 56,6’ E**		

3.5.2. Al ser HcG = 09-00 (5 de febrero de 2014) obtenemos la siguiente información en el *Almanaque Náutico*: hG☾ = 242° 59,7’ W (Dif. = 111). Se pide hG☾ al ser HcG = 10-00 (5).

El *Almanaque* tabula para cada día el hG☾ astronómico, para cada hora UT. Para horas intermedias, se puede efectuar una interpolación lineal. Para facilitar esta operación, el *Almanaque* dispone de Tablas de Interpolación (pp. 427-456). En el caso de la Luna, estas tablas se han elaborado considerando una variación del hG☾ de 14° 19’ cada hora. Sin embargo, el hG☾ siempre varía una cantidad mayor que, además, es variable. En el *Almanaque*, entre el valor del hG☾ para dos horas UT consecutivas, se anota el valor de la diferencia (Dif.) que no es otra cosa que el número de décimas de minuto que en esa hora concreta varía el hG☾ por encima de los 14° 19’ tabulados. Así, en el caso que nos ocupa:

hG☾ a 09 h TU (5)	=	242° 59,7’ W	(Dif. = 111)
$V^{ón}$/h en hG☾ tabulada en Tablas Interpolación	=	14° 19,0’	
Dif.		11,1’	
hG☾ a 10 h TU (5)	**=**	**257° 29,8’ W**	

3.5.3. El 1 de febrero de 2014, al paso de la estrella *Kochab* por el MIL, en S/e: l = 39° N, L = 150° E, se observó av^{m} ★ = 23° 09,8'. Se pide Hz, Zv★ y rectificar la S/e.

Al paso de un astro por el MIL, su hl = 180°. Tal como se ha explicado, dado el horario, se puede calcular la hora.

hl★	=	180° 00,0' W –				
L	=	150° 00,0' E +		Lt	=	10-00-00 E +
hG★	=	030° 00,0' W –				
AS★	=	137° 19,9' W – (+)		**d★**	=	**74° 05,6' +**
hG♈	=	107° 19,9' E				
hG♈	=	252° 40,1' W				
P.I.	=	251° 27,3' W	→	HcG	=	08-00-00 (1)
C^{ón} x min y s	=	1° 12,8'	→	min y s	=	04-51
				HcG	=	08-04-51 (1)
			Lt =	Z	=	10 E +
			Hcl =	**Hz**	=	**18-04-51 (1)**

Un astro se puede observar a su paso por MIL, solo si es circumpolar, por lo que la declinación y la latitud serán de la misma especie y, en consecuencia, la distancia polar será complemento de la declinación del astro. La latitud observada vendrá dada por la fórmula:

$$\mathbf{l = a_v^{m} + \Delta}$$

		90°		av^{m} ★	=	23° 09,8'
d★	=	74° 05,6' +		Δ	=	15° 54,4'
Δ	=	15° 54,4'		**lo**	=	**39° 04,2' N**

Cuando un astro se observa a su paso por MIL, su azimut es N si la latitud es norte. Por tanto, en este caso: **Zv ★ = N = 000°**

Una vez se calcula una latitud observada, se rectifica la situación de estima:

Situación rectificada: lo = 39° 04,2' N, Le = 150° E

3.5.4. El día del solsticio de verano, estando en situación de estima S/e: l = 46° 13,3' N, L = 015° 10,5' W, al ser mediodía verdadero se observa a$_{v}^{m}$ ⊙ = 67° 16,5'.
Se pide: Hz y rectificar la situación de estima.

El día del solsticio de verano es aquel en el que, estando el Sol en el hemisferio norte, su declinación alcanza el máximo valor. En 2014, esto sucede el **21 de junio**. Prácticamente a lo largo de todo el día la d⊙ = 23° 26,1' +.

Mediodía verdadero es el momento de paso del centro del Sol por el MSL. Como es sabido, en ese momento su hl = 000° = 360°. Tal como se ha explicado, dado el horario, se puede calcular la hora.

hl⊙	=	000° 00,0’				
L	=	015° 10,5’ W				
hG⊙	=	015° 10,5’ W				
P.I.	=	014° 33,4’ W	→	HcG	=	13-00-00 (21)
$C^{ón}$ x min y s	=	000° 37,1’	→	min y s	=	02-28
				HcG	=	13-02-28 (21)
				Z	=	1 W –
				Hz	**=**	**12-02-28 (21)**

Cuando se observa un astro a su paso por MSL, la latitud observada viene dada por la fórmula:

S –		S –		– si ★ cara sur	
N +		N +		+ si ★ cara norte	
l	=	***d***	–	***z***	

HcG = 13-02-28 (21) ⇨ d⊙ = 23° 26,1’ +

		90°	d⊙	=	23° 26,1’ +.
av^m ⊖	=	67° 16,5’	z	=	22° 43,5 ’– (+)
z	=	22° 43,5	**lo**	**=**	**46° 09,6’ N**

Una vez se calcula una latitud observada, se rectifica la situación de estima:

Situación rectificada: lo = 46° 09,6’ N, Le = 015° 10,5’ W

3.5.5. Al ser HcG = 18-04-12 (7 de junio de 2014), se observa el Sol a su paso por el MSL, obteniendo lo = 01° 42’ N. Se pide: $a_v{}^m$ ⊖. y Zv⊙.

HcG = 18-04-12 (7) ⇨ d⊙ = 22° 47,5’ +

S –		S –		– si ★ cara sur		
N +		N +		+ si ★ cara norte		
l	=	***d***	–	***z***	⇨	***z = d – l***

d⊙	=	22° 47,5 ’ +			90°
lo	=	01° 42,0’ N + (–)	z	=	21° 05,5’
z	=	21° 05,5’ + ⇨ **⊙ cara N**	**av^m ⊖**	**=**	**68° 54,5’**

Sol observado cara al sur significa que el astro se encuentra en el vertical sur y, por tanto, su **Zv ⊙ = N = 000°**

3.5.6. El 13 de abril de 2014, al ser HcG = 08-00 nos encontramos en L = 041° 52' W y obtenemos: Za ✵ = 355° y av ✵ = 15° 18,6'. Se pide: latitud observada y Ct del compás.

$$\frac{L^\circ}{15} = \frac{041^\circ\ 52'\ W}{15} = Lt = 02\ h\ 47\ min\ 28\ s\ W \rightarrow Z = 3\ W$$

HcG	=	08-00-00
Z	=	3 W –
Hz	=	05-00-00 (13)
Z	=	3 W – (+)
HcG	**=**	**08-00-00 (13)**

hG♈ a 08-00-00 (13)	=	321° 26,1' W –
L	=	040° 25,0' W – (+)
hl♈	=	281° 01,1' W

	av ✵	=	15° 18,6'
A.N. p. 383, T. I, con hl♈ (W)	C1	=	21,2' +
A.N. p. 384, T.II, con hl♈ (W) y av ✵	C2	=	0
A.N. p. 384, T.III, con hl♈ (W) y fecha	C3	=	0,3' –
	lo	**=**	**15° 39,5' N**

A.N. p. 385: con l = 15° 39,5' N y con hl♈ = 281° 01,1' W ⇨ Zv ✵ = 0,6° + = N 0,6° E =

Zv ✵	=	360, 6°
Za ✵	=	355,0°
Ct	**=**	**5,6°** +

3.5.7. El 15 de noviembre de 2014, durante el crepúsculo vespertino, al ser Hcl = 17-20-56, en S/e: l = 43° 35' N, L = 161° 06' E, se observa un astro desconocido con av★? = 12° 30' y Zv★? = 036°. Se pide: reconocer el astro observado, por procedimiento gráfico.

Se trata de reconocer el astro observado, que ha podido ser una estrella o un planeta. Para identificarlo necesitaremos las coordenadas del astro tal como aparecen en el *Almanaque Náutico*. Así, si se trata de un planeta, necesitamos la HcG con su fecha, la declinación y el hG astronómico (hacia el oeste). Y si se trata de una estrella, necesitamos su declinación y su ángulo sidéreo (también hacia el oeste). En cualquier caso, lo primero que hay que determinar es la declinación y el horario local del astro observado, dadas la latitud, su altura verdadera (av★?) y su azimut verdadero (Zv★?).

De momento, conocemos el procedimiento gráfico para obtener la declinación y el horario del astro observado, dada la latitud, su altura y su azimut.

$$\frac{L^\circ}{15} = \frac{161^\circ\ 06'\ E}{15} = Lt = 10\ h\ 44\ min\ 24\ s\ E \rightarrow Z = 11\ E$$

Hcl	=	17-20-56 (15)
Lt	=	10-44-24 E + (–)
HcG	**=**	**06-36-32 (15)**

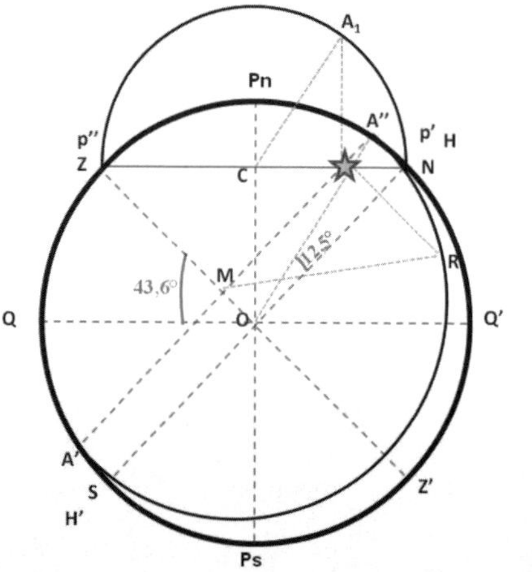

Finalizado el trazado de la figura, se pueden medir la declinación (ángulo QOp' o Q'Op'') y el horario local (ángulo p''CA$_1$). El azimut es de componente E porque el astro está en el hemisferio oriental y, por tanto, su horario será también E.

d★? = 46° N hl ★? = 124° E

Después, a partir del hl★?, obtendremos el hG★? (si fuera planeta) o el AS★? (si fuera estrella), utilizando las expresiones que relacionan las coordenadas que se miden en el ecuador.

hl ★?	=	124,0° E +
L	=	161,1° E +
hG★?	=	285,1° E
hG★?	=	074,9° W

A.N. Con HcG = 06-36-32 (15), d★? = 46° N y hG ★? = 074,9° W ⇨ **No es Planeta**

hG♈ a 06 hTU (15)	=	144° 15,1'
C$^{\underline{ón}}$ x 36 min 32 s	=	09° 09,5'
hG♈	=	153° 24,6' W

hG★?	=	074,9° W –
hG♈	=	153,4° W – (+)
AS★?	=	078,5° E
AS★?	**=**	**281,5° W**

En A.N., con AS★? = 281,5° W y d★? = 46° N ⇨ estrella ***Capella***

AS★ *Capella* = 280° 32,6' W y d★*Capella* = 46° 00,5' N

3.5.8. El 11 de octubre de 2014, durante el crepúsculo matutino, al ser Hcl = 04-45-11, en S/e: l = 32° 15' S, L = 135° 24' W, se observa un astro desconocido con av★? = 22° 40' y Zv★? = 052°. Se pide: reconocer el astro observado, por procedimiento gráfico.

Al igual que en el caso anterior, lo primero que debemos determinar es la declinación y el horario del astro observado, dada la latitud, su altura y su azimut.

$$\frac{L°}{15} = \frac{135°\ 24'\ W}{15} = Lt = 09\ h\ 01\ min\ 36\ s\ W \rightarrow Z = 9\ W$$

Hcl	=	04-45-11 (11)
Lt	=	09-01-36 W – (+)
HcG	=	**13-46-47 (11)**

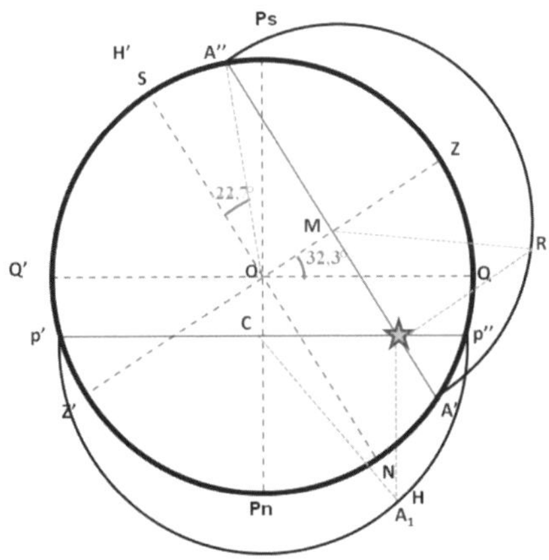

Finalizado el trazado de la figura, se pueden medir la declinación (ángulo QOp' o Q'Op'') y el horario local (ángulo p''CA$_1$). El azimut es de componente E porque el astro está en el hemisferio oriental y, por tanto, su horario será también E.

d★? = 16° N hl ★? = 049° E

Después, a partir del hl★?, obtendremos el hG★? (si fuera planeta) o el AS★? (si fuera estrella), utilizando las expresiones que relacionan las coordenadas que se miden en el ecuador.

hl ★?	=	049,0° E +
L	=	135,4° W –
hG★?	=	086,4° W –

En este punto, entramos en el *Almanaque*, al ser HcG = 13-46-47 (11.10.2014), y miramos si algún planeta tiene a esa hora: d★? = 16° N y hG★? = 086,4° W.

Vemos que se trata de **Júpiter** (♃).

hG♃ a 13 hTU (11)	=	074° 45,7'	(Dif. = 21 +)
$C^{ón}$ x 46 min 47 s	=	11° 41,8'	
$C^{ón}$ x Dif	=	1,6' +	
hG♃ a 13-46-47 TU (11)	=	**086° 29,1' W** –	

d♃ a 13 hTU (11)	=	16° 04,2' +
$C^{ón}$ x 46 min 47 s	=	0,1' –
d ♃	=	**16° 04,1'** +

3.6. Cálculos propuestos

3.6.1. El 1 de diciembre de 2014, en S/e: l = 20° S, L = 120° W, en el momento del paso de la Luna por el meridiano inferior de lugar, se pide hG y declinación de Sol, Luna, Júpiter y ★ *Enif.*

3.6.2. El 24 de noviembre de 2014, en Portugalete (l = 43° 20' N, L = 003° 02' W), calcular el hl y declinación de Sol, Luna, Saturno y ★ *Antares*, al ser Ho = 10-10.

3.6.3. El 1 de junio de 2014, en S/e: l = 50° 37' S, L = 122° 27,5' E, en el momento de ser mediodía verdadero se observó el Sol, obteniendo: av^{m} ⊕ = 17° 19,7'.
Se pide: rectificar la situación de estima y Hz.

3.6.4. El 19 de marzo de 2014 al ser HcG = 06-21-48 nos encontramos en L = 170° 27,4' W y obtenemos: Za✱= 002° y av✱= 46-31,6. Se pide: latitud observada y Ct del compás.

3.6.5. El 24 de septiembre de 2014, al ser HcG = 10-37-48 nos encontramos en L = 115° 37,5' E y obtenemos Za ✱ = N 05° W y av✱ = 34° 47,4'. Se pide: latitud observada y Ct del compás.

3.6.6. El 11 de octubre de 2014, durante el crepúsculo matutino, al ser Hcl = 04-48-20, en S/e: l = 32° 15' S, L = 135° 24' W, se observa un astro desconocido con av★? = 72° 30' y Zv★? = 031°. Se pide: reconocer el astro observado, por procedimiento gráfico.

3.6.7. El 15 de noviembre de 2014, durante el crepúsculo vespertino, al ser Hcl = 17-21-00, en S/e: l = 43° 35' N, L = 161° 06' E, se observa un astro desconocido con av★? = 17° 36' y Zv★? = S 27° W. Se pide: reconocer el astro observado, por procedimiento gráfico.

¿Sé cómo observar astros y obtener su av?

En la mar, para poder determinar la situación del buque con exactitud, utilizando las técnicas de la navegación astronómica, se necesita medir con precisión la altura de los astros sobre el horizonte. La precisión requerida para esta operación queda garantizada con la utilización de instrumentos de reflexión, basados en los principios ópticos de la reflexión de la luz sobre espejos planos.

El **sextante** proporciona la altura de los astros sobre el horizonte. Pero, la **altura observada debe ser corregida** adecuadamente para obtener la altura del centro del astro sobre el horizonte verdadero, que es la que forma parte del triángulo de posición (distancia cenital: $z = 90° - av$).

4.1. El sextante

4.1.1. Descripción del sextante

El sextante marino moderno (sextante de tambor micrométrico, v. Figura 4.1) consta de una **armadura**, normalmente de metal, que tiene la forma de un sector circular —de aproximadamente 1/6 de círculo—, de entre unos 15 y 18 cm. de radio, sobre la que van montados el resto de los elementos que lo componen. Con diseños variables, la armadura incorpora refuerzos entre los radios limitadores y el arco del sector, lo que proporciona solidez a la estructura del instrumento sin aportar un peso excesivo que dificulte su utilización.

La parte esencial de esta armadura es el arco del sector, el **limbo**, de 70° u 80° de abertura. El limbo está graduado. En virtud del principio óptico en que se funda el sextante, la **graduación del limbo** es el doble de la abertura del sector. Se gradúa de izquierda a derecha desde unos –5° hasta unos +125°.

Figura 4.1. Descripción del sextante.

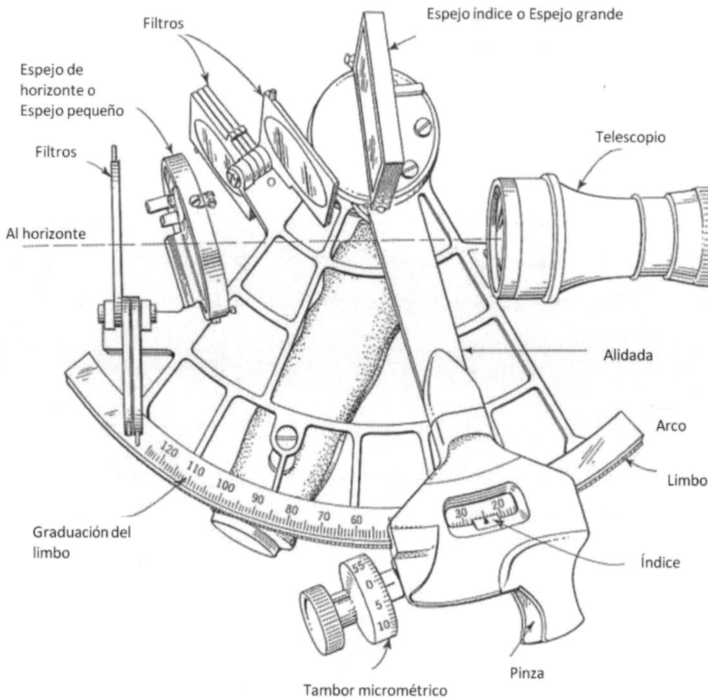

La **alidada** es un brazo móvil, del mismo material de la armadura, que gira con centro en el del sector, alrededor de un eje normal al plano del limbo. La alidada se ensancha en la parte que se desliza sobre el limbo, contando con un vano que permite ver la graduación de este. En la parte inferior del vano, la alidada tiene grabada una línea de fe o **índice**, para efectuar la lectura de la graduación del limbo. La alidada cuenta, además, con un **tornillo micrométrico** que engrana tangencialmente en un arco dentado o **cremallera**, situado en el borde —o detrás— del limbo (Figura 4.2). El tornillo se mantiene engranado a la cremallera por medio de un **muelle** que fija la alidada al limbo. Para mover la alidada un ángulo grande, se utiliza la **pinza**: al apretarla, se afloja la presión del muelle y se desengrana el tornillo de la cremallera. Para pequeños movimientos, la alidada dispone de un **tambor micrométrico**: una vuelta completa del tambor, mueve el índice de la alidada una división completa de la graduación del limbo.

Figura 4.2. Vista posterior de un sextante: detalle de la fijación de la alidada al limbo.

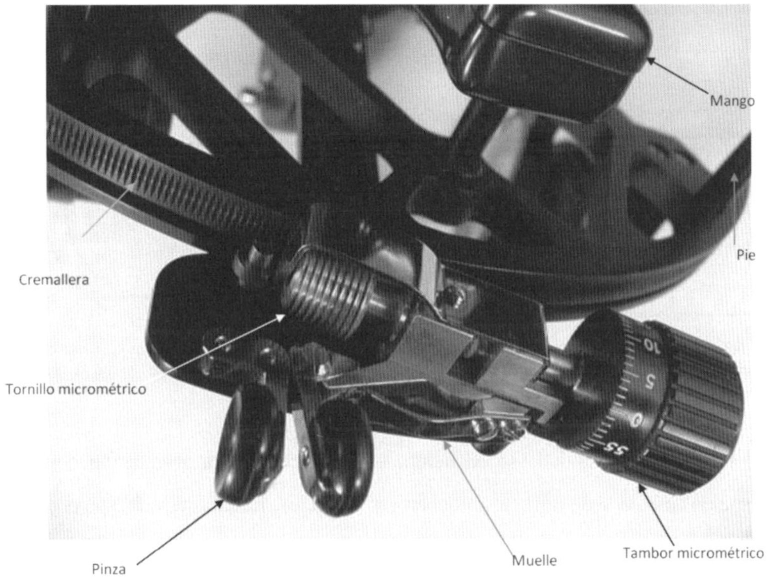

Medida una distancia angular con el sextante, para efectuar la lectura correspondiente, primero se lee la graduación del limbo (los grados que señale el índice de la alidada), precisando los minutos y fracciones con ayuda del tambor micrométrico, como se explicará más adelante. En algunos sextantes, la *escala del tambor* cuenta con un tambor *nonio* o *vernier* que procura mayor precisión a la lectura.

Montado en el extremo superior de la alidada, girando solidario con esta, se encuentra el **espejo grande** o **espejo índice**, cuyo plano es perpendicular al del limbo. El soporte del espejo lleva un **tornillo de ajuste** para rectificar la perpendicularidad del mismo, en caso necesario (Figura 4.4).

Sobre el radio que limita por la izquierda el sector de la armadura, va instalado, también perpendicular al plano del limbo, el **espejo pequeño** o **espejo de horizonte**. Tradicionalmente mitad transparente, mitad azogado, este espejo está siendo sustituido en los sextantes modernos por cristales especiales que cumplen con ambas funciones en toda su superficie (Figura 4.3). En los espejos con dos mitades, la línea que las separa debe ser paralela al plano del limbo.

Figura 4.3. Distintos tipos de espejos de horizonte.

Espejo tradicional (rectangular o redondo) mitad transparente (cristal o vano), mitad azogado.

Espejo moderno (*full vision*) con ambas funcione (transparente y espejo) en toda su superficie.

Cuando el índice de la alidada se encuentra sobre el cero de la graduación del limbo, ambos espejos (índice y de horizonte) deben ser paralelos. El soporte del espejo pequeño lleva dos **tornillos de ajuste**: uno para rectificar la perpendicularidad del mismo y otro para el ajuste del paralelismo (Figura 4.4).

Figura 4.4. Tornillos de ajuste de los espejos índice y de horizonte del sextante (modelo Astra IIIb).

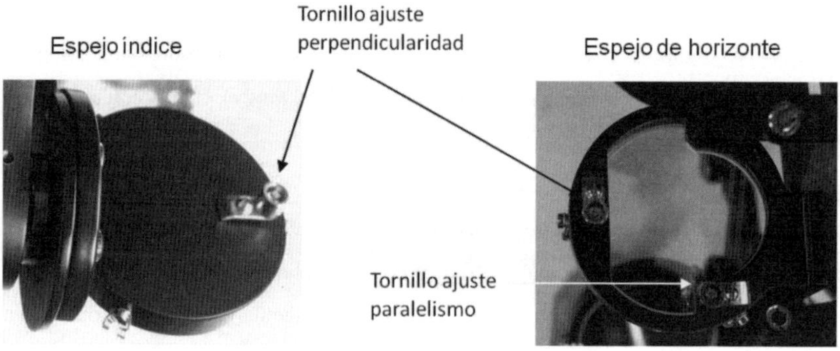

Sobre el otro radio que determina el sector, frente al espejo de horizonte, se encuentra el telescopio o **anteojo**, cuyo eje debe ser paralelo al plano del limbo, que dirige la visual del observador hacia el espejo de horizonte y aumenta la imagen del cuerpo observado. A través del telescopio se ve tanto la imagen directa como la reflejada en este espejo.

Los dos espejos disponen de **filtros** o vidrios de color, de distinta intensidad. Son perpendiculares al plano del limbo y pueden girar para interponerse o no al paso de la luz. Los del espejo grande se utilizan cuando se observa el Sol o la Luna; y los del espejo pequeño para reducir el brillo que produce la luz reflejada del Sol sobre el horizonte.

Por último, para manejar el sextante, la armadura tiene un **mango** en su parte posterior[1], en cuyo interior suele colocarse la pila de la **lámpara** que permite iluminar la graduación del limbo, cuando se efectúan observaciones de noche. La armadura cuenta también con unos **pies**, que permiten apoyar el sextante sobre una superficie.

4.1.2. Principio de funcionamiento del sextante

El principio óptico de funcionamiento del sextante se basa en las leyes de la reflexión de la luz sobre espejos planos:

a) el rayo incidente, la normal al espejo en el punto de incidencia y el rayo reflejado se encuentran en el mismo plano; y

b) el ángulo de incidencia es igual al ángulo de reflexión.

Figura 4.5. Reflexión de la luz sobre espejos planos.

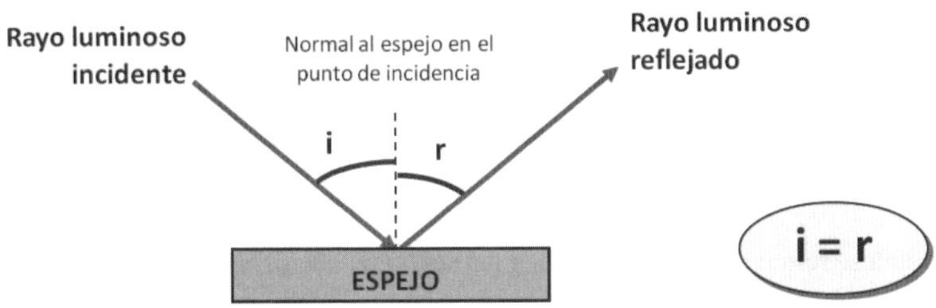

La finalidad del sextante es medir la distancia angular entre dos objetos cualesquiera, aunque lo más habitual es utilizarlo para medir la altura de los astros sobre el horizonte. Para efectuar dicha medida, se mira a través del telescopio hacia el horizonte de la mar,

[1] Los sextantes están construidos para ser manejados tomándolos por el mango con la mano derecha. Pero, también pueden conseguirse de encargo sextantes para zurdos.

aproximadamente donde queda el pie del vertical del astro. Con el índice de la alidada sobre el cero de la graduación del limbo se verá la imagen directa del horizonte —a través de la parte transparente del espejo pequeño— y también su imagen doblemente reflejada —en el espejo grande y en el espejo pequeño— (Figura 4.6 a). Luego, se mueve la alidada hasta hacer coincidir la imagen doblemente reflejada del astro con la imagen directa del horizonte (Figura 4.6 b).

Figura 4.6. Observación de un astro. Principio óptico del sextante.

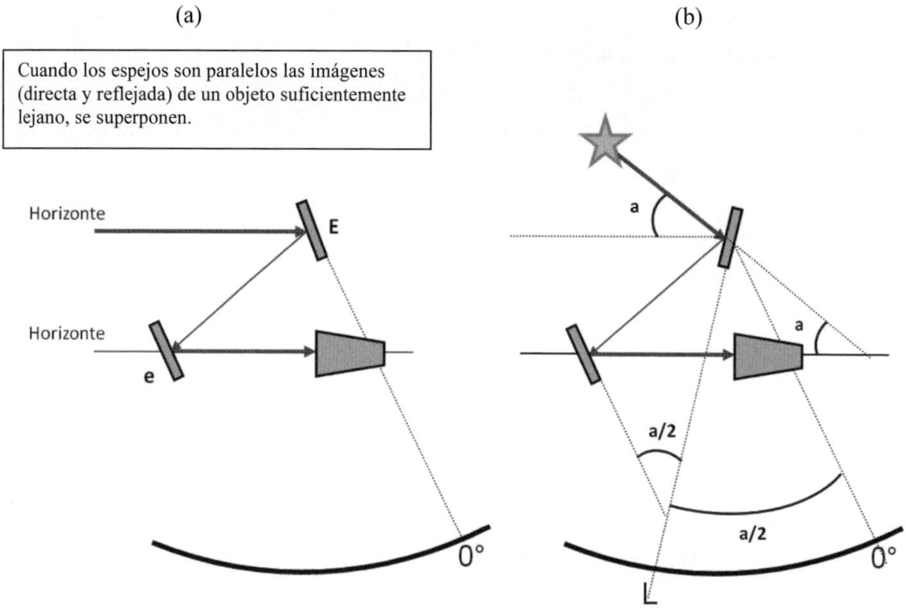

En la Figura se resume el **principio óptico del sextante**, que se enuncia así: si un rayo de luz sufre dos reflexiones en un mismo plano, el ángulo que forma la primera y la última dirección (*a*) es el doble del ángulo formado por la superficie de los dos espejos, que, a su vez, es igual al ángulo que se ha girado el espejo grande.

El plano en que se producen las dos reflexiones es paralelo al plano del limbo. Cuando el índice de la alidada señala el cero de la graduación del limbo, teóricamente, los espejos grande y pequeño son paralelos. Por tanto, para obtener la altura (*a*) de un astro sobre el horizonte, se leerá *0L* en la graduación del limbo y se multiplicará por dos. Para evitar este cálculo, el limbo viene graduado en el doble del valor del arco, obteniendo directamente el valor de la altura observada al leer en el limbo la graduación correspondiente a la posición (*L*) del índice de la alidada.

Teóricamente, el instrumento podría medir ángulos hasta que los planos de los espejos índice y de horizonte fueran perpendiculares entre sí; pero, en cuanto los espejos forman un diedro superior a 60° (alturas superiores a 120°), las incidencias son tan oblicuas que se pierde demasiada luz. Por ello, el arco del sector se limita a poco más de 60°.

4.1.3. Punto inicial y punto de paralelismo

Punto inicial de un determinado objeto es aquél donde se detiene el índice de la alidada, cuando a través del telescopio del sextante se ve que la imagen directa y la doblemente reflejada de dicho objeto coinciden. Para verificar la medida de un ángulo con el sextante se debe determinar el punto inicial.

Punto de paralelismo es aquel donde se detiene el índice de la alidada cuando los espejos índice y de horizonte son paralelos. Si el sextante no tiene error de índice, este punto coincide con el cero de la graduación del limbo.

El punto inicial de un mismo objeto varía con la distancia a que se encuentre del observador, permaneciendo constante cuando el objeto se halla en el infinito. En este caso, los espejos son paralelos, coincidiendo el punto inicial con el de paralelismo. En la práctica, sin embargo, puede considerarse que estos puntos coinciden para distancias superiores a unos 4 cables, aunque depende del modelo de sextante.

En la práctica de la navegación, para las distancias angulares tomadas a bordo con el sextante, se puede considerar que el punto inicial y el de paralelismo coinciden siempre.

4.1.4. Examen y rectificación del sextante

El sextante es un instrumento frágil que debe procurar gran precisión en la medida de la altura de los astros. **Es importante que la doble reflexión del rayo luminoso procedente del astro se produzca en el mismo plano vertical y que llegue al ojo del observador en ese mismo plano.** Cualquier pequeño desajuste de los elementos que lo componen, producido bien por un manejo inadecuado o bien por el uso normal del instrumento, puede mermar su precisión general y, por ello, dispone de mecanismos de ajuste para corregir los pequeños cambios de posición que hayan podido producirse en sus elementos clave.

De forma rutinaria, antes de realizar una serie de observaciones, el sextante debe someterse a examen, para tener la seguridad de que el instrumento está listo para ser utilizado. En esta operación no se tarda más de un par de minutos. En este examen se comprueba la correcta posición de los espejos y el telescopio, rectificándose en caso necesario. Sin embargo, si el sextante se ha comprobado y ajustado correctamente y se maneja de forma adecuada, lo normal es que permanezca ajustado durante períodos de tiempo largos. Debe evitarse la manipulación frecuente de los tornillos de ajuste ya que puede originar un desgaste excesivo. Si es necesario realizar ajustes con frecuencia, significa que el sextante no está recibiendo los cuidados adecuados o bien que necesita que se reemplacen algunos elementos, debido al desgaste.

Hay que mencionar que, además, el instrumento puede presentar algunos defectos de construcción, sobre los que el usuario no puede intervenir, pero que habrá que tener en cuenta a la hora de calcular el ángulo realmente observado. Las correcciones a aplicar en estos casos son función de la altura observada y se recogen en el certificado del sextante.

A continuación se hará referencia a las tres operaciones básicas de comprobación y ajuste, en el orden en que deben realizarse, a saber:

1) perpendicularidad del espejo índice al plano del limbo;
2) perpendicularidad del espejo de horizonte al plano del limbo; y
3) paralelismo entre ambos espejos (error de índice).

Se indicará tan solo un procedimiento de comprobación, la persona interesada puede acudir a tratados más extensos donde se explican diversos procedimientos para cada caso.

Existe una cuarta comprobación que es la del paralelismo del eje óptico del anteojo al plano del limbo. Esta posible fuente de error es la que presenta mayor dificultad porque su comprobación y ajuste resultan bastante complicados. Afortunadamente, es un error poco frecuente, sobre todo en los sextantes modernos, de no ser que el soporte del anteojo se haya doblado a consecuencia de un golpe que haya recibido el instrumento. Tampoco es frecuente que los sextantes modernos dispongan de medios para su ajuste, por lo que solo se puede comprobar si el error existe, debiendo dejar su ajuste en manos de instrumentistas expertos. Si se sospecha que existe este error, una buena práctica consiste en retirar el anteojo y realizar la observación a través del centro del collar. Se consiguen así observaciones tan precisas como con la ayuda del anteojo, siempre que la agudeza visual del observador sea buena.

4.1.4.1. Perpendicularidad del espejo índice

Para comprobar si el espejo índice tiene error de perpendicularidad, se coloca el sextante sobre una superficie plana (con experiencia puede realizarse la operación sosteniéndolo en la mano) con la alidada hacia la mitad del recorrido (puede variar según el modelo de sextante; y, si es preciso, se debe retirar el anteojo), de tal forma que, colocando su ojo en las proximidades del espejo grande, el observador pueda ver la imagen directa y reflejada del limbo, tal como se muestra en la Figura 4.7.

Cuando la imagen directa y la reflejada del limbo están en prolongación, el espejo no presenta error de perpendicularidad. Si se aprecia un desnivel, es signo de que existe error y se deberá rectificar la posición del espejo actuando sobre el tornillo de ajuste, hasta conseguir que ambas imágenes estén en prolongación. Esta operación se realiza con ayuda de la llave proporcionada para este fin por el fabricante, que se encuentra dentro de la caja del sextante.

Figura 4.7. Comprobación de la perpendicularidad del espejo índice al plano del limbo.

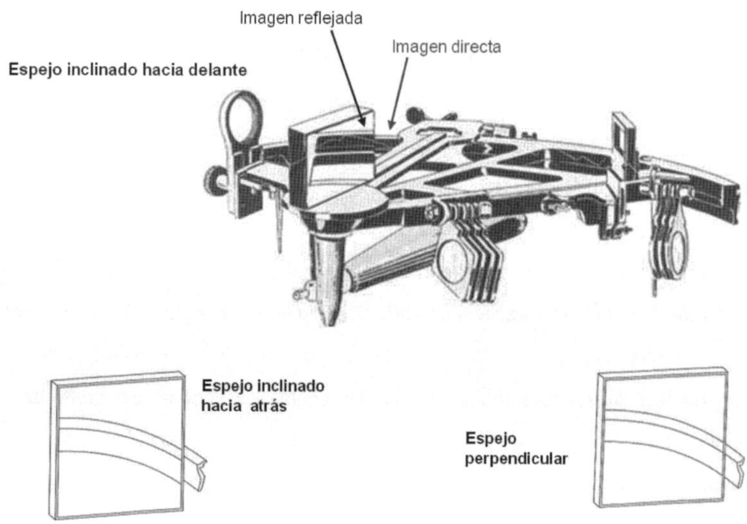

4.1.4.2. Perpendicularidad del espejo de horizonte

Esta comprobación debe hacerse siempre en segundo lugar, una vez que el espejo grande o índice es perpendicular al plano del limbo, pues la perpendicularidad del espejo pequeño a este plano se comprueba observando que las superficies de ambos espejos sean paralelas.

Para verificar la perpendicularidad del espejo pequeño al plano del limbo se utiliza un objeto lejano, como el **horizonte**. Con el índice de la alidada aproximadamente en el cero de la graduación del limbo, se dirige una visual al horizonte a través del anteojo, que debe estar convenientemente enfocado para tener una imagen nítida. Con ayuda del tambor micrométrico se hacen coincidir la imagen directa y la doblemente reflejada del horizonte. Conseguido esto, se hace girar el sextante con un movimiento pendular alrededor del eje del telescopio. Si las imágenes directa y doblemente reflejada del horizonte siguen alineadas, el espejo pequeño es perpendicular al plano del limbo. Si al girar el sextante las imágenes se separan, debe rectificarse la posición del espejo pequeño, actuando sobre el tornillo de perpendicularidad situado en su parte posterior.

Figura 4.8. Comprobación de la perpendicularidad del espejo pequeño al plano del limbo observando el horizonte.

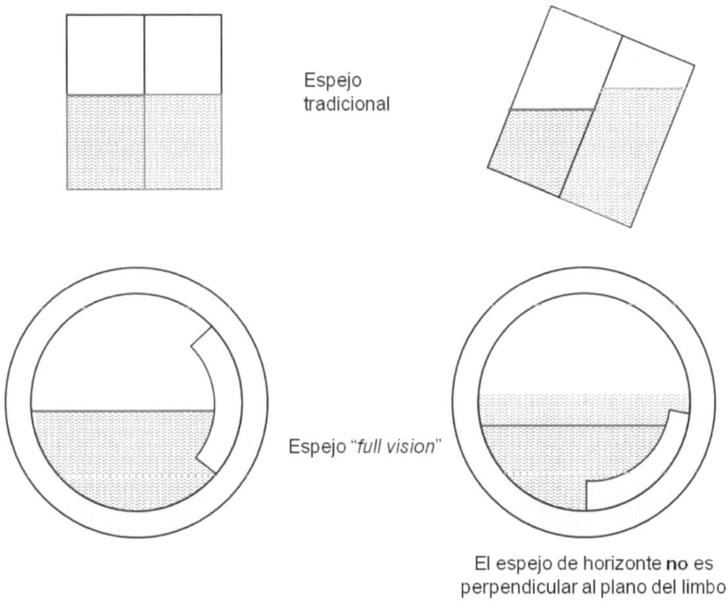

Como el espejo de horizonte dispone de dos tornillos de ajuste, es importante distinguirlos (v. Figura 4.4), actuando sobre el que ocupa una posición central (y puede encontrarse a cualquier altura) que es el que modifica la perpendicularidad del espejo (el otro tornillo afecta al paralelismo). Con el sextante inclinado, viendo el desnivel, se introduce la llave en el tornillo de ajuste adecuado y se corrige el error con pequeños movimientos —en el sentido adecuado— hasta que desaparezca el desnivel.

4.1.4.3. Paralelismo de los espejos: error de índice

Tal como se ha definido anteriormente, el punto de paralelismo es aquel donde se detiene el índice de la alidada cuando los espejos índice y de horizonte son paralelos. Este punto debe coincidir con el cero de la graduación del limbo y, si esto no sucede así, el instrumento tiene error de índice.

Cuando se detecta la existencia de un error de índice no es necesario corregirlo siempre. Si el error se mantiene por debajo de los dos o tres minutos de arco, es preferible tenerlo en cuenta para obtener la altura observada a partir de la lectura del sextante.

Para comprobar si el sextante tiene error de índice, al igual que en el caso anterior, puede utilizarse el **horizonte**. Con el índice de la alidada en el cero (comprobar que el tambor micrométrico también marque cero), se dirige, a través del telescopio, adecuadamente enfocado, la visual al horizonte. Si la imagen directa y la doblemente reflejada coinciden, el sextante no tiene error de índice. Si estas imágenes no coinciden, el instrumento tiene un error de índice. Para determinarlo, habrá que mover el tambor micrométrico hasta conseguir la coincidencia de dichas imágenes, y leer la cantidad que se separa el índice de la alidada del cero de la graduación del limbo.

Si, por ser superior a 2 o 3 minutos de arco, se decide corregir este error, habrá que actuar sobre el tornillo de ajuste del espejo pequeño que modifica el paralelismo (este tornillo no queda sobre la línea central, sino próximo a uno de los bordes laterales del espejo). Con el índice sobre el cero, no estarán coincidentes las imágenes directa y doblemente reflejada, se gira con la llave el tornillo de ajuste hasta que se produzca la coincidencia de las mismas. Eliminar por completo el error de índice suele ser una tarea difícil. Por ello, en la práctica es suficiente con reducirlo a uno o dos minutos de arco.

El error de índice suele ser variable, incluso en los mejores sextantes. Cada vez que se realiza una observación, o una serie de observaciones, se debe determinar y anotar para aplicarlo a las lecturas obtenidas y calcular las alturas realmente observadas.

Por último, es frecuente que al actuar sobre el tornillo de paralelismo se altere la perpendicularidad del espejo pequeño. Por ello, tras realizar este ajuste habrá que comprobar de nuevo la perpendicularidad del espejo y corregirla en caso necesario. En ocasiones, hay que ir de una comprobación a otra un par de veces. De ahí la conveniencia de realizar seguidas las comprobaciones que afectan al espejo pequeño.

4.1.5. Modo de efectuar las lecturas

En los sextantes modernos, la lectura se efectúa con gran rapidez gracias al tambor micrométrico. El limbo de los sextantes modernos está dividido en grados. El tambor micrométrico tiene 60 divisiones. A cada vuelta del tambor, el índice de la alidada se desplaza, hacia la izquierda, un grado sobre la graduación del limbo. Por tanto, cada división del tambor representa un minuto de arco.

El tambor micrométrico suele ir acompañado de un tambor nonio dividido en 5, 6 o 10 partes, que permite precisar la lectura a los 12", 10" o 6", respectivamente. Distintos modelos del mismo pueden verse en la Figura 4.9.

Figura 4.9. Distintos modelos de tambor nonio.

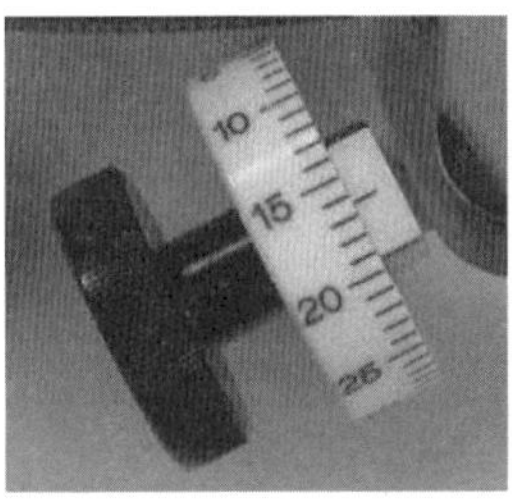

El índice del tambor micrométrico solo permite precisar el minuto.
Lectura: **16'**

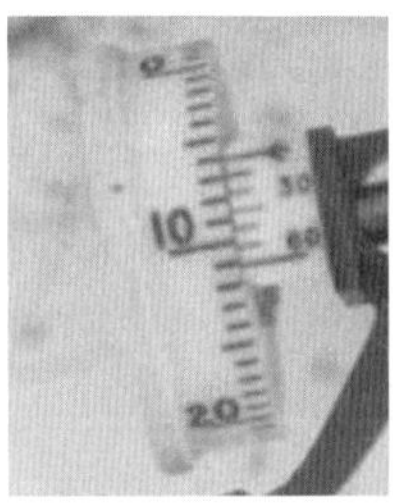

El índice del tambor micrométrico permite precisar 10".
Lectura: **6'10"**

El tambor nonio permite precisar la décima de minuto. El *0* del nonio (que puede estar en uno u otro extremo) es el índice del tambor micrométrico.
Lectura: **42,7'**

El tambor nonio permite precisar la décima de minuto.
Lectura: **9,3'**

El tambor nonio permite precisar la décima de minuto.
Lectura: **21,3'**

El índice del tambor micrométrico permite precisar 12".
Lectura: **2,2'**

4.1.5.1. Lectura de la altura

Una vez realizada una observación, para efectuar la lectura de la altura (o ángulo) medida, se anotará el número entero de grados correspondiente a la primera división del limbo a la derecha del índice de la alidada. Se añadirán el número entero de minutos del tambor micrométrico que señale el índice del tambor nonio. Si el sextante permite precisar más esta lectura, se buscará la división del tambor nonio que coincida exactamente con una división del tambor micrométrico. El número de segundos o décimas de minuto correspondiente a esta división del nonio se añadirán a la lectura. En el ejemplo de la Figura 4.10, la lectura correspondiente al ángulo observado es: 42° 41,8'.

Figura 4.10. Lectura de la altura.

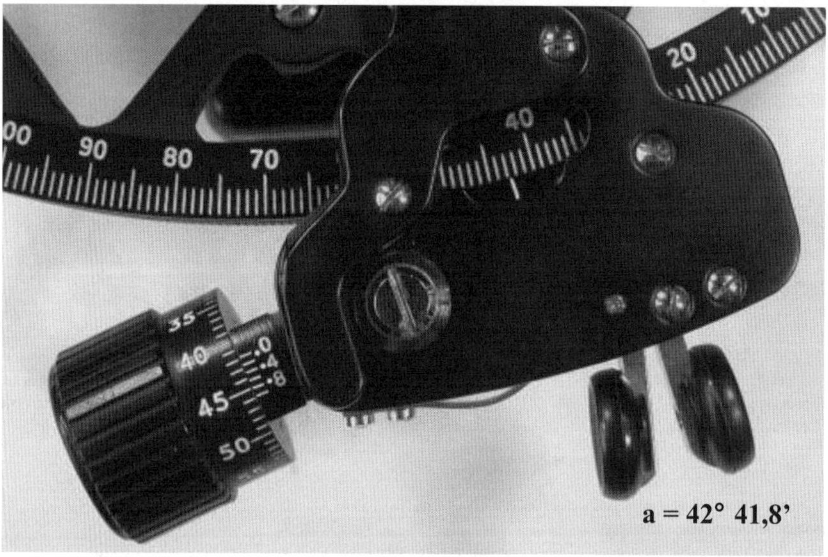

4.1.5.2. Lectura del error de índice

Cuando el punto inicial de la observación (o el punto de paralelismo) queda **a la izquierda del cero** de la graduación del limbo, la lectura se realiza de la misma forma que se ha descrito para la altura.

Cuando el punto inicial de la observación (o el punto de paralelismo) queda **a la derecha del cero** de la graduación del limbo, la lectura se realiza de la siguiente forma (Figura 4.11): se anota el número entero de grados correspondiente a la primera división del limbo a la izquierda del índice de la alidada —normalmente cero; pero, en la figura, a la división *A* corresponde 2°—. A esta lectura debe añadirse el valor del arco *Aa*. Como el tambor micrométrico del sextante está preparado para realizar lecturas hacia la izquierda, los minutos y décimas de minuto leídos en el tambor, corresponden al arco *A'a*. Para obtener el valor del arco *Aa* buscado, habrá que restar de 60' la lectura (*A'a*) del tambor micrométrico: *Aa* = 60' – *A'a*.

Figura 4.11. Error de índice a la derecha del cero de la graduación del limbo.

Ei = (A° + Aa) a la dcha.

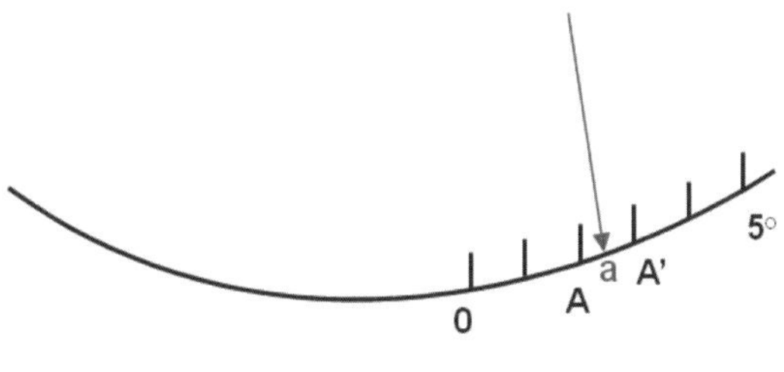

En la Figura 4.12, se representan dos lecturas de error de índice. En la imagen superior se representa un error de índice a la izquierda del cero de la graduación del limbo (*Ei* = 2,2' a la izda.); y en la imagen inferior un error de índice a la derecha del cero de la graduación del limbo (*Ei* = 60' - 55,6' = 4,4' a la dcha.).

Figura 4.12. Lectura del error de índice.

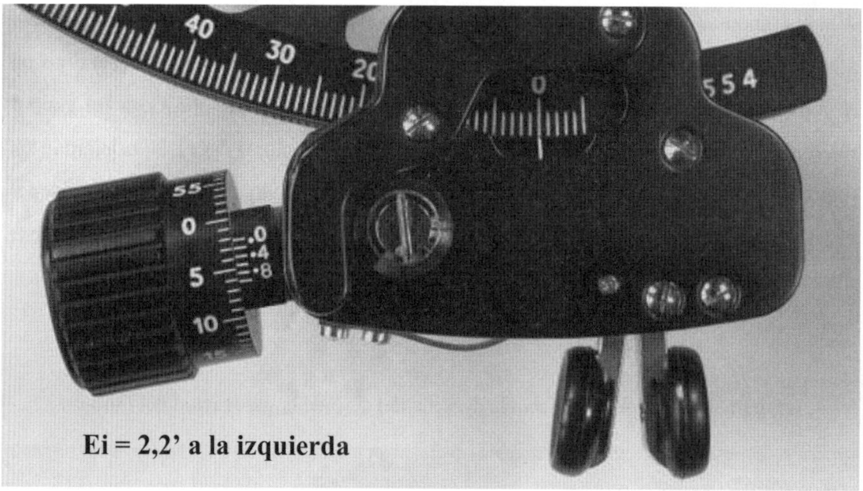

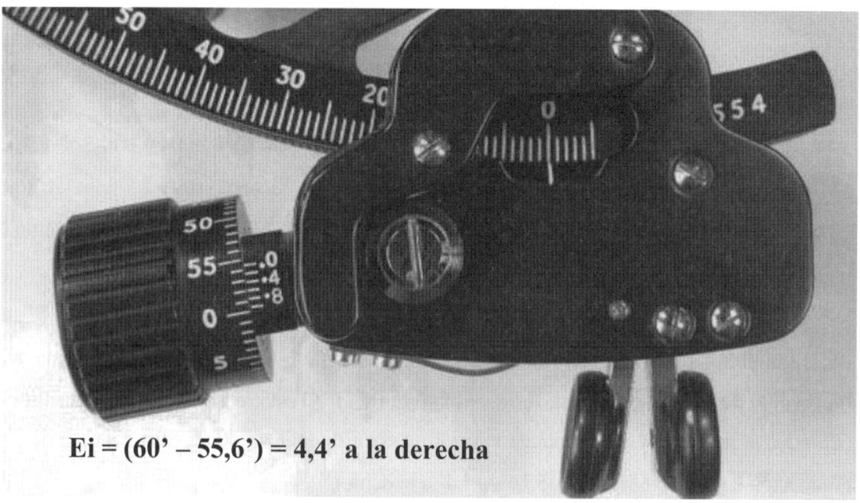

4.2. Observación de astros con sextante

4.2.1. Cuándo se observa

La observación de las alturas de los astros sobre el horizonte, realizada en la mar con ayuda del sextante, resulta fundamental para obtener las líneas de posición de la navegación astronómica. Aunque existen sextantes de horizonte artificial, su uso no se ha extendido a bordo de los buques debido fundamentalmente a la dificultad de su manejo. Por ello, resulta obvio que es imprescindible ver tanto el astro como el horizonte.

Con buen tiempo, el horizonte no presenta problema **durante el día**; pero, entonces, el único astro que puede observarse es el Sol, en ocasiones, la Luna, y más raramente el planeta Venus.

Durante la noche pueden verse estrellas, planetas y, en ocasiones, la Luna; pero, no siempre se dispone de horizonte suficientemente claro para la observación con sextante. El período óptimo para realizar la observación es el denominado crepúsculo náutico.

Cuando el Sol tiene una pequeña altura aparente negativa (en la Figura 4.13, el Sol en *S*), ilumina la parte superior de la atmósfera (sector *abc*). Es decir, cuando se pone el Sol, tenemos una cierta claridad que va disminuyendo a medida que va aumentando la altura negativa de dicho astro.

Al llegar el Sol a la posición *S'*, ya no ilumina ningún sector de la atmósfera por encima del horizonte, y comenzará la noche, es decir, la oscuridad. Al estar el sol en *S'* tiene una altura negativa de 18° ($av\odot = -18°$).

El intervalo de claridad entre la puesta del Sol y el comienzo de la noche, se llama **crepúsculo vespertino**. El intervalo de claridad entre el fin de la noche y la salida del Sol recibe el nombre de **crepúsculo matutino**.

Figura 4.13. Crepúsculo.

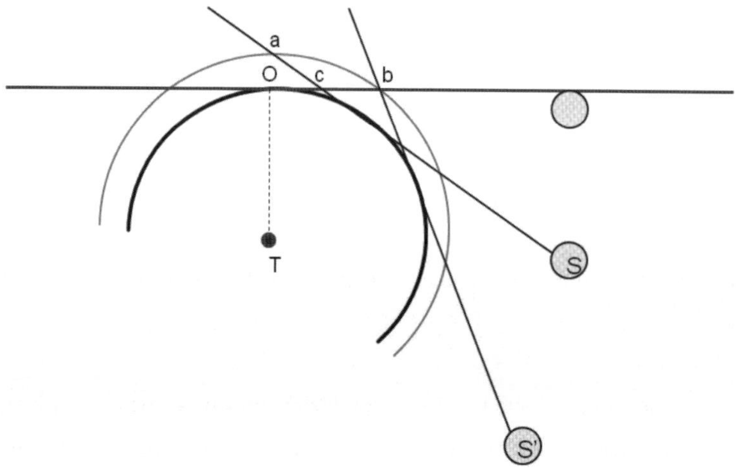

Existen tres clases de clases de crepúsculos, a saber: civil, náutico y astronómico.

El **crepúsculo astronómico** vespertino dura desde la puesta de Sol hasta que tiene una altura de – 18° ($av\odot = -18°$). El crepúsculo astronómico matutino dura desde que el Sol tiene una altura de – 18° ($av\odot = -18°$) hasta su puesta. En el intervalo en que el Sol pasa de tener una $av\odot = -12°$ a tener una $av\odot = -18°$, son visibles los astros; pero se distingue mal el horizonte.

Figura 4.14. Clases de crepúsculos.

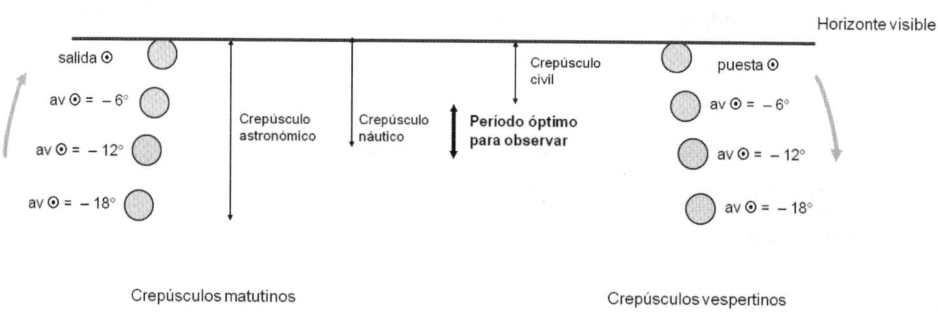

El **crepúsculo civil** vespertino empieza cuando se pone el Sol y termina cuando este tiene una altura negativa de 6° (*av*⊙ = – 6°). Al comienzo del crepúsculo civil vespertino las estrellas de primera magnitud empiezan a ser visibles. El crepúsculo civil matutino empieza cuando la altura del Sol es – 6° (*av*⊙ = – 6°) y termina cuando sale el Sol. Al término del crepúsculo civil matutino las estrellas de primera magnitud dejan de ser visibles. Durante este crepúsculo se distingue perfectamente el horizonte.

El **crepúsculo náutico**[2] vespertino empieza cuando se pone el Sol y termina cuando este tiene una altura negativa de 12° (*av* ⊙ = – 12°). El crepúsculo náutico matutino empieza cuando la altura del Sol es – 12° (*av* ⊙ = – 12°) y termina cuando sale el Sol. Durante el crepúsculo náutico, cuando el Sol tiene una depresión comprendida entre 6° y 12°, se dan las condiciones más favorables para las observaciones ya que en este intervalo, en condiciones normales, se ven todas las estrellas observables con el sextante (estrellas de 1.ª, 2.ª y 3.ª magnitud); y aún se distingue fácilmente el horizonte de la mar.

La **duración** del crepúsculo depende del ángulo que forma el paralelo de declinación del Sol con el horizonte: a menor ángulo le corresponde una mayor duración y viceversa. Dicho ángulo depende de latitud y declinación, aumentando la duración de los crepúsculos con la latitud, y siendo mayor en los solsticios que en los equinoccios.

El *Almanaque* proporciona, en días alternos, la hora civil de comienzo de los crepúsculos civil y náutico matutinos y la de fin de los crepúsculos civil y náutico vespertinos. El argumento de entrada es la latitud del observador.

Aunque las horas proporcionadas son horas civiles de Greenwich (HcG) del fenómeno en las distintas latitudes del primer meridiano, prácticamente se pueden tomar como horas civiles de lugar (Hcl) del fenómeno en cualquier meridiano.

---

[2] Algunos autores (v., por ejemplo, *Almanaque Náutico-2014*, *Explicación*, p. 407) definen el crepúsculo náutico como el período óptimo para realizar las observaciones de estrellas, por ver tanto éstas como el horizonte visible con claridad. Según esta definición, el **crepúsculo náutico vespertino** es el intervalo de tiempo durante el cual la altura del Sol varía de -6° (fin del crepúsculo civil vespertino) a -12° (fin del crepúsculo náutico vespertino); y el **crepúsculo náutico matutino** es el intervalo de tiempo durante el cual la altura del Sol varía de -12° (comienzo del crepúsculo náutico matutino) a -6° (comienzo del crepúsculo civil matutino).

Figura 4.15. Hora civil de lugar de los fenómenos de Sol.

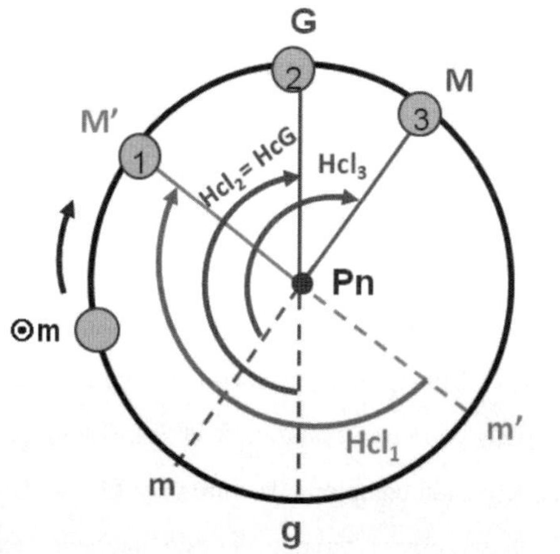

La Figura representa el ecuador celeste, sobre el que se muestra el movimiento diurno aparente del Sol medio. En los distintos instantes, el Sol medio:

1. pasa por el MSL de *M'*, en L = E
2. pasa por el MSL de Greenwich
3. pasa por el MSL de *M*, en L = W

Son instantes diferentes, pero, en todos ellos, la Hcl (tiempo transcurrido desde que el centro del Sol medio pasó por el meridiano inferior del lugar), tiene el mismo valor (12 h).

Hcl (*M'*) 1 = Hcl (*G*) 2 = Hcl (*M*) 3

Para calcular el **período óptimo para realizar las observaciones de estrellas**:

- durante el crepúsculo matutino:

  Hcl comienzo crepúsculo civil – Hcl comienzo crepúsculo náutico

- durante el crepúsculo vespertino:

  Hcl fin crepúsculo náutico – Hcl fin crepúsculo civil

EJEMPLO: Calcular la duración del período óptimo para realizar la observación de estrellas los días del equinoccio de primavera (crepúsculo matutino) y del solsticio de verano (crepúsculo vespertino) de 2014, para dos observadores: uno en l = 10° S y otro en l = 50° S.

Observador en **l = 10° S**

20 marzo 2000

Hcl comienzo crepúsculo civil matutino	=	05-43 (20)
Hcl comienzo crepúsculo náutico matutino	=	05-19 (20)
Duración	=	**00-24**

21 junio 2000

Hcl fin crepúsculo náutico vespertino	=	18-37 (21)
Hcl fin crepúsculo civil vespertino	=	18-11 (21)
Duración	=	**00-26**

Observador en **l = 50° S**

20 marzo 2000

Hcl comienzo crepúsculo civil matutino	=	05-29 (20)
Hcl comienzo crepúsculo náutico matutino	=	04-51 (20)
Duración	=	**00-38**

21 junio 2000

Hcl fin crepúsculo náutico vespertino	=	17-24 (21)
Hcl fin crepúsculo civil vespertino	=	16-42 (21)
Duración	=	**00-42**

De los resultados obtenidos, se confirma el argumento avanzado: la duración de los crepúsculos aumenta con la latitud, y con la declinación del Sol.

Si el paralelo de declinación que aparentemente recorre el Sol, alcanza una altura mínima comprendida entre los 6° y los 12°, el período óptimo para realizar las observaciones de estrellas durará desde que, por la tarde, el Sol alcanzó una *av*⊙ = – 6°, hasta que vuelva a alcanzar este valor por la mañana, es decir, desde la finalización del crepúsculo civil vespertino hasta el comienzo del crepúsculo civil matutino. En estos casos, en el *Almanaque*, en la columna de crepúsculo civil se dará una hora, pero en la columna de crepúsculo náutico aparecerán asteriscos (**), indicando que ese día el Sol no llega a tener una *av*⊙ = – 12°.

EJEMPLO: El 23 de junio de 2014, obtener el período en que un observador situado en l = 56° N podrá realizar observaciones de estrellas, durante el crepúsculo vespertino.

Almanaque náutico: 23 junio 2014

SOL	Puesta	Crepúsculo civil	Crepúsculo náutico
l = 56° N	20-51	21-53	** **

Almanaque náutico: 24 junio 2000

SOL	Crepúsculo náutico	Crepúsculo civil	Salida
l = 56° N	** **	02-11	03-14

Hcl comienzo crepúsculo civil matutino	=	02-11 (24)
Hcl fin crepúsculo civil vespertino	=	21-53 (23)
Duración	=	**04-18**

4.2.2. Preparación de la observación de estrellas

Durante los crepúsculos, lo normal es observar **3 astros** para obtener situación. Si es posible, se deben escoger astros cuyos **azimutes** formen ángulos de 120° (en cualquier caso, ninguno de dichos ángulos debe ser menor de 60°) y cuyas **alturas** estén comprendidas entre 15° y 60°, aproximadamente.

Durante el **crepúsculo matutino**, generalmente, no será necesario determinar los astros que se observarán, debido a que con anterioridad se tienen a la vista y podrán ser seleccionados directamente.

Los **medios más útiles** para determinar los astros que pueden observarse durante los crepúsculos náuticos son el identificador de astros (Star Finder) y, sobre todo, las Tablas Rápidas (*Sight Reduction Tables for Air Navigation*, pub. H.O. 249), cuya utilización se explica a continuación.

En las Tablas Rápidas, entrando con la latitud de estima (grado exacto) y el horario local de Aries (horario astronómico (W) al grado exacto), se obtiene la altura verdadera y el azimut verdadero de varias estrellas seleccionadas, que el observador tendrá sobre el horizonte y que resultan óptimas para obtener situación durante el crepúsculo.

Para poder utilizar las Tablas Rápidas, se toma para cada observación una situación de estima aproximada o asumida (*Sa*), de tal forma que se pueda entrar en las Tablas con un número exacto de grados, tanto de latitud como de horario local de Aries.

La altura que proporcionan las tablas será la altura verdadera con que se ve el astro desde la situación asumida (*Sa*); y el azimut será el azimut verdadero (*Zv*) con que se ve el astro desde dicha situación.

Para determinar los astros que pueden observarse en los crepúsculos con las Tablas Rápidas, se procederá de la forma siguiente:

1) Con la información del *Almanaque* sobre los crepúsculos, se decide la hora a la que se realizará la observación (Hcl) y se calcula la situación de estima en dicho instante.

2) Se obtiene el horario de Aries (*hG*♈) correspondiente a la hora (HcG) en que se realizará la observación.

3) Se modifica la latitud de estima al grado próximo, y la longitud de estima lo necesario para tener un número exacto de grados como valor del horario local de Aries (*hl*♈ astronómico, es decir, W). Esta situación se denomina situación asumida (*Sa*).

4) Con la latitud y con el horario local de Aries astronómico se entra en las Tablas y se anota el nombre de todas las estrellas relacionadas junto con su altura y azimut, indicando las seleccionadas (marcadas con ♦), que serán las que deban observarse si las condiciones de visibilidad lo permiten.

Finalmente, a la hora preestablecida, se saldrá al alerón a observar, buscando las estrellas en la dirección del azimut anotado, e incluso, con la alidada del sextante señalando la altura anotada. La estrella aparecerá en el campo de visión, procediendo a obtener su altura exacta tal como se describe en el apartado 4.2.3. No debe olvidarse obtener el error de índice (*Ei*), ni anotar la hora cronómetro (Hcr) en que se observa la altura del astro.

Figura 4.16. Página de las «Tablas rápidas» *Sight Reduction Tables for Air Navigation*, H.O.249, epoch 2010.

LAT 40°N

LHA ♈	Hc	Zn	Hc	Zn	Hc	Zn	Hc	Zn	Hc	Zn	Hc	Zn	Hc	Zn
	♦VEGA		Alphecca		ARCTURUS		♦SPICA		REGULUS		♦POLLUX		CAPELLA	
180	17 49	054	43 53	090	54 08	116	35 04	154	52 45	229	37 07	278	21 21	313
181	18 26	054	44 39	090	54 50	117	35 23	155	52 10	230	36 21	278	20 48	313
182	19 04	055	45 24	091	55 31	118	35 42	156	51 34	231	35 36	279	20 15	314
183	19 42	055	46 10	092	56 11	119	36 00	157	50 58	233	34 50	279	19 41	314
184	20 20	056	46 56	092	56 51	120	36 18	159	50 21	234	34 05	280	19 09	315
185	20 58	056	47 42	093	57 31	121	36 34	160	49 44	235	33 20	280	18 36	315
186	21 36	057	48 28	094	58 09	123	36 49	161	49 06	236	32 35	281	18 04	316
187	22 15	057	49 14	094	58 48	124	37 04	162	48 27	237	31 50	282	17 32	316
188	22 53	058	50 00	095	59 26	125	37 18	163	47 48	238	31 05	282	17 00	317
189	23 32	058	50 46	096	60 03	127	37 30	165	47 09	239	30 20	283	16 28	317
190	24 12	059	51 31	097	60 39	128	37 42	166	46 29	241	29 35	283	15 57	317
191	24 51	059	52 17	097	61 15	130	37 53	167	45 49	242	28 50	284	15 26	318
192	25 30	060	53 02	098	61 50	131	38 03	168	45 08	243	28 06	284	14 56	318
193	26 10	060	53 48	099	62 24	133	38 12	169	44 27	244	27 21	285	14 25	319
194	26 50	061	54 33	100	62 57	135	38 19	171	43 46	245	26 37	285	13 55	319
	DENEB		♦VEGA		ARCTURUS		♦SPICA		REGULUS		♦POLLUX		Dubhe	
195	13 02	041	27 30	061	63 29	136	38 26	172	43 04	245	25 53	286	62 07	331
196	13 32	041	28 11	061	64 01	138	38 32	173	42 22	246	25 08	286	61 44	330
197	14 03	042	28 51	062	64 31	140	38 37	174	41 40	247	24 24	287	61 21	329
198	14 34	042	29 32	062	65 00	142	38 41	176	40 58	248	23 40	288	60 57	329
199	15 05	043	30 12	063	65 27	144	38 44	177	40 15	249	22 57	288	60 33	328
200	15 36	043	30 53	063	65 54	146	38 46	178	39 32	250	22 13	289	60 09	328
201	16 07	044	31 34	064	66 19	148	38 47	179	38 48	251	21 30	289	59 45	327
202	16 39	044	32 16	064	66 42	150	38 47	181	38 05	252	20 46	290	59 20	327
203	17 11	045	32 57	064	67 05	152	38 46	182	37 21	252	20 03	290	58 54	327
204	17 44	045	33 39	065	67 25	155	38 44	183	36 37	253	19 20	291	58 29	326
205	18 17	046	34 20	065	67 44	157	38 41	184	35 53	254	18 37	291	58 03	326
206	18 49	046	35 02	066	68 01	159	38 37	186	35 09	255	17 54	292	57 37	325
207	19 23	046	35 44	066	68 16	162	38 32	187	34 24	256	17 12	292	57 11	325
208	19 56	047	36 26	067	68 30	164	38 25	188	33 40	256	16 29	293	56 45	325
209	20 30	047	37 09	067	68 41	167	38 18	189	32 55	257	15 47	294	56 18	324
	DENEB		♦VEGA		Rasalhague		ANTARES		♦SPICA		REGULUS		♦Dubhe	
210	21 04	048	37 51	067	35 30	104	14 56	146	38 10	191	32 10	258	55 51	324
211	21 38	048	38 33	068	36 15	105	15 22	146	38 01	192	31 25	259	55 24	324
212	22 12	049	39 16	068	36 59	106	15 47	147	37 51	193	30 40	259	54 57	324
213	22 47	049	39 59	069	37 43	107	16 11	148	37 40	194	29 55	260	54 30	323
214	23 22	050	40 42	069	38 27	108	16 35	149	37 28	196	29 10	261	54 02	323
215	23 57	050	41 25	069	39 11	109	16 59	150	37 16	197	28 24	262	53 34	323
216	24 32	050	42 08	070	39 54	109	17 22	151	37 02	198	27 39	262	53 07	323
217	25 08	051	42 51	070	40 37	110	17 44	152	36 47	199	26 53	263	52 39	323
218	25 44	051	43 34	071	41 20	111	18 06	152	36 32	200	26 07	264	52 11	323
219	26 19	052	44 18	071	42 03	112	18 27	153	36 15	202	25 22	264	51 43	322
220	26 56	052	45 01	071	42 46	113	18 47	154	35 58	203	24 36	265	51 15	322
221	27 32	052	45 45	072	43 28	114	19 07	155	35 40	204	23 50	266	50 47	322
222	28 09	053	46 29	072	44 10	115	19 26	156	35 21	205	23 04	266	50 18	322
223	28 45	053	47 12	073	44 51	116	19 44	157	35 01	206	22 18	267	49 50	322
224	29 22	054	47 56	073	45 33	117	20 02	158	34 40	207	21 32	268	49 22	322
	DENEB		♦ALTAIR		Rasalhague		ANTARES		♦SPICA		Denebola		♦Dubhe	
225	29 59	054	18 51	094	46 13	118	20 19	159	34 19	208	41 23	252	48 54	322
226	30 37	054	19 36	095	46 54	119	20 36	159	33 57	209	40 39	253	48 25	322
227	31 14	055	20 22	096	47 34	120	20 51	160	33 34	211	39 55	254	47 57	322
228	31 52	055	21 08	096	48 14	121	21 07	161	33 10	212	39 11	255	47 28	322
229	32 29	056	21 54	097	48 53	122	21 21	162	32 46	213	38 26	256	47 00	322
230	33 07	056	22 39	098	49 32	123	21 35	163	32 20	214	37 42	256	46 31	322
231	33 46	056	23 25	098	50 10	124	21 48	164	31 54	215	36 57	257	46 03	322
232	34 24	057	24 10	099	50 48	125	22 00	165	31 28	216	36 12	258	45 34	322
233	35 02	057	24 55	100	51 25	127	22 11	166	31 01	217	35 27	259	45 06	322
234	35 41	057	25 41	100	52 01	128	22 22	167	30 33	218	34 42	259	44 38	322
235	36 20	058	26 26	101	52 37	129	22 32	168	30 04	219	33 57	260	44 09	322
236	36 59	058	27 11	102	53 13	130	22 41	169	29 35	220	33 11	261	43 41	322
237	37 38	058	27 56	102	53 47	132	22 50	170	29 06	221	32 26	262	43 13	322
238	38 17	059	28 41	103	54 21	133	22 58	171	28 35	222	31 40	262	42 44	322
239	38 56	059	29 25	104	54 54	134	23 05	172	28 04	223	30 55	263	42 16	322
	♦DENEB		ALTAIR		Nunki		♦ANTARES		ARCTURUS		♦Alkaid		Kochab	
240	39 36	059	30 10	105	12 06	140	23 11	173	59 28	235	64 59	303	54 56	352
241	40 15	060	30 54	105	12 35	141	23 16	174	58 50	236	64 21	303	54 49	351
242	40 55	060	31 38	106	13 04	142	23 21	175	58 12	237	63 42	302	54 42	351
243	41 35	060	32 23	107	13 32	143	23 25	176	57 33	239	63 03	302	54 34	351
244	42 15	061	33 06	108	13 59	144	23 28	177	56 53	240	62 24	302	54 27	350
245	42 55	061	33 50	109	14 26	144	23 30	178	56 13	241	61 45	302	54 19	350
246	43 35	061	34 33	109	14 53	145	23 32	179	55 33	242	61 06	302	54 10	349
247	44 15	061	35 17	110	15 19	146	23 33	180	54 52	243	60 27	302	54 02	349
248	44 56	062	36 00	111	15 44	147	23 33	180	54 11	244	59 48	302	53 53	349
249	45 36	062	36 42	112	16 09	148	23 32	181	53 29	246	59 09	302	53 43	348
250	46 17	062	37 25	113	16 33	148	23 30	182	52 47	247	58 29	302	53 34	348
251	46 58	063	38 07	114	16 57	149	23 28	183	52 05	248	57 50	302	53 24	347
252	47 38	063	38 49	115	17 20	150	23 25	184	51 22	249	57 11	302	53 14	347
253	48 19	063	39 31	115	17 43	151	23 21	185	50 39	250	56 32	302	53 03	347
254	49 00	063	40 12	116	18 05	152	23 16	186	49 56	251	55 53	302	52 53	346
	♦DENEB		ALTAIR		Nunki		♦ANTARES		ARCTURUS		♦Alkaid		Kochab	
255	49 41	064	40 53	117	18 26	153	23 11	187	49 13	251	55 14	302	52 42	346
256	50 23	064	41 34	118	18 47	154	23 05	188	48 29	252	54 35	302	52 30	346
257	51 04	064	42 14	119	19 07	155	22 58	189	47 45	253	53 56	302	52 19	345
258	51 45	064	42 54	120	19 27	155	22 50	190	47 01	254	53 17	302	52 07	345
259	52 27	064	43 33	121	19 45	156	22 41	191	46 17	255	52 38	302	51 55	345
260	53 08	065	44 12	122	20 03	157	22 32	192	45 32	256	51 59	302	51 43	344
261	53 50	065	44 51	123	20 21	158	22 22	193	44 47	257	51 20	302	51 31	344
262	54 31	065	45 29	124	20 38	159	22 11	194	44 03	258	50 41	302	51 18	344
263	55 13	065	46 07	126	20 54	160	22 00	195	43 18	258	50 02	303	51 05	344
264	55 55	065	46 44	127	21 09	161	21 48	196	42 33	259	49 24	303	50 52	343
265	56 37	066	47 21	128	21 24	162	21 35	197	41 47	260	48 45	303	50 39	343
266	57 19	066	47 57	129	21 38	163	21 21	198	41 02	261	48 06	303	50 25	343
267	58 01	066	48 32	130	21 51	164	21 07	199	40 17	261	47 28	303	50 12	343
268	58 43	066	49 07	131	22 04	165	20 52	200	39 31	262	46 50	303	49 58	342
269	59 25	066	49 41	133	22 16	166	20 36	201	38 46	263	46 11	304	49 44	342

LAT 40°N

LHA ♈	Hc	Zn	Hc	Zn	Hc	Zn	Hc	Zn	Hc	Zn	Hc	Zn	Hc	Zn
	♦Alpheratz		ALTAIR		Nunki		♦ANTARES		ARCTURUS		♦Alkaid		Kochab	
270	16 41	066	50 15	134	22 27	166	20 19	201	38 00	264	45 33	304	49 30	342
271	17 23	066	50 47	135	22 37	167	20 02	202	37 14	264	44 55	304	49 15	342
272	18 05	067	51 19	136	22 47	168	19 44	203	36 29	265	44 17	304	49 01	342
273	18 47	067	51 51	138	22 56	169	19 26	204	35 43	266	43 39	305	48 46	341
274	19 30	068	52 21	139	23 04	170	19 07	205	34 57	266	43 01	305	48 32	341
275	20 12	068	52 51	141	23 12	171	18 47	206	34 11	267	42 23	305	48 17	341
276	20 55	069	53 19	142	23 18	172	18 27	207	33 25	268	41 46	305	48 02	341
277	21 38	069	53 47	144	23 24	173	18 06	208	32 39	268	41 08	305	47 46	341
278	22 21	070	54 14	145	23 29	174	17 44	208	31 53	269	40 31	306	47 31	341
279	23 05	071	54 40	147	23 33	175	17 22	209	31 07	270	39 54	306	47 16	340
280	23 48	071	55 05	148	23 37	176	16 59	210	30 21	270	39 17	306	47 00	340
281	24 32	072	55 28	150	23 40	177	16 36	211	29 35	271	38 40	307	46 45	340
282	25 15	072	55 51	151	23 41	178	16 12	212	28 49	272	38 03	307	46 29	340
283	25 59	073	56 12	153	23 43	179	15 47	213	28 03	272	37 26	307	46 13	340
284	26 43	073	56 33	155	23 43	180	15 22	214	27 18	273	36 49	307	45 58	340
	♦Alpheratz		Enif		ALTAIR		♦Rasalhague		ARCTURUS		Alkaid		♦Kochab	
285	27 27	074	42 45	118	56 52	156	56 50	220	26 32	273	36 13	308	45 42	340
286	28 11	074	43 25	119	57 10	158	56 20	222	25 46	274	35 37	308	45 26	340
287	28 55	075	44 05	120	57 26	160	55 49	223	25 00	275	35 01	308	45 10	340
288	29 40	075	44 45	121	57 41	162	55 17	225	24 14	275	34 25	309	44 53	339
289	30 24	076	45 24	122	57 55	163	54 44	226	23 28	276	33 49	309	44 37	339
290	31 09	076	46 03	123	58 07	165	54 11	227	22 43	276	33 13	309	44 21	339
291	31 54	077	46 41	124	58 18	167	53 37	229	21 57	277	32 38	310	44 05	339
292	32 39	077	47 19	125	58 28	169	53 02	230	21 12	278	32 02	310	43 49	339
293	33 23	078	47 56	126	58 36	171	52 27	231	20 26	278	31 27	310	43 32	339
294	34 08	079	48 33	128	58 43	173	51 50	233	19 41	279	30 52	311	43 16	339
295	34 54	079	49 09	129	58 48	175	51 14	234	18 55	279	30 17	311	42 59	339
296	35 39	080	49 44	130	58 51	177	50 36	235	18 10	280	29 43	311	42 43	339
297	36 24	080	50 19	131	58 53	178	49 58	236	17 25	281	29 08	312	42 27	339
298	37 09	081	50 54	133	58 54	180	49 20	237	16 40	281	28 34	312	42 10	339
299	37 55	081	51 27	134	58 53	182	48 41	238	15 55	282	28 00	312	41 54	339
	♦Mirfak		Alpheratz		♦Enif		ALTAIR		Rasalhague		♦Alphecca		Kochab	
300	18 13	039	38 40	082	52 00	135	58 50	184	48 02	239	34 22	278	41 37	339
301	18 43	040	39 26	082	52 32	136	58 46	186	47 22	240	33 37	278	41 21	339
302	19 12	040	40 11	083	53 03	138	58 40	188	46 42	242	32 52	279	41 05	339
303	19 42	041	40 57	083	53 34	139	58 33	190	46 01	243	32 06	280	40 48	339
304	20 12	041	41 43	084	54 03	141	58 25	192	45 20	244	31 21	280	40 32	339
305	20 42	041	42 28	085	54 32	142	58 15	194	44 39	245	30 36	281	40 15	339
306	21 13	042	43 14	085	54 59	144	58 03	195	43 57	245	29 51	281	39 59	339
307	21 43	042	44 00	086	55 26	145	57 50	197	43 15	246	29 06	282	39 43	339
308	22 14	043	44 46	086	55 52	147	57 36	199	42 33	247	28 21	282	39 27	339
309	22 46	043	45 32	087	56 16	148	57 20	201	41 50	248	27 36	283	39 10	339
310	23 17	043	46 18	088	56 40	150	57 03	203	41 08	249	26 51	283	38 54	339
311	23 49	044	47 03	088	57 02	152	56 45	204	40 24	250	26 06	284	38 38	339
312	24 21	044	47 49	089	57 24	153	56 25	206	39 41	251	25 22	285	38 22	340
313	24 53	045	48 35	089	57 43	155	56 05	208	38 58	252	24 37	285	38 06	340
314	25 25	045	49 21	090	58 02	157	55 43	209	38 14	253	23 53	286	37 50	340
	♦Mirfak		Hamal		Diphda		♦FOMALHAUT		ALTAIR		♦VEGA		Kochab	
315	25 58	045	24 32	079	12 05	126	15 13	154	55 20	211	62 35	279	37 34	340
316	26 31	046	25 17	080	12 42	127	15 33	154	54 56	212	61 50	280	37 18	340
317	27 04	046	26 02	080	13 19	128	15 52	155	54 31	214	61 04	280	37 03	340
318	27 37	047	26 48	081	13 55	128	16 11	156	54 04	216	60 19	280	36 47	340
319	28 11	047	27 33	081	14 31	129	16 30	157	53 37	217	59 34	281	36 31	340
320	28 44	047	28 19	082	15 06	130	16 47	158	53 09	218	58 49	281	36 16	340
321	29 18	048	29 04	083	15 41	131	17 04	159	52 40	220	58 04	282	36 00	340
322	29 52	048	29 50	083	16 16	132	17 21	160	52 10	221	57 19	282	35 45	341
323	30 26	048	30 35	084	16 50	132	17 36	160	51 39	223	56 34	282	35 30	341
324	31 01	049	31 21	084	17 24	133	17 52	161	51 08	224	55 49	283	35 15	341
325	31 35	049	32 07	085	17 57	134	18 06	162	50 35	225	55 04	283	35 00	341
326	32 10	049	32 53	086	18 30	135	18 20	163	50 02	227	54 20	284	34 45	341
327	32 45	050	33 39	086	19 02	136	18 33	164	49 29	228	53 35	284	34 30	341
328	33 20	050	34 24	087	19 34	136	18 45	165	48 54	229	52 50	284	34 15	341
329	33 56	050	35 10	087	20 06	137	18 57	166	48 19	230	52 06	285	34 00	342
	♦CAPELLA		Hamal		Diphda		♦FOMALHAUT		ALTAIR		♦VEGA		Kochab	
330	16 37	043	35 56	088	20 36	138	19 08	167	47 44	231	51 21	285	33 46	342
331	17 09	044	36 42	089	21 07	139	19 18	168	47 07	233	50 37	285	33 32	342
332	17 41	044	37 28	089	21 37	140	19 28	168	46 31	234	49 53	286	33 17	342
333	18 13	045	38 14	090	22 06	141	19 36	169	45 53	235	49 09	286	33 03	342
334	18 45	045	39 00	091	22 35	142	19 45	170	45 15	236	48 25	287	32 49	342
335	19 18	045	39 46	091	23 03	143	19 52	171	44 37	237	47 41	287	32 35	343
336	19 51	046	40 32	092	23 31	143	19 59	172	43 58	238	46 57	287	32 21	343
337	20 24	046	41 18	093	23 58	144	20 05	173	43 19	239	46 13	288	32 08	343
338	20 57	047	42 04	093	24 24	145	20 10	174	42 39	240	45 29	288	31 54	343
339	21 31	047	42 50	094	24 50	146	20 14	175	41 59	241	44 46	289	31 41	343
340	22 05	048	43 35	095	25 15	147	20 18	176	41 19	242	44 02	289	31 28	343
341	22 39	048	44 21	095	25 40	148	20 21	177	40 38	243	43 19	289	31 15	344
342	23 13	049	45 07	096	26 04	149	20 23	178	39 57	244	42 35	290	31 02	344
343	23 48	049	45 53	097	26 27	150	20 25	179	39 16	245	41 52	290	30 49	344
344	24 23	049	46 38	097	26 50	151	20 26	179	38 34	246	41 09	291	30 37	344
	♦CAPELLA		ALDEBARAN		Diphda		♦FOMALHAUT		ALTAIR		♦VEGA		Kochab	
345	24 58	050	14 57	081	27 12	152	20 26	180	37 52	247	40 26	291	30 24	344
346	25 33	050	15 43	081	27 33	153	20 25	181	37 10	248	39 43	291	30 12	345
347	26 08	051	16 28	082	27 53	154	20 24	182	36 27	248	39 01	292	30 00	345
348	26 44	051	17 14	083	28 13	155	20 21	183	35 44	249	38 18	292	29 48	345
349	27 20	051	17 59	083	28 32	156	20 18	184	35 01	250	37 36	293	29 36	345
350	27 56	052	18 45	084	28 51	157	20 15	185	34 18	251	36 53	293	29 25	346
351	28 32	052	19 31	084	29 08	158	20 10	186	33 34	252	36 11	294	29 13	346
352	29 09	053	20 16	085	29 25	159	20 05	187	32 50	252	35 29	294	29 02	346
353	29 45	053	21 02	086	29 41	160	19 59	188	32 06	253	34 47	294	28 51	346
354	30 22	053	21 48	086	29 56	161	19 53	189	31 22	254	34 05	295	28 40	346
355	30 59	054	22 34	087	30 10	162	19 45	190	30 38	255	33 24	295	28 30	347
356	31 36	054	23 20	088	30 24	163	19 37	191	29 54	256	32 42	296	28 19	347
357	32 13	054	24 06	088	30 37	164	19 29	191	29 09	256	32 01	296	28 09	347
358	32 51	055	24 52	089	30 49	166	19 19	192	28 24	257	31 20	297	27 59	347
359	33 28	055	25 38	089	31 00	167	19 09	193	27 40	258	30 39	297	27 49	348

EJEMPLO: El 12 de junio de 2014, en el momento de la puesta de Sol nos encontramos en S/e: l = 40° 20' N, L = 174° 48' W, deseamos realizar una observación de estrellas, para obtener situación, durante el crepúsculo vespertino inmediato. Preparar la observación utilizando las Tablas Rápidas.

En el *Almanaque náutico* buscamos el período en que puede realizarse la observación durante el crepúsculo vespertino. Como el día 12 de junio vienen los crepúsculos matutinos, tendremos que mirar los correspondientes a los días 11 y 13 de junio y calcular el promedio.

Almanaque Náutico: 11 junio 2014

	SOL	Puesta	Crepúsculo civil	Crepúsculo náutico
l = 40° N		19-29	20-01	20-43

Almanaque Náutico: 13 junio 2014

	SOL	Puesta	Crepúsculo civil	Crepúsculo náutico
l = 40° N		19-30	20-02	20-44

Los datos correspondientes para el 12 de junio de 2014 serán:

	SOL	Puesta	Crepúsculo civil	Crepúsculo náutico
l = 40° N		19-29,5	20-01,5	20-43,5

Para realizar la observación elegimos, por ejemplo: Hcl = 20-15 (12)

$$\frac{L°}{15} = \frac{174° \; 48' \; W}{15} = Lt = 11 \text{ h } 39 \text{ min } 12 \text{ s W} \rightarrow Z = 12 \text{ W}$$

Hcl = 20-15-00 (12)
Lt = 11-39-12 W – (+)

HcG = 31-54-12 (12)
HcG = 07-54-12 (13)

Obtenemos el horario de Aries para ese instante. Puede hacerse con el *Almanaque náutico*, como se hace aquí, o con la Tabla 4 de las propias Tablas Rápidas.

$hG\Upsilon$ a 07 h TU (13)	=	006° 31,1’				
$C^{\underline{on}}$ x 54 min 12 s	=	13° 35,2’				
$hG\Upsilon$	=	020° 06,3’ W –		$hG\Upsilon$	=	020° 06,3’ W –
L	=	174° 48,0’ W – (+)		**La**	=	**175° 06,3’ W** – (+)
$hl\Upsilon$	=	154° 41,7’ E		$hl\Upsilon$	=	155° 00,0’ E
$hl\Upsilon$	=	205° 18,3’ W		**$hl\Upsilon$**	=	**205° 00,0’ W**

En las Tablas Rápidas, con latitud: **la = 40° N**, y horario de Aries: **$hl\Upsilon$ = 205° W**, encontramos:

Estrella		Hc	Zn
★ DENEB		18° 17’	046°
★ VEGA	♦	34° 20’	065°
★ ARCTURUS		67° 44’	157°
★ SPICA	♦	38° 41’	184°
★ REGULUS		35° 53’	254°
★ POLLUX	♦	18° 37’	291°
★ Dubhe		58° 03’	326°

Quedaría así preparada la observación. Hc es la altura verdadera con la que un observador en la situación asumida (S/a: la = 40° N, La = 175° 06,3’ W) vería los distintos astros, en la dirección indicada por el azimut verdadero (Zn).

Con buena visibilidad se observarían Vega, Spica y Pollux. La puesta de Sol se produce por el hemisferio occidental por lo que se observarán primero los astros a oriente de meridiano, ya que el horizonte oscurecerá antes en esos cuadrantes. La secuencia de observación será: Vega (Zv =065°), Spica (Zv = 184°) y Pollux (Zv = 291°).

Un poco antes de la hora indicada saldríamos con el sextante al alerón, colocando sucesivamente la altura de los astros y, mirando en la dirección adecuada, se realizarían las tres observaciones, teniendo en cuenta las indicaciones que siguen a continuación.

4.2.3. Modo de observar los distintos astros

4.2.3.1. Consideraciones generales

Para observar la altura de un astro sobre el horizonte de la mar, han de tenerse en cuenta las **consideraciones generales** siguientes:

1. Cada vez que se realice una observación (o serie de observaciones) se deberá obtener el punto inicial, que normalmente coincidirá con el punto de paralelismo, y anotar el error de índice (*Ei*) de la observación, para tenerlo en cuenta a la hora de determinar la altura observada (*Ao*).

2. Debe anotarse la hora que señala el cronómetro (Hcr) en el instante en que se verifica la coincidencia de la imagen directa del horizonte y la doblemente reflejada del astro, tal como se explica en la pieza 5.

3. Se procurará que la luminosidad de la imagen directa (del horizonte) y de la doblemente reflejada (del astro) sea igual. Normalmente el horizonte es el menos luminoso. Para igualar la luminosidad, en las observaciones de Sol se utilizarán los filtros de color de ambos espejos; y, en las observaciones de estrellas, en caso necesario, se moverá el soporte del anteojo para acercarlo o alejarlo del limbo.

4. Debe enfocarse el anteojo por medio del horizonte, durante el día; y por medio de una estrella, por la noche. Cuando el sextante es de uso individual, una vez enfocado, se puede marcar la posición del tubo ocular respecto al objetivo, con el fin de no tener que repetir el enfoque cada vez que se observa.

5. Cuando haya mucho viento, se debe observar a sotavento, con el fin de evitar la molestia del viento en los ojos y el esfuerzo que se debe hacer para mantener el sextante en posición.

6. Con horizonte brumoso conviene observar en la parte más baja del buque ya que, con la mayor proximidad, la línea del horizonte mejorará.

7. Con mar gruesa y grandes balances la línea del horizonte queda indefinida y se debe observar desde la posición más elevada que sea segura, pues al estar más distante, el horizonte se distinguirá mejor; y, si es posible, se enmendará el rumbo para observar en el plano diametral, con el astro casi por la proa o por la popa, ya que en las proximidades del plano diametral la influencia de los balances será menor.

8. No se debe observar en los lugares donde los rayos luminosos del astro tengan que atravesar el aire calentado por la chimenea, ya que se producirán refracciones irregulares.

4.2.3.2. Distintas formas de observar

Existen diversas formas para medir la altura de los astros sobre el horizonte con ayuda de un sextante, en función del procedimiento utilizado para tener en el campo de visión la imagen directa del horizonte y la doblemente reflejada del astro.

El observador elegirá la más adecuada en función del astro observado y de su destreza personal en el manejo de este instrumento.

Primera forma.— El observador debe mantener el sextante vertical, sosteniéndolo por el mango con la mano derecha. Se coloca frente al astro y por el anteojo dirige una visual al horizonte —obteniendo imagen directa y doblemente reflejada del mismo— aproximadamente en la zona donde cae el pie del vertical del astro. Presionando la pinza, se desplaza despacio la alidada hasta que la imagen doblemente reflejada del astro quede próxima al horizonte.

Segunda forma.— Especialmente útil cuando se toman alturas de estrellas, se comienza la observación tal como se ha descrito en la primera forma, pero dirigiendo la visual al astro —con el índice de la alidada en el cero de la graduación del limbo o en el punto de paralelismo—. Luego, se va avanzando la alidada con la pinza al tiempo que se mueve hacia abajo el sextante hasta que en el campo de visión aparece la imagen directa del horizonte. De esta forma, se consigue no perder de vista la imagen doblemente reflejada del astro.

Tercera forma.— Si se conoce de antemano la altura aproximada del astro, se puede realizar la observación colocando previamente el índice de la alidada en la lectura prevista. Dirigiendo la visual hacia la parte del horizonte donde cae el vertical del astro (la dirección aproximada también puede calcularse de antemano), será fácil encontrarlo en el campo de visión.

4.2.3.3. Modo en que debe verificarse la coincidencia de las imágenes: el tangenteo

Una vez que se tiene en el campo de visión la imagen directa del horizonte y la doblemente reflejada del astro, por alguno de los procedimientos que se acaban de describir, se debe verificar la coincidencia de ambas imágenes. Para ello, se utiliza el tambor micrométrico, girándolo en el sentido adecuado. Para hacer girar el tambor micrométrico se pueden emplear los dedos pulgar e índice de la mano izquierda; pero, es recomendable utilizar los dedos pulgar y corazón de esta mano ya que, así, el dedo índice puede utilizarse para colocarlo bajo el limbo, de tal forma que soporta el peso del sextante y puede sujetarse con firmeza y manejarse con seguridad (Figura 4.17).

Figura 4.17. Distintas formas de girar el tambor micrométrico.

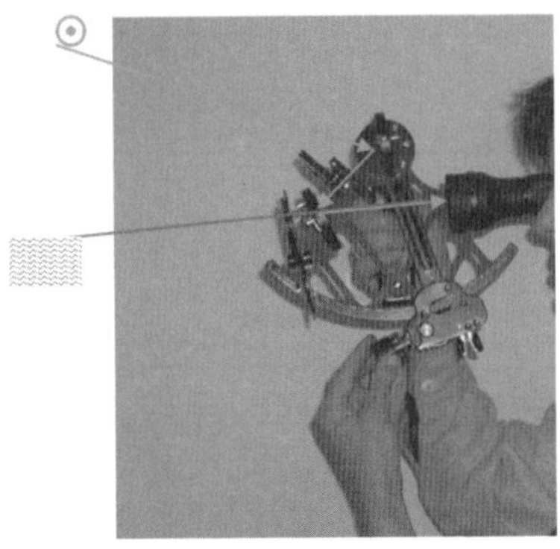

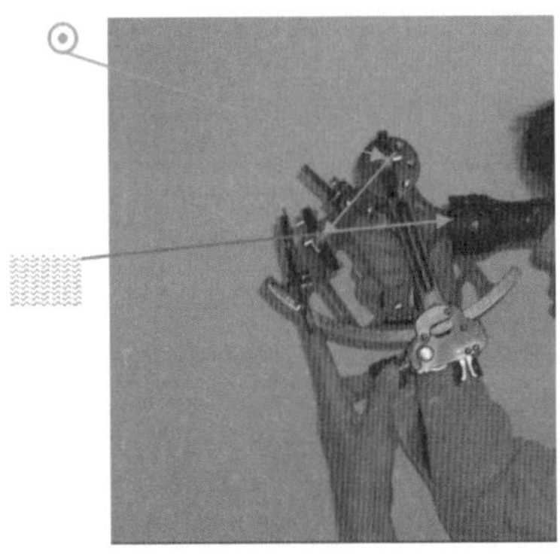

La coincidencia de las imágenes debe verificarse en el centro del espejo pequeño, para que los rayos luminosos procedentes del astro y del horizonte sean paralelos al plano del limbo.

Como la altura que se desea obtener es un arco de vertical, círculo máximo perpendicular al horizonte, la distancia angular a medir debe ser la menor posible. Por ello, para tener la certeza de que se toma la altura correctamente, es decir, sobre el vertical del astro, cuando las dos imágenes estén próximas a ser coincidentes, se hará girar el sextante unos grados alrededor del eje óptico del anteojo, actuando simultáneamente sobre el tambor micrométrico, hasta que el centro de la imagen doblemente reflejada del astro (o uno de sus limbos, en observaciones de Sol o Luna), tangentee el horizonte, en el centro del campo de visión. Esta operación se denomina **tangenteo** (v. Figura 4.18).

Figura 4.18. Tangenteo

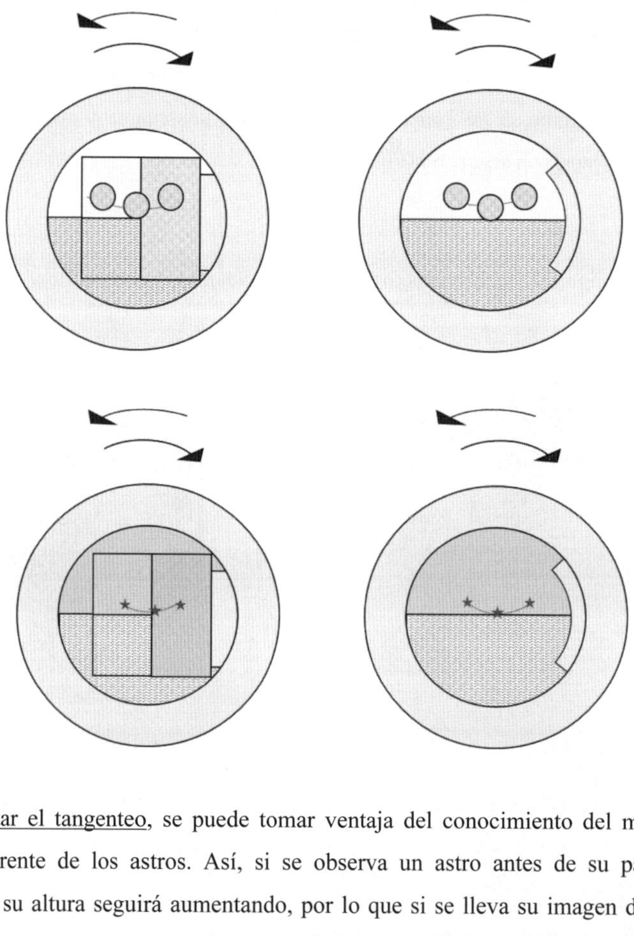

<u>Para facilitar el tangenteo</u>, se puede tomar ventaja del conocimiento del movimiento diurno aparente de los astros. Así, si se observa un astro antes de su paso por el meridiano, su altura seguirá aumentando, por lo que si se lleva su imagen doblemente

reflejada ligeramente por debajo de la imagen directa de línea del horizonte, haciendo oscilar el sextante alrededor del eje óptico, pronto se producirá el tangenteo esperado. Si cuando se observa el astro, este ya ha pasado por el meridiano, su altura irá disminuyendo, por lo que, en este caso, debe dejarse su imagen doblemente reflejada por encima de la línea de horizonte, procediendo de la forma análoga a la explicada en el caso anterior, se producirá también el tangenteo esperado.

4.2.3.4. Particularidades de la observación de los distintos astros

Cuando se observa el **Sol**, lo normal es utilizar la primera forma descrita en el apartado 4.2.3.2, teniendo en cuenta que deben utilizarse filtros de color en ambos espejos para igualar la luminosidad de ambas imágenes.

El tangenteo se hace con uno de sus limbos. Normalmente se tangentea el limbo inferior, por resultar más fácil esta operación ya que al quedar el disco del Sol sobre el horizonte, se apreciar mejor el tangenteo.

Cuando se observa la **Luna**, a diferencia de lo que sucede con el Sol, resulta forzoso llevar al horizonte su limbo iluminado (el limbo circular), excepto en plenilunio, que se podrá observar cualquiera de los dos.

Figura 4.19. Limbo iluminado de la Luna menguante y creciente.

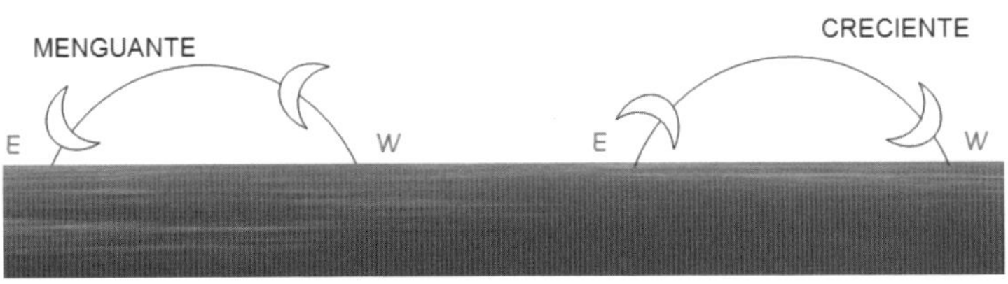

En las proximidades de plenilunio, se hace difícil distinguir cuál es el limbo iluminado de la Luna, por ser casi circular. Con ayuda del *Almanaque Náutico* se determina el instante en que la Luna es llena, y se sigue la norma siguiente:

- Antes de plenilunio, la Luna crece y presenta su borde circular a poniente (W), por lo que si aún no ha pasado por el meridiano de lugar se observará el limbo superior y si se encuentra a occidente del meridiano se tomará la altura respecto del limbo inferior.

- Después de plenilunio, la Luna mengua y presenta su borde circular a levante (E) por lo que si está a oriente del meridiano se observará su limbo inferior y si ya ha pasado por meridiano se tomará la altura de su limbo superior.

Figura 4.20. Falso horizonte en una observación nocturna de Luna[3].

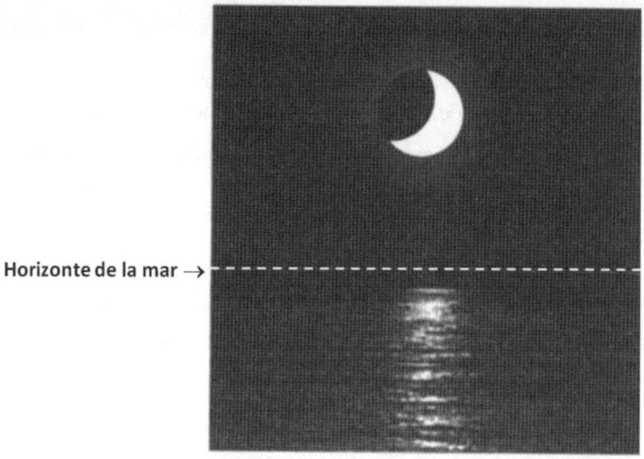

Cuando se observa la Luna, al igual que cuando se observa cualquier otro astro, es requisito indispensable disponer de un horizonte bien definido. Lo ideal es observar la Luna durante el día o durante el crepúsculo. No obstante, suelen surgir ocasiones para realizar observaciones de Luna durante la noche, cuando la luz de este astro ilumina el horizonte. En las observaciones nocturnas de Luna hay que tener cuidado con los falsos horizontes (Figura 4.20). Si, por ejemplo, hay estratos cerca del horizonte y, si la cara superior de la nube presenta una línea paralela a este, bien alumbrada por la Luna, puede llevar a engaño fácilmente por su proximidad con el horizonte. Por ello es preferible realizar las observaciones de Luna durante el día o los crepúsculos náuticos.

[3] Ilustración tomada de Nebe (1998, p. 90).

Teniendo en cuenta lo anterior, la observación de la Luna se realizará de la misma forma que la del Sol, anotando siempre el limbo, superior o inferior, observado.

La observación de **estrellas** se verifica durante los crepúsculos náuticos, por distinguirse bien entonces tanto estos cuerpos celestes (de 1.ª a 3.ª magnitud) como el horizonte de la mar.

Para igualar la luminosidad de ambas imágenes, puede moverse el soporte del anteojo para acercarlo o alejarlo del limbo. Si se observa durante el crepúsculo vespertino, el telescopio se mantiene próximo al cuerpo del instrumento, esto le da más luz a la parte azogada del espejo de horizonte, lo que permite ver mejor las estrellas al comienzo del crepúsculo. A medida que va oscureciendo, puede moverse el soporte, alejando el telescopio del cuerpo del sextante para tener más luz en la parte transparente del espejo pequeño, lo que permite ver mejor el horizonte.

Para realizar la observación, se procederá utilizando alguno de los procedimientos descritos en el apartado 4.2.3.2. Si se han elegido con anterioridad las estrellas que conviene observar, se conocerá aproximadamente su altura y azimut. Poniendo el índice de la alidada en la lectura correspondiente a la altura, mirando por el anteojo al horizonte, en la dirección del azimut, aparecerá la estrella en el campo de visión. Si la estrella que se observa es Polaris, se coloca el índice de la alidada sobre una lectura que se corresponda con la latitud de estima, observando el horizonte en la dirección del norte verdadero. Si se desconoce la altura del astro, la segunda forma de observar puede resultar de utilidad, pues al no perder de vista el astro la operación se realiza más fácilmente y, además, se tiene la seguridad de que se ha observado el astro deseado.

Una vez que la estrella se encuentra próxima al horizonte, se realiza la operación de tangenteo actuando al tiempo sobre el tambor micrométrico hasta que el centro de la imagen móvil de la estrella tangentea el horizonte, en el centro del espejo pequeño.

La observación de **planetas** se hace en todo igual a la de las estrellas. En ocasiones, Venus y Júpiter se pueden observar de día, para ello es necesario que su azimut se diferencie bastante del azimut del Sol.

4.2.3.5. Observación de alturas meridianas

La observación de alturas meridianas puede hacerse previa determinación de la hora a la que el astro pasará por el meridiano, o en el instante en que su azimut verdadero sea norte o sur.

Sin embargo, siempre que la latitud del observador y la declinación del astro sean constantes, la altura de los astros es máxima a su paso por el meridiano superior de lugar y mínima a su paso por el meridiano inferior.

A bordo, normalmente se observan alturas meridianas de culminación superior, puesto que solo los astros circumpolares pasan por el meridiano inferior de lugar sobre el horizonte, y no todos ellos lo hacen con una altura suficiente para que su observación sea de utilidad. En particular, el cálculo más frecuente es el de la latitud observada a partir de la observación de la altura del Sol al ser mediodía verdadero.

Cuando la altura meridiana pueda considerarse máxima, se procederá como sigue: con anterioridad se obtiene la hora aproximada del paso del astro por el meridiano, para saber a qué hora debe estar el observador preparado para tomar la meridiana. Con unos minutos de anticipación se comienza a observar el astro, rectificando el tangenteo a cortos intervalos hasta obtener la altura máxima. Se sabe que es la máxima cuando la altura se mantenga durante unos instantes, dando la sensación de que el astro está parado. Más tarde, la imagen doblemente reflejada del astro empezará a «morder» el horizonte, lo que indica que el astro comienza a perder altura.

Si se toma una altura máxima y no puede considerarse meridiana (bien porque el buque navega a gran velocidad o con un rumbo tal que haga variar mucho la latitud del observador, o bien porque la declinación del astro varíe mucho, como es el caso de la Luna) puede tratarse como una altura circunmeridiana o, incluso, como una altura tomada en un instante cualquiera.

4.2.4. Obtención de la altura observada

4.2.4.1. El error de índice (*Ei*)

Cada vez que se observa la altura de un astro (o una serie de alturas en un intervalo de tiempo pequeño), debe obtenerse el error de índice[4]. La altura realmente observada (*Ao*) será la correspondiente a la lectura del sextante o altura instrumental (*Ai*) corregida por error de índice (*Ei*):

$$Ao = Ai \pm Ei.$$

El error de índice (*Ei*) se suma cuando es a la derecha y se resta cuando es a la izquierda del cero de la graduación del limbo (Figura 4.21).

Figura 4.21. Cálculo de la altura observada (*Ao*).

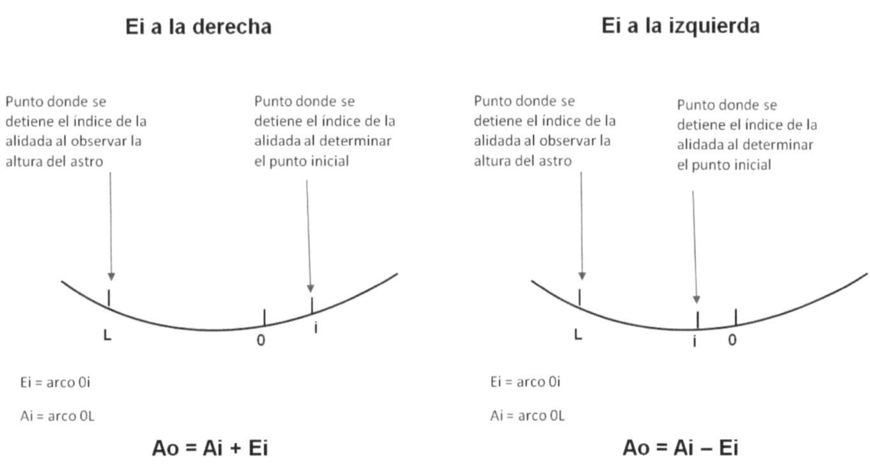

Esta expresión permite obtener la altura observada (*Ao*) solo si se ha obtenido con un sextante que no presenta defectos de construcción.

[4] En realidad, cuando se mide la distancia angular entre dos objetos cualesquiera con el sextante debe determinarse la posición del **punto inicial** de uno de los objetos con respecto al cero del limbo, pues es este punto a partir del cual se realiza la medida del ángulo. En la práctica de la navegación, dado que el punto inicial de los objetos que se observan se puede considerar coincidente con el **punto de paralelismo**, al determinar el punto inicial, por ejemplo, del horizonte, se está obteniendo el **error de índice** del instrumento.

4.2.4.2. Los defectos de construcción: el error instrumental (*Ec*)

Antes ya se ha mencionado que el sextante puede presentar algunos defectos de construcción, sobre los que el usuario no puede intervenir, pero que deben tenerse en cuenta a la hora de calcular el ángulo realmente medido.

Los defectos de construcción que puede presentar un sextante pueden tener origen diverso. Los más importantes son:

- errores de graduación: pueden existir en el limbo, tambor micrométrico y tambor nonio de un sextante, por estar mal divididos o calibrados incorrectamente.

- errores de excentricidad: existe este defecto si el centro de giro de la alidada no coincide con el centro del sector y, en consecuencia, al mover la alidada, la distancia del canto interior del índice al canto del limbo no permanece constante. Este error, que es el más importante de los errores instrumentales, aumenta con el ángulo medido y es máximo cuando la dirección de la alidada es perpendicular a la línea que une el centro del sector y el centro de giro de la alidada

- errores de prismatismo: existe este error si las dos caras de un espejo o de un cristal (parte transparente del espejo pequeño o los filtros de color) no son paralelas. Los cristales o espejos que presentan este defecto producen una desviación de los rayos luminosos que los atraviesan o que en ellos se reflejan.

Hay que tener en cuenta otra fuente de error, que no suele incluirse en el error instrumental, originado por la holgura que pueda existir entre el tornillo micrométrico y la cremallera, cuando están engranados, error que suele producirse en los sextantes usados.

La incidencia de estos errores de construcción varía con la altura medida. Normalmente, el fabricante determina el valor global de las correcciones a aplicar y elabora una tablilla de correcciones que se suministra junto con el sextante.

En efecto, en el **certificado** que acompaña al sextante, se hace constar las correcciones a aplicar a las lecturas por posibles errores de construcción del instrumento. Es poco frecuente que los sextantes modernos de calidad presenten defectos de construcción que produzcan errores instrumentales que deban tenerse en cuenta. Con los modernos sistemas de construcción prácticamente han desaparecido los errores de graduación y prismatismo e, incluso, los certificados que los acompañan hacen referencia tan solo al error de excentricidad (v. Figura 4.22), que también suele ser despreciable.

Figura 4.22. Certificado de un sextante sin error instrumental.

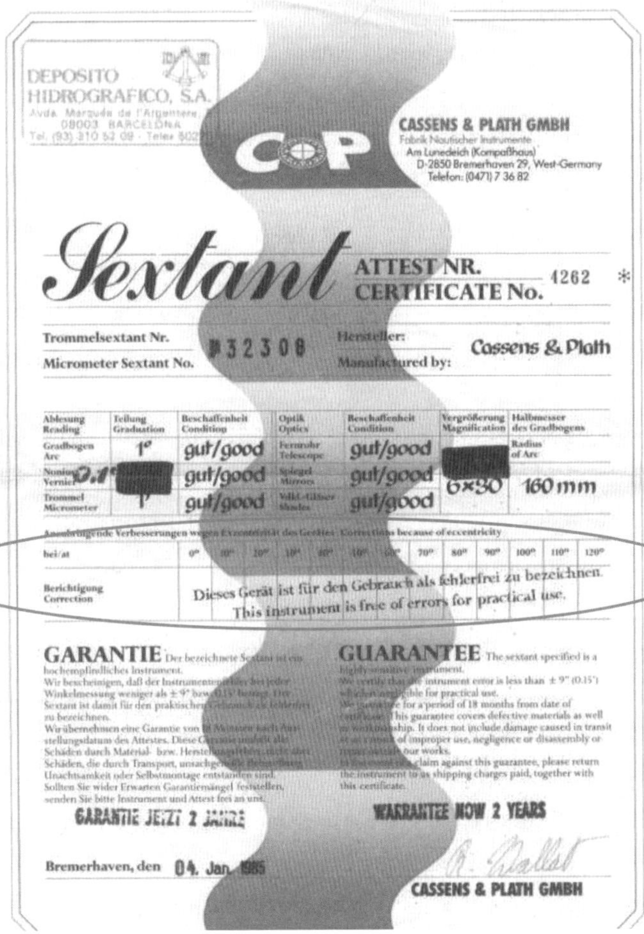

DEPOSITO HIDROGRAFICO, S.A.

CASSENS & PLATH GMBH
Fabrik Nautischer Instrumente
Am Lunedeich (Kompaßhaus)
D-2850 Bremerhaven 29, West-Germany
Telefon: (0471) 7 36 82

Sextant

ATTEST NR. / CERTIFICATE No. 4262

Trommelsextant Nr. / Micrometer Sextant No. [redacted]32308

Hersteller: / Manufactured by: Cassens & Plath

Ablesung Reading	Teilung Graduation	Beschaffenheit Condition	Optik Optics	Beschaffenheit Condition	Vergrößerung Magnification	Halbmesser des Gradbogens
Gradbogen Arc	1°	gut/good	Fernrohr Telescope	gut/good	[redacted]	Radius of Arc
Nonius Vernier	0.1' [redacted]	gut/good	Spiegel Mirrors	gut/good	6×30	160 mm
Trommel Micrometer	1'	gut/good	Vorschalt-Gläser Shades	gut/good		

Anzubringende Verbesserungen wegen Exzentrizität des Gerätes / Corrections because of eccentricity

bei/at	0°	10°	20°	30°	40°	50°	60°	70°	80°	90°	100°	110°	120°
Berichtigung Correction	Dieses Gerät ist für den Gebrauch als fehlerfrei zu bezeichnen. This instrument is free of errors for practical use.												

GARANTIE Der bezeichnete Sextant ist ein hochempfindliches Instrument.
Wir bescheinigen, daß der Instrumentenfehler bei jeder Winkelmessung weniger als ± 9" bzw. 0.15' beträgt. Der Sextant ist damit für den praktischen Gebrauch als fehlerfrei zu bezeichnen.
Wir übernehmen eine Garantie von 18 Monaten nach Ausstellungsdatum des Attestes. Diese Garantie umfaßt alle Schäden durch Material- bzw. Herstellungsfehler, nicht aber Schäden, die durch Transport, unsachgemäße Behandlung, Unachtsamkeit oder Selbstmontage entstanden sind.
Sollten Sie wider Erwarten Garantiemängel feststellen, senden Sie bitte Instrument und Attest frei an uns.

GARANTIE JETZT 2 JAHRE

GUARANTEE The sextant specified is a highly sensitive instrument.
We certify that the intrument error is less than ± 9" (0.15') which is negligible for practical use.
We guarantee for a period of 18 months from date of certificate. This guarantee covers defective materials as well as workmanship. It does not include damage caused in transit or as a result of improper use, negligence or disassembly or repair outside our works.
In the event of a claim against this guarantee, please return the instrument to us shipping charges paid, together with this certificate.

WARRANTEE NOW 2 YEARS

Bremerhaven, den 04. Jan. 1985

CASSENS & PLATH GMBH

En la Figura 4.22, se muestra el certificado de un sextante Cassens & Plath sin error instrumental, en el que se señala: «This instrument is free of errors for practical use»; y se garantiza que el error instrumental es despreciable por ser inferior a ± 9" (0,15').

En la Figura 4.23, se muestra un certificado expedido por la Empresa Nacional de Óptica (ENOSA) de un sextante «Guardiamarina» fabricado por LTIEMA, con error instrumental que no puede despreciarse. Para obtener la corrección a aplicar para una lectura determinada habrá que interpolar. Por ejemplo, si con el sextante al que corresponde este certificado, se obtiene una lectura de 60°, habrá que aplicar una corrección por error instrumental (*Ec*) de – 0' 23".

Figura 4.23. Certificado de un sextante con error instrumental.

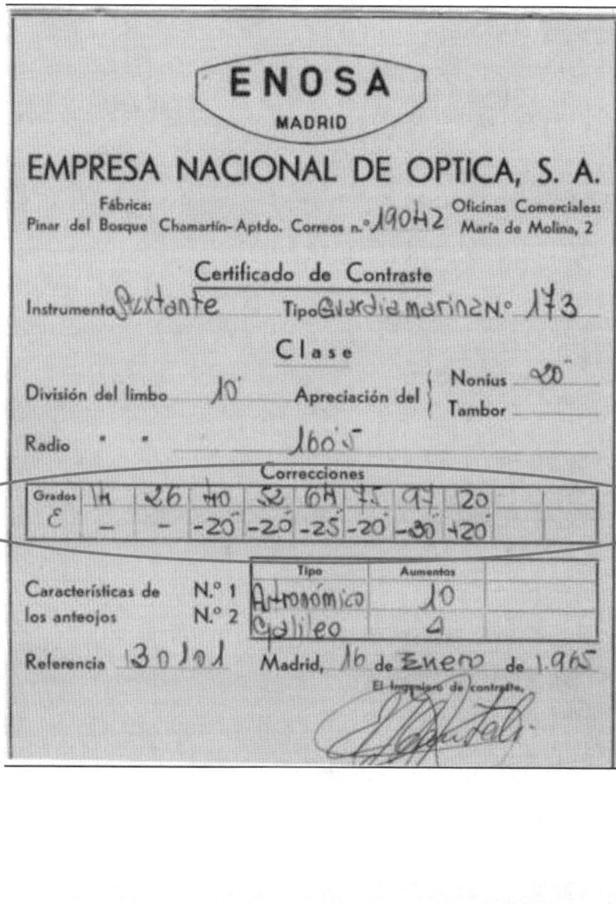

ENOSA
MADRID

EMPRESA NACIONAL DE OPTICA, S. A.

Fábrica: Pinar del Bosque Chamartín- Aptdo. Correos n.º 19042 — Oficinas Comerciales: María de Molina, 2

Certificado de Contraste

Instrumento Sextante Tipo Guardiamarina N.º 173

Clase

División del limbo 10' — Apreciación del Nonius 20" / Tambor

Radio 160'5

Correcciones

Grados	14	26	40	52	64	75	97	120
E	–	–	-20	-20	-25	-20	-30	+20

Características de los anteojos

	Tipo	Aumentos
N.º 1	Astronómico	10
N.º 2	Galileo	4

Referencia 30101 Madrid, 16 de Enero de 1.965

El Ingeniero de contraste,

Se tiene así que la altura realmente observada —independiente del instrumento utilizado para obtenerla— vendrá dada por la expresión:

$$\mathbf{Ao = Ai \pm Ei \pm Ec}$$

4.2.4.3. Los errores de la observación. Modo de atenuarlos

Un buen sextante puede medir distancias angulares con un error instrumental inferior a 0,1'. Esta precisión en las alturas observadas hace que las líneas de posición que de ellas derivan tengan como mucho un error de unos 180 m (aprox. 1 cable). Sin embargo, además del instrumental, existen otras fuentes de error en las alturas medidas con un sextante, siendo una de las más importantes el propio observador.

Al igual que cuando se realiza una medición cualquiera, los errores en la observación de la altura pueden ser sistemáticos o accidentales. Mientras que los errores sistemáticos son de carácter constante o siguen una ley determinada, los errores accidentales son variables y no se ajustan a norma alguna.

Entre las posibles fuentes de **error sistemático** se encuentran:

1. Falta de conocimiento exacto del error instrumental. Este error es función del ángulo medido.
2. Conocimiento imperfecto del error de índice. Este error es el mismo para cualquier ángulo medido.
3. Si la elevación del observador sobre el nivel del mar se ha determinado mal, se produce un error en la depresión. Como se verá en el apartado 4.3, esta es una de las correcciones a aplicar a la altura observada de los astros para obtener la altura verdadera, que es función de la elevación del observador. Este error será igual para todas las alturas que se observen.
4. Si por las diferencias en las temperaturas del aire y del mar la refracción terrestre toma valores anormales, también se produce un error en la depresión. Este error, que

normalmente tiene un valor pequeño, tiene carácter sistemático para alturas tomadas casi simultáneamente y carácter accidental si entre las alturas observadas media un intervalo de tiempo grande.

5. La defectuosa apreciación del tangenteo del astro en el horizonte, debida bien a una apreciación personal o bien a defectos visuales, origina un error que es constante para un mismo observador.

Como se verá al estudiar la situación por las líneas de posición de la navegación astronómica (pieza 7), los errores sistemáticos se eliminan con las bisectrices de altura.

Los **errores accidentales** pueden deberse a:

1. Un tangenteo defectuoso del astro en el horizonte, originado por la poca nitidez de uno de ambos, por trepidaciones del buque, por la existencia de viento que hace oscilar el sextante o que molesta a la vista,...

2. Un error en la depresión debido a las variaciones que con los balances y las cabezadas experimenta la elevación del observador.

3. Un error en la lectura.

Los errores accidentales se reducen observando una serie de alturas, utilizando para el cálculo la altura y la hora promedio de las observadas. Así, debido a que estos errores pueden tener distinto valor y signo para cada observación, se compensan en parte. Estas observaciones —de tres a cinco— se realizan a intervalos de pocos segundos, iguales o casi iguales, debiendo ser estos proporcionales a las variaciones de las alturas durante los mismos. Cuando no se verifique esta última condición, alguna de las alturas de la serie debe rechazarse.

4.2.5. Manejo y conservación del sextante

El sextante es un instrumento de medida que permite obtener distancias angulares con la precisión requerida en la navegación. Aunque su construcción es bastante robusta, la disposición de sus elementos lo convierte en un instrumento delicado que debe ser manejado con cuidado, para evitar desajustes que resten precisión a los ángulos medidos.

Por otra parte, a los problemas que puede originar una descuidada manipulación del sextante, hay que añadir los que pueden ocasionar la humedad, el calor y las vibraciones.

Por ello, para la correcta manipulación y conservación del sextante deben observarse las precauciones siguientes:

- Cuando no se esté observando, el sextante debe estar en su caja, correctamente trincado. Esta caja debe estibarse en un lugar seco y seguro, donde no pueda moverse, procurando asimismo que no esté sometida a vibraciones.

- El sextante debe tomarse siempre por el mango o por la armadura. Nunca debe sostenerse por el limbo, la alidada, el anteojo, ni por los espejos.

- Debe manipularse con cuidado, ya que cualquier golpe, por ligero que sea, puede ocasionar el desajuste de algunas de sus partes. En caso de que se haya golpeado, por ejemplo a consecuencia de una caída, debe llevarse a un taller donde un instrumentista lo examine y ponga a punto.

- Al devolverlo a su caja, se trincará el sextante correctamente y se cerrará la tapa con suavidad. Si esta no cierra se comprobará a qué se debe, corrigiendo la posición de los filtros o de la alidada lo necesario.

- Para desplazar la alidada, debe presionarse con fuerza la pinza, hasta asegurarse de que el tornillo micrométrico está completamente desengranado.

- Al atornillar el anteojo al soporte se debe tener cuidado de no dañar la rosca del collar ni la del propio anteojo.

- No se debe tener el sextante expuesto al Sol más del tiempo necesario para efectuar las observaciones.

Figura 4.24. El sextante en su caja.

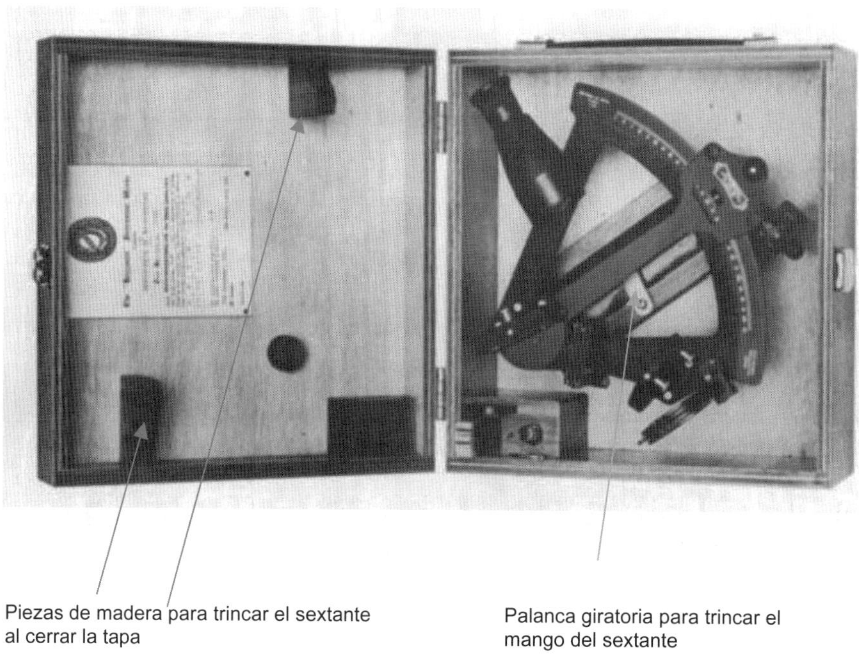

- Después de las observaciones deben limpiarse cuidadosamente los espejos, filtros y lentes del anteojo, utilizando papeles o gamuzas especiales. Si los espejos están sucios, puede utilizarse una pequeña cantidad de alcohol. El limbo puede limpiarse con amoniaco y, en ningún caso, se emplearán productos para pulir y abrillantar. En esta operación, para evitar desajustes, no se deben presionar las partes que se limpian, especialmente los espejos.

- Cuando se ha observado con tiempo húmedo, hay que secarlo adecuadamente (sobre todo los espejos y el limbo). Si el sextante se ha mojado con agua de mar antes de secarlo debe ser aclarado con abundante agua dulce

- El tornillo micrométrico y la cremallera deben mantenerse limpios y engrasados. Se usará el aceite proporcionado por el fabricante (o en su defecto, un aceite de uso general para el engrase de máquinas). Para limpiar y engrasar los dientes de la cremallera, de vez en cuando se colocará la alidada en un extremo del limbo, se engrasará ligeramente el tornillo micrométrico, y se girará este utilizando la perilla del tambor micrométrico, avanzando el tornillo hasta el otro extremo del limbo.

- Si el sextante no se va a utilizar durante un período largo de tiempo, se limpiará y se engrasará, protegiendo el limbo con una delgada capa de vaselina.

4.3. Corrección a las alturas observadas

Altura observada (*Ao*): es la altura de un astro, medida con sextante, por un observador elevado sobre la superficie terrestre (rodeado de atmósfera), tomada sobre el horizonte visible o de la mar.

La altura de planetas o estrellas se toma respecto al centro del astro; mientras que la altura del Sol y de la Luna, por tener semidiámetro (*SD*) apreciable, se toma respecto a uno de los limbos.

Altura instrumental (*Ai*): es la lectura directa del sextante, anotada al medir la altura de un astro. Debe ser corregida por error instrumental (*Ec*), en su caso, y error de índice (*Ei*), para transformarla en altura observada (*Ao*).

Altura verdadera (*av*): es la altura del centro del astro sobre el horizonte verdadero, considerando que no existe atmósfera, y que el hipotético observador se encuentra en el centro de la Tierra. Es la que se utiliza en las fórmulas del triángulo de posición.

Altura aparente (*Ap*): es la altura observada contada desde el horizonte aparente (paralelo al horizonte verdadero, que pasa por el punto donde se encuentra el observador). Los sextantes de horizonte artificial, poco utilizados en la mar, materializan el horizonte aparente.

A partir de la altura observada (*Ao*), obtenida a bordo con el sextante, debe obtenerse la altura verdadera (*av*), elemento del triángulo de posición. Para ello debe aplicarse a la altura observada las correcciones necesarias:

- **Paralaje**: debida al hecho de que el observador se encuentra sobre la superficie terrestre en lugar de en el centro de la Tierra.

- **Refracción astronómica**: debido a que el observador está rodeado de atmósfera, el rayo luminoso procedente del astro es refractado.

- **Depresión de horizonte**: debida a que las alturas verdaderas se refieren al horizonte verdadero, pero se observan respecto al horizonte visible o de la mar.

- **Semidiámetro**: aplicable a las observaciones de astros que, por tener diámetro aparente considerable (Sol y Luna), se hacen respecto de uno de los limbos, mientras que la altura verdadera está referida al centro de los astros.

4.3.1. Paralaje

Las posiciones de los astros en la esfera celeste, apreciados por un observador situado en el centro de la Tierra (*T*), son las **posiciones verdaderas** de los mismos; y las apreciadas por un observador situado en la superficie terrestre (*O*) son las **posiciones aparentes**.

En el caso de un astro *A* próximo a la Tierra (como el Sol, los planetas observables y, especialmente, la Luna), desde la superficie terrestre se verá en la dirección *OA* y desde el centro de la Tierra en la dirección *TA*. El ángulo que forman estas dos direcciones (*TA* y *OA*, verdadera y aparente respectivamente), se llama **paralaje** y es la corrección que debemos aplicar a las alturas aparentes (*Ap*) de los astros cercanos para convertirlas en verdaderas (*av*).

La **paralaje** es, por tanto, el ángulo bajo el cual se ve, desde el centro de un astro, el radio de la Tierra que pasa por el observador.

Figura 4.25. Paralaje.

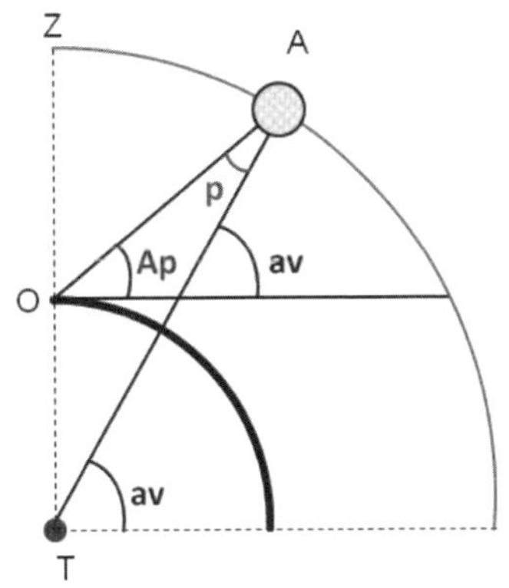

En la Figura:

av = altura verdadera del centro del astro
Ap = altura aparente del centro del astro
p = paralaje

$$\mathbf{av = Ap + p}$$

Este ángulo varía con la posición del astro respecto al lugar de observación, distinguiéndose paralaje horizontal (astro en el horizonte) y paralaje en altura. Si el astro estuviera en el mismo zenit la paralaje se anularía.

Del mismo modo, el valor de la paralaje varía con la distancia a la que se encuentran los astros. Así, por ejemplo, dada la enorme distancia a que se encuentran las estrellas, sus posiciones verdaderas y aparentes se confunden, es decir, las estrellas se verían en la misma dirección desde *T* que desde *O*. Dicho de otra manera, desde las estrellas la Tierra se ve como un punto y, por tanto, la paralaje no aplica.

La paralaje hace que los astros aparezcan con altura menor a la que tienen en realidad, siendo su valor inversamente proporcional a la altura y a la distancia a que se encuentra el astro.

Hay que señalar por último que, por su proximidad, desde la Luna se distingue la forma esferoidal de la Tierra, el distinto valor del radio terrestre, adquiriendo la paralaje un valor diferente según la posición del observador: se diferencian la paralaje ecuatorial y de lugar. El valor de la paralaje horizontal ecuatorial (PHE*)* lo proporciona el *Almanaque Náutico*, cada día, para 04 h, 12 h y 20 h de Tiempo Universal.

En resumen, para las estrellas, por su lejanía, esta corrección tiene un valor despreciable al igual que para los planetas —excepto para Venus y Marte—; y para el Sol alcanza como máximo un valor próximo a los 9". Tiene un valor apreciable solo para la Luna —hasta de 62'—, variando sensiblemente de un lugar a otro de la Tierra.

La corrección por paralaje suele tabularse englobada con otras correcciones, como refracción astronómica y semidiámetro.

4.3.2. Refracción astronómica

La luz (o cualquier otra energía radiante) viaja en línea recta a velocidad uniforme, si el medio en el que se encuentra tiene propiedades uniformes. Si los rayos pasan de un medio a otro de propiedades diferentes, las características de la propagación cambian también. Así, si los rayos pasan de un medio a otro más denso, por ejemplo del aire al agua, la velocidad disminuye. Si la dirección del rayo es perpendicular a la superficie de separación de los dos medios, no modifica su dirección de propagación. Si, por el contrario, el rayo forma un ángulo oblicuo con la superficie de separación de ambos medios, el resultado es un cambio en la dirección del rayo.

Se denomina **refracción** a la variación en la dirección de propagación de un rayo de luz cuando, incidiendo de forma oblicua en la superficie de separación, pasa de un medio a otro de distinta densidad en el que la velocidad de propagación es diferente. El rayo incidente y el refractado están en el mismo plano, normal a la superficie de separación de ambos medios. Si el rayo pasa de un medio a otro más denso, es refractado hacia la normal.

La **refracción atmosférica** es la refracción causada por la atmósfera terrestre. La refracción atmosférica se denomina refracción astronómica si el refractado es el rayo luminoso procedente de un astro que penetra desde el exterior en la atmósfera terrestre; y se denomina refracción terrestre si el rayo de luz refractado se encuentra dentro de la atmósfera terrestre. La refracción terrestre forma parte de la corrección a las alturas observadas por depresión aparente del horizonte que se estudia en el apartado siguiente.

Suponiendo la atmósfera dividida en capas concéntricas de distinta densidad, el rayo procedente de un astro llegará al observador en la Tierra después de refractarse en las distintas capas, acercándose a la normal por pasar a medios más densos. En la atmósfera, en realidad, la densidad disminuye de forma continua con la altura. Por ello, el rayo refractado no sigue una línea quebrada sino curva, viendo el observador (*O*) el astro (*A*) en la dirección de la tangente a la curva en el punto *O*. En consecuencia, **los astros se ven más altos de lo que están en realidad**, pero aproximadamente **con el mismo azimut**. El ángulo que forma la dirección en que el observador ve el astro con el primer rayo incidente procedente del astro será el valor de la refracción astronómica (*Ra*).

Figura 4.26. Refracción astronómica.

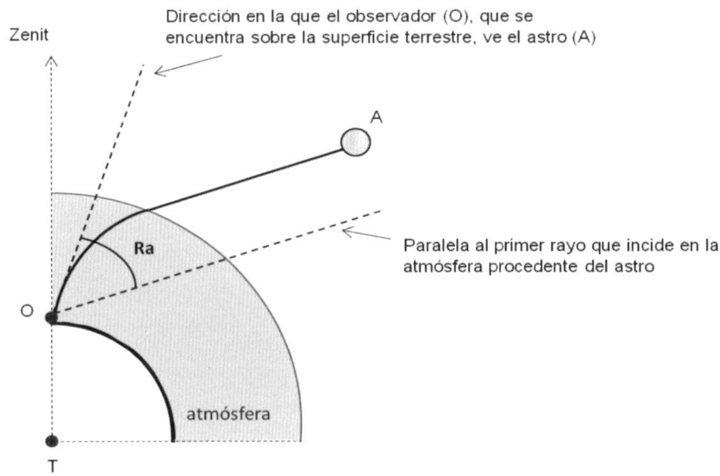

La expresión que proporciona el valor de la refracción astronómica es: $Ra'' = k \cdot \text{ctg}\, a'$ donde k es una constante que es función de la temperatura y de la presión atmosférica y a es la altura del astro sobre el horizonte. Debido a este fenómeno, los astros aparecen más elevados de lo que se encuentran en realidad, una cantidad inversamente proporcional a la altura del astro sobre el horizonte, siendo prácticamente inexistente cuando el astro se encuentra en el zenit (altura = 90° → $Ra = 0$).

La corrección a aplicar por refracción astronómica (*Ra*) **se aplica con signo negativo (–) a las alturas observadas (*Ao*) de todos los astros**. Esta corrección se suele tabular (normalmente englobada con otras correcciones) considerando unos valores medios de temperatura y presión.

4.3.3. Depresión del horizonte

Esta corrección a las alturas observadas se debe a que las alturas verdaderas se refieren al horizonte verdadero, pero se observan respecto al horizonte visible o de la mar. Esta corrección expresa el ángulo que forma en el ojo del observador la visual dirigida al horizonte de la mar y el horizonte aparente (paralelo al horizonte verdadero, pasando por el ojo del observador), que es función de la elevación del observador sobre la superficie terrestre. En esta corrección, también se tiene en cuenta el fenómeno de la refracción terrestre que hace que el horizonte de la mar que se observa no sea exactamente el horizonte teórico sino el horizonte refractado.

La refracción atmosférica, se denomina refracción terrestre si el observador y el punto de donde procede el rayo luminoso están próximos a la superficie terrestre. La refracción terrestre (*Rt*) es la desviación que sufre un rayo de luz dentro de la atmósfera terrestre.

Figura 4.27. Refracción terrestre.

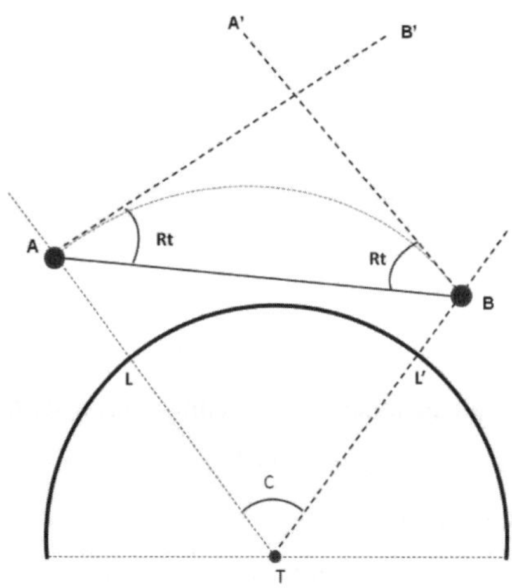

Debido a la refracción terrestre, los objetos se ven más elevados de lo que realmente están. En la Figura 4.27, el observador situado en *A*, en lugar de ver a *B* en la dirección *AB*, lo ve en la dirección *AB'*. De igual forma, un observador situado en *B*, vería el punto *A* según la dirección *BA'*. La refracción terrestre (*Rt*) viene dada por el valor de los ángulos:

$$\text{Rt} = \widehat{ABA'} \qquad \text{Rt} = \widehat{\text{BAB'}}$$

Cuando se observan las alturas de los astros, la refracción terrestre afecta a la visual dirigida al horizonte visible o de la mar. La altura observada se hace respecto del horizonte visible refractado. Los objetos se ven más elevados de lo que realmente están por lo que debido a este fenómeno, en condiciones normales, el alcance visual es superior al teórico.

La refracción terrestre forma parte de la corrección a las alturas observadas por depresión aparente del horizonte. En la Figura 4.28, desde el observador *O*, la tangente a la superficie terrestre indica que el punto más alejado que veríamos es *B*. Sin embargo, debido a la refracción terrestre (*Rt*), veremos un horizonte correspondiente a un punto *B'*, más alejado que *B*.

Figura 4.28. Depresión de horizonte.

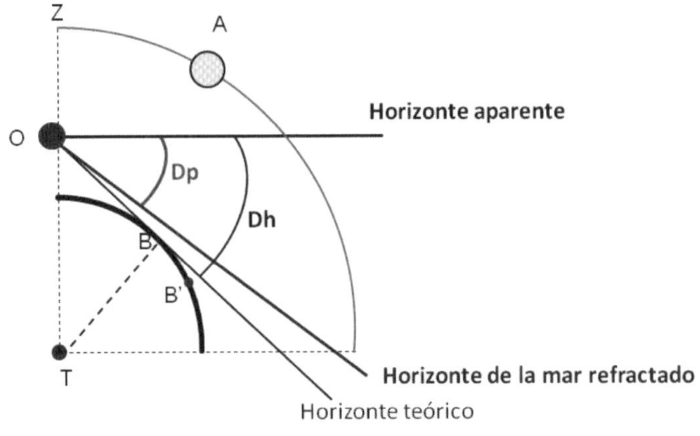

Depresión del horizonte (*Dh*) es el ángulo formado en el ojo del observador por la visual dirigida al horizonte de la mar con el horizonte sensible o aparente. Esta **depresión** se denomina **aparente (*Dp*)** si el horizonte de la mar es el refractado, esto es, el que observamos en realidad.

La expresión: $Dp' = 1{,}7757'\sqrt{e_o(m)}$, proporciona la depresión aparente en minutos de arco, en función de la elevación del observador (e_o) en metros, que se aplica con sentido negativo a la altura observada de todos los astros, para obtener la altura verdadera.

Esta corrección está tabulada en el *Almanaque Náutico*, Tabla A (en p. 387) en la que entrando con la elevación del observador (e_o), se obtiene la depresión aparente en minutos (Dp').

En el caso particular en que el vertical del astro observado cae sobre la costa, estando la línea de costa más cercana que el último punto visible, no se puede medir su altura sobre el horizonte de la mar. La medida se realizará sobre la línea de intersección entre el agua y la costa, es decir, sobre la línea de costa. En consecuencia, la corrección a aplicar a la altura observada (*Ao*) no será por depresión aparente (*Dp*) sino la denominada depresión de la línea de costa (*Dlc*), cuyo valor, en minutos, viene dado por la expresión:

$$Dlc' = 0{,}42' \cdot d' + 1{,}856' \cdot \frac{e_o\,(m)}{d'}$$

donde *d'* es la distancia a la línea de costa en millas, y e_o la elevación del observador en metros.

Figura 4.29. Depresión de la línea de costa.

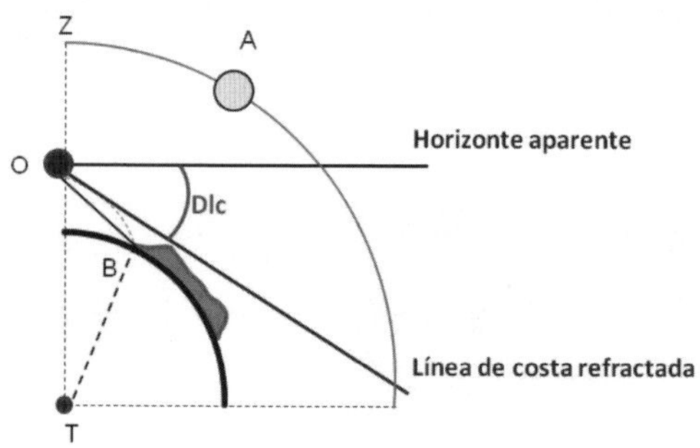

4.3.4. Semidiámetro

Cuando se observan astros (Sol y Luna) con un diámetro aparente apreciable para un observador en la Tierra, se toman alturas de uno de sus limbos. Dado que la altura verdadera (*av*) está referida al centro del astro, en el caso de haber observado el Sol o la Luna, se corregirá la altura observada (*Ao*) por semidiámetro (***SD***): si la altura es del limbo inferior, la corrección por semidiámetro se suma y si es del limbo superior, se resta.

El *Almanaque Náutico* proporciona cada día el valor del semidiámetro (*SD*) del Sol y de la Luna. No obstante, para el caso de observaciones del limbo inferior del Sol, la corrección por semidiámetro está incluida en la corrección proporcionada en la Tabla B, en la p. 387 del *Almanaque*. Para el caso de la Luna, la corrección por semidiámetro está incluida en la corrección que se obtiene en las tablas correspondientes, en pp. 388-389 del *Almanaque*.

4.3.5. De la altura observada a la altura verdadera

Figura 4.30. Paso de la altura observada a la altura verdadera.

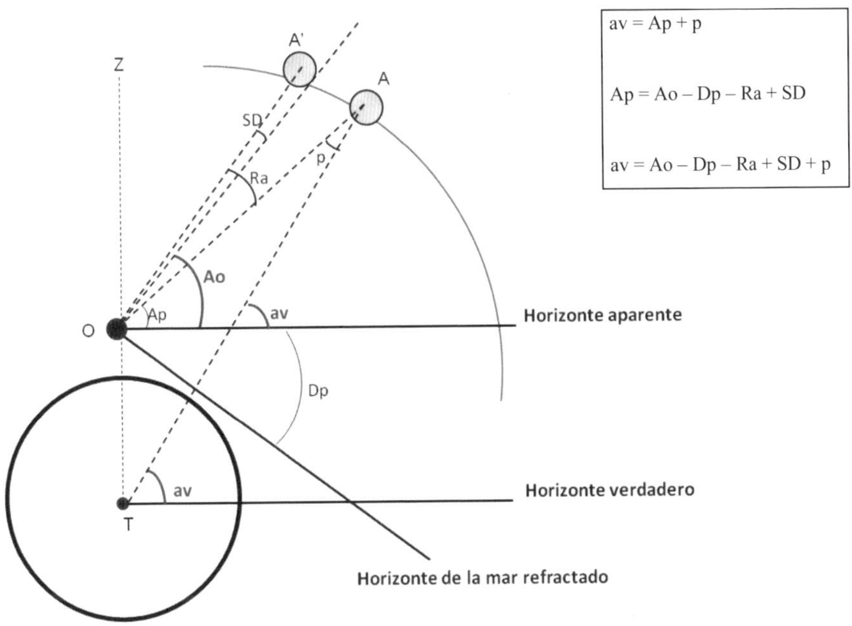

Para pasar de la altura observada (*Ao*) a la altura verdadera (*av*) habrá que aplicar a la primera las correcciones que se han explicado anteriormente.

En la Figura 4.30, se representa un astro *A* que el observador *O* ve en *A'*. Se supone en este caso que se ha observado la altura del limbo inferior del astro. Si se hubiera observado el limbo superior del astro, la corrección por semidiámetro (*SD*) se aplicaría con signo contrario al del ejemplo. Por esto, en la fórmula general, el signo de esta corrección es ±.

En general: **av = Ao – Dp – Ra + p ± SD** siendo **Ao = Ai ± Ei (± Ec)**

Particularizando la expresión general para los distintos tipos de astros:

ESTRELLAS: las únicas correcciones que tienen valor apreciable para estas son la depresión y la refracción astronómica, que son negativas. **av ★ = Ao – Dp – Ra**

PLANETAS: al igual que en el caso de las estrellas, las correcciones por semidiámetro (*SD*) y paralaje (*p*) son despreciables, excepto para **Venus y Marte,** astros para los que sí tendremos en cuenta la corrección por **paralaje**:

av (♃, ♄) = Ao – Dp – Ra **av (♀, ♂) = Ao – Dp + p – Ra**

SOL: a las alturas observadas del Sol hay que aplicar todas las correcciones recogidas en la fórmula general: **av ☉ = Ao – Dp + p – Ra ± SD** Como lo habitual es realizar observaciones del limbo inferior del Sol, la corrección por semidiámetro suele ser positiva.

LUNA: al igual que en el caso del Sol, a las alturas observadas de la Luna hay que aplicar todas las correcciones recogidas en la fórmula general: **av ☾ = Ao – Dp + p – Ra ± SD**
A diferencia de lo que sucede con el Sol, excepto en plenilunio, no se puede elegir el limbo que se tangentea con el horizonte, debiendo observar siempre el iluminado o circular.

4.3.6. Empleo del *Almanaque*

En el *Almanaque Náutico* existen Tablas (pp. 387-389) que engloban las correcciones que debemos a aplicar a la altura observada (*Ao*) para transformarla en altura verdadera (*av*). El procedimiento difiere según el astro de que se trate.

La corrección por depresión es común a todos los astros. En la **Tabla A** (p.387), entrando **con** la elevación del observador (***e_o***) **en metros**, obtenemos el valor de la depresión aparente (***Dp***) **en minutos**. Para el resto de correcciones, se proporciona una tabla específica para cada tipo de astro.

ESTRELLAS: **av ★ = Ao – Dp – Ra**

La **Tabla C** del *Almanaque* (p. 387) proporciona la corrección por refracción astronómica (*Ra*), entrando con la altura observada (*Ao*).

EJEMPLO: El 13 de enero de 2014, se observa una estrella obteniendo: Ai ★ = 40° 15'; Ei = 2,0' a la izquierda; e_o = 12 m. Se pide la altura verdadera de la estrella.

Ai★	=	40° 15,0'	
Ei	=	2,0' –	
Ao★	=	40° 13,0'	
Dp	=	6,2' –	⇐ Tabla A: con e_o = 12 m
Ra	=	1,2' –	⇐ Tabla C: con Ao = 40,2°
av★	=	**40° 05,6'**	

PLANETAS: **av = Ao – Dp – Ra (+ p)**

Se procederá de forma análoga a la descrita para las estrellas. Cuando se trate de Venus o Marte, además, se aplicará la corrección adicional por paralaje, recogida en la propia **Tabla C** del *Almanaque* (p. 387).

EJEMPLO: El 8 de marzo de 2014, se observa el planeta Venus con Ai ♀ = 20° 12'; Ei = 1,5' a la dcha.; e_o = 15 m. Se pide su altura verdadera.

Ai ♀	=	20° 12,0'	
Ei	=	1,5' +	
Ao ♀	=	20° 13,5'	
Dp	=	6,9' –	⇐ Tabla A: con e_o = 15 m
Ra	=	2,6' –	⇐ Tabla C: con Ao = 20,2°
p	=	0,2' +	⇐ Tabla C: con fecha
av ♀	=	**20° 04,2'**	

SOL: **av ☉ = Ao – Dp + p – Ra ± SD**

Si se observa el **limbo inferior**, que es lo normal, en la **Tabla B** del *Almanaque* (p. 387) pueden encontrarse, de forma englobada, las correcciones por paralaje, refracción astronómica y semidiámetro (+ **p** – **Ra** + **SD**). En esta corrección, se considera un semidiámetro del Sol de 16'. Por este motivo, cuando el semidiámetro del Sol tiene un valor diferente al tabulado, hay que una corrección adicional por la diferencia, que se obtiene en la propia Tabla B, entrando con la fecha.

A las alturas del **limbo superior** del Sol, se les resta el doble del valor de su semidiámetro (proporcionado en el *Almanaque* para cada día), para luego tratarlas como si fueran observaciones del limbo inferior.

EJEMPLO: El 18 de marzo de 2014, se observa Ai$\bar{☉}$= 35° 18'; Ei = 1,5' a la izquierda, e_o = 19 m. Se pide su altura verdadera.

Ai$\bar{☉}$	=	35° 18,0'	
Ei	=	1,5' –	
Ao$\bar{☉}$	=	35° 16,5'	
2 SD	=	32,2' –	⇐ *Almanaque náutico*, 18 de marzo, columna de Sol
Ao $\underline{☉}$		34° 44,3'	
Dp	=	7,7' –	⇐ Tabla A: con e_o = 19 m
Ra, SD y p	=	14,7' +	⇐ Tabla B: con Ao = 34,7°
dif. SD	=	0,1' +	⇐ Tabla B: con fecha
av ☉	=	**34° 51,4'**	

LUNA: **av ☾ = Ao – Dp + p – Ra ± SD**

Como siempre se ha de observar el limbo iluminado de la Luna, el *Almanaque* cuenta con dos tablas (pp. 388-389) para corregir las alturas observadas de la Luna por refracción astronómica (*Ra*), paralaje (*p*) y semidiámetro (*SD*): una para observaciones del limbo inferior y otra para observaciones del limbo superior de este astro. Estas tablas tienen dos argumentos de entrada: la altura aparente (*Ap*) y la paralaje horizontal (*PH*). Para ayudar en la interpolación, en la p. 389 se dispone de una tablilla de partes proporcionales; pero la interpolación también puede realizarse sin recurrir a esta.

Para obtener la altura verdadera de la Luna a partir de la observada con sextante, se procede de la forma siguiente:

1º) Se obtiene la altura aparente[5]: Ap = Ai ± Ei – Dp

2º) En el *Almanaque Náutico*, se toma la paralaje horizontal de Luna correspondiente a la hora de la observación.

3º) En las Tablas del *Almanaque* (pp. 388-389), entrando con la altura aparente y con la paralaje horizontal, en la columna correspondiente (según se haya observado el limbo superior o el inferior de la Luna), se obtiene, interpolando, la corrección por semidiámetro (SD), refracción astronómica (Ra) y paralaje (p).

Si en la tabla se entra con los grados de altura aparente y los minutos de paralaje horizontal, se obtiene la corrección correspondiente a los grados exactos de la altura aparente y a los minutos exactos de paralaje horizontal (1ª C<u>ón</u>). Para obtener la corrección que se busca, puede utilizarse la tabla de partes proporcionales (p. 389), que ayuda a interpolar por minutos de altura aparente y décimas de minuto de paralaje horizontal. En esta Tabla se entra con los minutos de la altura aparente y la variación tabular por grado de altura, para obtener la segunda corrección (2ª C<u>ón</u>); y con las décimas de minuto de paralaje

[5] En la p. 389 del *Almanaque* se señala que la altura aparente, argumento de entrada de estas Tablas, es la observada, corregida de error de índice y de depresión.

horizontal y con la variación tabular por minuto de paralaje, para obtener la tercera corrección (3ª $C^{ón}$).

<u>EJEMPLO</u>: Al ser HcG = 20-00-00 (23 de enero de 2014), se observa Ai ☾ = 40° 25’; Ei = 2,5’ a la izquierda; e_o = 11 m. Se pide su altura verdadera.

Almanaque náutico: HcG = 20-00 (23 enero ‘14) ⇨ ☾ PHE = 56,9’

Ai ☾	=	40° 25,0’	
Ei	=	2,5’ –	
Ao ☾	=	40° 22,5’	
Dp	=	5,9’ –	⇐ Tabla A: con e_o = 11 m
Ap ☾	=	40° 16,6’	
1ª $C^{ón}$	=	57,1’ +	⇐ (C^{on} x SD, Ra y p) por 40º de Ap y 56’ de PH
2ª $C^{ón}$	=	0,2’ –	⇐ (C^{on} x SD, Ra y p) por 16,6’ de Ap: Tpp con 16,6’ (Ap) y con 0,6’ ($V^{ón}$)
3ª $C^{ón}$	=	0,9’ +	⇐ (C^{on} x SD, Ra y p) por 0,9’ de PH: Tpp con 0,9’ (PH) y con 1,0’ ($V^{ón}$)
av ☾	=	**41° 14,4’**	

Completada esta pieza adecuadamente, se habrán adquirido los resultados de aprendizaje esperados, que se muestran en la Tabla 4.1.

Tabla 4.1. Pieza 4: resultados de aprendizaje esperados.

Resultados de aprendizaje
Comprueba y ajusta el sextante para garantizar la precisión de las observaciones.
Determina el punto inicial de las observaciones y lee correctamente el error de índice.
Ejecuta correctamente el procedimiento de observación.
Obtiene correctamente la lectura de la altura y la corrige por error de índice y por error instrumental, en su caso, para obtener la altura realmente observada.
Corrige las alturas observadas, con ayuda del *Almanaque Náutico*, determinando las correspondientes alturas verdaderas de los distintos astros.

4.4. Cálculos resueltos

4.4.1. El día 3 de marzo de 2014, durante el crepúsculo matutino, se observa una estrella. Se pide Ao ★ (v. fotos adjuntas)

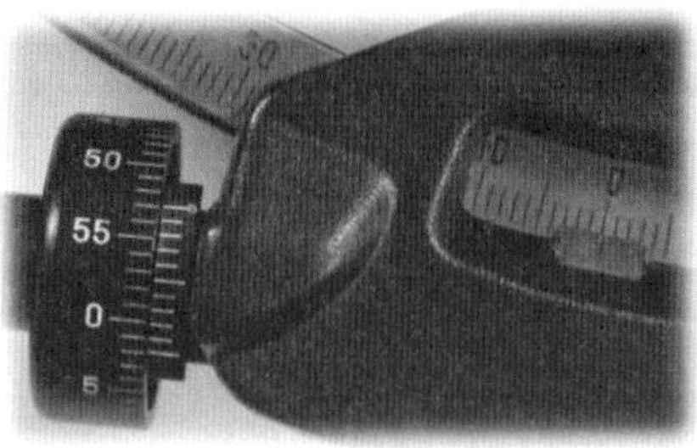

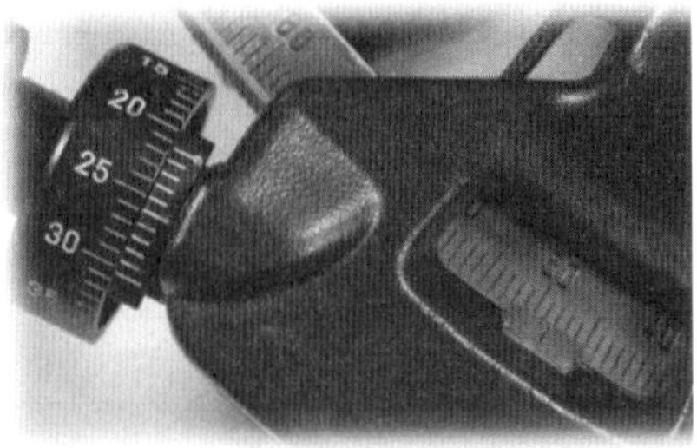

EXTRACTO DEL CERTIFICADO DEL SEXTANTE

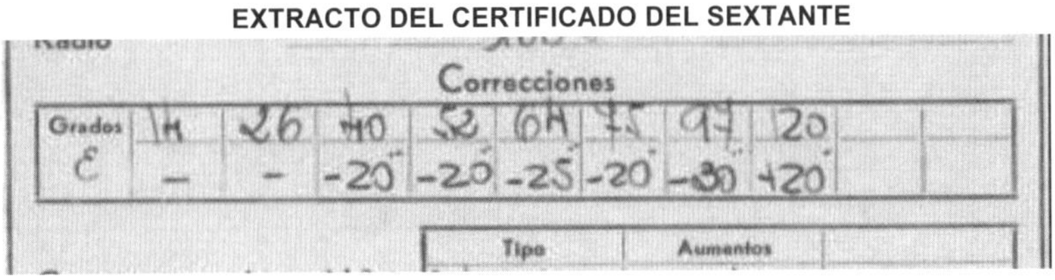

Correcciones

Grados	14	26	40	52	64	75	97	120		
ε	—	-	-20"	-20"	-25"	-20"	-30"	+20"		

Tipo	Aumentos	

Lectura del error de índice: Ei = (60' – 52,9') a la derecha = 7,1' a la derecha
Lectura de la altura instrumental: Ai = 48° 21,3'
Error instrumental: Ec = 20" –

Ai ★ = 48° 21,3'
Ei = 7,1' +
Ec = 0,3' –

Ao ★ = 48° 28,1'

4.4.2. El 10 de mayo de 2014, en el momento de la puesta de Sol nos encontramos en S/e: l = 60° S, L = 113° 48' W. Durante el crepúsculo vespertino inmediato, deseamos realizar una observación de estrellas, para determinar la situación observada. Se pide preparar la observación utilizando las Tablas Rápidas.

En primer lugar, hay que comprobar la hora (Hcl) del crepúsculo náutico vespertino:

Almanaque náutico: 10 mayo 2014	**Puesta Sol**	**Crepúsculo civil**	**Crepúsculo náutico**
l = 60° S	15-50	16-38	17-29

Luego, se elige el momento en que se observará, por emplo, al ser Hcl = 17-00 (10).

$$\frac{L^\circ}{15} = \frac{113^\circ\ 48'\ W}{15} = Lt = 07\ h\ 35\ min\ 12\ s\ W \rightarrow Z = 8\ W$$

Hcl	=	17-00-00 (10)
Lt	=	07-35-12 W – (+)
HcG	=	24-35-12 (10)
HcG	**=**	**00-35-12 (11)**

Obtenemos el horario de Aries para ese instante. Puede hacerse con el *Almanaque náutico* o con la Tabla 4 de las propias Tablas Rápidas.

hG♈ a 00 h TU (11)	=	228° 42,3’			
$C^{\underline{on}}$ x 35 min 12 s	=	08° 49,4’			
hG♈	=	237° 31,7’ W –	hG♈	=	237° 31,7’ W –
L	=	113° 48,0’ W – (+)	**La**	**=**	**113° 31,7’ W** – (+)
hl♈	=	123° 43,7’ W	**hl♈**	**=**	**124° 00,0’ W**

En las Tablas rápidas, con latitud: **la = 60° S**, y horario de Aries: **hl♈ = 124° W**, encontramos:

Estrella		**Hc**	**Zn**
★ REGULUS		14° 36’	029°
★ SPICA	♦	15° 58’	085°
★ RIGIL KENT		46° 57’	135°
★ Peacock		26° 43’	182°
★ ACHERNAR	♦	43° 06’	227°
★ RIGEL		28° 09’	307°
★SIRIUS	♦	43° 44’	329°

Quedaría así preparada la observación. Hc es la altura verdadera con la que un observador en la situación asumida (S/a: la = 60° S, La = 113° 31,7’ W) vería los distintos astros, en la dirección indicada por el azimut verdadero (Zn).

4.4.3. El 20 de junio de 2014, se observa Ai ★ = 50° 37,2’, Ei = 2,2’ a la izda., e_o = 9 m. Se pide av ★.

Ai★	=	50° 37,2’		
Ei	=	2,2’ –		
Ao★	=	50° 35,0’		
Dp	=	5,3’ –	⇐	Tabla A: con e_o = 9 m
Ra	=	0,8’ –	⇐	Tabla C: con Ao = 50,6°
av★	**=**	**50° 28,9’**		

4.4.4. Al ser HcG = 16-00 (2 de abril de 2014), se observó Ai ☾ = 32° 11,6', Ei = 2,4' a la izquierda, e_o = 10 m. Se pide av ☾.

Almanaque náutico: HcG = 16-00 (2 abril '14) ⇨ ☾ PHE = 57,0'

Ai ☾	=	32° 11,6'	
Ei	=	2,4' –	
Ao ☾	=	32° 09,2'	
Dp	=	5,6' –	⇐ Tabla A: con e_o = 10 m
Ap ☾	=	32° 03,6'	
1ª $C^{ón}$	=	62,4' +	⇐ (C^{on} x SD, Ra y p) por 32° de Ap y 57' de PH
2ª $C^{ón}$	=	0,0'	⇐ (C^{on} x SD, Ra y p) por 03,6' de Ap: Tpp con 03,6 (Ap) y con 0,5 ($V^{ón}$)
3ª $C^{ón}$	=	0,0'	⇐ (C^{on} x SD, Ra y p) por 0,0' de PH
av ☾	=	**33° 06,0'**	

4.4.5. El 14 de mayo de 2014, se observó Ai ☉ = 31° 05,6', Ei = 1,4' a la izda., e_o = 21 m. Se pide av ☉.

Ai ☉	=	31° 05,6'	
Ei	=	1,4' –	
Ao ☉	=	31° 04,2'	
2 SD	=	31,6' –	⇐ *Almanaque Náutico*, 14 de mayo, columna de Sol
Ao ☉		30° 32,6'	
Dp	=	8,1' –	⇐ Tabla A: con e_o = 21 m
Ra, SD y p	=	14,5' +	⇐ Tabla B: con Ao = 30,5°
dif. SD	=	0,2' –	⇐ Tabla B: con fecha
av ☉	=	**30° 38,8'**	

4.4.6. El 27 de julio de 2014, se observó Saturno, obteniendo: Ai ♄ = 50° 20,2'; Ei = 3,2' a la dcha.; e_o = 10 m. Se pide av ♄.

Ai ♄	=	50° 20,2'	
Ei	=	3,2' +	
Ao ♄	=	50° 23,4'	
Dp	=	5,6' –	⇐ Tabla A: con e_o = 10 m
Ra	=	0,8' –	⇐ Tabla C: con Ao = 50,4°
av ♄	=	**50° 17,0'**	

4.4.7. El 20 de mayo de 2014, se observa Ai ⊙̲ = 19° 28,4', Ei = 1,6' a la dcha., e_o = 18 m. Se pide av ⊖.

Ai ⊙̲	=	19° 28,4'		
Ei	=	1,6' +		
Ao ⊙̲	=	19° 30,0'		
Dp	=	7,5' –	⇐	Tabla A: con e_o = 18 m
Ra, SD y p	=	13,4' +	⇐	Tabla B: con Ao = 19,5°
dif. SD	=	0,2' –	⇐	Tabla B: con fecha
av ⊖	=	**19° 35,7'**		

4.5. Cálculos propuestos

4.5.1. El 1 de diciembre de 2014, se realiza una observación del limbo inferior del Sol, obteniéndose con el sextante la información que se muestra en las siguientes figuras. Se pide la Ao ⊙̲.

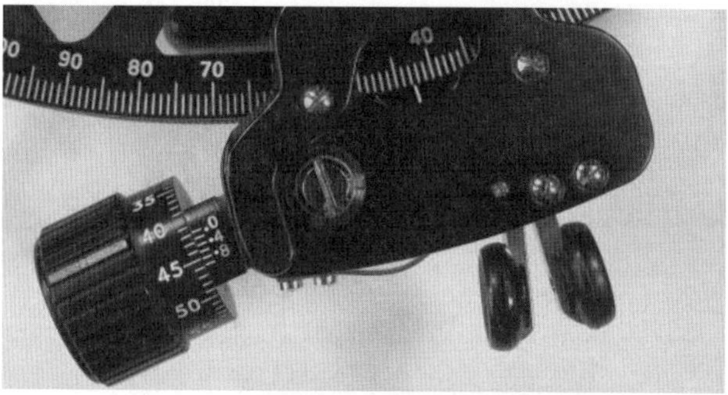

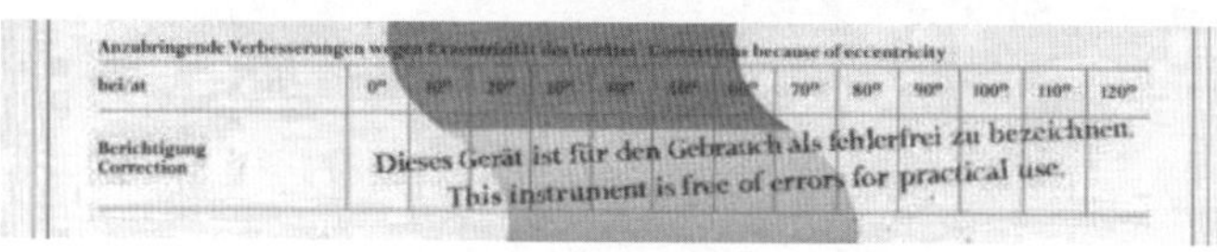

Anzubringende Verbesserungen wegen Exzentrizität des Gerätes Corrections because of eccentricity

bei/at	0°	10°	20°	30°	40°	50°	60°	70°	80°	90°	100°	110°	120°
Berichtigung Correction	Dieses Gerät ist für den Gebrauch als fehlerfrei zu bezeichnen. This instrument is free of errors for practical use.												

4.5.2. El 12 de junio de 2014, en el momento de la puesta de Sol, nos encontramos en S/e: l = 58° 20' N, L = 174° 48' W. Se desea realizar una observación de estrellas, para obtener situación, durante el crepúsculo vespertino inmediato. Preparar la observación utilizando las Tablas Rápidas.

4.5.3. Calcular la duración del crepúsculo náutico vespertino en un lugar de l = 60° N, el 25 de junio de 2014.

4.5.4. Al ser HcG = 04-00-00 (13 de febrero de 2014) se observó Ai ☾̄ = 58° 20,6', siendo Ei = 4,8' a la dcha., e_o = 12 m. Se pide av ☾.

4.5.5. El 7 de noviembre de 2014, se observó Ai ★ *Regulus* = 63° 28,6', siendo Ei = 2,6' a la izda., e_o = 14 m. Se pide av ★.

4.5.6. El 15 de mayo de 2014, en S/e: l = 45° 45,7' N, L = 014° 22,4' W, al ser mediodía verdadero, se obtuvo Ai^m ⨀̲ = 62° 59,7', Ei = 1,0 a la derecha, e_o = 10 m.
Se pide Hz y Situación rectificada a mediodía.

4.5.7. El 22 de agosto de 2014, se observó Júpiter con: Ai ♃ = 38° 42,6', Ei = 1,5' a la dcha., e_o = 22 m. Se pide av♃.

¿Puedo precisar el instante (HcG) en que he observado el astro?

En la moderna navegación astronómica, tanto el sextante como el cronómetro siguen siendo instrumentos indispensables para las y los navegantes. Como se ha visto en la pieza anterior, el **sextante** proporciona la altura de los astros sobre el horizonte. El **cronómetro** proporciona la hora del meridiano de referencia (tiempo universal) del instante en que se observa la altura del astro. Esta hora es el argumento de entrada del ***Almanaque náutico*** donde, tal como se ha explicado en la pieza 3, se obtienen las efemérides de los astros en el instante en que se han observado.

5.1. Cronómetros marinos

Los cronómetros marinos son relojes portátiles de alta precisión, que baten tiempo medio. Se llevan a bordo para precisar la hora civil de Greenwich (HcG) o tiempo universal (UT) en que se verifican las observaciones de astros, pudiendo también ser utilizados para poner en hora los demás relojes del buque.

Como cualquier reloj, los cronómetros marinos tienen un mecanismo oscilador, que genera la base de tiempo, un mecanismo transmisor y una esfera o muestra donde se indica la hora. En la actualidad, los relojes electrónicos, con oscilador de cristal de cuarzo, han sustituido a los cronómetros mecánicos, de muelle o resorte, más tradicionales.

Sin piezas móviles, los cronómetros electrónicos funcionan en todas las posiciones, ofreciendo una gran precisión, unida a una gran seguridad de funcionamiento ya que son prácticamente insensibles a los fenómenos exteriores (vibraciones, humedad, variaciones de temperatura, etc.). Su elemento fundamental es un oscilador de cristal de cuarzo, generador de la base de tiempo, y algunos divisores que transforman la oscilación original en otra de frecuencia reducida, lo que permite el arrastre de las agujas por un motor.

La mayor parte de los buques cuenta, al menos, con un **cronómetro**. Lo normal es que se trate de un reloj electrónico que puede montarse en un mamparo o ir alojado en una caja de madera, combinando la tecnología moderna con la construcción tradicional.

Figura 5.1. Cronómetros marinos de la casa Wempe.

a) Cronómetro mecánico b) Cronómetro de cristal de cuarzo

A bordo, el cronómetro va instalado en el puente. Aunque pueden encontrarse cronómetros montados en un mamparo, es más habitual que el cronómetro esté dentro de una caja de madera. Incluso, hay modelos montados en una suspensión tipo cardán, en caja de madera con tapa doble, como los tradicionales. Los modelos alojados en caja de madera se instalan en la mesa de derrota donde hay un compartimento especial para este fin, con tapa de cristal. Este compartimento, próximo al eje longitudinal del buque, va almohadillado con material poco higrométrico, de forma que la caja del reloj quede inmovilizada. Así instalado, se puede leer la hora señalada por el cronómetro (Hcr) sin necesidad de moverlo. Conviene que en el lugar donde esté instalado el cronómetro se puedan recibir directamente las radioseñales horarias.

Normalmente, la esfera del cronómetro es similar a la de un reloj analógico normal, graduado de 00 a 12 horas, que permite apreciar horas, minutos y segundos.

5.1.1. Estado absoluto y movimiento diario

La diferencia —menor de 12 horas— entre la hora civil de Greenwich (HcG) y la hora cronómetro (Hcr), en un instante determinado, recibe el nombre de **estado absoluto** (EA): **EA = HcG – Hcr**.

El estado absoluto se suele tomar todos los días a la misma hora de tiempo universal (UT u HcG). Si el estado absoluto es negativo (es decir: HcG < Hcr), conviene sumarle 12 horas para convertirlo en un estado absoluto positivo (v. ejemplo b. en el párrafo siguiente). En cualquier caso, la suma algebraica de la hora cronómetro y el estado absoluto correspondiente a un instante determinado dará como resultado la hora civil en Greenwich en dicho instante: HcG = Hcr + EA.

EJEMPLOS:

a) Al ser HcG = 05-00-00 se anotó Hcr = 03-00-00. Determinar el estado absoluto.

EA = HcG – Hcr

HcG	=	05-00-00
Hcr	=	03-00-00
EA	**=**	**02-00-00 +**

HcG = Hcr + EA

Hcr	=	03-00-00
EA	=	02-00-00 +
HcG	=	05-00-00

b) Al ser HcG = 05-00-00 se anotó Hcr = 07-00-00. Determinar el estado absoluto.

EA = HcG – Hcr

HcG	=	05-00-00
Hcr	=	07-00-00
EA	=	02-00-00 –
		12-00-00 +
EA	**=**	**10-00-00 +**

HcG = Hcr + EA

Hcr	=	07-00-00
EA	=	10-00-00 +
HcG	=	17-00-00

Por haber sumado 12 h al EA, se obtiene HcG = 17-00 en lugar de HcG = 05-00. Esto no representa inconveniente alguno pues la esfera del cronómetro está graduada de 00 h a 12 h. Por este motivo, para determinar la HcG, correspondiente a una determinada lectura del cronómetro —siempre menor de 12 h—, hay que realizar una «investigación» para deshacer la ambigüedad de 12 horas: en el caso de este ejemplo, habrá que averiguar si es HcG = 17-00 o si es HcG = 05-00.

Aunque los modelos modernos lo permitan, lo normal es que las manecillas del cronómetro no se muevan para ponerlo en hora, y que se lleve un diario del cronómetro (v. apartado 5.1.3).

Si un cronómetro bate 86.400 segundos en un día medio, su estado absoluto permanecerá constante. En este caso, si se hubiera puesto en marcha el cronómetro al señalar exactamente la hora civil en Greenwich, su estado absoluto sería nulo (EA = 0), e indicaría exactamente, en todo momento, la hora civil en Greenwich. Si, por el contrario, un cronómetro bate más de 86.400 s, en un día medio, el cronómetro **adelanta** y si bate menos de 86.400 s, **atrasa**. Se denomina **movimiento diario** (md) al número de segundos que el cronómetro adelanta o atrasa en un día medio. Si el reloj no se pone en hora, el movimiento diario que tenga se irá acumulando.

El movimiento diario también es la diferencia entre dos estados absolutos tomados a la misma hora, dos días consecutivos, es decir, dos estados absolutos tomados en el intervalo de 24 horas medias. Si, por ejemplo, el estado absoluto se tomó ayer al ser 00 h de TU (EA), y se vuelve a tomar hoy al ser 00 h de TU (EA'), habrán transcurrido exactamente 24 horas medias y se tendrá:

EA (00 h TU ayer) = HcG – Hcr = 00 h – Hcr
EA' (00 h TU hoy) = HcG' – Hcr' = 00 h – Hcr'

EA' (00 h TU hoy) – EA (00 h TU ayer) = **md**

md = (00h – Hcr') – (00h – Hcr) = Hcr (ayer) – Hcr' (hoy)

md = Hcr (ayer) – Hcr' (hoy) = EA' (hoy) – EA (ayer)

Si **md** = + ⇒ Hcr (ayer) > Hcr '(hoy) ⇒ **el cronómetro atrasa**

Si **md** = – ⇒ Hcr (ayer) < Hcr'(hoy) ⇒ **el cronómetro adelanta**

Si se dispone de dos estados absolutos que no se han tomado en el intervalo de 24 horas medias, una sencilla regla de tres permitirá conocer el movimiento diario.

EJEMPLO: Al ser 00 h de TU (5 marzo 2014) se tomó el estado absoluto de un cronómetro: EA = 03-20-45. Al ser 11 h de TU (6 marzo 2000) se obtuvo para el mismo cronómetro: EA = 03-20-44. Se pide el movimiento diario.

EA'	=	03-20-44	HcG (EA')	=	11-00-00 (6)
EA	=	03-20-45	HcG (EA)	=	00-00-00 (5)
m	=	00-00-01 – (en adelanto) ⟶	I	=	35-00-00
		X = md ⟶	24 h		

$$\mathrm{md} = \frac{24\,\mathrm{h} \cdot 1\,\mathrm{s}}{35\,\mathrm{h}} = 0{,}7\,\mathrm{s} - (\text{en adelanto})$$

5.1.2. Arreglo del cronómetro

«**Arreglar**» un cronómetro consiste en determinar su estado absoluto (EA) y su movimiento diario (md), lo que permitirá utilizar el reloj, en cualquier instante, para obtener la hora del primer meridiano.

Si el movimiento de los cronómetros es distinto de cero, su estado absoluto variará constantemente, por lo que debe referirse a la hora y fecha determinada en que se tomó. Si se dispone de un buen cronómetro, lo normal es que su movimiento diario varíe poco, por lo que, en caso necesario, puede considerarse constante para los dos o tres días siguientes a la fecha de su determinación.

El movimiento diario se determina por comparación de estados absolutos, tal como se ha indicado anteriormente. Para determinar el estado absoluto de un cronómetro es necesario disponer de la lectura del instrumento y de la hora del primer meridiano en un mismo instante. A continuación se exponen algunos de los procedimientos que pueden utilizarse para esta determinación.

5.1.2.1. Por comparación con un cronómetro arreglado

Si se dispone de un cronómetro arreglado, se puede arreglar otro. Para realizar la comparación se anotarán las horas que señalan ambos cronómetros en un mismo instante. Por medio del cronómetro arreglado, se determina la hora civil de Greenwich correspondiente a dicho instante. La diferencia entre esta y la hora del cronómetro que se desea arreglar proporcionará su estado absoluto.

5.1.2.2. Por observación de radioseñales horarias

Existen numerosas estaciones en el mundo que emiten señales horarias a diversas horas convenidas. Los datos relativos a dichas emisiones se recogen en los *Libros de radioseñales* editados en los distintos Institutos Hidrográficos nacionales. Así, por ejemplo, el Almirantazgo inglés proporciona esta información en la publicación NP282 del *Admiralty List of Radio Signals*.

Figura 5.2. Portada de la publicación NP282 del
Admiralty List of Radio Signals del UKHO.

Las señales horarias del Real Instituto y Observatorio de la Armada (San Fernando) se describen en el *Almanaque náutico* (para el año 2014, en pp. 418-419), así como en la publicación *Radioseñales*, del Instituto Hidrográfico de la Marina.

Figura 5.3. Portada de la publicación *Radioseñales 2014* del IHM.

Las características de estas emisiones y los distintos sistemas que pueden utilizar vienen explicados en estas publicaciones. Siguiendo las instrucciones proporcionadas en las mismas, se puede determinar a bordo el estado absoluto del cronómetro, con la precisión inherente a cada sistema.

La hora que se difunde a través de estas radioseñales horarias es la denominada **Tiempo Universal Coordinado** (UTC), ya explicada en el apartado 2.4.9. Se recuerda que la diferencia entre la hora UTC y la HcG o UT, argumento de entrada en el *Almanaque*, es siempre inferior a **9 décimas de segundo** (0,9 s).

La diferencia entre el tiempo universal y el tiempo universal coordinado tiene como notación: DUT1 y puede contemplarse como la corrección a aplicar a la señal horaria proporcionada por la estación (UTC) para obtener una mejor aproximación al tiempo universal (UT): **UT = UTC + DUT1.** El sistema de codificación empleado por cada estación para transmitir el valor de esta diferencia se indica en las publicaciones antes mencionadas.

5.1.2.3. Utilizando el receptor del sistema de navegación por satélite

Los sistemas de navegación por satélite, además de situación, proporcionan la hora UTC (Tiempo Universal Coordinado). A partir de esta hora, puede obtenerse la Hora Civil en

Greenwich (HcG o UT) que servirá para arreglar el cronómetro. Esta es actualmente la forma más extendida entre los marinos de obtener la hora UTC.

5.1.3. Diario de cronómetro

El diario de cronómetro es un cuaderno donde se anotan todos los datos necesarios para, en un instante determinado, poder obtener la hora del primer meridiano (HcG). No existe modelo reglamentario de este diario, por lo que se puede diseñar uno que resulte apropiado, como el que se describe a continuación.

En la primera página del diario deben anotarse los datos relativos al reloj: marca, número (en su caso), fecha de adquisición o instalación a bordo, duración de la cuerda (en su caso), fechas en que se han verificado las revisiones y el mantenimiento, etc. En las páginas siguientes puede figurar un encasillado como el que se muestra en la Tabla 5.1.

Tabla 5.1. Diario de cronómetro.

MES: Febrero					**AÑO: 2014**			
DÍA	**SITUACIÓN**	**HcG**	**Hcr**	**EA**	**m.d.**	**Tª**	**Observaciones**	**Firma**
1	41°N 35°W	10-00-00	09-57-20	00-02-40		14 °C	Balances	[illegible]
2	42°N 39°W	10-00-00	09-57-22	00-02-38	2 s –	15 °C	Balances	[illegible]
3								
4								
...								

5.2. Precisión de la hora del instante de una observación con sextante

5.2.1. Hora cronómetro de la observación

Cuando un observador está tomando la altura de un astro con ayuda de un sextante, lo hace en el alerón, mientras que el cronómetro se encuentra en la derrota. Si el observador está solo, puede precisar el instante de la observación con ayuda de un cronógrafo: un instrumento que sirve para registrar intervalos de tiempo pequeños (Figura 5.4).

Figura 5.4. Cronógrafo.

Al verificarse el tangenteo de la imagen doblemente reflejada del astro con el horizonte, es decir, en el instante de tomar la altura del astro, se pone en marcha el cronógrafo. Se entra en el puente y se lee la hora que señala el cronómetro: se leen primero los segundos, parando al tiempo el cronógrafo y, luego, los minutos y la hora. A la lectura anotada deben restarse los segundos registrados en el cronógrafo, obteniendo de esta forma la hora de cronómetro de la observación.

Por ser muy pequeño el intervalo de tiempo registrado con ayuda del cronógrafo, no se verá afectado por movimiento o, en cualquier caso, este será despreciable.

En caso de contar con una persona que ayude en el proceso, no será necesario emplear el cronógrafo. Mientras se observa en el alerón, la o el ayudante se encuentra cerca del cronómetro. Cuando la imagen doblemente reflejada del astro está próxima al tangenteo con el horizonte, se da la voz de «listos»; y al verificarse dicho tangenteo se da la voz de «*top*», instante en que el ayudante leerá la hora que señala el cronómetro, comenzando por los segundos. Esta lectura será la hora cronómetro (Hcr) correspondiente a la observación.

5.2.2. Obtención de la hora del primer meridiano

Una vez obtenido por alguno de los dos procedimientos indicados, la hora que indica el cronómetro (Hcr) en el instante en que se ha observado un astro corresponde precisar la hora civil de Greenwich (HcG) de la observación. Para obtenerla, se utilizará la expresión:

$$\mathbf{HcG = Hcr + EA + ppm}$$

donde EA es el estado absoluto y ppm la parte proporcional del movimiento diario acumulada desde que se tomó el estado absoluto.

En este camino, una vez sumado el EA a la Hcr, y dado que generalmente la esfera del cronómetro está graduada de 00 h a 12 h, habrá que investigar si la hora civil de Greenwich (HcG) que resulta es la así obtenida o difiere de esta en ± 12 h. Para ello, hay que realizar una investigación que además de la hora de Greenwich proporciona su fecha, por lo que se denomina **«investigación de hora y fecha»**. La HcG así calculada aún es próxima (HcG próx.), y se le debe aplicar la parte proporcional del movimiento diario (ppm), por el intervalo de tiempo transcurrido (I = HcG próx. – HcG (EA)) desde que se tomó el estado absoluto aplicado (EA) hasta la hora civil de Greenwich próxima (HcG próx.):

$$\text{ppm} = \frac{\text{md} \cdot I}{24\text{ h}}$$

Finalmente, hay que señalar que si se dispone de un reloj marino moderno, la exactitud que procura es tal que la hora puede leerse sin necesidad de aplicar la parte proporcional del movimiento (ppm), pues su movimiento diario será prácticamente nulo para largos períodos de tiempo (md = 0).

<u>EJEMPLO</u>: El 14 de febrero de 2014, por la tarde, en un lugar en L = 035° W, al ser Hcr = 03-12-40 se obtiene una altura del Sol. EA (00h TU (14)) = 01-25-12; md = 7 s en adelanto. Se pide HcG de la observación.

Hcr =	03-12-40					
EA =	01-25-12 +					
			<u>Investigación de hora y fecha</u>			
HcG =	04-37-52	→	HcG =	04-37	HcG =	16-37
			Lt =	02-20 W –	Lt =	02-20 W –
			Hcl =	02-17	**Hcl =**	**14-17 (14)**
HcG próx. =	16-37-52 (14)				**Hcl =**	**14-17 (14)**
ppm =	5 –				Lt =	02-20 W – (+)
HcG =	**16-37-47 (14)**				**HcG =**	**16-37 (14)**

$$
\begin{array}{lcrcl}
 & & \text{HcG próx.} & = & \text{16-37-52 (14)} \\
 & & \text{HcG (EA)} & = & \underline{\text{00-00-00 (14)}} \\
\text{X} = \text{ppm} & \longrightarrow & \text{I} & = & \text{16-37-52} \\
\text{md} = 7\ \text{s} - & \longrightarrow & 24\ \text{h} & &
\end{array}
$$

$$
\text{ppm} = \frac{\text{md} \cdot I}{24} = \frac{7\ \text{s} \cdot (16:37:52)}{24} = 4{,}85\ \text{s. en adelanto}
$$

Completada esta pieza adecuadamente, se habrán adquirido los resultados de aprendizaje esperados, que se muestran en la Tabla 5.2.

Tabla 5.2. Pieza 5: resultados de aprendizaje esperados.

Resultados de aprendizaje
Conoce, comprende y utiliza correctamente tanto el cronómetro como el cronógrafo.
Mantiene correctamente el diario de cronómetro.
El procedimiento de observación se ejecuta correctamente.
Obtiene de forma autónoma información y datos necesarios para la navegación astronómica utilizando cronómetro, cronógrafo y sextante.

5.3. Cálculos resueltos

5.3.1. El día 4 de marzo de 2014, en S/e: l = 42° 26' S, L = 171° 13' E, durante el crepúsculo matutino, al ser Hcr = 10-22-41, se observa una estrella. Se adjunta un extracto del diario de cronómetro. Se pide HcG de la observación.

TU	Fecha	Hcr	EA	md
00-00-00	01/03/2014	04-52-05		
00-00-00	02/03/2014	04-52-08		
00-00-00	03/03/2014	04-52-11		

En primer lugar, hay que completar el diario de cronómetro:

TU	Fecha	Hcr	EA	md
00-00-00	01/03/2014	04-52-05		
00-00-00	02/03/2014	04-52-08	07-07-55	3 s en adelanto
00-00-00	03/03/2014	04-52-11	07-07-52	

En segundo lugar, hay que comprobar la hora (Hcl) del crepúsculo náutico matutino, tal como se explicó en la pieza 4:

Almanaque náutico: 4 marzo 2014	**Crepúsculo náutico**	**Crepúsculo civil**	**Salida Sol**
l = 42° 26' S	04-40	05-15	05-44

Por tanto, la Hcl en que se observó debe estar comprendida entre las 04-40 y las 05-15 del día 4.

Por último, se determina la HcG correspondiente a la Hcr de la observación:

Hcr = 10-22-41
EA = 07-07-52 +

HcG = 17-30-33 →

Investigación de hora y fecha

HcG =	17-30	HcG =	05-30
Lt =	11-25 E +	Lt =	11-25 E +
Hcl =	**04-55 (4)**	Hcl =	16-55
Lt =	11-25 E + (–)		
HcG =	**17-30 (3)**		

HcG próx. = 17-30-33 (3)
ppm = 2 –

HcG = 17-30-31 (3)

HcG próx. = 17-30-33 (3)
HcG (EA) = 00-00-00 (3)

I = 17-30-33

X = ppm ⟶ I = 17-30-33
md = 3 s – ⟶ 24 h

$$\text{ppm} = \frac{\text{md} \cdot I}{24} = \frac{3\text{ s} \cdot (17:30:33)}{24} = 2{,}19 \text{ s. en adelanto}$$

5.3.2. El 5 de marzo de 2014, en S/e l = 25° N, L = 171° W, por la mañana, al ser Hcr = 14-34-27, observamos Ai ★ *Vega* = 54° 23,9'.

EA [00h TU (5)] = 02-25-31; m.d. = 4 s en atraso; e_o = 30 m; Ei = 1,1' a la izda.

Se pide: HcG y altura verdadera del astro observado.

Primero comprobamos el período del crepúsculo matutino, en que puede realizarse la observación. Como el día 5 aparecen los crepúsculos vespertinos, para obtener las Hcl de los matutinos, promediamos los del día anterior y el siguiente:

Almanaque náutico: con l = 25° N	4 marzo 2014	**5 marzo 2014**	6 marzo 2014
Crepúsculo náutico	05-30,5	**05-29,5**	05-28,5
Crepúsculo civil	05-57,5	**05-56,5**	05-55,5

Luego, se determina la HcG correspondiente a la Hcr:

Hcr	=	14-34-27				
EA	=	02-25-31 +		**Investigación de hora y fecha**		
HcG	=	16-59-58 →	HcG =	17-00	HcG =	05-00
			Lt =	11-24 W –	Lt =	11-24 W –
HcG próx.	=	16-59-58 (5)	**Hcl =**	**05-36 (5)**	Hcl =	17-36
ppm	=	3 +	Lt =	11-24 W – (+)		
HcG	**=**	**17-00-01 (5)**	**HcG =**	**17-00 (5)**		

HcG próx. = 16-59-58 (5)
HcG (EA) = 00-00-00 (5)

X = ppm ⟶ I = 16-59-58
md = 4 s + ⟶ 24 h

$$\text{ppm} = \frac{\text{md} \cdot I}{24} = \frac{4\ \text{s} \cdot (16:59:58)}{24} = 2{,}83\ \text{s. en atraso}$$

Ai★	=	54° 23,9'	
Ei	=	1,1' –	
Ao★	=	54° 22,8'	
Dp	=	9,7' –	⇐ Tabla A: con e_o = 30 m
Ra	=	0,7' –	⇐ Tabla C: con Ao = 54,4°
av★	**=**	**54° 12,4'**	

5.4. Cálculos propuestos

5.4.1. Al ser HcG = 00-00-00 (20) se obtiene EA = 11-57-42

a) ¿Qué hora marcaba el cronómetro en dicho instante?

Transcurridas 24 horas medias se obtiene EA = 11-57-38

b) ¿Cuál es el movimiento diario del reloj?

5.4.2. El día 19 de mayo de 2014, en S/e: l = 00°, L = 060° E, durante el crepúsculo matutino, al ser Hcr = 11-04-57, se observa una estrella.

EA [10h TU (18)] = 02-15-51; m.d. = 6 s en atraso.

Se pide: HcG de la observación.

5.4.3. El 4 de noviembre de 2014, en S/e: l = 46° N, L = 005° 08' W, durante el crepúsculo matutino, al ser Hcr = 05-15-13, se obtuvo Ai ★ *Procyon* = 45° 47,9'.

EA [00h TU (3)] = 01-11-17, m.d. = 5 s en adelanto; Ei = 2,5' a la izda., e_o = 12 m.

Se pide: av★, hl★ y d★.

5.4.4. El 7 de julio de 2014, a Hrb = 00-00, nos encontramos 20' al S 15° W de un Faro en: l_F = 35° N L_F = 010° E. Con Vs = 20 nudos, se dio Rumbo a *P* en: lp = 37° N, Lp = 012° E, dm= 8° NE, Δ = 3° +.

A Hcr = 01-48-18, observamos Ai ★ = 43° 50,2'.

EA [00h TU (6)] = 01-28-02; m.d.= 5 s en adelanto; Ei = 4,2' a la izda.; e_o = 16 m.

Se pide:

1) Ra a *P* y Hcl llegada
2) S/e a Hcr = 01-48-18
3) av ★

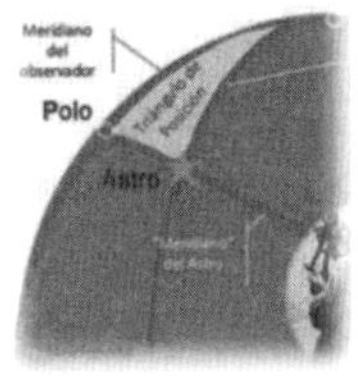

¿Sé resolver el triángulo de posición?

En el apartado 2.2.3 se han explicado los elementos del triángulo de posición, triángulo esférico de la esfera celeste formado en las posiciones del polo elevado, el zenit y el astro, cuya resolución resulta esencial para la determinación de las líneas de posición de la navegación astronómica.

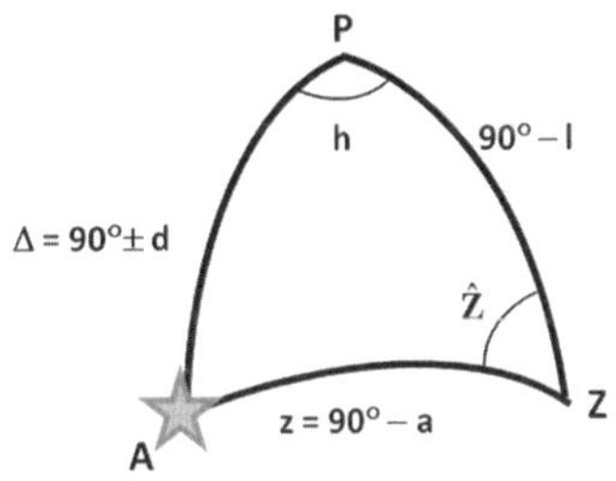

En este punto conviene recordar algunas cuestiones clave:

- Por construir el triángulo de posición en el polo elevado, la distancia polar (*Δ*) será:
  $\Delta = 90° \pm d$
  $\Delta = 90° - d$ cuando la declinación (d★) y la latitud (*l*) son de la misma especie; y
  $\Delta = 90° + d$ cuando la declinación (d★) y la latitud (*l*) son de distinta especie.

- Debido a que utilizamos el triángulo de posición para resolver casos en los que se ha observado el astro, este se encontrará siempre en el hemisferio visible y la distancia cenital (*z*) será siempre el complemento de la altura verdadera (90° – *av*★).

- El ángulo en el polo (*h*) es una forma de expresar el horario local del astro, contado de 0° a 180°, a partir del meridiano superior de lugar, hacia el este (E) o hacia el oeste (W), hasta el semicírculo horario del astro.

- De la misma forma, el ángulo cenital ($\hat{Z}$) es una forma de expresar el azimut de los astros, cuyo valor equivale al arco de horizonte verdadero, menor de 180°, comprendido entre el punto cardinal norte (N) o sur (S) (el de igual nombre que el polo elevado) y el pie del vertical del astro (hacia el E o hacia el W).

6.1. Cálculo de las coordenadas horarias de un astro observado

Si se observa la altura instrumental de un astro (*Ai*), y su azimut de aguja (*Za*), a una hora cronómetro (Hcr) determinada, se tendrán como **datos**: la altura verdadera (*av*), el azimut verdadero (*Zv*), la hora civil en Greenwich (HcG) y la latitud de estima (*l*):

Ai ⇒ ***av*** (v. Pieza 4)

Za ⇒ ***Zv*** (aplicando al azimut de aguja (*Za*) la corrección (*Ct*) del compás)

Hcr ⇒ **HcG** (v. Pieza 5)

S/e ⇒ ***l***

Si el astro observado es un **astro desconocido** (★?) y sus efemérides se encuentran en el *Almanaque Náutico*, puede reconocerse con ayuda de esta publicación. Si es un planeta, para reconocerlo, hace falta entrar en el *Almanaque* con la hora de la observación (HcG), su horario en Greenwich —astronómico— (*hG*★? = ...W) y su declinación (*d*★?). Si se trata de una estrella, habrá que entrar en el catálogo del *Almanaque* con su ángulo sidéreo (*AS*★?) y su declinación (*d*★?).

En cualquier caso, es requisito previo **obtener las coordenadas horarias del astro desconocido observado** (declinación y horario local), a partir de sus coordenadas horizontales (altura verdadera y azimut verdadero).

En el apartado 2.2.7 se ha expuesto un procedimiento gráfico para determinar las coordenadas horarias de un astro a partir de sus coordenadas horizontales, que se ha utilizado para el reconocimiento de astros en algunos cálculos de la Pieza 3. Aquí se expondrá el correspondiente procedimiento analítico.

6.1.1. Dada la latitud del observador, la altura y el azimut de un astro, hallar su horario

En este caso, en un instante determinado se observa un astro. Se conoce la situación de estima (S/e: *l*, *L*), y la altura verdadera (*av*) y el azimut verdadero del astro (*Zv*), es decir, sus coordenadas horizontales.

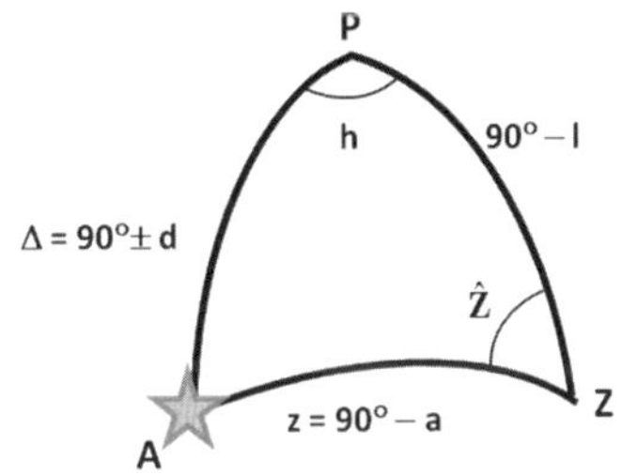

Para hallar el **horario local** (*h*),
en el triángulo de posición PAZ:

$\text{ctg}\,(90° - a) \cdot \text{sen}\,(90° - l) = \cos\,(90° - l) \cdot \cos \hat{Z} + \text{sen}\,\hat{Z} \cdot \text{ctg}\,h$

$\text{tg}\,a \cdot \cos l - \text{sen}\,l \cdot \cos Z = \text{sen}\,Z \cdot \text{ctg}\,h$

$$\text{ctg}\,h = \frac{\text{tg}\,a \cdot \cos l - \text{sen}\,l \cdot \cos \hat{Z}}{\text{sen}\,\hat{Z}} \Rightarrow \boxed{\text{ctg}\,h = \frac{\overset{+}{\text{tg}}\,a \cdot \overset{+}{\cos}\,l}{\underset{+}{\text{sen}\,\hat{Z}}} - \frac{\overset{+}{\text{sen}}\,l}{\underset{\substack{+<90° \\ ->90°}}{\text{tg}\,\hat{Z}}}}$$

Si $\text{ctg}\,h = + \Rightarrow h < 90°$; si $\text{ctg}\,h = - \Rightarrow h > 90°$.

El horario será oriental (E) si el azimut cuadrantal o el ángulo cenital: $\hat{Z}$=… E; y el horario será occidental (W) si el azimut cuadrantal o el ángulo cenital: $\hat{Z}$=… W.

6.1.2. Dada la latitud del observador, la altura y el azimut de un astro, hallar su declinación

Para determinar la **declinación** del astro desconocido observado (d★?), en el triángulo de posición PAZ:

$\cos \Delta = \cos\,(90° - l) \cdot \cos\,(90° - a) + \text{sen}\,(90° - l) \cdot \text{sen}\,(90° - a) \cdot \cos \hat{Z}$

$$\boxed{\cos \Delta = \overset{+}{\text{sen}}\,l \cdot \overset{+}{\text{sen}}\,a + \overset{+}{\cos}\,l \cdot \overset{+}{\cos}\,a \cdot \overset{\substack{+<90° \\ ->90°}}{\cos \hat{Z}}}$$

Si $\cos \Delta = + \Rightarrow \Delta < 90° \Rightarrow l$ y d = signo

Si $\cos \Delta = - \Rightarrow \Delta > 90° \Rightarrow l$ y $d \neq$ signo

EJEMPLO: El 3 de julio de 2014, al ser HcG =16-47-50, en l = 33° N L = 172° E, se observa Ai★? = 14° 42,4' y Za★ ? = 271°. Ct = 5 +; Ei = 1',8 a la izda; eo = 15 m. Se pide reconocer el astro desconocido observado.

$$\frac{L°}{15} = \frac{172°\ 00'\ E}{15} = Lt = 11\ h\ 28\ min\ 00\ s\ E \rightarrow Z = 11\ E$$

HcG = 16-47-50
Lt = 11-28-00 E +

Hcl = 28-15-50
Hcl = 04-15-50 **(3)**
Lt = 11-28-00 E + (–)

HcG = 16-47-50 (2)

Ai★? = 14° 42,4'
Ei = 1,8' –

Ao★? = 14° 40,6'
Dp = 6,9' –
Ra = 3,7' –

av★? = 14° 30,0'

Za★? = 271°
Ct = 5° +

Zv★? = 276° ⇨ Ẑ = N 84° W

l = 33° N
av★? = 14° 30,0'
Ẑ ★? = N 84° W

$$\cos\ \Delta = \overset{+}{\text{sen}}\ l \cdot \overset{+}{\text{sen}}\ a + \overset{+}{\cos}\ l \cdot \overset{+}{\cos}\ a \cdot \overset{+}{\cos}\ \hat{Z} = A + B$$

A = 0,13637 +
B = 0,08487 +

cos Δ = 0,22124 + ⇨ Δ < 90° ⇨ Δ = 90° − 77° 13,1'

d★? = 12° 46,9' N

$$\text{ctg}\ h = \frac{\overset{+}{\text{tg}}\ a \cdot \overset{+}{\cos}\ l}{\underset{+}{\text{sen}}\ \hat{Z}} - \frac{\overset{+}{\text{sen}}\ l}{\underset{+}{\text{tg}}\ \hat{Z}} = A - B$$

A = 0,21809 +
B = 0,05724 + (–)

ctg h = 0,16085 + ⇨ h < 90° ⇨ **hl★? = 80° 51,7 W**

hl ★? = 080° 51,7' W –
L = 172° 00,0' E +

hG★? = 091° 08,3' E
hG★? = 268° 51,7' W

Almanaque Náutico:
con HcG = 16-47-50 (2), d★? = 12° 46,9' + y hG★? = 268° 51,7' W ⇨ **No es Planeta**

hG♈ a 16 hTU (2)	=	160° 36,9'
C^on x 47 min 50 s	=	11° 59,5'
hG♈	=	172° 36,4' W

hG★?	=	268° 51,7' W –
hG♈	=	172° 36,4' W – (+)
AS★?	**=**	**096° 15,3' W**

En A.N., con AS★? = 096,3° W y d★? = 12,7° + ⇨ estrella ***Rasalhague***

AS★ *Rasalhague* = 096° 05,4' W y d★ *Rasalhague* = 12° 33,2 '+

6.2. Cálculo de las coordenadas horizontales de un astro observado

Si se observa la altura instrumental de un astro conocido (*Ai*), a una hora cronómetro (Hcr) determinada, se tendrán como **datos**: la situación de estima (*le*, *Le*), la altura verdadera (*av*), la hora civil en Greenwich (HcG), el horario local del astro (*hl*) y la declinación del astro (*d*):

Ai ⇒ ***av*** (v. Pieza 4)

Hcr ⇒ **HcG** (v. Pieza 5) ⇒ *hl* y *d* (v. Pieza 3)

S/e ⇒ ***l*, *L***

Como se verá en la pieza 7, para el trazado de las líneas de posición de la navegación astronómica es esencial disponer del azimut verdadero (*Zv*) y la diferencia de alturas (Δa) de cada astro observado, lo que constituye el denominado **determinante Marcq**. La diferencia de alturas se obtiene por la comparación de la altura verdadera y la altura estimada: **Δa** = ***av*** – ***ae***. Ambas son alturas verdaderas; pero, mientras la altura verdadera (*av*) es la obtenida a partir de la observada con sextante (*Ao*) desde la posición real del observador, la altura estimada (*ae*) es la altura verdadera que corresponde a la observación del astro, a la misma hora, desde la situación de estima; y se calcula, no se observa.

Por ello, es necesario **obtener las coordenadas horizontales del astro observado** (altura y azimut), a partir de sus coordenadas horarias (declinación y horario local).

Otra de las principales utilidades del cálculo del azimut es el cálculo de la corrección total del compás náutico: **<u>Ct = Zv – Za</u>**.

6.2.1. Dada la latitud del observador, el horario y la declinación de un astro, obtener su altura

En este caso, a una hora determinada (H) se tiene la situación de estima (S/e: *le*, *Le*) y, por medio del *Almanaque náutico*, se obtienen la declinación (*d*★) y el horario en Greenwich del astro (*hG*★). A partir de este horario en Greenwich, con la longitud de estima (*Le*), se obtiene el horario local del astro (*hl*★), elemento del triángulo de posición (si se expresa de 000° a 180°, a oriente u occidente de meridiano, es el ángulo en el polo).

En el triángulo de posición PAZ, se tienen como datos: la latitud de estima (*l*), la declinación (*d*) y el horario local del astro (*h*); siendo la incógnita su altura verdadera (*a*).

$$\cos(90° - a) = \cos(90° - l)\cos\Delta + \text{sen}\,(90° - l)\,\text{sen}\,\Delta\cos h$$

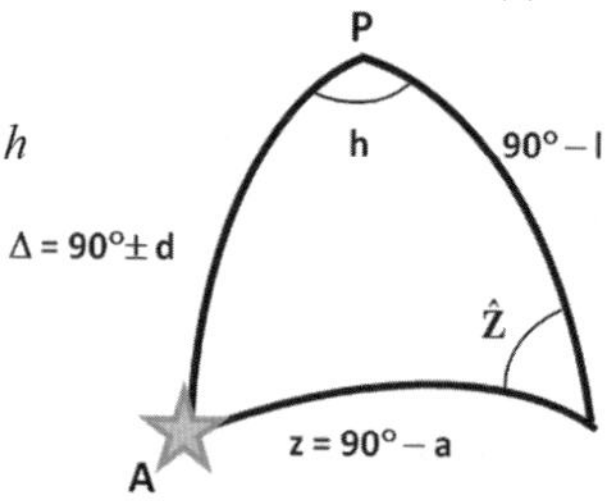

$$\boxed{\text{sen}\, a = \overset{+<90°}{\underset{}{\overset{->90°}{\cos\Delta}}} \cdot \overset{+}{\text{sen}\, l} + \overset{+}{\text{sen}\,\Delta} \cdot \overset{+}{\cos l} \cdot \overset{+<90°}{\overset{->90°}{\cos h}}}$$

Como resultado, si se ha observado el astro en la mar (es decir, se trata de un astro que se encuentra en el hemisferio visible), la altura será positiva ($a = +$) y, por tanto, siempre se obtendrá: sen $a = +$.

Como se ha mencionado arriba, esta fórmula se emplea en navegación para calcular la **altura verdadera estimada (*ae*)**, es decir, la correspondiente a la situación de estima. Su comparación con la **altura verdadera (*av*)** (obtenida al corregir la altura observada (*Ao*) con el sextante) nos dará la **diferencia de alturas (Δa = *av* - *ae*)**, que tendrá signo positivo

(Δa = +) si la altura verdadera es mayor que la estimada (*av* > *ae*) y negativo (Δa = –) si la altura verdadera es menor que la estimada (*av* < *ae*).

6.2.2. Dada la latitud del observador, el horario y la declinación de un astro, obtener su azimut verdadero

Al igual que en el cálculo de la altura, en este caso, en el triángulo de posición PAZ, se tienen como datos: la latitud de estima (l), la declinación (d) y el horario local del astro (h) —obtenidos en el *Almanaque Náutico* para la hora de la observación—; siendo la incógnita el ángulo cenital ($\hat{Z}$), una forma de expresar el azimut verdadero (Zv) del astro.

En el triángulo de posición PAZ:

$\text{ctg}\ \Delta\ \text{sen}\ (90° - l) = \cos\ (90° - l)\cos h + \text{sen}\ h\ \text{ctg}\ \hat{Z}$

$\text{ctg}\ \Delta \cos l = \text{sen}\ l \cos h + \text{sen}\ h\ \text{ctg}\ \hat{Z} \Rightarrow \text{ctg}\ \Delta \cos l - \text{sen}\ l \cos h = \text{sen}\ h\ \text{ctg}\ \hat{Z}$

$$\text{ctg}\ \hat{Z} = \frac{\text{ctg}\ \Delta \cdot \cos l - \text{sen}\ l \cdot \cos h}{\text{sen}\ h}$$

$$\text{ctg}\ \hat{Z} = \frac{\overset{+}{\cos l}}{\underset{\substack{+<90^\circ \\ ->90^\circ}}{\text{tg}\ \Delta} \cdot \underset{+}{\text{sen}\ h}} - \frac{\overset{+}{\text{sen}\ l}}{\underset{\substack{+<90^\circ \\ ->90^\circ}}{\text{tg}\ h}}$$

De esta fórmula se obtiene el valor del ángulo cenital, contado desde el punto cardinal norte (N) o sur (S), de igual nombre que la latitud.

Si $\text{ctg}\ \hat{Z} = + \Rightarrow \boldsymbol{\hat{Z} < 90°}$; y si $\text{ctg}\ \hat{Z} = - \Rightarrow \boldsymbol{\hat{Z} > 90°}$,

siendo $\hat{Z}$ = … E si h = … E; y $\hat{Z}$ =… W si h =… W.

Esta fórmula se utilizará con carácter general en los cálculos para obtener el azimut verdadero de los astros (Zv).

EJEMPLO: El 8 de junio de 2014, al ser Hcl = 20-00-00, en S/e: l = 32° 34,8' N, L = 172° 17,8' W, de la observación con el sextante obtenemos av ★ *Regulus* = 43° 43,8'. Se pide: Δa y Zv de ★ *Regulus*.

$$\frac{L°}{15} = \frac{172°\ 17{,}8'\ W}{15} = Lt = 11\ h\ 29\ min\ 11{,}2\ s\ W \rightarrow Z = 11\ W$$

Hcl	=	20-00-00 (8)
Lt	=	11-29-11 W – (+)
HcG	=	31-29-11 (8)
HcG	**=**	**07-29-11 (9)**

★ ***Regulus***: d★ = 11° 53,7' + AS★ = 207° 42,9' W

d y l = signo ⇨ Δ = 90° – d = 90° – 11° 53,7' = 78° 06,3'

hG♈ a 07 hTU (9)	=	002° 34,5'
C^ón x 29 min 11 s	=	07° 18,9'
hG♈	=	009° 53,4' W –
AS★	=	207° 42,9' W –
hG★	=	217° 36,3' W –
L	=	172° 17,8' W – (+)
hl★	=	045° 18,5' W

l = 32° 34,8' N
Δ = 78° 06,3'
hl ★ = 045° 18,5' W

$$\text{sen } a = \overset{+}{\cos}\Delta \cdot \overset{+}{\text{sen}}\ l + \overset{+}{\text{sen}}\ \Delta \cdot \overset{+}{\cos} l \cdot \overset{+}{\cos} h$$

A	=	0,11099 +				
B	=	0,57990 +				
				av	=	43° 43,8'
sen a	=	0,69089 +	⇨	ae	=	43° 42,0'
				Δa	**=**	**3,8' +**

$$\text{ctg } \hat{Z} = \frac{\overset{+}{\cos} l}{\underset{+}{\text{tg}}\ \Delta \cdot \underset{+}{\text{sen}}\ h} - \frac{\overset{+}{\text{sen}}\ l}{\underset{+}{\text{tg}}\ h}$$

A	=	0,24968 +
B	=	0,53271 + (–)
ctg Ẑ	=	0,28303 –

⇨ Ẑ > 90° ⇨ Ẑ = N 105,8° W ⇨ **Zv★ = 254,2°**

6.3. Otros cálculos de azimut

6.3.1. Azimut de la estrella polar

Se resuelve con el caso: dado el horario, la altura y la declinación de un astro, hallar su azimut. En realidad, este es un **caso teórico** que se presenta cuando se tiene un **error en la latitud.**

La incógnita es el azimut verdadero del astro (*Zv*) y como datos se tienen, para el instante en que se ha verificado la observación: la declinación (*d*), la altura verdadera (*a*) y el horario local del astro (*hl* o *h*):

En el triángulo de posición PAZ, aplicando el teorema de los senos, se tiene:

$$\frac{\text{sen}\,(90° - a)}{\text{sen}\,h} = \frac{\text{sen}\,\Delta}{\text{sen}\,\hat{Z}} = \frac{\text{sen}\,(90° - l)}{\text{sen}\,\hat{A}} \Rightarrow$$

$$\Rightarrow \frac{\cos a}{\text{sen}\,h} = \frac{\text{sen}\,\Delta}{\text{sen}\,\hat{Z}} \Rightarrow \boxed{\text{sen}\,\hat{Z} = \frac{\overset{+}{\text{sen}}\,\Delta \cdot \overset{+}{\text{sen}}\,h}{\underset{+}{\cos}\,a}}$$

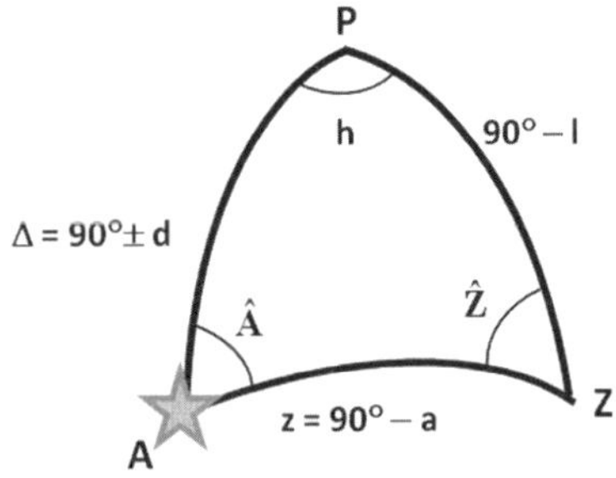

Esta expresión proporciona el ángulo cenital ($\hat{Z}$) (azimut contado de 0° a 180° desde el punto cardinal N o S —del mismo nombre que el polo elevado—, hacia el E u W) en función de su seno, obteniéndose siempre un valor de la función sen $\hat{Z}$ positivo. El inconveniente de esta sencilla fórmula es que, al venir el ángulo cenital ($\hat{Z}$) en función del seno, da origen a ambigüedades:

- La función **seno** varía lentamente en torno a los 90°, por lo que el ángulo cenital ($\hat{Z}$), no estará bien definido cuando el astro esté en las proximidades del vertical primario.

- La función seno es positiva en los cuadrantes de 0° a 90° y de 90° a 180°: **sen *x* = sen (180° – *x*)**; y no siempre es posible establecer cuál de los dos valores se toma.

Por ello, esta fórmula tiene un uso restringido, como son los cálculos de:

- El azimut de los astros cuando el astro está próximo al meridiano (*Zv* próximo a ser norte o sur), ya que en estos casos se dispone de otros elementos para deshacer la ambigüedad (si el astro se observa cara al norte será $Zv \approx 000°$ y si se observa cara al sur $Zv \approx 180°$).

- El azimut de la estrella Polar, que se expone a continuación.

Como se sabe, la estrella Polar se encuentra muy próxima al polo norte celeste, alejándose poco del meridiano (su distancia polar, $\Delta = 0{,}7°$).

Figura 6.1. Azimut de la estrella Polar.

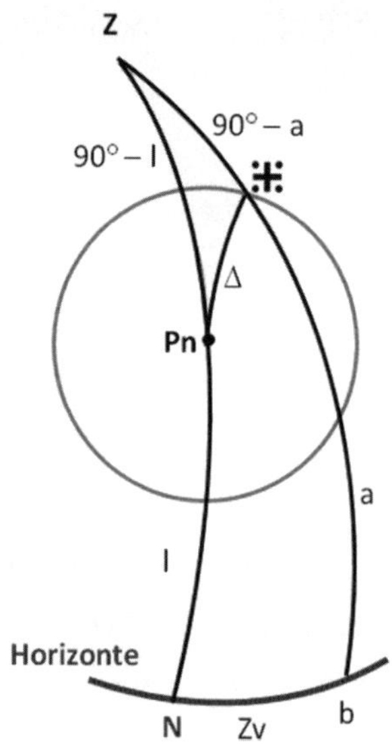

En la fórmula general: $\operatorname{sen} \hat{Z} = \dfrac{\operatorname{sen} \Delta \cdot \operatorname{sen} h}{\cos a}$ por ser la latitud del observador (*l*) y la altura de la Polar (*a*) casi iguales, puede hacerse: $\operatorname{sen} \hat{Z} = \dfrac{\operatorname{sen} \Delta \cdot \operatorname{sen} h}{\cos l}$

También, por tener el azimut y la distancia polar valores muy pequeños, puede hacerse:
$\operatorname{sen} \hat{Z} = \hat{Z}° \operatorname{sen} 1°$ y $\operatorname{sen} \Delta = \Delta° \operatorname{sen} 1°$

$$\hat{Z}° \cdot sen\,1° = \frac{\Delta° \cdot sen\,1° \cdot sen\,h}{\cos l} \Rightarrow \hat{Z}° = \frac{\Delta° \cdot sen\,h}{\cos l}$$

Como la declinación (*d*) de la estrella Polar (y por tanto su distancia polar: Δ) y su ascensión recta (*AR*) varían poco en un año, el *Almanaque Náutico* (p. 385) tabula su azimut verdadero (*Zv*) en función de la latitud del observador (*l*) y del horario local de Aries (*hl*♈). La utilización del *Almanaque* para este cálculo se ha explicado en la pieza 3.

6.3.2. Azimut de los astros en el instante de su orto y su ocaso verdaderos

Se resuelve con el caso: dada la latitud del observador, la altura y la declinación de un astro, hallar su azimut. Este también es un **caso teórico** que se presenta cuando no se conoce con exactitud el ángulo en el polo, porque a bordo se tiene bien un error en la hora o bien un error en la longitud.

La incógnita es el azimut verdadero del astro (*Zv*) y como datos se tienen la declinación (*d*), la altura verdadera (*a*) y la latitud de estima (*l*):

- de la hora de la observación se obtiene la declinación en el *Almanaque*: ***d***
- de la altura instrumental observada (*Ai*) se obtiene la altura verdadera: ***av*** o ***a***
- de la situación de estima a la hora de la observación se toma la latitud: ***l***

En primer lugar habrá que determinar la hora del orto/ocaso (v) de los astros. Para ello, bastará con obtener el horario local que tiene el astro en dicho instante, para después obtener la hora en el *Almanaque Náutico*, tal como se explicó en el apartado 3.3.
En el instante del orto verdadero, estando el astro en el hemisferio oriental, su centro se encuentra en el horizonte verdadero ($av = 0°$); y en el instante del ocaso verdadero, estando el astro en el hemisferio occidental, su centro también se encuentra en el horizonte verdadero ($av = 0°$).

Cuando la altura verdadera es $av = 0°$, la distancia cenital ($z = 90° - a$) es $z = 90°$. Por ello, en el instante de los ortos y ocasos verdaderos de los astros, se tiene un triángulo de posición (PAZ) rectilátero.

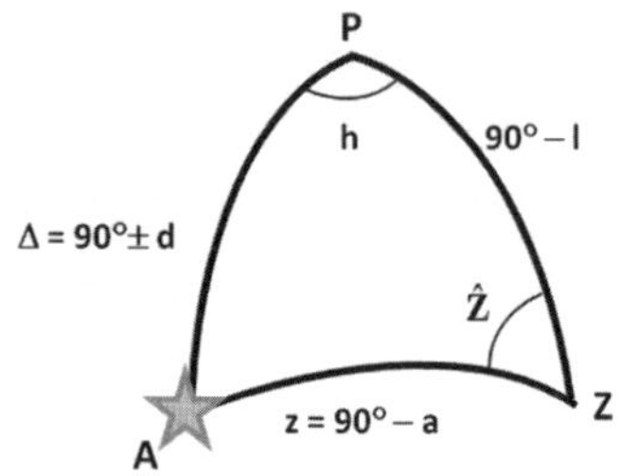

En el triángulo de posición, se tiene:

$\cos(90° - a) = \cos(90° - l)\cos\Delta + \operatorname{sen}(90° - l)\operatorname{sen}\Delta\cos h$

$\operatorname{sen} a = \operatorname{sen} l \cos\Delta + \cos l \operatorname{sen}\Delta \cos h$

Si $a = 0° \rightarrow \operatorname{sen} a = 0$.

Despejando cos h en la expresión anterior, se tiene:

$$\cos h = -\frac{\operatorname{sen} l \cdot \cos\Delta}{\cos l \cdot \operatorname{sen}\Delta} \qquad \boxed{\cos h = -\frac{\overset{+}{\operatorname{tg} l}}{\underset{\substack{+<90° \\ ->90°}}{\operatorname{tg}\Delta}}}$$

De esta fórmula se obtiene el valor del horario local (h) expresado como ángulo en el polo, esto es, de 000° a 180°:

Si $\cos h = + \Rightarrow \boldsymbol{h < 90°}$; y si $\cos h = - \Rightarrow \boldsymbol{h > 90°}$,

siendo $\boldsymbol{h}$ = ... **E si orto**; y $\boldsymbol{h}$ = ...**W si ocaso**.

Para calcular el azimut verdadero (Zv), en el triángulo de posición, se tiene la expresión que se obtuvo en el apartado 6.1.2:

$$\cos\Delta = \operatorname{sen} l \operatorname{sen} a + \cos l \cos a \cos \hat{Z}$$

Para obtener el azimut, bastaría con despejar en esta expresión el coseno del ángulo cenital:

$$\cos\hat{Z} = \frac{\cos\Delta}{\cos l \cdot \cos a} - \operatorname{tg} l \cdot \operatorname{tg} a$$

Particularizando la expresión anterior a este caso:

$$\text{Si } a = 0° \rightarrow \cos a = 1 \quad \text{y} \quad \operatorname{tg} a = 0 \quad \Rightarrow \quad \boxed{\cos\hat{Z} = \frac{\overset{\substack{+<90° \\ ->90°}}{\cos\Delta}}{\underset{+}{\cos l}}}$$

De esta fórmula se obtiene el valor del ángulo cenital, contado desde el punto cardinal norte (N) o sur (S), de igual nombre que la latitud.

Si $\cos \hat{Z} = + \Rightarrow \boldsymbol{\hat{Z} < 90°}$; y si $\cos \hat{Z} = - \Rightarrow \boldsymbol{\hat{Z} > 90°}$,

siendo $\hat{Z}$ = ... **E si orto**; y $\hat{Z}$ = ...**W si ocaso**.

<u>EJEMPLO</u>: El 21 de mayo de 2014 calcular la hora (HcG) y el Zv ★ *Rigel*, en el instante de su orto (v), para un observador en S/e: l = 37° 27' N, L = 39° 48' W.

d★ = 8° 11,4' – → Δ = 98° 11,4'

$$\cos h = -\frac{\overset{+}{\operatorname{tg} l}}{\underset{-}{\operatorname{tg} \Delta}} \rightarrow \cos h = 0{,}11024\ + \qquad \text{hl ★} = 83°\ 40{,}3'\ \text{E} \rightarrow \text{por ser orto}$$

hl★	=	083° 40,3' E +				
L	=	039° 48,0' W –				
hG★	=	043° 52,3' E +				
AS★	=	281° 11,8' W – (+)				
hG♈	=	325° 04,1' E				
hG♈	=	034° 55,9' W				
A.N. p.150 P.I.(*)	=	028° 58,3' W	→	HcG	=	10-00-00 (21)
C^on x min y s	=	005° 57,6' W	→ A.N. p. 438	min y s	=	23-46,5
				HcG	**=**	**10-23-47 (21)**

(*) P.I. = Próximo inferior

$$\cos \hat{Z} = \frac{\overset{-}{\cos \Delta}}{\underset{+}{\cos l}} \rightarrow \cos \hat{Z} = 0{,}17944\ -$$

$\hat{Z}$ = N 100,3° E → **Zv ★ = 100,3°**

N ↓ = signo latitud; E ↓ por ser orto

Este ejemplo no deja de ser un caso teórico, ya que los ortos y ocasos de las estrellas no son visibles. Lo normal será utilizar el Sol para este cálculo de azimut con el que determinar la corrección total (Ct) del compás (v. apartado 8.4).

Completada esta pieza del puzle adecuadamente, se habrán adquirido los resultados de aprendizaje esperados, que se muestran en la Tabla 6.1.

Tabla 6.1. Pieza 6: resultados de aprendizaje esperados.

Resultados de aprendizaje
Deduce y aplica las fórmulas que permiten calcular las coordenadas horizontales de un astro dadas sus coordenadas horarias y la situación de estima
Reconoce astros desconocidos observados
Deduce y aplica las fórmulas que permiten obtener las coordenadas horarias de un astro dadas sus coordenadas horizontales y la situación de estima
Obtiene la Δa y el *Zv* de los astros observados
Determina los errores del compás utilizando cuerpos celestes (*Ct* = *Zv*★ – *Za*★): • Deduce y aplica la fórmula que proporciona el Zv★ en función de las coordenadas horarias del astro y la situación de estima • Deduce la fórmula que proporciona el *Zv* ★ *Polar*, tabulada en el *Almanaque* • Deduce la fórmula que proporciona el *Zv* en el instante del orto/ocaso (v) de los astros, y la aplica, en particular, para observaciones de Sol.

6.4. Cálculos resueltos

6.4.1. Al ser HcG = 19-00-52 (22/09/2014), en S/e: l = 36° N, L = 152° 39,7' E, observamos simultáneamente: Ai ★ *Pollux* = 57° 45,1', Za ★ *Pollux* = 090°; y Ai★? = 36° 00,8', Za★? = 091°.

Ei = 2,8' a la derecha, e_o = 17 m.

Se pide: Δa y Zv de ambos astros.

$$\frac{L°}{15} = \frac{152°\ 39{,}7'\ E}{15} = Lt = 10\ h\ 10\ min\ 39\ s\ E \rightarrow Z = 10\ E$$

HcG	=	19-00-52 (22)
Lt	=	10-10-39 E +
Hcl	=	29-11-31 (22)
Hcl	=	05-11-31 (23) Se observa durante el crepúsculo náutico matutino…

A HcG = 19-00-52 (22):

hG♈	=	286° 33,7'
$C^{\underline{ón}}$	=	0° 13,0'
hG♈	=	286° 46,7' W –

A.N. p. 376 AS ★ *Pollux* = 243° 26,9' W

A.N. p. 377 d ★ *Pollux* = 27° 59,2 + → Δ = 90° – d★ = 62° 00,8'

★ *POLLUX*

hG♈ =	286° 46,7' W –
AS ★ =	243° 26,9' W –
hG★ =	530° 13,6' W –
L =	152° 39,7' E + (–)
hl★ =	682° 53,3' W
hl★ =	037° 06,7' E

★ *POLLUX*

Ai ★=	57° 45,1'
Ei =	2,8' +
Ao★ =	57° 47,9'
Dp =	7,3' –
Ra =	0,6' –
av★ =	57° 40,0'

★ *POLLUX*

$$\begin{cases} l = 36° \text{ N} \\ \Delta = 62° \; 00{,}8' \\ hl \bigstar = 037° \; 06{,}7' \text{ E} \end{cases}$$

$$\operatorname{ctg} \hat{Z} = \frac{\overset{+}{\cos l}}{\underset{+<90°,\ ->90°}{\operatorname{tg} \Delta} \cdot \underset{+}{\operatorname{sen} h}} - \frac{\overset{+}{\operatorname{sen} l}}{\underset{+<90°,\ ->90°}{\operatorname{tg} h}} = A - B$$

A =	0,71253 +
B =	0,77686 + (–)
ctg $\hat{Z}$ =	0,06433 –
$\hat{Z}$ =	N 093,7° E
Zv ★ =	**093,7°**
Za★ =	090,0°
Ct =	3,7° +

$$\operatorname{sen} a = \underset{+<90°,\ ->90°}{\cos \Delta} \cdot \overset{+}{\operatorname{sen}} \; l + \overset{+}{\operatorname{sen}} \; \Delta \cdot \overset{+}{\cos l} \cdot \underset{+<90°,\ ->90°}{\cos h} = A + B$$

A =	0,27583 +
B =	0,56971 +
sen a =	0,84554 +
ae =	57° 43,8'
av ★ =	57° 40,0'
ae★ =	57° 43,8'
Δa =	**3,8' –**

En cuanto al astro desconocido observado, lo primero que hay que hacer es reconocerlo, calculando su hl y su d, dadas la le, su av y su Zv. Para después, tratarlo como un astro conocido y obtener su determinante Marcq.

	★?		
Ai ★? =	36° 00,8’	Za★? =	091°
Ei =	2,8’ +	Ct =	3,7° +
Ao★? =	36° 03,6’	Zv★? =	094,7°
Dp =	7,3’ –		
Ra =	1,3’ –		
av★ ? =	35° 55,0’		

$$\begin{cases} l = 36° \text{ N} \\ a = 35° 55' \\ \hat{Z} = \text{N } 094{,}7° \text{ E} \end{cases}$$

$$\cos\ \Delta = \overset{+}{\text{sen}}\ l \cdot \overset{+}{\text{sen}}\, a + \overset{+}{\cos} l \cdot \overset{+}{\cos} a \cdot \cos \overset{+<90°}{\underset{}{\overset{->90°}{\hat{Z}}}} = \text{A} + \text{B}$$

A	=	0,34480 +						
B	=	0,05369 –						
								90°
cos Δ	=	0,29111 +	⇨	Δ < 90°	⇨	Δ	=	73° 04,5’
						d★?	**=**	**16° 55,5’ N**

$$\text{ctg}\ h = \frac{\overset{+}{\text{tg}}\ a \cdot \overset{+}{\cos} l}{\underset{+}{\text{sen}}\ \hat{Z}} - \frac{\overset{+}{\text{sen}}\ l}{\underset{\substack{+<90° \\ ->90°}}{\text{tg}\ \hat{Z}}} = \text{A} - \text{B}$$

A	=	0,58797 +						
B	=	0,04832 – (+)						
ctg h	=	0,63629 +	⇨	h < 90°	⇨	**hl★?**	**=**	**57° 31,9 E**

hl ★?	=	057° 31,9’ E +
L	=	152° 39,7’ E +
hG★?	=	210° 11,6’ E
hG★?	=	149° 48,4’ W

Almanaque Náutico, con:

$$\begin{cases} \text{HcG} = 19\text{-}00\text{-}52\ (22) \\ \text{d★?} = 16° 55{,}5' + \\ \text{hG★?} = 149° 48{,}4'\ \text{W} \end{cases}$$ ⇨ **Júpiter**

Una vez reconocido el astro desconocido observado, se procede como si se tratara de un astro conocido, obteniendo, en primer lugar, en el *Almanaque Náutico*, su declinación y horario en Greenwich precisos correspondientes a la hora de la observación. Para calcular el determinante Marcq, nunca deben emplearse los calculados por fórmula, utilizados para el reconocimiento del astro.

Al ser HcG = 19-00-52 (22):

hG♃	=	149° 29,1'	(Dif. = 20 +)
$C^{\underline{ón}}$	=	0° 13,0' +	
$C^{ón}$	–	0,0' +	
hG♃	=	149° 42,1' W –	
L	=	152° 39,7' E + (–)	
hl♃	=	302° 21,8' W	
hl♃	=	057° 38,2' E	

d♃	=	16° 58,8' +	
$C^{\underline{ón}}$	=	0,0'	
d♃	=	16° 58,8' +	⇨ Δ = 73° 01,2'

♃ *JÚPITER*

- l = 36° N
- Δ = 73° 01,2'
- hl ♃ = 057° 38,2' E

$$\operatorname{sen} a = \overset{+<90^\circ}{\underset{->90^\circ}{\cos}} \Delta \cdot \overset{+}{\operatorname{sen}}\ l + \overset{+}{\operatorname{sen}}\ \Delta \cdot \overset{+}{\cos}\ l \cdot \overset{+<90^\circ}{\underset{->90^\circ}{\cos}}\ h$$

A =	0,17166 +
B =	0,41418 +
sen a =	0,58584 +
ae =	35° 51,7'
av ♃ =	35° 55,0'
ae♃ =	35° 51,7'
Δa =	**3,3' +**

$$\operatorname{ctg} \hat{Z} = \frac{\overset{+}{\cos l}}{\underset{+<90^\circ,\ ->90^\circ}{\operatorname{tg} \Delta} \cdot \underset{+}{\operatorname{sen} h}} - \frac{\overset{+}{\operatorname{sen}\ l}}{\underset{+<90^\circ,\ ->90^\circ}{\operatorname{tg} h}}$$

A =	0,29246 +
B =	0,37249 + (–)
ctg $\hat{Z}$ =	0,08003 –
$\hat{Z}$ =	N 094,6° E
Zv ♃ =	**094,6°**

	★ *POLLUX*	♃ *JÚPITER*
Zv =	093,7°	094,6°
Δa =	3,8' –	3,3' +

6.4.2. Navegando entre San Francisco y Acapulco, el 17 de abril de 2014, en S/e: l = 21° 45' N, L = 117° W, durante el crepúsculo matutino, al ser HcG = 12-48-00, observamos simultáneamente Ai☾̄ = 29° 14,9', Za ☾ = 236,5°; y Ai ★? = 69° 08,8', Za ★? = 127,2°. Ei = 1,4' a la izquierda, e_o = 15 m.

Se pide: Δa y Zv de ambos astros

$$\frac{L°}{15} = \frac{117°\ W}{15} = Lt = 07\ h\ 48\ min\ 00\ s\ W \rightarrow Z = 8\ W$$

HcG	=	12-48-00 (¿?)	
Lt	=	07-48-00 W –	
Hcl	=	05-00-00 (17)	Se observa durante el crepúsculo náutico matutino…
Lt	=	07-48-00 W – (+)	
HcG	=	12-48-00 (17)	

En primer lugar, obtenemos el determinante Marcq de la Luna y obtenemos la Ct del compás:

Al ser HcG = 12-48-00 (17.04.2014): PHE ☾ = 58,1'

Ai ☾̄	=	29° 14,9'	
Ei	=	1,4' –	
Ao☾̄	=	29° 13,5'	
Dp	=	6,9' –	⇐ Tabla A: con e_o = 15 m
Ap☾̄	=	29° 06,6'	
1ª $C^{ón}$	=	33,2' +	⇐ ($C^{ón}$ x SD, Ra y p) por 29° de Ap y 58' de PH
2ª $C^{ón}$	=	0,1' –	⇐ ($C^{ón}$ x SD, Ra y p) por 6,6' de Ap: Tpp con 6,6' (Ap) y con 0,4' ($V^{ón}$)
3ª $C^{ón}$	=	0,1' +	⇐ ($C^{ón}$ x SD, Ra y p) por 0,1' de PH Tpp con 0,1' (PH) y con 0,6' ($V^{ón}$)
av ☾	=	29° 39,8'	

A HcG = 12-48-00 (17):

hG☾	=	152° 51,7'	Dif = 82
$C^{ón}$ x min y s	=	11° 27,2'	
$C^{ón}$ x Dif	=	6,6'	
hG☾	=	164° 25,5' W –	
L	=	117° 00,0' W – (+)	
hl☾	=	047° 25,5' W	

d☾	=	16° 37,3' –
$C^{ón}$ x min y s	=	4,4' –
d☾	=	16° 41,7' –

l = N y d☾ = S ⇨ d y l ≠ signo ⇨ Δ = 90° + d = 106° 41,7'

$$\begin{cases} l = 21° \, 45' \text{ N} \\ \Delta = 106° \, 41{,}7' \\ hl \, ☾ = 047° \, 25{,}5' \text{ W} \end{cases} \qquad \text{sen } a = \overset{-}{\cos}\Delta \cdot \overset{+}{\text{sen}} \, l + \overset{+}{\text{sen}} \, \Delta \cdot \overset{+}{\cos} \, l \cdot \overset{+}{\cos} \, h$$

A	=	0,10645 –				
B	=	0,60190 +				
				av	=	29° 39,8’
sen a	=	0, 49545 +	⇨	ae	=	29° 42,0’
				Δa	=	**2,2’ –**

$$\text{ctg } \hat{Z} = \frac{\overset{+}{\cos} \, l}{\underset{-}{\text{tg}} \, \Delta \cdot \underset{+}{\text{sen}} \, h} - \frac{\overset{+}{\text{sen}} \, l}{\underset{+}{\text{tg}} \, h}$$

A	=	0,37829 –						
B	=	0,34045 + ( )						
ctg $\hat{Z}$	=	0,71874 –	⇨	$\hat{Z} > 90°$	⇨	$\hat{Z}$ = N 125,7° W	⇨	**Zv☾ = 234,3°**
								Za☾ = 236,5°
								Ct = 2,2° -

Luego, reconocemos el astro desconocido observado, para después, tratarlo como un astro conocido y obtener su determinante Marcq.

	★?
Ai ★? =	69° 08,8’
Ei =	1,4’ –
Ao★? =	69° 07,4’
Dp =	6,9’ –
Ra =	0,4’ –
av★ ? =	69° 00,1’

Za★? =	127,2°
Ct =	2,2° –
Zv★? =	125,0°

$$\begin{cases} l = 21° \, 45' \text{ N} \\ a = 69° \, 00{,}1' \\ \hat{Z} = \text{N } 125° \text{ E} \end{cases}$$

$$\cos \, \Delta = \overset{+}{\text{sen}} \, l \cdot \overset{+}{\text{sen}} \, a + \overset{+}{\cos} l \cdot \overset{+}{\cos} a \cdot \overset{+<90° \atop ->90°}{\cos} \hat{Z} = A + B$$

A	=	0,34595 +						
B	=	0,19090 –						
								90°
cos Δ	=	0,15505 +	⇨	Δ < 90°	⇨	Δ	=	81° 04,8’
						d★?	=	**8° 55,2’ N**

$$\operatorname{ctg} h = \frac{\overset{+}{\operatorname{tg} a} \cdot \overset{+}{\cos l}}{\underset{+}{\operatorname{sen} \hat{Z}}} - \frac{\overset{+}{\operatorname{sen} l}}{\underset{\substack{+<90^\circ \\ ->90^\circ}}{\operatorname{tg} \hat{Z}}} = \mathrm{A} - \mathrm{B}$$

A = 2,95408 +
B = 0,25947 – (+)

ctg h = 3,21355 + ⇨ h < 90° ⇨ **hl★? = 17° 17,1' E**

hl ★? = 017° 17,1' E +
L = 117° 00,0' W –

hG★? = 099° 42,9' W

Almanaque Náutico, con:

{ HcG = 12-48-00 (17)
d★? = 08° 55,2' +
hG★? = 099° 42,9' W } ⇨ **No es planeta**

A HcG = 12-48-00 (17):

hG♈ = 025° 32,5'
Cón x min y s = 12° 02,0'

hG♈ = 037° 34,5' W –

hG★? = 099° 42,9' W –
hG♈ = 037° 34,5' W – (+)

AS★? = 062° 08,4' W

Almanaque Náutico, con:

{ AS★? = 062° 08,4' W
d★? = 08° 55,2' + } ⇨ ★ ***Altair*** AS★ = 062° 07,7' W
d★ = 08° 54,4' + ⇨ Δ = 81° 05,6'

hG♈ = 037° 34,5' W –
AS★ = 062° 07,7' W –

hG★ 099° 42,2' W –
L = 117° 00,0' W – (+)

hl★ = 017° 17,8' E

★ *ALTAIR*

$$\left\{\begin{array}{l} l = 21^\circ\ 45'\ N \\ \Delta = 81^\circ\ 05{,}6' \\ hl\ \star = 017^\circ\ 17{,}8'\ E \end{array}\right.$$

$$\text{sen } a = \cos \overset{+<90^\circ}{\underset{}{\overset{>90^\circ}{\Delta}}} \cdot \overset{+}{\text{sen}}\ l + \overset{\mid}{\text{sen}}\ \Delta \cdot \overset{\mid}{\cos}\ l \cdot \overset{+<90^\circ}{\overset{->90^\circ}{\cos h}} \qquad \text{ctg } \hat{Z} = \frac{\overset{+}{\cos l}}{\underset{+<90^\circ\ ->90^\circ}{\text{tg } \Delta} \cdot \underset{+}{\text{sen } h}} - \frac{\overset{+}{\text{sen } l}}{\underset{+<90^\circ\ ->90^\circ}{\text{tg } h}}$$

A =	0,05737 +		A =	0,48957 +
B =	0,87611 +		B =	1,18997 + (–)
sen a =	0,93348 +		ctg $\hat{Z}$ =	0,70040 –
ae =	68° 59,1’		$\hat{Z}$ =	N 125° E
			Zv ★ =	**125°**
av ★ =	69° 00,1’			
ae★ =	68° 59,1’			
Δa =	**1,0’** +			

	☾	★ *ALTAIR*
Zv =	267,8°	125°
Δa =	2,2’ –	1,0’ +

6.4.3. El 8 de mayo de 2014, durante el crepúsculo matutino, al ser HcG = 05-00-00, en S/e: l = 52° 15’N, L = 030°10’W, se observó un astro desconocido, obteniéndose: Ai ★? = 42° 07,0’ , Za★? = 039°.

Ei = 1,4’ a la derecha, e_o = 17 m. Ct = 4,5° +. Se pide: Δa y Zv del astro observado.

HcG	=	05-00-00 (¿?)
Lt	=	02-00-40 W –
Hcl	=	02-59-20 (8)
Lt	=	02-09-04 W – (+)
HcG	=	05-00-00 (8)

Comprobamos en el *Almanaque* que el astro se observa durante el crepúsculo matutino.

★?

Ai ★? =	42° 07,0’		Za★? =	039,0°
Ei =	1,4’ +		Ct =	4,5° +
Ao★? =	42° 08,4’		Zv★? =	043,5°
Dp =	7,3’ –			
Ra =	1,1’ –			
av★ ? =	42° 00,0’			

$$\left\{\begin{array}{l} l = 52^\circ\ 15'\ N \\ a = 42^\circ\ 00{,}0' \\ \hat{Z} = N\ 043{,}5^\circ\ E \end{array}\right.$$

$$\cos\ \Delta = \overset{+}{\text{sen}}\ l \cdot \overset{+}{\text{sen}}\, a + \overset{+}{\cos} l \cdot \overset{+}{\cos}\, a \cdot \cos \overset{\substack{+<90^\circ \\ ->90^\circ}}{\hat{Z}} = \text{A} + \text{B}$$

A	=	0,52907 +					
B	=	0,33002 +					90°
cos Δ	=	0,85909 +	⇨ Δ < 90°	⇨	Δ	=	30° 47,1’
					d★?	=	**59° 12,9’ N**

$$\text{ctg}\ h = \frac{\overset{+}{\text{tg}}\, a \cdot \overset{+}{\cos}\, l}{\underset{+}{\text{sen}\ \hat{Z}}} - \frac{\overset{+}{\text{sen}}\ l}{\underset{\substack{+<90^\circ \\ ->90^\circ}}{\text{tg}\ \hat{Z}}} = \text{A} - \text{B}$$

A	=	0,80081 +					
B	=	0,83321 + (–)					
ctg h	=	0,03240 –	⇨ h > 90°	⇨	**hl★?**	=	**091° 51,3’ E**

hl ★?	=	091° 51,3’ E +
L	=	030° 10,0’ W –
hG★?	=	061° 41,3’ E
hG★?	=	298° 18,7’ W

Almanaque Náutico, con:

HcG = 05-00-00 (8)
d★? = 59° 12,9’ N
hG★? = 298° 18,7’ W

⇨ **No es planeta**

A HcG = 05-00-00 (8):

hG♈	=	300° 57,2’
C^ón^x min y s	=	0
hG♈	=	300° 57,2’ W –
hG★?	=	298° 18,7’ W –
hG♈	=	300° 57,2’ W – (+)
AS★?	=	002° 38,5’ E
AS★?	=	357° 21,5’ W

Almanaque Náutico, con:

AS★? = 357° 21,5’ W
d★? = 59° 12,9’ +

⇨ ★ ***Caph***

AS★ = 357° 30,7’ W
d★ = 59° 13,5’ + ⇨ Δ = 30° 46,5’

hG♈	=	300° 57,2' W –
AS★	=	357° 30,7' W –
hG★		658° 27,9' W –
L	=	030° 10,0' W – (+)
hl★	=	628° 17,9' W
hl★	–	268° 17,9' W
hl★	=	091° 42,1' E

★ *CAPH*

- l = 52° 15' N
- Δ = 30° 46,5'
- hl ★ = 091° 42,1' E

$$\text{sen } a = \cos\Delta \cdot \overset{+<90^\circ}{\underset{->90^\circ}{\text{sen}}}\ \overset{+}{l} + \overset{+}{\text{sen}}\ \Delta \cdot \overset{+}{\cos}\ l \cdot \overset{+<90^\circ}{\underset{->90^\circ}{\cos}}\ h$$

$$\text{ctg } \hat{Z} = \frac{\overset{+}{\cos}\ l}{\underset{\substack{+<90^\circ \\ ->90^\circ}}{\text{tg}}\ \Delta \cdot \underset{+}{\text{sen}}\ h} - \frac{\overset{+}{\text{sen}}\ l}{\underset{\substack{+<90^\circ \\ ->90^\circ}}{\text{tg}}\ h}$$

A =	0,67935 +
B =	0,00930 –
sen a =	0,67005 +
ae =	42° 04,3'
av ★ =	42° 00,0'
ae★ =	42° 04,3'
Δa =	**4,3'** –

A =	1,02848 +
B =	0,02349 – (+)
ctg $\hat{Z}$ =	1,05197 +
$\hat{Z}$ =	N 043,5° E
Zv ★ =	**043,5°**

6.4.4. El 5 de febrero de 2014, al ser HcG = 20-14-58, en S/e: l = 36°20'N, L = 032°16'W, durante el crepúsculo vespertino se observó Za ★ *Polaris* = 355°. Se navega al Ra = 305°, con Vs = 14 nudos, hasta Hcr = 05-23-28, momento en que se observa por la mañana: Ai☉ = 21° 06,4'.

EA [00h TU (5)] = 06-12-10, m.d. = 10 s en adelanto; Ei = 2,4' a la izquierda., e_o = 19 m.

Se pide: Δa y Zv del Sol a Hcr = 05-23-28

HcG	=	20-14-58 (¿?)
Lt	=	02-09-04 W –
Hcl	=	18-05-54 (5)
Lt	=	02-09-04 W – (+)
HcG	=	20-14-58 (5)

		90°
d ✳	=	89° 19,7' N
Δ	=	00° 40,3'

hG♈	=	075° 53,4'
C^on x min y s	=	3° 45,1'
hG♈	=	079° 38,5' W –
L	=	032° 16,0' W – (+)
hl♈	=	047° 22,5' W –
AS ✳	=	316° 97,6' W –
hl✳	=	365° 00,1' W
hl✳	=	005° 00,1' W

$$\hat{Z}^\circ = \frac{\Delta^\circ \cdot sen\, h}{\cos l} \qquad \hat{Z} = 0{,}07^\circ \Rightarrow \hat{Z} = \text{N } 0{,}1^\circ \text{ W}$$

Zv ✱	=	359, 9°
Za ✱	=	355,0°
Ct	=	**4,9°** +

Utilizando el *Almanaque Náutico*, se obtiene idéntico resultado. En p. 385, entrando con l = 36° 20' N y hl♈ = 047° 22,5' W, tenemos:

Zv ✱ = – 0,1° ⇨ Zv ✱ = N 0,1° W = 359, 9°

Hcr	=	05-23-28
EA	=	06-12-10 +
HcG	=	11-35-38 →
HcG próx.	=	11-35-38 (6)
ppm	=	15 –
HcG	**=**	**11-35-23 (6)**

Investigación de hora y fecha

HcG =	11-35,6	HcG =	23-35,6
Lt =	02-09,1 W –	Lt =	02-09,1 W –
Hcl =	09-26,5 (6)	Hcl =	21-26,5
Lt =	02-09,1 W – (+)		
HcG =	11-35,6 (6)		

HcG próx.	=	11-35-38 (6)
HcG (EA)	=	00-00-00 (5)

X = ppm ⟶ I = 35-35-38

md = 10 s – ⟶ 24 h

$$\text{ppm} = \frac{\text{md} \cdot \text{I}}{24} = \frac{10 \text{ s } (35{:}35{:}38)}{24} = 14{,}83 \text{ s en adelanto}$$

HcG	=	11-35-23 (6)
HcG	=	20-14-58 (5)
t	=	15-20-25
D	=	Vs · t = 214,76'

Ra	=	305, 0°
Ct	=	4,9° +
Rv	=	309,9° = N 50,1° W

Rv = N 50,1° W
D = 214,76'
A = 164,76'

l	=	36° 20,0' N +	L	=	032° 16,0' W –
Δl	=	2° 17,8' N +	ΔL	=	3° 27,6' W –
l'	=	38° 37,8' N	L'	=	035° 43,6' W

Situación de estima a Hcr = 05-23-28

A = D · sen R = 217,76' · sen 50,1° = 164,76'

Δl = D · cos R = 217,76' · cos 50,1° = 137,76'= 2° 17,8' N

lm = 37° 28,9' N

ΔL = A/cos lm = 207,62' = 3° 27,6' W

$$
\begin{array}{rcll}
\text{Ai}\ \underline{\odot} & = & 21°\ 06{,}4' & \\
\text{Ei} & = & 2{,}4'\ - & \\
\hline
\text{Ao}\ \underline{\odot} & = & 21°\ 04{,}0' & \\
\text{Dp} & = & 7{,}7'\ - & \Leftarrow \text{Tabla A: con } e_o = 19 \text{ m} \\
\text{Ra, SD y p} & = & 13{,}6'\ + & \Leftarrow \text{Tabla B: con Ao} = 21{,}1° \\
\text{dif. SD} & = & 0{,}2'\ + & \Leftarrow \text{Tabla B: con fecha} \\
\hline
\text{av}\ \odot & = & 21°\ 10{,}1' &
\end{array}
$$

Al ser HcG = 11-35-23 (6):

$$
\begin{array}{rcl}
\text{hG}\odot & = & 341°\ 29{,}2' \\
C^{\underline{\text{ón}}} \text{ x min y s} & = & 8°\ 50{,}8' \\
\hline
\text{hG}\odot & = & 350°\ 20{,}0'\ \text{W} - \\
\text{L} & = & 035°\ 43{,}6'\ \ \text{W} - (+) \\
\hline
\text{hl}\odot & = & 314°\ 36{,}4'\ \text{W} \\
\text{hl}\odot & = & 045°\ 23{,}6'\ \text{E}
\end{array}
$$

$$
\begin{array}{rcl}
\text{d}\odot & = & 15°\ 33{,}8'\ - \\
C^{\underline{\text{ón}}} \text{ x min y s} & = & 0{,}5'+ \\
\hline
\text{d}\odot & = & 15°\ 33{,}3'\ -
\end{array}
$$

l = N y d⊙ = S ⇨ d y l ≠ signo ⇨ $\Delta = 90° + \text{ d} = 90° + 15°\ 33{,}3' = 105°\ 33{,}3'$

$$
\left\{
\begin{array}{l}
l = 38°\ 37{,}8'\ \text{N} \\
\Delta = 105°\ 33{,}3' \\
\text{hl}\ \odot = 045°\ 23{,}6'\ \text{E}
\end{array}
\right.
$$

$$\text{sen } a = \overset{-}{\cos}\,\Delta \cdot \overset{+}{\text{sen}}\ l + \overset{+}{\text{sen}}\ \Delta \cdot \overset{+}{\cos}\ l \cdot \overset{+}{\cos}\ h$$

$$
\begin{array}{rcl}
\text{A} & = & 0{,}16741\ - \\
\text{B} & = & 0{,}52849\ + \\
\hline
\text{sen a} & = & 0,\ 36108\ +
\end{array}
\quad \Rightarrow \quad
\begin{array}{rcl}
\text{av} & = & 21°\ 10{,}1' \\
\text{ae} & = & 21°\ 10{,}0' \\
\hline
\mathbf{\Delta a} & = & \mathbf{0{,}1'}\ +
\end{array}
$$

$$\text{ctg}\ \hat{Z} = \frac{\overset{+}{\cos}\, l}{\underset{-}{\text{tg}}\,\Delta \cdot \underset{+}{\text{sen}}\, h} - \frac{\overset{+}{\text{sen}}\ l}{\underset{+}{\text{tg}}\, h}$$

$$
\begin{array}{rcl}
\text{A} & = & 0{,}30543\ - \\
\text{B} & = & 0{,}61578\ + (-) \\
\hline
\text{ctg}\ \hat{Z} & = & 0{,}92121\ -
\end{array}
\quad \Rightarrow \quad \hat{Z} > 90°
$$

$\hat{Z}$ = N 132,7° E ⇨ **Zv⊙ = 132,7°**

6.4.5. El 29 de junio de 2014, en Aitu (Aleutian Island) l = 52° 40' N, L = 173° W, en el momento del orto (v) del Sol tomamos Za ⊙ = 045°, y damos rumbo hacia Adak Island Harbour en: l = 51° 30' N, L = 176° 45' W.

Se pide: Hrb de salida y Ra hacia Adak.

En primer lugar habrá que determinar la hora de salida de Sol. Entrando en el *Almanaque Náutico* tenemos:

	28 junio 2014	30 junio 2014	Interpolando: 29 junio 2014
SOL	Salida ⊙	Salida ⊙	Salida ⊙
l = 54° N	03-30	03-31	03-30,5
l = 52° N	03-42	03-44	03-43

Por tanto, en l = 52° 40' N, la salida del Sol tendrá lugar al ser Hcl = 03-38,8 (29)

Hcl = 03-38,8 (29)
Lt = 11-32,0 W – (+)

HcG = 15-10,8 (29) → d ⊙ =23° 12,3' N → Δ = 66° 47,7'
n el momento de la salida ⊙

$$\cos h = -\frac{\overset{+}{\operatorname{tg} l}}{\underset{\substack{+<90^\circ \\ ->90^\circ}}{\operatorname{tg} \Delta}} \rightarrow \cos h = 0{,}56208 - \rightarrow h = 124^\circ\ 12{,}0'\ E$$

hl⊙	=	124° 12,0' E +			
L	=	173° 00,0' W –			
hG⊙	=	048° 48,0' W			
P.I.	=	044° 07,7' W	→	HcG =	15-00-00 (29)
C^{on} x min y s	=	4° 40,3'	→	min y s =	18-41
				HcG =	15-18-41 (29)
				Z =	12 W –
				Hrb =	**03-18-41 (29)**

$$\cos \hat{Z} = \frac{\overset{\substack{+<90^\circ \\ ->90^\circ}}{\cos \Delta}}{\underset{+}{\cos l}} = 0{,}64972 + \rightarrow \hat{Z}\ \text{orto (v)} = N\ 049{,}5^\circ\ E$$

Zv orto (v) ⊙ = 049,5°
Za orto (v) ⊙ = 045,0°

Ct = 4,5° +

l' =	51° 30' N +	L' =	176° 45' W –
l =	52° 40' N+ (–)	L =	173° 00' W – (+)
Δl =	01° 10' S	ΔL=	003° 45' W
	70'		225'

lm = 52° 05' N

A = ΔL · cos lm = 138,27'

$$\text{tg}\, R = \frac{A}{\Delta l} = 138{,}27' / 70' \rightarrow R = S\ 63{,}1°\ W = 243{,}1°$$

Rv =	243,1°
Ct =	4,5° + (–)
Ra =	**238,6°**

6.5. Cálculos propuestos

6.5.1. El 23 de julio de 2014, al ser Hcr = 08-41-52, en S/e: l = 43° N, L = 042° 18' W, observamos simultáneamente: Ai★ *Deneb* = 47° 03,6', Za ★ *Deneb* = 068° y Ai ★? = 23° 22,4'; Za ★? = 272°.

EA [00h TU (23)] = 02-37-20; m.d. = 10 s en atraso; Ei = 1,2' a la izda.; e_o = 12 m.
Se pide: Δa y Zv de ambos astros.

6.5.2. El 20 de agosto de 2014, durante el crepúsculo vespertino, al ser Hcr = 8-40-32, en S/e: l =39° N, L = 038° W, observamos simultáneamente: Ai★ *Altair* = 45° 55,4', Za ★ *Altair* = 127° y Ai ★? = 22° 22,2'; Za ★? = 225°.

EA [00h TU (20)] = 01-21-40; m.d. = 8 s en adelanto; Ei = 2,6' a la dcha; e_o = 14,5 m.

Se pide: Δa y Zv de ambos astros.

6.5.3. El 6 de enero de 2014, al ser HcG = 01-48-13, en S/e: l = 40° 34' S, L = 152° 17' W, observamos: Ai ☾̄ = 41° 20,7' y Za☾ = 025°.

Ei = 0,6' a la izda; e_o = 13 m. Se pide Δa y Zv de Luna y Ct del compás.

6.5.4. El 27 de septiembre de 2014, recalando a Chacabuco (Chile), durante el crepúsculo vespertino, al ser HcG = 01-01-36, nos encontramos en S/e: l = 45° 30' S, L = 090° 24' W y observamos simultáneamente:
Ai ★ *Fomalhaut* = 45° 59,6'   Za ★ *Fomalhaut* = 090°
Ai ★?1 = 34° 00,6'   Za ★?1 = 219°
Ai ★?2 = 29° 50,6'   Za ★?2 = 280°

Ei = 3' a la dcha., e_o = 12 m.

Se pide: determinante Marcq (Δa y Zv) de los tres astros.

6.5.5. El 8 de mayo de 2014, durante el crepúsculo matutino, al ser HcG = 05-00-00, en S/e: l = 52° 15'N, L = 030° 10'W, se observó un astro desconocido, obteniéndose: Ai ★? = 37° 20,2', Za★? = 038,5°.

Ei = 1,4' a la derecha, e_o = 17 m. Ct = 4,5° +. Se pide: Δa y Zv del astro observado.

6.5.6. El 7 de septiembre de 2014, en S/e: l = 45° N, L = 012° 44' W, en el momento del ocaso (v) del Sol, observamos Za☉ = 270°. Navegamos durante 3 horas al Ra = 270°, con Vs = 12 nudos.

Se pide: Situación y Hrb 3 horas después del ocaso (v) del Sol.

6.5.7. El 2 de julio de 2014, salimos del puerto de Cork (Irlanda) rumbo al puerto de Georgetown (Guayana). Estando en las proximidades de la costa irlandesa, en el momento del orto (v) del Sol nos encontramos a una distancia de 6 millas al oeste verdadero del Faro de Fasnet Rock (l_F = 51° 18,1' N, L_F = 009° 52,6' W), momento en que arrumbamos para recalar en las proximidades de la entrada del puerto de Georgetown (l = 06° 52,2' N, L = 058° 07,9' W), tomando en ese instante Za ☉ = 055°.

Se pide:
1) Ra hacia Georgetown y
2) Hcl y Hz de llegada si realizáramos todo el viaje con Vs = 21 nudos.

6.5.8. El 3 de julio de 2014, en S/e: l = 32° 35' N, L = 172° 18' W, al ser HcG = 12-10-03, observamos Za⁜ = 006°.

Se pide: Ct por observación del Za de la estrella *Polar*.

¿Conozco las líneas de posición que se emplean en la navegación astronómica?

En el siglo XIX, se produjo un descubrimiento trascendental que marcó el inicio de lo que la mayoría de autores coincidieron en denominar «nueva navegación astronómica». El capitán de la Marina Mercante de los Estados Unidos, Thomas H. Sumner (1807-1876), descubrió casualmente, en 1837, un procedimiento con el que, por primera vez, podían obtenerse simultáneamente las dos coordenadas geográficas (latitud y longitud) de la situación del buque, de forma sencilla y breve. Sumner dio a conocer su método en Boston, en 1843, con la publicación del folleto titulado *A new and accurate method of finding a ship's position at sea, by projection on Mercator's chart.*

Figura 7.1. El descubrimiento del Capitán Sumner, en 1837.

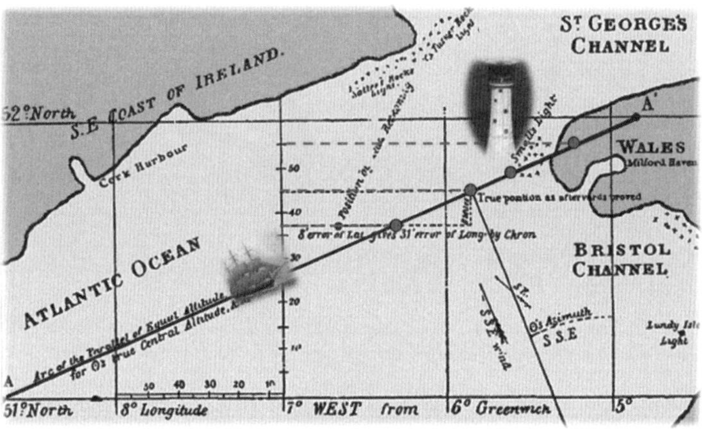

Describe el propio Sumner cómo el descubrimiento se produjo el 17 de diciembre de 1837, cuando, procedente de Charleston (EE.UU.) con destino a Greenock (Escocia), recalando en el canal St. George, se encontraba, a bordo de su navío *Cabot*, cerca de la costa de Irlanda, en una situación crítica, después de haber navegado, con mal tiempo del sur, unas 700 millas sin haber podido obtener la posición de su buque. Sobre las diez de la mañana, pudo observar una altura de Sol y la hora de cronómetro. Con su latitud de estima, calculó por cronómetro una longitud. Pero, por pensar que su estima era bastante errónea, repitió el cálculo, con la misma altura, para latitudes diez y veinte minutos más al norte. Los tres puntos obtenidos quedaban en línea recta sobre la carta, en la dirección del Faro Small. Se dio cuenta Sumner que la misma altura debía haber sido observada, en el mismo instante, en los tres puntos, en el faro Small y en su buque; siguió entonces la dirección en que se encontraba el faro y, en menos de una hora, apareció su luz, casi por la proa.

Sumner había deducido que con una sola altura se podía obtener el lugar geométrico de la posición del buque, representado por una recta en la carta de proyección Mercator, de donde deriva el nombre de **recta de altura** para las líneas de posición de la nueva navegación.

Figura 7.2. Circunferencia de alturas iguales y recta de altura secante Sumner.

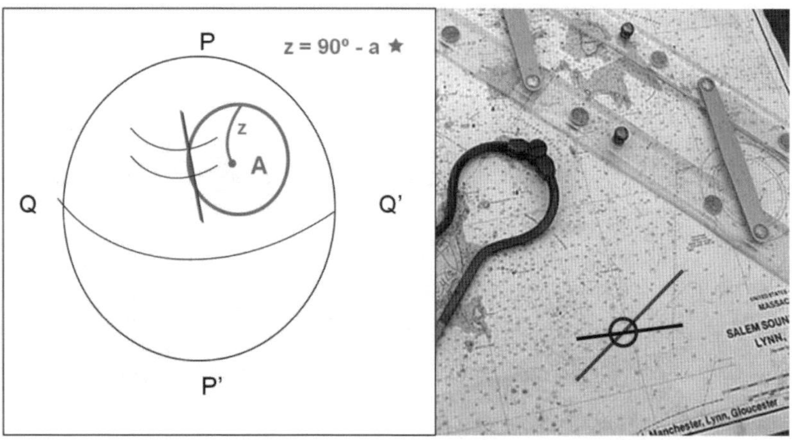

En aquel tiempo, era ya conocido que los puntos de la Tierra desde los que, en un instante dado, se observa un determinado astro con la misma altura, se encuentran sobre una circunferencia menor cuyo centro es la proyección terrestre del astro, siendo su radio esférico igual a la distancia cenital, complemento de la altura observada. Sumner confirmó esta teoría, denominando a estas circunferencias **paralelos de alturas iguales**, y demostrando prácticamente que una pequeña parte de estos se puede representar en la carta de Mercator mediante una línea recta.

La recta trazada por Sumner era, sencillamente, una secante a la circunferencia de alturas iguales donde se encontraba su buque, ya que las dos longitudes calculadas, con sus correspondientes latitudes supuestas, determinaban dos puntos de dicha circunferencia. Por ello, esta recta de altura ha llegado a nosotros con el nombre de **secante Sumner**.

Con dos alturas y la indicación del cronómetro del instante de las observaciones, el método de Sumner permitía una práctica y simultánea determinación de latitud y longitud, por medio del cálculo analítico de cuatro horarios y un sencillo trazado gráfico en la carta. Pero, posiblemente, la mayor ventaja del nuevo procedimiento, que fue perfeccionado posteriormente, se encuentra en que cualquier altura, tomada en cualquier instante, ofrece una línea como lugar geométrico de la posición del buque, lo cual resulta especialmente útil cuando el buque se encuentra próximo a la costa.

Aunque, inicialmente, alguna voz discutiera la originalidad del método de Sumner, la importancia del mismo propició su rápida propagación, despertando el interés de marinos e investigadores. En corto espacio de tiempo, el procedimiento inicial fue perfeccionado, desarrollándose la teoría general de las líneas de posición de altura, que son la base del cálculo de la situación del buque en la navegación astronómica moderna

En este proceso, destaca especialmente la intervención de A. L. A. Marcq Saint-Hilaire (1832-1889), quien en 1875 dio a conocer la recta de altura que lleva su nombre —tangente Marcq—, habiendo llegado su método hasta nuestros días como el más indicado.

7.1. De la circunferencia de alturas iguales a la recta de altura

7.1.1. Circunferencia de alturas iguales

Al observar la altura (*a*) de un astro conocido —es decir, en términos actuales, un astro del que se conocen sus coordenadas horarias: declinación (*d*) y horario en Greenwich (*hG*), en el instante de la observación—, se determina en la esfera celeste una línea de posición denominada **circunferencia de altura**.

Se llama punto astral o **polo de iluminación del astro**, al punto de la Tierra desde el que, en un instante dado, se observa al astro en el zenit. Ese punto de la superficie terrestre (*a*) queda definido por la intersección con esta de la recta que une su centro con el astro (*A*). El polo de iluminación tiene el mismo movimiento aparente del astro y sus coordenadas son: latitud (*la*), de igual valor que la declinación del astro (*d*); y longitud (*La*), de igual valor que el horario en Greenwich del astro (*hG*).

Si un observador (*O*), cuyo zenit se encuentra en *Z*, que conoce la altura (*a*) del astro (*A*), traza una circunferencia con centro en el astro y radio esférico igual a la distancia cenital, complemento de la altura ($z = 90° - a$), determina sobre la esfera celeste el lugar geométrico de los puntos de igual distancia cenital.

Si se proyecta dicha circunferencia sobre la esfera terrestre, trazando rectas desde todos sus puntos al centro de la Tierra, se obtiene una circunferencia que contiene al observador y que tiene por centro el polo de iluminación del astro y por radio la distancia cenital. Esta es la **circunferencia de alturas iguales**, que puede definirse como el lugar geométrico de los puntos de la Tierra desde los que en un mismo instante se observa el astro con la misma altura.

Figura 7.3. Circunferencia de alturas iguales.

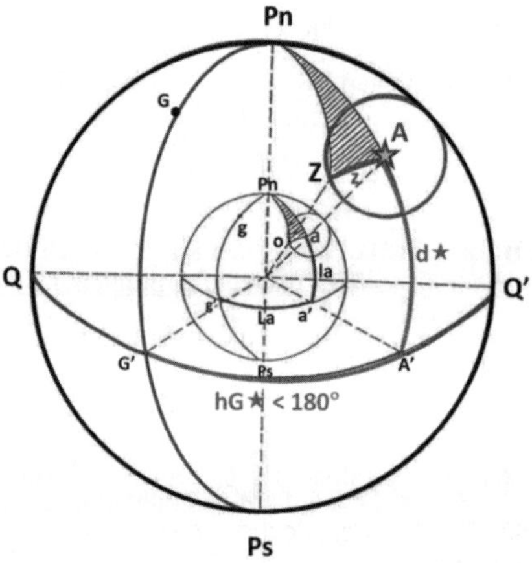

<u>La propiedad más importante de la circunferencia de alturas es la de ser normal en todos sus puntos al vertical del astro</u>, es decir al círculo máximo que pasa por el astro (*A*) y por el

zenit (*Z*). El arco *AZ* de este vertical es el radio de la circunferencia de alturas. Por tanto, esta es normal al vertical en todos sus puntos. Al proyectar los verticales sobre la esfera terrestre, conservan esta propiedad.

Conocidas las coordenadas terrestres de los polos de iluminación de dos astros observados simultáneamente, si se dispusiera a bordo de una esfera graduada de dimensiones adecuadas, se podría hacer la construcción gráfica expresada, y así obtener la situación gráfica del buque.

Figura 7.4. Situación por intersección de dos circunferencias de alturas iguales.

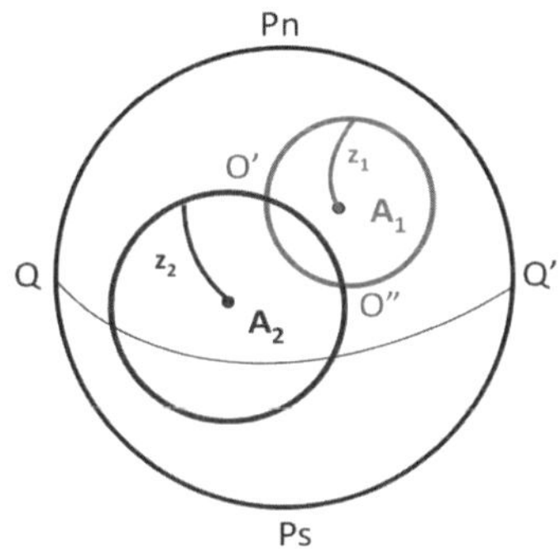

Normalmente, las circunferencias de alturas iguales se cortan en dos puntos. Se puede tomar como situación el más próximo al punto de estima, o lo que es preferible, marcar los astros al observarlos, y escoger después la intersección desde la cual se vean los astros con los azimutes correspondientes a los determinados a bordo por medio del compás.

Si bien la circunferencia de alturas iguales resuelve el problema del cálculo de la situación del buque en la mar, tiene el inconveniente de que toda la operación se ha realizado sobre la esfera. Como la aproximación suficiente en los cálculos de navegación suele ser la milla, hará falta emplear una esfera que tenga tamaño suficiente para apreciar la milla, que resulta ser de unos siete metros de diámetro. Dada la imposibilidad práctica de llevar a bordo una esfera de tales dimensiones, se hace necesario trasladar las circunferencias de altura a las cartas de Mercator.

7.1.2. Curvas de alturas iguales.

La proyección de las circunferencias de alturas sobre la carta de Mercator da origen a las **curvas de alturas iguales**; pero, tampoco son dichas curvas las que se emplean en la práctica. En general, las curvas resultantes son muy complicadas y su representación en la carta muy laboriosa.

Figura 7.5. Trazado de las curvas de alturas iguales.

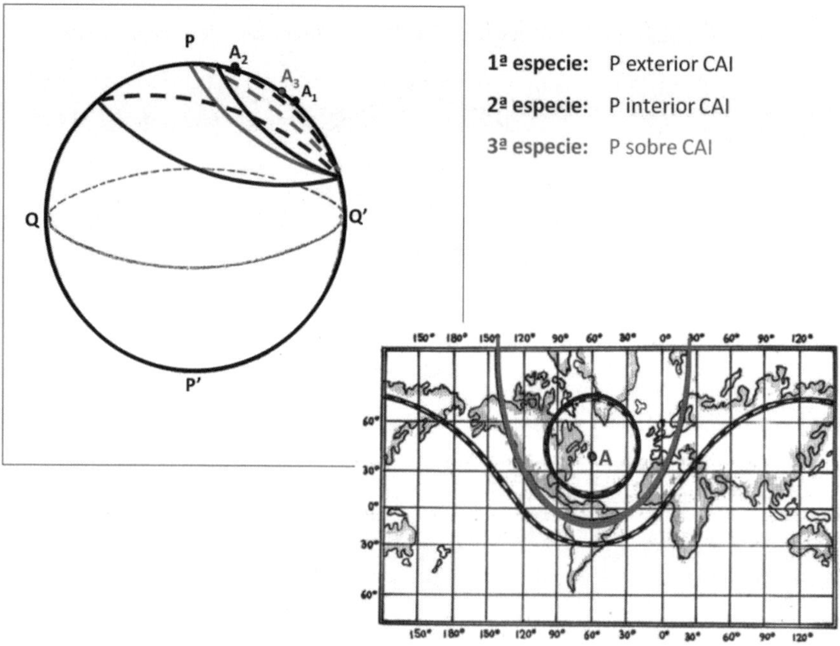

Hay que considerar tres casos, que dan lugar, respectivamente, a las curvas de primera, segunda y tercera especie:

1) que el polo terrestre, de la misma especie que la declinación del astro, sea exterior a la circunferencia de alturas;
2) que sea interior a la misma; y
3) que se encuentre sobre ella.

La propiedad de la circunferencia de alturas se verifica también en las curvas de alturas. En este caso se enuncia: la tangente a la curva de altura, en cualquier caso, es perpendicular al vertical del astro.

7.1.3. La circunferencia osculatriz

La dificultad que entraña el trazado de la curva en la carta llevó a intentar la sustitución de la curva por su **circunferencia osculatriz**, que es la que se confunde con la curva en mayor extensión que ninguna otra.

En 1877, I. Villarceau y A. de Magnac publicaron un extenso trabajo teórico y práctico sobre los nuevos métodos de navegación. Encargado de la teoría, Villarceau comprobó que la circunferencia osculatriz se confundía sensiblemente con la curva de alturas iguales, sin que la separación máxima excediera en media milla, en extensiones que podían alcanzar las cuatrocientas millas, siempre que no fuera en las proximidades de los puntos de inflexión.

Pero, al ir a realizar esta sustitución, se encuentra que las coordenadas del centro, aunque fáciles de calcular, exigen varias operaciones para situarlo. Además, la mayor dificultad está en el valor del radio de curvatura (ρ), normalmente alrededor de 0,7 radianes, lo que equivale a unas 2.400 millas. Esto implica la imposibilidad de realizar esta sustitución en la práctica, pues el centro de curvatura no cae en la carta.

Se necesita, por tanto, buscar un método más rápido y fácil para obtener la situación del buque. El camino será la sustitución del arco de la circunferencia osculatriz, que vaya a emplearse como lugar geométrico de la situación, por una recta. Esta sustitución será posible siempre que se garantice la aproximación que se necesita en navegación marítima.

7.1.4. La recta de altura

En efecto, un arco pequeño de una circunferencia de radio grande puede sustituirse por una secante o por una tangente al mismo, sin que el error cometido sea grave. En la Figura 7.6, el arco *AaB* de la circunferencia osculatriz ha sido sustituido por la secante *AB* y la tangente *CD*. Lo más que pueden distar dichas rectas de la curva es el segmento *ab*. Si el segmento *ab* es menor de una milla, se podrá hacer la sustitución del arco por cualquiera de las dos rectas —secante o tangente—.

Para el trazado de una secante son dos los puntos que deben determinarse; mientras que el trazado de una tangente requiere tan solo un punto determinante.

Figura 7.6. Rectas de altura.

ρ = radio

c = cuerda AB

$ab = aO - bO$

$$ab = \rho - \sqrt{\rho^2 - \left(c/2\right)^2}$$

Si **ab < 1'** ✓

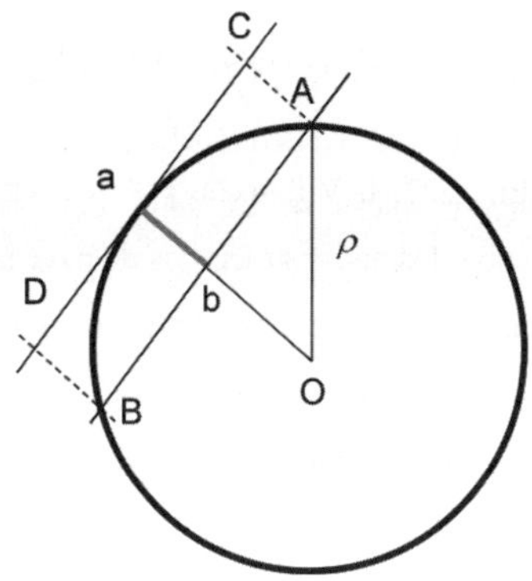

En resumen, la circunferencia de alturas iguales pasó de la esfera terrestre a la carta, transformándose en curva; siguiendo su evolución, se convirtió de nuevo en circunferencia, y en su último paso fue a identificarse con la línea geométrica más elemental, la recta.

Los marinos se decidieron por la tangente. El trazado en la carta de Mercator de la recta de altura, tangente a la circunferencia de altura, se ve facilitado por la propiedad de ser dichas rectas normales a la dirección del azimut. Por ello el cálculo de este elemento es indispensable en todas las tangentes (Johnson, Borda...), siendo parte del **determinante** o conjunto de datos suficientes y necesarios para poder trazar en la carta mercatoriana la recta de altura obtenida a partir de la observación de un astro. Fueron desarrollados diversos métodos analíticos para abreviar las operaciones necesarias para el trazado de la recta de altura. Y, en consecuencia, la secante Sumner pronto se vio superada.

7.2. La recta de altura tangente Marcq

La moderna navegación astronómica tiene su pilar fundamental en el cálculo de la situación utilizando el corte de dos o tres rectas de altura tangentes Marcq. En 1875, el marino francés A. L. A. Marcq de Blond de Saint-Hilaire dio a conocer su magistral método del punto aproximado, con el que la recta de altura se obtiene con el **determinante** definido por la diferencia de alturas (Δa) y el azimut verdadero del astro (*Zv*).

En un instante determinado un astro *A* se observa con una determinada altura (*Ao*) que se corrige convenientemente, obteniendo su altura verdadera (*av*), tal como se ha explicado en la pieza 4. El zenit del observador (*Zo*) se encontrará en algún punto de la circunferencia de alturas iguales de centro el astro *A* y radio esférico la distancia cenital ($z = 90° - av$).

Figura 7.7. Representación gráfica del signo de la diferencia de alturas (Δa).

Δa positiva **Δa negativa**

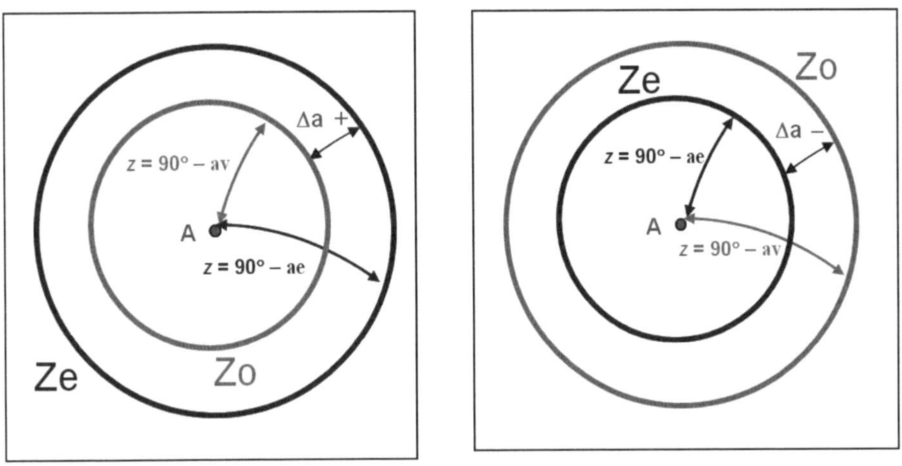

Si, con la situación de estima, la declinación y el horario del astro en el instante en que se ha observado, se calcula la altura del astro por la fórmula obtenida en la pieza 6:

$$\text{sen}\, a = \overset{\substack{+<90^\circ \\ ->90^\circ}}{\cos}\Delta \cdot \overset{+}{\text{sen}}\, l + \overset{+}{\text{sen}}\, \Delta \cdot \overset{+}{\cos}\, l \cdot \overset{\substack{+<90^\circ \\ ->90^\circ}}{\cos}\, h$$

Se obtiene así la altura estimada (*ae*) o, lo que es lo mismo, la altura verdadera que tendría el astro si hubiera sido observado desde la situación de estima. El zenit correspondiente a la situación de estima (*Ze*) se encontrará en un punto de la circunferencia de alturas iguales trazada con centro en el astro (*A*) y radio la distancia cenital ($z = 90° - ae$).

La separación de ambas circunferencias será igual a la diferencia de alturas (Δa), que representa la diferencia entre la altura verdadera del astro (*av*) —procedente de la observación— y la que este alcanzaría visto desde el punto estimado (*ae*): **Δa = *av* – *ae*.** El signo de la diferencia de alturas es importante: si la diferencia de alturas es positiva ($\Delta a = + \Rightarrow av > ae$), la circunferencia de alturas iguales correspondiente a la situación de estima es la exterior; y si la diferencia de alturas es negativa ($\Delta a = - \Rightarrow av < ae$), la correspondiente a la situación de estima será la circunferencia interior (v. Figura 7.7).

Figura 7.8. Tangente Marcq.

Δa positiva **Δa negativa**

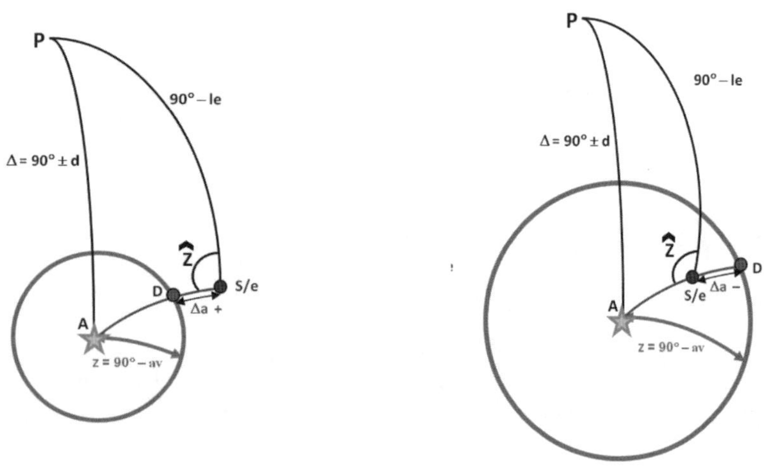

Dado que <u>las rectas de altura son normales a la dirección del vertical del astro</u>, es decir, son perpendiculares a la dirección del azimut, el trazado en la carta mercatoriana de la tangente Marcq requiere:

1. Situar en la carta el punto de estima (S/e);

2. A partir de este, trazar una recta según el azimut del astro (*Zv*),

3. Sobre el azimut, y desde la situación de estima, llevar la diferencia de alturas (Δa) en millas, según el sentido conveniente: si la diferencia de alturas es positiva (Δa = +), en el mismo sentido del azimut; y si la diferencia de alturas es negativa (Δa = –), en sentido contrario. Así, se obtiene el punto aproximado (*D*).

4. Trazar por este una perpendicular al vertical (o, lo que es lo mismo, una perpendicular al azimut). Esta es la recta de altura, tangente a la curva de altura: la tangente Marcq.

Figura 7.9. Trazado de la tangente Marcq en la carta de Mercator.

Δa positiva **Δa negativa**

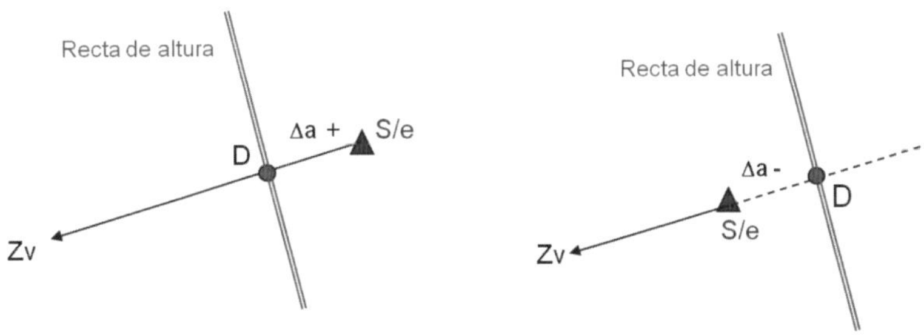

Con este trazado, lo que se está haciendo es llegar a la circunferencia de alturas del zenit observado (*Zo*), a partir de la S/e que, naturalmente, queda sobre la circunferencia de alturas del zenit estimado (*Ze*):

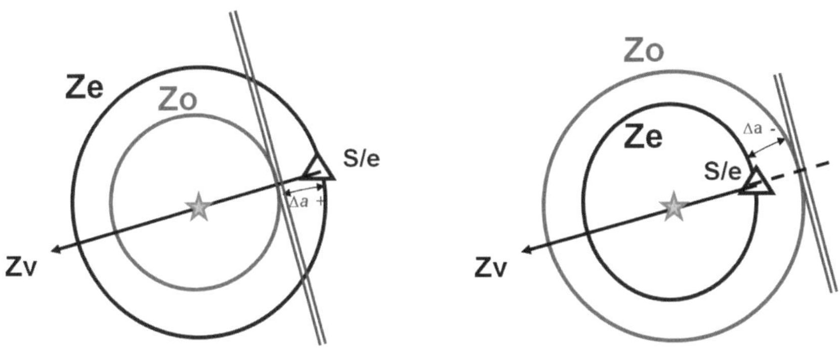

En lugar de realizar este trazado directamente sobre la carta, lo normal es realizarlo sobre papel, llevando a la carta únicamente la situación observada obtenida por intersección de estas líneas de posición. En este caso, deberá construirse una escala de partes iguales y de partes aumentadas (Figura 7.10).

Figura 7.10. Carta de proyección Mercator. Escalas de partes iguales y de partes meridionales

Sencillo método de construcción de una escala de partes meridionales para, por ejemplo, una latitud de 35°

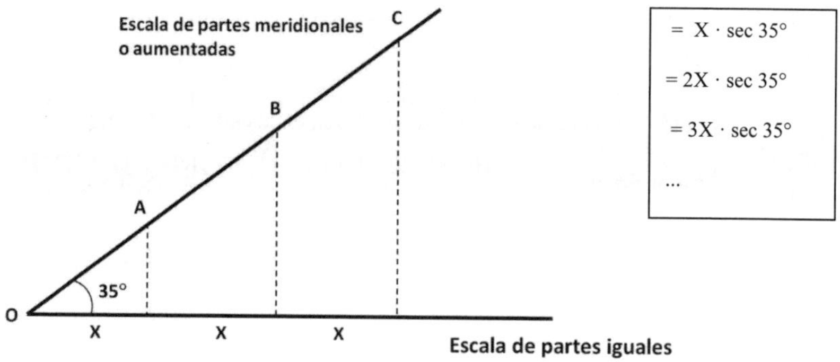

RECUERDA...

El reticulado de una **carta de proyección Mercator** es rectangular: los meridianos y los paralelos, representados como líneas rectas, se cortan entre sí en ángulo recto, lo que da lugar a un sistema de coordenadas cartesianas o rectangulares. El marco de la carta está graduado, correspondiendo el eje de abscisas a la escala de longitudes y el eje de ordenadas a la escala de latitudes.

La separación entre meridianos es constante, por lo que la escala de longitudes es de **partes iguales**. El grado de longitud sobre un paralelo se representa por la misma extensión que en el ecuador. Como en la Tierra real esta extensión va disminuyendo al aumentar la latitud —en función del coseno de la misma—, esto significa que en la carta los arcos de paralelo se deforman al ser alargados en función de la secante de su latitud.

Por construcción, la separación entre paralelos no es constante. Para que la superficie terrestre sufra la misma distorsión en el sentido de los meridianos que en el sentido de los paralelos se ha hecho que la extensión de cada grado de meridiano se alargue en función de la secante de la latitud. La escala de latitudes es de **partes aumentadas o meridionales**.

Esta forma de construir la carta de proyección Mercator le confiere su propiedad más importante, la **conformidad**: los ángulos sobre la superficie terrestre son iguales a su correspondiente en la carta.

El uso de una escala como la de esta figura permite trabajar en el papel en blanco como si de una carta de Mercator se tratara, teniendo la precaución de realizar las medidas sobre la escala correspondiente.

- **Sobre la escala de partes iguales se mide la ΔL**
- **Sobre la escala de partes aumentadas se mide: Δl, D y Δa**

EJEMPLO: El 16 de octubre de 2014, al ser Hcr = 09-29-40, en S/e: l = 41° 36' N, L = 062° 13' E, se obtuvo Ai $\underline{\odot}$ = 25° 52,3'.

EA [00h TU (16)] = 07-15-20, m.d. = 2 s en adelanto, Ei = 2' a la dcha., e_o = 10 m.

Se pide: obtención del determinante Marcq y trazado de la recta de altura correspondiente.

Hcr	=	09-29-40
EA	=	07-15-20 +
HcG	=	16-45-00 →

Investigación de hora y fecha

HcG =	16-45	HcG =	04-45
Lt =	04-08,9 E +	Lt =	04-08,9 E +
Hcl =	20-53,9	**Hcl =**	**08-53,9 (16)**

HcG próx.	=	04-45-00 (16)
ppm	=	0 –
HcG	**=**	**04-45-00 (16)**

Hcl =	**08-53,9 (16)**
Lt =	04-08,9 E + (–)
HcG =	**04-45,0 (16)**

HcG próx.	=	04-45-00 (16)
HcG (EA)	=	00-00-00 (16)

X = ppm	⟶	I	=	04-45-00
md = 2 s –	⟶	24 h		

$$ppm = \frac{md \cdot I}{24} = \frac{2\ s \cdot (04:45:00)}{24} = 0{,}40\ s.\ \text{en adelanto}$$

Ai $\underline{\odot}$	=	25° 52,3'		
Ei	=	2,0' +		
Ao $\underline{\odot}$	=	25° 54,3'		
Dp	=	5,6' –	⇐	Tabla A: con e_o = 10 m
Ra, SD y p	=	14,1' +	⇐	Tabla B: con Ao = 25,9°
dif. SD	=	0,0'	⇐	Tabla B: con fecha
av $\odot$	**=**	**26° 02,8'**		

Al ser HcG = 04-45-00 (16) obtenemos el horario y la declinación del Sol en el *Almanaque Náutico*:

$$
\begin{aligned}
hG\odot \text{ a } 04\,hTU\ (16) &= 243^\circ\ 35{,}4' \\
C^{\underline{on}} \times 45 \text{ min } 00 \text{ s} &= \underline{\ \ 11^\circ\ 15{,}0'\ } \\
hG\odot \text{ a } 04\text{-}45\text{-}00\ \ TU\ (16) &= 254^\circ\ 50{,}4'\ W - \\
L &= \underline{062^\circ\ 13{,}0'\ E}\ +(-) \\
hl\odot &= 317^\circ\ 03{,}4'\ W \\
\mathbf{hl\odot} &= \mathbf{042^\circ\ 56{,}6'\ E}
\end{aligned}
$$

$$
\begin{aligned}
d\odot \text{ a } 04\,hTU\ (16) &= 08^\circ\ 50{,}1' - \\
C^{\underline{on}} \times 45 \text{ min } 00 \text{ s} &= \underline{\ \ \ \ 0{,}7'\ -} \\
\mathbf{d\odot} &= \mathbf{08^\circ\ 50{,}8'}\ -
\end{aligned}
$$

$l\ y\ d \neq \text{signo} \Rightarrow \Delta > 90^\circ \ \rightarrow\ \Delta = 90^\circ + d = 098^\circ\ 50{,}8'$

$$
\left\{
\begin{aligned}
hl\ \odot &= 042^\circ\ 56{,}6'\ E \\
\Delta\ \odot &= 098^\circ\ 50{,}8' \\
le &= 41^\circ\ 36'\ N
\end{aligned}
\right.
$$

$$\operatorname{sen} a = \overset{-}{\cos\Delta}\cdot \overset{+}{\operatorname{sen} l} + \overset{+}{\operatorname{sen}\Delta}\cdot \overset{+}{\cos l}\cdot \overset{-}{\cos h}$$

$$
\begin{aligned}
A &= 0{,}10211 - \\
B &= \underline{0{,}54090 +} \\
\operatorname{sen} a &= 0{,}43879 + \ \Rightarrow
\end{aligned}
\qquad
\begin{aligned}
av &= 26^\circ\ 02{,}8' \\
ae &= \underline{26^\circ\ 01{,}6'} \\
\mathbf{\Delta a} &= \mathbf{1{,}2'}\ +
\end{aligned}
$$

$$\operatorname{ctg} Z = \frac{\overset{+}{\cos l}}{\underset{-}{\operatorname{tg}\Delta}\cdot \underset{+}{\operatorname{sen} h}} - \frac{\overset{+}{\operatorname{sen} l}}{\underset{+}{\operatorname{tg} h}}$$

$$
\begin{aligned}
A &= 0{,}17084 - \\
B &= \underline{0{,}71339 + (-)} \\
\operatorname{ctg}\hat{Z} &= 0{,}88423 -
\end{aligned}
\quad \Rightarrow\ \hat{Z} > 90^\circ\ \Rightarrow\ \hat{Z} = N\ 131{,}5^\circ\ E \Rightarrow\ \mathbf{Zv\bigstar = 131{,}5^\circ}
$$

$\Delta a = 1{,}2' +$

$Zv\odot = 131{,}5°$

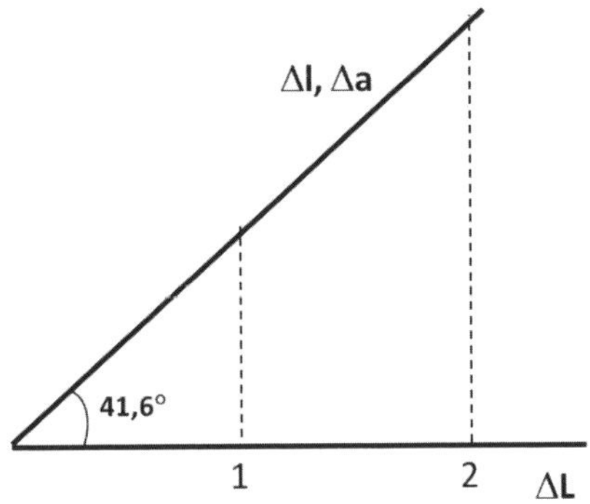

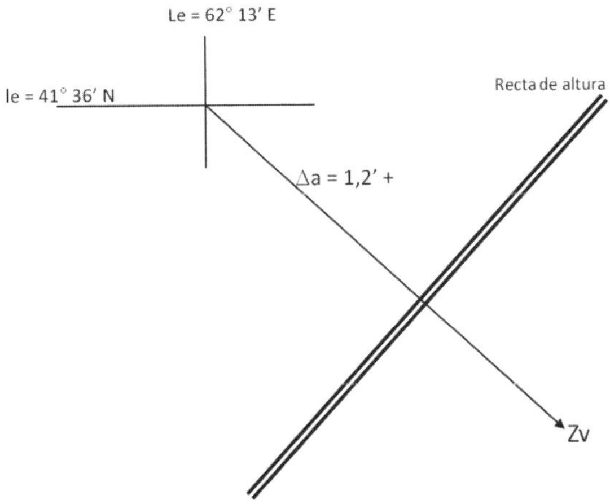

7.3. Bisectriz de altura

Cuando se han observado tres astros de forma simultánea o prácticamente simultánea, trabajando cada uno de ellos se obtienen tres rectas de altura cuya intersección será la situación del buque. Sin embargo, es poco frecuente que las tres líneas de posición coincidan en un punto. Lo normal es que formen un triángulo, a partir del cual debe hallarse la situación. El procedimiento más empleado es la determinación del punto de intersección de las bisectrices de altura.

Se denomina bisectriz de altura a la línea recta trazada desde el punto de intersección de dos rectas de altura, en dirección de la semisuma de los azimutes de ambas rectas.

Figura 7.11. Bisectriz de altura.

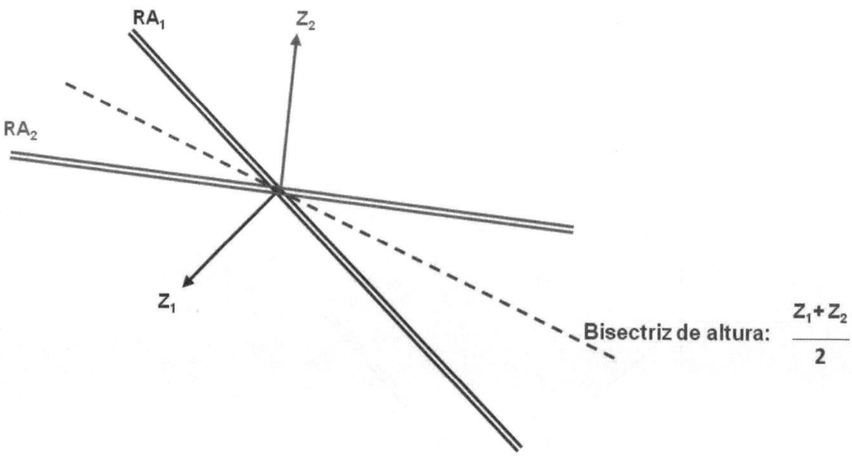

Si se considera la bisectriz de altura como el lugar geométrico de la situación del buque, se eliminan los errores sistemáticos cometidos al observar los astros. En efecto, como se muestra en el gráfico de la Figura 7.12, cuando se han observado dos astros de forma simultánea la intersección de las dos rectas de altura dan como resultado la situación observada en el punto *S*; pero, si se considera que se ha cometido un error sistemático en las alturas observadas, esto implica que las Δa de ambos astros tendrán exactamente el mismo error. Teniendo esto en cuenta, la situación por corte de rectas de altura estará en *S'* y no en *S*. Considerando un error distinto pero el mismo para ambas rectas de altura, la situación estará en *S''*. Uniendo los puntos obtenidos (*S*, *S'* y *S''*) se obtiene una línea de posición que elimina los errores sistemáticos de las observaciones y que sigue la dirección de la semisuma de los azimutes verdaderos de los astros: la bisectriz de altura.

Figura 7.12. La bisectriz de altura y los errores sistemáticos.

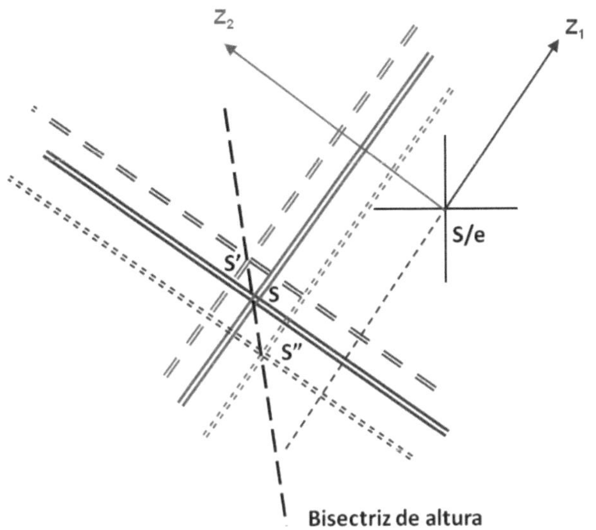

7.4. Paralelos de latitud observada

En la Pieza 2 se explicó cómo obtener una latitud observada de confianza bien por medio de la **observación de la altura de un astro a su paso por el meridiano de lugar** (meridiano superior, MSL, y meridiano inferior de lugar, MIL) (apartado 2.3.6) o bien por la **observación de una altura de la estrella Polar** (apartado 2.3.4.1).

El paralelo de latitud observada obtenido constituye una línea de posición astronómica susceptible de ser trazada igual que una recta de altura (Figura 7.13), siempre que el azimut del astro observado sea norte o sur. De hecho, si a partir de una altura meridiana se calculara el determinante Marcq correspondiente, la recta de altura obtenida coincidiría con el paralelo de latitud observada.

Si los astros no se han observado exactamente en el momento de su paso por el meridiano de lugar, sus alturas serán circunmeridianas. En estos casos, dado que el ángulo en el polo tiene un valor que no puede despreciarse, el azimut de los astros no será norte o sur y, aunque a partir de la altura del astro se obtenga una latitud observada, **no se puede considerar que la recta de altura se confunde con un paralelo**.

Figura 7.13. Paralelo de latitud observada.

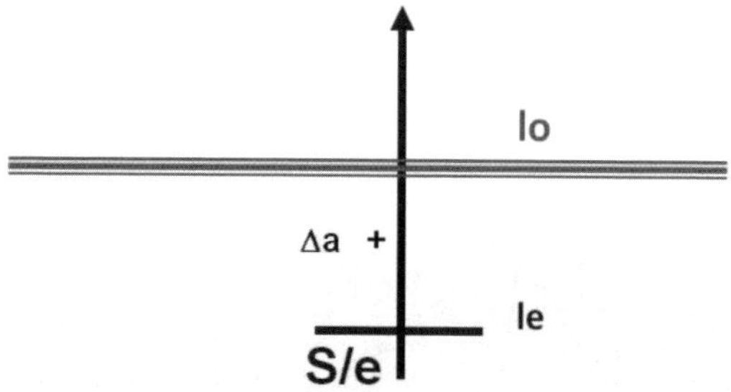

EJEMPLO: El 14 de noviembre de 2014, en S/e: l = 58° S, L = 020° W, durante el crepúsculo vespertino, al ser HcG = 22-32-48, se obtuvo Ai^{m} ★ *Mimosa* = 27° 59'. Ei = 1,5' a la izquierda, e_o = 15 m. Se pide determinante Marcq de *Mimosa* y trazado de la recta de altura correspondiente.

HcG = 22-32-48 (14)
Lt = 01-20-00 W –

Hcl = 21-12-48 (14)

Comprobamos en el *Almanaque* que el astro se observa durante el crepúsculo vespertino…

hG★ = **hG♈** + **AS★**
E+ E+ E+
W– W– W–

A.N. p. 378: AS ★ *Mimosa* = 167° 51,2' W ;
A.N. p. 379: d ★ *Mimosa* = 59° 45,9 – → Δ = 30° 14,1'

hG♈ = 023° 55,4'
C$^{\underline{ón}}$x min y s = 8° 13,3'

hG♈ = 032° 08,7' W –
AS ★ = 167° 51,2' W –

hG★ = 199° 59,9' W –
L = 020° 00,0' W – (+)

hl★ = 179° 59,9' W

Ai^{m}★	=	27° 59,0’		
Ei	=	1,5’ –		
Ao^{m}★	=	27° 57,5’		
Dp	=	6,9’ –	⇐	Tabla A: con e_o = 15 m
Ra	=	1,8’ –	⇐	Tabla C: con Ao = 28°
av^{m}★	=	27° 48,8’		

l = 58° S
Δ = 30° 14,1’
hl ★ = 179° 59,9’ W

$$\mathit{sena} = \overset{+}{\cos}\Delta\cdot \overset{+}{\mathit{sen}}\, l + \overset{+}{\mathit{sen}}\,\Delta\cdot \overset{+}{\cos} l\cdot \overset{-}{\cos}\, h$$

A	=	0,73269 +				
B	=	0,26684 –				
				av	=	27° 48,8’
sen a	=	0,46585 +	⇨	ae	=	27° 45,9’
				Δa	=	**2,9’ +**

$$\operatorname{ctg}\hat{Z} = \frac{\overset{+}{\cos}\, l}{\underset{+}{\operatorname{tg}}\,\Delta\cdot \underset{+}{\operatorname{sen}}\, h} - \frac{\overset{+}{\operatorname{sen}}\ l}{\underset{-}{\operatorname{tg}}\, h}$$

A	=	31256,48456 +
B	=	29153,74020 – (+)
ctg Ẑ	=	60410,22476 +

ctg Ẑ = 60410,22476 + ⇨ Ẑ < 90° ⇨ Ẑ = S 000° W ⇨ **Zv★ = 180°**

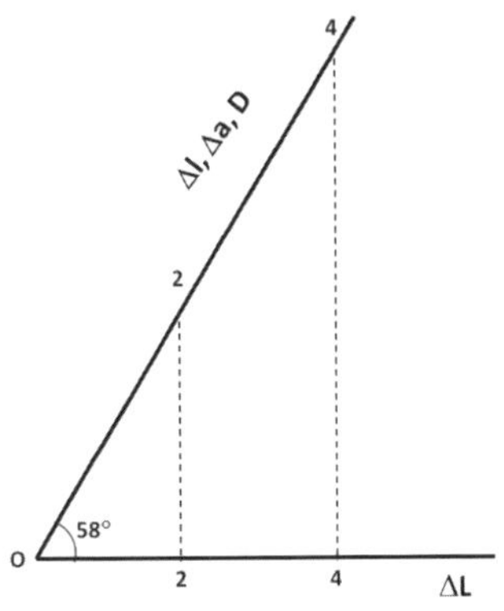

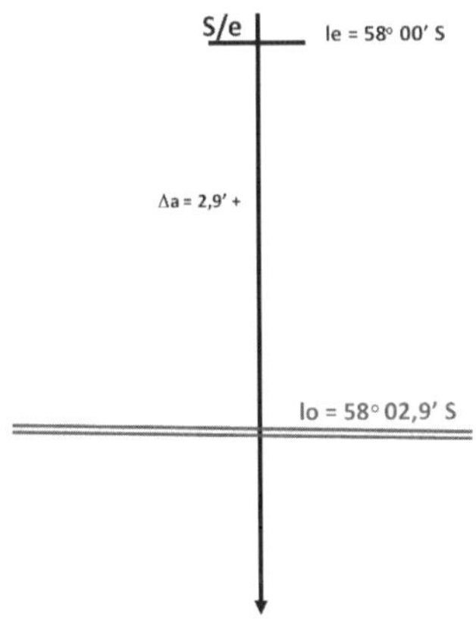

Pero, como hl ★ ≈ 180°, si se hubiera trabajado la altura de *Mimosa* como altura meridiana de culminación inferior (al paso de la estrella por MIL), se hubiera obtenido idéntico resultado:

$$l = a_v^m + \Delta$$

av★	=	27° 48,8’		
Δ	=	30° 14,1’		
lo	**=**	**58° 02,9’ S**	**Le = 020° W**	**← Sit. rectificada**

Una vez obtenida una latitud observada, se puede rectificar la situación de estima, teniendo: **Situación rectificada: lo = 58° 02,9’ S, Le = 020° W**.

Los resultados de aprendizaje que se habrán conseguido al finalizar esta pieza se muestran en la Tabla 7.1.

Tabla 7.1. Pieza 7: resultados de aprendizaje esperados.

Resultados de aprendizaje
Conoce, comprende y utiliza la información y datos obtenidos con instrumentos y publicaciones necesarios para la determinación de la situación por medio de la observación de cuerpos celestes (cronómetro, sextante, *Almanaque Náutico*).
Obtiene de forma autónoma información y datos necesarios utilizando cronómetro, sextante, *Almanaque Náutico.*
Conoce y utiliza las líneas de posición de la navegación astronómica.
Rectifica la situación de estima calculando la latitud por observación de la estrella Polar y del Sol a mediodía, así como al paso de cualquier astro por meridiano de lugar.

7.5. Cálculos resueltos

7.5.1. El 21 de julio de 2014, en S/e: l = 06° N, L = 092° 42' W, durante el crepúsculo matutino, al ser HcG = 11-40-48, observamos Ai☾̄= 54° 40,2'.

Ei = 2' a la izquierda, e_o = 14 m.

Se pide: trazado de la recta de altura tangente Marcq.

$$\frac{L°}{15} = \frac{092°\ 42'\ W}{15} = Lt = 06\ h\ 10\ min\ 48\ s\ W \rightarrow Z = 6\ W$$

HcG = 11-40-48 (¿?)
Lt = 06-10-48 W –

Hcl = 05-30-00 (21)
Lt = 06-10-48 W – (+)

HcG = 11-40-48 (21)

En el *Almanaque náutico* comprobamos que, efectivamente, la observación se realiza durante el crepúsculo náutico matutino.

Al ser HcG = 11-40-48 (21): PH ☾ = 55,9'

Ai☾̄	=	54° 40,2'	
Ei	=	2,0' –	
Ao☾̄	=	54° 38,2'	
Dp	=	6,6' –	⇐ Tabla A: con e_o = 16 m
Ap☾̄	=	54° 31,6'	
1ª C^ón	=	16,7' +	⇐ (C^on x SD, Ra y p) por 54º de Ap y 55' de PH
2ª C^ón	=	0,3' –	⇐ (C^on x SD, Ra y p) por 31,6' de Ap: Tpp con 31,6' (Ap) y con 0,7' (V^ón)
3ª C^ón	=	0,3' +	⇐ (C^on x SD, Ra y p) por 0,9' de PH Tpp con 0,9' (PH) y con 0,3' (V^ón)
av ☾	=	54° 48,3'	

Al ser HcG = 11-40-48 (21):

hG☾ a 11 hTU (21)	=	048° 41,9'	Dif. = 108
C^on x 40 min 48 s	=	9° 44,1'	
C^on x Dif	=	7,3'	
hG☾ a 11-40-48 (21)	=	058° 33,3' W –	
L	=	092° 42,0' W – (+)	
hl☾	=	034 ° 08,7' E	
d☾ a 11 hTU (21)	=	16° 47,7' +	
C^on x 40 min 48 s	=	3,3' +	
d☾ a 11-40-48 (21)	=	16° 51,0' +	

l = N y d☾ = N ⇨ d y l = signo ⇨ Δ = 90° – d = 90° – 16° 51' = 73° 09'

$$\begin{cases} l = 06° \text{ N} \\ \Delta = 73° \, 09' \\ hl \, ☾ = 034° \, 08{,}7' \text{ E} \end{cases}$$

$$\text{sen } a = \overset{+}{\cos}\Delta \cdot \overset{+}{\text{sen}}\ l + \overset{+}{\text{sen}}\ \Delta \cdot \overset{+}{\cos}\ l \cdot \overset{+}{\cos}\ h = \text{A} + \text{B}$$

$$\begin{aligned} \text{A} &= 0{,}03030 + \\ \text{B} &= 0{,}78775 + \\ \text{sen a} &= 0{,}81805 + \end{aligned} \quad \Rightarrow \quad \begin{aligned} \text{av} &= 54° \, 48{,}3' \\ \text{ae} &= 54° \, 53{,}4' \\ \boldsymbol{\Delta a} &= \mathbf{5{,}1' -} \end{aligned}$$

$$\text{ctg } \hat{Z} = \frac{\overset{+}{\cos}\ l}{\underset{+}{\text{tg}}\ \Delta \cdot \underset{+}{\text{sen}}\ h} - \frac{\overset{+}{\text{sen}}\ l}{\underset{+}{\text{tg}}\ h} = \text{A} - \text{B}$$

$$\begin{aligned} \text{A} &= 0{,}53664 + \\ \text{B} &= 0{,}15413 + (-) \\ \text{ctg } \hat{Z} &= 0{,}38251 + \end{aligned} \quad \Rightarrow \quad \hat{Z} < 90° \quad \Rightarrow \quad \hat{Z} = \text{N } 069{,}1° \text{ E} \quad \Rightarrow \quad \mathbf{Zv☾ = 069{,}1}$$

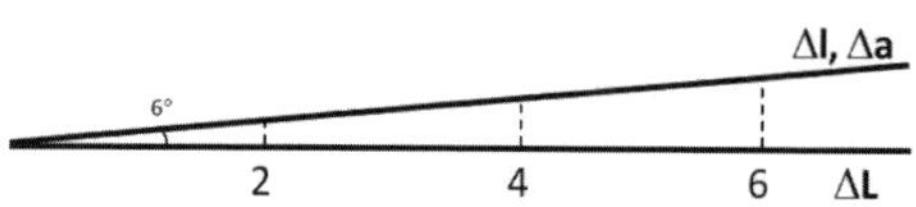

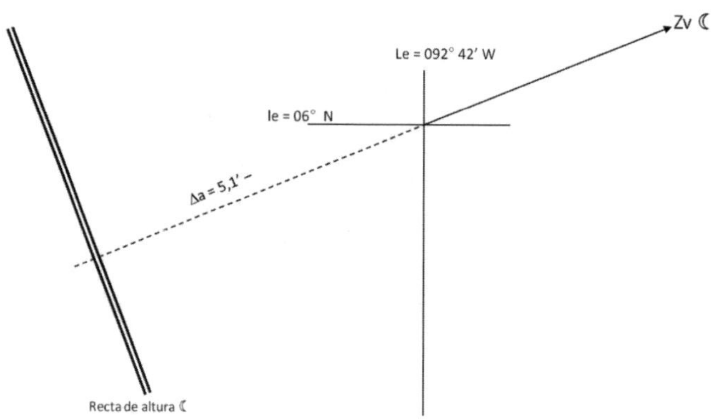

7.5.2. El 24 de agosto de 2014, en S/e: l = 32° 15' S, L = 135° 24' W, en el momento del fin del crepúsculo civil vespertino, observamos Ai ★ *Peacock* = 41° 17,4'.

Ei = 2,6' a la derecha, e_o = 18,5 m.

Se pide: trazado de la recta de altura tangente Marcq.

En primer lugar, determinamos la hora de la observación.

$$\frac{L^\circ}{15} = \frac{135^\circ\ 24'\ W}{15} = Lt = 09\ h\ 01\ min\ 36\ s\ W \rightarrow Z = 9\ W$$

Almanaque náutico: 24 agosto 2014	**Fin Crepúsculo civil**			**Fin Crepúsculo civil**
l = 30° S	18-05	⇨	l = 32° 15`S	18-03,2
l = 35° S	18-01			

Hcl =	18-03,2 (24)
Lt =	09-01,6 W – (+)
HcG =	27-04,8 (24)
HcG =	**03-04,8 (25)**

Ai ★=	41° 17,4'
Ei =	2,6' +
Ao★ =	41° 20,0'
Dp =	7,6' –
Ra =	1,2' –
av ★ =	41° 11,2'

Trabajamos a continuación el determinante Marcq de la ★ ***PEACOCK***

A.N. p. 378 AS ★ *Peacock* = 053° 17,4' W

A.N. p. 379 d ★ *Peacock* = 56° 41,1' S → Δ = 33° 18,9'

hG♈ =	018° 18,4'
$C^{\underline{ón}}$ x min y s =	1° 12,2'
hG♈ =	019° 30,6' W –
AS ★ =	053° 17,4' W –
hG★ =	072° 48,0' W –
L =	135° 24,0' W – (+)
hl★ =	062° 36,0' E

l = 32° 15`S
Δ = 33° 18,9'
hl ★ = 062° 36,0' E

$$\text{ctg}\,\hat{Z} = \frac{\overset{+}{\cos l}}{\underset{\substack{+<90^\circ \\ ->90^\circ}}{\text{tg}\,\Delta} \cdot \underset{+}{\text{sen}\,h}} - \frac{\overset{+}{\text{sen}\ l}}{\underset{\substack{+<90^\circ \\ ->90^\circ}}{\text{tg}\,h}} = A - B$$

A =	1,44936 +
B =	0,27660 + (–)
ctg $\hat{Z}$ =	1,17276 +
$\hat{Z}$ =	S 40,5° E
Zv ★ =	**139,5°**

$$\text{sen } a = \overset{\substack{+<90^\circ \\ ->90^\circ}}{\cos}\Delta \cdot \overset{+}{\text{sen}}\ l + \overset{+}{\text{sen}}\ \Delta \cdot \overset{+}{\cos}\ l \cdot \overset{\substack{+<90^\circ \\ ->90^\circ}}{\cos}\ h = \text{A} + \text{B}$$

A =	0,44592 +
B =	0,21377 +
sen a =	0,65969 +
ae =	41° 16,6’
av ★ =	41° 11,2’
ae★ =	41° 16,6’
Δa =	**5,4’ –**

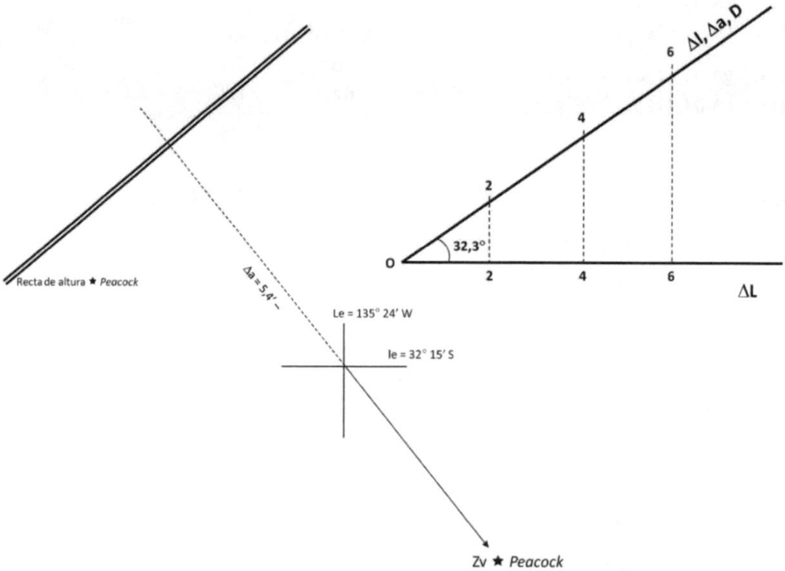

7.5.3. El 26 de agosto de 2014, S/e: l = 33° 20,2`S, L = 140° 20’ W, durante el crepúsculo vespertino, observamos la estrella *Atria* a su paso por el MSL, obteniendo Ai^m ★ *Atria* = 54° 22’. Ei = 1,6’ a la izquierda, e_o = 16 m.

Se pide: HcG de la observación y trazado del paralelo de latitud correspondiente.

En primer lugar determinamos la hora de paso de ★ *Atria* por el meridiano superior de lugar, el día 26 de agosto:

$$\frac{L^\circ}{15} = \frac{140^\circ\ 20'\ W}{15} = Lt = 09\text{ h } 21\text{ min } 20\text{ s W} \rightarrow Z = 9\text{ W}$$

A.N. pp. 378-379: AS ★ *Atria* = 107° 25,9’ W y d ★ *Atria* = 69° 03,3’ S

hl★	=	000° 00,0’				
L	=	140° 20,0’ W –				
hG★	=	140° 20,0’ W –				
AS★	=	107° 25,9’ W – (+)				
hG♈	=	032° 54,1’ W				
P.I. (*)	=	020° 16,7’ W	→	HcG	=	03-00-00 (27)
C^{on} x min y s	=	12° 37,4’	→	min y s	=	50-21
				HcG	**=**	**03-50-21 (27)**
				Lt	=	09-21-20 W –
				Hcl	=	18-29-01 **(26)**

(*) Nótese que el hG♈ próximo inferior (PI) se ha buscado el día 27 de agosto, dado que la hora local debe ser de fecha 26.

Ai^{m}★	=	54° 22,0’
Ei	=	1,6 –
Ao^{m}★	=	54° 20,4’
Dp	=	7,1’ –
Ra	=	0,7’ –
av^{m}★	=	54° 12,6’

S –		S –		– si ★ cara sur
N +		N +		+ si ★ cara norte
l	=	***d***	–	***z***

Atria se observa **cara al Sur** ya que su declinación está más al sur que la latitud.

		90°
av^{m} ★	=	54° 12,6’
z	=	35° 47,4’

d★	=	69° 03,3’ S –
z	=	35° 47,4’ – (+)
lo	**=**	**33° 15,9’ S**

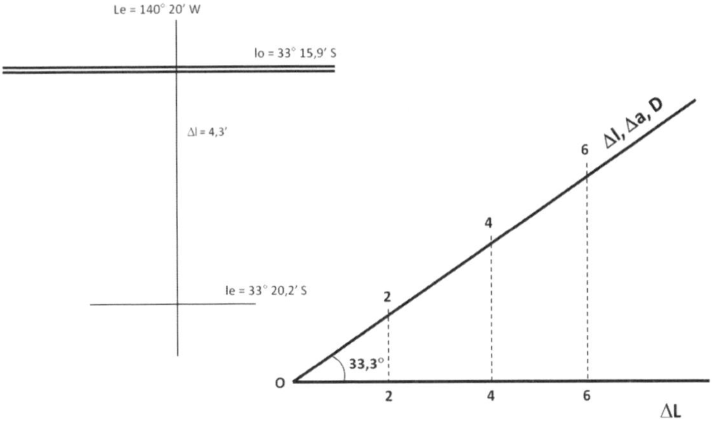

7.5.4. El 23 de septiembre de 2014, en S/e: l = 36° N, L = 152° 39,7' E, durante el crepúsculo matutino, al ser Hcr = 04-06-34, observamos: Ai ★ Rigel = 45° 57,1'.
EA [a 00h TU (22)] = 02-54-20, m.d. = 3 s en adelanto, Ei = 2,8' a la derecha, e_o = 17 m.
Se pide: Trazado de la recta de altura tangente Marcq de la ★ *Rigel.*

Almanaque náutico: 23 septiembre 2014	**Crepúsculo náutico**	**Crepúsculo civil**	**Salida Sol**
l = 35° N	04-54	05-23,5	05-48,5

$$\frac{L^\circ}{15} = \frac{152^\circ\ 39{,}7'\ E}{15} = Lt = 10\text{ h } 10\text{ min } 39\text{ s E} \rightarrow Z = 10\text{ E}$$

Hcr = 04-06-34
EA = 02-54-20 +
HcG = 07-00-54→

Investigación de hora y fecha

HcG =	07-00,9	HcG =	19-00,9
Lt =	10-10,6 E +	Lt =	10-10,6 E +
Hcl =	17-11,5	**Hcl =**	**05-11,5 (23)**
		Lt =	10-10,6 E + (–)
		HcG =	19-00,9 (22)

HcG próx.= 19-00-54 (22)
ppm = 2 –
HcG = 19-00-52 (22)

HcG próx. = 19-00-52 (22)
HcG (EA) = 00-00-00 (22)
X = ppm ⟶ I = 19-00-52
md = 3 s – ⟶ 24 h

$$ppm = \frac{md \cdot I}{24} = \frac{3\text{ s} \cdot (19:00:52)}{24} = 2{,}38\text{ s. en adelanto}$$

hG♈ = 286° 33,7'
$C^{ón}$ x min y s = 0° 13,0'
a HcG = 19-00-52 (22) hG♈ = 286° 46,7' W –

A.N. p. 376: AS ★ *Rigel* = 281° 11,2' W
A.N. p. 377: d ★ *Rigel* = 8° 11,1' – → Δ = 90° + d★ = 98° 11,1'

hG♈ =	286° 46,7' W –	Ai ★=	45° 57,1'
AS ★ =	281° 11,2' W –	Ei =	2,8' +
hG★ =	567° 57,9' W –	Ao★ =	45° 59,9'
L =	152° 39,7' E + (–)	Dp =	7,3' –
		Ra =	1,0' –
hl★ =	720° 37,6' W		
hl★ =	000° 37,6' W	av★ =	45° 51,6'

$$\begin{cases} l = 36° \text{ N} \\ \Delta = 98° \ 11{,}1' \\ hl \bigstar = 000° \ 37{,}6' \text{ W} \end{cases}$$

$$\text{sen } a = \overset{-}{\cos} \overset{+}{\Delta} \cdot \overset{+}{\text{sen}}\, l + \overset{+}{\text{sen}}\, \Delta \cdot \overset{+}{\cos}\, l \cdot \overset{+}{\cos}\, h$$

A	=	0,08368 –				
B	=	0,80073 +				
				av	=	45° 51,6’
sen a	=	0,71705 +	⇨	ae	=	45° 48,7’
				Δa	=	**2,9’** +

$$\text{ctg } \hat{Z} = \frac{\overset{+}{\cos}\, l}{\underset{-}{\text{tg}\, \Delta} \cdot \underset{+}{\text{sen}\, h}} - \frac{\overset{+}{\text{sen}}\ l}{\underset{+}{\text{tg}\, h}}$$

A	=	10,63939 –		
B	–	53,73873 + (–)		
ctg Ẑ	=	64,37812 –	⇨	Ẑ > 90°
Ẑ	=	N 179,1° W		
Zv★	=	**180,9°**		

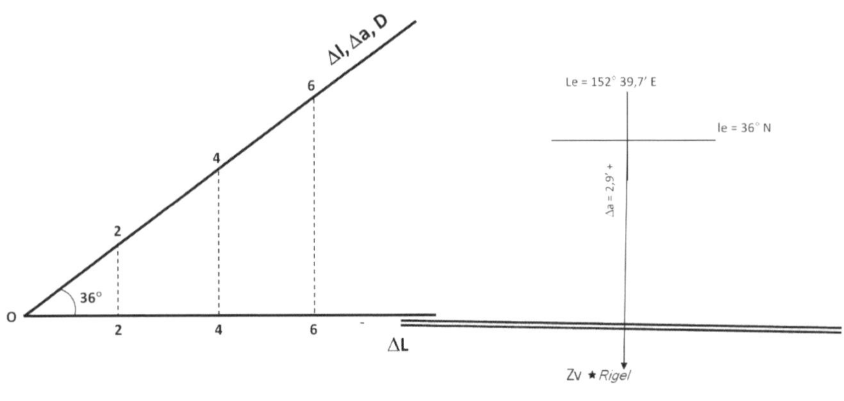

En este caso, aunque el *hl* de *Rigel* tiene un valor próximo a cero, la estrella no se ha observado exactamente en el momento del paso del astro por el meridiano de lugar, sino que se trata de una altura circunmeridiana. Dado que el ángulo en el polo tiene un valor que no puede despreciarse, aunque a partir de la altura del astro se obtenga una latitud observada, no se puede considerar que la recta de altura se confunde con un paralelo.

7.5.5. El 28 de febrero de 2014, al ser mediodía verdadero, en S/e: l = 46° 35' S, L = 160° E, se observa a_v^m ⊖ = 51° 32,7'.

Se pide: Situación rectificada a mediodía y trazado del paralelo de latitud observada.

Mediodía verdadero es el momento de paso del centro del Sol por el MSL. Como es sabido, en ese momento su hl ⊙ = 000° = 360°. Tal como se explicó en la pieza 3, dado el horario, se puede calcular la hora. Sin embargo, existe otro sencillo procedimiento, utilizando la información proporcionada a diario en el *Almanaque Náutico*: el PMG del Sol, que es la HcG del paso del Sol por el MSG. Por tratarse de un fenómeno de Sol, esta puede considerarse igual a la Hcl del paso del Sol por el MSL (v. Figura 4.15). Lo comprobamos:

$$\frac{L°}{15} = \frac{160°\ 00'\ E}{15} = Lt = 10\ h\ 40\ min\ 00\ s\ E \rightarrow Z = 11\ E$$

hl⊙	=	000° 00,0'				
L	=	160° 00,0' E				
hG⊙	=	160° 00,0' E				
hG⊙	=	200° 00,0' W				
P.I.	=	191° 51,0' W	⟶	HcG	=	01-00-00 (28)
C^{on} x min y s	=	008° 09,0'	⟶	min y s	=	32-36
				HcG	**=**	**01-32-36 (28)**
				Lt	=	10-40-00 E +
				Hcl	=	12-12-36 (28)

PMG = HcG p ⊙ MSG ≈ Hcl p ⊙ MSL	=	12-12,5 (28)
Lt	=	10-40,0 E + (–)
HcG	**=**	**01-32,5 (28)**

Cuando se observa un astro a su paso por MSL, la latitud observada viene dada por la fórmula:

S –		S –		– si ★ cara sur
N +		N +		+ si ★ cara norte
l	=	***d***	–	***z***

HcG = 01-32-36 (28) ⇨ d⊙ = 8° 03,2' –

El Sol se observa **cara al Norte** ya que su declinación está más al norte que la latitud.

		90°		d⊙	=	08° 03,2' –
av^m ⊖	=	51° 32,7'		z	=	38° 27,3' + (–)
z	=	38° 27,3'		**lo**	**=**	**46° 30,5' S**

Una vez se calcula una latitud observada, se rectifica la situación de estima:
Situación rectificada: lo = 46° 30,5' S, Le = 160° E

La latitud observada al paso de un astro por meridiano de lugar nos da una línea de posición: el paralelo de latitud observada, que puede trazarse en la carta:

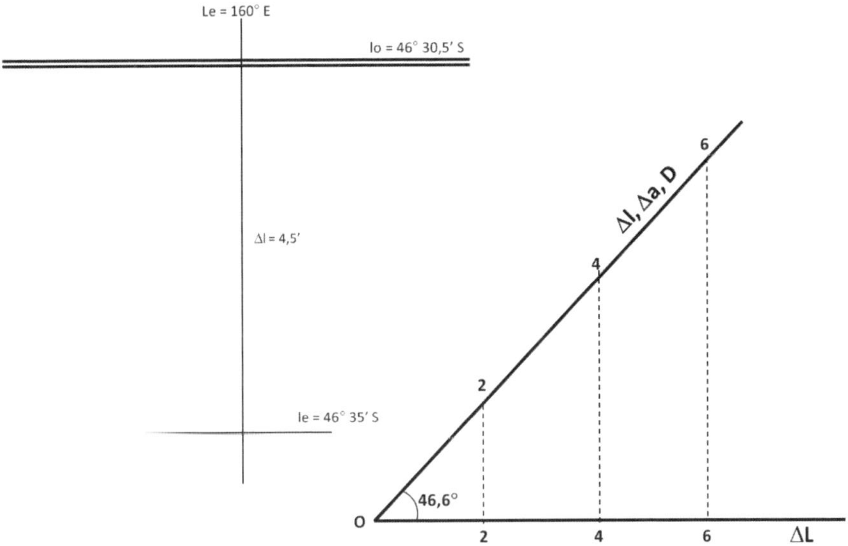

7.5.6. El 11 de mayo de 2014, durante el crepúsculo náutico vespertino, en S/e: l = 60º N, L = 007º E, observamos la estrella Polar a su paso por MIL, obteniendo: Ai ✵ = 59º 22,4'.

Ei =1,6' a la izda., e_o = 13 m. Se pide: HcG, situación rectificada y trazado del paralelo de latitud observada correspondiente.

A.N. p. 378 AS ★ *Polaris* = 316° 115,2' W

A.N. p. 379 d ★ *Polaris* = 89° 19,4' + → Δ = 00° 40,6'

hl ✵	=	180° 00,0' W –				
AS ✵	=	317° 55,2' W – (+)				
hl ♈	=	137° 55,2' E +				
hl ♈	=	222° 04,8' W –				
L		007º 00,0' E +				
hG♈	=	215° 04,8' W				
P.I.	=	214° 38,9' W	⟶	HcG	=	23-00-00 (11)
$C^{ón}$ x min y s	=	000° 25,9'	⟶	min y s	=	00-01-43
				HcG	**=**	**23-01-43 (11)**
				Lt	=	00-28-00 E +
				Hcl	=	23-29-43 (11)

Comprobamos en el *Almanaque* que la observación efectivamente se ha realizado durante el crepúsculo vespertino del día 11

	Ai ✳	=	59º 22,4’	
	Ei	=	1,6’ –	
	Ao ✳	=	59º 20,8’	
	Dp	=	6,4’ –	
	Ra	=	0,6’ –	
	av ✳	=	59º 13,8’	
A.N. p. 383, T. I, con hl♈ (W)	C1	=	40,5’ +	
A.N. p. 384, T.II, con hl♈ (W) y av ✳	C2	=	0,0	
A.N. p. 384, T.III, con hl♈ (W) y fecha	C3	=	0,1’ +	
	lo	**=**	**59° 54,4’ N**	**Le = 007° E**

Situación rectificada

Pero, como se ha observado la altura de *Polaris* a su paso por MIL, se habría obtenido idéntico resultado si se hubiera empleado la expresión:

$$l = a_v^m + \Delta$$

av ✳	=	59º 13,8’		
Δ	=	00° 40,6’		
lo	**=**	**59° 54,4’ N**	**Le = 007° E**	**← Sit. rectificada**

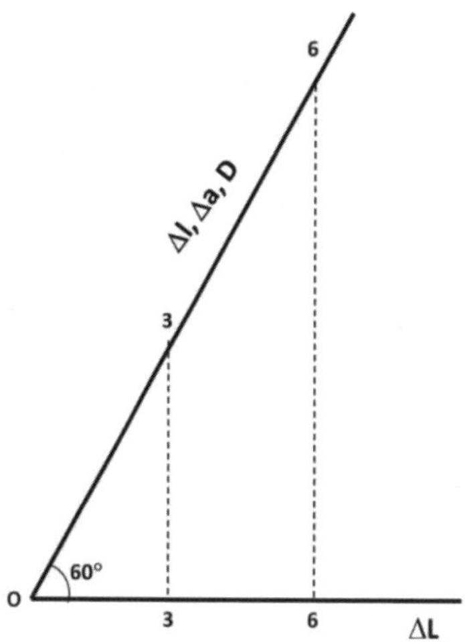

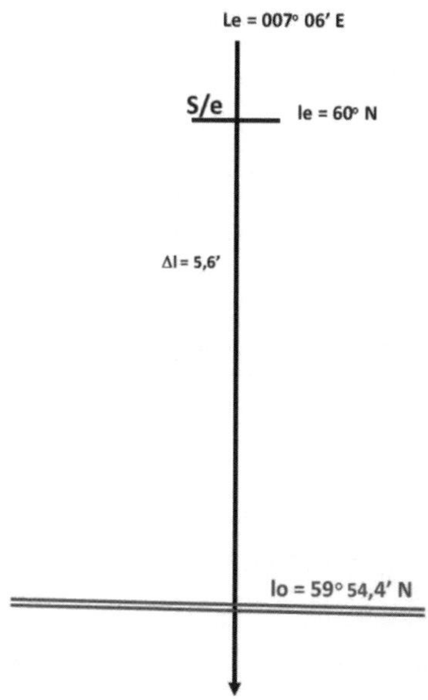

7.6. Cálculos propuestos

7.6.1. El 22 de agosto de 2014, durante el crepúsculo vespertino, al ser Hcr = 04-50-41, en S/e: l =39° 06' N, L = 037° 48' W, observamos Ai ★ *Altair* = 47° 50,8', Za★ *Altair* = 120° y simultáneamente: Ai ★? = 24° 49,8', Za ★? = 215,5°.

EA [00h TU (22)] = 05-15-43, m.d. = 8 s en adelanto, Ei = 3,0' a la dcha., e_o = 19 m.

Se pide: Trazado de las rectas de altura tangente Marcq de ambos astros, así como la bisectriz de altura correspondiente.

7.6.2. El 15 de noviembre de 2014, en S/e: l = 45° S, L = 015° W, por la mañana, al ser Hcr = 05-47-20 se observa Ai ⊙̲ = 40° 30,8'.

EA [00h TU (15)] = 03-35-21, m.d. = 12 s en adelanto, Ei = 1' a la derecha, e_o = 10 m.

Se pide: HcG de la observación y trazado de la recta de altura tangente Marcq.

7.6.3. El 6 de marzo de 2014, en S/e: l = 50° 10' N, L = 006° W, en el momento del fin del crepúsculo civil vespertino observamos: Ai ♃ *Júpiter* = 58° 28,2', Za ♃ *Júpiter* = 135° y, simultáneamente, demora de aguja del Faro de Longships (Land's End, Gran Bretaña) (l_F = 50° 04' N L_F = 005° 44,7' W), Da = 090°.

Ei = 3,0' a la izquierda, e_o = 16,5 m.

Se pide: S/o

7.6.4. El 23 de septiembre de 2014, en S/e: l = 36° N, L = 152° E, durante el crepúsculo matutino, observamos la estrella *Capella* a su paso por el meridiano superior de lugar (MSL), obteniendo: Ai^m★ *Capella* = 80° 08,9'.

Ei = 2,8' a la derecha, e_o = 17 m.

Se pide: HcG de la observación y trazado del paralelo de latitud observada de la ★ *Capella*.

7.6.5. El 10 de agosto de 2014, durante el crepúsculo matutino, en S/e: l = 49° N, L = 005° W, en el momento del paso de la estrella *Alioth* por el meridiano inferior de lugar (MIL) obtenemos Ai^m ★ *Alioth* = 15° 14,6'.

Ei = 1,8' a la izquierda, e_o = 18 m.

Se pide: HcG de la observación y trazado del paralelo de latitud observada de la ★ *Alioth*.

7.6.6. El 9 de julio de 2014, en S/e: l = 29º 20' N, L = 013º 30' W, durante el crepúsculo náutico vespertino observamos la estrella Polar a su paso por MIL, obteniendo: Ai^m ⋇ = 28º 52,0', Za ⋇ = 356º, tomando simultáneamente Da del Faro Punta Fariones (Lanzarote) = 150º (l_F = 29º 14,4'N L_F = 13º 28,2'W).

Ei = 2' a la izda., e_o = 15,5 m. Se pide: HcG y S/o.

7.6.7. El 20 de agosto de 2014, en S/e: l = 37° 54' N, L = 025° 18' W, en el momento del paso de la Luna por meridiano superior de lugar, observamos Ai^m ☾ = 70° 21,8', Za ☾ = 175° y, simultáneamente, demora de aguja del Faro de Arnel (Isla San Miguel, Azores) (l_F = 37° 49,1' N, L_F = 025° 08' W) Da = 202°.

Ei = 3,2' a la izquierda, e_o = 14,5 m. Se pide: S/o

7.6.8. El 10 de agosto de 2014, durante el crepúsculo vespertino, en S/e: l = 49° 31' N, L = 005° 50' W, en el momento del paso de la estrella *Rasalhague* por el meridiano superior de lugar (MSL) obtenemos Ai^m ★ *Rasalhague* = 53° 04,6'.

Ei = 2' a la derecha, e_o = 16 m.

Se pide: HcG de la observación y trazado del paralelo de latitud observada de la ★ *Rasalhague*.

7.6.9. El 7 de junio de 2014, al ser HcG = 19-00 salimos de Wake Island (l = 19° 18' N, L = 166° 38' E) rumbo a Kaumalapau Harbour (l = 20° 47' N, L = 157° W), con Vs = 18 nudos, dm = 7° E, Δ = 3°–.

Iniciamos el viaje, navegando en estas condiciones hasta el p ☉ MSL, momento en que observamos Ai^m ☉ = 86-24,4.

Ei = 2,8' a la dcha., e_o = 12 m.

Se pide:
1) Ra hacia Kaumalapau Harbour y Hcl de salida.
2) Situación rectificada al p☉ m/s l y trazado del paralelo de latitud observada.

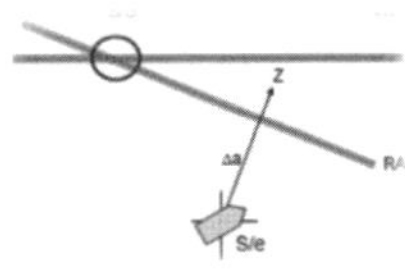

¿Sé obtener la S/o?
¿Sé determinar la Ct del compás?

Culmina en esta pieza el estudio de la navegación astronómica, con la obtención de la situación del observador y el cálculo de la corrección total del compás.

La recta de altura es el lugar geométrico del buque correspondiente a la hora de la observación. Aunque disponer de una única línea de posición puede resultar de gran utilidad, la disposición de dos o más de estas líneas permite obtener la situación del buque.

Para obtener la situación pueden combinarse líneas de posición obtenidas utilizando las técnicas de las distintas ramas de la navegación; pero, los procedimientos que se explican aquí implican el empleo de dos o más líneas de posición de la navegación astronómica, obtenidas simultáneamente o no.

La obtención de la situación por estas líneas de posición (rectas de altura) sigue los mismos criterios que los utilizados al obtenerla por las líneas de posición de la navegación costera. Conviene recordar que lo ideal es que las líneas de posición se corten formando un ángulo de 90°, si son dos los astros observados (es decir, que sus azimutes difieran 90° o 270°), o de 60°, si son tres (es decir, que sus azimutes difieran 60° o 120°). Como norma, se observarán astros cuyos azimutes difieran entre 60° y 120°, teniendo en cuenta que en ningún caso se utilizarán astros cuyos azimutes difieran menos de 30°.

Por otra parte, si las líneas de posición no son simultáneas, para tener situación en el instante en que se obtuvo la última, deben trasladarse —analítica o gráficamente— las anteriores a dicho instante, por rumbo y distancia efectivamente navegada.

En relación al cálculo de la corrección total del compás (Ct), esta viene dada, como es sabido, por la comparación del azimut verdadero (*Zv*) que tiene el astro en un instante, calculado mediante fórmula, y el azimut de aguja (*Za*) del astro, observado con ese compás en ese mismo instante: **Ct = Zv – Za**.

8.1. Consideraciones sobre la simultaneidad de las líneas de posición

Estrictamente, **líneas de posición simultáneas** son las que se obtienen en el mismo instante y en el mismo lugar, lo que implica la necesidad de disponer de tantos observadores como líneas de posición se deseen obtener.

Sin embargo, si el buque ha permanecido parado durante el intervalo transcurrido entre las observaciones, o si la distancia recorrida durante dicho intervalo es, por su pequeñez, prácticamente despreciable, también pueden considerarse observaciones simultáneas, a efectos de trazado gráfico, esto es, simultáneas en cuanto a situación pero no en cuanto a la hora de obtención.

Figura 8.1. Traslado de una recta de altura.

a) Traslado de un punto de la recta de altura   b) Traslado de la situación de estima

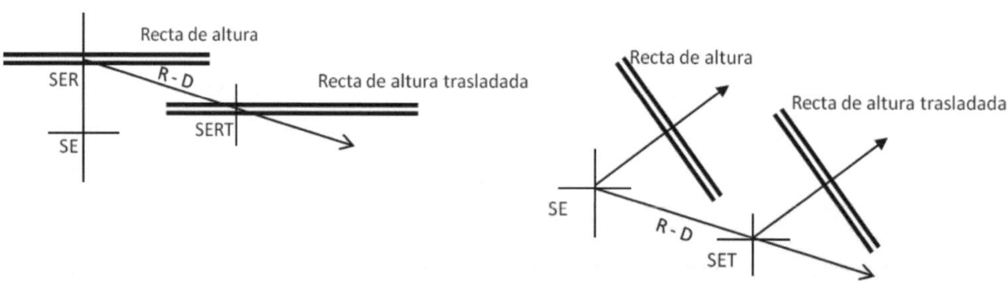

SE: Situación de estima a hora H_1
SER: Situación de estima rectificada a hora H_1
SERT: Situación de estima rectificada trasladada a hora H_2

SE: Situación de estima a H_1
SET: Situación de estima trasladada a H_2

Cuando las **líneas de posición no son simultáneas**, las primeras rectas de altura deben trasladarse por rumbo y distancia navegada al momento de la última observación. El traslado, que puede hacerse gráfica o analíticamente, puede ser de un punto de la recta de altura o de la situación de estima desde la que se ha trazado (Figura 8.1). Es frecuente utilizar la primera forma cuando la recta de altura que debe trasladarse es un paralelo de latitud observada; mientras que la segunda forma resulta menos laboriosa para cualquier otro caso.

8.2. Obtención de la situación durante el día

Los astros que pueden verse **durante el día** son el Sol y, en ocasiones, la Luna e, incluso, el planeta Venus. Habrá ocasiones en que puedan observarse dos astros simultáneamente; pero, lo más habitual será obtener la situación por dos observaciones no simultáneas del Sol. En este último caso, entre las dos observaciones del Sol habrá transcurrido bastante tiempo por lo que el traslado (por rumbo y distancia navegada) de la primera línea de posición hasta el momento de la segunda observación del Sol, se hará analíticamente.

Los procedimientos habituales para la obtención de situación durante el día se ilustran con ejemplos a continuación.

8.2.1. Observación simultánea de dos astros

EJEMPLO: El 4 de julio de 2014, en viaje de Port Victoria (I. Seychelles, l = 04° 37' S, L = 055° 27' E) a St. Denis (I. Reunión, l = 20° 52' S, L = 055° 27' E). Al ser Hcr = 11-13-24 la estima nos sitúa 50,5 millas al Sv de Pointe du Sud (l = 04° 48' S, L = 055° 32' E), momento en que se observan, simultáneamente, Ai ⨀̲ = 47° 16,1' y Ai☾̄= 45° 47,7'.

EA [00 h TU (4)] = 11-18-02, md = 5 s en atraso, Ei = 2,3' a la derecha, e_o = 16 m.

Se pide: Situación observada (S/o).

Rv = S	l	=	04° 48,0' S –	L	=	055° 32' E
D = 50,5'	Δl	=	50,5' S –	ΔL	=	0
A = 0	l'	=	05° 38,5' S	L'	=	055° 32' E

Situación de estima (S/o) de salida

$$\frac{L^{\circ}}{15} = \frac{055^{\circ}\ 32'\ E}{15} = Lt = 03\ h\ 42\ min\ 08\ s\ E \rightarrow Z = 4\ E$$

Hcr	=	11-13-24
EA	=	11-18-02 +
HcG	=	22-31-26 →

<u>Investigación de hora y fecha</u>

HcG =	22-31	HcG =	10-31
Lt =	03-42 E +	Lt =	03-42 E +
Hcl =	02-13	Hcl =	14-13 (4)

HcG próx.	=	10-31-26 (4)	Hcl =	14-13 (4)
ppm	=	2 +	Lt =	03-42 E + (–)
HcG	**=**	**10-31-28 (4)**	HcG =	10-31 (4)

HcG próx.	=	10-31-26 (4)
HcG (EA)	=	00-00-00 (4)

X = ppm ⟶ I = 10-31-26

md = 5 s + ⟶ 24 h

$$ppm = \frac{md \cdot I}{24} = \frac{5\ s \cdot (10:31:26)}{24} = 2{,}19\ s.\ \text{en atraso}$$

Ai ⊙	=	47° 16,1'		
Ei	=	2,3' +		
Ao ⊙	=	47° 18,4'		
Dp	=	7,1' –	⇐	Tabla A: con e_o = 16 m
Ra, SD y p	=	15,2' +	⇐	Tabla B: con Ao = 47,3°
dif. SD	=	0,3' –	⇐	Tabla B: con fecha
av ⊙	=	47° 26,2'		

Al ser HcG = 10-31-28 (4.07.2014):

hG⊙ a 10 h TU (4)	=	328° 53,9'
$C^{\underline{on}}$ x 31 min 28 s	=	7° 52,0'
hG⊙ a 10-31-28 TU (4)	=	336° 45,9' W –
L	=	055° 32,0' E + (–)
hl⊙	=	392° 17,9' W
hl⊙	=	032° 17,9' W

d☉ a 10 h TU (4)	=	22° 51,6' +
$C^{\underline{on}}$ x 31 min 28 s	=	0,1' –
d☉ a 10-31-28 TU (4)	=	22° 51,5' +

l = S y d☉ = N ⇨ d y l ≠ signo ⇨ Δ = 90° + d = 90° + 22° 51,5' = 112° 51,5'

l = 05° 38,5' S
Δ = 112° 51,5'
hl ☉ = 032° 17,9' W

$$\text{sen}\, a = \overset{-}{\cos}\Delta \cdot \overset{+}{\text{sen}}\, l + \overset{+}{\text{sen}}\, \Delta \cdot \overset{+}{\cos}\, l \cdot \overset{+}{\cos}\, h$$

A = 0,03819 –
B = 0,77512 +

sen a = 0, 73693 + ⇨ av = 47° 26,2'; ae = 47° 28,2'

Δa = 2,0' –

$$\text{ctg}\, \hat{Z} = \frac{\overset{+}{\cos}\, l}{\underset{-}{\text{tg}}\, \Delta \cdot \underset{+}{\text{sen}}\, h} - \frac{\overset{+}{\text{sen}}\, l}{\underset{+}{\text{tg}}\, h}$$

A = 0,78513 –
B = 0,15552 + (–)

ctg $\hat{Z}$ = 0,94065 – ⇨ $\hat{Z}$ > 90° ⇨ $\hat{Z}$ = S 133,2° W ⇨ **Zv☉ = 3**

Al ser HcG = 10-31-28 (4.07.2014): PH ☾ = 54,96' = 55,0'

Ai☾̄	=	45° 47,7'	
Ei	=	2,3' +	
Ao☾̄	=	45° 50,0'	
Dp	=	7,1' –	⇐ Tabla A: con e_o = 16 m
Ap☾̄	=	45° 42,9'	
1ª $C^{\underline{ón}}$	=	23,0' +	⇐ ($C^{\underline{on}}$ x SD, Ra y p) por 45° de Ap y 55' de PH
2ª $C^{\underline{ón}}$	=	0,4' –	⇐ ($C^{\underline{on}}$ x SD, Ra y p) por 42,9' de Ap: Tpp con 42,9' (Ap) y con 0,6' ($V^{\underline{on}}$)
3ª $C^{\underline{ón}}$	=	0,0'	⇐ ($C^{\underline{on}}$ x SD, Ra y p) por 0,0' de PH
av ☾	=	46° 05,5'	

Al ser HcG = 10-31-28 (4.07.2014):

d☾ a 10hTU (4)	=	01° 59,8' –
$C^{\underline{on}}$ x 31 min 28 s	=	5,2' –
d☾ a 10-31-28 TU (4)	=	02° 05,0' –

l = S y d☾ = S ⇨ d y l = signo ⇨ Δ = 90° – d = 90° – 02° 05,0' = 87° 55'

hG☾ a 10 hTU (4)	=	253° 03,0’	Dif. = 147
$C^{\underline{on}}$ x 31 min 28 s	=	7° 30,5’	
$C^{\underline{on}}$ x Dif	=	7,7’	
hG☾ a 10-31-28 TU (4)	=	260° 41,2’ W –	
L	=	055° 32,0’ E + (–)	
hl☾	=	316 ° 13,2’ W	
hl☾	=	043 ° 46,8’ E	

l = 05° 38,5’ S
Δ = 87° 55’
hl ☾ = 043 ° 46,8’ E

$$\text{sen } a = \overset{+}{\cos}\Delta \cdot \overset{+}{\text{sen}}\ \overset{+}{l} + \overset{+}{\text{sen}}\ \Delta \cdot \overset{+}{\cos}\ l \cdot \overset{+}{\cos}\ h$$

A = 0,00357 +
B = 0,71803 +

sen a = 0, 72160 + ⇨ av = 46° 05,5’
ae = 46° 11,2’

Δa = 5,7’ –

$$\text{ctg } \hat{Z} = \frac{\overset{+}{\cos}\ l}{\underset{+}{\text{tg}}\ \Delta \cdot \underset{+}{\text{sen}}\ h} - \frac{\overset{+}{\text{sen}}\ l}{\underset{+}{\text{tg}}\ h}$$

A = 0,05232 +
B = 0,10258 + (–)

ctg $\hat{Z}$ = 0,05026 – ⇨ $\hat{Z} > 90°$ ⇨ $\hat{Z}$ = S 092,9° E ⇨ **Zv☾ = 087,1°**

	⊙	☾
Zv =	313,2°	0,87,1°
Δa =	2’–	5,7’–

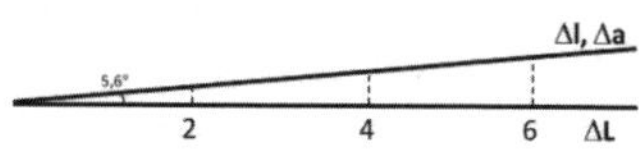

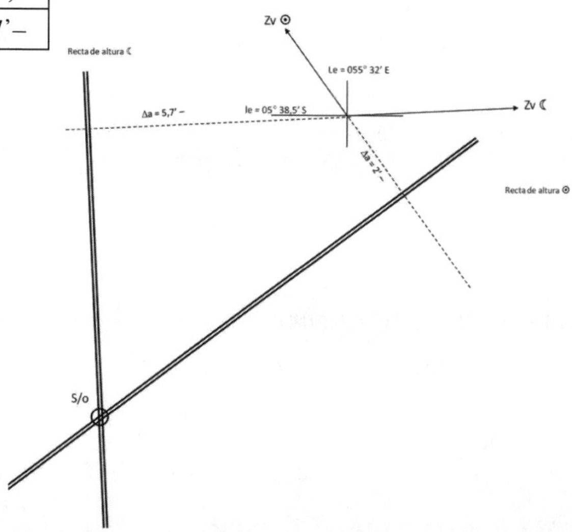

l	=	05° 38,5' S –	L	=	055° 32,0' E +
Δl	=	9,6' S –	ΔL	=	6,2' W –
l'	**=**	**05° 48,1' S**	**L'**	**=**	**055° 25,8' E**

Situación observada (S/o)

8.2.2. Observación no simultánea de dos astros

Cuando entre las observaciones media un intervalo de tiempo grande, como por ejemplo entre dos observaciones de **Sol** durante el día, el traslado suele hacerse de forma analítica. Vemos aquí los dos casos más habituales.

8.2.2.1. Observaciones de Sol a mediodía y por la tarde

<u>EJEMPLO</u>: El 27 de enero de 2014, navegando por el O. Índico, al ser mediodía verdadero, nos encontramos en S/e: l = 30° S L = 060° E, obteniendo $Ai^{m}\underline{\odot}$ = 78° 15,9'. Navegamos al Rv = 095°, con Vs = 16 nudos. Por la tarde, al ser Hcr = 10-56-48, tomamos una segunda altura del Sol: Ai $\underline{\odot}$ = 12° 59,8'.

EA [00 h TU (27)] = 02-50-35, md = 2 s en adelanto, Ei = 2,2' a la izquierda, e_o = 13 m.

Se pide: S/o al ser Hcr = 10-56-48.

Mediodía verdadero es el instante en que el Sol pasa por el meridiano superior de lugar (MSL). Como es sabido, el horario local de los astros a su paso por MSL es cero (hl = 000°). Tal como se explicó en la pieza 3 (apartado 3.3), dado el horario de un astro en un instante determinado, siempre se puede determinar la hora, con ayuda del *Almanaque*.

$$\frac{L^\circ}{15} = \frac{060^\circ\ E}{15} = Lt = 04\ h\ E \quad \rightarrow \quad Z = 4\ E$$

hl ⊙	=	000° 00,0'				
L	=	060° 00,0' E +				
hG⊙	=	060° 00,0' E				
hG⊙	=	300° 00,0' W				
A.N. p. 36 P.I.(*)	=	296° 49,7' W	→	HcG	=	08-00-00 (27)
C^{on} x min y s	=	3° 10,3'	→	min y s	=	12-41
				HcG	**=**	**08-12-41 (27)**
				Lt	=	04-00-00 E +
				Hcl	=	12-12-41 (27)

(*) P.I. = Próximo inferior

En el caso de observación de la altura meridiana del Sol, el cálculo de la hora se puede simplificar notablemente ya que el *Almanaque* recoge, a diario, con precisión de décima de minuto, el PMG de Sol. Estrictamente, PMG es la HcG del paso del Sol por el meridiano superior de Greenwich. Tal como se expuso en la pieza 4 (Figura 4.15), los pasos de Sol por los meridianos de los distintos lugares son instantes diferentes, pero, en todos ellos, la Hcl (tiempo transcurrido desde que el centro del Sol medio pasó por el meridiano inferior del lugar), tiene el mismo valor. Por tanto:

$$\begin{array}{lrcl}
\text{PMG } \odot = & \text{HcG p } \odot \text{ MSG} \approx \text{Hcl p } \odot \text{ MSL} & = & \text{12-12,7 (27)} \\
 & \text{Lt} & = & \underline{\text{04-00,0 E + (–)}} \\
 & \textbf{HcG} & = & \textbf{08-12,7 (27)}
\end{array}$$

Con la observación de Sol a mediodía, se obtiene, de forma sencilla, la latitud observada (*lo*), que proporciona directamente una línea de posición (paralelo de *lo*).

$$\begin{array}{rcrcl}
\text{Ai}^{m}\ \underline{\odot} & = & 78^\circ\ 15{,}9' & & \\
\text{Ei} & = & \underline{2{,}2'\ -} & & \\
\text{Ao}^{m}\ \underline{\odot} & = & 78^\circ\ 13{,}7' & & \\
\text{Dp} & = & 6{,}4'\ - & \Leftarrow & \text{Tabla A: con } e_o = 13\text{ m} \\
\text{Ra, SD y p} & = & 15{,}8'\ + & \Leftarrow & \text{Tabla B: con Ao} = 78{,}2^\circ \\
\text{dif. SD} & = & \underline{0{,}2'\ +} & \Leftarrow & \text{Tabla B: con fecha} \\
\textbf{av}^{m}\ \odot & = & \mathbf{78^\circ\ 23{,}3} & & z = 90^\circ - av = 11^\circ\ 36{,}7'
\end{array}$$

Al ser HcG =08-12-41 (27.01.2014):

$$\begin{array}{rcr}
\text{d}\odot \text{ a 08 h TU (27)} & = & 18^\circ\ 26{,}7'\ - \\
\text{C}^{\underline{\text{ón}}} \text{ x 12 min 41 s} & = & \underline{0{,}2'\ +} \\
\text{d}\odot \text{ a 08-12-41 TU (27)} & = & 18^\circ\ 26{,}5'\ -
\end{array}$$

En el momento del paso de los astros por el MSL, la latitud viene dada por la expresión:

$$\begin{array}{ccccl}
\text{S} - & & \text{S} - & & - \text{ si} \bigstar \text{ cara sur} \\
\text{N} + & & \text{N} + & & + \text{ si} \bigstar \text{ cara norte} \\
\boldsymbol{l} & = & \boldsymbol{d} & - & z
\end{array}$$

Particularizando el criterio de signos, en este caso, la distancia cenital (z) será positiva porque la declinación del Sol está más al N que la latitud (le). El astro, por tanto, se observará cara al norte o, lo que es lo mismo, con azimut Zv = N.

d⊙ = 18° 26,5' –
z = 11° 36,7' + (–)

lo = 30° 03,2' S

En este punto, lo que procede es rectificar la situación de estima, obteniendo la situación de estima rectificada (SER), a mediodía: **lo = 30° 03,2' S, Le = 060° E**

A partir de este momento, se considerará que esta es la situación a mediodía. Navegamos al Rv = 095° = S 85° E, con Vs = 16 nudos, hasta Hcr = 10-56-48.

Hcr = 10-56-48
EA = 02-50-35 +

HcG = 13-47-23 →

Investigación de hora y fecha

HcG =	13-47	HcG =	01-47
Lt ≈	04 E +	Lt ≈	04 E +
Hcl =	17-47 (27)	Hcl =	05-47

HcG próx. = 13-47-23 (27)
ppm = 1 –

HcG = 13-47-22 (27)

HcG próx. = 13-47-23 (27)
HcG (EA) = 00-00-00 (27)

X = ppm ⟶ I = 13-47-23
md = 2 s – ⟶ 24 h

$$ppm = \frac{md \cdot I}{24} = \frac{2\ s \cdot (13:47:23)}{24} = 1{,}15\ s.\ \text{en adelanto}$$

HcG = 13-47-22 (27)
HcG = 08-12-41 (27)

t = 05-34-41 **D = Vs · t = 89,25'**

Rv = S 85°E
D = 89,25'
A = 88,91'

l =	30° 03,2' S –	L =	060° 00,0' E	← SER a mediodía
Δl =	07,8' S –	ΔL =	1° 42,8' E	
l' =	30° 11,0' S	L' =	061° 42,8' E	

S/e a Hcr = 10-56-48

A = D · sen R = 89,25' · sen 85° = 88,91'

Δl = D · cos R = 89,25' · cos 85° = 7,78' = 7,8' S

lm = 30° 07,1' S

ΔL = A/cos lm = 102,78' = 1° 42,8' E

$$\begin{array}{rcll}
Ai\odot & = & 12^\circ\ 59{,}8' & \\
Ei & = & 2{,}2\ - & \\
\hline
Ao\odot & = & 12^\circ\ 57{,}6' & \\
Dp & = & 6{,}4'\ - & \Leftarrow \text{Tabla A: con } e_o = 13\text{ m} \\
Ra,\ SD\ y\ p & = & 12{,}0'\ + & \Leftarrow \text{Tabla B: con Ao} = 13^\circ \\
dif.\ SD & = & 0{,}2'\ + & \Leftarrow \text{Tabla B: con fecha} \\
\hline
av\odot & = & 13^\circ\ 03{,}4' &
\end{array}$$

Al ser HcG =13-47-22 (27):

$$\begin{array}{rcl}
hG\odot \text{ a 13 h TU (27)} & = & 011^\circ\ 49{,}1' \\
C^{\underline{on}} \text{ x 47 min 22 s} & = & 11^\circ\ 50{,}5' \\
\hline
hG\odot \text{ a 13-47-22 TU (27)} & = & 023^\circ\ 39{,}6'\ W - \\
L & = & 061^\circ\ 42{,}8'\ E + (-) \\
\hline
hl\odot & = & 085^\circ\ 22{,}4'\ W
\end{array}$$

$$\begin{array}{rcl}
d\odot \text{ a 13 h TU (27)} & = & 18^\circ\ 23{,}4'\ - \\
C^{\underline{on}} \text{ x 47 min 22 s} & = & 0{,}5'+ \\
\hline
d\odot \text{ a 13-47-22 TU (27)} & = & 18^\circ\ 22{,}9'\ -
\end{array}$$

$l = S$ y $d\odot = S$ ⇨ d y l = signo ⇨ $\Delta = 90^\circ - d = 90^\circ - 18^\circ\ 22{,}9' = 71^\circ\ 37{,}1'$

$$\left\{\begin{array}{l}
l = 30^\circ\ 11{,}0'\ S \\
\Delta = 71^\circ\ 37{,}1' \\
hl\ \odot = 085^\circ\ 22{,}4'\ W
\end{array}\right.
\qquad \text{sen } a = \overset{+}{\cos}\Delta \cdot \overset{+}{\text{sen}}\ l + \overset{+}{\text{sen}}\ \Delta \cdot \overset{+}{\cos}\ l \cdot \overset{+}{\cos}\ h$$

$$\begin{array}{rcl}
A & = & 0{,}15855\ + \\
B & = & 0{,}06617\ + \\
\hline
\text{sen a} & = & 0{,}22472\ +
\end{array}
\quad ⇨ \quad
\begin{array}{rcl}
av & = & 13^\circ\ 03{,}4' \\
ae & = & 12^\circ\ 59{,}2' \\
\hline
\mathbf{\Delta a} & = & \mathbf{4{,}2'\ +}
\end{array}$$

$$\text{ctg } \hat{Z} = \frac{\overset{+}{\cos}\ l}{\underset{+}{\text{tg}}\ \Delta \cdot \underset{+}{\text{sen}}\ h} - \frac{\overset{+}{\text{sen}}\ l}{\underset{+}{\text{tg}}\ h}$$

$$\begin{array}{rcl}
A & = & 0{,}28819\ + \\
B & = & 0{,}04069\ + (-) \\
\hline
\text{ctg } \hat{Z} & = & 0{,}24750\ +
\end{array}
\quad ⇨ \quad \hat{Z} < 90^\circ$$

$\hat{Z}$ = S 076,1° W ⇨ **Zv⊙ = 256,1°**

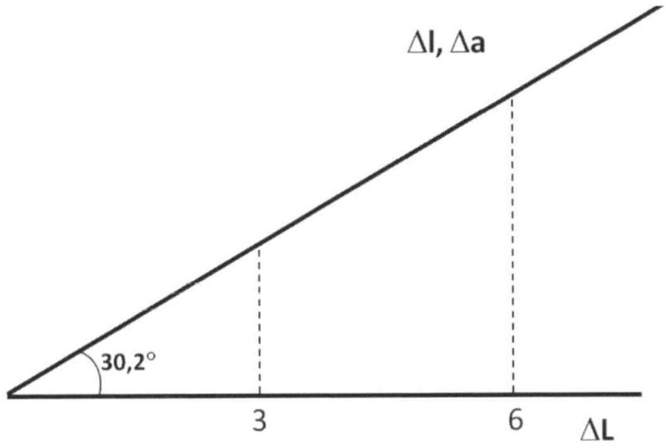

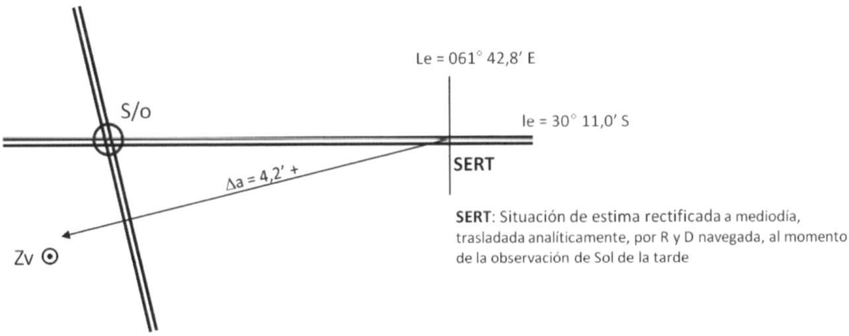

l	=	30° 11,0' S –	L	=	061° 42,8' E +
Δl	=	0	ΔL	=	4,3' W –
lo	=	**30° 11,0' S**	**Lo**	=	**061° 38,5' E**

Situación observada (S/o) a Hcr = 10-56-48

8.2.2.2. Observación de Sol por la mañana y a mediodía

La hora de paso de un astro por el meridiano del observador puede obtenerse a partir de su horario local (al paso de un astro por el MSL su hl ★ = 000°). En el caso del paso del Sol por el MSL, se ha visto en el apartado anterior un procedimiento más sencillo, utilizando el PMG ⊙ (hora civil en Greenwich del paso del astro por el meridiano superior de Greenwich: HcG p ⊙ MSG) que el *Almanaque Náutico* ofrece a diario. La observación de Sol a su paso por meridiano es la más frecuente en la práctica y, como se ha visto, pueden considerarse prácticamente iguales la hora (local) del paso por el meridiano de lugar y la hora (TU) de paso por el meridiano de Greenwich (PMG):

Hcl p⊙ MSL ≈ HcG p ⊙ MSG

Conocida esta hora (Hcl p ⊙ MSL), aplicándole la longitud en tiempo (Lt), se obtiene la hora civil en Greenwich del paso del astro por el meridiano del lugar (HcG p ⊙ MSL):

$$\text{HcG p} \odot \text{MSL} = \text{Hcl p} \odot \text{MSL} \; - \; \overset{\substack{E+ \\ W-}}{\text{Lt}}$$

Con esta hora se entra en el *Almanaque Náutico* para tener la declinación del astro, necesaria para determinar la latitud observada.

Este cálculo no ofrece dificultad si el buque se encuentra parado, no variando, por tanto, su longitud. Sin embargo, si el barco está en movimiento, no se conoce la situación en que se estará en el momento del paso por meridiano. En el siguiente ejemplo se verá el procedimiento a seguir para resolver esta circunstancia: para obtener la HcG p ⊙ MSL, se utiliza en una primera aproximación la longitud anterior conocida. En este caso, se hace necesario trabajar una «estima próxima» para obtener una longitud más parecida a la del paso del astro por el meridiano que la «anterior conocida» empleada en esta primera aproximación. Con la longitud obtenida en la «estima próxima», se repite el cálculo de la hora, trabajando después la denominada «estima exacta» que procura la situación de estima en el momento del paso del astro por el meridiano.

Este cálculo de la hora (y de la situación de estima) del paso de un astro por el meridiano de un buque en movimiento, se denomina caso del **meridiano móvil**.

EJEMPLO: El 15 de mayo de 2014, en S/e: l = 45° N y L = 020° W. Por la mañana, al ser Hcr = 05-47-20, se observa Ai⊙= 35° 15,2' y Za⊙ = 095°. Se navega al Ra = 022,4° con Vs = 15 nudos. Al ser mediodía verdadero se obtiene Ai^{m} ⊙ = 62° 55,7'.

EA [00h UT (15)] = 03-35-21, m.d. = 16 s en adelanto, Ei = 1,0' a la dcha., e_o = 10 m.

Se pide: S/o a mediodía.

$$\frac{L^\circ}{15} = \frac{020^\circ\ W}{15} = Lt = 01\ h\ 20\ min\ W \rightarrow Z = 1\ W$$

Hcr	=	05-47-20
EA	=	03-35-21 +
HcG	=	09-22-41 →

Investigación de hora y fecha

HcG =	09-22	HcG =	21-22
Lt =	01-20 W –	Lt =	01-20 W –
Hcl =	08-02 (15)	Hcl =	20-02

HcG próx.	=	09-22-41 (15)
ppm	=	6 –
HcG	**=**	**09-22-35 (15)**

HcG próx.	=	09-22-41 (15)
HcG (EA)	=	00-00-00 (15)
I	=	09-22-41

X = ppm ⟶ I = 09-22-41

md = 16 s – ⟶ 24 h

$$ppm = \frac{md \cdot I}{24} = \frac{16\,s \cdot (09:22:41)}{24} = 6{,}25\ s.\ \text{en adelanto}$$

Ai$\odot$	=	35° 15,2’	
Ei	=	1,0 +	
Ao$\odot$	=	35° 16,2’	
Dp	=	5,6’ –	⇐ Tabla A: con e_o = 10 m
Ra, SD y p	=	14,8’ +	⇐ Tabla B: con Ao = 35,3°
dif. SD	=	0,2’ –	⇐ Tabla B: con fecha
av$\odot$	=	35° 25,2’	

Al ser HcG = 09-22-35 (15):

hG$\odot$ a 09 h TU (15)	=	315° 55,0’
C^{ón} x 22 min 35 s	=	5° 38,8’
hG$\odot$ a 09-22-35 TU (15)	=	321° 33,8’ W –
L	=	020° 00,0’ W – (+)
hl$\odot$	=	301° 33,8’ W
hl$\odot$	=	058° 26,2’ E

d$\odot$ a 09 h TU (15)	=	18° 53,0’ +
C^{ón} x 22 min 35 s	=	0,2’ +
d$\odot$ a 09-22-35 TU (15)	=	18° 53,2’ +

l = N y d$\odot$ = N ⇨ d y l = signo ⇨ Δ = 90° – d = 90° – 18° 53,2’ = 71° 06,8’

$$\begin{cases} l = 45° \text{ N} \\ \Delta = 71° 06{,}8' \\ hl \odot = 058° 26{,}2' \text{ E} \end{cases} \qquad \text{sen } a = \overset{+}{\cos}\Delta \cdot \overset{+}{\text{sen}}\ l + \overset{+}{\text{sen}}\ \Delta \cdot \overset{+}{\cos}\ l \cdot \overset{+}{\cos}\ h$$

A = 0,22889 +
B = 0,35020 +

sen a = 0, 57909 + ⇨ av = 35° 25,2'
ae = 35° 23,2'

Δa = 2,0' +

$$\text{ctg } \hat{Z} = \frac{\overset{+}{\cos}\ l}{\underset{+}{\text{tg}}\ \Delta \cdot \underset{+}{\text{sen}}\ h} - \frac{\overset{+}{\text{sen}}\ l}{\underset{+}{\text{tg}}\ h}$$

A = 0,28391 +
B = 0,43439 + (–)

ctg $\hat{Z}$ = 0,15048 – ⇨ $\hat{Z}$ > 90°

$\hat{Z}$ = N 098,6° E ⇨ **Zv⊙ = 098,6°**

Zv ⊙ = 098,6°
Za ⊙ = 095,0°

Ct = 3,6° +

Ra = 022,4º
Ct = 3,6° +

Rv = 026,0°

El siguiente paso es calcular la S/e a mediodía. Para ello, tal como se ha explicado, habrá que trabajar una estima próxima y otra exacta ya que se trata de un caso de **meridiano móvil**.

PMG ⊙ = HcG p ⊙ MSG = Hcl p ⊙ MSL = 11-56,3 (15)
Longitud anterior conocida Lt = 01-20,0 W – (+)

HcG p ⊙ MSL = 13-16,3 (15)

HcG = 13-16-18 (15)
HcG = 09-22-35 (15)

t = 03-53-43 **D = Vs · t = 58,43'**

Estima próxima:

Rv = N 26° E	l = 45° 00,0' N +	L = 020° 00,0' W –
D = 58,43'	Δl = 52,5' N +	ΔL = 36,5' E +
A = 25,61'	l' = 45° 52,5' N	L' = 019° 23,5' W
		Lt = 01-17,6 W

A = D · sen R = 25,61'
Δl = D · cos R = 52,52' = 52,5' N
lm = 45° 26,3' N
ΔL = A/cos lm = 36,50' = 36,5' E

PMG ⊙ = HcG p ⊙ MSG = Hcl p ⊙ MSL = 11-56,3 (15)
Lt = 01-17,6 W – (+)

HcG p ⊙ MSL = 13-13,9 (15)

HcG = 13-13-54 (15)
HcG = 09-22-35 (15)

t = 03-51-19   D = Vs · t = 57,83'

Estima exacta:

Rv = N 26° E	l	=	45° 00,0' N +	L	=	020° 00,0' W –
D = 57,83'	Δl	=	52,0' N +	ΔL	=	36,1' E +
A = 25,35'						
	l'	**=**	**45° 52,0' N**	**L'**	**=**	**019° 23,9' W**

S/e a mediodía verdadero

A = D · sen R = 25,35'
Δl = D · cos R = 51,98' = 52,0' N
lm = 45° 26,0' N
ΔL = A/cos lm = 36,13' = 36,1' E

Ai^m ⊙	=	62° 55,7'	
Ei	=	1,0 +	
Ao^m ⊙	=	62° 56,7'	
Dp	=	5,6' –	⇐ Tabla A: con e_o = 10 m
Ra, SD y p	=	15,6' +	⇐ Tabla B: con Ao = 62,9°
dif. SD	=	0,2' –	⇐ Tabla B: con fecha
av^m ⊙	=	63° 06,5	z = 90° – av = 26° 53,5'

Al ser HcG p⊙ MSL = 13-13,9 (15.05.2014):

d⊙ a 13 h TU (15) = 18° 55,3' +
$C^{ón}$ x 13 min 54 s = 0,1' +

d⊙ a 13-13-54 TU (15) = 18° 55,4' +

S –	S –	– si ★ cara sur	
N +	N +	+ si ★ cara norte	
l =	***d***	– ***z***	

Particularizando el criterio de signos, en este caso, la distancia cenital (*z*) será negativa porque la declinación del Sol está más al S que la latitud (*le*). El astro, por tanto, se observará cara al sur, o lo que es lo mismo, con azimut Zv = S.

d⊙	=	18° 55,4' +
z	=	26° 53,5' – (+)
lo	=	**45° 48,9' N**

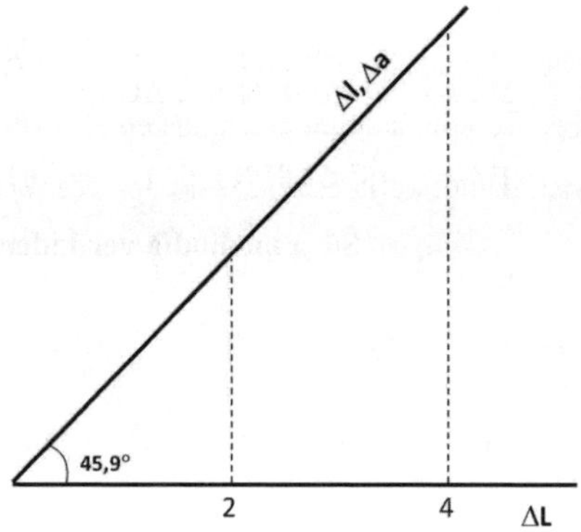

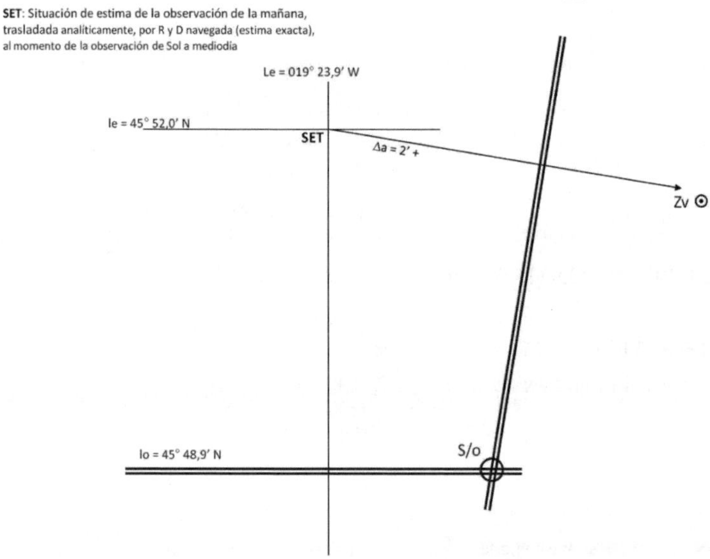

			L	=	019° 23,9' W –
			ΔL	=	2,2' E +
lo	**=**	**45° 48,9' N**	**Lo**	**=**	**019° 21,7' E**

Situación observada (S/o) a mediodía

8.3. Obtención de la situación durante los crepúsculos

Durante los crepúsculos, lo más habitual es obtener situación por observación de 3 astros (estrellas o planetas). Los astros observados pueden ser conocidos o desconocidos. Si fueran desconocidos, el primer paso será reconocerlos, para luego tratarlos como astros conocidos. Es más probable observar astros desconocidos durante el crepúsculo vespertino.

Si se prepara la observación utilizando la Publicación H.O. 249, más conocida como «Tablas americanas» o «Tablas rápidas», tal como se ha explicado en el apartado 4.2.2, se sale al alerón, a la hora prevista, con la altura preparada en el sextante de tal modo que al observar en la dirección del azimut de la estrella, esta aparecerá en el campo de visión, próxima al horizonte.

Si se dispone de varios observadores, las alturas podrían tomarse de forma simultánea, aunque, lo normal, es que las realice la misma persona, tomando las alturas a pequeños intervalos de tiempo.

8.3.1. Observación simultánea de tres astros

Las observaciones pueden ser estrictamente simultáneas o prácticamente simultáneas, si durante el intervalo transcurrido entre las observaciones el buque ha estado parado o la distancia recorrida es despreciable. En este último caso, cada astro se trabaja con su hora, pero todos con la misma situación de estima. Calculados de esta forma los determinantes Marcq, se obtienen tres rectas de altura cuya intersección será la situación del buque.

Sin embargo, como se ha mencionado en la pieza 7, es poco frecuente que las tres líneas de posición coincidan en un punto. Lo normal es que formen un triángulo, a partir del cual debe hallarse la situación, para lo cual se emplearán las bisectrices de altura.

A continuación se resuelve un ejemplo, utilizando las bisectrices de altura como líneas de posición. En primer lugar se resuelve de forma convencional y, después, utilizando las «Tablas Rápidas».

<u>EJEMPLO</u>: El 8 de mayo de 2014, navegando por el Pacífico Sur con Rv = 225° y Vs = 20 nudos, en S/e: l = 20° 24' S, L = 120° 48' W, a la puesta de Sol, preparamos con las Tablas rápidas una observación de estrellas para realizar durante el crepúsculo vespertino inmediato.

Poco después, al ser Hcr = 10-39-30, se realizan las siguientes observaciones de forma simultánea:

Ai ★ *Spica* = 27° 46,4'; Ai ★*Canopus* = 45° 10,2'; Ai ★ *Pollux* = 37° 40,6'

EA [a 00h TU (8)] = 03-24-50, m.d. = 4 s en atraso, Ei = 3,2' a la izquierda, e_o = 19 m.
Se pide: S/o a Hcr = 10-39-30, por bisectrices de altura.

1) Preparación de la observación de estrellas

Siguiendo el procedimiento explicado en el apartado 4.2.2, se prepara la observación de estrellas. En primer lugar, con la información del *Almanaque* sobre los crepúsculos, se decide la hora a la que se realizará la observación:

Almanaque Náutico: <u>8 mayo 2014</u>

	SOL	Puesta	Crepúsculo civil	Crepúsculo náutico
l = 20° S		17-34	17-57	18-24
l = 30° S		17-19	17-44	18-13

Elegimos como hora para realizar la observación: Hcl = 18-00 (8).

Como estamos preparando la observación con Tablas Rápidas, consideramos que la situación de estima en dicho instante será la misma que en el momento de comenzar la preparación de la observación, a la puesta de Sol.

$$\frac{L°}{15} = \frac{120° 48' W}{15} = Lt = 08\text{ h }03\text{ min }12\text{ s W} \rightarrow Z = 8\text{ W}$$

Hcl	=	18-00-00 (8)
Lt	=	08-03-12 W – (+)
HcG	=	26-03-12 (8)
HcG	**=**	**02-03-12 (9)**

Se obtiene después el horario de Aries (hG♈) correspondiente a la hora (HcG) en que se realizará la observación. Puede hacerse con el *Almanaque Náutico* o con la Tabla 4 de las propias Tablas Rápidas (GHA ♈ FOR THE YEARS 2006-2014), que será la que utilicemos aquí:

hG♈ a 00 h TU (1)	=	218° 51,0’	← Table 4 a)			
C^{on} x 9 d y 2 h		037° 58,0’	← Table 4 b)			
C^{on} x 03 min 12 s	=	00° 48,0’	← Table 4 c)			
hG♈	=	257° 37,0’ W –		hG♈	=	257° 37,0’ W –
L	=	120° 48,0’ W – (+)		La	=	121° 37,0’ W – (+)
hl♈	=	136° 49,0’ W		hl♈	=	136° 00,0’ W

Se modifica la latitud de estima al grado próximo, y la longitud de estima lo necesario para tener un número exacto de grados como valor del horario local de Aries (hl♈ astronómico, es decir, contado hacia el W), obteniendo así la situación asumida (S/a):

S/a: la = 20° S, La = 121° 37,0’ W.

Entrando en las Tablas rápidas, con latitud: la = 20° S, y hl♈ = 136° W, encontramos:

Estrella		**Hc**	**Zn**
★ REGULUS		54° 19’	028°
★ SPICA	♦	26° 44’	093°
★ ACRUX		34° 59’	155°
★ CANOPUS	♦	45° 07’	213°
★ SIRIUS		57° 03’	270°
★ BETELGEUSE		36° 12’	296°
★POLLUX	♦	38° 25’	338°

Quedaría así preparada la observación.

2) Obtención de la HcG de la observación, el *hG♈* y la *av* de las tres ★ observadas

Esta parte es común a ambos procedimientos.

Hcr = 10-39-30
EA = 03-24-50 +

HcG = 14-04-20 →

HcG próx. = 02-04-20 (9)
ppm = 4 +

HcG = 02-04-24 (9)

Investigación de hora y fecha

HcG =	14-04,3	HcG =	02-04,3
Lt =	08-03,2 W –	Lt =	08-03,2 W –
Hcl =	06-01,1	**Hcl =**	**18-01,1 (8)**
		Lt =	08-03,2 W – (+)
		HcG =	02-04,3 (9)

HcG próx. = 02-04-20 (9)
HcG (EA) = 00-00-00 (8)

X = ppm ⟶ I = 26-04-20
md = 4 s + ⟶ 24 h

$$ppm = \frac{md \cdot I}{24} = \frac{4\,s \cdot (26:04:20)}{24} = 4{,}34 \text{ s. en atraso}$$

hG♈ a 02 h TU (9) = 256° 48,9'
C^on x 04 min 24 s = 01° 06,2'

hG♈ = 257° 55,1' W –

★ *SPICA*		★ *CANOPUS*		★ *POLLUX*	
Ai ★ =	27° 46,4'	Ai ★ =	45° 10,2'	Ai ★ =	37° 40,6'
Ei =	3,2' –	Ei =	3,2' –	Ei =	3,2' –
Ao★ =	27° 43,2'	Ao★ =	45° 07,0'	Ao★ =	37° 37,4'
Dp =	7,7' –	Dp =	7,7' –	Dp =	7,7' –
Ra =	1,8' –	Ra =	1,0' –	Ra =	1,3' –
av★ =	27° 33,7'	av★ =	44° 58,3'	av★ =	37° 28,4'

3) Obtención de la S/o de forma convencional

Podríamos trabajar los cálculos con la S/e a la puesta de Sol, o determinar la S/e en el momento de la observación. Para ello, en primer lugar, habría que calcular la hora de la puesta del Sol y trabajar una estima por el intervalo.

En el *Almanaque Náutico* ya hemos visto que en l = 20° S, la puesta de Sol sucede al ser Hcl = 17-34 (8). Interpolando, para una l = 20° 24' S, obtenemos:

Hcl	=	17-33-24 (8)	HcG	=	02-04-24 (9)
Lt	=	08-03-12 W – (+)	HcG	=	01-36-36 (9)
HcG	=	25-36-36 (8)	t	=	00-27-48
HcG	**=**	**01-36-36 (9)**			D = Vs · t = 9,27'

Rv = S 45° W	l	=	20° 24,0' S –	L	=	120° 48,0' W –
D = 9,27'	Δl	=	6,6' S –	ΔL	=	7,0' W –
A = 6,55'						
	l'	**=**	**20° 30,6' S**	**L'**	**=**	**120° 55,0' W**

S/e a HcG = 02-04-24 (9)

A = D · sen R = 6,55'

Δl = D · cos R = 6,55' = 6,6' S

lm = 20° 27,3' S

ΔL = A/cos lm = 6,99' = 7,0' W

En el momento de la observación, al ser HcG = 02-04-24 (9)

	★ *SPICA*		★ *CANOPUS*		★ *POLLUX*
hG♈ =	257° 55,1' W –	hG♈ =	257° 55,1' W –	hG♈ =	257° 55,1' W –
AS ★ =	158° 30,3' W –	AS ★ =	263° 56,3' W –	AS ★ =	243° 27,2' W –
hG★ =	416° 25,4' W –	hG★ =	521° 51,4' W –	hG★ =	501° 22,3' W –
L =	120° 55,0' W – (+)	L =	120° 55,0' W – (+)	L =	120° 55,0' W – (+)
hl★ =	295° 30,4' W	hl★ =	400° 56,4' W	hl★ =	380° 27,3' W
hl★ =	064° 29,6' E	hl★ =	040° 56,4' W	hl★ =	020° 27,3' W
d★ =	11° 14,3' S	d★ =	52° 42,6' S	d★ =	27° 59,3' N

l = 20° 30,6' S	l = 20° 30,6' S	l = 20° 30,6' S
Δ = 78° 45,7'	Δ = 37° 17,4'	Δ = 117° 59,3'
hl ★ = 064° 29,6' E	hl ★ = 040° 56,4' W	hl ★ = 020° 27,3' W

$$\operatorname{ctg}\hat{Z} = \frac{\overset{+}{\cos l}}{\underset{\substack{+<90^\circ \\ -> 90^\circ}}{\operatorname{tg}\Delta} \cdot \underset{+}{\operatorname{sen} h}} - \frac{\overset{+}{\operatorname{sen}\ l}}{\underset{\substack{+<90^\circ \\ -> 90^\circ}}{\operatorname{tg} h}}$$

A =	0,20620 +	A =	1,87698 +	A =	1,42432 –
B =	0,16717 + (–)	B =	0,40391 + (–)	B =	0,93936 + (–)
ctg $\hat{Z}$ =	0,03903 +	ctg $\hat{Z}$ =	1,47307 +	ctg $\hat{Z}$ =	2,36368 –
$\hat{Z}$ =	S 087,8° E	$\hat{Z}$ =	S 034,2° W	$\hat{Z}$ =	S 157,1° W
Zv ★ =	092,2°	Zv ★ =	214,2°	Zv ★ =	337,1°

$$\operatorname{sen} a = \overset{+<90^\circ}{\underset{->90^\circ}{\cos\Delta}} \cdot \overset{+}{\operatorname{sen}}\ l + \overset{+}{\operatorname{sen}}\ \Delta \cdot \overset{+}{\cos}\ l \cdot \overset{+<90^\circ}{\underset{->90^\circ}{\cos h}}$$

A =	0,06828 +	A =	0,27875 +	A =	0,16443 –
B =	0,39559 +	B =	0,42865 +	B =	0,77492 +
sen a =	0,46387 +	sen a =	0,70740 +	sen a =	0,61049 +
ae =	27° 38,2’	ae =	45° 01,4’	ae =	79° 59,5’
av★ =	27° 33,7’	av★ =	44° 58,3’	av★ =	37° 28,4’
ae★ =	27° 38,2’	ae ★ =	45° 01,4’	ae ★=	37° 37,5’
Δa =	4,5’ –	Δa =	3,1’ –	Δa =	9,1’ –
Zv ★ =	092,2°	Zv ★ =	214,2°	Zv ★ =	337,1°

$$\text{Bisectriz}_{1\text{-}2} = \frac{092{,}2^\circ + 214{,}2^\circ}{2} = 153{,}2^\circ$$

$$\text{Bisectriz}_{1\text{-}3} = \frac{092{,}2^\circ + 337{,}1^\circ}{2} = 214{,}7^\circ$$

$$\text{Bisectriz}_{2\text{-}3} = \frac{214{,}2^\circ + 337{,}1^\circ}{2} = 275{,}7^\circ$$

le	=	20° 30,6’ S –	Le	=	120° 55,0’ W –
Δl	=	3,4’ S –	ΔL	=	0,8’ E +
lo	**=**	**20° 34,0’ S**	**Lo**	**=**	**120° 54,2’ W**

Situación observada (S/o) a HcG = 02-04-24 (9)

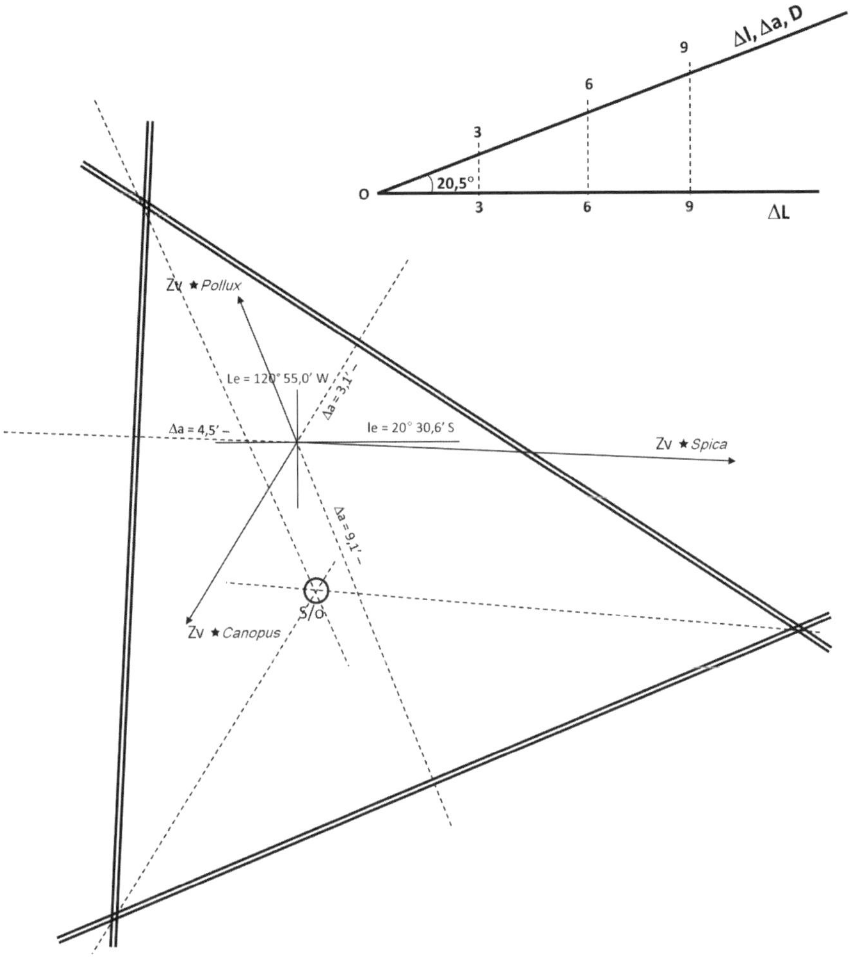

4) Obtención de la S/o utilizando Tablas rápidas

Al ser HcG = 02-04-24 (9)

hG♈	=	257° 55,1' W –	hG♈	=	257° 55,1' W –
L	=	120° 48,0' W – (+)	La	=	120° 55,1' W – (+)
hl♈	=	137° 07,1' W	hl♈	=	137° 00,0' W

Entrando en las Tablas rápidas con latitud: la = 20° S, y hl♈ = 137° W, encontramos:

Estrella		Hc	Zn
★ SPICA	♦	27° 40'	092°
★ CANOPUS	♦	44° 36'	214°
★ POLLUX	♦	38° 04'	337°

Hc es la altura verdadera con la que un observador en la situación asumida (S/a) vería los distintos astros, es decir, la altura estimada ae, en la dirección indicada por el azimut verdadero (Zn). El trazado gráfico correspondiente debe hacerse, por tanto, a partir de la **S/a: la = 20° S, La = 120° 55,1' W**.

	★ SPICA		*★ CANOPUS*		*★ POLLUX*
av★ =	27° 33,7'	av★ =	44° 58,3'	av★ =	37° 28,4'
ae★ =	27° 40,0'	ae★ =	44° 36,0'	ae★ =	38° 04,0'
Δa =	6,3' –	Δa =	22,3' +	Δa =	35,6' –
Zv =	**092°**	Zv =	**214°**	Zv =	**337°**

S/a: la = 20° S, La = 120° 55,1' W

$$\text{Bisectriz}_{1\text{-}2} = \frac{092° + 214°}{2} = 153°$$

$$\text{Bisectriz}_{1\text{-}3} = \frac{092° + 337°}{2} = 214{,}5°$$

$$\text{Bisectriz}_{2\text{-}3} = \frac{214° + 337°}{2} = 275{,}5°$$

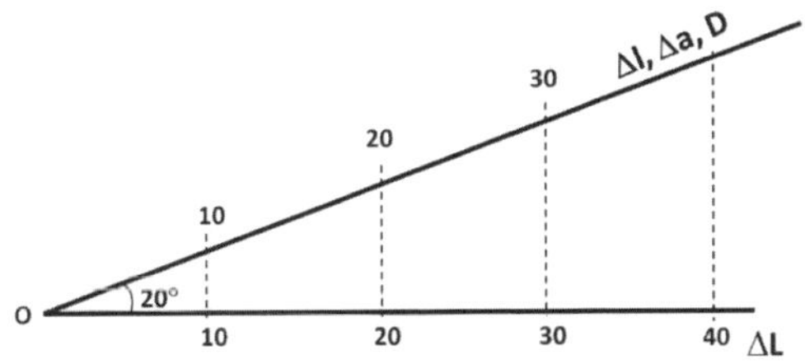

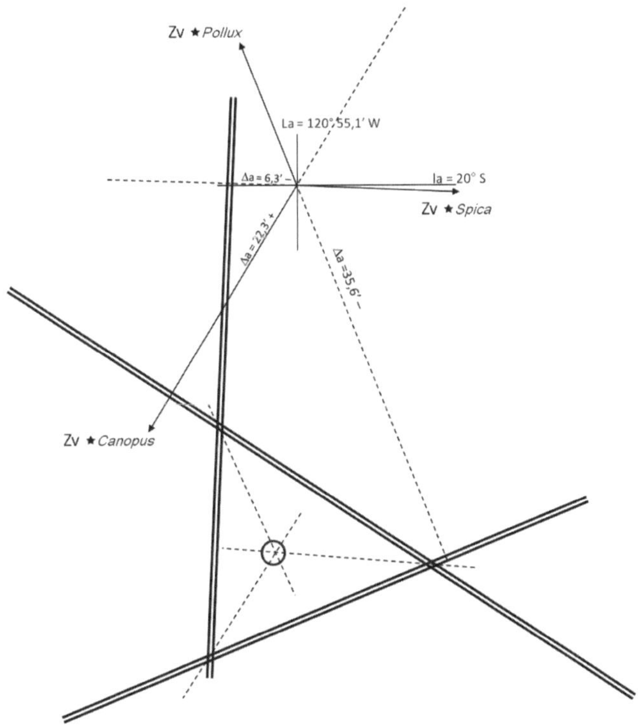

la	=	20° 00,0' S –	La	=	120° 55,1' W –
Δl	=	32,7' S –	ΔL	=	2,0' W –
l	**=**	**20° 32,7' S**	**L**	**=**	**120° 57,1' W**

Situación a HcG = 02-04-24 (9) sin corregir por precesión y nutación

La posición así obtenida debe ser corregida por precesión y nutación, tal como se indica en las propias Tablas Rápidas:

CORRECTION FOR PRECESSION AND NUTATION FOR SURFACE NAVIGATION

Although designed for use in the air, this volume is being increasingly used for the reduction of astronomical sights at sea.

The altitudes and azimuths of stars as tabulated in this volume are calculated for the mean equinox of 2010.0. For strict accuracy it is necessary to apply to a position line or fix, deduced from these tables, a correction for the effects of precession and nutation. Table 5 gives such corrections, but only to the nearest minute of arc for use in air navigation.

The accompanying tables give the corrections for the years 2006-2014, to the nearest 0.1′ in distance and 1° in true bearing; they follow the design of Table 5 and should be used in the same way. It is suggested that they be used instead of Table 5 whenever the additional accuracy is required.

CORRECTION FOR PRECESSION AND NUTATION

LHA ♈	North latitudes							South latitudes						LHA ♈
	N 80°	N 70°	N 60°	N 50°	N 40°	N 20°	0°	S 20°	S 40°	S 50°	S 60°	S 70°	S 80°	
							2014							
0	1.7 026	2.1 041	2.5 051	2.9 057	3.2 061	3.8 066	3.9 067	3.7 065	3.1 060	2.7 055	2.3 047	1.9 035	1.6 017	0
30	2.0 050	2.4 059	2.9 064	3.3 067	3.6 069	3.9 071	3.8 070	3.3 067	2.5 060	2.0 052	1.6 038	1.3 016	1.3 348	30
60	2.1 072	2.6 076	3.1 078	3.5 079	3.7 080	3.9 080	3.6 080	3.0 077	1.9 070	1.4 062	0.9 041	0.7 350	1.0 310	60
90	2.2 094	2.7 093	3.1 093	3.5 092	3.7 092	3.9 092	3.6 092	2.8 093	1.7 095	1.1 098	0.5 109	0.3 238	0.9 261	90
120	2.1 116	2.6 111	3.0 107	3.4 105	3.7 104	3.9 103	3.7 104	3.1 107	2.1 115	1.6 124	1.1 143	0.9 178	1.1 215	120
150	1.9 138	2.3 128	2.7 121	3.1 117	3.5 114	3.9 112	3.9 112	3.4 114	2.7 121	2.3 128	1.9 139	1.5 157	1.4 181	150
180	1.6 163	1.9 145	2.3 133	2.7 125	3.1 120	3.7 115	3.9 113	3.8 114	3.2 119	2.9 123	2.5 129	2.1 139	1.7 154	180
210	1.3 192	1.3 164	1.6 142	2.0 128	2.5 120	3.3 113	3.8 110	3.9 109	3.6 111	3.3 113	2.9 116	2.4 121	2.0 130	210
240	1.0 230	0.7 190	0.9 139	1.4 118	1.9 110	3.0 103	3.6 100	3.9 100	3.7 100	3.5 101	3.1 102	2.6 104	2.1 108	240
270	0.9 279	0.3 302	0.5 071	1.1 082	1.7 085	2.8 087	3.6 088	3.9 088	3.7 088	3.5 088	3.1 087	2.7 087	2.2 086	270
300	1.1 325	0.9 002	1.1 037	1.6 056	2.1 065	3.1 073	3.7 076	3.9 077	3.7 076	3.4 075	3.0 073	2.6 069	2.1 064	300
330	1.4 359	1.5 023	1.9 041	2.3 052	2.7 059	3.4 066	3.9 068	3.9 068	3.5 066	3.1 063	2.7 059	2.3 052	1.9 042	330
360	1.7 026	2.1 041	2.5 051	2.9 057	3.2 061	3.8 066	3.9 067	3.7 065	3.1 060	2.7 055	2.3 047	1.9 035	1.6 017	360

The above table gives the correction to be applied to a position line or a fix for the effects of precession and nutation from the mean equinox of 2010.0. Each entry consists of the distance (in bold type) in nautical miles, and the direction (true bearing) in which the position line or fix is to be moved. The table is entered firstly by the year, then by choosing the column nearest the latitude and finally the entry nearest the LHA ♈ of observation; no interpolation is necessary, though in extreme cases near the beginning or end of a year (but not the end of 2009 or the beginning of 2010 when the corrections are zero) values midway towards those of the previous or following years may be taken.

Example. In 2014 a fix is obtained in latitude N 35° when LHA ♈ is 199°. Entering the table with the year 2014, latitude N 40°, and LHA ♈ 210° gives 2.5′ 120° which indicates that the fix is to be transferred 2.5 miles in true bearing 120°.

Entrando en la Tabla con l = 20° S y hl ♈ = 150°, encontramos que para corregir la situación obtenida por precesión y nutación, desde 2010, habrá que trasladarla 3,4 millas en la dirección 114°. Esto se puede resolver trabajando una estima, bien gráficamente o bien analíticamente.

Rv = S 66° E
D = 3,4'
A = 3,1'

l	=	20° 32,7' S –	L	=	120° 57,1' W–
Δl	=	1,4' S –	ΔL	=	3,3' E +
lo	**=**	**20° 34,1' S**	**Lo**	**=**	**120° 53,8' W**

S/o a HcG = 02-04-24 (9)

A = D · sen R = 3,11'
Δl = D · cos R = 1,38' = 1,4' S
lm = 20° 33,4' S
ΔL = A/cos lm = 3,32' = 3,3' E

8.3.2. Observación no simultánea de tres astros

Se trata de la observación típica de estrellas y planetas durante los crepúsculos, cuando las alturas las toma un único observador. En los casos en que no pueda considerarse que las alturas se han tomado de forma simultánea, como el intervalo transcurrido entre las mismas necesariamente será pequeño, con el fin de simplificar los cálculos, sin perder precisión, cada astro se trabaja con su hora, pero todos con la misma situación de estima. Obtenidos de esta forma los determinantes Marcq, el traslado por rumbo y distancia navegada de la primera y la segunda líneas de posición, al momento en que se obtuvo la tercera, se hace de forma gráfica. La situación observada se obtiene por intersección de las correspondientes bisectrices de altura.

EJEMPLO: El 17 de abril de 2014, navegando al Rv = 195° con Vs = 22 nudos, en S/e: l = 21° 45' N, L = 117° W, durante el crepúsculo náutico matutino, realizamos las siguientes observaciones: al ser HcG = 12-38-06, av ★ *Deneb*= 54° 38,2'; al ser HcG = 12-48-42, av ★ *Antares* = 32° 05,4'; y al ser HcG = 13-00-50, av ★ *Arcturus* = 25° 09'.

Se pide: S/o en el momento de la última observación, por bisectrices de altura. Empleando tanto el método convencional como las Tablas Rápidas.

1) Obtención de la HcG de las observaciones, el hG♈ y la av de las tres ★ observadas

Almanaque náutico: 17 abril 2014

	SOL Crepúsculo náutico	Crepúsculo civil	Salida
l = 20° N	04-52	05-18	05-41
l = 30° N	04-38	05-07	05-31

Interpolando:

l = 21° 45' N	04-49,6	05-16,1	

HcG = 12-38-06
Lt = 07-48-00 W –

Hcl = 04-50-06 (17) Observamos al comienzo del crepúsculo náutico matutino

	★ *DENEB*	★ *ANTARES*	★ *ARCTURUS*
HcG =	12-38-06 (17)	12-48-42 (17)	13-00-50 (17)
hG♈ =	025° 32,5’	025° 32,5’	040° 35,0’
$C^{\text{ón}}$ x min y s =	09° 33,1’	12° 12,5’	00° 12,5’
hG♈ =	035° 05,6’ W–	037° 45,0’ W–	040° 47,5’ W–
av★ =	54° 38,2’	32° 05,4’	25° 09’

2) Obtención de la S/o de forma convencional

	★ *DENEB*		★ *ANTARES*		★ *ARCTURUS*
	HcG =12-38-06 (17)		HcG = 12-48-42 (17)		HcG = 13-00-50 (17)
hG♈ =	035° 05,6’ W–	hG♈ =	037° 45,0’ W–	hG♈ =	040° 47,5’ W–
AS ★ =	049° 31,2’ W –	AS ★ =	112° 25,3’ W –	AS ★ =	145° 54,9’ W –
hG★ =	084° 36,8’ W –	hG★ =	150° 10,3’ W –	hG★ =	186° 42,4’ W –
L =	117° 00,0’ W – (+)	L =	117° 00,0’ W – (+)	L =	117° 00,0’ W – (+)
hl★ =	032° 23,2’ E	hl★ =	033° 10,3’ W	hl★ =	069° 42,4’ W
d★ =	45° 19,7’ N	d★ =	26° 27,7’ S	d★ =	19° 06,4’ N

DENEB	*ANTARES*	*ARCTURUS*
l = 21° 45’ N	l = 21° 45’ N	l = 21° 45’ N
Δ = 44° 40,3’	Δ = 116° 27,7’	Δ = 70° 53,6’
hl ★ = 032° 23,2’ E	hl ★ = 033° 10,3’ W	hl ★ = 069° 42,4’ W

$$\operatorname{ctg} \hat{Z} = \frac{\overset{+}{\cos l}}{\underset{\substack{+<90^\circ\\ ->90^\circ}}{\operatorname{tg}\Delta} \cdot \underset{+}{\operatorname{sen} h}} - \frac{\overset{+}{\operatorname{sen} l}}{\underset{\substack{+<90^\circ\\ ->90^\circ}}{\operatorname{tg} h}}$$

A =	1,75404 +	A =	0,84495 –	A =	0,34304 +
B =	0,58421 + (–)	B =	0,56688 + (–)	B =	0,13702 + (–)
ctg $\hat{Z}$ =	1,16983 +	ctg $\hat{Z}$ =	1,41183 –	ctg $\hat{Z}$ =	0,20602 +
$\hat{Z}$ =	N 040,5° E	$\hat{Z}$ =	N 144,7° W	$\hat{Z}$ =	N 078,4° W
Zv ★ =	040,5°	Zv ★ =	215,3°	Zv ★ =	281,6°

$$\operatorname{sen} a = \overset{\substack{+<90^\circ\\ ->90^\circ}}{\cos\Delta} \cdot \overset{+}{\operatorname{sen} l} + \overset{+}{\operatorname{sen}}\ \Delta \cdot \overset{+}{\cos l} \cdot \overset{\substack{+<90^\circ\\ ->90^\circ}}{\cos h}$$

A =	0,26352 +	A =	0,16512 –	A =	0,12129 +
B =	0,55142 +	B =	0,69600 +	B =	0,30439 +
sen a =	0,81494 +	sen a =	0,53088 +	sen a =	0,42568 +
ae =	54° 34,9’	ae =	32° 03,9’	ae =	25° 11,6’

av★ =	54° 38,2'		av★ =	32° 05,4'		av★ =	25° 09,0'
ae★ =	54° 34,9'		ae ★ =	32° 03,9'		ae ★=	25° 11,6'
Δa =	3,3' +		Δa =	1,5' +		Δa =	2,6' –
Zv ★ =	040,5°		Zv ★ =	215,3°		Zv ★ =	281,6°

Las 3 rectas de altura se trazarán a partir de la S/e empleada para calcular el determinante Marcq. Además, como son líneas de posición no simultáneas, tal como se ha explicado, se trasladarán la primera y la segunda al momento en que se obtuvo la tercera, por rumbo y distancia navegada en cada caso.

HcG =	13-00-50 (17)		HcG =	13-00-50 (17)
HcG =	12-38-06 (17)		HcG =	12-48-42 (17)
$t_{1\text{-}3}$ =	00-22-44		$t_{2\text{-}3}$ =	00-12-08
$D_{1\text{-}3}$ =	$Vs \cdot t_{1\text{-}3} = 8{,}34'$		$D_{2\text{-}3}$ =	$Vs \cdot t_{2\text{-}3} = 4{,}45'$
Rv =	195°		Rv =	195°

$$\text{Bisectriz}_{1\text{-}2} = \frac{040{,}5° + 215{,}3°}{2} = 127{,}9°$$

$$\text{Bisectriz}_{1\text{-}3} = \frac{040{,}5° + 281{,}6°}{2} = 161{,}1°$$

$$\text{Bisectriz}_{2\text{-}3} = \frac{215{,}3° + 281{,}6°}{2} = 248{,}5°$$

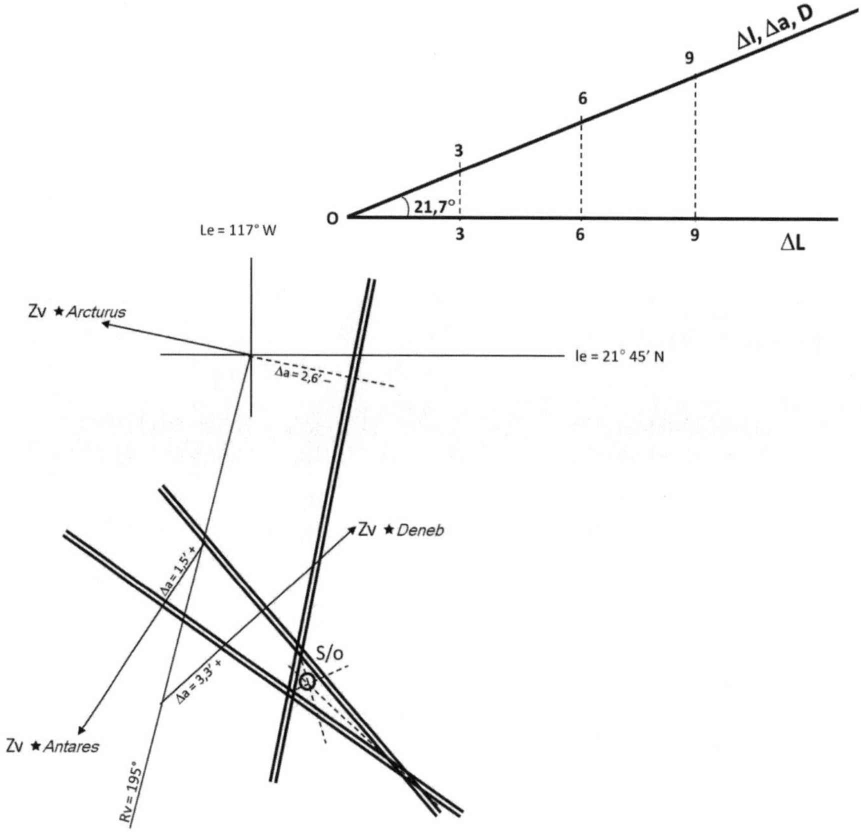

le	=	21° 45,0' N +	Le	=	117° 00,0' W –
Δl	=	7,1' S –	ΔL	=	1,7' E +
lo	**=**	**21° 37,9' N**	**Lo**	**=**	**116° 58,3' W**

Situación observada (S/o) a HcG = 13-00-50 (17)

3) Resolución empleando Tablas rápidas

	★ *DENEB*		★ *ANTARES*		★ *ARCTURUS*
HcG =	12-38-06 (17)	HcG =	12-48-42 (17)	HcG =	13-00-50 (17)
hG♈ =	035° 05,6' W–	hG♈ =	037° 45,0' W–	hG♈ =	040° 47,5' W–
L =	117° W– (+)	L =	117° W– (+)	L =	117° W– (+)
hl♈ =	081° 54,4' E	hl♈ =	079° 15,0' E	hl♈ =	076° 12,5' E
hG♈ =	035° 05,6' W–	hG♈ =	037° 45,0' W–	hG♈ =	040° 47,5' W–
La =	117° 05,6' W– (+)	La =	116° 45,0' W– (+)	La =	116° 47,5' W– (+)
hl♈ =	082° E	hl♈ =	079° E	hl♈ =	076° E
hl♈ =	278° W	hl♈ =	281° W	hl♈ =	284° W
S/a	la = 22° N La = 117° 05,6' W	S/a	la = 22° N La = 116° 45,0' W	S/a	la = 22° N La = 116° 47,5' W

Entrando en las Tablas Rápidas con latitud: la = 22° N, encontramos:

Estrella		hl♈	Hc	Zn
★ DENEB	♦	278° W	54° 45'	041°
★ ANTARES		281° W	31° 42'	215°
★ARCTURUS	♦	284° W	25° 01'	282°

Hc es la altura verdadera con la que un observador en la situación asumida (S/a) vería los distintos astros, es decir, la altura estimada, ae, en la dirección indicada por el azimut verdadero (Zn). El trazado gráfico correspondiente debe hacerse, por tanto, a partir de la S/a correspondiente a cada astro, trasladando las dos primeras rectas de altura al momento en que se observó la tercera, por Rv = 195° y $D_{1\text{-}3}$ = 8,34' y $D_{2\text{-}3}$ = 4,45'.

	★ *DENEB*		★ *ANTARES*		★ *ARCTURUS*
av★ =	54° 38,2'	av★ =	32° 05,4'	av★ =	25° 09,0'
ae★ =	54° 45,0'	ae★ =	31° 42,0'	ae★ =	25° 01,0'
Δa =	6,8' –	Δa =	23,4' +	Δa =	8,0' +
Zv =	**041°**	Zv =	**215°**	Zv =	**282°**

$$\text{Sa} \star 1 \begin{cases} la = 22° \text{ N} \\ La = 117° \ 05{,}6' \text{ W} \end{cases} \quad \text{Sa} \star 2 \begin{cases} la = 22° \text{ N} \\ La = 116° \ 45{,}0' \text{ W} \end{cases} \quad \text{Sa} \star 3 \begin{cases} la = 22° \text{ N} \\ La = 116° \ 47{,}5' \text{ W} \end{cases}$$

$$\text{Bisectriz}_{1\text{-}2} = \frac{041° + 215°}{2} = 128°$$

$$\text{Bisectriz}_{1\text{-}3} = \frac{041° + 282°}{2} = 161{,}5°$$

$$\text{Bisectriz}_{2\text{-}3} = \frac{215° + 282°}{2} = 248{,}5°$$

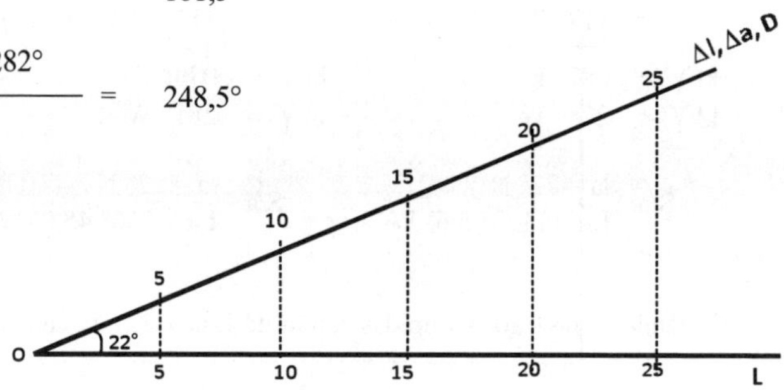

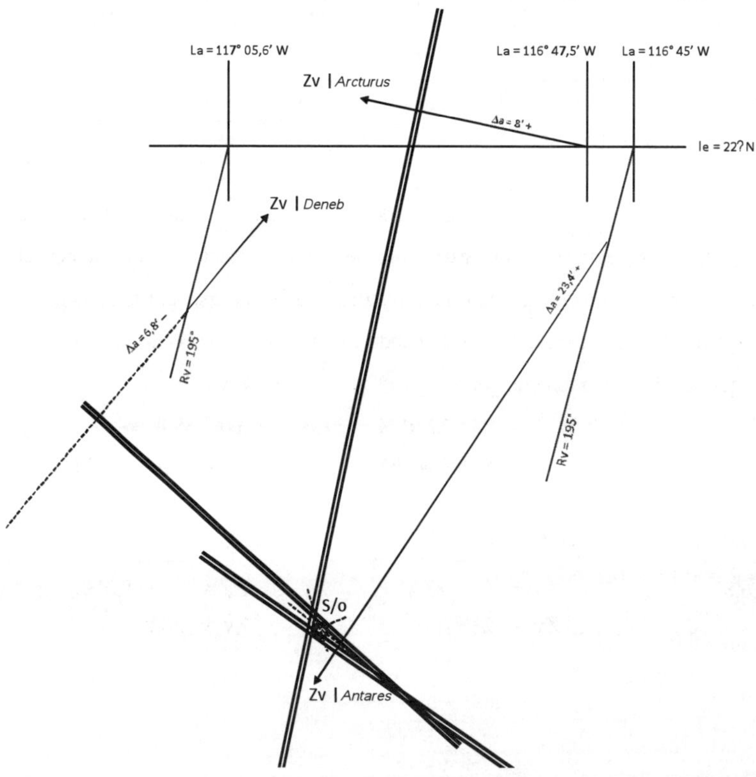

la	=	22° 00,0' N +	La	=	117° 05,6' W –
Δl	=	23,2' S –	ΔL	=	4,6' E +
l	**=**	**21° 36,8' N**	**L**	**=**	**117° 01,0' W**

Situación a HcG = 13-00-50 (17) sin corregir por precesión y nutación

La posición así obtenida dcbc ser corregida por precesión y nutación.

CORRECTION FOR PRECESSION AND NUTATION

LHA ♈	North latitudes							South latitudes						LHA ♈
	N 80°	N 70°	N 60°	N 50°	N 40°	N 20°	0°	S 20°	S 40°	S 50°	S 60°	S 70°	S 80°	
							2014							
0	**1.7** 026	**2.1** 041	**2.5** 051	**2.9** 057	**3.2** 061	**3.8** 066	**3.9** 067	**3.7** 065	**3.1** 060	**2.7** 055	**2.3** 047	**1.9** 035	**1.6** 017	0
30	**2.0** 050	**2.4** 059	**2.9** 064	**3.3** 067	**3.6** 069	**3.9** 071	**3.8** 070	**3.3** 067	**2.5** 060	**2.0** 052	**1.6** 038	**1.3** 016	**1.3** 348	30
60	**2.1** 072	**2.6** 076	**3.1** 078	**3.5** 079	**3.7** 080	**3.9** 080	**3.6** 080	**3.0** 077	**1.9** 070	**1.4** 062	**0.9** 041	**0.7** 350	**1.0** 310	60
90	**2.2** 094	**2.7** 093	**3.1** 093	**3.5** 092	**3.7** 092	**3.9** 092	**3.6** 092	**2.8** 093	**1.7** 095	**1.1** 098	**0.5** 109	**0.3** 238	**0.9** 261	90
120	**2.1** 116	**2.6** 111	**3.0** 107	**3.4** 105	**3.7** 104	**3.9** 103	**3.7** 104	**3.1** 107	**2.1** 115	**1.6** 124	**1.1** 143	**0.9** 178	**1.1** 215	120
150	**1.9** 138	**2.3** 128	**2.7** 121	**3.1** 117	**3.5** 114	**3.9** 112	**3.9** 112	**3.4** 114	**2.7** 121	**2.3** 128	**1.9** 139	**1.5** 157	**1.4** 181	150
180	**1.6** 163	**1.9** 145	**2.3** 133	**2.7** 125	**3.1** 120	**3.7** 115	**3.9** 113	**3.8** 114	**3.2** 119	**2.9** 123	**2.5** 129	**2.1** 139	**1.7** 154	180
210	**1.3** 192	**1.3** 164	**1.6** 142	**2.0** 128	**2.5** 120	**3.3** 113	**3.8** 110	**3.9** 109	**3.6** 111	**3.3** 113	**2.9** 116	**2.4** 121	**2.0** 130	210
240	**1.0** 230	**0.7** 190	**0.9** 139	**1.4** 118	**1.9** 110	**3.0** 103	**3.6** 100	**3.9** 100	**3.7** 100	**3.5** 101	**3.1** 102	**2.6** 104	**2.1** 108	240
270	**0.9** 279	**0.3** 302	**0.5** 071	**1.1** 082	**1.7** 085	**2.8** 087	**3.6** 088	**3.9** 088	**3.7** 088	**3.5** 088	**3.1** 087	**2.7** 087	**2.2** 086	270
300	**1.1** 325	**0.9** 002	**1.1** 037	**1.6** 056	**2.1** 065	**3.1** 073	**3.7** 076	**3.9** 077	**3.7** 076	**3.4** 075	**3.0** 073	**2.6** 069	**2.1** 064	300
330	**1.4** 359	**1.5** 023	**1.9** 041	**2.3** 052	**2.7** 059	**3.4** 066	**3.9** 068	**3.9** 068	**3.5** 066	**3.1** 063	**2.7** 059	**2.3** 052	**1.9** 042	330
360	**1.7** 026	**2.1** 041	**2.5** 051	**2.9** 057	**3.2** 061	**3.8** 066	**3.9** 067	**3.7** 065	**3.1** 060	**2.7** 055	**2.3** 047	**1.9** 035	**1.6** 017	360

The above table gives the correction to be applied to a position line or a fix for the effects of precession and nutation from the mean equinox of 2010.0. Each entry consists of the distance (in bold type) in nautical miles, and the direction (true bearing) in which the position line or fix is to be moved. The table is entered firstly by the year, then by choosing the column nearest the latitude and finally the entry nearest the LHA ♈ of observation; no interpolation is necessary, though in extreme cases near the beginning or end of a year (but not the end of 2009 or the beginning of 2010 when the corrections are zero) values midway towards those of the previous or following years may be taken.

Example. In 2014 a fix is obtained in latitude N 35° when LHA ♈ is 199°. Entering the table with the year 2014, latitude N 40°, and LHA ♈ 210° gives **2.5**' 120° which indicates that the fix is to be transferred 2.5 miles in true bearing 120°.

Entrando en la Tabla con l = 20° N y hl ♈ = 270°, encontramos que para corregir la situación obtenida por precesión y nutación, desde 2010, habrá que trasladarla 2,8 millas en la dirección 087°. Esto se puede resolver trabajando una estima, bien gráficamente o bien analíticamente.

Rv = N 87° E	l	=	21° 36,8' N +	L	=	117° 01,0' W–
D = 2,8'	Δl	=	0,2' N +	ΔL	=	3,0' E +
A = 2,8'						
	lo	**=**	**21° 37,0' N**	**Lo**	**=**	**116° 58,0' W**

S/o a HcG = 13-00-50 (17)

A = D · sen R = 2,80'
Δl = D · cos R = 0,15' = 0,2' N
lm = 21° 36,9' N
ΔL = A/cos lm = 3,01' = 3,0' E

8.4. Obtención de la corrección total del compás

Como es sabido, la comparación del azimut verdadero (*Zv*) y del azimut de aguja (*Za*) de un astro, correspondientes al mismo instante, proporciona la corrección total del compás. Mientras el *Zv* se calcula por fórmula, el *Za* se obtiene a partir de la observación del centro del astro con un compás con alidada acimutal.

Ct = Zv – Za

Figura 8.2. Observación del azimut del Sol con un compás acimutal «Sperry Marine». Cortesía de Kristina Santos Trueba.

8.4.1. En cualquier instante

En el apartado 6.2.2, se dedujo la fórmula a utilizar con carácter general para obtener el *Zv* de los astros:

$$\operatorname{ctg} \hat{Z} = \frac{\overset{+}{\cos l}}{\underset{\substack{+<90^\circ \\ ->90^\circ}}{\operatorname{tg} \Delta} \cdot \underset{+}{\operatorname{sen} h}} - \frac{\overset{+}{\operatorname{sen} l}}{\underset{\substack{+<90^\circ \\ ->90^\circ}}{\operatorname{tg} h}}$$

<u>EJEMPLO</u>: El 17 de abril de 2014, en S/e: l = 22° N, L = 117° W, navegando al Ra = 200°, al ser HcG = 12-40-00, se observa Za ♀ *Venus* = 110°.

Se pide: Ct del compás y Rv.

HcG =	12-40-00	
Lt =	07-48-00 W –	
Hcl =	04-52-00 (17)	En el lugar es fecha 17 y esta misma fecha le corresponde a la HcG

Al ser HcG = 12-40-00 (17):

hG♀	=	041° 25,2’	(Dif. = 2 –)
$C^{ón}$ x min y s	=	10° 00,0’ +	
$C^{ón}$ x Dif	=	0,1’ –	
hG♀	–	051° 25,1’ W –	
L	=	117° 00,0’ W – (+)	
hl♀	=	065° 34,9’ E	

d♀	=	07° 14,4’ –
$C^{ón}$	=	0,6’ +
d♀	=	07° 13,8’ –
Δ	=	97° 13,8’

$$\text{ctg}\ \hat{Z} = \frac{\overset{+}{\cos l}}{\underset{\substack{+<90^\circ \\ -> 90^\circ}}{\text{tg}\ \Delta} \cdot \underset{+}{\text{sen}\ h}} - \frac{\overset{+}{\text{sen}\ l}}{\underset{\substack{+<90^\circ \\ -> 90^\circ}}{\text{tg}\ h}} = A - B$$

$$\begin{cases} l = 22^\circ\ N \\ \Delta = 97^\circ\ 13{,}8' \\ hl\ ♀ = 065^\circ\ 34{,}9'\ E \end{cases}$$

A =	0,12918 –
B =	0,17007 + (–)
ctg $\hat{Z}$ =	0,29925 –
$\hat{Z}$ =	N 106,7° E
Zv ♀ =	106,7°
Za ♀ =	110,0°
Ct =	**3,3° –**

Ra	=	200,0°
Ct	=	3,3° –
Rv	**=**	**196,7°**

8.4.2. En el instante del orto/ocaso del Sol

Los ortos y ocasos verdaderos de los astros tienen lugar cuando su altura verdadera es igual a cero (*av* = 0°), estando el centro del astro en el horizonte verdadero, en el momento del orto en el hemisferio oriental (*Z* =… E y *hl* =… E) y en el momento del ocaso en el hemisferio occidental (*Z* =…W y *hl* =… W).

Se dice que un astro está en su orto aparente o en su ocaso aparente cuando aparece o desaparece en el horizonte visible o de la mar. Si se trata del Sol, estos fenómenos pueden referirse a uno de los limbos, superior o inferior. Los ortos y ocasos aparentes del limbo superior se denominan salidas y puestas, respectivamente.

De la Figura 8.3 se desprende que, cuando vemos al Sol en el horizonte visible, está bajo el horizonte verdadero, por lo que su altura verdadera (*av* ⊕) resulta negativa. Esto se debe a que el valor de la refracción astronómica es mayor que el de la paralaje ($Ra > p$).

Figura 8.3. Orto y ocaso del Sol.

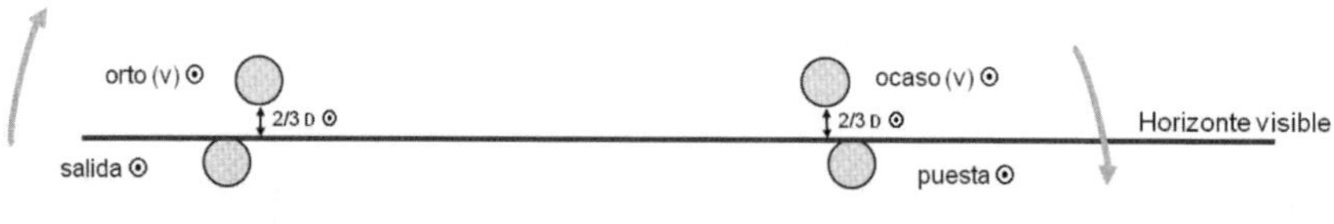

El orto aparente se verifica antes que el orto verdadero y el ocaso verdadero antes que el ocaso aparente.

Para un observador elevado unos 10 m, en el momento de su orto u ocaso aparente de limbo superior (Ao ⊙ = 0°), esto es, en el momento de la salida o puesta del Sol, la altura verdadera de este astro es av ⊕ = – 56' 21".

Para un observador elevado unos 8 m, en el momento de su orto u ocaso verdaderos (av ⊕ = 0°), el limbo inferior del Sol está elevado unos 2/3 de su diámetro sobre el horizonte de la mar.

El interés fundamental de la observación del Sol en el instante de producirse su orto o su ocaso es la obtención de la corrección total del compás. Para ello, señala Bowditch[1] que, cuando el observador se encuentra en latitudes altas, en lugar de observar el azimut en el orto u ocaso verdadero de los astros, debe observarse en el instante en que los astros se encuentran en el horizonte visible o de la mar (ortos y ocasos aparentes).

8.4.2.1. Por observación del azimut de aguja del Sol en su orto/ocaso verdadero

En el instante del orto u ocaso verdadero, el centro del astro se encuentra en el horizonte verdadero del observador y su altura verdadera es $av = 0°$. En el apartado 6.3.2 se obtuvo la fórmula que proporciona el *Zv* del centro del astro en dicho instante:

$$\cos \hat{Z} = \frac{\overset{\substack{+<90^\circ \\ ->90^\circ}}{\cos \Delta}}{\underset{+}{\cos l}}$$

[1] Bowditch, N. (1984, vol. 1, p. 582).

De esta fórmula se obtiene el valor del ángulo cenital (de 0° a 180°):

Si $\cos \hat{Z} = + \Rightarrow \hat{Z} < 90°$; y si $\cos \hat{Z} = - \Rightarrow \hat{Z} > 90°$.

Se recuerda que el ángulo cenital se cuenta desde el punto cardinal norte (N) o sur (S), de igual nombre que la latitud, siendo hacia el E si se trata del orto; y hacia el W si es el ocaso.

Para determinar la hora del orto/ocaso (v) de los astros, bastará con obtener el horario local que tiene el astro en dicho instante, utilizando la fórmula deducida en el apartado 6.3.2.:

$$\cos h = -\frac{\overset{+}{\operatorname{tg} l}}{\underset{\substack{+<90° \\ ->90°}}{\operatorname{tg} \Delta}}$$

Si $\cos h = + \Rightarrow h < 90°$; y si $\cos h - \Rightarrow h > 90°$, siendo hacia el E si se trata del orto; y hacia el W si es el ocaso.

Para resolver ambas fórmulas es necesario conocer previamente la declinación del astro. Aunque el instante de la salida / puesta del Sol no coincide con el de el orto (v) / ocaso (v), la declinación del Sol (d ⊙) no varía prácticamente en tan corto intervalo, por lo que puede tomarse el valor de la d⊙ en el momento de la salida / puesta del Sol para alimentar las fórmulas anteriores.

<u>EJEMPLO</u>: El 25 de junio de 2014, navegando por el Archipiélago de las Galápagos, con Ra = 300° con Vs = 15 nudos. En el momento del orto (v) del Sol, la estima nos sitúa 24 millas al W(v) del extremo SW de la Isla Isabela (l = 01° 12' S, L = 091° 36' W), tomando en ese instante Za ⊙ = 060°. Se pide: Hz y Rv.

En primer lugar habrá que determinar la situación en el momento del orto (v) del Sol:

Rv = W	l	=	01° 12,0' S –	L	=	091° 36,0' W –
D = 24'	Δl	=	--	ΔL	=	24,0' W –
A = 24'						
	lo	=	01° 12,0' S	Lo	=	092° 00,0' W

S/e en el momento del orto (v) del Sol

A = D · sen R = 24'
Δl = D · cos R = 0
lm = 01° 12,0' S
ΔL = A/cos lm = 24,01' = 24,0' W

Luego, determinaremos la hora de la salida del Sol. El *Almanaque Náutico* proporciona, para días alternos, las horas de salida (orto aparente limbo superior) y puesta (ocaso aparente limbo superior) del Sol, entrando con la latitud del observador. Son horas civiles de Greenwich de la salida o puesta del Sol en las distintas latitudes del meridiano de Greenwich (HcG salida/puesta ⊙ en G), que, por tratarse de un fenómeno de Sol, puede considerarse prácticamente igual a la hora civil de lugar de la salida o puesta del Sol en la misma latitud de cualquier meridiano (Hcl salida/puesta ⊙ en l). Si, como en este ejemplo, el día que interesa la hora de la salida, el *Almanaque* proporciona la hora de la puesta, se toma el promedio de la hora de la salida del día anterior y la del día siguiente.

	24 junio 2014	26 junio 2014	Interpolando: 25 junio 2014
SOL	Salida ⊙	Salida ⊙	Salida ⊙
l = 00° S	05-59	05-59	05-59
l = 10° S	06-16	06-17	06-16,5

Por tanto, en l = 01° 12' S, la salida del Sol tendrá lugar al ser Hcl = 06-01-06 (25)

Hcl = 06-01-06 (25)
Lt = 06-08-00 W – (+)

HcG = 12-09-06 (25) → d ⊙ =23° 22,7' N → Δ = 113° 22,7'

$$\cos h = -\frac{\overset{+}{\operatorname{tg} l}}{\underset{\substack{+<90^\circ \\ ->90^\circ}}{\operatorname{tg} \Delta}} \rightarrow \cos h = 0{,}009055 + \rightarrow h = 89^\circ\ 28{,}9'\ E$$

hl⊙ = 089° 28,9' E +
L = 092° 00,0' W –

hG⊙ = 002° 31,1' W
P.I. = 359° 20,6' W → HcG = 12-00-00 (25)

C^on x min y s = 3° 10,5' → min y s = 12-42

HcG = 12-12-42 (25)
Z = 6 W –

Hz = 06-12-42 (25)

$$\cos \hat{Z} = \frac{\overset{+<90^\circ}{\underset{->90^\circ}{\cos \Delta}}}{\underset{+}{\cos l}} = 0{,}396888 - \rightarrow \hat{Z} = \text{S } 113{,}4^\circ \text{ E}$$

Zv ⊙ =	066,6°		Ra	=	300,0°
Za ⊙ =	060,0°		Ct	=	6,6° +
Ct =	**6,6° +**		**Rv**	**=**	**306,6°**

8.4.2.2. Por observación del azimut de aguja del Sol en su orto/ocaso aparente

El orto y el ocaso aparentes de los astros suceden en instantes próximos al fenómeno correspondiente verdadero.

La hora del orto u ocaso aparente de un astro se puede hallar aplicando una corrección a la hora de su orto u ocaso verdadero. Sin embargo, en la práctica de la navegación, lo habitual es que solo interese calcular la hora de los ortos y ocasos aparentes del **Sol**, en concreto, las horas de sus salidas y puestas, proporcionadas en el *Almanaque Náutico*. El procedimiento para su determinación se ha explicado en el ejemplo resuelto en el apartado anterior.

Para calcular el azimut verdadero que tiene un astro en el instante de su orto u ocaso aparente (*Zv* orto/ocaso (ap)), se utiliza el azimut verdadero en el fenómeno verdadero (*Zv* orto/ocaso (v)), al que se debe aplicar una corrección (ΔZ). La fórmula que proporciona esta corrección se obtiene diferenciando la expresión general obtenida en el apartado 6.1.2, considerando variables la altura a y el ángulo cenital $\hat{Z}$.

Figura 8.4. Criterio de signos para aplicar la corrección $\Delta \hat{Z}$.

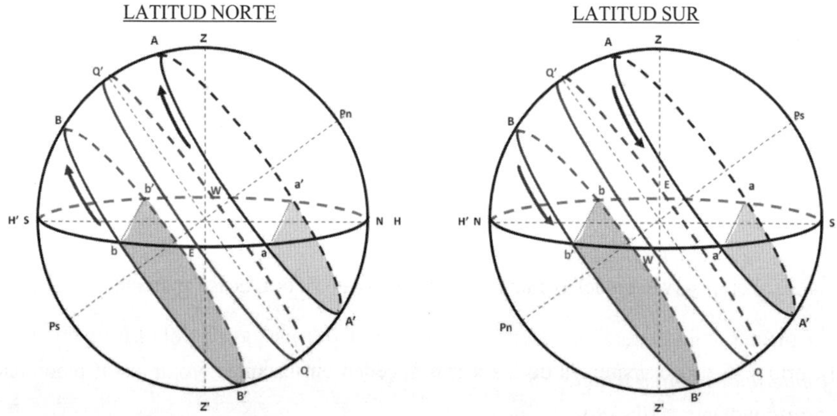

latitud Norte

- **Astro A**: l y d igual especie (N)
  ORTO (a): $\hat{Z}$ disminuye $\rightarrow \Delta\hat{Z}-$
  OCASO (a'): $\hat{Z}$ disminuye $\rightarrow \Delta\hat{Z}-$
- **Astro B**: l y d distinta especie
  ORTO (b): $\hat{Z}$ disminuye $\rightarrow \Delta\hat{Z}-$
  OCASO (b'): $\hat{Z}$ disminuye $\rightarrow \Delta\hat{Z}-$

latitud Sur

- **Astro A**: l y d igual especie (S)
  ORTO (a): $\hat{Z}$ disminuye $\rightarrow \Delta\hat{Z}-$
  OCASO (a'): $\hat{Z}$ disminuye $\rightarrow \Delta\hat{Z}-$
- **Astro B**: l y d distinta especie
  ORTO (b): $\hat{Z}$ disminuye $\rightarrow \Delta\hat{Z}-$
  OCASO (b'): $\hat{Z}$ disminuye $\rightarrow \Delta\hat{Z}-$

Así, diferenciando $\cos\Delta = sen\, l \cdot sen\, a + \cos l \cdot \cos a \cdot \cos\hat{Z}$ se tiene:

$$0 = \text{sen}\, l \cdot \cos a\, da - \cos l \cdot \cos \hat{\boldsymbol{Z}} \cdot \text{sen}\, a\, da - \cos l \cdot \cos a \cdot \text{sen}\, \hat{\boldsymbol{Z}}\, d\hat{\boldsymbol{Z}}$$

$$\cos l \cdot \cos a \cdot \text{sen}\, \hat{\boldsymbol{Z}}\, d\hat{\boldsymbol{Z}} = (\text{sen}\, l \cdot \cos a \; - \; \cos l \cdot \cos \hat{\boldsymbol{Z}} \cdot \text{sen}\, a)\, da$$

$$d\hat{Z} = \frac{sen\, l \cdot \cos a - \cos l \cdot \cos\hat{Z} \cdot sen\, a}{\cos l \cdot \cos a \cdot sen\, \hat{Z}} \cdot da$$

Haciendo $a \approx 0° \rightarrow$ sen $a = 0$ y cos $a = 1$

$d\hat{Z} = \dfrac{\text{tg}\, l}{\text{sen}\, \hat{Z}} \cdot da$ y, considerando incrementos finitos: $\boxed{\Delta\hat{Z} = \dfrac{\text{tg}\, l}{\text{sen}\, \hat{Z}} \cdot \Delta a}$

Aplicada para salidas/puestas de Sol, en esta fórmula se empleará: Δa = – 56,4' = – 0,94°.

En cuanto al signo con que esta corrección debe aplicarse, de la Figura 8.4 se desprende que siempre resta del valor en grados del ángulo cenital en el momento del orto/ocaso (v) del Sol.

EJEMPLO: El 16 de junio de 2014, salimos de Nanumea I. (l = 05° 40' S, L = 176° 07' E) rumbo a San Francisco (l = 37° 48' N, L = 122° 17' W), en el momento de la puesta de Sol, tomando en ese instante Za ☉ = 290°.

Se pide: Ra hacia S. Francisco

En primer lugar habrá que determinar la hora de puesta de Sol. Entrando en el *Almanaque Náutico* tenemos:

	15 junio 2014	17 junio 2014	Interpolando:	16 junio 2014
SOL	Puesta ☉	Puesta ☉		Puesta ☉
l = 00° S	18-04	18-05		18-04,5
l = 10° S	17-47	17-47		17-47

Por tanto, en l = 05° 40' S, la puesta del Sol tendrá lugar al ser Hcl = 17-54-35 (16)

Hcl = 17-54-35 (16)
Lt = 11-44-28 E + (–)

HcG = 06-10-07 (17) → d ☉ =23° 22,5' N → Δ = 113° 22,5'

$$\cos \hat{Z} = \frac{\cos \Delta \ \overset{+<90^\circ}{\underset{->90^\circ}{}}}{\cos l \ ^{+}} = 0{,}39870 - \rightarrow \hat{Z} \text{ ocaso (v)} = S\ 113{,}5^\circ\ W$$

$$\Delta\hat{Z} = \frac{\operatorname{tg} l}{\operatorname{sen} \hat{Z}} \cdot \Delta a$$

Haciendo: Δa = – 56,4' ⇨ $\Delta\hat{Z}$ = 6,1'

Ẑ ocaso (v) ☉= |S 113,5° W|
$\Delta\hat{Z}$ = 0,1°–

Ẑ puesta ☉ = S 113,4° W
Zv puesta☉ = 293,4°

Zv puesta ☉ = 293,4°
Za puesta☉ = 290,0°

Ct = 3,4° +

l' =	37° 48' N +	la' =	2453,1' N +	L' =	122° 17' W –
l =	05° 40' S – (+)	la =	340,6' S – (+)	L =	176° 07' E + (–)
Δl =	43° 28' N	Δla =	2793,7' N	ΔL=	298° 24' W
	2608'			ΔL=	061° 36' E
					3696'

$$la = 3437{,}7468' \cdot \mathrm{Ln}\,\mathrm{tg}\left(45° + \frac{l}{2}\right)$$

l = 37° 48' → la = 2453,05'

l = 05° 40' → la = 340,56'

$$\mathrm{tg}\,R = \frac{\Delta L}{\Delta la} = 3696' / 2793{,}7' \rightarrow R = N\ 52{,}9°\ E$$

Rv =	052,9°
Ct =	3.4° + (–)
Ra =	**049,5°**

8.4.3. Por observación del azimut de aguja de la estrella Polar

En el apartado 6.3.1 se obtuvo la expresión que tabula el *Almanaque Náutico* (p. 385) para proporcionar el azimut verdadero de la estrella Polar:

$$\hat{Z}° = \frac{\Delta° \cdot sen\,h}{\cos l}$$

<u>EJEMPLO</u>: El 13 de enero de 2014, al ser HcG = 07-30-00, en S/e: l = 26° 20' N, L = 024° 16' W, se observó el azimut de aguja de la ★ *Polaris*: Za ✱ = 010°.
Se pide: Ct del compás.

HcG	=	07-30-00 (13)
Lt	=	01-37-04 W –
Hcl	=	05-52-56 (13)

hG♈	=	217° 41,2'
C^{on} x min y s	=	7° 31,2'
hG♈	=	225° 12,4' W –
L	=	024° 16,0' W – (+)
hl♈	=	200° 56,4' W –
AS ✳	=	316° 83,6' W –
hl✳	=	518° 20,0' W
hl✳	=	158° 20,0' W

		90°
d ✳	=	89° 19,7' N
Δ	=	00° 40,3'

$\hat{Z}° = \dfrac{\Delta° \cdot sen\, h}{\cos l}$ $\hat{Z} = 0{,}28°$ ⇨ $\hat{Z} = N\ 0{,}3°\ W$ ⇨

Zv✳	=	359, 7°
Za✳	=	010,0°
Ct	=	**10,3° –**

Utilizando el *Almanaque Náutico*, se obtiene idéntico resultado. En p. 385, entrando con l = 26° 20' N y hl♈ = 200° 56,4' W, tenemos:

Zv✳ = – 0,3° ⇨ Zv✳ = N 0,3° W = 359, 7°

Con esta pieza culmina el aprendizaje propuesto en este volumen. Una vez completada con éxito se habrán conseguido los resultados que se muestran en la Tabla 8.1.

Tabla 8.1. Pieza 8: resultados de aprendizaje esperados.

Resultados de aprendizaje
Conoce, comprende y utiliza la información y datos obtenidos con instrumentos y publicaciones necesarios para la determinación de la situación por medio de la observación de cuerpos celestes (cronómetro, cronógrafo, sextante, almanaque náutico y tablas rápidas).
Utiliza los procedimientos adecuados y realiza con exactitud los cálculos necesarios para obtener la situación del buque por las líneas de posición de la navegación astronómica, tanto de día como durante los crepúsculos.
El procedimiento para la obtención de situación se ejecuta correctamente.
El punto calculado por observaciones astronómicas se encuentra dentro de los márgenes de precisión reconocidos como aceptables.
Determina los errores del compás utilizando cuerpos celestes. En particular, determina los errores del compás por observación del azimut de aguja de la estrella Polar y del Sol en el momento de su orto u ocaso.

8.5. Cálculos resueltos

8.5.1. El 20 de agosto de 2014, en S/e: l = 39° N, L = 037° 48' W, al ser Hcr = 10-37-40, observamos simultáneamente: Ai ☉ = 62° 34,4' y Ai☾= 41° 18,6'.

EA [a 00h TU (20)] = 03-34-02, m.d. = 4 s en atraso, Ei = 2,2' a la derecha, e_o = 15 m.

Se pide: S/o a Hcr = 10-37-40.

$$\frac{L°}{15} = \frac{037°\ 48'\ W}{15} = Lt = 02\ h\ 31\ min\ 12\ s\ W \rightarrow Z = 3\ W$$

Hcr =	10-37-40					
EA =	03-34-02 +					
			Investigación de hora y fecha			
HcG =	14-11-42	→	HcG =	14-11,7	HcG =	02-11,7
			Lt =	02-31,2 W –	Lt =	02-31,2 W –
			Hcl =	**11-40,5 (20)**	Hcl =	23-40,5
			Hcl =	11-40,5 (20)		
			Lt =	02-31,2 W – (+)		
HcG próx.=	14-11-42 (20)					
ppm =	2 +		HcG =	14-11,7 (20)		
HcG =	**14-11-44 (20)**					

HcG próx. = 14-11-42 (20)
HcG (EA) = 00-00-00 (20)

X = ppm	⟶	I =	14-11-42
md = 4 s +	⟶	24 h	

$$ppm = \frac{md \cdot I}{24} = \frac{4\ s \cdot (14:11:42)}{24} = 2{,}37\ s.\ \text{en atraso}$$

Ai ☉	=	62° 34,4'	
Ei	=	2,2' +	
Ao ☉	=	62° 36,6'	
Dp	=	6,9' –	⇐ Tabla A: con e_o = 15 m
Ra, SD y p	=	15,6' +	⇐ Tabla B: con Ao = 62,6°
dif. SD	=	0,2' –	⇐ Tabla B: con fecha
av ☉	=	62° 45,1'	

Al ser HcG = 14-11-44 (20):

hG☉ = 029° 09,4’
$C^{\underline{ón}}$ x min y s = 2° 56,0’

hG☉ = 032° 05,4’ W –
L = 037° 48,0’ W – (+)

hl☉ = 005° 42,6’ E

d☉ = 12° 20,7’ +
$C^{\underline{ón}}$ x min y s = 0,2’ –

d☉ = 12° 20,5’ +

l = N y d☉ = N ⇨ d y l = signo ⇨ Δ = 90° – d = 77° 39,5’

l = 39° N
Δ = 77° 39,5’
hl ☉ = 005° 42,6’ E

$$\text{sen } a = \overset{+}{\cos}\Delta \cdot \overset{+}{\text{sen}}\ l + \overset{+}{\text{sen}}\ \Delta \cdot \overset{+}{\cos}\ l \cdot \overset{+}{\cos}\ h$$

A = 0,13451 +
B = 0,75542 +

sen a = 0, 88993 + ⇨ av = 62° 45,1’
ae = 62° 51,9’

Δa = 6,8’ –

$$\text{ctg}\ \hat{Z} = \frac{\overset{+}{\cos}\ l}{\underset{+}{\text{tg}}\ \Delta \cdot \underset{+}{\text{sen}}\ h} - \frac{\overset{+}{\text{sen}}\ l}{\underset{+}{\text{tg}}\ h}$$

A = 1,70903 +
B = 6,29386 + (–)

ctg $\hat{Z}$ = 4,58483 – ⇨ $\hat{Z}$ > 90° ⇨ $\hat{Z}$ = N 167,7° E ⇨ **Zv☉ = 167,7°**

Al ser HcG = 14-11-44 (20): PH ☾ = 54,7’

Ai☾ = 41° 18,6’
Ei = 2,2’ +

Ao☾ = 41° 20,8’
Dp = 6,9’ – ⇐ Tabla A: con e_o = 15 m

Ap☾ = 41° 13,9’
1ª $C^{\underline{ón}}$ = 25,0’ + ⇐ ($C^{\underline{on}}$ x SD, Ra y p) por 41° de Ap y 54' de PH
2ª $C^{\underline{ón}}$ = 0,1’ – ⇐ ($C^{\underline{on}}$ x SD, Ra y p) por 13,9’ de Ap: Tpp con 13,9’ (Ap) y con 0,6’ ($V^{\underline{ón}}$)
3ª $C^{\underline{ón}}$ = 0,4’ + ⇐ ($C^{\underline{on}}$ x SD, Ra y p) por 0,7’ de PH Tpp con 0,7’ (PH) y con 0,5’ ($V^{\underline{ón}}$)

av ☾ = 41° 39,2’

Al ser HcG = 14-11-44 (20):

d☾	=	18° 33,6' +
$C^{ón}$ x min y s	=	0,3' –
d☾	=	18° 33,3' +

l = N y d☾ = N ⇨ d y l = signo ⇨ Δ = 90° – d = 71° 26,7'

hG☾	=	086° 02,5'	Dif. = 117
$C^{ón}$ x min y s	=	2° 48,0'	
$C^{ón}$ x Dif	=	2,2'	
hG☾	=	088° 52,7' W –	
L	=	037° 48,0' W – (+)	
hl☾	=	051 ° 04,7' W	

l = 39° N
Δ = 71° 26,7'
hl ☾ = 051 ° 04,7' W

$$\text{sen } a = \overset{+}{\cos}\Delta \cdot \overset{+}{\text{sen}}\ l + \overset{+}{\text{sen}}\ \Delta \cdot \overset{+}{\cos}\ l \cdot \overset{+}{\cos}\ h$$

A	=	0,20026 +				
B	=	0,46287 +				
				av	=	41° 39,2'
sen a	=	0, 66313 +	⇨	ae	=	41° 32,4'
				Δa	=	**6,8' +**

$$\text{ctg } \hat{Z} = \frac{\overset{+}{\cos}\ l}{\underset{+}{\text{tg}}\ \underset{+}{\Delta} \cdot \underset{+}{\text{sen}}\ h} - \frac{\overset{+}{\text{sen}}\ l}{\underset{+}{\text{tg}}\ h}$$

A	=	0,33529 +
B	=	0,50819 + (–)

ctg $\hat{Z}$ = 0,17290 – ⇨ $\hat{Z}$ > 90° ⇨ $\hat{Z}$ = N 099,8° W ⇨ **Zv☾ = 260,2°**

	⊙	☾
Zv =	167,7°	260,2°
Δa =	6,8' –	6,8' +

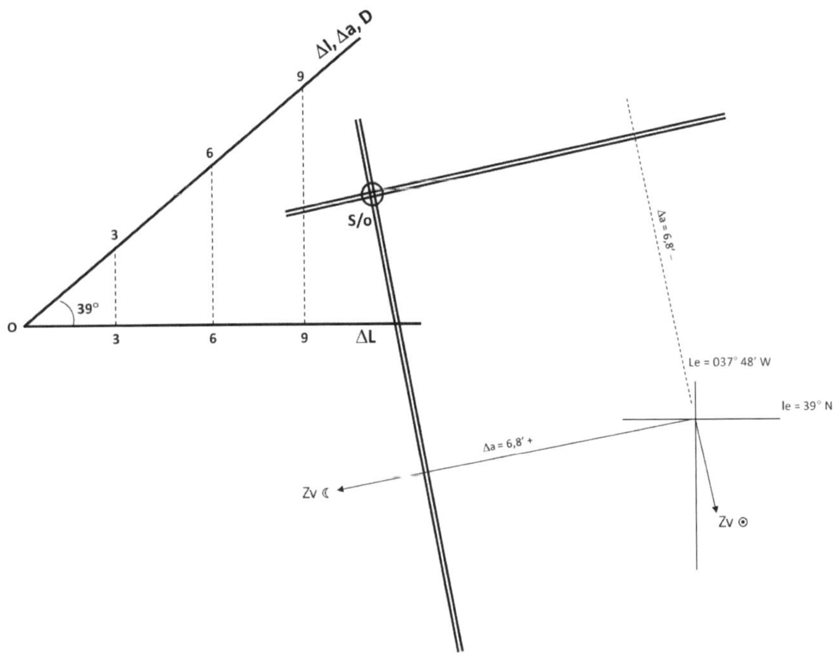

le	=	39° 00,0' N +	Le	=	037° 48,0' W –
Δl	=	5,3' N +	ΔL	=	10,3' W –
lo	**=**	**39° 05,3' N**	**Lo**	**=**	**037° 58,3' W**

Situación observada (S/o) a HcG = 14-11-42 (20)

8.5.2. El 3 de mayo de 2014, al ser HcG = 07-15-00, navegando al Rv = 054° con Vs = 15 nudos, nos encontramos en S/e: l = 00° 10,3' N, L = 026° 47,7' W. Al ser mediodía verdadero observamos Ai^m $\underline{\odot}$ = 75° 00,4' Seguimos en estas condiciones y al ser Hcr = 13-28-10 observamos Ai $\underline{\odot}$ = 51° 32,2'.

EA [00h TU (3)] = 02-32-17, m.d. = 5 s en atraso, Ei = 2,2' a la derecha, e_o = 5 m.

Se pide: S/o al ser Hcr = 13-28-10

$$\frac{L^\circ}{15} = \frac{026^\circ\ 47{,}7'\ W}{15} = Lt = 01\ h\ 47\ min\ 11\ s\ W \rightarrow Z = 2\ W$$

HcG	=	07-15,0 (¿?)	Hcl	=	05-15,0 (3)
Z	=	2 W –	Z	=	2 W – (+)
Hcl	=	05-15,0 (3)	**HcG**	**=**	**07-15,0 (3)**

PMG ⊙ =	HcG p ⊙ MSG ≈ Hcl p ⊙ MSL	=	11-56,9 (3)
	Longitud anterior conocida Lt	=	01-47,2 W – (+)
	HcG p ⊙ MSL	=	13-44,1 (3)

HcG = 13-44,1 (3)
HcG = 07-15,0 (3)

t = 06-29,1 **D = Vs · t = 97,275'**

Estima próxima:

Rv = N 54° E	l =	00° 10,3' N +	L =	026° 47,7' W –
D = 97,28	Δl =	57,2' N +	ΔL =	1° 18,7' E +
A = 78,70'				
	l' =	01° 07,5' N	L' =	025° 29,0' W
			Lt =	01-41-56 W

A = D · sen R = 78,70'
Δl = D · cos R = 57,18' = 57,2' N
lm = 00° 38,9' N
ΔL = A/cos lm = 78,70' = 1° 18,7' E

PMG ⊙ =	HcG p ⊙ MSG = Hcl p ⊙ MSL	=	11-56,9 (3)
	Lt	=	01-41,9 W – (+)
	HcG p ⊙ MSL	**=**	**13-38,8 (3)**

HcG = 13-38,8 (3)
HcG = 07-15,0 (3)

t = 06-23,8 **D = Vs · t = 95,95'**

Estima exacta:

Rv = N 54° E	l =	00° 10,3' N +	L =	026° 47,7' W –
D = 95,95'	Δl =	56,4' N +	ΔL =	1° 17,6' E +
A = 77,63'				
	l' =	**01° 06,7' N**	**L' =**	**025° 30,1' W**

S/e a mediodía verdadero

A = D · sen R = 77,63'
Δl = D · cos R = 56,40' = 56,4' N
lm = 00° 38,5' N
ΔL = A/cos lm = 77,63' = 1° 17,6' E

Ai^m ⊙	=	75° 00,4'	
Ei	=	2,2' +	
Ao^m ⊙	=	75° 02,6'	
Dp	=	4,0' –	⇐ Tabla A: con e_o = 5 m
Ra, SD y p	=	15,8' +	⇐ Tabla B: con Ao = 75,0°
dif. SD	=	0,1' –	⇐ Tabla B: con fecha
av^m ⊙	=	75° 14,3	z = 90° – av = 14° 45,7'

Al ser HcG p⊙ MSL = 13-38,8 (03.05.2014):

d⊙ a 13 h TU (3)	=	15° 44,7' +
C^{on} x 38 min 48 s	=	0,5' +
d⊙ a 13-38-48 TU (3)	=	15° 45,2' +

S – S – – si ★ cara sur

N + N + + si ★ cara norte

l* = *d* – *z

d⊙	=	15° 45,2' +
z	=	14° 45,7' + (–)
lo	**=**	**00° 59,5' N**

Le = 025° 30,1' W

Situación rectificada a mediodía verdadero (SER)

$$\frac{L°}{15} = \frac{025°\ 30{,}1'\ W}{15} - Lt = 01\ h\ 42\ min\ 00{,}4\ s\ W$$

Hcr	=	13-28-10
EA	=	02-32-17 +
HcG	=	16-00-27 →
HcG próx.	=	16-00-27 (3)
ppm	=	3 +
HcG	**=**	**16-00-30 (3)**

Investigación de hora y fecha

HcG =	16-00,5	HcG =	04-00,5
Lt =	01-42,0 W –	Lt =	01-42,0 W –
Hcl =	**14-18,5 (3)**	Hcl =	02-18,5

HcG próx.	=	16-00-27 (3)
HcG (EA)	=	00-00-00 (3)
I	=	16-00-27

X = ppm ⟶ I = 16-00-27

md = 5 s + ⟶ 24 h

$$ppm = \frac{md \cdot I}{24} = \frac{5\ s \cdot (16:00:27)}{24} = 3{,}33\ s.\ \text{en atraso}$$

HcG	=	16-00,5 (3)
HcG	=	13-38,8 (3)
t	**=**	**02-21,7**

D = Vs · t = 35,425'

Rv = N 54° E

D = 35,43'

A = 28,66'

l	=	00° 59,5' N +	L	=	025° 30,1' W –	**SER**
Δl	=	20,8' N +	ΔL	=	28,7' E +	
l'	**=**	**01° 20,3' N**	**L'**	**=**	**025° 01,4' W**	**SERT**

S/e a Hcr = 13-28-10

A = D · sen R = 28,66'
Δl = D · cos R = 20,82' = 20,8' N
lm = 01° 09,9' N
ΔL = A/cos lm = 28,67' = 28,7' E

Ai ⊙	=	51° 32,2'	
Ei	=	2,2' +	
Ao ⊙	=	51° 34,4'	
Dp	=	4,0' –	⇐ Tabla A: con e_o = 5 m
Ra, SD y p	=	15,3' +	⇐ Tabla B: con Ao = 51,6°
dif. SD	=	0,1' –	⇐ Tabla B: con fecha
av ⊙	=	51° 45,6'	

Al ser HcG = 16-00-30 (3):

d⊙	=	15° 46,8' +
$C^{\underline{ón}}$ x min y s	=	0,0'
d⊙	=	15° 46,8' +

l = N y d⊙ = N ⇨ d y l = signo ⇨ Δ = 90° – d = 74° 13,2'

hG⊙	=	060° 47,1'
$C^{\underline{ón}}$ x min y s	=	0° 07,5'
hG⊙	=	060° 54,6' W –
L	=	025° 01,4' W – (+)
hl⊙	=	035° 53,2' W

l = 01° 20,3' N
Δ = 74° 13,2'
hl ⊙ = 035° 53,2' W

$$\text{sen } a = \overset{+}{\cos}\Delta \cdot \overset{+}{\text{sen}}\ l + \overset{+}{\text{sen}}\ \Delta \cdot \overset{+}{\cos} l \cdot \overset{+}{\cos} h$$

A	=	0,00635 +				
B	=	0,77943 +				
				av	=	51° 45,6'
sen a	=	0,78578 +	⇨	ae	=	51° 47,6'
				Δa	=	**2,0' –**

$$\text{ctg } \hat{Z} = \frac{\overset{+}{\cos} l}{\underset{+}{\text{tg}}\ \Delta \cdot \underset{+}{\text{sen}}\ h} - \frac{\overset{+}{\text{sen}}\ l}{\underset{+}{\text{tg}}\ h}$$

A	=	0,48196 +
B	=	0,03228 + (–)
ctg $\hat{Z}$	=	0,44968 +

ctg $\hat{Z}$ = 0,44968 + ⇨ $\hat{Z}$ < 90° ⇨ $\hat{Z}$ = N 065,8° W ⇨ **Zv⊙ = 294,2°**

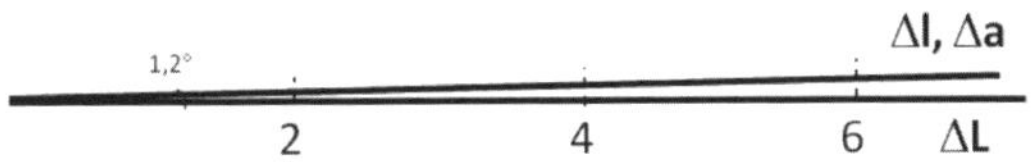

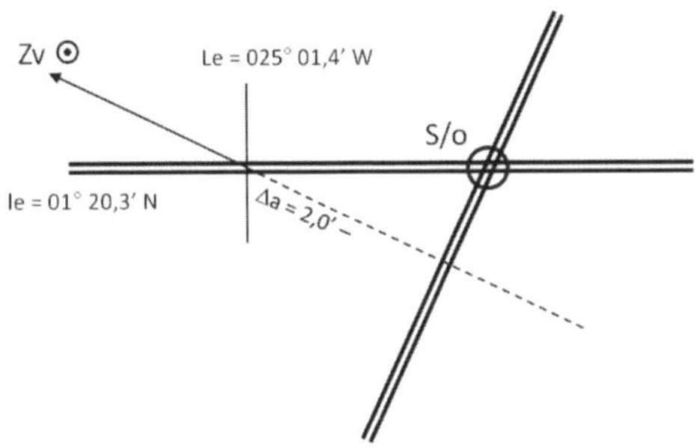

L = 025° 01,4' W –
ΔL = 2,2' E +

l' = 01° 20,3' N **L' = 024° 59,2' W**

S/o a Hcr = 13-28-10

8.5.3. El 27 de abril de 2014, navegando al Rv = NW, con Vs = 18 nudos, al ser Hcr = 08-32-30, nos encontramos en S/e: l = 30° 10' N, L = 018° 25' W, observando en ese instante Ai ⊙ = 67° 10,8'. Continuamos navegando en estas condiciones hasta mediodía verdadero, momento en que observamos Ai^{m} ⊙ = 73° 16,6'

EA [00h TU (27)] = 03-30-15, m.d. = 5 s en adelanto, Ei = 2,2' a la derecha, e_o = 20 m.

Se pide: S/o al ser mediodía verdadero.

$$\frac{L^\circ}{15} = \frac{018^\circ\ 25'\ W}{15} = Lt = 01\ h\ 13\ min\ 40\ s\ W$$

Hcr = 08-32-30
EA = 03-30-15 +

HcG = 12-02-45 →

Investigación de hora y fecha

HcG =	12-02,7	HcG =	00-02,7
Lt =	01-13,7 W –	Lt =	01-13,7 W –
Hcl =	**10-49,0 (27)**	Hcl =	22-49,0

HcG próx.= 12-02-45 (27)
ppm = 3 –

HcG = 12-02-42 (27)

HcG próx.	=	12-02-45 (27)
HcG (EA)	=	00-00-00 (27)

X = ppm ⟶ I = 12-02-45

md = 5 s – ⟶ 24 h

$$ppm = \frac{md \cdot I}{24} = \frac{5\,s \cdot (12:02:45)}{24} = 2{,}51 \text{ s. en adelanto}$$

Ai ⊙	=	67° 10,8’	
Ei	=	2,2’ +	
Ao ⊙	=	67° 13,0’	
Dp	=	7,9’ –	⇐ Tabla A: con e_o = 520 m
Ra, SD y p	=	15,6’ +	⇐ Tabla B: con Ao = 67,2°
dif. SD	=	0,1’ –	⇐ Tabla B: con fecha
av ⊙	=	67° 20,6’	

Al ser HcG = 12-02-42 (27):

d⊙	=	13° 53,9’ +
$C^{\underline{ón}}$ x min y s	=	0,0’
d⊙	=	13° 53,9’ +

l = N y d⊙ = N ⇨ d y l = signo ⇨ Δ = 90° – d = 76° 06,1’

hG⊙	=	000° 35,5’
$C^{\underline{ón}}$ x min y s	=	0° 40,5’
hG⊙	=	001° 16,0’ W –
L	=	018° 25,0’ W – (+)
hl⊙	=	017° 09,0’ E

l = 30° 10,0’ N
Δ = 76° 06,1’
hl ⊙ = 017° 09,0’ E

$$\operatorname{sen} a = \overset{+}{\cos}\Delta \cdot \overset{+}{\operatorname{sen}}\, l + \overset{+}{\operatorname{sen}}\, \Delta \cdot \overset{+}{\cos} l \cdot \overset{+}{\cos} h$$

A	=	0,12070 +
B	=	0,80194 +
sen a	=	0,92264 +

⇨

av	=	67° 20,6’
ae	=	67° 18,9’
Δa	=	**1,7’ +**

$$\operatorname{ctg} \hat{Z} = \frac{\overset{+}{\cos} l}{\underset{+}{\operatorname{tg}} \Delta \cdot \underset{+}{\operatorname{sen}} h} - \frac{\overset{+}{\operatorname{sen}}\, l}{\underset{+}{\operatorname{tg}} h}$$

A	=	0,72550 +
B	=	1,62840 + (–)
ctg $\hat{Z}$	=	0,90290 –

⇨ $\hat{Z}$ > 90° ⇨ $\hat{Z}$ = N 132,1° E ⇨ **Zv⊙ = 132,1°**

PMG ⊙ = HcG p ⊙ MSG ≈ Hcl p ⊙ MSL = 11-57,6 (27)
Longitud anterior conocida Lt = 01-13,7 W – (+)

HcG p ⊙ MSL = 13-11,3 (27)

HcG = 13-11,3 (27)
HcG = 12-02,7 (27)

t = 01-08,6 **D = Vs · t = 20,58'**

Estima próxima:

Rv = N 45° W	l = 30° 10,0' N +	L = 018° 25,0' W –
D = 20,58'	Δl = 14,6' N +	ΔL = 16,9' W –
A = 14,55'		
	l' = 30° 24,6' N	L' = 018° 41,9' W
		Lt = 01-14-48 W

A = D · sen R = 14,55'
Δl = D · cos R = 14,55' = 14,6' N
lm = 30° 17,3' N
ΔL = A/cos lm = 16,85' = 16,9' W

PMG ⊙ = HcG p ⊙ MSG = Hcl p ⊙ MSL = 11-57,6 (27)
Lt = 01-14,8 W – (+)

HcG p ⊙ MSL = 13-12,4 (27)

HcG = 13-12,4 (27)
HcG = 12-02,7 (27)

t = 01-09,7 **D = Vs · t = 20,91'**

Estima exacta:

Rv = N 45° W	l = 30° 10,0' N +	L = 018° 25,0' W –
D = 20,91'	Δl = 14,8' N +	ΔL = 17,1' W –
A = 14,79'		
	l' = 30° 24,8' N	**L' = 018° 42,1' W**

S/e a mediodía verdadero

A = D · sen R = 14,79'
Δl = D · cos R = 14,79' = 14,8' N
lm = 30° 17,4' N
ΔL = A/cos lm = 17,12' = 17,1' W

Ai^m⊙	=	73° 16,6'	
Ei	=	2,2' +	
Ao^m⊙	=	73° 18,8'	
Dp	=	7,9' –	⇐ Tabla A: con e_o = 20 m
Ra, SD y p	=	15,8' +	⇐ Tabla B: con Ao = 73,3°
dif. SD	=	0,1' –	⇐ Tabla B: con fecha
av^m ⊖	=	73° 26,6	z = 90° – av = 16° 33,4'

Al ser HcG p⊙ MSL = 13-12,4 (27)

d⊙ a 13 h TU (27)	=	13° 54,6' +
C^{on} x min y s	=	0,2' +
d⊙ a 13-12-24 TU (27)	=	13° 54,8' +

S –		S –		– si ★ cara sur
N +		N +		+ si ★ cara norte
l	=	***d***	–	*z*

d⊙	=	13° 54,8' +
z	=	16° 33,4' – (+)
lo	=	**30° 28,2' N**

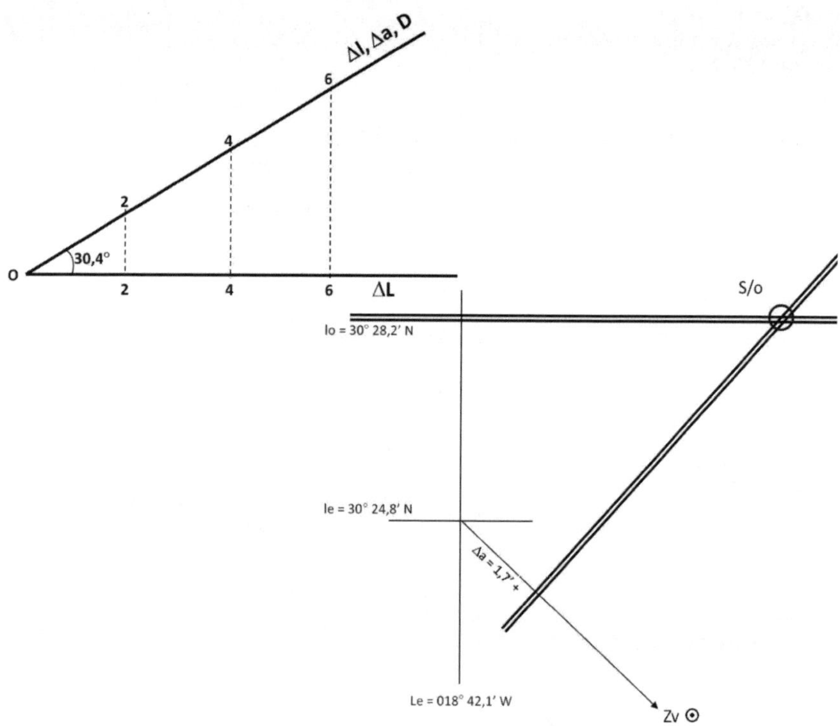

			L	=	018° 42,1' W –
			ΔL	=	6,2' E +
l'	=	**30° 28,2' N**	**L'**	=	**018° 35,9' W**

S/o a mediodía verdadero

8.5.4. El 28 de junio de 2014, durante el crepúsculo vespertino, al ser Hcr = 11-49-48, en S/e: l = 30° 02' N, L = 165° 18' W, observamos simultáneamente: Ai ★ *Vega* = 37° 20,2', Za ★ *Vega* = 065°; Ai ★ Regulus = 29° 42,8'; Ai ★? = 44° 24,8', Za ★? = 169°.

EA [00h TU (28)] = 07-01-42, m.d. = 10 s en atraso, Ei = 1,6' a la izquierda, e_o = 17 m.

Se pide: S/o por bisectrices de altura

$$\frac{L°}{15} = \frac{165°\ 18'\ W}{15} = Lt = 11\ h\ 01\ min\ 12\ s\ W$$

Hcr = 11-49-28
EA = 07-01-42 +

HcG = 18-51-10 →

Investigación de hora y fecha

HcG =	18-51,2	HcG =	06-51,2
Lt =	11-01,2 W –	Lt =	11-01,2 W –
Hcl =	07-50,0	**Hcl =**	**19-50,0 (28)**
		Lt =	11-01,2 W – (+)
		HcG =	30-51,2 (28)
		HcG =	**06-51,2 (29)**

HcG próx.= 06-51-10 (29)
ppm = 13 +

HcG = 06-51-23 (29)

HcG próx. = 06-51-10 (29)
HcG (EA) = 00-00-00 (28)

X = ppm ⟶ I = 30-51-10
md = 10 s + ⟶ 24 h

$$ppm = \frac{md \cdot I}{24} = \frac{10\,s \cdot (30:51:10)}{24} = 12{,}86\ s.\ \text{en atraso}$$

Al ser HcG = 6-51-23 (29), en el *Almanaque Náutico*:

hG♈ = 007° 14,9'
$C^{ón}$ x min y s 12° 52,9'

hG♈ = 020° 07,8' W

A.N. p. 378 AS ★ *Vega* = 080° 38,1' W
A.N. p. 379 d ★ *Vega* = 38° 48,0' + → Δ = 51° 12,0'

A.N. p. 376 AS ★ *Regulus* = 207° 42,9' W
A.N. p. 377 d ★ *Regulus* = 11° 53,7' + → Δ = 78° 06,3'

	★ *VEGA*		★ *REGULUS*
hG♈ =	020° 07,8' W –	hG♈ =	020° 07,8' W –
AS ★ =	080° 38,1' W –	AS ★ =	207° 42,9' W –
hG★ =	100° 45,9' W –	hG★ =	227° 50,7' W –
L =	165° 18,0' W – (+)	L =	165° 18,0' W – (+)
hl★ =	064° 32,1' E	hl★ =	062° 32,7' W

	★ *VEGA*		★ *REGULUS*
Ai ★=	37° 20,2'	Ai ★=	29° 42,8'
Ei =	1,6' –	Ei =	1,6' –
Ao★ =	37° 18,6'	Ao★ =	29° 41,2'
Dp =	7,3' –	Dp =	7,3' –
Ra =	1,3' –	Ra =	1,7' –
av★=	37° 10,0'	av★ =	29° 32,2'

$$\begin{cases} l = 30° \ 02' \ N \\ \Delta = 51° \ 12{,}0' \\ hl \bigstar = 064° \ 32{,}1' \ E \end{cases} \qquad \begin{cases} l = 30° \ 02' \ N \\ \Delta = 78° \ 06{,}3' \\ hl \bigstar = 062° \ 32{,}7' \ W \end{cases}$$

$$\operatorname{ctg} \hat{Z} = \frac{\overset{+}{\cos l}}{\underset{\substack{+<90° \\ ->90°}}{\operatorname{tg} \Delta} \cdot \underset{+}{\operatorname{sen} h}} - \frac{\overset{+}{\operatorname{sen} l}}{\underset{\substack{+<90° \\ ->90°}}{\operatorname{tg} h}}$$

A =	0,77097 +	A =	0,20551 +		
B =	0,23835 + (–)	B =	0,26005 + (–)		
ctg $\hat{Z}$ =	0,53262 +	ctg $\hat{Z}$ =	0,05454 –	Zv ★ *Vega* =	062°
$\hat{Z}$ =	N 062,0° E	$\hat{Z}$ =	N 093,1° W	Za ★ *Vega* =	065°
Zv ★ =	062°	Zv ★ =	266,9°		
				Ct =	**3° –**

$$\operatorname{sen} a = \underset{\substack{+<90° \\ ->90°}}{\cos \Delta} \cdot \overset{+}{\operatorname{sen}} \ l + \overset{+}{\operatorname{sen}} \ \Delta \cdot \overset{+}{\cos} l \cdot \underset{\substack{+<90° \\ ->90°}}{\cos h}$$

A =	0,31362 +	A =	0,10316 +
B =	0,29009 +	B =	0,39058 +
sen a =	0,60371 +	sen a =	0,49374 +
ae =	37° 08,2'	ae =	29° 35,2'
av★ =	37° 10,0'	av★=	29° 32,2'
ae★ =	37° 08,2'	ae★ =	29° 35,2'
Δa =	**1,8' +**	**Δa =**	**3,0' –**
Zv ★ =	**062°**	**Zv ★ =**	**266,9°**

				★ ?	
Ai ★? =	44° 24,8’		Za ★? =	169°	
Ei =	1,6’ –		**Ct =**	**3° –**	
Ao★? =	44° 23,2’		Zv ★ ? =	166°	
Dp =	7,3’ –		$\hat{Z}$ =	N 166° E	
Ra =	1,0’ –				
av★? =	44° 14,9’				

$$\begin{cases} l = 30° 02' N \\ a = 44° 14{,}9' \\ \hat{Z} = N 166° E \end{cases}$$

$$\cos\ \Delta = \overset{+}{\text{sen}}\ l \cdot \overset{+}{\text{sen}}\, a + \overset{+}{\cos} l \cdot \overset{+}{\cos} a \cdot \overset{+<90° \atop -> 90°}{\cos \hat{Z}} = A + B$$

A	=	0,34924 +						
B	=	0,60172 –						90°
cos Δ	=	0,25248 –	⇨	Δ > 90°	⇨	Δ	=	104° 37,5’
						d★?	**=**	**14° 37,5’ S**

$$\text{ctg}\ h = \frac{\overset{+}{\text{tg}}\, a \cdot \overset{+}{\cos} l}{\underset{+}{\text{sen}\ \hat{Z}}} - \frac{\overset{+}{\text{sen}}\ l}{\underset{+<90° \atop -> 90°}{\text{tg}\ \hat{Z}}} = A - B$$

A	=	3,48589 +						
B	=	2,00741 – (+)						
ctg h	=	5,49330 +	⇨	h < 90°	⇨	**hl★ ?**	**=**	**10° 19,0’ E**

hl ★?	=	010° 19,0’ E +
L	=	165° 18,0’ W –
hG★?	=	154° 59,0’ W

Almanaque Náutico, con:

$$\begin{cases} HcG = 06\text{-}51\text{-}23\ (29) \\ d★? = 14° 37{,}5' S \\ hG★? = 154° 59{,}0' W \end{cases}$$ ⇨ ♄ ***SATURNO***

Al ser HcG = 6-51-23 (29), en el *Almanaque Náutico*:

hG ♄	=	142° 00,3’	(Dif. = 25 +)
$C^{ón}$ x min y s	=	12° 50,8’ +	
$C^{ón}$ x Dif	=	2,2’ +	
hG ♄	=	154° 53,3 W –	
L	=	165° 18,0’ W – (+)	
hl ♄	=	010° 24,7’ E	

d ♄	=	14° 38,9' –		
$C^{ón}$ x min y s	=	0,0'		
d ♄	=	14° 38,9' –	⇨	Δ = 104° 38,9'

♂ SATURNO

l = 30° 02' N

Δ = 104° 38,9'

hl ♄ = 010° 24,7' E

$$\operatorname{sen} a = \overset{+<90°}{\underset{->90°}{\cos}}\Delta \cdot \overset{+}{\operatorname{sen}}\, l + \overset{+}{\operatorname{sen}}\,\Delta \cdot \overset{+}{\cos}\, l \cdot \overset{+<90°}{\underset{->90°}{\cos}}\, h$$

$$\operatorname{ctg} \hat{Z} = \frac{\overset{+}{\cos l}}{\underset{+<90°\ ->90°}{\operatorname{tg}\Delta} \cdot \underset{+}{\operatorname{sen} h}} - \frac{\overset{+}{\operatorname{sen} l}}{\underset{+<90°\ ->90°}{\operatorname{tg} h}}$$

A =	0,12657 –
B =	0,82380 +
sen a =	0,69723 +
ae =	44° 12,3'
av ♄ =	44° 14,9'
ae ♄ =	44° 12,3'
Δa =	**2,6'** +

A =	1,25215 –
B =	2,72391 + (–)
ctg $\hat{Z}$ =	3,97606 –
$\hat{Z}$ =	N 165,9° E
Zv ♄ =	**165,9°**

	★ *VEGA*	★ *REGULUS*	♄ *SATURNO*
Zv =	062°	266,9°	165,9°
Δa =	1,8' +	3' –	2,6' +

le	=	30° 02,0' N +	Le	=	165° 18,0' W –
Δl	=	1,9' S –	ΔL	=	3,5' E +
lo	=	**30° 00,1' N**	**Lo**	=	**165° 14,5' W**

S/o a Hcr =11-49-48

Como se ve en el trazado gráfico, dado que las tres rectas de altura se han cortado en un punto, no ha sido necesario en este caso trazar las bisectrices de altura.

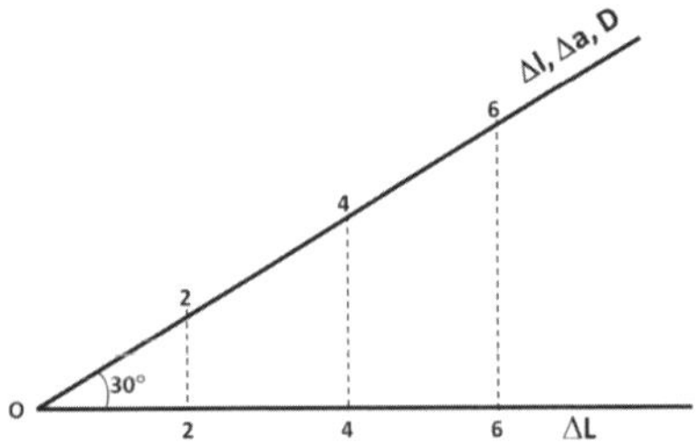

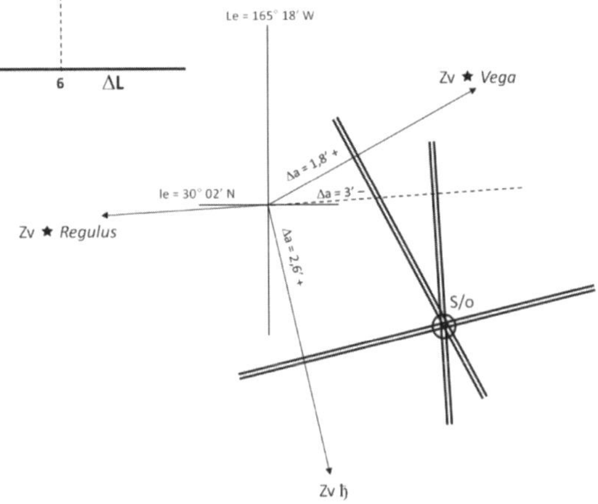

8.5.5. El 22 de julio de 2014, en viaje de Tokyo (l = 35° 41' N, L = 139° 44' E) a San Francisco (l = 37° 48' N, L = 122° 25' W), navegando al Rv = 090°, con Vs = 18 nudos, en el momento de la puesta de Sol, estando en S/e: l = 36° 24' N, L = 179° 30' W, preparamos la observación de estrellas que se realizará durante el crepúsculo vespertino inmediato.

Al ser HcG = 08-00-00, se observan simultáneamente 3 estrellas, obteniendo: av ★ *Deneb* = 38° 27,3', av ★ *Antares* = 27° 00,0' y av ★ *Alkaid* = 62° 26,5'.

Se pide: 1) Preparación de la observación y 2) S/o por intersección de bisectrices de altura al ser HcG = 08-00-00, resolviendo con Tablas Rápidas.

1) Preparación de la observación de estrellas

En el *Almanaque Náutico*, interpolando, se obtiene para el 22 julio 2014:

SOL	Puesta	Crepúsculo civil	Crepúsculo náutico
l = 40° N	19-23	19-54	20-33
l = 35° N	19-10,5	19-39	20-14

Elegimos como hora para realizar la observación: Hcl = 20-00 (22).

Consideramos que en ese instante la S/e será la misma que en el momento de comenzar la preparación de la observación, a la puesta de Sol.

$$\frac{L^\circ}{15} = \frac{179^\circ\ 30'\ W}{15} = Lt = 11\ h\ 58\ min\ 00\ s\ W \rightarrow Z = 12\ W$$

Hcl = 20-00-00 (22)
Lt = 11-58-00 W – (+)

HcG = 31-58-00 (22)
HcG = 07-58-00 (23)

Se obtiene después el horario de Aries (hG♈) correspondiente a la hora (HcG) en que se realizará la observación. Puede hacerse con el *Almanaque Náutico* o con la Tabla 4 de las propias Tablas Rápidas:

hG♈ a 00 h TU (1)	=	278° 58,0'	← Table 4 a)			
$C^{\underline{on}}$ x 23 d y 7 h		126° 58,0'	← Table 4 b)			
$C^{\underline{on}}$ x 58 min 00 s	=	14° 32,0'	← Table 4 c)			
hG♈	=	420° 28,0' W –	hG♈	=	420° 28,0' W –	
L	=	179° 30,0' W – (+)	La	=	179° 28,0' W – (+)	
hl♈	=	240° 58,0' W	hl♈	=	241° 00,0' W	

Se modifica la latitud de estima al grado próximo, y la longitud de estima lo necesario para tener un número exacto de grados como valor del horario local de Aries (hl♈ astronómico, es decir, contado hacia el W), obteniendo así la situación asumida (S/a): **la = 36° N, La = 179° 28,0' W.**

Entrando en las Tablas rápidas, con latitud: la = 36° N, y hl♈ = 241° W, encontramos:

Estrella		Hc	Zn
★ DENEB	♦	38° 09'	057°
★ ALTAIR		31° 54'	103°
★ Nunki		15° 42'	141°
★ ANTARES	♦	27° 15'	173°
★ ARCTURUS		60° 54'	242°
★ Alkaid	♦	62° 00'	309°
★ Kochab		50° 51'	352°

Quedaría así preparada la observación. A la hora señalada, se efectuarían las observaciones con ayuda del sextante…

2) Obtención de la S/o

HcG = 08-00-00
Lt = 11-58-00 W –

Hcl = 20-02-00 (22)
Lt = 11-58-00 W – (+)

HcG = 32-00-00 (22)
HcG = 08-00-00 (23)

Al ser HcG = 08-00-00 (23), en el *Almanaque Náutico*:

hG♈ =	060° 59,1'				
C^{on} x min y s	0				
hG♈ =	060° 59,1' W –		hG♈ =	060° 59,1' W –	
L =	179° 30,0' W	– (+)	La =	179° 59,1' W	– (+)
hl♈ =	118° 30,9' E		hl♈ =	119° 00,0' E	
hl♈ =	241° 29,1' W		hl♈ =	241° 00,0' W	

Entrando en las Tablas Rápidas con latitud: la = 36° N, y hl♈ = 241° W, encontramos:

Estrella		Hc	Zn
★ DENEB	♦	38° 09'	057°
★ ANTARES	♦	27° 15'	173°
★ Alkaid	♦	62° 00'	309°

Hc es la altura verdadera con la que un observador en la situación asumida (S/a) vería los distintos astros, es decir, la altura estimada ae, en la dirección indicada por el azimut verdadero (Zn). El trazado gráfico correspondiente debe hacerse, por tanto, a partir de la S/a: **la = 36° N, La = 179° 59,1' W.**

★ DENEB		*★ ANTARES*		*★ ALKAID*	
av★ =	38° 27,3'	av★ =	27° 00,0'	av★ =	62° 26,5'
ae★ =	38° 09,0'	ae★ =	27° 15,0'	ae★ =	62° 00,0'
Δa =	18,3' +	Δa =	15,0' –	Δa =	26,5' +
Zv =	**057°**	**Zv =**	**173°**	**Zv =**	**309°**

$$\text{Bisectriz}_{1\text{-}2} = \frac{057° + 173°}{2} = 115°$$

$$\text{Bisectriz}_{1\text{-}3} = \frac{057° + 309°}{2} = 183°$$

$$\text{Bisectriz}_{2\text{-}3} = \frac{173° + 309°}{2} = 241°$$

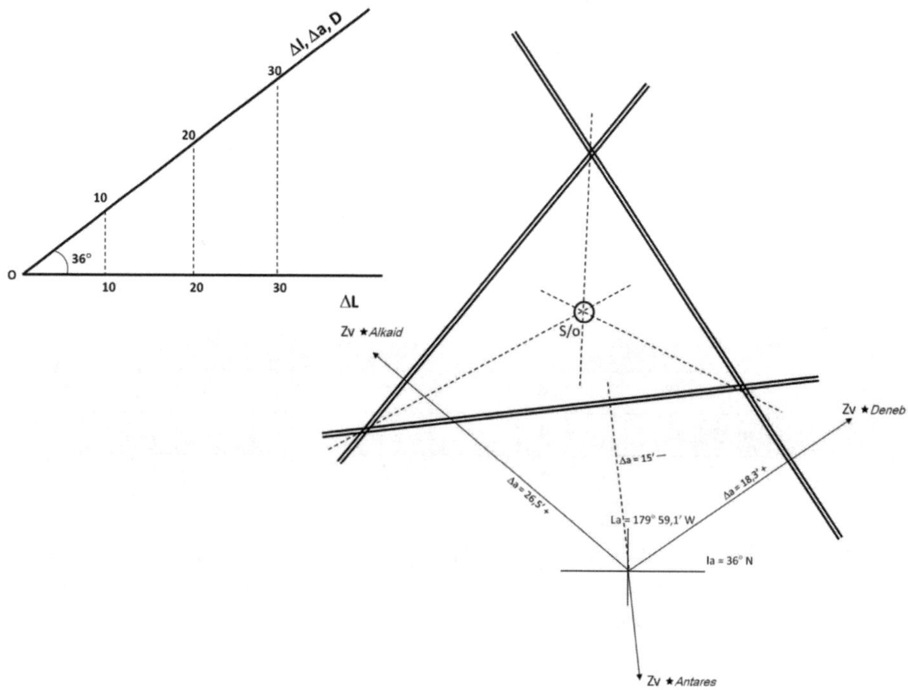

la	=	36° 00,0' N +	La	=	179° 59,1' W –
Δl	=	23,5' N +	ΔL	=	6,0' W –
l	=	**36° 23,5' N**	L	=	179° 65,1' W
			L	=	**179° 54,9' E**

Situación a HcG = 08-00-00 (23) sin corregir por precesión y nutación

Entrando en la Tabla con l = 40° N y hl ♈ = 240°, encontramos que para corregir la situación obtenida por precesión y nutación, desde 2010, habrá que trasladarla **1,9 millas** en la dirección **110°**. Esto se puede resolver trabajando una estima, bien gráficamente o bien analíticamente.

CORRECTION FOR PRECESSION AND NUTATION

LHA ♈	North latitudes							South latitudes						LHA ♈
	N 80°	N 70°	N 60°	N 50°	N 40°	N 20°	0°	S 20°	S 40°	S 50°	S 60°	S 70°	S 80°	
							2014							
0	**1.7** 026	**2.1** 041	**2.5** 051	**2.9** 057	**3.2** 061	**3.8** 066	**3.9** 067	**3.7** 065	**3.1** 060	**2.7** 055	**2.3** 047	**1.9** 035	**1.6** 017	0
30	**2.0** 050	**2.4** 059	**2.9** 064	**3.3** 067	**3.6** 069	**3.9** 071	**3.8** 070	**3.3** 067	**2.5** 060	**2.0** 052	**1.6** 038	**1.3** 016	**1.3** 348	30
60	**2.1** 072	**2.6** 076	**3.1** 078	**3.5** 079	**3.7** 080	**3.9** 080	**3.6** 080	**3.0** 077	**1.9** 070	**1.4** 062	**0.9** 041	**0.7** 350	**1.0** 310	60
90	**2.2** 094	**2.7** 093	**3.1** 093	**3.5** 092	**3.7** 092	**3.9** 092	**3.6** 092	**2.8** 093	**1.7** 095	**1.1** 098	**0.5** 109	**0.3** 238	**0.9** 261	90
120	**2.1** 116	**2.6** 111	**3.0** 107	**3.4** 105	**3.7** 104	**3.9** 103	**3.7** 104	**3.1** 107	**2.1** 115	**1.6** 124	**1.1** 143	**0.9** 178	**1.1** 215	120
150	**1.9** 139	**2.2** 128	**2.7** 121	**3.1** 117	**3.5** 114	**3.9** 112	**3.9** 112	**3.4** 114	**2.7** 121	**2.3** 128	**1.9** 139	**1.5** 157	**1.4** 181	150
180	**1.6** 163	**1.9** 145	**2.3** 133	**2.7** 125	**3.1** 120	**3.7** 115	**3.9** 113	**3.8** 114	**3.2** 119	**2.9** 123	**2.5** 129	**2.1** 139	**1.7** 154	180
210	**1.3** 192	**1.3** 164	**1.6** 142	**2.0** 128	**2.5** 120	**3.3** 113	**3.8** 110	**3.9** 109	**3.6** 111	**3.3** 113	**2.9** 116	**2.4** 121	**2.0** 130	210
240	**1.0** 230	**0.7** 190	**0.9** 139	**1.4** 118	**1.9** 110	**3.0** 103	**3.6** 100	**3.9** 100	**3.7** 100	**3.5** 101	**3.1** 102	**2.6** 104	**2.1** 108	240
270	**0.9** 279	**0.3** 302	**0.5** 071	**1.1** 082	**1.7** 085	**2.8** 087	**3.6** 088	**3.9** 088	**3.7** 088	**3.5** 088	**3.1** 087	**2.7** 087	**2.2** 086	270
300	**1.1** 325	**0.9** 002	**1.1** 037	**1.6** 056	**2.1** 065	**3.1** 073	**3.7** 076	**3.9** 077	**3.7** 076	**3.4** 075	**3.0** 073	**2.6** 069	**2.1** 064	300
330	**1.4** 359	**1.5** 023	**1.9** 041	**2.3** 052	**2.7** 059	**3.4** 066	**3.9** 068	**3.9** 068	**3.5** 066	**3.1** 063	**2.7** 059	**2.3** 052	**1.9** 042	330
360	**1.7** 026	**2.1** 041	**2.5** 051	**2.9** 057	**3.2** 061	**3.8** 066	**3.9** 067	**3.7** 065	**3.1** 060	**2.7** 055	**2.3** 047	**1.9** 035	**1.6** 017	360

The above table gives the correction to be applied to a position line or a fix for the effects of precession and nutation from the mean equinox of 2010.0. Each entry consists of the distance (in bold type) in nautical miles, and the direction (true bearing) in which the position line or fix is to be moved. The table is entered firstly by the year, then by choosing the column nearest the latitude and finally the entry nearest the LHA ♈ of observation; no interpolation is necessary, though in extreme cases near the beginning or end of a year (but not the end of 2009 or the beginning of 2010 when the corrections are zero) values midway towards those of the previous or following years may be taken.

Example. In 2014 a fix is obtained in latitude N 35° when LHA ♈ is 199°. Entering the table with the year 2014, latitude N 40°, and LHA ♈ 210° gives **2.5'** 120° which indicates that the fix is to be transferred 2.5 miles in true bearing 120°.

Rv = S 70° E
D = 1,9’
A = 1,79’

l	=	36° 23,5’ N +	L	=	179° 54,9’ E +
Δl	=	0,6’ S –	ΔL	=	2,2’ E +
lo	**=**	**36° 22,9’ N**	**Lo**	**=**	**179° 57,1’ E**

S/o a HcG = 08-00-00 (23)

A = D · sen R = 1,785’
Δl = D · cos R = 0,649’ = 0,6’ S
lm = 36° 23,2’ N
ΔL = A/cos lm = 2,22’ = 2,22’ = 2,2’ E

8.5.6. El 5 de julio de 2014, navegando al Rv = 300° con Vs = 19 nudos, durante el crepúsculo vespertino, en S/e: l = 32° 34,8’ N, L = 172° 17,8’ W, se realizan las siguientes observaciones:

Al ser HcG = 07-19-12: Ai ☾ = 43° 16,2’;
Al paso de la estrella Polar por el MIL, se obtiene: Ai^m ✱ = 32° 02,6’;
Al ser HcG = 07-30-04: Ai ★ *Altair* = 18° 54,2’.

Ei = 1,2’ a la derecha; eo = 15 m.

Se pide: S/o por bisectrices de altura.

En primer lugar, determinamos la hora de la primera observación.

$$\frac{L^\circ}{15} = \frac{172^\circ\ 17{,}8'\ W}{15} = Lt = 11\ h\ 29\ min\ 11{,}2\ s\ W$$

Almanaque náutico: 5 julio 2014	**Fin Crepúsculo Civil**	**Fin Crepúsculo Náutico**
l = 35° N	19-47	20-23
l = 30° N	19-32	20-05

HcG = 07-19-12
Lt = 11-29-11 W –

Hcl = 19-50-01 (5) ✓
Lt = 11-29-11 W – (+) Observamos dentro del crepúsculo náutico vespertino del día 5

HcG = 31-19-12 (5)
HcG = 07-19-12 (6)

Al ser HcG = 07-19-12 (6.07.2014): PH ☾ = 56,2'

Ai ☾ = 43° 16,2'
Ei = 1,2' +

Ao☾ = 43° 17,4'
Dp = 6,9' – ⇐ Tabla A: con e_o = 15 m

Ap☾ = 43° 10,5'
1ª $C^{ón}$ = 55,3' + ⇐ (C^{on} x SD, Ra y p) por 43° de Ap y 56' de PH
2ª $C^{ón}$ = 0,1' – ⇐ (C^{on} x SD, Ra y p) por 10,5' de Ap: Tpp con 10,5' (Ap) y con 0,7' ($V^{ón}$)
3ª $C^{ón}$ = 0,2' + ⇐ (C^{on} x SD, Ra y p) por 0,2' de PH Tpp con 0,2' (PH) y con 1,0' ($V^{ón}$)

av ☾ = 44° 05,9'

Al ser HcG = 07-19-12 (6.07.2014):

d☾ = 09° 11,0' –
$C^{ón}$ x min y s = 2,9' –

d☾ = 09° 13,9' –

l = N y d☾ = S ⇨ d y l ≠ signo ⇨ Δ = 90° + d = 90° + 09° 13,9' = 99° 13,9'

hG☾ = 187° 39,3' Dif. = 126
$C^{ón}$ x min y s = 4° 34,9'
$C^{ón}$ x Dif = 4,1'

hG☾ = 192° 18,3' W –
L = 172° 17,8' W– (+)

hl☾ = 020 ° 00,3' W

l = 32° 34,8' N
Δ = 99° 13,9'
hl ☾ = 020 ° 00,3' W

$$\text{sen } a = \overset{-}{\cos}\Delta \cdot \overset{+}{\text{sen}}\, l + \overset{+}{\text{sen}}\, \Delta \cdot \overset{+}{\cos}\, l \cdot \overset{+}{\cos}\, h$$

A = 0,08639 –
B = 0,78154 +

sen a = 0,69515 + ⇨ av = 44° 05,9'
ae = 44° 02,4'

Δa = 3,5' +

$$\operatorname{ctg} \hat{Z} = \frac{\overset{+}{\cos l}}{\underset{-}{\operatorname{tg} \Delta} \cdot \underset{+}{\operatorname{sen} h}} - \frac{\overset{+}{\operatorname{sen} l}}{\underset{+}{\operatorname{tg} h}}$$

A = 0,40034 –
B = 1,47905 + (–)

ctg $\hat{Z}$ = 1,87939 – ⇨ $\hat{Z} > 90°$ ⇨ $\hat{Z}$ = N 152° W ⇨ **Zv☾ = 208°**

Al paso de la estrella Polar por el Meridiano Inferior de Lugar (MIL)…

Ai ✱	=	32° 02,6’	En A.N.: AS ✱ = 316° 94,2’ W
Ei	=	1,2’ +	d ✱ = 89° 19,2’ → Δ = 00° 40,8’
Ao ✱	=	32° 03,8’	
Dp	=	6,9’ –	
Ra	=	1,6’ –	siendo: Zv ✱ = N
av ✱	=	31° 55,3’	

Por tratarse de una observación de la altura de la Polar a su paso por MIL, sabemos que:

lo = av✱ + Δ

av ✱ = 31° 55,3’
Δ = 40,8’ +

lo = 32° 36,1’ N

El mismo resultado se habría obtenido considerando una observación de la Polar en un instante cualquiera. Para ello, en primer lugar hay que calcular la hora:

hl★	=	180° 00,0’ W –				
L	=	172° 17,8’ W –				
hG★	=	352° 17,8’ W –				
AS★	=	316° 94,2’ W – (+)				
hG♈	=	034° 43,6’ W				
P.I.	=	029° 11,3’ W	→	HcG	=	07-00-00 (6)
C^ón^ x min y s	=	5° 32,3’	→	min y s	=	22-06
				HcG	=	07-22-06 (6)

hG♈ = 029° 11,3’
C^ón^ x min y s = 5° 32,3’

hG♈ = 034° 43,6’ W –
L = 172° 17,8’ W – (+)

hl♈ = 137° 34,2’ E
hl♈ = 222° 25,8 W

	av ✱	=	31° 55,3’
A.N. p. 383, T. I, con hl♈ (W)	C1	=	40,5’ +
A.N. p. 384, T.II, con hl♈ (W) y av✱	C2	=	0,0’
A.N. p. 384, T.III, con hl♈ (W) y fecha	C3	=	0,3’ +
	lo	**=**	**32° 36,1’ N**

Al ser HcG = 07-30-04 (6.07.2014) se observa la ★ *ALTAIR*:

Ai ★	=	18° 54,2’		
Ei	=	1,2’ +	A.N. p. 378	AS ★ *Altair* = 062° 07,2’ W
Ao★	=	18° 55,4’	A.N. p. 379	d ★ *Altair* = 8° 54,7’ +
Dp	=	6,9’ –		→ Δ = 81° 05,3’
Ra	=	2,8’ –		
av ★	=	18° 45,7’		

hG♈	=	029° 11,3’
C^on x min y s	=	7° 32,2’
hG♈	=	036° 43,5’ W –
AS★	=	062° 07,2’ W –
hG★	=	098° 50,7’ W –
L		172° 17,8’ W – (+)
hl★	=	073° 27,1’ E

- l = 32° 34,8’ N
- Δ = 81° 05,3’
- hl ★ = 073° 27,1’ E

$$\text{sen}\, a = \overset{+}{\cos}\Delta \cdot \overset{+}{\text{sen}}\; l + \overset{+}{\text{sen}}\; \Delta \cdot \overset{+}{\cos}\, l \cdot \overset{+}{\cos}\, h$$

A	=	0,08342 +				
B	=	0,23711 +		av	=	18° 45,7’
sen a	=	0,32053 +	⇨	ae	=	18° 41,7’
				Δa	**=**	**4,0’ +**

$$\text{ctg}\, \hat{Z} = \frac{\overset{+}{\cos}\, l}{\underset{+}{\text{tg}}\, \Delta \cdot \underset{+}{\text{sen}}\, h} - \frac{\overset{+}{\text{sen}}\; l}{\underset{+}{\text{tg}}\, h}$$

A	=	0,13784 +
B	=	0,16000 + (–)
ctg $\hat{Z}$	=	0,02216 –

ctg $\hat{Z}$ = 0,02216 – ⇨ $\hat{Z} > 90°$ ⇨ $\hat{Z}$ = N 091,3° E ⇨ **Zv★ = 091,3°**

HcG = 07-30-04 (6)
HcG = 07-19-12 (6)

t_{1-3} = 00-10-52
D_{1-3} = Vs · t_{1-3} = 3,44'
Rv = 300°

HcG = 07-30-04 (6)
HcG = 07-22-06 (6)

t_{2-3} = 00-07-58
D_{2-3} = Vs · t_{2-3} = 2,52'
Rv = 300°

	☾	⁜	★ *ALTAIR*
Zv =	208°	N	091,3°
Δa =	3,5' +	(Δl) 1,3' +	4,0' +

$$\text{Bisectriz}_{1-2} = \frac{208° + 000°}{2} = 104°$$

$$\text{Bisectriz}_{1-3} = \frac{208° + 091,3°}{2} = 149,7°$$

$$\text{Bisectriz}_{2-3} = \frac{000° + 091,3°}{2} = 045,7°$$

le = 32° 34,8' N +
Δl = 0,7' S –

lo = 32° 34,1' N

Le = 172° 17,8' W –
ΔL = 1,0' E +

Lo = 172° 16,8' W

S/o a HcG = 07-30-04 (6)

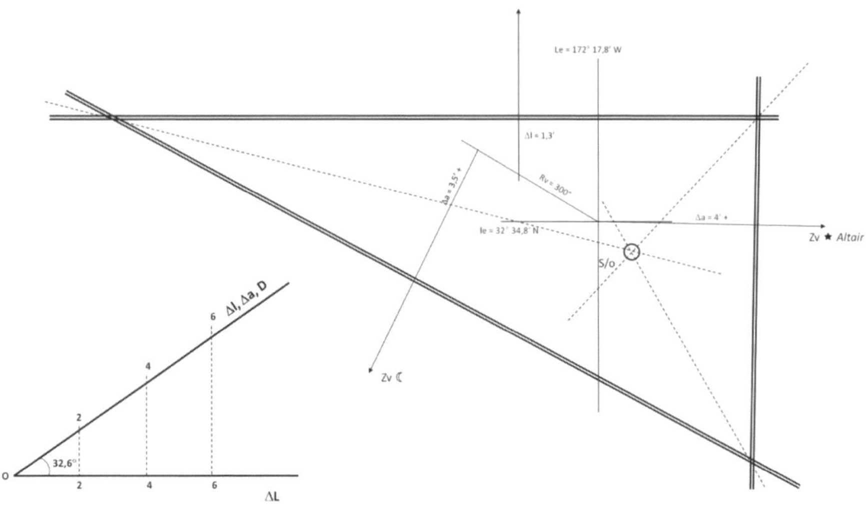

8.5.7. El 19 de mayo de 2014, navegando por el Océano Índico con Ra = 265,2° y Vs = 20 nudos, en el momento del ocaso verdadero del Sol, en S/e: l = 00°, L = 060° E, se toma Za ⊙ = 285°. Se comienza la preparación de la observación de estrellas en el crepúsculo inmediato utilizando las Tablas Rápidas.

Durante el crepúsculo se realizan las siguientes observaciones:

Al ser HcG = 14-32-02, Ai ★ *Srius* = 34° 38,2';
Al ser HcG = 14-40-16, Ai ★ *Spica* = 44° 53,6';
Al ser HcG = 14-54-40, Ai ★ *Dubhe* = 28° 38,8'.

Ei = 2,0' a la izda.; e_o = 16 m.

Se pide: 1) HcG y Ct en el ocaso (v) del Sol; 2) S/o por bisectrices de altura, empleando Tablas Rápidas.

1) Cálculo de la hora y Ct del compás en el momento del ocaso (v) ⊙

Para ello hay que calcular el horario (h) y Azimut verdadero (Zv) del Sol en el instante de su ocaso (v), resolviendo las fórmulas:

$$\cos h = -\frac{\overset{+}{\operatorname{tg} l}}{\underset{\substack{+<90^\circ \\ -> 90^\circ}}{\operatorname{tg} \Delta}} \qquad \text{y} \qquad \cos \hat{Z} = \frac{\overset{\substack{+<90^\circ \\ -> 90^\circ}}{\cos \Delta}}{\underset{+}{\cos l}}$$

La puesta y el ocaso (v) son instantes próximos por lo que, para alimentar las fórmulas se utiliza la declinación del Sol en el momento de su puesta.

En el *Almanaque náutico*, interpolando, se obtiene para el 19 mayo 2014:

SOL	Puesta	Crepúsculo civil	Crepúsculo náutico
l = 00°	18-00	18-22	18-47,5

$$\frac{L^\circ}{15} = \frac{060^\circ\ E}{15} = Lt = 04\ h\ 00\ min\ 00\ s\ E$$

Hcl	=	18-00-00 (19)		
Lt	=	04-00-00 E + (–)		considerando que el polo norte es el polo elevado:
HcG	=	14-00-00 (19)	→ d⊙ = 19° 49,6' +	→ Δ = 70° 10,4'

HcG de la puesta de Sol en el lugar

$$\cos \hat{Z} = \frac{\overset{\substack{+<90^\circ \\ -> 90^\circ}}{\cos \Delta}}{\underset{+}{\cos l}} = \cos \Delta = 0{,}33918 + \rightarrow \hat{Z}\ \text{ocaso (v)} = N\ 70{,}2^\circ\ W$$

Zv ocaso (v) ⊙=	289,8°	Ra =	265,2°
Za ocaso (v)⊙ =	285,0°	Ct =	4,8° +
Ct =	**4,8° +**	**Rv =**	**270°**

$$\cos h = - \frac{\overset{+}{\text{tg}\, l}}{\underset{\substack{+<90^\circ \\ ->90^\circ}}{\text{tg}\, \Delta}} = 0 \rightarrow h = 090^\circ \text{ W}$$

hl⊙	=	090° 00,0' W –				
L	=	060° 00,0' E +				
hG⊙	=	030° 00,0' W				
P.I.	=	015° 53,2' W	→	HcG	=	13-00-00 (19)
$C^{\underline{ón}}$ x min y s	=	014° 06,8'	→	min y s	=	56-27
				HcG	=	13-56-27 (19)

HcG del ocaso (v) de Sol en el lugar

El resultado de las fórmulas anteriores es completamente lógico. Se trata de un caso particular (esfera recta: l = 00°) y podría haberse deducido gráficamente:

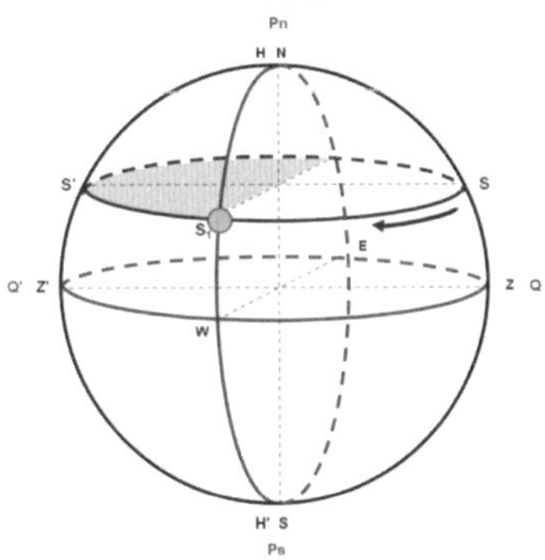

En la esfera recta, el horizonte verdadero coincide con el círculo horario de 090°.

El Sol en S_1 representa el momento de su ocaso (v), teniendo un horario local: hl⊙ = 090° W.

En ese momento, su azimut cuadrantal cuenta el mismo número de grados que la distancia polar (Δ = 90° – d⊙).

2) Preparación de la observación de estrellas

Elegimos como hora para realizar la observación: Hcl = 18-32 (19).

Consideramos que en ese instante la S/e será la misma que en el momento de comenzar la preparación de la observación, en el ocaso (v) de Sol.

Hcl	=	18-32-00 (19)
Lt	=	04-00-00 E + (–)
HcG	**=**	**14-32-00 (19)**

Se obtiene después el horario de Aries (hG♈) correspondiente a la hora (HcG) en que se realizará la observación. Puede hacerse con la Tabla 4 de las propias Tablas Rápidas o con el *Almanaque Náutico*:

hG♈	=	087° 09,9'			
$C^{\underline{ón}}$ x min y s	=	8° 01,3'			
hG♈	=	095° 11,2' W –	hG♈	=	095° 11,2' W –
L	=	060° 00,0' E + (–)	La	=	059° 48,8' E + (–)
hl♈	=	155° 11,2' W	hl♈	=	155° 00,0' W

Se modifica la latitud de estima al grado próximo, y la longitud de estima lo necesario para tener un número exacto de grados como valor del horario local de Aries (hl♈ astronómico, es decir, contado hacia el W), obteniendo así la situación asumida (S/a): **la = 00°, La = 059° 48,8' E.**

Entrando en las Tablas rápidas, con latitud: la = 00° y hl♈ = 155° W, encontramos:

Estrella		Hc	Zn
★ Dubhe	♦	27° 44'	006°
★ ARCTURUS		29° 05'	068°
★ SPICA	♦	42° 32'	105°
★ ACRUX		22° 34'	165°
★ SIRIUS	♦	34° 38'	250°
★ PROCYON		49° 41'	278°
★POLLUX		43° 42'	310°

Quedaría así preparada la observación. A la hora señalada, se efectuarían las observaciones con ayuda del sextante…

3) Obtención de la S/o

Finalmente, se observan 3 estrellas de forma no simultánea.

	★ *SIRIUS*	★ *SPICA*	★ *DUBHE*
Ai★ =	34° 38,2'	44° 53,6'	28° 38,8'
Ei =	2,0' –	2,0' –	2,0' –
Ao★ =	34° 36,2'	44° 51,6'	28° 36,8'
Dp =	7,1' –	7,1' –	7,1' –
Ra =	1,4' –	1,0' –	1,8' –
av★ =	34° 27,7'	44° 43,5'	28° 27,9'

	★ *SIRIUS*	★ *SPICA*	★ *DUBHE*
HcG =	14-32-02 (19)	14-40-16 (19)	14-54-40 (19)
hG♈ =	087° 09,9'	087° 09,9'	087° 09,9'
$C^{ón}$ =	8° 01,8'	10° 05,7'	13° 42,2'
hG♈ =	095° 11,7' W–	097° 15,6' W–	100° 52,1' W–
L =	060° 00,0' E + (–)	060° 00,0' E + (–)	060° 00,0' E + (–)
hl♈ =	155° 11,7' W	157° 15,6' W	160° 52,1' W
hG♈ =	095° 11,7' W–	097° 15,6' W–	100° 52,1' W–
La =	059° 48,3' E + (–)	059° 44,4' E + (–)	060° 07,9' E + (–)
hl♈ =	155° W	157° W	161° W
S/a	la = 0° La = 059° 48,3' E	la = 0° La = 059° 44,4' E	la = 0° La = 060° 07,9' E

Entrando en las Tablas Rápidas con latitud: la = 0°, encontramos:

Estrella		hl♈	Hc	Zn
★ *SIRIUS*	♦	155° W	34° 38'	250°
★ *SPICA*		157° W	44° 28'	106°
★ *DUBHE*	♦	161° W	28° 11'	003°

Hc es la altura verdadera con la que un observador en la situación asumida (S/a) vería los distintos astros, es decir, la altura estimada, ae, en la dirección indicada por el azimut verdadero (Zn). El trazado gráfico correspondiente debe hacerse, por tanto, a partir de la S/a correspondiente a cada astro, trasladando las dos primeras rectas de altura al momento en que se observó la tercera, por rumbo y distancia.

HcG = 14-54-40 (19)
HcG = 14-32-02 (19)

t_{1-3} = 00-22-38
D_{1-3} = $Vs \cdot t_{1-3} = 7{,}54'$
Rv = 270°

HcG = 14-54-40 (19)
HcG = 14-40-16 (19)

t_{2-3} = 00-14-24
D_{2-3} = $Vs \cdot t_{2-3} = 4{,}80'$
Rv = 270°

★ *SIRIUS*

av★ = 34° 27,7'
ae★ = 34° 38,0'

Δa = 10,3' –
Zv = **250°**

Sa ★1 { la = 0°; La = 059° 48,3' E

★ *SPICA*

av★ = 44° 43,5'
ae★ = 44° 28,0'

Δa = 15,5' +
Zv = **106°**

Sa ★2 { la = **0**°; La = 059° 44,4' E

★ *DUBHE*

av★ = 28° 27,9'
ae★ = 28° 11,0'

Δa = 16,9' +
Zv = **003°**

Sa★3 { la = 0°; La = 060° 07,9' E

$$\text{Bisectriz}_{1-2} = \frac{250° + 106°}{2} = 178°$$

$$\text{Bisectriz}_{1-3} = \frac{250° + 003°}{2} = 126{,}5°$$

$$\text{Bisectriz}_{2-3} = \frac{106° + 003°}{2} = 054{,}5°$$

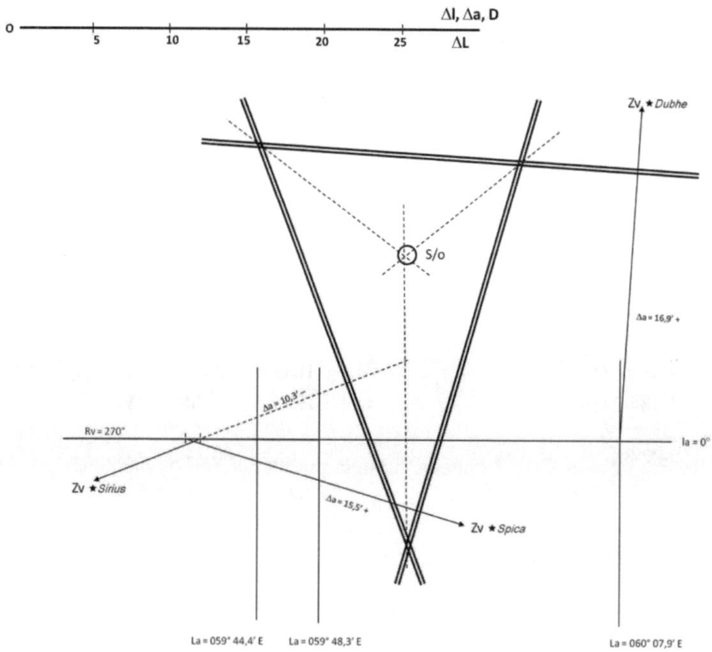

la	=	00° 00,0'	La	=	060° 07,9' E +
Δl	=	12,0' N +	ΔL	=	14,6' W –
l	**=**	**00° 12,0' N**	**L**	**=**	**059° 53,3' E**

Situación a HcG = 14-54-40 (19) sin corregir por precesión y nutación

La posición así obtenida debe ser corregida por precesión y nutación.

CORRECTION FOR PRECESSION AND NUTATION

LHA ϒ	North latitudes							South latitudes						LHA ϒ
	N 80°	N 70°	N 60°	N 50°	N 40°	N 20°	0°	S 20°	S 40°	S 50°	S 60°	S 70°	S 80°	
							2014							
0	**1.7** 026	**2.1** 041	**2.5** 051	**2.9** 057	**3.2** 061	**3.8** 066	**3.9** 067	**3.7** 065	**3.1** 060	**2.7** 055	**2.3** 047	**1.9** 035	**1.6** 017	0
30	**2.0** 050	**2.4** 059	**2.9** 064	**3.3** 067	**3.6** 069	**3.9** 071	**3.8** 070	**3.3** 067	**2.5** 060	**2.0** 052	**1.6** 038	**1.3** 016	**1.3** 348	30
60	**2.1** 072	**2.6** 076	**3.1** 078	**3.5** 079	**3.7** 080	**3.9** 080	**3.6** 080	**3.0** 077	**1.9** 070	**1.4** 062	**0.9** 041	**0.7** 350	**1.0** 310	60
90	**2.2** 094	**2.7** 093	**3.1** 093	**3.5** 092	**3.7** 092	**3.9** 092	**3.6** 092	**2.8** 093	**1.7** 095	**1.1** 098	**0.5** 109	**0.3** 238	**0.9** 261	90
120	**2.1** 116	**2.6** 111	**3.0** 107	**3.4** 105	**3.7** 104	**3.9** 103	**3.7** 104	**3.1** 107	**2.1** 115	**1.6** 124	**1.1** 143	**0.9** 178	**1.1** 215	120
150	**1.9** 138	**2.3** 128	**2.7** 121	**3.1** 117	**3.5** 114	**3.9** 112	**3.9** 112	**3.4** 114	**2.7** 121	**2.3** 128	**1.9** 139	**1.5** 157	**1.4** 181	150
180	**1.6** 163	**1.9** 145	**2.3** 133	**2.7** 125	**3.1** 120	**3.7** 115	**3.9** 113	**3.8** 114	**3.2** 119	**2.9** 123	**2.5** 129	**2.1** 139	**1.7** 154	180
210	**1.3** 192	**1.3** 164	**1.6** 142	**2.0** 128	**2.5** 120	**3.3** 113	**3.8** 110	**3.9** 109	**3.6** 111	**3.3** 113	**2.9** 116	**2.4** 121	**2.0** 130	210
240	**1.0** 230	**0.7** 190	**0.9** 139	**1.4** 118	**1.9** 110	**3.0** 103	**3.6** 100	**3.9** 100	**3.7** 100	**3.5** 101	**3.1** 102	**2.6** 104	**2.1** 108	240
270	**0.9** 279	**0.3** 302	**0.5** 071	**1.1** 082	**1.7** 085	**2.8** 087	**3.6** 088	**3.9** 088	**3.7** 088	**3.5** 088	**3.1** 087	**2.7** 087	**2.2** 086	270
300	**1.1** 325	**0.9** 002	**1.1** 037	**1.6** 056	**2.1** 065	**3.1** 073	**3.7** 076	**3.9** 077	**3.7** 076	**3.4** 075	**3.0** 073	**2.6** 069	**2.1** 064	300
330	**1.4** 359	**1.5** 023	**1.9** 041	**2.3** 052	**2.7** 059	**3.4** 066	**3.9** 068	**3.9** 068	**3.5** 066	**3.1** 063	**2.7** 059	**2.3** 052	**1.9** 042	330
360	**1.7** 026	**2.1** 041	**2.5** 051	**2.9** 057	**3.2** 061	**3.8** 066	**3.9** 067	**3.7** 065	**3.1** 060	**2.7** 055	**2.3** 047	**1.9** 035	**1.6** 017	360

The above table gives the correction to be applied to a position line or a fix for the effects of precession and nutation from the mean equinox of 2010.0. Each entry consists of the distance (in bold type) in nautical miles, and the direction (true bearing) in which the position line or fix is to be moved. The table is entered firstly by the year, then by choosing the column nearest the latitude and finally the entry nearest the LHA ϒ of observation; no interpolation is necessary, though in extreme cases near the beginning or end of a year (but not the end of 2009 or the beginning of 2010 when the corrections are zero) values midway towards those of the previous or following years may be taken.

Example. In 2014 a fix is obtained in latitude N 35° when LHA ϒ is 199°. Entering the table with the year 2014, latitude N 40°, and LHA ϒ 210° gives 2.5' 120° which indicates that the fix is to be transferred 2.5 miles in true bearing 120°.

Entrando en la Tabla con l = 0° y hl ♈ = 150°, encontramos que para corregir la situación obtenida por precesión y nutación, desde 2010, habrá que trasladarla **3,9 millas** en la dirección **112°**. Esto se puede resolver trabajando una estima, bien gráficamente o bien analíticamente.

Rv = S 68° E	l	=	00° 12,0' N +	L	=	059° 53,3' E +
D = 3,9'	Δl	=	1,5' S –	ΔL	=	3,6' E +
A = 3,6'	**lo**	=	**00° 10,5' N**	**Lo**	=	**059° 56,9' E**

S/o a HcG = 14-54-40 (19)

A = D · sen R = 3,62'
Δl = D · cos R = 1,46' = 1,5' S
lm = 00° 11,9' N
ΔL = A/cos lm = 3,62' = 3,6' E

8.5.8. El 24 de mayo de 2014, a Hrb = 13-50, en S/e: l = 25° N, L = 037° 12' W, navegamos al Rv = 354° con Vs = 10 nudos, hasta la puesta del Sol, momento en que se tomó Za ⊙ = 288°.

Se pide: S/e y Ct en el momento de la puesta de Sol.

En primer lugar habrá que determinar la HcG correspondiente a la Hrb de partida.

$$\frac{L^\circ}{15} = \frac{037^\circ\ 12'\ W}{15} = Lt = 02\ h\ 28\ min\ 48\ s\ W \rightarrow Z = 2\ W$$

Hrb = Hz = 13-50,0 (24)
Z = 2 W – (+)

HcG = 15-50,0 (24)

En segundo lugar habrá que determinar la hora de puesta de Sol. Entrando en el *Almanaque Náutico* tenemos:

	24 mayo 2014 Puesta ⊙	Interpolando:	Puesta ⊙
l = 30° N	18-52	l = 25° N	18-42,5
l = 20° N	18-33		

Por tanto, en la latitud anterior conocida, l = 25° N, la puesta del Sol tendrá lugar al ser Hcl = 18-42,5 (24)

Hcl = 18-42,5 (24)
Longitud anterior conocida → Lt = 02-28,8 W – (+)

HcG = 21-11,3 (24)
HcG = 15-50,0 (24)

t = 05-21,3 → Ds = Vs · t = 53,55'

Estima próxima:

Rv = N 06° W	l	=	25° 00,0' N +	L	=	037° 12,0' W –
D = 53,55'	Δl	=	53,3' N +	ΔL	=	6,2' W –
A = 5,60'	l'	=	25° 53,3' N	L'	=	037° 18,2' W
				Lt	=	02-29,2 W

A = D · sen R = 5,60'
Δl = D · cos R = 53,26' = 53,3' N
lm = 25° 26,7' N
ΔL = A/cos lm = 6,20' = 6,2' W

En el *Almanaque Náutico*:

	24 mayo 2014 Puesta ⊙	Interpolando:	Puesta ⊙
l = 30° N	18-52	l = 25° 53,3' N	18-44,2
l = 20° N	18-33		

Por tanto, en l = 25° 53,3' N, la puesta del Sol tendrá lugar al ser Hcl = 18-44,2 (24)

Hcl = 18-44,2 (24)
Lt = 02-29,2 W – (+)

HcG = 21-13,4 (24) → d ⊙ = 20° 52,2' +
Cón x min y s = 0,1' +

HcG = 21-13,4 (24) d ⊙ = 20° 52,3' + → Δ = 69° 07,7'
HcG = 15-50,0 (24)

t = 05-23,4 → Ds = Vs · t = 53,90'

Estima exacta:

Rv = N 06° W	l	=	25° 00,0' N +	L	=	037° 12,0' W –
D = 53,90'	Δl	=	53,6' N +	ΔL	=	6,2' W –
A = 5,63'	**l'**	**=**	**25° 53,6' N**	**L'**	**=**	**037° 18,2' W**

S/e a la puesta de ⊙

A = D · sen R = 5,63'
Δl = D · cos R = 53,60' = 53,6' N
lm = 25° 26,8' N
ΔL = A/cos lm = 6,24' = 6,2' W

$$\cos \hat{Z} = \frac{\overset{+<90^\circ}{\underset{->90^\circ}{}}\cos\Delta}{\underset{+}{\cos l}} = 0{,}39603 + \rightarrow \hat{Z} \text{ ocaso (v)} = \text{N } 066{,}7^\circ \text{ W}$$

$$\Delta\hat{Z} = \frac{\text{tg } l}{\text{sen } \hat{Z}} \cdot \Delta a$$

Haciendo: Δa = – 56,4’ ⇨ $\Delta\hat{Z}$ = 29,8’

Ẑ ocaso (v) ☉=	|N 066,7° W|
$\Delta\hat{Z}$ =	0,5°–
Ẑ puesta ☉ =	N 066,2° W
Zv puesta☉ =	293,8°

Zv puesta ☉ =	293,8°
Za puesta☉ =	288,0°
Ct =	**5,8° +**

8.5.9. El 22 de marzo de 2014, al comenzar el crepúsculo náutico matutino, en S/e: l = 25º N, L = 040º W, observamos la estrella Polar Ai ✱ = 24º 29,3’, Za✱ = 355°.

Ei =1' a la dcha., e_o = 10 m. Se pide: HcG, situación rectificada y Ct del compás

En primer lugar, determinamos la hora de la observación.

$$\frac{L°}{15} = \frac{040°\ W}{15} = Lt = 02\ h\ 40\ min\ 00\ s\ W \rightarrow Z = 3\ W$$

Almanaque náutico: 22 marzo 2014	**Comienzo Crepúsculo náutico**			**Comienzo Crepúsculo náutico**
l = 30° N	05-10	⇨	l = 25° N	05-12,5
l = 20° N	05-15			

Hcl	=	05-12-30 (22)
Lt	=	02-40-00 W – (+)
HcG	**=**	**07-52-30 (22)**

hG♈	=	284° 42,6’
C^{on} x min y s	=	13° 09,7’
hG♈	=	297° 52,3’ W –
L	=	040° 00,0’ W – (+)
hl♈	=	257° 52,3’ W –

	Ai ✱	=	24° 29,3’	
	Ei	=	1,0’ +	
	Ao ✱	=	24° 30,3’	
	Dp	=	5,6’ –	
	Ra	=	2,1’ –	
	av ✱	=	24° 22,6’	
A.N. p. 383, T. I, con hl♈ (W)	C1	=	33,0’ +	
A.N. p. 384, T.II, con hl♈ (W) y av ✱	C2	=	0,0’ +	
A.N. p. 384, T.III, con hl♈ (W) y fecha	C3	=	0,3’ –	
	lo	**=**	**24° 55,3’ N**	**Le = 040° W**

Situación rectificada

En el *Almanaque Náutico*, en p. 385, entrando con l = 25° N y hl♈ = 258° W, tenemos:

Zv ✱ = + 0,5° ⇨ Zv ✱ = N 0,5° E = 000,5°

Zv ✱	=	360, 5°
Za ✱	=	355,0°
Ct	**=**	**5,5° +**

8.6. Cálculos propuestos

8.6.1. El 3 de septiembre de 2014, navegando al Rv = W, con Vs = 15 nudos, en situación de estima, S/e: l = 20° 30’N, L = 161° 31,4’ W, al ser Hcr = 02-49-18, se observa simultáneamente Ai $\bar{☾}$= 31° 23,4’ y Ai $\underline{\odot}$ = 24° 46,2’.

EA [00h TU (3)]: = 00-20-21; m.d. = 2 s en atraso; Ei = 2’ a la derecha; e_o = 17,5 m.

Se pide: S/o.

8.6.2. El 4 de septiembre de 2014, navegando al Rv = SW, con Vs = 18 nudos, al ser mediodía verdadero, en S/e: l = 30° 25’ S, L = 105° 10’ E, se obtuvo Ai^m $\underline{\odot}$ = 52° 18,2’. Se navega en estas condiciones hasta Hcr = 10-13-59, momento en que se observó Ai $\underline{\odot}$ = 28° 41’.

EA a [00h TU (4)] = 10-07-41, m.d. = 4 s en adelanto; Ei = 1,2’ a la izda.; e_o = 22 m.

Se pide: S/o a Hcr = 10-13-59.

8.6.3. El 20 de noviembre de 2014, en S/e: l = 22° N, L = 017° W, al ser Hcr = 07-02-02, observamos Ai $\underline{\odot}$ = 20° 14,0’; Za ⊙ = 118°. Navegamos al Ra = 220,5° con Vs = 10 nudos. En el momento del paso del Sol por el MSL, obtenemos Ai^m $\underline{\odot}$ = 48° 33,9’.

EA [00h TU (19)] = 02-03-06; m.d. = 6 s en atraso; Ei = 2' a la dcha.; e_o = 10 m.

Se pide: S/o a mediodía verdadero.

8.6.4. El 23 de septiembre de 2014, en S/e: l = 36° N, L = 152° 39,7' E, durante el crepúsculo matutino, al ser Hcr = 04-06-34, se realizan las siguientes observaciones de forma simultánea: Ai^m ★*Capella* = 80° 08,9'; A i ★ *Merak* = 31° 24', Za ★ *Merak* = 037°; y Ai ★? = 36° 00,8', Za ★? = 091°

EA [a 00h TU (22)] = 02-54-20, m.d. = 3 s en adelanto, Ei = 2,8' a la derecha, e_o = 17 m.

Se pide: S/o a Hcr = 04-06-34, por bisectrices de altura.

8.6.5. El 21 octubre de 2014, en viaje de Lagos (Nigeria) a Ciudad del Cabo (Sudáfrica), al comienzo del crepúsculo náutico matutino, en S/e: l = 19° 12' S, L = 003° 45' E, preparamos la observación de estrellas con ayuda de las Tablas Rápidas.

Al ser Hcr = 07-27-33, observamos simultáneamente:

Ai ★ *Aldebaran* = 41° 17', Ai ★ *Regulus* = 32° 35' y Ai ★ *Canopus* = 54° 21,8'.

EA [00h TU (21)] = 09-11-41, m.d. = 2 s en adelanto, Ei = 2,2' a la derecha, e_o = 18 m.

Se pide:
1) Preparación de la observación
2) S/o por bisectrices de altura, resolviendo por Tablas Rápidas.

8.6.6. El 5 de febrero de 2014, en viaje de Manzanillo (México) a Hilo (Hawaii), navegando al Rv = 271°, con Vs = 19 nudos, en S/e: l = 19° 24' N, L = 130° 48' W, al ser HcG = 03-08-06, observamos Ai ☾̲ = 73° 56,4'. Al ser HcG = 03-15-12, observamos Ai ★ *Capella* = 56° 21,2' y Ai ★ *Rigel* = 53° 19'.

Ei = 3,2' a la derecha, e_o = 17,5 m.

Se pide: S/o por bisectrices de altura, a HcG =03-15-12.

8.6.7. El 25 de diciembre de 2014, navegando al Rv = 250°, con Vs = 21 nudos, en S/e: l = 18° 06' S, L = 000°, durante el crepúsculo matutino se realizan las siguientes observaciones:

Al ser HcG = 04-35-06, Ai ★ *Arcturus* = 26° 50,2' y Ai ★ *Acrux* = 41° 45'.
Al ser HcG = 05-01-00, Ai ★ *Procyon* = 31° 50,8'.

Ei = 2,8' a la izquierda, e_o = 15,5 m.

Se pide S/o a HcG = 05-01-00, por bisectrices de altura, utilizando Tablas Rápidas.

8.6.8. El 22 de diciembre de 2014, salimos del puerto de Maputo (Mozambique) rumbo al puerto de Adelaida (Australia). Ya fuera de Maputo Bay, en el momento del orto (v) del Sol, nos encontramos en S/e l = 25° 52,9' S, L = 032° 51,5' E, obteniendo Za ☉ = 090°, y arrumbamos hacia la entrada de la Bahía del Encuentro (l = 35° 41,6' S, L = 136° 07,6' E).

Se pide: Ra de salida y Hcl de llegada a la Bahía del Encuentro si toda la travesía se realizara con Vs = 21 nudos.

8.6.9. El 2 de abril de 2014, salimos del puerto de Reykjavik (Islandia) rumbo al puerto de Stavanger (Noruega). En el momento de la puesta de Sol, nos encontramos en S/e: l = 59° N, L = 006° 06' W, obteniendo Za ☉ = 278°.

Se pide: Ct del compás.

8.6.10. El 19 de enero de 2014, en viaje de Port Kamsar (Guinea) a San Ciprián (España), al ser HcG = 06-30, en S/e: l = 36° N, L = 015° 26' W, se observa Za ✱ = 005°.

Se pide: Ct del compás.

REFERENCIAS BIBLIOGRÁFICAS

(1988) *Bernard's nautical star chart*. Glasgow, Brown, Son & Ferguson Ltd.

ACHÚTEGUI, J. J. (2000) «Aportación de las correcciones astronómicas a la precisión de la situación». *Estudios e Investigaciones Marinas*. Santander, vol. 1, N.º 1, 2000, pp. 69-86.

ALLER, R. M. (1985) *Introducción a la astronomía*. Santiago de Compostela, Servicio de Publicaciones de la Universidad de Santiago. Ed. facsímil del manuscrito origen de la obra publicada con el mismo título en 1943: ALLER, R. M. (1943) *Introducción a la astronomía*. Madrid, CSIC, Patronato «Alfonso el Sabio», Instituto «Jorge Juan».

BARRELL, H.; SEARS, J. E. (1939) «The refraction and dispersion of air for visible spectrum». *Phil. Trans. Royal Society*. Vol. 238. Series A, 1939, pp. 6-62.

BAUER, B. (1995) *The sextant handbook: adjustment, repair, use and history*. 2nd ed., Camden, Maine, International Marine-McGraw-Hill.

BELL, Steven (2013) «The future of celestial navigation: A British viewpoint». In: UKHO, *Navigation and Timing 1730-2030. From Greenwich to Space*. 2013, April 18-19. British Embasy, Washington D.C.

BOWDITCH, N. (1984) *The American Practical Navigator. An Epitome of Navigation*. Bethesda, Maryland: Defense Mapping Agency Hydrographic Topographic Center.

BOWDITCH, N. (2002 ed.) *American practical navigator. An epitome of navigation*, Pub. N.º 9. Bethesda, Defense Mapping Agency Hydrographic/Topographic Center.

BROWN, T. N. (2014) *Brown's nautical almanac*. Glasgow, Brown, Son & Ferguson Ltd.

CAILLOU, M.; LAURENT, D.; PERCIER, F. (1995) *Traité de navigation*. Paris-Milan-Barcelone, Masson.

CAMBLOR ORDIZ, A. (1995) *Teoría de astronomía*. Madrid, COMME, Iberediciones.

CHAISSON, E. y S. McMILLAN (2001) *Astronomy. A beginners guide to the Universe*. 3th ed. Upper Saddle River, N. J. (USA), Prentice Hall.

CLISSOLD, P; TWEDDELL, A. J. (s.a.) *Brown's nautical star chart*. Glasgow, Brown, Son & Ferguson Ltd.

COTTER, C. H. (1966) *The astronomical & mathematical foundations of geography*. London, Hollis & Carter.

COTTER, C. H. (1969) *The complete nautical astronomer*. London-Sydney-Toronto, Hollis & Carter.

COTTER, C. H. (1983) *A history of the navigator's sextant*. Glasgow (UK), Brown, Son & Ferguson Ltd.

COTTER, C. H.; LAHIRY, H. K. (rev.) (1992) *Elements of navigation and nautical astronomy. A text-book of navigation and nautical astronomy*. 2nd ed., Glasgow, Brown, son & Ferguson.

CUNLIFFE, T. (2001) *Celestial navigation*. 2nd ed. Hove (East Sussex, UK), Fernhurst Books.

DEGANI, M. H. (1976) *Astronomy made simple. New revised edition*. N. York-London-Toronto-Sidney-Auckland, Doubleday. (1st ed. 1955).

EDLEN, B. (1966) «The refractive index of air». *Metrología*, vol. 2, No. 2, 1966, pp. 71-80.

FERRER TORIO, R.; PIÑA PATON, B. (1987) *Astronomía de posición*. Santander, Universidad de Cantabria.

FLORA, F. (1987) *Astronomia nautica (Navigazione astronomica)*. 5.ª ed. Milano, Hoepli.

FRANOLIC, P.; VISEKRUNA, Z. (1997) *Introducción a la navegación astronómica*. Madrid, Alianza editorial. Título original: *Astronomska navigacija* (Beograd, 1991); traducción del inglés de F. González-Fierro.

GALADÍ-ENRÍQUEZ, D. y GUTIÉRREZ CABELLO, J. (2001) *Astronomía general. Teórica y práctica*. Barcelona, Ediciones Omega.

HMSO (1992) *Admiralty manual of navigation, volume 2*, London, HMSO.

HOBBS, R. R. (1998) *Marine navigation. Piloting and celestial and electronic navigation*. 4th ed. Annapolis (Maryland), Naval Institute Press.

HOSKIN, M. (ed.) (1999) *The Cambridge concise history of astronomy*. Cambridge, N. York, Melbourne, Cambridge University Press.

IAU International Astronomical Union http://www.iau.org/, consultado el 24/09/2014:

- Sobre constelaciones: http://www.iau.org/public/themes/constellations/
- Resoluciones adoptadas en 2006: https://www.iau.org/static/resolutions/Resolution_GA26-5-6.pdf

IBÁÑEZ, Itsaso; GAZTELU-ITURRI, Ricardo (2002) *Fundamentos de navegación marítima*. Leioa, Servicio Editorial de la UPV/EHU.

IFLAND, P. (1998) *Taking the stars. Celestial navigation from argonauts to astronauts*, Malabar, Florida, The Mariners' Museum (Newport News, Virginia), Krieger Publishing Company.

IGLESIAS, M. Asunción (1996) *Trigonometría esférica (Breve introducción a la navegación)*. Bilbao, Servicio editorial Universidad del País Vasco.

IHM (2014) *Radioseñales 2014*. Cádiz, Instituto Hidrográfico de la Marina.

IMO (2011) *STCW. International Convention on Standards of Training, Certification and Watchkeeping for Seafarers, including 2010 Manila amendments, STCW Convention and STCW Code*. London, International Maritime Organization.

LLOYD'S (2005) *Lloyd's maritime atlas of world ports and shipping places*. 21st ed. London, Informa Publisher Group.

MALKIN, Roy (2014) «Understanding the accuracy of astro navigation». *The Journal of Navigation*, vol. 67, 63-81.

MARCQ SAINT-HILAIRE (1875) «Calcul du point observé». *Revue Maritime et Coloniale*, XLVI, 341-376, 714-742.

MARTÍN ASÍN, F. (1982) *Astronomía*. Madrid, Paraninfo.

MILLIGAN, J. E. (1994) *Celestial navigation by H.O. 249*, Centreville (Maryland), Cornell Maritime Press.

MOREU CURBERA y MARTÍNEZ JIMÉNEZ (1971) *Manual de navegación*. 5.ª ed., Vigo.

MOREU CURBERA y MARTÍNEZ JIMÉNEZ (1987) *Astronomía y navegación*. 3 vols., 3.ª ed., Vigo.

MORRIS, W.J. (2010) *The nautical sextant*. Arcata, CA, Paradise Cay Publications; Wichita, KS, Celestaire.

NEBE, W. (1998) *Manual de navegación astronómica*, Barcelona, Libros Cúpula. (Título original: *Praxis der astronavigation*. Traducción de Ricard Rodríguez-Martos).

PEACOCK, Alan (2011) *Astro Navigation. The Admiralty Manual of Navigation*. Vol. 2. London, The Nautical Institute.

PEACOCK, Alan (2012) «GNSS Denial and Astro-Navigation». In: UKHO, *Astro-Navigation Solutions for the Future*. 2012, May 2. London.
Disponible en: http://astro.ukho.gov.uk/nao/ansf/, consultado el 24/09/2014.

PIKE, D. (1995) *Reed's sextant simplified*, Surrey (UK), Thomas Reed Publications.

RIOA (2013) *Almanaque náutico 2014*. San Fernando (Cádiz), Ministerio de Defensa, Real Instituto y Observatorio de la Armada.

RIBERA Y URUBURU, L. de y RIBERA Y EGEA, J. L. de (1935) *Tratado de navegación*. 4.ª ed. Madrid, Imprenta del Ministerio de Marina.

Sight Reduction Tables for Air Navigation. Volume 1. Selected stars. Epoch 2010.0. Pub. AP 3270. London, The Stationery Office. (Published in the USA as Pub. No. 249, by the Defense Mapping Agency, Hydrographic/Topographic Center).
Disponible en: https://sites.google.com/site/fredienoonan/resources/sight-reduction-tables-for-air-navigation-h-o-249-2010, consultado el 24/09/2014.

SIMPSON, A. (1991) *Navigation guide. Volume 2: Celestial navigation*, Glasgow, Brown, son & Ferguson.

STAR FINDER 2102-D. Annapolis, Weems & Plath Inc.

TURNER, A. J. (1993) *Of time and measurement.* Aldershot (U.K.) and Brookfield (USA), Variorum.

UKHO (2013) *The Nautical Almanac 2014.* NP 314-14. Taunton, UK Hydrographic Office.

UKHO (2014) *Admiralty List of Radio Signals: Radio Aids to Navigation, Differential GPS (DGPS), Legal Time,* ***Radio Time Signals*** *and Electronic Position Fixing System.* NP282, Volume 2, 2014-15 edition. United Kingdom Hydrographic Office.

VIVES, T. J. (1971) *Astronomía de posición. Espacio y tiempo.* Exedra, Sección X Matemáticas (6). Madrid, Alhambra.

WATTS, O. M. (1973) *The sextant simplified. A practical explanation of the use of the sextant at sea*, new ed., London-Glasgow-Sunderland, Thomas Reed Publications Limited.

WRIGHT, F. W. (1990) *Celestial navigation*, 2nd ed., 3th printing, Centreville, Maryland, Cornell Maritime Press.

ANEXOS

ANEXO 1. FORMULARIO

Relación entre las coordenadas que se miden en el ecuador:

hG★	=	hl★	+	L
E + W –		E + W –		E + W –
hG★	=	**hG♈**	+	**AS★**
E + W –		E + W –		E + W –

hl★	=	hG★	–	L
E + W –		E + W –		E + W –
hl★	=	**hl♈**	+	**AS★**
E + W –		E + W –		E + W –

Latitud observada:

- Por la observación de la altura de un astro a su paso por el MSL:

$$l = d - z$$

l	*d*	*z*
N + S –	N + S –	+ si ★ cara norte – si ★ cara sur

- Por la observación de la altura de un astro a su paso por el MIL:

$$l = a_v^{m} + \Delta$$

- Por observación de la altura de la estrella Polar:

$$l = av✳ - \Delta \cos h✳ + \tfrac{1}{2} \tan av✳\, \Delta^2 \operatorname{sen}^2 h✳ \operatorname{sen} 1'$$

Se resuelve con las tablas del *Almanaque Náutico* (pp. 383-384)

Reconocimiento de astros:

$$\operatorname{ctg} h = \frac{\overset{+}{\operatorname{tg}} a \cdot \overset{+}{\cos} l}{\underset{+}{\operatorname{sen}} \hat{Z}} - \frac{\overset{+}{\operatorname{sen}} l}{\underset{+<90^\circ,\ ->90^\circ}{\operatorname{tg}} \hat{Z}}$$

Si ctg $h = + \Rightarrow h < 90°$
Si ctg $h = - \Rightarrow h > 90°$

siendo h =...E si $\hat{Z}$=... E y h =...W si $\hat{Z}$=... W

$$\cos \Delta = \overset{+}{\operatorname{sen}}\ l \cdot \overset{+}{\operatorname{sen}} a + \overset{+}{\cos} l \cdot \overset{+}{\cos} a \cdot \overset{+<90^\circ,\ ->90^\circ}{\cos} \hat{Z}$$

Si cos $\Delta = + \Rightarrow \Delta < 90° \Rightarrow l$ y d = signo

Si cos $\Delta = - \Rightarrow \Delta > 90° \Rightarrow l$ y $d \neq$ signo

Obtención del determinante Marcq:

$$\operatorname{ctg}\hat{Z} = \frac{\overset{+}{\cos l}}{\underset{\substack{+<90^\circ \\ -> 90^\circ}}{\operatorname{tg}\Delta}\cdot\underset{+}{\operatorname{sen} h}} - \frac{\overset{+}{\operatorname{sen} l}}{\underset{\substack{+<90^\circ \\ -> 90^\circ}}{\operatorname{tg} h}}$$

Si $\operatorname{ctg}\hat{Z} = + \Rightarrow \hat{Z} < 90^\circ$

Si $\operatorname{ctg}\hat{Z} = - \Rightarrow \hat{Z} > 90^\circ$

siendo $\hat{Z} = \text{N}\ldots$ si $l = \text{N}$ y $\hat{Z} = \text{S}\ldots$ si $l = \text{S}$

siendo $\hat{Z} = \ldots\text{E}$ si $h = \ldots\text{E}$ y $\hat{Z} = \ldots\text{W}$ si $h = \ldots\text{W}$

$$\operatorname{sen} a = \overset{\substack{+<90^\circ \\ -> 90^\circ}}{\cos\Delta}\cdot\overset{+}{\operatorname{sen}}\ l + \overset{+}{\operatorname{sen}}\ \Delta\cdot\overset{+}{\cos l}\cdot\overset{\substack{+<90^\circ \\ -> 90^\circ}}{\cos h}$$

$\Delta a = av - ae$

Corrección total del compás:

$Ct = Zv \bigstar - Za \bigstar$

Corrección total del compás por observación del Za de la estrella Polar:

$$\hat{Z}^\circ = \frac{\Delta^\circ \cdot sen\ h}{\cos l}$$

En el *Almanaque Náutico*, p. 385, se obtiene Zv ⁕, entrando con latitud y hl♈.

Ortos y ocasos verdaderos del Sol:

- Cálculo de la hora:

$$\cos h = -\frac{\overset{+}{\operatorname{tg} l}}{\underset{\substack{+<90^\circ \\ -> 90^\circ}}{\operatorname{tg}\Delta}}$$

Si $\cos h = + \Rightarrow h < 90^\circ$

Si $\cos h = - \Rightarrow h > 90^\circ$

siendo $h = \ldots$ E si orto; y $h = \ldots$W si ocaso.

- Cálculo del azimut:

$$\cos\hat{Z} = \frac{\overset{\substack{+<90^\circ \\ -> 90^\circ}}{\cos\Delta}}{\underset{+}{\cos l}}$$

Si $\cos\hat{Z} = + \Rightarrow \hat{Z} < 90^\circ$

Si $\cos\hat{Z} = - \Rightarrow \hat{Z} > 90^\circ$

siendo $\hat{Z} = \text{N}\ldots$ si $l = \text{N}$ y $\hat{Z} = \text{S}\ldots$ si $l = \text{S}$

siendo $\hat{Z} = \ldots$ E si *orto* y $\hat{Z} = \ldots$ W si ocaso

Ortos y ocasos aparentes del Sol: Salidas y Puestas

- Cálculo de la hora:

  Se obtiene en el *Almanaque Náutico*, cada día, entrando con la latitud.

- Cálculo del azimut:

$$\Delta\hat{Z} = \frac{\text{tg } l}{\text{sen } \hat{Z}} \cdot \Delta a$$

Haciendo: $\Delta a = -56{,}4'$

$|\hat{Z} \text{ orto/ocaso (v)} \odot| - \Delta\hat{Z} = \hat{Z} \text{ salida/puesta} \odot$

Fórmulas aproximadas de la estima:

- Estima directa:

$\Delta l = D \cdot \cos R$ $\qquad A = D \cdot \text{sen } R$ $\qquad \Delta L = A / \cos lm$

- Estima inversa:

$A = \Delta L \cdot \cos lm$ $\qquad \text{tg } R = A / \Delta l$ $\qquad D = \Delta l / \cos R$ o $D = A / \text{sen } R$

Fórmulas exactas de la estima:

la (en minutos) = 3437,7468' Ln tg (45° + l / 2)

- Estima directa:

$\Delta l = D \cdot \cos R$ $\qquad \Delta L = \Delta la \cdot \text{tg } R$

- Estima inversa:

$D = \Delta l / \cos R$ $\qquad \text{tg } R = \Delta L / \Delta la$

Anexo 2

Extracto del Almanaque Náutico 2014

REAL INSTITUTO Y OBSERVATORIO DE LA ARMADA EN SAN FERNANDO

ALMANAQUE NÁUTICO 2014

CON SUPLEMENTO PARA LA NAVEGACIÓN AÉREA

MINISTERIO DE DEFENSA

Lunes 6 de enero de 2014

UT	SOL SD: 16′.3 PMG: 12^h $05^m.8$ hG ☉	Dec	LUNA SD: 16′.1 Edad: $4^d.5$ PMG: 16^h 44^m hG ☾	Dif	PHE { 4^h: 58′.9; 12^h: 58′.6; 20^h: 58′.3 } R°: 49^m Dec	Dif	Latitud	Puesta de Sol	Fin del crepúsculo Civil	Náutico	Salida de Luna Hora	R°	Puesta de Luna Hora	R°
h	° ′	° ′	° ′		° ′		°	h m	h m	h m	h m	m	h m	m
0	178 35.9	−22 31.6	117 25.4		−1 09.0		60 N	15 13	16 09	17 04	10 27	16	23 19	82
1	193 35.6	31.3	131 54.7	103	−0 57.3	117	58	29	20	11	27	19	17	80
2	208 35.3	31.0	146 24.1	104	45.6	117	56	43	29	17	27	21	16	77
3	223 35.1	30.7	160 53.5	104	33.9	117	54	15 55	38	23	28	23	14	75
4	238 34.8	30.4	175 23.0	105	22.3	116	52	16 05	45	28	28	25	13	73
5	253 34.5	−22 30.1	189 52.5	105	−0 10.6	117	50	16 14	16 52	17 33	10 28	27	23 12	71
6	268 34.2	−22 29.8	204 22.1	106	+0 01.0	116	45	16 34	17 07	17 44	10 29	30	23 09	68
7	283 34.0	29.5	218 51.7	106	12.6	116	40	16 50	20	17 54	29	34	07	65
8	298 33.7	29.2	233 21.3	106	24.3	117	35	17 03	31	18 03	30	36	05	62
9	313 33.4	28.9	247 51.0	107	35.8	115	30	15	41	11	30	38	04	59
10	328 33.1	28.6	262 20.8	108	47.4	116	20	35	17 59	26	31	42	23 01	55
11	343 32.9	−22 28.3	276 50.6	108	+0 59.0	116	10 N	17 53	18 16	18 42	10 32	45	22 58	52
12	358 32.6	−22 28.0	291 20.4	108	+1 10.5	115	0	18 10	18 32	18 58	10 32	49	22 56	49
13	13 32.3	27.7	305 50.2	108	22.0	115	10 S	26	18 49	19 16	33	53	53	46
14	28 32.0	27.4	320 20.1	109	33.5	115	20	18 44	19 09	19 38	34	56	51	42
15	43 31.8	27.1	334 50.1	110	45.0	115	30	19 05	33	20 05	34	61	48	38
16	58 31.5	26.7	349 20.1	110	+1 56.4	114	35	18	19 47	23	35	63	46	36
17	73 31.2	−22 26.4	3 50.1	110	+2 07.8	114	40	19 32	20 04	20 45	10 36	65	22 45	33
18	88 30.9	−22 26.1	18 20.1	110	+2 19.2	114	45	19 49	20 26	21 14	10 36	69	22 42	31
19	103 30.7	25.8	32 50.2	111	30.5	113	50	20 10	20 54	21 55	37	73	40	27
20	118 30.4	25.5	47 20.3	111	41.9	114	52	20	21 07	22 19	37	75	39	25
21	133 30.1	25.2	61 50.5	112	+2 53.2	113	54	32	24	22 53	38	76	37	24
22	148 29.9	24.9	76 20.7	112	+3 04.4	112	56	20 45	21 44	** **	38	79	36	21
23	163 29.6	24.6	90 50.9	112	15.6	112	58	21 00	22 09	** **	39	81	34	20
24	178 29.3	−22 24.3	105 21.2	113	+3 26.8	112	60 S	21 19	22 47	** **	10 39	84	22 33	16

UT	ARIES PMG 16^h $55^m.2$ hG ♈	VENUS Mag.: −4.3 PMG: 12^h 37^m hG ♀	Dec	MARTE Mag.: +0.8 PMG: 5^h 52^m hG ♂	Dec	JÚPITER Mag.: −2.7 PMG: 0^h 05^m hG ♃	Dec	SATURNO Mag.: +0.6 PMG: 8^h 13^m hG ♄	Dec
h	° ′	° ′	° ′	° ′	° ′	° ′	° ′	° ′	° ′
0	105 30.0	169 49.9	−17 22.9	271 55.1	−3 23.7	358 43.6	+22 40.6	236 32.2	−15 50.7
1	120 32.4	184 53.9	22.6	286 56.6	24.1	13 46.4	40.6	251 34.5	50.8
2	135 34.9	199 57.9	22.2	301 58.1	24.4	28 49.3	40.7	266 36.7	50.8
3	150 37.4	215 01.9	21.8	316 59.5	24.8	43 52.1	40.7	281 39.0	50.9
4	165 39.8	230 05.9	21.4	332 01.0	25.2	58 54.9	40.7	296 41.2	50.9
5	180 42.3	245 09.9	−17 21.0	347 02.5	−3 25.6	73 57.7	+22 40.8	311 43.5	−15 51.0
6	195 44.8	260 13.9	−17 20.7	2 04.0	−3 26.0	89 00.6	+22 40.8	326 45.7	−15 51.0
7	210 47.2	275 17.9	20.3	17 05.5	26.4	104 03.4	40.9	341 48.0	51.1
8	225 49.7	290 22.0	19.9	32 06.9	26.7	119 06.2	40.9	356 50.2	51.1
9	240 52.1	305 26.0	19.5	47 08.4	27.1	134 09.1	41.0	11 52.5	51.2
10	255 54.6	320 30.0	19.2	62 09.9	27.5	149 11.9	41.0	26 54.7	51.2
11	270 57.1	335 34.0	−17 18.8	77 11.4	−3 27.9	164 14.7	+22 41.1	41 57.0	−15 51.3
12	285 59.5	350 38.0	−17 18.4	92 12.8	−3 28.3	179 17.5	+22 41.1	56 59.2	−15 51.3
13	301 02.0	5 42.1	18.0	107 14.3	28.6	194 20.4	41.1	72 01.5	51.4
14	316 04.5	20 46.1	17.7	122 15.8	29.0	209 23.2	41.2	87 03.7	51.4
15	331 06.9	35 50.1	17.3	137 17.3	29.4	224 26.0	41.2	102 06.0	51.5
16	346 09.4	50 54.2	16.9	152 18.8	29.8	239 28.9	41.3	117 08.2	51.5
17	1 11.9	65 58.2	−17 16.5	167 20.2	−3 30.2	254 31.7	+22 41.3	132 10.5	−15 51.6
18	16 14.3	81 02.2	−17 16.2	182 21.7	−3 30.6	269 34.5	+22 41.4	147 12.7	−15 51.6
19	31 16.8	96 06.3	15.8	197 23.2	30.9	284 37.3	41.4	162 15.0	51.7
20	46 19.2	111 10.3	15.4	212 24.7	31.3	299 40.2	41.5	177 17.2	51.7
21	61 21.7	126 14.3	15.1	227 26.2	31.7	314 43.0	41.5	192 19.5	51.8
22	76 24.2	141 18.4	14.7	242 27.6	32.1	329 45.8	41.5	207 21.8	51.8
23	91 26.6	156 22.4	14.3	257 29.1	32.4	344 48.6	41.6	222 24.0	51.9
24	106 29.1	171 26.5	−17 14.0	272 30.6	−3 32.8	359 51.5	+22 41.6	237 26.3	−15 51.9
Dif	—	+40	+4	+15	−4	+28	0	+23	0

16

Martes 7 de enero de 2014

UT	SOL SD: 16′3 PMG: 12h 06m3		LUNA SD: 15′8 Edad: 5d5 PHE { 4h: 58′0; 12h: 57′7; 20h: 57′4 } PMG: 17h 33m R°: 48m				Latitud	Principio del crepúsculo		Salida de Sol	Salida de Luna		Puesta de Luna	
	hG ☉	Dec	hG ☾	Dif	Dec	Dif		Náutico	Civil		Hora	R°	Hora	R°
h	° ′	° ′	° ′		° ′		°	h m	h m	h m	h m	m	h m	m
0	178 29.3	− 22 24.3	105 21.2		+ 3 26.8		60 N	7 07	8 03	8 58	10 43	17	** **	***
1	193 29.0	24.0	119 51.4	112	38.0	112	58	7 00	7 52	42	46	20	** **	***
2	208 28.8	23.6	134 21.8	114	+ 3 49.1	111	56	6 54	42	28	48	22	** **	***
3	223 28.5	23.3	148 52.1	113	+ 4 00.2	111	54	49	34	17	51	24	** **	***
4	238 28.2	23.0	163 22.5	114	11.3	111	52	43	26	8 06	53	26	** **	***
5	253 28.0	− 22 22.7	177 52.9	114	+ 4 22.3	110	50	6 39	7 20	7 57	10 55	27	** **	***
6	268 27.7	− 22 22.4	192 23.3	114	+ 4 33.3	110	45	6 28	7 04	7 38	10 59	31	** **	***
7	283 27.4	22.1	206 53.8	115	44.3	110	40	18	6 52	22	11 03	33	** **	***
8	298 27.2	21.7	221 24.2	114	+ 4 55.2	109	35	09	41	7 09	06	36	** **	***
9	313 26.9	21.4	235 54.7	115	+ 5 06.0	108	30	6 01	31	6 57	08	39	** **	***
10	328 26.6	21.1	250 25.3	116	16.9	109	20	5 46	6 13	37	13	42	23 56	54
11	343 26.3	− 22 20.8	264 55.8	115	+ 5 27.7	108	10 N	5 30	5 56	6 19	11 17	46	23 50	51
12	358 26.1	− 22 20.5	279 26.4	116	+ 5 38.4	107	0	5 14	5 40	6 03	11 21	49	23 45	48
13	13 25.8	20.1	293 57.0	116	49.1	107	10 S	4 56	23	5 46	26	51	39	45
14	28 25.5	19.8	308 27.6	116	+ 5 59.8	107	20	35	5 03	28	30	55	33	42
15	43 25.3	19.5	322 58.3	117	+ 6 10.4	106	30	4 07	4 40	5 07	35	58	26	39
16	58 25.0	19.2	337 28.9	116	20.9	105	35	3 49	25	4 54	38	61	22	37
17	73 24.7	− 22 18.8	351 59.6	117	+ 6 31.5	106	40	3 27	4 08	4 40	11 41	63	23 18	34
18	88 24.5	− 22 18.5	6 30.3	117	+ 6 41.9	104	45	2 59	3 47	4 23	11 45	66	23 13	31
19	103 24.2	18.2	21 01.0	117	+ 6 52.4	105	50	2 17	19	4 02	50	69	07	28
20	118 23.9	17.9	35 31.8	118	+ 7 02.7	103	52	1 53	3 05	3 52	52	71	04	26
21	133 23.7	17.5	50 02.5	117	13.1	104	54	1 19	2 48	40	54	73	23 01	25
22	148 23.4	17.2	64 33.3	118	23.4	103	56	** **	29	27	11 57	75	22 57	23
23	163 23.1	16.9	79 04.1	118	33.6	102	58	** **	2 03	3 12	12 00	77	54	20
24	178 22.9	− 22 16.5	93 34.9	118	+ 7 43.8	102	60 S	** **	1 26	2 53	12 03	80	22 49	19

UT	ARIES PMG 16h 51m3	VENUS Mag.: −4.3 PMG: 12h 31m		MARTE Mag.: +0.7 PMG: 5h 49m		JÚPITER Mag.: −2.7 PMG: 0h 01m		SATURNO Mag.: +0.6 PMG: 8h 09m	
	hG ♈	hG ♀	Dec	hG ♂	Dec	hG ♃	Dec	hG ♄	Dec
h	° ′	° ′	° ′	° ′	° ′	° ′	° ′	° ′	° ′
0	106 29.1	171 26.5	− 17 14.0	272 30.6	− 3 32.8	359 51.5	+ 22 41.6	237 26.3	− 15 51.9
1	121 31.6	186 30.5	13.6	287 32.1	33.2	14 54.3	41.7	252 28.5	52.0
2	136 34.0	201 34.6	13.2	302 33.6	33.6	29 57.1	41.7	267 30.8	52.0
3	151 36.5	216 38.6	12.9	317 35.1	34.0	45 00.0	41.8	282 33.0	52.1
4	166 39.0	231 42.7	12.5	332 36.6	34.3	60 02.8	41.8	297 35.3	52.1
5	181 41.4	246 46.7	− 17 12.1	347 38.0	− 3 34.7	75 05.6	+ 22 41.9	312 37.5	− 15 52.2
6	196 43.9	261 50.8	− 17 11.8	2 39.5	− 3 35.1	90 08.4	+ 22 41.9	327 39.8	− 15 52.2
7	211 46.4	276 54.8	11.4	17 41.0	35.5	105 11.3	41.9	342 42.0	52.3
8	226 48.8	291 58.9	11.0	32 42.5	35.9	120 14.1	42.0	357 44.3	52.3
9	241 51.3	307 03.0	10.7	47 44.0	36.2	135 16.9	42.0	12 46.5	52.3
10	256 53.7	322 07.0	10.3	62 45.5	36.6	150 19.7	42.1	27 48.8	52.4
11	271 56.2	337 11.1	− 17 10.0	77 47.0	− 3 37.0	165 22.6	+ 22 42.1	42 51.0	− 15 52.4
12	286 58.7	352 15.2	− 17 09.6	92 48.4	− 3 37.4	180 25.4	+ 22 42.2	57 53.3	− 15 52.5
13	302 01.1	7 19.2	09.2	107 49.9	37.7	195 28.2	42.2	72 55.5	52.5
14	317 03.6	22 23.3	08.9	122 51.4	38.1	210 31.1	42.2	87 57.8	52.6
15	332 06.1	37 27.4	08.5	137 52.9	38.5	225 33.9	42.3	103 00.1	52.6
16	347 08.5	52 31.4	08.2	152 54.4	38.9	240 36.7	42.3	118 02.3	52.7
17	2 11.0	67 35.5	− 17 07.8	167 55.9	− 3 39.2	255 39.5	+ 22 42.4	133 04.6	− 15 52.7
18	17 13.5	82 39.6	− 17 07.5	182 57.4	− 3 39.6	270 42.4	+ 22 42.4	148 06.8	− 15 52.8
19	32 15.9	97 43.7	07.1	197 58.9	40.0	285 45.2	42.5	163 09.1	52.8
20	47 18.4	112 47.7	06.8	213 00.4	40.4	300 48.0	42.5	178 11.3	52.9
21	62 20.9	127 51.8	06.4	228 01.9	40.7	315 50.8	42.6	193 13.6	52.9
22	77 23.3	142 55.9	06.0	243 03.3	41.1	330 53.7	42.6	208 15.8	53.0
23	92 25.8	158 00.0	05.7	258 04.8	41.5	345 56.5	42.6	223 18.1	53.0
24	107 28.2	173 04.1	− 17 05.3	273 06.3	− 3 41.9	0 59.3	+ 22 42.7	238 20.3	− 15 53.1
Dif	—	+41	+4	+15	−4	+28	0	+23	0

Lunes 13 de enero de 2014

UT	SOL SD: 16'.3 PMG: 12h 08m.7		○ LUNA SD: 14'.8 Edad: 11d.5 PHE {4h: 54'.3; 12h: 54'.2; 20h: 54'.2} PMG: 22h 22m R°: 48m				Latitud	Principio del crepúsculo		Salida de Sol	Salida de Luna		Puesta de Luna	
	hG ☉	Dec	hG ☾	Dif	Dec	Dif		Náutico	Civil		Hora	R°	Hora	R°
h	° ′	° ′	° ′		° ′		°	h m	h m	h m	h m	m	h m	m
0	177 52.7	− 21 31.4	35 15.8		+ 19 26.9		60 N	7 03	7 57	8 51	13 35	55	6 22	44
1	192 52.5	31.0	49 46.6	118	27.6	7	58	6 57	47	36	13 49	54	6 08	45
2	207 52.3	30.6	64 17.3	117	28.2	6	56	51	38	23	14 01	53	5 56	45
3	222 52.0	30.1	78 48.1	118	28.7	5	54	46	31	12	11	53	46	45
4	237 51.8	29.7	93 18.8	117	29.2	5	52	41	23	8 03	20	52	37	46
5	252 51.6	− 21 29.3	107 49.6	118	+ 19 29.5	3	50	6 36	7 17	7 54	14 28	52	5 29	46
6	267 51.3	− 21 28.9	122 20.3	117	+ 19 29.7	2	45	6 26	7 03	7 36	14 45	52	5 11	47
7	282 51.1	28.4	136 51.1	118	29.9	2	40	17	6 51	21	15 00	50	4 57	47
8	297 50.9	28.0	151 21.9	118	30.0	1	35	09	40	7 08	12	50	45	47
9	312 50.6	27.6	165 52.7	118	29.9	1	30	6 02	31	6 57	22	50	35	47
10	327 50.4	27.2	180 23.5	118	29.8	1	20	5 47	6 14	38	40	49	16	48
11	342 50.2	− 21 26.7	194 54.3	118	+ 19 29.6	2	10 N	5 32	5 58	6 21	15 56	48	4 01	48
12	357 49.9	− 21 26.3	209 25.2	119	+ 19 29.3	3	0	5 17	5 43	6 05	16 11	48	3 46	48
13	12 49.7	25.9	223 56.0	118	28.9	4	10 S	5 00	26	5 49	26	47	31	48
14	27 49.5	25.4	238 26.9	119	28.4	5	20	4 39	5 08	32	41	47	3 15	49
15	42 49.2	25.0	252 57.7	118	27.9	5	30	4 12	4 45	12	16 59	46	2 57	49
16	57 49.0	24.6	267 28.6	119	27.2	7	35	3 55	31	5 00	17 10	45	46	50
17	72 48.8	− 21 24.1	281 59.5	119	+ 19 26.4	8	40	3 35	4 15	4 46	17 22	45	2 34	50
18	87 48.5	− 21 23.7	296 30.4	119	+ 19 25.6	8	45	3 08	3 54	4 30	17 36	44	2 20	49
19	102 48.3	23.3	311 01.3	119	24.7	9	50	2 29	28	10	17 54	43	2 03	49
20	117 48.1	22.8	325 32.2	119	23.6	11	52	2 08	15	4 01	18 02	42	1 54	50
21	132 47.8	22.4	340 03.2	120	22.5	11	54	1 39	3 00	3 50	11	42	45	50
22	147 47.6	22.0	354 34.1	119	21.3	12	56	0 49	2 42	38	21	42	35	50
23	162 47.4	21.5	9 05.1	120	20.0	13	58	** **	2 19	23	33	41	23	50
24	177 47.2	− 21 21.1	23 36.1	120	+ 19 18.6	14	60 S	** **	1 48	3 06	18 47	39	1 09	50

UT	ARIES PMG 16h 27m.7	VENUS Mag.: −4.4 PMG: 11h 52m		MARTE Mag.: +0.6 PMG: 5h 35m		JÚPITER Mag.: −2.7 PMG: 23h 29m		SATURNO Mag.: +0.6 PMG: 7h 47m	
	hG ♈	hG ♀	Dec	hG ♂	Dec	hG ♃	Dec	hG ♄	Dec
h	° ′	° ′	° ′	° ′	° ′	° ′	° ′	° ′	° ′
0	112 23.9	181 18.1	− 16 28.4	276 08.4	− 4 25.2	6 38.2	+ 22 47.8	242 51.9	− 15 58.5
1	127 26.4	196 22.2	28.1	291 10.0	25.6	21 41.1	47.8	257 54.1	58.6
2	142 28.9	211 26.3	27.9	306 11.5	25.9	36 43.9	47.9	272 56.4	58.6
3	157 31.3	226 30.4	27.6	321 13.0	26.3	51 46.7	47.9	287 58.7	58.6
4	172 33.8	241 34.5	27.4	336 14.6	26.6	66 49.5	48.0	303 00.9	58.7
5	187 36.3	256 38.6	− 16 27.1	351 16.1	− 4 27.0	81 52.3	+ 22 48.0	318 03.2	− 15 58.7
6	202 38.7	271 42.7	− 16 26.8	6 17.7	− 4 27.3	96 55.2	+ 22 48.0	333 05.5	− 15 58.8
7	217 41.2	286 46.7	26.6	21 19.2	27.6	111 58.0	48.1	348 07.7	58.8
8	232 43.7	301 50.8	26.3	36 20.8	28.0	127 00.8	48.1	3 10.0	58.9
9	247 46.1	316 54.9	26.1	51 22.3	28.3	142 03.6	48.2	18 12.3	58.9
10	262 48.6	331 59.0	25.8	66 23.9	28.7	157 06.4	48.2	33 14.6	58.9
11	277 51.0	347 03.1	− 16 25.6	81 25.4	− 4 29.0	172 09.3	+ 22 48.2	48 16.8	− 15 59.0
12	292 53.5	2 07.2	− 16 25.3	96 27.0	− 4 29.4	187 12.1	+ 22 48.3	63 19.1	− 15 59.0
13	307 56.0	17 11.3	25.1	111 28.5	29.7	202 14.9	48.3	78 21.4	59.1
14	322 58.4	32 15.4	24.8	126 30.1	30.1	217 17.7	48.4	93 23.6	59.1
15	338 00.9	47 19.5	24.6	141 31.6	30.4	232 20.5	48.4	108 25.9	59.2
16	353 03.4	62 23.6	24.3	156 33.2	30.8	247 23.4	48.5	123 28.2	59.2
17	8 05.8	77 27.6	− 16 24.1	171 34.7	− 4 31.1	262 26.2	+ 22 48.5	138 30.5	− 15 59.2
18	23 08.3	92 31.7	− 16 23.8	186 36.3	− 4 31.4	277 29.0	+ 22 48.5	153 32.7	− 15 59.3
19	38 10.8	107 35.8	23.6	201 37.8	31.8	292 31.8	48.6	168 35.0	59.3
20	53 13.2	122 39.9	23.3	216 39.4	32.1	307 34.6	48.6	183 37.3	59.4
21	68 15.7	137 44.0	23.1	231 40.9	32.5	322 37.5	48.7	198 39.6	59.4
22	83 18.2	152 48.0	22.8	246 42.5	32.8	337 40.3	48.7	213 41.8	59.4
23	98 20.6	167 52.1	22.6	261 44.0	33.2	352 43.1	48.7	228 44.1	59.5
24	113 23.1	182 56.2	− 16 22.3	276 45.6	− 4 33.5	7 45.9	+ 22 48.8	243 46.4	− 15 59.5
Dif	—	+41	+3	+15	−3	+28	0	+23	0

Domingo 19 de enero de 2014

UT	SOL SD: 16'.3 PMG: 12^h $10^m.7$		☾ LUNA SD: 14'.8 Edad: $17^d.5$ PHE { 4^h: 54'.4, 12^h: 54'.5, 20^h: 54'.6 } PMG: 2^h 10^m R°: 43^m				Latitud	Principio del crepúsculo		Salida de Sol	Salida de Luna		Puesta de Luna	
	hG ☉	Dec	hG ☾	Dif	Dec	Dif		Náutico	Civil		Hora	R°	Hora	R°
h	° ′	° ′	° ′		° ′		°	h m	h m	h m	h m	m	h m	m
0	177 21.8	−20 23.6	328 28.1		+7 30.0		60 N	6 56	7 50	8 41	20 12	74	9 04	14
1	192 21.6	23.1	343 01.9	148	20.8	92	58	51	41	28	15	71	9 00	17
2	207 21.4	22.5	357 35.7	148	11.5	93	56	46	33	16	17	69	8 58	18
3	222 21.3	22.0	12 09.5	148	+7 02.2	93	54	41	25	8 06	19	67	55	20
4	237 21.1	21.5	26 43.3	148	+6 52.8	94	52	37	19	7 57	20	66	52	22
5	252 20.9	−20 21.0	41 17.2	149	+6 43.5	93	50	6 33	7 13	7 49	20 22	64	8 50	24
6	267 20.7	−20 20.4	55 51.0	148	+6 34.0	95	45	6 24	7 00	7 32	20 25	61	8 46	26
7	282 20.5	19.9	70 24.8	148	24.6	94	40	16	6 49	18	28	58	42	29
8	297 20.3	19.4	84 58.7	149	15.1	95	35	08	39	7 06	30	56	38	31
9	312 20.1	18.9	99 32.5	148	+6 05.6	95	30	6 01	30	6 56	33	53	35	33
10	327 19.9	18.3	114 06.4	149	+5 56.1	95	20	5 47	14	38	36	50	30	37
11	342 19.7	−20 17.8	128 40.2	148	+5 46.6	95	10 N	5 34	6 00	6 22	20 40	46	8 25	40
12	357 19.5	−20 17.3	143 14.1	149	+5 37.0	96	0	5 19	5 45	6 07	20 43	43	8 20	43
13	12 19.3	16.8	157 48.0	149	27.4	96	10 S	5 03	29	5 52	46	40	16	46
14	27 19.2	16.2	172 21.8	148	17.7	97	20	4 43	5 12	36	49	37	11	49
15	42 19.0	15.7	186 55.7	149	+5 08.1	96	30	18	4 50	17	53	33	05	53
16	57 18.8	15.2	201 29.6	149	+4 58.4	97	35	4 02	37	5 06	55	31	8 02	55
17	72 18.6	−20 14.6	216 03.5	149	+4 48.7	97	40	3 43	4 22	4 53	20 57	29	7 58	58
18	87 18.4	−20 14.1	230 37.4	149	+4 39.0	97	45	3 18	4 03	4 38	21 00	26	7 54	60
19	102 18.2	13.6	245 11.3	149	29.2	98	50	2 43	3 39	19	03	23	49	63
20	117 18.0	13.0	259 45.1	148	19.4	98	52	24	27	11	05	21	47	64
21	132 17.8	12.5	274 19.0	149	+4 09.6	98	54	2 00	3 13	4 01	06	21	44	67
22	147 17.7	12.0	288 52.9	149	+3 59.8	98	56	1 25	2 56	3 49	08	19	41	68
23	162 17.5	11.4	303 26.8	149	50.0	98	58	** **	36	36	10	17	38	70
24	177 17.3	−20 10.9	318 00.7	149	+3 40.1	99	60 S	** **	2 10	3 21	21 13	14	7 34	73

UT	ARIES PMG 16^h $04^m.1$	VENUS Mag.: −4.3 PMG: 11^h 14^m		MARTE Mag.: +0.5 PMG: 5^h 20^m		JÚPITER Mag.: −2.7 PMG: 23^h 02^m		SATURNO Mag.: +0.6 PMG: 7^h 26^m	
	hG ♈	hG ♀	Dec	hG ♂	Dec	hG ♃	Dec	hG ♄	Dec
h	° ′	° ′	° ′	° ′	° ′	° ′	° ′	° ′	° ′
0	118 18.8	190 49.5	−15 59.1	279 55.3	−5 13.0	13 23.3	+22 53.5	248 20.2	−16 04.3
1	133 21.2	205 53.3	58.9	294 56.9	13.3	28 26.1	53.5	263 22.4	04.3
2	148 23.7	220 57.1	58.8	309 58.5	13.6	43 28.9	53.6	278 24.7	04.3
3	163 26.2	236 00.8	58.7	325 00.2	13.9	58 31.7	53.6	293 27.0	04.4
4	178 28.6	251 04.6	58.5	340 01.8	14.3	73 34.5	53.6	308 29.3	04.4
5	193 31.1	266 08.4	−15 58.4	355 03.4	−5 14.6	88 37.3	+22 53.7	323 31.6	−16 04.5
6	208 33.6	281 12.1	−15 58.2	10 05.0	−5 14.9	103 40.1	+22 53.7	338 33.9	−16 04.5
7	223 36.0	296 15.9	58.1	25 06.6	15.2	118 42.9	53.8	353 36.2	04.5
8	238 38.5	311 19.6	58.0	40 08.2	15.5	133 45.8	53.8	8 38.5	04.6
9	253 41.0	326 23.4	57.8	55 09.8	15.8	148 48.6	53.8	23 40.8	04.6
10	268 43.4	341 27.1	57.7	70 11.5	16.1	163 51.4	53.9	38 43.1	04.6
11	283 45.9	356 30.9	−15 57.6	85 13.1	−5 16.5	178 54.2	+22 53.9	53 45.3	−16 04.7
12	298 48.3	11 34.6	−15 57.4	100 14.7	−5 16.8	193 57.0	+22 53.9	68 47.6	−16 04.7
13	313 50.8	26 38.3	57.3	115 16.3	17.1	208 59.8	54.0	83 49.9	04.7
14	328 53.3	41 42.1	57.2	130 17.9	17.4	224 02.6	54.0	98 52.2	04.8
15	343 55.7	56 45.8	57.0	145 19.5	17.7	239 05.4	54.1	113 54.5	04.8
16	358 58.2	71 49.5	56.9	160 21.2	18.0	254 08.2	54.1	128 56.8	04.9
17	14 00.7	86 53.2	−15 56.8	175 22.8	−5 18.3	269 11.0	+22 54.1	143 59.1	−16 04.9
18	29 03.1	101 57.0	−15 56.6	190 24.4	−5 18.6	284 13.8	+22 54.2	159 01.4	−16 04.9
19	44 05.6	117 00.7	56.5	205 26.0	18.9	299 16.6	54.2	174 03.7	05.0
20	59 08.1	132 04.4	56.4	220 27.6	19.3	314 19.4	54.2	189 06.0	05.0
21	74 10.5	147 08.1	56.3	235 29.3	19.6	329 22.2	54.3	204 08.3	05.0
22	89 13.0	162 11.8	56.1	250 30.9	19.9	344 25.0	54.3	219 10.6	05.1
23	104 15.4	177 15.5	56.0	265 32.5	20.2	359 27.8	54.4	234 12.9	05.1
24	119 17.9	192 19.2	−15 55.9	280 34.1	−5 20.5	14 30.6	+22 54.4	249 15.1	−16 05.1
Dif	—	+37	+1	+16	−3	+28	0	+23	0

Jueves 23 de enero de 2014

UT	SOL SD: 16′.2 PMG: 12^h 11^m.8		◑ LUNA SD: 15′.3 Edad: 21^d.5 PHE { 4^h: 56′.4; 12^h: 56′.6; 20^h: 56′.9 } PMG: 5^h 06^m R°: 49^m				Latitud	Principio del crepúsculo		Salida de Sol	Salida de Luna		Puesta de Luna	
	hG ☉	Dec	hG ☾	Dif	Dec	Dif		Náutico	Civil		Hora	R°	Hora	R°
h	° ′	° ′	° ′		° ′		°	h m	h m	h m	h m	m	h m	m
0	177 04.8	− 19 30.6	285 47.5		− 8 22.0		60 N	6 51	7 43	8 34	** **	***	10 04	21
1	192 04.6	30.0	300 19.2	127	31.6	96	58	46	35	21	** **	***	10	23
2	207 04.5	29.4	314 50.9	127	41.2	96	56	41	28	11	** **	***	15	25
3	222 04.3	28.8	329 22.6	127	− 8 50.7	95	54	37	21	8 01	** **	***	19	28
4	237 04.1	28.3	343 54.1	125	− 9 00.2	95	52	33	15	7 53	** **	***	24	28
5	252 04.0	− 19 27.7	358 25.6	125	− 9 09.7	95	50	6 30	7 09	7 45	** **	***	10 27	31
6	267 03.8	− 19 27.1	12 57.1	125	− 9 19.1	94	45	6 21	6 57	7 29	** **	***	10 36	33
7	282 03.7	26.5	27 28.5	124	28.5	94	40	14	47	16	** **	***	42	36
8	297 03.5	25.9	41 59.8	123	37.8	93	35	07	37	7 05	** **	***	48	38
9	312 03.3	25.3	56 31.0	122	47.2	94	30	6 00	29	6 55	** **	***	10 53	41
10	327 03.2	24.7	71 02.2	122	− 9 56.5	93	20	5 47	14	37	** **	***	11 02	44
11	342 03.0	− 19 24.1	85 33.4	122	− 10 05.7	92	10 N	5 35	6 00	6 22	23 52	54	11 10	47
12	357 02.9	− 19 23.6	100 04.4	120	− 10 14.9	92	0	5 21	5 46	6 08	23 43	51	11 18	49
13	12 02.7	23.0	114 35.4	120	24.1	92	10 S	5 05	31	5 54	34	49	25	52
14	27 02.5	22.4	129 06.4	120	33.2	91	20	4 47	5 15	38	25	46	33	55
15	42 02.4	21.8	143 37.2	118	42.3	91	30	23	4 54	20	14	43	42	59
16	57 02.2	21.2	158 08.0	118	− 10 51.3	90	35	4 07	42	5 10	08	41	48	60
17	72 02.1	− 19 20.6	172 38.8	118	− 11 00.3	90	40	3 49	4 27	4 58	23 01	39	11 54	62
18	87 01.9	− 19 20.0	187 09.4	116	− 11 09.3	90	45	3 25	4 09	4 44	22 53	36	12 01	65
19	102 01.8	19.4	201 40.0	116	18.2	89	50	2 52	3 46	26	44	33	09	69
20	117 01.6	18.8	216 10.6	116	27.0	88	52	35	35	18	39	32	13	70
21	132 01.5	18.2	230 41.0	114	35.9	89	54	2 13	22	4 08	34	30	17	72
22	147 01.3	17.6	245 11.4	114	44.6	87	56	1 44	3 07	3 58	29	28	22	74
23	162 01.1	17.0	259 41.7	113	− 11 53.3	87	58	0 54	2 48	46	23	26	27	76
24	177 01.0	− 19 16.4	274 11.9	112	− 12 02.0	87	60 S	** **	2 25	3 32	22 16	24	12 33	79

UT	ARIES PMG 15^h 48^m.4	VENUS Mag.: −4.5 PMG: 10^h 51^m		MARTE Mag.: +0.4 PMG: 5^h 09^m		JÚPITER Mag.: −2.7 PMG: 22^h 44^m		SATURNO Mag.: +0.6 PMG: 7^h 11^m	
	hG ♈	hG ♀	Dec	hG ♂	Dec	hG ♃	Dec	hG ♄	Dec
h	° ′	° ′	° ′	° ′	° ′	° ′	° ′	° ′	° ′
0	122 15.3	196 35.2	− 15 49.1	282 32.3	− 5 42.1	17 51.8	+ 22 57.0	252 00.6	− 16 07.6
1	137 17.8	211 38.6	49.0	297 34.0	42.4	32 54.6	57.0	267 02.9	07.7
2	152 20.3	226 42.0	49.0	312 35.7	42.7	47 57.4	57.0	282 05.2	07.7
3	167 22.7	241 45.4	48.9	327 37.3	42.9	63 00.2	57.1	297 07.5	07.7
4	182 25.2	256 48.8	48.8	342 39.0	43.2	78 02.9	57.1	312 09.8	07.8
5	197 27.6	271 52.2	− 15 48.8	357 40.6	− 5 43.5	93 05.7	+ 22 57.2	327 12.1	− 16 07.8
6	212 30.1	286 55.5	− 15 48.7	12 42.3	− 5 43.8	108 08.5	+ 22 57.2	342 14.4	− 16 07.8
7	227 32.6	301 58.9	48.7	27 44.0	44.1	123 11.3	57.2	357 16.8	07.9
8	242 35.0	317 02.3	48.6	42 45.6	44.4	138 14.1	57.3	12 19.1	07.9
9	257 37.5	332 05.7	48.5	57 47.3	44.7	153 16.9	57.3	27 21.4	07.9
10	272 40.0	347 09.0	48.5	72 49.0	45.0	168 19.7	57.3	42 23.7	08.0
11	287 42.4	2 12.4	− 15 48.4	87 50.6	− 5 45.3	183 22.5	+ 22 57.4	57 26.0	− 16 08.0
12	302 44.9	17 15.8	− 15 48.4	102 52.3	− 5 45.5	198 25.2	+ 22 57.4	72 28.3	− 16 08.0
13	317 47.4	32 19.1	48.3	117 54.0	45.8	213 28.0	57.4	87 30.6	08.0
14	332 49.8	47 22.5	48.3	132 55.6	46.1	228 30.8	57.5	102 32.9	08.1
15	347 52.3	62 25.8	48.2	147 57.3	46.4	243 33.6	57.5	117 35.2	08.1
16	2 54.8	77 29.2	48.2	162 59.0	46.7	258 36.4	57.5	132 37.5	08.1
17	17 57.2	92 32.5	− 15 48.1	178 00.7	− 5 47.0	273 39.2	+ 22 57.6	147 39.8	− 16 08.2
18	32 59.7	107 35.8	− 15 48.0	193 02.3	− 5 47.3	288 41.9	+ 22 57.6	162 42.1	− 16 08.2
19	48 02.1	122 39.2	48.0	208 04.0	47.6	303 44.7	57.6	177 44.4	08.2
20	63 04.6	137 42.5	47.9	223 05.7	47.8	318 47.5	57.7	192 46.7	08.3
21	78 07.1	152 45.8	47.9	238 07.3	48.1	333 50.3	57.7	207 49.0	08.3
22	93 09.5	167 49.1	47.8	253 09.0	48.4	348 53.1	57.7	222 51.3	08.3
23	108 12.0	182 52.5	47.8	268 10.7	48.7	3 55.9	57.8	237 53.6	08.4
24	123 14.5	197 55.8	− 15 47.8	283 12.4	− 5 49.0	18 58.7	+ 22 57.8	252 56.0	− 16 08.4
Dif	—	+34	+1	+17	−3	+28	0	+23	0

Lunes 27 de enero de 2014

UT	SOL SD: 16′.2 PMG: 12h 12m.7		LUNA SD: 16′.3 Edad: 25d.5 PHE {4h: 59′.8, 12h: 60′.1, 20h: 60′.4} PMG: 8h 41m R°: 61m				Latitud	Principio del crepúsculo		Salida de Sol	Salida de Luna		Puesta de Luna	
	hG ⊙	Dec	hG ☾	Dif	Dec	Dif		Náutico	Civil		Hora	R°	Hora	R°
h	° ′	° ′	° ′		° ′		°	h m	h m	h m	h m	m	h m	m
0	176 50.8	− 18 31.8	234 57.9		− 19 05.2		60 N	6 45	7 36	8 25	5 03	60	12 18	66
1	191 50.6	31.2	249 22.4	55	07.3	21	58	40	29	14	4 49	60	31	66
2	206 50.5	30.5	263 46.8	54	09.3	20	56	36	22	8 04	37	61	43	66
3	221 50.4	29.9	278 11.1	53	11.2	19	54	33	16	7 55	27	60	12 54	65
4	236 50.2	29.3	292 35.4	53	12.9	17	52	29	10	48	18	60	13 03	65
5	251 50.1	− 18 28.6	306 59.6	52	− 19 14.5	16	50	6 26	7 05	7 40	4 09	61	13 11	65
6	266 50.0	− 18 28.0	321 23.7	51	− 19 16.0	15	45	6 18	6 54	7 25	3 52	61	13 29	64
7	281 49.9	27.3	335 47.8	51	17.3	13	40	11	44	13	38	60.	43	64
8	296 49.7	26.7	350 11.9	51	18.6	13	35	6 05	35	7 02	26	60	13 56	63
9	311 49.6	26.0	4 35.9	50	19.6	10	30	5 59	28	6 53	3 15	61	14 06	63
10	326 49.5	25.4	18 59.8	49	20.6	10	20	47	14	37	2 57	61	24	63
11	341 49.4	− 18 24.7	33 23.7	49	− 19 21.4	8	10 N	5 35	6 01	6 23	2 41	61	14 40	62
12	356 49.2	− 18 24.1	47 47.5	48	− 19 22.1	7	0	5 22	5 47	6 09	2 27	60	14 55	61
13	11 49.1	23.4	62 11.3	48	22.6	5	10 S	5 07	33	5 56	2 12	60	15 10	61
14	26 49.0	22.8	76 35.0	47	23.1	5	20	4 50	5 17	41	1 56	61	26	60
15	41 48.9	22.1	90 58.7	47	23.3	2	30	27	4 58	24	39	60	44	59
16	56 48.7	21.5	105 22.3	46	23.5	2	35	4 12	46	14	28	60	15 54	59
17	71 48.6	− 18 20.8	119 45.9	46	− 19 23.5	0	40	3 55	4 32	5 03	1 16	60	16 06	59
18	86 48.5	− 18 20.2	134 09.5	46	− 19 23.3	2	45	3 32	4 15	4 49	1 02	60	16 21	57
19	101 48.4	19.5	148 33.0	45	23.1	2	50	3 02	3 54	33	0 45	60	38	57
20	116 48.2	18.9	162 56.5	45	22.7	4	52	2 46	43	25	37	60	46	57
21	131 48.1	18.2	177 19.9	44	22.1	6	54	27	31	16	29	59	16 55	56
22	146 48.0	17.6	191 43.3	44	21.4	7	56	2 02	17	4 06	19	58	17 05	56
23	161 47.9	16.9	206 06.6	43	20.6	8	58	1 26	3 01	3 55	0 07	59	17	55
24	176 47.7	− 18 16.3	220 30.0	44	− 19 19.6	10	60 S	** **	2 40	3 42	** **	***	17 31	53

UT	ARIES PMG 15h 32m.7	VENUS Mag.: −4.6 PMG: 10h 31m		MARTE Mag.: +0.4 PMG: 4h 58m		JÚPITER Mag.: −2.6 PMG: 22h 27m		SATURNO Mag.: +0.5 PMG: 6h 56m	
	hG ♈	hG ♀	Dec	hG ♂	Dec	hG ♃	Dec	hG ♄	Dec
h	° ′	° ′	° ′	° ′	° ′	° ′	° ′	° ′	° ′
0	126 11.9	201 42.3	− 15 46.2	285 14.5	− 6 08.7	22 18.6	+ 23 00.2	255 42.5	− 16 10.6
1	141 14.3	216 45.3	46.2	300 16.2	09.0	37 21.3	00.2	270 44.8	10.6
2	156 16.8	231 48.2	46.3	315 18.0	09.3	52 24.1	00.2	285 47.1	10.6
3	171 19.3	246 51.2	46.3	330 19.7	09.5	67 26.9	00.3	300 49.4	10.7
4	186 21.7	261 54.2	46.3	345 21.4	09.8	82 29.6	00.3	315 51.7	10.7
5	201 24.2	276 57.1	− 15 46.3	0 23.1	− 6 10.1	97 32.4	+ 23 00.3	330 54.0	− 16 10.7
6	216 26.7	292 00.1	− 15 46.3	15 24.8	− 6 10.3	112 35.2	+ 23 00.4	345 56.4	− 16 10.8
7	231 29.1	307 03.1	46.3	30 26.6	10.6	127 37.9	00.4	0 58.7	10.8
8	246 31.6	322 06.0	46.3	45 28.3	10.9	142 40.7	00.4	16 01.0	10.8
9	261 34.1	337 09.0	46.3	60 30.0	11.1	157 43.5	00.5	31 03.3	10.8
10	276 36.5	352 11.9	46.3	75 31.7	11.4	172 46.2	00.5	46 05.6	10.9
11	291 39.0	7 14.8	− 15 46.3	90 33.5	− 6 11.6	187 49.0	+ 23 00.5	61 08.0	− 16 10.9
12	306 41.5	22 17.8	− 15 46.3	105 35.2	− 6 11.9	202 51.8	+ 23 00.6	76 10.3	− 16 10.9
13	321 43.9	37 20.7	46.3	120 36.9	12.2	217 54.5	00.6	91 12.6	10.9
14	336 46.4	52 23.6	46.4	135 38.6	12.4	232 57.3	00.6	106 14.9	11.0
15	351 48.8	67 26.5	46.4	150 40.4	12.7	248 00.1	00.7	121 17.2	11.0
16	6 51.3	82 29.4	46.4	165 42.1	12.9	263 02.8	00.7	136 19.6	11.0
17	21 53.8	97 32.3	− 15 46.4	180 43.8	− 6 13.2	278 05.6	+ 23 00.7	151 21.9	− 16 11.1
18	36 56.2	112 35.3	− 15 46.4	195 45.5	− 6 13.5	293 08.4	+ 23 00.8	166 24.2	− 16 11.1
19	51 58.7	127 38.2	46.4	210 47.3	13.7	308 11.1	00.8	181 26.5	11.1
20	67 01.2	142 41.0	46.4	225 49.0	14.0	323 13.9	00.8	196 28.8	11.1
21	82 03.6	157 43.9	46.5	240 50.7	14.2	338 16.6	00.8	211 31.2	11.2
22	97 06.1	172 46.8	46.5	255 52.5	14.5	353 19.4	00.9	226 33.5	11.2
23	112 08.6	187 49.7	46.5	270 54.2	14.8	8 22.2	00.9	241 35.8	11.2
24	127 11.0	202 52.6	− 15 46.5	285 55.9	− 6 15.0	23 24.9	+ 23 00.9	256 38.1	− 16 11.3
Dif	—	+29	0	+17	−3	+28	0	+23	0

Sábado 1 de febrero de 2014

UT	SOL SD: 16'.2 PMG: 12ʰ 13ᵐ.6		LUNA SD: 16'.6 Edad: 1ᵈ.1 PHE { 4ʰ: 60'.9 12ʰ: 60'.7 20ʰ: 60'.5 } PMG: 13ʰ 39ᵐ R°: 54ᵐ				Latitud	Puesta de Sol	Fin del crepúsculo		Salida de Luna		Puesta de Luna	
	hG ☉	Dec	hG ☾	Dif	Dec	Dif			Civil	Náutico	Hora	R°	Hora	R°
h	° ′	° ′	° ′		° ′		°	h m	h m	h m	h m	m	h m	m
0	176 37.7	− 17 10.8	162 51.5		− 8 02.5		60 N	16 14	17 01	17 52	8 14	18	19 20	90
1	191 37.6	10.1	177 17.7	72	− 7 51.0	115	58	24	08	56	10	21	23	87
2	206 37.5	09.4	191 44.0	73	39.6	114	56	33	14	17 59	07	23	25	85
3	221 37.4	08.7	206 10.4	74	28.0	116	54	41	19	18 02	04	26	27	82
4	236 37.3	08.0	220 36.8	74	16.4	116	52	48	24	05	8 01	28	29	80
5	251 37.2	− 17 07.3	235 03.3	75	− 7 04.8	116	50	16 54	17 29	18 08	7 59	29	19 30	79
6	266 37.2	− 17 06.6	249 29.8	75	− 6 53.2	116	45	17 08	17 39	18 14	7 53	34	19 34	74
7	281 37.1	05.9	263 56.4	76	41.5	117	40	19	48	20	49	37	37	71
8	296 37.0	05.2	278 23.1	77	29.8	117	35	29	17 55	25	45	40	39	68
9	311 36.9	04.4	292 49.8	77	18.0	118	30	37	18 02	31	42	42	42	65
10	326 36.8	03.7	307 16.6	78	− 6 06.3	117	20	17 52	15	41	36	46	45	61
11	341 36.7	− 17 03.0	321 43.5	79	− 5 54.5	118	10 N	18 05	18 27	18 52	7 31	50	19 49	57
12	356 36.7	− 17 02.3	336 10.4	79	− 5 42.6	119	0	18 17	18 39	19 04	7 26	54	19 52	53
13	11 36.6	01.6	350 37.3	79	30.8	118	10 S	29	18 52	17	21	58	55	49
14	26 36.5	00.9	5 04.3	80	18.9	119	20	43	19 06	34	16	62	19 58	46
15	41 36.4	− 17 00.2	19 31.4	81	− 5 07.0	119	30	18 58	24	19 55	10	66	20 02	41
16	56 36.3	− 16 59.4	33 58.5	81	− 4 55.1	119	35	19 07	35	20 08	06	69	04	38
17	71 36.2	− 16 58.7	48 25.7	82	− 4 43.2	119	40	19 18	19 47	20 24	7 03	71	20 06	36
18	86 36.2	− 16 58.0	62 53.0	83	− 4 31.2	120	45	19 30	20 03	20 44	6 58	75	20 09	32
19	101 36.1	57.3	77 20.3	83	19.2	120	50	45	22	21 12	53	79	12	29
20	116 36.0	56.6	91 47.6	83	− 4 07.3	119	52	52	32	25	50	81	13	27
21	131 35.9	55.9	106 15.0	84	− 3 55.3	120	54	19 59	43	21 42	47	84	15	25
22	146 35.8	55.1	120 42.5	85	43.3	120	56	20 08	20 55	22 02	44	86	16	23
23	161 35.8	54.4	135 10.0	85	31.2	121	58	18	21 09	22 29	41	88	18	21
24	176 35.7	− 16 53.7	149 37.6	86	− 3 19.2	120	60 S	20 29	21 26	23 09	6 37	91	20 20	19

UT	ARIES PMG 15ʰ 13ᵐ.0	VENUS Mag.: −4.8 PMG: 10ʰ 10ᵐ		MARTE Mag.: +0.2 PMG: 4ʰ 44ᵐ		JÚPITER Mag.: −2.6 PMG: 22ʰ 05ᵐ		SATURNO Mag.: +0.5 PMG: 6ʰ 38ᵐ	
	hG ♈	hG ♀	Dec	hG ♂	Dec	hG ♃	Dec	hG ♄	Dec
h	° ′	° ′	° ′	° ′	° ′	° ′	° ′	° ′	° ′
0	131 07.6	207 07.7	− 15 50.9	288 45.4	− 6 38.5	27 49.1	+ 23 03.8	260 21.8	− 16 13.7
1	146 10.0	222 10.1	51.0	303 47.2	38.7	42 51.8	03.8	275 24.1	13.7
2	161 12.5	237 12.6	51.1	318 49.0	38.9	57 54.6	03.8	290 26.4	13.8
3	176 15.0	252 15.0	51.1	333 50.8	39.2	72 57.3	03.9	305 28.8	13.8
4	191 17.4	267 17.4	51.2	348 52.6	39.4	88 00.0	03.9	320 31.1	13.8
5	206 19.9	282 19.9	− 15 51.3	3 54.4	− 6 39.6	103 02.8	+ 23 03.9	335 33.4	− 16 13.8
6	221 22.4	297 22.3	− 15 51.3	18 56.2	− 6 39.8	118 05.5	+ 23 04.0	350 35.8	− 16 13.9
7	236 24.8	312 24.7	51.4	33 58.0	40.1	133 08.2	04.0	5 38.1	13.9
8	251 27.3	327 27.1	51.5	48 59.8	40.3	148 11.0	04.0	20 40.5	13.9
9	266 29.8	342 29.5	51.6	64 01.6	40.5	163 13.7	04.0	35 42.8	13.9
10	281 32.2	357 31.9	51.6	79 03.4	40.8	178 16.5	04.1	50 45.1	13.9
11	296 34.7	12 34.3	− 15 51.7	94 05.2	− 6 41.0	193 19.2	+ 23 04.1	65 47.5	− 16 14.0
12	311 37.2	27 36.7	− 15 51.8	109 07.0	− 6 41.2	208 21.9	+ 23 04.1	80 49.8	− 16 14.0
13	326 39.6	42 39.1	51.9	124 08.8	41.4	223 24.7	04.1	95 52.2	14.0
14	341 42.1	57 41.5	51.9	139 10.6	41.7	238 27.4	04.2	110 54.5	14.0
15	356 44.5	72 43.8	52.0	154 12.5	41.9	253 30.1	04.2	125 56.8	14.1
16	11 47.0	87 46.2	52.1	169 14.3	42.1	268 32.9	04.2	140 59.2	14.1
17	26 49.5	102 48.6	− 15 52.2	184 16.1	− 6 42.3	283 35.6	+ 23 04.3	156 01.5	− 16 14.1
18	41 51.9	117 51.0	− 15 52.2	199 17.9	− 6 42.6	298 38.3	+ 23 04.3	171 03.9	− 16 14.1
19	56 54.4	132 53.3	52.3	214 19.7	42.8	313 41.1	04.3	186 06.2	14.1
20	71 56.9	147 55.7	52.4	229 21.5	43.0	328 43.8	04.3	201 08.5	14.2
21	86 59.3	162 58.0	52.5	244 23.3	43.2	343 46.5	04.4	216 10.9	14.2
22	102 01.8	178 00.4	52.5	259 25.1	43.5	358 49.3	04.4	231 13.2	14.2
23	117 04.3	193 02.7	52.6	274 26.9	43.7	13 52.0	04.4	246 15.6	14.2
24	132 06.7	208 05.1	− 15 52.7	289 28.8	− 6 43.9	28 54.7	+ 23 04.5	261 17.9	− 16 14.3
Dif	—	+24	−1	+18	−2	+27	0	+23	0

Miércoles 5 de febrero de 2014

UT	SOL SD: 16′.2 PMG: 12h 14m.0		LUNA SD: 15′.7 Edad: 5d.1 PHE {4h: 57′.4; 12h: 57′.1; 20h: 56′.8} PMG: 17h 04m R°: 49m				Latitud	Puesta de Sol	Fin del crepúsculo		Salida de Luna		Puesta de Luna	
	hG ☉	Dec	hG ☾	Dif	Dec	Dif			Civil	Náutico	Hora	R°	Hora	R°
h	° ′	° ′	° ′		° ′		°	h m	h m	h m	h m	m	h m	m
0	176 30.9	−16 00.6	112 29.0		+10 06.7		60 N	16 24	17 11	18 01	9 27	23	** **	***
1	191 30.8	−15 59.8	126 59.0	110	16.1	94	58	34	17	04	34	25	** **	***
2	206 30.8	59.0	141 29.1	111	25.5	94	56	42	22	07	40	27	** **	***
3	221 30.7	58.3	155 59.1	110	34.8	93	54	49	27	09	45	29	** **	***
4	236 30.7	57.5	170 29.2	111	44.1	93	52	16 55	31	12	50	30	** **	***
5	251 30.6	−15 56.8	184 59.2	110	+10 53.2	91	50	17 01	17 35	18 14	9 54	32	** **	***
6	266 30.6	−15 56.0	199 29.3	111	+11 02.3	91	45	17 13	17 44	18 19	10 03	35	** **	***
7	281 30.5	55.3	213 59.4	111	11.4	91	40	24	52	24	11	37	** **	***
8	296 30.5	54.5	228 29.6	112	20.3	89	35	33	17 59	29	18	39	23 56	58
9	311 30.4	53.7	242 59.7	111	29.2	89	30	40	18 05	34	24	41	49	56
10	326 30.4	53.0	257 29.8	111	38.1	89	20	17 54	17	43	34	44	37	53
11	341 30.3	−15 52.2	272 00.0	112	+11 46.8	87	10 N	18 06	18 28	18 53	10 44	46	23 26	51
12	356 30.3	−15 51.5	286 30.1	111	+11 55.5	87	0	18 17	18 39	19 04	10 52	49	23 16	49
13	11 30.2	50.7	301 00.3	112	+12 04.1	86	10 S	29	18 51	16	11 01	52	23 06	47
14	26 30.2	49.9	315 30.5	112	12.6	85	20	41	19 04	32	10	55	22 55	45
15	41 30.1	49.2	330 00.7	112	21.1	85	30	18 56	21	19 51	21	57	43	42
16	56 30.1	48.4	344 30.9	112	29.5	84	35	19 04	31	20 04	27	59	36	40
17	71 30.0	−15 47.6	359 01.1	112	+12 37.8	83	40	19 13	19 43	20 19	11 34	62	22 28	39
18	86 30.0	−15 46.9	13 31.3	112	+12 46.0	82	45	19 25	19 57	20 38	11 43	63	22 19	36
19	101 29.9	46.1	28 01.6	113	+12 54.1	81	50	38	20 15	21 03	53	66	08	33
20	116 29.9	45.3	42 31.8	112	+13 02.2	81	52	45	24	15	11 57	68	22 03	32
21	131 29.9	44.6	57 02.0	112	10.2	80	54	19 52	34	30	12 03	69	21 57	31
22	146 29.8	43.8	71 32.3	113	18.1	79	56	20 00	45	21 48	08	72	51	29
23	161 29.8	43.0	86 02.6	113	26.0	79	58	09	20 58	22 11	15	73	44	27
24	176 29.7	−15 42.3	100 32.8	112	+13 33.7	77	60 S	20 19	21 13	22 41	12 22	76	21 36	25

UT	ARIES PMG 14h 57m.3	VENUS Mag.: −4.8 PMG: 9h 56m		MARTE Mag.: +0.2 PMG: 4h 33m		JÚPITER Mag.: −2.6 PMG: 21h 47m		SATURNO Mag.: +0.5 PMG: 6h 23m	
	hG ♈	hG ♀	Dec	hG ♂	Dec	hG ♃	Dec	hG ♄	Dec
h	° ′	° ′	° ′	° ′	° ′	° ′	° ′	° ′	° ′
0	135 04.1	210 42.5	−15 59.3	291 41.4	−6 59.2	32 10.8	+23 06.3	264 06.9	−16 15.8
1	150 06.6	225 44.6	59.4	306 43.2	59.4	47 13.5	06.4	279 09.2	15.8
2	165 09.1	240 46.6	59.5	321 45.1	59.6	62 16.2	06.4	294 11.6	15.8
3	180 11.5	255 48.6	59.6	336 47.0	−6 59.8	77 18.9	06.4	309 13.9	15.8
4	195 14.0	270 50.7	59.7	351 48.8	−7 00.0	92 21.6	06.4	324 16.3	15.8
5	210 16.5	285 52.7	−15 59.8	6 50.7	−7 00.2	107 24.3	+23 06.5	339 18.6	−16 15.8
6	225 18.9	300 54.7	−15 59.9	21 52.6	−7 00.4	122 27.0	+23 06.5	354 21.0	−16 15.9
7	240 21.4	315 56.7	−16 00.0	36 54.5	00.6	137 29.7	06.5	9 23.4	15.9
8	255 23.8	330 58.7	00.1	51 56.3	00.8	152 32.4	06.5	24 25.7	15.9
9	270 26.3	346 00.7	00.2	66 58.2	01.0	167 35.1	06.5	39 28.1	15.9
10	285 28.8	1 02.7	00.3	82 00.1	01.2	182 37.9	06.6	54 30.4	15.9
11	300 31.2	16 04.7	−16 00.4	97 02.0	−7 01.4	197 40.6	+23 06.6	69 32.8	−16 16.0
12	315 33.7	31 06.7	−16 00.5	112 03.8	−7 01.6	212 43.3	+23 06.6	84 35.1	−16 16.0
13	330 36.2	46 08.7	00.6	127 05.7	01.7	227 46.0	06.6	99 37.5	16.0
14	345 38.6	61 10.7	00.7	142 07.6	01.9	242 48.7	06.7	114 39.8	16.0
15	0 41.1	76 12.7	00.8	157 09.5	02.1	257 51.4	06.7	129 42.2	16.0
16	15 43.6	91 14.6	00.9	172 11.4	02.3	272 54.1	06.7	144 44.5	16.1
17	30 46.0	106 16.6	−16 01.0	187 13.2	−7 02.5	287 56.8	+23 06.7	159 46.9	−16 16.1
18	45 48.5	121 18.6	−16 01.1	202 15.1	−7 02.7	302 59.5	+23 06.8	174 49.3	−16 16.1
19	60 51.0	136 20.5	01.3	217 17.0	02.9	318 02.2	06.8	189 51.6	16.1
20	75 53.4	151 22.5	01.4	232 18.9	03.1	333 04.9	06.8	204 54.0	16.1
21	90 55.9	166 24.4	01.5	247 20.8	03.3	348 07.6	06.8	219 56.3	16.1
22	105 58.3	181 26.4	01.6	262 22.7	03.5	3 10.3	06.9	234 58.7	16.2
23	121 00.8	196 28.4	01.7	277 24.5	03.7	18 13.0	06.9	250 01.0	16.2
24	136 03.3	211 30.3	−16 01.8	292 26.4	−7 03.9	33 15.8	+23 06.9	265 03.4	−16 16.2
Dif	—	+20	−1	+19	−2	+27	0	+24	0

Jueves 6 de febrero de 2014

UT	SOL SD: 16'.2 PMG: 12ʰ 14ᵐ.1 hG ⊙	Dec	LUNA SD: 15'.4 Edad: 6ᵈ.1 PHE 4ʰ: 56'.5 12ʰ: 56'.2 20ʰ: 55'.9 PMG: 17ʰ 53ᵐ R°: 49ᵐ hG ☾	Dif	Dec	Dif	Latitud	Principio del crepúsculo Náutico	Civil	Salida de Sol	Salida de Luna Hora	R°	Puesta de Luna Hora	R°
h	° '	° '	° '		° '		°	h m	h m	h m	h m	m	h m	m
0	176 29.7	− 15 42.3	100 32.8		+ 13 33.7		60 N	6 26	7 16	8 02	9 50	27	0 58	74
1	191 29.7	41.5	115 03.1	113	41.4	77	58	23	10	7 53	9 59	29	50	71
2	206 29.6	40.7	129 33.4	113	49.0	76	56	21	05	45	10 07	31	43	69
3	221 29.6	40.0	144 03.7	113	+ 13 56.5	75	54	18	7 00	38	14	32	36	68
4	236 29.5	39.2	158 34.0	113	+ 14 04.0	75	52	16	6 56	32	20	34	30	66
5	251 29.5	− 15 38.4	173 04.3	113	+ 14 11.4	74	50	6 13	6 52	7 26	10 26	35	0 25	65
6	266 29.5	− 15 37.7	187 34.6	113	+ 14 18.6	72	45	6 08	6 43	7 14	10 38	38	0 13	62
7	281 29.4	36.9	202 04.9	113	25.8	72	40	6 03	35	7 04	48	40	0 04	60
8	296 29.4	36.1	216 35.2	113	33.0	72	35	5 59	29	6 55	10 57	41	** **	***
9	311 29.3	35.4	231 05.5	113	40.0	70	30	54	22	47	11 05	43	** **	***
10	326 29.3	34.6	245 35.9	114	47.0	70	20	45	11	34	18	45	** **	***
11	341 29.2	− 15 33.8	260 06.2	113	+ 14 53.8	68	10 N	5 35	6 00	6 22	11 30	47	** **	***
12	356 29.2	− 15 33.0	274 36.5	113	+ 15 00.6	68	0	5 24	5 49	6 11	11 41	49	** **	***
13	11 29.2	32.3	289 06.9	114	07.3	67	10 S	5 12	37	5 59	11 53	50	23 53	47
14	26 29.1	31.5	303 37.2	113	14.0	67	20	4 57	24	47	12 05	52	40	45
15	41 29.1	30.7	318 07.6	114	20.5	65	30	37	5 07	33	18	55	25	44
16	56 29.0	30.0	332 38.0	114	27.0	65	35	25	4 57	25	26	57	16	43
17	71 29.0	− 15 29.2	347 08.3	113	+ 15 33.3	63	40	4 10	4 46	5 15	12 36	58	23 07	41
18	86 29.0	− 15 28.4	1 38.7	114	+ 15 39.6	63	45	3 51	4 31	5 04	12 46	60	22 55	40
19	101 28.9	27.6	16 09.1	114	45.8	62	50	26	13	4 50	12 59	63	41	38
20	116 28.9	26.9	30 39.4	113	51.9	61	52	3 13	4 05	44	13 05	64	35	36
21	131 28.9	26.1	45 09.8	114	+ 15 58.0	61	54	2 58	3 55	37	12	65	28	35
22	146 28.8	25.3	59 40.2	114	+ 16 03.9	59	56	41	44	29	20	66	20	34
23	161 28.8	24.5	74 10.6	114	09.8	59	58	2 18	31	20	28	68	11	32
24	176 28.7	− 15 23.7	88 41.0	114	+ 16 15.5	57	60 S	1 47	3 15	4 10	13 38	70	22 01	30

UT	ARIES PMG 14ʰ 53ᵐ.3 hG ♈	VENUS Mag.: −4.8 PMG: 9ʰ 53ᵐ hG ♀	Dec	MARTE Mag.: +0.1 PMG: 4ʰ 30ᵐ hG ♂	Dec	JÚPITER Mag.: −2.6 PMG: 21ʰ 43ᵐ hG ♃	Dec	SATURNO Mag.: +0.5 PMG: 6ʰ 19ᵐ hG ♄	Dec
h	° '	° '	° '	° '	° '	° '	° '	° '	° '
0	136 03.3	211 30.3	− 16 01.8	292 26.4	− 7 03.9	33 15.8	+ 23 06.9	265 03.4	− 16 16.2
1	151 05.7	226 32.2	01.9	307 28.3	04.1	48 18.5	06.9	280 05.8	16.2
2	166 08.2	241 34.2	02.0	322 30.2	04.3	63 21.2	07.0	295 08.1	16.2
3	181 10.7	256 36.1	02.1	337 32.1	04.5	78 23.9	07.0	310 10.5	16.3
4	196 13.1	271 38.0	02.2	352 34.0	04.7	93 26.6	07.0	325 12.8	16.3
5	211 15.6	286 40.0	− 16 02.3	7 35.9	− 7 04.9	108 29.3	+ 23 07.0	340 15.2	− 16 16.3
6	226 18.1	301 41.9	− 16 02.4	22 37.8	− 7 05.0	123 32.0	+ 23 07.1	355 17.5	− 16 16.3
7	241 20.5	316 43.8	02.5	37 39.7	05.2	138 34.7	07.1	10 19.9	16.3
8	256 23.0	331 45.7	02.6	52 41.6	05.4	153 37.4	07.1	25 22.3	16.3
9	271 25.4	346 47.6	02.7	67 43.5	05.6	168 40.1	07.1	40 24.6	16.4
10	286 27.9	1 49.5	02.9	82 45.3	05.8	183 42.8	07.2	55 27.0	16.4
11	301 30.4	16 51.4	− 16 03.0	97 47.2	− 7 06.0	198 45.5	+ 23 07.2	70 29.3	− 16 16.4
12	316 32.8	31 53.3	− 16 03.1	112 49.1	− 7 06.2	213 48.2	+ 23 07.2	85 31.7	− 16 16.4
13	331 35.3	46 55.2	03.2	127 51.0	06.4	228 50.9	07.2	100 34.1	16.4
14	346 37.8	61 57.1	03.3	142 52.9	06.6	243 53.6	07.2	115 36.4	16.4
15	1 40.2	76 59.0	03.4	157 54.8	06.8	258 56.3	07.3	130 38.8	16.5
16	16 42.7	92 00.9	03.5	172 56.7	06.9	273 59.0	07.3	145 41.1	16.5
17	31 45.2	107 02.8	− 16 03.6	187 58.6	− 7 07.1	289 01.7	+ 23 07.3	160 43.5	− 16 16.5
18	46 47.6	122 04.6	− 16 03.7	203 00.5	− 7 07.3	304 04.4	+ 23 07.3	175 45.9	− 16 16.5
19	61 50.1	137 06.5	03.8	218 02.4	07.5	319 07.1	07.4	190 48.2	16.5
20	76 52.6	152 08.4	03.9	233 04.3	07.7	334 09.8	07.4	205 50.6	16.6
21	91 55.0	167 10.2	04.1	248 06.2	07.9	349 12.5	07.4	220 52.9	16.6
22	106 57.5	182 12.1	04.2	263 08.1	08.1	4 15.2	07.4	235 55.3	16.6
23	121 59.9	197 13.9	04.3	278 10.1	08.3	19 17.9	07.5	250 57.7	16.6
24	137 02.4	212 15.8	− 16 04.4	293 12.0	− 7 08.4	34 20.6	+ 23 07.5	266 00.0	− 16 16.6
Dif	—	+19	−1	+19	−2	+27	0	+24	0

Viernes 7 de febrero de 2014

UT	SOL SD: 16′2 PMG: 12h 14m1		◐ LUNA SD: 15′2 Edad: 7d1 PHE {4h: 55′7, 12h: 55′5, 20h: 55′3} PMG: 18h 42m R°: 49m				Latitud	Puesta de Sol	Fin del crepúsculo		Salida de Luna		Puesta de Luna	
	hG ☉	Dec	hG ☾	Dif	Dec	Dif			Civil	Náutico	Hora	R°	Hora	R°
h	° ′	° ′	° ′		° ′		°	h m	h m	h m	h m	m	h m	m
0	176 28.7	− 15 23.7	88 41.0		+ 16 15.5		60 N	16 30	17 15	18 05	10 17	34	2 12	66
1	191 28.7	23.0	103 11.4	114	21.2	57	58	38	21	08	28	36	2 01	64
2	206 28.7	22.2	117 41.8	114	26.8	56	56	46	26	10	38	37	1 52	63
3	221 28.6	21.4	132 12.2	114	32.3	55	54	53	31	13	46	39	44	61
4	236 28.6	20.6	146 42.6	114	37.8	55	52	16 59	35	15	10 54	39	36	61
5	251 28.6	− 15 19.8	161 13.0	114	+ 16 43.1	53	50	17 04	17 39	18 17	11 01	40	1 30	59
6	266 28.5	− 15 19.1	175 43.5	115	+ 16 48.4	53	45	17 16	17 47	18 22	11 16	41	1 15	58
7	281 28.5	18.3	190 13.9	114	53.5	51	40	26	17 54	26	28	43	1 04	56
8	296 28.5	17.5	204 44.3	114	+ 16 58.6	51	35	35	18 01	31	38	44	0 54	55
9	311 28.4	16.7	219 14.7	114	+ 17 03.6	50	30	42	07	35	11 48	44	45	54
10	326 28.4	15.9	233 45.2	115	08.5	49	20	17 55	18	44	12 03	47	30	52
11	341 28.4	− 15 15.2	248 15.6	114	+ 17 13.3	48	10 N	18 07	18 28	18 54	12 17	48	0 17	51
12	356 28.3	− 15 14.4	262 46.1	115	+ 17 18.0	47	0	18 18	18 39	19 04	12 30	49	0 05	49
13	11 28.3	13.6	277 16.5	114	22.6	46	10 S	29	18 50	16	43	50	** **	***
14	26 28.3	12.8	291 47.0	115	27.2	46	20	40	19 03	31	12 57	52	** **	***
15	41 28.2	12.0	306 17.4	114	31.6	44	30	18 54	19	19 50	13 13	53	** **	***
16	56 28.2	11.2	320 47.9	115	36.0	44	35	19 02	29	20 02	23	53	23 59	45
17	71 28.2	− 15 10.5	335 18.3	114	+ 17 40.2	42	40	19 11	19 41	20 16	13 34	54	23 48	44
18	86 28.2	− 15 09.7	349 48.8	115	+ 17 44.4	42	45	19 22	19 54	20 35	13 46	56	23 35	43
19	101 28.1	08.9	4 19.3	115	48.5	41	50	35	20 12	20 58	14 02	57	19	42
20	116 28.1	08.1	18 49.8	115	52.5	40	52	41	20	21 10	09	58	11	42
21	131 28.1	07.3	33 20.2	114	+ 17 56.4	39	54	48	29	24	17	58	23 03	41
22	146 28.0	06.5	47 50.7	115	+ 18 00.2	38	56	19 55	40	21 41	26	59	22 54	40
23	161 28.0	05.7	62 21.2	115	04.0	38	58	20 04	20 52	22 02	36	61	43	40
24	176 28.0	− 15 04.9	76 51.7	115	+ 18 07.6	36	60 S	20 14	21 07	22 30	14 48	62	22 31	38

UT	ARIES PMG 14h 49m4	VENUS Mag.: −4.8 PMG: 9h 50m		MARTE Mag.: +0.1 PMG: 4h 27m		JÚPITER Mag.: −2.6 PMG: 21h 39m		SATURNO Mag.: +0.5 PMG: 6h 15m	
	hG ♈	hG ♀	Dec	hG ♂	Dec	hG ♃	Dec	hG ♄	Dec
h	° ′	° ′	° ′	° ′	° ′	° ′	° ′	° ′	° ′
0	137 02.4	212 15.8	− 16 04.4	293 12.0	− 7 08.4	34 20.6	+ 23 07.5	266 00.0	− 16 16.6
1	152 04.9	227 17.6	04.5	308 13.9	08.6	49 23.3	07.5	281 02.4	16.6
2	167 07.3	242 19.5	04.6	323 15.8	08.8	64 26.0	07.5	296 04.7	16.7
3	182 09.8	257 21.3	04.7	338 17.7	09.0	79 28.7	07.6	311 07.1	16.7
4	197 12.3	272 23.2	04.8	353 19.6	09.2	94 31.4	07.6	326 09.5	16.7
5	212 14.7	287 25.0	− 16 04.9	8 21.5	− 7 09.4	109 34.1	+ 23 07.6	341 11.8	− 16 16.7
6	227 17.2	302 26.8	− 16 05.0	23 23.4	− 7 09.5	124 36.8	+ 23 07.6	356 14.2	− 16 16.7
7	242 19.7	317 28.6	05.2	38 25.3	09.7	139 39.5	07.6	11 16.5	16.7
8	257 22.1	332 30.5	05.3	53 27.2	09.9	154 42.1	07.7	26 18.9	16.8
9	272 24.6	347 32.3	05.4	68 29.1	10.1	169 44.8	07.7	41 21.3	16.8
10	287 27.1	2 34.1	05.5	83 31.1	10.3	184 47.5	07.7	56 23.6	16.8
11	302 29.5	17 35.9	− 16 05.6	98 33.0	− 7 10.5	199 50.2	+ 23 07.7	71 26.0	− 16 16.8
12	317 32.0	32 37.7	− 16 05.7	113 34.9	− 7 10.6	214 52.9	+ 23 07.8	86 28.4	− 16 16.8
13	332 34.4	47 39.5	05.8	128 36.8	10.8	229 55.6	07.8	101 30.7	16.8
14	347 36.9	62 41.3	05.9	143 38.7	11.0	244 58.3	07.8	116 33.1	16.9
15	2 39.4	77 43.1	06.1	158 40.6	11.2	260 01.0	07.8	131 35.4	16.9
16	17 41.8	92 44.9	06.2	173 42.6	11.4	275 03.7	07.9	146 37.8	16.9
17	32 44.3	107 46.7	− 16 06.3	188 44.5	− 7 11.6	290 06.4	+ 23 07.9	161 40.2	− 16 16.9
18	47 46.8	122 48.5	− 16 06.4	203 46.4	− 7 11.7	305 09.1	+ 23 07.9	176 42.5	− 16 16.9
19	62 49.2	137 50.2	06.5	218 48.3	11.9	320 11.8	07.9	191 44.9	16.9
20	77 51.7	152 52.0	06.6	233 50.2	12.1	335 14.5	07.9	206 47.3	17.0
21	92 54.2	167 53.8	06.7	248 52.2	12.3	350 17.2	08.0	221 49.6	17.0
22	107 56.6	182 55.6	06.8	263 54.1	12.4	5 19.8	08.0	236 52.0	17.0
23	122 59.1	197 57.3	06.9	278 56.0	12.6	20 22.5	08.0	251 54.4	17.0
24	138 01.6	212 59.1	− 16 07.1	293 57.9	− 7 12.8	35 25.2	+ 23 08.0	266 56.7	− 16 17.0
Dif	—	+18	−1	+19	−2	+27	0	+24	0

Jueves 13 de febrero de 2014

UT	SOL SD: 16'.2 PMG: $12^h 14^m.2$		LUNA SD: 14'.7 Edad: $13^d.1$ PHE { 4^h: 54'.0; 12^h: 54'.1; 20^h: 54'.1 } PMG: $23^h 24^m$ R°: 44^m				Latitud	Puesta de Sol	Fin del crepúsculo		Salida de Luna		Puesta de Luna	
	hG ☉	Dec	hG ☾	Dif	Dec	Dif			Civil	Náutico	Hora	R°	Hora	R°
h	° '	° '	° '		° '		°	h m	h m	h m	h m	m	h m	m
0	176 27.1	− 13 27.3	19 30.4		+ 14 43.9		60 N	16 46	17 30	18 19	15 37	71	6 35	20
1	191 27.1	26.4	34 03.0	136	37.4	65	58	53	34	21	45	69	27	22
2	206 27.2	25.6	48 35.7	137	30.9	65	56	16 59	38	22	52	67	20	23
3	221 27.2	24.8	63 08.3	136	24.2	67	54	17 05	42	23	15 58	65	13	26
4	236 27.2	23.9	77 41.0	137	17.6	66	52	10	45	25	16 04	63	07	27
5	251 27.2	− 13 23.1	92 13.6	136	+ 14 10.8	68	50	17 15	17 48	18 26	16 09	62	6 02	28
6	266 27.2	− 13 22.2	106 46.4	138	+ 14 04.0	68	45	17 25	17 55	18 30	16 19	59	5 50	31
7	281 27.2	21.4	121 19.1	137	+ 13 57.2	68	40	33	18 01	33	28	57	40	34
8	296 27.2	20.6	135 51.8	137	50.2	70	35	41	07	36	36	54	32	35
9	311 27.3	19.7	150 24.6	138	43.3	69	30	47	12	40	43	52	25	37
10	326 27.3	18.9	164 57.4	138	36.2	71	20	17 58	21	47	16 54	50	12	40
11	341 27.3	− 13 18.0	179 30.2	138	+ 13 29.1	71	10 N	18 08	18 30	18 55	17 04	47	5 01	42
12	356 27.3	− 13 17.2	194 03.1	139	+ 13 21.9	72	0	18 18	18 39	19 03	17 14	44	4 50	45
13	11 27.3	16.3	208 36.0	139	14.7	72	10 S	27	18 49	14	23	42	40	47
14	26 27.3	15.5	223 08.9	139	07.4	73	20	37	19 00	27	33	39	29	49
15	41 27.4	14.7	237 41.8	139	+ 13 00.1	73	30	49	14	44	44	36	16	52
16	56 27.4	13.8	252 14.7	139	+ 12 52.7	74	35	18 56	23	19 55	51	34	4 08	54
17	71 27.4	− 13 13.0	266 47.6	139	+ 12 45.2	75	40	19 04	19 33	20 08	17 58	32	3 59	56
18	86 27.4	− 13 12.1	281 20.6	140	+ 12 37.7	75	45	19 13	19 45	20 24	18 07	30	3 49	59
19	101 27.4	11.3	295 53.6	140	30.2	75	50	25	20 00	45	17	27	37	61
20	116 27.5	10.4	310 26.6	140	22.6	76	52	30	07	20 55	22	26	31	63
21	131 27.5	09.6	324 59.7	141	14.9	77	54	36	15	21 07	28	23	25	64
22	146 27.5	08.7	339 32.7	140	+ 12 07.2	77	56	42	25	21	33	23	18	66
23	161 27.5	07.9	354 05.8	141	+ 11 59.4	78	58	49	35	38	40	20	10	68
24	176 27.5	− 13 07.0	8 38.9	141	+ 11 51.5	79	60 S	19 57	20 47	21 59	18 47	18	3 01	70

UT	ARIES PMG $14^h 25^m.8$	VENUS Mag.: −4.9 PMG: $9^h 35^m$		MARTE Mag.: −0.0 PMG: $4^h 08^m$		JÚPITER Mag.: −2.5 PMG: $21^h 13^m$		SATURNO Mag.: +0.5 PMG: $5^h 52^m$	
	hG ♈	hG ♀	Dec	hG ♂	Dec	hG ♃	Dec	hG ♄	Dec
h	° '	° '	° '	° '	° '	° '	° '	° '	° '
0	142 57.2	216 04.7	− 16 20.6	297 55.1	− 7 31.8	40 45.7	+ 23 10.5	271 41.8	− 16 18.6
1	157 59.7	231 06.0	20.7	312 57.1	31.9	55 48.4	10.5	286 44.2	18.6
2	173 02.2	246 07.4	20.8	327 59.1	32.1	70 51.0	10.5	301 46.5	18.6
3	188 04.6	261 08.7	20.9	343 01.2	32.2	85 53.7	10.6	316 48.9	18.6
4	203 07.1	276 10.1	21.0	358 03.2	32.3	100 56.3	10.6	331 51.3	18.6
5	218 09.6	291 11.4	− 16 21.1	13 05.2	− 7 32.5	115 59.0	+ 23 10.6	346 53.7	− 16 18.7
6	233 12.0	306 12.7	− 16 21.2	28 07.3	− 7 32.6	131 01.6	+ 23 10.6	1 56.1	− 16 18.7
7	248 14.5	321 14.0	21.3	43 09.3	32.7	146 04.3	10.6	16 58.5	18.7
8	263 17.0	336 15.4	21.4	58 11.3	32.9	161 06.9	10.7	32 00.9	18.7
9	278 19.4	351 16.7	21.5	73 13.4	33.0	176 09.5	10.7	47 03.3	18.7
10	293 21.9	6 18.0	21.6	88 15.4	33.1	191 12.2	10.7	62 05.6	18.7
11	308 24.4	21 19.3	− 16 21.8	103 17.4	− 7 33.3	206 14.8	+ 23 10.7	77 08.0	− 16 18.7
12	323 26.8	36 20.6	− 16 21.9	118 19.5	− 7 33.4	221 17.5	+ 23 10.7	92 10.4	− 16 18.7
13	338 29.3	51 21.9	22.0	133 21.5	33.6	236 20.1	10.7	107 12.8	18.7
14	353 31.7	66 23.2	22.1	148 23.6	33.7	251 22.8	10.8	122 15.2	18.8
15	8 34.2	81 24.5	22.2	163 25.6	33.8	266 25.4	10.8	137 17.6	18.8
16	23 36.7	96 25.8	22.3	178 27.6	33.9	281 28.1	10.8	152 20.0	18.8
17	38 39.1	111 27.1	− 16 22.4	193 29.7	− 7 34.1	296 30.7	+ 23 10.8	167 22.4	− 16 18.8
18	53 41.6	126 28.4	− 16 22.5	208 31.7	− 7 34.2	311 33.4	+ 23 10.8	182 24.7	− 16 18.8
19	68 44.1	141 29.7	22.6	223 33.8	34.3	326 36.0	10.9	197 27.1	18.8
20	83 46.5	156 31.0	22.7	238 35.8	34.5	341 38.7	10.9	212 29.5	18.8
21	98 49.0	171 32.3	22.8	253 37.9	34.6	356 41.3	10.9	227 31.9	18.8
22	113 51.5	186 33.5	22.9	268 39.9	34.7	11 43.9	10.9	242 34.3	18.8
23	128 53.9	201 34.8	23.0	283 42.0	34.9	26 46.6	10.9	257 36.7	18.8
24	143 56.4	216 36.1	− 16 23.1	298 44.0	− 7 35.0	41 49.2	+ 23 10.9	272 39.1	− 16 18.8
Dif	—	+13	−1	+20	−1	+26	0	+24	0

Viernes 28 de febrero de 2014

UT	SOL SD: 16'.1 PMG: 12h 12m5 hG ☉	Dec	LUNA SD: 16'.6 Edad: 28d1 PHE {4h: 60'.8, 12h: 60'.8, 20h: 60'.7} PMG: 11h 21m R°: 55m hG ☾	Dif	Dec	Dif	Latitud	Principio del crepúsculo Náutico	Civil	Salida de Sol	Salida de Luna Hora	R°	Puesta de Luna Hora	R°
h	° '	° '	° '		° '		°	h m	h m	h m	h m	m	h m	m
0	176 50.9	− 8 04.6	196 11.6		− 10 04.2		60 N	5 32	6 20	7 02	6 14	21	16 42	92
1	191 51.0	03.7	210 37.5	69	− 9 53.6	106	58	33	18	6 58	09	23	46	89
2	206 51.1	02.7	225 03.5	70	43.0	106	56	34	17	54	04	26	50	86
3	221 51.2	01.8	239 29.5	70	32.2	108	54	35	16	51	6 00	28	53	84
4	236 51.4	− 8 00.8	253 55.6	71	21.4	108	52	35	14	48	5 57	29	56	82
5	251 51.5	− 7 59.9	268 21.7	71	− 9 10.6	108	50	5 36	6 13	6 46	5 53	32	16 59	80
6	266 51.6	− 7 58.9	282 47.9	72	− 8 59.7	109	45	5 37	6 10	6 40	5 46	35	17 05	75
7	281 51.7	58.0	297 14.0	71	48.7	110	40	37	08	35	40	38	10	72
8	296 51.8	57.0	311 40.3	73	37.7	110	35	36	06	31	34	42	14	69
9	311 51.9	56.1	326 06.6	72	26.6	111	30	35	6 03	27	30	43	17	67
10	326 52.0	55.2	340 32.9	74	15.5	111	20	33	5 59	21	21	49	24	62
11	341 52.2	− 7 54.2	354 59.2	73	− 8 04.3	112	10 N	5 29	5 54	6 15	5 14	52	17 29	58
12	356 52.3	− 7 53.3	9 25.6	74	− 7 53.1	112	0	5 24	5 48	6 09	5 07	56	17 34	55
13	11 52.4	52.3	23 52.1	75	41.8	113	10 S	18	42	6 03	5 01	59	39	51
14	26 52.5	51.4	38 18.5	74	30.4	114	20	5 09	35	5 57	4 53	63	44	47
15	41 52.6	50.4	52 45.1	76	19.1	113	30	4 57	26	50	45	67	50	43
16	56 52.7	49.5	67 11.6	75	− 7 07.6	115	35	49	20	46	40	70	54	40
17	71 52.9	− 7 48.5	81 38.2	76	− 6 56.2	114	40	4 40	5 13	5 41	4 35	73	17 57	38
18	86 53.0	− 7 47.6	96 04.9	77	− 6 44.7	115	45	4 29	5 05	5 35	4 29	76	18 02	34
19	101 53.1	46.6	110 31.6	77	33.1	116	50	14	4 55	29	21	80	07	31
20	116 53.2	45.7	124 58.3	77	21.6	115	52	4 07	50	26	18	81	10	28
21	131 53.3	44.7	139 25.0	77	− 6 10.0	116	54	3 59	45	22	14	84	12	27
22	146 53.4	43.8	153 51.8	78	− 5 58.3	117	56	50	39	18	09	87	15	25
23	161 53.6	42.8	168 18.7	79	46.6	117	58	39	32	14	4 05	89	18	22
24	176 53.7	− 7 41.9	182 45.6	79	− 5 34.9	117	60 S	3 26	4 24	5 09	3 59	92	18 22	19

UT	ARIES PMG 13h 26m8 hG ♈	VENUS Mag.: −4.8 PMG: 9h 14m hG ♀	Dec	MARTE Mag.: −0.4 PMG: 3h 15m hG ♂	Dec	JÚPITER Mag.: −2.4 PMG: 20h 11m hG ♃	Dec	SATURNO Mag.: +0.4 PMG: 4h 54m hG ♄	Dec
h	° '	° '	° '	° '	° '	° '	° '	° '	° '
0	157 44.3	221 18.5	− 16 36.8	311 10.5	− 7 57.7	56 17.2	+ 23 15.2	286 12.1	− 16 19.5
1	172 46.8	236 18.9	36.8	326 12.9	57.7	71 19.7	15.2	301 14.6	19.5
2	187 49.2	251 19.4	36.7	341 15.3	57.7	86 22.2	15.2	316 17.0	19.5
3	202 51.7	266 19.9	36.7	356 17.7	57.7	101 24.8	15.3	331 19.5	19.5
4	217 54.2	281 20.4	36.6	11 20.2	57.7	116 27.3	15.3	346 21.9	19.5
5	232 56.6	296 20.9	− 16 36.6	26 22.6	− 7 57.7	131 29.8	+ 23 15.3	1 24.4	− 16 19.5
6	247 59.1	311 21.3	− 16 36.5	41 25.0	− 7 57.7	146 32.3	+ 23 15.3	16 26.8	− 16 19.5
7	263 01.6	326 21.8	36.5	56 27.4	57.7	161 34.8	15.3	31 29.3	19.5
8	278 04.0	341 22.3	36.4	71 29.8	57.7	176 37.4	15.3	46 31.8	19.5
9	293 06.5	356 22.8	36.4	86 32.2	57.7	191 39.9	15.3	61 34.2	19.5
10	308 09.0	11 23.2	36.3	101 34.7	57.7	206 42.4	15.3	76 36.7	19.5
11	323 11.4	26 23.7	− 16 36.3	116 37.1	− 7 57.7	221 44.9	+ 23 15.3	91 39.1	− 16 19.5
12	338 13.9	41 24.2	− 16 36.2	131 39.5	− 7 57.7	236 47.4	+ 23 15.3	106 41.6	− 16 19.5
13	353 16.4	56 24.6	36.2	146 41.9	57.7	251 49.9	15.3	121 44.0	19.5
14	8 18.8	71 25.1	36.1	161 44.4	57.7	266 52.5	15.3	136 46.5	19.5
15	23 21.3	86 25.6	36.1	176 46.8	57.7	281 55.0	15.3	151 48.9	19.4
16	38 23.7	101 26.0	36.0	191 49.2	57.7	296 57.5	15.4	166 51.4	19.4
17	53 26.2	116 26.5	− 16 35.9	206 51.6	− 7 57.7	312 00.0	+ 23 15.4	181 53.8	− 16 19.4
18	68 28.7	131 26.9	− 16 35.9	221 54.1	− 7 57.6	327 02.5	+ 23 15.4	196 56.3	− 16 19.4
19	83 31.1	146 27.4	35.8	236 56.5	57.6	342 05.0	15.4	211 58.7	19.4
20	98 33.6	161 27.9	35.8	251 58.9	57.6	357 07.6	15.4	227 01.2	19.4
21	113 36.1	176 28.3	35.7	267 01.4	57.6	12 10.1	15.4	242 03.6	19.4
22	128 38.5	191 28.8	35.6	282 03.8	57.6	27 12.6	15.4	257 06.1	19.4
23	143 41.0	206 29.2	35.6	297 06.2	57.6	42 15.1	15.4	272 08.5	19.4
24	158 43.5	221 29.7	− 16 35.5	312 08.7	− 7 57.6	57 17.6	+ 23 15.4	287 11.0	− 16 19.4
Dif	—	+5	+1	+24	0	+25	0	+25	0

Martes 4 de marzo de 2014

UT	SOL SD: 16′.1 PMG: 12h 11m.7		LUNA SD: 16′.0 Edad: 2d.7 PHE {4h: 58′.5; 12h: 58′.2; 20h: 57′.9} PMG: 14h 53m R°: 51m				Latitud	Principio del crepúsculo		Salida de Sol	Salida de Luna		Puesta de Luna	
	hG ☉	Dec	hG ☾	Dif	Dec	Dif		Náutico	Civil		Hora	R°	Hora	R°
h	° ′	° ′	° ′		° ′		°	h m	h m	h m	h m	m	h m	m
0	177 02.7	− 6 33.1	144 26.1		+ 8 18.3		60 N	5 20	6 08	6 50	7 31	22	22 33	78
1	192 02.9	32.1	158 55.0	99	28.6	103	58	22	08	47	36	25	26	76
2	207 03.0	31.2	173 24.0	100	38.8	102	56	24	07	44	41	27	20	73
3	222 03.1	30.2	187 52.9	99	49.0	102	54	26	06	42	45	29	14	72
4	237 03.3	29.3	202 21.9	100	+ 8 59.1	101	52	27	06	40	49	30	09	70
5	252 03.4	− 6 28.3	216 50.9	100	+ 9 09.1	100	50	5 28	6 05	6 37	7 53	31	22 05	68
6	267 03.5	− 6 27.3	231 19.9	100	+ 9 19.1	100	45	5 30	6 04	6 33	8 00	35	21 55	65
7	282 03.7	26.4	245 48.9	100	28.9	98	40	31	02	29	07	37	47	63
8	297 03.8	25.4	260 17.9	100	38.8	99	35	31	6 00	26	12	40	40	61
9	312 03.9	24.4	274 47.0	101	48.5	97	30	31	5 59	23	17	42	34	59
10	327 04.1	23.5	289 16.0	100	+ 9 58.2	97	20	30	56	18	26	45	23	56
11	342 04.2	− 6 22.5	303 45.1	101	+ 10 07.9	97	10 N	5 27	5 52	6 13	8 34	48	21 14	53
12	357 04.4	− 6 21.6	318 14.2	101	+ 10 17.4	95	0	5 23	5 48	6 08	8 41	51	21 05	51
13	12 04.5	20.6	332 43.3	101	26.9	95	10 S	18	43	6 04	48	54	20 57	48
14	27 04.6	19.6	347 12.4	101	36.3	94	20	11	37	5 59	8 56	56	47	46
15	42 04.8	18.7	1 41.5	101	45.7	94	30	5 00	29	53	9 05	60	37	42
16	57 04.9	17.7	16 10.7	102	+ 10 55.0	93	35	4 54	24	49	10	62	31	41
17	72 05.0	− 6 16.7	30 39.8	101	+ 11 04.2	92	40	4 45	5 18	5 46	9 16	64	20 24	39
18	87 05.2	− 6 15.8	45 09.0	102	+ 11 13.3	91	45	4 35	5 11	5 41	9 22	68	20 16	36
19	102 05.3	14.8	59 38.1	101	22.3	90	50	22	5 02	35	31	70	07	33
20	117 05.4	13.9	74 07.3	102	31.3	90	52	16	4 58	33	35	72	20 02	32
21	132 05.6	12.9	88 36.5	102	40.2	89	54	08	53	30	39	74	19 57	31
22	147 05.7	11.9	103 05.7	102	49.0	88	56	4 00	48	27	44	75	52	28
23	162 05.9	11.0	117 34.9	102	+ 11 57.8	88	58	3 51	42	24	49	78	46	26
24	177 06.0	− 6 10.0	132 04.2	103	+ 12 06.4	86	60 S	3 40	4 36	5 20	9 55	80	19 39	24

UT	ARIES PMG 13h 11m.1	VENUS Mag.: −4.7 PMG: 9h 12m		MARTE Mag.: −0.6 PMG: 2h 59m		JÚPITER Mag.: −2.4 PMG: 19h 56m		SATURNO Mag.: +0.4 PMG: 4h 39m	
	hG ♈	hG ♀	Dec	hG ♂	Dec	hG ♃	Dec	hG ♄	Dec
h	° ′	° ′	° ′	° ′	° ′	° ′	° ′	° ′	° ′
0	161 40.9	221 57.9	− 16 29.3	315 07.4	− 7 56.0	60 17.6	+ 23 15.8	290 08.2	− 16 18.8
1	176 43.3	236 58.3	29.2	330 10.0	55.9	75 20.0	15.8	305 10.7	18.8
2	191 45.8	251 58.6	29.1	345 12.5	55.9	90 22.5	15.8	320 13.1	18.8
3	206 48.3	266 58.9	29.0	0 15.0	55.9	105 25.0	15.9	335 15.6	18.8
4	221 50.7	281 59.3	28.9	15 17.5	55.8	120 27.5	15.9	350 18.1	18.8
5	236 53.2	296 59.6	− 16 28.7	30 20.1	− 7 55.8	135 30.0	+ 23 15.9	5 20.5	− 16 18.8
6	251 55.7	311 59.9	− 16 28.6	45 22.6	− 7 55.7	150 32.5	+ 23 15.9	20 23.0	− 16 18.8
7	266 58.1	327 00.3	28.5	60 25.2	55.7	165 34.9	15.9	35 25.5	18.7
8	282 00.6	342 00.6	28.4	75 27.7	55.7	180 37.4	15.9	50 27.9	18.7
9	297 03.0	357 00.9	28.3	90 30.2	55.6	195 39.9	15.9	65 30.4	18.7
10	312 05.5	12 01.2	28.2	105 32.8	55.6	210 42.4	15.9	80 32.9	18.7
11	327 08.0	27 01.6	− 16 28.0	120 35.3	− 7 55.5	225 44.9	+ 23 15.9	95 35.4	− 16 18.7
12	342 10.4	42 01.9	− 16 27.9	135 37.8	− 7 55.5	240 47.4	+ 23 15.9	110 37.8	− 16 18.7
13	357 12.9	57 02.2	27.8	150 40.4	55.4	255 49.8	15.9	125 40.3	18.7
14	12 15.4	72 02.5	27.7	165 42.9	55.4	270 52.3	15.9	140 42.8	18.7
15	27 17.8	87 02.9	27.6	180 45.5	55.4	285 54.8	15.9	155 45.2	18.7
16	42 20.3	102 03.2	27.4	195 48.0	55.3	300 57.3	15.9	170 47.7	18.7
17	57 22.8	117 03.5	− 16 27.3	210 50.6	− 7 55.3	315 59.8	+ 23 15.9	185 50.2	− 16 18.6
18	72 25.2	132 03.8	− 16 27.2	225 53.1	− 7 55.2	331 02.2	+ 23 15.9	200 52.6	− 16 18.6
19	87 27.7	147 04.1	27.1	240 55.7	55.2	346 04.7	15.9	215 55.1	18.6
20	102 30.1	162 04.4	26.9	255 58.2	55.1	1 07.2	15.9	230 57.6	18.6
21	117 32.6	177 04.8	26.8	271 00.8	55.1	16 09.7	15.9	246 00.1	18.6
22	132 35.1	192 05.1	26.7	286 03.3	55.0	31 12.2	15.9	261 02.5	18.6
23	147 37.5	207 05.4	26.6	301 05.9	55.0	46 14.6	15.9	276 05.0	18.6
24	162 40.0	222 05.7	− 16 26.4	316 08.4	− 7 54.9	61 17.1	+ 23 15.9	291 07.5	− 16 18.6
Dif	—	+3	+1	+25	0	+25	0	+25	0

Miércoles 5 de marzo de 2014

UT	SOL SD: 16′.1 PMG: 12ʰ 11ᵐ.5		LUNA SD: 15′.7 Edad: 3ᵈ.7 PHE {4ʰ: 57′.6, 12ʰ: 57′.2, 20ʰ: 57′.0} PMG: 15ʰ 44ᵐ R°: 50ᵐ				Latitud	Puesta de Sol	Fin del crepúsculo		Salida de Luna		Puesta de Luna	
	hG ☉	Dec	hG ☾	Dif	Dec	Dif			Civil	Náutico	Hora	R°	Hora	R°
h	° ′	° ′	° ′		° ′		°	h m	h m	h m	h m	m	h m	m
0	177 06.0	− 6 10.0	132 04.2		+ 12 06.4		60 N	17 37	18 19	19 07	7 53	26	23 51	71
1	192 06.1	09.0	146 33.4	102	15.0	86	58	40	19	05	8 01	28	42	69
2	207 06.3	08.1	161 02.7	103	23.5	85	56	42	20	03	08	30	33	68
3	222 06.4	07.1	175 31.9	102	32.0	85	54	45	20	19 01	14	32	26	66
4	237 06.6	06.1	190 01.2	103	40.3	83	52	47	20	18 59	19	34	19	65
5	252 06.7	− 6 05.2	204 30.5	103	+ 12 48.6	83	50	17 48	18 21	18 58	8 24	35	23 13	64
6	267 06.8	− 6 04.2	218 59.8	103	+ 12 56.8	82	45	17 53	18 22	18 56	8 35	38	23 00	62
7	282 07.0	03.2	233 29.1	103	+ 13 04.9	81	40	56	23	54	44	40	22 50	59
8	297 07.1	02.3	247 58.4	103	12.9	80	35	17 59	24	54	52	42	41	58
9	312 07.3	01.3	262 27.7	103	20.9	80	30	18 02	26	53	8 59	43	33	56
10	327 07.4	− 6 00.3	276 57.0	103	28.7	78	20	06	28	54	9 11	46	19	54
11	342 07.5	− 5 59.4	291 26.4	104	+ 13 36.5	78	10 N	18 11	18 32	18 56	9 22	48	22 07	52
12	357 07.7	− 5 58.4	305 55.7	103	+ 13 44.2	77	0	18 15	18 36	19 00	9 32	50	21 56	50
13	12 07.8	57.4	320 25.1	104	51.8	76	10 S	19	40	05	42	52	45	48
14	27 08.0	56.5	334 54.5	104	+ 13 59.3	75	20	24	46	12	9 52	56	33	46
15	42 08.1	55.5	349 23.9	104	+ 14 06.8	75	30	29	53	21	10 05	58	19	45
16	57 08.2	54.5	3 53.3	104	14.1	73	35	32	18 58	28	12	59	12	42
17	72 08.4	− 5 53.6	18 22.7	104	+ 14 21.4	73	40	18 36	19 03	19 36	10 20	61	21 03	41
18	87 08.5	− 5 52.6	32 52.1	104	+ 14 28.6	72	45	18 40	19 10	19 45	10 30	63	20 52	40
19	102 08.7	51.6	47 21.5	104	35.7	71	50	45	18	19 58	41	66	40	37
20	117 08.8	50.7	61 51.0	105	42.7	70	52	47	22	20 04	47	67	34	36
21	132 08.9	49.7	76 20.4	104	49.6	69	54	50	26	10	53	68	28	34
22	147 09.1	48.7	90 49.9	105	+ 14 56.4	68	56	53	31	18	10 59	71	20	33
23	162 09.2	47.8	105 19.3	104	+ 15 03.1	67	58	56	36	27	11 07	72	12	32
24	177 09.4	− 5 46.8	119 48.8	105	+ 15 09.8	67	60 S	18 59	19 43	20 37	11 15	75	20 03	29

UT	ARIES PMG 13ʰ 07ᵐ.2	VENUS Mag.: −4.7 PMG: 9ʰ 11ᵐ		MARTE Mag.: −0.6 PMG: 2ʰ 55ᵐ		JÚPITER Mag.: −2.4 PMG: 19ʰ 52ᵐ		SATURNO Mag.: +0.4 PMG: 4ʰ 35ᵐ	
	hG ♈	hG ♀	Dec	hG ♂	Dec	hG ♃	Dec	hG ♄	Dec
h	° ′	° ′	° ′	° ′	° ′	° ′	° ′	° ′	° ′
0	162 40.0	222 05.7	− 16 26.4	316 08.4	− 7 54.9	61 17.1	+ 23 15.9	291 07.5	− 16 18.6
1	177 42.5	237 06.0	26.3	331 11.0	54.9	76 19.6	16.0	306 09.9	18.6
2	192 44.9	252 06.3	26.2	346 13.6	54.8	91 22.1	16.0	321 12.4	18.6
3	207 47.4	267 06.6	26.0	1 16.1	54.8	106 24.5	16.0	336 14.9	18.5
4	222 49.9	282 06.9	25.9	16 18.7	54.8	121 27.0	16.0	351 17.4	18.5
5	237 52.3	297 07.2	− 16 25.8	31 21.2	− 7 54.7	136 29.5	+ 23 16.0	6 19.8	− 16 18.5
6	252 54.8	312 07.5	− 16 25.7	46 23.8	− 7 54.7	151 32.0	+ 23 16.0	21 22.3	− 16 18.5
7	267 57.3	327 07.8	25.5	61 26.4	54.6	166 34.4	16.0	36 24.8	18.5
8	282 59.7	342 08.1	25.4	76 28.9	54.6	181 36.9	16.0	51 27.3	18.5
9	298 02.2	357 08.4	25.3	91 31.5	54.5	196 39.4	16.0	66 29.7	18.5
10	313 04.6	12 08.7	25.1	106 34.1	54.4	211 41.9	16.0	81 32.2	18.5
11	328 07.1	27 09.0	− 16 25.0	121 36.7	− 7 54.4	226 44.3	+ 23 16.0	96 34.7	− 16 18.5
12	343 09.6	42 09.3	− 16 24.8	136 39.2	− 7 54.3	241 46.8	+ 23 16.0	111 37.1	− 16 18.4
13	358 12.0	57 09.6	24.7	151 41.8	54.3	256 49.3	16.0	126 39.6	18.4
14	13 14.5	72 09.9	24.6	166 44.4	54.2	271 51.7	16.0	141 42.1	18.4
15	28 17.0	87 10.2	24.4	181 46.9	54.2	286 54.2	16.0	156 44.6	18.4
16	43 19.4	102 10.4	24.3	196 49.5	54.1	301 56.7	16.0	171 47.0	18.4
17	58 21.9	117 10.7	− 16 24.1	211 52.1	− 7 54.1	316 59.2	+ 23 16.0	186 49.5	− 16 18.4
18	73 24.4	132 11.0	− 16 24.0	226 54.7	− 7 54.0	332 01.6	+ 23 16.0	201 52.0	− 16 18.4
19	88 26.8	147 11.3	23.9	241 57.3	54.0	347 04.1	16.0	216 54.5	18.4
20	103 29.3	162 11.6	23.7	256 59.8	53.9	2 06.6	16.0	231 56.9	18.4
21	118 31.8	177 11.9	23.6	272 02.4	53.9	17 09.0	16.0	246 59.4	18.3
22	133 34.2	192 12.1	23.4	287 05.0	53.8	32 11.5	16.0	262 01.9	18.3
23	148 36.7	207 12.4	23.3	302 07.6	53.7	47 14.0	16.0	277 04.4	18.3
24	163 39.1	222 12.7	− 16 23.1	317 10.2	− 7 53.7	62 16.4	+ 23 16.0	292 06.8	− 16 18.3
Dif	—	+3	+1	+26	+1	+25	0	+25	0

Jueves 6 de marzo de 2014

UT	SOL SD: 16′.1 PMG: 12h 11m.3		LUNA SD: 15′.5 Edad: 4d.7 PHE {4h: 56′.7; 12h: 56′.4; 20h: 56′.1} PMG: 16h 34m R°: 50m				Latitud	Principio del crepúsculo		Salida de Sol	Salida de Luna		Puesta de Luna	
	hG ☉	Dec	hG ☾	Dif	Dec	Dif		Náutico	Civil		Hora	R°	Hora	R°
h	° ′	° ′	° ′		° ′		°	h m	h m	h m	h m	m	h m	m
0	177 09.4	− 5 46.8	119 48.8		+ 15 09.8		60 N	5 15	6 03	6 44	8 19	33	** **	***
1	192 09.5	45.8	134 18.3	105	16.4	66	58	17	02	42	29	34	** **	***
2	207 09.7	44.9	148 47.8	105	22.8	64	56	19	02	39	38	36	** **	***
3	222 09.8	43.9	163 17.3	105	29.2	64	54	21	02	37	46	37	** **	***
4	237 09.9	42.9	177 46.8	105	35.5	63	52	22	01	35	53	38	** **	***
5	252 10.1	− 5 41.9	192 16.4	106	+ 15 41.7	62	50	5 24	6 01	6 33	8 59	39	** **	***
6	267 10.2	− 5 41.0	206 45.9	105	+ 15 47.8	61	45	5 26	6 00	6 29	9 13	41	** **	***
7	282 10.4	40.0	221 15.4	105	53.9	61	40	28	5 59	26	24	43	23 49	55
8	297 10.5	39.0	235 45.0	106	+ 15 59.8	59	35	29	58	23	34	44	39	54
9	312 10.7	38.1	250 14.6	106	+ 16 05.6	58	30	29	57	21	42	46	29	54
10	327 10.8	37.1	264 44.2	106	11.4	58	20	28	54	16	9 57	47	23 13	52
11	342 11.0	− 5 36.1	279 13.8	106	+ 16 17.1	57	10 N	5 26	5 51	6 12	10 10	49	22 59	51
12	357 11.1	− 5 35.2	293 43.4	106	+ 16 22.6	55	0	5 23	5 47	6 08	10 22	50	22 46	50
13	12 11.2	34.2	308 13.0	106	28.1	55	10 S	18	43	6 04	34	52	33	49
14	27 11.4	33.2	322 42.6	106	33.5	54	20	11	37	5 59	10 48	53	19	48
15	42 11.5	32.3	337 12.2	106	38.8	53	30	5 02	30	54	11 03	55	22 04	46
16	57 11.7	31.3	351 41.9	107	44.0	52	35	4 55	26	51	11	56	21 54	46
17	72 11.8	− 5 30.3	6 11.6	107	+ 16 49.1	51	40	4 48	5 20	5 48	11 21	58	21 44	44
18	87 12.0	− 5 29.3	20 41.2	106	+ 16 54.1	50	45	4 38	5 14	5 44	11 33	59	21 32	43
19	102 12.1	28.4	35 10.9	107	+ 16 59.0	49	50	26	06	39	47	61	17	41
20	117 12.3	27.4	49 40.6	107	+ 17 03.8	48	52	20	5 02	37	11 54	62	10	40
21	132 12.4	26.4	64 10.3	107	08.6	48	54	13	4 58	34	12 01	63	21 02	40
22	147 12.6	25.5	78 40.0	107	13.2	46	56	4 05	53	31	10	64	20 53	39
23	162 12.7	24.5	93 09.8	108	17.7	45	58	3 57	47	28	19	65	44	37
24	177 12.9	− 5 23.5	107 39.5	107	+ 17 22.2	45	60 S	3 46	4 41	5 25	12 30	67	20 32	36

UT	ARIES PMG 13h 03m.2	VENUS Mag.: −4.7 PMG: 9h 11m		MARTE Mag.: −0.6 PMG: 2h 51m		JÚPITER Mag.: −2.4 PMG: 19h 48m		SATURNO Mag.: +0.4 PMG: 4h 31m	
	hG ♈	hG ♀	Dec	hG ♂	Dec	hG ♃	Dec	hG ♄	Dec
h	° ′	° ′	° ′	° ′	° ′	° ′	° ′	° ′	° ′
0	163 39.1	222 12.7	− 16 23.1	317 10.2	− 7 53.7	62 16.4	+ 23 16.0	292 06.8	− 16 18.3
1	178 41.6	237 13.0	23.0	332 12.8	53.6	77 18.9	16.0	307 09.3	18.3
2	193 44.1	252 13.3	22.9	347 15.4	53.6	92 21.4	16.0	322 11.8	18.3
3	208 46.5	267 13.5	22.7	2 18.0	53.5	107 23.8	16.0	337 14.3	18.3
4	223 49.0	282 13.8	22.6	17 20.5	53.5	122 26.3	16.1	352 16.8	18.3
5	238 51.5	297 14.1	− 16 22.4	32 23.1	− 7 53.4	137 28.8	+ 23 16.1	7 19.2	− 16 18.2
6	253 53.9	312 14.3	− 16 22.3	47 25.7	− 7 53.3	152 31.2	+ 23 16.1	22 21.7	− 16 18.2
7	268 56.4	327 14.6	22.1	62 28.3	53.3	167 33.7	16.1	37 24.2	18.2
8	283 58.9	342 14.9	22.0	77 30.9	53.2	182 36.2	16.1	52 26.7	18.2
9	299 01.3	357 15.1	21.8	92 33.5	53.2	197 38.6	16.1	67 29.1	18.2
10	314 03.8	12 15.4	21.6	107 36.1	53.1	212 41.1	16.1	82 31.6	18.2
11	329 06.2	27 15.7	− 16 21.5	122 38.7	− 7 53.0	227 43.6	+ 23 16.1	97 34.1	− 16 18.2
12	344 08.7	42 15.9	− 16 21.3	137 41.3	− 7 53.0	242 46.0	+ 23 16.1	112 36.6	− 16 18.2
13	359 11.2	57 16.2	21.2	152 43.9	52.9	257 48.5	16.1	127 39.1	18.2
14	14 13.6	72 16.5	21.0	167 46.5	52.8	272 51.0	16.1	142 41.5	18.1
15	29 16.1	87 16.7	20.9	182 49.1	52.8	287 53.4	16.1	157 44.0	18.1
16	44 18.6	102 17.0	20.7	197 51.8	52.7	302 55.9	16.1	172 46.5	18.1
17	59 21.0	117 17.2	− 16 20.6	212 54.4	− 7 52.6	317 58.3	+ 23 16.1	187 49.0	− 16 18.1
18	74 23.5	132 17.5	− 16 20.4	227 57.0	− 7 52.6	333 00.8	+ 23 16.1	202 51.4	− 16 18.1
19	89 26.0	147 17.7	20.2	242 59.6	52.5	348 03.3	16.1	217 53.9	18.1
20	104 28.4	162 18.0	20.1	258 02.2	52.5	3 05.7	16.1	232 56.4	18.1
21	119 30.9	177 18.3	19.9	273 04.8	52.4	18 08.2	16.1	247 58.9	18.1
22	134 33.4	192 18.5	19.8	288 07.4	52.3	33 10.6	16.1	263 01.4	18.0
23	149 35.8	207 18.8	19.6	303 10.0	52.3	48 13.1	16.1	278 03.8	18.0
24	164 38.3	222 19.0	− 16 19.4	318 12.7	− 7 52.2	63 15.6	+ 23 16.1	293 06.3	− 16 18.0
Dif	—	+3	+2	+26	+1	+25	0	+25	0

Viernes 7 de marzo de 2014

UT	SOL SD: 16'.1 PMG: 12h 11m.0		LUNA SD: 15'.3 Edad: 5d.7 PHE {4h: 55'.9; 12h: 55'.6; 20h: 55'.4} PMG: 17h 24m R°: 50m				Latitud	Puesta de Sol	Fin del crepúsculo		Salida de Luna		Puesta de Luna	
	hG ☉	Dec	hG ☾	Dif	Dec	Dif			Civil	Náutico	Hora	R°	Hora	R°
h	° '	° '	° '		° '		°	h m	h m	h m	h m	m	h m	m
0	177 12.9	− 5 23.5	107 39.5		+ 17 22.2		60 N	17 42	18 24	19 12	8 52	40	1 02	63
1	192 13.0	22.5	122 09.3	108	26.5	43	58	44	24	09	9 03	41	0 51	61
2	207 13.2	21.6	136 39.1	108	30.8	43	56	47	24	07	14	42	41	60
3	222 13.3	20.6	151 08.9	108	35.0	42	54	48	24	05	23	42	32	59
4	237 13.4	19.6	165 38.7	108	39.0	40	52	50	24	03	31	43	24	58
5	252 13.6	− 5 18.7	180 08.5	108	+ 17 43.0	40	50	17 52	18 24	19 01	9 38	44	0 17	57
6	267 13.7	− 5 17.7	194 38.3	108	+ 17 46.9	39	45	17 55	18 25	18 59	9 54	45	0 02	56
7	282 13.9	16.7	209 08.1	108	50.7	38	40	17 58	25	57	10 07	46	** **	***
8	297 14.0	15.7	223 38.0	109	54.4	37	35	18 01	26	55	18	46	** **	***
9	312 14.2	14.8	238 07.9	109	+ 17 58.0	36	30	03	27	55	28	46	** **	***
10	327 14.3	13.8	252 37.7	108	+ 18 01.5	35	20	07	29	55	44	48	** **	***
11	342 14.5	− 5 12.8	267 07.6	109	+ 18 04.9	34	10 N	18 11	18 32	18 56	10 59	48	23 50	50
12	357 14.6	− 5 11.8	281 37.6	110	+ 18 08.2	33	0	18 14	18 35	18 59	11 12	50	23 36	49
13	12 14.8	10.9	296 07.5	109	11.4	32	10 S	18	39	19 04	26	50	22	49
14	27 14.9	09.9	310 37.4	109	14.6	32	20	22	44	10	41	51	23 07	48
15	42 15.1	08.9	325 07.4	110	17.6	30	30	27	51	19	11 58	51	22 50	48
16	57 15.2	08.0	339 37.4	110	20.5	29	35	29	18 55	25	12 07	53	40	47
17	72 15.4	− 5 07.0	354 07.4	110	+ 18 23.4	29	40	18 32	19 00	19 32	12 19	52	22 28	47
18	87 15.5	− 5 06.0	8 37.4	110	+ 18 26.1	27	45	18 36	19 06	19 41	12 32	53	22 15	46
19	102 15.7	05.0	23 07.4	110	28.8	27	50	41	13	53	48	54	21 58	46
20	117 15.8	04.1	37 37.4	110	31.3	25	52	43	17	19 59	12 56	54	50	46
21	132 16.0	03.1	52 07.5	111	33.8	25	54	45	21	20 05	13 04	55	42	45
22	147 16.1	02.1	66 37.6	111	36.2	24	56	47	25	12	14	55	32	45
23	162 16.3	01.1	81 07.7	111	38.4	22	58	50	30	20	24	57	21	45
24	177 16.4	− 5 00.2	95 37.8	111	+ 18 40.6	22	60 S	18 53	19 36	20 30	13 37	57	21 08	44

UT	ARIES PMG 12h 59m.3	VENUS Mag.: −4.7 PMG: 9h 11m		MARTE Mag.: −0.6 PMG: 2h 47m		JÚPITER Mag.: −2.4 PMG: 19h 44m		SATURNO Mag.: +0.4 PMG: 4h 27m	
	hG ♈	hG ♀	Dec	hG ♂	Dec	hG ♃	Dec	hG ♄	Dec
h	° '	° '	° '	° '	° '	° '	° '	° '	° '
0	164 38.3	222 19.0	− 16 19.4	318 12.7	− 7 52.2	63 15.6	+ 23 16.1	293 06.3	− 16 18.0
1	179 40.7	237 19.2	19.3	333 15.3	52.1	78 18.0	16.1	308 08.8	18.0
2	194 43.2	252 19.5	19.1	348 17.9	52.0	93 20.5	16.1	323 11.3	18.0
3	209 45.7	267 19.7	18.9	3 20.5	52.0	108 22.9	16.1	338 13.8	18.0
4	224 48.1	282 20.0	18.8	18 23.1	51.9	123 25.4	16.1	353 16.3	18.0
5	239 50.6	297 20.2	− 16 18.6	33 25.8	− 7 51.8	138 27.9	+ 23 16.1	8 18.7	− 16 18.0
6	254 53.1	312 20.5	− 16 18.4	48 28.4	− 7 51.8	153 30.3	+ 23 16.1	23 21.2	− 16 17.9
7	269 55.5	327 20.7	18.3	63 31.0	51.7	168 32.8	16.1	38 23.7	17.9
8	284 58.0	342 20.9	18.1	78 33.6	51.6	183 35.2	16.1	53 26.2	17.9
9	300 00.5	357 21.2	17.9	93 36.3	51.6	198 37.7	16.1	68 28.7	17.9
10	315 02.9	12 21.4	17.8	108 38.9	51.5	213 40.1	16.1	83 31.1	17.9
11	330 05.4	27 21.7	− 16 17.6	123 41.5	− 7 51.4	228 42.6	+ 23 16.1	98 33.6	− 16 17.9
12	345 07.9	42 21.9	− 16 17.4	138 44.2	− 7 51.3	243 45.0	+ 23 16.1	113 36.1	− 16 17.9
13	0 10.3	57 22.1	17.2	153 46.8	51.3	258 47.5	16.1	128 38.6	17.9
14	15 12.8	72 22.4	17.1	168 49.4	51.2	273 50.0	16.2	143 41.1	17.8
15	30 15.2	87 22.6	16.9	183 52.1	51.1	288 52.4	16.2	158 43.6	17.8
16	45 17.7	102 22.8	16.7	198 54.7	51.1	303 54.9	16.2	173 46.0	17.8
17	60 20.2	117 23.0	− 16 16.5	213 57.3	− 7 51.0	318 57.3	+ 23 16.2	188 48.5	− 16 17.8
18	75 22.6	132 23.3	− 16 16.4	229 00.0	− 7 50.9	333 59.8	+ 23 16.2	203 51.0	− 16 17.8
19	90 25.1	147 23.5	16.2	244 02.6	50.8	349 02.2	16.2	218 53.5	17.8
20	105 27.6	162 23.7	16.0	259 05.3	50.8	4 04.7	16.2	233 56.0	17.8
21	120 30.0	177 23.9	15.8	274 07.9	50.7	19 07.1	16.2	248 58.5	17.7
22	135 32.5	192 24.2	15.6	289 10.6	50.6	34 09.6	16.2	264 00.9	17.7
23	150 35.0	207 24.4	15.5	304 13.2	50.5	49 12.0	16.2	279 03.4	17.7
24	165 37.4	222 24.6	− 16 15.3	319 15.9	− 7 50.4	64 14.5	+ 23 16.2	294 05.9	− 16 17.7
Dif	—	+2	+2	+26	+1	+25	0	+25	0

Martes 18 de marzo de 2014

UT	SOL SD: 16′.1 PMG: $12^h\ 08^m.1$		○ LUNA SD: 15′.3 Edad: $16^d.7$ PHE { 4^h: 56′.1; 12^h: 56′.3; 20^h: 56′.4 } PMG: $1^h\ 03^m$ R°: 47^m				Latitud	Principio del crepúsculo		Salida de Sol	Salida de Luna		Puesta de Luna	
	hG ⊙	Dec	hG ☾	Dif	Dec	Dif		Náutico	Civil		Hora	R°	Hora	R°
h	° ′	° ′	° ′		° ′		°	h m	h m	h m	h m	m	h m	m
0	177 56.9	− 1 04.2	344 49.2		− 6 10.8		**60** N	4 37	5 27	6 08	20 49	77	6 21	19
1	192 57.1	03.2	359 21.1	129	20.6	98	**58**	43	29	08	43	75	25	21
2	207 57.3	02.2	13 53.0	129	30.5	99	**56**	47	31	08	38	73	29	23
3	222 57.4	01.2	28 24.9	129	40.3	98	**54**	51	33	08	34	71	32	25
4	237 57.6	− 1 00.2	42 56.7	128	50.0	97	**52**	55	34	08	30	69	35	27
5	252 57.8	− 0 59.2	57 28.5	128	− 6 59.8	98	**50**	4 58	5 35	6 08	20 26	68	6 37	29
6	267 58.0	− 0 58.2	72 00.2	127	− 7 09.5	97	**45**	5 04	5 38	6 07	20 18	65	6 43	32
7	282 58.2	57.3	86 31.9	127	19.2	97	**40**	09	40	07	12	62	48	34
8	297 58.4	56.3	101 03.6	127	28.9	97	**35**	12	42	07	06	60	52	37
9	312 58.5	55.3	115 35.2	126	38.5	96	**30**	15	43	07	20 01	58	6 56	39
10	327 58.7	54.3	130 06.8	126	48.1	96	**20**	18	44	06	19 53	54	7 03	42
11	342 58.9	− 0 53.3	144 38.3	125	− 7 57.7	96	**10** N	5 20	5 44	6 05	19 45	52	7 08	45
12	357 59.1	− 0 52.3	159 09.8	125	− 8 07.3	96	**0**	5 20	5 44	6 05	19 38	49	7 14	48
13	12 59.3	51.3	173 41.2	124	16.8	95	**10** S	19	43	04	32	46	19	51
14	27 59.5	50.3	188 12.6	124	26.3	95	**20**	16	41	03	24	44	25	54
15	42 59.6	49.4	202 43.9	123	35.7	94	**30**	10	38	02	16	40	31	58
16	57 59.8	48.4	217 15.2	123	45.1	94	**35**	06	36	01	11	39	35	60
17	73 00.0	− 0 47.4	231 46.5	123	− 8 54.5	94	**40**	5 02	5 33	6 01	19 06	36	7 40	61
18	88 00.2	− 0 46.4	246 17.6	121	− 9 03.8	93	**45**	4 56	5 30	6 00	19 00	33	7 45	64
19	103 00.4	45.4	260 48.8	122	13.1	93	**50**	48	26	5 58	18 53	30	51	67
20	118 00.6	44.4	275 19.9	121	22.4	93	**52**	44	24	58	49	29	53	70
21	133 00.7	43.4	289 51.0	121	31.6	92	**54**	39	22	57	46	27	7 56	71
22	148 00.9	42.4	304 22.0	120	40.8	92	**56**	34	19	56	42	25	8 00	73
23	163 01.1	41.4	318 52.9	119	49.9	91	**58**	29	16	56	37	23	04	75
24	178 01.3	− 0 40.5	333 23.8	119	− 9 59.0	91	**60** S	4 22	5 13	5 55	18 32	21	8 08	77

UT	ARIES PMG $12^h\ 16^m.1$	VENUS Mag.: −4.6 PMG: $9^h\ 09^m$		MARTE Mag.: −1.0 PMG: $1^h\ 58^m$		JÚPITER Mag.: −2.3 PMG: $19^h\ 02^m$		SATURNO Mag.: +0.3 PMG: $3^h\ 43^m$	
	hG ♈	hG ♀	Dec	hG ♂	Dec	hG ♃	Dec	hG ♄	Dec
h	° ′	° ′	° ′	° ′	° ′	° ′	° ′	° ′	° ′
0	175 28.8	222 49.8	− 15 08.9	330 28.3	− 7 20.0	73 51.9	+ 23 15.9	304 07.3	− 16 13.3
1	190 31.3	237 49.8	08.5	345 31.3	19.9	88 54.3	15.9	319 09.8	13.3
2	205 33.7	252 49.8	08.2	0 34.3	19.7	103 56.6	15.9	334 12.4	13.2
3	220 36.2	267 49.8	07.8	15 37.2	19.5	118 59.0	15.9	349 14.9	13.2
4	235 38.7	282 49.8	07.4	30 40.2	19.3	134 01.4	15.9	4 17.4	13.2
5	250 41.1	297 49.8	− 15 07.0	45 43.1	− 7 19.2	149 03.7	+ 23 15.9	19 19.9	− 16 13.2
6	265 43.6	312 49.8	− 15 06.6	60 46.1	− 7 19.0	164 06.1	+ 23 15.9	34 22.5	− 16 13.1
7	280 46.0	327 49.9	06.3	75 49.1	18.8	179 08.4	15.9	49 25.0	13.1
8	295 48.5	342 49.9	05.9	90 52.0	18.6	194 10.8	15.9	64 27.5	13.1
9	310 51.0	357 49.9	05.5	105 55.0	18.5	209 13.2	15.8	79 30.1	13.1
10	325 53.4	12 49.9	05.1	120 57.9	18.3	224 15.5	15.8	94 32.6	13.0
11	340 55.9	27 49.9	− 15 04.7	136 00.9	− 7 18.1	239 17.9	+ 23 15.8	109 35.1	− 16 13.0
12	355 58.4	42 49.9	− 15 04.4	151 03.9	− 7 17.9	254 20.2	+ 23 15.8	124 37.6	− 16 13.0
13	11 00.8	57 49.9	04.0	166 06.8	17.7	269 22.6	15.8	139 40.2	13.0
14	26 03.3	72 49.9	03.6	181 09.8	17.6	284 25.0	15.8	154 42.7	12.9
15	41 05.8	87 49.9	03.2	196 12.8	17.4	299 27.3	15.8	169 45.2	12.9
16	56 08.2	102 49.9	02.8	211 15.8	17.2	314 29.7	15.8	184 47.8	12.9
17	71 10.7	117 49.9	− 15 02.4	226 18.7	− 7 17.0	329 32.0	+ 23 15.8	199 50.3	− 16 12.9
18	86 13.2	132 49.9	− 15 02.0	241 21.7	− 7 16.8	344 34.4	+ 23 15.8	214 52.8	− 16 12.9
19	101 15.6	147 49.9	01.7	256 24.7	16.7	359 36.7	15.8	229 55.3	12.8
20	116 18.1	162 49.9	01.3	271 27.7	16.5	14 39.1	15.8	244 57.9	12.8
21	131 20.5	177 49.9	00.9	286 30.6	16.3	29 41.5	15.8	260 00.4	12.8
22	146 23.0	192 49.8	00.5	301 33.6	16.1	44 43.8	15.8	275 02.9	12.8
23	161 25.5	207 49.8	− 15 00.1	316 36.6	15.9	59 46.2	15.8	290 05.5	12.7
24	176 27.9	222 49.8	− 14 59.7	331 39.6	− 7 15.7	74 48.5	+ 23 15.8	305 08.0	− 16 12.7
Dif	—	0	+4	+30	+2	+24	0	+25	0

UT	SOL SD: 16'.1 PMG: 12^h 07^m.8		LUNA SD: 15'.4 Edad: 17^d.7 PHE { 4^h: 56'.6, 12^h: 56'.8, 20^h: 56'.9 } PMG: 1^h 50^m R°: 49^m				Latitud	Puesta de Sol	Fin del crepúsculo		Salida de Luna		Puesta de Luna	
	hG ☉	Dec	hG ☾	Dif	Dec	Dif			Civil	Náutico	Hora	R°	Hora	R°
h	° '	° '	° '		° '		°	h m	h m	h m	h m	m	h m	m
0	178 01.3	− 0 40.5	333 23.8		− 9 59.0		60 N	18 12	18 53	19 43	22 06	77	6 40	23
1	193 01.5	39.5	347 54.7	119	− 10 08.1	91	58	12	51	38	21 58	75	46	26
2	208 01.7	38.5	2 25.5	118	17.1	90	56	11	49	33	51	73	52	27
3	223 01.8	37.5	16 56.2	117	26.0	89	54	11	47	28	45	71	6 57	29
4	238 02.0	36.5	31 26.9	117	35.0	90	52	11	45	25	39	69	7 02	30
5	253 02.2	− 0 35.5	45 57.6	117	− 10 43.8	88	50	18 11	18 43	19 21	21 34	68	7 06	32
6	268 02.4	− 0 34.5	60 28.2	116	− 10 52.6	88	45	18 11	18 40	19 15	21 23	65	7 15	35
7	283 02.6	33.5	74 58.7	115	− 11 01.4	88	40	11	38	09	14	62	22	38
8	298 02.8	32.6	89 29.2	115	10.1	87	35	11	36	05	21 06	61	29	40
9	313 02.9	31.6	103 59.6	114	18.8	87	30	11	35	19 02	20 59	59	35	41
10	328 03.1	30.6	118 30.0	114	27.4	86	20	11	33	18 58	47	56	45	44
11	343 03.3	− 0 29.6	133 00.4	114	− 11 36.0	86	10 N	18 11	18 32	18 56	20 37	54	7 53	48
12	358 03.5	− 0 28.6	147 30.6	112	− 11 44.5	85	0	18 11	18 32	18 56	20 27	52	8 02	50
13	13 03.7	27.6	162 00.9	113	− 11 52.9	84	10 S	11	32	57	18	49	10	52
14	28 03.9	26.6	176 31.0	111	− 12 01.3	84	20	12	34	18 59	20 08	46	19	55
15	43 04.0	25.6	191 01.1	111	09.7	84	30	12	36	19 04	19 56	44	29	58
16	58 04.2	24.6	205 31.2	111	17.9	82	35	13	38	08	50	41	35	60
17	73 04.4	− 0 23.7	220 01.2	110	− 12 26.2	83	40	18 13	18 40	19 12	19 42	40	8 41	63
18	88 04.6	− 0 22.7	234 31.2	110	− 12 34.3	81	45	18 14	18 43	19 18	19 33	38	8 49	65
19	103 04.8	21.7	249 01.1	109	42.4	81	50	15	47	25	23	35	8 58	68
20	118 05.0	20.7	263 30.9	108	50.5	81	52	15	49	29	18	34	9 03	69
21	133 05.1	19.7	278 00.7	108	− 12 58.5	80	54	15	51	33	13	32	07	71
22	148 05.3	18.7	292 30.4	107	− 13 06.4	79	56	16	53	37	07	30	13	73
23	163 05.5	17.7	307 00.1	107	14.2	78	58	16	56	43	19 00	29	19	75
24	178 05.7	− 0 16.7	321 29.7	106	− 13 22.0	78	60 S	18 17	18 59	19 49	18 53	26	9 25	78

UT	ARIES PMG 12^h 12^m.1	VENUS Mag.: −4.6 PMG: 9^h 09^m		MARTE Mag.: −1.0 PMG: 1^h 53^m		JÚPITER Mag.: −2.3 PMG: 18^h 58^m		SATURNO Mag.: +0.3 PMG: 3^h 39^m	
	hG ♈	hG ♀	Dec	hG ♂	Dec	hG ♃	Dec	hG ♄	Dec
h	° '	° '	° '	° '	° '	° '	° '	° '	° '
0	176 27.9	222 49.8	− 14 59.7	331 39.6	− 7 15.7	74 48.5	+ 23 15.8	305 08.0	− 16 12.7
1	191 30.4	237 49.8	59.3	346 42.6	15.6	89 50.9	15.8	320 10.5	12.7
2	206 32.9	252 49.8	58.9	1 45.6	15.4	104 53.2	15.8	335 13.1	12.7
3	221 35.3	267 49.8	58.5	16 48.5	15.2	119 55.6	15.8	350 15.6	12.6
4	236 37.8	282 49.8	58.1	31 51.5	15.0	134 57.9	15.8	5 18.1	12.6
5	251 40.3	297 49.8	− 14 57.7	46 54.5	− 7 14.8	150 00.3	+ 23 15.7	20 20.6	− 16 12.6
6	266 42.7	312 49.8	− 14 57.3	61 57.5	− 7 14.6	165 02.6	+ 23 15.7	35 23.2	− 16 12.6
7	281 45.2	327 49.8	56.9	77 00.5	14.4	180 05.0	15.7	50 25.7	12.5
8	296 47.6	342 49.8	56.5	92 03.5	14.3	195 07.3	15.7	65 28.2	12.5
9	311 50.1	357 49.8	56.1	107 06.5	14.1	210 09.7	15.7	80 30.8	12.5
10	326 52.6	12 49.7	55.7	122 09.5	13.9	225 12.0	15.7	95 33.3	12.5
11	341 55.0	27 49.7	− 14 55.3	137 12.5	− 7 13.7	240 14.4	+ 23 15.7	110 35.8	− 16 12.4
12	356 57.5	42 49.7	− 14 54.9	152 15.5	− 7 13.5	255 16.7	+ 23 15.7	125 38.4	− 16 12.4
13	12 00.0	57 49.7	54.5	167 18.5	13.3	270 19.1	15.7	140 40.9	12.4
14	27 02.4	72 49.7	54.1	182 21.5	13.1	285 21.4	15.7	155 43.4	12.4
15	42 04.9	87 49.7	53.7	197 24.5	12.9	300 23.8	15.7	170 46.0	12.3
16	57 07.4	102 49.7	53.3	212 27.5	12.8	315 26.1	15.7	185 48.5	12.3
17	72 09.8	117 49.6	− 14 52.9	227 30.5	− 7 12.6	330 28.5	+ 23 15.7	200 51.0	− 16 12.3
18	87 12.3	132 49.6	− 14 52.5	242 33.5	− 7 12.4	345 30.8	+ 23 15.7	215 53.6	− 16 12.3
19	102 14.8	147 49.6	52.1	257 36.5	12.2	0 33.2	15.7	230 56.1	12.2
20	117 17.2	162 49.6	51.7	272 39.5	12.0	15 35.5	15.7	245 58.6	12.2
21	132 19.7	177 49.6	51.3	287 42.5	11.8	30 37.9	15.7	261 01.2	12.2
22	147 22.1	192 49.6	50.9	302 45.5	11.6	45 40.2	15.6	276 03.7	12.2
23	162 24.6	207 49.5	50.5	317 48.5	11.4	60 42.6	15.6	291 06.2	12.1
24	177 27.1	222 49.5	− 14 50.0	332 51.5	− 7 11.2	75 44.9	+ 23 15.6	306 08.8	− 16 12.1
Dif	—	0	+4	+30	+2	+24	0	+25	0

Jueves 20 de marzo de 2014

UT	SOL SD: 16′.1 PMG: 12h 07m.5		☽ LUNA SD: 15′.5 Edad: 18d.7 PMG: 2h 39m R°: 52m PHE {4h: 57′.1, 12h: 57′.3, 20h: 57′.4}				Latitud	Principio del crepúsculo		Salida de Sol	Salida de Luna		Puesta de Luna	
	hG ☉	Dec	hG ☾	Dif	Dec	Dif		Náutico	Civil		Hora	R°	Hora	R°
h	° ′	° ′	° ′		° ′		°	h m	h m	h m	h m	m	h m	m
0	178 05.7	−0 16.7	321 29.7		−13 22.0		60 N	4 31	5 21	6 02	23 23	73	7 03	29
1	193 05.9	15.8	335 59.2	105	29.8	78	58	37	23	02	13	71	12	31
2	208 06.1	14.8	350 28.7	105	37.4	76	56	42	26	03	23 04	69	19	34
3	223 06.3	13.8	4 58.2	105	45.0	76	54	46	28	03	22 56	67	26	35
4	238 06.4	12.8	19 27.6	104	−13 52.5	75	52	50	29	03	48	67	32	37
5	253 06.6	−0 11.8	33 56.9	103	−14 00.0	75	50	4 53	5 31	6 03	22 42	65	7 38	38
6	268 06.8	−0 10.8	48 26.2	103	−14 07.3	73	45	5 00	5 34	6 04	22 28	63	7 50	40
7	283 07.0	09.8	62 55.4	102	14.7	74	40	05	37	04	16	62	8 00	42
8	298 07.2	08.8	77 24.5	101	21.9	72	35	09	39	04	22 07	60	09	44
9	313 07.4	07.9	91 53.6	101	29.1	72	30	12	40	04	21 58	59	16	46
10	328 07.6	06.9	106 22.7	101	36.1	70	20	17	42	04	43	57	29	48
11	343 07.7	−0 05.9	120 51.7	100	−14 43.2	71	10 N	5 19	5 43	6 04	21 31	55	8 41	50
12	358 07.9	−0 04.9	135 20.6	99	−14 50.1	69	0	5 20	5 44	6 04	21 19	53	8 52	52
13	13 08.1	03.9	149 49.5	99	−14 57.0	69	10 S	19	43	04	21 07	52	9 02	55
14	28 08.3	02.9	164 18.3	98	−15 03.7	67	20	16	42	04	20 54	50	14	57
15	43 08.5	01.9	178 47.0	97	10.4	67	30	12	39	03	40	48	27	59
16	58 08.7	−0 00.9	193 15.7	97	17.1	67	35	08	38	03	31	47	35	60
17	73 08.9	+0 00.1	207 44.4	97	−15 23.6	65	40	5 04	5 36	6 03	20 22	45	9 44	62
18	88 09.0	+0 01.0	222 13.0	96	−15 30.1	65	45	4 58	5 33	6 02	20 11	44	9 54	64
19	103 09.2	02.0	236 41.5	95	36.5	64	50	51	29	01	19 58	41	10 06	67
20	118 09.4	03.0	251 09.9	94	42.8	63	52	48	27	01	52	40	12	68
21	133 09.6	04.0	265 38.4	95	49.0	62	54	44	26	01	45	39	18	70
22	148 09.8	05.0	280 06.7	93	−15 55.1	61	56	39	23	01	37	38	26	70
23	163 10.0	06.0	294 35.0	93	−16 01.2	61	58	34	21	00	29	36	34	72
24	178 10.2	+0 07.0	309 03.3	93	−16 07.1	59	60 S	4 28	5 18	6 00	19 19	34	10 43	75

UT	ARIES PMG 12h 08m.2	VENUS Mag.: −4.6 PMG: 9h 09m		MARTE Mag.: −1.0 PMG: 1h 48m		JÚPITER Mag.: −2.3 PMG: 18h 54m		SATURNO Mag.: +0.3 PMG: 3h 35m	
	hG ♈	hG ♀	Dec	hG ♂	Dec	hG ♃	Dec	hG ♄	Dec
h	° ′	° ′	° ′	° ′	° ′	° ′	° ′	° ′	° ′
0	177 27.1	222 49.5	−14 50.0	332 51.5	−7 11.2	75 44.9	+23 15.6	306 08.8	−16 12.1
1	192 29.5	237 49.5	49.6	347 54.5	11.0	90 47.3	15.6	321 11.3	12.1
2	207 32.0	252 49.5	49.2	2 57.6	10.8	105 49.6	15.6	336 13.8	12.1
3	222 34.5	267 49.5	48.8	18 00.6	10.6	120 52.0	15.6	351 16.4	12.0
4	237 36.9	282 49.4	48.4	33 03.6	10.4	135 54.3	15.6	6 18.9	12.0
5	252 39.4	297 49.4	−14 48.0	48 06.6	−7 10.3	150 56.7	+23 15.6	21 21.4	−16 12.0
6	267 41.9	312 49.4	−14 47.6	63 09.6	−7 10.1	165 59.0	+23 15.6	36 24.0	−16 12.0
7	282 44.3	327 49.4	47.1	78 12.7	09.9	181 01.3	15.6	51 26.5	11.9
8	297 46.8	342 49.3	46.7	93 15.7	09.7	196 03.7	15.6	66 29.1	11.9
9	312 49.3	357 49.3	46.3	108 18.7	09.5	211 06.0	15.6	81 31.6	11.9
10	327 51.7	12 49.3	45.9	123 21.7	09.3	226 08.4	15.6	96 34.1	11.9
11	342 54.2	27 49.3	−14 45.5	138 24.7	−7 09.1	241 10.7	+23 15.6	111 36.7	−16 11.8
12	357 56.6	42 49.2	−14 45.0	153 27.8	−7 08.9	256 13.1	+23 15.6	126 39.2	−16 11.8
13	12 59.1	57 49.2	44.6	168 30.8	08.7	271 15.4	15.6	141 41.7	11.8
14	28 01.6	72 49.2	44.2	183 33.8	08.5	286 17.7	15.6	156 44.3	11.8
15	43 04.0	87 49.2	43.8	198 36.9	08.3	301 20.1	15.5	171 46.8	11.7
16	58 06.5	102 49.1	43.3	213 39.9	08.1	316 22.4	15.5	186 49.3	11.7
17	73 09.0	117 49.1	−14 42.9	228 42.9	−7 07.9	331 24.8	+23 15.5	201 51.9	−16 11.7
18	88 11.4	132 49.1	−14 42.5	243 46.0	−7 07.7	346 27.1	+23 15.5	216 54.4	−16 11.7
19	103 13.9	147 49.0	42.1	258 49.0	07.5	1 29.4	15.5	231 57.0	11.6
20	118 16.4	162 49.0	41.6	273 52.0	07.3	16 31.8	15.5	246 59.5	11.6
21	133 18.8	177 49.0	41.2	288 55.1	07.1	31 34.1	15.5	262 02.0	11.6
22	148 21.3	192 48.9	40.8	303 58.1	06.9	46 36.5	15.5	277 04.6	11.6
23	163 23.7	207 48.9	40.3	319 01.1	06.7	61 38.8	15.5	292 07.1	11.5
24	178 26.2	222 48.9	−14 39.9	334 04.2	−7 06.5	76 41.1	+23 15.5	307 09.6	−16 11.5
Dif	—	0	+4	+30	+2	+23	0	+25	0

Sábado 22 de marzo de 2014

UT	SOL SD: 16'.1 PMG: 12^h $06^m.9$		LUNA ◑ SD: 15'.8 Edad: $20^d.7$ PHE { 4^h: 58'.1; 12^h: 58'.2; 20^h: 58'.4 } PMG: 4^h 25^m R°: 57^m				Latitud	Principio del crepúsculo		Salida de Sol	Salida de Luna		Puesta de Luna	
	hG ☉	Dec	hG ☾	Dif	Dec	Dif		Náutico	Civil		Hora	R°	Hora	R°
h	° '	° '	° '		° '		°	h m	h m	h m	h m	m	h m	m
0	178 14.6	+0 30.7	296 04.9		− 18 02.0		60 N	4 24	5 14	5 56	0 36	65	8 11	51
1	193 14.8	31.6	310 31.9	80	05.6	36	58	30	18	57	24	63	24	51
2	208 15.0	32.6	324 58.8	79	09.0	34	56	36	20	57	13	63	35	52
3	223 15.2	33.6	339 25.6	78	12.3	33	54	41	23	58	0 03	63	44	53
4	238 15.4	34.6	353 52.4	78	15.5	32	52	45	25	58	** **	***	8 53	53
5	253 15.6	+0 35.6	8 19.2	78	− 18 18.6	31	50	4 48	5 27	5 59	** **	***	9 01	53
6	268 15.8	+0 36.6	22 45.9	77	− 18 21.6	30	45	4 56	5 31	6 00	** **	***	9 17	54
7	283 15.9	37.6	37 12.6	77	24.5	29	40	5 02	34	01	** **	***	31	54
8	298 16.1	38.6	51 39.2	76	27.3	28	35	06	36	01	** **	***	42	55
9	313 16.3	39.5	66 05.8	76	30.0	27	30	10	38	02	23 56	56	9 52	55
10	328 16.5	40.5	80 32.3	75	32.5	25	20	15	41	03	38	56	10 09	56
11	343 16.7	+0 41.5	94 58.8	75	− 18 35.0	25	10 N	5 18	5 42	6 03	23 22	57	10 25	56
12	358 16.9	+0 42.5	109 25.3	75	− 18 37.3	23	0	5 19	5 43	6 04	23 08	57	10 39	56
13	13 17.1	43.5	123 51.7	74	39.5	22	10 S	19	43	04	22 54	57	10 53	56
14	28 17.3	44.5	138 18.1	74	41.6	21	20	17	42	04	38	57	11 08	57
15	43 17.4	45.5	152 44.4	73	43.6	20	30	13	41	05	21	57	25	58
16	58 17.6	46.4	167 10.7	73	45.5	19	35	10	39	05	22 10	58	35	58
17	73 17.8	+0 47.4	181 37.0	73	− 18 47.3	18	40	5 06	5 38	6 05	21 59	57	11 47	57
18	88 18.0	+0 48.4	196 03.2	72	− 18 48.9	16	45	5 01	5 35	6 05	21 45	58	12 00	58
19	103 18.2	49.4	210 29.4	72	50.4	15	50	4 54	32	05	28	58	17	58
20	118 18.4	50.4	224 55.6	72	51.9	15	52	51	31	05	20	58	24	59
21	133 18.6	51.4	239 21.7	71	53.2	13	54	48	29	05	12	57	33	59
22	148 18.8	52.4	253 47.8	71	54.3	11	56	43	27	05	21 02	58	43	59
23	163 18.9	53.3	268 13.9	71	55.4	11	58	39	25	05	20 51	58	12 54	59
24	178 19.1	+0 54.3	282 39.9	70	− 18 56.3	9	60 S	4 33	5 23	6 05	20 38	58	13 07	59

UT	ARIES PMG 12^h $00^m.3$	VENUS Mag.: −4.5 PMG: 9^h 09^m		MARTE Mag.: −1.1 PMG: 1^h 38^m		JÚPITER Mag.: −2.3 PMG: 18^h 47^m		SATURNO Mag.: +0.3 PMG: 3^h 27^m	
	hG ♈	hG ♀	Dec	hG ♂	Dec	hG ♃	Dec	hG ♄	Dec
h	° '	° '	° '	° '	° '	° '	° '	° '	° '
0	179 25.4	222 47.9	− 14 29.3	335 17.5	− 7 01.5	77 37.1	+ 23 15.3	308 10.6	− 16 10.9
1	194 27.8	237 47.9	28.9	350 20.6	01.3	92 39.5	15.3	323 13.2	10.9
2	209 30.3	252 47.8	28.4	5 23.6	01.1	107 41.8	15.3	338 15.7	10.8
3	224 32.7	267 47.8	27.9	20 26.7	00.9	122 44.1	15.3	353 18.2	10.8
4	239 35.2	282 47.7	27.5	35 29.8	00.7	137 46.5	15.3	8 20.8	10.8
5	254 37.7	297 47.7	− 14 27.0	50 32.9	− 7 00.5	152 48.8	+ 23 15.3	23 23.3	− 16 10.7
6	269 40.1	312 47.6	− 14 26.6	65 35.9	− 7 00.3	167 51.1	+ 23 15.3	38 25.9	− 16 10.7
7	284 42.6	327 47.6	26.1	80 39.0	− 7 00.1	182 53.4	15.3	53 28.4	10.7
8	299 45.1	342 47.5	25.7	95 42.1	− 6 59.9	197 55.8	15.3	68 31.0	10.7
9	314 47.5	357 47.5	25.2	110 45.2	59.6	212 58.1	15.3	83 33.5	10.6
10	329 50.0	12 47.4	24.8	125 48.2	59.4	228 00.4	15.2	98 36.0	10.6
11	344 52.5	27 47.4	− 14 24.3	140 51.3	− 6 59.2	243 02.7	+ 23 15.2	113 38.6	− 16 10.6
12	359 54.9	42 47.3	− 14 23.8	155 54.4	− 6 59.0	258 05.1	+ 23 15.2	128 41.1	− 16 10.6
13	14 57.4	57 47.3	23.4	170 57.5	58.8	273 07.4	15.2	143 43.7	10.5
14	29 59.8	72 47.2	22.9	186 00.6	58.6	288 09.7	15.2	158 46.2	10.5
15	45 02.3	87 47.2	22.4	201 03.7	58.4	303 12.0	15.2	173 48.8	10.5
16	60 04.8	102 47.1	22.0	216 06.7	58.1	318 14.4	15.2	188 51.3	10.4
17	75 07.2	117 47.1	− 14 21.5	231 09.8	− 6 57.9	333 16.7	+ 23 15.2	203 53.9	− 16 10.4
18	90 09.7	132 47.0	− 14 21.0	246 12.9	− 6 57.7	348 19.0	+ 23 15.2	218 56.4	− 16 10.4
19	105 12.2	147 47.0	20.6	261 16.0	57.5	3 21.3	15.2	233 58.9	10.4
20	120 14.6	162 46.9	20.1	276 19.1	57.3	18 23.7	15.2	249 01.5	10.3
21	135 17.1	177 46.8	19.6	291 22.2	57.1	33 26.0	15.2	264 04.0	10.3
22	150 19.6	192 46.8	19.2	306 25.3	56.8	48 28.3	15.2	279 06.6	10.3
23	165 22.0	207 46.7	18.7	321 28.4	56.6	63 30.6	15.1	294 09.1	10.3
24	180 24.5	222 46.7	− 14 18.2	336 31.5	− 6 56.4	78 32.9	+ 23 15.1	309 11.7	− 16 10.2
Dif	—	−1	+5	+31	+2	+23	0	+25	0

Miércoles 2 de abril de 2014

UT	SOL SD: 16′.0 PMG: 12h 03m.6		LUNA SD: 15′.7 Edad: 2d.2 PHE {4h: 57′.4; 12h: 57′.1; 20h: 56′.9} PMG: 14h 23m R°: 51m			
	hG ☉	Dec	hG ☾	Dif	Dec	Dif
h	° ′	° ′	° ′		° ′	
0	179 04.1	+4 48.7	151 49.7		+13 54.9	
1	194 04.3	49.6	166 18.5	98	+14 02.4	75
2	209 04.5	50.6	180 47.3	98	09.8	74
3	224 04.6	51.6	195 16.2	99	17.1	73
4	239 04.8	52.5	209 45.0	98	24.4	73
5	254 05.0	+4 53.5	224 13.9	99	+14 31.5	71
6	269 05.2	+4 54.4	238 42.7	98	+14 38.6	71
7	284 05.4	55.4	253 11.6	99	45.6	70
8	299 05.6	56.4	267 40.4	98	52.4	68
9	314 05.7	57.3	282 09.3	99	+14 59.2	68
10	329 05.9	58.3	296 38.2	99	+15 05.9	67
11	344 06.1	+4 59.2	311 07.1	99	+15 12.6	67
12	359 06.3	+5 00.2	325 36.0	98	+15 19.1	65
13	14 06.5	01.2	340 04.8	99	25.5	64
14	29 06.7	02.1	354 33.7	99	31.8	63
15	44 06.8	03.1	9 02.6	99	38.1	63
16	59 07.0	04.0	23 31.6	100	44.2	61
17	74 07.2	+5 05.0	38 00.5	99	+15 50.3	61
18	89 07.4	+5 06.0	52 29.4	99	+15 56.3	60
19	104 07.6	06.9	66 58.3	99	+16 02.1	58
20	119 07.8	07.9	81 27.3	100	07.9	58
21	134 07.9	08.8	95 56.2	99	13.6	57
22	149 08.1	09.8	110 25.2	100	19.2	56
23	164 08.3	10.8	124 54.2	100	24.7	55
24	179 08.5	+5 11.7	139 23.2	100	+16 30.1	54

Latitud	Puesta de Sol	Fin del crepúsculo Civil	Fin del crepúsculo Náutico	Salida de Luna Hora	Salida de Luna R°	Puesta de Luna Hora	Puesta de Luna R°
°	h m	h m	h m	h m	m	h m	m
60 N	18 46	19 29	20 23	6 19	30	22 41	68
58	43	23	14	28	32	30	67
56	40	18	20 05	36	34	21	65
54	38	14	19 58	43	35	13	64
52	35	10	51	49	37	22 06	62
50	18 33	19 06	19 46	6 55	38	21 59	62
45	18 29	18 59	19 34	7 07	40	21 45	60
40	25	52	25	17	43	33	59
35	22	47	18	26	44	24	57
30	19	43	12	34	45	15	56
20	15	37	19 03	47	48	21 00	54
10 N	18 11	18 32	18 56	7 59	50	20 47	53
0	18 07	18 28	18 52	8 10	52	20 35	51
10 S	03	24	49	21	54	23	49
20	18 00	22	47	33	55	20 10	48
30	17 56	19	47	47	58	19 55	46
35	53	19	48	8 55	59	46	46
40	17 51	18 18	18 49	9 04	61	19 37	43
45	17 48	18 17	18 51	9 15	62	19 25	42
50	44	17	54	28	64	11	41
52	43	16	55	34	66	19 05	39
54	41	16	57	41	67	18 58	38
56	39	16	18 59	48	69	50	37
58	37	16	19 02	9 57	70	41	35
60 S	17 35	18 16	19 04	10 06	72	18 31	33

UT	ARIES PMG 11h 17m.1	VENUS Mag.: −4.4 PMG: 9h 11m		MARTE Mag.: −1.4 PMG: 0h 42m		JÚPITER Mag.: −2.2 PMG: 18h 07m		SATURNO Mag.: +0.3 PMG: 2h 42m	
	hG ♈	hG ♀	Dec	hG ♂	Dec	hG ♃	Dec	hG ♄	Dec
h	° ′	° ′	° ′	° ′	° ′	° ′	° ′	° ′	° ′
0	190 15.9	222 22.5	−12 02.8	349 23.4	−5 55.6	87 40.5	+23 12.4	319 27.2	−16 02.6
1	205 18.3	237 22.4	02.2	4 26.7	55.4	102 42.7	12.3	334 29.8	02.6
2	220 20.8	252 22.2	01.5	19 30.0	55.1	117 45.0	12.3	349 32.4	02.5
3	235 23.3	267 22.1	00.9	34 33.3	54.8	132 47.2	12.3	4 35.0	02.5
4	250 25.7	282 22.0	−12 00.2	49 36.6	54.5	147 49.4	12.3	19 37.5	02.5
5	265 28.2	297 21.8	−11 59.6	64 39.9	−5 54.2	162 51.7	+23 12.3	34 40.1	−16 02.4
6	280 30.7	312 21.7	−11 58.9	79 43.3	−5 54.0	177 53.9	+23 12.3	49 42.7	−16 02.4
7	295 33.1	327 21.6	58.3	94 46.6	53.7	192 56.2	12.3	64 45.3	02.4
8	310 35.6	342 21.4	57.6	109 49.9	53.4	207 58.4	12.2	79 47.9	02.3
9	325 38.0	357 21.3	56.9	124 53.2	53.1	223 00.6	12.2	94 50.5	02.3
10	340 40.5	12 21.2	56.3	139 56.5	52.8	238 02.9	12.2	109 53.1	02.3
11	355 43.0	27 21.0	−11 55.6	154 59.9	−5 52.6	253 05.1	+23 12.2	124 55.6	−16 02.2
12	10 45.4	42 20.9	−11 54.9	170 03.2	−5 52.3	268 07.4	+23 12.2	139 58.2	−16 02.2
13	25 47.9	57 20.8	54.3	185 06.5	52.0	283 09.6	12.2	155 00.8	02.1
14	40 50.4	72 20.6	53.6	200 09.8	51.7	298 11.8	12.1	170 03.4	02.1
15	55 52.8	87 20.5	53.0	215 13.2	51.4	313 14.1	12.1	185 06.0	02.1
16	70 55.3	102 20.4	52.3	230 16.5	51.1	328 16.3	12.1	200 08.6	02.0
17	85 57.8	117 20.2	−11 51.6	245 19.8	−5 50.9	343 18.5	+23 12.1	215 11.1	−16 02.0
18	101 00.2	132 20.1	−11 51.0	260 23.1	−5 50.6	358 20.8	+23 12.1	230 13.7	−16 02.0
19	116 02.7	147 20.0	50.3	275 26.5	50.3	13 23.0	12.1	245 16.3	01.9
20	131 05.2	162 19.8	49.6	290 29.8	50.0	28 25.3	12.1	260 18.9	01.9
21	146 07.6	177 19.7	49.0	305 33.1	49.7	43 27.5	12.0	275 21.5	01.9
22	161 10.1	192 19.5	48.3	320 36.5	49.4	58 29.7	12.0	290 24.1	01.8
23	176 12.5	207 19.4	47.6	335 39.8	49.2	73 32.0	12.0	305 26.7	01.8
24	191 15.0	222 19.3	−11 46.9	350 43.1	−5 48.9	88 34.2	+23 12.0	320 29.2	−16 01.7
Dif	—	−1	+7	+33	+3	+22	0	+26	0

Domingo 13 de abril de 2014

UT	SOL SD: 16′0 PMG: 12^h 00^m5		○ LUNA SD: 15′1 Edad: 13ᵈ2 PHE {4^h: 55′7; 12^h: 55′9; 20^h: 56′1} PMG: 22^h 57^m R°: 47^m				Latitud	Principio del crepúsculo		Salida de Sol	Salida de Luna		Puesta de Luna	
	hG ☉	Dec	hG ☾	Dif	Dec	Dif		Náutico	Civil		Hora	R°	Hora	R°
h	° ′	° ′	° ′		° ′		°	h m	h m	h m	h m	m	h m	m
0	179 50.1	+8 56.2	26 21.2		−0 51.4		60 N	3 05	4 04	4 50	17 13	78	4 10	17
1	194 50.2	57.1	40 54.0	138	−1 01.6	102	58	18	13	4 55	11	75	11	19
2	209 50.4	58.1	55 26.8	138	11.8	102	56	30	20	5 00	09	73	12	20
3	224 50.5	59.0	69 59.5	137	21.9	101	54	40	27	04	07	72	13	22
4	239 50.7	+8 59.9	84 32.2	137	32.1	102	52	49	33	08	06	69	13	24
5	254 50.9	+9 00.8	99 04.9	137	−1 42.3	102	50	3 56	4 38	5 12	17 04	68	4 14	25
6	269 51.0	+9 01.7	113 37.5	136	−1 52.5	102	45	4 12	4 49	5 19	17 01	65	4 15	29
7	284 51.2	02.6	128 10.2	137	−2 02.7	102	40	24	4 58	26	16 59	61	16	32
8	299 51.3	03.5	142 42.7	135	12.8	101	35	34	5 05	31	57	59	17	34
9	314 51.5	04.4	157 15.3	136	23.0	102	30	42	11	36	55	56	18	36
10	329 51.7	05.3	171 47.8	135	33.2	102	20	4 55	21	44	51	53	20	39
11	344 51.8	+9 06.2	186 20.3	135	−2 43.4	102	10 N	5 05	5 29	5 51	16 48	50	4 21	43
12	359 52.0	+9 07.1	200 52.7	134	−2 53.6	102	0	5 12	5 36	5 57	16 46	46	4 22	46
13	14 52.1	08.0	215 25.1	134	−3 03.7	101	10 S	18	42	6 04	43	44	23	49
14	29 52.3	08.9	229 57.5	134	13.9	102	20	22	48	10	40	41	24	53
15	44 52.4	09.8	244 29.8	133	24.1	102	30	26	54	18	37	37	26	56
16	59 52.6	10.7	259 02.1	133	34.2	101	35	27	56	22	35	35	27	58
17	74 52.8	+9 11.6	273 34.4	133	−3 44.4	102	40	5 28	5 59	6 27	16 33	33	4 27	61
18	89 52.9	+9 12.5	288 06.6	132	−3 54.5	101	45	5 29	6 03	6 32	16 31	29	4 29	63
19	104 53.1	13.4	302 38.8	132	−4 04.7	102	50	29	06	39	28	26	30	67
20	119 53.2	14.3	317 10.9	131	14.8	101	52	29	08	42	27	25	30	69
21	134 53.4	15.2	331 43.0	131	24.9	101	54	28	09	45	25	24	31	70
22	149 53.5	16.2	346 15.0	130	35.0	101	56	28	11	49	24	21	32	72
23	164 53.7	17.1	0 47.0	130	45.1	101	58	28	13	53	22	19	32	75
24	179 53.9	+9 18.0	15 19.0	130	−4 55.1	100	60 S	5 27	6 15	6 58	16 20	17	4 33	77

UT	ARIES PMG 10^h 33^m8	VENUS Mag.: −4.3 PMG: 9^h 13^m		MARTE Mag.: −1.5 PMG: 23^h 38^m		JÚPITER Mag.: −2.1 PMG: 17^h 28^m		SATURNO Mag.: +0.2 PMG: 1^h 56^m	
	hG ♈	hG ♀	Dec	hG ♂	Dec	hG ♃	Dec	hG ♄	Dec
h	° ′	° ′	° ′	° ′	° ′	° ′	° ′	° ′	° ′
0	201 06.4	221 42.9	−8 46.8	4 12.0	−4 39.5	97 22.0	+23 07.3	330 53.5	−15 52.3
1	216 08.9	236 42.8	45.9	19 15.4	39.2	112 24.2	07.2	345 56.1	52.2
2	231 11.3	251 42.6	45.1	34 18.8	38.9	127 26.4	07.2	0 58.7	52.2
3	246 13.8	266 42.5	44.3	49 22.2	38.6	142 28.5	07.2	16 01.3	52.1
4	261 16.2	281 42.3	43.4	64 25.5	38.4	157 30.7	07.2	31 03.9	52.1
5	276 18.7	296 42.1	−8 42.6	79 28.9	−4 38.1	172 32.9	+23 07.1	46 06.6	−15 52.0
6	291 21.2	311 42.0	−8 41.8	94 32.3	−4 37.8	187 35.0	+23 07.1	61 09.2	−15 52.0
7	306 23.6	326 41.8	41.0	109 35.7	37.5	202 37.2	07.1	76 11.8	52.0
8	321 26.1	341 41.7	40.1	124 39.1	37.2	217 39.4	07.1	91 14.4	51.9
9	336 28.6	356 41.5	39.3	139 42.4	36.9	232 41.5	07.0	106 17.0	51.9
10	351 31.0	11 41.3	38.5	154 45.8	36.7	247 43.7	07.0	121 19.6	51.8
11	6 33.5	26 41.2	−8 37.6	169 49.2	−4 36.4	262 45.8	+23 07.0	136 22.3	−15 51.8
12	21 36.0	41 41.0	−8 36.8	184 52.6	−4 36.1	277 48.0	+23 07.0	151 24.9	−15 51.7
13	36 38.4	56 40.8	36.0	199 56.0	35.8	292 50.2	06.9	166 27.5	51.7
14	51 40.9	71 40.7	35.1	214 59.3	35.5	307 52.3	06.9	181 30.1	51.7
15	66 43.3	86 40.5	34.3	230 02.7	35.3	322 54.5	06.9	196 32.7	51.6
16	81 45.8	101 40.4	33.5	245 06.1	35.0	337 56.7	06.9	211 35.3	51.6
17	96 48.3	116 40.2	−8 32.6	260 09.5	−4 34.7	352 58.8	+23 06.8	226 38.0	−15 51.5
18	111 50.7	131 40.0	−8 31.8	275 12.9	−4 34.4	8 01.0	+23 06.8	241 40.6	−15 51.5
19	126 53.2	146 39.9	31.0	290 16.2	34.1	23 03.1	06.8	256 43.2	51.4
20	141 55.7	161 39.7	30.1	305 19.6	33.8	38 05.3	06.8	271 45.8	51.4
21	156 58.1	176 39.5	29.3	320 23.0	33.6	53 07.5	06.7	286 48.4	51.4
22	172 00.6	191 39.4	28.5	335 26.4	33.3	68 09.6	06.7	301 51.0	51.3
23	187 03.1	206 39.2	27.6	350 29.7	33.0	83 11.8	06.7	316 53.7	51.3
24	202 05.5	221 39.0	−8 26.8	5 33.1	−4 32.7	98 13.9	+23 06.7	331 56.3	−15 51.2
Dif	—	−2	+8	+34	+3	+22	0	+26	0

Jueves 17 de abril de 2014

UT	SOL SD: 15'9 PMG: 11h 59m6		LUNA SD: 15'8 Edad: 17d2 PHE {4h: 57'9, 12h: 58'1, 20h: 58'2} PMG: 1h 26m R°: 54m				Latitud	Principio del crepúsculo		Salida de Sol	Salida de Luna		Puesta de Luna	
	hG ☉	Dec	hG ☾	Dif	Dec	Dif		Náutico	Civil		Hora	R°	Hora	R°
h	° '	° '	° '		° '		°	h m	h m	h m	h m	m	h m	m
0	180 04.8	+10 22.2	339 21.0		−15 24.9		60 N	2 48	3 51	4 38	22 25	69	5 34	36
1	195 04.9	23.0	353 48.9	89	31.4	65	58	3 04	4 01	44	13	68	44	38
2	210 05.1	23.9	8 16.7	88	37.9	65	56	17	09	50	22 03	66	5 53	40
3	225 05.2	24.8	22 44.4	87	44.2	63	54	28	17	55	21 54	65	6 01	41
4	240 05.4	25.7	37 12.1	87	50.5	63	52	38	23	4 59	46	65	08	43
5	255 05.5	+10 26.6	51 39.8	87	−15 56.7	62	50	3 47	4 29	5 03	21 39	64	6 15	43
6	270 05.7	+10 27.4	66 07.4	86	−16 02.8	61	45	4 04	4 41	5 12	21 23	63	6 29	45
7	285 05.8	28.3	80 34.9	85	08.7	59	40	18	4 51	20	10	62	40	47
8	300 05.9	29.2	95 02.4	85	14.7	60	35	29	5 00	26	21 00	60	50	48
9	315 06.1	30.1	109 29.8	84	20.5	58	30	38	07	31	20 50	60	6 58	50
10	330 06.2	31.0	123 57.1	83	26.2	57	20	4 52	18	41	34	59	7 13	52
11	345 06.4	+10 31.8	138 24.4	83	−16 31.8	56	10 N	5 02	5 27	5 49	20 20	57	7 26	54
12	0 06.5	+10 32.7	152 51.7	83	−16 37.3	55	0	5 11	5 35	5 56	20 07	56	7 38	56
13	15 06.7	33.6	167 18.9	82	42.8	55	10 S	18	42	6 04	19 54	55	7 51	56
14	30 06.8	34.5	181 46.0	81	48.1	53	20	23	49	11	40	54	8 04	58
15	45 07.0	35.4	196 13.1	81	53.3	52	30	28	56	20	24	52	19	60
16	60 07.1	36.2	210 40.2	81	−16 58.5	52	35	30	5 59	25	15	51	27	62
17	75 07.2	+10 37.1	225 07.1	79	−17 03.5	50	40	5 32	6 03	6 31	19 05	50	8 37	63
18	90 07.4	+10 38.0	239 34.1	80	−17 08.5	50	45	5 33	6 07	6 37	18 52	49	8 49	64
19	105 07.5	38.9	254 01.0	79	13.3	48	50	35	12	45	37	48	9 03	66
20	120 07.7	39.7	268 27.8	78	18.0	47	52	35	14	49	31	46	10	67
21	135 07.8	40.6	282 54.6	78	22.7	47	54	35	16	53	23	46	17	68
22	150 08.0	41.5	297 21.3	77	27.2	45	56	36	19	6 57	14	45	25	70
23	165 08.1	42.4	311 48.0	77	31.6	44	58	36	21	7 02	18 05	43	34	71
24	180 08.2	+10 43.2	326 14.6	76	−17 36.0	44	60 S	5 36	6 24	7 07	17 54	42	9 45	73

UT	ARIES PMG 10h 18m1	VENUS Mag.: −4.3 PMG: 9h 14m		MARTE Mag.: −1.4 PMG: 23h 16m		JÚPITER Mag.: −2.1 PMG: 17h 14m		SATURNO Mag.: +0.2 PMG: 1h 39m	
	hG ♈	hG ♀	Dec	hG ♂	Dec	hG ♃	Dec	hG ♄	Dec
h	° '	° '	° '	° '	° '	° '	° '	° '	° '
0	205 02.9	221 27.2	−7 25.0	9 35.6	−4 13.0	100 48.7	+23 04.8	335 05.0	−15 48.1
1	220 05.4	236 27.0	24.1	24 38.9	12.7	115 50.8	04.8	350 07.6	48.0
2	235 07.9	251 26.8	23.2	39 42.3	12.5	130 53.0	04.8	5 10.2	48.0
3	250 10.3	266 26.7	22.3	54 45.6	12.2	145 55.1	04.7	20 12.9	47.9
4	265 12.8	281 26.5	21.5	69 49.0	11.9	160 57.2	04.7	35 15.5	47.9
5	280 15.3	296 26.3	−7 20.6	84 52.4	−4 11.7	175 59.4	+23 04.7	50 18.1	−15 47.9
6	295 17.7	311 26.2	−7 19.7	99 55.7	−4 11.4	191 01.5	+23 04.7	65 20.7	−15 47.8
7	310 20.2	326 26.0	18.8	114 59.1	11.1	206 03.7	04.6	80 23.4	47.8
8	325 22.7	341 25.8	17.9	130 02.4	10.9	221 05.8	04.6	95 26.0	47.7
9	340 25.1	356 25.7	17.1	145 05.8	10.6	236 07.9	04.6	110 28.6	47.7
10	355 27.6	11 25.5	16.2	160 09.1	10.3	251 10.1	04.6	125 31.2	47.6
11	10 30.0	26 25.3	−7 15.3	175 12.5	−4 10.1	266 12.2	+23 04.5	140 33.9	−15 47.6
12	25 32.5	41 25.2	−7 14.4	190 15.8	−4 09.8	281 14.3	+23 04.5	155 36.5	−15 47.5
13	40 35.0	56 25.0	13.5	205 19.2	09.6	296 16.5	04.5	170 39.1	47.5
14	55 37.4	71 24.8	12.6	220 22.5	09.3	311 18.6	04.4	185 41.8	47.5
15	70 39.9	86 24.7	11.8	235 25.9	09.0	326 20.8	04.4	200 44.4	47.4
16	85 42.4	101 24.5	10.9	250 29.2	08.8	341 22.9	04.4	215 47.0	47.4
17	100 44.8	116 24.3	−7 10.0	265 32.6	−4 08.5	356 25.0	+23 04.4	230 49.6	−15 47.3
18	115 47.3	131 24.2	−7 09.1	280 35.9	−4 08.2	11 27.2	+23 04.3	245 52.3	−15 47.3
19	130 49.8	146 24.0	08.2	295 39.3	08.0	26 29.3	04.3	260 54.9	47.2
20	145 52.2	161 23.8	07.3	310 42.6	07.7	41 31.4	04.3	275 57.5	47.2
21	160 54.7	176 23.7	06.4	325 45.9	07.5	56 33.6	04.2	291 00.1	47.1
22	175 57.1	191 23.5	05.5	340 49.3	07.2	71 35.7	04.2	306 02.8	47.1
23	190 59.6	206 23.3	04.7	355 52.6	06.9	86 37.8	04.2	321 05.4	47.1
24	206 02.1	221 23.2	−7 03.8	10 56.0	−4 06.7	101 40.0	+23 04.2	336 08.0	−15 47.0
Dif	—	−2	+9	+33	+3	+21	0	+26	0

Domingo 27 de abril de 2014

UT	SOL SD: 15′.9 PMG: 11ʰ 57ᵐ.6		LUNA SD: 16′.0 Edad: 27ᵈ.2 PHE { 4ʰ: 58′.5; 12ʰ: 58′.3; 20ʰ: 58′.2 } PMG: 10ʰ 29ᵐ R°: 51ᵐ				Latitud	Principio del crepúsculo		Salida de Sol	Salida de Luna		Puesta de Luna	
	hG ☉	Dec	hG ☾	Dif	Dec	Dif		Náutico	Civil		Hora	R°	Hora	R°
h	° ′	° ′	° ′		° ′		°	h m	h m	h m	h m	m	h m	m
0	180 34.3	+13 44.3	208 11.2		+4 54.2		60 N	2 04	3 18	4 09	3 37	20	17 39	82
1	195 34.4	45.1	222 40.6	104	+5 05.1	109	58	27	31	18	40	22	34	80
2	210 34.5	45.9	237 09.9	103	15.9	108	56	45	42	26	43	24	30	77
3	225 34.6	46.7	251 39.3	104	26.8	109	54	2 59	3 52	32	45	26	26	76
4	240 34.7	47.5	266 08.6	103	37.6	108	52	3 12	4 01	38	47	28	23	74
5	255 34.8	+13 48.3	280 38.0	104	+5 48.4	108	50	3 23	4 08	4 44	3 49	30	17 20	72
6	270 34.9	+13 49.1	295 07.3	103	+5 59.1	107	45	3 45	4 24	4 56	3 53	33	17 14	68
7	285 35.0	49.9	309 36.7	104	+6 09.8	107	40	4 02	37	5 05	3 57	36	08	66
8	300 35.1	50.7	324 06.0	103	20.4	106	35	15	47	14	4 00	39	04	63
9	315 35.2	51.5	338 35.3	103	31.0	106	30	26	4 56	21	03	41	17 00	61
10	330 35.3	52.3	353 04.7	104	41.6	106	20	44	5 11	33	08	44	16 53	57
11	345 35.4	+13 53.1	7 34.0	103	+6 52.1	105	10 N	4 57	5 23	5 44	4 12	48	16 47	54
12	0 35.5	+13 53.9	22 03.3	103	+7 02.6	105	0	5 08	5 33	5 54	4 17	50	16 41	51
13	15 35.6	54.6	36 32.6	103	13.1	105	10 S	18	43	6 04	21	54	35	48
14	30 35.7	55.4	51 01.9	103	23.4	103	20	26	5 52	15	25	58	29	45
15	45 35.8	56.2	65 31.2	103	33.8	104	30	33	6 02	26	30	62	22	41
16	60 35.9	57.0	80 00.5	103	44.1	103	35	37	07	33	33	64	18	39
17	75 36.0	+13 57.8	94 29.8	103	+7 54.3	102	40	5 41	6 13	6 41	4 37	66	16 13	37
18	90 36.1	+13 58.6	108 59.1	103	+8 04.5	102	45	5 45	6 19	6 50	4 41	69	16 08	34
19	105 36.1	+13 59.4	123 28.4	103	14.7	102	50	48	27	7 00	45	73	16 02	31
20	120 36.2	+14 00.2	137 57.6	102	24.8	101	52	50	30	05	48	74	15 59	29
21	135 36.3	01.0	152 26.9	103	34.8	100	54	52	33	11	50	76	56	27
22	150 36.4	01.8	166 56.1	102	44.8	100	56	53	37	17	53	78	52	26
23	165 36.5	02.6	181 25.4	103	+8 54.7	99	58	55	42	24	56	80	48	24
24	180 36.6	+14 03.4	195 54.6	102	+9 04.6	99	60 S	5 57	6 46	7 31	4 59	83	15 44	21

UT	ARIES PMG 9ʰ 38ᵐ.8	VENUS Mag.: −4.2 PMG: 9ʰ 17ᵐ		MARTE Mag.: −1.2 PMG: 22ʰ 24ᵐ		JÚPITER Mag.: −2.0 PMG: 16ʰ 41ᵐ		SATURNO Mag.: +0.1 PMG: 0ʰ 57ᵐ	
	hG ♈	hG ♀	Dec	hG ♂	Dec	hG ♃	Dec	hG ♄	Dec
h	° ′	° ′	° ′	° ′	° ′	° ′	° ′	° ′	° ′
0	214 54.3	220 45.9	−3 41.2	22 43.0	−3 17.9	109 15.1	+22 57.3	345 37.3	−15 37.0
1	229 56.8	235 45.7	40.3	37 46.1	17.7	124 17.2	57.3	0 39.9	36.9
2	244 59.3	250 45.6	39.3	52 49.3	17.5	139 19.3	57.3	15 42.6	36.9
3	260 01.7	265 45.4	38.3	67 52.5	17.3	154 21.4	57.2	30 45.2	36.8
4	275 04.2	280 45.2	37.3	82 55.7	17.1	169 23.5	57.2	45 47.8	36.8
5	290 06.6	295 45.0	−3 36.3	97 58.9	−3 16.9	184 25.5	+22 57.1	60 50.5	−15 36.7
6	305 09.1	310 44.9	−3 35.4	113 02.0	−3 16.7	199 27.6	+22 57.1	75 53.1	−15 36.7
7	320 11.6	325 44.7	34.4	128 05.2	16.6	214 29.7	57.1	90 55.8	36.6
8	335 14.0	340 44.5	33.4	143 08.4	16.4	229 31.8	57.0	105 58.4	36.6
9	350 16.5	355 44.3	32.4	158 11.6	16.2	244 33.9	57.0	121 01.1	36.5
10	5 19.0	10 44.1	31.4	173 14.7	16.0	259 35.9	57.0	136 03.7	36.5
11	20 21.4	25 44.0	−3 30.4	188 17.9	−3 15.8	274 38.0	+22 56.9	151 06.3	−15 36.5
12	35 23.9	40 43.8	−3 29.5	203 21.1	−3 15.7	289 40.1	+22 56.9	166 09.0	−15 36.4
13	50 26.4	55 43.6	28.5	218 24.3	15.5	304 42.2	56.9	181 11.6	36.4
14	65 28.8	70 43.4	27.5	233 27.4	15.3	319 44.3	56.8	196 14.3	36.3
15	80 31.3	85 43.3	26.5	248 30.6	15.1	334 46.3	56.8	211 16.9	36.3
16	95 33.7	100 43.1	25.5	263 33.8	14.9	349 48.4	56.7	226 19.6	36.2
17	110 36.2	115 42.9	−3 24.5	278 36.9	−3 14.8	4 50.5	+22 56.7	241 22.2	−15 36.2
18	125 38.7	130 42.7	−3 23.6	293 40.1	−3 14.6	19 52.6	+22 56.7	256 24.9	−15 36.1
19	140 41.1	145 42.6	22.6	308 43.3	14.4	34 54.7	56.6	271 27.5	36.1
20	155 43.6	160 42.4	21.6	323 46.4	14.2	49 56.7	56.6	286 30.1	36.0
21	170 46.1	175 42.2	20.6	338 49.6	14.1	64 58.8	56.6	301 32.8	36.0
22	185 48.5	190 42.0	19.6	353 52.7	13.9	80 00.9	56.5	316 35.4	35.9
23	200 51.0	205 41.8	18.6	8 55.9	13.7	95 03.0	56.5	331 38.1	35.9
24	215 53.5	220 41.7	−3 17.6	23 59.1	−3 13.5	110 05.0	+22 56.5	346 40.7	−15 35.8
Dif	—	−2	+10	+32	+2	+21	0	+26	0

Sábado 3 de mayo de 2014

UT	SOL SD: 15′.9 PMG: 11^h $56^m.9$		LUNA SD: 15′.0 Edad: $3^d.7$ PHE { 4^h: 55′.1; 12^h: 54′.9; 20^h: 54′.8 } PMG: 15^h 34^m R°: 48^m				Latitud	Principio del crepúsculo		Salida de Sol	Salida de Luna		Puesta de Luna	
	hG ☉	Dec	hG ☾	Dif	Dec	Dif		Náutico	Civil		Hora	R°	Hora	R°
h	° ′	° ′	° ′		° ′		°	h m	h m	h m	h m	m	h m	m
0	180 46.1	+15 35.1	134 10.6		+18 54.5		60 N	1 32	2 59	3 53	6 54	58	** **	***
1	195 46.2	35.8	148 40.6	110	53.7	8	58	2 02	3 14	4 03	7 07	57	23 56	35
2	210 46.2	36.6	163 10.6	110	52.8	9	56	24	27	12	18	56	46	35
3	225 46.3	37.3	177 40.6	110	51.8	10	54	42	38	20	27	56	37	36
4	240 46.4	38.0	192 10.7	111	50.8	10	52	2 56	48	27	36	55	28	38
5	255 46.4	+15 38.8	206 40.8	111	+18 49.6	12	50	3 09	3 56	4 33	7 44	55	23 21	38
6	270 46.5	+15 39.5	221 10.9	111	+18 48.3	13	45	3 34	4 14	4 47	8 00	54	23 05	40
7	285 46.6	40.2	235 41.1	112	47.0	13	40	3 52	28	4 58	14	53	22 52	41
8	300 46.6	41.0	250 11.3	112	45.5	15	35	4 07	40	5 07	26	52	41	42
9	315 46.7	41.7	264 41.5	112	44.0	15	30	20	4 50	16	36	51	31	44
10	330 46.7	42.5	279 11.8	113	42.3	17	20	39	5 07	30	8 53	50	14	45
11	345 46.8	+15 43.2	293 42.1	113	+18 40.6	17	10 N	4 55	5 20	5 42	9 08	49	22 00	46
12	0 46.9	+15 43.9	308 12.4	113	+18 38.8	18	0	5 07	5 32	5 53	9 22	49	21 46	48
13	15 46.9	44.7	322 42.8	114	36.9	19	10 S	18	43	6 05	37	47	32	49
14	30 47.0	45.4	337 13.2	114	34.9	20	20	28	5 54	17	9 52	46	17	50
15	45 47.1	46.1	351 43.7	115	32.8	21	30	37	6 05	30	10 09	45	21 00	52
16	60 47.1	46.8	6 14.2	115	30.7	21	35	41	12	38	19	45	20 50	53
17	75 47.2	+15 47.6	20 44.7	115	+18 28.4	23	40	5 46	6 18	6 47	10 31	43	20 39	54
18	90 47.2	+15 48.3	35 15.2	115	+18 26.1	23	45	5 51	6 26	6 57	10 44	43	20 26	55
19	105 47.3	49.0	49 45.8	116	23.7	24	50	56	35	7 09	11 01	41	09	57
20	120 47.4	49.8	64 16.5	117	21.1	26	52	5 59	39	15	09	40	20 02	57
21	135 47.4	50.5	78 47.2	117	18.5	26	54	6 01	43	21	17	40	19 53	58
22	150 47.5	51.2	93 17.9	117	15.9	26	56	04	48	28	27	39	44	59
23	165 47.5	52.0	107 48.6	117	13.1	28	58	06	53	36	38	38	33	60
24	180 47.6	+15 52.7	122 19.4	118	+18 10.2	29	60 S	6 09	6 59	7 45	11 51	37	19 20	62

UT	ARIES PMG 9^h $15^m.2$	VENUS Mag.: −4.1 PMG: 9^h 19^m		MARTE Mag.: −1.1 PMG: 21^h 55^m		JÚPITER Mag.: −2.0 PMG: 16^h 21^m		SATURNO Mag.: +0.1 PMG: 0^h 32^m	
	hG ♈	hG ♀	Dec	hG ♂	Dec	hG ♃	Dec	hG ♄	Dec
h	° ′	° ′	° ′	° ′	° ′	° ′	° ′	° ′	° ′
0	220 49.2	220 19.9	−1 17.0	30 10.2	−2 56.0	114 12.7	+22 51.8	351 58.4	−15 30.0
1	235 51.6	235 19.8	16.0	45 13.2	55.9	129 14.7	51.7	7 01.0	30.0
2	250 54.1	250 19.6	15.0	60 16.3	55.8	144 16.8	51.7	22 03.7	29.9
3	265 56.5	265 19.4	14.0	75 19.3	55.6	159 18.8	51.7	37 06.3	29.9
4	280 59.0	280 19.2	12.9	90 22.3	55.5	174 20.9	51.6	52 09.0	29.8
5	296 01.5	295 19.0	−1 11.9	105 25.3	−2 55.4	189 22.9	+22 51.6	67 11.6	−15 29.8
6	311 03.9	310 18.8	−1 10.9	120 28.3	−2 55.3	204 25.0	+22 51.5	82 14.3	−15 29.7
7	326 06.4	325 18.7	09.9	135 31.4	55.2	219 27.0	51.5	97 16.9	29.7
8	341 08.9	340 18.5	08.8	150 34.4	55.1	234 29.1	51.5	112 19.6	29.6
9	356 11.3	355 18.3	07.8	165 37.4	55.0	249 31.1	51.4	127 22.2	29.6
10	11 13.8	10 18.1	06.8	180 40.4	54.9	264 33.2	51.4	142 24.9	29.5
11	26 16.3	25 17.9	−1 05.8	195 43.4	−2 54.7	279 35.2	+22 51.3	157 27.5	−15 29.5
12	41 18.7	40 17.7	−1 04.8	210 46.4	−2 54.6	294 37.3	+22 51.3	172 30.2	−15 29.4
13	56 21.2	55 17.5	03.7	225 49.4	54.5	309 39.3	51.2	187 32.8	29.4
14	71 23.7	70 17.4	02.7	240 52.4	54.4	324 41.4	51.2	202 35.5	29.3
15	86 26.1	85 17.2	01.7	255 55.4	54.3	339 43.4	51.2	217 38.1	29.3
16	101 28.6	100 17.0	−1 00.7	270 58.4	54.2	354 45.5	51.1	232 40.8	29.2
17	116 31.0	115 16.8	−0 59.6	286 01.4	−2 54.1	9 47.5	+22 51.1	247 43.4	−15 29.2
18	131 33.5	130 16.6	−0 58.6	301 04.5	−2 54.0	24 49.6	+22 51.0	262 46.1	−15 29.2
19	146 36.0	145 16.4	57.6	316 07.5	53.9	39 51.6	51.0	277 48.7	29.1
20	161 38.4	160 16.2	56.6	331 10.5	53.8	54 53.7	51.0	292 51.4	29.1
21	176 40.9	175 16.1	55.5	346 13.5	53.7	69 55.7	50.9	307 54.0	29.0
22	191 43.4	190 15.9	54.5	1 16.4	53.5	84 57.7	50.9	322 56.7	29.0
23	206 45.8	205 15.7	53.5	16 19.4	53.4	99 59.8	50.8	337 59.3	28.9
24	221 48.3	220 15.5	−0 52.5	31 22.4	−2 53.3	115 01.8	+22 50.8	353 02.0	−15 28.9
Dif	—	−2	+10	+30	+1	+20	0	+26	0

Miércoles 7 de mayo de 2014

UT	SOL SD: 15′.9 PMG: 11^h $56^m.5$		LUNA SD: 14′.8 Edad: $7^d.7$ PHE {4^h: 54′.3; 12^h: 54′.3; 20^h: 54′.4} PMG: 18^h 37^m R°: 44^m				Latitud	Principio del crepúsculo		Salida de Sol	Salida de Luna		Puesta de Luna	
	hG ☉	Dec	hG ☾	Dif	Dec	Dif		Náutico	Civil		Hora	R°	Hora	R°
h	° ′	° ′	° ′		° ′		°	h m	h m	h m	h m	m	h m	m
0	180 51.3	+16 43.9	88 54.4		+11 32.4		60 N	1 05	2 46	3 42	11 14	71	1 28	17
1	195 51.3	44.5	103 27.7	143	24.6	78	58	1 44	3 03	3 54	19	69	21	20
2	210 51.4	45.2	118 01.0	143	16.8	78	56	2 10	17	4 03	25	66	15	22
3	225 51.4	45.9	132 34.4	144	08.9	79	54	30	29	12	29	65	10	23
4	240 51.5	46.6	147 07.7	143	+11 01.0	79	52	2 46	39	20	33	64	05	25
5	255 51.5	+16 47.3	161 41.1	144	+10 53.1	79	50	3 00	3 49	4 26	11 37	62	1 01	26
6	270 51.5	+16 48.0	176 14.5	144	+10 45.1	80	45	3 27	4 08	4 41	11 45	59	0 52	29
7	285 51.6	48.7	190 48.0	145	37.0	81	40	3 47	23	4 53	52	56	44	32
8	300 51.6	49.4	205 21.4	144	28.9	81	35	4 03	36	5 03	11 58	54	38	33
9	315 51.7	50.1	219 54.9	145	20.8	81	30	16	4 47	12	12 03	52	32	35
10	330 51.7	50.8	234 28.4	145	12.6	82	20	37	5 04	28	12	49	22	38
11	345 51.8	+16 51.5	249 01.9	145	+10 04.4	82	10 N	4 53	5 19	5 41	12 20	46	0 13	41
12	0 51.8	+16 52.1	263 35.4	145	+ 9 56.1	83	0	5 06	5 31	5 53	12 27	43	0 04	44
13	15 51.8	52.8	278 08.9	145	47.8	83	10 S	18	43	6 05	34	41	** **	***
14	30 51.9	53.5	292 42.5	146	39.4	84	20	29	5 55	18	42	38	** **	***
15	45 51.9	54.2	307 16.0	145	31.0	84	30	39	6 08	33	50	35	** **	***
16	60 51.9	54.9	321 49.6	146	22.6	84	35	44	14	41	12 56	32	** **	***
17	75 52.0	+16 55.6	336 23.2	146	+ 9 14.1	85	40	5 50	6 22	6 51	13 01	31	** **	***
18	90 52.0	+16 56.3	350 56.8	146	+ 9 05.6	85	45	5 55	6 31	7 02	13 08	28	** **	***
19	105 52.1	56.9	5 30.4	146	+ 8 57.0	86	50	6 02	40	15	16	25	** **	***
20	120 52.1	57.6	20 04.1	147	48.4	86	52	04	45	21	19	24	** **	***
21	135 52.1	58.3	34 37.7	146	39.8	86	54	07	50	28	23	23	** **	***
22	150 52.2	59.0	49 11.4	147	31.1	87	56	10	6 55	36	28	20	23 56	68
23	165 52.2	+16 59.7	63 45.0	146	22.3	88	58	13	7 01	45	33	18	52	70
24	180 52.3	+17 00.4	78 18.7	147	+ 8 13.6	87	60 S	6 17	7 08	7 55	13 38	17	23 47	72

UT	ARIES PMG 8^h $59^m.5$	VENUS Mag.: −4.1 PMG: 9^h 20^m		MARTE Mag.: −1.0 PMG: 21^h 36^m		JÚPITER Mag.: −2.0 PMG: 16^h 08^m		SATURNO Mag.: +0.1 PMG: 0^h 15^m	
	hG ♈	hG ♀	Dec	hG ♂	Dec	hG ♃	Dec	hG ♄	Dec
h	° ′	° ′	° ′	° ′	° ′	° ′	° ′	° ′	° ′
0	224 45.7	220 01.8	+ 0 21.9	34 54.8	− 2 47.1	117 28.7	+ 22 47.6	356 12.8	− 15 25.4
1	239 48.2	235 01.6	22.9	49 57.7	47.0	132 30.7	47.6	11 15.5	25.3
2	254 50.6	250 01.5	24.0	65 00.6	47.0	147 32.7	47.6	26 18.1	25.3
3	269 53.1	265 01.3	25.0	80 03.5	46.9	162 34.8	47.5	41 20.8	25.2
4	284 55.6	280 01.1	26.1	95 06.4	46.9	177 36.8	47.5	56 23.4	25.2
5	299 58.0	295 00.9	+ 0 27.1	110 09.3	− 2 46.8	192 38.8	+ 22 47.4	71 26.1	− 15 25.1
6	315 00.5	310 00.7	+ 0 28.1	125 12.2	− 2 46.7	207 40.8	+ 22 47.4	86 28.7	− 15 25.1
7	330 03.0	325 00.5	29.2	140 15.1	46.7	222 42.9	47.3	101 31.4	25.0
8	345 05.4	340 00.3	30.2	155 18.0	46.6	237 44.9	47.3	116 34.0	25.0
9	0 07.9	355 00.1	31.3	170 20.9	46.5	252 46.9	47.2	131 36.7	24.9
10	15 10.4	9 59.9	32.3	185 23.8	46.5	267 49.0	47.2	146 39.3	24.9
11	30 12.8	24 59.7	+ 0 33.3	200 26.7	− 2 46.4	282 51.0	+ 22 47.1	161 42.0	− 15 24.8
12	45 15.3	39 59.5	+ 0 34.4	215 29.6	− 2 46.3	297 53.0	+ 22 47.1	176 44.6	− 15 24.8
13	60 17.7	54 59.3	35.4	230 32.5	46.3	312 55.1	47.1	191 47.3	24.7
14	75 20.2	69 59.1	36.5	245 35.3	46.2	327 57.1	47.0	206 49.9	24.7
15	90 22.7	84 58.9	37.5	260 38.2	46.2	342 59.1	47.0	221 52.6	24.6
16	105 25.1	99 58.7	38.5	275 41.1	46.1	358 01.2	46.9	236 55.2	24.6
17	120 27.6	114 58.5	+ 0 39.6	290 44.0	− 2 46.0	13 03.2	+ 22 46.9	251 57.9	− 15 24.5
18	135 30.1	129 58.3	+ 0 40.6	305 46.9	− 2 46.0	28 05.2	+ 22 46.8	267 00.5	− 15 24.5
19	150 32.5	144 58.1	41.7	320 49.8	45.9	43 07.2	46.8	282 03.2	24.4
20	165 35.0	159 58.0	42.7	335 52.6	45.9	58 09.3	46.7	297 05.9	24.4
21	180 37.5	174 57.8	43.8	350 55.5	45.8	73 11.3	46.7	312 08.5	24.3
22	195 39.9	189 57.6	44.8	5 58.4	45.8	88 13.3	46.6	327 11.2	24.3
23	210 42.4	204 57.4	45.8	21 01.3	45.7	103 15.4	46.6	342 13.8	24.2
24	225 44.9	219 57.2	+ 0 46.9	36 04.1	− 2 45.6	118 17.4	+ 22 46.6	357 16.5	− 15 24.2
Dif	—	−2	+10	+29	+1	+20	0	+27	0

Jueves 8 de mayo de 2014

UT	SOL SD: 15′.8 PMG: 11h 56m.5		☾ LUNA SD: 14′.8 Edad: 8d.7 PHE { 4h: 54′.5; 12h: 54′.6; 20h: 54′.7 } PMG: 19h 21m R°: 43m				Latitud	Puesta de Sol	Fin del crepúsculo		Salida de Luna		Puesta de Luna	
	hG ☉	Dec	hG ☾	Dif	Dec	Dif			Civil	Náutico	Hora	R°	Hora	R°
h	° ′	° ′	° ′		° ′		°	h m	h m	h m	h m	m	h m	m
0	180 52.3	+17 00.4	78 18.7		+8 13.6		**60 N**	20 15	21 13	23 04	12 25	72	1 45	16
1	195 52.3	01.0	92 52.4	147	+8 04.8	88	**58**	20 03	20 55	22 17	28	71	41	18
2	210 52.3	01.7	107 26.0	146	+7 55.9	89	**56**	19 53	40	21 49	31	69	37	20
3	225 52.4	02.4	121 59.7	147	47.0	89	**54**	44	28	28	34	67	33	22
4	240 52.4	03.1	136 33.4	147	38.1	89	**52**	36	17	21 11	37	65	30	23
5	255 52.4	+17 03.8	151 07.1	147	+7 29.2	89	**50**	19 29	20 07	20 57	12 39	63	1 27	25
6	270 52.5	+17 04.4	165 40.9	148	+7 20.2	90	**45**	19 14	19 47	20 29	12 44	60	1 21	27
7	285 52.5	05.1	180 14.6	147	11.2	90	**40**	19 01	32	20 08	48	58	16	30
8	300 52.5	05.8	194 48.3	147	+7 02.1	91	**35**	18 51	19	19 52	52	55	11	32
9	315 52.6	06.5	209 22.0	147	+6 53.0	91	**30**	42	19 08	38	12 55	53	07	34
10	330 52.6	07.2	223 55.7	147	43.9	91	**20**	26	18 49	17	13 01	49	1 00	37
11	345 52.6	+17 07.8	238 29.5	148	+6 34.7	92	**10 N**	18 13	18 35	19 00	13 06	46	0 54	40
12	0 52.7	+17 08.5	253 03.2	147	+6 25.5	92	**0**	18 00	18 22	18 47	13 10	44	0 48	43
13	15 52.7	09.2	267 36.9	147	16.3	92	**10 S**	17 47	18 09	35	15	40	42	46
14	30 52.7	09.9	282 10.6	147	+6 07.0	93	**20**	34	17 57	24	20	37	35	50
15	45 52.8	10.5	296 44.4	148	+5 57.8	92	**30**	19	44	13	25	34	28	53
16	60 52.8	11.2	311 18.1	147	48.4	94	**35**	11	37	08	28	32	24	54
17	75 52.8	+17 11.9	325 51.8	147	+5 39.1	93	**40**	17 01	17 30	18 02	13 32	30	0 19	57
18	90 52.9	+17 12.5	340 25.5	147	+5 29.7	94	**45**	16 50	17 21	17 56	13 36	27	0 13	60
19	105 52.9	13.2	354 59.3	148	20.3	94	**50**	36	11	49	41	24	07	62
20	120 52.9	13.9	9 33.0	147	10.9	94	**52**	29	06	47	43	23	04	64
21	135 53.0	14.6	24 06.7	147	+5 01.4	95	**54**	22	17 01	44	46	21	0 00	66
22	150 53.0	15.2	38 40.4	147	+4 51.9	95	**56**	14	16 55	40	48	20	** **	***
23	165 53.0	15.9	53 14.1	147	42.4	95	**58**	16 05	49	37	51	18	** **	***
24	180 53.1	+17 16.6	67 47.8	147	+4 32.9	95	**60 S**	15 55	16 43	17 33	13 55	15	** **	***

UT	ARIES PMG 8h 55m.5	VENUS Mag.: −4.1 PMG: 9h 20m		MARTE Mag.: −1.0 PMG: 21h 32m		JÚPITER Mag.: −2.0 PMG: 16h 05m		SATURNO Mag.: +0.1 PMG: 0h 11m	
	hG ♈	hG ♀	Dec	hG ♂	Dec	hG ♃	Dec	hG ♄	Dec
h	° ′	° ′	° ′	° ′	° ′	° ′	° ′	° ′	° ′
0	225 44.9	219 57.2	+0 46.9	36 04.1	−2 45.6	118 17.4	+22 46.6	357 16.5	−15 24.2
1	240 47.3	234 57.0	47.9	51 07.0	45.6	133 19.4	46.5	12 19.1	24.1
2	255 49.8	249 56.8	49.0	66 09.9	45.5	148 21.4	46.5	27 21.8	24.1
3	270 52.2	264 56.6	50.0	81 12.8	45.5	163 23.5	46.4	42 24.4	24.0
4	285 54.7	279 56.4	51.1	96 15.6	45.4	178 25.5	46.4	57 27.1	24.0
5	300 57.2	294 56.2	+0 52.1	111 18.5	−2 45.4	193 27.5	+22 46.3	72 29.7	−15 23.9
6	315 59.6	309 56.0	+0 53.1	126 21.4	−2 45.3	208 29.5	+22 46.3	87 32.4	−15 23.9
7	331 02.1	324 55.8	54.2	141 24.2	45.3	223 31.6	46.2	102 35.0	23.8
8	346 04.6	339 55.6	55.2	156 27.1	45.2	238 33.6	46.2	117 37.7	23.8
9	1 07.0	354 55.4	56.3	171 30.0	45.2	253 35.6	46.1	132 40.3	23.8
10	16 09.5	9 55.2	57.3	186 32.8	45.1	268 37.6	46.1	147 43.0	23.7
11	31 12.0	24 55.0	+0 58.4	201 35.7	−2 45.1	283 39.7	+22 46.0	162 45.6	−15 23.7
12	46 14.4	39 54.8	+0 59.4	216 38.5	−2 45.0	298 41.7	+22 46.0	177 48.3	−15 23.6
13	61 16.9	54 54.6	+1 00.4	231 41.4	45.0	313 43.7	45.9	192 50.9	23.6
14	76 19.3	69 54.4	01.5	246 44.2	44.9	328 45.8	45.9	207 53.6	23.5
15	91 21.8	84 54.2	02.5	261 47.1	44.9	343 47.8	45.9	222 56.2	23.5
16	106 24.3	99 54.0	03.6	276 50.0	44.8	358 49.8	45.8	237 58.9	23.4
17	121 26.7	114 53.8	+1 04.6	291 52.8	−2 44.8	13 51.8	+22 45.8	253 01.5	−15 23.4
18	136 29.2	129 53.6	+1 05.7	306 55.7	−2 44.7	28 53.9	+22 45.7	268 04.2	−15 23.3
19	151 31.7	144 53.4	06.7	321 58.5	44.7	43 55.9	45.7	283 06.8	23.3
20	166 34.1	159 53.2	07.8	337 01.4	44.6	58 57.9	45.6	298 09.5	23.2
21	181 36.6	174 53.0	08.8	352 04.2	44.6	73 59.9	45.6	313 12.2	23.2
22	196 39.1	189 52.8	09.8	7 07.1	44.5	89 01.9	45.5	328 14.8	23.1
23	211 41.5	204 52.6	10.9	22 09.9	44.5	104 04.0	45.5	343 17.5	23.1
24	226 44.0	219 52.4	+1 11.9	37 12.7	−2 44.5	119 06.0	+22 45.4	358 20.1	−15 23.0
Dif	—	−2	+10	+29	0	+20	0	+27	0

Viernes 9 de mayo de 2014

UT	SOL SD: 15′.8 PMG: 11h 56m.4		☾ LUNA SD: 14′.9 Edad: 9d.7 PHE {4h: 54′.9; 12h: 55′.0; 20h: 55′.2} PMG: 20h 04m R°: 45m				Latitud	Principio del crepúsculo		Salida de Sol	Salida de Luna		Puesta de Luna	
	hG ☉	Dec	hG ☾	Dif	Dec	Dif		Náutico	Civil		Hora	R°	Hora	R°
h	° ′	° ′	° ′		° ′		°	h m	h m	h m	h m	m	h m	m
0	180 53.1	+17 16.6	67 47.8		+4 32.9		60 N	0 48	2 39	3 37	13 37	75	2 01	15
1	195 53.1	17.2	82 21.5	147	23.3	96	58	1 35	2 57	49	39	72	1 59	17
2	210 53.1	17.9	96 55.1	146	13.7	96	56	2 03	3 12	3 59	40	70	57	19
3	225 53.2	18.6	111 28.8	147	+4 04.1	96	54	24	25	4 08	41	68	55	21
4	240 53.2	19.3	126 02.5	147	+3 54.4	97	52	41	36	16	42	66	53	23
5	255 53.2	+17 19.9	140 36.1	146	+3 44.8	96	50	2 55	3 45	4 23	13 42	65	1 52	24
6	270 53.3	+17 20.6	155 09.7	146	+3 35.1	97	45	3 23	4 05	4 39	13 44	62	1 48	28
7	285 53.3	21.3	169 43.3	146	25.4	97	40	3 44	21	4 51	46	58	46	29
8	300 53.3	21.9	184 17.0	147	15.6	98	35	4 01	34	5 02	47	56	43	32
9	315 53.3	22.6	198 50.6	146	+3 05.9	97	30	14	4 45	11	48	54	41	34
10	330 53.4	23.3	213 24.1	145	+2 56.1	98	20	36	5 03	27	50	51	37	38
11	345 53.4	+17 23.9	227 57.7	146	+2 46.3	98	10 N	4 52	5 18	5 40	13 52	47	1 34	41
12	0 53.4	+17 24.6	242 31.2	145	+2 36.5	98	0	5 06	5 31	5 53	13 54	44	1 31	44
13	15 53.5	25.2	257 04.8	146	26.6	99	10 S	18	44	6 06	55	42	28	47
14	30 53.5	25.9	271 38.3	145	16.8	98	20	29	5 56	19	57	38	25	49
15	45 53.5	26.6	286 11.8	145	+2 06.9	99	30	40	6 09	34	13 59	35	21	53
16	60 53.5	27.2	300 45.3	145	+1 57.0	99	35	46	16	43	14 00	33	18	56
17	75 53.6	+17 27.9	315 18.7	144	+1 47.1	99	40	5 51	6 24	6 53	14 02	30	1 16	58
18	90 53.6	+17 28.6	329 52.2	145	+1 37.2	99	45	5 57	6 33	7 04	14 03	28	1 13	61
19	105 53.6	29.2	344 25.6	144	27.2	100	50	6 04	43	18	05	24	09	64
20	120 53.6	29.9	358 59.0	144	17.3	99	52	07	48	25	06	23	08	65
21	135 53.7	30.5	13 32.4	144	+1 07.3	100	54	10	53	32	07	21	06	67
22	150 53.7	31.2	28 05.7	143	+0 57.3	100	56	13	6 58	40	08	19	04	69
23	165 53.7	31.8	42 39.0	143	47.3	100	58	17	7 05	49	09	17	1 02	71
24	180 53.8	+17 32.5	57 12.3	143	+0 37.3	100	60 S	6 21	7 12	7 59	14 10	15	0 59	73

UT	ARIES PMG 8h 51m.6	VENUS Mag.: −4.1 PMG: 9h 21m		MARTE Mag.: −1.0 PMG: 21h 27m		JÚPITER Mag.: −2.0 PMG: 16h 01m		SATURNO Mag.: +0.1 PMG: 0h 07m	
	hG ♈	hG ♀	Dec	hG ♂	Dec	hG ♃	Dec	hG ♄	Dec
h	° ′	° ′	° ′	° ′	° ′	° ′	° ′	° ′	° ′
0	226 44.0	219 52.4	+ 1 11.9	37 12.7	− 2 44.5	119 06.0	+ 22 45.4	358 20.1	− 15 23.0
1	241 46.5	234 52.2	13.0	52 15.6	44.4	134 08.0	45.4	13 22.8	23.0
2	256 48.9	249 52.0	14.0	67 18.4	44.4	149 10.0	45.3	28 25.4	22.9
3	271 51.4	264 51.8	15.1	82 21.3	44.3	164 12.1	45.3	43 28.1	22.9
4	286 53.8	279 51.6	16.1	97 24.1	44.3	179 14.1	45.2	58 30.7	22.8
5	301 56.3	294 51.4	+ 1 17.2	112 26.9	− 2 44.3	194 16.1	+ 22 45.2	73 33.4	− 15 22.8
6	316 58.8	309 51.2	+ 1 18.2	127 29.8	− 2 44.2	209 18.1	+ 22 45.2	88 36.0	− 15 22.7
7	332 01.2	324 51.0	19.3	142 32.6	44.2	224 20.2	45.1	103 38.7	22.7
8	347 03.7	339 50.8	20.3	157 35.4	44.1	239 22.2	45.1	118 41.3	22.6
9	2 06.2	354 50.6	21.4	172 38.3	44.1	254 24.2	45.0	133 44.0	22.6
10	17 08.6	9 50.4	22.4	187 41.1	44.1	269 26.2	45.0	148 46.6	22.5
11	32 11.1	24 50.2	+ 1 23.4	202 43.9	− 2 44.0	284 28.2	+ 22 44.9	163 49.3	− 15 22.5
12	47 13.6	39 50.0	+ 1 24.5	217 46.8	− 2 44.0	299 30.3	+ 22 44.9	178 51.9	− 15 22.4
13	62 16.0	54 49.8	25.5	232 49.6	43.9	314 32.3	44.8	193 54.6	22.4
14	77 18.5	69 49.6	26.6	247 52.4	43.9	329 34.3	44.8	208 57.2	22.3
15	92 20.9	84 49.4	27.6	262 55.2	43.9	344 36.3	44.7	223 59.9	22.3
16	107 23.4	99 49.2	28.7	277 58.1	43.8	359 38.3	44.7	239 02.5	22.2
17	122 25.9	114 49.0	+ 1 29.7	293 00.9	− 2 43.8	14 40.4	+ 22 44.6	254 05.2	− 15 22.2
18	137 28.3	129 48.8	+ 1 30.8	308 03.7	− 2 43.8	29 42.4	+ 22 44.6	269 07.8	− 15 22.1
19	152 30.8	144 48.6	31.8	323 06.5	43.7	44 44.4	44.5	284 10.5	22.1
20	167 33.3	159 48.4	32.9	338 09.3	43.7	59 46.4	44.5	299 13.2	22.1
21	182 35.7	174 48.2	33.9	353 12.1	43.7	74 48.4	44.4	314 15.8	22.0
22	197 38.2	189 48.0	35.0	8 15.0	43.6	89 50.5	44.4	329 18.5	22.0
23	212 40.7	204 47.8	36.0	23 17.8	43.6	104 52.5	44.3	344 21.1	21.9
24	227 43.1	219 47.6	+ 1 37.1	38 20.6	− 2 43.6	119 54.5	+ 22 44.3	359 23.8	− 15 21.9
Dif	—	−2	+10	+28	0	+20	0	+27	0

Sábado 10 de mayo de 2014

UT	SOL SD: 15′.8 PMG: 11ʰ 56ᵐ.4		◯ LUNA SD: 15′.1 Edad: 10ᵈ.7 PHE { 4ʰ: 55′.4 12ʰ: 55′.6 20ʰ: 55′.8 } PMG: 20ʰ 49ᵐ R°: 46ᵐ				Latitud	Puesta de Sol	Fin del crepúsculo		Salida de Luna		Puesta de Luna	
	hG ☉	Dec	hG ☾	Dif	Dec	Dif			Civil	Náutico	Hora	R°	Hora	R°
h	° ′	° ′	° ′		° ′		°	h m	h m	h m	h m	m	h m	m
0	180 53.8	+17 32.5	57 12.3		+0 37.3		60 N	20 20	21 20	23 29	14 52	76	2 16	16
1	195 53.8	33.2	71 45.6	143	27.3	100	58	20 08	21 01	22 27	51	74	16	18
2	210 53.8	33.8	86 18.9	143	17.3	100	56	19 57	20 45	21 56	50	72	16	20
3	225 53.8	34.5	100 52.1	142	+0 07.2	101	54	48	32	34	49	70	16	21
4	240 53.9	35.1	115 25.3	142	−0 02.8	100	52	39	21	16	48	68	16	23
5	255 53.9	+17 35.8	129 58.5	142	−0 12.9	101	50	19 32	20 11	21 01	14 47	67	2 16	24
6	270 53.9	+17 36.4	144 31.6	141	−0 23.0	101	45	19 16	19 50	20 32	14 46	63	2 16	27
7	285 53.9	37.1	159 04.7	141	33.1	101	40	19 03	34	20 11	44	61	15	31
8	300 53.9	37.8	173 37.8	141	43.2	101	35	18 53	20	19 54	43	58	15	33
9	315 54.0	38.4	188 10.8	140	−0 53.2	100	30	43	19 09	40	42	56	15	35
10	330 54.0	39.1	202 43.9	141	−1 03.4	102	20	27	18 50	18	41	52	15	39
11	345 54.0	+17 39.7	217 16.8	139	−1 13.5	101	10 N	18 13	18 35	19 01	14 39	49	2 15	42
12	0 54.0	+17 40.4	231 49.8	140	−1 23.6	101	0	18 00	18 22	18 47	14 38	46	2 15	45
13	15 54.1	41.0	246 22.7	139	33.7	101	10 S	17 47	18 09	34	37	42	15	47
14	30 54.1	41.7	260 55.6	139	43.8	101	20	33	17 56	23	35	40	14	51
15	45 54.1	42.3	275 28.4	138	−1 53.9	101	30	18	43	12	34	35	14	55
16	60 54.1	43.0	290 01.2	138	−2 04.1	102	35	17 09	36	06	33	33	14	57
17	75 54.2	+17 43.6	304 34.0	138	−2 14.2	101	40	16 59	17 28	18 00	14 32	31	2 14	59
18	90 54.2	+17 44.3	319 06.7	137	−2 24.3	101	45	16 47	17 19	17 54	14 31	28	2 14	62
19	105 54.2	44.9	333 39.4	137	34.5	102	50	33	08	47	29	26	13	66
20	120 54.2	45.6	348 12.1	137	44.6	101	52	26	17 03	44	29	23	13	67
21	135 54.2	46.2	2 44.7	136	−2 54.7	101	54	19	16 58	41	28	22	13	69
22	150 54.3	46.9	17 17.3	136	−3 04.8	101	56	10	52	37	27	21	13	71
23	165 54.3	47.5	31 49.8	135	14.9	101	58	16 01	46	33	26	19	13	73
24	180 54.3	+17 48.1	46 22.3	135	−3 25.1	102	60 S	15 50	16 38	17 29	14 25	17	2 12	76

UT	ARIES PMG 8ʰ 47ᵐ.7	VENUS Mag.: −4.1 PMG: 9ʰ 21ᵐ		MARTE Mag.: −1.0 PMG: 21ʰ 23ᵐ		JÚPITER Mag.: −2.0 PMG: 15ʰ 58ᵐ		SATURNO Mag.: +0.1 PMG: 0ʰ 02ᵐ	
	hG ♈	hG ♀	Dec	hG ♂	Dec	hG ♃	Dec	hG ♄	Dec
h	° ′	° ′	° ′	° ′	° ′	° ′	° ′	° ′	° ′
0	227 43.1	219 47.6	+1 37.1	38 20.6	−2 43.6	119 54.5	+22 44.3	359 23.8	−15 21.9
1	242 45.6	234 47.4	38.1	53 23.4	43.6	134 56.5	44.2	14 26.4	21.8
2	257 48.1	249 47.2	39.2	68 26.2	43.5	149 58.5	44.2	29 29.1	21.8
3	272 50.5	264 47.0	40.2	83 29.0	43.5	165 00.6	44.2	44 31.7	21.7
4	287 53.0	279 46.8	41.3	98 31.8	43.5	180 02.6	44.1	59 34.4	21.7
5	302 55.4	294 46.6	+1 42.3	113 34.6	−2 43.4	195 04.6	+22 44.1	74 37.0	−15 21.6
6	317 57.9	309 46.4	+1 43.4	128 37.4	−2 43.4	210 06.6	+22 44.0	89 39.7	−15 21.6
7	333 00.4	324 46.2	44.4	143 40.2	43.4	225 08.6	44.0	104 42.3	21.5
8	348 02.8	339 46.0	45.5	158 43.0	43.4	240 10.7	43.9	119 45.0	21.5
9	3 05.3	354 45.8	46.5	173 45.8	43.3	255 12.7	43.9	134 47.6	21.4
10	18 07.8	9 45.6	47.6	188 48.6	43.3	270 14.7	43.8	149 50.3	21.4
11	33 10.2	24 45.4	+1 48.6	203 51.4	−2 43.3	285 16.7	+22 43.8	164 52.9	−15 21.3
12	48 12.7	39 45.2	+1 49.7	218 54.2	−2 43.3	300 18.7	+22 43.7	179 55.6	−15 21.3
13	63 15.2	54 45.0	50.7	233 57.0	43.2	315 20.7	43.7	194 58.2	21.2
14	78 17.6	69 44.8	51.8	248 59.8	43.2	330 22.8	43.6	210 00.9	21.2
15	93 20.1	84 44.6	52.8	264 02.6	43.2	345 24.8	43.6	225 03.5	21.1
16	108 22.6	99 44.4	53.9	279 05.4	43.2	0 26.8	43.5	240 06.2	21.1
17	123 25.0	114 44.2	+1 54.9	294 08.2	−2 43.1	15 28.8	+22 43.5	255 08.8	−15 21.0
18	138 27.5	129 44.0	+1 56.0	309 11.0	−2 43.1	30 30.8	+22 43.4	270 11.5	−15 21.0
19	153 29.9	144 43.8	57.0	324 13.8	43.1	45 32.8	43.4	285 14.2	20.9
20	168 32.4	159 43.6	58.1	339 16.6	43.1	60 34.9	43.3	300 16.8	20.9
21	183 34.9	174 43.4	+1 59.1	354 19.3	43.1	75 36.9	43.3	315 19.5	20.8
22	198 37.3	189 43.2	+2 00.2	9 22.1	43.0	90 38.9	43.2	330 22.1	20.8
23	213 39.8	204 43.0	01.2	24 24.9	43.0	105 40.9	43.2	345 24.8	20.7
24	228 42.3	219 42.7	+2 02.3	39 27.7	−2 43.0	120 42.9	+22 43.1	0 27.4	−15 20.7
Dif	—	−2	+10	+28	0	+20	0	+27	0

140 Domingo 11 de mayo de 2014

UT	SOL SD: 15′.8 PMG: 11h 56m.4		LUNA SD: 15′.2 Edad: 11d.7 PHE {4h: 56′.0, 12h: 56′.3, 20h: 56′.5} PMG: 21h 35m R°: 48m				Latitud	Principio del crepúsculo		Salida de Sol	Salida de Luna		Puesta de Luna	
	hG ☉	Dec	hG ☾	Dif	Dec	Dif		Náutico	Civil		Hora	R°	Hora	R°
h	° ′	° ′	° ′		° ′		°	h m	h m	h m	h m	m	h m	m
0	180 54.3	+17 48.1	46 22.3		−3 25.1		60 N	0 23	2 33	3 32	16 08	79	2 32	16
1	195 54.3	48.8	60 54.8	135	35.2	101	58	1 25	2 51	45	05	76	34	19
2	210 54.3	49.4	75 27.2	134	45.3	101	56	1 56	3 07	3 55	16 02	74	36	21
3	225 54.4	50.1	89 59.5	133	−3 55.4	101	54	2 18	20	4 04	15 59	72	37	23
4	240 54.4	50.7	104 31.8	133	−4 05.5	101	52	36	32	13	56	71	39	25
5	255 54.4	+17 51.4	119 04.1	133	−4 15.6	101	50	2 51	3 42	4 20	15 54	69	2 40	27
6	270 54.4	+17 52.0	133 36.3	132	−4 25.6	100	45	3 20	4 02	4 36	15 49	65	2 43	30
7	285 54.4	52.6	148 08.5	132	35.7	101	40	41	19	4 49	45	62	46	32
8	300 54.4	53.3	162 40.6	131	45.8	101	35	3 58	32	5 00	41	60	48	35
9	315 54.5	53.9	177 12.7	131	−4 55.8	100	30	4 12	4 43	09	38	58	50	37
10	330 54.5	54.6	191 44.7	130	−5 05.9	101	20	35	5 02	26	33	54	54	40
11	345 54.5	+17 55.2	206 16.7	130	−5 15.9	100	10 N	4 52	5 18	5 40	15 28	51	2 57	43
12	0 54.5	+17 55.8	220 48.6	129	−5 25.9	100	0	5 06	5 31	5 53	15 24	48	3 00	46
13	15 54.5	56.5	235 20.5	129	35.9	100	10 S	18	44	6 06	19	45	02	50
14	30 54.5	57.1	249 52.3	128	45.9	100	20	30	5 56	20	15	41	05	53
15	45 54.6	57.8	264 24.1	128	−5 55.8	99	30	41	6 10	35	09	39	09	57
16	60 54.6	58.4	278 55.8	127	−6 05.8	100	35	47	17	44	06	37	11	59
17	75 54.6	+17 59.0	293 27.5	127	−6 15.7	99	40	5 53	6 26	6 54	15 03	34	3 13	61
18	90 54.6	+17 59.7	307 59.1	126	−6 25.6	99	45	5 59	6 35	7 06	14 59	31	3 16	64
19	105 54.6	+18 00.3	322 30.7	126	35.5	99	50	6 07	46	21	55	27	19	67
20	120 54.6	00.9	337 02.2	125	45.4	99	52	10	51	28	52	27	20	69
21	135 54.7	01.6	351 33.6	124	−6 55.3	99	54	13	6 56	35	50	25	22	71
22	150 54.7	02.2	6 05.0	124	−7 05.1	98	56	16	7 02	44	48	22	24	72
23	165 54.7	02.8	20 36.3	123	14.9	98	58	20	08	7 53	45	21	26	75
24	180 54.7	+18 03.5	35 07.6	123	−7 24.7	98	60 S	6 24	7 16	8 04	14 42	18	3 28	77

UT	ARIES PMG 8h 43m.7	VENUS Mag.: −4.1 PMG: 9h 21m		MARTE Mag.: −1.0 PMG: 21h 18m		JÚPITER Mag.: −2.0 PMG: 15h 55m		SATURNO Mag.: +0.1 PMG: 23h 54m	
	hG ♈	hG ♀	Dec	hG ♂	Dec	hG ♃	Dec	hG ♄	Dec
h	° ′	° ′	° ′	° ′	° ′	° ′	° ′	° ′	° ′
0	228 42.3	219 42.7	+2 02.3	39 27.7	−2 43.0	120 42.9	+22 43.1	0 27.4	−15 20.7
1	243 44.7	234 42.5	03.3	54 30.5	43.0	135 44.9	43.1	15 30.1	20.6
2	258 47.2	249 42.3	04.4	69 33.3	43.0	150 46.9	43.0	30 32.7	20.6
3	273 49.7	264 42.1	05.4	84 36.0	43.0	165 49.0	43.0	45 35.4	20.6
4	288 52.1	279 41.9	06.5	99 38.8	42.9	180 51.0	42.9	60 38.0	20.5
5	303 54.6	294 41.7	+2 07.5	114 41.6	−2 42.9	195 53.0	+22 42.9	75 40.7	−15 20.5
6	318 57.0	309 41.5	+2 08.6	129 44.4	−2 42.9	210 55.0	+22 42.8	90 43.3	−15 20.4
7	333 59.5	324 41.3	09.6	144 47.1	42.9	225 57.0	42.8	105 46.0	20.4
8	349 02.0	339 41.1	10.7	159 49.9	42.9	240 59.0	42.7	120 48.6	20.3
9	4 04.4	354 40.9	11.7	174 52.7	42.9	256 01.0	42.7	135 51.3	20.3
10	19 06.9	9 40.7	12.8	189 55.4	42.9	271 03.1	42.6	150 53.9	20.2
11	34 09.4	24 40.5	+2 13.8	204 58.2	−2 42.8	286 05.1	+22 42.6	165 56.6	−15 20.2
12	49 11.8	39 40.3	+2 14.9	220 01.0	−2 42.8	301 07.1	+22 42.5	180 59.2	−15 20.1
13	64 14.3	54 40.1	15.9	235 03.7	42.8	316 09.1	42.5	196 01.9	20.1
14	79 16.8	69 39.9	17.0	250 06.5	42.8	331 11.1	42.4	211 04.5	20.0
15	94 19.2	84 39.6	18.0	265 09.3	42.8	346 13.1	42.4	226 07.2	20.0
16	109 21.7	99 39.4	19.1	280 12.0	42.8	1 15.1	42.3	241 09.9	19.9
17	124 24.2	114 39.2	+2 20.1	295 14.8	−2 42.8	16 17.1	+22 42.3	256 12.5	−15 19.9
18	139 26.6	129 39.0	+2 21.2	310 17.5	−2 42.8	31 19.2	+22 42.2	271 15.2	−15 19.8
19	154 29.1	144 38.8	22.2	325 20.3	42.8	46 21.2	42.2	286 17.8	19.8
20	169 31.5	159 38.6	23.3	340 23.0	42.7	61 23.2	42.1	301 20.5	19.7
21	184 34.0	174 38.4	24.3	355 25.8	42.7	76 25.2	42.1	316 23.1	19.7
22	199 36.5	189 38.2	25.4	10 28.6	42.7	91 27.2	42.0	331 25.8	19.6
23	214 38.9	204 38.0	26.4	25 31.3	42.7	106 29.2	42.0	346 28.4	19.6
24	229 41.4	219 37.8	+2 27.5	40 34.1	−2 42.7	121 31.2	+22 41.9	1 31.1	−15 19.5
Dif	—	−2	+11	+28	0	+20	0	+27	0

Miércoles 14 de mayo de 2014

UT	SOL SD: 15′.8 PMG: 11h 56m.3		○ LUNA SD: 15′.8 Edad: 14d.7 PHE { 4h: 58′.2, 12h: 58′.4, 20h: 58′.6 } PMG: **h **m R°: ***m				Latitud	Puesta de Sol	Fin del crepúsculo		Salida de Luna		Puesta de Luna	
	hG ☉	Dec	hG ☾	Dif	Dec	Dif			Civil	Náutico	Hora	R°	Hora	R°
h	° ′	° ′	° ′		° ′		°	h m	h m	h m	h m	m	h m	m
0	180 55.1	+ 18 33.2	10 50.8		− 14 26.3		60 N	20 29	21 32	** **	20 07	74	3 33	33
1	195 55.1	33.8	25 18.7	89	33.7	74	58	16	21 11	22 50	19 55	73	43	35
2	210 55.1	34.4	39 46.5	88	40.9	72	56	20 05	20 54	22 11	46	71	51	37
3	225 55.1	35.1	54 14.3	88	48.1	72	54	19 55	40	21 45	37	70	3 58	38
4	240 55.1	35.7	68 42.0	87	− 14 55.2	71	52	46	28	26	30	68	4 05	39
5	255 55.1	+ 18 36.3	83 09.6	86	− 15 02.3	71	50	19 38	20 17	21 09	19 23	68	4 10	42
6	270 55.1	+ 18 36.9	97 37.1	85	− 15 09.2	69	45	19 21	19 55	20 39	19 08	66	4 23	44
7	285 55.1	37.5	112 04.6	85	16.1	69	40	19 07	38	20 16	18 56	65	34	45
8	300 55.1	38.1	126 32.0	84	22.9	68	35	18 56	24	19 58	46	63	43	47
9	315 55.1	38.7	140 59.3	83	29.6	67	30	46	19 12	43	37	62	4 51	48
10	330 55.1	39.3	155 26.6	83	36.2	66	20	28	18 52	20	22	60	5 04	52
11	345 55.1	+ 18 39.9	169 53.8	82	− 15 42.7	65	10 N	18 14	18 36	19 02	18 09	58	5 16	54
12	0 55.1	+ 18 40.5	184 20.9	81	− 15 49.1	64	0	18 00	18 22	18 47	17 56	57	5 28	55
13	15 55.1	41.1	198 48.0	81	− 15 55.5	64	10 S	17 46	18 08	34	44	55	39	57
14	30 55.1	41.7	213 15.0	80	− 16 01.7	62	20	32	17 55	22	31	53	5 51	59
15	45 55.1	42.3	227 41.9	79	07.9	62	30	15	41	10	16	51	6 05	62
16	60 55.1	42.9	242 08.7	78	14.0	61	35	17 06	33	18 03	17 07	51	13	63
17	75 55.1	+ 18 43.5	256 35.5	78	− 16 19.9	59	40	16 55	17 24	17 57	16 57	49	6 22	65
18	90 55.1	+ 18 44.1	271 02.2	77	− 16 25.8	59	45	16 42	17 14	17 50	16 46	47	6 33	67
19	105 55.1	44.7	285 28.9	77	31.6	58	50	27	17 03	42	32	45	46	69
20	120 55.1	45.3	299 55.4	75	37.3	57	52	20	16 57	39	26	44	52	70
21	135 55.1	45.9	314 22.0	76	42.9	56	54	12	52	35	18	44	6 59	71
22	150 55.1	46.5	328 48.4	74	48.4	55	56	16 03	45	31	11	41	7 06	73
23	165 55.1	47.1	343 14.8	74	53.8	54	58	15 53	38	27	16 02	40	15	75
24	180 55.1	+ 18 47.6	357 41.1	73	− 16 59.1	53	60 S	15 41	16 30	17 22	15 51	39	7 24	77

UT	ARIES PMG 8h 32m.0	VENUS Mag.: −4.1 PMG: 9h 22m		MARTE Mag.: −0.9 PMG: 21h 05m		JÚPITER Mag.: −2.0 PMG: 15h 45m		SATURNO Mag.: +0.1 PMG: 23h 41m	
	hG ♈	hG ♀	Dec	hG ♂	Dec	hG ♃	Dec	hG ♄	Dec
h	° ′	° ′	° ′	° ′	° ′	° ′	° ′	° ′	° ′
0	231 39.7	219 27.6	+ 3 18.1	42 44.5	− 2 43.1	123 07.5	+ 22 39.5	3 38.4	− 15 17.2
1	246 42.1	234 27.3	19.1	57 47.2	43.1	138 09.5	39.5	18 41.0	17.2
2	261 44.6	249 27.1	20.2	72 49.9	43.1	153 11.6	39.4	33 43.7	17.1
3	276 47.1	264 26.9	21.2	87 52.6	43.1	168 13.6	39.3	48 46.3	17.1
4	291 49.5	279 26.7	22.3	102 55.3	43.1	183 15.6	39.3	63 49.0	17.0
5	306 52.0	294 26.5	+ 3 23.3	117 58.0	− 2 43.2	198 17.6	+ 22 39.2	78 51.6	− 15 17.0
6	321 54.5	309 26.2	+ 3 24.4	133 00.6	− 2 43.2	213 19.6	+ 22 39.2	93 54.3	− 15 16.9
7	336 56.9	324 26.0	25.4	148 03.3	43.2	228 21.6	39.1	108 56.9	16.9
8	351 59.4	339 25.8	26.5	163 06.0	43.2	243 23.6	39.1	123 59.6	16.9
9	7 01.9	354 25.6	27.5	178 08.7	43.2	258 25.6	39.0	139 02.2	16.8
10	22 04.3	9 25.4	28.6	193 11.3	43.3	273 27.6	39.0	154 04.9	16.8
11	37 06.8	24 25.2	+ 3 29.7	208 14.0	− 2 43.3	288 29.6	+ 22 38.9	169 07.5	− 15 16.7
12	52 09.2	39 24.9	+ 3 30.7	223 16.7	− 2 43.3	303 31.6	+ 22 38.9	184 10.2	− 15 16.7
13	67 11.7	54 24.7	31.8	238 19.4	43.3	318 33.6	38.8	199 12.8	16.6
14	82 14.2	69 24.5	32.8	253 22.0	43.4	333 35.6	38.8	214 15.5	16.6
15	97 16.6	84 24.3	33.9	268 24.7	43.4	348 37.6	38.7	229 18.1	16.5
16	112 19.1	99 24.1	34.9	283 27.4	43.4	3 39.6	38.7	244 20.8	16.5
17	127 21.6	114 23.8	+ 3 36.0	298 30.0	− 2 43.5	18 41.6	+ 22 38.6	259 23.4	− 15 16.4
18	142 24.0	129 23.6	+ 3 37.0	313 32.7	− 2 43.5	33 43.6	+ 22 38.6	274 26.1	− 15 16.4
19	157 26.5	144 23.4	38.1	328 35.4	43.5	48 45.6	38.5	289 28.8	16.3
20	172 29.0	159 23.2	39.2	343 38.0	43.5	63 47.6	38.5	304 31.4	16.3
21	187 31.4	174 23.0	40.2	358 40.7	43.6	78 49.6	38.4	319 34.1	16.2
22	202 33.9	189 22.7	41.3	13 43.4	43.6	93 51.6	38.4	334 36.7	16.2
23	217 36.4	204 22.5	42.3	28 46.0	43.6	108 53.6	38.3	349 39.4	16.1
24	232 38.8	219 22.3	+ 3 43.4	43 48.7	− 2 43.7	123 55.6	+ 22 38.2	4 42.0	− 15 16.1
Dif	—	−2	+11	+27	0	+20	−1	+27	0

Jueves 15 de mayo de 2014

UT	SOL SD: 15′8 PMG: $11^{h}\ 56^{m}3$		LUNA SD: 16′0 Edad: $15^{d}7$ PHE { 4^{h}: 58′8; 12^{h}: 59′0; 20^{h}: 59′1 } PMG: $0^{h}\ 10^{m}$ R°: 57^{m}				Latitud	Principio del crepúsculo		Salida de Sol	Salida de Luna		Puesta de Luna	
	hG ☉	Dec	hG ☾	Dif	Dec	Dif		Náutico	Civil		Hora	R°	Hora	R°
h	° ′	° ′	° ′		° ′		°	h m	h m	h m	h m	m	h m	m
0	180 55.1	+ 18 47.6	357 41.1		− 16 59.1		60 N	** **	2 20	3 23	21 21	64	4 06	44
1	195 55.1	48.2	12 07.4	73	− 17 04.3	52	58	1 02	41	36	21 08	64	18	45
2	210 55.1	48.8	26 33.6	72	09.3	50	56	1 41	2 58	47	20 57	63	28	46
3	225 55.0	49.4	40 59.7	71	14.3	50	54	2 07	3 12	3 57	47	63	36	48
4	240 55.0	50.0	55 25.8	71	19.2	49	52	26	24	4 06	38	63	44	49
5	255 55.0	+ 18 50.6	69 51.8	70	− 17 24.0	48	50	2 43	3 35	4 14	20 31	62	4 52	49
6	270 55.0	+ 18 51.2	84 17.8	70	− 17 28.6	46	45	3 14	3 57	4 31	20 14	62	5 07	51
7	285 55.0	51.8	98 43.7	69	33.2	46	40	37	4 14	45	20 01	61	19	53
8	300 55.0	52.4	113 09.5	68	37.7	45	35	3 54	29	4 57	19 49	61	30	53
9	315 55.0	53.0	127 35.3	68	42.0	43	30	4 09	4 41	5 07	39	60	39	54
10	330 55.0	53.6	142 01.0	67	46.2	42	20	32	5 00	24	22	60	5 56	55
11	345 55.0	+ 18 54.1	156 26.7	67	− 17 50.3	41	10 N	4 51	5 17	5 39	19 07	59	6 10	56
12	0 55.0	+ 18 54.7	170 52.3	66	− 17 54.4	41	0	5 06	5 31	5 53	18 53	59	6 23	58
13	15 55.0	55.3	185 17.9	66	− 17 58.3	39	10 S	19	44	6 07	39	58	36	59
14	30 55.0	55.9	199 43.4	65	− 18 02.0	37	20	31	5 58	21	24	58	6 50	60
15	45 55.0	56.5	214 08.9	65	05.7	37	30	43	6 12	38	18 07	57	7 07	61
16	60 55.0	57.1	228 34.3	64	09.3	36	35	50	20	47	17 58	56	16	62
17	75 55.0	+ 18 57.7	242 59.7	64	− 18 12.7	34	40	5 56	6 29	6 58	17 46	56	7 27	63
18	90 55.0	+ 18 58.2	257 25.0	63	− 18 16.0	33	45	6 03	6 39	7 11	17 33	55	7 40	64
19	105 54.9	58.8	271 50.3	63	19.2	32	50	11	51	26	17	54	7 55	65
20	120 54.9	+ 18 59.4	286 15.5	62	22.3	31	52	15	6 56	34	10	53	8 02	66
21	135 54.9	+ 19 00.0	300 40.7	62	25.3	30	54	18	7 02	42	17 02	53	10	67
22	150 54.9	00.6	315 05.8	61	28.1	28	56	22	08	7 51	16 52	53	19	68
23	165 54.9	01.2	329 30.9	61	30.8	27	58	27	15	8 01	42	51	30	68
24	180 54.9	+ 19 01.7	343 56.0	61	− 18 33.4	26	60 S	6 31	7 23	8 13	16 30	50	8 41	70

UT	ARIES PMG $8^{h}\ 28^{m}0$	VENUS Mag.: −4.0 PMG: $9^{h}\ 23^{m}$		MARTE Mag.: −0.9 PMG: $21^{h}\ 01^{m}$		JÚPITER Mag.: −1.9 PMG: $15^{h}\ 42^{m}$		SATURNO Mag.: +0.1 PMG: $23^{h}\ 37^{m}$	
	hG ♈	hG ♀	Dec	hG ♂	Dec	hG ♃	Dec	hG ♄	Dec
h	° ′	° ′	° ′	° ′	° ′	° ′	° ′	° ′	° ′
0	232 38.8	219 22.3	+ 3 43.4	43 48.7	− 2 43.7	123 55.6	+ 22 38.2	4 42.0	− 15 16.1
1	247 41.3	234 22.1	44.4	58 51.3	43.7	138 57.6	38.2	19 44.7	16.0
2	262 43.7	249 21.8	45.5	73 54.0	43.7	153 59.6	38.1	34 47.3	16.0
3	277 46.2	264 21.6	46.5	88 56.6	43.8	169 01.6	38.1	49 50.0	15.9
4	292 48.7	279 21.4	47.6	103 59.3	43.8	184 03.6	38.0	64 52.6	15.9
5	307 51.1	294 21.2	+ 3 48.6	119 01.9	− 2 43.8	199 05.6	+ 22 38.0	79 55.3	− 15 15.9
6	322 53.6	309 21.0	+ 3 49.7	134 04.6	− 2 43.9	214 07.6	+ 22 37.9	94 57.9	− 15 15.8
7	337 56.1	324 20.7	50.8	149 07.2	43.9	229 09.6	37.9	110 00.6	15.8
8	352 58.5	339 20.5	51.8	164 09.9	43.9	244 11.6	37.8	125 03.2	15.7
9	8 01.0	354 20.3	52.9	179 12.5	44.0	259 13.5	37.8	140 05.9	15.7
10	23 03.5	9 20.1	53.9	194 15.2	44.0	274 15.5	37.7	155 08.5	15.6
11	38 05.9	24 19.8	+ 3 55.0	209 17.8	− 2 44.0	289 17.5	+ 22 37.7	170 11.2	− 15 15.6
12	53 08.4	39 19.6	+ 3 56.0	224 20.5	− 2 44.1	304 19.5	+ 22 37.6	185 13.8	− 15 15.5
13	68 10.9	54 19.4	57.1	239 23.1	44.1	319 21.5	37.6	200 16.5	15.5
14	83 13.3	69 19.2	58.1	254 25.7	44.1	334 23.5	37.5	215 19.1	15.4
15	98 15.8	84 18.9	+ 3 59.2	269 28.4	44.2	349 25.5	37.4	230 21.8	15.4
16	113 18.2	99 18.7	+ 4 00.3	284 31.0	44.2	4 27.5	37.4	245 24.4	15.3
17	128 20.7	114 18.5	+ 4 01.3	299 33.6	− 2 44.3	19 29.5	+ 22 37.3	260 27.1	− 15 15.3
18	143 23.2	129 18.3	+ 4 02.4	314 36.3	− 2 44.3	34 31.5	+ 22 37.3	275 29.7	− 15 15.2
19	158 25.6	144 18.0	03.4	329 38.9	44.3	49 33.5	37.2	290 32.4	15.2
20	173 28.1	159 17.8	04.5	344 41.5	44.4	64 35.5	37.2	305 35.0	15.1
21	188 30.6	174 17.6	05.5	359 44.2	44.4	79 37.5	37.1	320 37.7	15.1
22	203 33.0	189 17.4	06.6	14 46.8	44.5	94 39.5	37.1	335 40.3	15.0
23	218 35.5	204 17.1	07.6	29 49.4	44.5	109 41.5	37.0	350 43.0	15.0
24	233 38.0	219 16.9	+ 4 08.7	44 52.1	− 2 44.6	124 43.5	+ 22 37.0	5 45.6	− 15 15.0
Dif	—	−2	+11	+26	0	+20	−1	+27	0

Domingo 18 de mayo de 2014

UT	SOL SD: 15.′8 PMG: 11ʰ 56.ᵐ4		☾ LUNA SD: 16.′3 Edad: 18.ᵈ7 PMG: 3ʰ 05ᵐ	PHE { 4ʰ: 59.′7; 12ʰ: 59.′7; 20ʰ: 59.′7 } R°: 58ᵐ			Latitud	Puesta de Sol	Fin del crepúsculo		Salida de Luna		Puesta de Luna	
	hG ☉	Dec	hG ☾	Dif	Dec	Dif			Civil	Náutico	Hora	R°	Hora	R°
h	° ′	° ′	° ′		° ′		°	h m	h m	h m	h m	m	h m	m
0	180 54.1	+ 19 29.0	315 36.9		− 18 09.9		60 N	20 39	21 46	** **	23 56	29	6 58	80
1	195 54.1	29.5	330 01.6	57	06.3	36	58	24	22	23 23	45	32	7 10	78
2	210 54.1	30.1	344 26.3	57	− 18 02.6	37	56	12	21 03	22 27	36	34	21	76
3	225 54.1	30.6	358 51.1	58	− 17 58.7	39	54	20 01	20 48	21 57	28	36	30	74
4	240 54.1	31.2	13 15.8	57	54.8	39	52	19 52	35	35	21	38	38	73
5	255 54.0	+ 19 31.7	27 40.6	58	− 17 50.7	41	50	19 43	20 24	21 18	23 14	39	7 45	72
6	270 54.0	+ 19 32.3	42 05.5	59	− 17 46.5	42	45	19 26	20 00	20 45	23 00	42	8 01	70
7	285 54.0	32.8	56 30.3	58	42.1	44	40	19 11	19 42	21	22 48	45	14	67
8	300 54.0	33.4	70 55.2	59	37.7	44	35	18 59	27	20 02	38	47	25	66
9	315 53.9	33.9	85 20.1	59	33.1	46	30	48	19 15	19 46	30	48	35	64
10	330 53.9	34.5	99 45.1	60	28.5	46	20	30	18 54	22	15	51	8 51	62
11	345 53.9	+ 19 35.0	114 10.1	60	− 17 23.7	48	10 N	18 14	18 37	19 03	22 01	54	9 05	60
12	0 53.9	+ 19 35.6	128 35.1	60	− 17 18.8	49	0	18 00	18 22	18 47	21 49	56	9 19	57
13	15 53.8	36.1	143 00.2	61	13.7	51	10 S	17 46	18 08	34	37	58	32	55
14	30 53.8	36.6	157 25.3	61	08.6	51	20	30	17 54	21	23	62	9 46	53
15	45 53.8	37.2	171 50.4	61	− 17 03.3	53	30	13	39	08	21 08	65	10 02	51
16	60 53.8	37.7	186 15.6	62	− 16 58.0	53	35	17 03	30	18 01	20 59	67	11	50
17	75 53.7	+ 19 38.3	200 40.8	62	− 16 52.5	55	40	16 52	17 21	17 54	20 49	68	10 22	48
18	90 53.7	+ 19 38.8	215 06.1	63	− 16 46.9	56	45	16 38	17 10	17 46	20 38	70	10 34	46
19	105 53.7	39.4	229 31.4	63	41.2	57	50	22	16 58	38	23	74	50	42
20	120 53.7	39.9	243 56.7	63	35.4	58	52	14	52	34	16	75	10 57	41
21	135 53.6	40.5	258 22.1	64	29.4	60	54	16 06	46	30	09	76	11 04	41
22	150 53.6	41.0	272 47.5	64	23.4	60	56	15 56	39	26	20 01	78	13	39
23	165 53.6	41.5	287 13.0	65	17.3	61	58	45	32	21	19 51	81	23	36
24	180 53.6	+ 19 42.1	301 38.5	65	− 16 11.0	63	60 S	15 33	16 23	17 16	19 40	83	11 34	34

UT	ARIES PMG 8ʰ 16.ᵐ2	VENUS Mag.: −4.0 PMG: 9ʰ 24ᵐ		MARTE Mag.: −0.8 PMG: 20ʰ 49ᵐ		JÚPITER Mag.: −1.9 PMG: 15ʰ 33ᵐ		SATURNO Mag.: +0.1 PMG: 23ʰ 24ᵐ	
	hG ♈	hG ♀	Dec	hG ♂	Dec	hG ♃	Dec	hG ♄	Dec
h	° ′	° ′	° ′	° ′	° ′	° ′	° ′	° ′	° ′
0	235 36.2	219 05.8	+ 4 59.3	46 56.6	− 2 47.2	126 19.1	+ 22 34.3	7 52.9	− 15 12.7
1	250 38.7	234 05.6	+ 5 00.4	61 59.2	47.3	141 21.1	34.3	22 55.5	12.7
2	265 41.2	249 05.3	01.4	77 01.8	47.4	156 23.0	34.2	37 58.2	12.6
3	280 43.6	264 05.1	02.5	92 04.3	47.4	171 25.0	34.2	53 00.8	12.6
4	295 46.1	279 04.8	03.5	107 06.9	47.5	186 27.0	34.1	68 03.5	12.5
5	310 48.6	294 04.6	+ 5 04.6	122 09.5	− 2 47.6	201 29.0	+ 22 34.0	83 06.1	− 15 12.5
6	325 51.0	309 04.4	+ 5 05.6	137 12.0	− 2 47.6	216 31.0	+ 22 34.0	98 08.8	− 15 12.4
7	340 53.5	324 04.1	06.7	152 14.6	47.7	231 33.0	33.9	113 11.4	12.4
8	355 56.0	339 03.9	07.7	167 17.1	47.8	246 35.0	33.9	128 14.1	12.3
9	10 58.4	354 03.6	08.8	182 19.7	47.8	261 37.0	33.8	143 16.7	12.3
10	26 00.9	9 03.4	09.8	197 22.2	47.9	276 38.9	33.8	158 19.4	12.2
11	41 03.3	24 03.2	+ 5 10.9	212 24.8	− 2 48.0	291 40.9	+ 22 33.7	173 22.0	− 15 12.2
12	56 05.8	39 02.9	+ 5 11.9	227 27.3	− 2 48.1	306 42.9	+ 22 33.7	188 24.7	− 15 12.1
13	71 08.3	54 02.7	13.0	242 29.9	48.1	321 44.9	33.6	203 27.3	12.1
14	86 10.7	69 02.5	14.1	257 32.4	48.2	336 46.9	33.5	218 30.0	12.0
15	101 13.2	84 02.2	15.1	272 35.0	48.3	351 48.9	33.5	233 32.6	12.0
16	116 15.7	99 02.0	16.2	287 37.5	48.4	6 50.9	33.4	248 35.3	12.0
17	131 18.1	114 01.7	+ 5 17.2	302 40.1	− 2 48.4	21 52.8	+ 22 33.4	263 37.9	− 15 11.9
18	146 20.6	129 01.5	+ 5 18.3	317 42.6	− 2 48.5	36 54.8	+ 22 33.3	278 40.6	− 15 11.9
19	161 23.1	144 01.2	19.3	332 45.2	48.6	51 56.8	33.3	293 43.2	11.8
20	176 25.5	159 01.0	20.4	347 47.7	48.7	66 58.8	33.2	308 45.9	11.8
21	191 28.0	174 00.8	21.4	2 50.2	48.7	82 00.8	33.1	323 48.5	11.7
22	206 30.4	189 00.5	22.5	17 52.8	48.8	97 02.8	33.1	338 51.2	11.7
23	221 32.9	204 00.3	23.5	32 55.3	48.9	112 04.7	33.0	353 53.8	11.6
24	236 35.4	219 00.0	+ 5 24.6	47 57.8	− 2 49.0	127 06.7	+ 22 33.0	8 56.5	− 15 11.6
Dif	—	−2	+11	+26	−1	+20	−1	+26	0

Lunes 19 de mayo de 2014

UT	SOL SD: 15'.8 PMG: 11h 56m.5		☽ LUNA SD: 16'.3 Edad: 19d.7 PHE {4h: 59'.7, 12h: 59'.7, 20h: 59'.6} PMG: 4h 03m R°: 56m				Latitud	Principio del crepúsculo		Salida de Sol	Salida de Luna		Puesta de Luna	
	hG ☉	Dec	hG ☾	Dif	Dec	Dif		Náutico	Civil		Hora	R°	Hora	R°
h	° '	° '	° '		° '		°	h m	h m	h m	h m	m	h m	m
0	180 53.6	+19 42.1	301 38.5		−16 11.0		60 N	** **	2 07	3 14	** **	***	8 18	85
1	195 53.5	42.6	316 04.1	66	−16 04.7	63	58	0 29	30	28	** **	***	28	82
2	210 53.5	43.1	330 29.7	66	−15 58.2	65	56	1 25	2 49	40	** **	***	37	80
3	225 53.5	43.7	344 55.4	67	51.7	65	54	1 55	3 04	3 51	** **	***	44	78
4	240 53.4	44.2	359 21.1	67	45.0	67	52	2 17	17	4 01	23 59	32	51	76
5	255 53.4	+19 44.8	13 46.8	67	−15 38.3	67	50	2 35	3 29	4 09	23 53	34	8 57	75
6	270 53.4	+19 45.3	28 12.6	68	−15 31.4	69	45	3 08	3 52	4 27	23 42	37	9 11	71
7	285 53.4	45.8	42 38.5	69	24.5	69	40	32	4 10	41	33	40	21	69
8	300 53.3	46.4	57 04.4	69	17.4	71	35	3 51	25	4 54	25	43	31	66
9	315 53.3	46.9	71 30.3	69	10.3	71	30	4 06	38	5 04	18	45	39	64
10	330 53.3	47.4	85 56.3	70	−15 03.0	73	20	31	4 59	23	23 06	48	9 53	61
11	345 53.2	+19 48.0	100 22.4	71	−14 55.7	73	10 N	4 50	5 16	5 38	22 55	52	10 05	58
12	0 53.2	+19 48.5	114 48.5	71	−14 48.2	75	0	5 05	5 31	5 53	22 45	55	10 16	56
13	15 53.2	49.0	129 14.6	71	40.7	75	10 S	19	45	6 07	35	58	27	53
14	30 53.1	49.6	143 40.8	72	33.1	76	20	32	5 59	23	25	60	39	50
15	45 53.1	50.1	158 07.1	73	25.4	77	30	45	6 15	40	13	64	10 53	46
16	60 53.1	50.6	172 33.4	73	17.6	78	35	52	23	6 50	22 06	66	11 01	44
17	75 53.1	+19 51.2	186 59.7	73	−14 09.7	79	40	5 59	6 32	7 02	21 57	69	11 10	42
18	90 53.0	+19 51.7	201 26.1	74	−14 01.7	80	45	6 07	6 43	7 15	21 48	71	11 20	40
19	105 53.0	52.2	215 52.6	75	−13 53.6	81	50	16	6 56	32	37	75	32	37
20	120 53.0	52.7	230 19.1	75	45.5	81	52	20	7 01	40	31	77	38	35
21	135 52.9	53.3	244 45.7	76	37.3	82	54	24	08	48	25	79	45	33
22	150 52.9	53.8	259 12.3	76	29.0	83	56	28	15	7 58	19	80	52	31
23	165 52.9	54.3	273 39.0	77	20.6	84	58	33	22	8 09	12	82	11 59	30
24	180 52.8	+19 54.9	288 05.7	77	−13 12.1	85	60 S	6 38	7 31	8 22	21 03	86	12 08	27

UT	ARIES PMG 8h 12m3	VENUS Mag.: −4.0 PMG: 9h 24m		MARTE Mag.: −0.8 PMG: 20h 45m		JÚPITER Mag.: −1.9 PMG: 15h 30m		SATURNO Mag.: +0.1 PMG: 23h 20m	
	hG ♈	hG ♀	Dec	hG ♂	Dec	hG ♃	Dec	hG ♄	Dec
h	° '	° '	° '	° '	° '	° '	° '	° '	° '
0	236 35.4	219 00.0	+5 24.6	47 57.8	−2 49.0	127 06.7	+22 33.0	8 56.5	−15 11.6
1	251 37.8	233 59.8	25.6	63 00.4	49.1	142 08.7	32.9	23 59.1	11.5
2	266 40.3	248 59.6	26.7	78 02.9	49.1	157 10.7	32.9	39 01.8	11.5
3	281 42.8	263 59.3	27.7	93 05.4	49.2	172 12.7	32.8	54 04.4	11.4
4	296 45.2	278 59.1	28.8	108 08.0	49.3	187 14.7	32.7	69 07.1	11.4
5	311 47.7	293 58.8	+5 29.8	123 10.5	−2 49.4	202 16.6	+22 32.7	84 09.7	−15 11.3
6	326 50.2	308 58.6	+5 30.9	138 13.0	−2 49.5	217 18.6	+22 32.6	99 12.4	−15 11.3
7	341 52.6	323 58.3	31.9	153 15.6	49.5	232 20.6	32.6	114 15.0	11.3
8	356 55.1	338 58.1	33.0	168 18.1	49.6	247 22.6	32.5	129 17.7	11.2
9	11 57.6	353 57.8	34.0	183 20.6	49.7	262 24.6	32.5	144 20.3	11.2
10	27 00.0	8 57.6	35.1	198 23.1	49.8	277 26.6	32.4	159 22.9	11.1
11	42 02.5	23 57.4	+5 36.1	213 25.7	−2 49.9	292 28.5	+22 32.3	174 25.6	−15 11.1
12	57 04.9	38 57.1	+5 37.2	228 28.2	−2 50.0	307 30.5	+22 32.3	189 28.2	−15 11.0
13	72 07.4	53 56.9	38.3	243 30.7	50.1	322 32.5	32.2	204 30.9	11.0
14	87 09.9	68 56.6	39.3	258 33.2	50.1	337 34.5	32.2	219 33.5	10.9
15	102 12.3	83 56.4	40.4	273 35.7	50.2	352 36.5	32.1	234 36.2	10.9
16	117 14.8	98 56.1	41.4	288 38.2	50.3	7 38.5	32.1	249 38.8	10.8
17	132 17.3	113 55.9	+5 42.5	303 40.8	−2 50.4	22 40.4	+22 32.0	264 41.5	−15 10.8
18	147 19.7	128 55.6	+5 43.5	318 43.3	−2 50.5	37 42.4	+22 31.9	279 44.1	−15 10.7
19	162 22.2	143 55.4	44.6	333 45.8	50.6	52 44.4	31.9	294 46.8	10.7
20	177 24.7	158 55.1	45.6	348 48.3	50.7	67 46.4	31.8	309 49.4	10.7
21	192 27.1	173 54.9	46.7	3 50.8	50.7	82 48.4	31.8	324 52.1	10.6
22	207 29.6	188 54.6	47.7	18 53.3	50.8	97 50.3	31.7	339 54.7	10.6
23	222 32.1	203 54.4	48.8	33 55.8	50.9	112 52.3	31.7	354 57.4	10.5
24	237 34.5	218 54.1	+5 49.8	48 58.3	−2 51.0	127 54.3	+22 31.6	10 00.0	−15 10.5
Dif	—	−2	+11	+25	−1	+20	−1	+26	0

Martes 20 de mayo de 2014

UT	SOL SD: 15'.8 PMG: 11h 56m.5		◑ LUNA SD: 16'.2 Edad: 20d.7 PHE { 4h: 59'.5; 12h: 59'.5; 20h: 59'.4 } PMG: 4h 59m R°: 53m				Latitud	Puesta de Sol	Fin del crepúsculo		Salida de Luna		Puesta de Luna	
	hG ☉	Dec	hG ☾	Dif	Dec	Dif			Civil	Náutico	Hora	R°	Hora	R°
h	° '	° '	° '		° '		°	h m	h m	h m	h m	m	h m	m
0	180 52.8	+ 19 54.9	288 05.7	78	− 13 12.1	86	60 N	20 43	21 52	** **	0 25	24	9 43	86
1	195 52.8	55.4	302 32.5	78	− 13 03.5	86	58	28	27	** **	17	27	50	84
2	210 52.8	55.9	316 59.3	79	− 12 54.9	87	56	16	21 08	22 36	10	29	9 57	80
3	225 52.7	56.4	331 26.2	79	46.2	88	54	20 04	20 52	22 03	0 04	31	10 02	79
4	240 52.7	56.9	345 53.1	80	37.4	89	52	19 55	38	21 40	** **	***	07	77
5	255 52.7	+ 19 57.5	0 20.1	81	− 12 28.5	89	50	19 46	20 27	21 22	** **	***	10 12	75
6	270 52.6	+ 19 58.0	14 47.2	81	− 12 19.6	90	45	19 28	20 03	20 48	** **	***	10 22	71
7	285 52.6	58.5	29 14.3	81	10.6	91	40	13	19 44	23	** **	***	30	68
8	300 52.6	59.0	43 41.4	82	− 12 01.5	92	35	19 00	29	20 04	** **	***	37	66
9	315 52.5	+ 19 59.6	58 08.6	83	− 11 52.3	92	30	18 49	19 16	19 48	** **	***	43	64
10	330 52.5	+ 20 00.1	72 35.9	83	43.1	93	20	31	18 55	23	23 54	46	10 54	59
11	345 52.4	+ 20 00.6	87 03.2	83	− 11 33.8	93	10 N	18 15	18 37	19 04	23 47	49	11 03	56
12	0 52.4	+ 20 01.1	101 30.5	84	− 11 24.5	95	0	18 00	18 22	18 48	23 40	52	11 12	53
13	15 52.4	01.6	115 57.9	85	15.0	95	10 S	17 45	18 08	33	33	55	20	50
14	30 52.3	02.2	130 25.4	85	− 11 05.5	95	20	30	17 53	20	25	59	29	47
15	45 52.3	02.7	144 52.9	86	− 10 56.0	96	30	12	38	07	17	63	39	43
16	60 52.3	03.2	159 20.5	86	46.4	97	35	17 02	29	18 00	12	65	45	41
17	75 52.2	+ 20 03.7	173 48.1	87	− 10 36.7	97	40	16 50	17 19	17 52	23 06	68	11 52	38
18	90 52.2	+ 20 04.2	188 15.8	87	− 10 27.0	98	45	16 36	17 09	17 45	22 59	71	12 00	35
19	105 52.1	04.7	202 43.5	88	17.2	99	50	19	16 56	36	52	74	09	32
20	120 52.1	05.2	217 11.3	88	− 10 07.3	99	52	12	50	32	48	76	13	30
21	135 52.1	05.8	231 39.1	89	− 9 57.4	99	54	16 03	43	28	44	78	18	28
22	150 52.0	06.3	246 07.0	89	47.5	101	56	15 53	36	23	39	81	23	26
23	165 52.0	06.8	260 34.9	90	37.4	100	58	42	29	18	34	83	29	24
24	180 52.0	+ 20 07.3	275 02.9		− 9 27.4		60 S	15 29	16 20	17 13	22 29	86	12 35	22

UT	ARIES PMG 8h 08m.4	VENUS Mag.: −4.0 PMG: 9h 25m		MARTE Mag.: −0.8 PMG: 20h 41m		JÚPITER Mag.: −1.9 PMG: 15h 26m		SATURNO Mag.: +0.1 PMG: 23h 16m	
	hG ♈	hG ♀	Dec	hG ♂	Dec	hG ♃	Dec	hG ♄	Dec
h	° '	° '	° '	° '	° '	° '	° '	° '	° '
0	237 34.5	218 54.1	+ 5 49.8	48 58.3	− 2 51.0	127 54.3	+ 22 31.6	10 00.0	− 15 10.5
1	252 37.0	233 53.9	50.9	64 00.8	51.1	142 56.3	31.5	25 02.7	10.4
2	267 39.4	248 53.6	51.9	79 03.3	51.2	157 58.3	31.5	40 05.3	10.4
3	282 41.9	263 53.4	53.0	94 05.8	51.3	173 00.2	31.4	55 08.0	10.3
4	297 44.4	278 53.1	54.0	109 08.3	51.4	188 02.2	31.4	70 10.6	10.3
5	312 46.8	293 52.9	+ 5 55.1	124 10.8	− 2 51.5	203 04.2	+ 22 31.3	85 13.3	− 15 10.2
6	327 49.3	308 52.6	+ 5 56.1	139 13.3	− 2 51.6	218 06.2	+ 22 31.2	100 15.9	− 15 10.2
7	342 51.8	323 52.4	57.2	154 15.8	51.7	233 08.2	31.2	115 18.6	10.2
8	357 54.2	338 52.1	58.2	169 18.3	51.8	248 10.1	31.1	130 21.2	10.1
9	12 56.7	353 51.9	+ 5 59.3	184 20.8	51.9	263 12.1	31.1	145 23.9	10.1
10	27 59.2	8 51.6	+ 6 00.3	199 23.3	52.0	278 14.1	31.0	160 26.5	10.0
11	43 01.6	23 51.4	+ 6 01.4	214 25.8	− 2 52.0	293 16.1	+ 22 31.0	175 29.2	− 15 10.0
12	58 04.1	38 51.1	+ 6 02.4	229 28.3	− 2 52.1	308 18.1	+ 22 30.9	190 31.8	− 15 09.9
13	73 06.6	53 50.9	03.5	244 30.8	52.2	323 20.0	30.8	205 34.5	09.9
14	88 09.0	68 50.6	04.5	259 33.3	52.3	338 22.0	30.8	220 37.1	09.8
15	103 11.5	83 50.4	05.6	274 35.8	52.4	353 24.0	30.7	235 39.8	09.8
16	118 13.9	98 50.1	06.6	289 38.3	52.5	8 26.0	30.7	250 42.4	09.7
17	133 16.4	113 49.9	+ 6 07.7	304 40.7	− 2 52.6	23 27.9	+ 22 30.6	265 45.0	− 15 09.7
18	148 18.9	128 49.6	+ 6 08.7	319 43.2	− 2 52.7	38 29.9	+ 22 30.5	280 47.7	− 15 09.6
19	163 21.3	143 49.4	09.8	334 45.7	52.8	53 31.9	30.5	295 50.3	09.6
20	178 23.8	158 49.1	10.8	349 48.2	52.9	68 33.9	30.4	310 53.0	09.6
21	193 26.3	173 48.9	11.8	4 50.7	53.0	83 35.9	30.4	325 55.6	09.5
22	208 28.7	188 48.6	12.9	19 53.1	53.1	98 37.8	30.3	340 58.3	09.5
23	223 31.2	203 48.4	13.9	34 55.6	53.2	113 39.8	30.2	356 00.9	09.4
24	238 33.7	218 48.1	+ 6 15.0	49 58.1	− 2 53.3	128 41.8	+ 22 30.2	11 03.6	− 15 09.4
Dif	—	−3	+10	+25	−1	+20	−1	+26	0

150 Miércoles 21 de mayo de 2014

UT	SOL SD: 15'.8 PMG: $11^h\ 56^m.6$		LUNA SD: 16'.2 Edad: $21^d.7$ PHE { 4^h: 59'.3, 12^h: 59'.2, 20^h: 59'.1 } PMG: $5^h\ 52^m$ R°: 52^m				Latitud	Principio del crepúsculo		Salida de Sol	Salida de Luna		Puesta de Luna	
	hG ☉	Dec	hG ☾	Dif	Dec	Dif		Náutico	Civil		Hora	R°	Hora	R°
h	° '	° '	° '		° '		°	h m	h m	h m	h m	m	h m	m
0	180 52.0	+20 07.3	275 02.9		−9 27.4		60 N	** **	2 00	3 09	0 49	20	11 09	86
1	195 51.9	07.8	289 30.9	90	17.3	101	58	** **	25	24	44	22	14	82
2	210 51.9	08.3	303 58.9	90	−9 07.1	102	56	1 17	2 45	37	39	24	17	81
3	225 51.8	08.8	318 27.1	92	−8 56.9	102	54	1 49	3 01	48	35	26	21	78
4	240 51.8	09.3	332 55.2	91	46.6	103	52	2 13	14	3 58	31	28	24	76
5	255 51.8	+20 09.8	347 23.4	92	−8 36.3	103	50	2 31	3 26	4 07	0 27	30	11 27	75
6	270 51.7	+20 10.4	1 51.7	93	−8 25.9	104	45	3 05	3 50	4 25	0 19	34	11 33	71
7	285 51.7	10.9	16 20.0	93	15.5	104	40	30	4 09	40	13	37	38	68
8	300 51.6	11.4	30 48.3	93	−8 05.1	104	35	3 49	24	4 52	08	39	43	65
9	315 51.6	11.9	45 16.7	94	−7 54.6	105	30	4 05	37	5 03	0 03	41	47	62
10	330 51.6	12.4	59 45.2	95	44.0	106	20	30	4 58	22	** **	***	53	59
11	345 51.5	+20 12.9	74 13.6	94	−7 33.5	105	10 N	4 49	5 16	5 38	** **	***	11 59	55
12	0 51.5	+20 13.4	88 42.2	96	−7 22.9	106	0	5 05	5 31	5 53	** **	***	12 05	51
13	15 51.4	13.9	103 10.7	95	12.2	107	10 S	20	5 45	6 08	** **	***	10	48
14	30 51.4	14.4	117 39.3	96	−7 01.5	107	20	33	6 00	23	** **	***	16	44
15	45 51.3	14.9	132 08.0	97	−6 50.8	107	30	47	16	41	** **	***	22	41
16	60 51.3	15.4	146 36.7	97	40.0	108	35	5 54	24	6 52	** **	***	26	38
17	75 51.3	+20 15.9	161 05.4	97	−6 29.3	107	40	6 01	6 34	7 04	** **	***	12 30	36
18	90 51.2	+20 16.4	175 34.2	98	−6 18.4	109	45	6 09	6 45	7 17	** **	***	12 35	32
19	105 51.2	16.9	190 03.0	98	−6 07.6	108	50	18	6 58	34	** **	***	41	28
20	120 51.1	17.4	204 31.9	99	−5 56.7	109	52	22	7 04	42	** **	***	43	27
21	135 51.1	17.9	219 00.8	99	45.8	109	54	26	10	7 51	** **	***	46	25
22	150 51.0	18.4	233 29.7	99	34.9	109	56	31	17	8 01	** **	***	49	24
23	165 51.0	18.9	247 58.7	100	23.9	110	58	36	25	13	23 57	83	53	21
24	180 50.9	+20 19.4	262 27.7	100	−5 12.9	110	60 S	6 41	7 34	8 26	23 55	84	12 57	18

UT	ARIES PMG $8^h\ 04^m.4$	VENUS Mag.: −4.0 PMG: $9^h\ 25^m$		MARTE Mag.: −0.7 PMG: $20^h\ 37^m$		JÚPITER Mag.: −1.9 PMG: $15^h\ 23^m$		SATURNO Mag.: +0.1 PMG: $23^h\ 12^m$	
	hG ♈	hG ♀	Dec	hG ♂	Dec	hG ♃	Dec	hG ♄	Dec
h	° '	° '	° '	° '	° '	° '	° '	° '	° '
0	238 33.7	218 48.1	+ 6 15.0	49 58.1	− 2 53.3	128 41.8	+ 22 30.2	11 03.6	− 15 09.4
1	253 36.1	233 47.9	16.0	65 00.6	53.4	143 43.8	30.1	26 06.2	09.3
2	268 38.6	248 47.6	17.1	80 03.0	53.5	158 45.7	30.1	41 08.9	09.3
3	283 41.0	263 47.3	18.1	95 05.5	53.6	173 47.7	30.0	56 11.5	09.2
4	298 43.5	278 47.1	19.2	110 08.0	53.7	188 49.7	30.0	71 14.2	09.2
5	313 46.0	293 46.8	+ 6 20.2	125 10.5	− 2 53.9	203 51.7	+ 22 29.9	86 16.8	− 15 09.1
6	328 48.4	308 46.6	+ 6 21.3	140 12.9	− 2 54.0	218 53.6	+ 22 29.8	101 19.5	− 15 09.1
7	343 50.9	323 46.3	22.3	155 15.4	54.1	233 55.6	29.8	116 22.1	09.1
8	358 53.4	338 46.1	23.4	170 17.9	54.2	248 57.6	29.7	131 24.8	09.0
9	13 55.8	353 45.8	24.4	185 20.3	54.3	263 59.6	29.7	146 27.4	09.0
10	28 58.3	8 45.5	25.5	200 22.8	54.4	279 01.5	29.6	161 30.1	08.9
11	44 00.8	23 45.3	+ 6 26.5	215 25.3	− 2 54.5	294 03.5	+ 22 29.5	176 32.7	− 15 08.9
12	59 03.2	38 45.0	+ 6 27.6	230 27.7	− 2 54.6	309 05.5	+ 22 29.5	191 35.4	− 15 08.8
13	74 05.7	53 44.8	28.6	245 30.2	54.7	324 07.5	29.4	206 38.0	08.8
14	89 08.2	68 44.5	29.7	260 32.6	54.8	339 09.4	29.4	221 40.6	08.7
15	104 10.6	83 44.3	30.7	275 35.1	54.9	354 11.4	29.3	236 43.3	08.7
16	119 13.1	98 44.0	31.7	290 37.5	55.0	9 13.4	29.2	251 45.9	08.6
17	134 15.5	113 43.7	+ 6 32.8	305 40.0	− 2 55.1	24 15.4	+ 22 29.2	266 48.6	− 15 08.6
18	149 18.0	128 43.5	+ 6 33.8	320 42.5	− 2 55.3	39 17.3	+ 22 29.1	281 51.2	− 15 08.6
19	164 20.5	143 43.2	34.9	335 44.9	55.4	54 19.3	29.1	296 53.9	08.5
20	179 22.9	158 43.0	35.9	350 47.4	55.5	69 21.3	29.0	311 56.5	08.5
21	194 25.4	173 42.7	37.0	5 49.8	55.6	84 23.3	28.9	326 59.2	08.4
22	209 27.9	188 42.4	38.0	20 52.3	55.7	99 25.2	28.9	342 01.8	08.4
23	224 30.3	203 42.2	39.1	35 54.7	55.8	114 27.2	28.8	357 04.5	08.3
24	239 32.8	218 41.9	+ 6 40.1	50 57.2	− 2 55.9	129 29.2	+ 22 28.8	12 07.1	− 15 08.3
Dif	—	−3	+10	+25	−1	+20	−1	+26	0

UT	SOL SD: 15′.8 PMG: 11h 56m.8		☾ LUNA SD: 15′.9 Edad: 24d.7 PHE {4h: 58′.1; 12h: 57′.9; 20h: 57′.8} PMG: 8h 24m R°: 50m				Latitud	Puesta de Sol	Fin del crepúsculo		Salida de Luna		Puesta de Luna	
	hG ☉	Dec	hG ☾	Dif	Dec	Dif			Civil	Náutico	Hora	R°	Hora	R°
h	° ′	° ′	° ′		° ′		°	h m	h m	h m	h m	m	h m	m
0	180 48.5	+20 42.5	238 10.4		+3 42.8		60 N	20 52	22 06	** **	1 44	18	15 22	81
1	195 48.5	43.0	252 40.4	110	+3 53.7	109	58	36	21 38	** **	46	21	18	79
2	210 48.4	43.5	267 10.4	110	+4 04.6	109	56	22	21 17	22 55	48	23	15	77
3	225 48.3	43.9	281 40.5	111	15.4	108	54	11	20 59	22 15	50	24	12	75
4	240 48.3	44.4	296 10.5	110	26.3	109	52	20 00	45	21 50	51	27	10	72
5	255 48.2	+20 44.9	310 40.5	110	+4 37.1	108	50	19 51	20 33	21 30	1 53	28	15 07	71
6	270 48.2	+20 45.3	325 10.5	110	+4 47.8	107	45	19 32	20 07	20 53	1 56	31	15 02	68
7	285 48.1	45.8	339 40.6	111	+4 58.6	108	40	16	19 48	27	1 58	35	14 58	64
8	300 48.1	46.3	354 10.6	110	+5 09.3	107	35	19 03	32	20 07	2 01	37	54	62
9	315 48.0	46.7	8 40.6	110	19.9	106	30	18 52	19 19	19 51	03	39	51	60
10	330 47.9	47.2	23 10.7	111	30.6	107	20	33	18 57	25	06	43	45	57
11	345 47.9	+20 47.6	37 40.7	110	+5 41.2	106	10 N	18 16	18 38	19 05	2 09	47	14 41	52
12	0 47.8	+20 48.1	52 10.7	110	+5 51.7	105	0	18 00	18 23	18 48	2 12	50	14 36	50
13	15 47.8	48.6	66 40.7	110	+6 02.3	106	10 S	17 45	18 07	33	15	53	31	47
14	30 47.7	49.0	81 10.8	111	12.7	104	20	29	17 52	19	18	57	26	44
15	45 47.6	49.5	95 40.8	110	23.2	105	30	10	36	18 05	22	60	21	40
16	60 47.6	49.9	110 10.8	110	33.6	104	35	17 00	27	17 58	24	63	18	37
17	75 47.5	+20 50.4	124 40.8	110	+6 44.0	104	40	16 47	17 17	17 50	2 27	65	14 14	35
18	90 47.5	+20 50.9	139 10.9	111	+6 54.3	103	45	16 33	17 05	17 42	2 30	68	14 10	32
19	105 47.4	51.3	153 40.9	110	+7 04.6	103	50	15	16 52	32	33	72	05	29
20	120 47.3	51.8	168 10.9	110	14.8	102	52	16 07	46	28	35	73	02	28
21	135 47.3	52.2	182 40.9	110	25.0	102	54	15 58	39	23	37	75	14 00	26
22	150 47.2	52.7	197 10.9	110	35.2	102	56	47	31	18	38	78	13 57	24
23	165 47.2	53.1	211 40.9	110	45.3	101	58	35	23	13	41	79	54	22
24	180 47.1	+20 53.6	226 10.8	109	+7 55.3	100	60 S	15 21	16 14	17 07	2 43	82	13 51	19

UT	ARIES PMG 7h 52m.6	VENUS Mag.: −4.0 PMG: 9h 26m		MARTE Mag.: −0.7 PMG: 20h 25m		JÚPITER Mag.: −1.9 PMG: 15h 14m		SATURNO Mag.: +0.1 PMG: 22h 59m	
	hG ♈	hG ♀	Dec	hG ♂	Dec	hG ♃	Dec	hG ♄	Dec
h	° ′	° ′	° ′	° ′	° ′	° ′	° ′	° ′	° ′
0	241 31.1	218 29.1	+7 30.1	52 53.2	−3 01.9	131 03.8	+22 25.8	14 14.1	−15 06.1
1	256 33.5	233 28.8	31.2	67 55.6	02.1	146 05.7	25.8	29 16.7	06.1
2	271 36.0	248 28.5	32.2	82 57.9	02.2	161 07.7	25.7	44 19.4	06.0
3	286 38.5	263 28.2	33.2	98 00.3	02.3	176 09.7	25.6	59 22.0	06.0
4	301 40.9	278 28.0	34.3	113 02.7	02.5	191 11.6	25.6	74 24.7	05.9
5	316 43.4	293 27.7	+7 35.3	128 05.1	−3 02.6	206 13.6	+22 25.5	89 27.3	−15 05.9
6	331 45.9	308 27.4	+7 36.4	143 07.5	−3 02.7	221 15.6	+22 25.5	104 30.0	−15 05.9
7	346 48.3	323 27.1	37.4	158 09.9	02.9	236 17.5	25.4	119 32.6	05.8
8	1 50.8	338 26.9	38.4	173 12.2	03.0	251 19.5	25.3	134 35.3	05.8
9	16 53.2	353 26.6	39.5	188 14.6	03.2	266 21.4	25.3	149 37.9	05.7
10	31 55.7	8 26.3	40.5	203 17.0	03.3	281 23.4	25.2	164 40.5	05.7
11	46 58.2	23 26.0	+7 41.5	218 19.4	−3 03.4	296 25.4	+22 25.1	179 43.2	−15 05.6
12	62 00.6	38 25.8	+7 42.6	233 21.7	−3 03.6	311 27.3	+22 25.1	194 45.8	−15 05.6
13	77 03.1	53 25.5	43.6	248 24.1	03.7	326 29.3	25.0	209 48.5	05.6
14	92 05.6	68 25.2	44.6	263 26.5	03.9	341 31.3	25.0	224 51.1	05.5
15	107 08.0	83 24.9	45.7	278 28.8	04.0	356 33.2	24.9	239 53.8	05.5
16	122 10.5	98 24.6	46.7	293 31.2	04.2	11 35.2	24.8	254 56.4	05.4
17	137 13.0	113 24.4	+7 47.7	308 33.6	−3 04.3	26 37.2	+22 24.8	269 59.0	−15 05.4
18	152 15.4	128 24.1	+7 48.8	323 36.0	−3 04.4	41 39.1	+22 24.7	285 01.7	−15 05.3
19	167 17.9	143 23.8	49.8	338 38.3	04.6	56 41.1	24.6	300 04.3	05.3
20	182 20.4	158 23.5	50.9	353 40.7	04.7	71 43.1	24.6	315 07.0	05.2
21	197 22.8	173 23.2	51.9	8 43.0	04.9	86 45.0	24.5	330 09.6	05.2
22	212 25.3	188 23.0	52.9	23 45.4	05.0	101 47.0	24.5	345 12.3	05.2
23	227 27.7	203 22.7	54.0	38 47.8	05.2	116 49.0	24.4	0 14.9	05.1
24	242 30.2	218 22.4	+7 55.0	53 50.1	−3 05.3	131 50.9	+22 24.3	15 17.6	−15 05.1
Dif	—	−3	+10	+24	−1	+20	−1	+26	0

UT	SOL SD: 15′8 PMG: $11^h\ 57^m8$		LUNA SD: 14′8 Edad: 3^d2 PHE { 4^h: 54′4, 12^h: 54′4, 20^h: 54′3 } PMG: $15^h\ 03^m$ R°: 45^m				Latitud	Puesta de Sol	Fin del crepúsculo		Salida de Luna		Puesta de Luna	
	hG ☉	Dec	hG ☾	Dif	Dec	Dif			Civil	Náutico	Hora	R°	Hora	R°
h	° ′	° ′	° ′		° ′		°	h m	h m	h m	h m	m	h m	m
0	180 33.8	+22 00.6	141 29.4		+17 19.1		60 N	21 07	22 32	** **	6 41	67	23 11	22
1	195 33.7	01.0	156 00.7	123	14.9	42	58	20 49	21 57	** **	6 52	65	23 01	25
2	210 33.6	01.3	170 32.1	124	10.6	43	56	34	32	** **	7 02	63	22 53	26
3	225 33.5	01.6	185 03.5	124	06.2	44	54	21	21 13	22 39	10	62	45	28
4	240 33.5	02.0	199 34.9	124	+17 01.8	44	52	10	20 57	22 07	18	60	39	29
5	255 33.4	+22 02.3	214 06.4	125	+16 57.3	45	50	20 00	20 43	21 44	7 25	59	22 33	30
6	270 33.3	+22 02.7	228 37.9	125	+16 52.7	46	45	19 39	20 16	21 03	7 39	57	22 20	33
7	285 33.2	03.0	243 09.4	125	48.0	47	40	23	19 55	20 35	7 51	55	09	35
8	300 33.1	03.3	257 41.0	126	43.2	48	35	19 09	38	20 14	8 01	54	22 00	37
9	315 33.0	03.7	272 12.6	126	38.4	48	30	18 56	23	19 56	10	52	21 52	38
10	330 32.9	04.0	286 44.3	127	33.5	49	20	36	19 00	29	25	50	38	40
11	345 32.8	+22 04.4	301 16.0	127	+16 28.6	49	10 N	18 18	18 41	19 08	8 39	48	21 25	43
12	0 32.7	+22 04.7	315 47.7	127	+16 23.5	51	0	18 01	18 24	18 50	8 51	46	21 14	45
13	15 32.6	05.0	330 19.5	128	18.4	51	10 S	17 45	18 08	34	9 04	44	21 02	47
14	30 32.5	05.4	344 51.4	129	13.3	51	20	28	17 51	19	17	42	20 50	49
15	45 32.4	05.7	359 23.2	128	08.0	53	30	17 08	34	18 03	32	40	35	52
16	60 32.3	06.0	13 55.1	129	+16 02.7	53	35	16 56	24	17 55	41	39	27	54
17	75 32.2	+22 06.4	28 27.1	130	+15 57.3	54	40	16 43	17 13	17 47	9 51	37	20 17	56
18	90 32.1	+22 06.7	42 59.1	130	+15 51.8	55	45	16 28	17 01	17 37	10 03	35	20 06	58
19	105 32.0	07.0	57 31.1	130	46.3	55	50	16 08	16 46	27	17	33	19 53	60
20	120 31.9	07.4	72 03.2	131	40.7	56	52	15 59	39	22	24	31	46	62
21	135 31.8	07.7	86 35.3	131	35.1	56	54	49	32	17	31	30	39	63
22	150 31.7	08.0	101 07.4	131	29.3	58	56	38	23	11	39	29	31	65
23	165 31.6	08.3	115 39.6	132	23.5	58	58	25	14	17 05	49	27	23	66
24	180 31.5	+22 08.7	130 11.8	132	+15 17.7	58	60 S	15 09	16 04	16 59	10 59	25	19 12	69

UT	ARIES PMG $7^h\ 21^m2$	VENUS Mag.: −4.0 PMG: $9^h\ 30^m$		MARTE Mag.: −0.5 PMG: $19^h\ 56^m$		JÚPITER Mag.: −1.9 PMG: $14^h\ 49^m$		SATURNO Mag.: +0.2 PMG: $22^h\ 25^m$	
	hG ♈	hG ♀	Dec	hG ♂	Dec	hG ♃	Dec	hG ♄	Dec
h	° ′	° ′	° ′	° ′	° ′	° ′	° ′	° ′	° ′
0	249 24.2	217 30.5	+10 45.4	60 10.1	−3 36.2	137 19.0	+22 13.1	22 40.7	−14 58.0
1	264 26.6	232 30.2	46.4	75 12.3	36.5	152 20.9	13.0	37 43.3	58.0
2	279 29.1	247 29.9	47.4	90 14.4	36.7	167 22.9	13.0	52 46.0	57.9
3	294 31.6	262 29.5	48.4	105 16.6	36.9	182 24.8	12.9	67 48.6	57.9
4	309 34.0	277 29.2	49.4	120 18.8	37.1	197 26.8	12.8	82 51.2	57.8
5	324 36.5	292 28.8	+10 50.4	135 20.9	−3 37.3	212 28.7	+22 12.7	97 53.9	−14 57.8
6	339 39.0	307 28.5	+10 51.4	150 23.1	−3 37.6	227 30.7	+22 12.7	112 56.5	−14 57.8
7	354 41.4	322 28.2	52.4	165 25.3	37.8	242 32.6	12.6	127 59.1	57.7
8	9 43.9	337 27.8	53.3	180 27.4	38.0	257 34.5	12.5	143 01.8	57.7
9	24 46.4	352 27.5	54.3	195 29.6	38.2	272 36.5	12.5	158 04.4	57.6
10	39 48.8	7 27.1	55.3	210 31.7	38.4	287 38.4	12.4	173 07.0	57.6
11	54 51.3	22 26.8	+10 56.3	225 33.9	−3 38.7	302 40.4	+22 12.3	188 09.7	−14 57.6
12	69 53.8	37 26.4	+10 57.3	240 36.0	−3 38.9	317 42.3	+22 12.3	203 12.3	−14 57.5
13	84 56.2	52 26.1	58.3	255 38.2	39.1	332 44.3	12.2	218 14.9	57.5
14	99 58.7	67 25.8	+10 59.3	270 40.3	39.3	347 46.2	12.1	233 17.5	57.4
15	115 01.1	82 25.4	+11 00.3	285 42.5	39.6	2 48.1	12.0	248 20.2	57.4
16	130 03.6	97 25.1	01.2	300 44.6	39.8	17 50.1	12.0	263 22.8	57.4
17	145 06.1	112 24.7	+11 02.2	315 46.8	−3 40.0	32 52.0	+22 11.9	278 25.4	−14 57.3
18	160 08.5	127 24.4	+11 03.2	330 48.9	−3 40.2	47 54.0	+22 11.8	293 28.1	−14 57.3
19	175 11.0	142 24.0	04.2	345 51.1	40.5	62 55.9	11.8	308 30.7	57.3
20	190 13.5	157 23.7	05.2	0 53.2	40.7	77 57.8	11.7	323 33.3	57.2
21	205 15.9	172 23.4	06.2	15 55.4	40.9	92 59.8	11.6	338 36.0	57.2
22	220 18.4	187 23.0	07.2	30 57.5	41.2	108 01.7	11.5	353 38.6	57.1
23	235 20.9	202 22.7	08.1	45 59.7	41.4	123 03.7	11.5	8 41.2	57.1
24	250 23.3	217 22.3	+11 09.1	61 01.8	−3 41.6	138 05.6	+22 11.4	23 43.8	−14 57.1
Dif	—	−3	+10	+22	−2	+19	−1	+26	0

Sábado 7 de junio de 2014

UT	SOL SD: 15′.8 PMG: $11^h\ 58^m.9$		☾ LUNA SD: 15′.1 Edad: $9^d.2$ PHE { 4^h: 55′.5 12^h: 55′.7 20^h: 55′.9 } PMG: $19^h\ 26^m$ R°: 47^m				Latitud	Puesta de Sol	Fin del crepúsculo		Salida de Luna		Puesta de Luna	
	hG ☉	Dec	hG ☾	Dif	Dec	Dif			Civil	Náutico	Hora	R°	Hora	R°
h	° ′	° ′	° ′		° ′		°	h m	h m	h m	h m	m	h m	m
0	180 18.6	+22 43.2	77 14.1		−1 49.7		60 N	21 17	22 50	** **	13 45	77	0 38	16
1	195 18.5	43.4	91 47.4	143	−1 59.7	100	58	20 57	22 09	** **	43	74	39	18
2	210 18.4	43.7	106 20.7	143	−2 09.7	100	56	42	21 42	** **	41	72	40	20
3	225 18.3	43.9	120 53.9	142	19.7	100	54	28	21	22 56	39	70	41	22
4	240 18.1	44.1	135 27.1	142	29.7	100	52	16	21 04	22 18	37	68	42	23
5	255 18.0	+22 44.4	150 00.2	141	−2 39.6	99	50	20 06	20 49	21 53	13 36	66	0 42	25
6	270 17.9	+22 44.6	164 33.3	141	−2 49.6	100	45	19 44	20 21	21 10	13 32	64	0 44	28
7	285 17.8	44.9	179 06.3	140	−2 59.6	100	40	27	19 59	20 40	30	60	45	31
8	300 17.7	45.1	193 39.4	141	−3 09.6	100	35	19 12	41	18	27	58	46	33
9	315 17.6	45.3	208 12.3	139	19.6	100	30	18 59	27	20 00	25	56	47	36
10	330 17.4	45.6	222 45.3	140	29.6	100	20	38	19 02	19 31	21	53	49	39
11	345 17.3	+22 45.8	237 18.2	139	−3 39.5	99	10 N	18 20	18 43	19 09	13 18	49	0 51	42
12	0 17.2	+22 46.1	251 51.0	138	−3 49.5	100	0	18 03	18 25	18 51	13 15	46	0 52	45
13	15 17.1	46.3	266 23.8	138	−3 59.5	100	10 S	17 46	18 08	35	12	43	54	47
14	30 17.0	46.5	280 56.6	138	−4 09.4	99	20	28	17 51	19	09	40	55	51
15	45 16.9	46.8	295 29.3	137	19.4	100	30	17 07	33	18 03	06	36	57	55
16	60 16.7	47.0	310 02.0	137	29.3	99	35	16 55	23	17 55	04	34	58	57
17	75 16.6	+22 47.2	324 34.6	136	−4 39.2	99	40	16 41	17 12	17 46	13 02	31	0 59	59
18	90 16.5	+22 47.5	339 07.2	136	−4 49.2	100	45	16 25	16 59	17 36	12 59	29	1 00	62
19	105 16.4	47.7	353 39.7	135	−4 59.1	99	50	16 05	43	24	56	26	02	65
20	120 16.3	47.9	8 12.2	135	−5 09.0	99	52	15 56	36	19	55	24	02	68
21	135 16.2	48.2	22 44.7	135	18.9	99	54	45	28	14	53	23	03	69
22	150 16.0	48.4	37 17.0	133	28.7	98	56	33	20	08	51	21	04	71
23	165 15.9	48.6	51 49.4	134	38.6	99	58	19	16 10	17 02	49	20	05	73
24	180 15.8	+22 48.9	66 21.6	132	−5 48.4	98	60 S	15 03	15 59	16 55	12 47	17	1 06	75

UT	ARIES PMG $6^h\ 57^m.6$	VENUS Mag.: −3.9 PMG: $9^h\ 34^m$		MARTE Mag.: −0.4 PMG: $19^h\ 37^m$		JÚPITER Mag.: −1.9 PMG: $14^h\ 30^m$		SATURNO Mag.: +0.2 PMG: $22^h\ 00^m$	
	hG ♈	hG ♀	Dec	hG ♂	Dec	hG ♃	Dec	hG ♄	Dec
h	° ′	° ′	° ′	° ′	° ′	° ′	° ′	° ′	° ′
0	255 19.0	216 37.9	+ 13 04.4	65 11.3	− 4 11.9	141 57.7	+ 22 02.5	28 58.8	− 14 52.6
1	270 21.5	231 37.5	05.3	80 13.3	12.1	156 59.6	02.4	44 01.4	52.5
2	285 23.9	246 37.1	06.2	95 15.4	12.4	172 01.6	02.4	59 04.0	52.5
3	300 26.4	261 36.7	07.2	110 17.4	12.7	187 03.5	02.3	74 06.6	52.4
4	315 28.9	276 36.3	08.1	125 19.4	13.0	202 05.4	02.2	89 09.3	52.4
5	330 31.3	291 35.9	+ 13 09.0	140 21.4	− 4 13.2	217 07.3	+ 22 02.1	104 11.9	− 14 52.4
6	345 33.8	306 35.5	+ 13 10.0	155 23.4	− 4 13.5	232 09.3	+ 22 02.0	119 14.5	− 14 52.3
7	0 36.3	321 35.1	10.9	170 25.4	13.8	247 11.2	02.0	134 17.1	52.3
8	15 38.7	336 34.7	11.8	185 27.4	14.1	262 13.1	01.9	149 19.7	52.3
9	30 41.2	351 34.3	12.8	200 29.4	14.3	277 15.0	01.8	164 22.3	52.2
10	45 43.7	6 33.9	13.7	215 31.5	14.6	292 17.0	01.7	179 25.0	52.2
11	60 46.1	21 33.5	+ 13 14.6	230 33.5	− 4 14.9	307 18.9	+ 22 01.7	194 27.6	− 14 52.2
12	75 48.6	36 33.1	+ 13 15.6	245 35.5	− 4 15.2	322 20.8	+ 22 01.6	209 30.2	− 14 52.1
13	90 51.0	51 32.7	16.5	260 37.5	15.5	337 22.8	01.5	224 32.8	52.1
14	105 53.5	66 32.3	17.4	275 39.5	15.7	352 24.7	01.4	239 35.4	52.1
15	120 56.0	81 31.9	18.3	290 41.5	16.0	7 26.6	01.4	254 38.1	52.0
16	135 58.4	96 31.5	19.3	305 43.5	16.3	22 28.5	01.3	269 40.7	52.0
17	151 00.9	111 31.1	+ 13 20.2	320 45.5	− 4 16.6	37 30.5	+ 22 01.2	284 43.3	− 14 52.0
18	166 03.4	126 30.7	+ 13 21.1	335 47.5	− 4 16.9	52 32.4	+ 22 01.1	299 45.9	− 14 51.9
19	181 05.8	141 30.3	22.1	350 49.5	17.1	67 34.3	01.0	314 48.5	51.9
20	196 08.3	156 29.9	23.0	5 51.5	17.4	82 36.2	01.0	329 51.1	51.8
21	211 10.8	171 29.5	23.9	20 53.5	17.7	97 38.2	00.9	344 53.8	51.8
22	226 13.2	186 29.1	24.8	35 55.5	18.0	112 40.1	00.8	359 56.4	51.8
23	241 15.7	201 28.7	25.8	50 57.5	18.3	127 42.0	00.7	14 59.0	51.7
24	256 18.2	216 28.3	+ 13 26.7	65 59.5	− 4 18.5	142 43.9	+ 22 00.7	30 01.6	− 14 51.7
Dif	—	−4	+9	+20	−3	+19	−1	+26	0

Domingo 8 de junio de 2014

UT	SOL SD: 15'.8 PMG: 11h 59m0		O LUNA SD: 15'.3 Edad: 10d2 PHE {4h: 56'.2; 12h: 56'.4; 20h: 56'.7} PMG: 20h 13m R°: 49m				Latitud	Principio del crepúsculo		Salida de Sol	Salida de Luna		Puesta de Luna	
	hG ⊙	Dec	hG ☾	Dif	Dec	Dif		Náutico	Civil		Hora	R°	Hora	R°
h	° '	° '	° '		° '		°	h m	h m	h m	h m	m	h m	m
0	180 15.8	+22 48.9	66 21.6		−5 48.4		60 N	** **	1 08	2 41	15 02	79	0 54	18
1	195 15.7	49.1	80 53.9	133	−5 58.3	99	58	** **	1 49	3 00	14 57	76	0 57	20
2	210 15.6	49.3	95 26.0	131	−6 08.1	98	56	** **	2 16	16	53	74	1 00	22
3	225 15.4	49.6	109 58.2	132	17.9	98	54	1 02	37	30	49	72	03	24
4	240 15.3	49.8	124 30.2	130	27.7	98	52	1 40	2 54	42	45	71	05	26
5	255 15.2	+22 50.0	139 02.2	130	−6 37.4	97	50	2 05	3 08	3 52	14 42	69	1 07	27
6	270 15.1	+22 50.2	153 34.2	130	−6 47.2	98	45	2 48	3 37	4 14	14 36	65	1 12	30
7	285 15.0	50.5	168 06.1	129	−6 56.9	97	40	3 18	3 59	31	30	63	16	33
8	300 14.8	50.7	182 37.9	128	−7 06.6	97	35	40	4 16	46	25	60	19	36
9	315 14.7	50.9	197 09.7	128	16.3	97	30	3 58	31	4 58	21	58	23	37
10	330 14.6	51.1	211 41.4	127	25.9	96	20	4 26	4 55	5 20	14	54	28	41
11	345 14.5	+22 51.4	226 13.0	126	−7 35.6	97	10 N	4 48	5 15	5 38	14 07	52	1 33	44
12	0 14.4	+22 51.6	240 44.6	126	−7 45.2	96	0	5 07	5 33	5 55	14 01	49	1 37	47
13	15 14.3	51.8	255 16.1	125	−7 54.8	96	10 S	23	5 50	6 12	13 55	46	41	51
14	30 14.1	52.0	269 47.6	125	−8 04.3	95	20	39	6 06	30	49	43	46	54
15	45 14.0	52.2	284 19.0	124	13.9	96	30	5 55	25	6 51	42	40	52	56
16	60 13.9	52.5	298 50.3	123	23.4	95	35	6 03	35	7 03	38	37	55	59
17	75 13.8	+22 52.7	313 21.6	123	−8 32.9	95	40	6 12	6 46	7 17	13 33	36	1 58	62
18	90 13.7	+22 52.9	327 52.8	122	−8 42.3	94	45	6 22	6 59	7 33	13 28	33	2 02	65
19	105 13.5	53.1	342 23.9	121	−8 51.7	94	50	34	7 15	7 53	22	29	07	68
20	120 13.4	53.3	356 55.0	121	−9 01.1	94	52	39	22	8 03	19	28	10	69
21	135 13.3	53.5	11 26.0	120	10.5	94	54	44	30	13	16	26	12	71
22	150 13.2	53.8	25 56.9	119	19.8	93	56	50	39	25	12	25	15	73
23	165 13.0	54.0	40 27.8	119	29.1	93	58	6 57	7 49	40	09	22	18	75
24	180 12.9	+22 54.2	54 58.6	118	−9 38.3	92	60 S	7 04	8 00	8 56	13 04	20	2 21	78

UT	ARIES PMG 6h 53m7	VENUS Mag.: −3.9 PMG: 9h 34m		MARTE Mag.: −0.4 PMG: 19h 33m		JÚPITER Mag.: −1.9 PMG: 14h 27m		SATURNO Mag.: +0.2 PMG: 21h 56m	
	hG ♈	hG ♀	Dec	hG ♂	Dec	hG ♃	Dec	hG ♄	Dec
h	° '	° '	° '	° '	° '	° '	° '	° '	° '
0	256 18.2	216 28.3	+13 26.7	65 59.5	−4 18.5	142 43.9	+22 00.7	30 01.6	−14 51.7
1	271 20.6	231 27.9	27.6	81 01.5	18.8	157 45.9	00.6	45 04.2	51.7
2	286 23.1	246 27.5	28.5	96 03.5	19.1	172 47.8	00.5	60 06.8	51.6
3	301 25.5	261 27.1	29.5	111 05.5	19.4	187 49.7	00.4	75 09.5	51.6
4	316 28.0	276 26.7	30.4	126 07.5	19.7	202 51.7	00.3	90 12.1	51.6
5	331 30.5	291 26.2	+13 31.3	141 09.5	−4 20.0	217 53.6	+22 00.3	105 14.7	−14 51.5
6	346 32.9	306 25.8	+13 32.2	156 11.4	−4 20.2	232 55.5	+22 00.2	120 17.3	−14 51.5
7	1 35.4	321 25.4	33.1	171 13.4	20.5	247 57.4	00.1	135 19.9	51.5
8	16 37.9	336 25.0	34.1	186 15.4	20.8	262 59.4	00.0	150 22.5	51.4
9	31 40.3	351 24.6	35.0	201 17.4	21.1	278 01.3	+22 00.0	165 25.1	51.4
10	46 42.8	6 24.2	35.9	216 19.4	21.4	293 03.2	+21 59.9	180 27.8	51.4
11	61 45.3	21 23.8	+13 36.8	231 21.4	−4 21.7	308 05.1	+21 59.8	195 30.4	−14 51.3
12	76 47.7	36 23.4	+13 37.7	246 23.4	−4 22.0	323 07.1	+21 59.7	210 33.0	−14 51.3
13	91 50.2	51 23.0	38.7	261 25.4	22.2	338 09.0	59.6	225 35.6	51.3
14	106 52.7	66 22.6	39.6	276 27.3	22.5	353 10.9	59.6	240 38.2	51.2
15	121 55.1	81 22.2	40.5	291 29.3	22.8	8 12.8	59.5	255 40.8	51.2
16	136 57.6	96 21.7	41.4	306 31.3	23.1	23 14.8	59.4	270 43.5	51.2
17	152 00.0	111 21.3	+13 42.3	321 33.3	−4 23.4	38 16.7	+21 59.3	285 46.1	−14 51.1
18	167 02.5	126 20.9	+13 43.3	336 35.3	−4 23.7	53 18.6	+21 59.3	300 48.7	−14 51.1
19	182 05.0	141 20.5	44.2	351 37.2	24.0	68 20.5	59.2	315 51.3	51.1
20	197 07.4	156 20.1	45.1	6 39.2	24.3	83 22.4	59.1	330 53.9	51.0
21	212 09.9	171 19.7	46.0	21 41.2	24.6	98 24.4	59.0	345 56.5	51.0
22	227 12.4	186 19.3	46.9	36 43.2	24.8	113 26.3	58.9	0 59.1	51.0
23	242 14.8	201 18.8	47.8	51 45.1	25.1	128 28.2	58.9	16 01.8	50.9
24	257 17.3	216 18.4	+13 48.7	66 47.1	−4 25.4	143 30.1	+21 58.8	31 04.4	−14 50.9
Dif	—	−4	+9	+20	−3	+19	−1	+26	0

Lunes 9 de junio de 2014

UT	SOL SD: 15'.8 PMG: $11^h\ 59^m.2$		☾ LUNA SD: 15'.5 Edad: $11^d.2$ PHE { 4^h: 57'.0; 12^h: 57'.3; 20^h: 57'.6 } PMG: $21^h\ 02^m$ R°: 53^m				Latitud	Puesta de Sol	Fin del crepúsculo		Salida de Luna		Puesta de Luna	
	hG ☉	Dec	hG ☾	Dif	Dec	Dif			Civil	Náutico	Hora	R°	Hora	R°
h	° '	° '	° '		° '		°	h m	h m	h m	h m	m	h m	m
0	180 12.9	+22 54.2	54 58.6		− 9 38.3		60 N	21 19	22 56	** **	16 21	79	1 12	21
1	195 12.8	54.4	69 29.3	117	47.6	93	58	21 00	22 12	** **	13	78	17	24
2	210 12.7	54.6	84 00.0	117	− 9 56.7	91	56	20 44	21 44	** **	07	75	22	27
3	225 12.6	54.8	98 30.5	115	− 10 05.9	92	54	30	23	23 01	16 01	73	27	28
4	240 12.4	55.0	113 01.1	116	15.0	91	52	18	21 06	22 21	15 56	71	31	30
5	255 12.3	+22 55.2	127 31.5	114	− 10 24.1	91	50	20 07	20 51	21 55	15 51	70	1 34	32
6	270 12.2	+22 55.4	142 01.9	114	− 10 33.1	90	45	19 45	20 22	21 11	15 41	67	1 42	35
7	285 12.1	55.7	156 32.1	112	42.1	90	40	28	20 00	20 42	33	64	49	37
8	300 12.0	55.9	171 02.4	113	51.0	89	35	13	19 43	19	25	63	1 55	39
9	315 11.8	56.1	185 32.5	111	− 10 59.9	89	30	19 00	28	20 01	19	61	2 00	41
10	330 11.7	56.3	200 02.6	111	− 11 08.8	89	20	18 39	19 03	19 32	15 08	58	09	45
11	345 11.6	+22 56.5	214 32.5	109	− 11 17.6	88	10 N	18 20	18 43	19 10	14 59	54	2 17	47
12	0 11.5	+22 56.7	229 02.5	110	− 11 26.3	87	0	18 03	18 25	18 51	14 50	52	2 24	50
13	15 11.3	56.9	243 32.3	108	35.0	87	10 S	17 46	18 09	35	41	50	32	53
14	30 11.2	57.1	258 02.0	107	43.7	87	20	28	17 52	19	32	47	40	55
15	45 11.1	57.3	272 31.7	107	− 11 52.3	86	30	17 07	33	18 03	22	43	48	60
16	60 11.0	57.5	287 01.3	106	− 12 00.8	85	35	16 55	23	17 54	15	42	2 54	61
17	75 10.9	+22 57.7	301 30.8	105	− 12 09.4	86	40	16 41	17 11	17 45	14 09	39	3 00	63
18	90 10.7	+22 57.9	316 00.3	105	− 12 17.8	84	45	16 25	16 58	17 35	14 01	37	3 07	66
19	105 10.6	58.1	330 29.7	104	26.2	84	50	16 04	43	24	13 51	34	15	69
20	120 10.5	58.3	344 58.9	102	34.5	83	52	15 55	35	19	47	33	19	70
21	135 10.4	58.5	359 28.1	102	42.8	83	54	44	27	13	42	31	23	72
22	150 10.2	58.7	13 57.3	102	51.1	83	56	32	19	07	37	29	28	74
23	165 10.1	58.9	28 26.3	100	− 12 59.2	81	58	18	16 09	17 01	31	27	33	76
24	180 10.0	+22 59.1	42 55.3	100	− 13 07.3	81	60 S	15 01	15 57	16 54	13 24	25	3 39	79

UT	ARIES PMG $6^h\ 49^m.7$	VENUS Mag.: −3.9 PMG: $9^h\ 35^m$		MARTE Mag.: −0.3 PMG: $19^h\ 30^m$		JÚPITER Mag.: −1.9 PMG: $14^h\ 24^m$		SATURNO Mag.: +0.2 PMG: $21^h\ 52^m$	
	hG ♈	hG ♀	Dec	hG ♂	Dec	hG ♃	Dec	hG ♄	Dec
h	° '	° '	° '	° '	° '	° '	° '	° '	° '
0	257 17.3	216 18.4	+ 13 48.7	66 47.1	− 4 25.4	143 30.1	+ 21 58.8	31 04.4	− 14 50.9
1	272 19.8	231 18.0	49.7	81 49.1	25.7	158 32.1	58.7	46 07.0	50.8
2	287 22.2	246 17.6	50.6	96 51.1	26.0	173 34.0	58.6	61 09.6	50.8
3	302 24.7	261 17.2	51.5	111 53.0	26.3	188 35.9	58.5	76 12.2	50.8
4	317 27.1	276 16.8	52.4	126 55.0	26.6	203 37.8	58.5	91 14.8	50.7
5	332 29.6	291 16.3	+ 13 53.3	141 57.0	− 4 26.9	218 39.8	+ 21 58.4	106 17.4	− 14 50.7
6	347 32.1	306 15.9	+ 13 54.2	156 58.9	− 4 27.2	233 41.7	+ 21 58.3	121 20.0	− 14 50.7
7	2 34.5	321 15.5	55.1	172 00.9	27.5	248 43.6	58.2	136 22.7	50.6
8	17 37.0	336 15.1	56.0	187 02.9	27.8	263 45.5	58.1	151 25.3	50.6
9	32 39.5	351 14.7	56.9	202 04.8	28.1	278 47.5	58.1	166 27.9	50.6
10	47 41.9	6 14.2	57.9	217 06.8	28.3	293 49.4	58.0	181 30.5	50.5
11	62 44.4	21 13.8	+ 13 58.8	232 08.8	− 4 28.6	308 51.3	+ 21 57.9	196 33.1	− 14 50.5
12	77 46.9	36 13.4	+ 13 59.7	247 10.7	− 4 28.9	323 53.2	+ 21 57.8	211 35.7	− 14 50.5
13	92 49.3	51 13.0	+ 14 00.6	262 12.7	29.2	338 55.2	57.8	226 38.3	50.4
14	107 51.8	66 12.6	01.5	277 14.6	29.5	353 57.1	57.7	241 40.9	50.4
15	122 54.3	81 12.1	02.4	292 16.6	29.8	8 59.0	57.6	256 43.6	50.4
16	137 56.7	96 11.7	03.3	307 18.6	30.1	24 00.9	57.5	271 46.2	50.3
17	152 59.2	111 11.3	+ 14 04.2	322 20.5	− 4 30.4	39 02.8	+ 21 57.4	286 48.8	− 14 50.3
18	168 01.6	126 10.9	+ 14 05.1	337 22.5	− 4 30.7	54 04.8	+ 21 57.4	301 51.4	− 14 50.3
19	183 04.1	141 10.4	06.0	352 24.4	31.0	69 06.7	57.3	316 54.0	50.2
20	198 06.6	156 10.0	06.9	7 26.4	31.3	84 08.6	57.2	331 56.6	50.2
21	213 09.0	171 09.6	07.8	22 28.3	31.6	99 10.5	57.1	346 59.2	50.2
22	228 11.5	186 09.2	08.7	37 30.3	31.9	114 12.5	57.0	2 01.8	50.1
23	243 14.0	201 08.7	09.6	52 32.2	32.2	129 14.4	57.0	17 04.5	50.1
24	258 16.4	216 08.3	+ 14 10.5	67 34.2	− 4 32.5	144 16.3	+ 21 56.9	32 07.1	− 14 50.1
Dif	—	−4	+9	+20	−3	+19	−1	+26	0

UT	SOL SD: 15'.8 PMG: 11h 59m.6		LUNA SD: 16'.0 Edad: 13d.2 PHE {4h: 58'.7; 12h: 59'.0; 20h: 59'.2} PMG: 22h 51m R°: 60m				Latitud	Puesta de Sol	Fin del crepúsculo		Salida de Luna		Puesta de Luna	
	hG ☉	Dec	hG ☾	Dif	Dec	Dif			Civil	Náutico	Hora	R°	Hora	R°
h	° '	° '	° '		° '		°	h m	h m	h m	h m	m	h m	m
0	180 07.0	+23 03.6	30 05.5	79	−16 00.9	62	60 N	21 22	23 01	** **	18 58	71	2 02	38
1	195 06.9	03.8	44 32.4	78	07.1	61	58	21 02	22 15	** **	46	70	12	40
2	210 06.8	03.9	58 59.2	77	13.2	61	56	20 45	21 47	** **	36	68	21	42
3	225 06.6	04.1	73 25.9	77	19.3	59	54	31	25	23 06	26	68	29	43
4	240 06.5	04.3	87 52.6	75	25.2	59	52	19	21 08	22 24	18	67	37	44
5	255 06.4	+23 04.5	102 19.1	75	−16 31.1	58	50	20 09	20 53	21 57	18 11	66	2 43	45
6	270 06.3	+23 04.6	116 45.6	74	−16 36.9	56	45	19 46	20 24	21 13	17 55	65	2 57	48
7	285 06.1	04.8	131 12.0	74	42.5	56	40	29	20 01	20 43	42	64	3 09	49
8	300 06.0	05.0	145 38.4	72	48.1	55	35	14	19 44	20	31	63	19	50
9	315 05.9	05.2	160 04.6	72	53.6	53	30	19 01	28	20 02	22	62	27	52
10	330 05.8	05.3	174 30.8	71	−16 58.9	53	20	18 39	19 04	19 33	17 05	61	43	53
11	345 05.6	+23 05.5	188 56.9	70	−17 04.2	52	10 N	18 21	18 44	19 11	16 51	60	3 56	55
12	0 05.5	+23 05.7	203 22.9	70	−17 09.4	50	0	18 03	18 26	18 52	16 38	58	4 08	57
13	15 05.4	05.9	217 48.9	68	14.4	50	10 S	17 46	18 09	35	24	58	21	58
14	30 05.3	06.0	232 14.7	68	19.4	49	20	28	17 52	19	16 10	57	34	60
15	45 05.1	06.2	246 40.5	68	24.3	47	30	17 07	33	18 03	15 54	55	49	62
16	60 05.0	06.4	261 06.3	66	29.0	47	35	16 55	23	17 54	45	54	4 58	63
17	75 04.9	+23 06.5	275 31.9	66	−17 33.7	45	40	16 41	17 11	17 45	15 34	53	5 08	64
18	90 04.7	+23 06.7	289 57.5	65	−17 38.2	44	45	16 24	16 58	17 35	15 22	52	5 20	66
19	105 04.6	06.9	304 23.0	64	42.6	44	50	16 04	42	24	07	50	34	68
20	120 04.5	07.0	318 48.4	64	47.0	42	52	15 54	35	18	15 00	49	41	69
21	135 04.4	07.2	333 13.8	63	51.2	41	54	43	27	13	14 52	48	48	70
22	150 04.2	07.4	347 39.1	62	55.3	39	56	31	18	07	43	48	5 57	71
23	165 04.1	07.5	2 04.3	62	−17 59.2	39	58	17	16 08	17 00	33	47	6 06	73
24	180 04.0	+23 07.7	16 29.5		−18 03.1		60 S	15 00	15 57	16 53	14 22	45	6 17	74

UT	ARIES PMG 6h 41m.9	VENUS Mag.: −3.9 PMG: 9h 36m		MARTE Mag.: −0.3 PMG: 19h 24m		JÚPITER Mag.: −1.8 PMG: 14h 18m		SATURNO Mag.: +0.2 PMG: 21h 44m	
	hG ♈	hG ♀	Dec	hG ♂	Dec	hG ♃	Dec	hG ♄	Dec
h	° '	° '	° '	° '	° '	° '	° '	° '	° '
0	259 15.6	215 58.0	+14 32.0	68 20.7	−4 39.8	145 02.4	+21 54.9	33 09.7	−14 49.3
1	274 18.0	230 57.5	32.9	83 22.7	40.1	160 04.3	54.9	48 12.3	49.3
2	289 20.5	245 57.1	33.8	98 24.6	40.4	175 06.2	54.8	63 14.9	49.2
3	304 23.0	260 56.6	34.7	113 26.5	40.7	190 08.2	54.7	78 17.5	49.2
4	319 25.4	275 56.2	35.6	128 28.4	41.0	205 10.1	54.6	93 20.1	49.2
5	334 27.9	290 55.8	+14 36.4	143 30.4	−4 41.3	220 12.0	+21 54.5	108 22.7	−14 49.1
6	349 30.4	305 55.3	+14 37.3	158 32.3	−4 41.6	235 13.9	+21 54.5	123 25.4	−14 49.1
7	4 32.8	320 54.9	38.2	173 34.2	41.9	250 15.8	54.4	138 28.0	49.1
8	19 35.3	335 54.4	39.1	188 36.1	42.2	265 17.8	54.3	153 30.6	49.0
9	34 37.7	350 54.0	40.0	203 38.1	42.5	280 19.7	54.2	168 33.2	49.0
10	49 40.2	5 53.6	40.9	218 40.0	42.8	295 21.6	54.1	183 35.8	49.0
11	64 42.7	20 53.1	+14 41.8	233 41.9	−4 43.2	310 23.5	+21 54.1	198 38.4	−14 48.9
12	79 45.1	35 52.7	+14 42.6	248 43.8	−4 43.5	325 25.4	+21 54.0	213 41.0	−14 48.9
13	94 47.6	50 52.2	43.5	263 45.7	43.8	340 27.3	53.9	228 43.6	48.9
14	109 50.1	65 51.8	44.4	278 47.7	44.1	355 29.3	53.8	243 46.2	48.8
15	124 52.5	80 51.3	45.3	293 49.6	44.4	10 31.2	53.7	258 48.8	48.8
16	139 55.0	95 50.9	46.2	308 51.5	44.7	25 33.1	53.6	273 51.4	48.8
17	154 57.5	110 50.5	+14 47.0	323 53.4	−4 45.0	40 35.0	+21 53.6	288 54.0	−14 48.7
18	169 59.9	125 50.0	+14 47.9	338 55.3	−4 45.3	55 36.9	+21 53.5	303 56.6	−14 48.7
19	185 02.4	140 49.6	48.8	353 57.2	45.7	70 38.9	53.4	318 59.3	48.7
20	200 04.9	155 49.1	49.7	8 59.1	46.0	85 40.8	53.3	334 01.9	48.6
21	215 07.3	170 48.7	50.6	24 01.0	46.3	100 42.7	53.2	349 04.5	48.6
22	230 09.8	185 48.2	51.4	39 03.0	46.6	115 44.6	53.2	4 07.1	48.6
23	245 12.2	200 47.8	52.3	54 04.9	46.9	130 46.5	53.1	19 09.7	48.6
24	260 14.7	215 47.3	+14 53.2	69 06.8	−4 47.2	145 48.4	+21 53.0	34 12.3	−14 48.5
Dif	—	−4	+9	+19	−3	+19	−1	+26	0

Jueves 12 de junio de 2014

UT	SOL SD: 15.′8 PMG: 11h 59m8		LUNA SD: 16.′2 Edad: 14.d2 PHE {4h: 59.′5; 12h: 59.′7; 20h: 59.′9} PMG: 23h 51m R°: 60m				Latitud	Principio del crepúsculo		Salida de Sol	Salida de Luna		Puesta de Luna	
	hG ☉	Dec	hG ☾	Dif	Dec	Dif		Náutico	Civil		Hora	R°	Hora	R°
h	° ′	° ′	° ′		° ′		°	h m	h m	h m	h m	m	h m	m
0	180 04.0	+23 07.7	16 29.5		−18 03.1		60 N	** **	0 59	2 38	20 09	59	2 40	51
1	195 03.9	07.8	30 54.6	61	06.9	38	58	** **	1 44	2 58	19 56	59	2 52	52
2	210 03.7	08.0	45 19.6	60	10.5	36	56	** **	2 13	3 14	44	60	3 03	53
3	225 03.6	08.2	59 44.6	60	14.0	35	54	0 54	34	28	34	60	12	54
4	240 03.5	08.3	74 09.5	59	17.4	34	52	1 35	2 52	40	25	60	21	54
5	255 03.3	+23 08.5	88 34.3	58	−18 20.7	33	50	2 02	3 06	3 51	19 17	60	3 28	55
6	270 03.2	+23 08.6	102 59.1	58	−18 23.9	32	45	2 46	3 36	4 13	19 00	60	3 45	55
7	285 03.1	08.8	117 23.8	57	26.9	30	40	3 16	3 58	31	18 46	60	3 58	56
8	300 03.0	09.0	131 48.5	57	29.8	29	35	39	4 16	45	34	60	4 09	57
9	315 02.8	09.1	146 13.1	56	32.6	28	30	3 58	31	4 58	24	60	19	58
10	330 02.7	09.3	160 37.6	55	35.3	27	20	4 26	4 56	5 20	18 06	60	36	59
11	345 02.6	+23 09.4	175 02.1	55	−18 37.8	25	10 N	4 49	5 16	5 39	17 51	60	4 51	59
12	0 02.5	+23 09.6	189 26.6	55	−18 40.3	25	0	5 08	5 34	5 56	17 36	61	5 05	60
13	15 02.3	09.7	203 51.0	54	42.6	23	10 S	24	5 51	6 13	22	60	19	60
14	30 02.2	09.9	218 15.3	53	44.7	21	20	40	6 08	32	17 07	60	34	61
15	45 02.1	10.0	232 39.6	53	46.8	21	30	5 57	26	6 53	16 49	60	5 51	62
16	60 01.9	10.2	247 03.8	52	48.7	19	35	6 05	37	7 05	39	60	6 01	62
17	75 01.8	+23 10.3	261 28.0	52	−18 50.5	18	40	6 14	6 48	7 19	16 27	60	6 12	63
18	90 01.7	+23 10.5	275 52.2	52	−18 52.2	17	45	6 25	7 02	7 35	16 14	60	6 26	63
19	105 01.6	10.6	290 16.3	51	53.7	15	50	36	18	7 56	15 57	60	42	64
20	120 01.4	10.8	304 40.4	51	55.1	14	52	41	25	8 06	49	60	50	63
21	135 01.3	10.9	319 04.4	50	56.4	13	54	47	33	16	40	60	6 58	64
22	150 01.2	11.1	333 28.4	50	57.5	11	56	53	42	29	31	59	7 08	64
23	165 01.0	11.2	347 52.3	49	58.6	11	58	6 59	7 52	8 43	20	59	19	65
24	180 00.9	+23 11.4	2 16.2	49	−18 59.4	8	60 S	7 07	8 03	9 00	15 07	59	7 31	66

UT	ARIES PMG 6h 37m9	VENUS Mag.: −3.9 PMG: 9h 37m		MARTE Mag.: −0.3 PMG: 19h 21m		JÚPITER Mag.: −1.8 PMG: 14h 15m		SATURNO Mag.: +0.2 PMG: 21h 39m	
	hG ♈	hG ♀	Dec	hG ♂	Dec	hG ♃	Dec	hG ♄	Dec
h	° ′	° ′	° ′	° ′	° ′	° ′	° ′	° ′	° ′
0	260 14.7	215 47.3	+14 53.2	69 06.8	−4 47.2	145 48.4	+21 53.0	34 12.3	−14 48.5
1	275 17.2	230 46.9	54.1	84 08.7	47.5	160 50.4	52.9	49 14.9	48.5
2	290 19.6	245 46.4	54.9	99 10.6	47.8	175 52.3	52.8	64 17.5	48.5
3	305 22.1	260 46.0	55.8	114 12.5	48.2	190 54.2	52.7	79 20.1	48.4
4	320 24.6	275 45.5	56.7	129 14.4	48.5	205 56.1	52.7	94 22.7	48.4
5	335 27.0	290 45.1	+14 57.6	144 16.3	−4 48.8	220 58.0	+21 52.6	109 25.3	−14 48.4
6	350 29.5	305 44.6	+14 58.4	159 18.2	−4 49.1	236 00.0	+21 52.5	124 27.9	−14 48.3
7	5 32.0	320 44.2	+14 59.3	174 20.1	49.4	251 01.9	52.4	139 30.5	48.3
8	20 34.4	335 43.7	+15 00.2	189 22.0	49.7	266 03.8	52.3	154 33.1	48.3
9	35 36.9	350 43.3	01.1	204 23.9	50.1	281 05.7	52.3	169 35.7	48.2
10	50 39.4	5 42.8	01.9	219 25.8	50.4	296 07.6	52.2	184 38.3	48.2
11	65 41.8	20 42.4	+15 02.8	234 27.7	−4 50.7	311 09.5	+21 52.1	199 40.9	−14 48.2
12	80 44.3	35 41.9	+15 03.7	249 29.6	−4 51.0	326 11.5	+21 52.0	214 43.5	−14 48.1
13	95 46.7	50 41.5	04.5	264 31.5	51.3	341 13.4	51.9	229 46.1	48.1
14	110 49.2	65 41.0	05.4	279 33.4	51.6	356 15.3	51.8	244 48.8	48.1
15	125 51.7	80 40.6	06.3	294 35.3	52.0	11 17.2	51.8	259 51.4	48.1
16	140 54.1	95 40.1	07.1	309 37.2	52.3	26 19.1	51.7	274 54.0	48.0
17	155 56.6	110 39.6	+15 08.0	324 39.1	−4 52.6	41 21.0	+21 51.6	289 56.6	−14 48.0
18	170 59.1	125 39.2	+15 08.9	339 41.0	−4 52.9	56 23.0	+21 51.5	304 59.2	−14 48.0
19	186 01.5	140 38.7	09.7	354 42.9	53.2	71 24.9	51.4	320 01.8	47.9
20	201 04.0	155 38.3	10.6	9 44.7	53.6	86 26.8	51.3	335 04.4	47.9
21	216 06.5	170 37.8	11.5	24 46.6	53.9	101 28.7	51.3	350 07.0	47.9
22	231 08.9	185 37.4	12.3	39 48.5	54.2	116 30.6	51.2	5 09.6	47.8
23	246 11.4	200 36.9	13.2	54 50.4	54.5	131 32.5	51.1	20 12.2	47.8
24	261 13.9	215 36.4	+15 14.1	69 52.3	−4 54.9	146 34.5	+21 51.0	35 14.8	−14 47.8
Dif	—	−5	+9	+19	−3	+19	−1	+26	0

Viernes 13 de junio de 2014 173

UT	SOL SD: 15'.8 PMG: 12h 00m.0		○ LUNA SD: 16'.3 Edad: 15d.2 PHE { 4h: 60'.1; 12h: 60'.2; 20h: 60'.3 } PMG: **h **m R°: ***m				Latitud	Puesta de Sol	Fin del crepúsculo		Salida de Luna		Puesta de Luna	
	hG ☉	Dec	hG ☾	Dif	Dec	Dif			Civil	Náutico	Hora	R°	Hora	R°
h	° '	° '	° '		° '		°	h m	h m	h m	h m	m	h m	m
0	180 00.9	+ 23 11.4	2 16.2		− 18 59.4		60 N	21 23	23 05	** **	21 08	46	3 31	66
1	195 00.8	11.5	16 40.1	49	− 19 00.2	8	58	21 03	22 18	** **	20 55	48	44	66
2	210 00.6	11.7	31 03.9	48	00.8	6	56	20 47	21 49	** **	44	49	3 56	65
3	225 00.5	11.8	45 27.8	49	01.3	5	54	33	27	23 10	34	50	4 06	65
4	240 00.4	11.9	59 51.5	47	01.6	3	52	21	21 09	22 26	25	51	15	65
5	255 00.3	+ 23 12.1	74 15.3	48	− 19 01.9	3	50	20 10	20 54	21 59	20 17	52	4 23	65
6	270 00.1	+ 23 12.2	88 39.0	47	− 19 01.9	0	45	19 48	20 25	21 14	20 00	54	4 40	64
7	285 00.0	12.4	103 02.7	47	01.9	0	40	30	20 02	20 44	19 46	55	4 54	64
8	299 59.9	12.5	117 26.4	47	01.7	2	35	15	19 44	21	34	56	5 06	63
9	314 59.7	12.6	131 50.0	46	01.4	3	30	19 02	29	20 03	24	57	17	62
10	329 59.6	12.8	146 13.7	47	00.9	5	20	18 40	19 04	19 34	19 06	59	35	62
11	344 59.5	+ 23 12.9	160 37.3	46	− 19 00.3	6	10 N	18 21	18 44	19 11	18 51	60	5 50	62
12	359 59.4	+ 23 13.1	175 00.9	46	− 18 59.6	7	0	18 04	18 26	18 52	18 37	60	6 05	61
13	14 59.2	13.2	189 24.4	45	58.8	8	10 S	17 46	18 09	36	22	62	19	61
14	29 59.1	13.3	203 48.0	46	57.8	10	20	28	17 52	19	18 07	63	35	59
15	44 59.0	13.5	218 11.6	46	56.6	12	30	17 07	33	18 03	17 49	65	6 53	58
16	59 58.8	13.6	232 35.1	45	55.4	12	35	16 55	23	17 55	39	65	7 03	58
17	74 58.7	+ 23 13.7	246 58.6	45	− 18 54.0	14	40	16 41	17 11	17 45	17 27	66	7 15	57
18	89 58.6	+ 23 13.9	261 22.2	45	− 18 52.4	16	45	16 24	16 58	17 35	17 14	67	7 29	57
19	104 58.4	14.0	275 45.7	46	50.8	16	50	16 04	42	23	16 57	68	46	56
20	119 58.3	14.1	290 09.2	45	48.9	19	52	15 54	35	18	49	69	7 53	56
21	134 58.2	14.3	304 32.7	45	47.0	19	54	43	26	13	40	70	8 02	55
22	149 58.0	14.4	318 56.2	45	44.9	21	56	30	17	06	30	71	12	55
23	164 57.9	14.5	333 19.7	45	42.7	22	58	15 16	16 07	17 00	19	72	24	53
24	179 57.8	+ 23 14.6	347 43.2	45	− 18 40.4	23	60 S	14 59	15 56	16 52	16 06	73	8 37	52

UT	ARIES PMG 6h 34m.0	VENUS Mag.: −3.9 PMG: 9h 38m		MARTE Mag.: −0.3 PMG: 19h 18m		JÚPITER Mag.: −1.8 PMG: 14h 12m		SATURNO Mag.: +0.3 PMG: 21h 35m	
	hG ♈	hG ♀	Dec	hG ♂	Dec	hG ♃	Dec	hG ♄	Dec
h	° '	° '	° '	° '	° '	° '	° '	° '	° '
0	261 13.9	215 36.4	+ 15 14.1	69 52.3	− 4 54.9	146 34.5	+ 21 51.0	35 14.8	− 14 47.8
1	276 16.3	230 36.0	14.9	84 54.2	55.2	161 36.4	50.9	50 17.4	47.7
2	291 18.8	245 35.5	15.8	99 56.1	55.5	176 38.3	50.9	65 20.0	47.7
3	306 21.2	260 35.1	16.7	114 58.0	55.8	191 40.2	50.8	80 22.6	47.7
4	321 23.7	275 34.6	17.5	129 59.8	56.1	206 42.1	50.7	95 25.2	47.7
5	336 26.2	290 34.1	+ 15 18.4	145 01.7	− 4 56.5	221 44.0	+ 21 50.6	110 27.8	− 14 47.6
6	351 28.6	305 33.7	+ 15 19.2	160 03.6	− 4 56.8	236 45.9	+ 21 50.5	125 30.4	− 14 47.6
7	6 31.1	320 33.2	20.1	175 05.5	57.1	251 47.9	50.4	140 33.0	47.6
8	21 33.6	335 32.7	21.0	190 07.4	57.4	266 49.8	50.4	155 35.6	47.5
9	36 36.0	350 32.3	21.8	205 09.2	57.8	281 51.7	50.3	170 38.2	47.5
10	51 38.5	5 31.8	22.7	220 11.1	58.1	296 53.6	50.2	185 40.8	47.5
11	66 41.0	20 31.4	+ 15 23.5	235 13.0	− 4 58.4	311 55.5	+ 21 50.1	200 43.4	− 14 47.4
12	81 43.4	35 30.9	+ 15 24.4	250 14.9	− 4 58.7	326 57.4	+ 21 50.0	215 46.0	− 14 47.4
13	96 45.9	50 30.4	25.2	265 16.7	59.1	341 59.4	49.9	230 48.6	47.4
14	111 48.4	65 30.0	26.1	280 18.6	59.4	357 01.3	49.9	245 51.2	47.4
15	126 50.8	80 29.5	27.0	295 20.5	− 4 59.7	12 03.2	49.8	260 53.8	47.3
16	141 53.3	95 29.0	27.8	310 22.4	− 5 00.0	27 05.1	49.7	275 56.4	47.3
17	156 55.7	110 28.6	+ 15 28.7	325 24.2	− 5 00.4	42 07.0	+ 21 49.6	290 59.0	− 14 47.3
18	171 58.2	125 28.1	+ 15 29.5	340 26.1	− 5 00.7	57 08.9	+ 21 49.5	306 01.6	− 14 47.2
19	187 00.7	140 27.6	30.4	355 28.0	01.0	72 10.8	49.4	321 04.2	47.2
20	202 03.1	155 27.2	31.2	10 29.8	01.3	87 12.8	49.4	336 06.8	47.2
21	217 05.6	170 26.7	32.1	25 31.7	01.7	102 14.7	49.3	351 09.4	47.1
22	232 08.1	185 26.2	32.9	40 33.6	02.0	117 16.6	49.2	6 12.0	47.1
23	247 10.5	200 25.7	33.8	55 35.5	02.3	132 18.5	49.1	21 14.6	47.1
24	262 13.0	215 25.3	+ 15 34.6	70 37.3	− 5 02.7	147 20.4	+ 21 49.0	36 17.2	− 14 47.1
Dif	—	−5	+9	+19	−3	+19	−1	+26	0

Sábado 14 de junio de 2014

UT	SOL SD: 15'.7 PMG: $12^h\ 00^m.3$		☾ LUNA SD: 16'.5 Edad: $16^d.2$ PHE { 4^h: 60'.4, 12^h: 60'.5, 20^h: 60'.6 } PMG: $0^h\ 51^m$ R°: 61^m				Latitud	Principio del crepúsculo		Salida de Sol	Salida de Luna		Puesta de Luna	
	hG ☉	Dec	hG ☾	Dif	Dec	Dif		Náutico	Civil		Hora	R°	Hora	R°
h	° ′	° ′	° ′		° ′		°	h m	h m	h m	h m	m	h m	m
0	179 57.8	+23 14.6	347 43.2		−18 40.4		60 N	** **	0 55	2 37	21 54	35	4 37	79
1	194 57.7	14.8	2 06.7	45	37.9	25	58	** **	1 42	2 57	43	37	4 50	77
2	209 57.5	14.9	16 30.3	46	35.3	26	56	** **	2 11	3 13	33	39	5 01	76
3	224 57.4	15.0	30 53.8	45	32.5	28	54	0 50	33	27	24	41	11	74
4	239 57.3	15.1	45 17.3	45	29.6	29	52	1 34	2 51	40	16	42	20	73
5	254 57.1	+23 15.3	59 40.9	46	−18 26.6	30	50	2 01	3 06	3 50	21 09	43	5 28	72
6	269 57.0	+23 15.4	74 04.4	45	−18 23.5	31	45	2 46	3 35	4 13	20 54	46	5 44	70
7	284 56.9	15.5	88 28.0	46	20.2	33	40	3 16	3 58	31	41	49	5 58	68
8	299 56.7	15.6	102 51.6	46	16.8	34	35	39	4 16	45	30	51	6 09	67
9	314 56.6	15.8	117 15.2	46	13.2	36	30	3 58	31	4 58	21	52	19	66
10	329 56.5	15.9	131 38.8	46	09.5	37	20	4 27	4 56	5 20	20 05	55	37	63
11	344 56.3	+23 16.0	146 02.4	46	−18 05.7	38	10 N	4 49	5 16	5 39	19 51	57	6 52	61
12	359 56.2	+23 16.1	160 26.1	47	−18 01.8	39	0	5 08	5 34	5 57	19 37	60	7 06	60
13	14 56.1	16.2	174 49.8	47	−17 57.7	41	10 S	25	5 51	6 14	24	62	20	58
14	29 56.0	16.4	189 13.5	47	53.5	42	20	41	6 08	32	19 10	64	34	57
15	44 55.8	16.5	203 37.2	47	49.2	43	30	5 57	27	6 53	18 54	66	7 51	55
16	59 55.7	16.6	218 01.0	48	44.8	44	35	6 06	38	7 06	44	68	8 01	53
17	74 55.6	+23 16.7	232 24.8	48	−17 40.2	46	40	6 15	6 49	7 20	18 33	70	8 12	52
18	89 55.4	+23 16.8	246 48.6	48	−17 35.5	47	45	6 25	7 03	7 36	18 21	72	8 26	50
19	104 55.3	16.9	261 12.4	48	30.6	49	50	37	19	7 57	18 05	75	42	47
20	119 55.2	17.1	275 36.3	49	25.7	49	52	42	26	8 07	17 58	76	49	47
21	134 55.0	17.2	290 00.2	49	20.6	51	54	48	34	18	50	77	8 57	46
22	149 54.9	17.3	304 24.1	49	15.4	52	56	6 54	43	30	41	79	9 07	43
23	164 54.8	17.4	318 48.1	50	10.1	53	58	7 01	7 53	8 45	31	81	17	42
24	179 54.6	+23 17.5	333 12.1	50	−17 04.7	54	60 S	7 08	8 05	9 02	17 19	83	9 29	40

UT	ARIES PMG $6^h\ 30^m.1$	VENUS Mag.: −3.9 PMG: $9^h\ 39^m$		MARTE Mag.: −0.2 PMG: $19^h\ 15^m$		JÚPITER Mag.: −1.8 PMG: $14^h\ 09^m$		SATURNO Mag.: +0.3 PMG: $21^h\ 31^m$	
	hG ♈	hG ♀	Dec	hG ♂	Dec	hG ♃	Dec	hG ♄	Dec
h	° ′	° ′	° ′	° ′	° ′	° ′	° ′	° ′	° ′
0	262 13.0	215 25.3	+15 34.6	70 37.3	−5 02.7	147 20.4	+21 49.0	36 17.2	−14 47.1
1	277 15.5	230 24.8	35.5	85 39.2	03.0	162 22.3	48.9	51 19.8	47.0
2	292 17.9	245 24.3	36.3	100 41.0	03.3	177 24.2	48.8	66 22.4	47.0
3	307 20.4	260 23.9	37.2	115 42.9	03.6	192 26.2	48.8	81 25.0	47.0
4	322 22.8	275 23.4	38.0	130 44.8	04.0	207 28.1	48.7	96 27.6	46.9
5	337 25.3	290 22.9	+15 38.9	145 46.6	−5 04.3	222 30.0	+21 48.6	111 30.2	−14 46.9
6	352 27.8	305 22.4	+15 39.7	160 48.5	−5 04.6	237 31.9	+21 48.5	126 32.8	−14 46.9
7	7 30.2	320 22.0	40.6	175 50.4	05.0	252 33.8	48.4	141 35.4	46.8
8	22 32.7	335 21.5	41.4	190 52.2	05.3	267 35.7	48.3	156 38.0	46.8
9	37 35.2	350 21.0	42.2	205 54.1	05.6	282 37.6	48.3	171 40.6	46.8
10	52 37.6	5 20.5	43.1	220 55.9	06.0	297 39.6	48.2	186 43.2	46.8
11	67 40.1	20 20.1	+15 43.9	235 57.8	−5 06.3	312 41.5	+21 48.1	201 45.8	−14 46.7
12	82 42.6	35 19.6	+15 44.8	250 59.6	−5 06.6	327 43.4	+21 48.0	216 48.4	−14 46.7
13	97 45.0	50 19.1	45.6	266 01.5	07.0	342 45.3	47.9	231 51.0	46.7
14	112 47.5	65 18.6	46.5	281 03.4	07.3	357 47.2	47.8	246 53.6	46.6
15	127 50.0	80 18.2	47.3	296 05.2	07.6	12 49.1	47.8	261 56.2	46.6
16	142 52.4	95 17.7	48.1	311 07.1	08.0	27 51.0	47.7	276 58.8	46.6
17	157 54.9	110 17.2	+15 49.0	326 08.9	−5 08.3	42 52.9	+21 47.6	292 01.4	−14 46.6
18	172 57.3	125 16.7	+15 49.8	341 10.8	−5 08.6	57 54.9	+21 47.5	307 04.0	−14 46.5
19	187 59.8	140 16.2	50.7	356 12.6	09.0	72 56.8	47.4	322 06.6	46.5
20	203 02.3	155 15.8	51.5	11 14.5	09.3	87 58.7	47.3	337 09.2	46.5
21	218 04.7	170 15.3	52.3	26 16.3	09.6	103 00.6	47.2	352 11.8	46.4
22	233 07.2	185 14.8	53.2	41 18.2	10.0	118 02.5	47.2	7 14.4	46.4
23	248 09.7	200 14.3	54.0	56 20.0	10.3	133 04.4	47.1	22 17.0	46.4
24	263 12.1	215 13.8	+15 54.8	71 21.9	−5 10.6	148 06.3	+21 47.0	37 19.6	−14 46.4
Dif	—	−5	+8	+19	−3	+19	−1	+26	0

Domingo 15 de junio de 2014

UT	SOL SD: 15′.7 PMG: $12^h\,00^m.5$		☾ LUNA SD: 16′.5 Edad: $17^d.2$ PHE { 4^h: 60′.6; 12^h: 60′.5; 20^h: 60′.5 } PMG: $1^h\,52^m$ R°: 58^m				Latitud	Puesta de Sol	Fin del crepúsculo		Salida de Luna		Puesta de Luna	
	hG ☉	Dec	hG ☾	Dif	Dec	Dif			Civil	Náutico	Hora	R°	Hora	R°
h	° ′	° ′	° ′		° ′		°	h m	h m	h m	h m	m	h m	m
0	179 54.6	+23 17.5	333 12.1		−17 04.7		60 N	21 25	23 09	** **	22 29	26	5 56	87
1	194 54.5	17.6	347 36.2	51	−16 59.1	56	58	21 05	22 20	** **	20	29	6 07	84
2	209 54.4	17.7	2 00.3	51	53.4	57	56	20 48	21 50	** **	12	31	17	81
3	224 54.2	17.8	16 24.4	51	47.6	58	54	34	28	23 13	22 05	33	25	80
4	239 54.1	17.9	30 48.6	52	41.7	59	52	22	21 10	22 28	21 58	36	33	78
5	254 54.0	+23 18.1	45 12.8	52	−16 35.7	60	50	20 11	20 55	22 01	21 52	37	6 40	76
6	269 53.8	+23 18.2	59 37.1	53	−16 29.5	62	45	19 48	20 26	21 15	21 40	40	6 54	73
7	284 53.7	18.3	74 01.4	53	23.2	63	40	30	20 03	20 45	30	43	7 06	71
8	299 53.6	18.4	88 25.7	53	16.9	63	35	15	19 45	22	21	45	16	69
9	314 53.4	18.5	102 50.1	54	10.4	65	30	19 03	30	20 03	13	48	25	67
10	329 53.3	18.6	117 14.5	54	−16 03.8	66	20	18 41	19 05	19 34	21 00	51	40	64
11	344 53.2	+23 18.7	131 39.0	55	−15 57.1	67	10 N	18 22	18 45	19 12	20 48	54	7 53	61
12	359 53.0	+23 18.8	146 03.6	56	−15 50.2	69	0	18 04	18 27	18 53	20 37	57	8 06	58
13	14 52.9	18.9	160 28.2	56	43.3	69	10 S	17 47	18 10	36	26	59	18	56
14	29 52.8	19.0	174 52.8	56	36.3	70	20	28	17 52	20	14	62	31	53
15	44 52.6	19.1	189 17.5	57	29.1	72	30	17 07	34	18 03	20 00	66	46	50
16	59 52.5	19.2	203 42.2	57	21.9	72	35	16 55	23	17 55	19 52	69	8 54	48
17	74 52.4	+23 19.3	218 07.0	58	−15 14.5	74	40	16 41	17 11	17 45	19 43	71	9 04	46
18	89 52.2	+23 19.4	232 31.9	59	−15 07.1	74	45	16 24	16 58	17 35	19 33	73	9 16	43
19	104 52.1	19.5	246 56.8	59	−14 59.5	76	50	16 03	42	23	20	77	29	40
20	119 52.0	19.6	261 21.7	59	51.9	76	52	15 54	34	18	14	79	36	38
21	134 51.8	19.7	275 46.8	61	44.1	78	54	43	26	12	07	81	43	37
22	149 51.7	19.8	290 11.8	60	36.3	78	56	30	17	06	19 00	83	50	36
23	164 51.6	19.9	304 37.0	62	28.3	80	58	15 15	16 07	17 00	18 52	85	9 59	33
24	179 51.4	+23 20.0	319 02.1	61	−14 20.3	80	60 S	14 58	15 55	16 52	18 42	88	10 09	31

UT	ARIES PMG $6^h\,26^m.1$	VENUS Mag.: −3.9 PMG: $9^h\,39^m$		MARTE Mag.: −0.2 PMG: $19^h\,12^m$		JÚPITER Mag.: −1.8 PMG: $14^h\,06^m$		SATURNO Mag.: +0.3 PMG: $21^h\,27^m$	
	hG ♈	hG ♀	Dec	hG ♂	Dec	hG ♃	Dec	hG ♄	Dec
h	° ′	° ′	° ′	° ′	° ′	° ′	° ′	° ′	° ′
0	263 12.1	215 13.8	+15 54.8	71 21.9	−5 10.6	148 06.3	+21 47.0	37 19.6	−14 46.4
1	278 14.6	230 13.3	55.7	86 23.7	11.0	163 08.2	46.9	52 22.2	46.3
2	293 17.1	245 12.9	56.5	101 25.5	11.3	178 10.2	46.8	67 24.8	46.3
3	308 19.5	260 12.4	57.3	116 27.4	11.6	193 12.1	46.7	82 27.4	46.3
4	323 22.0	275 11.9	58.2	131 29.2	12.0	208 14.0	46.6	97 30.0	46.2
5	338 24.5	290 11.4	+15 59.0	146 31.1	−5 12.3	223 15.9	+21 46.6	112 32.6	−14 46.2
6	353 26.9	305 10.9	+15 59.8	161 32.9	−5 12.7	238 17.8	+21 46.5	127 35.2	−14 46.2
7	8 29.4	320 10.4	+16 00.7	176 34.7	13.0	253 19.7	46.4	142 37.8	46.1
8	23 31.8	335 10.0	01.5	191 36.6	13.3	268 21.6	46.3	157 40.4	46.1
9	38 34.3	350 09.5	02.3	206 38.4	13.7	283 23.5	46.2	172 43.0	46.1
10	53 36.8	5 09.0	03.2	221 40.3	14.0	298 25.5	46.1	187 45.6	46.1
11	68 39.2	20 08.5	+16 04.0	236 42.1	−5 14.4	313 27.4	+21 46.1	202 48.2	−14 46.0
12	83 41.7	35 08.0	+16 04.8	251 43.9	−5 14.7	328 29.3	+21 46.0	217 50.8	−14 46.0
13	98 44.2	50 07.5	05.6	266 45.8	15.0	343 31.2	45.9	232 53.4	46.0
14	113 46.6	65 07.0	06.5	281 47.6	15.4	358 33.1	45.8	247 56.0	46.0
15	128 49.1	80 06.5	07.3	296 49.4	15.7	13 35.0	45.7	262 58.6	45.9
16	143 51.6	95 06.0	08.1	311 51.3	16.1	28 36.9	45.6	278 01.2	45.9
17	158 54.0	110 05.6	+16 08.9	326 53.1	−5 16.4	43 38.8	+21 45.5	293 03.8	−14 45.9
18	173 56.5	125 05.1	+16 09.8	341 54.9	−5 16.7	58 40.7	+21 45.5	308 06.3	−14 45.8
19	188 59.0	140 04.6	10.6	356 56.8	17.1	73 42.7	45.4	323 08.9	45.8
20	204 01.4	155 04.1	11.4	11 58.6	17.4	88 44.6	45.3	338 11.5	45.8
21	219 03.9	170 03.6	12.2	27 00.4	17.8	103 46.5	45.2	353 14.1	45.8
22	234 06.3	185 03.1	13.1	42 02.3	18.1	118 48.4	45.1	8 16.7	45.7
23	249 08.8	200 02.6	13.9	57 04.1	18.4	133 50.3	45.0	23 19.3	45.7
24	264 11.3	215 02.1	+16 14.7	72 05.9	−5 18.8	148 52.2	+21 44.9	38 21.9	−14 45.7
Dif	—	−5	+8	+18	−3	+19	−1	+26	0

Lunes 16 de junio de 2014

UT	SOL SD: 15'7 PMG: 12h 00m7		☽ LUNA SD: 16'5 Edad: 18d2 PHE { 4h: 60'4 12h: 60'3 20h: 60'2 } PMG: 2h 50m R°: 57m				Latitud	Principio del crepúsculo		Salida de Sol	Salida de Luna		Puesta de Luna	
	hG ☉	Dec	hG ☾	Dif	Dec	Dif		Náutico	Civil		Hora	R°	Hora	R°
h	° ′	° ′	° ′		° ′		°	h m	h m	h m	h m	m	h m	m
0	179 51.4	+23 20.0	319 02.1		−14 20.3		60 N	** **	0 52	2 36	22 55	22	7 23	88
1	194 51.3	20.1	333 27.4	63	12.1	82	58	** **	1 41	2 56	49	24	31	86
2	209 51.2	20.2	347 52.7	63	−14 03.9	82	56	** **	2 11	3 13	43	27	38	84
3	224 51.0	20.2	2 18.0	63	−13 55.6	83	54	0 48	33	27	38	29	45	81
4	239 50.9	20.3	16 43.5	65	47.2	84	52	1 33	2 51	39	34	30	51	79
5	254 50.8	+23 20.4	31 08.9	64	−13 38.7	85	50	2 00	3 06	3 50	22 29	32	7 56	77
6	269 50.6	+23 20.5	45 34.5	66	−13 30.1	86	45	2 46	3 35	4 13	22 20	36	8 07	74
7	284 50.5	20.6	60 00.1	66	21.4	87	40	3 16	3 58	31	13	38	17	70
8	299 50.4	20.7	74 25.7	66	12.7	87	35	39	4 16	46	06	42	25	68
9	314 50.2	20.8	88 51.4	67	−13 03.8	89	30	3 58	31	4 59	22 01	43	32	66
10	329 50.1	20.9	103 17.2	68	−12 54.9	89	20	4 27	4 56	5 21	21 51	47	44	62
11	344 50.0	+23 21.0	117 43.1	69	−12 45.9	90	10 N	4 49	5 16	5 39	21 42	51	8 54	59
12	359 49.8	+23 21.0	132 09.0	69	−12 36.8	91	0	5 08	5 34	5 57	21 34	54	9 04	56
13	14 49.7	21.1	146 34.9	69	27.7	91	10 S	25	5 52	6 14	25	58	14	52
14	29 49.6	21.2	161 00.9	70	18.4	93	20	41	6 09	33	16	62	24	49
15	44 49.4	21.3	175 27.0	71	−12 09.1	93	30	5 58	28	6 54	06	66	36	45
16	59 49.3	21.4	189 53.2	72	−11 59.8	93	35	6 07	38	7 06	21 01	67	42	44
17	74 49.2	+23 21.5	204 19.4	72	−11 50.3	95	40	6 16	6 50	7 20	20 54	70	9 50	41
18	89 49.0	+23 21.5	218 45.7	73	−11 40.8	95	45	6 26	7 03	7 37	20 46	74	9 59	38
19	104 48.9	21.6	233 12.0	73	31.2	96	50	38	19	7 58	37	77	10 09	35
20	119 48.8	21.7	247 38.4	74	21.5	97	52	43	27	8 08	33	78	14	33
21	134 48.6	21.8	262 04.8	74	11.8	97	54	49	35	19	28	81	20	31
22	149 48.5	21.9	276 31.4	76	−11 02.0	98	56	6 55	44	31	23	83	26	28
23	164 48.4	21.9	290 57.9	75	−10 52.1	99	58	7 02	7 54	8 46	17	85	32	27
24	179 48.2	+23 22.0	305 24.6	77	−10 42.2	99	60 S	7 09	8 06	9 04	20 10	88	10 40	24

UT	ARIES PMG 6h 22m2	VENUS Mag.: −3.9 PMG: 9h 40m		MARTE Mag.: −0.2 PMG: 19h 09m		JÚPITER Mag.: −1.8 PMG: 14h 03m		SATURNO Mag.: +0.3 PMG: 21h 23m	
	hG ♈	hG ♀	Dec	hG ♂	Dec	hG ♃	Dec	hG ♄	Dec
h	° ′	° ′	° ′	° ′	° ′	° ′	° ′	° ′	° ′
0	264 11.3	215 02.1	+16 14.7	72 05.9	−5 18.8	148 52.2	+21 44.9	38 21.9	−14 45.7
1	279 13.7	230 01.6	15.5	87 07.7	19.1	163 54.1	44.9	53 24.5	45.6
2	294 16.2	245 01.1	16.3	102 09.6	19.5	178 56.0	44.8	68 27.1	45.6
3	309 18.7	260 00.6	17.2	117 11.4	19.8	193 57.9	44.7	83 29.7	45.6
4	324 21.1	275 00.1	18.0	132 13.2	20.2	208 59.8	44.6	98 32.3	45.6
5	339 23.6	289 59.6	+16 18.8	147 15.0	−5 20.5	224 01.8	+21 44.5	113 34.9	−14 45.5
6	354 26.1	304 59.1	+16 19.6	162 16.8	−5 20.9	239 03.7	+21 44.4	128 37.5	−14 45.5
7	9 28.5	319 58.6	20.4	177 18.7	21.2	254 05.6	44.3	143 40.1	45.5
8	24 31.0	334 58.1	21.2	192 20.5	21.5	269 07.5	44.2	158 42.7	45.4
9	39 33.5	349 57.6	22.1	207 22.3	21.9	284 09.4	44.2	173 45.3	45.4
10	54 35.9	4 57.1	22.9	222 24.1	22.2	299 11.3	44.1	188 47.9	45.4
11	69 38.4	19 56.6	+16 23.7	237 25.9	−5 22.6	314 13.2	+21 44.0	203 50.5	−14 45.4
12	84 40.8	34 56.1	+16 24.5	252 27.8	−5 22.9	329 15.1	+21 43.9	218 53.0	−14 45.3
13	99 43.3	49 55.6	25.3	267 29.6	23.3	344 17.0	43.8	233 55.6	45.3
14	114 45.8	64 55.1	26.1	282 31.4	23.6	359 18.9	43.7	248 58.2	45.3
15	129 48.2	79 54.6	26.9	297 33.2	24.0	14 20.9	43.6	264 00.8	45.3
16	144 50.7	94 54.1	27.7	312 35.0	24.3	29 22.8	43.6	279 03.4	45.2
17	159 53.2	109 53.6	+16 28.6	327 36.8	−5 24.7	44 24.7	+21 43.5	294 06.0	−14 45.2
18	174 55.6	124 53.1	+16 29.4	342 38.6	−5 25.0	59 26.6	+21 43.4	309 08.6	−14 45.2
19	189 58.1	139 52.6	30.2	357 40.4	25.4	74 28.5	43.3	324 11.2	45.1
20	205 00.6	154 52.1	31.0	12 42.3	25.7	89 30.4	43.2	339 13.8	45.1
21	220 03.0	169 51.6	31.8	27 44.1	26.1	104 32.3	43.1	354 16.4	45.1
22	235 05.5	184 51.1	32.6	42 45.9	26.4	119 34.2	43.0	9 19.0	45.1
23	250 07.9	199 50.6	33.4	57 47.7	26.8	134 36.1	42.9	24 21.6	45.0
24	265 10.4	214 50.1	+16 34.2	72 49.5	−5 27.1	149 38.0	+21 42.9	39 24.2	−14 45.0
Dif	—	−5	+8	+18	−3	+19	−1	+26	0

UT	SOL SD: 15!7 PMG: 12h 00m9		LUNA SD: 16!4 Edad: 19d2 PHE {4h: 60!1; 12h: 59!9; 20h: 59!8} PMG: 3h 47m R°: 53m				Latitud	Puesta de Sol	Fin del crepúsculo		Salida de Luna		Puesta de Luna	
	hG ☉	Dec	hG ☾	Dif	Dec	Dif			Civil	Náutico	Hora	R°	Hora	R°
h	° ′	° ′	° ′		° ′		°	h m	h m	h m	h m	m	h m	m
0	179 48.2	+23 22.0	305 24.6		−10 42.2		60 N	21 26	23 12	** **	23 17	18	8 51	88
1	194 48.1	22.1	319 51.3	77	32.2	100	58	21 06	22 21	** **	13	21	8 57	85
2	209 48.0	22.2	334 18.0	77	22.1	101	56	20 49	21 52	** **	10	23	9 02	82
3	224 47.8	22.2	348 44.9	79	12.0	101	54	35	29	23 16	07	25	06	80
4	239 47.7	22.3	3 11.8	79	−10 01.9	101	52	23	21 11	22 30	04	27	10	78
5	254 47.6	+23 22.4	17 38.7	79	− 9 51.7	102	50	20 12	20 56	22 02	23 01	29	9 13	77
6	269 47.4	+23 22.5	32 05.7	80	− 9 41.4	103	45	19 49	20 27	21 16	22 56	33	9 21	73
7	284 47.3	22.5	46 32.8	81	31.0	104	40	31	20 04	20 46	51	36	27	70
8	299 47.2	22.6	60 59.9	81	20.7	103	35	16	19 46	23	48	38	33	67
9	314 47.0	22.7	75 27.1	82	− 9 10.2	105	30	19 03	31	20 04	44	41	38	64
10	329 46.9	22.7	89 54.3	82	− 8 59.8	104	20	18 41	19 06	19 35	38	45	46	60
11	344 46.7	+23 22.8	104 21.6	83	− 8 49.2	106	10 N	18 22	18 45	19 12	22 33	48	9 53	57
12	359 46.6	+23 22.9	118 49.0	84	− 8 38.7	105	0	18 05	18 27	18 53	22 28	52	10 00	53
13	14 46.5	22.9	133 16.4	84	28.0	107	10 S	17 47	18 10	36	23	55	06	50
14	29 46.3	23.0	147 43.9	85	17.4	106	20	29	17 53	20	18	59	13	47
15	44 46.2	23.1	162 11.4	85	− 8 06.7	107	30	17 07	34	18 04	12	63	21	42
16	59 46.1	23.1	176 39.0	86	− 7 55.9	108	35	16 55	23	17 55	08	66	26	40
17	74 45.9	+23 23.2	191 06.7	87	− 7 45.1	108	40	16 41	17 11	17 46	22 04	69	10 31	37
18	89 45.8	+23 23.3	205 34.4	87	− 7 34.3	108	45	16 24	16 58	17 35	22 00	71	10 37	34
19	104 45.7	23.3	220 02.2	88	23.4	109	50	16 03	42	23	21 54	76	44	30
20	119 45.5	23.4	234 30.0	88	12.5	109	52	15 54	34	18	51	78	47	29
21	134 45.4	23.5	248 57.9	89	− 7 01.6	109	54	42	26	12	49	79	51	26
22	149 45.3	23.5	263 25.8	89	− 6 50.6	110	56	30	17	06	46	81	54	25
23	164 45.1	23.6	277 53.8	90	39.6	110	58	15 15	16 07	17 00	42	84	10 59	22
24	179 45.0	+23 23.6	292 21.8	90	− 6 28.6	110	60 S	14 58	15 55	16 52	21 38	87	11 04	20

UT	ARIES PMG 6h 18m3	VENUS Mag.: −3.9 PMG: 9h 41m		MARTE Mag.: −0.2 PMG: 19h 06m		JÚPITER Mag.: −1.8 PMG: 14h 00m		SATURNO Mag.: +0.3 PMG: 21h 19m	
	hG ♈	hG ♀	Dec	hG ♂	Dec	hG ♃	Dec	hG ♄	Dec
h	° ′	° ′	° ′	° ′	° ′	° ′	° ′	° ′	° ′
0	265 10.4	214 50.1	+16 34.2	72 49.5	−5 27.1	149 38.0	+21 42.9	39 24.2	−14 45.0
1	280 12.9	229 49.6	35.0	87 51.3	27.4	164 39.9	42.8	54 26.7	45.0
2	295 15.3	244 49.1	35.8	102 53.1	27.8	179 41.9	42.7	69 29.3	45.0
3	310 17.8	259 48.6	36.6	117 54.9	28.1	194 43.8	42.6	84 31.9	44.9
4	325 20.3	274 48.1	37.4	132 56.7	28.5	209 45.7	42.5	99 34.5	44.9
5	340 22.7	289 47.6	+16 38.2	147 58.5	−5 28.9	224 47.6	+21 42.4	114 37.1	−14 44.9
6	355 25.2	304 47.1	+16 39.0	163 00.3	−5 29.2	239 49.5	+21 42.3	129 39.7	−14 44.9
7	10 27.7	319 46.6	39.8	178 02.1	29.6	254 51.4	42.3	144 42.3	44.8
8	25 30.1	334 46.0	40.6	193 03.9	29.9	269 53.3	42.2	159 44.9	44.8
9	40 32.6	349 45.5	41.4	208 05.7	30.3	284 55.2	42.1	174 47.5	44.8
10	55 35.1	4 45.0	42.2	223 07.5	30.6	299 57.1	42.0	189 50.1	44.7
11	70 37.5	19 44.5	+16 43.0	238 09.3	−5 31.0	314 59.0	+21 41.9	204 52.7	−14 44.7
12	85 40.0	34 44.0	+16 43.8	253 11.1	−5 31.3	330 00.9	+21 41.8	219 55.2	−14 44.7
13	100 42.4	49 43.5	44.6	268 12.9	31.7	345 02.9	41.7	234 57.8	44.7
14	115 44.9	64 43.0	45.4	283 14.7	32.0	0 04.8	41.6	250 00.4	44.6
15	130 47.4	79 42.5	46.2	298 16.5	32.4	15 06.7	41.6	265 03.0	44.6
16	145 49.8	94 41.9	47.0	313 18.3	32.7	30 08.6	41.5	280 05.6	44.6
17	160 52.3	109 41.4	+16 47.8	328 20.1	−5 33.1	45 10.5	+21 41.4	295 08.2	−14 44.6
18	175 54.8	124 40.9	+16 48.6	343 21.9	−5 33.4	60 12.4	+21 41.3	310 10.8	−14 44.5
19	190 57.2	139 40.4	49.4	358 23.7	33.8	75 14.3	41.2	325 13.4	44.5
20	205 59.7	154 39.9	50.2	13 25.4	34.1	90 16.2	41.1	340 16.0	44.5
21	221 02.2	169 39.4	51.0	28 27.2	34.5	105 18.1	41.0	355 18.6	44.5
22	236 04.6	184 38.9	51.8	43 29.0	34.9	120 20.0	40.9	10 21.1	44.4
23	251 07.1	199 38.3	52.6	58 30.8	35.2	135 21.9	40.9	25 23.7	44.4
24	266 09.6	214 37.8	+16 53.3	73 32.6	−5 35.6	150 23.8	+21 40.8	40 26.3	−14 44.4
Dif	—	−5	+8	+18	−4	+19	−1	+26	0

Sábado 21 de junio de 2014

SOL — SD: 15′.7 — PMG: $12^h\ 01^m.8$

LUNA — SD: 15′.8 — Edad: $23^d.2$ — PHE { 4^h: 57′.7; 12^h: 57′.5; 20^h: 57′.3 } — PMG: $7^h\ 12^m$ R°: 49^m

UT	SOL hG ☉	SOL Dec	LUNA hG ☾	Dif	LUNA Dec	Dif	Latitud	Puesta de Sol	Fin del crepúsculo Civil	Fin del crepúsculo Náutico	Salida de Luna Hora	R°	Puesta de Luna Hora	R°
h	° ′	° ′	° ′		° ′		°	h m	h m	h m	h m	m	h m	m
0	179 35.2	+23 26.1	255 38.9		+ 6 51.2		60 N	21 28	23 14	** **	0 11	19	14 31	78
1	194 35.1	26.1	270 09.1	112	+ 7 01.5	103	58	21 07	22 23	** **	14	22	25	77
2	209 34.9	26.1	284 39.3	112	11.7	102	56	20 50	21 53	** **	18	24	21	74
3	224 34.8	26.1	299 09.4	111	21.8	101	54	36	31	23 18	21	25	16	73
4	239 34.6	26.1	313 39.6	112	32.0	102	52	24	21 13	22 31	23	28	13	70
5	254 34.5	+23 26.1	328 09.8	112	+ 7 42.0	100	50	20 13	20 58	22 03	0 26	29	14 09	69
6	269 34.4	+23 26.1	342 40.0	112	+ 7 52.1	101	45	19 50	20 28	21 18	0 31	33	14 02	65
7	284 34.2	26.1	357 10.1	111	+ 8 02.0	99	40	32	20 05	20 47	36	35	13 55	63
8	299 34.1	26.1	11 40.3	112	11.9	99	35	17	19 47	24	40	37	50	61
9	314 34.0	26.1	26 10.5	112	21.8	99	30	19 04	32	20 05	43	40	45	59
10	329 33.8	26.1	40 40.7	112	31.6	98	20	18 42	19 07	19 36	49	44	37	55
11	344 33.7	+23 26.1	55 10.9	112	+ 8 41.4	98	10 N	18 23	18 46	19 13	0 55	46	13 30	52
12	359 33.6	+23 26.1	69 41.1	112	+ 8 51.1	97	0	18 05	18 28	18 54	1 00	49	13 23	50
13	14 33.4	26.1	84 11.3	112	+ 9 00.7	96	10 S	17 48	18 11	37	05	52	17	46
14	29 33.3	26.1	98 41.5	112	10.3	96	20	29	17 53	21	11	55	10	43
15	44 33.1	26.1	113 11.6	111	19.9	96	30	17 08	35	18 04	17	59	13 02	40
16	59 33.0	26.1	127 41.8	112	29.4	95	35	16 56	24	17 56	21	61	12 57	38
17	74 32.9	+23 26.1	142 12.0	112	+ 9 38.8	94	40	16 42	17 12	17 46	1 25	64	12 52	36
18	89 32.7	+23 26.1	156 42.2	112	+ 9 48.2	94	45	16 25	16 59	17 36	1 30	66	12 46	33
19	104 32.6	26.1	171 12.4	112	+ 9 57.5	93	50	16 04	42	24	36	70	38	31
20	119 32.5	26.1	185 42.5	111	+10 06.8	93	52	15 54	35	19	38	72	35	29
21	134 32.3	26.1	200 12.7	112	15.9	91	54	43	27	13	41	74	31	28
22	149 32.2	26.1	214 42.9	112	25.1	92	56	30	18	07	45	75	27	26
23	164 32.1	26.0	229 13.0	111	34.2	91	58	15 15	16 07	17 00	48	78	23	23
24	179 31.9	+23 26.0	243 43.2	112	+10 43.2	90	60 S	14 58	15 56	16 53	1 53	80	12 18	21

UT	ARIES PMG $6^h\ 02^m.5$	VENUS Mag.: −3.9 PMG: $9^h\ 44^m$		MARTE Mag.: −0.1 PMG: $18^h\ 55^m$		JÚPITER Mag.: −1.8 PMG: $13^h\ 48^m$		SATURNO Mag.: +0.3 PMG: $21^h\ 02^m$	
	hG ♈	hG ♀	Dec	hG ♂	Dec	hG ♃	Dec	hG ♄	Dec
h	° ′	° ′	° ′	° ′	° ′	° ′	° ′	° ′	° ′
0	269 07.0	213 59.3	+ 17 48.4	75 39.2	− 6 01.9	152 41.0	+ 21 34.3	43 32.4	− 14 42.6
1	284 09.4	228 58.7	49.1	90 40.9	02.3	167 42.9	34.2	58 34.9	42.6
2	299 11.9	243 58.2	49.9	105 42.7	02.7	182 44.8	34.1	73 37.5	42.6
3	314 14.4	258 57.6	50.6	120 44.4	03.0	197 46.7	34.0	88 40.1	42.5
4	329 16.8	273 57.0	51.4	135 46.1	03.4	212 48.6	34.0	103 42.7	42.5
5	344 19.3	288 56.5	+ 17 52.1	150 47.8	− 6 03.8	227 50.5	+ 21 33.9	118 45.3	− 14 42.5
6	359 21.8	303 55.9	+ 17 52.8	165 49.6	− 6 04.2	242 52.4	+ 21 33.8	133 47.8	− 14 42.5
7	14 24.2	318 55.4	53.6	180 51.3	04.5	257 54.3	33.7	148 50.4	42.4
8	29 26.7	333 54.8	54.3	195 53.0	04.9	272 56.2	33.6	163 53.0	42.4
9	44 29.1	348 54.3	55.0	210 54.7	05.3	287 58.1	33.5	178 55.6	42.4
10	59 31.6	3 53.7	55.8	225 56.5	05.7	303 00.0	33.4	193 58.2	42.4
11	74 34.1	18 53.1	+ 17 56.5	240 58.2	− 6 06.0	318 01.9	+ 21 33.3	209 00.7	− 14 42.4
12	89 36.5	33 52.6	+ 17 57.2	255 59.9	− 6 06.4	333 03.8	+ 21 33.2	224 03.3	− 14 42.3
13	104 39.0	48 52.0	58.0	271 01.6	06.8	348 05.7	33.1	239 05.9	42.3
14	119 41.5	63 51.5	58.7	286 03.4	07.2	3 07.6	33.0	254 08.5	42.3
15	134 43.9	78 50.9	+ 17 59.4	301 05.1	07.6	18 09.5	32.9	269 11.0	42.3
16	149 46.4	93 50.3	+ 18 00.1	316 06.8	07.9	33 11.4	32.9	284 13.6	42.2
17	164 48.9	108 49.8	+ 18 00.9	331 08.5	− 6 08.3	48 13.3	+ 21 32.8	299 16.2	− 14 42.2
18	179 51.3	123 49.2	+ 18 01.6	346 10.2	− 6 08.7	63 15.2	+ 21 32.7	314 18.8	− 14 42.2
19	194 53.8	138 48.7	02.3	1 11.9	09.1	78 17.1	32.6	329 21.4	42.2
20	209 56.2	153 48.1	03.1	16 13.7	09.5	93 19.0	32.5	344 23.9	42.2
21	224 58.7	168 47.5	03.8	31 15.4	09.8	108 20.9	32.4	359 26.5	42.1
22	240 01.2	183 47.0	04.5	46 17.1	10.2	123 22.8	32.3	14 29.1	42.1
23	255 03.6	198 46.4	05.2	61 18.8	10.6	138 24.7	32.2	29 31.7	42.1
24	270 06.1	213 45.8	+ 18 05.9	76 20.5	− 6 11.0	153 26.6	+ 21 32.1	44 34.2	− 14 42.1
Dif	—	−6	+7	+17	−4	+19	−1	+26	0

184 Martes 24 de junio de 2014

UT	SOL SD: 15'.7 PMG: 12ʰ 02ᵐ.4		LUNA SD: 15'.3 Edad: 26ᵈ.2 PHE 4ʰ: 56'.0, 12ʰ: 55'.8, 20ʰ: 55'.6 PMG: 9ʰ 41ᵐ R°: 50ᵐ				Latitud	Principio del crepúsculo		Salida de Sol	Salida de Luna		Puesta de Luna	
	hG ☉	Dec	hG ☾	Dif	Dec	Dif		Náutico	Civil		Hora	R°	Hora	R°
h	° '	° '	° '		° '		°	h m	h m	h m	h m	m	h m	m
0	179 25.4	+23 24.8	219 41.1		+16 30.7		60 N	** **	0 51	2 37	1 20	35	18 13	60
1	194 25.3	24.7	234 10.8	107	36.0	53	58	** **	1 41	2 57	31	36	18 01	59
2	209 25.1	24.7	248 40.6	108	41.1	51	56	** **	2 11	3 14	40	38	17 50	59
3	224 25.0	24.6	263 10.3	107	46.2	51	54	0 47	34	28	48	39	41	58
4	239 24.9	24.6	277 40.0	107	51.2	50	52	1 33	2 52	41	1 56	39	33	57
5	254 24.7	+23 24.5	292 09.7	107	+16 56.1	49	50	2 01	3 07	3 51	2 02	41	17 26	56
6	269 24.6	+23 24.5	306 39.4	107	+17 00.9	48	45	2 47	3 37	4 14	2 17	42	17 10	56
7	284 24.4	24.4	321 09.1	107	05.6	47	40	3 17	3 59	32	28	44	16 57	55
8	299 24.3	24.4	335 38.8	107	10.2	46	35	41	4 17	4 47	39	44	46	54
9	314 24.2	24.3	350 08.5	107	14.8	46	30	3 59	33	5 00	2 47	46	37	53
10	329 24.0	24.3	4 38.2	107	19.2	44	20	4 28	4 58	22	3 03	47	21	52
11	344 23.9	+23 24.2	19 07.9	107	+17 23.6	44	10 N	4 51	5 18	5 41	3 16	49	16 06	51
12	359 23.8	+23 24.2	33 37.6	107	+17 27.8	42	0	5 10	5 36	5 59	3 29	50	15 53	50
13	14 23.6	24.1	48 07.2	106	32.0	42	10 S	27	5 53	6 16	41	52	39	50
14	29 23.5	24.1	62 36.9	107	36.1	41	20	5 43	6 11	35	3 55	53	25	49
15	44 23.4	24.0	77 06.6	107	40.0	39	30	6 00	30	6 56	4 11	54	15 09	47
16	59 23.2	24.0	91 36.2	106	43.9	39	35	08	40	7 08	20	55	14 59	47
17	74 23.1	+23 23.9	106 05.9	107	+17 47.7	38	40	6 18	6 52	7 22	4 30	56	14 49	45
18	89 23.0	+23 23.8	120 35.6	107	+17 51.4	37	45	6 28	7 05	7 39	4 42	58	14 36	44
19	104 22.8	23.8	135 05.2	106	55.1	37	50	40	22	8 00	4 57	59	20	44
20	119 22.7	23.7	149 34.9	107	+17 58.6	35	52	45	29	10	5 04	60	13	43
21	134 22.6	23.7	164 04.6	107	+18 02.0	34	54	51	37	21	12	61	14 05	42
22	149 22.4	23.6	178 34.2	106	05.3	33	56	6 57	46	34	20	62	13 56	41
23	164 22.3	23.5	193 03.9	107	08.6	33	58	7 04	7 57	8 48	30	63	46	40
24	179 22.2	+23 23.5	207 33.5	106	+18 11.7	31	60 S	7 11	8 08	9 06	5 42	64	13 34	39

UT	ARIES PMG 5ʰ 50ᵐ.7	VENUS Mag.: −3.9 PMG: 9ʰ 47ᵐ		MARTE Mag.: −0.1 PMG: 18ʰ 47ᵐ		JÚPITER Mag.: −1.8 PMG: 13ʰ 38ᵐ		SATURNO Mag.: +0.3 PMG: 20ʰ 50ᵐ	
	hG ♈	hG ♀	Dec	hG ♂	Dec	hG ♃	Dec	hG ♄	Dec
h	° '	° '	° '	° '	° '	° '	° '	° '	° '
0	272 04.4	213 18.2	+18 39.7	77 41.9	−6 29.5	154 57.8	+21 27.6	46 37.7	−14 41.1
1	287 06.8	228 17.6	40.4	92 43.5	29.9	169 59.7	27.6	61 40.3	41.0
2	302 09.3	243 17.0	41.1	107 45.2	30.3	185 01.6	27.5	76 42.9	41.0
3	317 11.8	258 16.4	41.8	122 46.9	30.7	200 03.5	27.4	91 45.4	41.0
4	332 14.2	273 15.8	42.5	137 48.6	31.1	215 05.4	27.3	106 48.0	41.0
5	347 16.7	288 15.2	+18 43.1	152 50.2	−6 31.5	230 07.3	+21 27.2	121 50.6	−14 41.0
6	2 19.2	303 14.6	+18 43.8	167 51.9	−6 31.9	245 09.2	+21 27.1	136 53.1	−14 40.9
7	17 21.6	318 14.0	44.5	182 53.6	32.3	260 11.1	27.0	151 55.7	40.9
8	32 24.1	333 13.4	45.2	197 55.2	32.7	275 13.0	26.9	166 58.3	40.9
9	47 26.6	348 12.8	45.9	212 56.9	33.1	290 14.9	26.8	182 00.8	40.9
10	62 29.0	3 12.2	46.5	227 58.6	33.5	305 16.8	26.7	197 03.4	40.9
11	77 31.5	18 11.6	+18 47.2	243 00.3	−6 33.9	320 18.7	+21 26.6	212 06.0	−14 40.8
12	92 34.0	33 11.1	+18 47.9	258 01.9	−6 34.3	335 20.6	+21 26.5	227 08.5	−14 40.8
13	107 36.4	48 10.5	48.6	273 03.6	34.7	350 22.5	26.4	242 11.1	40.8
14	122 38.9	63 09.9	49.3	288 05.3	35.1	5 24.4	26.3	257 13.7	40.8
15	137 41.3	78 09.3	49.9	303 06.9	35.5	20 26.3	26.2	272 16.2	40.8
16	152 43.8	93 08.7	50.6	318 08.6	35.9	35 28.2	26.1	287 18.8	40.7
17	167 46.3	108 08.1	+18 51.3	333 10.3	−6 36.3	50 30.1	+21 26.0	302 21.4	−14 40.7
18	182 48.7	123 07.5	+18 51.9	348 11.9	−6 36.7	65 32.0	+21 25.9	317 23.9	−14 40.7
19	197 51.2	138 06.9	52.6	3 13.6	37.0	80 33.9	25.9	332 26.5	40.7
20	212 53.7	153 06.3	53.3	18 15.2	37.4	95 35.8	25.8	347 29.1	40.7
21	227 56.1	168 05.7	54.0	33 16.9	37.8	110 37.7	25.7	2 31.6	40.6
22	242 58.6	183 05.1	54.6	48 18.6	38.2	125 39.6	25.6	17 34.2	40.6
23	258 01.1	198 04.5	55.3	63 20.2	38.6	140 41.5	25.5	32 36.8	40.6
24	273 03.5	213 03.9	+18 56.0	78 21.9	−6 39.0	155 43.4	+21 25.4	47 39.3	−14 40.6
Dif	—	−6	+7	+17	−4	+19	−1	+26	0

Miércoles 25 de junio de 2014

UT	SOL SD: 15′.7 PMG: $12^h\ 02^m.6$		LUNA SD: 15′.1 Edad: $27^d.2$ PHE { 4^h: 55′.5; 12^h: 55′.3; 20^h: 55′.2 } PMG: $10^h\ 31^m$ R°: 50^m				Latitud	Puesta de Sol	Fin del crepúsculo		Salida de Luna		Puesta de Luna	
	hG ☉	Dec	hG ☾	Dif	Dec	Dif			Civil	Náutico	Hora	R°	Hora	R°
h	° ′	° ′	° ′		° ′		°	h m	h m	h m	h m	m	h m	m
0	179 22.2	+23 23.5	207 33.5	107	+18 11.7	31	60 N	21 28	23 12	** **	1 55	43	19 13	50
1	194 22.0	23.4	222 03.2	107	14.8	29	58	21 07	22 23	** **	2 07	44	19 00	50
2	209 21.9	23.4	236 32.9	106	17.7	29	56	20 51	21 53	** **	18	44	18 49	50
3	224 21.8	23.3	251 02.5	107	20.6	27	54	36	31	23 17	27	45	39	50
4	239 21.6	23.2	265 32.2	107	23.3	27	52	24	21 13	22 31	35	46	30	50
5	254 21.5	+23 23.2	280 01.9	107	+18 26.0	26	50	20 13	20 58	22 03	2 43	46	18 22	50
6	269 21.4	+23 23.1	294 31.6	106	+18 28.6	25	45	19 51	20 28	21 18	2 59	47	18 06	50
7	284 21.2	23.0	309 01.2	107	31.1	23	40	33	20 06	20 47	3 12	48	17 52	50
8	299 21.1	23.0	323 30.9	107	33.4	23	35	18	19 48	24	23	48	40	50
9	314 21.0	22.9	338 00.6	107	35.7	22	30	19 05	32	20 06	33	49	30	50
10	329 20.8	22.8	352 30.3	107	37.9	21	20	18 43	19 07	19 37	3 50	49	17 13	50
11	344 20.7	+23 22.8	7 00.0	107	+18 40.0	20	10 N	18 24	18 47	19 14	4 05	50	16 57	50
12	359 20.6	+23 22.7	21 29.7	107	+18 42.0	19	0	18 06	18 29	18 55	4 19	50	16 43	50
13	14 20.4	22.6	35 59.4	108	43.9	18	10 S	17 49	18 12	38	33	50	29	49
14	29 20.3	22.6	50 29.2	107	45.7	17	20	30	17 54	22	4 48	51	16 14	49
15	44 20.2	22.5	64 58.9	107	47.4	17	30	17 09	36	18 05	5 05	52	15 56	49
16	59 20.0	22.4	79 28.6	108	49.1	15	35	16 57	25	17 57	15	52	46	49
17	74 19.9	+23 22.3	93 58.4	107	+18 50.6	14	40	16 43	17 13	17 47	5 26	53	15 34	49
18	89 19.8	+23 22.3	108 28.1	108	+18 52.0	13	45	16 26	17 00	17 37	5 40	53	15 20	49
19	104 19.6	22.2	122 57.9	108	53.3	13	50	16 05	16 44	25	5 56	54	15 04	48
20	119 19.5	22.1	137 27.7	108	54.6	11	52	15 55	36	20	6 04	54	14 56	48
21	134 19.4	22.0	151 57.5	108	55.7	11	54	44	28	14	13	54	47	48
22	149 19.2	22.0	166 27.3	108	56.8	9	56	32	19	08	22	55	37	48
23	164 19.1	21.9	180 57.1	108	57.7	9	58	15 17	16 09	17 01	33	55	26	48
24	179 19.0	+23 21.8	195 26.9		+18 58.6		60 S	14 59	15 57	16 54	6 46	55	14 13	48

UT	ARIES PMG $5^h\ 46^m.8$	VENUS Mag.: −3.9 PMG: $9^h\ 48^m$		MARTE Mag.: −0.1 PMG: $18^h\ 44^m$		JÚPITER Mag.: −1.8 PMG: $13^h\ 35^m$		SATURNO Mag.: +0.3 PMG: $20^h\ 46^m$	
	hG ♈	hG ♀	Dec	hG ♂	Dec	hG ♃	Dec	hG ♄	Dec
h	° ′	° ′	° ′	° ′	° ′	° ′	° ′	° ′	° ′
0	273 03.5	213 03.9	+ 18 56.0	78 21.9	− 6 39.0	155 43.4	+ 21 25.4	47 39.3	− 14 40.6
1	288 06.0	228 03.3	56.6	93 23.5	39.4	170 45.3	25.3	62 41.9	40.6
2	303 08.5	243 02.7	57.3	108 25.2	39.8	185 47.2	25.2	77 44.5	40.5
3	318 10.9	258 02.1	58.0	123 26.9	40.2	200 49.1	25.1	92 47.0	40.5
4	333 13.4	273 01.5	58.6	138 28.5	40.6	215 51.0	25.0	107 49.6	40.5
5	348 15.8	288 00.9	+ 18 59.3	153 30.2	− 6 41.0	230 52.9	+ 21 24.9	122 52.2	− 14 40.5
6	3 18.3	303 00.3	+ 18 59.9	168 31.8	− 6 41.4	245 54.8	+ 21 24.8	137 54.7	− 14 40.5
7	18 20.8	317 59.7	+ 19 00.6	183 33.5	41.8	260 56.7	24.7	152 57.3	40.5
8	33 23.2	332 59.1	01.3	198 35.1	42.2	275 58.6	24.6	167 59.9	40.4
9	48 25.7	347 58.5	01.9	213 36.8	42.6	291 00.5	24.5	183 02.4	40.4
10	63 28.2	2 57.9	02.6	228 38.4	43.0	306 02.4	24.4	198 05.0	40.4
11	78 30.6	17 57.3	+ 19 03.2	243 40.1	− 6 43.4	321 04.3	+ 21 24.3	213 07.6	− 14 40.4
12	93 33.1	32 56.7	+ 19 03.9	258 41.7	− 6 43.8	336 06.1	+ 21 24.2	228 10.1	− 14 40.4
13	108 35.6	47 56.0	04.6	273 43.4	44.2	351 08.0	24.1	243 12.7	40.3
14	123 38.0	62 55.4	05.2	288 45.0	44.6	6 09.9	24.0	258 15.3	40.3
15	138 40.5	77 54.8	05.9	303 46.7	45.0	21 11.8	23.9	273 17.8	40.3
16	153 42.9	92 54.2	06.5	318 48.3	45.4	36 13.7	23.8	288 20.4	40.3
17	168 45.4	107 53.6	+ 19 07.2	333 50.0	− 6 45.8	51 15.6	+ 21 23.8	303 22.9	− 14 40.3
18	183 47.9	122 53.0	+ 19 07.8	348 51.6	− 6 46.2	66 17.5	+ 21 23.7	318 25.5	− 14 40.3
19	198 50.3	137 52.4	08.5	3 53.3	46.6	81 19.4	23.6	333 28.1	40.2
20	213 52.8	152 51.8	09.1	18 54.9	47.0	96 21.3	23.5	348 30.6	40.2
21	228 55.3	167 51.2	09.8	33 56.6	47.4	111 23.2	23.4	3 33.2	40.2
22	243 57.7	182 50.6	10.4	48 58.2	47.9	126 25.1	23.3	18 35.8	40.2
23	259 00.2	197 50.0	11.1	63 59.9	48.3	141 27.0	23.2	33 38.3	40.2
24	274 02.7	212 49.3	+ 19 11.7	79 01.5	− 6 48.7	156 28.9	+ 21 23.1	48 40.9	− 14 40.1
Dif	—	−6	+7	+17	−4	+19	−1	+26	0

Jueves 26 de junio de 2014

UT	SOL SD: 15'.7 PMG: 12h 02m.8		LUNA SD: 15'.0 Edad: 28d.2 PHE { 4h: 55'.1; 12h: 54'.9; 20h: 54'.8 } PMG: 11h 21m R°: 49m				Latitud	Principio del crepúsculo		Salida de Sol	Salida de Luna		Puesta de Luna	
	hG ☉	Dec	hG ☾	Dif	Dec	Dif		Náutico	Civil		Hora	R°	Hora	R°
h	° ′	° ′	° ′		° ′		°	h m	h m	h m	h m	m	h m	m
0	179 19.0	+23 21.8	195 26.9		+18 58.6		60 N	** **	0 53	2 38	2 38	52	20 03	40
1	194 18.8	21.7	209 56.8	109	+18 59.3	7	58	** **	1 43	2 58	2 51	52	19 50	41
2	209 18.7	21.7	224 26.6	108	+19 00.0	7	56	** **	2 13	3 15	3 02	52	39	42
3	224 18.6	21.6	238 56.5	109	00.6	6	54	0 49	35	29	12	52	29	43
4	239 18.4	21.5	253 26.4	109	01.0	4	52	1 35	2 53	41	21	51	20	43
5	254 18.3	+23 21.4	267 56.3	109	+19 01.4	4	50	2 02	3 08	3 52	3 29	51	19 12	44
6	269 18.2	+23 21.3	282 26.2	109	+19 01.7	3	45	2 48	3 37	4 15	3 46	51	18 56	44
7	284 18.0	21.3	296 56.2	110	01.9	2	40	3 18	4 00	33	4 00	50	42	45
8	299 17.9	21.2	311 26.1	109	02.0	1	35	3 41	18	4 48	11	51	30	46
9	314 17.8	21.1	325 56.1	110	02.0	0	30	4 00	33	5 01	22	50	20	47
10	329 17.6	21.0	340 26.1	110	01.9	1	20	29	4 58	23	39	50	18 03	47
11	344 17.5	+23 20.9	354 56.1	110	+19 01.7	2	10 N	4 51	5 19	5 42	4 55	49	17 47	48
12	359 17.4	+23 20.8	9 26.1	110	+19 01.4	3	0	5 10	5 37	5 59	5 09	49	17 33	49
13	14 17.2	20.7	23 56.2	111	01.1	3	10 S	27	5 54	6 17	23	49	18	50
14	29 17.1	20.7	38 26.2	110	00.6	5	20	5 44	6 11	35	39	49	17 03	50
15	44 17.0	20.6	52 56.3	111	+19 00.0	6	30	6 00	30	6 56	5 57	48	16 45	51
16	59 16.8	20.5	67 26.4	111	+18 59.4	6	35	09	40	7 09	6 07	48	35	52
17	74 16.7	+23 20.4	81 56.6	112	+18 58.6	8	40	6 18	6 52	7 23	6 19	47	16 23	52
18	89 16.6	+23 20.3	96 26.7	111	+18 57.8	8	45	6 28	7 06	7 39	6 33	47	16 09	53
19	104 16.4	20.2	110 56.9	112	56.9	9	50	40	22	8 00	50	46	15 52	54
20	119 16.3	20.1	125 27.1	112	55.8	11	52	45	29	10	6 58	46	44	54
21	134 16.2	20.0	139 57.3	112	54.7	11	54	51	37	21	7 07	46	35	55
22	149 16.0	19.9	154 27.6	113	53.5	12	56	6 57	46	34	17	46	25	55
23	164 15.9	19.8	168 57.8	112	52.2	13	58	7 04	7 57	8 48	28	46	14	55
24	179 15.8	+23 19.7	183 28.1	113	+18 50.8	14	60 S	7 11	8 08	9 06	7 41	45	15 01	56

UT	ARIES PMG 5h 42m.9	VENUS Mag.: −3.9 PMG: 9h 49m		MARTE Mag.: −0.0 PMG: 18h 42m		JÚPITER Mag.: −1.8 PMG: 13h 32m		SATURNO Mag.: +0.3 PMG: 20h 42m	
	hG ♈	hG ♀	Dec	hG ♂	Dec	hG ♃	Dec	hG ♄	Dec
h	° ′	° ′	° ′	° ′	° ′	° ′	° ′	° ′	° ′
0	274 02.7	212 49.3	+19 11.7	79 01.5	−6 48.7	156 28.9	+21 23.1	48 40.9	−14 40.1
1	289 05.1	227 48.7	12.4	94 03.1	49.1	171 30.8	23.0	63 43.4	40.1
2	304 07.6	242 48.1	13.0	109 04.8	49.5	186 32.7	22.9	78 46.0	40.1
3	319 10.1	257 47.5	13.7	124 06.4	49.9	201 34.6	22.8	93 48.6	40.1
4	334 12.5	272 46.9	14.3	139 08.1	50.3	216 36.5	22.7	108 51.1	40.1
5	349 15.0	287 46.3	+19 14.9	154 09.7	−6 50.7	231 38.4	+21 22.6	123 53.7	−14 40.1
6	4 17.4	302 45.7	+19 15.6	169 11.3	−6 51.1	246 40.3	+21 22.5	138 56.3	−14 40.0
7	19 19.9	317 45.1	16.2	184 13.0	51.5	261 42.2	22.4	153 58.8	40.0
8	34 22.4	332 44.4	16.9	199 14.6	51.9	276 44.1	22.3	169 01.4	40.0
9	49 24.8	347 43.8	17.5	214 16.3	52.3	291 46.0	22.2	184 03.9	40.0
10	64 27.3	2 43.2	18.1	229 17.9	52.7	306 47.9	22.1	199 06.5	40.0
11	79 29.8	17 42.6	+19 18.8	244 19.5	−6 53.1	321 49.8	+21 22.0	214 09.1	−14 39.9
12	94 32.2	32 42.0	+19 19.4	259 21.2	−6 53.5	336 51.7	+21 21.9	229 11.6	−14 39.9
13	109 34.7	47 41.4	20.1	274 22.8	53.9	351 53.6	21.8	244 14.2	39.9
14	124 37.2	62 40.7	20.7	289 24.4	54.3	6 55.4	21.7	259 16.7	39.9
15	139 39.6	77 40.1	21.3	304 26.1	54.7	21 57.3	21.6	274 19.3	39.9
16	154 42.1	92 39.5	22.0	319 27.7	55.1	36 59.2	21.5	289 21.9	39.9
17	169 44.6	107 38.9	+19 22.6	334 29.3	−6 55.5	52 01.1	+21 21.4	304 24.4	−14 39.8
18	184 47.0	122 38.3	+19 23.2	349 30.9	−6 56.0	67 03.0	+21 21.3	319 27.0	−14 39.8
19	199 49.5	137 37.6	23.9	4 32.6	56.4	82 04.9	21.2	334 29.5	39.8
20	214 51.9	152 37.0	24.5	19 34.2	56.8	97 06.8	21.2	349 32.1	39.8
21	229 54.4	167 36.4	25.1	34 35.8	57.2	112 08.7	21.1	4 34.7	39.8
22	244 56.9	182 35.8	25.8	49 37.5	57.6	127 10.6	21.0	19 37.2	39.8
23	259 59.3	197 35.2	26.4	64 39.1	58.0	142 12.5	20.9	34 39.8	39.7
24	275 01.8	212 34.5	+19 27.0	79 40.7	−6 58.4	157 14.4	+21 20.8	49 42.3	−14 39.7
Dif	—	−6	+6	+16	−4	+19	−1	+26	0

Viernes 27 de junio de 2014

UT	SOL SD: 15′7 PMG: 12h 03m1		LUNA SD: 14′9 Edad: 29d2 PHE {4h: 54′7, 12h: 54′6, 20h: 54′5} PMG: 12h 10m R°: 48m				Latitud	Puesta de Sol	Fin del crepúsculo		Salida de Luna		Puesta de Luna	
	hG ☉	Dec	hG ☾	Dif	Dec	Dif			Civil	Náutico	Hora	R°	Hora	R°
h	° ′	° ′	° ′		° ′		°	h m	h m	h m	h m	m	h m	m
0	179 15.8	+23 19.7	183 28.1		+18 50.8		60 N	21 27	23 10	** **	3 30	60	20 43	31
1	194 15.6	19.6	197 58.5	114	49.3	15	58	21 07	22 22	** **	43	58	31	33
2	209 15.5	19.5	212 28.8	113	47.8	15	56	20 50	21 52	** **	3 54	57	21	34
3	224 15.4	19.4	226 59.2	114	46.1	17	54	36	30	23 14	4 04	56	12	35
4	239 15.3	19.3	241 29.6	114	44.4	17	52	24	21 13	22 30	12	56	20 03	37
5	254 15.1	+23 19.2	256 00.0	114	+18 42.5	19	50	20 13	20 58	22 03	4 20	55	19 56	38
6	269 15.0	+23 19.1	270 30.5	115	+18 40.6	19	45	19 51	20 28	21 18	4 37	54	19 40	40
7	284 14.9	19.0	285 01.0	115	38.6	20	40	33	20 06	20 47	4 50	53	27	41
8	299 14.7	18.9	299 31.5	115	36.5	21	35	18	19 48	24	5 02	52	16	42
9	314 14.6	18.8	314 02.1	116	34.3	22	30	19 05	32	20 06	12	51	19 07	43
10	329 14.5	18.7	328 32.6	115	32.0	23	20	18 43	19 08	19 37	29	50	18 50	45
11	344 14.3	+23 18.6	343 03.2	116	+18 29.6	24	10 N	18 24	18 47	19 14	5 44	49	18 35	47
12	359 14.2	+23 18.5	357 33.9	117	+18 27.1	25	0	18 07	18 29	18 55	5 58	48	18 22	47
13	14 14.1	18.4	12 04.6	117	24.6	25	10 S	17 49	18 12	39	6 12	48	18 08	49
14	29 13.9	18.3	26 35.3	117	22.0	26	20	31	17 55	22	28	46	17 53	51
15	44 13.8	18.2	41 06.0	117	19.3	27	30	17 10	36	18 06	45	45	36	52
16	59 13.7	18.1	55 36.7	117	16.5	28	35	16 58	26	17 57	6 55	44	27	52
17	74 13.6	+23 18.0	70 07.5	118	+18 13.6	29	40	16 43	17 14	17 48	7 06	43	17 15	54
18	89 13.4	+23 17.9	84 38.4	119	+18 10.6	30	45	16 27	17 01	17 38	7 20	42	17 02	55
19	104 13.3	17.8	99 09.2	118	07.5	31	50	16 06	16 45	26	36	41	16 46	57
20	119 13.2	17.7	113 40.1	119	04.4	31	52	15 56	37	21	44	40	38	58
21	134 13.0	17.6	128 11.1	120	+18 01.2	32	54	45	29	15	7 53	39	30	59
22	149 12.9	17.5	142 42.0	119	+17 57.9	33	56	33	20	09	8 03	37	20	60
23	164 12.8	17.4	157 13.0	120	54.5	34	58	18	16 10	17 02	14	36	16 09	62
24	179 12.6	+23 17.2	171 44.0	120	+17 51.0	35	60 S	15 01	15 58	16 55	8 26	36	15 57	63

UT	ARIES PMG 5h 39m0	VENUS Mag.: −3.9 PMG: 9h 50m		MARTE Mag.: −0.0 PMG: 18h 39m		JÚPITER Mag.: −1.8 PMG: 13h 29m		SATURNO Mag.: +0.3 PMG: 20h 38m	
	hG ♈	hG ♀	Dec	hG ♂	Dec	hG ♃	Dec	hG ♄	Dec
h	° ′	° ′	° ′	° ′	° ′	° ′	° ′	° ′	° ′
0	275 01.8	212 34.5	+19 27.0	79 40.7	−6 58.4	157 14.4	+21 20.8	49 42.3	−14 39.7
1	290 04.3	227 33.9	27.6	94 42.3	58.8	172 16.3	20.7	64 44.9	39.7
2	305 06.7	242 33.3	28.3	109 44.0	59.2	187 18.2	20.6	79 47.5	39.7
3	320 09.2	257 32.7	28.9	124 45.6	−6 59.6	202 20.1	20.5	94 50.0	39.7
4	335 11.7	272 32.0	29.5	139 47.2	−7 00.0	217 22.0	20.4	109 52.6	39.7
5	350 14.1	287 31.4	+19 30.1	154 48.8	−7 00.5	232 23.9	+21 20.3	124 55.1	−14 39.6
6	5 16.6	302 30.8	+19 30.8	169 50.5	−7 00.9	247 25.8	+21 20.2	139 57.7	−14 39.6
7	20 19.1	317 30.2	31.4	184 52.1	01.3	262 27.7	20.1	155 00.3	39.6
8	35 21.5	332 29.5	32.0	199 53.7	01.7	277 29.6	20.0	170 02.8	39.6
9	50 24.0	347 28.9	32.6	214 55.3	02.1	292 31.5	19.9	185 05.4	39.6
10	65 26.4	2 28.3	33.2	229 56.9	02.5	307 33.3	19.8	200 07.9	39.6
11	80 28.9	17 27.7	+19 33.9	244 58.6	−7 02.9	322 35.2	+21 19.7	215 10.5	−14 39.5
12	95 31.4	32 27.0	+19 34.5	260 00.2	−7 03.3	337 37.1	+21 19.6	230 13.0	−14 39.5
13	110 33.8	47 26.4	35.1	275 01.8	03.7	352 39.0	19.5	245 15.6	39.5
14	125 36.3	62 25.8	35.7	290 03.4	04.1	7 40.9	19.4	260 18.2	39.5
15	140 38.8	77 25.1	36.3	305 05.0	04.6	22 42.8	19.3	275 20.7	39.5
16	155 41.2	92 24.5	36.9	320 06.6	05.0	37 44.7	19.2	290 23.3	39.5
17	170 43.7	107 23.9	+19 37.6	335 08.2	−7 05.4	52 46.6	+21 19.1	305 25.8	−14 39.4
18	185 46.2	122 23.2	+19 38.2	350 09.9	−7 05.8	67 48.5	+21 19.0	320 28.4	−14 39.4
19	200 48.6	137 22.6	38.8	5 11.5	06.2	82 50.4	18.9	335 30.9	39.4
20	215 51.1	152 22.0	39.4	20 13.1	06.6	97 52.3	18.8	350 33.5	39.4
21	230 53.6	167 21.3	40.0	35 14.7	07.0	112 54.2	18.7	5 36.0	39.4
22	245 56.0	182 20.7	40.6	50 16.3	07.4	127 56.1	18.6	20 38.6	39.4
23	260 58.5	197 20.1	41.2	65 17.9	07.9	142 58.0	18.5	35 41.2	39.4
24	276 00.9	212 19.4	+19 41.8	80 19.5	−7 08.3	157 59.9	+21 18.4	50 43.7	−14 39.3
Dif	—	−6	+6	+16	−4	+19	−1	+26	0

Sábado 28 de junio de 2014

UT	SOL SD: 15.′7 PMG: 12ʰ 03.ᵐ3		LUNA SD: 14.′8 Edad: 0.ᵈ7 PHE {4ʰ: 54.′4; 12ʰ: 54.′3; 20ʰ: 54.′2} PMG: 12ʰ 58ᵐ Rᵒ: 46ᵐ				Latitud	Principio del crepúsculo		Salida de Sol	Salida de Luna		Puesta de Luna	
	hG ☉	Dec	hG ☾	Dif	Dec	Dif		Náutico	Civil		Hora	R°	Hora	R°
h	° ′	° ′	° ′		° ′		°	h m	h m	h m	h m	m	h m	m
0	179 12.6	+23 17.2	171 44.0		+17 51.0		60 N	** **	0 57	2 39	4 30	65	21 14	25
1	194 12.5	17.1	186 15.1	121	47.4	36	58	** **	1 45	2 59	41	63	21 04	27
2	209 12.4	17.0	200 46.2	121	43.8	36	56	** **	2 14	3 16	4 51	62	20 55	29
3	224 12.3	16.9	215 17.3	121	40.1	37	54	0 52	36	30	5 00	61	47	30
4	239 12.1	16.8	229 48.5	122	36.3	38	52	1 36	2 54	42	08	60	40	31
5	254 12.0	+23 16.7	244 19.7	122	+17 32.4	39	50	2 04	3 09	3 53	5 15	59	20 34	32
6	269 11.9	+23 16.6	258 51.0	123	+17 28.5	39	45	2 49	3 38	4 16	5 31	56	20 20	34
7	284 11.7	16.4	273 22.2	122	24.4	41	40	3 19	4 01	33	43	55	20 08	37
8	299 11.6	16.3	287 53.6	124	20.3	41	35	3 42	19	4 48	5 54	53	19 58	38
9	314 11.5	16.2	302 24.9	123	16.1	42	30	4 01	34	5 01	6 03	52	50	39
10	329 11.4	16.1	316 56.3	124	11.8	43	20	30	4 59	23	19	50	35	42
11	344 11.2	+23 16.0	331 27.7	124	+17 07.5	43	10 N	4 52	5 19	5 42	6 33	49	19 22	43
12	359 11.1	+23 15.8	345 59.2	125	+17 03.1	44	0	5 11	5 37	6 00	6 46	47	19 09	46
13	14 11.0	15.7	0 30.7	125	+16 58.6	45	10 S	28	5 54	17	7 00	45	18 57	48
14	29 10.8	15.6	15 02.2	125	54.0	46	20	5 44	6 11	35	14	43	44	49
15	44 10.7	15.5	29 33.8	126	49.3	47	30	6 00	30	6 56	30	41	28	52
16	59 10.6	15.3	44 05.4	126	44.6	47	35	09	41	7 09	39	40	19	54
17	74 10.5	+23 15.2	58 37.0	126	+16 39.8	48	40	6 18	6 52	7 23	7 49	39	18 09	55
18	89 10.3	+23 15.1	73 08.7	127	+16 34.9	49	45	6 28	7 06	7 39	8 02	37	17 57	57
19	104 10.2	15.0	87 40.4	127	30.0	49	50	40	22	8 00	17	35	43	59
20	119 10.1	14.8	102 12.2	128	25.0	50	52	45	29	10	24	34	36	61
21	134 09.9	14.7	116 44.0	128	19.9	51	54	51	37	21	32	32	29	61
22	149 09.8	14.6	131 15.8	128	14.7	52	56	6 57	46	33	40	32	20	63
23	164 09.7	14.5	145 47.7	129	09.5	52	58	7 04	7 56	8 48	8 50	30	11	65
24	179 09.6	+23 14.3	160 19.6	129	+16 04.2	53	60 S	7 11	8 08	9 05	9 02	27	17 00	67

UT	ARIES PMG 5ʰ 35.ᵐ0	VENUS Mag.: −3.9 PMG: 9ʰ 51ᵐ		MARTE Mag.: −0.0 PMG: 18ʰ 37ᵐ		JÚPITER Mag.: −1.8 PMG: 13ʰ 26ᵐ		SATURNO Mag.: +0.4 PMG: 20ʰ 34ᵐ	
	hG ♈	hG ♀	Dec	hG ♂	Dec	hG ♃	Dec	hG ♄	Dec
h	° ′	° ′	° ′	° ′	° ′	° ′	° ′	° ′	° ′
0	276 00.9	212 19.4	+ 19 41.8	80 19.5	− 7 08.3	157 59.9	+ 21 18.4	50 43.7	− 14 39.3
1	291 03.4	227 18.8	42.4	95 21.1	08.7	173 01.8	18.3	65 46.3	39.3
2	306 05.9	242 18.2	43.0	110 22.7	09.1	188 03.7	18.2	80 48.8	39.3
3	321 08.3	257 17.5	43.6	125 24.3	09.5	203 05.6	18.1	95 51.4	39.3
4	336 10.8	272 16.9	44.2	140 26.0	09.9	218 07.4	18.0	110 53.9	39.3
5	351 13.3	287 16.3	+ 19 44.9	155 27.6	− 7 10.3	233 09.3	+ 21 17.9	125 56.5	− 14 39.3
6	6 15.7	302 15.6	+ 19 45.5	170 29.2	− 7 10.8	248 11.2	+ 21 17.8	140 59.0	− 14 39.2
7	21 18.2	317 15.0	46.1	185 30.8	11.2	263 13.1	17.7	156 01.6	39.2
8	36 20.7	332 14.4	46.7	200 32.4	11.6	278 15.0	17.6	171 04.2	39.2
9	51 23.1	347 13.7	47.3	215 34.0	12.0	293 16.9	17.5	186 06.7	39.2
10	66 25.6	2 13.1	47.9	230 35.6	12.4	308 18.8	17.4	201 09.3	39.2
11	81 28.0	17 12.4	+ 19 48.5	245 37.2	− 7 12.8	323 20.7	+ 21 17.3	216 11.8	− 14 39.2
12	96 30.5	32 11.8	+ 19 49.0	260 38.8	− 7 13.3	338 22.6	+ 21 17.2	231 14.4	− 14 39.2
13	111 33.0	47 11.2	49.6	275 40.4	13.7	353 24.5	17.1	246 16.9	39.1
14	126 35.4	62 10.5	50.2	290 42.0	14.1	8 26.4	17.0	261 19.5	39.1
15	141 37.9	77 09.9	50.8	305 43.6	14.5	23 28.3	16.9	276 22.0	39.1
16	156 40.4	92 09.2	51.4	320 45.2	14.9	38 30.2	16.9	291 24.6	39.1
17	171 42.8	107 08.6	+ 19 52.0	335 46.8	− 7 15.3	53 32.1	+ 21 16.8	306 27.1	− 14 39.1
18	186 45.3	122 08.0	+ 19 52.6	350 48.4	− 7 15.8	68 34.0	+ 21 16.7	321 29.7	− 14 39.1
19	201 47.8	137 07.3	53.2	5 50.0	16.2	83 35.8	16.6	336 32.2	39.0
20	216 50.2	152 06.7	53.8	20 51.6	16.6	98 37.7	16.5	351 34.8	39.0
21	231 52.7	167 06.0	54.4	35 53.2	17.0	113 39.6	16.4	6 37.3	39.0
22	246 55.2	182 05.4	55.0	50 54.7	17.4	128 41.5	16.3	21 39.9	39.0
23	261 57.6	197 04.7	55.6	65 56.3	17.8	143 43.4	16.2	36 42.4	39.0
24	277 00.1	212 04.1	+ 19 56.1	80 57.9	− 7 18.3	158 45.3	+ 21 16.1	51 45.0	− 14 39.0
Dif	—	−6	+6	+16	−4	+19	−1	+26	0

Domingo 29 de junio de 2014 189

UT	SOL SD: 15'.7 PMG: $12^{h}\,03^{m}.5$		● LUNA SD: 14'.8 Edad: $1^{d}.7$ PHE { 4^{h}: 54'.2; 12^{h}: 54'.1; 20^{h}: 54'.1 } PMG: $13^{h}\,44^{m}$ R°: 45^{m}				Latitud	Puesta de Sol	Fin del crepúsculo		Salida de Luna		Puesta de Luna	
	hG ☉	Dec	hG ☾	Dif	Dec	Dif			Civil	Náutico	Hora	R°	Hora	R°
h	° '	° '	° '		° '		°	h m	h m	h m	h m	m	h m	m
0	179 09.6	+23 14.3	160 19.6		+16 04.2		60 N	21 26	23 07	** **	5 35	68	21 39	20
1	194 09.4	14.2	174 51.6	130	+15 58.8	54	58	21 06	22 20	** **	44	67	31	22
2	209 09.3	14.1	189 23.6	130	53.4	54	56	20 50	21 51	** **	5 53	64	24	24
3	224 09.2	13.9	203 55.6	130	47.9	55	54	36	30	23 11	6 01	62	17	26
4	239 09.0	13.8	218 27.6	130	42.3	56	52	24	21 12	22 29	08	61	11	27
5	254 08.9	+23 13.7	232 59.7	131	+15 36.6	57	50	20 13	20 57	22 02	6 14	60	21 06	28
6	269 08.8	+23 13.5	247 31.9	132	+15 30.9	57	45	19 51	20 28	21 17	6 27	57	20 54	31
7	284 08.7	13.4	262 04.1	132	25.1	58	40	33	20 06	20 47	38	55	45	33
8	299 08.5	13.3	276 36.3	132	19.3	58	35	18	19 48	24	47	54	36	36
9	314 08.4	13.1	291 08.5	132	13.4	59	30	19 05	33	20 06	6 55	52	29	37
10	329 08.3	13.0	305 40.8	133	07.4	60	20	18 43	19 08	19 37	7 09	50	17	39
11	344 08.2	+23 12.9	320 13.1	133	+15 01.4	60	10 N	18 25	18 48	19 15	7 22	47	20 05	43
12	359 08.0	+23 12.7	334 45.5	134	+14 55.3	61	0	18 07	18 30	18 56	7 33	45	19 55	44
13	14 07.9	12.6	349 17.9	134	49.1	62	10 S	17 50	18 13	39	45	43	45	46
14	29 07.8	12.5	3 50.3	134	42.9	62	20	32	17 55	23	7 57	40	33	50
15	44 07.7	12.3	18 22.8	135	36.6	63	30	17 11	37	18 07	8 11	38	20	53
16	59 07.5	12.2	32 55.3	135	30.2	64	35	16 58	26	17 58	19	36	13	54
17	74 07.4	+23 12.0	47 27.9	136	+14 23.8	64	40	16 44	17 15	17 49	8 28	35	19 04	56
18	89 07.3	+23 11.9	62 00.5	136	+14 17.3	65	45	16 28	17 01	17 39	8 39	32	18 54	58
19	104 07.2	11.8	76 33.1	136	10.8	65	50	16 07	16 45	27	52	30	42	61
20	119 07.0	11.6	91 05.7	136	+14 04.2	66	52	15 57	38	22	8 58	28	37	62
21	134 06.9	11.5	105 38.4	137	+13 57.5	67	54	46	30	16	9 04	28	30	64
22	149 06.8	11.3	120 11.2	138	50.8	67	56	34	21	10	12	25	23	66
23	164 06.6	11.2	134 43.9	137	44.0	68	58	19	11	17 03	20	24	16	67
24	179 06.5	+23 11.0	149 16.7	138	+13 37.2	68	60 S	15 02	16 00	16 56	9 29	22	18 07	69

UT	ARIES PMG $5^{h}\,31^{m}.1$	VENUS Mag.: −3.9 PMG: $9^{h}\,52^{m}$		MARTE Mag.: +0.0 PMG: $18^{h}\,34^{m}$		JÚPITER Mag.: −1.8 PMG: $13^{h}\,23^{m}$		SATURNO Mag.: +0.4 PMG: $20^{h}\,30^{m}$	
	hG ♈	hG ♀	Dec	hG ♂	Dec	hG ♃	Dec	hG ♄	Dec
h	° '	° '	° '	° '	° '	° '	° '	° '	° '
0	277 00.1	212 04.1	+19 56.1	80 57.9	−7 18.3	158 45.3	+21 16.1	51 45.0	−14 39.0
1	292 02.5	227 03.4	56.7	95 59.5	18.7	173 47.2	16.0	66 47.6	39.0
2	307 05.0	242 02.8	57.3	111 01.1	19.1	188 49.1	15.9	81 50.1	38.9
3	322 07.5	257 02.2	57.9	126 02.7	19.5	203 51.0	15.8	96 52.7	38.9
4	337 09.9	272 01.5	58.5	141 04.3	19.9	218 52.9	15.7	111 55.2	38.9
5	352 12.4	287 00.9	+19 59.1	156 05.9	−7 20.4	233 54.8	+21 15.6	126 57.8	−14 38.9
6	7 14.9	302 00.2	+19 59.6	171 07.5	−7 20.8	248 56.7	+21 15.5	142 00.3	−14 38.9
7	22 17.3	316 59.6	+20 00.2	186 09.1	21.2	263 58.6	15.4	157 02.9	38.9
8	37 19.8	331 58.9	00.8	201 10.6	21.6	279 00.5	15.3	172 05.4	38.9
9	52 22.3	346 58.3	01.4	216 12.2	22.0	294 02.3	15.2	187 08.0	38.8
10	67 24.7	1 57.6	02.0	231 13.8	22.5	309 04.2	15.1	202 10.5	38.8
11	82 27.2	16 57.0	+20 02.5	246 15.4	−7 22.9	324 06.1	+21 15.0	217 13.1	−14 38.8
12	97 29.7	31 56.3	+20 03.1	261 17.0	−7 23.3	339 08.0	+21 14.9	232 15.6	−14 38.8
13	112 32.1	46 55.7	03.7	276 18.6	23.7	354 09.9	14.8	247 18.2	38.8
14	127 34.6	61 55.0	04.3	291 20.2	24.1	9 11.8	14.7	262 20.7	38.8
15	142 37.0	76 54.4	04.8	306 21.7	24.6	24 13.7	14.6	277 23.3	38.8
16	157 39.5	91 53.7	05.4	321 23.3	25.0	39 15.6	14.5	292 25.8	38.7
17	172 42.0	106 53.1	+20 06.0	336 24.9	−7 25.4	54 17.5	+21 14.4	307 28.4	−14 38.7
18	187 44.4	121 52.4	+20 06.6	351 26.5	−7 25.8	69 19.4	+21 14.3	322 30.9	−14 38.7
19	202 46.9	136 51.8	07.1	6 28.1	26.3	84 21.3	14.2	337 33.5	38.7
20	217 49.4	151 51.1	07.7	21 29.6	26.7	99 23.2	14.1	352 36.0	38.7
21	232 51.8	166 50.4	08.3	36 31.2	27.1	114 25.1	14.0	7 38.6	38.7
22	247 54.3	181 49.8	08.8	51 32.8	27.5	129 26.9	13.9	22 41.1	38.7
23	262 56.8	196 49.1	09.4	66 34.4	27.9	144 28.8	13.8	37 43.7	38.6
24	277 59.2	211 48.5	+20 10.0	81 36.0	−7 28.4	159 30.7	+21 13.7	52 46.2	−14 38.6
Dif	—	−7	+6	+16	−4	+19	−1	+25	0

Lunes 30 de junio de 2014

UT	SOL SD: 15!7 PMG: 12h 03m7		LUNA SD: 14!7 Edad: 2d7 PHE 4h: 54!0 12h: 54!0 20h: 54!0 PMG: 14h 29m R°: 43m				Latitud	Principio del crepúsculo		Salida de Sol	Salida de Luna		Puesta de Luna	
	hG ☉	Dec	hG ☾	Dif	Dec	Dif		Náutico	Civil		Hora	R°	Hora	R°
h	° '	° '	° '		° '		°	h m	h m	h m	h m	m	h m	m
0	179 06.5	+ 23 11.0	149 16.7		+ 13 37.2		60 N	** **	1 01	2 41	6 43	70	21 59	17
1	194 06.4	10.9	163 49.5	138	30.3	69	58	** **	1 47	3 01	51	67	53	19
2	209 06.3	10.7	178 22.4	139	23.4	69	56	** **	2 16	17	6 57	66	48	21
3	224 06.1	10.6	192 55.3	139	16.4	70	54	0 56	38	31	7 03	64	43	22
4	239 06.0	10.4	207 28.3	140	09.3	71	52	1 39	2 55	44	09	62	38	24
5	254 05.9	+ 23 10.3	222 01.2	139	+ 13 02.2	71	50	2 05	3 10	3 54	7 14	61	21 34	26
6	269 05.8	+ 23 10.1	236 34.2	140	+ 12 55.1	71	45	2 50	3 39	4 17	7 24	58	21 25	29
7	284 05.6	10.0	251 07.3	141	47.8	73	40	3 20	4 02	34	33	56	18	31
8	299 05.5	09.8	265 40.3	140	40.6	72	35	3 43	20	4 49	41	53	12	33
9	314 05.4	09.7	280 13.4	141	33.3	73	30	4 01	35	5 02	47	52	21 06	35
10	329 05.3	09.5	294 46.6	142	25.9	74	20	30	4 59	24	7 59	49	20 56	38
11	344 05.2	+ 23 09.4	309 19.7	141	+ 12 18.5	74	10 N	4 53	5 20	5 43	8 09	46	20 48	40
12	359 05.0	+ 23 09.2	323 52.9	142	+ 12 11.0	75	0	5 11	5 37	6 00	8 18	44	20 39	44
13	14 04.9	09.1	338 26.2	143	+ 12 03.5	75	10 S	28	5 54	17	28	41	31	46
14	29 04.8	08.9	352 59.4	142	+ 11 55.9	76	20	5 44	6 12	36	37	39	23	48
15	44 04.7	08.8	7 32.7	143	48.3	76	30	6 00	30	6 57	49	35	13	51
16	59 04.5	08.6	22 06.1	144	40.6	77	35	09	41	7 09	8 55	34	07	53
17	74 04.4	+ 23 08.4	36 39.4	143	+ 11 32.9	77	40	6 18	6 52	7 23	9 03	32	20 00	56
18	89 04.3	+ 23 08.3	51 12.8	144	+ 11 25.1	78	45	6 28	7 06	7 39	9 11	30	19 52	59
19	104 04.2	08.1	65 46.2	144	17.3	78	50	40	21	8 00	22	26	43	61
20	119 04.0	08.0	80 19.6	144	09.4	79	52	45	29	09	26	26	39	62
21	134 03.9	07.8	94 53.1	145	+ 11 01.5	79	54	51	37	20	32	24	34	64
22	149 03.8	07.6	109 26.6	145	+ 10 53.6	79	56	6 57	46	33	37	23	29	66
23	164 03.7	07.5	124 00.1	145	45.6	80	58	7 03	7 56	8 47	44	20	23	68
24	179 03.5	+ 23 07.3	138 33.7	146	+ 10 37.6	80	60 S	7 11	8 07	9 04	9 51	19	19 16	70

UT	ARIES PMG 5h 27m2	VENUS Mag.: −3.9 PMG: 9h 53m		MARTE Mag.: +0.0 PMG: 18h 32m		JÚPITER Mag.: −1.8 PMG: 13h 20m		SATURNO Mag.: +0.4 PMG: 20h 25m	
	hG ♈	hG ♀	Dec	hG ♂	Dec	hG ♃	Dec	hG ♄	Dec
h	° '	° '	° '	° '	° '	° '	° '	° '	° '
0	277 59.2	211 48.5	+ 20 10.0	81 36.0	− 7 28.4	159 30.7	+ 21 13.7	52 46.2	− 14 38.6
1	293 01.7	226 47.8	10.5	96 37.5	28.8	174 32.6	13.6	67 48.7	38.6
2	308 04.2	241 47.2	11.1	111 39.1	29.2	189 34.5	13.5	82 51.3	38.6
3	323 06.6	256 46.5	11.7	126 40.7	29.6	204 36.4	13.4	97 53.8	38.6
4	338 09.1	271 45.9	12.2	141 42.3	30.1	219 38.3	13.3	112 56.4	38.6
5	353 11.5	286 45.2	+ 20 12.8	156 43.8	− 7 30.5	234 40.2	+ 21 13.2	127 58.9	− 14 38.6
6	8 14.0	301 44.5	+ 20 13.3	171 45.4	− 7 30.9	249 42.1	+ 21 13.1	143 01.5	− 14 38.6
7	23 16.5	316 43.9	13.9	186 47.0	31.3	264 44.0	13:0	158 04.0	38.5
8	38 18.9	331 43.2	14.5	201 48.5	31.8	279 45.9	12.9	173 06.6	38.5
9	53 21.4	346 42.6	15.0	216 50.1	32.2	294 47.8	12.8	188 09.1	38.5
10	68 23.9	1 41.9	15.6	231 51.7	32.6	309 49.7	12.7	203 11.7	38.5
11	83 26.3	16 41.2	+ 20 16.1	246 53.2	− 7 33.0	324 51.5	+ 21 12.6	218 14.2	− 14 38.5
12	98 28.8	31 40.6	+ 20 16.7	261 54.8	− 7 33.5	339 53.4	+ 21 12.5	233 16.8	− 14 38.5
13	113 31.3	46 39.9	17.2	276 56.4	33.9	354 55.3	12.4	248 19.3	38.5
14	128 33.7	61 39.3	17.8	291 58.0	34.3	9 57.2	12.3	263 21.9	38.5
15	143 36.2	76 38.6	18.3	306 59.5	34.7	24 59.1	12.2	278 24.4	38.4
16	158 38.6	91 37.9	18.9	322 01.1	35.2	40 01.0	12.1	293 27.0	38.4
17	173 41.1	106 37.3	+ 20 19.4	337 02.6	− 7 35.6	55 02.9	+ 21 12.0	308 29.5	− 14 38.4
18	188 43.6	121 36.6	+ 20 20.0	352 04.2	− 7 36.0	70 04.8	+ 21 11.9	323 32.0	− 14 38.4
19	203 46.0	136 35.9	20.5	7 05.8	36.5	85 06.7	11.8	338 34.6	38.4
20	218 48.5	151 35.3	21.1	22 07.3	36.9	100 08.6	11.7	353 37.1	38.4
21	233 51.0	166 34.6	21.6	37 08.9	37.3	115 10.5	11.6	8 39.7	38.4
22	248 53.4	181 33.9	22.2	52 10.5	37.7	130 12.4	11.5	23 42.2	38.3
23	263 55.9	196 33.3	22.7	67 12.0	38.2	145 14.2	11.4	38 44.8	38.3
24	278 58.4	211 32.6	+ 20 23.3	82 13.6	− 7 38.6	160 16.1	+ 21 11.3	53 47.3	− 14 38.3
Dif	—	−7	+6	+16	−4	+19	−1	+25	0

Miércoles 2 de julio de 2014

UT	SOL SD: 15′.7 PMG: $12^h\ 04^m.1$		LUNA SD: 14′.7 Edad: $4^d.7$ PMG: $15^h\ 55^m$	PHE { 4^h: 54′.1; 12^h: 54′.2; 20^h: 54′.3 }	R°: 43^m		Latitud	Principio del crepúsculo		Salida de Sol	Salida de Luna		Puesta de Luna	
	hG ☉	Dec	hG ☾	Dif	Dec	Dif		Náutico	Civil		Hora	R°	Hora	R°
h	° ′	° ′	° ′		° ′		°	h m	h m	h m	h m	m	h m	m
0	179 00.6	+23 03.2	128 05.8		+7 12.9		60 N	** **	1 05	2 43	9 03	71	22 32	14
1	194 00.5	03.0	142 39.8	150	+7 04.0	89	58	** **	1 50	3 03	06	69	30	16
2	209 00.4	02.8	157 13.9	151	+6 55.0	90	56	** **	2 18	19	09	67	28	19
3	224 00.3	02.7	171 48.0	151	46.0	90	54	1 00	39	33	12	65	26	21
4	239 00.2	02.5	186 22.1	151	36.9	91	52	1 41	2 57	45	14	64	25	22
5	254 00.0	+23 02.3	200 56.2	151	+6 27.9	90	50	2 07	3 11	3 56	9 16	62	22 24	23
6	268 59.9	+23 02.1	215 30.4	152	+6 18.7	92	45	2 51	3 40	4 18	9 21	59	22 21	26
7	283 59.8	01.9	230 04.5	151	09.6	91	40	3 21	4 03	35	25	56	18	29
8	298 59.7	01.7	244 38.7	152	+6 00.5	91	35	3 44	20	4 50	28	54	16	31
9	313 59.6	01.5	259 12.8	151	+5 51.3	92	30	4 02	4 35	5 03	31	52	14	33
10	328 59.5	01.4	273 47.0	152	42.1	92	20	31	5 00	24	36	49	11	37
11	343 59.3	+23 01.2	288 21.1	151	+5 32.8	93	10 N	4 53	5 20	5 43	9 41	45	22 08	40
12	358 59.2	+23 01.0	302 55.3	152	+5 23.6	92	0	5 12	5 38	6 00	9 45	42	22 05	43
13	13 59.1	00.8	317 29.5	152	14.3	93	10 S	28	5 55	18	49	40	22 02	46
14	28 59.0	00.6	332 03.7	152	+5 05.0	93	20	5 44	6 12	36	53	37	21 59	49
15	43 58.9	00.4	346 37.9	152	+4 55.7	93	30	6 00	30	6 57	9 58	34	56	52
16	58 58.7	00.2	1 12.1	152	46.3	94	35	09	41	7 09	10 01	32	54	54
17	73 58.6	+23 00.0	15 46.3	152	+4 36.9	94	40	6 18	6 52	7 23	10 05	29	21 52	56
18	88 58.5	+22 59.8	30 20.5	152	+4 27.5	94	45	6 28	7 05	7 39	10 08	27	21 49	59
19	103 58.4	59.6	44 54.7	152	18.1	94	50	40	21	7 59	13	23	46	62
20	118 58.3	59.5	59 28.9	152	+4 08.7	94	52	45	28	8 09	15	22	45	63
21	133 58.2	59.3	74 03.1	152	+3 59.2	95	54	50	36	20	17	21	43	66
22	148 58.0	59.1	88 37.4	153	49.8	94	56	6 56	45	32	20	19	41	68
23	163 57.9	58.9	103 11.6	152	40.3	95	58	7 03	7 55	8 46	23	17	39	70
24	178 57.8	+22 58.7	117 45.8	152	+3 30.7	96	60 S	7 10	8 06	9 03	10 26	15	21 37	72

UT	ARIES PMG $5^h\ 19^m.3$	VENUS Mag.: −3.9 PMG: $9^h\ 55^m$		MARTE Mag.: +0.0 PMG: $18^h\ 27^m$		JÚPITER Mag.: −1.8 PMG: $13^h\ 14^m$		SATURNO Mag.: +0.4 PMG: $20^h\ 17^m$	
	hG ♈	hG ♀	Dec	hG ♂	Dec	hG ♃	Dec	hG ♄	Dec
h	° ′	° ′	° ′	° ′	° ′	° ′	° ′	° ′	° ′
0	279 57.5	211 16.5	+20 36.1	82 50.8	−7 48.9	161 01.5	+21 08.8	54 48.3	−14 38.0
1	295 00.0	226 15.8	36.6	97 52.4	49.3	176 03.4	08.7	69 50.9	38.0
2	310 02.4	241 15.1	37.1	112 53.9	49.8	191 05.3	08.6	84 53.4	38.0
3	325 04.9	256 14.5	37.6	127 55.5	50.2	206 07.2	08.5	99 56.0	38.0
4	340 07.4	271 13.8	38.1	142 57.0	50.6	221 09.1	08.4	114 58.5	38.0
5	355 09.8	286 13.1	+20 38.7	157 58.6	−7 51.1	236 11.0	+21 08.3	130 01.0	−14 38.0
6	10 12.3	301 12.4	+20 39.2	173 00.1	−7 51.5	251 12.9	+21 08.2	145 03.6	−14 38.0
7	25 14.7	316 11.7	39.7	188 01.6	51.9	266 14.7	08.1	160 06.1	38.0
8	40 17.2	331 11.1	40.2	203 03.2	52.4	281 16.6	08.0	175 08.7	38.0
9	55 19.7	346 10.4	40.7	218 04.7	52.8	296 18.5	07.9	190 11.2	37.9
10	70 22.1	1 09.7	41.2	233 06.3	53.3	311 20.4	07.8	205 13.7	37.9
11	85 24.6	16 09.0	+20 41.7	248 07.8	−7 53.7	326 22.3	+21 07.7	220 16.3	−14 37.9
12	100 27.1	31 08.3	+20 42.3	263 09.3	−7 54.1	341 24.2	+21 07.6	235 18.8	−14 37.9
13	115 29.5	46 07.6	42.8	278 10.9	54.6	356 26.1	07.5	250 21.4	37.9
14	130 32.0	61 07.0	43.3	293 12.4	55.0	11 28.0	07.4	265 23.9	37.9
15	145 34.5	76 06.3	43.8	308 13.9	55.4	26 29.9	07.3	280 26.4	37.9
16	160 36.9	91 05.6	44.3	323 15.5	55.9	41 31.8	07.2	295 29.0	37.9
17	175 39.4	106 04.9	+20 44.8	338 17.0	−7 56.3	56 33.6	+21 07.1	310 31.5	−14 37.9
18	190 41.9	121 04.2	+20 45.3	353 18.5	−7 56.7	71 35.5	+21 07.0	325 34.0	−14 37.8
19	205 44.3	136 03.5	45.8	8 20.1	57.2	86 37.4	06.9	340 36.6	37.8
20	220 46.8	151 02.9	46.3	23 21.6	57.6	101 39.3	06.8	355 39.1	37.8
21	235 49.2	166 02.2	46.8	38 23.1	58.0	116 41.2	06.7	10 41.7	37.8
22	250 51.7	181 01.5	47.3	53 24.7	58.5	131 43.1	06.6	25 44.2	37.8
23	265 54.2	196 00.8	47.8	68 26.2	58.9	146 45.0	06.5	40 46.7	37.8
24	280 56.6	211 00.1	+20 48.3	83 27.7	−7 59.3	161 46.9	+21 06.4	55 49.3	−14 37.8
Dif	—	−7	+5	+15	−4	+19	−1	+25	0

Jueves 3 de julio de 2014

UT	SOL SD: 15′7 PMG: 12ʰ 04ᵐ2		◐ LUNA SD: 14′8 Edad: 5ᵈ7 PHE { 4ʰ: 54′4; 12ʰ: 54′5; 20ʰ: 54′7 } PMG: 16ʰ 38ᵐ R°: 43ᵐ				Latitud	Puesta de Sol	Fin del crepúsculo		Salida de Luna		Puesta de Luna	
	hG ☉	Dec	hG ☾	Dif	Dec	Dif			Civil	Náutico	Hora	R°	Hora	R°
h	° ′	° ′	° ′		° ′		°	h m	h m	h m	h m	m	h m	m
0	178 57.8	+22 58.7	117 45.8		+3 30.7		60 N	21 23	22 58	** **	10 14	73	22 46	15
1	193 57.7	58.5	132 20.0	152	21.2	95	58	21 04	22 16	** **	15	70	46	18
2	208 57.6	58.3	146 54.2	152	11.7	95	56	20 48	21 48	** **	16	68	47	19
3	223 57.5	58.1	161 28.4	152	+3 02.1	96	54	34	27	23 04	17	66	47	20
4	238 57.3	57.9	176 02.6	152	+2 52.5	96	52	22	21 10	22 25	18	64	47	22
5	253 57.2	+22 57.7	190 36.8	152	+2 42.9	96	50	20 12	20 56	21 59	10 18	63	22 47	24
6	268 57.1	+22 57.5	205 11.0	152	+2 33.3	96	45	19 50	20 27	21 16	10 20	60	22 47	27
7	283 57.0	57.3	219 45.2	152	23.7	96	40	32	20 05	20 46	21	57	47	30
8	298 56.9	57.1	234 19.3	151	14.0	97	35	18	19 47	24	22	55	47	32
9	313 56.8	56.9	248 53.5	152	+2 04.4	96	30	19 05	32	20 06	23	53	47	34
10	328 56.6	56.7	263 27.7	152	+1 54.7	97	20	18 44	19 08	19 37	25	49	48	37
11	343 56.5	+22 56.5	278 01.8	151	+1 45.0	97	10 N	18 25	18 48	19 15	10 26	46	22 48	40
12	358 56.4	+22 56.3	292 36.0	152	+1 35.3	97	0	18 08	18 30	18 56	10 27	43	22 48	43
13	13 56.3	56.1	307 10.1	151	25.6	97	10 S	17 51	18 14	40	29	40	48	46
14	28 56.2	55.9	321 44.2	151	15.9	97	20	33	17 57	24	30	37	48	50
15	43 56.1	55.6	336 18.3	151	+1 06.2	97	30	12	38	08	32	33	48	53
16	58 56.0	55.4	350 52.4	151	+0 56.5	97	35	17 00	28	18 00	33	31	48	55
17	73 55.8	+22 55.2	5 26.5	151	+0 46.7	98	40	16 46	17 17	17 51	10 34	29	22 48	58
18	88 55.7	+22 55.0	20 00.5	150	+0 37.0	97	45	16 30	17 03	17 41	10 35	26	22 48	61
19	103 55.6	54.8	34 34.6	151	27.2	98	50	10	16 48	29	36	24	48	64
20	118 55.5	54.6	49 08.6	150	17.4	98	52	16 00	41	24	37	22	48	66
21	133 55.4	54.4	63 42.6	150	+0 07.6	98	54	15 49	33	19	38	20	49	66
22	148 55.3	54.2	78 16.6	150	−0 02.1	97	56	37	24	13	39	18	49	68
23	163 55.2	54.0	92 50.6	150	11.9	98	58	23	14	17 06	40	16	49	70
24	178 55.0	+22 53.8	107 24.6	150	−0 21.7	98	60 S	15 06	16 03	16 59	10 41	14	22 49	73

UT	ARIES PMG 5ʰ 15ᵐ4	VENUS Mag.: −3.9 PMG: 9ʰ 56ᵐ		MARTE Mag.: +0.1 PMG: 18ʰ 24ᵐ		JÚPITER Mag.: −1.8 PMG: 13ʰ 11ᵐ		SATURNO Mag.: +0.4 PMG: 20ʰ 13ᵐ	
	hG ♈	hG ♀	Dec	hG ♂	Dec	hG ♃	Dec	hG ♄	Dec
h	° ′	° ′	° ′	° ′	° ′	° ′	° ′	° ′	° ′
0	280 56.6	211 00.1	+20 48.3	83 27.7	−7 59.3	161 46.9	+21 06.4	55 49.3	−14 37.8
1	295 59.1	225 59.4	48.8	98 29.3	−7 59.8	176 48.8	06.3	70 51.8	37.8
2	311 01.6	240 58.7	49.3	113 30.8	−8 00.2	191 50.7	06.2	85 54.3	37.8
3	326 04.0	255 58.1	49.8	128 32.3	00.7	206 52.5	06.1	100 56.9	37.8
4	341 06.5	270 57.4	50.3	143 33.8	01.1	221 54.4	06.0	115 59.4	37.7
5	356 09.0	285 56.7	+20 50.8	158 35.4	−8 01.5	236 56.3	+21 05.9	131 02.0	−14 37.7
6	11 11.4	300 56.0	+20 51.3	173 36.9	−8 02.0	251 58.2	+21 05.8	146 04.5	−14 37.7
7	26 13.9	315 55.3	51.8	188 38.4	02.4	267 00.1	05.7	161 07.0	37.7
8	41 16.4	330 54.6	52.3	203 39.9	02.8	282 02.0	05.6	176 09.6	37.7
9	56 18.8	345 53.9	52.8	218 41.5	03.3	297 03.9	05.5	191 12.1	37.7
10	71 21.3	0 53.2	53.3	233 43.0	03.7	312 05.8	05.3	206 14.6	37.7
11	86 23.7	15 52.5	+20 53.8	248 44.5	−8 04.2	327 07.7	+21 05.2	221 17.2	−14 37.7
12	101 26.2	30 51.8	+20 54.2	263 46.0	−8 04.6	342 09.6	+21 05.1	236 19.7	−14 37.7
13	116 28.7	45 51.1	54.7	278 47.6	05.0	357 11.4	05.0	251 22.2	37.7
14	131 31.1	60 50.5	55.2	293 49.1	05.5	12 13.3	04.9	266 24.8	37.6
15	146 33.6	75 49.8	55.7	308 50.6	05.9	27 15.2	04.8	281 27.3	37.6
16	161 36.1	90 49.1	56.2	323 52.1	06.4	42 17.1	04.7	296 29.8	37.6
17	176 38.5	105 48.4	+20 56.7	338 53.6	−8 06.8	57 19.0	+21 04.6	311 32.4	−14 37.6
18	191 41.0	120 47.7	+20 57.2	353 55.2	−8 07.2	72 20.9	+21 04.5	326 34.9	−14 37.6
19	206 43.5	135 47.0	57.6	8 56.7	07.7	87 22.8	04.4	341 37.4	37.6
20	221 45.9	150 46.3	58.1	23 58.2	08.1	102 24.7	04.3	356 40.0	37.6
21	236 48.4	165 45.6	58.6	38 59.7	08.6	117 26.6	04.2	11 42.5	37.6
22	251 50.8	180 44.9	59.1	54 01.2	09.0	132 28.4	04.1	26 45.0	37.6
23	266 53.3	195 44.2	+20 59.6	69 02.7	09.4	147 30.3	04.0	41 47.6	37.6
24	281 55.8	210 43.5	+21 00.0	84 04.3	−8 09.9	162 32.2	+21 03.9	56 50.1	−14 37.6
Dif	—	−7	+5	+15	−4	+19	−1	+25	0

Viernes 4 de julio de 2014

UT	SOL SD: 15′7 PMG: 12h 04m4		◐ LUNA SD: 14′9 Edad: 6d7 PHE { 4h: 54′8; 12h: 55′0; 20h: 55′2 } PMG: 17h 21m R°: 44m				Latitud	Principio del crepúsculo		Salida de Sol	Salida de Luna		Puesta de Luna	
	hG ☉	Dec	hG ☾	Dif	Dec	Dif		Náutico	Civil		Hora	R°	Hora	R°
h	° ′	° ′	° ′		° ′		°	h m	h m	h m	h m	m	h m	m
0	178 55.0	+22 53.8	107 24.6		−0 21.7		60 N	** **	1 11	2 46	11 27	73	23 01	17
1	193 54.9	53.5	121 58.5	149	31.5	98	58	**:**	1 53	3 05	25	72	04	18
2	208 54.8	53.3	136 32.4	149	41.3	98	56	** **	2 20	21	24	70	06	20
3	223 54.7	53.1	151 06.3	149	−0 51.1	98	54	1 05	41	35	23	68	07	23
4	238 54.6	52.9	165 40.2	149	−1 00.9	98	52	1 44	2 59	47	22	66	09	24
5	253 54.5	+22 52.7	180 14.1	149	−1 10.8	99	50	2 10	3 13	3 57	11 21	65	23 11	25
6	268 54.4	+22 52.5	194 47.9	148	−1 20.6	98	45	2 53	3 42	4 19	11 20	61	23 14	28
7	283 54.3	52.2	209 21.7	148	30.4	98	40	3 23	4 04	36	18	58	17	31
8	298 54.1	52.0	223 55.5	148	40.2	98	35	3 45	21	4 51	17	56	19	34
9	313 54.0	51.8	238 29.2	147	50.0	98	30	4 03	4 36	5 04	16	53	21	36
10	328 53.9	51.6	253 03.0	148	−1 59.8	98	20	32	5 01	25	14	50	25	39
11	343 53.8	+22 51.4	267 36.7	147	−2 09.7	99	10 N	4 54	5 21	5 44	11 12	47	23 28	42
12	358 53.7	+22 51.1	282 10.3	146	−2 19.5	98	0	5 12	5 38	6 01	11 10	44	23 31	45
13	13 53.6	50.9	296 44.0	147	29.3	98	10 S	29	5 55	18	09	41	34	48
14	28 53.5	50.7	311 17.6	146	39.1	98	20	5 45	6 12	36	07	38	38	51
15	43 53.4	50.5	325 51.2	146	48.9	98	30	6 00	30	6 56	05	35	41	55
16	58 53.3	50.2	340 24.7	145	−2 58.7	98	35	09	40	7 08	04	33	43	57
17	73 53.1	+22 50.0	354 58.2	145	−3 08.5	98	40	6 18	6 52	7 22	11 03	30	23 46	59
18	88 53.0	+22 49.8	9 31.7	145	−3 18.3	98	45	6 28	7 05	7 39	11 01	28	23 49	61
19	103 52.9	49.6	24 05.1	144	28.1	98	50	39	21	7 59	11 00	24	52	65
20	118 52.8	49.3	38 38.5	144	37.9	98	52	44	28	8 08	10 59	23	54	66
21	133 52.7	49.1	53 11.9	144	47.7	98	54	50	36	19	58	22	55	69
22	148 52.6	48.9	67 45.2	143	−3 57.4	97	56	6 56	44	31	57	20	57	70
23	163 52.5	48.7	82 18.5	143	−4 07.2	98	58	7 02	7 54	8 45	56	18	23 59	72
24	178 52.4	+22 48.4	96 51.8	143	−4 16.9	97	60 S	7 09	8 05	9 02	10 55	16	** **	***

UT	ARIES PMG 5h 11m4	VENUS Mag.: −3.9 PMG: 9h 58m		MARTE Mag.: +0.1 PMG: 18h 22m		JÚPITER Mag.: −1.8 PMG: 13h 08m		SATURNO Mag.: +0.4 PMG: 20h 09m	
	hG ♈	hG ♀	Dec	hG ♂	Dec	hG ♃	Dec	hG ♄	Dec
h	° ′	° ′	° ′	° ′	° ′	° ′	° ′	° ′	° ′
0	281 55.8	210 43.5	+21 00.0	84 04.3	−8 09.9	162 32.2	+21 03.9	56 50.1	−14 37.6
1	296 58.2	225 42.8	00.5	99 05.8	10.3	177 34.1	03.8	71 52.6	37.5
2	312 00.7	240 42.1	01.0	114 07.3	10.8	192 36.0	03.7	86 55.2	37.5
3	327 03.2	255 41.4	01.5	129 08.8	11.2	207 37.9	03.6	101 57.7	37.5
4	342 05.6	270 40.7	01.9	144 10.3	11.6	222 39.8	03.5	117 00.2	37.5
5	357 08.1	285 40.0	+21 02.4	159 11.8	−8 12.1	237 41.7	+21 03.4	132 02.8	−14 37.5
6	12 10.6	300 39.3	+21 02.9	174 13.3	−8 12.5	252 43.6	+21 03.3	147 05.3	−14 37.5
7	27 13.0	315 38.6	03.4	189 14.8	13.0	267 45.4	03.2	162 07.8	37.5
8	42 15.5	330 37.9	03.8	204 16.4	13.4	282 47.3	03.1	177 10.4	37.5
9	57 18.0	345 37.2	04.3	219 17.9	13.9	297 49.2	03.0	192 12.9	37.5
10	72 20.4	0 36.5	04.8	234 19.4	14.3	312 51.1	02.9	207 15.4	37.5
11	87 22.9	15 35.8	+21 05.2	249 20.9	−8 14.7	327 53.0	+21 02.8	222 18.0	−14 37.5
12	102 25.3	30 35.1	+21 05.7	264 22.4	−8 15.2	342 54.9	+21 02.7	237 20.5	−14 37.4
13	117 27.8	45 34.4	06.2	279 23.9	15.6	357 56.8	02.6	252 23.0	37.4
14	132 30.3	60 33.7	06.6	294 25.4	16.1	12 58.7	02.4	267 25.6	37.4
15	147 32.7	75 33.0	07.1	309 26.9	16.5	28 00.6	02.3	282 28.1	37.4
16	162 35.2	90 32.3	07.5	324 28.4	17.0	43 02.4	02.2	297 30.6	37.4
17	177 37.7	105 31.6	+21 08.0	339 29.9	−8 17.4	58 04.3	+21 02.1	312 33.2	−14 37.4
18	192 40.1	120 30.9	+21 08.5	354 31.4	−8 17.8	73 06.2	+21 02.0	327 35.7	−14 37.4
19	207 42.6	135 30.2	08.9	9 32.9	18.3	88 08.1	01.9	342 38.2	37.4
20	222 45.1	150 29.5	09.4	24 34.4	18.7	103 10.0	01.8	357 40.8	37.4
21	237 47.5	165 28.8	09.8	39 35.9	19.2	118 11.9	01.7	12 43.3	37.4
22	252 50.0	180 28.1	10.3	54 37.4	19.6	133 13.8	01.6	27 45.8	37.4
23	267 52.4	195 27.4	10.8	69 38.9	20.1	148 15.7	01.5	42 48.3	37.4
24	282 54.9	210 26.7	+21 11.2	84 40.4	−8 20.5	163 17.5	+21 01.4	57 50.9	−14 37.3
Dif	—	−7	+5	+15	−4	+19	−1	+25	0

196 Domingo 6 de julio de 2014

UT	SOL SD: 15′.7 PMG: $12^{h}\,04^{m}.8$		☾ LUNA SD: 15′.3 Edad: $8^{d}.7$ PHE 4^{h}: 56′.1, 12^{h}: 56′.4, 20^{h}: 56′.7 PMG: $18^{h}\,52^{m}$ R°: 50^{m}				Latitud	Principio del crepúsculo		Salida de Sol	Salida de Luna		Puesta de Luna	
	hG ☉	Dec	hG ☾	Dif	Dec	Dif		Náutico	Civil		Hora	R°	Hora	R°
h	° ′	° ′	° ′		° ′		°	h m	h m	h m	h m	m	h m	m
0	178 49.8	+22 42.7	85 56.3		− 8 06.5		60 N	** **	1 16	2 48	13 56	78	23 37	24
1	193 49.7	42.5	100 28.4	131	15.8	93	58	** **	1 56	3 07	50	75	44	26
2	208 49.6	42.2	115 00.3	129	25.1	93	56	** **	2 23	23	45	73	50	28
3	223 49.5	42.0	129 32.2	129	34.3	92	54	1 10	2 44	37	40	71	23 55	30
4	238 49.4	41.7	144 04.1	129	43.6	93	52	1 47	3 01	48	36	69	** **	***
5	253 49.3	+22 41.5	158 35.9	128	− 8 52.7	91	50	2 12	3 15	3 59	13 32	68	** **	***
6	268 49.2	+22 41.2	173 07.6	127	− 9 01.9	92	45	2 55	3 43	4 20	13 23	65	** **	***
7	283 49.0	41.0	187 39.3	127	11.0	91	40	3 24	4 05	37	16	62	** **	***
8	298 48.9	40.7	202 10.9	126	20.1	91	35	3 46	23	4 52	10	60	** **	***
9	313 48.8	40.5	216 42.4	125	29.2	91	30	4 04	4 37	5 05	13 05	58	** **	***
10	328 48.7	40.2	231 13.9	125	38.2	90	20	32	5 01	26	12 56	55	0 04	42
11	343 48.6	+22 40.0	245 45.3	124	− 9 47.2	90	10 N	4 54	5 21	5 44	12 48	52	0 10	45
12	358 48.5	+22 39.7	260 16.6	123	− 9 56.2	90	0	5 13	5 39	6 01	12 41	49	0 16	48
13	13 48.4	39.5	274 47.9	123	−10 05.1	89	10 S	29	5 55	18	33	47	22	50
14	28 48.3	39.2	289 19.1	122	14.0	89	20	5 45	6 12	36	25	44	29	53
15	43 48.2	38.9	303 50.2	121	22.8	88	30	6 00	30	6 56	17	40	36	57
16	58 48.1	38.7	318 21.3	121	31.6	88	35	09	40	7 08	12	38	40	59
17	73 48.0	+22 38.4	332 52.3	120	−10 40.4	88	40	6 18	6 52	7 22	12 06	36	0 45	61
18	88 47.9	+22 38.2	347 23.2	119	−10 49.1	87	45	6 28	7 04	7 38	11 59	34	0 50	64
19	103 47.8	37.9	1 54.0	118	−10 57.8	87	50	39	20	7 58	51	31	0 57	67
20	118 47.7	37.7	16 24.8	118	−11 06.4	86	52	44	27	8 07	48	29	1 00	69
21	133 47.6	37.4	30 55.5	117	15.0	86	54	49	35	18	44	27	04	70
22	148 47.5	37.1	45 26.2	117	23.6	86	56	6 55	43	30	39	26	07	72
23	163 47.4	36.9	59 56.7	115	32.1	85	58	7 01	7 53	8 44	34	24	11	75
24	178 47.3	+22 36.6	74 27.2	115	−11 40.5	84	60 S	7 08	8 04	9 00	11 29	21	1 16	77

UT	ARIES PMG $5^{h}\,03^{m}.6$	VENUS Mag.: −3.9 PMG: $10^{h}\,00^{m}$		MARTE Mag.: +0.1 PMG: $18^{h}\,17^{m}$		JÚPITER Mag.: −1.8 PMG: $13^{h}\,02^{m}$		SATURNO Mag.: +0.4 PMG: $20^{h}\,01^{m}$	
	hG ♈	hG ♀	Dec	hG ♂	Dec	hG ♃	Dec	hG ♄	Dec
h	° ′	° ′	° ′	° ′	° ′	° ′	° ′	° ′	° ′
0	283 54.1	210 09.6	+21 21.8	85 16.2	− 8 31.2	164 02.9	+20 58.9	58 51.5	− 14 37.2
1	298 56.5	225 08.9	22.2	100 17.7	31.7	179 04.8	58.8	73 54.1	37.2
2	313 59.0	240 08.1	22.7	115 19.2	32.1	194 06.6	58.7	88 56.6	37.2
3	329 01.4	255 07.4	23.1	130 20.7	32.6	209 08.5	58.6	103 59.1	37.1
4	344 03.9	270 06.7	23.5	145 22.2	33.0	224 10.4	58.5	119 01.6	37.1
5	359 06.4	285 06.0	+21 24.0	160 23.6	− 8 33.5	239 12.3	+20 58.4	134 04.2	− 14 37.1
6	14 08.8	300 05.3	+21 24.4	175 25.1	− 8 33.9	254 14.2	+20 58.2	149 06.7	− 14 37.1
7	29 11.3	315 04.6	24.8	190 26.6	34.4	269 16.1	58.1	164 09.2	37.1
8	44 13.8	330 03.8	25.2	205 28.1	34.8	284 18.0	58.0	179 11.7	37.1
9	59 16.2	345 03.1	25.7	220 29.6	35.3	299 19.9	57.9	194 14.3	37.1
10	74 18.7	0 02.4	26.1	235 31.1	35.7	314 21.7	57.8	209 16.8	37.1
11	89 21.2	15 01.7	+21 26.5	250 32.5	− 8 36.2	329 23.6	+20 57.7	224 19.3	− 14 37.1
12	104 23.6	30 01.0	+21 26.9	265 34.0	− 8 36.6	344 25.5	+20 57.6	239 21.8	− 14 37.1
13	119 26.1	45 00.2	27.3	280 35.5	37.1	359 27.4	57.5	254 24.4	37.1
14	134 28.5	59 59.5	27.7	295 37.0	37.5	14 29.3	57.4	269 26.9	37.1
15	149 31.0	74 58.8	28.2	310 38.4	38.0	29 31.2	57.3	284 29.4	37.1
16	164 33.5	89 58.1	28.6	325 39.9	38.4	44 33.1	57.2	299 31.9	37.1
17	179 35.9	104 57.4	+21 29.0	340 41.4	− 8 38.9	59 35.0	+20 57.1	314 34.4	− 14 37.1
18	194 38.4	119 56.6	+21 29.4	355 42.9	− 8 39.3	74 36.8	+20 57.0	329 37.0	− 14 37.1
19	209 40.9	134 55.9	29.8	10 44.3	39.8	89 38.7	56.9	344 39.5	37.0
20	224 43.3	149 55.2	30.2	25 45.8	40.2	104 40.6	56.8	359 42.0	37.0
21	239 45.8	164 54.5	30.6	40 47.3	40.7	119 42.5	56.7	14 44.5	37.0
22	254 48.3	179 53.7	31.0	55 48.8	41.1	134 44.4	56.6	29 47.1	37.0
23	269 50.7	194 53.0	31.5	70 50.2	41.6	149 46.3	56.4	44 49.6	37.0
24	284 53.2	209 52.3	+21 31.9	85 51.7	− 8 42.0	164 48.2	+20 56.3	59 52.1	− 14 37.0
Dif	—	−7	+4	+15	−5	+19	−1	+25	0

Lunes 7 de julio de 2014

UT	SOL SD: 15'.7 PMG: 12h 04m.9		LUNA SD: 15'.5 Edad: 9d.7 PHE {4h: 57'.0; 12h: 57'.3; 20h: 57'.6} PMG: 19h 42m R°: 53m			
	hG ☉	Dec	hG ☾	Dif	Dec	Dif
h	° '	° '	° '		° '	
0	178 47.3	+22 36.6	74 27.2		−11 40.5	
1	193 47.2	36.3	88 57.6	114	48.9	84
2	208 47.1	36.1	103 27.9	113	−11 57.3	84
3	223 47.0	35.8	117 58.2	113	−12 05.6	83
4	238 46.9	35.5	132 28.4	112	13.9	83
5	253 46.8	+22 35.3	146 58.5	111	−12 22.1	82
6	268 46.7	+22 35.0	161 28.5	110	−12 30.2	81
7	283 46.6	34.7	175 58.4	109	38.3	81
8	298 46.5	34.5	190 28.3	109	46.4	81
9	313 46.4	34.2	204 58.1	108	−12 54.4	80
10	328 46.3	33.9	219 27.8	107	−13 02.3	79
11	343 46.2	+22 33.7	233 57.4	106	−13 10.2	79
12	358 46.1	+22 33.4	248 26.9	105	−13 18.0	78
13	13 46.0	33.1	262 56.4	105	25.8	78
14	28 45.9	32.9	277 25.8	104	33.5	77
15	43 45.8	32.6	291 55.1	103	41.1	76
16	58 45.7	32.3	306 24.3	102	48.7	76
17	73 45.6	+22 32.0	320 53.4	101	−13 56.2	75
18	88 45.5	+22 31.8	335 22.5	101	−14 03.6	74
19	103 45.4	31.5	349 51.4	99	11.0	74
20	118 45.3	31.2	4 20.3	99	18.3	73
21	133 45.2	30.9	18 49.1	98	25.6	73
22	148 45.1	30.7	33 17.8	97	32.7	71
23	163 45.0	30.4	47 46.5	97	39.8	71
24	178 44.9	+22 30.1	62 15.0	95	−14 46.9	71

Latitud	Puesta de Sol	Fin del crepúsculo Civil	Fin del crepúsculo Náutico	Salida de Luna Hora	Salida de Luna R°	Puesta de Luna Hora	Puesta de Luna R°
°	h m	h m	h m	h m	m	h m	m
60 N	21 19	22 48	** **	15 14	78	** **	***
58	21 00	22 10	** **	15 05	76	** **	***
56	20 45	21 44	** **	14 58	73	** **	***
54	32	24	22 55	51	72	** **	***
52	20	21 07	22 20	45	70	0 00	32
50	20 10	20 53	21 55	14 40	68	0 04	34
45	19 49	20 25	21 13	14 28	66	0 14	36
40	31	20 04	20 45	18	64	22	39
35	17	19 46	23	10	62	29	41
30	19 05	32	20 05	14 03	60	35	43
20	18 44	19 08	19 37	13 51	57	46	45
10 N	18 25	18 48	19 15	13 40	55	0 55	48
0	18 09	18 31	18 57	13 30	52	1 04	50
10 S	17 52	18 15	41	20	50	12	54
20	34	17 58	25	13 09	48	22	56
30	14	40	10	12 57	45	33	58
35	17 02	30	18 01	50	44	39	60
40	16 48	17 19	17 53	12 42	42	1 46	62
45	16 32	17 06	17 43	12 33	39	1 54	65
50	13	16 51	32	22	37	2 04	68
52	16 03	44	27	17	35	09	69
54	15 53	36	22	11	34	14	71
56	41	27	16	12 05	32	19	73
58	27	18	10	11 58	31	26	75
60 S	15 11	16 07	17 03	11 50	28	2 33	77

UT	ARIES PMG 4h 59m.6	VENUS Mag.: −3.9 PMG: 10h 01m		MARTE Mag.: +0.1 PMG: 18h 15m		JÚPITER Mag.: −1.8 PMG: 12h 59m		SATURNO Mag.: +0.4 PMG: 19h 57m	
	hG ♈	hG ♀	Dec	hG ♂	Dec	hG ♃	Dec	hG ♄	Dec
h	° '	° '	° '	° '	° '	° '	° '	° '	° '
0	284 53.2	209 52.3	+21 31.9	85 51.7	−8 42.0	164 48.2	+20 56.3	59 52.1	−14 37.0
1	299 55.7	224 51.6	32.3	100 53.2	42.5	179 50.1	56.2	74 54.6	37.0
2	314 58.1	239 50.8	32.7	115 54.6	42.9	194 51.9	56.1	89 57.1	37.0
3	330 00.6	254 50.1	33.1	130 56.1	43.4	209 53.8	56.0	104 59.7	37.0
4	345 03.0	269 49.4	33.5	145 57.6	43.9	224 55.7	55.9	120 02.2	37.0
5	0 05.5	284 48.7	+21 33.9	160 59.0	−8 44.3	239 57.6	+20 55.8	135 04.7	−14 37.0
6	15 08.0	299 47.9	+21 34.3	176 00.5	−8 44.8	254 59.5	+20 55.7	150 07.2	−14 37.0
7	30 10.4	314 47.2	34.7	191 02.0	45.2	270 01.4	55.6	165 09.8	37.0
8	45 12.9	329 46.5	35.1	206 03.4	45.7	285 03.3	55.5	180 12.3	37.0
9	60 15.4	344 45.7	35.5	221 04.9	46.1	300 05.2	55.4	195 14.8	37.0
10	75 17.8	359 45.0	35.9	236 06.4	46.6	315 07.0	55.3	210 17.3	37.0
11	90 20.3	14 44.3	+21 36.3	251 07.8	−8 47.0	330 08.9	+20 55.2	225 19.8	−14 37.0
12	105 22.8	29 43.6	+21 36.7	266 09.3	−8 47.5	345 10.8	+20 55.1	240 22.4	−14 37.0
13	120 25.2	44 42.8	37.1	281 10.8	47.9	0 12.7	55.0	255 24.9	37.0
14	135 27.7	59 42.1	37.5	296 12.2	48.4	15 14.6	54.8	270 27.4	36.9
15	150 30.2	74 41.4	37.9	311 13.7	48.8	30 16.5	54.7	285 29.9	36.9
16	165 32.6	89 40.6	38.2	326 15.1	49.3	45 18.4	54.6	300 32.4	36.9
17	180 35.1	104 39.9	+21 38.6	341 16.6	−8 49.8	60 20.2	+20 54.5	315 35.0	−14 36.9
18	195 37.5	119 39.2	+21 39.0	356 18.1	−8 50.2	75 22.1	+20 54.4	330 37.5	−14 36.9
19	210 40.0	134 38.4	39.4	11 19.5	50.7	90 24.0	54.3	345 40.0	36.9
20	225 42.5	149 37.7	39.8	26 21.0	51.1	105 25.9	54.2	0 42.5	36.9
21	240 44.9	164 37.0	40.2	41 22.4	51.6	120 27.8	54.1	15 45.0	36.9
22	255 47.4	179 36.2	40.6	56 23.9	52.0	135 29.7	54.0	30 47.5	36.9
23	270 49.9	194 35.5	41.0	71 25.4	52.5	150 31.6	53.9	45 50.1	36.9
24	285 52.3	209 34.8	+21 41.3	86 26.8	−8 52.9	165 33.5	+20 53.8	60 52.6	−14 36.9
Dif	—	−7	+4	+15	−5	+19	−1	+25	0

198

Martes 8 de julio de 2014

UT	SOL SD: 15′.7 PMG: 12^h $05^m.1$		LUNA SD: 15′.7 Edad: 10^d.7 PHE {4^h: 57′.9; 12^h: 58′.2; 20^h: 58′.5} PMG: 20^h 35^m R°: 57^m				Latitud	Principio del crepúsculo		Salida de Sol	Salida de Luna		Puesta de Luna	
	hG ☉	Dec	hG ☾	Dif	Dec	Dif		Náutico	Civil		Hora	R°	Hora	R°
h	° ′	° ′	° ′		° ′		°	h m	h m	h m	h m	m	h m	m
0	178 44.9	+ 22 30.1	62 15.0		− 14 46.9		60 N	** **	1 22	2 51	16 32	74	0 01	32
1	193 44.8	29.8	76 43.5	95	− 14 53.8	69	58	** **	2 00	3 10	21	72	10	34
2	208 44.7	29.5	91 11.8	93	− 15 00.7	69	56	** **	26	25	11	71	18	36
3	223 44.6	29.3	105 40.1	93	07.5	68	54	1 16	2 46	39	16 03	69	25	38
4	238 44.5	29.0	120 08.3	92	14.3	68	52	1 51	3 03	3 50	15 55	68	32	39
5	253 44.4	+ 22 28.7	134 36.4	91	− 15 20.9	66	50	2 15	3 17	4 00	15 48	68	0 38	40
6	268 44.3	+ 22 28.4	149 04.5	91	− 15 27.5	66	45	2 57	3 45	4 22	15 34	65	0 50	43
7	283 44.2	28.1	163 32.4	89	34.0	65	40	3 26	4 06	39	22	64	1 01	44
8	298 44.1	27.8	178 00.3	89	40.4	64	35	3 48	24	4 53	12	62	10	46
9	313 44.0	27.6	192 28.1	88	46.8	64	30	4 05	4 38	5 05	15 03	61	18	47
10	328 43.9	27.3	206 55.7	86	53.0	62	20	33	5 02	27	14 48	59	31	50
11	343 43.8	+ 22 27.0	221 23.3	86	− 15 59.2	62	10 N	4 55	5 22	5 45	14 35	57	1 43	53
12	358 43.7	+ 22 26.7	235 50.9	86	− 16 05.3	61	0	5 13	5 39	6 01	14 22	56	1 54	55
13	13 43.6	26.4	250 18.3	84	11.3	60	10 S	29	5 55	18	14 10	55	2 06	56
14	28 43.5	26.1	264 45.6	83	17.2	59	20	5 45	6 12	36	13 57	53	18	58
15	43 43.5	25.8	279 12.9	83	23.0	58	30	6 00	30	6 56	42	51	31	61
16	58 43.4	25.6	293 40.1	82	28.8	58	35	08	40	7 08	34	49	39	62
17	73 43.3	+ 22 25.3	308 07.1	80	− 16 34.4	56	40	6 17	6 51	7 21	13 24	48	2 48	64
18	88 43.2	+ 22 25.0	322 34.1	80	− 16 40.0	56	45	6 27	7 04	7 37	13 12	47	2 59	66
19	103 43.1	24.7	337 01.1	80	45.4	54	50	38	19	7 57	12 59	44	3 12	68
20	118 43.0	24.4	351 27.9	78	50.8	54	52	43	26	8 06	52	44	18	69
21	133 42.9	24.1	5 54.6	77	− 16 56.1	53	54	48	34	16	45	43	25	70
22	148 42.8	23.8	20 21.3	77	− 17 01.3	52	56	6 54	42	28	37	41	32	72
23	163 42.7	23.5	34 47.9	76	06.4	51	58	7 00	7 52	42	29	39	41	73
24	178 42.6	+ 22 23.2	49 14.4	75	− 17 11.3	49	60 S	7 07	8 02	8 58	12 18	38	3 50	76

UT	ARIES PMG 4^h $55^m.7$	VENUS Mag.: −3.9 PMG: 10^h 02^m		MARTE Mag.: +0.1 PMG: 18^h 12^m		JÚPITER Mag.: −1.8 PMG: 12^h 56^m		SATURNO Mag.: +0.4 PMG: 19^h 53^m	
	hG ♈	hG ♀	Dec	hG ♂	Dec	hG ♃	Dec	hG ♄	Dec
h	° ′	° ′	° ′	° ′	° ′	° ′	° ′	° ′	° ′
0	285 52.3	209 34.8	+ 21 41.3	86 26.8	− 8 52.9	165 33.5	+ 20 53.8	60 52.6	− 14 36.9
1	300 54.8	224 34.0	41.7	101 28.3	53.4	180 35.3	53.7	75 55.1	36.9
2	315 57.3	239 33.3	42.1	116 29.7	53.9	195 37.2	53.6	90 57.6	36.9
3	330 59.7	254 32.6	42.5	131 31.2	54.3	210 39.1	53.5	106 00.1	36.9
4	346 02.2	269 31.8	42.9	146 32.6	54.8	225 41.0	53.3	121 02.7	36.9
5	1 04.7	284 31.1	+ 21 43.2	161 34.1	− 8 55.2	240 42.9	+ 20 53.2	136 05.2	− 14 36.9
6	16 07.1	299 30.4	+ 21 43.6	176 35.5	− 8 55.7	255 44.8	+ 20 53.1	151 07.7	− 14 36.9
7	31 09.6	314 29.6	44.0	191 37.0	56.1	270 46.7	53.0	166 10.2	36.9
8	46 12.0	329 28.9	44.4	206 38.5	56.6	285 48.6	52.9	181 12.7	36.9
9	61 14.5	344 28.2	44.7	221 39.9	57.0	300 50.4	52.8	196 15.2	36.9
10	76 17.0	359 27.4	45.1	236 41.4	57.5	315 52.3	52.7	211 17.8	36.9
11	91 19.4	14 26.7	+ 21 45.5	251 42.8	− 8 58.0	330 54.2	+ 20 52.6	226 20.3	− 14 36.9
12	106 21.9	29 25.9	+ 21 45.9	266 44.3	− 8 58.4	345 56.1	+ 20 52.5	241 22.8	− 14 36.8
13	121 24.4	44 25.2	46.2	281 45.7	58.9	0 58.0	52.4	256 25.3	36.8
14	136 26.8	59 24.5	46.6	296 47.2	59.3	15 59.9	52.3	271 27.8	36.8
15	151 29.3	74 23.7	47.0	311 48.6	− 8 59.8	31 01.8	52.2	286 30.3	36.8
16	166 31.8	89 23.0	47.3	326 50.0	− 9 00.3	46 03.6	52.1	301 32.9	36.8
17	181 34.2	104 22.2	+ 21 47.7	341 51.5	− 9 00.7	61 05.5	+ 20 51.9	316 35.4	− 14 36.8
18	196 36.7	119 21.5	+ 21 48.1	356 52.9	− 9 01.2	76 07.4	+ 20 51.8	331 37.9	− 14 36.8
19	211 39.1	134 20.8	48.4	11 54.4	01.6	91 09.3	51.7	346 40.4	36.8
20	226 41.6	149 20.0	48.8	26 55.8	02.1	106 11.2	51.6	1 42.9	36.8
21	241 44.1	164 19.3	49.1	41 57.3	02.5	121 13.1	51.5	16 45.4	36.8
22	256 46.5	179 18.5	49.5	56 58.7	03.0	136 15.0	51.4	31 47.9	36.8
23	271 49.0	194 17.8	49.9	72 00.2	03.5	151 16.8	51.3	46 50.5	36.8
24	286 51.5	209 17.1	+ 21 50.2	87 01.6	− 9 03.9	166 18.7	+ 20 51.2	61 53.0	− 14 36.8
Dif	—	−7	+4	+14	−5	+19	−1	+25	0

Miércoles 9 de julio de 2014

UT	SOL SD: 15'.7 PMG: 12h 05m.2		☾ LUNA SD: 16'.0 Edad: 11d.7 PHE { 4h: 58'.8; 12h: 59'.1; 20h: 59'.4 PMG: 21h 32m R°: 60m				Latitud	Puesta de Sol	Fin del crepúsculo		Salida de Luna		Puesta de Luna	
	hG ☉	Dec	hG ☾	Dif	Dec	Dif			Civil	Náutico	Hora	R°	Hora	R°
h	° ′	° ′	° ′		° ′		°	h m	h m	h m	h m	m	h m	m
0	178 42.6	+22 23.2	49 14.4	74	−17 11.3	49	60 N	21 17	22 42	** **	17 46	65	0 33	43
1	193 42.5	22.9	63 40.8	73	16.2	48	58	20 58	22 07	** **	33	65	44	45
2	208 42.4	22.6	78 07.1	73	21.0	47	56	43	21 41	** **	22	64	0 54	46
3	223 42.3	22.3	92 33.4	71	25.7	46	54	30	22	22 50	12	64	1 03	47
4	238 42.2	22.0	106 59.5	71	30.3	45	52	19	21 06	22 16	17 03	64	11	48
5	253 42.1	+22 21.7	121 25.6	70	−17 34.8	43	50	20 09	20 52	21 53	16 56	63	1 18	49
6	268 42.0	+22 21.4	135 51.6	70	−17 39.1	43	45	19 48	20 24	21 12	16 39	63	1 33	51
7	283 42.0	21.1	150 17.6	68	43.4	42	40	31	20 03	20 44	26	62	45	52
8	298 41.9	20.8	164 43.4	68	47.6	40	35	17	19 46	22	14	62	1 56	53
9	313 41.8	20.5	179 09.2	67	51.6	40	30	19 04	31	20 04	16 04	62	2 05	54
10	328 41.7	20.2	193 34.9	66	55.6	38	20	18 43	19 08	19 37	15 47	61	21	56
11	343 41.6	+22 19.9	208 00.5	65	−17 59.4	37	10 N	18 26	18 48	19 15	15 32	60	2 36	56
12	358 41.5	+22 19.6	222 26.0	65	−18 03.1	36	0	18 09	18 31	18 57	15 18	60	2 49	57
13	13 41.4	19.3	236 51.5	64	06.7	35	10 S	17 52	18 15	41	15 05	58	3 02	59
14	28 41.3	19.0	251 16.9	63	10.2	34	20	35	17 59	26	14 50	58	16	60
15	43 41.2	18.7	265 42.2	62	13.6	33	30	15	41	10	33	57	32	61
16	58 41.1	18.4	280 07.4	62	16.9	31	35	17 03	31	18 02	23	57	41	63
17	73 41.0	+22 18.1	294 32.6	61	−18 20.0	31	40	16 50	17 20	17 54	14 12	56	3 52	63
18	88 41.0	+22 17.8	308 57.7	60	−18 23.1	29	45	16 34	17 07	17 44	13 59	55	4 05	64
19	103 40.9	17.5	323 22.7	60	26.0	28	50	15	16 52	33	43	54	20	66
20	118 40.8	17.2	337 47.7	58	28.8	27	52	16 05	45	28	36	54	27	67
21	133 40.7	16.9	352 12.5	59	31.5	26	54	15 55	38	23	28	53	35	67
22	148 40.6	16.6	6 37.4	57	34.1	24	56	43	29	18	18	53	44	68
23	163 40.5	16.2	21 02.1	57	36.5	23	58	30	20	12	13 08	52	4 54	69
24	178 40.4	+22 15.9	35 26.8		−18 38.8		60 S	15 14	16 09	17 05	12 56	51	5 06	70

UT	ARIES PMG 4h 51m.8	VENUS Mag.: −3.8 PMG: 10h 03m		MARTE Mag.: +0.1 PMG: 18h 10m		JÚPITER Mag.: −1.8 PMG: 12h 53m		SATURNO Mag.: +0.4 PMG: 19h 49m	
	hG ♈	hG ♀	Dec	hG ♂	Dec	hG ♃	Dec	hG ♄	Dec
h	° ′	° ′	° ′	° ′	° ′	° ′	° ′	° ′	° ′
0	286 51.5	209 17.1	+21 50.2	87 01.6	−9 03.9	166 18.7	+20 51.2	61 53.0	−14 36.8
1	301 53.9	224 16.3	50.6	102 03.0	04.4	181 20.6	51.1	76 55.5	36.8
2	316 56.4	239 15.6	50.9	117 04.5	04.8	196 22.5	51.0	91 58.0	36.8
3	331 58.9	254 14.8	51.3	132 05.9	05.3	211 24.4	50.9	107 00.5	36.8
4	347 01.3	269 14.1	51.7	147 07.4	05.8	226 26.3	50.8	122 03.0	36.8
5	2 03.8	284 13.3	+21 52.0	162 08.8	−9 06.2	241 28.2	+20 50.6	137 05.5	−14 36.8
6	17 06.3	299 12.6	+21 52.4	177 10.2	−9 06.7	256 30.1	+20 50.5	152 08.1	−14 36.8
7	32 08.7	314 11.9	52.7	192 11.7	07.1	271 31.9	50.4	167 10.6	36.8
8	47 11.2	329 11.1	53.1	207 13.1	07.6	286 33.8	50.3	182 13.1	36.8
9	62 13.6	344 10.4	53.4	222 14.6	08.1	301 35.7	50.2	197 15.6	36.8
10	77 16.1	359 09.6	53.8	237 16.0	08.5	316 37.6	50.1	212 18.1	36.8
11	92 18.6	14 08.9	+21 54.1	252 17.4	−9 09.0	331 39.5	+20 50.0	227 20.6	−14 36.8
12	107 21.0	29 08.1	+21 54.5	267 18.9	−9 09.4	346 41.4	+20 49.9	242 23.1	−14 36.8
13	122 23.5	44 07.4	54.8	282 20.3	09.9	1 43.3	49.8	257 25.6	36.8
14	137 26.0	59 06.6	55.1	297 21.7	10.4	16 45.1	49.7	272 28.2	36.8
15	152 28.4	74 05.9	55.5	312 23.2	10.8	31 47.0	49.6	287 30.7	36.8
16	167 30.9	89 05.1	55.8	327 24.6	11.3	46 48.9	49.5	302 33.2	36.8
17	182 33.4	104 04.4	+21 56.2	342 26.0	−9 11.7	61 50.8	+20 49.3	317 35.7	−14 36.8
18	197 35.8	119 03.6	+21 56.5	357 27.5	−9 12.2	76 52.7	+20 49.2	332 38.2	−14 36.8
19	212 38.3	134 02.9	56.8	12 28.9	12.7	91 54.6	49.1	347 40.7	36.8
20	227 40.8	149 02.1	57.2	27 30.3	13.1	106 56.5	49.0	2 43.2	36.7
21	242 43.2	164 01.4	57.5	42 31.8	13.6	121 58.3	48.9	17 45.7	36.7
22	257 45.7	179 00.6	57.9	57 33.2	14.1	137 00.2	48.8	32 48.2	36.7
23	272 48.1	193 59.9	58.2	72 34.6	14.5	152 02.1	48.7	47 50.8	36.7
24	287 50.6	208 59.1	+21 58.5	87 36.1	−9 15.0	167 04.0	+20 48.6	62 53.3	−14 36.7
Dif	—	−7	+3	+14	−5	+19	−1	+25	0

Domingo 20 de julio de 2014

UT	SOL SD: 15′.7 PMG: 12ʰ 06ᵐ.4		◑ LUNA SD: 15′.5 Edad: 22ᵈ.7 PHE { 4ʰ: 56′.9; 12ʰ: 56′.6; 20ʰ: 56′.4 } PMG: 6ʰ 49ᵐ R°: 49ᵐ				Latitud	Principio del crepúsculo		Salida de Sol	Salida de Luna		Puesta de Luna	
	hG ☉	Dec	hG ☾	Dif	Dec	Dif		Náutico	Civil		Hora	R°	Hora	R°
h	° ′	° ′	° ′		° ′		°	h m	h m	h m	h m	m	h m	m
0	178 25.0	+20 42.6	261 16.6		+13 04.8		60 N	** **	2 01	3 13	23 26	32	14 53	71
1	193 24.9	42.1	275 46.5	109	12.5	77	58	** **	28	29	36	34	44	69
2	208 24.9	41.7	290 16.3	108	20.2	77	56	1 13	2 49	42	44	36	36	67
3	223 24.9	41.2	304 46.2	109	27.8	76	54	1 51	3 05	3 54	52	37	28	66
4	238 24.8	40.7	319 16.1	109	35.4	76	52	2 16	20	4 04	23 59	38	22	64
5	253 24.8	+20 40.3	333 46.0	109	+13 42.8	74	50	2 35	3 32	4 13	** **	***	14 16	63
6	268 24.8	+20 39.8	348 15.8	108	+13 50.2	74	45	3 11	3 57	4 32	** **	***	14 04	60
7	283 24.7	39.3	2 45.7	109	+13 57.5	73	40	37	4 16	4 48	** **	***	13 53	59
8	298 24.7	38.9	17 15.6	109	+14 04.7	72	35	3 57	32	5 01	** **	***	44	58
9	313 24.6	38.4	31 45.4	108	11.8	71	30	4 13	4 45	12	0 05	42	37	56
10	328 24.6	37.9	46 15.3	109	18.8	70	20	39	5 07	31	16	46	23	54
11	343 24.6	+20 37.5	60 45.2	109	+14 25.8	70	10 N	4 58	5 25	5 47	0 27	48	13 11	52
12	358 24.5	+20 37.0	75 15.0	108	+14 32.7	69	0	5 15	5 41	6 03	0 37	49	13 00	50
13	13 24.5	36.5	89 44.9	109	39.5	68	10 S	30	5 56	18	46	52	12 50	48
14	28 24.5	36.0	104 14.8	109	46.2	67	20	44	6 11	34	0 57	54	38	46
15	43 24.4	35.6	118 44.6	108	52.9	67	30	5 57	27	6 52	1 09	57	25	43
16	58 24.4	35.1	133 14.5	109	+14 59.4	65	35	6 05	36	7 03	16	59	17	42
17	73 24.4	+20 34.6	147 44.4	109	+15 05.9	65	40	6 12	6 46	7 15	1 24	60	12 08	41
18	88 24.3	+20 34.2	162 14.2	108	+15 12.3	64	45	6 21	6 57	7 30	1 33	63	11 58	39
19	103 24.3	33.7	176 44.1	109	18.6	63	50	30	7 10	47	45	65	46	36
20	118 24.3	33.2	191 14.0	109	24.8	62	52	34	16	7 55	50	66	40	35
21	133 24.2	32.7	205 43.8	108	30.9	61	54	39	23	8 04	1 56	68	34	34
22	148 24.2	32.2	220 13.7	109	37.0	61	56	44	31	15	2 02	70	27	32
23	163 24.2	31.8	234 43.6	109	42.9	59	58	49	39	26	10	71	19	31
24	178 24.1	+20 31.3	249 13.4	108	+15 48.8	59	60 S	6 55	7 48	8 40	2 18	74	11 10	29

UT	ARIES PMG 4ʰ 08ᵐ.5	VENUS Mag.: −3.8 PMG: 10ʰ 17ᵐ		MARTE Mag.: +0.3 PMG: 17ʰ 46ᵐ		JÚPITER Mag.: −1.8 PMG: 12ʰ 20ᵐ		SATURNO Mag.: +0.5 PMG: 19ʰ 05ᵐ	
	hG ♈	hG ♀	Dec	hG ♂	Dec	hG ♃	Dec	hG ♄	Dec
h	° ′	° ′	° ′	° ′	° ′	° ′	° ′	° ′	° ′
0	297 42.0	205 51.2	+22 47.8	93 03.4	−11 09.1	174 36.4	+20 21.4	72 51.0	−14 37.6
1	312 44.5	220 50.3	47.8	108 04.7	09.6	189 38.3	21.3	87 53.5	37.6
2	327 46.9	235 49.5	47.9	123 06.0	10.1	204 40.2	21.2	102 56.0	37.6
3	342 49.4	250 48.7	48.0	138 07.3	10.6	219 42.1	21.1	117 58.4	37.6
4	357 51.9	265 47.9	48.0	153 08.6	11.1	234 44.0	20.9	133 00.9	37.7
5	12 54.3	280 47.1	+22 48.1	168 09.9	−11 11.5	249 45.9	+20 20.8	148 03.4	−14 37.7
6	27 56.8	295 46.3	+22 48.2	183 11.2	−11 12.0	264 47.8	+20 20.7	163 05.8	−14 37.7
7	42 59.2	310 45.5	48.2	198 12.5	12.5	279 49.6	20.6	178 08.3	37.7
8	58 01.7	325 44.7	48.3	213 13.8	13.0	294 51.5	20.5	193 10.8	37.7
9	73 04.2	340 43.9	48.4	228 15.1	13.5	309 53.4	20.4	208 13.2	37.7
10	88 06.6	355 43.1	48.4	243 16.4	14.0	324 55.3	20.2	223 15.7	37.7
11	103 09.1	10 42.3	+22 48.5	258 17.7	−11 14.5	339 57.2	+20 20.1	238 18.2	−14 37.7
12	118 11.6	25 41.4	+22 48.5	273 19.0	−11 14.9	354 59.1	+20 20.0	253 20.7	−14 37.7
13	133 14.0	40 40.6	48.6	288 20.2	15.4	10 00.9	19.9	268 23.1	37.7
14	148 16.5	55 39.8	48.7	303 21.5	15.9	25 02.8	19.8	283 25.6	37.8
15	163 19.0	70 39.0	48.7	318 22.8	16.4	40 04.7	19.7	298 28.1	37.8
16	178 21.4	85 38.2	48.8	333 24.1	16.9	55 06.6	19.5	313 30.5	37.8
17	193 23.9	100 37.4	+22 48.8	348 25.4	−11 17.4	70 08.5	+20 19.4	328 33.0	−14 37.8
18	208 26.4	115 36.6	+22 48.9	3 26.7	−11 17.9	85 10.4	+20 19.3	343 35.5	−14 37.8
19	223 28.8	130 35.8	48.9	18 28.0	18.4	100 12.3	19.2	358 37.9	37.8
20	238 31.3	145 35.0	49.0	33 29.3	18.8	115 14.1	19.1	13 40.4	37.8
21	253 33.7	160 34.1	49.0	48 30.6	19.3	130 16.0	18.9	28 42.9	37.8
22	268 36.2	175 33.3	49.1	63 31.9	19.8	145 17.9	18.8	43 45.3	37.8
23	283 38.7	190 32.5	49.1	78 33.2	20.3	160 19.8	18.7	58 47.8	37.8
24	298 41.1	205 31.7	+22 49.2	93 34.5	−11 20.8	175 21.7	+20 18.6	73 50.3	−14 37.9
Dif	—	−8	+1	+13	−5	+19	−1	+25	0

Lunes 21 de julio de 2014

UT	SOL SD: 15'.7 PMG: $12^h\ 06^m4$		LUNA SD: 15'.3 Edad: 23^d7 PHE { 4^h: 56'.2 12^h: 55'.9 20^h: 55'.7 } PMG: $7^h\ 38^m$ R°: 50^m				Latitud	Puesta de Sol	Fin del crepúsculo		Salida de Luna		Puesta de Luna	
	hG ☉	Dec	hG ☾	Dif	Dec	Dif			Civil	Náutico	Hora	R°	Hora	R°
h	° ′	° ′	° ′		° ′		°	h m	h m	h m	h m	m	h m	m
0	178 24.1	+20 31.3	249 13.4		+15 48.8		**60 N**	20 56	22 06	** **	23 58	40	16 04	63
1	193 24.1	30.8	263 43.3	109	+15 54.6	58	**58**	41	21 40	** **	** **	***	15 53	61
2	208 24.1	30.3	278 13.1	108	+16 00.3	57	**56**	28	21	22 51	** **	***	43	60
3	223 24.0	29.9	292 43.0	109	05.9	56	**54**	16	21 04	22 17	** **	***	34	60
4	238 24.0	29.4	307 12.8	108	11.4	55	**52**	20 06	20 50	21 53	** **	***	26	59
5	253 24.0	+20 28.9	321 42.7	109	+16 16.9	55	**50**	19 58	20 38	21 34	0 05	39	15 19	58
6	268 23.9	+20 28.4	336 12.6	109	+16 22.2	53	**45**	19 39	20 14	20 59	0 18	41	15 04	57
7	283 23.9	27.9	350 42.4	108	27.5	53	**40**	24	19 55	34	30	42	14 52	56
8	298 23.9	27.4	5 12.3	109	32.7	52	**35**	11	40	20 15	39	44	42	54
9	313 23.9	27.0	19 42.1	108	37.8	51	**30**	19 00	27	19 59	0 47	45	33	53
10	328 23.8	26.5	34 12.0	109	42.8	50	**20**	18 41	19 05	34	1 02	47	17	52
11	343 23.8	+20 26.0	48 41.9	109	+16 47.7	49	**10 N**	18 25	18 48	19 14	1 15	48	14 03	51
12	358 23.8	+20 25.5	63 11.7	108	+16 52.5	48	**0**	18 10	18 32	18 58	1 26	50	13 50	50
13	13 23.7	25.0	77 41.6	109	+16 57.2	47	**10 S**	17 55	17	43	38	52	38	48
14	28 23.7	24.5	92 11.4	108	+17 01.9	47	**20**	39	18 03	30	1 51	53	24	47
15	43 23.7	24.0	106 41.3	109	06.4	45	**30**	21	17 47	16	2 06	55	13 08	46
16	58 23.6	23.6	121 11.2	109	10.9	45	**35**	17 11	38	09	15	56	12 59	45
17	73 23.6	+20 23.1	135 41.0	108	+17 15.2	43	**40**	16 59	17 28	18 01	2 24	58	12 49	44
18	88 23.6	+20 22.6	150 10.9	109	+17 19.5	43	**45**	16 45	17 17	17 53	2 36	59	12 37	43
19	103 23.6	22.1	164 40.7	108	23.7	42	**50**	27	17 04	44	50	61	22	41
20	118 23.5	21.6	179 10.6	109	27.8	41	**52**	19	16 58	40	2 56	62	15	41
21	133 23.5	21.1	193 40.5	109	31.8	40	**54**	10	51	36	3 04	62	12 08	39
22	148 23.5	20.6	208 10.4	109	35.7	39	**56**	16 00	44	31	12	64	11 59	39
23	163 23.5	20.1	222 40.2	108	39.5	38	**58**	15 49	36	26	21	65	50	37
24	178 23.4	+20 19.6	237 10.1	109	+17 43.3	38	**60 S**	15 35	16 27	17 20	3 32	67	11 39	35

UT	ARIES PMG $4^h\ 04^m6$	VENUS Mag.: −3.8 PMG: $10^h\ 18^m$		MARTE Mag.: +0.3 PMG: $17^h\ 44^m$		JÚPITER Mag.: −1.8 PMG: $12^h\ 17^m$		SATURNO Mag.: +0.5 PMG: $19^h\ 02^m$	
	hG ♈	hG ♀	Dec	hG ♂	Dec	hG ♃	Dec	hG ♄	Dec
h	° ′	° ′	° ′	° ′	° ′	° ′	° ′	° ′	° ′
0	298 41.1	205 31.7	+22 49.2	93 34.5	−11 20.8	175 21.7	+20 18.6	73 50.3	−14 37.9
1	313 43.6	220 30.9	49.2	108 35.7	21.3	190 23.6	18.5	88 52.7	37.9
2	328 46.1	235 30.1	49.3	123 37.0	21.8	205 25.5	18.4	103 55.2	37.9
3	343 48.5	250 29.3	49.3	138 38.3	22.3	220 27.3	18.2	118 57.7	37.9
4	358 51.0	265 28.5	49.4	153 39.6	22.8	235 29.2	18.1	134 00.1	37.9
5	13 53.5	280 27.7	+22 49.4	168 40.9	−11 23.2	250 31.1	+20 18.0	149 02.6	−14 37.9
6	28 55.9	295 26.8	+22 49.4	183 42.2	−11 23.7	265 33.0	+20 17.9	164 05.1	−14 37.9
7	43 58.4	310 26.0	49.5	198 43.5	24.2	280 34.9	17.8	179 07.5	37.9
8	59 00.9	325 25.2	49.5	213 44.7	24.7	295 36.8	17.6	194 10.0	37.9
9	74 03.3	340 24.4	49.6	228 46.0	25.2	310 38.6	17.5	209 12.5	38.0
10	89 05.8	355 23.6	49.6	243 47.3	25.7	325 40.5	17.4	224 14.9	38.0
11	104 08.2	10 22.8	+22 49.6	258 48.6	−11 26.2	340 42.4	+20 17.3	239 17.4	−14 38.0
12	119 10.7	25 22.0	+22 49.7	273 49.9	−11 26.7	355 44.3	+20 17.2	254 19.9	−14 38.0
13	134 13.2	40 21.1	49.7	288 51.2	27.2	10 46.2	17.1	269 22.3	38.0
14	149 15.6	55 20.3	49.7	303 52.4	27.6	25 48.1	16.9	284 24.8	38.0
15	164 18.1	70 19.5	49.7	318 53.7	28.1	40 50.0	16.8	299 27.3	38.0
16	179 20.6	85 18.7	49.8	333 55.0	28.6	55 51.8	16.7	314 29.7	38.0
17	194 23.0	100 17.9	+22 49.8	348 56.3	−11 29.1	70 53.7	+20 16.6	329 32.2	−14 38.0
18	209 25.5	115 17.1	+22 49.8	3 57.6	−11 29.6	85 55.6	+20 16.5	344 34.6	−14 38.1
19	224 28.0	130 16.3	49.9	18 58.8	30.1	100 57.5	16.3	359 37.1	38.1
20	239 30.4	145 15.5	49.9	34 00.1	30.6	115 59.4	16.2	14 39.6	38.1
21	254 32.9	160 14.6	49.9	49 01.4	31.1	131 01.3	16.1	29 42.0	38.1
22	269 35.4	175 13.8	49.9	64 02.7	31.6	146 03.2	16.0	44 44.5	38.1
23	284 37.8	190 13.0	49.9	79 04.0	32.0	161 05.0	15.9	59 47.0	38.1
24	299 40.3	205 12.2	+22 50.0	94 05.2	−11 32.5	176 06.9	+20 15.8	74 49.4	−14 38.1
Dif	—	−8	0	+13	−5	+19	−1	+25	0

Martes 22 de julio de 2014

UT	SOL SD: 15'.7 PMG: $12^{h}\ 06^{m}.5$		LUNA SD: 15'.2 Edad: $24^{d}.7$ PHE { 4^{h}: 55'.6; 12^{h}: 55'.4; 20^{h}: 55'.2 } PMG: $8^{h}\ 28^{m}$ R°: 50^{m}				Latitud	Principio del crepúsculo		Salida de Sol	Salida de Luna		Puesta de Luna	
	hG ☉	Dec	hG ☾	Dif	Dec	Dif		Náutico	Civil		Hora	R°	Hora	R°
h	° '	° '	° '		° '		°	h m	h m	h m	h m	m	h m	m
0	178 23.4	+20 19.6	237 10.1		+17 43.3		60 N	** **	2 07	3 18	** **	***	17 07	53
1	193 23.4	19.1	251 40.0	109	46.9	36	58	** **	33	33	0 10	40	16 54	53
2	208 23.4	18.6	266 09.9	109	50.5	36	56	1 23	2 53	46	20	41	43	53
3	223 23.3	18.1	280 39.8	109	53.9	34	54	1 57	3 09	3 57	29	42	34	52
4	238 23.3	17.7	295 09.7	109	+17 57.3	34	52	2 20	23	4 07	37	43	25	52
5	253 23.3	+20 17.2	309 39.6	109	+18 00.5	32	50	2 39	3 35	4 16	0 44	43	16 17	52
6	268 23.3	+20 16.7	324 09.5	109	+18 03.7	32	45	3 14	3 59	4 34	0 59	45	16 01	52
7	283 23.2	16.2	338 39.4	109	06.8	31	40	39	4 18	4 49	1 12	46	15 48	51
8	298 23.2	15.7	353 09.3	109	09.8	30	35	3 59	33	5 02	23	46	36	51
9	313 23.2	15.2	7 39.2	109	12.7	29	30	4 14	4 46	13	32	47	26	51
10	328 23.2	14.7	22 09.1	109	15.5	28	20	39	5 08	32	1 49	48	15 09	50
11	343 23.1	+20 14.2	36 39.1	110	+18 18.2	27	10 N	4 59	5 25	5 48	2 03	49	14 54	50
12	358 23.1	+20 13.7	51 09.0	109	+18 20.8	26	0	5 15	5 41	6 03	2 16	50	14 40	50
13	13 23.1	13.2	65 38.9	109	23.3	25	10 S	30	5 55	18	30	50	26	49
14	28 23.1	12.7	80 08.9	110	25.7	24	20	43	6 10	34	2 44	52	14 11	49
15	43 23.0	12.2	94 38.9	110	28.1	24	30	5 57	26	6 52	3 01	52	13 54	48
16	58 23.0	11.7	109 08.8	109	30.3	22	35	6 04	35	7 02	11	52	44	48
17	73 23.0	+20 11.2	123 38.8	110	+18 32.4	21	40	6 11	6 44	7 14	3 22	53	13 33	47
18	88 23.0	+20 10.7	138 08.8	110	+18 34.5	21	45	6 19	6 55	7 28	3 35	54	13 20	47
19	103 23.0	10.2	152 38.8	110	36.5	20	50	28	7 08	45	51	55	13 03	47
20	118 22.9	09.6	167 08.8	110	38.3	18	52	32	14	7 53	3 58	56	12 56	46
21	133 22.9	09.1	181 38.8	110	40.1	18	54	37	21	8 02	4 06	56	47	46
22	148 22.9	08.6	196 08.8	110	41.8	17	56	41	28	12	16	56	38	45
23	163 22.9	08.1	210 38.8	110	43.4	16	58	46	36	23	26	58	27	45
24	178 22.9	+20 07.6	225 08.9	111	+18 44.8	14	60 S	6 52	7 45	8 36	4 39	58	12 14	44

UT	ARIES PMG $4^{h}\ 00^{m}.7$	VENUS Mag.: −3.8 PMG: $10^{h}\ 20^{m}$		MARTE Mag.: +0.3 PMG: $17^{h}\ 42^{m}$		JÚPITER Mag.: −1.8 PMG: $12^{h}\ 14^{m}$		SATURNO Mag.: +0.5 PMG: $18^{h}\ 58^{m}$	
	hG ♈	hG ♀	Dec	hG ♂	Dec	hG ♃	Dec	hG ♄	Dec
h	° '	° '	° '	° '	° '	° '	° '	° '	° '
0	299 40.3	205 12.2	+ 22 50.0	94 05.2	− 11 32.5	176 06.9	+ 20 15.8	74 49.4	− 14 38.1
1	314 42.7	220 11.4	50.0	109 06.5	33.0	191 08.8	15.6	89 51.9	38.1
2	329 45.2	235 10.6	50.0	124 07.8	33.5	206 10.7	15.5	104 54.3	38.1
3	344 47.7	250 09.8	50.0	139 09.1	34.0	221 12.6	15.4	119 56.8	38.2
4	359 50.1	265 08.9	50.0	154 10.3	34.5	236 14.5	15.3	134 59.3	38.2
5	14 52.6	280 08.1	+ 22 50.0	169 11.6	− 11 35.0	251 16.4	+ 20 15.2	150 01.7	− 14 38.2
6	29 55.1	295 07.3	+ 22 50.1	184 12.9	− 11 35.5	266 18.2	+ 20 15.0	165 04.2	− 14 38.2
7	44 57.5	310 06.5	50.1	199 14.2	36.0	281 20.1	14.9	180 06.7	38.2
8	60 00.0	325 05.7	50.1	214 15.4	36.5	296 22.0	14.8	195 09.1	38.2
9	75 02.5	340 04.9	50.1	229 16.7	37.0	311 23.9	14.7	210 11.6	38.2
10	90 04.9	355 04.1	50.1	244 18.0	37.4	326 25.8	14.6	225 14.0	38.2
11	105 07.4	10 03.2	+ 22 50.1	259 19.2	− 11 37.9	341 27.7	+ 20 14.4	240 16.5	− 14 38.3
12	120 09.8	25 02.4	+ 22 50.1	274 20.5	− 11 38.4	356 29.5	+ 20 14.3	255 19.0	− 14 38.3
13	135 12.3	40 01.6	50.1	289 21.8	38.9	11 31.4	14.2	270 21.4	38.3
14	150 14.8	55 00.8	50.1	304 23.0	39.4	26 33.3	14.1	285 23.9	38.3
15	165 17.2	70 00.0	50.1	319 24.3	39.9	41 35.2	14.0	300 26.3	38.3
16	180 19.7	84 59.2	50.1	334 25.6	40.4	56 37.1	13.8	315 28.8	38.3
17	195 22.2	99 58.3	+ 22 50.1	349 26.9	− 11 40.9	71 39.0	+ 20 13.7	330 31.3	− 14 38.3
18	210 24.6	114 57.5	+ 22 50.1	4 28.1	− 11 41.4	86 40.9	+ 20 13.6	345 33.7	− 14 38.3
19	225 27.1	129 56.7	50.1	19 29.4	41.9	101 42.7	13.5	0 36.2	38.4
20	240 29.6	144 55.9	50.1	34 30.7	42.3	116 44.6	13.4	15 38.6	38.4
21	255 32.0	159 55.1	50.1	49 31.9	42.8	131 46.5	13.3	30 41.1	38.4
22	270 34.5	174 54.3	50.1	64 33.2	43.3	146 48.4	13.1	45 43.6	38.4
23	285 37.0	189 53.4	50.1	79 34.5	43.8	161 50.3	13.0	60 46.0	38.4
24	300 39.4	204 52.6	+ 22 50.1	94 35.7	− 11 44.3	176 52.2	+ 20 12.9	75 48.5	− 14 38.4
Dif	—	−8	0	+13	−5	+19	−1	+25	0

Miércoles 23 de julio de 2014

UT	SOL SD: 15′7 PMG: 12h 06m5		LUNA SD: 15′0 Edad: 25d7 PHE {4h: 55′0; 12h: 54′9; 20h: 54′8} PMG: 9h 18m R°: 49m			
	hG ⊙	Dec	hG ☾	Dif	Dec	Dif
h	° ′	° ′	° ′		° ′	
0	178 22.9	+20 07.6	225 08.9		+18 44.8	
1	193 22.8	07.1	239 38.9	110	46.2	14
2	208 22.8	06.6	254 09.0	111	47.5	13
3	223 22.8	06.1	268 39.1	111	48.8	13
4	238 22.8	05.6	283 09.2	111	49.9	11
5	253 22.8	+20 05.1	297 39.3	111	+18 50.9	10
6	268 22.7	+20 04.6	312 09.4	111	+18 51.8	9
7	283 22.7	04.1	326 39.5	111	52.7	9
8	298 22.7	03.5	341 09.7	112	53.4	7
9	313 22.7	03.0	355 39.8	111	54.1	7
10	328 22.7	02.5	10 10.0	112	54.6	5
11	343 22.6	+20 02.0	24 40.2	112	+18 55.1	5
12	358 22.6	+20 01.5	39 10.4	112	+18 55.4	3
13	13 22.6	01.0	53 40.6	112	55.7	3
14	28 22.6	00.5	68 10.8	112	55.9	2
15	43 22.6	+20 00.0	82 41.1	113	56.0	1
16	58 22.5	+19 59.4	97 11.4	113	56.0	0
17	73 22.5	+19 58.9	111 41.6	112	+18 55.9	1
18	88 22.5	+19 58.4	126 11.9	113	+18 55.7	2
19	103 22.5	57.9	140 42.3	114	55.5	2
20	118 22.5	57.4	155 12.6	113	55.1	4
21	133 22.5	56.8	169 43.0	114	54.6	5
22	148 22.5	56.3	184 13.3	113	54.1	5
23	163 22.4	55.8	198 43.7	114	53.4	7
24	178 22.4	+19 55.3	213 14.2	115	+18 52.7	7

Latitud	Puesta de Sol	Fin del crepúsculo Civil	Fin del crepúsculo Náutico	Salida de Luna Hora	Salida de Luna R°	Puesta de Luna Hora	Puesta de Luna R°
°	h m	h m	h m	h m	m	h m	m
60 N	20 52	22 00	** **	0 38	48	18 00	43
58	37	21 35	23 50	0 50	49	17 47	44
56	24	16	22 42	1 01	49	36	44
54	13	21 01	22 11	11	49	26	45
52	20 04	20 47	21 48	20	48	17	45
50	19 55	20 36	21 30	1 27	49	17 09	46
45	19 37	20 12	20 57	1 44	49	16 53	46
40	22	19 53	32	1 58	48	39	47
35	19 10	38	20 13	2 09	49	27	47
30	18 59	26	19 57	19	49	16 17	47
20	41	19 05	33	37	49	15 59	48
10 N	18 25	18 47	19 14	2 52	49	15 44	49
0	18 10	18 32	18 58	3 06	49	15 30	49
10 S	17 55	18	43	20	49	15	50
20	40	18 03	30	36	49	15 00	50
30	22	17 48	17	3 53	49	14 42	50
35	12	39	10	4 03	49	32	50
40	17 00	17 30	18 03	4 15	49	14 20	51
45	16 47	17 19	17 55	4 29	49	14 07	50
50	30	06	46	46	48	13 50	51
52	22	17 00	42	4 54	48	42	51
54	13	16 54	38	5 02	49	33	52
56	16 03	47	34	12	49	23	52
58	15 52	39	29	24	48	13 12	52
60 S	15 39	16 30	17 23	5 37	48	12 58	53

UT	ARIES PMG 3h 56m7	VENUS Mag.: −3.8 PMG: 10h 21m		MARTE Mag.: +0.3 PMG: 17h 40m		JÚPITER Mag.: −1.8 PMG: 12h 11m		SATURNO Mag.: +0.5 PMG: 18h 54m	
	hG ♈	hG ♀	Dec	hG ♂	Dec	hG ♃	Dec	hG ♄	Dec
h	° ′	° ′	° ′	° ′	° ′	° ′	° ′	° ′	° ′
0	300 39.4	204 52.6	+22 50.1	94 35.7	−11 44.3	176 52.2	+20 12.9	75 48.5	−14 38.4
1	315 41.9	219 51.8	50.1	109 37.0	44.8	191 54.1	12.8	90 50.9	38.4
2	330 44.3	234 51.0	50.1	124 38.2	45.3	206 55.9	12.7	105 53.4	38.4
3	345 46.8	249 50.2	50.1	139 39.5	45.8	221 57.8	12.5	120 55.9	38.5
4	0 49.3	264 49.4	50.0	154 40.8	46.3	236 59.7	12.4	135 58.3	38.5
5	15 51.7	279 48.6	+22 50.0	169 42.0	−11 46.8	252 01.6	+20 12.3	151 00.8	−14 38.5
6	30 54.2	294 47.7	+22 50.0	184 43.3	−11 47.3	267 03.5	+20 12.2	166 03.2	−14 38.5
7	45 56.7	309 46.9	50.0	199 44.6	47.8	282 05.4	12.1	181 05.7	38.5
8	60 59.1	324 46.1	50.0	214 45.8	48.2	297 07.3	11.9	196 08.1	38.5
9	76 01.6	339 45.3	50.0	229 47.1	48.7	312 09.1	11.8	211 10.6	38.5
10	91 04.1	354 44.5	50.0	244 48.3	49.2	327 11.0	11.7	226 13.1	38.6
11	106 06.5	9 43.7	+22 49.9	259 49.6	−11 49.7	342 12.9	+20 11.6	241 15.5	−14 38.6
12	121 09.0	24 42.8	+22 49.9	274 50.9	−11 50.2	357 14.8	+20 11.5	256 18.0	−14 38.6
13	136 11.5	39 42.0	49.9	289 52.1	50.7	12 16.7	11.3	271 20.4	38.6
14	151 13.9	54 41.2	49.9	304 53.4	51.2	27 18.6	11.2	286 22.9	38.6
15	166 16.4	69 40.4	49.8	319 54.6	51.7	42 20.5	11.1	301 25.3	38.6
16	181 18.8	84 39.6	49.8	334 55.9	52.2	57 22.3	11.0	316 27.8	38.6
17	196 21.3	99 38.7	+22 49.8	349 57.1	−11 52.7	72 24.2	+20 10.9	331 30.3	−14 38.6
18	211 23.8	114 37.9	+22 49.8	4 58.4	−11 53.2	87 26.1	+20 10.7	346 32.7	−14 38.7
19	226 26.2	129 37.1	49.7	19 59.6	53.7	102 28.0	10.6	1 35.2	38.7
20	241 28.7	144 36.3	49.7	35 00.9	54.2	117 29.9	10.5	16 37.6	38.7
21	256 31.2	159 35.5	49.7	50 02.2	54.6	132 31.8	10.4	31 40.1	38.7
22	271 33.6	174 34.7	49.6	65 03.4	55.1	147 33.7	10.3	46 42.5	38.7
23	286 36.1	189 33.8	49.6	80 04.7	55.6	162 35.5	10.1	61 45.0	38.7
24	301 38.6	204 33.0	+22 49.6	95 05.9	−11 56.1	177 37.4	+20 10.0	76 47.4	−14 38.7
Dif	—	−8	0	+13	−5	+19	−1	+25	0

Sábado 9 de agosto de 2014

UT	SOL SD: 15'.8 PMG: 12h 05m.5		☾ LUNA SD: 16'.6 Edad: 13d.1 PHE { 4h: 61'.0; 12h: 61'.2; 20h: 61'.3 } PMG: 23h 15m R°: 59m				Latitud	Principio del crepúsculo		Salida de Sol	Salida de Luna		Puesta de Luna	
	hG ☉	Dec	hG ☾	Dif	Dec	Dif		Náutico	Civil		Hora	R°	Hora	R°
h	° '	° '	° '		° '		°	h m	h m	h m	h m	m	h m	m
0	178 36.1	+15 55.9	25 16.4		− 16 45.7		60 N	1 34	3 04	3 59	18 54	28	2 19	88
1	193 36.2	55.2	39 40.1	47	40.0	57	58	2 06	20	4 10	44	32	30	85
2	208 36.3	54.5	54 03.8	47	34.1	59	56	30	33	19	36	34	40	83
3	223 36.4	53.8	68 27.4	46	28.1	60	54	2 48	45	27	29	36	48	81
4	238 36.4	53.0	82 51.1	47	22.0	61	52	3 03	3 55	34	23	37	2 56	79
5	253 36.5	+15 52.3	97 14.9	48	− 16 15.8	62	50	3 16	4 03	4 41	18 17	39	3 03	77
6	268 36.6	+15 51.6	111 38.6	47	− 16 09.5	63	45	3 41	4 22	4 54	18 05	42	3 17	75
7	283 36.7	50.9	126 02.3	47	− 16 03.0	65	40	4 00	36	5 06	17 54	45	29	72
8	298 36.8	50.2	140 26.1	48	− 15 56.4	66	35	15	48	15	45	48	39	70
9	313 36.9	49.4	154 49.9	48	49.7	67	30	28	4 58	24	37	50	3 48	68
10	328 37.0	48.7	169 13.7	48	42.9	68	20	4 48	5 15	38	24	53	4 03	66
11	343 37.1	+15 48.0	183 37.5	48	− 15 35.9	70	10 N	5 03	5 29	5 51	17 12	56	4 17	62
12	358 37.2	+15 47.3	198 01.3	48	− 15 28.8	71	0	5 16	5 41	6 02	17 01	59	4 29	60
13	13 37.2	46.5	212 25.2	49	21.7	71	10 S	27	5 52	14	16 49	63	41	58
14	28 37.3	45.8	226 49.0	48	14.4	73	20	36	6 03	26	38	65	4 54	55
15	43 37.4	45.1	241 12.9	49	− 15 07.0	74	30	46	14	39	24	69	5 09	52
16	58 37.5	44.4	255 36.8	49	− 14 59.4	76	35	51	21	47	16	71	18	50
17	73 37.6	+15 43.7	270 00.8	50	− 14 51.8	76	40	5 56	6 28	6 56	16 07	73	5 28	47
18	88 37.7	+15 42.9	284 24.8	50	− 14 44.1	77	45	6 01	6 35	7 06	15 56	76	5 39	45
19	103 37.8	42.2	298 48.8	50	36.2	79	50	06	45	19	43	80	53	42
20	118 37.9	41.5	313 12.8	50	28.3	79	52	08	49	25	37	82	5 59	41
21	133 38.0	40.7	327 36.9	51	20.2	81	54	11	53	31	31	83	6 06	39
22	148 38.1	40.0	342 01.0	51	12.0	82	56	13	6 58	38	23	86	14	37
23	163 38.2	39.3	356 25.1	51	− 14 03.8	82	58	16	7 03	46	15	88	23	35
24	178 38.3	+15 38.6	10 49.2	51	− 13 55.4	84	60 S	6 19	7 09	7 55	15 05	91	6 33	32

UT	ARIES PMG 2h 49m.9	VENUS Mag.: −3.8 PMG: 10h 43m		MARTE Mag.: +0.5 PMG: 17h 09m		JÚPITER Mag.: −1.8 PMG: 11h 20m		SATURNO Mag.: +0.6 PMG: 17h 48m	
	hG ♈	hG ♀	Dec	hG ♂	Dec	hG ♃	Dec	hG ♄	Dec
h	° '	° '	° '	° '	° '	° '	° '	° '	° '
0	317 24.8	199 24.3	+ 21 12.6	102 31.5	− 15 06.9	189 43.5	+ 19 21.9	92 17.6	− 14 47.7
1	332 27.2	214 23.5	12.1	117 32.6	07.4	204 45.4	21.8	107 20.0	47.7
2	347 29.7	229 22.8	11.6	132 33.6	07.9	219 47.3	21.7	122 22.4	47.7
3	2 32.2	244 22.0	11.2	147 34.7	08.4	234 49.2	21.5	137 24.8	47.8
4	17 34.6	259 21.2	10.7	162 35.8	08.9	249 51.1	21.4	152 27.2	47.8
5	32 37.1	274 20.5	+ 21 10.2	177 36.9	− 15 09.4	264 53.0	+ 19 21.3	167 29.6	− 14 47.8
6	47 39.6	289 19.7	+ 21 09.8	192 37.9	− 15 09.9	279 54.9	+ 19 21.1	182 32.0	− 14 47.8
7	62 42.0	304 18.9	09.3	207 39.0	10.4	294 56.8	21.0	197 34.4	47.9
8	77 44.5	319 18.2	08.8	222 40.1	10.9	309 58.7	20.9	212 36.8	47.9
9	92 47.0	334 17.4	08.3	237 41.1	11.4	325 00.6	20.8	227 39.1	47.9
10	107 49.4	349 16.6	07.9	252 42.2	11.9	340 02.5	20.6	242 41.5	48.0
11	122 51.9	4 15.9	+ 21 07.4	267 43.3	− 15 12.4	355 04.4	+ 19 20.5	257 43.9	− 14 48.0
12	137 54.3	19 15.1	+ 21 06.9	282 44.3	− 15 12.9	10 06.3	+ 19 20.4	272 46.3	− 14 48.0
13	152 56.8	34 14.3	06.4	297 45.4	13.4	25 08.2	20.2	287 48.7	48.1
14	167 59.3	49 13.6	06.0	312 46.5	13.9	40 10.1	20.1	302 51.1	48.1
15	183 01.7	64 12.8	05.5	327 47.5	14.4	55 12.0	20.0	317 53.5	48.1
16	198 04.2	79 12.0	05.0	342 48.6	14.8	70 13.9	19.8	332 55.9	48.2
17	213 06.7	94 11.3	+ 21 04.5	357 49.7	− 15 15.3	85 15.8	+ 19 19.7	347 58.3	− 14 48.2
18	228 09.1	109 10.5	+ 21 04.0	12 50.7	− 15 15.8	100 17.7	+ 19 19.6	3 00.6	− 14 48.2
19	243 11.6	124 09.7	03.5	27 51.8	16.3	115 19.6	19.5	18 03.0	48.3
20	258 14.1	139 09.0	03.1	42 52.9	16.8	130 21.5	19.3	33 05.4	48.3
21	273 16.5	154 08.2	02.6	57 53.9	17.3	145 23.4	19.2	48 07.8	48.3
22	288 19.0	169 07.4	02.1	72 55.0	17.8	160 25.3	19.1	63 10.2	48.4
23	303 21.5	184 06.7	01.6	87 56.1	18.3	175 27.2	18.9	78 12.6	48.4
24	318 23.9	199 05.9	+ 21 01.1	102 57.1	− 15 18.8	190 29.1	+ 19 18.8	93 15.0	− 14 48.4
Dif	—	−8	−5	+11	−5	+19	−1	+24	0

Domingo 10 de agosto de 2014

UT	SOL SD: 15′.8 PMG: 12h 05m.4		○ LUNA SD: 16′.7 Edad: 14d.1 PHE { 4h: 61′.4 12h: 61′.4 20h: 61′.4 PMG: **h **m R°: ***m				Latitud	Puesta de Sol	Fin del crepúsculo		Salida de Luna		Puesta de Luna	
	hG ⊙	Dec	hG ☾	Dif	Dec	Dif			Civil	Náutico	Hora	R°	Hora	R°
h	° ′	° ′	° ′		° ′		°	h m	h m	h m	h m	m	h m	m
0	178 38.3	+15 38.6	10 49.2		−13 55.4		60 N	20 07	21 01	22 26	19 22	23	3 47	92
1	193 38.3	37.8	25 13.4	52	46.9	85	58	19 57	20 46	21 57	16	26	3 55	90
2	208 38.4	37.1	39 37.6	52	38.3	86	56	49	33	35	10	28	4 03	86
3	223 38.5	36.4	54 01.9	53	29.6	87	54	41	22	18	05	31	09	85
4	238 38.6	35.7	68 26.2	53	20.8	88	52	34	13	21 04	19 00	33	15	83
5	253 38.7	+15 34.9	82 50.5	53	−13 12.0	88	50	19 28	20 04	20 52	18 56	34	4 20	81
6	268 38.8	+15 34.2	97 14.9	54	−13 03.0	90	45	19 14	19 47	20 27	18 47	38	4 32	77
7	283 38.9	33.5	111 39.2	53	−12 53.9	91	40	19 03	33	20 09	39	42	41	74
8	298 39.0	32.7	126 03.7	55	44.8	91	35	18 54	21	19 54	33	44	49	72
9	313 39.1	32.0	140 28.2	55	35.5	93	30	46	19 11	42	27	46	4 56	69
10	328 39.2	31.3	154 52.7	55	26.2	93	20	32	18 55	22	17	51	5 09	65
11	343 39.3	+15 30.5	169 17.2	55	−12 16.7	95	10 N	18 20	18 42	19 07	18 08	54	5 19	62
12	358 39.4	+15 29.8	183 41.8	56	−12 07.2	95	0	18 09	18 30	18 55	18 00	57	5 29	59
13	13 39.5	29.1	198 06.4	56	−11 57.6	96	10 S	17 58	19	45	17 52	61	39	55
14	28 39.6	28.3	212 31.1	57	47.9	97	20	46	18 09	35	43	64	5 49	52
15	43 39.7	27.6	226 55.8	57	38.1	98	30	33	17 58	26	33	69	6 01	48
16	58 39.8	26.9	241 20.6	58	28.3	98	35	25	51	21	27	71	08	45
17	73 39.9	+15 26.1	255 45.4	58	−11 18.3	100	40	17 16	17 45	18 17	17 20	74	6 15	44
18	88 40.0	+15 25.4	270 10.2	58	−11 08.3	100	45	17 06	17 37	18 12	17 12	78	6 24	40
19	103 40.1	24.7	284 35.1	59	−10 58.2	101	50	16 54	28	07	17 03	81	35	36
20	118 40.2	23.9	299 00.0	59	48.1	101	52	49	25	05	16 59	83	40	35
21	133 40.3	23.2	313 25.0	60	37.8	103	54	42	20	02	54	85	45	33
22	148 40.4	22.5	327 50.0	60	27.5	103	56	35	16	18 00	49	87	51	31
23	163 40.5	21.7	342 15.1	61	17.1	104	58	28	10	17 57	43	90	6 58	28
24	178 40.6	+15 21.0	356 40.2	61	−10 06.6	105	60 S	16 19	17 05	17 55	16 36	93	7 05	26

UT	ARIES PMG 2h 46m.0	VENUS Mag.: −3.8 PMG: 10h 44m		MARTE Mag.: +0.5 PMG: 17h 07m		JÚPITER Mag.: −1.8 PMG: 11h 17m		SATURNO Mag.: +0.6 PMG: 17h 44m	
	hG ♈	hG ♀	Dec	hG ♂	Dec	hG ♃	Dec	hG ♄	Dec
h	° ′	° ′	° ′	° ′	° ′	° ′	° ′	° ′	° ′
0	318 23.9	199 05.9	+21 01.1	102 57.1	−15 18.8	190 29.1	+19 18.8	93 15.0	−14 48.4
1	333 26.4	214 05.2	00.6	117 58.2	19.3	205 31.0	18.7	108 17.3	48.5
2	348 28.8	229 04.4	+21 00.1	132 59.2	19.8	220 32.9	18.5	123 19.7	48.5
3	3 31.3	244 03.6	+20 59.6	148 00.3	20.3	235 34.8	18.4	138 22.1	48.5
4	18 33.8	259 02.9	59.1	163 01.4	20.8	250 36.7	18.3	153 24.5	48.6
5	33 36.2	274 02.1	+20 58.6	178 02.4	−15 21.3	265 38.6	+19 18.2	168 26.9	−14 48.6
6	48 38.7	289 01.4	+20 58.1	193 03.5	−15 21.8	280 40.5	+19 18.0	183 29.3	−14 48.6
7	63 41.2	304 00.6	57.6	208 04.5	22.3	295 42.4	17.9	198 31.7	48.7
8	78 43.6	318 59.8	57.1	223 05.6	22.8	310 44.3	17.8	213 34.1	48.7
9	93 46.1	333 59.1	56.6	238 06.7	23.2	325 46.2	17.6	228 36.4	48.7
10	108 48.6	348 58.3	56.1	253 07.7	23.7	340 48.1	17.5	243 38.8	48.8
11	123 51.0	3 57.6	+20 55.6	268 08.8	−15 24.2	355 50.0	+19 17.4	258 41.2	−14 48.8
12	138 53.5	18 56.8	+20 55.1	283 09.8	−15 24.7	10 51.9	+19 17.2	273 43.6	−14 48.8
13	153 56.0	33 56.0	54.6	298 10.9	25.2	25 53.8	17.1	288 46.0	48.9
14	168 58.4	48 55.3	54.1	313 11.9	25.7	40 55.6	17.0	303 48.4	48.9
15	184 00.9	63 54.5	53.6	328 13.0	26.2	55 57.5	16.8	318 50.7	48.9
16	199 03.3	78 53.8	53.1	343 14.1	26.7	70 59.4	16.7	333 53.1	49.0
17	214 05.8	93 53.0	+20 52.6	358 15.1	−15 27.2	86 01.3	+19 16.6	348 55.5	−14 49.0
18	229 08.3	108 52.2	+20 52.1	13 16.2	−15 27.7	101 03.2	+19 16.5	3 57.9	−14 49.0
19	244 10.7	123 51.5	51.6	28 17.2	28.2	116 05.1	16.3	19 00.3	49.1
20	259 13.2	138 50.7	51.1	43 18.3	28.7	131 07.0	16.2	34 02.7	49.1
21	274 15.7	153 50.0	50.6	58 19.3	29.2	146 08.9	16.1	49 05.0	49.1
22	289 18.1	168 49.2	50.0	73 20.4	29.7	161 10.9	15.9	64 07.4	49.2
23	304 20.6	183 48.5	49.5	88 21.4	30.2	176 12.8	15.8	79 09.8	49.2
24	319 23.1	198 47.7	+20 49.0	103 22.5	−15 30.6	191 14.7	+19 15.7	94 12.2	−14 49.2
Dif	—	−8	−5	+11	−5	+19	−1	+24	0

Lunes 11 de agosto de 2014

SOL — SD: 15′.8 — PMG: $12^h\ 05^m.2$

○ LUNA — SD: 16′.7 — Edad: $15^d.1$ — PHE { 4^h: 61′.4; 12^h: 61′.3; 20^h: 61′.2 } — PMG: $0^h\ 14^m$ R°: 57^m

UT	SOL hG ⊙	SOL Dec	LUNA hG ☾	Dif	LUNA Dec	Dif	Latitud	Principio del crepúsculo Náutico	Principio del crepúsculo Civil	Salida de Sol	Salida de Luna Hora	Salida de Luna R°	Puesta de Luna Hora	Puesta de Luna R°
h	° ′	° ′	° ′		° ′		°	h m	h m	h m	h m	m	h m	m
0	178 40.6	+ 15 21.0	356 40.2	62	− 10 06.6	105	60 N	1 45	3 10	4 04	19 45	21	5 19	93
1	193 40.7	20.2	11 05.4	62	− 9 56.1	106	58	2 14	25	14	42	23	25	90
2	208 40.8	19.5	25 30.6	62	45.5	106	56	36	38	23	38	26	29	88
3	223 40.9	18.8	39 55.8	63	34.9	108	54	2 53	49	30	36	27	34	85
4	238 41.0	18.0	54 21.1	63	24.1	108	52	3 07	3 58	37	33	29	38	83
5	253 41.1	+ 15 17.3	68 46.4	64	− 9 13.3	108	50	3 20	4 07	4 43	19 30	32	5 41	81
6	268 41.2	+ 15 16.5	83 11.8	64	− 9 02.5	109	45	3 44	4 24	4 57	19 25	35	5 49	77
7	283 41.3	15.8	97 37.2	65	− 8 51.6	110	40	4 02	38	5 08	21	38	5 55	74
8	298 41.4	15.1	112 02.7	65	40.6	110	35	17	4 50	17	17	41	6 01	71
9	313 41.5	14.3	126 28.2	66	29.6	111	30	29	5 00	25	13	44	05	69
10	328 41.6	13.6	140 53.8	66	18.5	111	20	4 48	16	39	08	48	14	64
11	343 41.7	+ 15 12.8	155 19.4	67	− 8 07.4	112	10 N	5 03	5 29	5 51	19 02	52	6 21	60
12	358 41.8	+ 15 12.1	169 45.1	67	− 7 56.2	112	0	5 15	5 40	6 02	18 57	56	6 28	56
13	13 41.9	11.4	184 10.8	68	45.0	113	10 S	26	5 51	13	53	59	34	53
14	28 42.0	10.6	198 36.6	68	33.7	113	20	35	6 02	24	47	63	41	49
15	43 42.1	09.9	213 02.4	68	22.4	113	30	44	13	37	42	67	49	45
16	58 42.2	09.1	227 28.2	69	− 7 11.1	114	35	49	19	45	38	70	53	43
17	73 42.3	+ 15 08.4	241 54.1	70	− 6 59.7	115	40	5 53	6 25	6 54	18 34	73	6 59	39
18	88 42.4	+ 15 07.6	256 20.1	70	− 6 48.2	115	45	5 58	6 33	7 04	18 30	76	7 04	37
19	103 42.5	06.9	270 46.1	70	36.7	115	50	6 03	41	15	24	81	11	33
20	118 42.6	06.1	285 12.1	71	25.2	116	52	05	45	21	22	82	15	31
21	133 42.7	05.4	299 38.2	71	13.6	116	54	07	49	27	19	85	18	29
22	148 42.8	04.6	314 04.3	72	− 6 02.0	116	56	10	54	34	16	87	22	27
23	163 42.9	03.9	328 30.5	72	− 5 50.4	116	58	12	6 59	42	13	89	26	25
24	178 43.0	+ 15 03.2	342 56.7		− 5 38.8		60 S	6 15	7 05	7 50	18 09	92	7 31	22

ARIES — PMG $2^h\ 42^m.0$ · VENUS — Mag.: −3.8 — PMG: $10^h\ 45^m$ · MARTE — Mag.: +0.5 — PMG: $17^h\ 05^m$ · JÚPITER — Mag.: −1.8 — PMG: $11^h\ 14^m$ · SATURNO — Mag.: +0.6 — PMG: $17^h\ 40^m$

UT	ARIES hG ♈	VENUS hG ♀	VENUS Dec	MARTE hG ♂	MARTE Dec	JÚPITER hG ♃	JÚPITER Dec	SATURNO hG ♄	SATURNO Dec
h	° ′	° ′	° ′	° ′	° ′	° ′	° ′	° ′	° ′
0	319 23.1	198 47.7	+ 20 49.0	103 22.5	− 15 30.6	191 14.7	+ 19 15.7	94 12.2	− 14 49.2
1	334 25.5	213 47.0	48.5	118 23.5	31.1	206 16.6	15.5	109 14.6	49.3
2	349 28.0	228 46.2	48.0	133 24.6	31.6	221 18.5	15.4	124 17.0	49.3
3	4 30.5	243 45.4	47.5	148 25.6	32.1	236 20.4	15.3	139 19.3	49.3
4	19 32.9	258 44.7	46.9	163 26.7	32.6	251 22.3	15.2	154 21.7	49.4
5	34 35.4	273 43.9	+ 20 46.4	178 27.7	− 15 33.1	266 24.2	+ 19 15.0	169 24.1	− 14 49.4
6	49 37.8	288 43.2	+ 20 45.9	193 28.8	− 15 33.6	281 26.1	+ 19 14.9	184 26.5	− 14 49.4
7	64 40.3	303 42.4	45.4	208 29.8	34.1	296 28.0	14.8	199 28.9	49.5
8	79 42.8	318 41.7	44.9	223 30.9	34.6	311 29.9	14.6	214 31.3	49.5
9	94 45.2	333 40.9	44.3	238 31.9	35.1	326 31.8	14.5	229 33.6	49.6
10	109 47.7	348 40.2	43.8	253 33.0	35.6	341 33.7	14.4	244 36.0	49.6
11	124 50.2	3 39.4	+ 20 43.3	268 34.0	− 15 36.1	356 35.6	+ 19 14.2	259 38.4	− 14 49.6
12	139 52.6	18 38.7	+ 20 42.8	283 35.1	− 15 36.6	11 37.5	+ 19 14.1	274 40.8	− 14 49.7
13	154 55.1	33 37.9	42.2	298 36.1	37.0	26 39.4	14.0	289 43.2	49.7
14	169 57.6	48 37.2	41.7	313 37.2	37.5	41 41.3	13.8	304 45.5	49.7
15	185 00.0	63 36.4	41.2	328 38.2	38.0	56 43.2	13.7	319 47.9	49.8
16	200 02.5	78 35.7	40.6	343 39.3	38.5	71 45.1	13.6	334 50.3	49.8
17	215 04.9	93 34.9	+ 20 40.1	358 40.3	− 15 39.0	86 47.0	+ 19 13.5	349 52.7	− 14 49.8
18	230 07.4	108 34.2	+ 20 39.6	13 41.3	− 15 39.5	101 48.9	+ 19 13.3	4 55.1	− 14 49.9
19	245 09.9	123 33.4	39.0	28 42.4	40.0	116 50.8	13.2	19 57.4	49.9
20	260 12.3	138 32.7	38.5	43 43.4	40.5	131 52.7	13.1	34 59.8	49.9
21	275 14.8	153 31.9	38.0	58 44.5	41.0	146 54.6	12.9	50 02.2	50.0
22	290 17.3	168 31.2	37.4	73 45.5	41.5	161 56.5	12.8	65 04.6	50.0
23	305 19.7	183 30.4	36.9	88 46.6	42.0	176 58.4	12.7	80 07.0	50.0
24	320 22.2	198 29.7	+ 20 36.3	103 47.6	− 15 42.5	192 00.3	+ 19 12.5	95 09.3	− 14 50.1
Dif	—	−8	−5	+10	−5	+19	−1	+24	0

Martes 19 de agosto de 2014

UT	SOL SD: 15′8 PMG: 12^h 03^m6		LUNA SD: 15′1 Edad: 23^d1 PHE { 4^h: 55′4; 12^h: 55′2; 20^h: 55′0 } PMG: 7^h 15^m R°: 49^m				Latitud	Principio del crepúsculo		Salida de Sol	Salida de Luna		Puesta de Luna	
	hG ☉	Dec	hG ☾	Dif	Dec	Dif		Náutico	Civil		Hora	R°	Hora	R°
h	° ′	° ′	° ′		° ′		°	h m	h m	h m	h m	m	h m	m
0	179 03.8	+12 51.9	254 53.6		+18 22.3		60 N	2 23	3 34	4 23	23 24	54	15 55	47
1	194 04.0	51.1	269 23.5	109	24.3	20	58	2 43	46	31	37	53	42	47
2	209 04.1	50.2	283 53.4	109	26.3	20	56	3 00	3 56	38	48	52	31	47
3	224 04.2	49.4	298 23.2	108	28.1	18	54	14	4 05	45	23 58	52	21	48
4	239 04.4	48.6	312 53.1	109	29.8	17	52	25	13	50	** **	***	13	47
5	254 04.5	+12 47.8	327 23.1	110	+18 31.4	16	50	3 35	4 20	4 55	** **	***	15 05	48
6	269 04.7	+12 47.0	341 53.0	109	+18 33.0	16	45	3 56	4 35	5 06	** **	***	14 49	48
7	284 04.8	46.2	356 23.0	110	34.4	14	40	4 12	46	15	** **	***	35	48
8	299 05.0	45.3	10 53.0	110	35.8	14	35	25	4 56	23	0 07	49	24	48
9	314 05.1	44.5	25 23.0	110	37.1	13	30	35	5 05	30	17	49	14 13	49
10	329 05.2	43.7	39 53.0	110	38.2	11	20	4 52	18	41	34	49	13 56	49
11	344 05.4	+12 42.9	54 23.0	110	+18 39.3	11	10 N	5 04	5 29	5 51	0 49	49	13 41	49
12	359 05.5	+12 42.1	68 53.1	111	+18 40.3	10	0	5 14	5 39	6 00	1 03	49	13 27	49
13	14 05.7	41.3	83 23.2	111	41.2	9	10 S	23	48	09	17	50	13 13	49
14	29 05.8	40.4	97 53.3	111	42.0	8	20	31	5 56	19	32	50	12 58	49
15	44 06.0	39.6	112 23.4	111	42.7	7	30	37	6 05	30	49	50	40	50
16	59 06.1	38.8	126 53.5	111	43.3	6	35	40	10	36	1 59	50	30	50
17	74 06.3	+12 38.0	141 23.7	112	+18 43.8	5	40	5 44	6 15	6 43	2 10	51	12 19	49
18	89 06.4	+12 37.2	155 53.9	112	+18 44.2	4	45	5 47	6 21	6 51	2 24	51	12 05	49
19	104 06.5	36.4	170 24.1	112	44.6	4	50	50	27	7 01	40	51	11 48	50
20	119 06.7	35.5	184 54.3	112	44.8	2	52	51	30	05	48	51	41	49
21	134 06.8	34.7	199 24.5	112	44.9	1	54	52	33	10	2 57	51	32	49
22	149 07.0	33.9	213 54.8	113	45.0	1	56	53	37	16	3 06	52	22	50
23	164 07.1	33.1	228 25.1	113	45.0	0	58	55	41	22	17	52	11 11	50
24	179 07.3	+12 32.2	242 55.4	113	+18 44.8	2	60 S	5 56	6 45	7 29	3 30	52	10 58	50

UT	ARIES PMG 2^h 10^m6	VENUS Mag.: −3.8 PMG: 10^h 55^m		MARTE Mag.: +0.6 PMG: 16^h 52^m		JÚPITER Mag.: −1.8 PMG: 10^h 49^m		SATURNO Mag.: +0.6 PMG: 17^h 10^m	
	hG ♈	hG ♀	Dec	hG ♂	Dec	hG ♃	Dec	hG ♄	Dec
h	° ′	° ′	° ′	° ′	° ′	° ′	° ′	° ′	° ′
0	327 16.2	196 28.8	+18 51.3	106 36.5	−17 04.0	197 20.5	+18 50.3	101 46.8	−14 56.6
1	342 18.6	211 28.1	50.6	121 37.5	04.5	212 22.5	50.2	116 49.1	56.6
2	357 21.1	226 27.4	49.9	136 38.4	05.0	227 24.4	50.0	131 51.5	56.6
3	12 23.6	241 26.7	49.2	151 39.4	05.4	242 26.3	49.9	146 53.9	56.7
4	27 26.0	256 26.1	48.5	166 40.4	05.9	257 28.2	49.8	151 56.2	56.7
5	42 28.5	271 25.4	+18 47.7	181 41.3	−17 06.4	272 30.1	+18 49.6	176 58.6	−14 56.8
6	57 30.9	286 24.7	+18 47.0	196 42.3	−17 06.9	287 32.0	+18 49.5	192 00.9	−14 56.8
7	72 33.4	301 24.0	46.3	211 43.3	07.4	302 33.9	49.4	207 03.3	56.9
8	87 35.9	316 23.3	45.6	226 44.2	07.8	317 35.8	49.2	222 05.6	56.9
9	102 38.3	331 22.6	44.9	241 45.2	08.3	332 37.8	49.1	237 08.0	56.9
10	117 40.8	346 21.9	44.2	256 46.2	08.8	347 39.7	49.0	252 10.3	57.0
11	132 43.3	1 21.3	+18 43.5	271 47.1	−17 09.3	2 41.6	+18 48.8	257 12.7	−14 57.0
12	147 45.7	16 20.6	+18 42.7	286 48.1	−17 09.7	17 43.5	+18 48.7	282 15.0	−14 57.1
13	162 48.2	31 19.9	42.0	301 49.1	10.2	32 45.4	48.6	297 17.4	57.1
14	177 50.7	46 19.2	41.3	316 50.0	10.7	47 47.3	48.4	312 19.7	57.1
15	192 53.1	61 18.5	40.6	331 51.0	11.2	62 49.2	48.3	327 22.1	57.2
16	207 55.6	76 17.8	39.9	346 52.0	11.7	77 51.1	48.2	342 24.4	57.2
17	222 58.1	91 17.2	+18 39.1	1 52.9	−17 12.1	92 53.1	+18 48.0	357 26.8	−14 57.3
18	238 00.5	106 16.5	+18 38.4	16 53.9	−17 12.6	107 55.0	+18 47.9	12 29.1	−14 57.3
19	253 03.0	121 15.8	37.7	31 54.8	13.1	122 56.9	47.8	27 31.5	57.4
20	268 05.4	136 15.1	37.0	46 55.8	13.6	137 58.8	47.6	42 33.8	57.4
21	283 07.9	151 14.4	36.2	61 56.8	14.0	153 00.7	47.5	57 36.2	57.4
22	298 10.4	166 13.7	35.5	76 57.7	14.5	168 02.6	47.4	72 38.5	57.5
23	313 12.8	181 13.1	34.8	91 58.7	15.0	183 04.5	47.2	87 40.9	57.5
24	328 15.3	196 12.4	+18 34.1	106 59.6	−17 15.5	198 06.4	+18 47.1	102 43.2	−14 57.6
Dif	—	−7	−7	+10	−5	+19	−1	+24	0

Miércoles 20 de agosto de 2014

UT	SOL SD: 15′.8 PMG: 12h 03m.4		LUNA SD: 15′.0 Edad: 24d.1 PHE 4h: 54′.9, 12h: 54′.7, 20h: 54′.6 PMG: 8h 04m R°: 48m				Latitud	Puesta de Sol	Fin del crepúsculo		Salida de Luna		Puesta de Luna	
	hG ☉	Dec	hG ☾	Dif	Dec	Dif			Civil	Náutico	Hora	R°	Hora	R°
h	° ′	° ′	° ′		° ′		°	h m	h m	h m	h m	m	h m	m
0	179 07.3	+12 32.2	242 55.4		+18 44.8		60 N	19 39	20 28	21 36	** **	***	16 42	37
1	194 07.4	31.4	257 25.8	114	44.6	2	58	32	17	17	** **	***	29	39
2	209 07.6	30.6	271 56.1	113	44.3	3	56	25	20 07	21 02	** **	***	18	40
3	224 07.7	29.8	286 26.5	114	43.9	4	54	19	19 58	20 49	** **	***	09	40
4	239 07.9	29.0	300 57.0	115	43.4	5	52	14	51	38	0 06	52	16 00	41
5	254 08.0	+12 28.1	315 27.4	114	+18 42.8	6	50	19 09	19 44	20 28	0 14	52	15 53	41
6	269 08.2	+12 27.3	329 57.9	115	+18 42.2	6	45	18 59	19 30	20 08	0 31	51	15 37	42
7	284 08.3	26.5	344 28.3	114	41.4	8	40	50	18	19 53	44	51	23	44
8	299 08.5	25.7	358 58.9	116	40.6	8	35	43	09	41	0 56	50	12	44
9	314 08.6	24.8	13 29.4	115	39.6	10	30	36	19 01	30	1 06	50	15 02	45
10	329 08.8	24.0	28 00.0	116	38.6	10	20	25	18 48	15	23	50	14 45	46
11	344 08.9	+12 23.2	42 30.6	116	+18 37.5	11	10 N	18 16	18 37	19 02	1 38	49	14 30	47
12	359 09.1	+12 22.4	57 01.2	116	+18 36.3	12	0	18 07	18 28	18 52	1 52	49	14 16	48
13	14 09.2	21.5	71 31.8	116	35.0	13	10 S	17 58	19	44	2 07	48	14 02	49
14	29 09.4	20.7	86 02.5	117	33.6	14	20	49	11	37	22	47	13 47	49
15	44 09.5	19.9	100 33.2	117	32.1	15	30	38	18 03	31	39	47	30	50
16	59 09.7	19.1	115 03.9	117	30.6	15	35	32	17 58	28	2 49	47	20	51
17	74 09.8	+12 18.2	129 34.7	118	+18 28.9	17	40	17 26	17 53	18 25	3 01	46	13 08	52
18	89 10.0	+12 17.4	144 05.5	118	+18 27.2	17	45	17 18	17 48	18 22	3 15	45	12 54	53
19	104 10.1	16.6	158 36.3	118	25.4	18	50	09	42	20	31	45	38	54
20	119 10.3	15.7	173 07.1	118	23.5	19	52	04	39	19	39	44	30	54
21	134 10.4	14.9	187 38.0	119	21.5	20	54	17 00	36	18	48	43	21	55
22	149 10.6	14.1	202 08.9	119	19.4	21	56	16 54	33	17	3 58	43	12	55
23	164 10.7	13.3	216 39.8	119	17.3	21	58	48	30	15	4 09	42	12 01	56
24	179 10.9	+12 12.4	231 10.7	119	+18 15.0	23	60 S	16 42	17 26	18 14	4 22	41	11 48	57

UT	ARIES PMG 2h 06m.6	VENUS Mag.: −3.8 PMG: 10h 56m		MARTE Mag.: +0.6 PMG: 16h 51m		JÚPITER Mag.: −1.8 PMG: 10h 46m		SATURNO Mag.: +0.6 PMG: 17h 06m	
	hG ♈	hG ♀	Dec	hG ♂	Dec	hG ♃	Dec	hG ♄	Dec
h	° ′	° ′	° ′	° ′	° ′	° ′	° ′	° ′	° ′
0	328 15.3	196 12.4	+ 18 34.1	106 59.6	− 17 15.5	198 06.4	+ 18 47.1	102 43.2	− 14 57.6
1	343 17.8	211 11.7	33.3	122 00.6	15.9	213 08.4	47.0	117 45.6	57.6
2	358 20.2	226 11.0	32.6	137 01.6	16.4	228 10.3	46.8	132 47.9	57.7
3	13 22.7	241 10.4	31.9	152 02.5	16.9	243 12.2	46.7	147 50.3	57.7
4	28 25.2	256 09.7	31.1	167 03.5	17.4	258 14.1	46.6	162 52.6	57.7
5	43 27.6	271 09.0	+ 18 30.4	182 04.4	− 17 17.8	273 16.0	+ 18 46.4	177 55.0	− 14 57.8
6	58 30.1	286 08.3	+ 18 29.7	197 05.4	− 17 18.3	288 17.9	+ 18 46.3	192 57.3	− 14 57.8
7	73 32.6	301 07.6	28.9	212 06.3	18.8	303 19.8	46.2	207 59.7	57.9
8	88 35.0	316 07.0	28.2	227 07.3	19.3	318 21.8	46.0	223 02.0	57.9
9	103 37.5	331 06.3	27.5	242 08.3	19.7	333 23.7	45.9	238 04.3	58.0
10	118 39.9	346 05.6	26.7	257 09.2	20.2	348 25.6	45.8	253 06.7	58.0
11	133 42.4	1 04.9	+ 18 26.0	272 10.2	− 17 20.7	3 27.5	+ 18 45.6	268 09.0	− 14 58.1
12	148 44.9	16 04.3	+ 18 25.2	287 11.1	− 17 21.2	18 29.4	+ 18 45.5	283 11.4	− 14 58.1
13	163 47.3	31 03.6	24.5	302 12.1	21.6	33 31.3	45.4	298 13.7	58.1
14	178 49.8	46 02.9	23.8	317 13.0	22.1	48 33.2	45.2	313 16.1	58.2
15	193 52.3	61 02.2	23.0	332 14.0	22.6	63 35.2	45.1	328 18.4	58.2
16	208 54.7	76 01.6	22.3	347 14.9	23.1	78 37.1	45.0	343 20.8	58.3
17	223 57.2	91 00.9	+ 18 21.5	2 15.9	− 17 23.5	93 39.0	+ 18 44.8	358 23.1	− 14 58.3
18	238 59.7	106 00.2	+ 18 20.8	17 16.8	− 17 24.0	108 40.9	+ 18 44.7	13 25.5	− 14 58.4
19	254 02.1	120 59.5	20.0	32 17.8	24.5	123 42.8	44.6	28 27.8	58.4
20	269 04.6	135 58.9	19.3	47 18.7	25.0	138 44.7	44.4	43 30.2	58.4
21	284 07.0	150 58.2	18.5	62 19.7	25.4	153 46.6	44.3	58 32.5	58.5
22	299 09.5	165 57.5	17.8	77 20.6	25.9	168 48.6	44.2	73 34.9	58.5
23	314 12.0	180 56.9	17.0	92 21.6	26.4	183 50.5	44.0	88 37.2	58.6
24	329 14.4	195 56.2	+ 18 16.3	107 22.5	− 17 26.9	198 52.4	+ 18 43.9	103 39.5	− 14 58.6
Dif	—	−7	−7	+10	−5	+19	−1	+23	0

Jueves 21 de agosto de 2014

UT	SOL SD: 15′.8 PMG: $12^h\,03^m.2$		LUNA SD: 14′.9 Edad: $25^d.1$ PHE { 4^h: 54′.4; 12^h: 54′.3; 20^h: 54′.2 } PMG: $8^h\,52^m$ R°: 47^m				Latitud	Principio del crepúsculo		Salida de Sol	Salida de Luna		Puesta de Luna	
	hG ☉	Dec	hG ☾	Dif	Dec	Dif		Náutico	Civil		Hora	R°	Hora	R°
h	° ′	° ′	° ′		° ′		°	h m	h m	h m	h m	m	h m	m
0	179 10.9	+ 12 12.4	231 10.7		+ 18 15.0		60 N	2 31	3 39	4 28	0 18	60	17 19	29
1	194 11.0	11.6	245 41.7	120	12.7	23	58	2 50	3 51	36	30	59	17 08	31
2	209 11.2	10.8	260 12.7	120	10.3	24	56	3 06	4 00	42	40	58	16 58	32
3	224 11.3	09.9	274 43.7	120	07.8	25	54	19	09	48	50	57	49	34
4	239 11.5	09.1	289 14.8	121	05.2	26	52	30	16	54	0 58	56	41	35
5	254 11.6	+ 12 08.3	303 45.9	121	+ 18 02.6	26	50	3 39	4 23	4 58	1 06	55	16 34	36
6	269 11.8	+ 12 07.4	318 17.0	121	+ 17 59.8	28	45	3 59	4 37	5 09	1 22	54	16 19	38
7	284 11.9	06.6	332 48.2	122	57.0	28	40	4 14	49	17	35	53	16 07	39
8	299 12.1	05.8	347 19.4	122	54.1	29	35	26	4 58	24	46	52	15 56	41
9	314 12.2	04.9	1 50.6	122	51.1	30	30	36	5 06	31	1 56	51	47	42
10	329 12.4	04.1	16 21.8	122	48.0	31	20	4 52	19	42	2 13	49	31	43
11	344 12.5	+ 12 03.3	30 53.1	123	+ 17 44.9	31	10 N	5 04	5 30	5 51	2 27	49	15 17	45
12	359 12.7	+ 12 02.5	45 24.4	123	+ 17 41.6	33	0	5 14	5 39	6 00	2 41	47	15 04	46
13	14 12.9	01.6	59 55.8	124	38.3	33	10 S	22	47	08	2 55	46	14 51	48
14	29 13.0	+ 12 00.8	74 27.1	123	34.9	34	20	29	5 55	18	3 09	45	36	50
15	44 13.2	+ 11 59.9	88 58.5	124	31.4	35	30	35	6 03	28	26	43	20	52
16	59 13.3	59.1	103 30.0	125	27.9	35	35	38	08	34	36	42	11	52
17	74 13.5	+ 11 58.3	118 01.4	124	+ 17 24.3	36	40	5 41	6 13	6 40	3 47	41	14 00	54
18	89 13.6	+ 11 57.4	132 32.9	125	+ 17 20.5	38	45	5 44	6 18	6 48	4 00	40	13 47	55
19	104 13.8	56.6	147 04.5	126	16.8	37	50	46	24	6 57	16	38	32	57
20	119 13.9	55.8	161 36.0	125	12.9	39	52	47	26	7 01	23	38	24	58
21	134 14.1	54.9	176 07.6	126	09.0	39	54	48	29	06	31	37	16	59
22	149 14.3	54.1	190 39.2	126	04.9	41	56	49	32	11	41	35	13 07	60
23	164 14.4	53.3	205 10.9	127	+ 17 00.8	41	58	50	36	17	4 51	35	12 57	61
24	179 14.6	+ 11 52.4	219 42.6	127	+ 16 56.7	41	60 S	5 51	6 40	7 23	5 03	33	12 45	63

UT	ARIES PMG $2^h\,02^m.7$	VENUS Mag.: −3.8 PMG: $10^h\,57^m$		MARTE Mag.: +0.6 PMG: $16^h\,49^m$		JÚPITER Mag.: −1.8 PMG: $10^h\,43^m$		SATURNO Mag.: +0.6 PMG: $17^h\,03^m$	
	hG ♈	hG ♀	Dec	hG ♂	Dec	hG ♃	Dec	hG ♄	Dec
h	° ′	° ′	° ′	° ′	° ′	° ′	° ′	° ′	° ′
0	329 14.4	195 56.2	+ 18 16.3	107 22.5	− 17 26.9	198 52.4	+ 18 43.9	103 39.5	− 14 58.6
1	344 16.9	210 55.5	15.5	122 23.5	27.3	213 54.3	43.8	118 41.9	58.7
2	359 19.4	225 54.9	14.8	137 24.4	27.8	228 56.2	43.6	133 44.2	58.7
3	14 21.8	240 54.2	14.0	152 25.4	28.3	243 58.1	43.5	148 46.6	58.8
4	29 24.3	255 53.5	13.3	167 26.3	28.8	259 00.0	43.4	163 48.9	58.8
5	44 26.8	270 52.8	+ 18 12.5	182 27.3	− 17 29.2	274 02.0	+ 18 43.2	178 51.3	− 14 58.8
6	59 29.2	285 52.2	+ 18 11.8	197 28.2	− 17 29.7	289 03.9	+ 18 43.1	193 53.6	− 14 58.9
7	74 31.7	300 51.5	11.0	212 29.2	30.2	304 05.8	43.0	208 56.0	58.9
8	89 34.2	315 50.8	10.3	227 30.1	30.6	319 07.7	42.8	223 58.3	59.0
9	104 36.6	330 50.2	09.5	242 31.1	31.1	334 09.6	42.7	239 00.6	59.0
10	119 39.1	345 49.5	08.7	257 32.0	31.6	349 11.5	42.6	254 03.0	59.1
11	134 41.5	0 48.8	+ 18 08.0	272 32.9	− 17 32.1	4 13.5	+ 18 42.4	269 05.3	− 14 59.1
12	149 44.0	15 48.2	+ 18 07.2	287 33.9	− 17 32.5	19 15.4	+ 18 42.3	284 07.7	− 14 59.2
13	164 46.5	30 47.5	06.4	302 34.8	33.0	34 17.3	42.2	299 10.0	59.2
14	179 48.9	45 46.9	05.7	317 35.8	33.5	49 19.2	42.0	314 12.4	59.2
15	194 51.4	60 46.2	04.9	332 36.7	33.9	64 21.1	41.9	329 14.7	59.3
16	209 53.9	75 45.5	04.2	347 37.7	34.4	79 23.0	41.8	344 17.0	59.3
17	224 56.3	90 44.9	+ 18 03.4	2 38.6	− 17 34.9	94 24.9	+ 18 41.6	359 19.4	− 14 59.4
18	239 58.8	105 44.2	+ 18 02.6	17 39.5	− 17 35.4	109 26.9	+ 18 41.5	14 21.7	− 14 59.4
19	255 01.3	120 43.5	01.9	32 40.5	35.8	124 28.8	41.3	29 24.1	59.5
20	270 03.7	135 42.9	01.1	47 41.4	36.3	139 30.7	41.2	44 26.4	59.5
21	285 06.2	150 42.2	+ 18 00.3	62 42.4	36.8	154 32.6	41.1	59 28.8	59.6
22	300 08.7	165 41.5	+ 17 59.5	77 43.3	37.2	169 34.5	40.9	74 31.1	59.6
23	315 11.1	180 40.9	58.8	92 44.2	37.7	184 36.4	40.8	89 33.4	59.6
24	330 13.6	195 40.2	+ 17 58.0	107 45.2	− 17 38.2	199 38.4	+ 18 40.7	104 35.8	− 14 59.7
Dif	—	−7	−8	+9	−5	+19	−1	+23	0

Viernes 22 de agosto de 2014

UT	SOL SD: 15'.8 PMG: $12^h\ 02^m.9$		LUNA SD: 14'.8 Edad: $26^d.1$ PHE { 4^h: 54'.2 12^h: 54'.1 20^h: 54'.0 } PMG: $9^h\ 39^m$ R°: 46^m				Latitud	Puesta de Sol	Fin del crepúsculo		Salida de Luna		Puesta de Luna	
	hG ☉	Dec	hG ☾	Dif	Dec	Dif			Civil	Náutico	Hora	R°	Hora	R°
h	° '	° '	° '		° '		°	h m	h m	h m	h m	m	h m	m
0	179 14.6	+11 52.4	219 42.6		+16 56.7		60 N	19 33	20 21	21 28	1 18	65	17 48	24
1	194 14.7	51.6	234 14.3	127	52.4	43	58	26	11	21 10	29	63	39	26
2	209 14.9	50.7	248 46.0	127	48.1	43	56	20	20 01	20 55	38	62	30	28
3	224 15.0	49.9	263 17.8	128	43.7	44	54	15	19 53	43	47	60	23	29
4	239 15.2	49.1	277 49.6	128	39.2	45	52	10	46	32	1 54	60	16	30
5	254 15.3	+11 48.2	292 21.5	129	+16 34.7	45	50	19 05	19 40	20 23	2 01	58	17 10	31
6	269 15.5	+11 47.4	306 53.3	128	+16 30.1	46	45	18 55	19 26	20 04	2 16	56	16 57	34
7	284 15.7	46.5	321 25.2	129	25.4	47	40	47	15	19 50	28	54	46	36
8	299 15.8	45.7	335 57.2	130	20.6	48	35	40	19 06	38	38	53	37	37
9	314 16.0	44.9	350 29.1	129	15.8	48	30	34	18 59	28	2 47	51	29	38
10	329 16.1	44.0	5 01.1	130	10.9	49	20	24	46	13	3 02	50	14	42
11	344 16.3	+11 43.2	19 33.2	131	+16 05.9	50	10 N	18 15	18 36	19 01	3 16	47	16 02	43
12	359 16.5	+11 42.3	34 05.2	130	+16 00.9	50	0	18 06	18 27	18 52	3 28	46	15 50	46
13	14 16.6	41.5	48 37.3	131	+15 55.8	51	10 S	17 58	19	44	41	44	39	47
14	29 16.8	40.7	63 09.5	132	50.6	52	20	49	12	38	3 54	42	26	49
15	44 16.9	39.8	77 41.6	131	45.3	53	30	40	04	32	4 09	40	12	51
16	59 17.1	39.0	92 13.8	132	40.0	53	35	34	18 00	29	18	39	15 03	53
17	74 17.3	+11 38.1	106 46.1	133	+15 34.6	54	40	17 28	17 55	18 27	4 28	37	14 54	55
18	89 17.4	+11 37.3	121 18.3	132	+15 29.2	54	45	17 20	17 50	18 25	4 40	35	14 42	57
19	104 17.6	36.4	135 50.6	133	23.7	55	50	11	45	22	4 54	33	29	59
20	119 17.7	35.6	150 22.9	133	18.1	56	52	07	42	22	5 01	32	22	61
21	134 17.9	34.8	164 55.3	134	12.4	57	54	17 03	40	21	08	31	15	62
22	149 18.1	33.9	179 27.7	134	06.7	57	56	16 58	37	20	16	30	14 07	64
23	164 18.2	33.1	194 00.1	134	+15 00.9	58	58	53	33	19	26	28	13 58	65
24	179 18.4	+11 32.2	208 32.5	134	+14 55.1	58	60 S	16 46	17 30	18 19	5 36	27	13 48	67

UT	ARIES PMG $1^h\ 58^m.8$	VENUS Mag.: −3.8 PMG: $10^h\ 58^m$		MARTE Mag.: +0.6 PMG: $16^h\ 48^m$		JÚPITER Mag.: −1.8 PMG: $10^h\ 40^m$		SATURNO Mag.: +0.6 PMG: $16^h\ 59^m$	
	hG ♈	hG ♀	Dec	hG ♂	Dec	hG ♃	Dec	hG ♄	Dec
h	° '	° '	° '	° '	° '	° '	° '	° '	° '
0	330 13.6	195 40.2	+17 58.0	107 45.2	−17 38.2	199 38.4	+18 40.7	104 35.8	−14 59.7
1	345 16.0	210 39.6	57.2	122 46.1	38.7	214 40.3	40.5	119 38.1	59.7
2	0 18.5	225 38.9	56.5	137 47.1	39.1	229 42.2	40.4	134 40.5	59.8
3	15 21.0	240 38.2	55.7	152 48.0	39.6	244 44.1	40.3	149 42.8	59.8
4	30 23.4	255 37.6	54.9	167 48.9	40.1	259 46.0	40.1	164 45.1	59.9
5	45 25.9	270 36.9	+17 54.1	182 49.9	−17 40.5	274 47.9	+18 40.0	179 47.5	−14 59.9
6	60 28.4	285 36.3	+17 53.4	197 50.8	−17 41.0	289 49.9	+18 39.9	194 49.8	−15 00.0
7	75 30.8	300 35.6	52.6	212 51.7	41.5	304 51.8	39.7	209 52.2	00.0
8	90 33.3	315 35.0	51.8	227 52.7	42.0	319 53.7	39.6	224 54.5	00.0
9	105 35.8	330 34.3	51.0	242 53.6	42.4	334 55.6	39.5	239 56.9	00.1
10	120 38.2	345 33.6	50.2	257 54.5	42.9	349 57.5	39.3	254 59.2	00.1
11	135 40.7	0 33.0	+17 49.5	272 55.5	−17 43.4	4 59.4	+18 39.2	270 01.5	−15 00.2
12	150 43.1	15 32.3	+17 48.7	287 56.4	−17 43.8	20 01.4	+18 39.1	285 03.9	−15 00.2
13	165 45.6	30 31.7	47.9	302 57.3	44.3	35 03.3	38.9	300 06.2	00.3
14	180 48.1	45 31.0	47.1	317 58.3	44.8	50 05.2	38.8	315 08.6	00.3
15	195 50.5	60 30.4	46.3	332 59.2	45.2	65 07.1	38.7	330 10.9	00.4
16	210 53.0	75 29.7	45.5	348 00.1	45.7	80 09.0	38.5	345 13.2	00.4
17	225 55.5	90 29.1	+17 44.7	3 01.1	−17 46.2	95 11.0	+18 38.4	0 15.6	−15 00.5
18	240 57.9	105 28.4	+17 44.0	18 02.0	−17 46.6	110 12.9	+18 38.3	15 17.9	−15 00.5
19	256 00.4	120 27.8	43.2	33 02.9	47.1	125 14.8	38.1	30 20.2	00.5
20	271 02.9	135 27.1	42.4	48 03.9	47.6	140 16.7	38.0	45 22.6	00.6
21	286 05.3	150 26.4	41.6	63 04.8	48.0	155 18.6	37.9	60 24.9	00.6
22	301 07.8	165 25.8	40.8	78 05.7	48.5	170 20.5	37.7	75 27.3	00.7
23	316 10.3	180 25.1	40.0	93 06.6	49.0	185 22.5	37.6	90 29.6	00.7
24	331 12.7	195 24.5	+17 39.2	108 07.6	−17 49.5	200 24.4	+18 37.5	105 31.9	−15 00.8
Dif	—	−7	−8	+9	−5	+19	−1	+23	0

Domingo 24 de agosto de 2014

UT	SOL SD: 15'.8 PMG: 12h 02m.4		LUNA SD: 14'.7 Edad: 28d.1 PHE 4h: 53'.9 12h: 53'.9 20h: 54'.0 PMG: 11h 09m R°: 44m				Latitud	Puesta de Sol	Fin del crepúsculo		Salida de Luna		Puesta de Luna	
	hG ☉	Dec	hG ☾	Dif	Dec	Dif			Civil	Náutico	Hora	R°	Hora	R°
h	° '	° '	° '		° '		°	h m	h m	h m	h m	m	h m	m
0	179 22.3	+11 11.8	197 40.2		+12 16.6		60 N	19 28	20 15	21 19	3 31	70	18 32	17
1	194 22.5	11.0	212 13.4	142	09.3	73	58	21	20 05	21 02	38	68	26	19
2	209 22.6	10.1	226 46.6	142	+12 01.9	74	56	15	19 56	20 49	44	66	21	21
3	224 22.8	09.3	241 19.8	142	+11 54.5	74	54	10	48	37	50	64	17	22
4	239 23.0	08.4	255 53.0	142	47.1	74	52	05	42	27	55	62	13	24
5	254 23.1	+11 07.6	270 26.3	143	+11 39.6	75	50	19 01	19 35	20 18	3 59	61	18 09	26
6	269 23.3	+11 06.7	284 59.6	143	+11 32.0	76	45	18 52	19 23	20 00	4 09	58	18 01	29
7	284 23.5	05.9	299 32.9	143	24.4	76	40	44	12	19 46	17	56	17 55	30
8	299 23.6	05.0	314 06.3	144	16.8	76	35	38	19 04	35	24	54	49	33
9	314 23.8	04.2	328 39.7	144	09.1	77	30	32	18 57	26	30	52	44	34
10	329 24.0	03.3	343 13.1	144	+11 01.3	78	20	22	45	11	41	48	35	38
11	344 24.1	+11 02.4	357 46.5	144	+10 53.6	77	10 N	18 14	18 35	19 00	4 50	46	17 27	41
12	359 24.3	+11 01.6	12 19.9	144	+10 45.7	79	0	18 06	18 27	18 51	4 59	43	17 20	43
13	14 24.5	+11 00.7	26 53.4	145	37.8	79	10 S	17 58	19	44	5 07	41	12	46
14	29 24.6	+10 59.9	41 26.9	145	29.9	79	20	50	12	38	16	39	17 04	49
15	44 24.8	59.0	56 00.4	145	22.0	79	30	41	05	33	27	35	16 55	52
16	59 25.0	58.2	70 33.9	145	13.9	81	35	35	18 01	31	33	33	50	54
17	74 25.1	+10 57.3	85 07.5	146	+10 05.9	80	40	17 29	17 57	18 29	5 39	32	16 44	56
18	89 25.3	+10 56.4	99 41.1	146	+ 9 57.8	81	45	17 23	17 53	18 27	5 47	30	16 37	58
19	104 25.5	55.6	114 14.7	146	49.7	81	50	14	47	25	5 57	26	29	61
20	119 25.6	54.7	128 48.3	146	41.5	82	52	11	45	24	6 01	25	25	62
21	134 25.8	53.9	143 21.9	146	33.3	82	54	06	43	24	06	24	20	65
22	149 26.0	53.0	157 55.6	147	25.0	83	56	17 02	40	23	11	22	16	66
23	164 26.1	52.1	172 29.3	147	16.7	83	58	16 57	37	23	17	20	10	68
24	179 26.3	+10 51.3	187 03.0	147	+ 9 08.4	83	60 S	16 51	17 34	18 23	6 24	18	16 04	70

UT	ARIES PMG 1h 50m.9	VENUS Mag.: −3.9 PMG: 11h 00m		MARTE Mag.: +0.6 PMG: 16h 45m		JÚPITER Mag.: −1.8 PMG: 10h 34m		SATURNO Mag.: +0.6 PMG: 16h 52m	
	hG ♈	hG ♀	Dec	hG ♂	Dec	hG ♃	Dec	hG ♄	Dec
h	° '	° '	° '	° '	° '	° '	° '	° '	° '
0	332 11.9	195 09.0	+17 19.9	108 29.7	−18 00.7	201 10.4	+18 34.2	106 28.0	−15 01.9
1	347 14.3	210 08.4	19.1	123 30.6	01.1	216 12.4	34.1	121 30.3	01.9
2	2 16.8	225 07.7	18.3	138 31.6	01.6	231 14.3	34.0	136 32.7	02.0
3	17 19.2	240 07.1	17.5	153 32.5	02.0	246 16.2	33.8	151 35.0	02.0
4	32 21.7	255 06.4	16.6	168 33.4	02.5	261 18.1	33.7	166 37.3	02.1
5	47 24.2	270 05.8	+17 15.8	183 34.3	−18 03.0	276 20.0	+18 33.6	181 39.7	−15 02.1
6	62 26.6	285 05.2	+17 15.0	198 35.2	−18 03.4	291 22.0	+18 33.4	196 42.0	−15 02.2
7	77 29.1	300 04.5	14.2	213 36.1	03.9	306 23.9	33.3	211 44.3	02.2
8	92 31.6	315 03.9	13.4	228 37.1	04.4	321 25.8	33.2	226 46.7	02.3
9	107 34.0	330 03.2	12.5	243 38.0	04.8	336 27.7	33.0	241 49.0	02.3
10	122 36.5	345 02.6	11.7	258 38.9	05.3	351 29.7	32.9	256 51.3	02.4
11	137 39.0	0 02.0	+17 10.9	273 39.8	−18 05.8	6 31.6	+18 32.8	271 53.7	−15 02.4
12	152 41.4	15 01.3	+17 10.1	288 40.7	−18 06.2	21 33.5	+18 32.6	286 56.0	−15 02.4
13	167 43.9	30 00.7	09.3	303 41.6	06.7	36 35.4	32.5	301 58.3	02.5
14	182 46.4	45 00.1	08.4	318 42.5	07.1	51 37.3	32.3	317 00.7	02.5
15	197 48.8	59 59.4	07.6	333 43.4	07.6	66 39.3	32.2	332 03.0	02.6
16	212 51.3	74 58.8	06.8	348 44.4	08.1	81 41.2	32.1	347 05.3	02.6
17	227 53.7	89 58.2	+17 05.9	3 45.3	−18 08.5	96 43.1	+18 31.9	2 07.7	−15 02.7
18	242 56.2	104 57.5	+17 05.1	18 46.2	−18 09.0	111 45.0	+18 31.8	17 10.0	−15 02.7
19	257 58.7	119 56.9	04.3	33 47.1	09.5	126 46.9	31.7	32 12.3	02.8
20	273 01.1	134 56.3	03.5	48 48.0	09.9	141 48.9	31.5	47 14.7	02.8
21	288 03.6	149 55.6	02.6	63 48.9	10.4	156 50.8	31.4	62 17.0	02.9
22	303 06.1	164 55.0	01.8	78 49.8	10.8	171 52.7	31.3	77 19.3	02.9
23	318 08.5	179 54.4	01.0	93 50.7	11.3	186 54.6	31.1	92 21.7	03.0
24	333 11.0	194 53.7	+17 00.1	108 51.6	−18 11.8	201 56.6	+18 31.0	107 24.0	−15 03.0
Dif	—	−6	−8	+9	−5	+19	−1	+23	0

Lunes 25 de agosto de 2014

UT	SOL SD: 15′.8 PMG: 12h 02m.1		LUNA SD: 14′.7 Edad: 29d.1 PHE {4h: 54′.0; 12h: 54′.0; 20h: 54′.1} PMG: 11h 53m R°: 42m				Latitud	Principio del crepúsculo		Salida de Sol	Salida de Luna		Puesta de Luna	
	hG ☉	Dec	hG ☾	Dif	Dec	Dif		Náutico	Civil		Hora	R°	Hora	R°
h	° ′	° ′	° ′		° ′		°	h m	h m	h m	h m	m	h m	m
0	179 26.3	+ 10 51.3	187 03.0		+ 9 08.4		60 N	2 46	3 51	4 38	4 41	70	18 49	15
1	194 26.5	50.4	201 36.7	147	+ 9 00.0	84	58	3 03	4 01	44	46	68	45	18
2	209 26.7	49.6	216 10.4	147	+ 8 51.6	84	56	17	09	50	50	66	42	20
3	224 26.8	48.7	230 44.2	148	43.1	85	54	28	17	4 55	54	64	39	22
4	239 27.0	47.8	245 18.0	148	34.6	85	52	38	24	5 00	4 57	63	37	23
5	254 27.2	+ 10 47.0	259 51.8	148	+ 8 26.1	85	50	3 47	4 30	5 04	5 00	62	18 35	24
6	269 27.3	+ 10 46.1	274 25.6	148	+ 8 17.6	85	45	4 05	4 42	5 13	5 07	59	18 30	27
7	284 27.5	45.3	288 59.4	148	09.0	86	40	19	4 53	21	13	56	25	30
8	299 27.7	44.4	303 33.2	148	+ 8 00.3	87	35	30	5 01	27	18	54	22	31
9	314 27.9	43.5	318 07.1	149	+ 7 51.7	86	30	39	08	33	22	52	18	34
10	329 28.0	42.7	332 41.0	149	43.0	87	20	4 54	20	43	29	49	13	37
11	344 28.2	+ 10 41.8	347 14.8	148	+ 7 34.3	87	10 N	5 05	5 30	5 51	5 36	46	18 08	40
12	359 28.4	+ 10 40.9	1 48.7	149	+ 7 25.5	88	0	5 13	5 38	5 59	5 42	43	18 03	43
13	14 28.5	40.1	16 22.6	149	16.7	88	10 S	20	45	6 06	48	40	17 58	46
14	29 28.7	39.2	30 56.6	150	+ 7 07.9	88	20	26	52	14	5 55	37	53	48
15	44 28.9	38.3	45 30.5	149	+ 6 59.0	89	30	31	5 59	23	6 02	34	47	52
16	59 29.1	37.5	60 04.5	150	50.1	89	35	33	6 03	29	06	32	44	54
17	74 29.2	+ 10 36.6	74 38.4	149	+ 6 41.2	89	40	5 35	6 07	6 34	6 11	30	17 40	56
18	89 29.4	+ 10 35.8	89 12.4	150	+ 6 32.3	89	45	5 37	6 11	6 41	6 17	27	17 35	59
19	104 29.6	34.9	103 46.4	150	23.3	90	50	39	16	49	23	25	30	62
20	119 29.7	34.0	118 20.4	150	14.3	90	52	39	18	53	26	24	27	64
21	134 29.9	33.2	132 54.4	150	+ 6 05.3	90	54	40	21	6 57	30	21	25	65
22	149 30.1	32.3	147 28.4	150	+ 5 56.2	91	56	40	23	7 01	33	20	22	66
23	164 30.3	31.4	162 02.4	150	47.2	90	58	40	26	06	37	19	18	69
24	179 30.4	+ 10 30.6	176 36.5	151	+ 5 38.1	91	60 S	5 41	6 29	7 12	6 42	16	17 14	71

UT	ARIES PMG 1h 47m.0	VENUS Mag.: −3.9 PMG: 11h 01m		MARTE Mag.: +0.6 PMG: 16h 44m		JÚPITER Mag.: −1.8 PMG: 10h 31m		SATURNO Mag.: +0.6 PMG: 16h 48m	
	hG ♈	hG ♀	Dec	hG ♂	Dec	hG ♃	Dec	hG ♄	Dec
h	° ′	° ′	° ′	° ′	° ′	° ′	° ′	° ′	° ′
0	333 11.0	194 53.7	+ 17 00.1	108 51.6	− 18 11.8	201 56.6	+ 18 31.0	107 24.0	− 15 03.0
1	348 13.5	209 53.1	+ 16 59.3	123 52.5	12.2	216 58.5	30.9	122 26.3	03.1
2	3 15.9	224 52.5	58.4	138 53.4	12.7	232 00.4	30.7	137 28.6	03.1
3	18 18.4	239 51.8	57.6	153 54.4	13.2	247 02.3	30.6	152 31.0	03.2
4	33 20.9	254 51.2	56.8	168 55.3	13.6	262 04.2	30.5	167 33.3	03.2
5	48 23.3	269 50.6	+ 16 55.9	183 56.2	− 18 14.1	277 06.2	+ 18 30.3	182 35.6	− 15 03.3
6	63 25.8	284 49.9	+ 16 55.1	198 57.1	− 18 14.5	292 08.1	+ 18 30.2	197 38.0	− 15 03.3
7	78 28.2	299 49.3	54.3	213 58.0	15.0	307 10.0	30.1	212 40.3	03.3
8	93 30.7	314 48.7	53.4	228 58.9	15.5	322 11.9	29.9	227 42.6	03.4
9	108 33.2	329 48.1	52.6	243 59.8	15.9	337 13.9	29.8	242 45.0	03.4
10	123 35.6	344 47.4	51.7	259 00.7	16.4	352 15.8	29.7	257 47.3	03.5
11	138 38.1	359 46.8	+ 16 50.9	274 01.6	− 18 16.8	7 17.7	+ 18 29.5	272 49.6	− 15 03.5
12	153 40.6	14 46.2	+ 16 50.0	289 02.5	− 18 17.3	22 19.6	+ 18 29.4	287 51.9	− 15 03.6
13	168 43.0	29 45.6	49.2	304 03.4	17.8	37 21.5	29.2	302 54.3	03.6
14	183 45.5	44 44.9	48.4	319 04.3	18.2	52 23.5	29.1	317 56.6	03.7
15	198 48.0	59 44.3	47.5	334 05.2	18.7	67 25.4	29.0	332 58.9	03.7
16	213 50.4	74 43.7	46.7	349 06.1	19.1	82 27.3	28.8	348 01.3	03.8
17	228 52.9	89 43.1	+ 16 45.8	4 07.0	− 18 19.6	97 29.2	+ 18 28.7	3 03.6	− 15 03.8
18	243 55.3	104 42.4	+ 16 45.0	19 07.9	− 18 20.1	112 31.2	+ 18 28.6	18 05.9	− 15 03.9
19	258 57.8	119 41.8	44.1	34 08.8	20.5	127 33.1	28.4	33 08.2	03.9
20	274 00.3	134 41.2	43.3	49 09.7	21.0	142 35.0	28.3	48 10.6	04.0
21	289 02.7	149 40.6	42.4	64 10.6	21.4	157 36.9	28.2	63 12.9	04.0
22	304 05.2	164 39.9	41.6	79 11.5	21.9	172 38.9	28.0	78 15.2	04.1
23	319 07.7	179 39.3	40.7	94 12.4	22.4	187 40.8	27.9	93 17.6	04.1
24	334 10.1	194 38.7	+ 16 39.9	109 13.3	− 18 22.8	202 42.7	+ 18 27.8	108 19.9	− 15 04.2
Dif	—	−6	−8	+9	−5	+19	−1	+23	0

Martes 26 de agosto de 2014

UT	SOL SD: 15′8 PMG: 12h 01m8		LUNA SD: 14′7 Edad: 0d4 PHE {4h: 54′1, 12h: 54′2, 20h: 54′2} PMG: 12h 35m R°: 43m				Latitud	Puesta de Sol	Fin del crepúsculo		Salida de Luna		Puesta de Luna	
	hG ☉	Dec	hG ☾	Dif	Dec	Dif			Civil	Náutico	Hora	R°	Hora	R°
h	° ′	° ′	° ′		° ′		°	h m	h m	h m	h m	m	h m	m
0	179 30.4	+ 10 30.6	176 36.5		+ 5 38.1		60 N	19 22	20 08	21 11	5 51	72	19 04	15
1	194 30.6	29.7	191 10.5	150	28.9	92	58	16	19 59	20 55	54	69	03	17
2	209 30.8	28.8	205 44.6	151	19.8	91	56	10	51	42	56	67	02	19
3	224 31.0	28.0	220 18.6	150	10.6	92	54	05	43	31	5 58	66	01	20
4	239 31.1	27.1	234 52.7	151	+ 5 01.4	92	52	19 01	37	22	6 00	64	19 00	22
5	254 31.3	+ 10 26.2	249 26.8	151	+ 4 52.2	92	50	18 57	19 31	20 13	6 02	62	18 59	23
6	269 31.5	+ 10 25.3	264 00.8	150	+ 4 42.9	93	45	18 48	19 19	19 56	6 06	59	18 57	26
7	284 31.7	24.5	278 34.9	151	33.7	92	40	41	09	43	09	56	55	29
8	299 31.8	23.6	293 09.0	151	24.4	93	35	35	19 01	32	12	54	53	32
9	314 32.0	22.7	307 43.1	151	15.1	93	30	30	18 54	23	14	52	52	33
10	329 32.2	21.9	322 17.2	151	+ 4 05.8	93	20	20	43	19 09	18	49	50	36
11	344 32.4	+ 10 21.0	336 51.3	151	+ 3 56.4	94	10 N	18 13	18 34	18 59	6 22	45	18 48	39
12	359 32.5	+ 10 20.1	351 25.4	151	+ 3 47.1	93	0	18 05	18 26	18 51	6 25	43	18 46	42
13	14 32.7	19.3	5 59.5	151	37.7	94	10 S	17 58	19	44	28	40	44	45
14	29 32.9	18.4	20 33.6	151	28.3	94	20	50	13	38	32	37	41	49
15	44 33.1	17.5	35 07.7	151	18.9	94	30	42	06	34	36	34	39	52
16	59 33.2	16.6	49 41.8	151	09.5	94	35	37	18 02	32	38	32	38	54
17	74 33.4	+ 10 15.8	64 15.9	151	+ 3 00.0	95	40	17 31	17 59	18 30	6 41	29	18 36	56
18	89 33.6	+ 10 14.9	78 50.0	151	+ 2 50.5	95	45	17 25	17 55	18 29	6 44	27	18 34	59
19	104 33.8	14.0	93 24.1	151	41.1	94	50	17	50	28	48	24	32	62
20	119 34.0	13.2	107 58.3	152	31.6	95	52	14	48	27	50	22	31	64
21	134 34.1	12.3	122 32.4	151	22.1	95	54	10	46	27	51	21	30	65
22	149 34.3	11.4	137 06.5	151	12.6	95	56	06	44	27	53	20	28	68
23	164 34.5	10.5	151 40.6	151	+ 2 03.1	95	58	17 01	41	27	56	17	27	69
24	179 34.7	+ 10 09.7	166 14.6	150	+ 1 53.5	96	60 S	16 56	17 39	18 27	6 58	15	18 25	72

UT	ARIES PMG 1h 43m0	VENUS Mag.: −3.9 PMG: 11h 02m		MARTE Mag.: +0.6 PMG: 16h 42m		JÚPITER Mag.: −1.8 PMG: 10h 28m		SATURNO Mag.: +0.6 PMG: 16h 44m	
	hG ♈	hG ♀	Dec	hG ♂	Dec	hG ♃	Dec	hG ♄	Dec
h	° ′	° ′	° ′	° ′	° ′	° ′	° ′	° ′	° ′
0	334 10.1	194 38.7	+ 16 39.9	109 13.3	− 18 22.8	202 42.7	+ 18 27.8	108 19.9	− 15 04.2
1	349 12.6	209 38.1	39.0	124 14.2	23.3	217 44.6	27.6	123 22.2	04.2
2	4 15.1	224 37.5	38.1	139 15.1	23.7	232 46.6	27.5	138 24.5	04.3
3	19 17.5	239 36.8	37.3	154 16.0	24.2	247 48.5	27.4	153 26.9	04.3
4	34 20.0	254 36.2	36.4	169 16.9	24.7	262 50.4	27.2	168 29.2	04.4
5	49 22.5	269 35.6	+ 16 35.6	184 17.8	− 18 25.1	277 52.3	+ 18 27.1	183 31.5	− 15 04.4
6	64 24.9	284 35.0	+ 16 34.7	199 18.7	− 18 25.6	292 54.3	+ 18 27.0	198 33.8	− 15 04.5
7	79 27.4	299 34.4	33.9	214 19.6	26.0	307 56.2	26.8	213 36.2	04.5
8	94 29.8	314 33.7	33.0	229 20.5	26.5	322 58.1	26.7	228 38.5	04.6
9	109 32.3	329 33.1	32.1	244 21.4	26.9	338 00.0	26.6	243 40.8	04.6
10	124 34.8	344 32.5	31.3	259 22.3	27.4	353 02.0	26.4	258 43.1	04.7
11	139 37.2	359 31.9	+ 16 30.4	274 23.1	− 18 27.9	8 03.9	+ 18 26.3	273 45.5	− 15 04.7
12	154 39.7	14 31.3	+ 16 29.5	289 24.0	− 18 28.3	23 05.8	+ 18 26.1	288 47.8	− 15 04.8
13	169 42.2	29 30.7	28.7	304 24.9	28.8	38 07.7	26.0	303 50.1	04.8
14	184 44.6	44 30.0	27.8	319 25.8	29.2	53 09.7	25.9	318 52.4	04.9
15	199 47.1	59 29.4	26.9	334 26.7	29.7	68 11.6	25.7	333 54.8	04.9
16	214 49.6	74 28.8	26.1	349 27.6	30.1	83 13.5	25.6	348 57.1	04.9
17	229 52.0	89 28.2	+ 16 25.2	4 28.5	− 18 30.6	98 15.4	+ 18 25.5	3 59.4	− 15 05.0
18	244 54.5	104 27.6	+ 16 24.3	19 29.4	− 18 31.1	113 17.4	+ 18 25.3	19 01.7	− 15 05.0
19	259 56.9	119 27.0	23.5	34 30.3	31.5	128 19.3	25.2	34 04.1	05.1
20	274 59.4	134 26.4	22.6	49 31.2	32.0	143 21.2	25.1	49 06.4	05.1
21	290 01.9	149 25.7	21.7	64 32.1	32.4	158 23.1	24.9	64 08.7	05.2
22	305 04.3	164 25.1	20.9	79 32.9	32.9	173 25.1	24.8	79 11.0	05.2
23	320 06.8	179 24.5	20.0	94 33.8	33.3	188 27.0	24.7	94 13.4	05.3
24	335 09.3	194 23.9	+ 16 19.1	109 34.7	− 18 33.8	203 28.9	+ 18 24.5	109 15.7	− 15 05.3
Dif	—	−6	−9	+9	−5	+19	−1	+23	0

Miércoles 27 de agosto de 2014

UT	SOL SD: 15'.8 PMG: $12^h\,01^m5$		LUNA SD: 14'.8 Edad: 1^d4 PHE { 4^h: 54'.3; 12^h: 54'.4; 20^h: 54'.5 } PMG: $13^h\,18^m$ R°: 43^m			
	hG ☉	Dec	hG ☾	Dif	Dec	Dif
h	° '	° '	° '		° '	
0	179 34.7	+10 09.7	166 14.6		+1 53.5	
1	194 34.8	08.8	180 48.7	151	44.0	95
2	209 35.0	07.9	195 22.8	151	34.4	96
3	224 35.2	07.0	209 56.9	151	24.9	95
4	239 35.4	06.2	224 31.0	151	15.3	96
5	254 35.6	+10 05.3	239 05.0	150	+1 05.7	96
6	269 35.7	+10 04.4	253 39.1	151	+0 56.1	96
7	284 35.9	03.5	268 13.2	151	46.5	96
8	299 36.1	02.7	282 47.2	150	36.9	96
9	314 36.3	01.8	297 21.2	150	27.3	96
10	329 36.5	00.9	311 55.3	151	17.7	96
11	344 36.6	+10 00.0	326 29.3	150	+0 08.1	96
12	359 36.8	+ 9 59.2	341 03.3	150	−0 01.5	96
13	14 37.0	58.3	355 37.3	150	11.2	97
14	29 37.2	57.4	10 11.3	150	20.8	96
15	44 37.4	56.5	24 45.2	149	30.4	96
16	59 37.5	55.6	39 19.2	150	40.0	96
17	74 37.7	+ 9 54.8	53 53.2	150	−0 49.7	97
18	89 37.9	+ 9 53.9	68 27.1	149	−0 59.3	96
19	104 38.1	53.0	83 01.0	149	−1 08.9	96
20	119 38.3	52.1	97 34.9	149	18.6	97
21	134 38.4	51.2	112 08.8	149	28.2	96
22	149 38.6	50.4	126 42.7	149	37.8	96
23	164 38.8	49.5	141 16.5	148	47.4	96
24	179 39.0	+ 9 48.6	155 50.4	149	−1 57.0	96

Latitud	Principio del crepúsculo		Salida de Sol	Salida de Luna		Puesta de Luna	
	Náutico	Civil		Hora	R°	Hora	R°
°	h m	h m	h m	h m	m	h m	m
60 N	2 54	3 56	4 43	7 03	71	19 19	16
58	3 09	4 05	49	03	70	20	18
56	22	14	54	03	68	21	19
54	33	21	4 59	04	65	21	21
52	42	27	5 03	04	64	22	23
50	3 51	4 33	5 07	7 04	63	19 22	24
45	4 08	4 45	5 16	7 05	59	19 23	27
40	21	4 55	23	05	57	24	30
35	32	5 03	29	06	54	25	32
30	41	10	34	06	52	25	34
20	4 54	21	43	07	49	26	38
10 N	5 05	5 30	5 51	7 07	46	19 27	41
0	5 13	5 37	5 58	7 08	43	19 28	44
10 S	19	44	6 05	08	40	29	47
20	25	51	13	09	37	30	50
30	29	5 57	21	10	33	31	53
35	31	6 00	26	10	32	32	55
40	5 33	6 04	6 31	7 10	30	19 32	58
45	5 34	6 08	6 38	7 11	27	19 33	60
50	35	12	45	12	23	34	63
52	35	14	48	12	22	35	64
54	35	16	52	12	21	35	66
56	35	18	6 56	13	19	36	68
58	35	21	7 01	13	17	36	70
60 S	5 35	6 23	7 06	7 13	16	19 37	72

UT	ARIES PMG $1^h\,39^m1$	VENUS Mag.: −3.9 PMG: $11^h\,03^m$		MARTE Mag.: +0.6 PMG: $16^h\,41^m$		JÚPITER Mag.: −1.8 PMG: $10^h\,25^m$		SATURNO Mag.: +0.6 PMG: $16^h\,40^m$	
	hG ♈	hG ♀	Dec	hG ♂	Dec	hG ♃	Dec	hG ♄	Dec
h	° '	° '	° '	° '	° '	° '	° '	° '	° '
0	335 09.3	194 23.9	+16 19.1	109 34.7	−18 33.8	203 28.9	+18 24.5	109 15.7	−15 05.3
1	350 11.7	209 23.3	18.2	124 35.6	34.2	218 30.8	24.4	124 18.0	05.4
2	5 14.2	224 22.7	17.4	139 36.5	34.7	233 32.8	24.3	139 20.3	05.4
3	20 16.7	239 22.1	16.5	154 37.4	35.2	248 34.7	24.1	154 22.7	05.5
4	35 19.1	254 21.5	15.6	169 38.3	35.6	263 36.6	24.0	169 25.0	05.5
5	50 21.6	269 20.9	+16 14.7	184 39.2	−18 36.1	278 38.5	+18 23.9	184 27.3	−15 05.6
6	65 24.1	284 20.3	+16 13.9	199 40.0	−18 36.5	293 40.5	+18 23.7	199 29.6	−15 05.6
7	80 26.5	299 19.6	13.0	214 40.9	37.0	308 42.4	23.6	214 31.9	05.7
8	95 29.0	314 19.0	12.1	229 41.8	37.4	323 44.3	23.4	229 34.3	05.7
9	110 31.4	329 18.4	11.2	244 42.7	37.9	338 46.3	23.3	244 36.6	05.8
10	125 33.9	344 17.8	10.3	259 43.6	38.3	353 48.2	23.2	259 38.9	05.8
11	140 36.4	359 17.2	+16 09.5	274 44.5	−18 38.8	8 50.1	+18 23.0	274 41.2	−15 05.9
12	155 38.8	14 16.6	+16 08.6	289 45.3	−18 39.2	23 52.0	+18 22.9	289 43.6	−15 05.9
13	170 41.3	29 16.0	07.7	304 46.2	39.7	38 54.0	22.8	304 45.9	06.0
14	185 43.8	44 15.4	06.8	319 47.1	40.1	53 55.9	22.6	319 48.2	06.0
15	200 46.2	59 14.8	05.9	334 48.0	40.6	68 57.8	22.5	334 50.5	06.1
16	215 48.7	74 14.2	05.0	349 48.9	41.1	83 59.7	22.4	349 52.8	06.1
17	230 51.2	89 13.6	+16 04.1	4 49.7	−18 41.5	99 01.7	+18 22.2	4 55.2	−15 06.2
18	245 53.6	104 13.0	+16 03.3	19 50.6	−18 42.0	114 03.6	+18 22.1	19 57.5	−15 06.2
19	260 56.1	119 12.4	02.4	34 51.5	42.4	129 05.5	22.0	34 59.8	06.3
20	275 58.5	134 11.8	01.5	49 52.4	42.9	144 07.5	21.8	50 02.1	06.3
21	291 01.0	149 11.2	+16 00.6	64 53.3	43.3	159 09.4	21.7	65 04.5	06.4
22	306 03.5	164 10.6	+15 59.7	79 54.1	43.8	174 11.3	21.6	80 06.8	06.4
23	321 05.9	179 10.0	58.8	94 55.0	44.2	189 13.2	21.4	95 09.1	06.5
24	336 08.4	194 09.4	+15 57.9	109 55.9	−18 44.7	204 15.2	+18 21.3	110 11.4	−15 06.5
Dif	—	−6	−9	+9	−5	+19	−1	+23	0

Miércoles 3 de septiembre de 2014

UT	SOL SD: 15'.9 PMG: 11^h $59^m.4$		◐ LUNA SD: 15'.9 Edad: $8^d.4$ PHE { 4^h: 58'.3; 12^h: 58'.6; 20^h: 58'.9 } PMG: 19^h 01^m R°: 58^m				Latitud	Puesta de Sol	Fin del crepúsculo		Salida de Luna		Puesta de Luna	
	hG ☉	Dec	hG ☾	Dif	Dec	Dif			Civil	Náutico	Hora	R°	Hora	R°
h	° '	° '	° '		° '		°	h m	h m	h m	h m	m	h m	m
0	180 06.8	+7 39.2	85 34.2		−18 28.2		60 N	18 58	19 42	20 39	15 17	50	22 46	68
1	195 07.0	38.3	100 00.8	76	29.7	15	58	54	35	27	15 04	51	22 58	68
2	210 07.2	37.4	114 27.2	74	31.0	13	56	50	29	17	14 52	53	23 10	66
3	225 07.4	36.5	128 53.7	75	32.3	13	54	46	23	08	43	52	19	67
4	240 07.6	35.5	143 20.0	73	33.4	11	52	43	18	20 01	34	53	28	66
5	255 07.8	+7 34.6	157 46.3	73	−18 34.4	10	50	18 40	19 13	19 54	14 26	54	23 36	65
6	270 08.0	+7 33.7	172 12.6	73	−18 35.3	9	45	18 34	19 04	19 40	14 09	55	23 53	63
7	285 08.2	32.8	186 38.8	72	36.1	8	40	29	18 56	29	13 56	55	** **	***
8	300 08.4	31.9	201 05.0	72	36.7	6	35	24	50	20	44	55	** **	***
9	315 08.6	31.0	215 31.1	71	37.3	6	30	20	45	13	34	56	** **	***
10	330 08.8	30.0	229 57.2	71	37.7	4	20	14	36	19 02	16	57	** **	***
11	345 09.0	+7 29.1	244 23.2	70	−18 38.0	3	10 N	18 08	18 29	18 54	13 01	57	0 04	56
12	0 09.2	+7 28.2	258 49.1	69	−18 38.2	2	0	18 03	18 23	18 48	12 47	58	0 18	56
13	15 09.4	27.3	273 15.1	70	38.3	1	10 S	17 57	19	43	33	58	32	56
14	30 09.6	26.4	287 41.0	69	38.3	0	20	52	14	40	18	58	0 47	56
15	45 09.9	25.5	302 06.8	68	38.1	2	30	46	10	38	12 01	59	1 04	56
16	60 10.1	24.5	316 32.6	68	37.9	2	35	43	08	37	11 50	60	14	56
17	75 10.3	+7 23.6	330 58.3	67	−18 37.5	4	40	17 39	18 06	18 37	11 39	60	1 25	57
18	90 10.5	+7 22.7	345 24.1	68	−18 37.0	5	45	17 34	18 04	18 38	11 25	61	1 39	56
19	105 10.7	21.8	359 49.7	66	36.3	7	50	29	02	39	09	61	1 55	56
20	120 10.9	20.9	14 15.4	67	35.6	7	52	27	01	40	11 01	61	2 03	56
21	135 11.1	19.9	28 40.9	65	34.7	9	54	24	18 00	40	10 53	61	11	56
22	150 11.3	19.0	43 06.5	66	33.7	10	56	21	17 58	42	43	61	21	56
23	165 11.5	18.1	57 32.0	65	32.6	11	58	18	57	43	32	62	32	56
24	180 11.7	+7 17.2	71 57.5	65	−18 31.4	12	60 S	17 14	17 56	18 44	10 19	63	2 44	56

UT	ARIES PMG 1^h $11^m.6$	VENUS Mag.: −3.9 PMG: 11^h 09^m		MARTE Mag.: +0.7 PMG: 16^h 31^m		JÚPITER Mag.: −1.8 PMG: 10^h 03^m		SATURNO Mag.: +0.6 PMG: 16^h 15^m	
	hG ♈	hG ♀	Dec	hG ♂	Dec	hG ♃	Dec	hG ♄	Dec
h	° '	° '	° '	° '	° '	° '	° '	° '	° '
0	342 03.2	192 47.0	+13 41.7	111 58.0	−19 48.0	208 53.8	+18 01.8	115 44.0	−15 14.1
1	357 05.7	207 46.5	40.7	126 58.8	48.5	223 55.7	01.7	130 46.3	14.2
2	12 08.2	222 46.0	39.7	141 59.6	48.9	238 57.7	01.6	145 48.6	14.2
3	27 10.6	237 45.4	38.7	157 00.4	49.3	253 59.6	01.4	160 50.9	14.3
4	42 13.1	252 44.9	37.7	172 01.3	49.7	269 01.6	01.3	175 53.2	14.3
5	57 15.6	267 44.3	+13 36.7	187 02.1	−19 50.2	284 03.5	+18 01.2	190 55.5	−15 14.4
6	72 18.0	282 43.8	+13 35.7	202 02.9	−19 50.6	299 05.5	+18 01.0	205 57.8	−15 14.4
7	87 20.5	297 43.2	34.7	217 03.7	51.0	314 07.4	00.9	221 00.1	14.5
8	102 22.9	312 42.7	33.7	232 04.5	51.4	329 09.3	00.8	236 02.4	14.6
9	117 25.4	327 42.2	32.7	247 05.3	51.9	344 11.3	00.6	251 04.7	14.6
10	132 27.9	342 41.6	31.7	262 06.2	52.3	359 13.2	00.5	266 07.0	14.7
11	147 30.3	357 41.1	+13 30.7	277 07.0	−19 52.7	14 15.2	+18 00.3	281 09.3	−15 14.7
12	162 32.8	12 40.6	+13 29.7	292 07.8	−19 53.1	29 17.1	+18 00.2	296 11.6	−15 14.8
13	177 35.3	27 40.0	28.7	307 08.6	53.6	44 19.1	+18 00.1	311 13.9	14.8
14	192 37.7	42 39.5	27.7	322 09.4	54.0	59 21.0	+17 59.9	326 16.2	14.9
15	207 40.2	57 38.9	26.7	337 10.2	54.4	74 22.9	59.8	341 18.5	14.9
16	222 42.7	72 38.4	25.6	352 11.0	54.8	89 24.9	59.7	356 20.8	15.0
17	237 45.1	87 37.9	+13 24.6	7 11.9	−19 55.3	104 26.8	+17 59.5	11 23.1	−15 15.1
18	252 47.6	102 37.3	+13 23.6	22 12.7	−19 55.7	119 28.8	+17 59.4	26 25.4	−15 15.1
19	267 50.1	117 36.8	22.6	37 13.5	56.1	134 30.7	59.3	41 27.7	15.2
20	282 52.5	132 36.3	21.6	52 14.3	56.5	149 32.7	59.1	56 30.0	15.2
21	297 55.0	147 35.7	20.6	67 15.1	57.0	164 34.6	59.0	71 32.3	15.3
22	312 57.4	162 35.2	19.6	82 15.9	57.4	179 36.5	58.9	86 34.6	15.3
23	327 59.9	177 34.7	18.6	97 16.7	57.8	194 38.5	58.7	101 36.9	15.4
24	343 02.4	192 34.1	+13 17.6	112 17.5	−19 58.2	209 40.4	+17 58.6	116 39.2	−15 15.4
Dif	—	−5	−10	+8	−4	+19	−1	+23	−1

256 Jueves 4 de septiembre de 2014

UT	SOL SD: 15'.9 PMG: 11h 59m.1		LUNA SD: 16'.1 Edad: 9d.4 PHE 4h: 59'.2 12h: 59'.4 20h: 59'.7 PMG: 19h 59m R°: 58m				Latitud	Principio del crepúsculo		Salida de Sol	Salida de Luna		Puesta de Luna	
	hG ☉	Dec	hG ☾	Dif	Dec	Dif		Náutico	Civil		Hora	R°	Hora	R°
h	° '	° '	° '		° '		°	h m	h m	h m	h m	m	h m	m
0	180 11.7	+7 17.2	71 57.5		− 18 31.4		60 N	3 20	4 17	5 02	16 07	41	23 54	81
1	195 11.9	16.3	86 22.9	64	30.0	14	58	32	24	06	15 55	42	** **	***
2	210 12.1	15.3	100 48.3	64	28.6	14	56	42	31	10	45	43	** **	***
3	225 12.3	14.4	115 13.7	64	27.0	16	54	51	36	13	35	45	** **	***
4	240 12.5	13.5	129 39.1	64	25.2	18	52	3 58	41	16	27	46	** **	***
5	255 12.7	+7 12.6	144 04.4	63	− 18 23.4	18	50	4 05	4 46	5 19	15 20	47	** **	***
6	270 12.9	+7 11.7	158 29.6	62	− 18 21.4	20	45	4 19	4 55	5 25	15 04	49	** **	***
7	285 13.1	10.7	172 54.9	63	19.3	21	40	30	5 03	30	14 51	51	0 06	63
8	300 13.4	09.8	187 20.1	62	17.1	22	35	39	09	35	39	53	18	62
9	315 13.6	08.9	201 45.3	62	14.8	23	30	46	14	39	30	53	28	61
10	330 13.8	08.0	216 10.5	62	12.3	25	20	4 57	23	45	14 13	55	0 45	60
11	345 14.0	+7 07.0	230 35.6	61	− 18 09.8	25	10 N	5 05	5 29	5 51	13 58	57	1 00	59
12	0 14.2	+7 06.1	245 00.7	61	− 18 07.1	27	0	5 11	5 35	5 56	13 45	58	1 14	58
13	15 14.4	05.2	259 25.8	61	04.2	29	10 S	15	40	6 01	31	60	28	57
14	30 14.6	04.3	273 50.9	61	− 18 01.3	29	20	18	44	06	16	62	1 43	56
15	45 14.8	03.4	288 15.9	60	− 17 58.2	31	30	20	48	12	13 00	63	2 00	55
16	60 15.0	02.4	302 40.9	60	55.0	32	35	21	50	15	12 50	64	10	54
17	75 15.2	+7 01.5	317 05.9	60	− 17 51.7	33	40	5 21	5 52	6 19	12 39	65	2 22	53
18	90 15.4	+7 00.6	331 30.9	60	− 17 48.3	34	45	5 20	5 54	6 23	12 26	67	2 35	52
19	105 15.6	+6 59.7	345 55.9	60	44.7	36	50	19	56	28	10	69	51	51
20	120 15.8	58.7	0 20.8	59	41.0	37	52	18	57	31	12 02	70	2 59	50
21	135 16.0	57.8	14 45.8	60	37.2	38	54	17	58	33	11 54	71	3 07	49
22	150 16.3	56.9	29 10.7	59	33.3	39	56	16	5 59	36	44	73	17	48
23	165 16.5	56.0	43 35.6	59	29.2	41	58	15	6 00	39	34	73	28	46
24	180 16.7	+6 55.0	58 00.5	59	− 17 25.1	41	60 S	5 13	6 01	6 43	11 22	75	3 40	45

UT	ARIES PMG 1h 07m.7	VENUS Mag.: −3.9 PMG: 11h 10m		MARTE Mag.: +0.7 PMG: 16h 30m		JÚPITER Mag.: −1.8 PMG: 10h 00m		SATURNO Mag.: +0.6 PMG: 16h 11m	
	hG ♈	hG ♀	Dec	hG ♂	Dec	hG ♃	Dec	hG ♄	Dec
h	° '	° '	° '	° '	° '	° '	° '	° '	° '
0	343 02.4	192 34.1	+ 13 17.6	112 17.5	− 19 58.2	209 40.4	+ 17 58.6	116 39.2	− 15 15.4
1	358 04.8	207 33.6	16.6	127 18.3	58.7	224 42.4	58.5	131 41.5	15.5
2	13 07.3	222 33.1	15.5	142 19.1	59.1	239 44.3	58.3	146 43.8	15.6
3	28 09.8	237 32.5	14.5	157 20.0	59.5	254 46.3	58.2	161 46.1	15.6
4	43 12.2	252 32.0	13.5	172 20.8	− 19 59.9	269 48.2	58.1	176 48.4	15.7
5	58 14.7	267 31.5	+ 13 12.5	187 21.6	− 20 00.3	284 50.2	+ 17 57.9	191 50.7	− 15 15.7
6	73 17.2	282 30.9	+ 13 11.5	202 22.4	− 20 00.8	299 52.1	+ 17 57.8	206 53.0	− 15 15.8
7	88 19.6	297 30.4	10.5	217 23.2	01.2	314 54.0	57.6	221 55.3	15.8
8	103 22.1	312 29.9	09.4	232 24.0	01.6	329 56.0	57.5	236 57.6	15.9
9	118 24.6	327 29.3	08.4	247 24.8	02.0	344 57.9	57.4	251 59.8	15.9
10	133 27.0	342 28.8	07.4	262 25.6	02.5	359 59.9	57.2	267 02.1	16.0
11	148 29.5	357 28.3	+ 13 06.4	277 26.4	− 20 02.9	15 01.8	+ 17 57.1	282 04.4	− 15 16.1
12	163 31.9	12 27.7	+ 13 05.4	292 27.2	− 20 03.3	30 03.8	+ 17 57.0	297 06.7	− 15 16.1
13	178 34.4	27 27.2	04.4	307 28.0	03.7	45 05.7	56.8	312 09.0	16.2
14	193 36.9	42 26.7	03.3	322 28.8	04.1	60 07.7	56.7	327 11.3	16.2
15	208 39.3	57 26.2	02.3	337 29.6	04.6	75 09.6	56.6	342 13.6	16.3
16	223 41.8	72 25.6	01.3	352 30.4	05.0	90 11.6	56.4	357 15.9	16.3
17	238 44.3	87 25.1	+ 13 00.3	7 31.2	− 20 05.4	105 13.5	+ 17 56.3	12 18.2	− 15 16.4
18	253 46.7	102 24.6	+ 12 59.2	22 32.0	− 20 05.8	120 15.5	+ 17 56.2	27 20.5	− 15 16.5
19	268 49.2	117 24.1	58.2	37 32.8	06.2	135 17.4	56.0	42 22.8	16.5
20	283 51.7	132 23.5	57.2	52 33.6	06.6	150 19.3	55.9	57 25.1	16.6
21	298 54.1	147 23.0	56.2	67 34.4	07.1	165 21.3	55.8	72 27.4	16.6
22	313 56.6	162 22.5	55.1	82 35.2	07.5	180 23.2	55.6	87 29.7	16.7
23	328 59.0	177 22.0	54.1	97 36.0	07.9	195 25.2	55.5	102 32.0	16.7
24	344 01.5	192 21.4	+ 12 53.1	112 36.8	− 20 08.3	210 27.1	+ 17 55.4	117 34.3	− 15 16.8
Dif	—	−5	−10	+8	−4	+19	−1	+23	−1

Domingo 7 de septiembre de 2014

UT	SOL SD: 15'9 PMG: 11h 58m0		☾ LUNA SD: 16'6 Edad: 12d4 PHE { 4h: 61'0 12h: 61'1 20h: 61'2 } PMG: 22h 53m R°: 56m				Latitud	Puesta de Sol	Fin del crepúsculo		Salida de Luna		Puesta de Luna	
	hG ☉	Dec	hG ☾	Dif	Dec	Dif			Civil	Náutico	Hora	R°	Hora	R°
h	° '	° '	° '		° '		°	h m	h m	h m	h m	m	h m	m
0	180 26.8	+6 10.4	29 56.5		−11 50.6		60 N	18 46	19 29	20 24	17 45	22	2 43	92
1	195 27.0	09.5	44 21.8	63	41.1	95	58	42	23	14	40	25	50	89
2	210 27.2	08.6	58 47.0	62	31.6	95	56	39	18	20 05	36	27	2 56	87
3	225 27.5	07.6	73 12.3	63	21.9	97	54	36	13	19 57	32	29	3 02	84
4	240 27.7	06.7	87 37.7	64	12.2	97	52	34	08	50	28	31	07	82
5	255 27.9	+6 05.7	102 03.0	63	−11 02.5	97	50	18 31	19 04	19 44	17 25	32	3 11	80
6	270 28.1	+6 04.8	116 28.4	64	−10 52.6	99	45	18 26	18 56	19 32	17 17	37	3 21	76
7	285 28.3	03.9	130 53.8	64	42.7	99	40	22	50	22	11	40	29	73
8	300 28.5	02.9	145 19.2	64	32.6	101	35	19	44	14	06	42	36	70
9	315 28.7	02.0	159 44.7	65	22.5	101	30	15	40	19 08	17 01	45	42	68
10	330 28.9	01.1	174 10.1	64	12.4	101	20	10	32	18 58	16 53	49	3 52	64
11	345 29.2	+6 00.1	188 35.7	66	−10 02.1	103	10 N	18 06	18 27	18 51	16 46	53	4 01	60
12	0 29.4	+5 59.2	203 01.2	65	− 9 51.8	103	0	18 01	18 22	18 46	16 39	57	4 09	57
13	15 29.6	58.3	217 26.7	65	41.4	104	10 S	17 57	18	43	33	60	17	54
14	30 29.8	57.3	231 52.3	66	31.0	104	20	53	15	41	25	64	26	50
15	45 30.0	56.4	246 17.9	66	20.5	105	30	48	12	40	17	68	36	46
16	60 30.2	55.5	260 43.6	67	− 9 09.9	106	35	45	11	40	13	70	42	44
17	75 30.5	+5 54.5	275 09.2	66	− 8 59.2	107	40	17 42	18 10	18 41	16 07	74	4 48	41
18	90 30.7	+5 53.6	289 34.9	67	− 8 48.5	107	45	17 39	18 08	18 42	16 01	77	4 56	38
19	105 30.9	52.6	304 00.6	67	37.8	107	50	35	07	45	15 53	81	5 05	34
20	120 31.1	51.7	318 26.4	68	26.9	109	52	33	07	46	50	83	09	32
21	135 31.3	50.8	332 52.2	68	16.0	109	54	31	06	47	46	85	13	31
22	150 31.5	49.8	347 18.0	68	− 8 05.1	109	56	29	06	49	42	87	18	29
23	165 31.7	48.9	1 43.8	68	− 7 54.1	110	58	26	06	51	37	90	24	26
24	180 32.0	+5 48.0	16 09.7	69	− 7 43.0	111	60 S	17 23	18 05	18 53	15 32	92	5 30	24

UT	ARIES PMG 0^h 55m9	VENUS Mag.: −3.9 PMG: $11^h 13^m$		MARTE Mag.: +0.7 PMG: $16^h 26^m$		JÚPITER Mag.: −1.8 PMG: $9^h 51^m$		SATURNO Mag.: +0.6 PMG: $16^h 00^m$	
	hG ♈	hG ♀	Dec	hG ♂	Dec	hG ♃	Dec	hG ♄	Dec
h	° '	° '	° '	° '	° '	° '	° '	° '	° '
0	345 59.8	191 56.7	+12 03.1	113 14.8	−20 28.2	212 00.7	+17 48.9	119 24.2	−15 19.5
1	1 02.3	206 56.2	02.0	128 15.5	28.6	227 02.7	48.8	134 26.5	19.6
2	16 04.7	221 55.7	+12 00.9	143 16.3	29.0	242 04.6	48.6	149 28.8	19.7
3	31 07.2	236 55.2	+11 59.9	158 17.1	29.4	257 06.6	48.5	164 31.0	19.7
4	46 09.6	251 54.7	58.8	173 17.9	29.8	272 08.5	48.4	179 33.3	19.8
5	61 12.1	266 54.2	+11 57.8	188 18.7	−20 30.2	287 10.5	+17 48.2	194 35.6	−15 19.8
6	76 14.6	281 53.7	+11 56.7	203 19.4	−20 30.6	302 12.4	+17 48.1	209 37.9	−15 19.9
7	91 17.0	296 53.2	55.7	218 20.2	31.0	317 14.4	47.9	224 40.2	19.9
8	106 19.5	311 52.6	54.6	233 21.0	31.4	332 16.3	47.8	239 42.5	20.0
9	121 22.0	326 52.1	53.5	248 21.8	31.8	347 18.3	47.7	254 44.8	20.1
10	136 24.4	341 51.6	52.5	263 22.6	32.2	2 20.2	47.5	269 47.0	20.1
11	151 26.9	356 51.1	+11 51.4	278 23.3	−20 32.6	17 22.2	+17 47.4	284 49.3	−15 20.2
12	166 29.4	11 50.6	+11 50.3	293 24.1	−20 33.0	32 24.1	+17 47.3	299 51.6	−15 20.2
13	181 31.8	26 50.1	49.3	308 24.9	33.4	47 26.1	47.1	314 53.9	20.3
14	196 34.3	41 49.6	48.2	323 25.7	33.8	62 28.0	47.0	329 56.2	20.4
15	211 36.8	56 49.1	47.1	338 26.4	34.3	77 30.0	46.9	344 58.5	20.4
16	226 39.2	71 48.6	46.1	353 27.2	34.7	92 32.0	46.7	0 00.8	20.5
17	241 41.7	86 48.1	+11 45.0	8 28.0	−20 35.1	107 33.9	+17 46.6	15 03.0	−15 20.5
18	256 44.1	101 47.6	+11 43.9	23 28.8	−20 35.5	122 35.9	+17 46.5	30 05.3	−15 20.6
19	271 46.6	116 47.1	42.9	38 29.5	35.9	137 37.8	46.3	45 07.6	20.6
20	286 49.1	131 46.6	41.8	53 30.3	36.3	152 39.8	46.2	60 09.9	20.7
21	301 51.5	146 46.1	40.7	68 31.1	36.7	167 41.7	46.1	75 12.2	20.8
22	316 54.0	161 45.6	39.7	83 31.9	37.1	182 43.7	45.9	90 14.5	20.8
23	331 56.5	176 45.1	38.6	98 32.6	37.5	197 45.6	45.8	105 16.7	20.9
24	346 58.9	191 44.6	+11 37.5	113 33.4	−20 37.9	212 47.6	+17 45.7	120 19.0	−15 20.9
Dif	—	−5	−11	+8	−4	+20	−1	+23	−1

Lunes 22 de septiembre de 2014

UT	SOL SD: 15′9 PMG: 11^h 52^m7		LUNA SD: 14′8 Edad: 27^d4 PHE { 4^h: 54′2; 12^h: 54′2; 20^h: 54′3 } PMG: 10^h 33^m R°: 43^m				Latitud	Principio del crepúsculo		Salida de Sol	Salida de Luna		Puesta de Luna	
	hG ☉	Dec	hG ☾	Dif	Dec	Dif		Náutico	Civil		Hora	R°	Hora	R°
h	° ′	° ′	° ′		° ′		°	h m	h m	h m	h m	m	h m	m
0	181 46.3	+0 25.8	206 14.5		+6 33.2		60 N	4 12	5 02	5 44	3 40	71	17 12	15
1	196 46.5	24.8	220 48.4	149	24.3	89	58	18	05	44	43	69	09	18
2	211 46.7	23.8	235 22.3	149	15.4	89	56	23	08	45	46	67	08	19
3	226 47.0	22.8	249 56.2	149	+6 06.4	90	54	28	10	45	49	65	06	21
4	241 47.2	21.9	264 30.1	149	+5 57.4	90	52	32	12	46	51	64	04	23
5	256 47.4	+0 20.9	279 04.1	150	+5 48.4	90	50	4 36	5 14	5 46	3 54	62	17 03	24
6	271 47.6	+0 19.9	293 38.0	149	+5 39.3	91	45	4 43	5 17	5 47	3 58	59	17 00	27
7	286 47.8	19.0	308 12.0	150	30.3	90	40	49	20	47	4 02	57	16 57	30
8	301 48.1	18.0	322 45.9	149	21.2	91	35	53	23	48	06	54	55	32
9	316 48.3	17.0	337 19.8	149	12.0	92	30	4 56	24	48	09	52	53	34
10	331 48.5	16.0	351 53.8	150	+5 02.9	91	20	5 01	27	49	14	49	50	37
11	346 48.7	+0 15.1	6 27.8	150	+4 53.7	92	10 N	5 04	5 28	5 49	4 19	45	16 47	40
12	1 48.9	+0 14.1	21 01.7	149	+4 44.5	92	0	5 05	5 29	5 49	4 23	43	16 44	43
13	16 49.2	13.1	35 35.7	150	35.3	92	10 S	04	29	50	27	40	41	46
14	31 49.4	12.1	50 09.6	149	26.0	93	20	5 02	28	50	32	37	38	48
15	46 49.6	11.2	64 43.6	150	16.8	92	30	4 58	26	50	37	34	34	52
16	61 49.8	10.2	79 17.6	150	+4 07.5	93	35	55	24	50	40	32	32	54
17	76 50.0	+0 09.2	93 51.5	149	+3 58.2	93	40	4 51	5 23	5 50	4 43	30	16 30	56
18	91 50.3	+0 08.2	108 25.5	150	+3 48.8	94	45	4 46	5 20	5 49	4 47	28	16 27	59
19	106 50.5	07.3	122 59.4	149	39.5	93	50	39	17	49	52	24	23	63
20	121 50.7	06.3	137 33.4	150	30.1	94	52	36	16	49	54	23	22	64
21	136 50.9	05.3	152 07.4	150	20.8	93	54	32	14	49	56	22	20	66
22	151 51.1	04.4	166 41.3	149	11.4	94	56	28	12	49	4 59	20	18	68
23	166 51.4	03.4	181 15.3	150	+3 01.9	95	58	23	10	49	5 02	18	16	70
24	181 51.6	+0 02.4	195 49.2	149	+2 52.5	94	60 S	4 17	5 07	5 48	5 05	16	16 14	72

UT	ARIES PMG 23^h 53^m0	VENUS Mag.: −3.9 PMG: 11^h 23^m		MARTE Mag.: +0.8 PMG: 16^h 09^m		JÚPITER Mag.: −1.9 PMG: 9^h 03^m		SATURNO Mag.: +0.6 PMG: 15^h 06^m	
	hG ♈	hG ♀	Dec	hG ♂	Dec	hG ♃	Dec	hG ♄	Dec
h	° ′	° ′	° ′	° ′	° ′	° ′	° ′	° ′	° ′
0	0 46.9	189 13.6	+5 11.4	117 31.3	−22 39.4	223 51.2	+17 01.2	132 59.4	−15 42.1
1	15 49.3	204 13.2	10.2	132 32.0	39.7	238 53.2	01.1	148 01.6	42.2
2	30 51.8	219 12.8	09.0	147 32.6	40.0	253 55.2	01.0	163 03.9	42.2
3	45 54.3	234 12.4	07.8	162 33.3	40.3	268 57.2	00.8	178 06.1	42.3
4	60 56.7	249 12.0	06.6	177 33.9	40.6	283 59.2	00.7	193 08.4	42.4
5	75 59.2	264 11.6	+5 05.4	192 34.5	−22 40.9	299 01.2	+17 00.6	208 10.6	−15 42.4
6	91 01.6	279 11.2	+5 04.1	207 35.2	−22 41.3	314 03.2	+17 00.4	223 12.9	−15 42.5
7	106 04.1	294 10.7	02.9	222 35.8	41.6	329 05.2	00.3	238 15.1	42.6
8	121 06.6	309 10.3	01.7	237 36.5	41.9	344 07.2	00.2	253 17.3	42.6
9	136 09.0	324 09.9	+5 00.5	252 37.1	42.2	359 09.2	+17 00.1	268 19.6	42.7
10	151 11.5	339 09.5	+4 59.3	267 37.8	42.5	14 11.2	+16 59.9	283 21.8	42.8
11	166 14.0	354 09.1	+4 58.1	282 38.4	−22 42.8	29 13.2	+16 59.8	298 24.1	−15 42.9
12	181 16.4	9 08.7	+4 56.9	297 39.0	−22 43.1	44 15.2	+16 59.7	313 26.3	−15 42.9
13	196 18.9	24 08.3	55.6	312 39.7	43.4	59 17.2	59.5	328 28.6	43.0
14	211 21.4	39 07.9	54.4	327 40.3	43.8	74 19.2	59.4	343 30.8	43.1
15	226 23.8	54 07.5	53.2	342 41.0	44.1	89 21.1	59.3	358 33.0	43.1
16	241 26.3	69 07.1	52.0	357 41.6	44.4	104 23.1	59.1	13 35.3	43.2
17	256 28.7	84 06.6	+4 50.8	12 42.2	−22 44.7	119 25.1	+16 59.0	28 37.5	−15 43.3
18	271 31.2	99 06.2	+4 49.6	27 42.9	−22 45.0	134 27.1	+16 58.9	43 39.8	−15 43.3
19	286 33.7	114 05.8	48.4	42 43.5	45.3	149 29.1	58.8	58 42.0	43.4
20	301 36.1	129 05.4	47.1	57 44.2	45.6	164 31.1	58.6	73 44.2	43.5
21	316 38.6	144 05.0	45.9	72 44.8	45.9	179 33.1	58.5	88 46.5	43.5
22	331 41.1	159 04.6	44.7	87 45.4	46.2	194 35.1	58.4	103 48.7	43.6
23	346 43.5	174 04.2	43.5	102 46.1	46.5	209 37.1	58.2	118 51.0	43.7
24	1 46.0	189 03.8	+4 42.3	117 46.7	−22 46.9	224 39.2	+16 58.1	133 53.2	−15 43.7
Dif	—	−4	−12	+6	−3	+20	−1	+22	−1

Martes 23 de septiembre de 2014

UT	SOL SD: 15!9 PMG: 11h 52m4		LUNA SD: 14!8 Edad: 28d4 PHE {4h: 54!4, 12h: 54!5, 20h: 54!6} PMG: 11h 16m R°: 44m				Latitud	Puesta de Sol	Fin del crepúsculo		Salida de Luna		Puesta de Luna	
	hG ☉	Dec	hG ☾	Dif	Dec	Dif			Civil	Náutico	Hora	R°	Hora	R°
h	° ′	° ′	° ′		° ′		°	h m	h m	h m	h m	m	h m	m
0	181 51.6	+0 02.4	195 49.2		+2 52.5		60 N	17 57	18 39	19 28	4 51	72	17 27	16
1	196 51.8	01.4	210 23.2	150	43.1	94	58	57	36	23	52	70	27	18
2	211 52.0	+0 00.5	224 57.1	149	33.6	95	56	57	34	18	53	68	27	20
3	226 52.2	−0 00.5	239 31.0	149	24.1	95	54	57	32	14	54	66	27	21
4	241 52.5	01.5	254 05.0	150	14.6	95	52	56	30	10	55	64	27	23
5	256 52.7	−0 02.5	268 38.9	149	+2 05.1	95	50	17 56	18 28	19 06	4 56	63	17 27	24
6	271 52.9	−0 03.4	283 12.8	149	+1 55.6	95	45	17 56	18 25	19 00	4 57	60	17 27	27
7	286 53.1	04.4	297 46.7	149	46.1	95	40	56	23	18 54	4 59	57	27	30
8	301 53.3	05.4	312 20.6	149	36.5	96	35	56	21	50	5 00	55	27	32
9	316 53.5	06.3	326 54.5	149	27.0	95	30	56	19	47	01	53	27	34
10	331 53.8	07.3	341 28.4	149	17.4	96	20	55	17	43	03	49	27	37
11	346 54.0	−0 08.3	356 02.3	149	+1 07.8	96	10 N	17 56	18 16	18 41	5 04	47	17 27	40
12	1 54.2	−0 09.3	10 36.1	148	+0 58.3	95	0	17 56	18 16	18 40	5 06	43	17 27	43
13	16 54.4	10.2	25 10.0	149	48.7	96	10 S	56	17	41	07	41	27	46
14	31 54.6	11.2	39 43.8	148	39.1	96	20	56	18	44	09	37	26	50
15	46 54.9	12.2	54 17.6	148	29.5	96	30	57	21	48	11	34	26	53
16	61 55.1	13.2	68 51.5	149	19.9	96	35	57	22	52	12	32	26	55
17	76 55.3	−0 14.1	83 25.3	148	+0 10.2	97	40	17 57	18 25	18 56	5 13	30	17 26	58
18	91 55.5	−0 15.1	97 59.1	148	+0 00.6	96	45	17 58	18 27	19 02	5 15	27	17 26	60
19	106 55.7	16.1	112 32.8	147	−0 09.0	96	50	59	31	09	16	24	26	63
20	121 55.9	17.1	127 06.6	148	18.6	96	52	59	33	13	17	23	26	65
21	136 56.2	18.0	141 40.4	148	28.3	97	54	17 59	35	17	18	21	26	66
22	151 56.4	19.0	156 14.1	147	37.9	96	56	18 00	37	21	19	19	26	68
23	166 56.6	20.0	170 47.8	147	47.5	96	58	00	40	27	20	17	26	70
24	181 56.8	−0 20.9	185 21.5	147	−0 57.2	97	60 S	18 01	18 42	19 33	5 21	15	17 26	72

UT	ARIES PMG 23h 49m0	VENUS Mag.: −3.9 PMG: 11h 24m		MARTE Mag.: +0.8 PMG: 16h 08m		JÚPITER Mag.: −1.9 PMG: 9h 00m		SATURNO Mag.: +0.6 PMG: 15h 02m	
	hG ♈	hG ♀	Dec	hG ♂	Dec	hG ♃	Dec	hG ♄	Dec
h	° ′	° ′	° ′	° ′	° ′	° ′	° ′	° ′	° ′
0	1 46.0	189 03.8	+4 42.3	117 46.7	−22 46.9	224 39.2	+16 58.1	133 53.2	−15 43.7
1	16 48.5	204 03.4	41.0	132 47.3	47.2	239 41.2	58.0	148 55.5	43.8
2	31 50.9	219 03.0	39.8	147 48.0	47.5	254 43.2	57.9	163 57.7	43.9
3	46 53.4	234 02.6	38.6	162 48.6	47.8	269 45.2	57.7	178 59.9	43.9
4	61 55.9	249 02.2	37.4	177 49.3	48.1	284 47.2	57.6	194 02.2	44.0
5	76 58.3	264 01.8	+4 36.2	192 49.9	−22 48.4	299 49.2	+16 57.5	209 04.4	−15 44.1
6	92 00.8	279 01.4	+4 35.0	207 50.5	−22 48.7	314 51.2	+16 57.3	224 06.7	−15 44.1
7	107 03.2	294 00.9	33.7	222 51.2	49.0	329 53.2	57.2	239 08.9	44.2
8	122 05.7	309 00.5	32.5	237 51.8	49.3	344 55.2	57.1	254 11.1	44.3
9	137 08.2	324 00.1	31.3	252 52.4	49.6	359 57.2	57.0	269 13.4	44.3
10	152 10.6	338 59.7	30.1	267 53.1	49.9	14 59.2	56.8	284 15.6	44.4
11	167 13.1	353 59.3	+4 28.9	282 53.7	−22 50.2	30 01.2	+16 56.7	299 17.9	−15 44.5
12	182 15.6	8 58.9	+4 27.6	297 54.3	−22 50.5	45 03.2	+16 56.6	314 20.1	−15 44.5
13	197 18.0	23 58.5	26.4	312 55.0	50.8	60 05.2	56.4	329 22.3	44.6
14	212 20.5	38 58.1	25.2	327 55.6	51.1	75 07.2	56.3	344 24.6	44.7
15	227 23.0	53 57.7	24.0	342 56.2	51.4	90 09.2	56.2	359 26.8	44.7
16	242 25.4	68 57.3	22.7	357 56.9	51.7	105 11.2	56.1	14 29.0	44.8
17	257 27.9	83 56.9	+4 21.5	12 57.5	−22 52.0	120 13.2	+16 55.9	29 31.3	−15 44.9
18	272 30.3	98 56.5	+4 20.3	27 58.1	−22 52.4	135 15.2	+16 55.8	44 33.5	−15 44.9
19	287 32.8	113 56.1	19.1	42 58.8	52.7	150 17.2	55.7	59 35.8	45.0
20	302 35.3	128 55.7	17.9	57 59.4	53.0	165 19.2	55.6	74 38.0	45.1
21	317 37.7	143 55.3	16.6	73 00.0	53.3	180 21.2	55.4	89 40.2	45.1
22	332 40.2	158 54.9	15.4	88 00.6	53.6	195 23.2	55.3	104 42.5	45.2
23	347 42.7	173 54.5	14.2	103 01.3	53.9	210 25.2	55.2	119 44.7	45.3
24	2 45.1	188 54.1	+4 13.0	118 01.9	−22 54.2	225 27.2	+16 55.0	134 47.0	−15 45.3
Dif	—	−4	−12	+6	−3	+20	−1	+22	−1

Miércoles 24 de septiembre de 2014

UT	SOL SD: 15'9 PMG: 11h 52m0		LUNA SD: 14'9 Edad: 29d4 PHE {4h: 54'7; 12h: 54'8; 20h: 54'9} PMG: 12h 00m R°: 44m				Latitud	Principio del crepúsculo		Salida de Sol	Salida de Luna		Puesta de Luna	
	hG ☉	Dec	hG ☾	Dif	Dec	Dif		Náutico	Civil		Hora	R°	Hora	R°
h	° '	° '	° '		° '		°	h m	h m	h m	h m	m	h m	m
0	181 56.8	−0 20.9	185 21.5		−0 57.2		60 N	4 17	5 07	5 49	6 03	73	17 43	17
1	196 57.0	21.9	199 55.2	147	−1 06.8	96	58	23	09	49	02	71	45	19
2	211 57.2	22.9	214 28.9	147	16.5	97	56	28	12	49	01	69	47	21
3	226 57.5	23.9	229 02.5	146	26.1	96	54	32	14	49	6 00	67	48	23
4	241 57.7	24.8	243 36.1	146	35.7	96	52	35	15	49	5 59	66	50	24
5	256 57.9	−0 25.8	258 09.7	146	−1 45.4	97	50	4 39	5 17	5 49	5 59	64	17 51	26
6	271 58.1	−0 26.8	272 43.3	146	−1 55.0	96	45	4 46	5 20	5 49	5 57	61	17 54	29
7	286 58.3	27.8	287 16.9	146	−2 04.6	96	40	51	22	49	56	58	57	31
8	301 58.6	28.7	301 50.5	146	14.3	97	35	55	24	49	55	55	17 59	34
9	316 58.8	29.7	316 24.0	145	23.9	96	30	4 58	25	49	54	53	18 01	35
10	331 59.0	30.7	330 57.5	145	33.5	96	20	5 02	27	49	52	50	04	39
11	346 59.2	−0 31.7	345 31.0	145	−2 43.1	96	10 N	5 04	5 28	5 49	5 51	46	18 07	42
12	1 59.4	−0 32.6	0 04.4	144	−2 52.7	96	0	5 04	5 28	5 49	5 49	44	18 10	45
13	16 59.6	33.6	14 37.9	145	−3 02.3	96	10 S	03	27	48	48	41	13	48
14	31 59.9	34.6	29 11.3	144	11.9	96	20	5 00	26	48	46	39	16	51
15	47 00.1	35.6	43 44.7	144	21.5	96	30	4 56	23	47	45	34	19	54
16	62 00.3	36.5	58 18.0	143	31.0	95	35	52	22	47	44	33	21	56
17	77 00.5	−0 37.5	72 51.4	144	−3 40.6	96	40	4 48	5 19	5 46	5 43	30	18 24	58
18	92 00.7	−0 38.5	87 24.7	143	−3 50.1	95	45	4 42	5 16	5 46	5 42	28	18 26	61
19	107 00.9	39.4	101 58.0	143	−3 59.7	96	50	35	13	45	40	25	29	64
20	122 01.1	40.4	116 31.2	142	−4 09.2	95	52	31	11	44	40	23	31	65
21	137 01.4	41.4	131 04.5	143	18.7	95	54	27	09	44	39	22	32	68
22	152 01.6	42.4	145 37.7	142	28.2	95	56	22	06	44	38	20	34	69
23	167 01.8	43.3	160 10.8	141	37.7	95	58	17	04	43	37	19	36	71
24	182 02.0	−0 44.3	174 44.0	142	−4 47.2	95	60 S	4 11	5 01	5 42	5 36	17	18 38	73

UT	ARIES PMG 23h 45m1	VENUS Mag.: −3.9 PMG: 11h 25m		MARTE Mag.: +0.8 PMG: 16h 07m		JÚPITER Mag.: −1.9 PMG: 8h 57m		SATURNO Mag.: +0.6 PMG: 14h 59m	
	hG ♈	hG ♀	Dec	hG ♂	Dec	hG ♃	Dec	hG ♄	Dec
h	° '	° '	° '	° '	° '	° '	° '	° '	° '
0	2 45.1	188 54.1	+4 13.0	118 01.9	−22 54.2	225 27.2	+16 55.0	134 47.0	−15 45.3
1	17 47.6	203 53.7	11.7	133 02.5	54.5	240 29.2	54.9	149 49.2	45.4
2	32 50.1	218 53.2	10.5	148 03.2	54.8	255 31.2	54.8	164 51.4	45.5
3	47 52.5	233 52.8	09.3	163 03.8	55.1	270 33.2	54.7	179 53.7	45.6
4	62 55.0	248 52.4	08.1	178 04.4	55.4	285 35.2	54.5	194 55.9	45.6
5	77 57.5	263 52.0	+4 06.8	193 05.0	−22 55.7	300 37.2	+16 54.4	209 58.1	−15 45.7
6	92 59.9	278 51.6	+4 05.6	208 05.7	−22 56.0	315 39.2	+16 54.3	225 00.4	−15 45.8
7	108 02.4	293 51.2	04.4	223 06.3	56.3	330 41.2	54.1	240 02.6	45.8
8	123 04.8	308 50.8	03.2	238 06.9	56.6	345 43.2	54.0	255 04.9	45.9
9	138 07.3	323 50.4	01.9	253 07.6	56.9	0 45.3	53.9	270 07.1	46.0
10	153 09.8	338 50.0	+4 00.7	268 08.2	57.2	15 47.3	53.8	285 09.3	46.0
11	168 12.2	353 49.6	+3 59.5	283 08.8	−22 57.5	30 49.3	+16 53.6	300 11.6	−15 46.1
12	183 14.7	8 49.2	+3 58.3	298 09.4	−22 57.7	45 51.3	+16 53.5	315 13.8	−15 46.2
13	198 17.2	23 48.8	57.0	313 10.1	58.0	60 53.3	53.4	330 16.0	46.2
14	213 19.6	38 48.4	55.8	328 10.7	58.3	75 55.3	53.3	345 18.3	46.3
15	228 22.1	53 48.0	54.6	343 11.3	58.6	90 57.3	53.1	0 20.5	46.4
16	243 24.6	68 47.6	53.4	358 11.9	58.9	105 59.3	53.0	15 22.8	46.4
17	258 27.0	83 47.2	+3 52.1	13 12.5	−22 59.2	121 01.3	+16 52.9	30 25.0	−15 46.5
18	273 29.5	98 46.8	+3 50.9	28 13.2	−22 59.5	136 03.3	+16 52.7	45 27.2	−15 46.6
19	288 31.9	113 46.4	49.7	43 13.8	−22 59.8	151 05.3	52.6	60 29.5	46.6
20	303 34.4	128 46.0	48.4	58 14.4	−23 00.1	166 07.3	52.5	75 31.7	46.7
21	318 36.9	143 45.6	47.2	73 15.0	00.4	181 09.3	52.4	90 33.9	46.8
22	333 39.3	158 45.2	46.0	88 15.7	00.7	196 11.3	52.2	105 36.2	46.8
23	348 41.8	173 44.8	44.8	103 16.3	01.0	211 13.3	52.1	120 38.4	46.9
24	3 44.3	188 44.4	+3 43.5	118 16.9	−23 01.3	226 15.4	+16 52.0	135 40.6	−15 47.0
Dif	—	−4	−12	+6	−3	+20	−1	+22	−1

Sábado 27 de septiembre de 2014

UT	SOL SD: 16′.0 PMG: 11h 51m.0		LUNA SD: 15′.2 Edad: 2d.7 PHE { 4h: 55′.9; 12h: 56′.1; 20h: 56′.3 } PMG: 14h 18m R°: 50m				Latitud	Puesta de Sol	Fin del crepúsculo		Salida de Luna		Puesta de Luna	
	hG ☉	Dec	hG ☾	Dif	Dec	Dif			Civil	Náutico	Hora	R°	Hora	R°
h	° ′	° ′	° ′		° ′		°	h m	h m	h m	h m	m	h m	m
0	182 12.3	− 1 31.1	152 31.1	122	− 11 49.6	78	60 N	17 45	18 26	19 15	9 45	72	18 42	30
1	197 12.5	32.0	167 02.3	121	− 11 57.4	78	58	46	25	11	36	71	51	31
2	212 12.7	33.0	181 33.4	120	− 12 05.2	77	56	46	23	07	29	69	18 58	34
3	227 12.9	34.0	196 04.4	120	12.9	76	54	47	22	03	23	67	19 05	35
4	242 13.1	34.9	210 35.4	120	20.5	77	52	47	21	19 00	17	66	11	36
5	257 13.4	− 1 35.9	225 06.4	118	− 12 28.2	75	50	17 48	18 20	18 57	9 12	65	19 17	37
6	272 13.6	− 1 36.9	239 37.2	119	− 12 35.7	75	45	17 48	18 18	18 52	9 01	62	19 29	39
7	287 13.8	37.9	254 08.1	118	43.2	74	40	49	16	48	8 52	60	39	41
8	302 14.0	38.8	268 38.9	117	50.6	74	35	50	15	44	44	59	47	43
9	317 14.2	39.8	283 09.6	117	− 12 58.0	73	30	51	14	42	38	56	19 55	44
10	332 14.4	40.8	297 40.3	116	− 13 05.3	73	20	52	14	39	26	54	20 08	46
11	347 14.6	− 1 41.8	312 10.9	116	− 13 12.6	72	10 N	17 53	18 14	18 38	8 16	51	20 19	49
12	2 14.8	− 1 42.7	326 41.5	115	− 13 19.8	71	0	17 54	18 15	18 39	8 06	50	20 30	50
13	17 15.0	43.7	341 12.0	115	26.9	71	10 S	56	17	41	7 57	47	40	53
14	32 15.3	44.7	355 42.5	114	34.0	70	20	57	19	45	46	46	20 52	54
15	47 15.5	45.7	10 12.9	114	41.0	69	30	17 59	23	51	35	42	21 05	56
16	62 15.7	46.6	24 43.3	113	47.9	69	35	18 00	25	18 55	28	41	12	58
17	77 15.9	− 1 47.6	39 13.6	113	− 13 54.8	68	40	18 01	18 28	19 00	7 21	39	21 21	59
18	92 16.1	− 1 48.6	53 43.9	112	− 14 01.6	68	45	18 03	18 32	19 07	7 12	37	21 31	61
19	107 16.3	49.5	68 14.1	111	08.4	66	50	05	37	16	7 02	34	43	64
20	122 16.5	50.5	82 44.2	111	15.0	66	52	06	40	20	6 57	33	49	65
21	137 16.7	51.5	97 14.3	111	21.6	66	54	07	42	25	52	32	21 55	66
22	152 16.9	52.5	111 44.4	110	28.2	64	56	08	45	30	46	30	22 02	68
23	167 17.2	53.4	126 14.4	109	34.6	65	58	09	48	36	39	29	10	69
24	182 17.4	− 1 54.4	140 44.3		− 14 41.1		60 S	18 10	18 52	19 43	6 32	26	22 19	71

UT	ARIES PMG 23h 33m.3	VENUS Mag.: −3.9 PMG: 11h 27m		MARTE Mag.: +0.8 PMG: 16h 04m		JÚPITER Mag.: −1.9 PMG: 8h 47m		SATURNO Mag.: +0.6 PMG: 14h 48m	
	hG ♈	hG ♀	Dec	hG ♂	Dec	hG ♃	Dec	hG ♄	Dec
h	° ′	° ′	° ′	° ′	° ′	° ′	° ′	° ′	° ′
0	5 42.5	188 25.3	+ 2 44.3	118 46.3	− 23 15.0	227 51.9	+ 16 45.9	137 27.8	− 15 50.3
1	20 45.0	203 24.9	43.1	133 46.9	15.3	242 53.9	45.8	152 30.1	50.4
2	35 47.5	218 24.5	41.8	148 47.5	15.6	257 55.9	45.6	167 32.3	50.4
3	50 49.9	233 24.1	40.6	163 48.1	15.8	272 58.0	45.5	182 34.5	50.5
4	65 52.4	248 23.7	39.3	178 48.7	16.1	288 00.0	45.4	197 36.7	50.6
5	80 54.9	263 23.3	+ 2 38.1	193 49.3	− 23 16.4	303 02.0	+ 16 45.3	212 39.0	− 15 50.6
6	95 57.3	278 22.9	+ 2 36.9	208 49.9	− 23 16.7	318 04.0	+ 16 45.1	227 41.2	− 15 50.7
7	110 59.8	293 22.5	35.6	223 50.5	16.9	333 06.0	45.0	242 43.4	50.8
8	126 02.3	308 22.1	34.4	238 51.1	17.2	348 08.0	44.9	257 45.7	50.8
9	141 04.7	323 21.7	33.2	253 51.7	17.5	3 10.1	44.8	272 47.9	50.9
10	156 07.2	338 21.3	31.9	268 52.3	17.8	18 12.1	44.6	287 50.1	51.0
11	171 09.6	353 20.9	+ 2 30.7	283 52.9	− 23 18.0	33 14.1	+ 16 44.5	302 52.4	− 15 51.0
12	186 12.1	8 20.5	+ 2 29.4	298 53.5	− 23 18.3	48 16.1	+ 16 44.4	317 54.6	− 15 51.1
13	201 14.6	23 20.1	28.2	313 54.1	18.6	63 18.1	44.3	332 56.8	51.2
14	216 17.0	38 19.7	27.0	328 54.7	18.9	78 20.1	44.1	347 59.0	51.3
15	231 19.5	53 19.3	25.7	343 55.3	19.1	93 22.2	44.0	3 01.3	51.3
16	246 22.0	68 18.9	24.5	358 55.9	19.4	108 24.2	43.9	18 03.5	51.4
17	261 24.4	83 18.5	+ 2 23.2	13 56.5	− 23 19.7	123 26.2	+ 16 43.8	33 05.7	− 15 51.5
18	276 26.9	98 18.1	+ 2 22.0	28 57.1	− 23 19.9	138 28.2	+ 16 43.6	48 08.0	− 15 51.5
19	291 29.4	113 17.8	20.7	43 57.7	20.2	153 30.2	43.5	63 10.2	51.6
20	306 31.8	128 17.4	19.5	58 58.3	20.5	168 32.3	43.4	78 12.4	51.7
21	321 34.3	143 17.0	18.3	73 58.9	20.8	183 34.3	43.3	93 14.6	51.7
22	336 36.8	158 16.6	17.0	88 59.5	21.0	198 36.3	43.1	108 16.9	51.8
23	351 39.2	173 16.2	15.8	104 00.1	21.3	213 38.3	43.0	123 19.1	51.9
24	6 41.7	188 15.8	+ 2 14.5	119 00.7	− 23 21.6	228 40.3	+ 16 42.9	138 21.3	− 15 51.9
Dif	—	−4	−12	+6	−3	+20	−1	+22	−1

Domingo 28 de septiembre de 2014

UT	SOL SD: 16′.0 PMG: 11h 50m.7		LUNA SD: 15′.4 Edad: 3d.7 PHE {4h: 56′.4; 12h: 56′.6; 20h: 56′.8} PMG: 15h 08m R°: 52m				Latitud	Principio del crepúsculo		Salida de Sol	Salida de Luna		Puesta de Luna	
	hG ☉	Dec	hG ☾	Dif	Dec	Dif		Náutico	Civil		Hora	R°	Hora	R°
h	° ′	° ′	° ′		° ′		°	h m	h m	h m	h m	m	h m	m
0	182 17.4	− 1 54.4	140 44.3		− 14 41.1		60 N	4 27	5 17	5 58	10 57	70	19 12	38
1	197 17.6	55.4	155 14.2	109	47.4	63	58	32	18	57	47	68	22	40
2	212 17.8	56.4	169 44.0	108	53.6	62	56	36	20	57	38	66	32	41
3	227 18.0	57.3	184 13.8	108	− 14 59.8	62	54	39	21	56	30	65	40	42
4	242 18.2	58.3	198 43.5	107	− 15 05.9	61	52	42	22	56	23	64	47	43
5	257 18.4	− 1 59.3	213 13.2	107	− 15 12.0	61	50	4 45	5 23	5 55	10 17	63	19 54	44
6	272 18.6	− 2 00.2	227 42.8	106	− 15 17.9	59	45	4 51	5 25	5 54	10 03	61	20 08	46
7	287 18.8	01.2	242 12.3	105	23.8	59	40	55	26	53	9 52	59	20	47
8	302 19.0	02.2	256 41.8	105	29.6	58	35	4 58	27	52	43	58	30	48
9	317 19.3	03.2	271 11.3	105	35.4	58	30	5 00	28	52	34	57	39	49
10	332 19.5	04.1	285 40.7	104	41.0	56	20	03	28	50	20	55	20 54	51
11	347 19.7	− 2 05.1	300 10.0	103	− 15 46.6	56	10 N	5 03	5 28	5 49	9 07	54	21 08	51
12	2 19.9	− 2 06.1	314 39.3	103	− 15 52.1	55	0	5 03	5 27	5 47	8 56	51	21 20	53
13	17 20.1	07.1	329 08.5	102	− 15 57.5	54	10 S	5 01	25	46	44	50	33	54
14	32 20.3	08.0	343 37.7	102	− 16 02.8	53	20	4 57	22	44	32	48	21 46	55
15	47 20.5	09.0	358 06.8	101	08.1	53	30	50	18	42	17	47	22 01	57
16	62 20.7	10.0	12 35.9	101	13.2	51	35	46	16	41	09	46	10	58
17	77 20.9	− 2 10.9	27 04.9	100	− 16 18.3	51	40	4 41	5 13	5 40	8 00	44	22 20	59
18	92 21.1	− 2 11.9	41 33.9	100	− 16 23.3	50	45	4 34	5 09	5 38	7 49	43	22 32	60
19	107 21.3	12.9	56 02.8	99	28.2	49	50	25	04	36	36	41	47	61
20	122 21.6	13.9	70 31.6	98	33.1	49	52	21	5 01	35	30	40	22 54	62
21	137 21.8	14.8	85 00.4	98	37.8	47	54	16	4 59	34	24	38	23 01	63
22	152 22.0	15.8	99 29.2	98	42.5	47	56	11	56	33	16	37	10	63
23	167 22.2	16.8	113 57.9	97	47.0	45	58	4 04	52	32	7 08	35	19	65
24	182 22.4	− 2 17.8	128 26.5	96	− 16 51.5	45	60 S	3 57	4 48	5 30	6 58	34	23 30	66

UT	ARIES PMG 23h 29m.4	VENUS Mag.: −3.9 PMG: 11h 27m		MARTE Mag.: +0.8 PMG: 16h 03m		JÚPITER Mag.: −1.9 PMG: 8h 44m		SATURNO Mag.: +0.6 PMG: 14h 44m	
	hG ♈	hG ♀	Dec	hG ♂	Dec	hG ♃	Dec	hG ♄	Dec
h	° ′	° ′	° ′	° ′	° ′	° ′	° ′	° ′	° ′
0	6 41.7	188 15.8	+ 2 14.5	119 00.7	− 23 21.6	228 40.3	+ 16 42.9	138 21.3	− 15 51.9
1	21 44.1	203 15.4	13.3	134 01.3	21.8	243 42.4	42.8	153 23.6	52.0
2	36 46.6	218 15.0	12.1	149 01.9	22.1	258 44.4	42.6	168 25.8	52.1
3	51 49.1	233 14.6	10.8	164 02.5	22.4	273 46.4	42.5	183 28.0	52.2
4	66 51.5	248 14.2	09.6	179 03.1	22.6	288 48.4	42.4	198 30.2	52.2
5	81 54.0	263 13.8	+ 2 08.3	194 03.7	− 23 22.9	303 50.4	+ 16 42.3	213 32.5	− 15 52.3
6	96 56.5	278 13.4	+ 2 07.1	209 04.3	− 23 23.2	318 52.4	+ 16 42.1	228 34.7	− 15 52.4
7	111 58.9	293 13.0	05.8	224 04.9	23.5	333 54.5	42.0	243 36.9	52.4
8	127 01.4	308 12.6	04.6	239 05.4	23.7	348 56.5	41.9	258 39.1	52.5
9	142 03.9	323 12.2	03.4	254 06.0	24.0	3 58.5	41.8	273 41.4	52.6
10	157 06.3	338 11.8	02.1	269 06.6	24.3	19 00.5	41.6	288 43.6	52.6
11	172 08.8	353 11.4	+ 2 00.9	284 07.2	− 23 24.5	34 02.6	+ 16 41.5	303 45.8	− 15 52.7
12	187 11.2	8 11.1	+ 1 59.6	299 07.8	− 23 24.8	49 04.6	+ 16 41.4	318 48.1	− 15 52.8
13	202 13.7	23 10.7	58.4	314 08.4	25.0	64 06.6	41.3	333 50.3	52.9
14	217 16.2	38 10.3	57.1	329 09.0	25.3	79 08.6	41.1	348 52.5	52.9
15	232 18.6	53 09.9	55.9	344 09.6	25.6	94 10.6	41.0	3 54.7	53.0
16	247 21.1	68 09.5	54.7	359 10.2	25.8	109 12.7	40.9	18 57.0	53.1
17	262 23.6	83 09.1	+ 1 53.4	14 10.8	− 23 26.1	124 14.7	+ 16 40.8	33 59.2	− 15 53.1
18	277 26.0	98 08.7	+ 1 52.2	29 11.4	− 23 26.4	139 16.7	+ 16 40.6	49 01.4	− 15 53.2
19	292 28.5	113 08.3	50.9	44 12.0	26.6	154 18.7	40.5	64 03.6	53.3
20	307 31.0	128 07.9	49.7	59 12.5	26.9	169 20.7	40.4	79 05.9	53.3
21	322 33.4	143 07.5	48.4	74 13.1	27.2	184 22.8	40.3	94 08.1	53.4
22	337 35.9	158 07.1	47.2	89 13.7	27.4	199 24.8	40.1	109 10.3	53.5
23	352 38.4	173 06.7	45.9	104 14.3	27.7	214 26.8	40.0	124 12.5	53.6
24	7 40.8	188 06.3	+ 1 44.7	119 14.9	− 23 27.9	229 28.8	+ 16 39.9	139 14.8	− 15 53.6
Dif	—	−4	−12	+6	−3	+20	−1	+22	−1

Sábado 11 de octubre de 2014

UT	SOL SD: 16'.0 PMG: $11^h\ 46^m.8$		☾ LUNA SD: 15'.8 Edad: $16^d.7$ PHE { 4^h: 58'.0, 12^h: 57'.7, 20^h: 57'.4 } PMG: $2^h\ 04^m$ R°: 53^m				Latitud	Puesta de Sol	Fin del crepúsculo		Salida de Luna		Puesta de Luna	
	hG ☉	Dec	hG ☾	Dif	Dec	Dif			Civil	Náutico	Hora	R°	Hora	R°
h	° ′	° ′	° ′		° ′		°	h m	h m	h m	h m	m	h m	m
0	183 16.8	−6 54.4	330 06.2	86	+15 19.4	62	60 N	17 03	17 45	18 33	18 33	41	10 22	69
1	198 16.9	55.4	344 33.8	87	25.6	61	58	07	46	31	44	42	12	67
2	213 17.1	56.3	359 01.5	86	31.7	60	56	10	47	30	18 54	43	10 03	65
3	228 17.3	57.3	13 29.1	86	37.7	59	54	13	48	29	19 02	44	9 55	64
4	243 17.4	58.2	27 56.7	87	43.6	58	52	15	49	28	10	44	47	64
5	258 17.6	−6 59.1	42 24.4	87	+15 49.4	57	50	17 17	17 50	18 27	19 16	46	9 41	63
6	273 17.8	−7 00.1	56 52.1	87	+15 55.1	56	45	17 23	17 52	18 26	19 31	47	9 27	61
7	288 17.9	01.0	71 19.8	87	+16 00.7	55	40	27	54	25	43	48	15	60
8	303 18.1	02.0	85 47.5	87	06.2	54	35	31	56	25	19 53	49	9 05	59
9	318 18.3	02.9	100 15.2	87	11.6	53	30	34	17 58	26	20 02	50	8 57	57
10	333 18.4	03.9	114 42.9	88	16.9	52	20	40	18 02	27	18	51	42	56
11	348 18.6	−7 04.8	129 10.7	87	+16 22.1	51	10 N	17 45	18 06	18 31	20 32	51	8 29	55
12	3 18.7	−7 05.7	143 38.4	88	+16 27.2	50	0	17 50	18 11	18 35	20 45	52	8 17	53
13	18 18.9	06.7	158 06.2	88	32.2	48	10 S	17 55	16	41	20 58	53	8 05	52
14	33 19.1	07.6	172 34.0	88	37.0	48	20	18 01	23	18 49	21 11	55	7 52	50
15	48 19.2	08.6	187 01.8	88	41.8	47	30	07	32	19 00	27	56	37	49
16	63 19.4	09.5	201 29.6	89	46.5	46	35	11	37	07	37	56	28	48
17	78 19.5	−7 10.4	215 57.5	88	+16 51.1	45	40	18 15	18 43	19 16	21 47	57	7 19	46
18	93 19.7	−7 11.4	230 25.3	89	+16 55.6	43	45	18 20	18 51	19 27	22 00	58	7 07	45
19	108 19.9	12.3	244 53.2	89	+16 59.9	43	50	27	19 00	41	15	59	6 54	43
20	123 20.0	13.3	259 21.1	89	+17 04.2	42	52	29	04	47	22	60	47	42
21	138 20.2	14.2	273 49.0	90	08.4	41	54	33	09	19 55	30	60	40	41
22	153 20.3	15.1	288 17.0	90	12.5	39	56	36	15	20 04	39	61	32	40
23	168 20.5	16.1	302 45.0	89	16.4	39	58	40	21	14	22 49	62	23	39
24	183 20.7	−7 17.0	317 12.9		+17 20.3		60 S	18 44	19 29	20 25	23 01	63	6 13	37

UT	ARIES PMG $22^h\ 38^m.2$	VENUS Mag.: −4.0 PMG: $11^h\ 35^m$		MARTE Mag.: +0.8 PMG: $15^h\ 52^m$		JÚPITER Mag.: −1.9 PMG: $8^h\ 02^m$		SATURNO Mag.: +0.6 PMG: $13^h\ 58^m$	
	hG ♈	hG ♀	Dec	hG ♂	Dec	hG ♃	Dec	hG ♄	Dec
h	° ′	° ′	° ′	° ′	° ′	° ′	° ′	° ′	° ′
0	19 30.5	186 12.3	−4 15.6	121 51.9	−24 28.4	239 18.7	+16 05.6	149 52.0	−16 14.3
1	34 32.9	201 11.9	16.8	136 52.4	28.5	254 20.8	05.5	164 54.2	14.4
2	49 35.4	216 11.5	18.1	151 52.9	28.7	269 22.8	05.4	179 56.4	14.5
3	64 37.9	231 11.1	19.3	166 53.4	28.8	284 24.9	05.3	194 58.6	14.6
4	79 40.3	246 10.7	20.6	181 53.9	29.0	299 27.0	05.2	210 00.8	14.6
5	94 42.8	261 10.3	−4 21.8	196 54.4	−24 29.1	314 29.1	+16 05.1	225 03.0	−16 14.7
6	109 45.3	276 09.9	−4 23.0	211 54.9	−24 29.3	329 31.1	+16 05.0	240 05.2	−16 14.8
7	124 47.7	291 09.5	24.3	226 55.4	29.4	344 33.2	04.8	255 07.4	14.8
8	139 50.2	306 09.1	25.5	241 56.0	29.6	359 35.3	04.7	270 09.6	14.9
9	154 52.7	321 08.6	26.8	256 56.5	29.8	14 37.4	04.6	285 11.8	15.0
10	169 55.1	336 08.2	28.0	271 57.0	29.9	29 39.4	04.5	300 14.0	15.1
11	184 57.6	351 07.8	−4 29.3	286 57.5	−24 30.1	44 41.5	+16 04.4	315 16.2	−16 15.1
12	200 00.0	6 07.4	−4 30.5	301 58.0	−24 30.2	59 43.6	+16 04.3	330 18.4	−16 15.2
13	215 02.5	21 07.0	31.7	316 58.5	30.4	74 45.7	04.2	345 20.6	15.3
14	230 05.0	36 06.6	33.0	331 59.0	30.5	89 47.7	04.1	0 22.8	15.4
15	245 07.4	51 06.2	34.2	346 59.5	30.7	104 49.8	04.0	15 25.0	15.4
16	260 09.9	66 05.8	35.5	2 00.0	30.8	119 51.9	03.8	30 27.2	15.5
17	275 12.4	81 05.3	−4 36.7	17 00.5	−24 30.9	134 54.0	+16 03.7	45 29.4	−16 15.6
18	290 14.8	96 04.9	−4 38.0	32 01.0	−24 31.1	149 56.0	+16 03.6	60 31.6	−16 15.7
19	305 17.3	111 04.5	39.2	47 01.5	31.2	164 58.1	03.5	75 33.8	15.7
20	320 19.8	126 04.1	40.4	62 02.0	31.4	180 00.2	03.4	90 36.0	15.8
21	335 22.2	141 03.7	41.7	77 02.5	31.5	195 02.3	03.3	105 38.2	15.9
22	350 24.7	156 03.3	42.9	92 03.0	31.7	210 04.4	03.2	120 40.4	16.0
23	5 27.1	171 02.9	44.2	107 03.5	31.8	225 06.4	03.1	135 42.6	16.0
24	20 29.6	186 02.5	−4 45.4	122 04.0	−24 32.0	240 08.5	+16 02.9	150 44.8	−16 16.1
Dif	—	−4	−12	+5	−2	+21	−1	+22	−1

Miércoles 15 de octubre de 2014

UT	SOL SD: 16'.0 PMG: 11h 45m.8		☽ LUNA SD: 15'.0 Edad: 20d.7 PHE {4h: 55'.0; 12h: 54'.8; 20h: 54'.6} PMG: 5h 30m R°: 47m				Latitud	Puesta de Sol	Fin del crepúsculo		Salida de Luna		Puesta de Luna	
	hG ☉	Dec	hG ☾	Dif	Dec	Dif			Civil	Náutico	Hora	R°	Hora	R°
h	° '	° '	° '		° '		°	h m	h m	h m	h m	m	h m	m
0	183 31.5	− 8 24.2	280 14.6		+ 17 36.1		60 N	16 51	17 34	18 22	22 02	66	13 51	28
1	198 31.6	25.1	294 45.3	117	32.9	32	58	16 56	36	21	12	65	40	30
2	213 31.8	26.1	309 16.0	117	29.7	32	56	17 00	37	20	21	63	31	31
3	228 31.9	27.0	323 46.8	118	26.4	33	54	03	39	20	29	62	22	33
4	243 32.1	27.9	338 17.6	118	23.0	34	52	06	40	19	36	60	15	34
5	258 32.2	− 8 28.8	352 48.5	119	+ 17 19.5	35	50	17 09	17 42	18 19	22 43	59	13 08	35
6	273 32.4	− 8 29.8	7 19.4	119	+ 17 16.0	35	45	17 15	17 45	18 19	22 57	56	12 54	37
7	288 32.5	30.7	21 50.3	119	12.4	36	40	21	48	19	23 08	55	42	39
8	303 32.6	31.6	36 21.3	120	08.7	37	35	25	51	20	18	53	32	40
9	318 32.8	32.5	50 52.4	121	04.9	38	30	29	54	21	26	52	23	41
10	333 32.9	33.5	65 23.5	121	+ 17 01.0	39	20	37	17 59	24	41	50	12 07	44
11	348 33.1	− 8 34.4	79 54.6	121	+ 16 57.1	39	10 N	17 43	18 04	18 29	23 54	47	11 54	45
12	3 33.2	− 8 35.3	94 25.8	122	+ 16 53.1	40	0	17 49	18 10	18 34	** **	***	11 41	47
13	18 33.3	36.2	108 57.1	123	49.0	41	10 S	17 55	17	41	** **	***	29	48
14	33 33.5	37.1	123 28.3	122	44.8	42	20	18 02	24	18 51	** **	***	11 15	50
15	48 33.6	38.1	137 59.6	123	40.6	42	30	10	34	19 03	0 02	43	10 59	52
16	63 33.7	39.0	152 31.0	124	36.3	43	35	14	40	11	11	42	50	53
17	78 33.9	− 8 39.9	167 02.4	124	+ 16 31.9	44	40	18 20	18 48	19 21	0 22	41	10 40	54
18	93 34.0	− 8 40.8	181 33.9	125	+ 16 27.4	45	45	18 26	18 56	19 33	0 35	39	10 28	56
19	108 34.2	41.8	196 05.4	125	22.9	45	50	33	19 07	48	50	38	13	58
20	123 34.3	42.7	210 36.9	125	18.3	46	52	36	12	19 56	0 57	37	10 06	59
21	138 34.4	43.6	225 08.5	126	13.6	47	54	40	18	20 04	1 05	36	9 58	60
22	153 34.6	44.5	239 40.1	126	08.8	48	56	44	24	14	14	35	49	62
23	168 34.7	45.4	254 11.8	127	+ 16 04.0	48	58	49	31	26	24	33	39	63
24	183 34.8	− 8 46.4	268 43.5	127	+ 15 59.1	49	60 S	18 54	19 40	20 39	1 36	31	9 28	65

UT	ARIES PMG 22h 22m.5	VENUS Mag.: −4.0 PMG: 11h 38m		MARTE Mag.: +0.9 PMG: 15h 49m		JÚPITER Mag.: −2.0 PMG: 7h 48m		SATURNO Mag.: +0.6 PMG: 13h 44m	
	hG ♈	hG ♀	Dec	hG ♂	Dec	hG ♃	Dec	hG ♄	Dec
h	° '	° '	° '	° '	° '	° '	° '	° '	° '
0	23 27.0	185 32.2	− 6 14.3	122 39.3	− 24 41.4	242 38.7	+ 15 55.0	153 22.9	− 16 21.4
1	38 29.5	200 31.7	15.5	137 39.8	41.5	257 40.8	54.9	168 25.1	21.5
2	53 32.0	215 31.3	16.8	152 40.3	41.6	272 42.9	54.8	183 27.3	21.6
3	68 34.4	230 30.9	18.0	167 40.7	41.7	287 45.0	54.7	198 29.5	21.6
4	83 36.9	245 30.4	19.2	182 41.2	41.8	302 47.1	54.6	213 31.6	21.7
5	98 39.4	260 30.0	− 6 20.4	197 41.7	− 24 42.0	317 49.2	+ 15 54.5	228 33.8	− 16 21.8
6	113 41.8	275 29.6	− 6 21.7	212 42.2	− 24 42.1	332 51.3	+ 15 54.4	243 36.0	− 16 21.9
7	128 44.3	290 29.1	22.9	227 42.7	42.2	347 53.4	54.3	258 38.2	21.9
8	143 46.7	305 28.7	24.1	242 43.2	42.3	2 55.5	54.2	273 40.4	22.0
9	158 49.2	320 28.3	25.4	257 43.6	42.4	17 57.6	54.1	288 42.6	22.1
10	173 51.7	335 27.9	26.6	272 44.1	42.5	32 59.7	54.0	303 44.8	22.2
11	188 54.1	350 27.4	− 6 27.8	287 44.6	− 24 42.6	48 01.8	+ 15 53.9	318 47.0	− 16 22.2
12	203 56.6	5 27.0	− 6 29.0	302 45.1	− 24 42.7	63 03.9	+ 15 53.8	333 49.2	− 16 22.3
13	218 59.1	20 26.6	30.3	317 45.6	42.9	78 05.9	53.7	348 51.4	22.4
14	234 01.5	35 26.1	31.5	332 46.0	43.0	93 08.0	53.5	3 53.6	22.5
15	249 04.0	50 25.7	32.7	347 46.5	43.1	108 10.1	53.4	18 55.8	22.5
16	264 06.5	65 25.3	33.9	2 47.0	43.2	123 12.2	53.3	33 58.0	22.6
17	279 08.9	80 24.8	− 6 35.2	17 47.5	− 24 43.3	138 14.3	+ 15 53.2	49 00.1	− 16 22.7
18	294 11.4	95 24.4	− 6 36.4	32 47.9	− 24 43.4	153 16.4	+ 15 53.1	64 02.3	− 16 22.8
19	309 13.8	110 24.0	37.6	47 48.4	43.5	168 18.5	53.0	79 04.5	22.8
20	324 16.3	125 23.5	38.8	62 48.9	43.6	183 20.6	52.9	94 06.7	22.9
21	339 18.8	140 23.1	40.0	77 49.4	43.7	198 22.7	52.8	109 08.9	23.0
22	354 21.2	155 22.7	41.3	92 49.9	43.8	213 24.8	52.7	124 11.1	23.1
23	9 23.7	170 22.2	42.5	107 50.3	43.9	228 26.9	52.6	139 13.3	23.1
24	24 26.2	185 21.8	− 6 43.7	122 50.8	− 24 44.0	243 29.0	+ 15 52.5	154 15.5	− 16 23.2
Dif	—	−4	−12	+5	−1	+21	−1	+22	−1

Jueves 16 de octubre de 2014

UT	SOL SD: 16′.0 PMG: 11h 45m.6		LUNA ◑ SD: 14′.9 Edad: 21d.7 PHE { 4h: 54′.5, 12h: 54′.4, 20h: 54′.3 } PMG: 6h 17m R°: 45m				Latitud	Principio del crepúsculo		Salida de Sol	Salida de Luna		Puesta de Luna	
	hG ☉	Dec	hG ☾	Dif	Dec	Dif		Náutico	Civil		Hora	R°	Hora	R°
h	° ′	° ′	° ′		° ′		°	h m	h m	h m	h m	m	h m	m
0	183 34.8	− 8 46.4	268 43.5		+ 15 59.1		60 N	5 11	5 59	6 41	23 08	68	14 19	23
1	198 35.0	47.3	283 15.3	128	54.2	49	58	12	57	37	17	66	10	25
2	213 35.1	48.2	297 47.1	128	49.1	51	56	12	55	33	24	64	14 02	27
3	228 35.2	49.1	312 18.9	128	44.0	51	54	13	54	29	31	62	13 55	28
4	243 35.4	50.1	326 50.8	129	38.9	51	52	13	52	26	36	62	49	29
5	258 35.5	− 8 51.0	341 22.7	129	+ 15 33.6	53	50	5 13	5 50	6 23	23 42	60	13 43	31
6	273 35.7	− 8 51.9	355 54.7	130	+ 15 28.3	53	45	5 13	5 47	6 17	23 53	58	13 31	33
7	288 35.8	52.8	10 26.7	130	23.0	53	40	13	44	11	** **	***	21	35
8	303 35.9	53.7	24 58.8	131	17.5	55	35	12	41	07	** **	***	12	37
9	318 36.1	54.7	39 30.9	131	12.0	55	30	10	38	6 02	** **	***	13 04	38
10	333 36.2	55.6	54 03.0	131	06.4	56	20	07	33	5 55	** **	***	12 51	41
11	348 36.3	− 8 56.5	68 35.2	132	+ 15 00.8	56	10 N	5 03	5 27	5 48	** **	***	12 39	43
12	3 36.5	− 8 57.4	83 07.4	132	+ 14 55.1	57	0	4 57	5 21	5 42	0 06	45	12 28	45
13	18 36.6	58.3	97 39.6	132	49.4	57	10 S	50	15	36	18	44	17	47
14	33 36.7	− 8 59.2	112 11.9	133	43.5	59	20	40	5 07	29	30	42	12 05	49
15	48 36.9	− 9 00.2	126 44.3	134	37.6	59	30	28	4 57	21	45	39	11 51	52
16	63 37.0	01.1	141 16.6	133	31.7	59	35	20	51	16	0 53	39	43	54
17	78 37.1	− 9 02.0	155 49.0	134	+ 14 25.7	60	40	4 10	4 43	5 11	1 03	37	11 34	55
18	93 37.2	− 9 02.9	170 21.5	135	+ 14 19.6	61	45	3 58	4 35	5 05	1 14	35	11 24	57
19	108 37.4	03.8	184 54.0	135	13.5	61	50	42	24	4 58	28	32	11	60
20	123 37.5	04.7	199 26.5	135	07.3	62	52	35	19	54	34	31	11 05	61
21	138 37.6	05.7	213 59.1	136	+ 14 01.0	63	54	26	13	50	41	30	10 58	62
22	153 37.8	06.6	228 31.7	136	+ 13 54.7	63	56	16	4 06	46	49	28	51	64
23	168 37.9	07.5	243 04.3	136	48.4	63	58	3 05	3 59	41	1 57	28	42	66
24	183 38.0	− 9 08.4	257 37.0	137	+ 13 41.9	65	60 S	2 51	3 51	4 36	2 07	26	10 33	67

UT	ARIES PMG 22h 18m.6	VENUS Mag.: −4.0 PMG: 11h 39m		MARTE Mag.: +0.9 PMG: 15h 48m		JÚPITER Mag.: −2.0 PMG: 7h 45m		SATURNO Mag.: +0.6 PMG: 13h 41m	
	hG ♈	hG ♀	Dec	hG ♂	Dec	hG ♃	Dec	hG ♄	Dec
h	° ′	° ′	° ′	° ′	° ′	° ′	° ′	° ′	° ′
0	24 26.2	185 21.8	− 6 43.7	122 50.8	− 24 44.0	243 29.0	+ 15 52.5	154 15.5	− 16 23.2
1	39 28.6	200 21.4	44.9	137 51.3	44.2	258 31.1	52.4	169 17.7	23.3
2	54 31.1	215 20.9	46.2	152 51.8	44.3	273 33.2	52.3	184 19.9	23.4
3	69 33.6	230 20.5	47.4	167 52.2	44.4	288 35.3	52.2	199 22.1	23.4
4	84 36.0	245 20.1	48.6	182 52.7	44.5	303 37.4	52.1	214 24.3	23.5
5	99 38.5	260 19.6	− 6 49.8	197 53.2	− 24 44.6	318 39.5	+ 15 51.9	229 26.4	− 16 23.6
6	114 41.0	275 19.2	− 6 51.0	212 53.7	− 24 44.7	333 41.6	+ 15 51.8	244 28.6	− 16 23.7
7	129 43.4	290 18.7	52.3	227 54.1	44.8	348 43.7	51.7	259 30.8	23.7
8	144 45.9	305 18.3	53.5	242 54.6	44.9	3 45.8	51.6	274 33.0	23.8
9	159 48.3	320 17.9	54.7	257 55.1	45.0	18 47.9	51.5	289 35.2	23.9
10	174 50.8	335 17.4	55.9	272 55.6	45.1	33 50.0	51.4	304 37.4	23.9
11	189 53.3	350 17.0	− 6 57.1	287 56.0	− 24 45.2	48 52.1	+ 15 51.3	319 39.6	− 16 24.0
12	204 55.7	5 16.6	− 6 58.4	302 56.5	− 24 45.3	63 54.2	+ 15 51.2	334 41.8	− 16 24.1
13	219 58.2	20 16.1	− 6 59.6	317 57.0	45.4	78 56.3	51.1	349 44.0	24.2
14	235 00.7	35 15.7	− 7 00.8	332 57.5	45.5	93 58.4	51.0	4 46.2	24.2
15	250 03.1	50 15.2	02.0	347 57.9	45.6	109 00.5	50.9	19 48.4	24.3
16	265 05.6	65 14.8	03.2	2 58.4	45.7	124 02.6	50.8	34 50.5	24.4
17	280 08.1	80 14.4	− 7 04.5	17 58.9	− 24 45.8	139 04.7	+ 15 50.7	49 52.7	− 16 24.5
18	295 10.5	95 13.9	− 7 05.7	32 59.3	− 24 45.9	154 06.8	+ 15 50.6	64 54.9	− 16 24.5
19	310 13.0	110 13.5	06.9	47 59.8	46.0	169 08.9	50.5	79 57.1	24.6
20	325 15.5	125 13.0	08.1	63 00.3	46.1	184 11.0	50.4	94 59.3	24.7
21	340 17.9	140 12.6	09.3	78 00.8	46.2	199 13.1	50.3	110 01.5	24.8
22	355 20.4	155 12.2	10.5	93 01.2	46.3	214 15.2	50.1	125 03.7	24.8
23	10 22.8	170 11.7	11.8	108 01.7	46.4	229 17.3	50.0	140 05.9	24.9
24	25 25.3	185 11.3	− 7 13.0	123 02.2	− 24 46.5	244 19.4	+ 15 49.9	155 08.1	− 16 25.0
Dif	—	−4	−12	+5	−1	+21	−1	+22	−1

Viernes 17 de octubre de 2014 299

UT	SOL SD: 16'.0 PMG: 11h 45m.4		LUNA SD: 14'.8 Edad: 22d.7 PHE {4h: 54'.3; 12h: 54'.2; 20h: 54'.2} PMG: 7h 02m R°: 44m				Latitud	Puesta de Sol	Fin del crepúsculo		Salida de Luna		Puesta de Luna	
	hG ☉	Dec	hG ☾	Dif	Dec	Dif			Civil	Náutico	Hora	R°	Hora	R°
h	° ′	° ′	° ′		° ′		°	h m	h m	h m	h m	m	h m	m
0	183 38.0	−9 08.4	257 37.0		+13 41.9		60 N	16 46	17 28	18 16	** **	***	14 42	19
1	198 38.2	09.3	272 09.7	137	35.5	64	58	50	30	16	** **	***	35	21
2	213 38.3	10.2	286 42.4	137	28.9	66	56	55	32	15	** **	***	29	23
3	228 38.4	11.2	301 15.2	138	22.3	66	54	16 59	34	15	** **	***	23	25
4	243 38.5	12.1	315 48.0	138	15.7	66	52	17 02	36	15	** **	***	18	26
5	258 38.7	−9 13.0	330 20.8	138	+13 08.9	68	50	17 05	17 38	18 15	** **	***	14 14	27
6	273 38.8	−9 13.9	344 53.7	139	+13 02.2	67	45	17 12	17 42	18 16	** **	***	14 04	30
7	288 38.9	14.8	359 26.6	139	+12 55.4	68	40	18	45	17	0 03	55	13 56	32
8	303 39.1	15.7	13 59.6	140	48.5	69	35	23	48	18	11	53	49	34
9	318 39.2	16.6	28 32.5	139	41.6	69	30	27	51	19	18	52	42	36
10	333 39.3	17.6	43 05.6	141	34.6	70	20	35	17 57	23	31	49	32	38
11	348 39.4	−9 18.5	57 38.6	140	+12 27.6	70	10 N	17 42	18 03	18 28	0 41	47	13 22	41
12	3 39.6	−9 19.4	72 11.7	141	+12 20.5	71	0	17 49	18 10	18 34	0 51	45	13 13	44
13	18 39.7	20.3	86 44.8	141	13.3	72	10 S	17 55	17	42	1 02	42	13 04	46
14	33 39.8	21.2	101 17.9	141	+12 06.1	72	20	18 03	25	18 51	12	40	12 54	49
15	48 39.9	22.1	115 51.1	142	+11 58.9	72	30	11	36	19 05	24	37	43	52
16	63 40.1	23.0	130 24.2	141	51.6	73	35	16	42	13	32	35	37	53
17	78 40.2	−9 24.0	144 57.5	143	+11 44.3	73	40	18 22	18 50	19 23	1 40	33	12 29	56
18	93 40.3	−9 24.9	159 30.7	142	+11 36.9	74	45	18 28	18 59	19 36	1 49	31	12 21	58
19	108 40.4	25.8	174 04.0	143	29.5	74	50	36	19 10	19 52	2 00	29	11	60
20	123 40.6	26.7	188 37.3	143	22.0	75	52	40	16	20 00	05	28	06	62
21	138 40.7	27.6	203 10.6	143	14.5	75	54	44	22	09	11	26	12 00	64
22	153 40.8	28.5	217 44.0	144	+11 06.9	76	56	49	29	20	17	25	11 55	65
23	168 40.9	29.4	232 17.4	144	+10 59.3	76	58	54	36	32	25	22	48	67
24	183 41.1	−9 30.3	246 50.8	144	+10 51.6	77	60 S	18 59	19 45	20 46	2 33	20	11 40	70

UT	ARIES PMG 22h 14m.7	VENUS Mag.: −4.0 PMG: 11h 40m		MARTE Mag.: +0.9 PMG: 15h 47m		JÚPITER Mag.: −2.0 PMG: 7h 42m		SATURNO Mag.: +0.6 PMG: 13h 37m	
	hG ♈	hG ♀	Dec	hG ♂	Dec	hG ♃	Dec	hG ♄	Dec
h	° ′	° ′	° ′	° ′	° ′	° ′	° ′	° ′	° ′
0	25 25.3	185 11.3	−7 13.0	123 02.2	−24 46.5	244 19.4	+15 49.9	155 08.1	−16 25.0
1	40 27.8	200 10.8	14.2	138 02.7	46.6	259 21.5	49.8	170 10.3	25.1
2	55 30.2	215 10.4	15.4	153 03.1	46.7	274 23.6	49.7	185 12.4	25.1
3	70 32.7	230 10.0	16.6	168 03.6	46.8	289 25.7	49.6	200 14.6	25.2
4	85 35.2	245 09.5	17.8	183 04.1	46.8	304 27.9	49.5	215 16.8	25.3
5	100 37.6	260 09.1	−7 19.1	198 04.5	−24 46.9	319 30.0	+15 49.4	230 19.0	−16 25.4
6	115 40.1	275 08.6	−7 20.3	213 05.0	−24 47.0	334 32.1	+15 49.3	245 21.2	−16 25.4
7	130 42.6	290 08.2	21.5	228 05.5	47.1	349 34.2	49.2	260 23.4	25.5
8	145 45.0	305 07.7	22.7	243 05.9	47.2	4 36.3	49.1	275 25.6	25.6
9	160 47.5	320 07.3	23.9	258 06.4	47.3	19 38.4	49.0	290 27.8	25.7
10	175 49.9	335 06.9	25.1	273 06.9	47.4	34 40.5	48.9	305 30.0	25.7
11	190 52.4	350 06.4	−7 26.3	288 07.4	−24 47.5	49 42.6	+15 48.8	320 32.2	−16 25.8
12	205 54.9	5 06.0	−7 27.5	303 07.8	−24 47.6	64 44.7	+15 48.7	335 34.3	−16 25.9
13	220 57.3	20 05.5	28.8	318 08.3	47.7	79 46.8	48.6	350 36.5	26.0
14	235 59.8	35 05.1	30.0	333 08.8	47.8	94 48.9	48.5	5 38.7	26.0
15	251 02.3	50 04.6	31.2	348 09.2	47.9	109 51.0	48.4	20 40.9	26.1
16	266 04.7	65 04.2	32.4	3 09.7	47.9	124 53.1	48.3	35 43.1	26.2
17	281 07.2	80 03.7	−7 33.6	18 10.2	−24 48.0	139 55.2	+15 48.2	50 45.3	−16 26.3
18	296 09.7	95 03.3	−7 34.8	33 10.6	−24 48.1	154 57.3	+15 48.1	65 47.5	−16 26.3
19	311 12.1	110 02.9	36.0	48 11.1	48.2	169 59.4	47.9	80 49.7	26.4
20	326 14.6	125 02.4	37.2	63 11.6	48.3	185 01.5	47.8	95 51.8	26.5
21	341 17.1	140 02.0	38.5	78 12.0	48.4	200 03.7	47.7	110 54.0	26.6
22	356 19.5	155 01.5	39.7	93 12.5	48.5	215 05.8	47.6	125 56.2	26.6
23	11 22.0	170 01.1	40.9	108 13.0	48.6	230 07.9	47.5	140 58.4	26.7
24	26 24.4	185 00.6	−7 42.1	123 13.4	−24 48.6	245 10.0	+15 47.4	156 00.6	−16 26.8
Dif	—	−4	−12	+5	−1	+21	−1	+22	−1

Lunes 20 de octubre de 2014

UT	SOL SD: 16'.1 PMG: 11h 44m.8		LUNA SD: 14'.8 Edad: 25d.7 PHE { 4h: 54'.4 12h: 54'.5 20h: 54'.6 } PMG: 9h 12m R°: 44m				Latitud	Principio del crepúsculo		Salida de Sol	Salida de Luna		Puesta de Luna	
	hG ☉	Dec	hG ☾	Dif	Dec	Dif		Náutico	Civil		Hora	R°	Hora	R°
h	° '	° '	° '		° '		°	h m	h m	h m	h m	m	h m	m
0	183 46.7	− 10 13.7	225 53.4		+ 3 59.3		60 N	5 20	6 08	6 51	2 37	72	15 33	16
1	198 46.8	14.6	240 27.4	150	50.0	93	58	20	06	46	39	69	33	17
2	213 46.9	15.5	255 01.3	149	40.7	93	56	20	03	41	40	68	32	19
3	228 47.0	16.4	269 35.3	150	31.4	93	54	20	6 01	37	42	66	31	21
4	243 47.1	17.3	284 09.3	150	22.0	94	52	19	5 59	33	43	65	31	22
5	258 47.2	− 10 18.2	298 43.2	149	+ 3 12.6	94	50	5 19	5 57	6 30	2 45	62	15 30	24
6	273 47.3	− 10 19.1	313 17.2	150	+ 3 03.2	94	45	5 18	5 52	6 22	2 48	59	15 29	27
7	288 47.4	20.0	327 51.1	149	+ 2 53.8	94	40	17	48	16	50	57	28	30
8	303 47.5	20.9	342 25.0	149	44.4	94	35	15	44	10	52	54	27	32
9	318 47.7	21.8	356 59.0	150	34.9	95	30	13	41	6 05	54	52	26	34
10	333 47.8	22.7	11 32.9	149	25.5	94	20	08	34	5 56	57	49	25	38
11	348 47.9	− 10 23.6	26 06.8	149	+ 2 16.0	95	10 N	5 03	5 27	5 49	2 59	46	15 24	40
12	3 48.0	− 10 24.5	40 40.7	149	+ 2 06.5	95	0	4 56	5 20	5 41	3 02	43	15 23	43
13	18 48.1	25.4	55 14.6	149	+ 1 57.0	95	10 S	48	13	34	05	40	22	46
14	33 48.2	26.3	69 48.5	149	47.5	95	20	37	5 04	26	07	38	20	50
15	48 48.3	27.2	84 22.3	148	37.9	96	30	23	4 52	17	10	34	19	53
16	63 48.4	28.1	98 56.2	149	28.4	95	35	14	45	11	12	32	18	55
17	78 48.5	− 10 29.0	113 30.0	148	+ 1 18.8	96	40	4 03	4 37	5 05	3 14	30	15 17	57
18	93 48.6	− 10 29.9	128 03.9	149	+ 1 09.3	95	45	3 50	4 27	4 58	3 17	27	15 16	60
19	108 48.7	30.8	142 37.7	148	+ 0 59.7	96	50	33	15	49	19	24	15	63
20	123 48.8	31.7	157 11.5	148	50.1	96	52	24	09	45	21	22	14	65
21	138 48.9	32.5	171 45.3	148	40.5	96	54	15	4 03	41	22	21	13	67
22	153 49.0	33.4	186 19.0	147	30.9	96	56	3 04	3 56	36	24	19	13	68
23	168 49.1	34.3	200 52.8	148	21.3	96	58	2 51	47	31	25	18	12	70
24	183 49.2	− 10 35.2	215 26.5	147	+ 0 11.7	96	60 S	2 35	3 38	4 24	3 27	16	15 11	72

UT	ARIES PMG 22h 02m.9	VENUS Mag.: −4.0 PMG: 11h 42m		MARTE Mag.: +0.9 PMG: 15h 45m		JÚPITER Mag.: −2.0 PMG: 7h 32m		SATURNO Mag.: +0.6 PMG: 13h 27m	
	hG ♈	hG ♀	Dec	hG ♂	Dec	hG ♃	Dec	hG ♄	Dec
h	° '	° '	° '	° '	° '	° '	° '	° '	° '
0	28 22.7	184 38.8	− 8 39.8	123 35.6	− 24 52.3	246 51.4	+ 15 42.5	157 45.6	− 16 30.4
1	43 25.2	199 38.3	41.0	138 36.0	52.3	261 53.5	42.4	172 47.7	30.4
2	58 27.6	214 37.8	42.2	153 36.5	52.4	276 55.7	42.3	187 49.9	30.5
3	73 30.1	229 37.4	43.4	168 36.9	52.5	291 57.8	42.2	202 52.1	30.6
4	88 32.6	244 36.9	44.6	183 37.4	52.5	306 59.9	42.1	217 54.3	30.7
5	103 35.0	259 36.5	− 8 45.8	198 37.8	− 24 52.6	322 02.0	+ 15 42.0	232 56.5	− 16 30.7
6	118 37.5	274 36.0	− 8 47.0	213 38.3	− 24 52.6	337 04.1	+ 15 41.9	247 58.7	− 16 30.8
7	133 40.0	289 35.5	48.1	228 38.7	52.7	352 06.3	41.8	263 00.9	30.9
8	148 42.4	304 35.1	49.3	243 39.2	52.8	7 08.4	41.7	278 03.0	31.0
9	163 44.9	319 34.6	50.5	258 39.7	52.8	22 10.5	41.6	293 05.2	31.0
10	178 47.4	334 34.1	51.7	273 40.1	52.9	37 12.6	41.5	308 07.4	31.1
11	193 49.8	349 33.7	− 8 52.9	288 40.6	− 24 53.0	52 14.7	+ 15 41.4	323 09.6	− 16 31.2
12	208 52.3	4 33.2	− 8 54.1	303 41.0	− 24 53.0	67 16.9	+ 15 41.3	338 11.8	− 16 31.3
13	223 54.8	19 32.7	55.3	318 41.5	53.1	82 19.0	41.2	353 14.0	31.3
14	238 57.2	34 32.3	56.5	333 41.9	53.1	97 21.1	41.1	8 16.1	31.4
15	253 59.7	49 31.8	57.7	348 42.4	53.2	112 23.2	41.0	23 18.3	31.5
16	269 02.1	64 31.3	− 8 58.9	3 42.8	53.2	127 25.4	40.9	38 20.5	31.6
17	284 04.6	79 30.9	− 9 00.1	18 43.3	− 24 53.3	142 27.5	+ 15 40.8	53 22.7	− 16 31.6
18	299 07.1	94 30.4	− 9 01.2	33 43.7	− 24 53.4	157 29.6	+ 15 40.7	68 24.9	− 16 31.7
19	314 09.5	109 29.9	02.4	48 44.2	53.4	172 31.7	40.6	83 27.1	31.8
20	329 12.0	124 29.5	03.6	63 44.6	53.5	187 33.8	40.5	98 29.3	31.9
21	344 14.5	139 29.0	04.8	78 45.1	53.5	202 36.0	40.4	113 31.4	31.9
22	359 16.9	154 28.5	06.0	93 45.5	53.6	217 38.1	40.3	128 33.6	32.0
23	14 19.4	169 28.0	07.2	108 46.0	53.6	232 40.2	40.2	143 35.8	32.1
24	29 21.9	184 27.6	− 9 08.4	123 46.5	− 24 53.7	247 42.3	+ 15 40.1	158 38.0	− 16 32.2
Dif	—	−5	−12	+5	−1	+21	−1	+22	−1

Martes 21 de octubre de 2014

UT	SOL SD: 16'.1 PMG: 11h 44m.6		LUNA SD: 14'.9 Edad: 26d.7 PHE { 4h: 54'.7; 12h: 54'.9; 20h: 55'.0 } PMG: 9h 56m R°: 44m				Latitud	Puesta de Sol	Fin del crepúsculo		Salida de Luna		Puesta de Luna	
	hG ⊙	Dec	hG ☾	Dif	Dec	Dif			Civil	Náutico	Hora	R°	Hora	R°
h	° '	° '	° '		° '		°	h m	h m	h m	h m	m	h m	m
0	183 49.2	− 10 35.2	215 26.5		+ 0 11.7		60 N	16 34	17 17	18 06	3 49	73	15 49	16
1	198 49.3	36.1	230 00.3	148	+ 0 02.0	97	58	40	20	06	48	71	50	19
2	213 49.4	37.0	244 34.0	147	− 0 07.6	96	56	45	23	06	48	69	51	21
3	228 49.5	37.9	259 07.6	146	17.3	97	54	49	26	07	48	67	52	23
4	243 49.6	38.8	273 41.3	147	26.9	96	52	54	28	07	48	65	53	24
5	258 49.7	− 10 39.7	288 15.0	147	− 0 36.6	97	50	16 57	17 30	18 08	3 47	64	15 54	26
6	273 49.9	− 10 40.6	302 48.6	146	− 0 46.2	96	45	17 05	17 35	18 09	3 47	61	15 56	29
7	288 50.0	41.5	317 22.2	146	− 0 55.9	97	40	12	40	11	47	58	58	31
8	303 50.1	42.4	331 55.8	146	− 1 05.5	96	35	18	44	13	46	56	15 59	33
9	318 50.2	43.2	346 29.3	145	15.2	97	30	23	47	15	46	54	16 00	36
10	333 50.3	44.1	1 02.9	146	24.8	96	20	32	17 55	20	46	50	03	38
11	348 50.4	− 10 45.0	15 36.4	145	− 1 34.5	97	10 N	17 40	18 02	18 26	3 45	47	16 04	42
12	3 50.5	− 10 45.9	30 09.9	145	− 1 44.2	97	0	17 48	18 09	18 33	3 45	44	16 06	45
13	18 50.6	46.8	44 43.3	144	− 1 53.8	96	10 S	17 56	17	42	45	41	08	47
14	33 50.7	47.7	59 16.8	145	− 2 03.5	97	20	18 04	27	18 53	45	38	10	50
15	48 50.8	48.6	73 50.2	144	13.2	97	30	14	39	19 08	44	35	12	54
16	63 50.9	49.5	88 23.6	144	22.8	96	35	20	46	17	44	33	13	56
17	78 50.9	− 10 50.4	102 56.9	143	− 2 32.5	97	40	18 26	18 54	19 28	3 44	30	16 14	59
18	93 51.0	− 10 51.2	117 30.3	144	− 2 42.1	96	45	18 34	19 05	19 42	3 44	27	16 16	61
19	108 51.1	52.1	132 03.6	143	− 2 51.8	97	50	43	18	20 00	43	25	18	64
20	123 51.2	53.0	146 36.9	143	− 3 01.4	96	52	47	24	09	43	24	19	66
21	138 51.3	53.9	161 10.1	142	11.0	96	54	52	30	19	43	22	20	67
22	153 51.4	54.8	175 43.3	142	20.7	97	56	18 57	38	31	43	20	21	69
23	168 51.5	55.7	190 16.5	142	30.3	96	58	19 03	47	20 45	43	18	22	71
24	183 51.6	− 10 56.6	204 49.7	142	− 3 39.9	96	60 S	19 10	19 57	21 01	3 43	16	16 23	74

UT	ARIES PMG 21h 58m.9	VENUS Mag.: −4.0 PMG: 11h 43m		MARTE Mag.: +0.9 PMG: 15h 44m		JÚPITER Mag.: −2.0 PMG: 7h 28m		SATURNO Mag.: +0.6 PMG: 13h 24m	
	hG ♈	hG ♀	Dec	hG ♂	Dec	hG ♃	Dec	hG ♄	Dec
h	° '	° '	° '	° '	° '	° '	° '	° '	° '
0	29 21.9	184 27.6	− 9 08.4	123 46.5	− 24 53.7	247 42.3	+ 15 40.1	158 38.0	− 16 32.2
1	44 24.3	199 27.1	09.6	138 46.9	53.8	262 44.5	40.0	173 40.2	32.2
2	59 26.8	214 26.6	10.7	153 47.4	53.8	277 46.6	39.9	188 42.4	32.3
3	74 29.3	229 26.2	11.9	168 47.8	53.9	292 48.7	39.8	203 44.5	32.4
4	89 31.7	244 25.7	13.1	183 48.3	53.9	307 50.8	39.7	218 46.7	32.5
5	104 34.2	259 25.2	− 9 14.3	198 48.7	− 24 54.0	322 53.0	+ 15 39.6	233 48.9	− 16 32.5
6	119 36.6	274 24.8	− 9 15.5	213 49.2	− 24 54.0	337 55.1	+ 15 39.5	248 51.1	− 16 32.6
7	134 39.1	289 24.3	16.7	228 49.6	54.1	352 57.2	39.4	263 53.3	32.7
8	149 41.6	304 23.8	17.8	243 50.1	54.1	7 59.3	39.3	278 55.5	32.8
9	164 44.0	319 23.3	19.0	258 50.5	54.2	23 01.5	39.2	293 57.6	32.8
10	179 46.5	334 22.9	20.2	273 51.0	54.2	38 03.6	39.1	308 59.8	32.9
11	194 49.0	349 22.4	− 9 21.4	288 51.4	− 24 54.3	53 05.7	+ 15 39.0	324 02.0	− 16 33.0
12	209 51.4	4 21.9	− 9 22.6	303 51.9	− 24 54.3	68 07.8	+ 15 38.9	339 04.2	− 16 33.1
13	224 53.9	19 21.4	23.8	318 52.3	54.4	83 10.0	38.8	354 06.4	33.1
14	239 56.4	34 21.0	24.9	333 52.8	54.4	98 12.1	38.7	9 08.6	33.2
15	254 58.8	49 20.5	26.1	348 53.2	54.5	113 14.2	38.6	24 10.7	33.3
16	270 01.3	64 20.0	27.3	3 53.6	54.5	128 16.4	38.5	39 12.9	33.4
17	285 03.7	79 19.5	− 9 28.5	18 54.1	− 24 54.6	143 18.5	+ 15 38.4	54 15.1	− 16 33.4
18	300 06.2	94 19.1	− 9 29.7	33 54.5	− 24 54.6	158 20.6	+ 15 38.3	69 17.3	− 16 33.5
19	315 08.7	109 18.6	30.8	48 55.0	54.7	173 22.7	38.2	84 19.5	33.6
20	330 11.1	124 18.1	32.0	63 55.4	54.7	188 24.9	38.1	99 21.6	33.7
21	345 13.6	139 17.6	33.2	78 55.9	54.7	203 27.0	38.0	114 23.8	33.7
22	0 16.1	154 17.1	34.4	93 56.3	54.8	218 29.1	38.0	129 26.0	33.8
23	15 18.5	169 16.7	35.6	108 56.8	54.8	233 31.3	37.9	144 28.2	33.9
24	30 21.0	184 16.2	− 9 36.7	123 57.2	− 24 54.9	248 33.4	+ 15 37.8	159 30.4	− 16 34.0
Dif	—	−5	−12	+4	0	+21	−1	+22	−1

Miércoles 22 de octubre de 2014

UT	SOL SD: 16'.1 PMG: 11h 44m5		LUNA SD: 15'.0 Edad: 27d7 PHE { 4h: 55'.2 12h: 55'.3 20h: 55'.5 PMG: 10h 40m R°: 46m				Latitud	Principio del crepúsculo		Salida de Sol	Salida de Luna		Puesta de Luna	
	hG ☉	Dec	hG ☾	Dif	Dec	Dif		Náutico	Civil		Hora	R°	Hora	R°
h	° '	° '	° '		° '		°	h m	h m	h m	h m	m	h m	m
0	183 51.6	− 10 56.6	204 49.7		− 3 39.9		60 N	5 25	6 13	6 56	5 02	74	16 05	19
1	198 51.7	57.4	219 22.8	141	49.5	96	58	24	10	51	4 59	72	09	21
2	213 51.8	58.3	233 55.9	141	− 3 59.1	96	56	24	07	45	57	70	12	23
3	228 51.9	− 10 59.2	248 28.9	140	− 4 08.7	96	54	23	05	41	55	68	15	24
4	243 52.0	− 11 00.1	263 02.0	141	18.2	95	52	23	02	37	53	66	17	26
5	258 52.1	− 11 01.0	277 35.0	140	− 4 27.8	96	50	5 22	6 00	6 33	4 51	65	16 20	27
6	273 52.2	− 11 01.9	292 07.9	139	− 4 37.3	95	45	5 20	5 55	6 25	4 48	61	16 25	30
7	288 52.3	02.7	306 40.8	139	46.9	96	40	19	50	18	45	59	29	33
8	303 52.4	03.6	321 13.7	139	− 4 56.4	95	35	16	46	12	42	57	32	36
9	318 52.5	04.5	335 46.6	139	− 5 05.9	95	30	14	42	6 06	40	54	36	37
10	333 52.6	05.4	350 19.4	138	15.4	95	20	09	35	5 57	36	51	41	41
11	348 52.7	− 11 06.3	4 52.2	138	− 5 24.8	94	10 N	5 03	5 28	5 49	4 32	49	16 46	44
12	3 52.8	− 11 07.2	19 24.9	137	− 5 34.3	95	0	4 56	5 20	5 41	4 29	45	16 51	46
13	18 52.9	08.0	33 57.6	137	43.7	94	10 S	47	12	33	26	42	16 55	49
14	33 52.9	08.9	48 30.3	137	− 5 53.1	94	20	36	5 02	25	23	39	17 00	52
15	48 53.0	09.8	63 02.9	136	− 6 02.5	94	30	21	4 50	15	19	36	06	55
16	63 53.1	10.7	77 35.5	136	11.9	94	35	12	43	09	17	34	09	57
17	78 53.2	− 11 11.6	92 08.0	135	− 6 21.3	94	40	4 00	4 34	5 02	4 14	32	17 13	59
18	93 53.3	− 11 12.4	106 40.5	135	− 6 30.6	93	45	3 46	4 24	4 55	4 11	30	17 17	62
19	108 53.4	13.3	121 13.0	135	39.9	93	50	28	11	45	08	26	22	66
20	123 53.5	14.2	135 45.4	134	49.2	93	52	19	4 05	41	07	24	25	67
21	138 53.6	15.1	150 17.8	134	− 6 58.5	93	54	3 09	3 58	36	05	23	27	69
22	153 53.7	16.0	164 50.2	134	− 7 07.7	92	56	2 57	50	31	03	22	30	70
23	168 53.8	16.8	179 22.4	132	17.0	93	58	44	41	25	4 01	20	33	73
24	183 53.9	− 11 17.7	193 54.7	133	− 7 26.1	91	60 S	2 27	3 31	4 19	3 59	17	17 37	75

UT	ARIES PMG 21h 55m0	VENUS Mag.: −4.0 PMG: 11h 43m		MARTE Mag.: +0.9 PMG: 15h 44m		JÚPITER Mag.: −2.0 PMG: 7h 25m		SATURNO Mag.: +0.6 PMG: 13h 20m	
	hG ♈	hG ♀	Dec	hG ♂	Dec	hG ♃	Dec	hG ♄	Dec
h	° '	° '	° '	° '	° '	° '	° '	° '	° '
0	30 21.0	184 16.2	− 9 36.7	123 57.2	− 24 54.9	248 33.4	+ 15 37.8	159 30.4	− 16 34.0
1	45 23.5	199 15.7	37.9	138 57.7	54.9	263 35.5	37.7	174 32.6	34.0
2	60 25.9	214 15.2	39.1	153 58.1	55.0	278 37.6	37.6	189 34.7	34.1
3	75 28.4	229 14.8	40.3	168 58.6	55.0	293 39.8	37.5	204 36.9	34.2
4	90 30.9	244 14.3	41.4	183 59.0	55.1	308 41.9	37.4	219 39.1	34.3
5	105 33.3	259 13.8	− 9 42.6	198 59.5	− 24 55.1	323 44.0	+ 15 37.3	234 41.3	− 16 34.3
6	120 35.8	274 13.3	− 9 43.8	213 59.9	− 24 55.1	338 46.2	+ 15 37.2	249 43.5	− 16 34.4
7	135 38.2	289 12.8	45.0	229 00.4	55.2	353 48.3	37.1	264 45.7	34.5
8	150 40.7	304 12.4	46.1	244 00.8	55.2	8 50.4	37.0	279 47.8	34.6
9	165 43.2	319 11.9	47.3	259 01.2	55.3	23 52.6	36.9	294 50.0	34.6
10	180 45.6	334 11.4	48.5	274 01.7	55.3	38 54.7	36.8	309 52.2	34.7
11	195 48.1	349 10.9	− 9 49.7	289 02.1	− 24 55.3	53 56.8	+ 15 36.7	324 54.4	− 16 34.8
12	210 50.6	4 10.4	− 9 50.8	304 02.6	− 24 55.4	68 59.0	+ 15 36.6	339 56.6	− 16 34.9
13	225 53.0	19 09.9	52.0	319 03.0	55.4	84 01.1	36.5	354 58.7	34.9
14	240 55.5	34 09.5	53.2	334 03.5	55.5	99 03.2	36.4	10 00.9	35.0
15	255 58.0	49 09.0	54.4	349 03.9	55.5	114 05.4	36.3	25 03.1	35.1
16	271 00.4	64 08.5	55.5	4 04.4	55.5	129 07.5	36.2	40 05.3	35.1
17	286 02.9	79 08.0	− 9 56.7	19 04.8	− 24 55.6	144 09.6	+ 15 36.1	55 07.5	− 16 35.2
18	301 05.3	94 07.5	− 9 57.9	34 05.2	− 24 55.6	159 11.8	+ 15 36.0	70 09.6	− 16 35.3
19	316 07.8	109 07.0	− 9 59.0	49 05.7	55.6	174 13.9	35.9	85 11.8	35.4
20	331 10.3	124 06.5	− 10 00.2	64 06.1	55.7	189 16.0	35.8	100 14.0	35.4
21	346 12.7	139 06.1	01.4	79 06.6	55.7	204 18.2	35.7	115 16.2	35.5
22	1 15.2	154 05.6	02.6	94 07.0	55.7	219 20.3	35.6	130 18.4	35.6
23	16 17.7	169 05.1	03.7	109 07.5	55.8	234 22.4	35.5	145 20.6	35.7
24	31 20.1	184 04.6	− 10 04.9	124 07.9	− 24 55.8	249 24.6	+ 15 35.4	160 22.7	− 16 35.7
Dif	—	−5	−12	+4	0	+21	−1	+22	−1

Lunes 3 de noviembre de 2014

UT	SOL SD: 16′.1 PMG: 11h 43m.6		☾ LUNA SD: 16′.2 Edad: 10d.1 PHE {4h: 59′.6, 12h: 59′.6, 20h: 59′.6} PMG: 21h 10m R°: 53m				Latitud	Principio del crepúsculo		Salida de Sol	Salida de Luna		Puesta de Luna	
	hG ☉	Dec	hG ☾	Dif	Dec	Dif		Náutico	Civil		Hora	R°	Hora	R°
h	° ′	° ′	° ′		° ′		°	h m	h m	h m	h m	m	h m	m
0	184 06.4	− 14 57.9	53 35.3		− 2 00.1		60 N	5 52	6 41	7 27	14 52	20	2 18	87
1	199 06.5	58.7	68 03.7	94	− 1 48.7	114	58	49	36	18	53	22	19	85
2	214 06.5	− 14 59.4	82 32.1	94	37.3	114	56	47	31	11	53	24	20	82
3	229 06.5	− 15 00.2	97 00.5	94	25.9	114	54	44	26	7 04	53	27	21	80
4	244 06.5	01.0	111 28.9	94	14.5	114	52	42	22	6 58	54	28	22	77
5	259 06.5	− 15 01.8	125 57.3	94	− 1 03.1	114	50	5 40	6 19	6 53	14 54	30	2 22	76
6	274 06.5	− 15 02.6	140 25.7	94	− 0 51.7	114	45	5 35	6 10	6 41	14 55	33	2 24	72
7	289 06.5	03.3	154 54.1	94	40.3	114	40	31	6 03	31	55	36	25	69
8	304 06.5	04.1	169 22.5	94	28.9	114	35	26	5 56	23	55	40	26	66
9	319 06.5	04.9	183 50.9	94	17.5	114	30	22	50	15	56	41	26	64
10	334 06.5	05.7	198 19.3	94	− 0 06.0	115	20	13	40	6 02	57	45	28	59
11	349 06.5	− 15 06.5	212 47.7	94	+ 0 05.4	114	10 N	5 04	5 29	5 51	14 57	49	2 29	56
12	4 06.5	− 15 07.2	227 16.1	94	+ 0 16.8	114	0	4 54	5 19	5 40	14 58	52	2 30	53
13	19 06.5	08.0	241 44.5	94	28.2	114	10 S	42	5 07	29	58	56	31	49
14	34 06.5	08.8	256 12.9	94	39.6	114	20	27	4 54	17	14 59	60	33	45
15	49 06.5	09.6	270 41.3	94	+ 0 51.1	115	30	4 08	39	5 04	15 00	64	34	41
16	64 06.5	10.3	285 09.8	95	+ 1 02.5	114	35	3 56	29	4 56	00	67	35	38
17	79 06.5	− 15 11.1	299 38.2	94	+ 1 13.9	114	40	3 42	4 18	4 47	15 01	69	2 35	36
18	94 06.5	− 15 11.9	314 06.6	94	+ 1 25.3	114	45	3 24	4 04	4 36	15 02	72	2 36	33
19	109 06.5	12.7	328 35.0	94	36.6	113	50	3 00	3 47	23	02	76	37	30
20	124 06.5	13.5	343 03.4	94	48.0	114	52	2 48	38	17	03	77	38	28
21	139 06.5	14.2	357 31.8	94	+ 1 59.4	114	54	34	29	11	03	80	38	26
22	154 06.5	15.0	12 00.1	93	+ 2 10.7	113	56	2 18	19	4 03	04	81	39	24
23	169 06.5	15.8	26 28.5	94	22.1	114	58	1 57	3 06	3 55	04	84	40	21
24	184 06.5	− 15 16.5	40 56.9	94	+ 2 33.4	113	60 S	1 30	2 52	3 45	15 05	87	2 40	20

UT	ARIES PMG 21h 07m.8	VENUS Mag.: −4.0 PMG: 11h 54m		MARTE Mag.: +0.9 PMG: 15h 36m		JÚPITER Mag.: −2.1 PMG: 6h 43m		SATURNO Mag.: +0.5 PMG: 12h 38m	
	hG ♈	hG ♀	Dec	hG ♂	Dec	hG ♃	Dec	hG ♄	Dec
h	° ′	° ′	° ′	° ′	° ′	° ′	° ′	° ′	° ′
0	42 10.7	181 41.7	− 14 56.4	125 59.7	− 24 49.0	258 56.6	+ 15 12.5	169 56.7	− 16 55.5
1	57 13.1	196 41.1	57.5	141 00.1	48.9	273 58.8	12.4	184 58.9	55.6
2	72 15.6	211 40.5	58.5	156 00.5	48.8	289 01.0	12.3	200 01.1	55.6
3	87 18.1	226 39.9	− 14 59.5	171 01.0	48.7	304 03.2	12.3	215 03.2	55.7
4	102 20.5	241 39.3	− 15 00.5	186 01.4	48.7	319 05.4	12.2	230 05.4	55.8
5	117 23.0	256 38.7	− 15 01.6	201 01.8	− 24 48.6	334 07.6	+ 15 12.1	245 07.6	− 16 55.9
6	132 25.4	271 38.0	− 15 02.6	216 02.2	− 24 48.5	349 09.8	+ 15 12.0	260 09.7	− 16 55.9
7	147 27.9	286 37.4	03.6	231 02.6	48.4	4 12.0	12.0	275 11.9	56.0
8	162 30.4	301 36.8	04.6	246 03.0	48.3	19 14.2	11.9	290 14.1	56.1
9	177 32.8	316 36.2	05.7	261 03.4	48.2	34 16.4	11.8	305 16.2	56.2
10	192 35.3	331 35.6	06.7	276 03.8	48.1	49 18.6	11.7	320 18.4	56.2
11	207 37.8	346 35.0	− 15 07.7	291 04.2	− 24 48.0	64 20.8	+ 15 11.7	335 20.6	− 16 56.3
12	222 40.2	1 34.4	− 15 08.7	306 04.6	− 24 47.9	79 23.0	+ 15 11.6	350 22.8	− 16 56.4
13	237 42.7	16 33.8	09.7	321 05.0	47.8	94 25.2	11.5	5 24.9	56.5
14	252 45.2	31 33.2	10.8	336 05.4	47.7	109 27.4	11.4	20 27.1	56.5
15	267 47.6	46 32.6	11.8	351 05.9	47.7	124 29.6	11.4	35 29.3	56.6
16	282 50.1	61 32.0	12.8	6 06.3	47.6	139 31.8	11.3	50 31.4	56.7
17	297 52.5	76 31.4	− 15 13.8	21 06.7	− 24 47.5	154 34.0	+ 15 11.2	65 33.6	− 16 56.8
18	312 55.0	91 30.8	− 15 14.8	36 07.1	− 24 47.4	169 36.2	+ 15 11.1	80 35.8	− 16 56.8
19	327 57.5	106 30.1	15.9	51 07.5	47.3	184 38.4	11.1	95 37.9	56.9
20	342 59.9	121 29.5	16.9	66 07.9	47.2	199 40.6	11.0	110 40.1	57.0
21	358 02.4	136 28.9	17.9	81 08.3	47.1	214 42.8	10.9	125 42.3	57.0
22	13 04.9	151 28.3	18.9	96 08.7	47.0	229 45.0	10.8	140 44.4	57.1
23	28 07.3	166 27.7	19.9	111 09.1	46.9	244 47.2	10.8	155 46.6	57.2
24	43 09.8	181 27.1	− 15 20.9	126 09.5	− 24 46.8	259 49.4	+ 15 10.7	170 48.8	− 16 57.3
Dif	—	−6	−10	+4	+1	+22	−1	+22	−1

Martes 4 de noviembre de 2014

SOL — SD: 16'.1 — PMG: $11^h\ 43^m.6$

LUNA — SD: 16'.2 — Edad: $11^d.1$ — PHE: 4^h: 59'.5; 12^h: 59'.4; 20^h: 59'.4 — PMG: $22^h\ 03^m$ — R°: 53^m

UT	SOL hG ☉	SOL Dec	LUNA hG ☾	Dif	LUNA Dec	Dif	Latitud	Puesta de Sol	Fin del crepúsculo Civil	Fin del crepúsculo Náutico	Salida de Luna Hora	R°	Puesta de Luna Hora	R°
h	° '	° '	° '		° '		°	h m	h m	h m	h m	m	h m	m
0	184 06.5	−15 16.5	40 56.9	94	+2 33.4	113	60 N	15 57	16 43	17 32	15 12	21	3 45	87
1	199 06.4	17.3	55 25.3	94	44.7	113	58	16 06	48	35	15	24	44	84
2	214 06.4	18.1	69 53.7	93	+2 56.0	113	56	13	53	38	17	26	42	82
3	229 06.4	18.9	84 22.0	94	+3 07.3	112	54	20	16 58	40	20	28	41	79
4	244 06.4	19.6	98 50.4	93	18.5	112	52	26	17 02	43	22	29	39	78
5	259 06.4	−15 20.4	113 18.7	94	+3 29.7	112	50	16 32	17 06	17 45	15 24	31	3 38	76
6	274 06.4	−15 21.2	127 47.1	93	+3 40.9	112	45	16 44	17 15	17 50	15 28	35	3 36	72
7	289 06.4	21.9	142 15.4	93	+3 52.1	112	40	16 54	23	55	31	38	34	68
8	304 06.4	22.7	156 43.7	93	+4 03.3	111	35	17 03	29	17 59	35	40	32	66
9	319 06.4	23.5	171 12.0	94	14.4	111	30	11	36	18 04	37	43	30	64
10	334 06.4	24.3	185 40.4	93	25.5	111	20	24	47	13	42	46	27	60
11	349 06.4	−15 25.0	200 08.7	92	+4 36.6	110	10 N	17 36	17 58	18 23	15 46	50	3 25	56
12	4 06.4	−15 25.8	214 36.9	93	+4 47.6	110	0	17 47	18 08	18 33	15 50	53	3 23	52
13	19 06.4	26.6	229 05.2	93	+4 58.6	110	10 S	17 58	20	18 46	54	56	20	50
14	34 06.4	27.3	243 33.5	93	+5 09.6	110	20	18 10	34	19 01	15 59	59	18	46
15	49 06.3	28.1	258 01.8	92	20.6	109	30	25	18 50	20	16 04	63	15	42
16	64 06.3	28.9	272 30.0	93	31.5	108	35	33	19 00	33	07	65	13	40
17	79 06.3	−15 29.6	286 58.3	92	+5 42.3	109	40	18 42	19 12	19 48	16 10	68	3 11	37
18	94 06.3	−15 30.4	301 26.5	92	+5 53.2	108	45	18 53	19 26	20 06	16 14	71	3 09	34
19	109 06.3	31.2	315 54.7	92	+6 04.0	107	50	19 07	44	31	18	75	07	30
20	124 06.3	31.9	330 22.9	92	14.7	108	52	13	19 52	43	20	77	06	28
21	139 06.3	32.7	344 51.1	92	25.5	107	54	20	20 02	20 58	23	78	04	27
22	154 06.3	33.5	359 19.3	92	36.2	106	56	28	13	21 15	25	81	03	25
23	169 06.3	34.2	13 47.5	91	46.8	106	58	37	26	21 38	28	83	01	23
24	184 06.3	−15 35.0	28 15.6		+6 57.4		60 S	19 47	20 41	22 08	16 32	85	3 00	20

ARIES — PMG $21^h\ 03^m.9$ | VENUS — Mag.: −4.0 — PMG: $11^h\ 55^m$ | MARTE — Mag.: +0.9 — PMG: $15^h\ 35^m$ | JÚPITER — Mag.: −2.1 — PMG: $6^h\ 40^m$ | SATURNO — Mag.: +0.5 — PMG: $12^h\ 35^m$

UT	ARIES hG ♈	VENUS hG ♀	VENUS Dec	MARTE hG ♂	MARTE Dec	JÚPITER hG ♃	JÚPITER Dec	SATURNO hG ♄	SATURNO Dec
h	° '	° '	° '	° '	° '	° '	° '	° '	° '
0	43 09.8	181 27.1	−15 20.9	126 09.5	−24 46.8	259 49.4	+15 10.7	170 48.8	−16 57.3
1	58 12.3	196 26.5	21.9	141 09.9	46.7	274 51.6	10.6	185 50.9	57.3
2	73 14.7	211 25.9	23.0	156 10.3	46.6	289 53.8	10.5	200 53.1	57.4
3	88 17.2	226 25.2	24.0	171 10.7	46.5	304 56.1	10.5	215 55.3	57.5
4	103 19.7	241 24.6	25.0	186 11.1	46.4	319 58.3	10.4	230 57.4	57.6
5	118 22.1	256 24.0	−15 26.0	201 11.6	−24 46.3	335 00.5	+15 10.3	245 59.6	−16 57.6
6	133 24.6	271 23.4	−15 27.0	216 12.0	−24 46.2	350 02.7	+15 10.2	261 01.8	−16 57.7
7	148 27.0	286 22.8	28.0	231 12.4	46.1	5 04.9	10.2	276 03.9	57.8
8	163 29.5	301 22.2	29.0	246 12.8	46.0	20 07.1	10.1	291 06.1	57.9
9	178 32.0	316 21.6	30.0	261 13.2	45.9	35 09.3	10.0	306 08.3	57.9
10	193 34.4	331 20.9	31.0	276 13.6	45.8	50 11.5	09.9	321 10.4	58.0
11	208 36.9	346 20.3	−15 32.0	291 14.0	−24 45.7	65 13.7	+15 09.9	336 12.6	−16 58.1
12	223 39.4	1 19.7	−15 33.0	306 14.4	−24 45.6	80 15.9	+15 09.8	351 14.8	−16 58.2
13	238 41.8	16 19.1	34.0	321 14.8	45.5	95 18.1	09.7	6 16.9	58.2
14	253 44.3	31 18.5	35.0	336 15.2	45.4	110 20.3	09.6	21 19.1	58.3
15	268 46.8	46 17.8	36.1	351 15.6	45.3	125 22.6	09.6	36 21.3	58.4
16	283 49.2	61 17.2	37.1	6 16.0	45.2	140 24.8	09.5	51 23.5	58.5
17	298 51.7	76 16.6	−15 38.1	21 16.4	−24 45.1	155 27.0	+15 09.4	66 25.6	−16 58.5
18	313 54.1	91 16.0	−15 39.1	36 16.8	−24 45.0	170 29.2	+15 09.3	81 27.8	−16 58.6
19	328 56.6	106 15.4	40.1	51 17.2	44.9	185 31.4	09.3	96 30.0	58.7
20	343 59.1	121 14.7	41.1	66 17.6	44.8	200 33.6	09.2	111 32.1	58.8
21	359 01.5	136 14.1	42.1	81 18.1	44.7	215 35.8	09.1	126 34.3	58.8
22	14 04.0	151 13.5	43.1	96 18.5	44.6	230 38.0	09.1	141 36.5	58.9
23	29 06.5	166 12.9	44.0	111 18.9	44.4	245 40.2	09.0	156 38.6	59.0
24	44 08.9	181 12.2	−15 45.0	126 19.3	−24 44.3	260 42.5	+15 08.9	171 40.8	−16 59.0
Dif	—	−6	−10	+4	+1	+22	−1	+22	−1

Miércoles 5 de noviembre de 2014

UT	SOL SD: $16'.1$ PMG: $11^h\ 43^m.6$		☾ LUNA SD: $16'.2$ Edad: $12^d.1$ PHE { 4^h: $59'.2$ 12^h: $59'.1$ 20^h: $59'.0$ } PMG: $22^h\ 56^m$ R°: 53^m				Latitud	Principio del crepúsculo		Salida de Sol	Salida de Luna		Puesta de Luna	
	hG ☉	Dec	hG ☾	Dif	Dec	Dif		Náutico	Civil		Hora	R°	Hora	R°
h	° ′	° ′	° ′		° ′		°	h m	h m	h m	h m	m	h m	m
0	184 06.3	− 15 35.0	28 15.6		+ 6 57.4		60 N	5 56	6 46	7 32	15 33	25	5 12	85
1	199 06.2	35.7	42 43.8	92	+ 7 07.9	105	58	53	40	23	39	27	08	82
2	214 06.2	36.5	57 11.9	91	18.4	105	56	50	35	15	43	29	04	79
3	229 06.2	37.3	71 40.0	91	28.9	105	54	48	30	08	48	31	5 00	78
4	244 06.2	38.0	86 08.1	91	39.3	104	52	45	26	7 02	51	33	4 57	76
5	259 06.2	− 15 38.8	100 36.2	91	+ 7 49.7	104	50	5 43	6 22	6 56	15 55	34	4 54	74
6	274 06.2	− 15 39.5	115 04.3	91	+ 8 00.0	103	45	5 38	6 13	6 44	16 03	37	4 48	70
7	289 06.2	40.3	129 32.4	91	10.2	102	40	33	6 05	33	09	40	42	68
8	304 06.1	41.1	144 00.4	90	20.4	102	35	28	5 58	25	15	42	38	65
9	319 06.1	41.8	158 28.5	91	30.6	102	30	23	52	17	20	44	34	63
10	334 06.1	42.6	172 56.5	90	40.7	101	20	14	40	6 03	28	48	27	60
11	349 06.1	− 15 43.3	187 24.5	90	+ 8 50.7	100	10 N	5 04	5 30	5 51	16 36	51	4 21	56
12	4 06.1	− 15 44.1	201 52.5	90	+ 9 00.7	100	0	4 54	5 19	5 40	16 43	54	4 15	54
13	19 06.1	44.9	216 20.5	90	10.6	99	10 S	41	5 07	29	50	57	10	50
14	34 06.0	45.6	230 48.5	90	20.5	99	20	26	4 53	16	16 58	59	4 04	47
15	49 06.0	46.4	245 16.4	89	30.3	98	30	4 07	37	5 02	17 07	63	3 57	43
16	64 06.0	47.1	259 44.4	90	40.0	97	35	3 54	27	4 54	12	65	53	41
17	79 06.0	− 15 47.9	274 12.3	89	+ 9 49.7	97	40	3 39	4 15	4 45	17 18	67	3 48	39
18	94 06.0	− 15 48.6	288 40.2	89	+ 9 59.3	96	45	3 20	4 01	4 33	17 25	70	3 43	36
19	109 05.9	49.4	303 08.1	89	+ 10 08.8	95	50	2 56	3 43	20	33	73	37	33
20	124 05.9	50.1	317 36.0	89	18.3	95	52	43	34	14	37	75	34	31
21	139 05.9	50.9	332 03.9	89	27.7	94	54	29	25	4 07	41	77	31	29
22	154 05.9	51.6	346 31.8	89	37.1	94	56	2 11	14	3 59	46	78	28	27
23	169 05.9	52.4	0 59.6	88	46.4	93	58	1 49	3 01	50	51	81	24	25
24	184 05.8	− 15 53.2	15 27.4	88	+ 10 55.6	92	60 S	1 19	2 45	3 40	17 57	83	3 20	22

UT	ARIES PMG $20^h\ 60^m.0$	VENUS Mag.: −4.0 PMG: $11^h\ 56^m$		MARTE Mag.: +0.9 PMG: $15^h\ 34^m$		JÚPITER Mag.: −2.1 PMG: $6^h\ 36^m$		SATURNO Mag.: +0.5 PMG: $12^h\ 31^m$	
	hG ♈	hG ♀	Dec	hG ♂	Dec	hG ♃	Dec	hG ♄	Dec
h	° ′	° ′	° ′	° ′	° ′	° ′	° ′	° ′	° ′
0	44 08.9	181 12.2	− 15 45.0	126 19.3	− 24 44.3	260 42.5	+ 15 08.9	171 40.8	− 16 59.0
1	59 11.4	196 11.6	46.0	141 19.7	44.2	275 44.7	08.8	186 43.0	59.1
2	74 13.9	211 11.0	47.0	156 20.1	44.1	290 46.9	08.8	201 45.1	59.2
3	89 16.3	226 10.4	48.0	171 20.5	44.0	305 49.1	08.7	216 47.3	59.3
4	104 18.8	241 09.7	49.0	186 20.9	43.9	320 51.3	08.6	231 49.5	59.3
5	119 21.3	256 09.1	− 15 50.0	201 21.3	− 24 43.8	335 53.5	+ 15 08.5	246 51.6	− 16 59.4
6	134 23.7	271 08.5	− 15 51.0	216 21.7	− 24 43.7	350 55.7	+ 15 08.5	261 53.8	− 16 59.5
7	149 26.2	286 07.8	52.0	231 22.1	43.6	5 57.9	08.4	276 56.0	59.6
8	164 28.6	301 07.2	53.0	246 22.5	43.5	21 00.2	08.3	291 58.1	59.6
9	179 31.1	316 06.6	54.0	261 22.9	43.3	36 02.4	08.3	307 00.3	59.7
10	194 33.6	331 06.0	55.0	276 23.3	43.2	51 04.6	08.2	322 02.5	59.8
11	209 36.0	346 05.3	− 15 56.0	291 23.7	− 24 43.1	66 06.8	+ 15 08.1	337 04.6	− 16 59.9
12	224 38.5	1 04.7	− 15 57.0	306 24.1	− 24 43.0	81 09.0	+ 15 08.0	352 06.8	− 16 59.9
13	239 41.0	16 04.1	57.9	321 24.5	42.9	96 11.2	08.0	7 09.0	− 17 00.0
14	254 43.4	31 03.4	58.9	336 24.9	42.8	111 13.5	07.9	22 11.1	00.1
15	269 45.9	46 02.8	− 15 59.9	351 25.4	42.7	126 15.7	07.8	37 13.3	00.2
16	284 48.4	61 02.2	− 16 00.9	6 25.8	42.5	141 17.9	07.7	52 15.5	00.2
17	299 50.8	76 01.5	− 16 01.9	21 26.2	− 24 42.4	156 20.1	+ 15 07.7	67 17.6	− 17 00.3
18	314 53.3	91 00.9	− 16 02.9	36 26.6	− 24 42.3	171 22.3	+ 15 07.6	82 19.8	− 17 00.4
19	329 55.7	106 00.3	03.8	51 27.0	42.2	186 24.5	07.5	97 22.0	00.5
20	344 58.2	120 59.6	04.8	66 27.4	42.1	201 26.8	07.5	112 24.1	00.5
21	0 00.7	135 59.0	05.8	81 27.8	42.0	216 29.0	07.4	127 26.3	00.6
22	15 03.1	150 58.4	06.8	96 28.2	41.8	231 31.2	07.3	142 28.5	00.7
23	30 05.6	165 57.7	07.8	111 28.6	41.7	246 33.4	07.2	157 30.6	00.8
24	45 08.1	180 57.1	− 16 08.8	126 29.0	− 24 41.6	261 35.6	+ 15 07.2	172 32.8	− 17 00.8
Dif	—	−6	−10	+4	+1	+22	−1	+22	−1

Viernes 14 de noviembre de 2014

UT	SOL SD: 16'2 PMG: 11h 44m4		◑ LUNA SD: 14'8 Edad: 21d1 PHE 4h: 54'3, 12h: 54'3, 20h: 54'2 PMG: 5h 41m R°: 43m				Latitud	Puesta de Sol	Fin del crepúsculo		Salida de Luna		Puesta de Luna	
	hG ☉	Dec	hG ☾	Dif	Dec	Dif			Civil	Náutico	Hora	R°	Hora	R°
h	° '	° '	° '		° '		°	h m	h m	h m	h m	m	h m	m
0	183 55.0	− 18 08.5	277 20.1		+ 11 57.0		60 N	15 33	16 22	17 13	23 09	70	13 06	18
1	198 54.9	09.1	291 53.2	141	49.6	74	58	44	29	18	14	68	13 01	19
2	213 54.8	09.8	306 26.3	141	42.2	74	56	15 54	36	22	19	66	12 56	21
3	228 54.7	10.5	320 59.5	142	34.7	75	54	16 03	42	25	23	64	51	23
4	243 54.6	11.1	335 32.7	142	27.2	75	52	10	48	29	27	62	47	24
5	258 54.5	− 18 11.8	350 05.9	142	+ 11 19.7	75	50	16 17	16 53	17 32	23 30	61	12 43	26
6	273 54.4	− 18 12.4	4 39.1	142	+ 11 12.1	76	45	16 32	17 04	17 39	23 37	58	12 35	28
7	288 54.3	13.1	19 12.4	143	+ 11 04.4	77	40	45	14	46	43	56	28	31
8	303 54.2	13.7	33 45.7	143	+ 10 56.7	77	35	16 55	22	53	48	54	22	33
9	318 54.2	14.4	48 19.1	144	49.0	77	30	17 04	30	17 59	23 53	51	16	35
10	333 54.1	15.0	62 52.5	144	41.2	78	20	20	44	18 10	** **	***	12 07	38
11	348 54.0	− 18 15.7	77 25.9	144	+ 10 33.4	78	10 N	17 35	17 57	18 22	** **	***	11 59	41
12	3 53.9	− 18 16.3	91 59.3	144	+ 10 25.5	79	0	17 48	18 10	18 35	** **	***	11 51	44
13	18 53.8	17.0	106 32.8	145	17.6	79	10 S	18 01	24	18 50	** **	***	44	46
14	33 53.7	17.6	121 06.3	145	09.7	79	20	16	39	19 07	** **	***	35	49
15	48 53.6	18.3	135 39.8	145	+ 10 01.7	80	30	33	18 59	30	** **	***	26	52
16	63 53.5	18.9	150 13.4	146	+ 9 53.7	80	35	43	19 10	19 44	0 05	34	21	53
17	78 53.4	− 18 19.5	164 47.0	146	+ 9 45.6	81	40	18 54	19 24	20 02	0 12	32	11 14	56
18	93 53.3	− 18 20.2	179 20.6	146	+ 9 37.5	81	45	19 07	19 41	20 24	0 20	30	11 07	58
19	108 53.2	20.8	193 54.2	146	29.3	82	50	24	20 03	20 54	30	27	10 58	61
20	123 53.1	21.5	208 27.9	147	21.2	81	52	31	13	21 10	35	25	54	63
21	138 53.0	22.1	223 01.6	147	12.9	83	54	40	25	29	40	24	50	64
22	153 52.9	22.8	237 35.3	147	+ 9 04.7	82	56	19 50	39	21 53	45	23	45	65
23	168 52.8	23.4	252 09.0	147	+ 8 56.4	83	58	20 01	20 55	22 28	51	21	39	68
24	183 52.7	− 18 24.1	266 42.8	148	+ 8 48.0	84	60 S	20 14	21 15	** **	0 58	19	10 33	70

UT	ARIES PMG 20h 24m6	VENUS Mag.: −3.9 PMG: 12h 06m		MARTE Mag.: +1.0 PMG: 15h 29m		JÚPITER Mag.: −2.1 PMG: 6h 04m		SATURNO Mag.: +0.5 PMG: 12h 00m	
	hG ♈	hG ♀	Dec	hG ♂	Dec	hG ♃	Dec	hG ♄	Dec
h	° '	° '	° '	° '	° '	° '	° '	° '	° '
0	53 01.2	178 45.0	− 19 02.3	127 46.0	− 24 10.2	268 46.7	+ 14 55.2	179 28.3	− 17 14.9
1	68 03.6	193 44.2	03.1	142 46.4	09.9	283 48.9	55.1	194 30.4	14.9
2	83 06.1	208 43.5	03.9	157 46.8	09.7	298 51.2	55.1	209 32.6	15.0
3	98 08.6	223 42.7	04.8	172 47.2	09.5	313 53.5	55.0	224 34.8	15.1
4	113 11.0	238 42.0	05.6	187 47.6	09.3	328 55.7	55.0	239 36.9	15.2
5	128 13.5	253 41.2	− 19 06.4	202 48.0	− 24 09.1	343 58.0	+ 14 54.9	254 39.1	− 17 15.2
6	143 16.0	268 40.5	− 19 07.2	217 48.4	− 24 08.9	359 00.3	+ 14 54.9	269 41.2	− 17 15.3
7	158 18.4	283 39.8	08.0	232 48.8	08.7	14 02.6	54.8	284 43.4	15.4
8	173 20.9	298 39.0	08.9	247 49.2	08.5	29 04.8	54.8	299 45.6	15.4
9	188 23.4	313 38.3	09.7	262 49.6	08.3	44 07.1	54.7	314 47.7	15.5
10	203 25.8	328 37.5	10.5	277 50.0	08.1	59 09.4	54.7	329 49.9	15.6
11	218 28.3	343 36.8	− 19 11.3	292 50.4	− 24 07.8	74 11.7	+ 14 54.6	344 52.0	− 17 15.7
12	233 30.8	358 36.0	− 19 12.1	307 50.8	− 24 07.6	89 13.9	+ 14 54.5	359 54.2	− 17 15.7
13	248 33.2	13 35.3	12.9	322 51.2	07.4	104 16.2	54.5	14 56.4	15.8
14	263 35.7	28 34.5	13.7	337 51.6	07.2	119 18.5	54.4	29 58.5	15.9
15	278 38.1	43 33.8	14.5	352 52.0	07.0	134 20.8	54.4	45 00.7	16.0
16	293 40.6	58 33.1	15.4	7 52.4	06.8	149 23.0	54.3	60 02.9	16.0
17	308 43.1	73 32.3	− 19 16.2	22 52.8	− 24 06.6	164 25.3	+ 14 54.3	75 05.0	− 17 16.1
18	323 45.5	88 31.6	− 19 17.0	37 53.2	− 24 06.3	179 27.6	+ 14 54.2	90 07.2	− 17 16.2
19	338 48.0	103 30.8	17.8	52 53.6	06.1	194 29.9	54.2	105 09.3	16.2
20	353 50.5	118 30.1	18.6	67 54.0	05.9	209 32.2	54.1	120 11.5	16.3
21	8 52.9	133 29.3	19.4	82 54.4	05.7	224 34.4	54.1	135 13.7	16.4
22	23 55.4	148 28.6	20.2	97 54.8	05.5	239 36.7	54.0	150 15.8	16.5
23	38 57.9	163 27.8	21.0	112 55.2	05.2	254 39.0	54.0	165 18.0	16.5
24	54 00.3	178 27.0	− 19 21.8	127 55.6	− 24 05.0	269 41.3	+ 14 53.9	180 20.2	− 17 16.6
Dif	—	−7	−8	+4	+2	+23	−1	+22	−1

328 Sábado 15 de noviembre de 2014

UT	SOL SD: 16'.2 PMG: 11h 44m.6		LUNA SD: 14'.8 Edad: 22d.1 PHE {4h: 54'.2, 12h: 54'.2, 20h: 54'.3} PMG: 6h 24m R°: 43m				Latitud	Principio del crepúsculo		Salida de Sol	Salida de Luna		Puesta de Luna	
	hG ☉	Dec	hG ☾	Dif	Dec	Dif		Náutico	Civil		Hora	R°	Hora	R°
h	° '	° '	° '		° '		°	h m	h m	h m	h m	m	h m	m
0	183 52.7	− 18 24.1	266 42.8		+ 8 48.0		60 N	6 17	7 09	7 58	** **	***	13 24	16
1	198 52.6	24.7	281 16.5	147	39.7	83	58	12	7 01	46	** **	***	20	18
2	213 52.5	25.3	295 50.3	148	31.2	85	56	08	6 54	36	** **	***	17	20
3	228 52.4	26.0	310 24.2	149	22.8	84	54	04	48	27	** **	***	14	21
4	243 52.3	26.6	324 58.0	148	14.3	85	52	6 01	42	20	** **	***	11	23
5	258 52.2	− 18 27.3	339 31.9	149	+ 8 05.8	85	50	5 58	6 37	7 12	** **	***	13 09	24
6	273 52.1	− 18 27.9	354 05.7	148	+ 7 57.3	85	45	5 50	6 26	6 57	** **	***	13 03	27
7	288 52.0	28.5	8 39.6	149	48.7	86	40	43	16	45	** **	***	12 59	29
8	303 51.9	29.2	23 13.5	149	40.1	86	35	37	07	34	** **	***	55	32
9	318 51.7	29.8	37 47.5	150	31.4	87	30	31	6 00	25	** **	***	51	34
10	333 51.6	30.4	52 21.4	149	22.8	86	20	19	5 45	6 09	0 01	48	45	37
11	348 51.5	− 18 31.1	66 55.4	150	+ 7 14.0	88	10 N	5 07	5 32	5 54	0 07	46	12 40	40
12	3 51.4	− 18 31.7	81 29.3	149	+ 7 05.3	87	0	4 54	5 19	5 41	0 14	43	12 35	42
13	18 51.3	32.4	96 03.3	150	+ 6 56.5	88	10 S	39	5 05	27	20	41	30	45
14	33 51.2	33.0	110 37.3	150	47.7	88	20	4 21	4 49	5 13	27	38	24	48
15	48 51.1	33.6	125 11.3	150	38.9	88	30	3 59	30	4 56	35	34	18	51
16	63 51.0	34.3	139 45.4	151	30.1	88	35	44	18	46	39	33	14	54
17	78 50.9	− 18 34.9	154 19.4	150	+ 6 21.2	89	40	3 27	4 04	4 35	0 44	31	12 10	56
18	93 50.8	− 18 35.5	168 53.4	150	+ 6 12.3	89	45	3 04	3 47	4 21	0 50	28	12 05	59
19	108 50.7	36.1	183 27.5	151	+ 6 03.3	90	50	2 34	26	4 05	0 57	25	11 59	62
20	123 50.6	36.8	198 01.6	151	+ 5 54.4	89	52	19	15	3 57	1 00	24	57	63
21	138 50.5	37.4	212 35.6	150	45.4	90	54	2 00	3 03	48	04	22	54	64
22	153 50.4	38.0	227 09.7	151	36.3	91	56	1 35	2 50	39	08	20	50	67
23	168 50.2	38.7	241 43.8	151	27.3	90	58	1 00	33	28	12	19	47	68
24	183 50.1	− 18 39.3	256 17.9	151	+ 5 18.2	91	60 S	** **	2 13	3 15	1 17	17	11 43	70

UT	ARIES PMG 20h 20m.6	VENUS Mag.: −3.9 PMG: 12h 07m		MARTE Mag.: +1.0 PMG: 15h 28m		JÚPITER Mag.: −2.1 PMG: 6h 00m		SATURNO Mag.: +0.5 PMG: 11h 57m	
	hG ♈	hG ♀	Dec	hG ♂	Dec	hG ♃	Dec	hG ♄	Dec
h	° '	° '	° '	° '	° '	° '	° '	° '	° '
0	54 00.3	178 27.0	− 19 21.8	127 55.6	− 24 05.0	269 41.3	+ 14 53.9	180 20.2	− 17 16.6
1	69 02.8	193 26.3	22.6	142 56.0	04.8	284 43.5	53.9	195 22.3	16.7
2	84 05.3	208 25.5	23.4	157 56.4	04.6	299 45.8	53.8	210 24.5	16.7
3	99 07.7	223 24.8	24.2	172 56.8	04.4	314 48.1	53.8	225 26.6	16.8
4	114 10.2	238 24.0	25.0	187 57.2	04.1	329 50.4	53.7	240 28.8	16.9
5	129 12.6	253 23.3	− 19 25.8	202 57.6	− 24 03.9	344 52.7	+ 14 53.7	255 31.0	− 17 17.0
6	144 15.1	268 22.5	− 19 26.6	217 58.0	− 24 03.7	359 54.9	+ 14 53.6	270 33.1	− 17 17.0
7	159 17.6	283 21.8	27.4	232 58.4	03.5	14 57.2	53.6	285 35.3	17.1
8	174 20.0	298 21.0	28.2	247 58.8	03.3	29 59.5	53.5	300 37.4	17.2
9	189 22.5	313 20.3	29.0	262 59.1	03.0	45 01.8	53.5	315 39.6	17.2
10	204 25.0	328 19.5	29.7	277 59.5	02.8	60 04.1	53.4	330 41.8	17.3
11	219 27.4	343 18.7	− 19 30.5	292 59.9	− 24 02.6	75 06.4	+ 14 53.4	345 43.9	− 17 17.4
12	234 29.9	358 18.0	− 19 31.3	308 00.3	− 24 02.4	90 08.6	+ 14 53.3	0 46.1	− 17 17.5
13	249 32.4	13 17.2	32.1	323 00.7	02.1	105 10.9	53.3	15 48.3	17.5
14	264 34.8	28 16.5	32.9	338 01.1	01.9	120 13.2	53.2	30 50.4	17.6
15	279 37.3	43 15.7	33.7	353 01.5	01.7	135 15.5	53.2	45 52.6	17.7
16	294 39.7	58 14.9	34.5	8 01.9	01.5	150 17.8	53.1	60 54.7	17.8
17	309 42.2	73 14.2	− 19 35.3	23 02.3	− 24 01.2	165 20.1	+ 14 53.1	75 56.9	− 17 17.8
18	324 44.7	88 13.4	− 19 36.1	38 02.7	− 24 01.0	180 22.3	+ 14 53.0	90 59.1	− 17 17.9
19	339 47.1	103 12.7	36.8	53 03.1	00.8	195 24.6	53.0	106 01.2	18.0
20	354 49.6	118 11.9	37.6	68 03.5	00.5	210 26.9	52.9	121 03.4	18.0
21	9 52.1	133 11.1	38.4	83 03.9	00.3	225 29.2	52.9	136 05.5	18.1
22	24 54.5	148 10.4	39.2	98 04.3	− 24 00.1	240 31.5	52.8	151 07.7	18.2
23	39 57.0	163 09.6	40.0	113 04.7	− 23 59.9	255 33.8	52.8	166 09.9	18.3
24	54 59.5	178 08.8	− 19 40.7	128 05.1	− 23 59.6	270 36.0	+ 14 52.7	181 12.0	− 17 18.3
Dif	—	−8	−8	+4	+2	+23	−1	+22	−1

Miércoles 19 de noviembre de 2014

UT	SOL SD: 16′2 PMG: 11h 45m4		LUNA SD: 15′1 Edad: 26d1 PHE {4h: 55′6; 12h: 55′7; 20h: 56′0} PMG: 9h 18m R°: 47m				Latitud	Principio del crepúsculo		Salida de Sol	Salida de Luna		Puesta de Luna	
	hG ☉	Dec	hG ☾	Dif	Dec	Dif		Náutico	Civil		Hora	R°	Hora	R°
h	° ′	° ′	° ′		° ′		°	h m	h m	h m	h m	m	h m	m
0	183 41.2	− 19 23.0	224 43.0		− 6 05.4		60 N	6 25	7 17	8 07	3 56	76	14 28	21
1	198 41.1	23.6	239 15.6	136	14.8	94	58	20	09	7 55	52	73	33	22
2	213 41.0	24.2	253 48.2	136	24.1	93	56	15	7 01	44	49	71	37	25
3	228 40.8	24.8	268 20.7	135	33.5	94	54	11	6 55	35	46	69	41	26
4	243 40.7	25.4	282 53.2	135	42.8	93	52	07	48	26	43	67	44	28
5	258 40.5	− 19 25.9	297 25.6	134	− 6 52.2	94	50	6 03	6 43	7 19	3 40	66	14 47	30
6	273 40.4	− 19 26.5	311 58.0	134	− 7 01.4	92	45	5 55	6 31	7 03	3 35	63	14 54	32
7	288 40.3	27.1	326 30.3	133	10.7	93	40	47	20	6 49	30	60	15 00	35
8	303 40.1	27.7	341 02.6	133	20.0	93	35	40	11	38	27	57	05	37
9	318 40.0	28.3	355 34.8	132	29.2	92	30	34	6 03	28	23	56	09	39
10	333 39.8	28.8	10 07.0	132	38.4	92	20	21	5 48	6 11	17	53	16	43
11	348 39.7	− 19 29.4	24 39.2	132	− 7 47.6	92	10 N	5 08	5 34	5 56	3 12	49	15 23	45
12	3 39.6	− 19 30.0	39 11.3	131	− 7 56.7	91	0	4 54	5 20	5 42	3 07	47	15 29	48
13	18 39.4	30.6	53 43.3	130	− 8 05.8	91	10 S	39	5 05	27	3 02	44	36	50
14	33 39.3	31.2	68 15.3	130	14.9	91	20	4 20	4 48	5 12	2 57	41	42	53
15	48 39.1	31.7	82 47.2	129	24.0	91	30	3 56	28	4 54	52	37	50	56
16	63 39.0	32.3	97 19.1	129	33.0	90	35	41	15	44	48	36	54	58
17	78 38.8	− 19 32.9	111 50.9	128	− 8 42.0	90	40	3 22	4 01	4 32	2 45	33	15 59	61
18	93 38.7	− 19 33.5	126 22.6	127	− 8 51.0	90	45	2 59	3 43	4 17	2 40	31	16 05	63
19	108 38.6	34.0	140 54.3	127	− 8 59.9	89	50	26	20	4 00	35	28	12	66
20	123 38.4	34.6	155 26.0	127	− 9 08.8	89	52	2 09	3 09	3 52	33	26	15	68
21	138 38.3	35.2	169 57.6	126	17.7	89	54	1 48	2 56	42	30	25	19	69
22	153 38.1	35.8	184 29.1	125	26.5	88	56	1 20	41	32	28	23	22	72
23	168 38.0	36.3	199 00.6	125	35.3	88	58	0 32	23	20	25	21	27	73
24	183 37.8	− 19 36.9	213 32.0	124	− 9 44.0	87	60 S	** **	2 00	3 06	2 21	19	16 32	75

UT	ARIES PMG 20h 04m9	VENUS Mag.: −3.9 PMG: 12h 12m		MARTE Mag.: +1.0 PMG: 15h 25m		JÚPITER Mag.: −2.2 PMG: 5h 46m		SATURNO Mag.: +0.5 PMG: 11h 43m	
	hG ♈	hG ♀	Dec	hG ♂	Dec	hG ♃	Dec	hG ♄	Dec
h	° ′	° ′	° ′	° ′	° ′	° ′	° ′	° ′	° ′
0	57 56.9	177 12.4	− 20 34.3	128 34.0	− 23 41.9	273 21.4	+ 14 49.4	183 47.6	− 17 23.5
1	72 59.3	192 11.6	35.0	143 34.4	41.6	288 23.7	49.4	198 49.8	23.5
2	88 01.8	207 10.8	35.7	158 34.8	41.3	303 26.0	49.4	213 51.9	23.6
3	103 04.3	222 10.0	36.4	173 35.2	41.1	318 28.3	49.3	228 54.1	23.7
4	118 06.7	237 09.2	37.1	188 35.6	40.8	333 30.7	49.3	243 56.3	23.7
5	133 09.2	252 08.4	− 20 37.8	203 36.0	− 23 40.5	348 33.0	+ 14 49.2	258 58.4	− 17 23.8
6	148 11.7	267 07.6	− 20 38.5	218 36.4	− 23 40.3	3 35.3	+ 14 49.2	274 00.6	− 17 23.9
7	163 14.1	282 06.7	39.2	233 36.8	40.0	18 37.6	49.2	289 02.8	24.0
8	178 16.6	297 05.9	39.9	248 37.2	39.7	33 39.9	49.1	304 04.9	24.0
9	193 19.1	312 05.1	40.6	263 37.6	39.5	48 42.2	49.1	319 07.1	24.1
10	208 21.5	327 04.3	41.3	278 38.0	39.2	63 44.5	49.0	334 09.2	24.2
11	223 24.0	342 03.5	− 20 42.0	293 38.4	− 23 38.9	78 46.8	+ 14 49.0	349 11.4	− 17 24.2
12	238 26.4	357 02.7	− 20 42.7	308 38.8	− 23 38.7	93 49.1	+ 14 49.0	4 13.6	− 17 24.3
13	253 28.9	12 01.9	43.4	323 39.2	38.4	108 51.4	48.9	19 15.7	24.4
14	268 31.4	27 01.1	44.1	338 39.6	38.1	123 53.8	48.9	34 17.9	24.4
15	283 33.8	42 00.3	44.8	353 40.0	37.9	138 56.1	48.8	49 20.0	24.5
16	298 36.3	56 59.5	45.5	8 40.4	37.6	153 58.4	48.8	64 22.2	24.6
17	313 38.8	71 58.7	− 20 46.1	23 40.8	− 23 37.3	169 00.7	+ 14 48.7	79 24.4	− 17 24.7
18	328 41.2	86 57.8	− 20 46.8	38 41.2	− 23 37.0	184 03.0	+ 14 48.7	94 26.5	− 17 24.7
19	343 43.7	101 57.0	47.5	53 41.6	36.8	199 05.3	48.7	109 28.7	24.8
20	358 46.2	116 56.2	48.2	68 42.0	36.5	214 07.6	48.6	124 30.8	24.9
21	13 48.6	131 55.4	48.9	83 42.4	36.2	229 09.9	48.6	139 33.0	24.9
22	28 51.1	146 54.6	49.6	98 42.8	36.0	244 12.3	48.5	154 35.2	25.0
23	43 53.5	161 53.8	50.3	113 43.2	35.7	259 14.6	48.5	169 37.3	25.1
24	58 56.0	176 53.0	− 20 51.0	128 43.6	− 23 35.4	274 16.9	+ 14 48.5	184 39.5	− 17 25.2
Dif	—	−8	−7	+4	+3	+23	0	+22	−1

Jueves 20 de noviembre de 2014

UT	SOL SD: 16′.2 PMG: $11^h\ 45^m.6$		LUNA SD: 15′.3 Edad: $27^d.1$ PHE { 4^h: 56′.2; 12^h: 56′.4; 20^h: 56′.6 } PMG: $10^h\ 05^m$ R°: 50^m				Latitud	Puesta de Sol	Fin del crepúsculo		Salida de Luna		Puesta de Luna	
	hG ☉	Dec	hG ☾	Dif	Dec	Dif			Civil	Náutico	Hora	R°	Hora	R°
h	° ′	° ′	° ′		° ′		°	h m	h m	h m	h m	m	h m	m
0	183 37.8	− 19 36.9	213 32.0		− 9 44.0		60 N	15 21	16 11	17 04	5 12	76	14 49	25
1	198 37.7	37.5	228 03.4	124	− 9 52.8	88	58	33	20	09	05	74	14 55	28
2	213 37.5	38.0	242 34.7	123	− 10 01.4	86	56	44	28	14	5 00	72	15 02	29
3	228 37.4	38.6	257 05.9	122	10.1	87	54	15 54	34	18	4 55	70	07	31
4	243 37.3	39.2	271 37.1	122	18.7	86	52	16 03	41	22	50	69	12	33
5	258 37.1	− 19 39.8	286 08.2	121	− 10 27.3	86	50	16 10	16 46	17 26	4 46	67	15 17	33
6	273 37.0	− 19 40.3	300 39.3	121	− 10 35.8	85	45	16 27	16 59	17 35	4 38	64	15 26	37
7	288 36.8	40.9	315 10.3	120	44.2	84	40	40	17 10	43	30	62	35	39
8	303 36.7	41.5	329 41.2	119	− 10 52.7	85	35	16 52	19	50	24	60	42	41
9	318 36.5	42.0	344 12.1	119	− 11 01.1	84	30	17 02	27	17 57	19	57	48	42
10	333 36.4	42.6	358 42.9	118	09.4	83	20	19	43	18 10	10	54	15 59	45
11	348 36.2	− 19 43.2	13 13.6	117	− 11 17.7	83	10 N	17 35	17 57	18 23	4 01	52	16 08	48
12	3 36.1	− 19 43.7	27 44.3	117	− 11 26.0	83	0	17 49	18 11	18 37	3 54	49	16 17	50
13	18 35.9	44.3	42 14.9	116	34.2	82	10 S	18 04	26	18 53	46	47	26	53
14	33 35.8	44.8	56 45.5	116	42.3	81	20	20	18 43	19 12	38	44	35	56
15	48 35.6	45.4	71 16.0	115	50.4	81	30	38	19 04	36	29	41	46	58
16	63 35.5	46.0	85 46.4	114	− 11 58.4	80	35	18 49	17	19 52	24	39	16 52	60
17	78 35.3	− 19 46.5	100 16.8	114	− 12 06.4	80	40	19 01	19 32	20 10	3 18	37	17 00	61
18	93 35.2	− 19 47.1	114 47.1	113	− 12 14.4	80	45	19 15	19 50	20 35	3 11	35	17 08	64
19	108 35.0	47.6	129 17.4	113	22.3	79	50	33	20 14	21 08	3 03	32	18	67
20	123 34.9	48.2	143 47.5	111	30.1	78	52	42	25	26	2 59	30	23	68
21	138 34.7	48.8	158 17.6	111	37.9	78	54	19 52	39	21 48	55	29	28	70
22	153 34.5	49.3	172 47.7	111	45.6	77	56	20 02	20 54	22 19	51	26	34	71
23	168 34.4	49.9	187 17.7	110	− 12 53.3	77	58	15	21 13	23 21	46	25	40	74
24	183 34.2	− 19 50.4	201 47.6	109	− 13 00.9	76	60 S	20 29	21 37	** **	2 40	23	17 47	76

UT	ARIES PMG $20^h\ 01^m.0$	VENUS Mag.: −3.9 PMG: $12^h\ 13^m$		MARTE Mag.: +1.0 PMG: $15^h\ 25^m$		JÚPITER Mag.: −2.2 PMG: $5^h\ 42^m$		SATURNO Mag.: +0.5 PMG: $11^h\ 40^m$	
	hG ♈	hG ♀	Dec	hG ♂	Dec	hG ♃	Dec	hG ♄	Dec
h	° ′	° ′	° ′	° ′	° ′	° ′	° ′	° ′	° ′
0	58 56.0	176 53.0	− 20 51.0	128 43.6	− 23 35.4	274 16.9	+ 14 48.5	184 39.5	− 17 25.2
1	73 58.5	191 52.1	51.6	143 44.0	35.1	289 19.2	48.4	199 41.6	25.2
2	89 00.9	206 51.3	52.3	158 44.4	34.9	304 21.5	48.4	214 43.8	25.3
3	104 03.4	221 50.5	53.0	173 44.8	34.6	319 23.8	48.4	229 46.0	25.4
4	119 05.9	236 49.7	53.7	188 45.2	34.3	334 26.2	48.3	244 48.1	25.4
5	134 08.3	251 48.9	− 20 54.4	203 45.6	− 23 34.0	349 28.5	+ 14 48.3	259 50.3	− 17 25.5
6	149 10.8	266 48.1	− 20 55.0	218 46.1	− 23 33.7	4 30.8	+ 14 48.2	274 52.5	− 17 25.6
7	164 13.3	281 47.2	55.7	233 46.5	33.5	19 33.1	48.2	289 54.6	25.6
8	179 15.7	296 46.4	56.4	248 46.9	33.2	34 35.4	48.2	304 56.8	25.7
9	194 18.2	311 45.6	57.1	263 47.3	32.9	49 37.7	48.1	319 58.9	25.8
10	209 20.7	326 44.8	57.7	278 47.7	32.6	64 40.1	48.1	335 01.1	25.9
11	224 23.1	341 44.0	− 20 58.4	293 48.1	− 23 32.4	79 42.4	+ 14 48.0	350 03.3	− 17 25.9
12	239 25.6	356 43.1	− 20 59.1	308 48.5	− 23 32.1	94 44.7	+ 14 48.0	5 05.4	− 17 26.0
13	254 28.0	11 42.3	− 20 59.7	323 48.9	31.8	109 47.0	48.0	20 07.6	26.1
14	269 30.5	26 41.5	− 21 00.4	338 49.3	31.5	124 49.3	47.9	35 09.7	26.1
15	284 33.0	41 40.7	01.1	353 49.7	31.2	139 51.6	47.9	50 11.9	26.2
16	299 35.4	56 39.9	01.8	8 50.1	31.0	154 54.0	47.9	65 14.1	26.3
17	314 37.9	71 39.0	− 21 02.4	23 50.5	− 23 30.7	169 56.3	+ 14 47.8	80 16.2	− 17 26.3
18	329 40.4	86 38.2	− 21 03.1	38 50.9	− 23 30.4	184 58.6	+ 14 47.8	95 18.4	− 17 26.4
19	344 42.8	101 37.4	03.7	53 51.3	30.1	200 00.9	47.7	110 20.5	26.5
20	359 45.3	116 36.6	04.4	68 51.7	29.8	215 03.2	47.7	125 22.7	26.6
21	14 47.8	131 35.7	05.1	83 52.1	29.5	230 05.6	47.7	140 24.9	26.6
22	29 50.2	146 34.9	05.7	98 52.5	29.3	245 07.9	47.6	155 27.0	26.7
23	44 52.7	161 34.1	06.4	113 52.9	29.0	260 10.2	47.6	170 29.2	26.8
24	59 55.2	176 33.3	− 21 07.1	128 53.3	− 23 28.7	275 12.5	+ 14 47.6	185 31.3	− 17 26.8
Dif	—	−8	−7	+4	+3	+23	0	+22	−1

Lunes 24 de noviembre de 2014

UT	SOL SD: 16′.2 PMG: 11h 46m.7		LUNA SD: 15′.9 Edad: 1d.5 PHE { 4h: 58′.5; 12h: 58′.6; 20h: 58′.8 } PMG: 13h 39m R°: 57m				Latitud	Puesta de Sol	Fin del crepúsculo		Salida de Luna		Puesta de Luna	
	hG ☉	Dec	hG ☾	Dif	Dec	Dif			Civil	Náutico	Hora	R°	Hora	R°
h	° ′	° ′	° ′		° ′		°	h m	h m	h m	h m	m	h m	m
0	183 22.2	−20 28.8	162 59.6		−18 33.6		60 N	15 13	16 05	16 59	9 55	50	17 24	68
1	198 22.1	29.4	177 25.5	69	34.5	9	58	27	15	17 05	42	51	37	67
2	213 21.9	29.9	191 51.4	69	35.3	8	56	39	23	10	31	52	48	66
3	228 21.7	30.4	206 17.2	68	35.9	6	54	49	30	15	21	53	17 58	65
4	243 21.5	30.9	220 43.0	68	36.5	6	52	15 58	37	19	12	53	18 07	64
5	258 21.3	−20 31.4	235 08.8	68	−18 36.9	4	50	16 06	16 43	17 23	9 04	54	18 14	64
6	273 21.2	−20 31.9	249 34.6	68	−18 37.3	4	45	16 24	16 56	17 32	8 48	54	18 31	63
7	288 21.0	32.4	264 00.3	67	37.5	2	40	38	17 08	41	34	55	45	61
8	303 20.8	32.9	278 26.1	68	37.5	0	35	16 50	17	48	22	56	18 56	61
9	318 20.6	33.4	292 51.8	67	37.5	0	30	17 01	26	17 56	8 12	56	19 06	61
10	333 20.4	33.9	307 17.5	67	37.4	1	20	19	43	18 10	7 55	56	24	59
11	348 20.3	−20 34.4	321 43.1	66	−18 37.1	3	10 N	17 35	17 58	18 23	7 40	56	19 39	58
12	3 20.1	−20 34.9	336 08.8	67	−18 36.7	4	0	17 50	18 12	18 38	7 26	57	19 53	57
13	18 19.9	35.4	350 34.4	66	36.2	5	10 S	18 06	28	18 55	7 11	58	20 07	56
14	33 19.7	35.9	5 00.1	67	35.6	6	20	22	18 46	19 14	6 56	58	22	55
15	48 19.5	36.4	19 25.7	66	34.8	8	30	41	19 08	40	39	59	39	54
16	63 19.3	36.9	33 51.3	66	33.9	9	35	18 52	21	19 56	29	59	20 49	53
17	78 19.2	−20 37.4	48 16.9	66	−18 33.0	9	40	19 05	19 37	20 16	6 17	60	21 00	52
18	93 19.0	−20 37.9	62 42.5	66	−18 31.8	12	45	19 21	19 56	20 42	6 04	60	21 14	51
19	108 18.8	38.4	77 08.0	65	30.6	12	50	40	20 21	21 17	5 48	60	30	50
20	123 18.6	38.9	91 33.6	66	29.3	13	52	49	33	21 37	40	60	37	49
21	138 18.4	39.4	105 59.2	66	27.8	15	54	19 59	20 47	22 02	31	61	46	48
22	153 18.2	39.9	120 24.7	65	26.2	16	56	20 10	21 04	22 39	22	61	21 55	48
23	168 18.0	40.4	134 50.3	66	24.5	17	58	24	25	** **	5 11	61	22 06	46
24	183 17.9	−20 40.9	149 15.8	65	−18 22.7	18	60 S	20 39	21 52	** **	4 58	62	22 19	44

UT	ARIES PMG 19h 45m.3	VENUS Mag.: −3.9 PMG: 12h 19m		MARTE Mag.: +1.0 PMG: 15h 22m		JÚPITER Mag.: −2.2 PMG: 5h 27m		SATURNO Mag.: +0.5 PMG: 11h 26m	
	hG ♈	hG ♀	Dec	hG ♂	Dec	hG ♃	Dec	hG ♄	Dec
h	° ′	° ′	° ′	° ′	° ′	° ′	° ′	° ′	° ′
0	62 52.6	175 32.5	−21 51.7	129 22.5	−23 07.0	278 00.6	+14 45.2	188 06.9	−17 31.9
1	77 55.0	190 31.6	52.3	144 22.9	06.7	293 02.9	45.1	203 09.1	31.9
2	92 57.5	205 30.8	52.8	159 23.3	06.4	308 05.2	45.1	218 11.2	32.0
3	108 00.0	220 29.9	53.4	174 23.7	06.0	323 07.6	45.1	233 13.4	32.1
4	123 02.4	235 29.0	54.0	189 24.2	05.7	338 09.9	45.0	248 15.6	32.1
5	138 04.9	250 28.2	−21 54.6	204 24.6	−23 05.4	353 12.3	+14 45.0	263 17.7	−17 32.2
6	153 07.4	265 27.3	−21 55.1	219 25.0	−23 05.1	8 14.6	+14 45.0	278 19.9	−17 32.3
7	168 09.8	280 26.4	55.7	234 25.4	04.8	23 17.0	44.9	293 22.0	32.3
8	183 12.3	295 25.6	56.3	249 25.8	04.4	38 19.3	44.9	308 24.2	32.4
9	198 14.7	310 24.7	56.9	264 26.2	04.1	53 21.7	44.9	323 26.4	32.5
10	213 17.2	325 23.9	57.4	279 26.6	03.8	68 24.0	44.9	338 28.5	32.5
11	228 19.7	340 23.0	−21 58.0	294 27.0	−23 03.5	83 26.4	+14 44.8	353 30.7	−17 32.6
12	243 22.1	355 22.1	−21 58.6	309 27.4	−23 03.2	98 28.7	+14 44.8	8 32.8	−17 32.7
13	258 24.6	10 21.3	59.1	324 27.8	02.8	113 31.1	44.8	23 35.0	32.8
14	273 27.1	25 20.4	−21 59.7	339 28.2	02.5	128 33.4	44.7	38 37.2	32.8
15	288 29.5	40 19.5	−22 00.3	354 28.7	02.2	143 35.8	44.7	53 39.3	32.9
16	303 32.0	55 18.7	00.8	9 29.1	01.9	158 38.1	44.7	68 41.5	33.0
17	318 34.5	70 17.8	−22 01.4	24 29.5	−23 01.5	173 40.5	+14 44.7	83 43.7	−17 33.0
18	333 36.9	85 16.9	−22 01.9	39 29.9	−23 01.2	188 42.8	+14 44.6	98 45.8	−17 33.1
19	348 39.4	100 16.0	02.5	54 30.3	00.9	203 45.2	44.6	113 48.0	33.2
20	3 41.9	115 15.2	03.1	69 30.7	00.6	218 47.5	44.6	128 50.1	33.2
21	18 44.3	130 14.3	03.6	84 31.1	−23 00.2	233 49.9	44.6	143 52.3	33.3
22	33 46.8	145 13.4	04.2	99 31.5	−22 59.9	248 52.2	44.5	158 54.5	33.4
23	48 49.2	160 12.6	04.7	114 31.9	59.6	263 54.6	44.5	173 56.6	33.4
24	63 51.7	175 11.7	−22 05.3	129 32.3	−22 59.3	278 56.9	+14 44.5	188 58.8	−17 33.5
Dif	—	−9	−6	+4	+3	+23	0	+22	−1

Lunes 1 de diciembre de 2014

UT	SOL SD: 16′.2 PMG: 11h 49m.0		◐ LUNA SD: 16′.1 Edad: 8d.5 PHE { 4h: 58′.9 12h: 58′.8 20h: 58′.7 } PMG: 19h 57m R°: 51m				Latitud	Principio del crepúsculo		Salida de Sol	Salida de Luna		Puesta de Luna	
	hG ☉	Dec	hG ☾	Dif	Dec	Dif		Náutico	Civil		Hora	R°	Hora	R°
h	° ′	° ′	° ′		° ′		°	h m	h m	h m	h m	m	h m	m
0	182 47.8	−21 44.9	71 05.6		+1 14.4		60 N	6 46	7 40	8 35	13 18	20	1 28	84
1	197 47.5	45.3	85 34.9	103	25.6	112	58	39	30	19	20	22	27	82
2	212 47.3	45.7	100 04.1	102	36.7	111	56	33	21	8 07	22	24	26	80
3	227 47.1	46.1	114 33.4	103	47.8	111	54	28	13	7 55	24	26	26	77
4	242 46.9	46.5	129 02.6	102	+1 59.0	112	52	23	7 06	45	25	28	25	76
5	257 46.6	−21 46.9	143 31.9	103	+2 10.1	111	50	6 18	6 59	7 36	13 26	30	1 25	73
6	272 46.4	−21 47.3	158 01.1	102	+2 21.2	111	45	6 08	6 45	7 18	13 29	33	1 24	70
7	287 46.2	47.7	172 30.4	103	32.2	110	40	5 59	32	7 02	32	35	23	67
8	302 45.9	48.1	186 59.6	102	43.3	111	35	50	22	6 49	34	38	22	64
9	317 45.7	48.5	201 28.9	103	+2 54.3	110	30	43	6 12	38	35	41	21	62
10	332 45.5	48.8	215 58.1	102	+3 05.4	111	20	28	5 55	19	39	44	20	58
11	347 45.2	−21 49.2	230 27.4	103	+3 16.4	110	10 N	5 13	5 39	6 01	13 42	47	1 19	54
12	2 45.0	−21 49.6	244 56.6	102	+3 27.3	109	0	4 57	5 23	5 45	13 44	51	1 18	51
13	17 44.8	50.0	259 25.9	103	38.3	110	10 S	40	5 06	29	47	54	17	47
14	32 44.5	50.4	273 55.1	102	+3 49.2	109	20	4 19	4 47	5 12	50	58	15	45
15	47 44.3	50.8	288 24.4	103	+4 00.1	109	30	3 52	24	4 51	54	61	14	40
16	62 44.1	51.2	302 53.6	102	11.0	109	35	35	4 10	39	56	64	13	38
17	77 43.8	−21 51.5	317 22.8	102	+4 21.9	109	40	3 13	3 54	4 26	13 58	66	1 12	36
18	92 43.6	−21 51.9	331 52.1	103	+4 32.7	108	45	2 46	3 33	4 09	14 00	70	1 11	33
19	107 43.4	52.3	346 21.3	102	43.5	108	50	2 07	3 06	3 49	04	73	10	29
20	122 43.1	52.7	0 50.5	102	+4 54.3	108	52	1 45	2 53	39	05	75	10	27
21	137 42.9	53.1	15 19.7	102	+5 05.0	107	54	1 15	38	28	07	77	09	25
22	152 42.7	53.4	29 48.9	102	15.7	107	56	0 18	2 19	16	08	80	08	24
23	167 42.4	53.8	44 18.1	102	26.4	107	58	** **	1 55	3 01	10	82	08	21
24	182 42.2	−21 54.2	58 47.3	102	+5 37.1	107	60 S	** **	1 23	2 44	14 13	84	1 07	19

UT	ARIES PMG 19h 17m.7	VENUS Mag.: −3.9 PMG: 12h 29m		MARTE Mag.: +1.0 PMG: 15h 17m		JÚPITER Mag.: −2.2 PMG: 5h 01m		SATURNO Mag.: +0.5 PMG: 11h 02m	
	hG ♈	hG ♀	Dec	hG ♂	Dec	hG ♃	Dec	hG ♄	Dec
h	° ′	° ′	° ′	° ′	° ′	° ′	° ′	° ′	° ′
0	69 46.5	173 02.1	−23 13.1	130 32.3	−22 07.5	284 39.0	+14 41.7	194 10.1	−17 43.2
1	84 49.0	188 01.1	13.5	145 32.8	07.1	299 41.4	41.7	209 12.3	43.3
2	99 51.5	203 00.2	13.8	160 33.2	06.8	314 43.8	41.7	224 14.4	43.4
3	114 53.9	217 59.3	14.2	175 33.6	06.4	329 46.2	41.7	239 16.6	43.4
4	129 56.4	232 58.4	14.6	190 34.0	06.0	344 48.6	41.7	254 18.8	43.5
5	144 58.9	247 57.4	−23 15.0	205 34.5	−22 05.6	359 51.0	+14 41.6	269 20.9	−17 43.6
6	160 01.3	262 56.5	−23 15.4	220 34.9	−22 05.2	14 53.4	+14 41.6	284 23.1	−17 43.6
7	175 03.8	277 55.6	15.7	235 35.3	04.8	29 55.8	41.6	299 25.3	43.7
8	190 06.3	292 54.6	16.1	250 35.7	04.4	44 58.2	41.6	314 27.4	43.8
9	205 08.7	307 53.7	16.5	265 36.2	04.0	60 00.6	41.6	329 29.6	43.8
10	220 11.2	322 52.8	16.9	280 36.6	03.6	75 03.0	41.6	344 31.7	43.9
11	235 13.7	337 51.9	−23 17.2	295 37.0	−22 03.2	90 05.4	+14 41.6	359 33.9	−17 44.0
12	250 16.1	352 50.9	−23 17.6	310 37.4	−22 02.8	105 07.8	+14 41.6	14 36.1	−17 44.0
13	265 18.6	7 50.0	18.0	325 37.9	02.4	120 10.2	41.6	29 38.2	44.1
14	280 21.0	22 49.1	18.4	340 38.3	02.0	135 12.6	41.6	44 40.4	44.2
15	295 23.5	37 48.1	18.7	355 38.7	01.6	150 15.0	41.5	59 42.6	44.2
16	310 26.0	52 47.2	19.1	10 39.1	01.2	165 17.4	41.5	74 44.7	44.3
17	325 28.4	67 46.3	−23 19.5	25 39.6	−22 00.8	180 19.8	+14 41.5	89 46.9	−17 44.4
18	340 30.9	82 45.3	−23 19.8	40 40.0	−22 00.5	195 22.2	+14 41.5	104 49.1	−17 44.4
19	355 33.4	97 44.4	20.2	55 40.4	−22 00.1	210 24.6	41.5	119 51.2	44.5
20	10 35.8	112 43.5	20.5	70 40.8	−21 59.7	225 27.0	41.5	134 53.4	44.6
21	25 38.3	127 42.5	20.9	85 41.3	59.3	240 29.4	41.5	149 55.5	44.6
22	40 40.8	142 41.6	21.3	100 41.7	58.9	255 31.9	41.5	164 57.7	44.7
23	55 43.2	157 40.7	21.6	115 42.1	58.5	270 34.3	41.5	179 59.9	44.8
24	70 45.7	172 39.7	−23 22.0	130 42.6	−21 58.1	285 36.7	+14 41.5	195 02.0	−17 44.8
Dif	—	−9	−4	+4	+4	+24	0	+22	−1

Sábado 6 de diciembre de 2014

UT	SOL SD: 16'.2 PMG: 11^h $51^m.0$		LUNA SD: 15'.5 Edad: $13^d.5$ PHE { 4^h: 56'.9; 12^h: 56'.7; 20^h: 56'.5 } PMG: $**^h$ $**^m$ R°: $***^m$				Latitud	Puesta de Sol	Fin del crepúsculo		Salida de Luna		Puesta de Luna	
	hG ☉	Dec	hG ☾	Dif	Dec	Dif			Civil	Náutico	Hora	R°	Hora	R°
h	° '	° '	° '		° '		°	h m	h m	h m	h m	m	h m	m
0	182 18.3	− 22 26.9	8 21.4		+ 17 43.6		**60 N**	14 58	15 53	16 49	15 40	51	8 01	57
1	197 18.1	27.2	22 49.4	90	47.0	34	**58**	15 14	16 04	16 56	15 53	50	7 48	58
2	212 17.8	27.5	37 17.4	90	50.2	32	**56**	27	14	17 02	16 03	51	38	57
3	227 17.5	27.8	51 45.5	91	53.4	32	**54**	39	22	08	13	51	28	57
4	242 17.3	28.1	66 13.5	90	56.4	30	**52**	50	30	13	21	51	20	56
5	257 17.0	− 22 28.5	80 41.5	90	+ 17 59.3	29	**50**	15 59	16 37	17 18	16 29	51	7 13	56
6	272 16.8	− 22 28.8	95 09.6	91	+ 18 02.2	29	**45**	16 19	16 52	17 29	16 45	51	6 57	55
7	287 16.5	29.1	109 37.6	90	04.9	27	**40**	35	17 05	39	16 58	52	44	55
8	302 16.2	29.4	124 05.7	91	07.5	26	**35**	16 48	16	47	17 10	51	33	54
9	317 16.0	29.6	138 33.8	91	10.0	25	**30**	17 00	26	17 56	20	51	23	54
10	332 15.7	29.9	153 01.9	91	12.5	25	**20**	20	17 44	18 11	37	52	6 06	54
11	347 15.4	− 22 30.2	167 30.0	91	+ 18 14.8	23	**10 N**	17 38	18 01	18 27	17 52	52	5 52	53
12	2 15.2	− 22 30.5	181 58.1	91	+ 18 17.0	22	**0**	17 55	18 17	18 43	18 06	52	5 38	53
13	17 14.9	30.8	196 26.2	91	19.1	21	**10 S**	18 12	34	19 01	20	52	24	53
14	32 14.7	31.1	210 54.3	91	21.1	20	**20**	30	18 54	23	35	52	5 10	51
15	47 14.4	31.4	225 22.5	92	23.0	19	**30**	18 51	19 18	19 51	18 52	52	4 53	51
16	62 14.1	31.7	239 50.7	92	24.8	18	**35**	19 03	33	20 09	19 02	52	43	51
17	77 13.9	− 22 32.0	254 18.9	92	+ 18 26.5	17	**40**	19 18	19 50	20 31	19 13	53	4 32	50
18	92 13.6	− 22 32.3	268 47.1	92	+ 18 28.1	16	**45**	19 35	20 12	21 00	19 27	52	4 19	50
19	107 13.3	32.6	283 15.3	92	29.6	15	**50**	19 56	40	21 42	43	53	4 04	48
20	122 13.1	32.9	297 43.6	93	31.0	14	**52**	20 07	20 54	22 06	19 51	52	3 56	48
21	137 12.8	33.2	312 11.8	92	32.2	12	**54**	18	21 10	22 42	20 00	52	48	48
22	152 12.5	33.5	326 40.1	93	33.4	12	**56**	31	31	** **	10	52	39	47
23	167 12.3	33.7	341 08.4	93	34.5	11	**58**	20 47	21 57	** **	21	52	28	47
24	182 12.0	− 22 34.0	355 36.7	93	+ 18 35.5	10	**60 S**	21 06	22 35	** **	20 33	52	3 16	46

UT	ARIES PMG 18^h $58^m.1$	VENUS Mag.: −3.9 PMG: 12^h 36^m		MARTE Mag.: +1.0 PMG: 15^h 14^m		JÚPITER Mag.: −2.3 PMG: 4^h 41^m		SATURNO Mag.: +0.5 PMG: 10^h 44^m	
	hG ♈	hG ♀	Dec	hG ♂	Dec	hG ♃	Dec	hG ♄	Dec
h	° '	° '	° '	° '	° '	° '	° '	° '	° '
0	74 42.2	171 08.9	− 23 50.4	131 24.2	− 21 17.8	289 29.2	+ 14 41.1	198 29.9	− 17 51.0
1	89 44.7	186 07.9	50.7	146 24.6	17.3	304 31.6	41.1	213 32.0	51.1
2	104 47.2	201 07.0	50.9	161 25.1	16.9	319 34.1	41.1	228 34.2	51.2
3	119 49.6	216 06.0	51.2	176 25.5	16.4	334 36.5	41.1	243 36.4	51.2
4	134 52.1	231 05.1	51.4	191 26.0	16.0	349 39.0	41.1	258 38.5	51.3
5	149 54.6	246 04.1	− 23 51.6	206 26.4	− 21 15.6	4 41.4	+ 14 41.1	273 40.7	− 17 51.4
6	164 57.0	261 03.2	− 23 51.8	221 26.8	− 21 15.1	19 43.8	+ 14 41.1	288 42.9	− 17 51.4
7	179 59.5	276 02.2	52.1	236 27.3	14.7	34 46.3	41.1	303 45.0	51.5
8	195 02.0	291 01.2	52.3	251 27.7	14.2	49 48.7	41.1	318 47.2	51.6
9	210 04.4	306 00.3	52.5	266 28.2	13.8	64 51.2	41.1	333 49.4	51.6
10	225 06.9	320 59.3	52.7	281 28.6	13.3	79 53.6	41.1	348 51.5	51.7
11	240 09.3	335 58.4	− 23 53.0	296 29.0	− 21 12.9	94 56.0	+ 14 41.1	3 53.7	− 17 51.7
12	255 11.8	350 57.4	− 23 53.2	311 29.5	− 21 12.5	109 58.5	+ 14 41.1	18 55.9	− 17 51.8
13	270 14.3	5 56.4	53.4	326 29.9	12.0	125 00.9	41.1	33 58.0	51.9
14	285 16.7	20 55.5	53.6	341 30.4	11.6	140 03.4	41.2	49 00.2	51.9
15	300 19.2	35 54.5	53.9	356 30.8	11.1	155 05.8	41.2	64 02.4	52.0
16	315 21.7	50 53.6	54.1	11 31.3	10.7	170 08.3	41.2	79 04.5	52.1
17	330 24.1	65 52.6	− 23 54.3	26 31.7	− 21 10.2	185 10.7	+ 14 41.2	94 06.7	− 17 52.1
18	345 26.6	80 51.6	− 23 54.5	41 32.1	− 21 09.8	200 13.1	+ 14 41.2	109 08.9	− 17 52.2
19	0 29.1	95 50.7	54.7	56 32.6	09.3	215 15.6	41.2	124 11.1	52.3
20	15 31.5	110 49.7	54.9	71 33.0	08.9	230 18.0	41.2	139 13.2	52.3
21	30 34.0	125 48.7	55.1	86 33.5	08.4	245 20.5	41.2	154 15.4	52.4
22	45 36.5	140 47.8	55.3	101 33.9	08.0	260 22.9	41.2	169 17.6	52.4
23	60 38.9	155 46.8	55.5	116 34.4	07.5	275 25.4	41.2	184 19.7	52.5
24	75 41.4	170 45.9	− 23 55.8	131 34.8	− 21 07.1	290 27.8	+ 14 41.2	199 21.9	− 17 52.6
Dif	—	−10	−2	+4	+4	+24	0	+22	−1

350 Domingo 7 de diciembre de 2014

UT	SOL SD: 16'.2 PMG: 11h 51m.4		LUNA SD: 15'.4 Edad: 14d.5 PHE {4h: 56'.3, 12h: 56'.1, 20h: 56'.0} PMG: 0h 18m R°: 52m				Latitud	Principio del crepúsculo		Salida de Sol	Salida de Luna		Puesta de Luna	
	hG ☉	Dec	hG ☾	Dif	Dec	Dif		Náutico	Civil		Hora	R°	Hora	R°
h	° '	° '	° '		° '		°	h m	h m	h m	h m	m	h m	m
0	182 12.0	− 22 34.0	355 36.7		+ 18 35.5		60 N	6 54	7 50	8 46	16 31	58	8 58	47
1	197 11.7	34.3	10 05.1	94	36.3	8	58	47	39	30	43	58	46	47
2	212 11.5	34.6	24 33.5	94	37.1	8	56	41	29	16	16 54	57	35	47
3	227 11.2	34.9	39 01.9	94	37.7	6	54	35	21	8 04	17 04	56	25	48
4	242 10.9	35.2	53 30.3	94	38.3	6	52	30	13	7 53	12	56	16	49
5	257 10.7	− 22 35.5	67 58.8	95	+ 18 38.8	5	50	6 25	7 06	7 44	17 20	56	8 09	48
6	272 10.4	− 22 35.7	82 27.2	94	+ 18 39.1	3	45	6 14	6 51	7 24	17 36	55	7 52	50
7	287 10.1	36.0	96 55.7	95	39.4	3	40	6 04	38	7 08	17 50	54	39	49
8	302 09.9	36.3	111 24.3	96	39.5	1	35	5 55	27	6 55	18 01	54	27	50
9	317 09.6	36.6	125 52.8	95	39.6	1	30	47	6 16	43	11	53	17	51
10	332 09.3	36.9	140 21.4	96	39.5	1	20	31	5 58	22	29	52	7 00	51
11	347 09.1	− 22 37.1	154 50.1	97	+ 18 39.4	1	10 N	5 16	5 42	6 04	18 44	51	6 45	51
12	2 08.8	− 22 37.4	169 18.7	96	+ 18 39.1	3	0	4 59	5 25	5 48	18 58	50	6 31	51
13	17 08.5	37.7	183 47.4	97	38.8	3	10 S	41	5 08	31	19 12	50	17	51
14	32 08.3	38.0	198 16.1	97	38.3	5	20	4 19	4 48	5 13	27	49	6 01	53
15	47 08.0	38.3	212 44.9	98	37.8	5	30	3 51	24	4 51	44	48	5 44	53
16	62 07.7	38.5	227 13.6	97	37.2	6	35	33	4 10	39	19 54	48	34	53
17	77 07.5	− 22 38.8	241 42.5	99	+ 18 36.4	8	40	3 11	3 52	4 24	20 06	46	5 22	53
18	92 07.2	− 22 39.1	256 11.3	98	+ 18 35.6	8	45	2 42	3 31	4 07	20 19	46	5 09	53
19	107 06.9	39.3	270 40.2	99	34.6	10	50	2 00	3 02	3 46	36	45	4 52	54
20	122 06.7	39.6	285 09.1	99	33.6	10	52	1 36	2 48	36	43	45	44	54
21	137 06.4	39.9	299 38.1	100	32.4	12	54	1 00	32	24	20 52	44	36	54
22	152 06.1	40.2	314 07.1	100	31.2	12	56	** **	2 11	3 11	21 02	43	26	54
23	167 05.8	40.4	328 36.1	100	29.9	13	58	** **	1 45	2 55	13	42	15	54
24	182 05.6	− 22 40.7	343 05.2	101	+ 18 28.5	14	60 S	** **	1 07	2 36	21 25	41	4 02	55

UT	ARIES PMG 18h 54m.1	VENUS Mag.: −3.9 PMG: 12h 38m		MARTE Mag.: +1.0 PMG: 15h 13m		JÚPITER Mag.: −2.3 PMG: 4h 37m		SATURNO Mag.: +0.5 PMG: 10h 41m	
	hG ♈	hG ♀	Dec	hG ♂	Dec	hG ♃	Dec	hG ♄	Dec
h	° '	° '	° '	° '	° '	° '	° '	° '	° '
0	75 41.4	170 45.9	− 23 55.8	131 34.8	− 21 07.1	290 27.8	+ 14 41.2	199 21.9	− 17 52.6
1	90 43.8	185 44.9	56.0	146 35.2	06.6	305 30.3	41.2	214 24.1	52.6
2	105 46.3	200 43.9	56.2	161 35.7	06.2	320 32.7	41.2	229 26.2	52.7
3	120 48.8	215 43.0	56.4	176 36.1	05.7	335 35.2	41.2	244 28.4	52.8
4	135 51.2	230 42.0	56.6	191 36.6	05.3	350 37.6	41.2	259 30.6	52.8
5	150 53.7	245 41.0	− 23 56.8	206 37.0	− 21 04.8	5 40.0	+ 14 41.2	274 32.7	− 17 52.9
6	165 56.2	260 40.1	− 23 57.0	221 37.5	− 21 04.4	20 42.5	+ 14 41.2	289 34.9	− 17 52.9
7	180 58.6	275 39.1	57.2	236 37.9	03.9	35 44.9	41.2	304 37.1	53.0
8	196 01.1	290 38.2	57.4	251 38.4	03.5	50 47.4	41.2	319 39.2	53.1
9	211 03.6	305 37.2	57.6	266 38.8	03.0	65 49.8	41.2	334 41.4	53.1
10	226 06.0	320 36.2	57.8	281 39.2	02.6	80 52.3	41.2	349 43.6	53.2
11	241 08.5	335 35.3	− 23 57.9	296 39.7	− 21 02.1	95 54.7	+ 14 41.2	4 45.7	− 17 53.3
12	256 11.0	350 34.3	− 23 58.1	311 40.1	− 21 01.7	110 57.2	+ 14 41.3	19 47.9	− 17 53.3
13	271 13.4	5 33.3	58.3	326 40.6	01.2	125 59.6	41.3	34 50.1	53.4
14	286 15.9	20 32.4	58.5	341 41.0	00.8	141 02.1	41.3	49 52.2	53.5
15	301 18.3	35 31.4	58.7	356 41.5	− 21 00.3	156 04.5	41.3	64 54.4	53.5
16	316 20.8	50 30.4	58.9	11 41.9	− 20 59.9	171 07.0	41.3	79 56.6	53.6
17	331 23.3	65 29.5	− 23 59.1	26 42.4	− 20 59.4	186 09.4	+ 14 41.3	94 58.7	− 17 53.6
18	346 25.7	80 28.5	− 23 59.3	41 42.8	− 20 58.9	201 11.9	+ 14 41.3	110 00.9	− 17 53.7
19	1 28.2	95 27.6	59.4	56 43.3	58.5	216 14.3	41.3	125 03.1	53.8
20	16 30.7	110 26.6	59.6	71 43.7	58.0	231 16.8	41.3	140 05.2	53.8
21	31 33.1	125 25.6	− 23 59.8	86 44.1	57.6	246 19.3	41.3	155 07.4	53.9
22	46 35.6	140 24.7	− 24 00.0	101 44.6	57.1	261 21.7	41.3	170 09.6	54.0
23	61 38.1	155 23.7	00.2	116 45.0	56.7	276 24.2	41.3	185 11.7	54.0
24	76 40.5	170 22.7	− 24 00.3	131 45.5	− 20 56.2	291 26.6	+ 14 41.3	200 13.9	− 17 54.1
Dif	—	−10	−2	+4	+5	+24	0	+22	−1

Lunes 22 de diciembre de 2014

UT	SOL SD: 16'.3 PMG: 11ʰ 58ᵐ5		LUNA SD: 16'.2 Edad: 29ᵈ5 PHE {4ʰ: 59'.4; 12ʰ: 59'.6; 20ʰ: 59'.7} PMG: 12ʰ 24ᵐ R°: 59ᵐ				Latitud	Puesta de Sol	Fin del crepúsculo		Salida de Luna		Puesta de Luna	
	hG ☉	Dec	hG ☾	Dif	Dec	Dif			Civil	Náutico	Hora	R°	Hora	R°
h	° '	° '	° '		° '		°	h m	h m	h m	h m	m	h m	m
0	180 25.8	− 23 26.1	181 21.9		− 18 37.9		**60 N**	14 55	15 53	16 49	8 38	45	16 13	75
1	195 25.5	26.1	195 46.6	57	37.2	7	**58**	15 12	16 04	16 57	25	47	25	74
2	210 25.2	26.1	210 11.4	58	36.3	9	**56**	27	14	17 04	14	48	36	73
3	225 24.9	26.1	224 36.1	57	35.3	10	**54**	40	24	10	8 04	50	46	71
4	240 24.6	26.1	239 00.8	57	34.1	12	**52**	15 51	32	16	7 56	50	16 54	70
5	255 24.3	− 23 26.1	253 25.5	57	− 18 32.8	13	**50**	16 01	16 39	17 21	7 48	51	17 02	69
6	270 24.0	− 23 26.1	267 50.1	56	− 18 31.5	13	**45**	16 22	16 55	17 33	7 31	53	17 18	68
7	285 23.7	26.0	282 14.7	56	29.9	16	**40**	38	17 09	43	18	53	31	66
8	300 23.3	26.0	296 39.4	57	28.3	16	**35**	16 53	21	17 52	7 06	55	43	64
9	315 23.0	26.0	311 04.0	56	26.5	18	**30**	17 05	31	18 01	6 56	56	17 52	64
10	330 22.7	26.0	325 28.6	56	24.6	19	**20**	26	17 50	18	39	57	18 09	62
11	345 22.4	− 23 26.0	339 53.2	56	− 18 22.6	20	**10 N**	17 45	18 08	18 34	6 24	58	18 24	60
12	0 22.1	− 23 26.0	354 17.7	55	− 18 20.5	21	**0**	18 02	18 25	18 51	6 10	59	18 38	59
13	15 21.8	26.0	8 42.3	56	18.2	23	**10 S**	20	18 43	19 10	5 56	60	18 51	58
14	30 21.5	26.0	23 06.9	56	15.8	24	**20**	18 39	19 03	19 33	41	61	19 06	56
15	45 21.2	26.0	37 31.4	55	13.3	25	**30**	19 01	28	20 02	23	63	23	53
16	60 20.8	26.0	51 56.0	56	10.6	27	**35**	14	19 44	21	13	63	32	53
17	75 20.5	− 23 25.9	66 20.5	55	− 18 07.9	27	**40**	19 29	20 02	20 44	5 02	64	19 43	52
18	90 20.2	− 23 25.9	80 45.1	56	− 18 05.0	29	**45**	19 47	20 25	21 14	4 48	65	19 56	50
19	105 19.9	25.9	95 09.6	55	− 18 01.9	31	**50**	20 10	20 54	22 00	32	66	20 12	47
20	120 19.6	25.9	109 34.2	56	− 17 58.8	31	**52**	21	21 10	22 28	24	67	19	47
21	135 19.3	25.9	123 58.7	55	55.5	33	**54**	33	28	23 15	16	67	27	46
22	150 19.0	25.9	138 23.3	56	52.1	34	**56**	20 47	21 50	** **	4 06	68	37	43
23	165 18.7	25.8	152 47.8	55	48.6	35	**58**	21 04	22 20	** **	3 55	69	47	42
24	180 18.3	− 23 25.8	167 12.4	56	− 17 45.0	36	**60 S**	21 25	23 11	** **	3 42	70	20 59	40

UT	ARIES PMG 17ʰ 55ᵐ2	VENUS Mag.: −3.9 PMG: 13ʰ 01ᵐ		MARTE Mag.: +1.1 PMG: 15ʰ 02ᵐ		JÚPITER Mag.: −2.4 PMG: 3ʰ 37ᵐ		SATURNO Mag.: +0.5 PMG: 9ʰ 49ᵐ	
	hG ♈	hG ♀	Dec	hG ♂	Dec	hG ♃	Dec	hG ♄	Dec
h	° '	° '	° '	° '	° '	° '	° '	° '	° '
0	90 28.5	164 56.8	− 23 46.2	134 24.9	− 18 01.1	305 30.0	+ 14 50.0	212 24.9	− 18 13.9
1	105 30.9	179 55.9	45.9	149 25.4	00.6	320 32.5	50.1	227 27.1	14.0
2	120 33.4	194 54.9	45.7	164 25.9	− 18 00.0	335 35.1	50.1	242 29.2	14.0
3	135 35.9	209 54.0	45.4	179 26.4	− 17 59.4	350 37.7	50.2	257 31.4	14.1
4	150 38.3	224 53.0	45.1	194 26.9	58.8	5 40.2	50.2	272 33.6	14.1
5	165 40.8	239 52.1	− 23 44.9	209 27.4	− 17 58.2	20 42.8	+ 14 50.2	287 35.8	− 18 14.2
6	180 43.3	254 51.1	− 23 44.6	224 27.9	− 17 57.7	35 45.4	+ 14 50.3	302 38.0	− 18 14.3
7	195 45.7	269 50.2	44.3	239 28.4	57.1	50 47.9	50.3	317 40.2	14.3
8	210 48.2	284 49.2	44.1	254 28.9	56.5	65 50.5	50.4	332 42.4	14.4
9	225 50.6	299 48.3	43.8	269 29.4	55.9	80 53.1	50.4	347 44.5	14.4
10	240 53.1	314 47.3	43.5	284 29.9	55.3	95 55.6	50.5	2 46.7	14.5
11	255 55.6	329 46.4	− 23 43.2	299 30.4	− 17 54.8	110 58.2	+ 14 50.5	17 48.9	− 18 14.5
12	270 58.0	344 45.4	− 23 43.0	314 30.9	− 17 54.2	126 00.8	+ 14 50.6	32 51.1	− 18 14.6
13	286 00.5	359 44.5	42.7	329 31.4	53.6	141 03.4	50.6	47 53.3	14.6
14	301 03.0	14 43.5	42.4	344 31.9	53.0	156 05.9	50.6	62 55.5	14.7
15	316 05.4	29 42.6	42.1	359 32.5	52.4	171 08.5	50.7	77 57.7	14.7
16	331 07.9	44 41.7	41.9	14 33.0	51.8	186 11.1	50.7	92 59.8	14.8
17	346 10.4	59 40.7	− 23 41.6	29 33.5	− 17 51.2	201 13.6	+ 14 50.8	108 02.0	− 18 14.9
18	1 12.8	74 39.8	− 23 41.3	44 34.0	− 17 50.7	216 16.2	+ 14 50.8	123 04.2	− 18 14.9
19	16 15.3	89 38.8	41.0	59 34.5	50.1	231 18.8	50.9	138 06.4	15.0
20	31 17.8	104 37.9	40.7	74 35.0	49.5	246 21.4	50.9	153 08.6	15.0
21	46 20.2	119 36.9	40.5	89 35.5	48.9	261 23.9	51.0	168 10.8	15.1
22	61 22.7	134 36.0	40.2	104 36.0	48.3	276 26.5	51.0	183 13.0	15.1
23	76 25.1	149 35.0	39.9	119 36.5	47.7	291 29.1	51.1	198 15.1	15.2
24	91 27.6	164 34.1	− 23 39.6	134 37.0	− 17 47.1	306 31.6	+ 14 51.1	213 17.3	− 18 15.2
Dif	—	−9	+3	+5	+6	+26	0	+22	−1

368 Jueves 25 de diciembre de 2014

UT	SOL SD: 16′.3 PMG: 12h 00m.0		LUNA SD: 16′.4 Edad: 2d.9 PHE 4h: 60′.1 12h: 60′.0 20h: 60′.0 PMG: 15h 17m R°: 54m				Latitud	Principio del crepúsculo		Salida de Sol	Salida de Luna		Puesta de Luna	
	hG ☉	Dec	hG ☾	Dif	Dec	Dif		Náutico	Civil		Hora	R°	Hora	R°
h	° ′	° ′	° ′		° ′		°	h m	h m	h m	h m	m	h m	m
0	180 03.4	− 23 23.9	139 20.7		− 12 38.3		60 N	7 09	8 06	9 03	10 27	22	20 20	87
1	195 03.1	23.8	153 46.8	71	29.5	88	58	7 01	7 54	8 46	20	25	25	85
2	210 02.8	23.8	168 13.0	72	20.7	88	56	6 55	44	31	14	28	30	83
3	225 02.5	23.7	182 39.2	72	11.8	89	54	48	35	18	09	30	35	80
4	240 02.1	23.7	197 05.4	72	− 12 02.8	90	52	43	26	8 07	05	31	39	78
5	255 01.8	− 23 23.6	211 31.7	73	− 11 53.7	91	50	6 37	7 19	7 58	10 00	33	20 42	77
6	270 01.5	− 23 23.5	225 58.1	74	− 11 44.5	92	45	6 26	7 03	7 37	9 51	37	20 50	73
7	285 01.2	23.5	240 24.5	74	35.3	92	40	15	6 49	20	43	40	20 57	69
8	300 00.9	23.4	254 51.0	75	26.0	93	35	6 06	38	7 06	37	42	21 02	67
9	315 00.6	23.3	269 17.5	75	16.6	94	30	5 57	27	6 53	31	44	07	65
10	330 00.3	23.3	283 44.0	75	− 11 07.2	94	20	41	6 08	32	21	48	16	60
11	345 00.0	− 23 23.2	298 10.6	76	− 10 57.7	95	10 N	5 25	5 51	6 14	9 12	51	21 23	57
12	359 59.7	− 23 23.1	312 37.3	77	− 10 48.1	96	0	5 08	5 34	5 56	9 04	54	21 30	53
13	14 59.4	23.1	327 04.0	77	38.5	96	10 S	4 49	5 16	39	8 55	58	37	50
14	29 59.0	23.0	341 30.7	77	28.8	97	20	4 26	4 55	5 20	46	61	44	47
15	44 58.7	22.9	355 57.5	78	19.0	98	30	3 57	30	4 58	36	65	52	43
16	59 58.4	22.8	10 24.3	78	− 10 09.2	98	35	38	4 15	45	30	67	21 57	40
17	74 58.1	− 23 22.8	24 51.2	79	− 9 59.3	99	40	3 15	3 57	4 30	8 23	70	22 02	38
18	89 57.8	− 23 22.7	39 18.2	80	− 9 49.4	99	45	2 44	3 34	4 12	8 16	73	22 08	35
19	104 57.5	22.6	53 45.2	80	39.3	101	50	1 59	3 04	3 49	06	77	15	32
20	119 57.2	22.5	68 12.2	80	29.3	100	52	1 31	2 49	38	8 02	78	18	30
21	134 56.9	22.5	82 39.3	81	19.2	101	54	0 45	31	26	7 57	80	22	28
22	149 56.6	22.4	97 06.4	81	− 9 09.0	102	56	** **	2 09	3 12	52	82	26	26
23	164 56.2	22.3	111 33.6	82	− 8 58.8	102	58	** **	1 39	2 55	46	84	31	23
24	179 55.9	− 23 22.2	126 00.8	82	− 8 48.5	103	60 S	** **	0 49	2 34	7 39	87	22 36	21

UT	ARIES PMG 17h 43m.4	VENUS Mag.: −3.9 PMG: 13h 06m		MARTE Mag.: +1.1 PMG: 14h 59m		JÚPITER Mag.: −2.4 PMG: 3h 25m		SATURNO Mag.: +0.5 PMG: 9h 38m	
	hG ♈	hG ♀	Dec	hG ♂	Dec	hG ♃	Dec	hG ♄	Dec
h	° ′	° ′	° ′	° ′	° ′	° ′	° ′	° ′	° ′
0	93 25.9	163 49.0	− 23 24.3	135 01.6	− 17 18.6	308 35.6	+ 14 53.5	215 02.3	− 18 17.8
1	108 28.4	178 48.1	23.9	150 02.1	18.0	323 38.1	53.5	230 04.5	17.9
2	123 30.8	193 47.2	23.6	165 02.6	17.4	338 40.7	53.6	245 06.7	17.9
3	138 33.3	208 46.2	23.2	180 03.1	16.8	353 43.3	53.6	260 08.9	18.0
4	153 35.7	223 45.3	22.8	195 03.6	16.2	8 45.9	53.7	275 11.1	18.0
5	168 38.2	238 44.4	− 23 22.5	210 04.2	− 17 15.6	23 48.5	+ 14 53.7	290 13.3	− 18 18.1
6	183 40.7	253 43.5	− 23 22.1	225 04.7	− 17 15.0	38 51.1	+ 14 53.8	305 15.5	− 18 18.1
7	198 43.1	268 42.5	21.8	240 05.2	14.4	53 53.7	53.8	320 17.7	18.2
8	213 45.6	283 41.6	21.4	255 05.7	13.8	68 56.3	53.9	335 19.9	18.2
9	228 48.1	298 40.7	21.1	270 06.2	13.2	83 58.9	54.0	350 22.1	18.3
10	243 50.5	313 39.7	20.7	285 06.7	12.5	99 01.5	54.0	5 24.3	18.3
11	258 53.0	328 38.8	− 23 20.3	300 07.3	− 17 11.9	114 04.1	+ 14 54.1	20 26.4	− 18 18.4
12	273 55.5	343 37.9	− 23 20.0	315 07.8	− 17 11.3	129 06.6	+ 14 54.1	35 28.6	− 18 18.4
13	288 57.9	358 37.0	19.6	330 08.3	10.7	144 09.2	54.2	50 30.8	18.5
14	304 00.4	13 36.0	19.2	345 08.8	10.1	159 11.8	54.2	65 33.0	18.6
15	319 02.9	28 35.1	18.9	0 09.3	09.5	174 14.4	54.3	80 35.2	18.6
16	334 05.3	43 34.2	18.5	15 09.9	08.9	189 17.0	54.3	95 37.4	18.7
17	349 07.8	58 33.2	− 23 18.1	30 10.4	− 17 08.3	204 19.6	+ 14 54.4	110 39.6	− 18 18.7
18	4 10.2	73 32.3	− 23 17.8	45 10.9	− 17 07.7	219 22.2	+ 14 54.4	125 41.8	− 18 18.8
19	19 12.7	88 31.4	17.4	60 11.4	07.1	234 24.8	54.5	140 44.0	18.8
20	34 15.2	103 30.5	17.0	75 11.9	06.5	249 27.4	54.5	155 46.2	18.9
21	49 17.6	118 29.5	16.6	90 12.5	05.9	264 30.0	54.6	170 48.3	18.9
22	64 20.1	133 28.6	16.3	105 13.0	05.3	279 32.6	54.6	185 50.5	19.0
23	79 22.6	148 27.7	15.9	120 13.5	04.7	294 35.2	54.7	200 52.7	19.0
24	94 25.0	163 26.8	− 23 15.5	135 14.0	− 17 04.0	309 37.8	+ 14 54.8	215 54.9	− 18 19.1
Dif	—	−9	+4	+5	+6	+26	+1	+22	−1

ESTRELLAS, 2014

POSICIONES APARENTES

A.S.★

Nº	NOMBRE		Mag		Ene	Feb	Mar	Abr	May	Jun	Jul	Agt	Sep	Oct	Nov	Dic
				°	'	'	'	'	'	'	'	'	'	'	'	'
1 -	α And.	*Alpheratz*	2.1	**357**	43.1	43.2	43.3	43.2	43.0	42.8	42.5	42.3	42.2	42.2	42.2	42.3
2 -	β Cas.	*Caph*	2.3	**357**	30.8	31.0	31.1	31.0	30.7	30.4	30.0	29.7	29.5	29.5	29.6	29.8
3 -	γ Peg.	*Algenib*	2.8	**356**	30.5	30.6	30.6	30.6	30.4	30.2	29.9	29.7	29.6	29.6	29.6	29.7
4 -	α Phe.	*Ankaa*	2.4	**353**	15.5	15.6	15.6	15.6	15.5	15.2	14.9	14.7	14.5	14.5	14.5	14.7
5 -	α Cas.	*Schedar*	2.2	**349**	40.1	40.3	40.4	40.3	40.1	39.8	39.4	39.1	38.9	38.8	38.9	39.0
6 -	β Cet.	*Diphda*	2.0	**348**	55.6	55.6	55.7	55.7	55.5	55.3	55.1	54.9	54.7	54.7	54.7	54.8
7 -	γ Cas.	*Navi*	*2.3	**345**	36.2	36.4	36.6	36.6	36.3	36.0	35.6	35.2	34.9	34.8	34.9	35.1
8 -	β And.	*Mirach*	2.1	**342**	21.9	22.1	22.1	22.1	22.0	21.7	21.5	21.2	21.1	21.0	21.0	21.0
9 -	α Eri.	*Achernar*	0.5	**335**	26.5	26.8	26.9	27.0	26.9	26.7	26.3	26.0	25.7	25.6	25.6	25.8
10 -	γ And.	*Almak*	2.3	**328**	48.1	48.3	48.4	48.5	48.4	48.1	47.8	47.6	47.3	47.2	47.1	47.2
12 -	α Ari.	*Hamal*	2.0	**327**	60.2	60.3	60.4	60.4	60.4	60.2	59.9	59.7	59.5	59.4	59.3	59.3
11 -	**α UMi.**	**Polaris**	2.0	**316**	83.6	97.6	109.0	116.2	115.2	106.9	94.2	79.2	65.0	55.0	50.8	54.0
13 -	θ Eri.	*Acamar*	3.3	**315**	17.9	18.1	18.2	18.3	18.3	18.2	18.0	17.7	17.5	17.3	17.2	17.3
14 -	α Cet.	*Menkar*	2.5	**314**	14.5	14.6	14.7	14.8	14.7	14.6	14.4	14.2	14.0	13.8	13.7	13.7
15 -	β Per.	*Algol*	*2.8	**312**	43.2	43.4	43.5	43.6	43.6	43.4	43.1	42.9	42.6	42.4	42.3	42.2
16 -	α Per.	*Mirfak*	1.8	**308**	39.4	39.6	39.8	39.9	39.9	39.7	39.5	39.1	38.8	38.6	38.4	38.4
17 -	η Tau.	*Alcyone*	2.9	**302**	54.7	54.9	55.0	55.1	55.1	55.0	54.8	54.5	54.3	54.1	54.0	53.9
18 -	γ Eri.	*Zaurak*	3.0	**300**	19.4	19.5	19.6	19.7	19.8	19.7	19.5	19.3	19.1	18.9	18.8	18.7
19 -	α Tau.	*Aldebaran*	0.9	**290**	48.6	48.7	48.8	49.0	49.0	48.9	48.8	48.5	48.3	48.1	47.9	47.9
20 -	β Ori.	*Rigel*	0.1	**281**	11.4	11.4	11.6	11.7	11.8	11.7	11.6	11.4	11.2	11.0	10.8	10.7
21 -	α Aur.	*Capella*	0.1	**280**	33.4	33.5	33.7	33.9	34.0	33.9	33.7	33.5	33.1	32.8	32.6	32.4
22 -	γ Ori.	*Bellatrix*	1.6	**278**	31.3	31.3	31.5	31.6	31.7	31.6	31.5	31.3	31.1	30.9	30.7	30.6
23 -	β Tau.	*Elnath*	1.7	**278**	11.7	11.8	12.0	12.1	12.2	12.1	12.0	11.8	11.5	11.3	11.1	10.9
24 -	δ Ori.	*Mintaka*	2.2	**276**	48.7	48.7	48.9	49.0	49.1	49.0	48.9	48.7	48.5	48.3	48.1	48.0
25 -	ε Ori.	*Alnilam*	1.7	**275**	45.6	45.7	45.8	46.0	46.0	46.0	45.9	45.7	45.5	45.3	45.1	45.0
26 -	ζ Ori.	*Alnitak*	2.1	**274**	37.5	37.6	37.7	37.8	37.9	37.9	37.8	37.6	37.4	37.2	37.0	36.9
27 -	κ Ori.	*Saiph*	2.1	**272**	53.2	53.3	53.4	53.5	53.6	53.6	53.5	53.3	53.1	52.9	52.7	52.6
28 -	α Ori.	*Betelgeuse*	*0.9	**270**	60.5	60.6	60.7	60.8	60.9	60.9	60.8	60.6	60.4	60.2	60.0	59.9
29 -	β Aur.	*Menkalinan*	1.9	**269**	50.9	51.0	51.2	51.4	51.5	51.5	51.3	51.1	50.8	50.5	50.2	50.0
30 -	β CMa.	*Mirzam*	2.0	**264**	9.7	9.8	9.9	10.1	10.2	10.2	10.1	10.0	9.8	9.6	9.4	9.2
31 -	α Car.	*Canopus*	−0.7	**263**	55.4	55.6	55.8	56.1	56.3	56.4	56.3	56.2	55.9	55.6	55.3	55.1
32 -	γ Gem.	*Alhena*	1.9	**260**	21.6	21.7	21.8	21.9	22.0	22.0	21.9	21.8	21.6	21.3	21.1	20.9
33 -	α CMa.	*Sirius*	−1.5	**258**	33.0	33.0	33.2	33.3	33.4	33.5	33.4	33.3	33.1	32.9	32.6	32.5
34 -	ε CMa.	*Adhara*	1.5	**255**	11.8	11.8	12.0	12.2	12.3	12.3	12.3	12.2	12.0	11.8	11.5	11.3
35 -	δ CMa.	*Wezen*	1.9	**252**	45.0	45.1	45.2	45.4	45.5	45.5	45.5	45.4	45.2	45.0	44.8	44.6
36 -	η CMa.	*Aludra*	2.5	**248**	49.7	49.7	49.8	50.0	50.2	50.2	50.2	50.1	49.9	49.7	49.5	49.3
37 -	α Gem.	*Castor*	2.0	**246**	7.0	7.0	7.1	7.3	7.4	7.4	7.4	7.3	7.1	6.8	6.5	6.3
38 -	α CMi.	*Procyon*	0.4	**244**	58.9	58.9	59.0	59.2	59.3	59.3	59.3	59.2	59.0	58.8	58.6	58.4
39 -	β Gem.	*Pollux*	1.1	**243**	26.8	26.8	26.9	27.1	27.2	27.2	27.2	27.1	26.9	26.7	26.4	26.2
40 -	ζ Puppis		2.3	**238**	58.2	58.2	58.3	58.5	58.7	58.8	58.8	58.8	58.6	58.4	58.1	57.9
41 -	γ Vel.	*Regor*	1.8	**237**	29.8	29.9	30.0	30.2	30.4	30.6	30.6	30.5	30.4	30.1	29.8	29.6
42 -	ε Car.	*Avior*	1.8	**234**	17.1	17.2	17.3	17.6	17.9	18.2	18.3	18.2	18.0	17.7	17.3	17.0
43 -	δ Velorum		2.0	**228**	42.8	42.8	43.0	43.2	43.4	43.6	43.8	43.7	43.6	43.3	43.0	42.7
44 -	ζ Hydrae		3.1	**225**	57.5	57.4	57.5	57.6	57.7	57.8	57.8	57.7	57.6	57.4	57.2	57.0
45 -	λ Vel.	*Suhail*	2.2	**222**	51.7	51.6	51.7	51.8	52.0	52.2	52.2	52.2	52.1	51.9	51.6	51.3
46 -	β Car.	*Miaplacidus*	1.7	**221**	38.6	38.5	38.7	39.1	39.5	40.0	40.2	40.3	40.1	39.7	39.2	38.7
47 -	ι Car.	*Aspidiske*	2.5	**220**	37.2	37.1	37.2	37.4	37.7	38.0	38.1	38.2	38.0	37.8	37.4	37.0
48 -	α Lyncis		3.1	**219**	30.9	30.8	30.8	30.9	31.1	31.2	31.2	31.2	31.1	30.9	30.6	30.3
49 -	α Hya.	*Alphard*	2.0	**217**	55.4	55.3	55.3	55.4	55.5	55.6	55.6	55.6	55.5	55.4	55.1	54.9
50 -	α Leo.	*Regulus*	1.4	**207**	42.8	42.7	42.7	42.7	42.8	42.9	43.0	43.0	42.9	42.8	42.6	42.3

* Estrella de magnitud variable. Se presenta el valor promedio.

ESTRELLAS, 2014

POSICIONES APARENTES — DECLINACIÓN

Nº	NOMBRE		Mag		Ene	Feb	Mar	Abr	May	Jun	Jul	Agt	Sep	Oct	Nov	Dic
				°	'	'	'	'	'	'	'	'	'	'	'	'
1 -	α And.	*Alpheratz*	2.1	+29	10.2	10.2	10.1	10.0	10.0	10.1	10.2	10.3	10.4	10.5	10.6	10.6
2 -	β Cas.	*Caph*	2.3	+59	13.9	13.8	13.7	13.6	13.5	13.5	13.6	13.7	13.9	14.1	14.2	14.3
3 -	γ Peg.	*Algenib*	2.8	+15	15.8	15.7	15.7	15.7	15.7	15.8	15.9	16.0	16.1	16.1	16.1	16.1
4 -	α Phe.	*Ankaa*	2.4	−42	14.0	13.9	13.8	13.7	13.6	13.4	13.3	13.3	13.4	13.5	13.6	13.7
5 -	α Cas.	*Schedar*	2.2	+56	37.1	37.1	36.9	36.8	36.7	36.7	36.8	36.9	37.1	37.2	37.4	37.4
6 -	β Cet.	*Diphda*	2.0	−17	54.7	54.7	54.7	54.6	54.5	54.3	54.2	54.2	54.2	54.2	54.3	54.4
7 -	γ Cas.	*Navi*	*2.3	+60	47.8	47.8	47.7	47.5	47.4	47.4	47.5	47.6	47.7	47.9	48.0	48.1
8 -	β And.	*Mirach*	2.1	+35	41.9	41.8	41.7	41.6	41.6	41.6	41.7	41.8	41.9	42.0	42.1	42.1
9 -	α Eri.	*Achernar*	0.5	−57	10.3	10.2	10.1	9.9	9.8	9.6	9.5	9.5	9.5	9.7	9.8	9.9
10 -	γ And.	*Almak*	2.3	+42	24.0	23.9	23.9	23.8	23.7	23.7	23.7	23.8	23.9	24.0	24.1	24.2
12 -	α Ari.	*Hamal*	2.0	+23	31.8	31.7	31.7	31.6	31.6	31.7	31.7	31.8	31.9	32.0	32.0	32.0
11 -	**α UMi.**	**Polaris**	2.0	+89	19.7	19.7	19.7	19.5	19.4	19.2	19.2	19.2	19.3	19.4	19.6	19.8
13 -	θ Eri.	*Acamar*	3.3	−40	15.2	15.3	15.2	15.1	15.0	14.8	14.7	14.6	14.6	14.7	14.8	14.9
14 -	α Cet.	*Menkar*	2.5	+ 4	8.6	8.5	8.5	8.5	8.6	8.6	8.7	8.8	8.8	8.9	8.8	8.8
15 -	β Per.	*Algol*	*2.8	+41	0.6	0.6	0.6	0.5	0.4	0.4	0.4	0.5	0.5	0.6	0.7	0.8
16 -	α Per.	*Mirfak*	1.8	+49	54.7	54.7	54.7	54.6	54.5	54.5	54.4	54.5	54.5	54.6	54.7	54.8
17 -	η Tau.	*Alcyone*	2.9	+24	8.8	8.8	8.8	8.8	8.7	8.8	8.8	8.8	8.9	8.9	9.0	9.0
18 -	γ Eri.	*Zaurak*	3.0	−13	28.4	28.4	28.4	28.4	28.3	28.2	28.1	28.0	28.0	28.0	28.1	28.1
19 -	α Tau.	*Aldebaran*	0.9	+16	32.1	32.1	32.1	32.1	32.1	32.1	32.1	32.2	32.2	32.2	32.2	32.2
20 -	β Ori.	*Rigel*	0.1	− 8	11.4	11.4	11.5	11.4	11.4	11.3	11.2	11.1	11.1	11.1	11.2	11.3
21 -	α Aur.	*Capella*	0.1	+46	0.6	0.7	0.7	0.6	0.6	0.5	0.5	0.4	0.4	0.5	0.5	0.6
22 -	γ Ori.	*Bellatrix*	1.6	+ 6	21.5	21.5	21.5	21.5	21.5	21.5	21.6	21.7	21.7	21.7	21.6	21.6
23 -	β Tau.	*Elnath*	1.7	+28	37.0	37.0	37.0	37.0	37.0	36.9	36.9	36.9	37.0	37.0	37.0	37.0
24 -	δ Ori.	*Mintaka*	2.2	− 0	17.6	17.6	17.6	17.6	17.6	17.5	17.5	17.4	17.4	17.4	17.4	17.5
25 -	ε Ori.	*Alnilam*	1.7	− 1	11.8	11.9	11.9	11.9	11.8	11.8	11.7	11.6	11.6	11.6	11.7	11.7
26 -	ζ Ori.	*Alnitak*	2.1	− 1	56.4	56.4	56.4	56.4	56.4	56.3	56.2	56.2	56.1	56.2	56.2	56.3
27 -	κ Ori.	*Saiph*	2.1	− 9	40.1	40.2	40.2	40.2	40.2	40.1	40.0	39.9	39.9	39.9	40.0	40.1
28 -	α Ori.	*Betelgeuse*	*0.9	+ 7	24.3	24.3	24.3	24.3	24.3	24.4	24.4	24.5	24.5	24.5	24.4	24.4
29 -	β Aur.	*Menkalinan*	1.9	+44	56.8	56.8	56.8	56.8	56.8	56.7	56.7	56.6	56.6	56.6	56.6	56.7
30 -	β CMa.	*Mirzam*	2.0	−17	58.1	58.1	58.2	58.2	58.1	58.0	57.9	57.8	57.8	57.8	57.9	58.0
31 -	α Car.	*Canopus*	−0.7	−52	42.5	42.6	42.7	42.7	42.6	42.5	42.3	42.2	42.1	42.1	42.2	42.4
32 -	γ Gem.	*Alhena*	1.9	+16	23.0	23.0	23.0	23.0	23.0	23.0	23.0	23.0	23.0	23.0	23.0	22.9
33 -	α CMa.	*Sirius*	−1.5	−16	44.4	44.5	44.5	44.5	44.5	44.4	44.3	44.2	44.2	44.2	44.3	44.4
34 -	ε CMa.	*Adhara*	1.5	−28	59.7	59.9	59.9	59.9	59.9	59.8	59.7	59.5	59.5	59.5	59.5	59.7
35 -	δ CMa.	*Wezen*	1.9	−26	25.2	25.3	25.4	25.4	25.3	25.2	25.1	25.0	24.9	24.9	25.0	25.1
36 -	η CMa.	*Aludra*	2.5	−29	20.1	20.2	20.3	20.3	20.3	20.2	20.0	19.9	19.8	19.8	19.9	20.0
37 -	α Gem.	*Castor*	2.0	+31	51.2	51.2	51.3	51.3	51.3	51.3	51.2	51.2	51.1	51.1	51.1	51.0
38 -	α CMi.	*Procyon*	0.4	+ 5	11.1	11.0	11.0	11.0	11.0	11.1	11.1	11.1	11.1	11.1	11.1	11.0
39 -	β Gem.	*Pollux*	1.1	+27	59.3	59.3	59.3	59.3	59.3	59.3	59.3	59.3	59.2	59.2	59.1	59.1
40 -	ζ Puppis		2.3	−40	2.8	2.9	3.0	3.1	3.1	3.0	2.8	2.7	2.6	2.6	2.6	2.8
41 -	γ Vel.	*Regor*	1.8	−47	22.9	23.0	23.1	23.2	23.2	23.1	23.0	22.8	22.7	22.7	22.7	22.9
42 -	ε Car.	*Avior*	1.8	−59	33.4	33.6	33.7	33.8	33.8	33.7	33.6	33.4	33.3	33.3	33.3	33.4
43 -	δ Velorum		2.0	−54	45.7	45.9	46.1	46.2	46.2	46.1	46.0	45.8	45.7	45.6	45.7	45.8
44 -	ζ Hydrae		3.1	+ 5	53.3	53.2	53.2	53.2	53.2	53.3	53.3	53.3	53.3	53.3	53.2	53.1
45 -	λ Vel.	*Suhail*	2.2	−43	29.5	29.7	29.8	29.9	29.9	29.8	29.7	29.6	29.5	29.4	29.4	29.5
46 -	β Car.	*Miaplacidus*	1.7	−69	46.5	46.7	46.9	47.0	47.1	47.0	46.9	46.7	46.6	46.5	46.5	46.6
47 -	ι Car.	*Aspidiske*	2.5	−59	20.1	20.3	20.5	20.6	20.6	20.6	20.4	20.3	20.1	20.1	20.1	20.2
48 -	α Lyncis		3.1	+34	19.7	19.7	19.8	19.8	19.9	19.9	19.8	19.8	19.7	19.6	19.5	19.4
49 -	α Hya.	*Alphard*	2.0	− 8	43.4	43.5	43.5	43.6	43.5	43.5	43.4	43.4	43.3	43.3	43.4	43.5
50 -	α Leo.	*Regulus*	1.4	+11	53.7	53.6	53.6	53.6	53.7	53.7	53.7	53.7	53.7	53.6	53.6	53.5

* Estrella de magnitud variable. Se presenta el valor promedio.

ESTRELLAS, 2014

POSICIONES APARENTES

A.S.⋆

Nº	NOMBRE		Mag		Ene	Feb	Mar	Abr	May	Jun	Jul	Agt	Sep	Oct	Nov	Dic
				°	′	′	′	′	′	′	′	′	′	′	′	′
51 -	μ Velorum		2.8	**198**	8.7	8.5	8.5	8.6	8.8	8.9	9.1	9.2	9.2	9.0	8.7	8.4
52 -	ν Hydrae		3.1	**197**	24.8	24.6	24.6	24.7	24.7	24.8	24.9	24.9	24.9	24.8	24.6	24.4
53 -	β UMa.	*Merak*	2.4	**194**	19.4	19.2	19.1	19.2	19.4	19.6	19.8	19.9	19.8	19.7	19.4	19.0
54 -	α UMa.	*Dubhe*	1.8	**193**	50.9	50.6	50.5	50.6	50.8	51.1	51.3	51.4	51.4	51.3	50.9	50.5
55 -	β Leo.	*Denebola*	2.1	**182**	33.1	32.9	32.8	32.8	32.9	33.0	33.0	33.1	33.1	33.1	32.9	32.7
56 -	γ Crv.	*Gienah*	2.6	**175**	51.7	51.5	51.4	51.4	51.4	51.5	51.6	51.7	51.7	51.7	51.5	51.3
57 -	α Cru.	*Acrux*	1.3	**173**	8.5	8.1	8.0	7.9	8.0	8.2	8.5	8.8	8.9	8.9	8.6	8.2
58 -	γ Cru.	*Gacrux*	*1.6	**171**	60.2	59.8	59.7	59.6	59.7	59.9	60.1	60.3	60.4	60.4	60.1	59.8
59 -	γ Cen.	*Muhlifain*	2.4	**169**	25.1	24.8	24.6	24.6	24.6	24.7	24.9	25.1	25.2	25.1	25.0	24.7
60 -	β Cru.	*Mimosa*	1.3	**167**	51.2	50.8	50.6	50.6	50.6	50.8	51.0	51.3	51.4	51.4	51.2	50.8
61 -	ε UMa.	*Alioth*	1.8	**166**	20.3	20.0	19.8	19.7	19.8	20.0	20.2	20.4	20.5	20.6	20.4	20.1
62 -	α CVn.	*Cor Caroli*	2.9	**165**	49.6	49.4	49.2	49.2	49.2	49.3	49.5	49.6	49.7	49.7	49.6	49.3
63 -	ε Vir.	*Vindemiatrix*	2.8	**164**	16.7	16.5	16.3	16.3	16.3	16.3	16.4	16.5	16.6	16.6	16.5	16.3
64 -	ζ UMa.	*Mizar*	2.3	**158**	52.7	52.4	52.1	52.1	52.1	52.3	52.5	52.7	52.8	52.9	52.8	52.6
65 -	α Vir.	*Spica*	1.0	**158**	30.8	30.5	30.4	30.3	30.3	30.4	30.4	30.5	30.6	30.6	30.5	30.3
66 -	η UMa.	*Alkaid*	1.9	**152**	58.7	58.3	58.1	58.0	58.0	58.2	58.3	58.5	58.7	58.7	58.7	58.5
67 -	β Cen.	*Hadar*	0.6	**148**	47.3	46.8	46.5	46.4	46.3	46.4	46.6	46.8	47.0	47.1	47.0	46.7
68 -	θ Cen.	*Menkent*	2.1	**148**	7.1	6.8	6.6	6.5	6.4	6.4	6.5	6.7	6.8	6.9	6.8	6.6
69 -	α Boo.	*Arcturus*	0.0	**145**	55.4	55.2	55.0	54.9	54.9	54.9	55.0	55.1	55.2	55.3	55.2	55.1
70 -	α Cen.	*Rigil Kent*	0.0	**139**	51.3	50.9	50.6	50.3	50.2	50.3	50.5	50.7	51.0	51.1	51.1	50.8
71 -	α Lib.	*Zubenelgenubi*	2.8	**137**	5.0	4.8	4.6	4.5	4.4	4.4	4.4	4.5	4.7	4.7	4.7	4.5
72 -	β UMi.	*Kochab*	2.1	**137**	20.6	19.9	19.4	19.1	19.0	19.3	19.8	20.4	20.9	21.3	21.4	21.2
73 -	β Lib.	*Zubeneschamali*	2.6	**130**	33.5	33.3	33.1	32.9	32.8	32.8	32.8	32.9	33.1	33.1	33.1	33.0
74 -	α CrB.	*Alphecca*	2.2	**126**	10.9	10.6	10.4	10.2	10.1	10.1	10.2	10.3	10.5	10.6	10.6	10.5
75 -	α Ser.	*Unukalhai*	2.7	**123**	45.6	45.4	45.2	45.0	44.9	44.9	44.9	45.0	45.2	45.2	45.3	45.2
76 -	α Sco.	*Antares*	*1.4	**112**	26.0	25.7	25.5	25.3	25.1	25.0	25.0	25.1	25.3	25.4	25.4	25.4
77 -	α TrA.	*Atria*	1.9	**107**	27.8	27.3	26.8	26.2	25.8	25.6	25.7	25.9	26.3	26.7	26.9	26.8
78 -	ε Scorpii		2.3	**107**	13.9	13.7	13.4	13.2	13.0	12.9	12.9	13.0	13.1	13.3	13.3	13.3
79 -	η Oph.	*Sabik*	2.6	**102**	12.3	12.1	11.9	11.7	11.5	11.4	11.4	11.4	11.6	11.7	11.8	11.7
80 -	α Her.	*Rasalgethi*	3.5	**101**	10.8	10.6	10.4	10.2	10.1	10.0	9.9	10.0	10.2	10.3	10.4	10.4
81 -	λ Sco.	*Shaula*	1.6	**96**	21.7	21.4	21.2	20.9	20.7	20.5	20.5	20.6	20.7	20.9	21.0	20.9
82 -	α Oph.	*Rasalhague*	2.1	**96**	6.4	6.2	6.0	5.8	5.6	5.5	5.4	5.5	5.6	5.8	5.9	5.9
83 -	θ Scorpii		1.9	**95**	25.2	25.0	24.7	24.4	24.2	24.0	23.9	24.0	24.2	24.4	24.5	24.4
84 -	γ Dra.	*Eltanin*	2.2	**90**	46.4	46.2	45.9	45.6	45.4	45.3	45.3	45.4	45.7	45.9	46.1	46.2
85 -	ε Sgr.	*Kaus Australis*	1.9	**83**	43.6	43.4	43.2	42.9	42.7	42.5	42.4	42.4	42.6	42.7	42.9	42.9
86 -	α Lyr.	*Vega*	0.0	**80**	39.1	38.9	38.7	38.4	38.2	38.1	38.0	38.1	38.2	38.4	38.6	38.7
87 -	σ Sgr.	*Nunki*	2.0	**75**	58.2	58.0	57.8	57.6	57.3	57.1	57.0	57.0	57.1	57.3	57.4	57.4
88 -	α Aql.	*Altair*	0.8	**62**	8.2	8.0	7.9	7.7	7.5	7.3	7.2	7.1	7.2	7.3	7.5	7.5
89 -	γ Cyg.	*Sadr*	2.2	**54**	19.3	19.2	19.0	18.8	18.5	18.3	18.2	18.1	18.2	18.4	18.6	18.7
90 -	α Pav.	*Peacock*	1.9	**53**	19.2	19.1	18.9	18.5	18.1	17.8	17.5	17.4	17.5	17.8	18.0	18.2
91 -	α Cyg.	*Deneb*	1.3	**49**	31.6	31.6	31.4	31.2	30.9	30.6	30.5	30.4	30.5	30.7	30.9	31.1
92 -	α Cep.	*Alderamin*	2.4	**40**	16.7	16.7	16.6	16.2	15.8	15.5	15.2	15.1	15.2	15.5	15.8	16.1
93 -	ε Peg.	*Enif*	*2.1	**33**	47.0	47.0	46.9	46.7	46.5	46.3	46.1	46.0	46.0	46.1	46.2	46.3
94 -	δ Cap.	*Deneb Algedi*	2.9	**33**	2.9	2.9	2.8	2.7	2.5	2.2	2.0	1.9	1.9	2.0	2.1	2.2
95 -	α Gru.	*Al Na'ir*	1.7	**27**	43.6	43.6	43.5	43.3	43.1	42.8	42.5	42.3	42.3	42.4	42.6	42.7
96 -	β Gruis		*2.1	**19**	7.8	7.8	7.8	7.6	7.4	7.0	6.7	6.5	6.5	6.6	6.7	6.9
97 -	α PsA.	*Fomalhaut*	1.2	**15**	23.8	23.8	23.8	23.7	23.5	23.2	23.0	22.8	22.7	22.7	22.8	23.0
98 -	β Peg.	*Scheat*	*2.4	**13**	53.2	53.2	53.2	53.1	52.9	52.6	52.4	52.2	52.1	52.2	52.3	52.4
99 -	α Peg.	*Markab*	2.5	**13**	38.1	38.1	38.1	38.0	37.8	37.6	37.4	37.2	37.1	37.2	37.2	37.3

* Estrella de magnitud variable. Se presenta el valor promedio.

ESTRELLAS, 2014 — 379

POSICIONES APARENTES — DECLINACIÓN

Nº	NOMBRE		Mag		Ene	Feb	Mar	Abr	May	Jun	Jul	Agt	Sep	Oct	Nov	Dic
				°	'	'	'	'	'	'	'	'	'	'	'	'
51 -	μ Velorum		2.8	**−49**	29.6	29.8	30.0	30.1	30.2	30.2	30.1	30.0	29.8	29.7	29.7	29.8
52 -	ν Hydrae		3.1	**−16**	16.1	16.3	16.3	16.4	16.4	16.4	16.3	16.3	16.2	16.2	16.2	16.3
53 -	β UMa.	*Merak*	2.4	**+56**	18.0	18.1	18.2	18.4	18.4	18.5	18.4	18.3	18.2	18.0	17.9	17.8
54 -	α UMa.	*Dubhe*	1.8	**+61**	40.1	40.2	40.3	40.4	40.5	40.6	40.5	40.4	40.2	40.1	39.9	39.8
55 -	β Leo.	*Denebola*	2.1	**+14**	29.4	29.4	29.4	29.4	29.4	29.5	29.5	29.5	29.5	29.4	29.3	29.2
56 -	γ Crv.	*Gienah*	2.6	**−17**	37.2	37.3	37.4	37.5	37.5	37.5	37.4	37.4	37.3	37.3	37.3	37.4
57 -	α Cru.	*Acrux*	1.3	**−63**	10.4	10.6	10.7	10.9	11.0	11.1	11.1	11.0	10.9	10.8	10.7	10.6
58 -	γ Cru.	*Gacrux*	*1.6	**−57**	11.3	11.4	11.6	11.8	11.9	11.9	11.9	11.9	11.7	11.6	11.5	11.5
59 -	γ Cen.	*Muhlifain*	2.4	**−49**	2.0	2.2	2.3	2.5	2.6	2.6	2.6	2.5	2.4	2.3	2.2	2.2
60 -	β Cru.	*Mimosa*	1.3	**−59**	45.7	45.8	46.0	46.1	46.3	46.3	46.4	46.3	46.2	46.0	45.9	45.9
61 -	ε UMa.	*Alioth*	1.8	**+55**	52.7	52.7	52.8	52.9	53.1	53.1	53.2	53.1	53.0	52.8	52.6	52.5
62 -	α CVn.	*CorCaroli*	2.9	**+38**	14.3	14.3	14.3	14.4	14.5	14.6	14.6	14.6	14.5	14.4	14.2	14.1
63 -	ε Vir.	*Vindemiatrix*	2.8	**+10**	52.9	52.8	52.8	52.8	52.9	52.9	53.0	53.0	53.0	52.9	52.8	52.7
64 -	ζ UMa.	*Mizar*	2.3	**+54**	50.8	50.8	50.9	51.0	51.2	51.3	51.3	51.3	51.1	51.0	50.8	50.6
65 -	α Vir.	*Spica*	1.0	**−11**	14.1	14.2	14.2	14.3	14.3	14.2	14.2	14.2	14.1	14.1	14.2	14.2
66 -	η UMa.	*Alkaid*	1.9	**+49**	14.3	14.3	14.3	14.5	14.6	14.7	14.8	14.8	14.7	14.5	14.3	14.2
67 -	β Cen.	*Hadar*	0.6	**−60**	26.1	26.2	26.3	26.5	26.6	26.7	26.8	26.7	26.7	26.5	26.4	26.4
68 -	θ Cen.	*Menkent*	2.1	**−36**	26.1	26.2	26.3	26.4	26.5	26.6	26.6	26.5	26.5	26.4	26.3	26.3
69 -	α Boo.	*Arcturus*	0.0	**+19**	6.4	6.4	6.4	6.4	6.5	6.6	6.6	6.6	6.6	6.5	6.4	6.3
70 -	α Cen.	*RigilKent*	0.0	**−60**	53.3	53.3	53.4	53.6	53.7	53.8	53.9	53.9	53.8	53.7	53.6	53.5
71 -	α Lib.	*Zubenelgenubi*	2.8	**−16**	5.9	6.0	6.0	6.1	6.1	6.1	6.1	6.0	6.0	6.0	6.0	6.0
72 -	β UMi.	*Kochab*	2.1	**+74**	5.6	5.6	5.6	5.8	5.9	6.1	6.1	6.1	6.1	5.9	5.7	5.5
73 -	β Lib.	*Zubeneschamali*	2.6	**− 9**	26.0	26.1	26.1	26.1	26.1	26.1	26.1	26.0	26.0	26.0	26.0	26.1
74 -	α CrB.	*Alphecca*	2.2	**+26**	40.0	39.9	39.9	39.9	40.0	40.2	40.2	40.3	40.3	40.2	40.1	40.0
75 -	α Ser.	*Unukalhai*	2.7	**+ 6**	22.9	22.8	22.8	22.8	22.9	23.0	23.0	23.1	23.1	23.0	23.0	22.9
76 -	α Sco.	*Antares*	*1.4	**−26**	27.6	27.6	27.6	27.7	27.7	27.7	27.7	27.7	27.7	27.7	27.7	27.6
77 -	α TrA.	*Atria*	1.9	**−69**	2.8	2.8	2.8	2.8	2.9	3.1	3.2	3.3	3.3	3.2	3.1	3.0
78 -	ε Scorpii		2.3	**−34**	18.9	18.9	18.9	18.9	19.0	19.0	19.1	19.1	19.1	19.0	19.0	19.0
79 -	η Oph.	*Sabik*	2.6	**−15**	44.4	44.4	44.4	44.4	44.4	44.4	44.4	44.4	44.3	44.3	44.3	44.4
80 -	α Her.	*Rasalgethi*	3.5	**+14**	22.5	22.4	22.4	22.4	22.5	22.6	22.7	22.8	22.8	22.8	22.7	22.6
81 -	λ Sco.	*Shaula*	1.6	**−37**	6.6	6.6	6.6	6.6	6.6	6.7	6.7	6.7	6.7	6.7	6.7	6.6
82 -	α Oph.	*Rasalhague*	2.1	**+12**	33.1	33.0	33.0	33.0	33.1	33.2	33.2	33.3	33.3	33.3	33.3	33.2
83 -	θ Scorpii		1.9	**−43**	0.1	0.1	0.1	0.1	0.1	0.2	0.3	0.3	0.3	0.3	0.3	0.2
84 -	γ Dra.	*Eltanin*	2.2	**+51**	29.3	29.1	29.1	29.1	29.2	29.4	29.5	29.7	29.7	29.7	29.6	29.5
85 -	ε Sgr.	*KausAustralis*	1.9	**−34**	22.5	22.4	22.4	22.4	22.4	22.4	22.4	22.5	22.5	22.5	22.5	22.4
86 -	α Lyr.	*Vega*	0.0	**+38**	47.9	47.8	47.7	47.7	47.8	48.0	48.1	48.2	48.3	48.3	48.3	48.1
87 -	σ Sgr.	*Nunki*	2.0	**−26**	16.6	16.6	16.5	16.5	16.5	16.5	16.5	16.5	16.5	16.5	16.5	16.5
88 -	α Aql.	*Altair*	0.8	**+ 8**	54.5	54.4	54.4	54.4	54.5	54.6	54.7	54.7	54.8	54.8	54.8	54.7
89 -	γ Cyg.	*Sadr*	2.2	**+40**	18.3	18.1	18.0	18.0	18.1	18.2	18.4	18.5	18.6	18.7	18.7	18.6
90 -	α Pav.	*Peacock*	1.9	**−56**	41.3	41.2	41.1	41.0	40.9	40.9	41.0	41.1	41.2	41.2	41.3	41.2
91 -	α Cyg.	*Deneb*	1.3	**+45**	20.0	19.9	19.8	19.7	19.8	19.9	20.1	20.2	20.4	20.5	20.5	20.4
92 -	α Cep.	*Alderamin*	2.4	**+62**	39.0	38.8	38.7	38.6	38.6	38.7	38.9	39.1	39.2	39.3	39.4	39.3
93 -	ε Peg.	*Enif*	*2.1	**+ 9**	56.5	56.4	56.4	56.4	56.5	56.6	56.7	56.8	56.8	56.9	56.9	56.8
94 -	δ Cap.	*DenebAlgedi*	2.9	**−16**	3.8	3.7	3.7	3.6	3.6	3.5	3.4	3.4	3.4	3.4	3.5	3.5
95 -	α Gru.	*AlNa'ir*	1.7	**−46**	53.6	53.5	53.4	53.3	53.2	53.1	53.1	53.1	53.2	53.3	53.4	53.4
96 -	β Gruis		*2.1	**−46**	48.8	48.7	48.5	48.4	48.3	48.2	48.2	48.2	48.3	48.4	48.5	48.5
97 -	α PsA.	*Fomalhaut*	1.2	**−29**	32.9	32.9	32.8	32.7	32.6	32.5	32.4	32.4	32.5	32.5	32.6	32.6
98 -	β Peg.	*Scheat*	*2.4	**+28**	9.7	9.6	9.6	9.5	9.5	9.6	9.7	9.9	10.0	10.1	10.1	10.1
99 -	α Peg.	*Markab*	2.5	**+15**	17.0	16.9	16.9	16.8	16.9	17.0	17.1	17.2	17.3	17.3	17.4	17.3

* Estrella de magnitud variable. Se presenta el valor promedio.

DETERMINACIÓN DE LA LATITUD POR LA OBSERVACIÓN DE UNA ALTURA DE LA POLAR, 2014

TABLA I

h.L. ♈	Corr.	h.L. ♈	Corr.	h.L. ♈	Corr.	h.L. ♈	Corr.	h.L. ♈	Corr.	h.L. ♈	Corr.	h.L. ♈	Corr.
° ′	′	° ′	′	° ′	′	° ′	′	° ′	′	° ′	′	° ′	′
0 00	−29.8	26 00	−38.8	52 00	−39.9	78 00	−33.0	104 00	−19.4	130 00	− 1.8	156 00	+16.1
0 30	−30.0	26 30	−38.9	52 30	−39.9	78 30	−32.8	104 30	−19.1	130 30	− 1.5	156 30	+16.4
1 00	−30.3	27 00	−39.0	53 00	−39.8	79 00	−32.6	105 00	−18.8	131 00	− 1.1	157 00	+16.7
1 30	−30.5	27 30	−39.1	53 30	−39.8	79 30	−32.4	105 30	−18.4	131 30	− 0.8	157 30	+17.1
2 00	−30.7	28 00	−39.2	54 00	−39.7	80 00	−32.2	106 00	−18.1	132 00	− 0.4	158 00	+17.4
2 30	−31.0	28 30	−39.3	54 30	−39.6	80 30	−31.9	106 30	−17.8	132 30	− 0.1	158 30	+17.7
3 00	−31.2	29 00	−39.4	55 00	−39.5	81 00	−31.7	107 00	−17.5	133 00	+ 0.3	159 00	+18.0
3 30	−31.4	29 30	−39.4	55 30	−39.5	81 30	−31.5	107 30	−17.2	133 30	+ 0.6	159 30	+18.3
4 00	−31.6	30 00	−39.5	56 00	−39.4	82 00	−31.3	108 00	−16.9	134 00	+ 1.0	160 00	+18.6
4 30	−31.9	30 30	−39.6	56 30	−39.3	82 30	−31.1	108 30	−16.5	134 30	+ 1.3	160 30	+18.9
5 00	−32.1	31 00	−39.7	57 00	−39.2	83 00	−30.8	109 00	−16.2	135 00	+ 1.7	161 00	+19.3
5 30	−32.3	31 30	−39.7	57 30	−39.1	83 30	−30.6	109 30	−15.9	135 30	+ 2.1	161 30	+19.6
6 00	−32.5	32 00	−39.8	58 00	−39.0	84 00	−30.4	110 00	−15.6	136 00	+ 2.4	162 00	+19.9
6 30	−32.7	32 30	−39.9	58 30	−38.9	84 30	−30.1	110 30	−15.2	136 30	+ 2.8	162 30	+20.2
7 00	−32.9	33 00	−39.9	59 00	−38.8	85 00	−29.9	111 00	−14.9	137 00	+ 3.1	163 00	+20.5
7 30	−33.1	33 30	−40.0	59 30	−38.7	85 30	−29.7	111 30	−14.6	137 30	+ 3.5	163 30	+20.8
8 00	−33.3	34 00	−40.0	60 00	−38.6	86 00	−29.4	112 00	−14.2	138 00	+ 3.8	164 00	+21.1
8 30	−33.5	34 30	−40.1	60 30	−38.5	86 30	−29.2	112 30	−13.9	138 30	+ 4.2	164 30	+21.4
9 00	−33.7	35 00	−40.1	61 00	−38.4	87 00	−28.9	113 00	−13.6	139 00	+ 4.5	165 00	+21.7
9 30	−33.9	35 30	−40.2	61 30	−38.3	87 30	−28.7	113 30	−13.2	139 30	+ 4.9	165 30	+22.0
10 00	−34.1	36 00	−40.2	62 00	−38.2	88 00	−28.4	114 00	−12.9	140 00	+ 5.2	166 00	+22.3
10 30	−34.3	36 30	−40.3	62 30	−38.1	88 30	−28.2	114 30	−12.6	140 30	+ 5.6	166 30	+22.6
11 00	−34.5	37 00	−40.3	63 00	−38.0	89 00	−27.9	115 00	−12.2	141 00	+ 5.9	167 00	+22.9
11 30	−34.7	37 30	−40.3	63 30	−37.8	89 30	−27.7	115 30	−11.9	141 30	+ 6.3	167 30	+23.2
12 00	−34.9	38 00	−40.4	64 00	−37.7	90 00	−27.4	116 00	−11.6	142 00	+ 6.6	168 00	+23.5
12 30	−35.0	38 30	−40.4	64 30	−37.6	90 30	−27.1	116 30	−11.2	142 30	+ 7.0	168 30	+23.7
13 00	−35.2	39 00	−40.4	65 00	−37.4	91 00	−26.9	117 00	−10.9	143 00	+ 7.3	169 00	+24.0
13 30	−35.4	39 30	−40.4	65 30	−37.3	91 30	−26.6	117 30	−10.5	143 30	+ 7.7	169 30	+24.3
14 00	−35.6	40 00	−40.4	66 00	−37.2	92 00	−26.3	118 00	−10.2	144 00	+ 8.0	170 00	+24.6
14 30	−35.7	40 30	−40.5	66 30	−37.0	92 30	−26.1	118 30	− 9.9	144 30	+ 8.4	170 30	+24.9
15 00	−35.9	41 00	−40.5	67 00	−36.9	93 00	−25.8	119 00	− 9.5	145 00	+ 8.7	171 00	+25.2
15 30	−36.0	41 30	−40.5	67 30	−36.7	93 30	−25.5	119 30	− 9.2	145 30	+ 9.0	171 30	+25.4
16 00	−36.2	42 00	−40.5	68 00	−36.6	94 00	−25.3	120 00	− 8.8	146 00	+ 9.4	172 00	+25.7
16 30	−36.4	42 30	−40.5	68 30	−36.4	94 30	−25.0	120 30	− 8.5	146 30	+ 9.7	172 30	+26.0
17 00	−36.5	43 00	−40.5	69 00	−36.3	95 00	−24.7	121 00	− 8.1	147 00	+10.1	173 00	+26.2
17 30	−36.7	43 30	−40.5	69 30	−36.1	95 30	−24.4	121 30	− 7.8	147 30	+10.4	173 30	+26.5
18 00	−36.8	44 00	−40.5	70 00	−35.9	96 00	−24.1	122 00	− 7.4	148 00	+10.8	174 00	+26.8
18 30	−37.0	44 30	−40.5	70 30	−35.8	96 30	−23.9	122 30	− 7.1	148 30	+11.1	174 30	+27.0
19 00	−37.1	45 00	−40.5	71 00	−35.6	97 00	−23.6	123 00	− 6.8	149 00	+11.4	175 00	+27.3
19 30	−37.2	45 30	−40.4	71 30	−35.4	97 30	−23.3	123 30	− 6.4	149 30	+11.8	175 30	+27.6
20 00	−37.4	46 00	−40.4	72 00	−35.3	98 00	−23.0	124 00	− 6.1	150 00	+12.1	176 00	+27.8
20 30	−37.5	46 30	−40.4	72 30	−35.1	98 30	−22.7	124 30	− 5.7	150 30	+12.4	176 30	+28.1
21 00	−37.6	47 00	−40.4	73 00	−34.9	99 00	−22.4	125 00	− 5.4	151 00	+12.8	177 00	+28.3
21 30	−37.8	47 30	−40.3	73 30	−34.7	99 30	−22.1	125 30	− 5.0	151 30	+13.1	177 30	+28.6
22 00	−37.9	48 00	−40.3	74 00	−34.6	100 00	−21.8	126 00	− 4.7	152 00	+13.5	178 00	+28.8
22 30	−38.0	48 30	−40.3	74 30	−34.4	100 30	−21.5	126 30	− 4.3	152 30	+13.8	178 30	+29.1
23 00	−38.1	49 00	−40.2	75 00	−34.2	101 00	−21.2	127 00	− 3.9	153 00	+14.1	179 00	+29.3
23 30	−38.3	49 30	−40.2	75 30	−34.0	101 30	−20.9	127 30	− 3.6	153 30	+14.4	179 30	+29.6
24 00	−38.4	50 00	−40.2	76 00	−33.8	102 00	−20.6	128 00	− 3.2	154 00	+14.8	180 00	+29.8
24 30	−38.5	50 30	−40.1	76 30	−33.6	102 30	−20.3	128 30	− 2.9	154 30	+15.1	180 30	+30.0
25 00	−38.6	51 00	−40.1	77 00	−33.4	103 00	−20.0	129 00	− 2.5	155 00	+15.4	181 00	+30.3
25 30	−38.7	51 30	−40.0	77 30	−33.2	103 30	−19.7	129 30	− 2.2	155 30	+15.8	181 30	+30.5
26 00	−38.8	52 00	−39.9	78 00	−33.0	104 00	−19.4	130 00	− 1.8	156 00	+16.1	182 00	+30.7

DETERMINACIÓN DE LA LATITUD
POR LA OBSERVACIÓN DE UNA ALTURA DE LA POLAR, 2014

TABLA I

h.L. ♈	Corr.	h.L. ♈	Corr.	h.L. ♈	Corr.	h.L. ♈	Corr.	h.L. ♈	Corr.	h.L. ♈	Corr.	h.L. ♈	Corr.
° ′	′	° ′	′	° ′	′	° ′	′	° ′	′	° ′	′	° ′	′
182 00	+30.7	208 00	+39.2	234 00	+39.7	260 00	+32.2	286 00	+18.1	312 00	+ 0.4	338 00	−17.4
182 30	+31.0	208 30	+39.3	234 30	+39.6	260 30	+31.9	286 30	+17.8	312 30	+ 0.1	338 30	−17.7
183 00	+31.2	209 00	+39.4	235 00	+39.5	261 00	+31.7	287 00	+17.5	313 00	− 0.3	339 00	−18.0
183 30	+31.4	209 30	+39.4	235 30	+39.5	261 30	+31.5	287 30	+17.2	313 30	− 0.6	339 30	−18.3
184 00	+31.6	210 00	+39.5	236 00	+39.4	262 00	+31.3	288 00	+16.9	314 00	− 1.0	340 00	−18.6
184 30	+31.9	210 30	+39.6	236 30	+39.3	262 30	+31.1	288 30	+16.5	314 30	− 1.3	340 30	−18.9
185 00	+32.1	211 00	+39.7	237 00	+39.2	263 00	+30.8	289 00	+16.2	315 00	− 1.7	341 00	−19.3
185 30	+32.3	211 30	+39.7	237 30	+39.1	263 30	+30.6	289 30	+15.9	315 30	− 2.1	341 30	−19.6
186 00	+32.5	212 00	+39.8	238 00	+39.0	264 00	+30.4	290 00	+15.6	316 00	− 2.4	342 00	−19.9
186 30	+32.7	212 30	+39.9	238 30	+38.9	264 30	+30.1	290 30	+15.2	316 30	− 2.8	342 30	−20.2
187 00	+32.9	213 00	+39.9	239 00	+38.8	265 00	+29.9	291 00	+14.9	317 00	− 3.1	343 00	−20.5
187 30	+33.1	213 30	+40.0	239 30	+38.7	265 30	+29.7	291 30	+14.6	317 30	− 3.5	343 30	−20.8
188 00	+33.3	214 00	+40.0	240 00	+38.6	266 00	+29.4	292 00	+14.2	318 00	− 3.8	344 00	−21.1
188 30	+33.5	214 30	+40.1	240 30	+38.5	266 30	+29.2	292 30	+13.9	318 30	− 4.2	344 30	−21.4
189 00	+33.7	215 00	+40.1	241 00	+38.4	267 00	+28.9	293 00	+13.6	319 00	− 4.5	345 00	−21.7
189 30	+33.9	215 30	+40.2	241 30	+38.3	267 30	+28.7	293 30	+13.2	319 30	− 4.9	345 30	−22.0
190 00	+34.1	216 00	+40.2	242 00	+38.2	268 00	+28.4	294 00	+12.9	320 00	− 5.2	346 00	−22.3
190 30	+34.3	216 30	+40.3	242 30	+38.1	268 30	+28.2	294 30	+12.6	320 30	− 5.6	346 30	−22.6
191 00	+34.5	217 00	+40.3	243 00	+38.0	269 00	+27.9	295 00	+12.2	321 00	− 5.9	347 00	−22.9
191 30	+34.7	217 30	+40.3	243 30	+37.8	269 30	+27.7	295 30	+11.9	321 30	− 6.3	347 30	−23.2
192 00	+34.9	218 00	+40.4	244 00	+37.7	270 00	+27.4	296 00	+11.6	322 00	− 6.6	348 00	−23.5
192 30	+35.0	218 30	+40.4	244 30	+37.6	270 30	+27.1	296 30	+11.2	322 30	− 7.0	348 30	−23.7
193 00	+35.2	219 00	+40.4	245 00	+37.4	271 00	+26.9	297 00	+10.9	323 00	− 7.3	349 00	−24.0
193 30	+35.4	219 30	+40.4	245 30	+37.3	271 30	+26.6	297 30	+10.5	323 30	− 7.7	349 30	−24.3
194 00	+35.6	220 00	+40.4	246 00	+37.2	272 00	+26.3	298 00	+10.2	324 00	− 8.0	350 00	−24.6
194 30	+35.7	220 30	+40.5	246 30	+37.0	272 30	+26.1	298 30	+ 9.9	324 30	− 8.4	350 30	−24.9
195 00	+35.9	221 00	+40.5	247 00	+36.9	273 00	+25.8	299 00	+ 9.5	325 00	− 8.7	351 00	−25.2
195 30	+36.0	221 30	+40.5	247 30	+36.7	273 30	+25.5	299 30	+ 9.2	325 30	− 9.0	351 30	−25.4
196 00	+36.2	222 00	+40.5	248 00	+36.6	274 00	+25.3	300 00	+ 8.8	326 00	− 9.4	352 00	−25.7
196 30	+36.4	222 30	+40.5	248 30	+36.4	274 30	+25.0	300 30	+ 8.5	326 30	− 9.7	352 30	−26.0
197 00	+36.5	223 00	+40.5	249 00	+36.3	275 00	+24.7	301 00	+ 8.1	327 00	−10.1	353 00	−26.2
197 30	+36.7	223 30	+40.5	249 30	+36.1	275 30	+24.4	301 30	+ 7.8	327 30	−10.4	353 30	−26.5
198 00	+36.8	224 00	+40.5	250 00	+35.9	276 00	+24.1	302 00	+ 7.4	328 00	−10.8	354 00	−26.8
198 30	+37.0	224 30	+40.5	250 30	+35.8	276 30	+23.9	302 30	+ 7.1	328 30	−11.1	354 30	−27.0
199 00	+37.1	225 00	+40.5	251 00	+35.6	277 00	+23.6	303 00	+ 6.8	329 00	−11.4	355 00	−27.3
199 30	+37.2	225 30	+40.4	251 30	+35.4	277 30	+23.3	303 30	+ 6.4	329 30	−11.8	355 30	−27.6
200 00	+37.4	226 00	+40.4	252 00	+35.3	278 00	+23.0	304 00	+ 6.1	330 00	−12.1	356 00	−27.8
200 30	+37.5	226 30	+40.4	252 30	+35.1	278 30	+22.7	304 30	+ 5.7	330 30	−12.4	356 30	−28.1
201 00	+37.6	227 00	+40.4	253 00	+34.9	279 00	+22.4	305 00	+ 5.4	331 00	−12.8	357 00	−28.3
201 30	+37.8	227 30	+40.3	253 30	+34.7	279 30	+22.1	305 30	+ 5.0	331 30	−13.1	357 30	−28.6
202 00	+37.9	228 00	+40.3	254 00	+34.6	280 00	+21.8	306 00	+ 4.7	332 00	−13.5	358 00	−28.8
202 30	+38.0	228 30	+40.3	254 30	+34.4	280 30	+21.5	306 30	+ 4.3	332 30	−13.8	358 30	−29.1
203 00	+38.1	229 00	+40.2	255 00	+34.2	281 00	+21.2	307 00	+ 3.9	333 00	−14.1	359 00	−29.3
203 30	+38.3	229 30	+40.2	255 30	+34.0	281 30	+20.9	307 30	+ 3.6	333 30	−14.4	359 30	−29.6
204 00	+38.4	230 00	+40.2	256 00	+33.8	282 00	+20.6	308 00	+ 3.2	334 00	−14.8	360 00	−29.8
204 30	+38.5	230 30	+40.1	256 30	+33.6	282 30	+20.3	308 30	+ 2.9	334 30	−15.1		
205 00	+38.6	231 00	+40.1	257 00	+33.4	283 00	+20.0	309 00	+ 2.5	335 00	−15.4		
205 30	+38.7	231 30	+40.0	257 30	+33.2	283 30	+19.7	309 30	+ 2.2	335 30	−15.8		
206 00	+38.8	232 00	+39.9	258 00	+33.0	284 00	+19.4	310 00	+ 1.8	336 00	−16.1		
206 30	+38.9	232 30	+39.9	258 30	+32.8	284 30	+19.1	310 30	+ 1.5	336 30	−16.4		
207 00	+39.0	233 00	+39.8	259 00	+32.6	285 00	+18.8	311 00	+ 1.1	337 00	−16.7		
207 30	+39.1	233 30	+39.8	259 30	+32.4	285 30	+18.4	311 30	+ 0.8	337 30	−17.1		
208 00	+39.2	234 00	+39.7	260 00	+32.2	286 00	+18.1	312 00	+ 0.4	338 00	−17.4		

DETERMINACIÓN DE LA LATITUD POR LA OBSERVACIÓN DE UNA ALTURA DE LA POLAR, 2014

TABLA II

(SIEMPRE POSITIVA)

h.L. ♈	ALTURA 10°	15°	20°	25°	30°	35°	40°	45°	50°	55°	60°	65°
°	′	′	′	′	′	′	′	′	′	′	′	′
0	0.0	0.0	0.0	0.1	0.1	0.1	0.1	0.1	0.1	0.2	0.2	0.2
20	0.0	0.0	0.0	0.0	0.0	0.0	0.0	0.0	0.0	0.1	0.1	0.1
40	0.0	0.0	0.0	0.0	0.0	0.0	0.0	0.0	0.0	0.0	0.0	0.0
60	0.0	0.0	0.0	0.0	0.0	0.0	0.0	0.0	0.0	0.0	0.0	0.0
80	0.0	0.0	0.0	0.0	0.1	0.1	0.1	0.1	0.1	0.1	0.2	0.2
100	0.0	0.0	0.1	0.1	0.1	0.1	0.1	0.2	0.2	0.2	0.3	0.4
120	0.0	0.1	0.1	0.1	0.1	0.2	0.2	0.2	0.3	0.3	0.4	0.5
140	0.0	0.1	0.1	0.1	0.1	0.2	0.2	0.2	0.3	0.3	0.4	0.5
160	0.0	0.1	0.1	0.1	0.1	0.1	0.2	0.2	0.2	0.3	0.3	0.4
180	0.0	0.0	0.0	0.1	0.1	0.1	0.1	0.1	0.1	0.2	0.2	0.2
200	0.0	0.0	0.0	0.0	0.0	0.0	0.0	0.0	0.0	0.1	0.1	0.1
220	0.0	0.0	0.0	0.0	0.0	0.0	0.0	0.0	0.0	0.0	0.0	0.0
240	0.0	0.0	0.0	0.0	0.0	0.0	0.0	0.0	0.0	0.0	0.0	0.0
260	0.0	0.0	0.0	0.0	0.1	0.1	0.1	0.1	0.1	0.1	0.2	0.2
280	0.0	0.0	0.1	0.1	0.1	0.1	0.1	0.2	0.2	0.2	0.3	0.4
300	0.0	0.1	0.1	0.1	0.1	0.2	0.2	0.2	0.3	0.3	0.4	0.5
320	0.0	0.1	0.1	0.1	0.1	0.2	0.2	0.2	0.3	0.3	0.4	0.5
340	0.0	0.1	0.1	0.1	0.1	0.1	0.2	0.2	0.2	0.3	0.3	0.4
360	0.0	0.0	0.0	0.1	0.1	0.1	0.1	0.1	0.1	0.2	0.2	0.2

TABLA III

h.L. ♈	Ene. 1	Feb. 1	Mar. 1	Abr. 1	May. 1	Jun. 1	Jul. 1	Ago. 1	Sep. 1	Oct. 1	Nov. 1	Dic. 1	Dic. 32
°	′	′	′	′	′	′	′	′	′	′	′	′	′
0	+ 0.2	+ 0.1	0.0	− 0.2	− 0.3	− 0.4	− 0.4	− 0.3	− 0.1	+ 0.1	+ 0.3	+ 0.4	+ 0.5
20	+ 0.2	+ 0.2	+ 0.1	− 0.1	− 0.2	− 0.3	− 0.4	− 0.3	− 0.2	0.0	+ 0.2	+ 0.3	+ 0.5
40	+ 0.2	+ 0.2	+ 0.2	+ 0.1	− 0.1	− 0.2	− 0.3	− 0.3	− 0.3	− 0.1	+ 0.1	+ 0.2	+ 0.4
60	+ 0.1	+ 0.2	+ 0.3	+ 0.2	+ 0.1	− 0.1	− 0.2	− 0.3	− 0.3	− 0.2	− 0.1	+ 0.1	+ 0.3
80	+ 0.1	+ 0.2	+ 0.3	+ 0.3	+ 0.2	0.0	− 0.1	− 0.2	− 0.3	− 0.3	− 0.2	− 0.1	+ 0.1
100	0.0	+ 0.2	+ 0.3	+ 0.3	+ 0.3	+ 0.2	0.0	− 0.2	− 0.3	− 0.3	− 0.3	− 0.2	− 0.1
120	0.0	+ 0.1	+ 0.3	+ 0.4	+ 0.4	+ 0.3	+ 0.1	0.0	− 0.2	− 0.3	− 0.4	− 0.3	− 0.2
140	− 0.1	+ 0.1	+ 0.2	+ 0.3	+ 0.4	+ 0.3	+ 0.2	+ 0.1	− 0.1	− 0.3	− 0.4	− 0.4	− 0.3
160	− 0.1	0.0	+ 0.1	+ 0.3	+ 0.4	+ 0.4	+ 0.3	+ 0.2	0.0	− 0.2	− 0.4	− 0.4	− 0.4
180	− 0.2	− 0.1	0.0	+ 0.2	+ 0.3	+ 0.4	+ 0.4	+ 0.3	+ 0.1	− 0.1	− 0.3	− 0.4	− 0.5
200	− 0.2	− 0.2	− 0.1	+ 0.1	+ 0.2	+ 0.3	+ 0.4	+ 0.3	+ 0.2	0.0	− 0.2	− 0.3	− 0.5
220	− 0.2	− 0.2	− 0.2	− 0.1	+ 0.1	+ 0.2	+ 0.3	+ 0.3	+ 0.3	+ 0.1	− 0.1	− 0.2	− 0.4
240	− 0.1	− 0.2	− 0.3	− 0.2	− 0.1	+ 0.1	+ 0.2	+ 0.3	+ 0.3	+ 0.2	+ 0.1	− 0.1	− 0.3
260	− 0.1	− 0.2	− 0.3	− 0.3	− 0.2	0.0	+ 0.1	+ 0.2	+ 0.3	+ 0.3	+ 0.2	+ 0.1	− 0.1
280	0.0	− 0.2	− 0.3	− 0.3	− 0.3	− 0.2	0.0	+ 0.2	+ 0.3	+ 0.3	+ 0.3	+ 0.2	+ 0.1
300	0.0	− 0.1	− 0.3	− 0.4	− 0.4	− 0.3	− 0.1	0.0	+ 0.2	+ 0.3	+ 0.4	+ 0.3	+ 0.2
320	+ 0.1	− 0.1	− 0.2	− 0.3	− 0.4	− 0.3	− 0.2	− 0.1	+ 0.1	+ 0.3	+ 0.4	+ 0.4	+ 0.3
340	+ 0.1	0.0	− 0.1	− 0.3	− 0.4	− 0.4	− 0.3	− 0.2	0.0	+ 0.2	+ 0.4	+ 0.4	+ 0.4
360	+ 0.2	+ 0.1	0.0	− 0.2	− 0.3	− 0.4	− 0.4	− 0.3	− 0.1	+ 0.1	+ 0.3	+ 0.4	+ 0.5

h.L. ♈	LATITUD												h.L. ♈
	10°	15°	20°	25°	30°	35°	40°	45°	50°	55°	60°	65°	
°	°	°	°	°	°	°	°	°	°	°	°	°	°
0	+0.5	+0.5	+0.5	+0.5	+0.5	+0.6	+0.6	+0.6	+0.7	+0.8	+0.9	+1.1	0
10	+0.4	+0.4	+0.4	+0.4	+0.4	+0.4	+0.5	+0.5	+0.6	+0.6	+0.7	+0.9	10
20	+0.3	+0.3	+0.3	+0.3	+0.3	+0.3	+0.3	+0.4	+0.4	+0.5	+0.5	+0.6	20
30	+0.1	+0.2	+0.2	+0.2	+0.2	+0.2	+0.2	+0.2	+0.2	+0.3	+0.3	+0.3	30
40	0.0	0.0	0.0	0.0	0.0	0.0	0.0	0.0	0.0	+0.1	+0.1	+0.1	40
50	−0.1	−0.1	−0.1	−0.1	−0.1	−0.1	−0.1	−0.1	−0.1	−0.2	−0.2	−0.2	50
60	−0.2	−0.2	−0.2	−0.2	−0.2	−0.2	−0.3	−0.3	−0.3	−0.4	−0.4	−0.5	60
70	−0.3	−0.3	−0.3	−0.3	−0.4	−0.4	−0.4	−0.4	−0.5	−0.5	−0.6	−0.7	70
80	−0.4	−0.4	−0.4	−0.5	−0.5	−0.5	−0.5	−0.6	−0.6	−0.7	−0.8	−1.0	80
90	−0.5	−0.5	−0.5	−0.5	−0.6	−0.6	−0.6	−0.7	−0.8	−0.9	−1.0	−1.2	90
100	−0.6	−0.6	−0.6	−0.6	−0.7	−0.7	−0.7	−0.8	−0.9	−1.0	−1.1	−1.3	100
110	−0.6	−0.6	−0.7	−0.7	−0.7	−0.8	−0.8	−0.9	−1.0	−1.1	−1.2	−1.5	110
120	−0.7	−0.7	−0.7	−0.7	−0.8	−0.8	−0.9	−0.9	−1.0	−1.1	−1.3	−1.6	120
130	−0.7	−0.7	−0.7	−0.7	−0.8	−0.8	−0.9	−1.0	−1.0	−1.2	−1.3	−1.6	130
140	−0.7	−0.7	−0.7	−0.7	−0.8	−0.8	−0.9	−0.9	−1.0	−1.2	−1.3	−1.6	140
150	−0.7	−0.7	−0.7	−0.7	−0.7	−0.8	−0.8	−0.9	−1.0	−1.1	−1.3	−1.5	150
160	−0.6	−0.6	−0.6	−0.7	−0.7	−0.7	−0.8	−0.8	−0.9	−1.0	−1.2	−1.4	160
170	−0.5	−0.6	−0.6	−0.6	−0.6	−0.7	−0.7	−0.8	−0.8	−0.9	−1.1	−1.3	170
180	−0.5	−0.5	−0.5	−0.5	−0.5	−0.6	−0.6	−0.6	−0.7	−0.8	−0.9	−1.1	180
190	−0.4	−0.4	−0.4	−0.4	−0.4	−0.4	−0.5	−0.5	−0.6	−0.6	−0.7	−0.9	190
200	−0.3	−0.3	−0.3	−0.3	−0.3	−0.3	−0.3	−0.4	−0.4	−0.5	−0.5	−0.6	200
210	−0.1	−0.2	−0.2	−0.2	−0.2	−0.2	−0.2	−0.2	−0.2	−0.3	−0.3	−0.3	210
220	0.0	0.0	0.0	0.0	0.0	0.0	0.0	0.0	0.0	−0.1	−0.1	−0.1	220
230	+0.1	+0.1	+0.1	+0.1	+0.1	+0.1	+0.1	+0.1	+0.1	+0.2	+0.2	+0.2	230
240	+0.2	+0.2	+0.2	+0.2	+0.2	+0.2	+0.3	+0.3	+0.3	+0.4	+0.4	+0.5	240
250	+0.3	+0.3	+0.3	+0.3	+0.4	+0.4	+0.4	+0.4	+0.5	+0.5	+0.6	+0.7	250
260	+0.4	+0.4	+0.4	+0.5	+0.5	+0.5	+0.5	+0.6	+0.6	+0.7	+0.8	+1.0	260
270	+0.5	+0.5	+0.5	+0.5	+0.6	+0.6	+0.6	+0.7	+0.8	+0.9	+1.0	+1.2	270
280	+0.6	+0.6	+0.6	+0.6	+0.7	+0.7	+0.7	+0.8	+0.9	+1.0	+1.1	+1.3	280
290	+0.6	+0.6	+0.7	+0.7	+0.7	+0.8	+0.8	+0.9	+1.0	+1.1	+1.2	+1.5	290
300	+0.7	+0.7	+0.7	+0.7	+0.8	+0.8	+0.9	+0.9	+1.0	+1.1	+1.3	+1.6	300
310	+0.7	+0.7	+0.7	+0.7	+0.8	+0.8	+0.9	+1.0	+1.0	+1.2	+1.3	+1.6	310
320	+0.7	+0.7	+0.7	+0.7	+0.8	+0.8	+0.9	+0.9	+1.0	+1.2	+1.3	+1.6	320
330	+0.7	+0.7	+0.7	+0.7	+0.7	+0.8	+0.8	+0.9	+1.0	+1.1	+1.3	+1.5	330
340	+0.6	+0.6	+0.6	+0.7	+0.7	+0.7	+0.8	+0.8	+0.9	+1.0	+1.2	+1.4	340
350	+0.5	+0.6	+0.6	+0.6	+0.6	+0.7	+0.7	+0.8	+0.8	+0.9	+1.1	+1.3	350
360	+0.5	+0.5	+0.5	+0.5	+0.5	+0.6	+0.6	+0.6	+0.7	+0.8	+0.9	+1.1	360

Cuando el sigo es +, la Polar está al E del meridiano

Cuando el sigo es −, la Polar está al W del meridiano

CORRECCIONES PARA OBTENER LA ALTURA VERDADERA DEL SOL (LIMBO INFERIOR), PLANETA O ESTRELLA, 2014 387

TABLA A

DEPRESIÓN DE HORIZONTE

Elevación del obsdor. en metros (m)	Corrección (′)	Elevación del obsdor. en metros (m)	Corrección (′)
1.9		13.6	
	−2.5		−6.6
2.0		14.0	
	−2.6		−6.7
2.2		14.4	
	−2.7		−6.8
2.3		14.8	
	−2.8		−6.9
2.5		15.3	
	−2.9		−7.0
2.7		15.7	
	−3.0		−7.1
2.9		16.2	
	−3.1		−7.2
3.1		16.6	
	−3.2		−7.3
3.3		17.1	
	−3.3		−7.4
3.5		17.6	
	−3.4		−7.5
3.7		18.0	
	−3.5		−7.6
3.9		18.5	
	−3.6		−7.7
4.2		19.0	
	−3.7		−7.8
4.4		19.5	
	−3.8		−7.9
4.7		20.0	
	−3.9		−8.0
4.9		20.5	
	−4.0		−8.1
5.2		21.0	
	−4.1		−8.2
5.4		21.5	
	−4.2		−8.3
5.7		22.1	
	−4.3		−8.4
6.0		22.6	
	−4.4		−8.5
6.2		23.1	
	−4.5		−8.6
6.5		23.7	
	−4.6		−8.7
6.8		24.2	
	−4.7		−8.8
7.1		24.8	
	−4.8		−8.9
7.4		25.4	
	−4.9		−9.0
7.7		25.9	
	−5.0		−9.1
8.0		26.5	
	−5.1		−9.2
8.4		27.1	
	−5.2		−9.3
8.7		27.7	
	−5.3		−9.4
9.0		28.3	
	−5.4		−9.5
9.4		28.9	
	−5.5		−9.6
9.7		29.5	
	−5.6		−9.7
10.1		30.1	
	−5.7		−9.8
10.4		30.7	
	−5.8		−9.9
10.8		31.3	
	−5.9		−10.0
11.2		32.0	
	−6.0		−10.1
11.6		32.6	
	−6.1		−10.2
11.9		33.3	
	−6.2		−10.3
12.3		33.9	
	−6.3		−10.4
12.7		34.6	
	−6.4		−10.5
13.1		35.2	
	−6.5		−10.6
13.6		35.9	

TABLA B = SOL (LIMBO INFERIOR)

SEMIDIÁMETRO, REFRACCIÓN Y PARALAJE

Altura Obser. ⊙ (° ′)	Corrección (′)	Altura Obser. ⊙ (° ′)	Corrección (′)	Altura Obser. ⊙ (° ′)	Corrección (′)	Altura Obser. ⊙ (° ′)	Corrección (′)
6 15		8 45		13 23		25 59	
	+ 8.2		+10.2		+12.2		+14.2
6 21		8 54		13 44		27 12	
	+ 8.3		+10.3		+12.3		+14.3
6 27		9 05		14 06		28 32	
	+ 8.4		+10.4		+12.4		+14.4
6 33		9 15		14 29		29 59	
	+ 8.5		+10.5		+12.5		+14.5
6 40		9 26		14 53		31 34	
	+ 8.6		+10.6		+12.6		+14.6
6 46		9 37		15 18		33 19	
	+ 8.7		+10.7		+12.7		+14.7
6 53		9 48		15 45		35 16	
	+ 8.8		+10.8		+12.8		+14.8
7 00		10 00		16 13		37 25	
	+ 8.9		+10.9		+12.9		+14.9
7 06		10 12		16 43		39 49	
	+ 9.0		+11.0		+13.0		+15.0
7 14		10 25		17 14		42 30	
	+ 9.1		+11.1		+13.1		+15.1
7 21		10 38		17 47		45 30	
	+ 9.2		+11.2		+13.2		+15.2
7 28		10 52		18 23		48 53	
	+ 9.3		+11.3		+13.3		+15.3
7 36		11 06		19 01		52 43	
	+ 9.4		+11.4		+13.4		+15.4
7 44		11 21		19 41		57 01	
	+ 9.5		+11.5		+13.5		+15.5
7 52		11 36		20 24		61 51	
	+ 9.6		+11.6		+13.6		+15.6
8 00		11 52		21 10		67 16	
	+ 9.7		+11.7		+13.7		+15.7
8 08		12 09		21 59		73 14	
	+ 9.8		+11.8		+13.8		+15.8
8 17		12 26		22 53		79 42	
	+ 9.9		+11.9		+13.9		+15.9
8 26		12 44		23 50		86 30	
	+10.0		+12.0		+14.0		+16.0
8 35		13 03		24 52		90 00	
	+10.1		+12.1		+14.1		
8 45		13 23		25 59			

Correc. adicional (2014)	
Ene. 1	
	+0′.3
Ene. 22	
	+0′.2
Feb. 27	
	+0′.1
Mar. 22	
	0′.0
Abr. 13	
	−0′.1
May. 7	
	−0′.2
Jun. 13	
	−0′.3
Jul. 27	
	−0′.2
Sep. 1	
	−0′.1
Sep. 26	
	0′.0
Oct. 17	
	+0′.1
Nov. 10	
	+0′.2
Dic. 15	
	+0′.3
Dic. 31	

TABLA C = PLANETAS Y ESTRELLAS

REFRACCIÓN

Altura Obser. (° ′)	Corrección (′)	Altura Obser. (° ′)	Corrección (′)
6 30	−7.8	14 00	−3.8
6 40	−7.6	15 00	−3.6
6 50	−7.5	16 00	−3.3
7 00	−7.3	17 00	−3.1
7 15	−7.1	18 00	−3.0
7 30	−6.9	19 00	−2.8
7 45	−6.7	20 00	−2.6
8 00	−6.5	21 00	−2.5
8 15	−6.3	22 00	−2.4
8 30	−6.2	24 00	−2.2
8 45	−6.0	26 00	−2.0
9 00	−5.9	28 00	−1.8
9 20	−5.7	32 00	−1.6
9 40	−5.5	36 00	−1.3
10 00	−5.3	40 00	−1.2
10 30	−5.1	45 00	−1.0
11 00	−4.8	50 00	−0.8
11 30	−4.6	60 00	−0.6
12 00	−4.5	70 00	−0.4
12 30	−4.3	80 00	−0.2
13 00	−4.1	90 00	0.0

PARALAJE (2014)

Fechas	Venus Cualquier altura	Marte Alturas observadas < 30°	Marte > 30°, < 60°	Marte > 60°
Ene. 1				
	+0′.5	+0′.1	+0′.1	0′.0
Ene. 25				
	+0′.4	+0′.1	+0′.1	0′.0
Feb. 6				
	+0′.4	+0′.1	+0′.1	+0′.1
Feb. 10				
	+0′.3	+0′.1	+0′.1	+0′.1
Feb. 15				
	+0′.3	+0′.2	+0′.1	+0′.1
Mar. 3				
	+0′.2	+0′.2	+0′.1	+0′.1
Mar. 18				
	+0′.2	+0′.2	+0′.2	+0′.1
Abr. 18				
	+0′.1	+0′.2	+0′.2	+0′.1
May. 13				
	+0′.1	+0′.2	+0′.1	+0′.1
Jun. 20				
	+0′.1	+0′.1	+0′.1	+0′.1
Jul. 3				
	+0′.1	+0′.1	+0′.1	0′.0
Dic. 31				

Para el uso de estas tablas, en los valores explícitos tomar el valor superior

388 CORRECCIÓN POR REFRACCIÓN, PARALAJE Y SEMIDIÁMETRO A APLICAR A LA ALTURA OBSERVADA DE LA LUNA

Altura ap.	LIMBO INFERIOR Paralaje Horizontal								Altura ap.	LIMBO SUPERIOR Paralaje Horizontal							
	54′	55′	56′	57′	58′	59′	60′	61′		54′	55′	56′	57′	58′	59′	60′	61′
°	′	′	′	′	′	′	′	′	°	′	′	′	′	′	′	′	′
10	62.7	64.0	65.2	66.5	67.7	69.0	70.3	71.5	**10**	33.0	33.7	34.4	35.1	35.8	36.5	37.3	38.0
11	63.0	64.2	65.5	66.7	68.0	69.3	70.5	71.8	**11**	33.3	34.0	34.7	35.4	36.2	36.9	37.6	38.3
12	63.2	64.4	65.7	66.9	68.2	69.5	70.7	72.0	**12**	33.6	34.3	35.0	35.7	36.4	37.1	37.8	38.5
13	63.3	64.6	65.8	67.0	68.3	69.6	70.8	72.1	**13**	33.7	34.4	35.1	35.8	36.5	37.2	37.9	38.6
14	63.4	64.6	65.9	67.1	68.4	69.6	70.9	72.1	**14**	33.8	34.5	35.2	35.9	36.6	37.3	38.0	38.7
15	63.4	64.6	65.9	67.1	68.4	69.6	70.9	72.1	**15**	33.8	34.5	35.2	35.9	36.6	37.3	38.0	38.7
16	63.4	64.6	65.8	67.1	68.3	69.6	70.8	72.0	**16**	33.8	34.5	35.2	35.9	36.6	37.3	38.0	38.6
17	63.3	64.5	65.8	67.0	68.2	69.5	70.7	71.9	**17**	33.8	34.5	35.1	35.8	36.5	37.2	37.9	38.6
18	63.2	64.4	65.6	66.9	68.1	69.3	70.6	71.8	**18**	33.7	34.3	35.0	35.7	36.4	37.1	37.7	38.4
19	63.1	64.3	65.5	66.7	67.9	69.2	70.4	71.6	**19**	33.5	34.2	34.9	35.6	36.2	36.9	37.6	38.2
20	62.9	64.1	65.3	66.5	67.7	69.0	70.2	71.4	**20**	33.4	34.0	34.7	35.4	36.0	36.7	37.4	38.0
21	62.7	63.9	65.1	66.3	67.5	68.7	70.0	71.2	**21**	33.2	33.9	34.5	35.2	35.8	36.5	37.2	37.8
22	62.5	63.7	64.9	66.1	67.3	68.5	69.7	70.9	**22**	33.0	33.7	34.3	34.9	35.6	36.3	36.9	37.6
23	62.2	63.4	64.6	65.8	67.0	68.2	69.4	70.6	**23**	32.7	33.4	34.0	34.7	35.3	36.0	36.6	37.3
24	62.0	63.1	64.3	65.5	66.7	67.9	69.1	70.3	**24**	32.5	33.1	33.7	34.4	35.0	35.7	36.3	37.0
25	61.7	62.9	64.0	65.2	66.4	67.6	68.8	69.9	**25**	32.2	32.8	33.4	34.1	34.7	35.4	36.0	36.6
26	61.3	62.5	63.7	64.9	66.0	67.2	68.4	69.6	**26**	31.9	32.5	33.1	33.7	34.4	35.0	35.6	36.2
27	61.0	62.2	63.3	64.5	65.7	66.8	68.0	69.2	**27**	31.5	32.1	32.8	33.4	34.0	34.6	35.2	35.9
28	60.7	61.8	63.0	64.1	65.3	66.4	67.6	68.8	**28**	31.2	31.8	32.4	33.0	33.6	34.2	34.8	35.5
29	60.3	61.4	62.6	63.7	64.9	66.0	67.2	68.4	**29**	30.8	31.4	32.0	32.6	33.2	33.8	34.4	35.0
30	59.9	61.0	62.2	63.3	64.4	65.6	66.7	67.9	**30**	30.4	31.0	31.6	32.2	32.8	33.4	34.0	34.6
31	59.5	60.6	61.7	62.9	64.0	65.1	66.3	67.4	**31**	30.0	30.6	31.2	31.8	32.3	32.9	33.5	34.1
32	59.0	60.2	61.3	62.4	63.5	64.7	65.8	66.9	**32**	29.6	30.1	30.7	31.3	31.9	32.5	33.0	33.6
33	58.6	59.7	60.8	61.9	63.1	64.2	65.3	66.4	**33**	29.1	29.7	30.3	30.8	31.4	32.0	32.5	33.1
34	58.1	59.2	60.3	61.4	62.6	63.6	64.8	65.9	**34**	28.7	29.2	29.8	30.3	30.9	31.5	32.0	32.6
35	57.7	58.7	59.8	60.9	62.0	63.1	64.2	65.3	**35**	28.2	28.7	29.3	29.8	30.4	30.9	31.5	32.0
36	57.2	58.2	59.3	60.4	61.5	62.6	63.7	64.7	**36**	27.7	28.2	28.8	29.3	29.8	30.4	30.9	31.5
37	56.7	57.7	58.8	59.8	60.9	62.0	63.1	64.2	**37**	27.2	27.7	28.2	28.8	29.3	29.8	30.3	30.9
38	56.1	57.2	58.2	59.3	60.4	61.4	62.5	63.6	**38**	26.7	27.2	27.7	28.2	28.7	29.2	29.7	30.3
39	55.6	56.6	57.7	58.7	59.8	60.8	61.9	62.9	**39**	26.1	26.6	27.1	27.6	28.1	28.6	29.1	29.6
40	55.0	56.1	57.1	58.1	59.2	60.2	61.3	62.3	**40**	25.6	26.1	26.6	27.1	27.6	28.0	28.5	29.0
41	54.4	55.5	56.5	57.5	58.6	59.6	60.6	61.6	**41**	25.0	25.5	26.6	26.5	27.0	27.4	27.9	28.4
42	53.9	54.9	55.9	56.9	57.9	59.0	60.0	61.0	**42**	24.4	24.9	25.4	25.8	26.3	26.8	27.2	27.7
43	53.3	54.3	55.3	56.3	57.3	58.3	59.3	60.3	**43**	23.8	24.3	24.7	25.2	25.6	26.1	26.6	27.0
44	52.7	53.7	54.6	55.6	56.6	57.6	58.6	59.6	**44**	23.2	23.6	24.1	24.6	25.0	25.4	25.9	26.3
45	52.0	53.0	54.0	55.0	56.0	56.9	57.9	58.9	**45**	22.6	23.0	23.4	23.9	24.3	24.7	25.2	25.6
46	51.4	52.4	53.3	54.3	55.3	56.2	57.2	58.2	**46**	21.9	22.4	22.8	23.2	23.6	24.0	24.5	24.9
47	50.7	51.7	52.6	53.6	54.6	55.5	56.5	57.4	**47**	21.3	21.7	22.1	22.5	22.9	23.3	23.8	24.2
48	50.1	51.0	52.0	52.9	53.9	54.8	55.7	56.7	**48**	20.6	21.0	21.4	21.8	22.2	22.6	23.0	23.4
49	49.4	50.3	51.3	52.2	53.1	54.1	55.0	55.9	**49**	19.9	20.3	20.7	21.1	21.5	21.9	22.3	22.6
50	48.7	49.6	50.5	51.5	52.4	53.3	54.2	55.1	**50**	19.2	19.6	20.0	20.4	20.7	21.1	21.5	21.9
51	48.0	48.9	49.8	50.7	51.6	52.5	53.4	54.3	**51**	18.5	18.9	19.3	19.6	20.0	20.3	20.7	21.1
52	47.3	48.2	49.1	50.0	50.9	51.8	52.7	53.5	**52**	17.8	18.2	18.5	18.9	19.2	19.6	19.9	20.3
53	46.6	47.5	48.3	49.2	50.1	51.0	51.8	52.7	**53**	17.1	17.5	17.8	18.1	18.4	18.8	19.1	19.4
54	45.8	46.7	47.6	48.4	49.3	50.2	51.0	51.9	**54**	16.4	16.7	17.0	17.3	17.7	18.0	18.3	18.6
55	45.1	46.0	46.8	47.6	48.5	49.3	50.2	51.0	**55**	15.7	16.0	16.3	16.6	16.9	17.2	17.5	17.8

CORRECCIÓN POR REFRACCIÓN, PARALAJE Y SEMIDIÁMETRO A APLICAR A LA ALTURA OBSERVADA DE LA LUNA

Altura ap.	LIMBO INFERIOR — PARALAJE HORIZONTAL 54′	55′	56′	57′	58′	59′	60′	61′	Altura ap.	LIMBO SUPERIOR — PARALAJE HORIZONTAL 54′	55′	56′	57′	58′	59′	60′	61′
55°	45′.1	46′.0	46′.8	47′.6	48′.5	49′.3	50′.2	51′.0	55°	15′.7	16′.0	16′.3	16′.6	16′.9	17′.2	17′.5	17′.8
56	44.4	45.2	46.0	46.8	47.7	48.5	49.4	50.2	56	14.9	15.2	15.5	15.8	16.1	16.3	16.6	16.9
57	43.6	44.4	45.2	46.0	46.9	47.7	48.5	49.3	57	14.2	14.4	14.7	15.0	15.2	15.5	15.8	16.1
58	42.8	43.6	44.4	45.2	46.0	46.9	47.7	48.5	58	13.4	13.6	13.9	14.2	14.4	14.7	14.9	15.2
59	42.1	42.9	43.6	44.4	45.2	46.0	46.8	47.6	59	12.6	12.8	13.1	13.3	13.6	13.8	14.1	14.3
60	41.3	42.1	42.8	43.6	44.4	45.1	45.9	46.7	60	11.8	12.0	12.3	12.5	12.7	13.0	13.2	13.4
61	40.5	41.2	42.0	42.7	43.5	44.3	45.0	45.8	61	11.0	11.2	11.4	11.6	11.9	12.1	12.3	12.5
62	39.6	40.4	41.1	41.9	42.6	43.4	44.1	44.9	62	10.2	10.4	10.6	10.8	11.0	11.2	11.4	11.6
63	38.8	39.6	40.3	41.0	41.8	42.5	43.2	43.9	63	9.4	9.6	9.8	9.9	10.1	10.3	10.5	10.7
64	38.0	38.7	39.4	40.2	40.9	41.6	42.3	43.0	64	8.6	8.7	8.9	9.1	9.2	9.4	9.6	9.7
65	37.2	37.9	38.6	39.3	40.0	40.7	41.4	42.1	65	7.7	7.9	8.0	8.2	8.3	8.5	8.7	8.8
66	36.4	37.0	37.7	38.4	39.1	39.8	40.4	41.1	66	6.9	7.0	7.2	7.3	7.5	7.6	7.7	7.9
67	35.5	36.2	36.8	37.5	38.2	38.8	39.5	40.2	67	6.1	6.2	6.3	6.4	6.5	6.7	6.8	6.9
68	34.7	35.3	36.0	36.6	37.3	37.9	38.6	39.2	68	5.2	5.3	5.4	5.5	5.6	5.7	5.8	5.9
69	33.8	34.4	35.1	35.7	36.3	37.0	37.6	38.2	69	4.3	4.4	4.5	4.6	4.7	4.8	4.8	4.9
70	32.9	33.6	34.2	34.8	35.4	36.0	36.7	37.3	70	3.5	3.5	3.6	3.7	3.8	3.8	3.9	4.0
71	32.1	32.7	33.3	33.9	34.5	35.1	35.7	36.3	71	2.6	2.7	2.7	2.8	2.8	2.9	2.9	3.0
72	31.2	31.8	32.3	32.9	33.5	34.1	34.7	35.3	72	1.7	1.8	1.8	1.9	1.9	1.9	2.0	2.0
73	30.3	30.9	31.4	32.0	32.6	33.2	33.7	34.3	73	+0.9	+0.9	+0.9	+0.9	+0.9	+1.0	+1.0	+1.0
74	29.4	30.0	30.5	31.1	31.6	32.2	32.7	33.3	74	0.0	0.0	0.0	0.0	0.0	0.0	0.0	0.0
75	28.5	29.1	29.6	30.1	30.7	31.2	31.8	32.3	75	−0.9	−0.9	−0.9	−1.0	−1.0	−1.0	−1.0	−1.0
76	27.7	28.2	28.7	29.2	29.7	30.2	30.8	31.3	76	1.8	1.9	1.9	1.9	1.9	2.0	2.0	2.0
77	26.8	27.3	27.7	28.2	28.8	29.3	29.8	30.2	77	2.7	2.8	2.8	2.9	2.9	2.9	3.0	3.0
78	25.8	26.3	26.8	27.3	27.8	28.3	28.7	29.2	78	3.6	3.7	3.8	3.8	3.9	3.9	4.0	4.1
79	24.9	25.4	25.9	26.3	26.8	27.3	27.7	28.2	79	4.5	4.6	4.7	4.8	4.8	4.9	5.0	5.1
80	24.0	24.5	24.9	25.4	25.8	26.3	26.7	27.2	80	−5.4	−5.5	−5.6	−5.7	−5.8	−5.9	−6.0	−6.1

La altura aparente, argumento de entrada de estas tablas, es la observada, corregida de error de índice y de depresión, tomada esta última de la tabla A de la página 387.

PARTES PROPORCIONALES

Variación tabular por grado de altura (corrección sustractiva, excepto para alturas < 15°, que es aditiva)

Minutos de altura	0′.0	0′.1	0′.2	0′.3	0′.4	0′.5	0′.6	0′.7	0′.8	0′.9	1′.0	1′.1	1′.2	1′.3	Minutos de paralaje
00′	0′.0	0′.0	0′.0	0′.0	0′.0	0′.0	0′.0	0′.0	0′.0	0′.0	0′.0	0′.0	0′.0	0′.0	0′.0
10′	0′.0	0′.0	0′.0	0′.1	0′.1	0′.1	0′.1	0′.1	0′.1	0′.2	0′.2	0′.2	0′.2	0′.2	0′.2
20′	0′.0	0′.0	0′.1	0′.1	0′.1	0′.2	0′.2	0′.2	0′.3	0′.3	0′.3	0′.4	0′.4	0′.5	0′.4
30′	0′.0	0′.0	0′.1	0′.1	0′.2	0′.2	0′.3	0′.3	0′.4	0′.4	0′.5	0′.5	0′.6	0′.6	0′.5
40′	0′.0	0′.1	0′.1	0′.2	0′.3	0′.3	0′.4	0′.5	0′.5	0′.6	0′.7	0′.7	0′.8	0′.9	0′.6
50′	0′.0	0′.1	0′.2	0′.2	0′.3	0′.4	0′.5	0′.6	0′.7	0′.7	0′.8	0′.9	1′.0	1′.1	0′.8
60′	0′.0	0′.1	0′.2	0′.3	0′.4	0′.5	0′.6	0′.7	0′.8	0′.9	1′.0	1′.1	1′.2	1′.3	1′.0
	0′.0	0′.1	0′.2	0′.3	0′.4	0′.5	0′.6	0′.7	0′.8	0′.9	1′.0	1′.1	1′.2	1′.3	

Variación tabular por grado de paralaje (corrección aditiva)

HORA OFICIAL EN DIFERENTES LUGARES
DIFERENCIA UT MENOS HORA OFICIAL

Afganistán	$-4^h\ 30^m$
Albania*	-1^h
Alemania*	-1^h
Andamán, I.	$-5^h\ 30^m$
Andorra*	-1^h
Angola	-1^h
Anguila	$+4^h$
Antigua y Barbuda	$+4^h$
Antillas Francesas	$+4^h$
Antillas Holandesas	$+4^h$
Arabia Saudita	-3^h
Argelia	-1^h
Argentina	$+3^h$
Armenia	-4^h
Aruba	$+4^h$
Ascensión, I.	0^h
Australia*	
Meridional*	$-9^h\ 30^m$
Nueva Gales del Sur*	-10^h
Occidental	-8^h
Queensland	-10^h
Septentrional	$-9^h\ 30^m$
Tasmania*	-10^h
Victoria*	-10^h
Austria*	-1^h
Azerbayán*	-4^h
Azores*, I.	$+1^h$
Bahamas*	$+5^h$
Bahrein	-3^h
Banaba, I. (Kiribati)	$-11^h\ 30^m$
Bangladesh	-6^h
Barbados	$+4^h$
Bélgica*	-1^h
Belice	$+6^h$
Benin (Dahomey)	-1^h
Bermudas* (Reino Unido)	$+4^h$
Bielorrusia	-3^h
Bolivia	$+4^h$
Bonin I. (Japón)	-10^h
Bosnia-Herzegovina*	-1^h
Bostwana	-2^h
Brasil*	
Occidental	$+4^h$
Oriental	$+3^h$
Territorios de Acre	$+4^h$
Brunei	-8^h
Bulgaria*	-2^h
Burkina-Faso	0^h
Burundi	-2^h
Bután	-6^h
Cabo Verde, I.	$+1^h$
Caimán I. (Reino Unido)	$+5^h$
Camboya	-7^h
Camerún	-1^h
Canadá*†	
Alberta*	$+7^h$
Columbia*	$+8^h$
Labrador*	$+4^h$
Manitoba*	$+6^h$
Nueva Brunswick*	$+4^h$
Nueva Escocia*	$+4^h$
Ontario*†	
al E. del m° 90° W.	$+5^h$
al W. del m° 90° W.	$+6^h$
Príncipe Eduardo*, I.	$+4^h$
Quebec*	
al E. del m° 63° W.	$+4^h$
al W. del m° 63° W.	$+5^h$
Saskatchewan*	$+6^h$
Terranova*	$+3^h\ 30^m$
Territorios del NW.*	
al E. del m° 68° W.	$+4^h$
del m° 68° W. al m° 85° W.	$+5^h$
del m° 85° W. al m° 102° W.	$+6^h$
al W. del m° 102° W.	$+7^h$
Yukón*	$+8^h$
Canarias*, I. (España)	0^h
R. Centroafricana	-1^h
Cocos, I. (Australia)	$-6^h\ 30^m$
Colombia	$+5^h$

* Suele modificarse los meses de verano

† Los límites entre las zonas son irregulares. Los meridianos dados están próximos a esos límites

394

HORA OFICIAL EN DIFERENTES LUGARES

DIFERENCIA UT MENOS HORA OFICIAL

Comoras, I.	-3^h
Congo	-1^h
Cook, I. (Excepto Niue)	$+10^h$
Corea del Norte	-9^h
Corea del Sur	-9^h
Costa de Marfil	0^h
Costa Rica	$+6^h$
Croacia*	-1^h
Creta*	-1^h
Cuba*	$+5^h$
Chad	-1^h
Chatham*, I. (Nueva Zelanda)	$-12^h\,45^m$
R. Checa*	-1^h
Chile*	$+4^h$
China	-8^h
Chipre*	-2^h
Christmas, I. (Australia)	-7^h
Dinamarca*	-1^h
Djibouti	-3^h
R. Dominicana	$+4^h$
Ecuador	$+5^h$
Egipto	-2^h
Emiratos Arabes Unidos	-4^h
Eritrea	-3^h
R. Eslovaca*	-1^h
Eslovenia*	-1^h
España* (Excepto Canarias)	-1^h
Estados Unidos de Norteamerica*	
Alaska*	$+9^h$
Aleutianas, I.*†	
Al E. del m° 169°5 W.	$+9^h$
Al W. del m° 169°5 W.	$+10^h$
Estados al W. de 115W.	$+8^h$
Estados entre 115° W. y 102W.	$+7^h$
Estados entre 102° W. y 86° W.	$+6^h$
Estados al E. de 86° W.	$+5^h$
Estonia*	-3^h
Etiopía	-3^h
Fernando do Noronha, I. (Brasil)	$+2^h$
Feroes*, I. (Dinamarca)	0^h
Fiji, I.	-12^h
Filipinas	-8^h
Finlandia*	-2^h
Francia*	-1^h
Gabón	-1^h
Galápagos, I. (Ecuador)	$+6^h$
Gambia	0^h
Georgia	-3^h
Ghana	0^h
Granada	$+4^h$
Grecia*	-2^h
Groenlandia*	
Danarkshavn y Mesters Vig.*	0^h
Scoresby Sound*	$+1^h$
Angmassalik y costa W.*	$+3^h$
Thule*	$+4^h$
Guadalupe (Francia)	$+4^h$
Guam, I.	-10^h
Guatemala	$+6^h$
Guayana	$+4^h$
Guayana Francesa	$+3^h$
Guinea Bissau	0^h
Guinea Ecuatorial	-1^h
Guinea, República de	0^h
Haití*	$+5^h$
Hawaii I. (EEUU)	$+10^h$
Holanda*	-1^h
Honduras	$+6^h$
Hong-Kong	-8^h
Hungría*	-1^h
India	$-5^h\,30^m$
Indonesia	
Bali	-8^h
Borneo	-8^h
Célebes	-8^h
Flores	-8^h
Irian Jaya	-9^h
Java	-7^h
Madura	-7^h
Molucas, I.	-9^h

* Suele modificarse los meses de verano

† Los límites entre las zonas son irregulares. Los meridianos dados están próximos a esos límites

HORA OFICIAL EN DIFERENTES LUGARES 395
DIFERENCIA UT MENOS HORA OFICIAL

Sumatra	-7^h
Sumba	-8^h
Sumbawa, I.	-8^h
Timor	-8^h
Irak	-3^h
Irán*	$-3^h 30^m$
Irlanda*	0^h
Islandia	0^h
Israel*	-2^h
Italia*	-1^h
Jamaica	$+5^h$
Japón (Excepto Bonin)	-9^h
Jordania*	-2^h
Kazajstán	-6^h
Kenia	-3^h
Kirguizistán	-6^h
Kiribati	-13^h
Kuwait	-3^h
Laos	-7^h
Leshoto	-2^h
Letonia*	-2^h
Líbano*	-2^h
Liberia	0^h
Libia*	-1^h
Liechtenstein*	-1^h
Lituania*	-2^h
Lord Howe*, I. (Australia)	$-10^h 30^m$
Luxemburgo*	-1^h
Macao (Portugal)	-8^h
Macedonia, A.R.Y.*	-1^h
Madagascar	-3^h
Madeira*, I. (Portugal)	0^h
Malasia	-8^h
Malawi	-2^h
Maldiva	-5^h
Mali	0^h
Malta*	-1^h
Malvinas*, I. (Reino Unido)	$+4^h$
Marianas, I.	-10^h
Marquesas, I. (Francia)	$+9^h 30^m$
Marruecos*	0^h
Marshall, I. (EEUU)	-12^h
Martinica (Francia)	$+4^h$
Mauricio	-4^h
Mauritania	0^h
México*	
Baja California Sur	$+7^h$
Baja California Norte*	$+8^h$
Nayarit	$+7^h$
Sinaloa	$+7^h$
Sonora	$+7^h$
Midway, . (EEUU)	$+11^h$
Micronesia†	
al W. del m° 157° E	-10^h
al E. del m° 157° E	-11^h
Moldavia*	-2^h
Monaco*	-1^h
Mongolia*	-8^h
Mozambique	-2^h
Myanmar	$-6^h 30^m$
Nauru	-12^h
Nepal	$-5^h 45^m$
Ngwane (=Swazilandia)	-2^h
Nicaragua	-6^h
Níger	-1^h
Nigeria	-1^h
Niue, I.	$+11^h$
Norfolk, I. (Australia)	$-11^h 30^m$
Noruega*	-1^h
Nueva Caledonia (Francia)	-11^h
Nueva Zelanda	-12^h
Omán	-4^h
Pakistán	-5^h
Palau	-9^h
Panamá	$+5^h$
Papúa-Nueva Guinea	-10^h
Paraguay*	$+4^h$
Pascua*, I. (Chile)	$+6^h$
Perú	$+5^h$
Polonia*	-1^h

* Suele modificarse los meses de verano

† Los límites entre las zonas son irregulares. Los meridianos dados están próximos a esos límites

396 HORA OFICIAL EN DIFERENTES LUGARES

DIFERENCIA UT MENOS HORA OFICIAL

Portugal*	0^h
Puerto Rico	$+4^h$
Reino Unido*	0^h
Reunión, I. (Francia)	-4^h
Ruanda	-2^h
Rumanía*	-2^h
Rusia*†	
Kaliningrado	-3^h
al W del m° 40° E	-3^h
del m° 40° E al m° 52° E	-4^h
del m° 52° E al m° 68° E	-5^h
del m° 68° E al m° 82° E	-6^h
del m° 82° E al m° 98° E	-7^h
del m° 98° E al m° 112° E	-8^h
del m° 112° E al m° 127° E	9^h
del m° 127° E al m° 142° E	-10^h
del m° 142° E al m° 157° E	-11^h
al E del m° 157° E	-12^h
Salomón, I.	-11^h
El Salvador	$+6^h$
Samoa	$+11^h$
San Cristobal y Nevis	$+4^h$
San Marino*	-1^h
San Pedro y Miguelón*, I. (Francia)	$+3^h$
Santa Elena, I. (Reino Unido)	0^h
Santa Lucía	$+4^h$
Santo Tomé y Principe	0^h
Senegal	0^h
Serbia*	-1^h
Seychelles	-4^h
Sierra Leona	0^h
Singapur	-8^h
Siria*	-2^h
Somalia	-3^h
Spitzberg, I. (Noruega)	$-1^h\ 30^m$
Sri Lanka	-5^h
R. Sudafricana	-2^h
Sudán	-3^h
Suecia*	-1^h
Suiza*	-1^h
Surinam	$+3^h$
Tabuearan (Kiribati)	$+10^h$
Taiwán	-8^h
Tajikistán	-5^h
Tahití (Francia)	$+10^h$
Tanzania	-3^h
Thailandia	-7^h
Togo	0^h
Tonga, I.	-13^h
Trinidad y Tobago	$+4^h$
Tuamotu, I. (Francia)	$+10^h$
Tubuai, I. (Francia)	$+10^h$
Túnez	-1^h
Turcas y Caicos*, I.	$+5^h$
Turkmenistán	-5^h
Turquía*	-3^h
Tuvalu, I.	-12^h
Ucrania*	-2^h
Uganda	-3^h
Uruguay	$+3^h$
Uzbequistán	-5^h
Vanuatu	-11^h
Venezuela	$+4^h\ 30^m$
Viet-Nam	-7^h
Vírgenes, I. (EEUU, Reino Unido)	$+4^h$
Wallis y Fortuna I. (Francia)	-12^h
Wake I. (EEUU)	-12^h
Whitsunday*, I. (Australia)	-10^h
Yemen	-3^h
Zaire	
Oriental	-2^h
Occidental	-1^h
Zambia	-2^h
Zimbabwe	-2^h

* Suele modificarse los meses de verano

† Los límites entre las zonas son irregulares. Los meridianos dados están próximos a esos límites

0^m	Sol y planetas	Aries	Luna	Dif.	Correc.	1^m	Sol y planetas	Aries	Luna	Dif.	Correc.
s	° '	° '	° '		'	s	° '	° '	° '		'
0	0 0.0	0 0.0	0 0.0	0	0.0	0	0 15.0	0 15.0	0 14.3	0	0.0
1	0 0.3	0 0.3	0 0.2	3	0.0	1	0 15.3	0 15.3	0 14.6	3	0.0
2	0 0.5	0 0.5	0 0.5	6	0.0	2	0 15.5	0 15.5	0 14.8	6	0.0
3	0 0.8	0 0.8	0 0.7	9	0.0	3	0 15.8	0 15.8	0 15.0	9	0.0
4	0 1.0	0 1.0	0 1.0	12	0.0	4	0 16.0	0 16.0	0 15.3	12	0.0
5	0 1.3	0 1.3	0 1.2	15	0.0	5	0 16.3	0 16.3	0 15.5	15	0.0
6	0 1.5	0 1.5	0 1.4	18	0.0	6	0 16.5	0 16.5	0 15.7	18	0.0
7	0 1.8	0 1.8	0 1.7	21	0.0	7	0 16.8	0 16.8	0 16.0	21	0.1
8	0 2.0	0 2.0	0 1.9	24	0.0	8	0 17.0	0 17.0	0 16.2	24	0.1
9	0 2.3	0 2.3	0 2.1	27	0.0	9	0 17.3	0 17.3	0 16.5	27	0.1
10	0 2.5	0 2.5	0 2.4	30	0.0	10	0 17.5	0 17.5	0 16.7	30	0.1
11	0 2.8	0 2.8	0 2.6	33	0.0	11	0 17.8	0 17.8	0 16.9	33	0.1
12	0 3.0	0 3.0	0 2.9	36	0.0	12	0 18.0	0 18.0	0 17.2	36	0.1
13	0 3.3	0 3.3	0 3.1	39	0.0	13	0 18.3	0 18.3	0 17.4	39	0.1
14	0 3.5	0 3.5	0 3.3	42	0.0	14	0 18.5	0 18.6	0 17.7	42	0.1
15	0 3.8	0 3.8	0 3.6	45	0.0	15	0 18.8	0 18.8	0 17.9	45	0.1
16	0 4.0	0 4.0	0 3.8	48	0.0	16	0 19.0	0 19.1	0 18.1	48	0.1
17	0 4.3	0 4.3	0 4.1	51	0.0	17	0 19.3	0 19.3	0 18.4	51	0.1
18	0 4.5	0 4.5	0 4.3	54	0.0	18	0 19.5	0 19.6	0 18.6	54	0.1
19	0 4.8	0 4.8	0 4.5	57	0.0	19	0 19.8	0 19.8	0 18.9	57	0.1
20	0 5.0	0 5.0	0 4.8	60	0.0	20	0 20.0	0 20.1	0 19.1	60	0.2
21	0 5.3	0 5.3	0 5.0	63	0.1	21	0 20.3	0 20.3	0 19.3	63	0.2
22	0 5.5	0 5.5	0 5.2	66	0.1	22	0 20.5	0 20.6	0 19.6	66	0.2
23	0 5.8	0 5.8	0 5.5	69	0.1	23	0 20.8	0 20.8	0 19.8	69	0.2
24	0 6.0	0 6.0	0 5.7	72	0.1	24	0 21.0	0 21.1	0 20.0	72	0.2
25	0 6.3	0 6.3	0 6.0	75	0.1	25	0 21.3	0 21.3	0 20.3	75	0.2
26	0 6.5	0 6.5	0 6.2	78	0.1	26	0 21.5	0 21.6	0 20.5	78	0.2
27	0 6.8	0 6.8	0 6.4	81	0.1	27	0 21.8	0 21.8	0 20.8	81	0.2
28	0 7.0	0 7.0	0 6.7	84	0.1	28	0 22.0	0 22.1	0 21.0	84	0.2
29	0 7.3	0 7.3	0 6.9	87	0.1	29	0 22.3	0 22.3	0 21.2	87	0.2
30	0 7.5	0 7.5	0 7.2	90	0.1	30	0 22.5	0 22.6	0 21.5	90	0.2
31	0 7.8	0 7.8	0 7.4	93	0.1	31	0 22.8	0 22.8	0 21.7	93	0.2
32	0 8.0	0 8.0	0 7.6	96	0.1	32	0 23.0	0 23.1	0 22.0	96	0.2
33	0 8.3	0 8.3	0 7.9	99	0.1	33	0 23.3	0 23.3	0 22.2	99	0.2
34	0 8.5	0 8.5	0 8.1	102	0.1	34	0 23.5	0 23.6	0 22.4	102	0.3
35	0 8.8	0 8.8	0 8.4	105	0.1	35	0 23.8	0 23.8	0 22.7	105	0.3
36	0 9.0	0 9.0	0 8.6	108	0.1	36	0 24.0	0 24.1	0 22.9	108	0.3
37	0 9.3	0 9.3	0 8.8	111	0.1	37	0 24.3	0 24.3	0 23.1	111	0.3
38	0 9.5	0 9.5	0 9.1	114	0.1	38	0 24.5	0 24.6	0 23.4	114	0.3
39	0 9.8	0 9.8	0 9.3	117	0.1	39	0 24.8	0 24.8	0 23.6	117	0.3
40	0 10.0	0 10.0	0 9.5	120	0.1	40	0 25.0	0 25.1	0 23.9	120	0.3
41	0 10.3	0 10.3	0 9.8	123	0.1	41	0 25.3	0 25.3	0 24.1	123	0.3
42	0 10.5	0 10.5	0 10.0	126	0.1	42	0 25.5	0 25.6	0 24.3	126	0.3
43	0 10.8	0 10.8	0 10.3	129	0.1	43	0 25.8	0 25.8	0 24.6	129	0.3
44	0 11.0	0 11.0	0 10.5	132	0.1	44	0 26.0	0 26.1	0 24.8	132	0.3
45	0 11.3	0 11.3	0 10.7	135	0.1	45	0 26.3	0 26.3	0 25.1	135	0.3
46	0 11.5	0 11.5	0 11.0	138	0.1	46	0 26.5	0 26.6	0 25.3	138	0.3
47	0 11.8	0 11.8	0 11.2	141	0.1	47	0 26.8	0 26.8	0 25.5	141	0.4
48	0 12.0	0 12.0	0 11.5	144	0.1	48	0 27.0	0 27.1	0 25.8	144	0.4
49	0 12.3	0 12.3	0 11.7	147	0.1	49	0 27.3	0 27.3	0 26.0	147	0.4
50	0 12.5	0 12.5	0 11.9	150	0.1	50	0 27.5	0 27.6	0 26.2	150	0.4
51	0 12.8	0 12.8	0 12.2	153	0.1	51	0 27.8	0 27.8	0 26.5	153	0.4
52	0 13.0	0 13.0	0 12.4	156	0.1	52	0 28.0	0 28.1	0 26.7	156	0.4
53	0 13.3	0 13.3	0 12.6	159	0.1	53	0 28.3	0 28.3	0 27.0	159	0.4
54	0 13.5	0 13.5	0 12.9	162	0.1	54	0 28.5	0 28.6	0 27.2	162	0.4
55	0 13.8	0 13.8	0 13.1	165	0.1	55	0 28.8	0 28.8	0 27.4	165	0.4
56	0 14.0	0 14.0	0 13.4	168	0.1	56	0 29.0	0 29.1	0 27.7	168	0.4
57	0 14.3	0 14.3	0 13.6	171	0.1	57	0 29.3	0 29.3	0 27.9	171	0.4
58	0 14.5	0 14.5	0 13.8	174	0.1	58	0 29.5	0 29.6	0 28.2	174	0.4
59	0 14.8	0 14.8	0 14.1	177	0.1	59	0 29.8	0 29.8	0 28.4	177	0.4
60	0 15.0	0 15.0	0 14.3	180	0.2	60	0 30.0	0 30.1	0 28.6	180	0.5

428 CORRECCIONES

2^m	Sol y planetas	Aries	Luna	Dif.	Correc.	3^m	Sol y planetas	Aries	Luna	Dif.	Correc.
s	° '	° '	° '		'	s	° '	° '	° '		'
0	0 30.0	0 30.1	0 28.6	0	0.0	0	0 45.0	0 45.1	0 43.0	0	0.0
1	0 30.3	0 30.3	0 28.9	3	0.0	1	0 45.3	0 45.4	0 43.2	3	0.0
2	0 30.5	0 30.6	0 29.1	6	0.0	2	0 45.5	0 45.6	0 43.4	6	0.0
3	0 30.8	0 30.8	0 29.3	9	0.0	3	0 45.8	0 45.9	0 43.7	9	0.1
4	0 31.0	0 31.1	0 29.6	12	0.1	4	0 46.0	0 46.1	0 43.9	12	0.1
5	0 31.3	0 31.3	0 29.8	15	0.1	5	0 46.3	0 46.4	0 44.1	15	0.1
6	0 31.5	0 31.6	0 30.1	18	0.1	6	0 46.5	0 46.6	0 44.4	18	0.1
7	0 31.8	0 31.8	0 30.3	21	0.1	7	0 46.8	0 46.9	0 44.6	21	0.1
8	0 32.0	0 32.1	0 30.5	24	0.1	8	0 47.0	0 47.1	0 44.9	24	0.1
9	0 32.3	0 32.3	0 30.8	27	0.1	9	0 47.3	0 47.4	0 45.1	27	0.2
10	0 32.5	0 32.6	0 31.0	30	0.1	10	0 47.5	0 47.6	0 45.3	30	0.2
11	0 32.8	0 32.8	0 31.3	33	0.1	11	0 47.8	0 47.9	0 45.6	33	0.2
12	0 33.0	0 33.1	0 31.5	36	0.2	12	0 48.0	0 48.1	0 45.8	36	0.2
13	0 33.3	0 33.3	0 31.7	39	0.2	13	0 48.3	0 48.4	0 46.1	39	0.2
14	0 33.5	0 33.6	0 32.0	42	0.2	14	0 48.5	0 48.6	0 46.3	42	0.2
15	0 33.8	0 33.8	0 32.2	45	0.2	15	0 48.8	0 48.9	0 46.5	45	0.3
16	0 34.0	0 34.1	0 32.5	48	0.2	16	0 49.0	0 49.1	0 46.8	48	0.3
17	0 34.3	0 34.3	0 32.7	51	0.2	17	0 49.3	0 49.4	0 47.0	51	0.3
18	0 34.5	0 34.6	0 32.9	54	0.2	18	0 49.5	0 49.6	0 47.2	54	0.3
19	0 34.8	0 34.8	0 33.2	57	0.2	19	0 49.8	0 49.9	0 47.5	57	0.3
20	0 35.0	0 35.1	0 33.4	60	0.3	20	0 50.0	0 50.1	0 47.7	60	0.4
21	0 35.3	0 35.3	0 33.6	63	0.3	21	0 50.3	0 50.4	0 48.0	63	0.4
22	0 35.5	0 35.6	0 33.9	66	0.3	22	0 50.5	0 50.6	0 48.2	66	0.4
23	0 35.8	0 35.8	0 34.1	69	0.3	23	0 50.8	0 50.9	0 48.4	69	0.4
24	0 36.0	0 36.1	0 34.4	72	0.3	24	0 51.0	0 51.1	0 48.7	72	0.4
25	0 36.3	0 36.3	0 34.6	75	0.3	25	0 51.3	0 51.4	0 48.9	75	0.4
26	0 36.5	0 36.6	0 34.8	78	0.3	26	0 51.5	0 51.6	0 49.2	78	0.5
27	0 36.8	0 36.9	0 35.1	81	0.3	27	0 51.8	0 51.9	0 49.4	81	0.5
28	0 37.0	0 37.1	0 35.3	84	0.4	28	0 52.0	0 52.1	0 49.6	84	0.5
29	0 37.3	0 37.4	0 35.6	87	0.4	29	0 52.3	0 52.4	0 49.9	87	0.5
30	0 37.5	0 37.6	0 35.8	90	0.4	30	0 52.5	0 52.6	0 50.1	90	0.5
31	0 37.8	0 37.9	0 36.0	93	0.4	31	0 52.8	0 52.9	0 50.3	93	0.5
32	0 38.0	0 38.1	0 36.3	96	0.4	32	0 53.0	0 53.1	0 50.6	96	0.6
33	0 38.3	0 38.4	0 36.5	99	0.4	33	0 53.3	0 53.4	0 50.8	99	0.6
34	0 38.5	0 38.6	0 36.7	102	0.4	34	0 53.5	0 53.6	0 51.1	102	0.6
35	0 38.8	0 38.9	0 37.0	105	0.4	35	0 53.8	0 53.9	0 51.3	105	0.6
36	0 39.0	0 39.1	0 37.2	108	0.5	36	0 54.0	0 54.1	0 51.5	108	0.6
37	0 39.3	0 39.4	0 37.5	111	0.5	37	0 54.3	0 54.4	0 51.8	111	0.6
38	0 39.5	0 39.6	0 37.7	114	0.5	38	0 54.5	0 54.6	0 52.0	114	0.7
39	0 39.8	0 39.9	0 37.9	117	0.5	39	0 54.8	0 54.9	0 52.3	117	0.7
40	0 40.0	0 40.1	0 38.2	120	0.5	40	0 55.0	0 55.2	0 52.5	120	0.7
41	0 40.3	0 40.4	0 38.4	123	0.5	41	0 55.3	0 55.4	0 52.7	123	0.7
42	0 40.5	0 40.6	0 38.7	126	0.5	42	0 55.5	0 55.7	0 53.0	126	0.7
43	0 40.8	0 40.9	0 38.9	129	0.5	43	0 55.8	0 55.9	0 53.2	129	0.8
44	0 41.0	0 41.1	0 39.1	132	0.6	44	0 56.0	0 56.2	0 53.4	132	0.8
45	0 41.3	0 41.4	0 39.4	135	0.6	45	0 56.3	0 56.4	0 53.7	135	0.8
46	0 41.5	0 41.6	0 39.6	138	0.6	46	0 56.5	0 56.7	0 53.9	138	0.8
47	0 41.8	0 41.9	0 39.8	141	0.6	47	0 56.8	0 56.9	0 54.2	141	0.8
48	0 42.0	0 42.1	0 40.1	144	0.6	48	0 57.0	0 57.2	0 54.4	144	0.8
49	0 42.3	0 42.4	0 40.3	147	0.6	49	0 57.3	0 57.4	0 54.6	147	0.9
50	0 42.5	0 42.6	0 40.6	150	0.6	50	0 57.5	0 57.7	0 54.9	150	0.9
51	0 42.8	0 42.9	0 40.8	153	0.6	51	0 57.8	0 57.9	0 55.1	153	0.9
52	0 43.0	0 43.1	0 41.0	156	0.7	52	0 58.0	0 58.2	0 55.4	156	0.9
53	0 43.3	0 43.4	0 41.3	159	0.7	53	0 58.3	0 58.4	0 55.6	159	0.9
54	0 43.5	0 43.6	0 41.5	162	0.7	54	0 58.5	0 58.7	0 55.8	162	0.9
55	0 43.8	0 43.9	0 41.8	165	0.7	55	0 58.8	0 58.9	0 56.1	165	1.0
56	0 44.0	0 44.1	0 42.0	168	0.7	56	0 59.0	0 59.2	0 56.3	168	1.0
57	0 44.3	0 44.4	0 42.2	171	0.7	57	0 59.3	0 59.4	0 56.6	171	1.0
58	0 44.5	0 44.6	0 42.5	174	0.7	58	0 59.5	0 59.7	0 56.8	174	1.0
59	0 44.8	0 44.9	0 42.7	177	0.7	59	0 59.8	0 59.9	0 57.0	177	1.0
60	0 45.0	0 45.1	0 43.0	180	0.8	60	1 0.0	1 0.2	0 57.3	180	1.1

CORRECCIONES

4m	Sol y planetas	Aries	Luna	Dif.	Correc.
s	° ′	° ′	° ′		′
0	1 0.0	1 0.2	0 57.3	0	0.0
1	1 0.3	1 0.4	0 57.5	3	0.0
2	1 0.5	1 0.7	0 57.7	6	0.0
3	1 0.8	1 0.9	0 58.0	9	0.1
4	1 1.0	1 1.2	0 58.2	12	0.1
5	1 1.3	1 1.4	0 58.5	15	0.1
6	1 1.5	1 1.7	0 58.7	18	0.1
7	1 1.8	1 1.9	0 58.9	21	0.2
8	1 2.0	1 2.2	0 59.2	24	0.2
9	1 2.3	1 2.4	0 59.4	27	0.2
10	1 2.5	1 2.7	0 59.7	30	0.2
11	1 2.8	1 2.9	0 59.9	33	0.2
12	1 3.0	1 3.2	1 0.1	36	0.3
13	1 3.3	1 3.4	1 0.4	39	0.3
14	1 3.5	1 3.7	1 0.6	42	0.3
15	1 3.8	1 3.9	1 0.8	45	0.3
16	1 4.0	1 4.2	1 1.1	48	0.4
17	1 4.3	1 4.4	1 1.3	51	0.4
18	1 4.5	1 4.7	1 1.6	54	0.4
19	1 4.8	1 4.9	1 1.8	57	0.4
20	1 5.0	1 5.2	1 2.0	60	0.5
21	1 5.3	1 5.4	1 2.3	63	0.5
22	1 5.5	1 5.7	1 2.5	66	0.5
23	1 5.8	1 5.9	1 2.8	69	0.5
24	1 6.0	1 6.2	1 3.0	72	0.5
25	1 6.3	1 6.4	1 3.2	75	0.6
26	1 6.5	1 6.7	1 3.5	78	0.6
27	1 6.8	1 6.9	1 3.7	81	0.6
28	1 7.0	1 7.2	1 3.9	84	0.6
29	1 7.3	1 7.4	1 4.2	87	0.7
30	1 7.5	1 7.7	1 4.4	90	0.7
31	1 7.8	1 7.9	1 4.7	93	0.7
32	1 8.0	1 8.2	1 4.9	96	0.7
33	1 8.3	1 8.4	1 5.1	99	0.7
34	1 8.5	1 8.7	1 5.4	102	0.8
35	1 8.8	1 8.9	1 5.6	105	0.8
36	1 9.0	1 9.2	1 5.9	108	0.8
37	1 9.3	1 9.4	1 6.1	111	0.8
38	1 9.5	1 9.7	1 6.3	114	0.9
39	1 9.8	1 9.9	1 6.6	117	0.9
40	1 10.0	1 10.2	1 6.8	120	0.9
41	1 10.3	1 10.4	1 7.0	123	0.9
42	1 10.5	1 10.7	1 7.3	126	0.9
43	1 10.8	1 10.9	1 7.5	129	1.0
44	1 11.0	1 11.2	1 7.8	132	1.0
45	1 11.3	1 11.4	1 8.0	135	1.0
46	1 11.5	1 11.7	1 8.2	138	1.0
47	1 11.8	1 11.9	1 8.5	141	1.1
48	1 12.0	1 12.2	1 8.7	144	1.1
49	1 12.3	1 12.4	1 9.0	147	1.1
50	1 12.5	1 12.7	1 9.2	150	1.1
51	1 12.8	1 12.9	1 9.4	153	1.1
52	1 13.0	1 13.2	1 9.7	156	1.2
53	1 13.3	1 13.5	1 9.9	159	1.2
54	1 13.5	1 13.7	1 10.2	162	1.2
55	1 13.8	1 14.0	1 10.4	165	1.2
56	1 14.0	1 14.2	1 10.6	168	1.3
57	1 14.3	1 14.5	1 10.9	171	1.3
58	1 14.5	1 14.7	1 11.1	174	1.3
59	1 14.8	1 15.0	1 11.3	177	1.3
60	1 15.0	1 15.2	1 11.6	180	1.4

5m	Sol y planetas	Aries	Luna	Dif.	Correc.
s	° ′	° ′	° ′		′
0	1 15.0	1 15.2	1 11.6	0	0.0
1	1 15.3	1 15.5	1 11.8	3	0.0
2	1 15.5	1 15.7	1 12.1	6	0.1
3	1 15.8	1 16.0	1 12.3	9	0.1
4	1 16.0	1 16.2	1 12.5	12	0.1
5	1 16.3	1 16.5	1 12.8	15	0.1
6	1 16.5	1 16.7	1 13.0	18	0.2
7	1 16.8	1 17.0	1 13.3	21	0.2
8	1 17.0	1 17.2	1 13.5	24	0.2
9	1 17.3	1 17.5	1 13.7	27	0.2
10	1 17.5	1 17.7	1 14.0	30	0.3
11	1 17.8	1 18.0	1 14.2	33	0.3
12	1 18.0	1 18.2	1 14.4	36	0.3
13	1 18.3	1 18.5	1 14.7	39	0.4
14	1 18.5	1 18.7	1 14.9	42	0.4
15	1 18.8	1 19.0	1 15.2	45	0.4
16	1 19.0	1 19.2	1 15.4	48	0.4
17	1 19.3	1 19.5	1 15.6	51	0.5
18	1 19.5	1 19.7	1 15.9	54	0.5
19	1 19.8	1 20.0	1 16.1	57	0.5
20	1 20.0	1 20.2	1 16.4	60	0.6
21	1 20.3	1 20.5	1 16.6	63	0.6
22	1 20.5	1 20.7	1 16.8	66	0.6
23	1 20.8	1 21.0	1 17.1	69	0.6
24	1 21.0	1 21.2	1 17.3	72	0.7
25	1 21.3	1 21.5	1 17.5	75	0.7
26	1 21.5	1 21.7	1 17.8	78	0.7
27	1 21.8	1 22.0	1 18.0	81	0.7
28	1 22.0	1 22.2	1 18.3	84	0.8
29	1 22.3	1 22.5	1 18.5	87	0.8
30	1 22.5	1 22.7	1 18.7	90	0.8
31	1 22.8	1 23.0	1 19.0	93	0.9
32	1 23.0	1 23.2	1 19.2	96	0.9
33	1 23.3	1 23.5	1 19.5	99	0.9
34	1 23.5	1 23.7	1 19.7	102	0.9
35	1 23.8	1 24.0	1 19.9	105	1.0
36	1 24.0	1 24.2	1 20.2	108	1.0
37	1 24.3	1 24.5	1 20.4	111	1.0
38	1 24.5	1 24.7	1 20.7	114	1.0
39	1 24.8	1 25.0	1 20.9	117	1.1
40	1 25.0	1 25.2	1 21.1	120	1.1
41	1 25.3	1 25.5	1 21.4	123	1.1
42	1 25.5	1 25.7	1 21.6	126	1.2
43	1 25.8	1 26.0	1 21.8	129	1.2
44	1 26.0	1 26.2	1 22.1	132	1.2
45	1 26.3	1 26.5	1 22.3	135	1.2
46	1 26.5	1 26.7	1 22.6	138	1.3
47	1 26.8	1 27.0	1 22.8	141	1.3
48	1 27.0	1 27.2	1 23.0	144	1.3
49	1 27.3	1 27.5	1 23.3	147	1.3
50	1 27.5	1 27.7	1 23.5	150	1.4
51	1 27.8	1 28.0	1 23.8	153	1.4
52	1 28.0	1 28.2	1 24.0	156	1.4
53	1 28.3	1 28.5	1 24.2	159	1.5
54	1 28.5	1 28.7	1 24.5	162	1.5
55	1 28.8	1 29.0	1 24.7	165	1.5
56	1 29.0	1 29.2	1 24.9	168	1.5
57	1 29.3	1 29.5	1 25.2	171	1.6
58	1 29.5	1 29.7	1 25.4	174	1.6
59	1 29.8	1 30.0	1 25.7	177	1.6
60	1 30.0	1 30.2	1 25.9	180	1.7

6m	Sol y planetas	Aries	Luna	Dif.	Correc.	7m	Sol y planetas	Aries	Luna	Dif.	Correc.
s	° ′	° ′	° ′		′	s	° ′	° ′	° ′		′
0	1 30.0	1 30.2	1 25.9	0	0.0	0	1 45.0	1 45.3	1 40.2	0	0.0
1	1 30.3	1 30.5	1 26.1	3	0.0	1	1 45.3	1 45.5	1 40.5	3	0.0
2	1 30.5	1 30.7	1 26.4	6	0.1	2	1 45.5	1 45.8	1 40.7	6	0.1
3	1 30.8	1 31.0	1 26.6	9	0.1	3	1 45.8	1 46.0	1 40.9	9	0.1
4	1 31.0	1 31.2	1 26.9	12	0.1	4	1 46.0	1 46.3	1 41.2	12	0.2
5	1 31.3	1 31.5	1 27.1	15	0.2	5	1 46.3	1 46.5	1 41.4	15	0.2
6	1 31.5	1 31.8	1 27.3	18	0.2	6	1 46.5	1 46.8	1 41.6	18	0.2
7	1 31.8	1 32.0	1 27.6	21	0.2	7	1 46.8	1 47.0	1 41.9	21	0.3
8	1 32.0	1 32.3	1 27.8	24	0.3	8	1 47.0	1 47.3	1 42.1	24	0.3
9	1 32.3	1 32.5	1 28.0	27	0.3	9	1 47.3	1 47.5	1 42.4	27	0.3
10	1 32.5	1 32.8	1 28.3	30	0.3	10	1 47.5	1 47.8	1 42.6	30	0.4
11	1 32.8	1 33.0	1 28.5	33	0.4	11	1 47.8	1 48.0	1 42.8	33	0.4
12	1 33.0	1 33.3	1 28.8	36	0.4	12	1 48.0	1 48.3	1 43.1	36	0.5
13	1 33.3	1 33.5	1 29.0	39	0.4	13	1 48.3	1 48.5	1 43.3	39	0.5
14	1 33.5	1 33.8	1 29.2	42	0.5	14	1 48.5	1 48.8	1 43.6	42	0.5
15	1 33.8	1 34.0	1 29.5	45	0.5	15	1 48.8	1 49.0	1 43.8	45	0.6
16	1 34.0	1 34.3	1 29.7	48	0.5	16	1 49.0	1 49.3	1 44.0	48	0.6
17	1 34.3	1 34.5	1 30.0	51	0.6	17	1 49.3	1 49.5	1 44.3	51	0.6
18	1 34.5	1 34.8	1 30.2	54	0.6	18	1 49.5	1 49.8	1 44.5	54	0.7
19	1 34.8	1 35.0	1 30.4	57	0.6	19	1 49.8	1 50.1	1 44.8	57	0.7
20	1 35.0	1 35.3	1 30.7	60	0.7	20	1 50.0	1 50.3	1 45.0	60	0.8
21	1 35.3	1 35.5	1 30.9	63	0.7	21	1 50.3	1 50.6	1 45.2	63	0.8
22	1 35.5	1 35.8	1 31.1	66	0.7	22	1 50.5	1 50.8	1 45.5	66	0.8
23	1 35.8	1 36.0	1 31.4	69	0.7	23	1 50.8	1 51.1	1 45.7	69	0.9
24	1 36.0	1 36.3	1 31.6	72	0.8	24	1 51.0	1 51.3	1 45.9	72	0.9
25	1 36.3	1 36.5	1 31.9	75	0.8	25	1 51.3	1 51.6	1 46.2	75	0.9
26	1 36.5	1 36.8	1 32.1	78	0.8	26	1 51.5	1 51.8	1 46.4	78	1.0
27	1 36.8	1 37.0	1 32.3	81	0.9	27	1 51.8	1 52.1	1 46.7	81	1.0
28	1 37.0	1 37.3	1 32.6	84	0.9	28	1 52.0	1 52.3	1 46.9	84	1.1
29	1 37.3	1 37.5	1 32.8	87	0.9	29	1 52.3	1 52.6	1 47.1	87	1.1
30	1 37.5	1 37.8	1 33.1	90	1.0	30	1 52.5	1 52.8	1 47.4	90	1.1
31	1 37.8	1 38.0	1 33.3	93	1.0	31	1 52.8	1 53.1	1 47.6	93	1.2
32	1 38.0	1 38.3	1 33.5	96	1.0	32	1 53.0	1 53.3	1 47.9	96	1.2
33	1 38.3	1 38.5	1 33.8	99	1.1	33	1 53.3	1 53.6	1 48.1	99	1.2
34	1 38.5	1 38.8	1 34.0	102	1.1	34	1 53.5	1 53.8	1 48.3	102	1.3
35	1 38.8	1 39.0	1 34.3	105	1.1	35	1 53.8	1 54.1	1 48.6	105	1.3
36	1 39.0	1 39.3	1 34.5	108	1.2	36	1 54.0	1 54.3	1 48.8	108	1.4
37	1 39.3	1 39.5	1 34.7	111	1.2	37	1 54.3	1 54.6	1 49.0	111	1.4
38	1 39.5	1 39.8	1 35.0	114	1.2	38	1 54.5	1 54.8	1 49.3	114	1.4
39	1 39.8	1 40.0	1 35.2	117	1.3	39	1 54.8	1 55.1	1 49.5	117	1.5
40	1 40.0	1 40.3	1 35.4	120	1.3	40	1 55.0	1 55.3	1 49.8	120	1.5
41	1 40.3	1 40.5	1 35.7	123	1.3	41	1 55.3	1 55.6	1 50.0	123	1.5
42	1 40.5	1 40.8	1 35.9	126	1.4	42	1 55.5	1 55.8	1 50.2	126	1.6
43	1 40.8	1 41.0	1 36.2	129	1.4	43	1 55.8	1 56.1	1 50.5	129	1.6
44	1 41.0	1 41.3	1 36.4	132	1.4	44	1 56.0	1 56.3	1 50.7	132	1.7
45	1 41.3	1 41.5	1 36.6	135	1.5	45	1 56.3	1 56.6	1 51.0	135	1.7
46	1 41.5	1 41.8	1 36.9	138	1.5	46	1 56.5	1 56.8	1 51.2	138	1.7
47	1 41.8	1 42.0	1 37.1	141	1.5	47	1 56.8	1 57.1	1 51.4	141	1.8
48	1 42.0	1 42.3	1 37.4	144	1.6	48	1 57.0	1 57.3	1 51.7	144	1.8
49	1 42.3	1 42.5	1 37.6	147	1.6	49	1 57.3	1 57.6	1 51.9	147	1.8
50	1 42.5	1 42.8	1 37.8	150	1.6	50	1 57.5	1 57.8	1 52.1	150	1.9
51	1 42.8	1 43.0	1 38.1	153	1.7	51	1 57.8	1 58.1	1 52.4	153	1.9
52	1 43.0	1 43.3	1 38.3	156	1.7	52	1 58.0	1 58.3	1 52.6	156	2.0
53	1 43.3	1 43.5	1 38.5	159	1.7	53	1 58.3	1 58.6	1 52.9	159	2.0
54	1 43.5	1 43.8	1 38.8	162	1.8	54	1 58.5	1 58.8	1 53.1	162	2.0
55	1 43.8	1 44.0	1 39.0	165	1.8	55	1 58.8	1 59.1	1 53.3	165	2.1
56	1 44.0	1 44.3	1 39.3	168	1.8	56	1 59.0	1 59.3	1 53.6	168	2.1
57	1 44.3	1 44.5	1 39.5	171	1.9	57	1 59.3	1 59.6	1 53.8	171	2.1
58	1 44.5	1 44.8	1 39.7	174	1.9	58	1 59.5	1 59.8	1 54.1	174	2.2
59	1 44.8	1 45.0	1 40.0	177	1.9	59	1 59.8	2 0.1	1 54.3	177	2.2
60	1 45.0	1 45.3	1 40.2	180	2.0	60	2 0.0	2 0.3	1 54.5	180	2.3

CORRECCIONES 431

8^m	Sol y planetas	Aries	Luna	Dif.	Correc.
s	° ′	° ′	° ′		′
0	2 0.0	2 0.3	1 54.5	**0**	0.0
1	2 0.3	2 0.6	1 54.8	**3**	0.0
2	2 0.5	2 0.8	1 55.0	**6**	0.1
3	2 0.8	2 1.1	1 55.2	**9**	0.1
4	2 1.0	2 1.3	1 55.5	**12**	0.2
5	2 1.3	2 1.6	1 55.7	**15**	0.2
6	2 1.5	2 1.8	1 56.0	**18**	0.3
7	2 1.8	2 2.1	1 56.2	**21**	0.3
8	2 2.0	2 2.3	1 56.4	**24**	0.3
9	2 2.3	2 2.6	1 56.7	**27**	0.4
10	2 2.5	2 2.8	1 56.9	**30**	0.4
11	2 2.8	2 3.1	1 57.2	**33**	0.5
12	2 3.0	2 3.3	1 57.4	**36**	0.5
13	2 3.3	2 3.6	1 57.6	**39**	0.6
14	2 3.5	2 3.8	1 57.9	**42**	0.6
15	2 3.8	2 4.1	1 58.1	**45**	0.6
16	2 4.0	2 4.3	1 58.4	**48**	0.7
17	2 4.3	2 4.6	1 58.6	**51**	0.7
18	2 4.5	2 4.8	1 58.8	**54**	0.8
19	2 4.8	2 5.1	1 59.1	**57**	0.8
20	2 5.0	2 5.3	1 59.3	**60**	0.9
21	2 5.3	2 5.6	1 59.5	**63**	0.9
22	2 5.5	2 5.8	1 59.8	**66**	0.9
23	2 5.8	2 6.1	2 0.0	**69**	1.0
24	2 6.0	2 6.3	2 0.3	**72**	1.0
25	2 6.3	2 6.6	2 0.5	**75**	1.1
26	2 6.5	2 6.8	2 0.7	**78**	1.1
27	2 6.8	2 7.1	2 1.0	**81**	1.1
28	2 7.0	2 7.3	2 1.2	**84**	1.2
29	2 7.3	2 7.6	2 1.5	**87**	1.2
30	2 7.5	2 7.8	2 1.7	**90**	1.3
31	2 7.8	2 8.1	2 1.9	**93**	1.3
32	2 8.0	2 8.4	2 2.2	**96**	1.4
33	2 8.3	2 8.6	2 2.4	**99**	1.4
34	2 8.5	2 8.9	2 2.6	**102**	1.4
35	2 8.8	2 9.1	2 2.9	**105**	1.5
36	2 9.0	2 9.4	2 3.1	**108**	1.5
37	2 9.3	2 9.6	2 3.4	**111**	1.6
38	2 9.5	2 9.9	2 3.6	**114**	1.6
39	2 9.8	2 10.1	2 3.8	**117**	1.7
40	2 10.0	2 10.4	2 4.1	**120**	1.7
41	2 10.3	2 10.6	2 4.3	**123**	1.7
42	2 10.5	2 10.9	2 4.6	**126**	1.8
43	2 10.8	2 11.1	2 4.8	**129**	1.8
44	2 11.0	2 11.4	2 5.0	**132**	1.9
45	2 11.3	2 11.6	2 5.3	**135**	1.9
46	2 11.5	2 11.9	2 5.5	**138**	2.0
47	2 11.8	2 12.1	2 5.7	**141**	2.0
48	2 12.0	2 12.4	2 6.0	**144**	2.0
49	2 12.3	2 12.6	2 6.2	**147**	2.1
50	2 12.5	2 12.9	2 6.5	**150**	2.1
51	2 12.8	2 13.1	2 6.7	**153**	2.2
52	2 13.0	2 13.4	2 6.9	**156**	2.2
53	2 13.3	2 13.6	2 7.2	**159**	2.3
54	2 13.5	2 13.9	2 7.4	**162**	2.3
55	2 13.8	2 14.1	2 7.7	**165**	2.3
56	2 14.0	2 14.4	2 7.9	**168**	2.4
57	2 14.3	2 14.6	2 8.1	**171**	2.4
58	2 14.5	2 14.9	2 8.4	**174**	2.5
59	2 14.8	2 15.1	2 8.6	**177**	2.5
60	2 15.0	2 15.4	2 8.9	**180**	2.6

9^m	Sol y planetas	Aries	Luna	Dif.	Correc.
s	° ′	° ′	° ′		′
0	2 15.0	2 15.4	2 8.9	**0**	0.0
1	2 15.3	2 15.6	2 9.1	**3**	0.0
2	2 15.5	2 15.9	2 9.3	**6**	0.1
3	2 15.8	2 16.1	2 9.6	**9**	0.1
4	2 16.0	2 16.4	2 9.8	**12**	0.2
5	2 16.3	2 16.6	2 10.0	**15**	0.2
6	2 16.5	2 16.9	2 10.3	**18**	0.3
7	2 16.8	2 17.1	2 10.5	**21**	0.3
8	2 17.0	2 17.4	2 10.8	**24**	0.4
9	2 17.3	2 17.6	2 11.0	**27**	0.4
10	2 17.5	2 17.9	2 11.2	**30**	0.5
11	2 17.8	2 18.1	2 11.5	**33**	0.5
12	2 18.0	2 18.4	2 11.7	**36**	0.6
13	2 18.3	2 18.6	2 12.0	**39**	0.6
14	2 18.5	2 18.9	2 12.2	**42**	0.7
15	2 18.8	2 19.1	2 12.4	**45**	0.7
16	2 19.0	2 19.4	2 12.7	**48**	0.8
17	2 19.3	2 19.6	2 12.9	**51**	0.8
18	2 19.5	2 19.9	2 13.1	**54**	0.9
19	2 19.8	2 20.1	2 13.4	**57**	0.9
20	2 20.0	2 20.4	2 13.6	**60**	1.0
21	2 20.3	2 20.6	2 13.9	**63**	1.0
22	2 20.5	2 20.9	2 14.1	**66**	1.0
23	2 20.8	2 21.1	2 14.3	**69**	1.1
24	2 21.0	2 21.4	2 14.6	**72**	1.1
25	2 21.3	2 21.6	2 14.8	**75**	1.2
26	2 21.5	2 21.9	2 15.1	**78**	1.2
27	2 21.8	2 22.1	2 15.3	**81**	1.3
28	2 22.0	2 22.4	2 15.5	**84**	1.3
29	2 22.3	2 22.6	2 15.8	**87**	1.4
30	2 22.5	2 22.9	2 16.0	**90**	1.4
31	2 22.8	2 23.1	2 16.2	**93**	1.5
32	2 23.0	2 23.4	2 16.5	**96**	1.5
33	2 23.3	2 23.6	2 16.7	**99**	1.6
34	2 23.5	2 23.9	2 17.0	**102**	1.6
35	2 23.8	2 24.1	2 17.2	**105**	1.7
36	2 24.0	2 24.4	2 17.4	**108**	1.7
37	2 24.3	2 24.6	2 17.7	**111**	1.8
38	2 24.5	2 24.9	2 17.9	**114**	1.8
39	2 24.8	2 25.1	2 18.2	**117**	1.9
40	2 25.0	2 25.4	2 18.4	**120**	1.9
41	2 25.3	2 25.6	2 18.6	**123**	1.9
42	2 25.5	2 25.9	2 18.9	**126**	2.0
43	2 25.8	2 26.1	2 19.1	**129**	2.0
44	2 26.0	2 26.4	2 19.3	**132**	2.1
45	2 26.3	2 26.7	2 19.6	**135**	2.1
46	2 26.5	2 26.9	2 19.8	**138**	2.2
47	2 26.8	2 27.2	2 20.1	**141**	2.2
48	2 27.0	2 27.4	2 20.3	**144**	2.3
49	2 27.3	2 27.7	2 20.5	**147**	2.3
50	2 27.5	2 27.9	2 20.8	**150**	2.4
51	2 27.8	2 28.2	2 21.0	**153**	2.4
52	2 28.0	2 28.4	2 21.3	**156**	2.5
53	2 28.3	2 28.7	2 21.5	**159**	2.5
54	2 28.5	2 28.9	2 21.7	**162**	2.6
55	2 28.8	2 29.2	2 22.0	**165**	2.6
56	2 29.0	2 29.4	2 22.2	**168**	2.7
57	2 29.3	2 29.7	2 22.5	**171**	2.7
58	2 29.5	2 29.9	2 22.7	**174**	2.8
59	2 29.8	2 30.2	2 22.9	**177**	2.8
60	2 30.0	2 30.4	2 23.2	**180**	2.9

CORRECCIONES

10m	Sol y planetas	Aries	Luna	Dif.	Correc.
s	° ′	° ′	° ′	′	′
0	2 30.0	2 30.4	2 23.2	**0**	0.0
1	2 30.3	2 30.7	2 23.4	**3**	0.1
2	2 30.5	2 30.9	2 23.6	**6**	0.1
3	2 30.8	2 31.2	2 23.9	**9**	0.2
4	2 31.0	2 31.4	2 24.1	**12**	0.2
5	2 31.3	2 31.7	2 24.4	**15**	0.3
6	2 31.5	2 31.9	2 24.6	**18**	0.3
7	2 31.8	2 32.2	2 24.8	**21**	0.4
8	2 32.0	2 32.4	2 25.1	**24**	0.4
9	2 32.3	2 32.7	2 25.3	**27**	0.5
10	2 32.5	2 32.9	2 25.6	**30**	0.5
11	2 32.8	2 33.2	2 25.8	**33**	0.6
12	2 33.0	2 33.4	2 26.0	**36**	0.6
13	2 33.3	2 33.7	2 26.3	**39**	0.7
14	2 33.5	2 33.9	2 26.5	**42**	0.7
15	2 33.8	2 34.2	2 26.7	**45**	0.8
16	2 34.0	2 34.4	2 27.0	**48**	0.8
17	2 34.3	2 34.7	2 27.2	**51**	0.9
18	2 34.5	2 34.9	2 27.5	**54**	0.9
19	2 34.8	2 35.2	2 27.7	**57**	1.0
20	2 35.0	2 35.4	2 27.9	**60**	1.1
21	2 35.3	2 35.7	2 28.2	**63**	1.1
22	2 35.5	2 35.9	2 28.4	**66**	1.2
23	2 35.8	2 36.2	2 28.7	**69**	1.2
24	2 36.0	2 36.4	2 28.9	**72**	1.3
25	2 36.3	2 36.7	2 29.1	**75**	1.3
26	2 36.5	2 36.9	2 29.4	**78**	1.4
27	2 36.8	2 37.2	2 29.6	**81**	1.4
28	2 37.0	2 37.4	2 29.8	**84**	1.5
29	2 37.3	2 37.7	2 30.1	**87**	1.5
30	2 37.5	2 37.9	2 30.3	**90**	1.6
31	2 37.8	2 38.2	2 30.6	**93**	1.6
32	2 38.0	2 38.4	2 30.8	**96**	1.7
33	2 38.3	2 38.7	2 31.0	**99**	1.7
34	2 38.5	2 38.9	2 31.3	**102**	1.8
35	2 38.8	2 39.2	2 31.5	**105**	1.8
36	2 39.0	2 39.4	2 31.8	**108**	1.9
37	2 39.3	2 39.7	2 32.0	**111**	1.9
38	2 39.5	2 39.9	2 32.2	**114**	2.0
39	2 39.8	2 40.2	2 32.5	**117**	2.0
40	2 40.0	2 40.4	2 32.7	**120**	2.1
41	2 40.3	2 40.7	2 32.9	**123**	2.2
42	2 40.5	2 40.9	2 33.2	**126**	2.2
43	2 40.8	2 41.2	2 33.4	**129**	2.3
44	2 41.0	2 41.4	2 33.7	**132**	2.3
45	2 41.3	2 41.7	2 33.9	**135**	2.4
46	2 41.5	2 41.9	2 34.1	**138**	2.4
47	2 41.8	2 42.2	2 34.4	**141**	2.5
48	2 42.0	2 42.4	2 34.6	**144**	2.5
49	2 42.3	2 42.7	2 34.9	**147**	2.6
50	2 42.5	2 42.9	2 35.1	**150**	2.6
51	2 42.8	2 43.2	2 35.3	**153**	2.7
52	2 43.0	2 43.4	2 35.6	**156**	2.7
53	2 43.3	2 43.7	2 35.8	**159**	2.8
54	2 43.5	2 43.9	2 36.1	**162**	2.8
55	2 43.8	2 44.2	2 36.3	**165**	2.9
56	2 44.0	2 44.4	2 36.5	**168**	2.9
57	2 44.3	2 44.7	2 36.8	**171**	3.0
58	2 44.5	2 45.0	2 37.0	**174**	3.0
59	2 44.8	2 45.2	2 37.2	**177**	3.1
60	2 45.0	2 45.5	2 37.5	**180**	3.2

11m	Sol y planetas	Aries	Luna	Dif.	Correc.
s	° ′	° ′	° ′	′	′
0	2 45.0	2 45.5	2 37.5	**0**	0.0
1	2 45.3	2 45.7	2 37.7	**3**	0.1
2	2 45.5	2 46.0	2 38.0	**6**	0.1
3	2 45.8	2 46.2	2 38.2	**9**	0.2
4	2 46.0	2 46.5	2 38.4	**12**	0.2
5	2 46.3	2 46.7	2 38.7	**15**	0.3
6	2 46.5	2 47.0	2 38.9	**18**	0.3
7	2 46.8	2 47.2	2 39.2	**21**	0.4
8	2 47.0	2 47.5	2 39.4	**24**	0.5
9	2 47.3	2 47.7	2 39.6	**27**	0.5
10	2 47.5	2 48.0	2 39.9	**30**	0.6
11	2 47.8	2 48.2	2 40.1	**33**	0.6
12	2 48.0	2 48.5	2 40.3	**36**	0.7
13	2 48.3	2 48.7	2 40.6	**39**	0.7
14	2 48.5	2 49.0	2 40.8	**42**	0.8
15	2 48.8	2 49.2	2 41.1	**45**	0.9
16	2 49.0	2 49.5	2 41.3	**48**	0.9
17	2 49.3	2 49.7	2 41.5	**51**	1.0
18	2 49.5	2 50.0	2 41.8	**54**	1.0
19	2 49.8	2 50.2	2 42.0	**57**	1.1
20	2 50.0	2 50.5	2 42.3	**60**	1.2
21	2 50.3	2 50.7	2 42.5	**63**	1.2
22	2 50.5	2 51.0	2 42.7	**66**	1.3
23	2 50.8	2 51.2	2 43.0	**69**	1.3
24	2 51.0	2 51.5	2 43.2	**72**	1.4
25	2 51.3	2 51.7	2 43.4	**75**	1.4
26	2 51.5	2 52.0	2 43.7	**78**	1.5
27	2 51.8	2 52.2	2 43.9	**81**	1.5
28	2 52.0	2 52.5	2 44.2	**84**	1.6
29	2 52.3	2 52.7	2 44.4	**87**	1.7
30	2 52.5	2 53.0	2 44.6	**90**	1.7
31	2 52.8	2 53.2	2 44.9	**93**	1.8
32	2 53.0	2 53.5	2 45.1	**96**	1.8
33	2 53.3	2 53.7	2 45.4	**99**	1.9
34	2 53.5	2 54.0	2 45.6	**102**	2.0
35	2 53.8	2 54.2	2 45.8	**105**	2.0
36	2 54.0	2 54.5	2 46.1	**108**	2.1
37	2 54.3	2 54.7	2 46.3	**111**	2.1
38	2 54.5	2 55.0	2 46.6	**114**	2.2
39	2 54.8	2 55.2	2 46.8	**117**	2.2
40	2 55.0	2 55.5	2 47.0	**120**	2.3
41	2 55.3	2 55.7	2 47.3	**123**	2.4
42	2 55.5	2 56.0	2 47.5	**126**	2.4
43	2 55.8	2 56.2	2 47.7	**129**	2.5
44	2 56.0	2 56.5	2 48.0	**132**	2.5
45	2 56.3	2 56.7	2 48.2	**135**	2.6
46	2 56.5	2 57.0	2 48.5	**138**	2.6
47	2 56.8	2 57.2	2 48.7	**141**	2.7
48	2 57.0	2 57.5	2 48.9	**144**	2.8
49	2 57.3	2 57.7	2 49.2	**147**	2.8
50	2 57.5	2 58.0	2 49.4	**150**	2.9
51	2 57.8	2 58.2	2 49.7	**153**	2.9
52	2 58.0	2 58.5	2 49.9	**156**	3.0
53	2 58.3	2 58.7	2 50.1	**159**	3.0
54	2 58.5	2 59.0	2 50.4	**162**	3.1
55	2 58.8	2 59.2	2 50.6	**165**	3.2
56	2 59.0	2 59.5	2 50.8	**168**	3.2
57	2 59.3	2 59.7	2 51.1	**171**	3.3
58	2 59.5	3 0.0	2 51.3	**174**	3.3
59	2 59.8	3 0.2	2 51.6	**177**	3.4
60	3 0.0	3 0.5	2 51.8	**180**	3.5

CORRECCIONES

12m	Sol y planetas	Aries	Luna	Dif.	Correc.
s	° ′	° ′	° ′		′
0	3 0.0	3 0.5	2 51.8	0	0.0
1	3 0.3	3 0.7	2 52.0	3	0.1
2	3 0.5	3 1.0	2 52.3	6	0.1
3	3 0.8	3 1.2	2 52.5	9	0.2
4	3 1.0	3 1.5	2 52.8	12	0.3
5	3 1.3	3 1.7	2 53.0	15	0.3
6	3 1.5	3 2.0	2 53.2	18	0.4
7	3 1.8	3 2.2	2 53.5	21	0.4
8	3 2.0	3 2.5	2 53.7	24	0.5
9	3 2.3	3 2.7	2 53.9	27	0.6
10	3 2.5	3 3.0	2 54.2	30	0.6
11	3 2.8	3 3.3	2 54.4	33	0.7
12	3 3.0	3 3.5	2 54.7	36	0.8
13	3 3.3	3 3.8	2 54.9	39	0.8
14	3 3.5	3 4.0	2 55.1	42	0.9
15	3 3.8	3 4.3	2 55.4	45	0.9
16	3 4.0	3 4.5	2 55.6	48	1.0
17	3 4.3	3 4.8	2 55.9	51	1.1
18	3 4.5	3 5.0	2 56.1	54	1.1
19	3 4.8	3 5.3	2 56.3	57	1.2
20	3 5.0	3 5.5	2 56.6	60	1.3
21	3 5.3	3 5.8	2 56.8	63	1.3
22	3 5.5	3 6.0	2 57.0	66	1.4
23	3 5.8	3 6.3	2 57.3	69	1.4
24	3 6.0	3 6.5	2 57.5	72	1.5
25	3 6.3	3 6.8	2 57.8	75	1.6
26	3 6.5	3 7.0	2 58.0	78	1.6
27	3 6.8	3 7.3	2 58.2	81	1.7
28	3 7.0	3 7.5	2 58.5	84	1.8
29	3 7.3	3 7.8	2 58.7	87	1.8
30	3 7.5	3 8.0	2 59.0	90	1.9
31	3 7.8	3 8.3	2 59.2	93	1.9
32	3 8.0	3 8.5	2 59.4	96	2.0
33	3 8.3	3 8.8	2 59.7	99	2.1
34	3 8.5	3 9.0	2 59.9	102	2.1
35	3 8.8	3 9.3	3 0.2	105	2.2
36	3 9.0	3 9.5	3 0.4	108	2.3
37	3 9.3	3 9.8	3 0.6	111	2.3
38	3 9.5	3 10.0	3 0.9	114	2.4
39	3 9.8	3 10.3	3 1.1	117	2.4
40	3 10.0	3 10.5	3 1.3	120	2.5
41	3 10.3	3 10.8	3 1.6	123	2.6
42	3 10.5	3 11.0	3 1.8	126	2.6
43	3 10.8	3 11.3	3 2.1	129	2.7
44	3 11.0	3 11.5	3 2.3	132	2.8
45	3 11.3	3 11.8	3 2.5	135	2.8
46	3 11.5	3 12.0	3 2.8	138	2.9
47	3 11.8	3 12.3	3 3.0	141	2.9
48	3 12.0	3 12.5	3 3.3	144	3.0
49	3 12.3	3 12.8	3 3.5	147	3.1
50	3 12.5	3 13.0	3 3.7	150	3.1
51	3 12.8	3 13.3	3 4.0	153	3.2
52	3 13.0	3 13.5	3 4.2	156	3.3
53	3 13.3	3 13.8	3 4.4	159	3.3
54	3 13.5	3 14.0	3 4.7	162	3.4
55	3 13.8	3 14.3	3 4.9	165	3.4
56	3 14.0	3 14.5	3 5.2	168	3.5
57	3 14.3	3 14.8	3 5.4	171	3.6
58	3 14.5	3 15.0	3 5.6	174	3.6
59	3 14.8	3 15.3	3 5.9	177	3.7
60	3 15.0	3 15.5	3 6.1	180	3.8

13m	Sol y planetas	Aries	Luna	Dif.	Correc.
s	° ′	° ′	° ′		′
0	3 15.0	3 15.5	3 6.1	0	0.0
1	3 15.3	3 15.8	3 6.4	3	0.1
2	3 15.5	3 16.0	3 6.6	6	0.1
3	3 15.8	3 16.3	3 6.8	9	0.2
4	3 16.0	3 16.5	3 7.1	12	0.3
5	3 16.3	3 16.8	3 7.3	15	0.3
6	3 16.5	3 17.0	3 7.5	18	0.4
7	3 16.8	3 17.3	3 7.8	21	0.5
8	3 17.0	3 17.5	3 8.0	24	0.5
9	3 17.3	3 17.8	3 8.3	27	0.6
10	3 17.5	3 18.0	3 8.5	30	0.7
11	3 17.8	3 18.3	3 8.7	33	0.7
12	3 18.0	3 18.5	3 9.0	36	0.8
13	3 18.3	3 18.8	3 9.2	39	0.9
14	3 18.5	3 19.0	3 9.5	42	0.9
15	3 18.8	3 19.3	3 9.7	45	1.0
16	3 19.0	3 19.5	3 9.9	48	1.1
17	3 19.3	3 19.8	3 10.2	51	1.1
18	3 19.5	3 20.0	3 10.4	54	1.2
19	3 19.8	3 20.3	3 10.7	57	1.3
20	3 20.0	3 20.5	3 10.9	60	1.4
21	3 20.3	3 20.8	3 11.1	63	1.4
22	3 20.5	3 21.0	3 11.4	66	1.5
23	3 20.8	3 21.3	3 11.6	69	1.6
24	3 21.0	3 21.6	3 11.8	72	1.6
25	3 21.3	3 21.8	3 12.1	75	1.7
26	3 21.5	3 22.1	3 12.3	78	1.8
27	3 21.8	3 22.3	3 12.6	81	1.8
28	3 22.0	3 22.6	3 12.8	84	1.9
29	3 22.3	3 22.8	3 13.0	87	2.0
30	3 22.5	3 23.1	3 13.3	90	2.0
31	3 22.8	3 23.3	3 13.5	93	2.1
32	3 23.0	3 23.6	3 13.8	96	2.2
33	3 23.3	3 23.8	3 14.0	99	2.2
34	3 23.5	3 24.1	3 14.2	102	2.3
35	3 23.8	3 24.3	3 14.5	105	2.4
36	3 24.0	3 24.6	3 14.7	108	2.4
37	3 24.3	3 24.8	3 14.9	111	2.5
38	3 24.5	3 25.1	3 15.2	114	2.6
39	3 24.8	3 25.3	3 15.4	117	2.6
40	3 25.0	3 25.6	3 15.7	120	2.7
41	3 25.3	3 25.8	3 15.9	123	2.8
42	3 25.5	3 26.1	3 16.1	126	2.8
43	3 25.8	3 26.3	3 16.4	129	2.9
44	3 26.0	3 26.6	3 16.6	132	3.0
45	3 26.3	3 26.8	3 16.9	135	3.0
46	3 26.5	3 27.1	3 17.1	138	3.1
47	3 26.8	3 27.3	3 17.3	141	3.2
48	3 27.0	3 27.6	3 17.6	144	3.2
49	3 27.3	3 27.8	3 17.8	147	3.3
50	3 27.5	3 28.1	3 18.0	150	3.4
51	3 27.8	3 28.3	3 18.3	153	3.4
52	3 28.0	3 28.6	3 18.5	156	3.5
53	3 28.3	3 28.8	3 18.8	159	3.6
54	3 28.5	3 29.1	3 19.0	162	3.6
55	3 28.8	3 29.3	3 19.2	165	3.7
56	3 29.0	3 29.6	3 19.5	168	3.8
57	3 29.3	3 29.8	3 19.7	171	3.8
58	3 29.5	3 30.1	3 20.0	174	3.9
59	3 29.8	3 0.3	3 20.2	177	4.0
60	3 30.0	3 30.6	3 20.4	180	4.1

CORRECCIONES

14^m	Sol y planetas	Aries	Luna	Dif.	Correc.	15^m	Sol y planetas	Aries	Luna	Dif.	Correc.
s	° '	° '	° '		'	s	° '	° '	° '		'
0	3 30.0	3 30.6	3 20.4	0	0.0	0	3 45.0	3 45.6	3 34.8	0	0.0
1	3 30.3	3 30.8	3 20.7	3	0.1	1	3 45.3	3 45.9	3 35.0	3	0.1
2	3 30.5	3 31.1	3 20.9	6	0.1	2	3 45.5	3 46.1	3 35.2	6	0.2
3	3 30.8	3 31.3	3 21.1	9	0.2	3	3 45.8	3 46.4	3 35.5	9	0.2
4	3 31.0	3 31.6	3 21.4	12	0.3	4	3 46.0	3 46.6	3 35.7	12	0.3
5	3 31.3	3 31.8	3 21.6	15	0.4	5	3 46.3	3 46.9	3 35.9	15	0.4
6	3 31.5	3 32.1	3 21.9	18	0.4	6	3 46.5	3 47.1	3 36.2	18	0.5
7	3 31.8	3 32.3	3 22.1	21	0.5	7	3 46.8	3 47.4	3 36.4	21	0.5
8	3 32.0	3 32.6	3 22.3	24	0.6	8	3 47.0	3 47.6	3 36.7	24	0.6
9	3 32.3	3 32.8	3 22.6	27	0.7	9	3 47.3	3 47.9	3 36.9	27	0.7
10	3 32.5	3 33.1	3 22.8	30	0.7	10	3 47.5	3 48.1	3 37.1	30	0.8
11	3 32.8	3 33.3	3 23.1	33	0.8	11	3 47.8	3 48.4	3 37.4	33	0.9
12	3 33.0	3 33.6	3 23.3	36	0.9	12	3 48.0	3 48.6	3 37.6	36	0.9
13	3 33.3	3 33.8	3 23.5	39	0.9	13	3 48.3	3 48.9	3 37.9	39	1.0
14	3 33.5	3 34.1	3 23.8	42	1.0	14	3 48.5	3 49.1	3 38.1	42	1.1
15	3 33.8	3 34.3	3 24.0	45	1.1	15	3 48.8	3 49.4	3 38.3	45	1.2
16	3 34.0	3 34.6	3 24.3	48	1.2	16	3 49.0	3 49.6	3 38.6	48	1.2
17	3 34.3	3 34.8	3 24.5	51	1.2	17	3 49.3	3 49.9	3 38.8	51	1.3
18	3 34.5	3 35.1	3 24.7	54	1.3	18	3 49.5	3 50.1	3 39.0	54	1.4
19	3 34.8	3 35.3	3 25.0	57	1.4	19	3 49.8	3 50.4	3 39.3	57	1.5
20	3 35.0	3 35.6	3 25.2	60	1.5	20	3 50.0	3 50.6	3 39.5	60	1.6
21	3 35.3	3 35.8	3 25.4	63	1.5	21	3 50.3	3 50.9	3 39.8	63	1.6
22	3 35.5	3 36.1	3 25.7	66	1.6	22	3 50.5	3 51.1	3 40.0	66	1.7
23	3 35.8	3 36.3	3 25.9	69	1.7	23	3 50.8	3 51.4	3 40.2	69	1.8
24	3 36.0	3 36.6	3 26.2	72	1.7	24	3 51.0	3 51.6	3 40.5	72	1.9
25	3 36.3	3 36.8	3 26.4	75	1.8	25	3 51.3	3 51.9	3 40.7	75	1.9
26	3 36.5	3 37.1	3 26.6	78	1.9	26	3 51.5	3 52.1	3 41.0	78	2.0
27	3 36.8	3 37.3	3 26.9	81	2.0	27	3 51.8	3 52.4	3 41.2	81	2.1
28	3 37.0	3 37.6	3 27.1	84	2.0	28	3 52.0	3 52.6	3 41.4	84	2.2
29	3 37.3	3 37.8	3 27.4	87	2.1	29	3 52.3	3 52.9	3 41.7	87	2.2
30	3 37.5	3 38.1	3 27.6	90	2.2	30	3 52.5	3 53.1	3 41.9	90	2.3
31	3 37.8	3 38.3	3 27.8	93	2.2	31	3 52.8	3 53.4	3 42.1	93	2.4
32	3 38.0	3 38.6	3 28.1	96	2.3	32	3 53.0	3 53.6	3 42.4	96	2.5
33	3 38.3	3 38.8	3 28.3	99	2.4	33	3 53.3	3 53.9	3 42.6	99	2.6
34	3 38.5	3 39.1	3 28.5	102	2.5	34	3 53.5	3 54.1	3 42.9	102	2.6
35	3 38.8	3 39.3	3 28.8	105	2.5	35	3 53.8	3 54.4	3 43.1	105	2.7
36	3 39.0	3 39.6	3 29.0	108	2.6	36	3 54.0	3 54.6	3 43.3	108	2.8
37	3 39.3	3 39.9	3 29.3	111	2.7	37	3 54.3	3 54.9	3 43.6	111	2.9
38	3 39.5	3 40.1	3 29.5	114	2.8	38	3 54.5	3 55.1	3 43.8	114	2.9
39	3 39.8	3 40.4	3 29.7	117	2.8	39	3 54.8	3 55.4	3 44.1	117	3.0
40	3 40.0	3 40.6	3 30.0	120	2.9	40	3 55.0	3 55.6	3 44.3	120	3.1
41	3 40.3	3 40.9	3 30.2	123	3.0	41	3 55.3	3 55.9	3 44.5	123	3.2
42	3 40.5	3 41.1	3 30.5	126	3.0	42	3 55.5	3 56.1	3 44.8	126	3.3
43	3 40.8	3 41.4	3 30.7	129	3.1	43	3 55.8	3 56.4	3 45.0	129	3.3
44	3 41.0	3 41.6	3 30.9	132	3.2	44	3 56.0	3 56.6	3 45.2	132	3.4
45	3 41.3	3 41.9	3 31.2	135	3.3	45	3 56.3	3 56.9	3 45.5	135	3.5
46	3 41.5	3 42.1	3 31.4	138	3.3	46	3 56.5	3 57.1	3 45.7	138	3.6
47	3 41.8	3 42.4	3 31.6	141	3.4	47	3 56.8	3 57.4	3 46.0	141	3.6
48	3 42.0	3 42.6	3 31.9	144	3.5	48	3 57.0	3 57.6	3 46.2	144	3.7
49	3 42.3	3 42.9	3 32.1	147	3.6	49	3 57.3	3 57.9	3 46.4	147	3.8
50	3 42.5	3 43.1	3 32.4	150	3.6	50	3 57.5	3 58.2	3 46.7	150	3.9
51	3 42.8	3 43.4	3 32.6	153	3.7	51	3 57.8	3 58.4	3 46.9	153	4.0
52	3 43.0	3 43.6	3 32.8	156	3.8	52	3 58.0	3 58.7	3 47.2	156	4.0
53	3 43.3	3 43.9	3 33.1	159	3.8	53	3 58.3	3 58.9	3 47.4	159	4.1
54	3 43.5	3 44.1	3 33.3	162	3.9	54	3 58.5	3 59.2	3 47.6	162	4.2
55	3 43.8	3 44.4	3 33.6	165	4.0	55	3 58.8	3 59.4	3 47.9	165	4.3
56	3 44.0	3 44.6	3 33.8	168	4.1	56	3 59.0	3 59.7	3 48.1	168	4.3
57	3 44.3	3 44.9	3 34.0	171	4.1	57	3 59.3	3 59.9	3 48.4	171	4.4
58	3 44.5	3 45.1	3 34.3	174	4.2	58	3 59.5	4 0.2	3 48.6	174	4.5
59	3 44.8	3 45.4	3 34.5	177	4.3	59	3 59.8	4 0.4	3 48.8	177	4.6
60	3 45.0	3 45.6	3 34.8	180	4.4	60	4 0.0	4 0.7	3 49.1	180	4.7

CORRECCIONES

16m	Sol y planetas	Aries	Luna	Dif.	Correc.
s	° ′	° ′	° ′	′	′
0	4 0.0	4 0.7	3 49.1	0	0.0
1	4 0.3	4 0.9	3 49.3	3	0.1
2	4 0.5	4 1.2	3 49.5	6	0.2
3	4 0.8	4 1.4	3 49.8	9	0.2
4	4 1.0	4 1.7	3 50.0	12	0.3
5	4 1.3	4 1.9	3 50.3	15	0.4
6	4 1.5	4 2.2	3 50.5	18	0.5
7	4 1.8	4 2.4	3 50.7	21	0.6
8	4 2.0	4 2.7	3 51.0	24	0.7
9	4 2.3	4 2.9	3 51.2	27	0.7
10	4 2.5	4 3.2	3 51.5	30	0.8
11	4 2.8	4 3.4	3 51.7	33	0.9
12	4 3.0	4 3.7	3 51.9	36	1.0
13	4 3.3	4 3.9	3 52.2	39	1.1
14	4 3.5	4 4.2	3 52.4	42	1.2
15	4 3.8	4 4.4	3 52.6	45	1.2
16	4 4.0	4 4.7	3 52.9	48	1.3
17	4 4.3	4 4.9	3 53.1	51	1.4
18	4 4.5	4 5.2	3 53.4	54	1.5
19	4 4.8	4 5.4	3 53.6	57	1.6
20	4 5.0	4 5.7	3 53.8	60	1.7
21	4 5.3	4 5.9	3 54.1	63	1.7
22	4 5.5	4 6.2	3 54.3	66	1.8
23	4 5.8	4 6.4	3 54.6	69	1.9
24	4 6.0	4 6.7	3 54.8	72	2.0
25	4 6.3	4 6.9	3 55.0	75	2.1
26	4 6.5	4 7.2	3 55.3	78	2.1
27	4 6.8	4 7.4	3 55.5	81	2.2
28	4 7.0	4 7.7	3 55.7	84	2.3
29	4 7.3	4 7.9	3 56.0	87	2.4
30	4 7.5	4 8.2	3 56.2	90	2.5
31	4 7.8	4 8.4	3 56.5	93	2.6
32	4 8.0	4 8.7	3 56.7	96	2.6
33	4 8.3	4 8.9	3 56.9	99	2.7
34	4 8.5	4 9.2	3 57.2	102	2.8
35	4 8.8	4 9.4	3 57.4	105	2.9
36	4 9.0	4 9.7	3 57.7	108	3.0
37	4 9.3	4 9.9	3 57.9	111	3.1
38	4 9.5	4 10.2	3 58.1	114	3.1
39	4 9.8	4 10.4	3 58.4	117	3.2
40	4 10.0	4 10.7	3 58.6	120	3.3
41	4 10.3	4 10.9	3 58.8	123	3.4
42	4 10.5	4 11.2	3 59.1	126	3.5
43	4 10.8	4 11.4	3 59.3	129	3.5
44	4 11.0	4 11.7	3 59.6	132	3.6
45	4 11.3	4 11.9	3 59.8	135	3.7
46	4 11.5	4 12.2	4 0.0	138	3.8
47	4 11.8	4 12.4	4 0.3	141	3.9
48	4 12.0	4 12.7	4 0.5	144	4.0
49	4 12.3	4 12.9	4 0.8	147	4.0
50	4 12.5	4 13.2	4 1.0	150	4.1
51	4 12.8	4 13.4	4 1.2	153	4.2
52	4 13.0	4 13.7	4 1.5	156	4.3
53	4 13.3	4 13.9	4 1.7	159	4.4
54	4 13.5	4 14.2	4 2.0	162	4.5
55	4 13.8	4 14.4	4 2.2	165	4.5
56	4 14.0	4 14.7	4 2.4	168	4.6
57	4 14.3	4 14.9	4 2.7	171	4.7
58	4 14.5	4 15.2	4 2.9	174	4.8
59	4 14.8	4 15.4	4 3.1	177	4.9
60	4 15.0	4 15.7	4 3.4	180	5.0

17m	Sol y planetas	Aries	Luna	Dif.	Correc.
s	° ′	° ′	° ′	′	′
0	4 15.0	4 15.7	4 3.4	0	0.0
1	4 15.3	4 15.9	4 3.6	3	0.1
2	4 15.5	4 16.2	4 3.9	6	0.2
3	4 15.8	4 16.5	4 4.1	9	0.3
4	4 16.0	4 16.7	4 4.3	12	0.4
5	4 16.3	4 17.0	4 4.6	15	0.4
6	4 16.5	4 17.2	4 4.8	18	0.5
7	4 16.8	4 17.5	4 5.1	21	0.6
8	4 17.0	4 17.7	4 5.3	24	0.7
9	4 17.3	4 18.0	4 5.5	27	0.8
10	4 17.5	4 18.2	4 5.8	30	0.9
11	4 17.8	4 18.5	4 6.0	33	1.0
12	4 18.0	4 18.7	4 6.2	36	1.1
13	4 18.3	4 19.0	4 6.5	39	1.1
14	4 18.5	4 19.2	4 6.7	42	1.2
15	4 18.8	4 19.5	4 7.0	45	1.3
16	4 19.0	4 19.7	4 7.2	48	1.4
17	4 19.3	4 20.0	4 7.4	51	1.5
18	4 19.5	4 20.2	4 7.7	54	1.6
19	4 19.8	4 20.5	4 7.9	57	1.7
20	4 20.0	4 20.7	4 8.2	60	1.8
21	4 20.3	4 21.0	4 8.4	63	1.8
22	4 20.5	4 21.2	4 8.6	66	1.9
23	4 20.8	4 21.5	4 8.9	69	2.0
24	4 21.0	4 21.7	4 9.1	72	2.1
25	4 21.3	4 22.0	4 9.3	75	2.2
26	4 21.5	4 22.2	4 9.6	78	2.3
27	4 21.8	4 22.5	4 9.8	81	2.4
28	4 22.0	4 22.7	4 10.1	84	2.5
29	4 22.3	4 23.0	4 10.3	87	2.5
30	4 22.5	4 23.2	4 10.5	90	2.6
31	4 22.8	4 23.5	4 10.8	93	2.7
32	4 23.0	4 23.7	4 11.0	96	2.8
33	4 23.3	4 24.0	4 11.3	99	2.9
34	4 23.5	4 24.2	4 11.5	102	3.0
35	4 23.8	4 24.5	4 11.7	105	3.1
36	4 24.0	4 24.7	4 12.0	108	3.2
37	4 24.3	4 25.0	4 12.2	111	3.2
38	4 24.5	4 25.2	4 12.5	114	3.3
39	4 24.8	4 25.5	4 12.7	117	3.4
40	4 25.0	4 25.7	4 12.9	120	3.5
41	4 25.3	4 26.0	4 13.2	123	3.6
42	4 25.5	4 26.2	4 13.4	126	3.7
43	4 25.8	4 26.5	4 13.6	129	3.8
44	4 26.0	4 26.7	4 13.9	132	3.9
45	4 26.3	4 27.0	4 14.1	135	3.9
46	4 26.5	4 27.2	4 14.4	138	4.0
47	4 26.8	4 27.5	4 14.6	141	4.1
48	4 27.0	4 27.7	4 14.8	144	4.2
49	4 27.3	4 28.0	4 15.1	147	4.3
50	4 27.5	4 28.2	4 15.3	150	4.4
51	4 27.8	4 28.5	4 15.6	153	4.5
52	4 28.0	4 28.7	4 15.8	156	4.6
53	4 28.3	4 29.0	4 16.0	159	4.6
54	4 28.5	4 29.2	4 16.3	162	4.7
55	4 28.8	4 29.5	4 16.5	165	4.8
56	4 29.0	4 29.7	4 16.7	168	4.9
57	4 29.3	4 30.0	4 17.0	171	5.0
58	4 29.5	4 30.2	4 17.2	174	5.1
59	4 29.8	4 30.5	4 17.5	177	5.2
60	4 30.0	4 30.7	4 17.7	180	5.3

18m	Sol y planetas	Aries	Luna	**Dif.**	Correc.	**19m**	Sol y planetas	Aries	Luna	**Dif.**	Correc.
s	° ′	° ′	° ′		′	s	° ′	° ′	° ′		′
0	4 30.0	4 30.7	4 17.7	**0**	0.0	**0**	4 45.0	4 45.8	4 32.0	**0**	0.0
1	4 30.3	4 31.0	4 17.9	**3**	0.1	**1**	4 45.3	4 46.0	4 32.3	**3**	0.1
2	4 30.5	4 31.2	4 18.2	**6**	0.2	**2**	4 45.5	4 46.3	4 32.5	**6**	0.2
3	4 30.8	4 31.5	4 18.4	**9**	0.3	**3**	4 45.8	4 46.5	4 32.7	**9**	0.3
4	4 31.0	4 31.7	4 18.7	**12**	0.4	**4**	4 46.0	4 46.8	4 33.0	**12**	0.4
5	4 31.3	4 32.0	4 18.9	**15**	0.5	**5**	4 46.3	4 47.0	4 33.2	**15**	0.5
6	4 31.5	4 32.2	4 19.1	**18**	0.6	**6**	4 46.5	4 47.3	4 33.4	**18**	0.6
7	4 31.8	4 32.5	4 19.4	**21**	0.6	**7**	4 46.8	4 47.5	4 33.7	**21**	0.7
8	4 32.0	4 32.7	4 19.6	**24**	0.7	**8**	4 47.0	4 47.8	4 33.9	**24**	0.8
9	4 32.3	4 33.0	4 19.8	**27**	0.8	**9**	4 47.3	4 48.0	4 34.2	**27**	0.9
10	4 32.5	4 33.2	4 20.1	**30**	0.9	**10**	4 47.5	4 48.3	4 34.4	**30**	1.0
11	4 32.8	4 33.5	4 20.3	**33**	1.0	**11**	4 47.8	4 48.5	4 34.6	**33**	1.1
12	4 33.0	4 33.7	4 20.6	**36**	1.1	**12**	4 48.0	4 48.8	4 34.9	**36**	1.2
13	4 33.3	4 34.0	4 20.8	**39**	1.2	**13**	4 48.3	4 49.0	4 35.1	**39**	1.3
14	4 33.5	4 34.2	4 21.0	**42**	1.3	**14**	4 48.5	4 49.3	4 35.4	**42**	1.4
15	4 33.8	4 34.5	4 21.3	**45**	1.4	**15**	4 48.8	4 49.5	4 35.6	**45**	1.5
16	4 34.0	4 34.8	4 21.5	**48**	1.5	**16**	4 49.0	4 49.8	4 35.8	**48**	1.6
17	4 34.3	4 35.0	4 21.8	**51**	1.6	**17**	4 49.3	4 50.0	4 36.1	**51**	1.7
18	4 34.5	4 35.3	4 22.0	**54**	1.7	**18**	4 49.5	4 50.3	4 36.3	**54**	1.8
19	4 34.8	4 35.5	4 22.2	**57**	1.8	**19**	4 49.8	4 50.5	4 36.6	**57**	1.9
20	4 35.0	4 35.8	4 22.5	**60**	1.9	**20**	4 50.0	4 50.8	4 36.8	**60**	2.0
21	4 35.3	4 36.0	4 22.7	**63**	1.9	**21**	4 50.3	4 51.0	4 37.0	**63**	2.0
22	4 35.5	4 36.3	4 22.9	**66**	2.0	**22**	4 50.5	4 51.3	4 37.3	**66**	2.1
23	4 35.8	4 36.5	4 23.2	**69**	2.1	**23**	4 50.8	4 51.5	4 37.5	**69**	2.2
24	4 36.0	4 36.8	4 23.4	**72**	2.2	**24**	4 51.0	4 51.8	4 37.7	**72**	2.3
25	4 36.3	4 37.0	4 23.7	**75**	2.3	**25**	4 51.3	4 52.0	4 38.0	**75**	2.4
26	4 36.5	4 37.3	4 23.9	**78**	2.4	**26**	4 51.5	4 52.3	4 38.2	**78**	2.5
27	4 36.8	4 37.5	4 24.1	**81**	2.5	**27**	4 51.8	4 52.5	4 38.5	**81**	2.6
28	4 37.0	4 37.8	4 24.4	**84**	2.6	**28**	4 52.0	4 52.8	4 38.7	**84**	2.7
29	4 37.3	4 38.0	4 24.6	**87**	2.7	**29**	4 52.3	4 53.1	4 38.9	**87**	2.8
30	4 37.5	4 38.3	4 24.9	**90**	2.8	**30**	4 52.5	4 53.3	4 39.2	**90**	2.9
31	4 37.8	4 38.5	4 25.1	**93**	2.9	**31**	4 52.8	4 53.6	4 39.4	**93**	3.0
32	4 38.0	4 38.8	4 25.3	**96**	3.0	**32**	4 53.0	4 53.8	4 39.7	**96**	3.1
33	4 38.3	4 39.0	4 25.6	**99**	3.1	**33**	4 53.3	4 54.1	4 39.9	**99**	3.2
34	4 38.5	4 39.3	4 25.8	**102**	3.1	**34**	4 53.5	4 54.3	4 40.1	**102**	3.3
35	4 38.8	4 39.5	4 26.1	**105**	3.2	**35**	4 53.8	4 54.6	4 40.4	**105**	3.4
36	4 39.0	4 39.8	4 26.3	**108**	3.3	**36**	4 54.0	4 54.8	4 40.6	**108**	3.5
37	4 39.3	4 40.0	4 26.5	**111**	3.4	**37**	4 54.3	4 55.1	4 40.8	**111**	3.6
38	4 39.5	4 40.3	4 26.8	**114**	3.5	**38**	4 54.5	4 55.3	4 41.1	**114**	3.7
39	4 39.8	4 40.5	4 27.0	**117**	3.6	**39**	4 54.8	4 55.6	4 41.3	**117**	3.8
40	4 40.0	4 40.8	4 27.2	**120**	3.7	**40**	4 55.0	4 55.8	4 41.6	**120**	3.9
41	4 40.3	4 41.0	4 27.5	**123**	3.8	**41**	4 55.3	4 56.1	4 41.8	**123**	4.0
42	4 40.5	4 41.3	4 27.7	**126**	3.9	**42**	4 55.5	4 56.3	4 42.0	**126**	4.1
43	4 40.8	4 41.5	4 28.0	**129**	4.0	**43**	4 55.8	4 56.6	4 42.3	**129**	4.2
44	4 41.0	4 41.8	4 28.2	**132**	4.1	**44**	4 56.0	4 56.8	4 42.5	**132**	4.3
45	4 41.3	4 42.0	4 28.4	**135**	4.2	**45**	4 56.3	4 57.1	4 42.8	**135**	4.4
46	4 41.5	4 42.3	4 28.7	**138**	4.3	**46**	4 56.5	4 57.3	4 43.0	**138**	4.5
47	4 41.8	4 42.5	4 28.9	**141**	4.3	**47**	4 56.8	4 57.6	4 43.2	**141**	4.6
48	4 42.0	4 42.8	4 29.2	**144**	4.4	**48**	4 57.0	4 57.8	4 43.5	**144**	4.7
49	4 42.3	4 43.0	4 29.4	**147**	4.5	**49**	4 57.3	4 58.1	4 43.7	**147**	4.8
50	4 42.5	4 43.3	4 29.6	**150**	4.6	**50**	4 57.5	4 58.3	4 43.9	**150**	4.9
51	4 42.8	4 43.5	4 29.9	**153**	4.7	**51**	4 57.8	4 58.6	4 44.2	**153**	5.0
52	4 43.0	4 43.8	4 30.1	**156**	4.8	**52**	4 58.0	4 58.8	4 44.4	**156**	5.1
53	4 43.3	4 44.0	4 30.3	**159**	4.9	**53**	4 58.3	4 59.1	4 44.7	**159**	5.2
54	4 43.5	4 44.3	4 30.6	**162**	5.0	**54**	4 58.5	4 59.3	4 44.9	**162**	5.3
55	4 43.8	4 44.5	4 30.8	**165**	5.1	**55**	4 58.8	4 59.6	4 45.1	**165**	5.4
56	4 44.0	4 44.8	4 31.1	**168**	5.2	**56**	4 59.0	4 59.8	4 45.4	**168**	5.5
57	4 44.3	4 45.0	4 31.3	**171**	5.3	**57**	4 59.3	5 0.1	4 45.6	**171**	5.6
58	4 44.5	4 45.3	4 31.5	**174**	5.4	**58**	4 59.5	5 0.3	4 45.9	**174**	5.7
59	4 44.8	4 45.5	4 31.8	**177**	5.5	**59**	4 59.8	5 0.6	4 46.1	**177**	5.8
60	4 45.0	4 45.8	4 32.0	**180**	5.6	**60**	5 0.0	5 0.8	4 46.3	**180**	5.9

20m	Sol y planetas	Aries	Luna	Dif.	Correc.	21m	Sol y planetas	Aries	Luna	Dif.	Correc.
s	° ′	° ′	° ′		′	s	° ′	° ′	° ′		′
0	5 0.0	5 0.8	4 46.3	0	0.0	0	5 15.0	5 15.9	5 0.7	0	0.0
1	5 0.3	5 1.1	4 46.6	3	0.1	1	5 15.3	5 16.1	5 0.9	3	0.1
2	5 0.5	5 1.3	4 46.8	6	0.2	2	5 15.5	5 16.4	5 1.1	6	0.2
3	5 0.8	5 1.6	4 47.0	9	0.3	3	5 15.8	5 16.6	5 1.4	9	0.3
4	5 1.0	5 1.8	4 47.3	12	0.4	4	5 16.0	5 16.9	5 1.6	12	0.4
5	5 1.3	5 2.1	4 47.5	15	0.5	5	5 16.3	5 17.1	5 1.8	15	0.5
6	5 1.5	5 2.3	4 47.8	18	0.6	6	5 16.5	5 17.4	5 2.1	18	0.6
7	5 1.8	5 2.6	4 48.0	21	0.7	7	5 16.8	5 17.6	5 2.3	21	0.8
8	5 2.0	5 2.8	4 48.2	24	0.8	8	5 17.0	5 17.9	5 2.6	24	0.9
9	5 2.3	5 3.1	4 48.5	27	0.9	9	5 17.3	5 18.1	5 2.8	27	1.0
10	5 2.5	5 3.3	4 48.7	30	1.0	10	5 17.5	5 18.4	5 3.0	30	1.1
11	5 2.8	5 3.6	4 49.0	33	1.1	11	5 17.8	5 18.6	5 3.3	33	1.2
12	5 3.0	5 3.8	4 49.2	36	1.2	12	5 18.0	5 18.9	5 3.5	36	1.3
13	5 3.3	5 4.1	4 49.4	39	1.3	13	5 18.3	5 19.1	5 3.8	39	1.4
14	5 3.5	5 4.3	4 49.7	42	1.4	14	5 18.5	5 19.4	5 4.0	42	1.5
15	5 3.8	5 4.6	4 49.9	45	1.5	15	5 18.8	5 19.6	5 4.2	45	1.6
16	5 4.0	5 4.8	4 50.2	48	1.6	16	5 19.0	5 19.9	5 4.5	48	1.7
17	5 4.3	5 5.1	4 50.4	51	1.7	17	5 19.3	5 20.1	5 4.7	51	1.8
18	5 4.5	5 5.3	4 50.6	54	1.8	18	5 19.5	5 20.4	5 4.9	54	1.9
19	5 4.8	5 5.6	4 50.9	57	1.9	19	5 19.8	5 20.6	5 5.2	57	2.0
20	5 5.0	5 5.8	4 51.1	60	2.1	20	5 20.0	5 20.9	5 5.4	60	2.2
21	5 5.3	5 6.1	4 51.3	63	2.2	21	5 20.3	5 21.1	5 5.7	63	2.3
22	5 5.5	5 6.3	4 51.6	66	2.3	22	5 20.5	5 21.4	5 5.9	66	2.4
23	5 5.8	5 6.6	4 51.8	69	2.4	23	5 20.8	5 21.6	5 6.1	69	2.5
24	5 6.0	5 6.8	4 52.1	72	2.5	24	5 21.0	5 21.9	5 6.4	72	2.6
25	5 6.3	5 7.1	4 52.3	75	2.6	25	5 21.3	5 22.1	5 6.6	75	2.7
26	5 6.5	5 7.3	4 52.5	78	2.7	26	5 21.5	5 22.4	5 6.9	78	2.8
27	5 6.8	5 7.6	4 52.8	81	2.8	27	5 21.8	5 22.6	5 7.1	81	2.9
28	5 7.0	5 7.8	4 53.0	84	2.9	28	5 22.0	5 22.9	5 7.3	84	3.0
29	5 7.3	5 8.1	4 53.3	87	3.0	29	5 22.3	5 23.1	5 7.6	87	3.1
30	5 7.5	5 8.3	4 53.5	90	3.1	30	5 22.5	5 23.4	5 7.8	90	3.2
31	5 7.8	5 8.6	4 53.7	93	3.2	31	5 22.8	5 23.6	5 8.0	93	3.3
32	5 8.0	5 8.8	4 54.0	96	3.3	32	5 23.0	5 23.9	5 8.3	96	3.4
33	5 8.3	5 9.1	4 54.2	99	3.4	33	5 23.3	5 24.1	5 8.5	99	3.5
34	5 8.5	5 9.3	4 54.4	102	3.5	34	5 23.5	5 24.4	5 8.8	102	3.7
35	5 8.8	5 9.6	4 54.7	105	3.6	35	5 23.8	5 24.6	5 9.0	105	3.8
36	5 9.0	5 9.8	4 54.9	108	3.7	36	5 24.0	5 24.9	5 9.2	108	3.9
37	5 9.3	5 10.1	4 55.2	111	3.8	37	5 24.3	5 25.1	5 9.5	111	4.0
38	5 9.5	5 10.3	4 55.4	114	3.9	38	5 24.5	5 25.4	5 9.7	114	4.1
39	5 9.8	5 10.6	4 55.6	117	4.0	39	5 24.8	5 25.6	5 10.0	117	4.2
40	5 10.0	5 10.8	4 55.9	120	4.1	40	5 25.0	5 25.9	5 10.2	120	4.3
41	5 10.3	5 11.1	4 56.1	123	4.2	41	5 25.3	5 26.1	5 10.4	123	4.4
42	5 10.5	5 11.4	4 56.4	126	4.3	42	5 25.5	5 26.4	5 10.7	126	4.5
43	5 10.8	5 11.6	4 56.6	129	4.4	43	5 25.8	5 26.6	5 10.9	129	4.6
44	5 11.0	5 11.9	4 56.8	132	4.5	44	5 26.0	5 26.9	5 11.1	132	4.7
45	5 11.3	5 12.1	4 57.1	135	4.6	45	5 26.3	5 27.1	5 11.4	135	4.8
46	5 11.5	5 12.4	4 57.3	138	4.7	46	5 26.5	5 27.4	5 11.6	138	4.9
47	5 11.8	5 12.6	4 57.5	141	4.8	47	5 26.8	5 27.6	5 11.9	141	5.1
48	5 12.0	5 12.9	4 57.8	144	4.9	48	5 27.0	5 27.9	5 12.1	144	5.2
49	5 12.3	5 13.1	4 58.0	147	5.0	49	5 27.3	5 28.1	5 12.3	147	5.3
50	5 12.5	5 13.4	4 58.3	150	5.1	50	5 27.5	5 28.4	5 12.6	150	5.4
51	5 12.8	5 13.6	4 58.5	153	5.2	51	5 27.8	5 28.6	5 12.8	153	5.5
52	5 13.0	5 13.9	4 58.7	156	5.3	52	5 28.0	5 28.9	5 13.1	156	5.6
53	5 13.3	5 14.1	4 59.0	159	5.4	53	5 28.3	5 29.1	5 13.3	159	5.7
54	5 13.5	5 14.4	4 59.2	162	5.5	54	5 28.5	5 29.4	5 13.5	162	5.8
55	5 13.8	5 14.6	4 59.5	165	5.6	55	5 28.8	5 29.7	5 13.8	165	5.9
56	5 14.0	5 14.9	4 59.7	168	5.7	56	5 29.0	5 29.9	5 14.0	168	6.0
57	5 14.3	5 15.1	4 59.9	171	5.8	57	5 29.3	5 30.2	5 14.3	171	6.1
58	5 14.5	5 15.4	5 0.2	174	5.9	58	5 29.5	5 30.4	5 14.5	174	6.2
59	5 14.8	5 15.6	5 0.4	177	6.0	59	5 29.8	5 30.7	5 14.7	177	6.3
60	5 15.0	5 15.9	5 0.7	180	6.2	60	5 30.0	5 30.9	5 15.0	180	6.5

CORRECCIONES

22m	Sol y planetas	Aries	Luna	Dif.	Correc.
s	° '	° '	° '	'	'
0	5 30.0	5 30.9	5 15.0	0	0.0
1	5 30.3	5 31.2	5 15.2	3	0.1
2	5 30.5	5 31.4	5 15.4	6	0.2
3	5 30.8	5 31.7	5 15.7	9	0.3
4	5 31.0	5 31.9	5 15.9	12	0.5
5	5 31.3	5 32.2	5 16.2	15	0.6
6	5 31.5	5 32.4	5 16.4	18	0.7
7	5 31.8	5 32.7	5 16.6	21	0.8
8	5 32.0	5 32.9	5 16.9	24	0.9
9	5 32.3	5 33.2	5 17.1	27	1.0
10	5 32.5	5 33.4	5 17.4	30	1.1
11	5 32.8	5 33.7	5 17.6	33	1.2
12	5 33.0	5 33.9	5 17.8	36	1.4
13	5 33.3	5 34.2	5 18.1	39	1.5
14	5 33.5	5 34.4	5 18.3	42	1.6
15	5 33.8	5 34.7	5 18.5	45	1.7
16	5 34.0	5 34.9	5 18.8	48	1.8
17	5 34.3	5 35.2	5 19.0	51	1.9
18	5 34.5	5 35.4	5 19.3	54	2.0
19	5 34.8	5 35.7	5 19.5	57	2.1
20	5 35.0	5 35.9	5 19.7	60	2.3
21	5 35.3	5 36.2	5 20.0	63	2.4
22	5 35.5	5 36.4	5 20.2	66	2.5
23	5 35.8	5 36.7	5 20.5	69	2.6
24	5 36.0	5 36.9	5 20.7	72	2.7
25	5 36.3	5 37.2	5 20.9	75	2.8
26	5 36.5	5 37.4	5 21.2	78	2.9
27	5 36.8	5 37.7	5 21.4	81	3.0
28	5 37.0	5 37.9	5 21.6	84	3.2
29	5 37.3	5 38.2	5 21.9	87	3.3
30	5 37.5	5 38.4	5 22.1	90	3.4
31	5 37.8	5 38.7	5 22.4	93	3.5
32	5 38.0	5 38.9	5 22.6	96	3.6
33	5 38.3	5 39.2	5 22.8	99	3.7
34	5 38.5	5 39.4	5 23.1	102	3.8
35	5 38.8	5 39.7	5 23.3	105	3.9
36	5 39.0	5 39.9	5 23.6	108	4.1
37	5 39.3	5 40.2	5 23.8	111	4.2
38	5 39.5	5 40.4	5 24.0	114	4.3
39	5 39.8	5 40.7	5 24.3	117	4.4
40	5 40.0	5 40.9	5 24.5	120	4.5
41	5 40.3	5 41.2	5 24.7	123	4.6
42	5 40.5	5 41.4	5 25.0	126	4.7
43	5 40.8	5 41.7	5 25.2	129	4.8
44	5 41.0	5 41.9	5 25.5	132	5.0
45	5 41.3	5 42.2	5 25.7	135	5.1
46	5 41.5	5 42.4	5 25.9	138	5.2
47	5 41.8	5 42.7	5 26.2	141	5.3
48	5 42.0	5 42.9	5 26.4	144	5.4
49	5 42.3	5 43.2	5 26.7	147	5.5
50	5 42.5	5 43.4	5 26.9	150	5.6
51	5 42.8	5 43.7	5 27.1	153	5.7
52	5 43.0	5 43.9	5 27.4	156	5.9
53	5 43.3	5 44.2	5 27.6	159	6.0
54	5 43.5	5 44.4	5 27.9	162	6.1
55	5 43.8	5 44.7	5 28.1	165	6.2
56	5 44.0	5 44.9	5 28.3	168	6.3
57	5 44.3	5 45.2	5 28.6	171	6.4
58	5 44.5	5 45.4	5 28.8	174	6.5
59	5 44.8	5 45.7	5 29.0	177	6.6
60	5 45.0	5 45.9	5 29.3	180	6.8

23m	Sol y planetas	Aries	Luna	Dif.	Correc.
s	° '	° '	° '	'	'
0	5 45.0	5 45.9	5 29.3	0	0.0
1	5 45.3	5 46.2	5 29.5	3	0.1
2	5 45.5	5 46.4	5 29.8	6	0.2
3	5 45.8	5 46.7	5 30.0	9	0.4
4	5 46.0	5 46.9	5 30.2	12	0.5
5	5 46.3	5 47.2	5 30.5	15	0.6
6	5 46.5	5 47.4	5 30.7	18	0.7
7	5 46.8	5 47.7	5 31.0	21	0.8
8	5 47.0	5 48.0	5 31.2	24	0.9
9	5 47.3	5 48.2	5 31.4	27	1.1
10	5 47.5	5 48.5	5 31.7	30	1.2
11	5 47.8	5 48.7	5 31.9	33	1.3
12	5 48.0	5 49.0	5 32.1	36	1.4
13	5 48.3	5 49.2	5 32.4	39	1.5
14	5 48.5	5 49.5	5 32.6	42	1.6
15	5 48.8	5 49.7	5 32.9	45	1.8
16	5 49.0	5 50.0	5 33.1	48	1.9
17	5 49.3	5 50.2	5 33.3	51	2.0
18	5 49.5	5 50.5	5 33.6	54	2.1
19	5 49.8	5 50.7	5 33.8	57	2.2
20	5 50.0	5 51.0	5 34.1	60	2.4
21	5 50.3	5 51.2	5 34.3	63	2.5
22	5 50.5	5 51.5	5 34.5	66	2.6
23	5 50.8	5 51.7	5 34.8	69	2.7
24	5 51.0	5 52.0	5 35.0	72	2.8
25	5 51.3	5 52.2	5 35.2	75	2.9
26	5 51.5	5 52.5	5 35.5	78	3.1
27	5 51.8	5 52.7	5 35.7	81	3.2
28	5 52.0	5 53.0	5 36.0	84	3.3
29	5 52.3	5 53.2	5 36.2	87	3.4
30	5 52.5	5 53.5	5 36.4	90	3.5
31	5 52.8	5 53.7	5 36.7	93	3.6
32	5 53.0	5 54.0	5 36.9	96	3.8
33	5 53.3	5 54.2	5 37.2	99	3.9
34	5 53.5	5 54.5	5 37.4	102	4.0
35	5 53.8	5 54.7	5 37.6	105	4.1
36	5 54.0	5 55.0	5 37.9	108	4.2
37	5 54.3	5 55.2	5 38.1	111	4.3
38	5 54.5	5 55.5	5 38.4	114	4.5
39	5 54.8	5 55.7	5 38.6	117	4.6
40	5 55.0	5 56.0	5 38.8	120	4.7
41	5 55.3	5 56.2	5 39.1	123	4.8
42	5 55.5	5 56.5	5 39.3	126	4.9
43	5 55.8	5 56.7	5 39.5	129	5.1
44	5 56.0	5 57.0	5 39.8	132	5.2
45	5 56.3	5 57.2	5 40.0	135	5.3
46	5 56.5	5 57.5	5 40.3	138	5.4
47	5 56.8	5 57.7	5 40.5	141	5.5
48	5 57.0	5 58.0	5 40.7	144	5.6
49	5 57.3	5 58.2	5 41.0	147	5.8
50	5 57.5	5 58.5	5 41.2	150	5.9
51	5 57.8	5 58.7	5 41.5	153	6.0
52	5 58.0	5 59.0	5 41.7	156	6.1
53	5 58.3	5 59.2	5 41.9	159	6.2
54	5 58.5	5 59.5	5 42.2	162	6.3
55	5 58.8	5 59.7	5 42.4	165	6.5
56	5 59.0	6 0.0	5 42.6	168	6.6
57	5 59.3	6 0.2	5 42.9	171	6.7
58	5 59.5	6 0.5	5 43.1	174	6.8
59	5 59.8	6 0.7	5 43.4	177	6.9
60	6 0.0	6 1.0	5 43.6	180	7.1

24^m	Sol y planetas	Aries	Luna	Dif.	Correc.	25^m	Sol y planetas	Aries	Luna	Dif.	Correc.
s	° ′	° ′	° ′		′	s	° ′	° ′	° ′		′
0	6 0.0	6 1.0	5 43.6	**0**	0.0	**0**	6 15.0	6 16.0	5 57.9	**0**	0.0
1	6 0.3	6 1.2	5 43.8	**3**	0.1	**1**	6 15.3	6 16.3	5 58.2	**3**	0.1
2	6 0.5	6 1.5	5 44.1	**6**	0.2	**2**	6 15.5	6 16.5	5 58.4	**6**	0.3
3	6 0.8	6 1.7	5 44.3	**9**	0.4	**3**	6 15.8	6 16.8	5 58.6	**9**	0.4
4	6 1.0	6 2.0	5 44.6	**12**	0.5	**4**	6 16.0	6 17.0	5 58.9	**12**	0.5
5	6 1.3	6 2.2	5 44.8	**15**	0.6	**5**	6 16.3	6 17.3	5 59.1	**15**	0.6
6	6 1.5	6 2.5	5 45.0	**18**	0.7	**6**	6 16.5	6 17.5	5 59.3	**18**	0.8
7	6 1.8	6 2.7	5 45.3	**21**	0.9	**7**	6 16.8	6 17.8	5 59.6	**21**	0.9
8	6 2.0	6 3.0	5 45.5	**24**	1.0	**8**	6 17.0	6 18.0	5 59.8	**24**	1.0
9	6 2.3	6 3.2	5 45.7	**27**	1.1	**9**	6 17.3	6 18.3	6 0.1	**27**	1.1
10	6 2.5	6 3.5	5 46.0	**30**	1.2	**10**	6 17.5	6 18.5	6 0.3	**30**	1.3
11	6 2.8	6 3.7	5 46.2	**33**	1.3	**11**	6 17.8	6 18.8	6 0.5	**33**	1.4
12	6 3.0	6 4.0	5 46.5	**36**	1.5	**12**	6 18.0	6 19.0	6 0.8	**36**	1.5
13	6 3.3	6 4.2	5 46.7	**39**	1.6	**13**	6 18.3	6 19.3	6 1.0	**39**	1.7
14	6 3.5	6 4.5	5 46.9	**42**	1.7	**14**	6 18.5	6 19.5	6 1.3	**42**	1.8
15	6 3.8	6 4.7	5 47.2	**45**	1.8	**15**	6 18.8	6 19.8	6 1.5	**45**	1.9
16	6 4.0	6 5.0	5 47.4	**48**	2.0	**16**	6 19.0	6 20.0	6 1.7	**48**	2.0
17	6 4.3	6 5.2	5 47.7	**51**	2.1	**17**	6 19.3	6 20.3	6 2.0	**51**	2.2
18	6 4.5	6 5.5	5 47.9	**54**	2.2	**18**	6 19.5	6 20.5	6 2.2	**54**	2.3
19	6 4.8	6 5.7	5 48.1	**57**	2.3	**19**	6 19.8	6 20.8	6 2.5	**57**	2.4
20	6 5.0	6 6.0	5 48.4	**60**	2.5	**20**	6 20.0	6 21.0	6 2.7	**60**	2.6
21	6 5.3	6 6.3	5 48.6	**63**	2.6	**21**	6 20.3	6 21.3	6 2.9	**63**	2.7
22	6 5.5	6 6.5	5 48.8	**66**	2.7	**22**	6 20.5	6 21.5	6 3.2	**66**	2.8
23	6 5.8	6 6.8	5 49.1	**69**	2.8	**23**	6 20.8	6 21.8	6 3.4	**69**	2.9
24	6 6.0	6 7.0	5 49.3	**72**	2.9	**24**	6 21.0	6 22.0	6 3.6	**72**	3.1
25	6 6.3	6 7.3	5 49.6	**75**	3.1	**25**	6 21.3	6 22.3	6 3.9	**75**	3.2
26	6 6.5	6 7.5	5 49.8	**78**	3.2	**26**	6 21.5	6 22.5	6 4.1	**78**	3.3
27	6 6.8	6 7.8	5 50.0	**81**	3.3	**27**	6 21.8	6 22.8	6 4.4	**81**	3.4
28	6 7.0	6 8.0	5 50.3	**84**	3.4	**28**	6 22.0	6 23.0	6 4.6	**84**	3.6
29	6 7.3	6 8.3	5 50.5	**87**	3.6	**29**	6 22.3	6 23.3	6 4.8	**87**	3.7
30	6 7.5	6 8.5	5 50.8	**90**	3.7	**30**	6 22.5	6 23.5	6 5.1	**90**	3.8
31	6 7.8	6 8.8	5 51.0	**93**	3.8	**31**	6 22.8	6 23.8	6 5.3	**93**	4.0
32	6 8.0	6 9.0	5 51.2	**96**	3.9	**32**	6 23.0	6 24.0	6 5.6	**96**	4.1
33	6 8.3	6 9.3	5 51.5	**99**	4.0	**33**	6 23.3	6 24.3	6 5.8	**99**	4.2
34	6 8.5	6 9.5	5 51.7	**102**	4.2	**34**	6 23.5	6 24.5	6 6.0	**102**	4.3
35	6 8.8	6 9.8	5 52.0	**105**	4.3	**35**	6 23.8	6 24.8	6 6.3	**105**	4.5
36	6 9.0	6 10.0	5 52.2	**108**	4.4	**36**	6 24.0	6 25.1	6 6.5	**108**	4.6
37	6 9.3	6 10.3	5 52.4	**111**	4.5	**37**	6 24.3	6 25.3	6 6.7	**111**	4.7
38	6 9.5	6 10.5	5 52.7	**114**	4.7	**38**	6 24.5	6 25.6	6 7.0	**114**	4.8
39	6 9.8	6 10.8	5 52.9	**117**	4.8	**39**	6 24.8	6 25.8	6 7.2	**117**	5.0
40	6 0.0	6 11.0	5 53.1	**120**	4.9	**40**	6 25.0	6 26.1	6 7.5	**120**	5.1
41	6 10.3	6 11.3	5 53.4	**123**	5.0	**41**	6 25.3	6 26.3	6 7.7	**123**	5.2
42	6 10.5	6 11.5	5 53.6	**126**	5.1	**42**	6 25.5	6 26.6	6 7.9	**126**	5.4
43	6 10.8	6 11.8	5 53.9	**129**	5.3	**43**	6 25.8	6 26.8	6 8.2	**129**	5.5
44	6 11.0	6 12.0	5 54.1	**132**	5.4	**44**	6 26.0	6 27.1	6 8.4	**132**	5.6
45	6 11.3	6 12.3	5 54.3	**135**	5.5	**45**	6 26.3	6 27.3	6 8.7	**135**	5.7
46	6 11.5	6 12.5	5 54.6	**138**	5.6	**46**	6 26.5	6 27.6	6 8.9	**138**	5.9
47	6 11.8	6 12.8	5 54.8	**141**	5.8	**47**	6 26.8	6 27.8	6 9.1	**141**	6.0
48	6 12.0	6 13.0	5 55.1	**144**	5.9	**48**	6 27.0	6 28.1	6 9.4	**144**	6.1
49	6 12.3	6 13.3	5 55.3	**147**	6.0	**49**	6 27.3	6 28.3	6 9.6	**147**	6.2
50	6 12.5	6 13.5	5 55.5	**150**	6.1	**50**	6 27.5	6 28.6	6 9.8	**150**	6.4
51	6 12.8	6 13.8	5 55.8	**153**	6.2	**51**	6 27.8	6 28.8	6 10.1	**153**	6.5
52	6 13.0	6 14.0	5 56.0	**156**	6.4	**52**	6 28.0	6 29.1	6 10.3	**156**	6.6
53	6 13.3	6 14.3	5 56.2	**159**	6.5	**53**	6 28.3	6 29.3	6 10.6	**159**	6.8
54	6 13.5	6 14.5	5 56.5	**162**	6.6	**54**	6 28.5	6 29.6	6 10.8	**162**	6.9
55	6 13.8	6 14.8	5 56.7	**165**	6.7	**55**	6 28.8	6 29.8	6 11.0	**165**	7.0
56	6 14.0	6 15.0	5 57.0	**168**	6.9	**56**	6 29.0	6 30.1	6 11.3	**168**	7.1
57	6 14.3	6 15.3	5 57.2	**171**	7.0	**57**	6 29.3	6 30.3	6 11.5	**171**	7.3
58	6 14.5	6 15.5	5 57.4	**174**	7.1	**58**	6 29.5	6 30.6	6 11.8	**174**	7.4
59	6 14.8	6 15.8	5 57.7	**177**	7.2	**59**	6 29.8	6 30.8	6 12.0	**177**	7.5
60	6 15.0	6 16.0	5 57.9	**180**	7.4	**60**	6 30.0	6 31.1	6 12.2	**180**	7.7

26m	Sol y planetas	Aries	Luna	Dif.	Correc.	27m	Sol y planetas	Aries	Luna	Dif.	Correc.
s	° '	° '	° '		'	s	° '	° '	° '		'
0	6 30.0	6 31.1	6 12.2	**0**	0.0	**0**	6 45.0	6 46.1	6 26.6	**0**	0.0
1	6 30.3	6 31.3	6 12.5	**3**	0.1	**1**	6 45.3	6 46.4	6 26.8	**3**	0.1
2	6 30.5	6 31.6	6 12.7	**6**	0.3	**2**	6 45.5	6 46.6	6 27.0	**6**	0.3
3	6 30.8	6 31.8	6 12.9	**9**	0.4	**3**	6 45.8	6 46.9	6 27.3	**9**	0.4
4	6 31.0	6 32.1	6 13.2	**12**	0.5	**4**	6 46.0	6 47.1	6 27.5	**12**	0.6
5	6 31.3	6 32.3	6 13.4	**15**	0.7	**5**	6 46.3	6 47.4	6 27.7	**15**	0.7
6	6 31.5	6 32.6	6 13.7	**18**	0.8	**6**	6 46.5	6 47.6	6 28.0	**18**	0.8
7	6 31.8	6 32.8	6 13.9	**21**	0.9	**7**	6 46.8	6 47.9	6 28.2	**21**	1.0
8	6 32.0	6 33.1	6 14.1	**24**	1.1	**8**	6 47.0	6 48.1	6 28.5	**24**	1.1
9	6 32.3	6 33.3	6 14.4	**27**	1.2	**9**	6 47.3	6 48.4	6 28.7	**27**	1.2
10	6 32.5	6 33.6	6 14.6	**30**	1.3	**10**	6 47.5	6 48.6	6 28.9	**30**	1.4
11	6 32.8	6 33.8	6 14.9	**33**	1.5	**11**	6 47.8	6 48.9	6 29.2	**33**	1.5
12	6 33.0	6 34.1	6 15.1	**36**	1.6	**12**	6 48.0	6 49.1	6 29.4	**36**	1.7
13	6 33.3	6 34.3	6 15.3	**39**	1.7	**13**	6 48.3	6 49.4	6 29.7	**39**	1.8
14	6 33.5	6 34.6	6 15.6	**42**	1.9	**14**	6 48.5	6 49.6	6 29.9	**42**	1.9
15	6 33.8	6 34.8	6 15.8	**45**	2.0	**15**	6 48.8	6 49.9	6 30.1	**45**	2.1
16	6 34.0	6 35.1	6 16.1	**48**	2.1	**16**	6 49.0	6 50.1	6 30.4	**48**	2.2
17	6 34.3	6 35.3	6 16.3	**51**	2.3	**17**	6 49.3	6 50.4	6 30.6	**51**	2.3
18	6 34.5	6 35.6	6 16.5	**54**	2.4	**18**	6 49.5	6 50.6	6 30.8	**54**	2.5
19	6 34.8	6 35.8	6 16.8	**57**	2.5	**19**	6 49.8	6 50.9	6 31.1	**57**	2.6
20	6 35.0	6 36.1	6 17.0	**60**	2.7	**20**	6 50.0	6 51.1	6 31.3	**60**	2.8
21	6 35.3	6 36.3	6 17.2	**63**	2.8	**21**	6 50.3	6 51.4	6 31.6	**63**	2.9
22	6 35.5	6 36.6	6 17.5	**66**	2.9	**22**	6 50.5	6 51.6	6 31.8	**66**	3.0
23	6 35.8	6 36.8	6 17.7	**69**	3.0	**23**	6 50.8	6 51.9	6 32.0	**69**	3.2
24	6 36.0	6 37.1	6 18.0	**72**	3.2	**24**	6 51.0	6 52.1	6 32.3	**72**	3.3
25	6 36.3	6 37.3	6 18.2	**75**	3.3	**25**	6 51.3	6 52.4	6 32.5	**75**	3.4
26	6 36.5	6 37.6	6 18.4	**78**	3.4	**26**	6 51.5	6 52.6	6 32.8	**78**	3.6
27	6 36.8	6 37.8	6 18.7	**81**	3.6	**27**	6 51.8	6 52.9	6 33.0	**81**	3.7
28	6 37.0	6 38.1	6 18.9	**84**	3.7	**28**	6 52.0	6 53.1	6 33.2	**84**	3.9
29	6 37.3	6 38.3	6 19.2	**87**	3.8	**29**	6 52.3	6 53.4	6 33.5	**87**	4.0
30	6 37.5	6 38.6	6 19.4	**90**	4.0	**30**	6 52.5	6 53.6	6 33.7	**90**	4.1
31	6 37.8	6 38.8	6 19.6	**93**	4.1	**31**	6 52.8	6 53.9	6 33.9	**93**	4.3
32	6 38.0	6 39.1	6 19.9	**96**	4.2	**32**	6 53.0	6 54.1	6 34.2	**96**	4.4
33	6 38.3	6 39.3	6 20.1	**99**	4.4	**33**	6 53.3	6 54.4	6 34.4	**99**	4.5
34	6 38.5	6 39.6	6 20.3	**102**	4.5	**34**	6 53.5	6 54.6	6 34.7	**102**	4.7
35	6 38.8	6 39.8	6 20.6	**105**	4.6	**35**	6 53.8	6 54.9	6 34.9	**105**	4.8
36	6 39.0	6 40.1	6 20.8	**108**	4.8	**36**	6 54.0	6 55.1	6 35.1	**108**	5.0
37	6 39.3	6 40.3	6 21.1	**111**	4.9	**37**	6 54.3	6 55.4	6 35.4	**111**	5.1
38	6 39.5	6 40.6	6 21.3	**114**	5.0	**38**	6 54.5	6 55.6	6 35.6	**114**	5.2
39	6 39.8	6 40.8	6 21.5	**117**	5.2	**39**	6 54.8	6 55.9	6 35.9	**117**	5.4
40	6 40.0	6 41.1	6 21.8	**120**	5.3	**40**	6 55.0	6 56.1	6 36.1	**120**	5.5
41	6 40.3	6 41.3	6 22.0	**123**	5.4	**41**	6 55.3	6 56.4	6 36.3	**123**	5.6
42	6 40.5	6 41.6	6 22.3	**126**	5.6	**42**	6 55.5	6 56.6	6 36.6	**126**	5.8
43	6 40.8	6 41.8	6 22.5	**129**	5.7	**43**	6 55.8	6 56.9	6 36.8	**129**	5.9
44	6 41.0	6 42.1	6 22.7	**132**	5.8	**44**	6 56.0	6 57.1	6 37.0	**132**	6.1
45	6 41.3	6 42.3	6 23.0	**135**	6.0	**45**	6 56.3	6 57.4	6 37.3	**135**	6.2
46	6 41.5	6 42.6	6 23.2	**138**	6.1	**46**	6 56.5	6 57.6	6 37.5	**138**	6.3
47	6 41.8	6 42.8	6 23.4	**141**	6.2	**47**	6 56.8	6 57.9	6 37.8	**141**	6.5
48	6 42.0	6 43.1	6 23.7	**144**	6.4	**48**	6 57.0	6 58.1	6 38.0	**144**	6.6
49	6 42.3	6 43.4	6 23.9	**147**	6.5	**49**	6 57.3	6 58.4	6 38.2	**147**	6.7
50	6 42.5	6 43.6	6 24.2	**150**	6.6	**50**	6 57.5	6 58.6	6 38.5	**150**	6.9
51	6 42.8	6 43.9	6 24.4	**153**	6.8	**51**	6 57.8	6 58.9	6 38.7	**153**	7.0
52	6 43.0	6 44.1	6 24.6	**156**	6.9	**52**	6 58.0	6 59.1	6 39.0	**156**	7.2
53	6 43.3	6 44.4	6 24.9	**159**	7.0	**53**	6 58.3	6 59.4	6 39.2	**159**	7.3
54	6 43.5	6 44.6	6 25.1	**162**	7.2	**54**	6 58.5	6 59.6	6 39.4	**162**	7.4
55	6 43.8	6 44.9	6 25.4	**165**	7.3	**55**	6 58.8	6 59.9	6 39.7	**165**	7.6
56	6 44.0	6 45.1	6 25.6	**168**	7.4	**56**	6 59.0	7 0.1	6 39.9	**168**	7.7
57	6 44.3	6 45.4	6 25.8	**171**	7.6	**57**	6 59.3	7 0.4	6 40.2	**171**	7.8
58	6 44.5	6 45.6	6 26.1	**174**	7.7	**58**	6 59.5	7 0.6	6 40.4	**174**	8.0
59	6 44.8	6 45.9	6 26.3	**177**	7.8	**59**	6 59.8	7 0.9	6 40.6	**177**	8.1
60	6 45.0	6 46.1	6 26.6	**180**	8.0	**60**	7 0.0	7 1.1	6 40.9	**180**	8.3

CORRECCIONES

28^m	Sol y planetas	Aries	Luna	Dif.	Correc.	29^m	Sol y planetas	Aries	Luna	Dif.	Correc.
s	° ′	° ′	° ′		′	s	° ′	° ′	° ′		′
0	7 0.0	7 1.1	6 40.9	0	0.0	0	7 15.0	7 16.2	6 55.2	0	0.0
1	7 0.3	7 1.4	6 41.1	3	0.1	1	7 15.3	7 16.4	6 55.4	3	0.1
2	7 0.5	7 1.7	6 41.3	6	0.3	2	7 15.5	7 16.7	6 55.7	6	0.3
3	7 0.8	7 1.9	6 41.6	9	0.4	3	7 15.8	7 16.9	6 55.9	9	0.4
4	7 1.0	7 2.2	6 41.8	12	0.6	4	7 16.0	7 17.2	6 56.1	12	0.6
5	7 1.3	7 2.4	6 42.1	15	0.7	5	7 16.3	7 17.4	6 56.4	15	0.7
6	7 1.5	7 2.7	6 42.3	18	0.9	6	7 16.5	7 17.7	6 56.6	18	0.9
7	7 1.8	7 2.9	6 42.5	21	1.0	7	7 16.8	7 17.9	6 56.9	21	1.0
8	7 2.0	7 3.2	6 42.8	24	1.1	8	7 17.0	7 18.2	6 57.1	24	1.2
9	7 2.3	7 3.4	6 43.0	27	1.3	9	7 17.3	7 18.4	6 57.3	27	1.3
10	7 2.5	7 3.7	6 43.3	30	1.4	10	7 17.5	7 18.7	6 57.6	30	1.5
11	7 2.8	7 3.9	6 43.5	33	1.6	11	7 17.8	7 18.9	6 57.8	33	1.6
12	7 3.0	7 4.2	6 43.7	36	1.7	12	7 18.0	7 19.2	6 58.0	36	1.8
13	7 3.3	7 4.4	6 44.0	39	1.9	13	7 18.3	7 19.4	6 58.3	39	1.9
14	7 3.5	7 4.7	6 44.2	42	2.0	14	7 18.5	7 19.7	6 58.5	42	2.1
15	7 3.8	7 4.9	6 44.4	45	2.1	15	7 18.8	7 20.0	6 58.8	45	2.2
16	7 4.0	7 5.2	6 44.7	48	2.3	16	7 19.0	7 20.2	6 59.0	48	2.4
17	7 4.3	7 5.4	6 44.9	51	2.4	17	7 19.3	7 20.5	6 59.2	51	2.5
18	7 4.5	7 5.7	6 45.2	54	2.6	18	7 19.5	7 20.7	6 59.5	54	2.7
19	7 4.8	7 5.9	6 45.4	57	2.7	19	7 19.8	7 21.0	6 59.7	57	2.8
20	7 5.0	7 6.2	6 45.6	60	2.9	20	7 20.0	7 21.2	7 0.0	60	3.0
21	7 5.3	7 6.4	6 45.9	63	3.0	21	7 20.3	7 21.5	7 0.2	63	3.1
22	7 5.5	7 6.7	6 46.1	66	3.1	22	7 20.5	7 21.7	7 0.4	66	3.2
23	7 5.8	7 6.9	6 46.4	69	3.3	23	7 20.8	7 22.0	7 0.7	69	3.4
24	7 6.0	7 7.2	6 46.6	72	3.4	24	7 21.0	7 22.2	7 0.9	72	3.5
25	7 6.3	7 7.4	6 46.8	75	3.6	25	7 21.3	7 22.5	7 1.1	75	3.7
26	7 6.5	7 7.7	6 47.1	78	3.7	26	7 21.5	7 22.7	7 1.4	78	3.8
27	7 6.8	7 7.9	6 47.3	81	3.8	27	7 21.8	7 23.0	7 1.6	81	4.0
28	7 7.0	7 8.2	6 47.5	84	4.0	28	7 22.0	7 23.2	7 1.9	84	4.1
29	7 7.3	7 8.4	6 47.8	87	4.1	29	7 22.3	7 23.5	7 2.1	87	4.3
30	7 7.5	7 8.7	6 48.0	90	4.3	30	7 22.5	7 23.7	7 2.3	90	4.4
31	7 7.8	7 8.9	6 48.3	93	4.4	31	7 22.8	7 24.0	7 2.6	93	4.6
32	7 8.0	7 9.2	6 48.5	96	4.6	32	7 23.0	7 24.2	7 2.8	96	4.7
33	7 8.3	7 9.4	6 48.7	99	4.7	33	7 23.3	7 24.5	7 3.1	99	4.9
34	7 8.5	7 9.7	6 49.0	102	4.8	34	7 23.5	7 24.7	7 3.3	102	5.0
35	7 8.8	7 9.9	6 49.2	105	5.0	35	7 23.8	7 25.0	7 3.5	105	5.2
36	7 9.0	7 10.2	6 49.5	108	5.1	36	7 24.0	7 25.2	7 3.8	108	5.3
37	7 9.3	7 10.4	6 49.7	111	5.3	37	7 24.3	7 25.5	7 4.0	111	5.5
38	7 9.5	7 10.7	6 49.9	114	5.4	38	7 24.5	7 25.7	7 4.3	114	5.6
39	7 9.8	7 10.9	6 50.2	117	5.6	39	7 24.8	7 26.0	7 4.5	117	5.8
40	7 10.0	7 11.2	6 50.4	120	5.7	40	7 25.0	7 26.2	7 4.7	120	5.9
41	7 10.3	7 11.4	6 50.6	123	5.8	41	7 25.3	7 26.5	7 5.0	123	6.0
42	7 10.5	7 11.7	6 50.9	126	6.0	42	7 25.5	7 26.7	7 5.2	126	6.2
43	7 10.8	7 11.9	6 51.1	129	6.1	43	7 25.8	7 27.0	7 5.4	129	6.3
44	7 11.0	7 12.2	6 51.4	132	6.3	44	7 26.0	7 27.2	7 5.7	132	6.5
45	7 11.3	7 12.4	6 51.6	135	6.4	45	7 26.3	7 27.5	7 5.9	135	6.6
46	7 11.5	7 12.7	6 51.8	138	6.6	46	7 26.5	7 27.7	7 6.2	138	6.8
47	7 11.8	7 12.9	6 52.1	141	6.7	47	7 26.8	7 28.0	7 6.4	141	6.9
48	7 12.0	7 13.2	6 52.3	144	6.8	48	7 27.0	7 28.2	7 6.6	144	7.1
49	7 12.3	7 13.4	6 52.6	147	7.0	49	7 27.3	7 28.5	7 6.9	147	7.2
50	7 12.5	7 13.7	6 52.8	150	7.1	50	7 27.5	7 28.7	7 7.1	150	7.4
51	7 12.8	7 13.9	6 53.0	153	7.3	51	7 27.8	7 29.0	7 7.4	153	7.5
52	7 13.0	7 14.2	6 53.3	156	7.4	52	7 28.0	7 29.2	7 7.6	156	7.7
53	7 13.3	7 14.4	6 53.5	159	7.6	53	7 28.3	7 29.5	7 7.8	159	7.8
54	7 13.5	7 14.7	6 53.8	162	7.7	54	7 28.5	7 29.7	7 8.1	162	8.0
55	7 13.8	7 14.9	6 54.0	165	7.8	55	7 28.8	7 30.0	7 8.3	165	8.1
56	7 14.0	7 15.2	6 54.2	168	8.0	56	7 29.0	7 30.2	7 8.5	168	8.3
57	7 14.3	7 15.4	6 54.5	171	8.1	57	7 29.3	7 30.5	7 8.8	171	8.4
58	7 14.5	7 15.7	6 54.7	174	8.3	58	7 29.5	7 30.7	7 9.0	174	8.6
59	7 14.8	7 15.9	6 54.9	177	8.4	59	7 29.8	7 31.0	7 9.3	177	8.7
60	7 15.0	7 16.2	6 55.2	180	8.6	60	7 30.0	7 31.2	7 9.5	180	8.9

442 CORRECCIONES

30^m	Sol y planetas	Aries	Luna	Dif.	Correc.	31^m	Sol y planetas	Aries	Luna	Dif.	Correc.
s	° ′	° ′	° ′		′	s	° ′	° ′	° ′		′
0	7 30.0	7 31.2	7 9.5	**0**	0.0	**0**	7 45.0	7 46.3	7 23.8	**0**	0.0
1	7 30.3	7 31.5	7 9.7	**3**	0.2	**1**	7 45.3	7 46.5	7 24.1	**3**	0.2
2	7 30.5	7 31.7	7 10.0	**6**	0.3	**2**	7 45.5	7 46.8	7 24.3	**6**	0.3
3	7 30.8	7 32.0	7 10.2	**9**	0.5	**3**	7 45.8	7 47.0	7 24.5	**9**	0.5
4	7 31.0	7 32.2	7 10.5	**12**	0.6	**4**	7 46.0	7 47.3	7 24.8	**12**	0.6
5	7 31.3	7 32.5	7 10.7	**15**	0.8	**5**	7 46.3	7 47.5	7 25.0	**15**	0.8
6	7 31.5	7 32.7	7 10.9	**18**	0.9	**6**	7 46.5	7 47.8	7 25.2	**18**	0.9
7	7 31.8	7 33.0	7 11.2	**21**	1.1	**7**	7 46.8	7 48.0	7 25.5	**21**	1.1
8	7 32.0	7 33.2	7 11.4	**24**	1.2	**8**	7 47.0	7 48.3	7 25.7	**24**	1.3
9	7 32.3	7 33.5	7 11.6	**27**	1.4	**9**	7 47.3	7 48.5	7 26.0	**27**	1.4
10	7 32.5	7 33.7	7 11.9	**30**	1.5	**10**	7 47.5	7 48.8	7 26.2	**30**	1.6
11	7 32.8	7 34.0	7 12.1	**33**	1.7	**11**	7 47.8	7 49.0	7 26.4	**33**	1.7
12	7 33.0	7 34.2	7 12.4	**36**	1.8	**12**	7 48.0	7 49.3	7 26.7	**36**	1.9
13	7 33.3	7 34.5	7 12.6	**39**	2.0	**13**	7 48.3	7 49.5	7 26.9	**39**	2.0
14	7 33.5	7 34.7	7 12.8	**42**	2.1	**14**	7 48.5	7 49.8	7 27.2	**42**	2.2
15	7 33.8	7 35.0	7 13.1	**45**	2.3	**15**	7 48.8	7 50.0	7 27.4	**45**	2.4
16	7 34.0	7 35.2	7 13.3	**48**	2.4	**16**	7 49.0	7 50.3	7 27.6	**48**	2.5
17	7 34.3	7 35.5	7 13.6	**51**	2.6	**17**	7 49.3	7 50.5	7 27.9	**51**	2.7
18	7 34.5	7 35.7	7 13.8	**54**	2.7	**18**	7 49.5	7 50.8	7 28.1	**54**	2.8
19	7 34.8	7 36.0	7 14.0	**57**	2.9	**19**	7 49.8	7 51.0	7 28.4	**57**	3.0
20	7 35.0	7 36.2	7 14.3	**60**	3.1	**20**	7 50.0	7 51.3	7 28.6	**60**	3.2
21	7 35.3	7 36.5	7 14.5	**63**	3.2	**21**	7 50.3	7 51.5	7 28.8	**63**	3.3
22	7 35.5	7 36.7	7 14.7	**66**	3.4	**22**	7 50.5	7 51.8	7 29.1	**66**	3.5
23	7 35.8	7 37.0	7 15.0	**69**	3.5	**23**	7 50.8	7 52.0	7 29.3	**69**	3.6
24	7 36.0	7 37.2	7 15.2	**72**	3.7	**24**	7 51.0	7 52.3	7 29.5	**72**	3.8
25	7 36.3	7 37.5	7 15.5	**75**	3.8	**25**	7 51.3	7 52.5	7 29.8	**75**	3.9
26	7 36.5	7 37.7	7 15.7	**78**	4.0	**26**	7 51.5	7 52.8	7 30.0	**78**	4.1
27	7 36.8	7 38.0	7 15.9	**81**	4.1	**27**	7 51.8	7 53.0	7 30.3	**81**	4.3
28	7 37.0	7 38.3	7 16.2	**84**	4.3	**28**	7 52.0	7 53.3	7 30.5	**84**	4.4
29	7 37.3	7 38.5	7 16.4	**87**	4.4	**29**	7 52.3	7 53.5	7 30.7	**87**	4.6
30	7 37.5	7 38.8	7 16.7	**90**	4.6	**30**	7 52.5	7 53.8	7 31.0	**90**	4.7
31	7 37.8	7 39.0	7 16.9	**93**	4.7	**31**	7 52.8	7 54.0	7 31.2	**93**	4.9
32	7 38.0	7 39.3	7 17.1	**96**	4.9	**32**	7 53.0	7 54.3	7 31.5	**96**	5.0
33	7 38.3	7 39.5	7 17.4	**99**	5.0	**33**	7 53.3	7 54.5	7 31.7	**99**	5.2
34	7 38.5	7 39.8	7 17.6	**102**	5.2	**34**	7 53.5	7 54.8	7 31.9	**102**	5.4
35	7 38.8	7 40.0	7 17.9	**105**	5.3	**35**	7 53.8	7 55.0	7 32.2	**105**	5.5
36	7 39.0	7 40.3	7 18.1	**108**	5.5	**36**	7 54.0	7 55.3	7 32.4	**108**	5.7
37	7 39.3	7 40.5	7 18.3	**111**	5.6	**37**	7 54.3	7 55.5	7 32.6	**111**	5.8
38	7 39.5	7 40.8	7 18.6	**114**	5.8	**38**	7 54.5	7 55.8	7 32.9	**114**	6.0
39	7 39.8	7 41.0	7 18.8	**117**	5.9	**39**	7 54.8	7 56.0	7 33.1	**117**	6.1
40	7 40.0	7 41.3	7 19.0	**120**	6.1	**40**	7 55.0	7 56.3	7 33.4	**120**	6.3
41	7 40.3	7 41.5	7 19.3	**123**	6.3	**41**	7 55.3	7 56.6	7 33.6	**123**	6.5
42	7 40.5	7 41.8	7 19.5	**126**	6.4	**42**	7 55.5	7 56.8	7 33.8	**126**	6.6
43	7 40.8	7 42.0	7 19.8	**129**	6.6	**43**	7 55.8	7 57.1	7 34.1	**129**	6.8
44	7 41.0	7 42.3	7 20.0	**132**	6.7	**44**	7 56.0	7 57.3	7 34.3	**132**	6.9
45	7 41.3	7 42.5	7 20.2	**135**	6.9	**45**	7 56.3	7 57.6	7 34.6	**135**	7.1
46	7 41.5	7 42.8	7 20.5	**138**	7.0	**46**	7 56.5	7 57.8	7 34.8	**138**	7.2
47	7 41.8	7 43.0	7 20.7	**141**	7.2	**47**	7 56.8	7 58.1	7 35.0	**141**	7.4
48	7 42.0	7 43.3	7 21.0	**144**	7.3	**48**	7 57.0	7 58.3	7 35.3	**144**	7.6
49	7 42.3	7 43.5	7 21.2	**147**	7.5	**49**	7 57.3	7 58.6	7 35.5	**147**	7.7
50	7 42.5	7 43.8	7 21.4	**150**	7.6	**50**	7 57.5	7 58.8	7 35.7	**150**	7.9
51	7 42.8	7 44.0	7 21.7	**153**	7.8	**51**	7 57.8	7 59.1	7 36.0	**153**	8.0
52	7 43.0	7 44.3	7 21.9	**156**	7.9	**52**	7 58.0	7 59.3	7 36.2	**156**	8.2
53	7 43.3	7 44.5	7 22.1	**159**	8.1	**53**	7 58.3	7 59.6	7 36.5	**159**	8.3
54	7 43.5	7 44.8	7 22.4	**162**	8.2	**54**	7 58.5	7 59.8	7 36.7	**162**	8.5
55	7 43.8	7 45.0	7 22.6	**165**	8.4	**55**	7 58.8	8 0.1	7 36.9	**165**	8.7
56	7 44.0	7 45.3	7 22.9	**168**	8.5	**56**	7 59.0	8 0.3	7 37.2	**168**	8.8
57	7 44.3	7 45.5	7 23.1	**171**	8.7	**57**	7 59.3	8 0.6	7 37.4	**171**	9.0
58	7 44.5	7 45.8	7 23.3	**174**	8.8	**58**	7 59.5	8 0.8	7 37.7	**174**	9.1
59	7 44.8	7 46.0	7 23.6	**177**	9.0	**59**	7 59.8	8 1.1	7 37.9	**177**	9.3
60	7 45.0	7 46.3	7 23.8	**180**	9.2	**60**	8 0.0	8 1.3	7 38.1	**180**	9.5

CORRECCIONES

32^m	Sol y planetas	Aries	Luna	Dif.	Correc.	33^m	Sol y planetas	Aries	Luna	Dif.	Correc.
s	° ′	° ′	° ′	′	′	s	° ′	° ′	° ′		′
0	8 0.0	8 1.3	7 38.1	**0**	0.0	**0**	8 15.0	8 16.4	7 52.5	**0**	0.0
1	8 0.3	8 1.6	7 38.4	**3**	0.2	**1**	8 15.3	8 16.6	7 52.7	**3**	0.2
2	8 0.5	8 1.8	7 38.6	**6**	0.3	**2**	8 15.5	8 16.9	7 52.9	**6**	0.3
3	8 0.8	8 2.1	7 38.8	**9**	0.5	**3**	8 15.8	8 17.1	7 53.2	**9**	0.5
4	8 1.0	8 2.3	7 39.1	**12**	0.7	**4**	8 16.0	8 17.4	7 53.4	**12**	0.7
5	8 1.3	8 2.6	7 39.3	**15**	0.8	**5**	8 16.3	8 17.6	7 53.6	**15**	0.8
6	8 1.5	8 2.8	7 39.6	**18**	1.0	**6**	8 16.5	8 17.9	7 53.9	**18**	1.0
7	8 1.8	8 3.1	7 39.8	**21**	1.1	**7**	8 16.8	8 18.1	7 54.1	**21**	1.2
8	8 2.0	8 3.3	7 40.0	**24**	1.3	**8**	8 17.0	8 18.4	7 54.4	**24**	1.3
9	8 2.3	8 3.6	7 40.3	**27**	1.5	**9**	8 17.3	8 18.6	7 54.6	**27**	1.5
10	8 2.5	8 3.8	7 40.5	**30**	1.6	**10**	8 17.5	8 18.9	7 54.8	**30**	1.7
11	8 2.8	8 4.1	7 40.8	**33**	1.8	**11**	8 17.8	8 19.1	7 55.1	**33**	1.8
12	8 3.0	8 4.3	7 41.0	**36**	2.0	**12**	8 18.0	8 19.4	7 55.3	**36**	2.0
13	8 3.3	8 4.6	7 41.2	**39**	2.1	**13**	8 18.3	8 19.6	7 55.6	**39**	2.2
14	8 3.5	8 4.8	7 41.5	**42**	2.3	**14**	8 18.5	8 19.9	7 55.8	**42**	2.3
15	8 3.8	8 5.1	7 41.7	**45**	2.4	**15**	8 18.8	8 20.1	7 56.0	**45**	2.5
16	8 4.0	8 5.3	7 42.0	**48**	2.6	**16**	8 19.0	8 20.4	7 56.3	**48**	2.7
17	8 4.3	8 5.6	7 42.2	**51**	2.8	**17**	8 19.3	8 20.6	7 56.5	**51**	2.8
18	8 4.5	8 5.8	7 42.4	**54**	2.9	**18**	8 19.5	8 20.9	7 56.7	**54**	3.0
19	8 4.8	8 6.1	7 42.7	**57**	3.1	**19**	8 19.8	8 21.1	7 57.0	**57**	3.2
20	8 5.0	8 6.3	7 42.9	**60**	3.3	**20**	8 20.0	8 21.4	7 57.2	**60**	3.4
21	8 5.3	8 6.6	7 43.1	**63**	3.4	**21**	8 20.3	8 21.6	7 57.5	**63**	3.5
22	8 5.5	8 6.8	7 43.4	**66**	3.6	**22**	8 20.5	8 21.9	7 57.7	**66**	3.7
23	8 5.8	8 7.1	7 43.6	**69**	3.7	**23**	8 20.8	8 22.1	7 57.9	**69**	3.9
24	8 6.0	8 7.3	7 43.9	**72**	3.9	**24**	8 21.0	8 22.4	7 58.2	**72**	4.0
25	8 6.3	8 7.6	7 44.1	**75**	4.1	**25**	8 21.3	8 22.6	7 58.4	**75**	4.2
26	8 6.5	8 7.8	7 44.3	**78**	4.2	**26**	8 21.5	8 22.9	7 58.7	**78**	4.4
27	8 6.8	8 8.1	7 44.6	**81**	4.4	**27**	8 21.8	8 23.1	7 58.9	**81**	4.5
28	8 7.0	8 8.3	7 44.8	**84**	4.6	**28**	8 22.0	8 23.4	7 59.1	**84**	4.7
29	8 7.3	8 8.6	7 45.1	**87**	4.7	**29**	8 22.3	8 23.6	7 59.4	**87**	4.9
30	8 7.5	8 8.8	7 45.3	**90**	4.9	**30**	8 22.5	8 23.9	7 59.6	**90**	5.0
31	8 7.8	8 9.1	7 45.5	**93**	5.0	**31**	8 22.8	8 24.1	7 59.8	**93**	5.2
32	8 8.0	8 9.3	7 45.8	**96**	5.2	**32**	8 23.0	8 24.4	8 0.1	**96**	5.4
33	8 8.3	8 9.6	7 46.0	**99**	5.4	**33**	8 23.3	8 24.6	8 0.3	**99**	5.5
34	8 8.5	8 9.8	7 46.2	**102**	5.5	**34**	8 23.5	8 24.9	8 0.6	**102**	5.7
35	8 8.8	8 10.1	7 46.5	**105**	5.7	**35**	8 23.8	8 25.1	8 0.8	**105**	5.9
36	8 9.0	8 10.3	7 46.7	**108**	5.9	**36**	8 24.0	8 25.4	8 1.0	**108**	6.0
37	8 9.3	8 10.6	7 47.0	**111**	6.0	**37**	8 24.3	8 25.6	8 1.3	**111**	6.2
38	8 9.5	8 10.8	7 47.2	**114**	6.2	**38**	8 24.5	8 25.9	8 1.5	**114**	6.4
39	8 9.8	8 11.1	7 47.4	**117**	6.3	**39**	8 24.8	8 26.1	8 1.8	**117**	6.5
40	8 10.0	8 11.3	7 47.7	**120**	6.5	**40**	8 25.0	8 26.4	8 2.0	**120**	6.7
41	8 10.3	8 11.6	7 47.9	**123**	6.7	**41**	8 25.3	8 26.6	8 2.2	**123**	6.9
42	8 10.5	8 11.8	7 48.2	**126**	6.8	**42**	8 25.5	8 26.9	8 2.5	**126**	7.0
43	8 10.8	8 12.1	7 48.4	**129**	7.0	**43**	8 25.8	8 27.1	8 2.7	**129**	7.2
44	8 11.0	8 12.3	7 48.6	**132**	7.2	**44**	8 26.0	8 27.4	8 2.9	**132**	7.4
45	8 11.3	8 12.6	7 48.9	**135**	7.3	**45**	8 26.3	8 27.6	8 3.2	**135**	7.5
46	8 11.5	8 12.8	7 49.1	**138**	7.5	**46**	8 26.5	8 27.9	8 3.4	**138**	7.7
47	8 11.8	8 13.1	7 49.3	**141**	7.6	**47**	8 26.8	8 28.1	8 3.7	**141**	7.9
48	8 12.0	8 13.3	7 49.6	**144**	7.8	**48**	8 27.0	8 28.4	8 3.9	**144**	8.0
49	8 12.3	8 13.6	7 49.8	**147**	8.0	**49**	8 27.3	8 28.6	8 4.1	**147**	8.2
50	8 12.5	8 13.8	7 50.1	**150**	8.1	**50**	8 27.5	8 28.9	8 4.4	**150**	8.4
51	8 12.8	8 14.1	7 50.3	**153**	8.3	**51**	8 27.8	8 29.1	8 4.6	**153**	8.5
52	8 13.0	8 14.3	7 50.5	**156**	8.5	**52**	8 28.0	8 29.4	8 4.9	**156**	8.7
53	8 13.3	8 14.6	7 50.8	**159**	8.6	**53**	8 28.3	8 29.6	8 5.1	**159**	8.9
54	8 13.5	8 14.9	7 51.0	**162**	8.8	**54**	8 28.5	8 29.9	8 5.3	**162**	9.0
55	8 13.8	8 15.1	7 51.3	**165**	8.9	**55**	8 28.8	8 30.1	8 5.6	**165**	9.2
56	8 14.0	8 15.4	7 51.5	**168**	9.1	**56**	8 29.0	8 30.4	8 5.8	**168**	9.4
57	8 14.3	8 15.6	7 51.7	**171**	9.3	**57**	8 29.3	8 30.6	8 6.1	**171**	9.5
58	8 14.5	8 15.9	7 52.0	**174**	9.4	**58**	8 29.5	8 30.9	8 6.3	**174**	9.7
59	8 14.8	8 16.1	7 52.2	**177**	9.6	**59**	8 29.8	8 31.1	8 6.5	**177**	9.9
60	8 15.0	8 16.4	7 52.5	**180**	9.8	**60**	8 30.0	8 31.4	8 6.8	**180**	10.1

34m	Sol y planetas	Aries	Luna	Dif.	Correc.
s	° ′	° ′	° ′		′
0	8 30.0	8 31.4	8 6.8	**0**	0.0
1	8 30.3	8 31.6	8 7.0	**3**	0.2
2	8 30.5	8 31.9	8 7.2	**6**	0.3
3	8 30.8	8 32.1	8 7.5	**9**	0.5
4	8 31.0	8 32.4	8 7.7	**12**	0.7
5	8 31.3	8 32.6	8 8.0	**15**	0.9
6	8 31.5	8 32.9	8 8.2	**18**	1.0
7	8 31.8	8 33.2	8 8.4	**21**	1.2
8	8 32.0	8 33.4	8 8.7	**24**	1.4
9	8 32.3	8 33.7	8 8.9	**27**	1.6
10	8 32.5	8 33.9	8 9.2	**30**	1.7
11	8 32.8	8 34.2	8 9.4	**33**	1.9
12	8 33.0	8 34.4	8 9.6	**36**	2.1
13	8 33.3	8 34.7	8 9.9	**39**	2.2
14	8 33.5	8 34.9	8 10.1	**42**	2.4
15	8 33.8	8 35.2	8 10.3	**45**	2.6
16	8 34.0	8 35.4	8 10.6	**48**	2.8
17	8 34.3	8 35.7	8 10.8	**51**	2.9
18	8 34.5	8 35.9	8 11.1	**54**	3.1
19	8 34.8	8 36.2	8 11.3	**57**	3.3
20	8 35.0	8 36.4	8 11.5	**60**	3.5
21	8 35.3	8 36.7	8 11.8	**63**	3.6
22	8 35.5	8 36.9	8 12.0	**66**	3.8
23	8 35.8	8 37.2	8 12.3	**69**	4.0
24	8 36.0	8 37.4	8 12.5	**72**	4.1
25	8 36.3	8 37.7	8 12.7	**75**	4.3
26	8 36.5	8 37.9	8 13.0	**78**	4.5
27	8 36.8	8 38.2	8 13.2	**81**	4.7
28	8 37.0	8 38.4	8 13.4	**84**	4.8
29	8 37.3	8 38.7	8 13.7	**87**	5.0
30	8 37.5	8 38.9	8 13.9	**90**	5.2
31	8 37.8	8 39.2	8 14.2	**93**	5.3
32	8 38.0	8 39.4	8 14.4	**96**	5.5
33	8 38.3	8 39.7	8 14.6	**99**	5.7
34	8 38.5	8 39.9	8 14.9	**102**	5.9
35	8 38.8	8 40.2	8 15.1	**105**	6.0
36	8 39.0	8 40.4	8 15.4	**108**	6.2
37	8 39.3	8 40.7	8 15.6	**111**	6.4
38	8 39.5	8 40.9	8 15.8	**114**	6.6
39	8 39.8	8 41.2	8 16.1	**117**	6.7
40	8 40.0	8 41.4	8 16.3	**120**	6.9
41	8 40.3	8 41.7	8 16.5	**123**	7.1
42	8 40.5	8 41.9	8 16.8	**126**	7.2
43	8 40.8	8 42.2	8 17.0	**129**	7.4
44	8 41.0	8 42.4	8 17.3	**132**	7.6
45	8 41.3	8 42.7	8 17.5	**135**	7.8
46	8 41.5	8 42.9	8 17.7	**138**	7.9
47	8 41.8	8 43.2	8 18.0	**141**	8.1
48	8 42.0	8 43.4	8 18.2	**144**	8.3
49	8 42.3	8 43.7	8 18.5	**147**	8.5
50	8 42.5	8 43.9	8 18.7	**150**	8.6
51	8 42.8	8 44.2	8 18.9	**153**	8.8
52	8 43.0	8 44.4	8 19.2	**156**	9.0
53	8 43.3	8 44.7	8 19.4	**159**	9.1
54	8 43.5	8 44.9	8 19.7	**162**	9.3
55	8 43.8	8 45.2	8 19.9	**165**	9.5
56	8 44.0	8 45.4	8 20.1	**168**	9.7
57	8 44.3	8 45.7	8 20.4	**171**	9.8
58	8 44.5	8 45.9	8 20.6	**174**	10.0
59	8 44.8	8 46.2	8 20.8	**177**	10.2
60	8 45.0	8 46.4	8 21.1	**180**	10.4

35m	Sol y planetas	Aries	Luna	Dif.	Correc.
s	° ′	° ′	° ′		′
0	8 45.0	8 46.4	8 21.1	**0**	0.0
1	8 45.3	8 46.7	8 21.3	**3**	0.2
2	8 45.5	8 46.9	8 21.6	**6**	0.4
3	8 45.8	8 47.2	8 21.8	**9**	0.5
4	8 46.0	8 47.4	8 22.0	**12**	0.7
5	8 46.3	8 47.7	8 22.3	**15**	0.9
6	8 46.5	8 47.9	8 22.5	**18**	1.1
7	8 46.8	8 48.2	8 22.8	**21**	1.2
8	8 47.0	8 48.4	8 23.0	**24**	1.4
9	8 47.3	8 48.7	8 23.2	**27**	1.6
10	8 47.5	8 48.9	8 23.5	**30**	1.8
11	8 47.8	8 49.2	8 23.7	**33**	2.0
12	8 48.0	8 49.4	8 23.9	**36**	2.1
13	8 48.3	8 49.7	8 24.2	**39**	2.3
14	8 48.5	8 49.9	8 24.4	**42**	2.5
15	8 48.8	8 50.2	8 24.7	**45**	2.7
16	8 49.0	8 50.4	8 24.9	**48**	2.8
17	8 49.3	8 50.7	8 25.1	**51**	3.0
18	8 49.5	8 50.9	8 25.4	**54**	3.2
19	8 49.8	8 51.2	8 25.6	**57**	3.4
20	8 50.0	8 51.5	8 25.9	**60**	3.6
21	8 50.3	8 51.7	8 26.1	**63**	3.7
22	8 50.5	8 52.0	8 26.3	**66**	3.9
23	8 50.8	8 52.2	8 26.6	**69**	4.1
24	8 51.0	8 52.5	8 26.8	**72**	4.3
25	8 51.3	8 52.7	8 27.0	**75**	4.4
26	8 51.5	8 53.0	8 27.3	**78**	4.6
27	8 51.8	8 53.2	8 27.5	**81**	4.8
28	8 52.0	8 53.5	8 27.8	**84**	5.0
29	8 52.3	8 53.7	8 28.0	**87**	5.1
30	8 52.5	8 54.0	8 28.2	**90**	5.3
31	8 52.8	8 54.2	8 28.5	**93**	5.5
32	8 53.0	8 54.5	8 28.7	**96**	5.7
33	8 53.3	8 54.7	8 29.0	**99**	5.9
34	8 53.5	8 55.0	8 29.2	**102**	6.0
35	8 53.8	8 55.2	8 29.4	**105**	6.2
36	8 54.0	8 55.5	8 29.7	**108**	6.4
37	8 54.3	8 55.7	8 29.9	**111**	6.6
38	8 54.5	8 56.0	8 30.2	**114**	6.7
39	8 54.8	8 56.2	8 30.4	**117**	6.9
40	8 55.0	8 56.5	8 30.6	**120**	7.1
41	8 55.3	8 56.7	8 30.9	**123**	7.3
42	8 55.5	8 57.0	8 31.1	**126**	7.5
43	8 55.8	8 57.2	8 31.3	**129**	7.6
44	8 56.0	8 57.5	8 31.6	**132**	7.8
45	8 56.3	8 57.7	8 31.8	**135**	8.0
46	8 56.5	8 58.0	8 32.1	**138**	8.2
47	8 56.8	8 58.2	8 32.3	**141**	8.3
48	8 57.0	8 58.5	8 32.5	**144**	8.5
49	8 57.3	8 58.7	8 32.8	**147**	8.7
50	8 57.5	8 59.0	8 33.0	**150**	8.9
51	8 57.8	8 59.2	8 33.3	**153**	9.1
52	8 58.0	8 59.5	8 33.5	**156**	9.2
53	8 58.3	8 59.7	8 33.7	**159**	9.4
54	8 58.5	9 0.0	8 34.0	**162**	9.6
55	8 58.8	9 0.2	8 34.2	**165**	9.8
56	8 59.0	9 0.5	8 34.4	**168**	9.9
57	8 59.3	9 0.7	8 34.7	**171**	10.1
58	8 59.5	9 1.0	8 34.9	**174**	10.3
59	8 59.8	9 1.2	8 35.2	**177**	10.5
60	9 0.0	9 1.5	8 35.4	**180**	10.7

36^m	Sol y planetas	Aries	Luna	Dif.	Correc.	37^m	Sol y planetas	Aries	Luna	Dif.	Correc.
s	° '	° '	° '		'	s	° '	° '	° '		'
0	9 0.0	9 1.5	8 35.4	0	0.0	0	9 15.0	9 16.5	8 49.7	0	0.0
1	9 0.3	9 1.7	8 35.6	3	0.2	1	9 15.3	9 16.8	8 50.0	3	0.2
2	9 0.5	9 2.0	8 35.9	6	0.4	2	9 15.5	9 17.0	8 50.2	6	0.4
3	9 0.8	9 2.2	8 36.1	9	0.5	3	9 15.8	9 17.3	8 50.4	9	0.6
4	9 1.0	9 2.5	8 36.4	12	0.7	4	9 16.0	9 17.5	8 50.7	12	0.8
5	9 1.3	9 2.7	8 36.6	15	0.9	5	9 16.3	9 17.8	8 50.9	15	0.9
6	9 1.5	9 3.0	8 36.8	18	1.1	6	9 16.5	9 18.0	8 51.1	18	1.1
7	9 1.8	9 3.2	8 37.1	21	1.3	7	9 16.8	9 18.3	8 51.4	21	1.3
8	9 2.0	9 3.5	8 37.3	24	1.5	8	9 17.0	9 18.5	8 51.6	24	1.5
9	9 2.3	9 3.7	8 37.5	27	1.6	9	9 17.3	9 18.8	8 51.9	27	1.7
10	9 2.5	9 4.0	8 37.8	30	1.8	10	9 17.5	9 19.0	8 52.1	30	1.9
11	9 2.8	9 4.2	8 38.0	33	2.0	11	9 17.8	9 19.3	8 52.3	33	2.1
12	9 3.0	9 4.5	8 38.3	36	2.2	12	9 18.0	9 19.5	8 52.6	36	2.3
13	9 3.3	9 4.7	8 38.5	39	2.4	13	9 18.3	9 19.8	8 52.8	39	2.4
14	9 3.5	9 5.0	8 38.7	42	2.6	14	9 18.5	9 20.0	8 53.1	42	2.6
15	9 3.8	9 5.2	8 39.0	45	2.7	15	9 18.8	9 20.3	8 53.3	45	2.8
16	9 4.0	9 5.5	8 39.2	48	2.9	16	9 19.0	9 20.5	8 53.5	48	3.0
17	9 4.3	9 5.7	8 39.5	51	3.1	17	9 19.3	9 20.8	8 53.8	51	3.2
18	9 4.5	9 6.0	8 39.7	54	3.3	18	9 19.5	9 21.0	8 54.0	54	3.4
19	9 4.8	9 6.2	8 39.9	57	3.5	19	9 19.8	9 21.3	8 54.3	57	3.6
20	9 5.0	9 6.5	8 40.2	60	3.7	20	9 20.0	9 21.5	8 54.5	60	3.8
21	9 5.3	9 6.7	8 40.4	63	3.8	21	9 20.3	9 21.8	8 54.7	63	3.9
22	9 5.5	9 7.0	8 40.6	66	4.0	22	9 20.5	9 22.0	8 55.0	66	4.1
23	9 5.8	9 7.2	8 40.9	69	4.2	23	9 20.8	9 22.3	8 55.2	69	4.3
24	9 6.0	9 7.5	8 41.1	72	4.4	24	9 21.0	9 22.5	8 55.4	72	4.5
25	9 6.3	9 7.7	8 41.4	75	4.6	25	9 21.3	9 22.8	8 55.7	75	4.7
26	9 6.5	9 8.0	8 41.6	78	4.7	26	9 21.5	9 23.0	8 55.9	78	4.9
27	9 6.8	9 8.2	8 41.8	81	4.9	27	9 21.8	9 23.3	8 56.2	81	5.1
28	9 7.0	9 8.5	8 42.1	84	5.1	28	9 22.0	9 23.5	8 56.4	84	5.3
29	9 7.3	9 8.7	8 42.3	87	5.3	29	9 22.3	9 23.8	8 56.6	87	5.4
30	9 7.5	9 9.0	8 42.6	90	5.5	30	9 22.5	9 24.0	8 56.9	90	5.6
31	9 7.8	9 9.2	8 42.8	93	5.7	31	9 22.8	9 24.3	8 57.1	93	5.8
32	9 8.0	9 9.5	8 43.0	96	5.8	32	9 23.0	9 24.5	8 57.4	96	6.0
33	9 8.3	9 9.8	8 43.3	99	6.0	33	9 23.3	9 24.8	8 57.6	99	6.2
34	9 8.5	9 10.0	8 43.5	102	6.2	34	9 23.5	9 25.0	8 57.8	102	6.4
35	9 8.8	9 10.3	8 43.8	105	6.4	35	9 23.8	9 25.3	8 58.1	105	6.6
36	9 9.0	9 10.5	8 44.0	108	6.6	36	9 24.0	9 25.5	8 58.3	108	6.8
37	9 9.3	9 10.8	8 44.2	111	6.8	37	9 24.3	9 25.8	8 58.5	111	6.9
38	9 9.5	9 11.0	8 44.5	114	6.9	38	9 24.5	9 26.0	8 58.8	114	7.1
39	9 9.8	9 11.3	8 44.7	117	7.1	39	9 24.8	9 26.3	8 59.0	117	7.3
40	9 10.0	9 11.5	8 44.9	120	7.3	40	9 25.0	9 26.5	8 59.3	120	7.5
41	9 10.3	9 11.8	8 45.2	123	7.5	41	9 25.3	9 26.8	8 59.5	123	7.7
42	9 10.5	9 12.0	8 45.4	126	7.7	42	9 25.5	9 27.0	8 59.7	126	7.9
43	9 10.8	9 12.3	8 45.7	129	7.8	43	9 25.8	9 27.3	9 0.0	129	8.1
44	9 11.0	9 12.5	8 45.9	132	8.0	44	9 26.0	9 27.5	9 0.2	132	8.3
45	9 11.3	9 12.8	8 46.1	135	8.2	45	9 26.3	9 27.8	9 0.5	135	8.4
46	9 11.5	9 13.0	8 46.4	138	8.4	46	9 26.5	9 28.1	9 0.7	138	8.6
47	9 11.8	9 13.3	8 46.6	141	8.6	47	9 26.8	9 28.3	9 0.9	141	8.8
48	9 12.0	9 13.5	8 46.9	144	8.8	48	9 27.0	9 28.6	9 1.2	144	9.0
49	9 12.3	9 13.8	8 47.1	147	8.9	49	9 27.3	9 28.8	9 1.4	147	9.2
50	9 12.5	9 14.0	8 47.3	150	9.1	50	9 27.5	9 29.1	9 1.6	150	9.4
51	9 12.8	9 14.3	8 47.6	153	9.3	51	9 27.8	9 29.3	9 1.9	153	9.6
52	9 13.0	9 14.5	8 47.8	156	9.5	52	9 28.0	9 29.6	9 2.1	156	9.8
53	9 13.3	9 14.8	8 48.0	159	9.7	53	9 28.3	9 29.8	9 2.4	159	9.9
54	9 13.5	9 15.0	8 48.3	162	9.9	54	9 28.5	9 30.1	9 2.6	162	10.1
55	9 13.8	9 15.3	8 48.5	165	10.0	55	9 28.8	9 30.3	9 2.8	165	10.3
56	9 14.0	9 15.5	8 48.8	168	10.2	56	9 29.0	9 30.6	9 3.1	168	10.5
57	9 14.3	9 15.8	8 49.0	171	10.4	57	9 29.3	9 30.8	9 3.3	171	10.7
58	9 14.5	9 16.0	8 49.2	174	10.6	58	9 29.5	9 31.1	9 3.6	174	10.9
59	9 14.8	9 16.3	8 49.5	177	10.8	59	9 29.8	9 31.3	9 3.8	177	11.1
60	9 15.0	9 16.5	8 49.7	180	11.0	60	9 30.0	9 31.6	9 4.0	180	11.3

38m	Sol y planetas	Aries	Luna	Dif.	Correc.
0	9 30.0	9 31.6	9 4.0	0	0.0
1	9 30.3	9 31.8	9 4.3	3	0.2
2	9 30.5	9 32.1	9 4.5	6	0.4
3	9 30.8	9 32.3	9 4.7	9	0.6
4	9 31.0	9 32.6	9 5.0	12	0.8
5	9 31.3	9 32.8	9 5.2	15	1.0
6	9 31.5	9 33.1	9 5.5	18	1.2
7	9 31.8	9 33.3	9 5.7	21	1.3
8	9 32.0	9 33.6	9 5.9	24	1.5
9	9 32.3	9 33.8	9 6.2	27	1.7
10	9 32.5	9 34.1	9 6.4	30	1.9
11	9 32.8	9 34.3	9 6.7	33	2.1
12	9 33.0	9 34.6	9 6.9	36	2.3
13	9 33.3	9 34.8	9 7.1	39	2.5
14	9 33.5	9 35.1	9 7.4	42	2.7
15	9 33.8	9 35.3	9 7.6	45	2.9
16	9 34.0	9 35.6	9 7.9	48	3.1
17	9 34.3	9 35.8	9 8.1	51	3.3
18	9 34.5	9 36.1	9 8.3	54	3.5
19	9 34.8	9 36.3	9 8.6	57	3.7
20	9 35.0	9 36.6	9 8.8	60	3.9
21	9 35.3	9 36.8	9 9.0	63	4.0
22	9 35.5	9 37.1	9 9.3	66	4.2
23	9 35.8	9 37.3	9 9.5	69	4.4
24	9 36.0	9 37.6	9 9.8	72	4.6
25	9 36.3	9 37.8	9 10.0	75	4.8
26	9 36.5	9 38.1	9 10.2	78	5.0
27	9 36.8	9 38.3	9 10.5	81	5.2
28	9 37.0	9 38.6	9 10.7	84	5.4
29	9 37.3	9 38.8	9 11.0	87	5.6
30	9 37.5	9 39.1	9 11.2	90	5.8
31	9 37.8	9 39.3	9 11.4	93	6.0
32	9 38.0	9 39.6	9 11.7	96	6.2
33	9 38.3	9 39.8	9 11.9	99	6.4
34	9 38.5	9 40.1	9 12.1	102	6.5
35	9 38.8	9 40.3	9 12.4	105	6.7
36	9 39.0	9 40.6	9 12.6	108	6.9
37	9 39.3	9 40.8	9 12.9	111	7.1
38	9 39.5	9 41.1	9 13.1	114	7.3
39	9 39.8	9 41.3	9 13.3	117	7.5
40	9 40.0	9 41.6	9 13.6	120	7.7
41	9 40.3	9 41.8	9 13.8	123	7.9
42	9 40.5	9 42.1	9 14.1	126	8.1
43	9 40.8	9 42.3	9 14.3	129	8.3
44	9 41.0	9 42.6	9 14.5	132	8.5
45	9 41.3	9 42.8	9 14.8	135	8.7
46	9 41.5	9 43.1	9 15.0	138	8.9
47	9 41.8	9 43.3	9 15.2	141	9.0
48	9 42.0	9 43.6	9 15.5	144	9.2
49	9 42.3	9 43.8	9 15.7	147	9.4
50	9 42.5	9 44.1	9 16.0	150	9.6
51	9 42.8	9 44.3	9 16.2	153	9.8
52	9 43.0	9 44.6	9 16.4	156	10.0
53	9 43.3	9 44.8	9 16.7	159	10.2
54	9 43.5	9 45.1	9 16.9	162	10.4
55	9 43.8	9 45.3	9 17.2	165	10.6
56	9 44.0	9 45.6	9 17.4	168	10.8
57	9 44.3	9 45.8	9 17.6	171	11.0
58	9 44.5	9 46.1	9 17.9	174	11.2
59	9 44.8	9 46.4	9 18.1	177	11.4
60	9 45.0	9 46.6	9 18.4	180	11.6

39m	Sol y planetas	Aries	Luna	Dif.	Correc.
0	9 45.0	9 46.6	9 18.4	0	0.0
1	9 45.3	9 46.9	9 18.6	3	0.2
2	9 45.5	9 47.1	9 18.8	6	0.4
3	9 45.8	9 47.4	9 19.1	9	0.6
4	9 46.0	9 47.6	9 19.3	12	0.8
5	9 46.3	9 47.9	9 19.5	15	1.0
6	9 46.5	9 48.1	9 19.8	18	1.2
7	9 46.8	9 48.4	9 20.0	21	1.4
8	9 47.0	9 48.6	9 20.3	24	1.6
9	9 47.3	9 48.9	9 20.5	27	1.8
10	9 47.5	9 49.1	9 20.7	30	2.0
11	9 47.8	9 49.4	9 21.0	33	2.2
12	9 48.0	9 49.6	9 21.2	36	2.4
13	9 48.3	9 49.9	9 21.5	39	2.6
14	9 48.5	9 50.1	9 21.7	42	2.8
15	9 48.8	9 50.4	9 21.9	45	3.0
16	9 49.0	9 50.6	9 22.2	48	3.2
17	9 49.3	9 50.9	9 22.4	51	3.4
18	9 49.5	9 51.1	9 22.6	54	3.6
19	9 49.8	9 51.4	9 22.9	57	3.8
20	9 50.0	9 51.6	9 23.1	60	4.0
21	9 50.3	9 51.9	9 23.4	63	4.1
22	9 50.5	9 52.1	9 23.6	66	4.3
23	9 50.8	9 52.4	9 23.8	69	4.5
24	9 51.0	9 52.6	9 24.1	72	4.7
25	9 51.3	9 52.9	9 24.3	75	4.9
26	9 51.5	9 53.1	9 24.6	78	5.1
27	9 51.8	9 53.4	9 24.8	81	5.3
28	9 52.0	9 53.6	9 25.0	84	5.5
29	9 52.3	9 53.9	9 25.3	87	5.7
30	9 52.5	9 54.1	9 25.5	90	5.9
31	9 52.8	9 54.4	9 25.7	93	6.1
32	9 53.0	9 54.6	9 26.0	96	6.3
33	9 53.3	9 54.9	9 26.2	99	6.5
34	9 53.5	9 55.1	9 26.5	102	6.7
35	9 53.8	9 55.4	9 26.7	105	6.9
36	9 54.0	9 55.6	9 26.9	108	7.1
37	9 54.3	9 55.9	9 27.2	111	7.3
38	9 54.5	9 56.1	9 27.4	114	7.5
39	9 54.8	9 56.4	9 27.7	117	7.7
40	9 55.0	9 56.6	9 27.9	120	7.9
41	9 55.3	9 56.9	9 28.1	123	8.1
42	9 55.5	9 57.1	9 28.4	126	8.3
43	9 55.8	9 57.4	9 28.6	129	8.5
44	9 56.0	9 57.6	9 28.8	132	8.7
45	9 56.3	9 57.9	9 29.1	135	8.9
46	9 56.5	9 58.1	9 29.3	138	9.1
47	9 56.8	9 58.4	9 29.6	141	9.3
48	9 57.0	9 58.6	9 29.8	144	9.5
49	9 57.3	9 58.9	9 30.0	147	9.7
50	9 57.5	9 59.1	9 30.3	150	9.9
51	9 57.8	9 59.4	9 30.5	153	10.1
52	9 58.0	9 59.6	9 30.8	156	10.3
53	9 58.3	9 59.9	9 31.0	159	10.5
54	9 58.5	10 0.1	9 31.2	162	10.7
55	9 58.8	10 0.4	9 31.5	165	10.9
56	9 59.0	10 0.6	9 31.7	168	11.1
57	9 59.3	10 0.9	9 32.0	171	11.3
58	9 59.5	10 1.1	9 32.2	174	11.5
59	9 59.8	10 1.4	9 32.4	177	11.7
60	10 0.0	10 1.6	9 32.7	180	11.9

40m	Sol y planetas	Aries	Luna	Dif.	Correc.	41m	Sol y planetas	Aries	Luna	Dif.	Correc.
s	° ′	° ′	° ′		′	s	° ′	° ′	° ′		′
0	10 0.0	10 1.6	9 32.7	0	0.0	0	10 15.0	10 16.7	9 47.0	0	0.0
1	10 0.3	10 1.9	9 32.9	3	0.2	1	10 15.3	10 16.9	9 47.2	3	0.2
2	10 0.5	10 2.1	9 33.1	6	0.4	2	10 15.5	10 17.2	9 47.5	6	0.4
3	10 0.8	10 2.4	9 33.4	9	0.6	3	10 15.8	10 17.4	9 47.7	9	0.6
4	10 1.0	10 2.6	9 33.6	12	0.8	4	10 16.0	10 17.7	9 47.9	12	0.8
5	10 1.3	10 2.9	9 33.9	15	1.0	5	10 16.3	10 17.9	9 48.2	15	1.0
6	10 1.5	10 3.1	9 34.1	18	1.2	6	10 16.5	10 18.2	9 48.4	18	1.2
7	10 1.8	10 3.4	9 34.3	21	1.4	7	10 16.8	10 18.4	9 48.7	21	1.5
8	10 2.0	10 3.6	9 34.6	24	1.6	8	10 17.0	10 18.7	9 48.9	24	1.7
9	10 2.3	10 3.9	9 34.8	27	1.8	9	10 17.3	10 18.9	9 49.1	27	1.9
10	10 2.5	10 4.1	9 35.1	30	2.0	10	10 17.5	10 19.2	9 49.4	30	2.1
11	10 2.8	10 4.4	9 35.3	33	2.2	11	10 17.8	10 19.4	9 49.6	33	2.3
12	10 3.0	10 4.7	9 35.5	36	2.4	12	10 18.0	10 19.7	9 49.8	36	2.5
13	10 3.3	10 4.9	9 35.8	39	2.6	13	10 18.3	10 19.9	9 50.1	39	2.7
14	10 3.5	10 5.2	9 36.0	42	2.8	14	10 18.5	10 20.2	9 50.3	42	2.9
15	10 3.8	10 5.4	9 36.2	45	3.0	15	10 18.8	10 20.4	9 50.6	45	3.1
16	10 4.0	10 5.7	9 36.5	48	3.2	16	10 19.0	10 20.7	9 50.8	48	3.3
17	10 4.3	10 5.9	9 36.7	51	3.4	17	10 19.3	10 20.9	9 51.0	51	3.5
18	10 4.5	10 6.2	9 37.0	54	3.6	18	10 19.5	10 21.2	9 51.3	54	3.7
19	10 4.8	10 6.4	9 37.2	57	3.8	19	10 19.8	10 21.4	9 51.5	57	3.9
20	10 5.0	10 6.7	9 37.4	60	4.1	20	10 20.0	10 21.7	9 51.8	60	4.2
21	10 5.3	10 6.9	9 37.7	63	4.3	21	10 20.3	10 21.9	9 52.0	63	4.4
22	10 5.5	10 7.2	9 37.9	66	4.5	22	10 20.5	10 22.2	9 52.2	66	4.6
23	10 5.8	10 7.4	9 38.2	69	4.7	23	10 20.8	10 22.4	9 52.5	69	4.8
24	10 6.0	10 7.7	9 38.4	72	4.9	24	10 21.0	10 22.7	9 52.7	72	5.0
25	10 6.3	10 7.9	9 38.6	75	5.1	25	10 21.3	10 23.0	9 52.9	75	5.2
26	10 6.5	10 8.2	9 38.9	78	5.3	26	10 21.5	10 23.2	9 53.2	78	5.4
27	10 6.8	10 8.4	9 39.1	81	5.5	27	10 21.8	10 23.5	9 53.4	81	5.6
28	10 7.0	10 8.7	9 39.3	84	5.7	28	10 22.0	10 23.7	9 53.7	84	5.8
29	10 7.3	10 8.9	9 39.6	87	5.9	29	10 22.3	10 24.0	9 53.9	87	6.0
30	10 7.5	10 9.2	9 39.8	90	6.1	30	10 22.5	10 24.2	9 54.1	90	6.2
31	10 7.8	10 9.4	9 40.1	93	6.3	31	10 22.8	10 24.5	9 54.4	93	6.4
32	10 8.0	10 9.7	9 40.3	96	6.5	32	10 23.0	10 24.7	9 54.6	96	6.6
33	10 8.3	10 9.9	9 40.5	99	6.7	33	10 23.3	10 25.0	9 54.9	99	6.8
34	10 8.5	10 10.2	9 40.8	102	6.9	34	10 23.5	10 25.2	9 55.1	102	7.1
35	10 8.8	10 10.4	9 41.0	105	7.1	35	10 23.8	10 25.5	9 55.3	105	7.3
36	10 9.0	10 10.7	9 41.3	108	7.3	36	10 24.0	10 25.7	9 55.6	108	7.5
37	10 9.3	10 10.9	9 41.5	111	7.5	37	10 24.3	10 26.0	9 55.8	111	7.7
38	10 9.5	10 11.2	9 41.7	114	7.7	38	10 24.5	10 26.2	9 56.1	114	7.9
39	10 9.8	10 11.4	9 42.0	117	7.9	39	10 24.8	10 26.5	9 56.3	117	8.1
40	10 10.0	10 11.7	9 42.2	120	8.1	40	10 25.0	10 26.7	9 56.5	120	8.3
41	10 10.3	10 11.9	9 42.4	123	8.3	41	10 25.3	10 27.0	9 56.8	123	8.5
42	10 10.5	10 12.2	9 42.7	126	8.5	42	10 25.5	10 27.2	9 57.0	126	8.7
43	10 10.8	10 12.4	9 42.9	129	8.7	43	10 25.8	10 27.5	9 57.2	129	8.9
44	10 11.0	10 12.7	9 43.2	132	8.9	44	10 26.0	10 27.7	9 57.5	132	9.1
45	10 11.3	10 12.9	9 43.4	135	9.1	45	10 26.3	10 28.0	9 57.7	135	9.3
46	10 11.5	10 13.2	9 43.6	138	9.3	46	10 26.5	10 28.2	9 58.0	138	9.5
47	10 11.8	10 13.4	9 43.9	141	9.5	47	10 26.8	10 28.5	9 58.2	141	9.8
48	10 12.0	10 13.7	9 44.1	144	9.7	48	10 27.0	10 28.7	9 58.4	144	10.0
49	10 12.3	10 13.9	9 44.4	147	9.9	49	10 27.3	10 29.0	9 58.7	147	10.2
50	10 12.5	10 14.2	9 44.6	150	10.1	50	10 27.5	10 29.2	9 58.9	150	10.4
51	10 12.8	10 14.4	9 44.8	153	10.3	51	10 27.8	10 29.5	9 59.2	153	10.6
52	10 13.0	10 14.7	9 45.1	156	10.5	52	10 28.0	10 29.7	9 59.4	156	10.8
53	10 13.3	10 14.9	9 45.3	159	10.7	53	10 28.3	10 30.0	9 59.6	159	11.0
54	10 13.5	10 15.2	9 45.6	162	10.9	54	10 28.5	10 30.2	9 59.9	162	11.2
55	10 13.8	10 15.4	9 45.8	165	11.1	55	10 28.8	10 30.5	10 0.1	165	11.4
56	10 14.0	10 15.7	9 46.0	168	11.3	56	10 29.0	10 30.7	10 0.3	168	11.6
57	10 14.3	10 15.9	9 46.3	171	11.5	57	10 29.3	10 31.0	10 0.6	171	11.8
58	10 14.5	10 16.2	9 46.5	174	11.7	58	10 29.5	10 31.2	10 0.8	174	12.0
59	10 14.8	10 16.4	9 46.7	177	11.9	59	10 29.8	10 31.5	10 1.1	177	12.2
60	10 15.0	10 16.7	9 47.0	180	12.2	60	10 30.0	10 31.7	10 1.3	180	12.5

CORRECCIONES

42m s	Sol y planetas ° ′	Aries ° ′	Luna ° ′	Dif.	Correc. ′
0	10 30.0	10 31.7	10 1.3	0	0.0
1	10 30.3	10 32.0	10 1.5	3	0.2
2	10 30.5	10 32.2	10 1.8	6	0.4
3	10 30.8	10 32.5	10 2.0	9	0.6
4	10 31.0	10 32.7	10 2.3	12	0.9
5	10 31.3	10 33.0	10 2.5	15	1.1
6	10 31.5	10 33.2	10 2.7	18	1.3
7	10 31.8	10 33.5	10 3.0	21	1.5
8	10 32.0	10 33.7	10 3.2	24	1.7
9	10 32.3	10 34.0	10 3.4	27	1.9
10	10 32.5	10 34.2	10 3.7	30	2.1
11	10 32.8	10 34.5	10 3.9	33	2.3
12	10 33.0	10 34.7	10 4.2	36	2.6
13	10 33.3	10 35.0	10 4.4	39	2.8
14	10 33.5	10 35.2	10 4.6	42	3.0
15	10 33.8	10 35.5	10 4.9	45	3.2
16	10 34.0	10 35.7	10 5.1	48	3.4
17	10 34.3	10 36.0	10 5.4	51	3.6
18	10 34.5	10 36.2	10 5.6	54	3.8
19	10 34.8	10 36.5	10 5.8	57	4.0
20	10 35.0	10 36.7	10 6.1	60	4.3
21	10 35.3	10 37.0	10 6.3	63	4.5
22	10 35.5	10 37.2	10 6.5	66	4.7
23	10 35.8	10 37.5	10 6.8	69	4.9
24	10 36.0	10 37.7	10 7.0	72	5.1
25	10 36.3	10 38.0	10 7.3	75	5.3
26	10 36.5	10 38.2	10 7.5	78	5.5
27	10 36.8	10 38.5	10 7.7	81	5.7
28	10 37.0	10 38.7	10 8.0	84	6.0
29	10 37.3	10 39.0	10 8.2	87	6.2
30	10 37.5	10 39.2	10 8.5	90	6.4
31	10 37.8	10 39.5	10 8.7	93	6.6
32	10 38.0	10 39.7	10 8.9	96	6.8
33	10 38.3	10 40.0	10 9.2	99	7.0
34	10 38.5	10 40.2	10 9.4	102	7.2
35	10 38.8	10 40.5	10 9.7	105	7.4
36	10 39.0	10 40.7	10 9.9	108	7.7
37	10 39.3	10 41.0	10 10.1	111	7.9
38	10 39.5	10 41.3	10 10.4	114	8.1
39	10 39.8	10 41.5	10 10.6	117	8.3
40	10 40.0	10 41.8	10 10.8	120	8.5
41	10 40.3	10 42.0	10 11.1	123	8.7
42	10 40.5	10 42.3	10 11.3	126	8.9
43	10 40.8	10 42.5	10 11.6	129	9.1
44	10 41.0	10 42.8	10 11.8	132	9.4
45	10 41.3	10 43.0	10 12.0	135	9.6
46	10 41.5	10 43.3	10 12.3	138	9.8
47	10 41.8	10 43.5	10 12.5	141	10.0
48	10 42.0	10 43.8	10 12.8	144	10.2
49	10 42.3	10 44.0	10 13.0	147	10.4
50	10 42.5	10 44.3	10 13.2	150	10.6
51	10 42.8	10 44.5	10 13.5	153	10.8
52	10 43.0	10 44.8	10 13.7	156	11.1
53	10 43.3	10 45.0	10 13.9	159	11.3
54	10 43.5	10 45.3	10 14.2	162	11.5
55	10 43.8	10 45.5	10 14.4	165	11.7
56	10 44.0	10 45.8	10 14.7	168	11.9
57	10 44.3	10 46.0	10 14.9	171	12.1
58	10 44.5	10 46.3	10 15.1	174	12.3
59	10 44.8	10 46.5	10 15.4	177	12.5
60	10 45.0	10 46.8	10 15.6	180	12.8

43m s	Sol y planetas ° ′	Aries ° ′	Luna ° ′	Dif.	Correc. ′
0	10 45.0	10 46.8	10 15.6	0	0.0
1	10 45.3	10 47.0	10 15.9	3	0.2
2	10 45.5	10 47.3	10 16.1	6	0.4
3	10 45.8	10 47.5	10 16.3	9	0.7
4	10 46.0	10 47.8	10 16.6	12	0.9
5	10 46.3	10 48.0	10 16.8	15	1.1
6	10 46.5	10 48.3	10 17.0	18	1.3
7	10 46.8	10 48.5	10 17.3	21	1.5
8	10 47.0	10 48.8	10 17.5	24	1.7
9	10 47.3	10 49.0	10 17.8	27	2.0
10	10 47.5	10 49.3	10 18.0	30	2.2
11	10 47.8	10 49.5	10 18.2	33	2.4
12	10 48.0	10 49.8	10 18.5	36	2.6
13	10 48.3	10 50.0	10 18.7	39	2.8
14	10 48.5	10 50.3	10 19.0	42	3.0
15	10 48.8	10 50.5	10 19.2	45	3.3
16	10 49.0	10 50.8	10 19.4	48	3.5
17	10 49.3	10 51.0	10 19.7	51	3.7
18	10 49.5	10 51.3	10 19.9	54	3.9
19	10 49.8	10 51.5	10 20.2	57	4.1
20	10 50.0	10 51.8	10 20.4	60	4.4
21	10 50.3	10 52.0	10 20.6	63	4.6
22	10 50.5	10 52.3	10 20.9	66	4.8
23	10 50.8	10 52.5	10 21.1	69	5.0
24	10 51.0	10 52.8	10 21.3	72	5.2
25	10 51.3	10 53.0	10 21.6	75	5.4
26	10 51.5	10 53.3	10 21.8	78	5.7
27	10 51.8	10 53.5	10 22.1	81	5.9
28	10 52.0	10 53.8	10 22.3	84	6.1
29	10 52.3	10 54.0	10 22.5	87	6.3
30	10 52.5	10 54.3	10 22.8	90	6.5
31	10 52.8	10 54.5	10 23.0	93	6.7
32	10 53.0	10 54.8	10 23.3	96	7.0
33	10 53.3	10 55.0	10 23.5	99	7.2
34	10 53.5	10 55.3	10 23.7	102	7.4
35	10 53.8	10 55.5	10 24.0	105	7.6
36	10 54.0	10 55.8	10 24.2	108	7.8
37	10 54.3	10 56.0	10 24.4	111	8.0
38	10 54.5	10 56.3	10 24.7	114	8.3
39	10 54.8	10 56.5	10 24.9	117	8.5
40	10 55.0	10 56.8	10 25.2	120	8.7
41	10 55.3	10 57.0	10 25.4	123	8.9
42	10 55.5	10 57.3	10 25.6	126	9.1
43	10 55.8	10 57.5	10 25.9	129	9.4
44	10 56.0	10 57.8	10 26.1	132	9.6
45	10 56.3	10 58.0	10 26.4	135	9.8
46	10 56.5	10 58.3	10 26.6	138	10.0
47	10 56.8	10 58.5	10 26.8	141	10.2
48	10 57.0	10 58.8	10 27.1	144	10.4
49	10 57.3	10 59.0	10 27.3	147	10.7
50	10 57.5	10 59.3	10 27.5	150	10.9
51	10 57.8	10 59.6	10 27.8	153	11.1
52	10 58.0	10 59.8	10 28.0	156	11.3
53	10 58.3	11 0.1	10 28.3	159	11.5
54	10 58.5	11 0.3	10 28.5	162	11.7
55	10 58.8	11 0.6	10 28.7	165	12.0
56	10 59.0	11 0.8	10 29.0	168	12.2
57	10 59.3	11 1.1	10 29.2	171	12.4
58	10 59.5	11 1.3	10 29.5	174	12.6
59	10 59.8	11 1.6	10 29.7	177	12.8
60	11 0.0	11 1.8	10 29.9	180	13.1

44m	Sol y planetas	Aries	Luna	Dif.	Correc.	45m	Sol y planetas	Aries	Luna	Dif.	Correc.
s	° '	° '	° '		'	s	° '	° '	° '		'
0	11 0.0	11 1.8	10 29.9	**0**	0.0	**0**	11 15.0	11 16.8	10 44.3	**0**	0.0
1	11 0.3	11 2.1	10 30.2	**3**	0.2	**1**	11 15.3	11 17.1	10 44.5	**3**	0.2
2	11 0.5	11 2.3	10 30.4	**6**	0.4	**2**	11 15.5	11 17.3	10 44.7	**6**	0.5
3	11 0.8	11 2.6	10 30.6	**9**	0.7	**3**	11 15.8	11 17.6	10 45.0	**9**	0.7
4	11 1.0	11 2.8	10 30.9	**12**	0.9	**4**	11 16.0	11 17.9	10 45.2	**12**	0.9
5	11 1.3	11 3.1	10 31.1	**15**	1.1	**5**	11 16.3	11 18.1	10 45.4	**15**	1.1
6	11 1.5	11 3.3	10 31.4	**18**	1.3	**6**	11 16.5	11 18.4	10 45.7	**18**	1.4
7	11 1.8	11 3.6	10 31.6	**21**	1.6	**7**	11 16.8	11 18.6	10 45.9	**21**	1.6
8	11 2.0	11 3.8	10 31.8	**24**	1.8	**8**	11 17.0	11 18.9	10 46.2	**24**	1.8
9	11 2.3	11 4.1	10 32.1	**27**	2.0	**9**	11 17.3	11 19.1	10 46.4	**27**	2.0
10	11 2.5	11 4.3	10 32.3	**30**	2.2	**10**	11 17.5	11 19.4	10 46.6	**30**	2.3
11	11 2.8	11 4.6	10 32.6	**33**	2.4	**11**	11 17.8	11 19.6	10 46.9	**33**	2.5
12	11 3.0	11 4.8	10 32.8	**36**	2.7	**12**	11 18.0	11 19.9	10 47.1	**36**	2.7
13	11 3.3	11 5.1	10 33.0	**39**	2.9	**13**	11 18.3	11 20.1	10 47.4	**39**	3.0
14	11 3.5	11 5.3	10 33.3	**42**	3.1	**14**	11 18.5	11 20.4	10 47.6	**42**	3.2
15	11 3.8	11 5.6	10 33.5	**45**	3.3	**15**	11 18.8	11 20.6	10 47.8	**45**	3.4
16	11 4.0	11 5.8	10 33.8	**48**	3.6	**16**	11 19.0	11 20.9	10 48.1	**48**	3.6
17	11 4.3	11 6.1	10 34.0	**51**	3.8	**17**	11 19.3	11 21.1	10 48.3	**51**	3.9
18	11 4.5	11 6.3	10 34.2	**54**	4.0	**18**	11 19.5	11 21.4	10 48.5	**54**	4.1
19	11 4.8	11 6.6	10 34.5	**57**	4.2	**19**	11 19.8	11 21.6	10 48.8	**57**	4.3
20	11 5.0	11 6.8	10 34.7	**60**	4.5	**20**	11 20.0	11 21.9	10 49.0	**60**	4.6
21	11 5.3	11 7.1	10 34.9	**63**	4.7	**21**	11 20.3	11 22.1	10 49.3	**63**	4.8
22	11 5.5	11 7.3	10 35.2	**66**	4.9	**22**	11 20.5	11 22.4	10 49.5	**66**	5.0
23	11 5.8	11 7.6	10 35.4	**69**	5.1	**23**	11 20.8	11 22.6	10 49.7	**69**	5.2
24	11 6.0	11 7.8	10 35.7	**72**	5.3	**24**	11 21.0	11 22.9	10 50.0	**72**	5.5
25	11 6.3	11 8.1	10 35.9	**75**	5.6	**25**	11 21.3	11 23.1	10 50.2	**75**	5.7
26	11 6.5	11 8.3	10 36.1	**78**	5.8	**26**	11 21.5	11 23.4	10 50.5	**78**	5.9
27	11 6.8	11 8.6	10 36.4	**81**	6.0	**27**	11 21.8	11 23.6	10 50.7	**81**	6.1
28	11 7.0	11 8.8	10 36.6	**84**	6.2	**28**	11 22.0	11 23.9	10 50.9	**84**	6.4
29	11 7.3	11 9.1	10 36.9	**87**	6.5	**29**	11 22.3	11 24.1	10 51.2	**87**	6.6
30	11 7.5	11 9.3	10 37.1	**90**	6.7	**30**	11 22.5	11 24.4	10 51.4	**90**	6.8
31	11 7.8	11 9.6	10 37.3	**93**	6.9	**31**	11 22.8	11 24.6	10 51.6	**93**	7.1
32	11 8.0	11 9.8	10 37.6	**96**	7.1	**32**	11 23.0	11 24.9	10 51.9	**96**	7.3
33	11 8.3	11 10.1	10 37.8	**99**	7.3	**33**	11 23.3	11 25.1	10 52.1	**99**	7.5
34	11 8.5	11 10.3	10 38.0	**102**	7.6	**34**	11 23.5	11 25.4	10 52.4	**102**	7.7
35	11 8.8	11 10.6	10 38.3	**105**	7.8	**35**	11 23.8	11 25.6	10 52.6	**105**	8.0
36	11 9.0	11 10.8	10 38.5	**108**	8.0	**36**	11 24.0	11 25.9	10 52.8	**108**	8.2
37	11 9.3	11 11.1	10 38.8	**111**	8.2	**37**	11 24.3	11 26.1	10 53.1	**111**	8.4
38	11 9.5	11 11.3	10 39.0	**114**	8.5	**38**	11 24.5	11 26.4	10 53.3	**114**	8.6
39	11 9.8	11 11.6	10 39.2	**117**	8.7	**39**	11 24.8	11 26.6	10 53.6	**117**	8.9
40	11 10.0	11 11.8	10 39.5	**120**	8.9	**40**	11 25.0	11 26.9	10 53.8	**120**	9.1
41	11 10.3	11 12.1	10 39.7	**123**	9.1	**41**	11 25.3	11 27.1	10 54.0	**123**	9.3
42	11 10.5	11 12.3	10 40.0	**126**	9.3	**42**	11 25.5	11 27.4	10 54.3	**126**	9.6
43	11 10.8	11 12.6	10 40.2	**129**	9.6	**43**	11 25.8	11 27.6	10 54.5	**129**	9.8
44	11 11.0	11 12.8	10 40.4	**132**	9.8	**44**	11 26.0	11 27.9	10 54.7	**132**	10.0
45	11 11.3	11 13.1	10 40.7	**135**	10.0	**45**	11 26.3	11 28.1	10 55.0	**135**	10.2
46	11 11.5	11 13.3	10 40.9	**138**	10.2	**46**	11 26.5	11 28.4	10 55.2	**138**	10.5
47	11 11.8	11 13.6	10 41.1	**141**	10.5	**47**	11 26.8	11 28.6	10 55.5	**141**	10.7
48	11 12.0	11 13.8	10 41.4	**144**	10.7	**48**	11 27.0	11 28.9	10 55.7	**144**	10.9
49	11 12.3	11 14.1	10 41.6	**147**	10.9	**49**	11 27.3	11 29.1	10 55.9	**147**	11.1
50	11 12.5	11 14.3	10 41.9	**150**	11.1	**50**	11 27.5	11 29.4	10 56.2	**150**	11.4
51	11 12.8	11 14.6	10 42.1	**153**	11.3	**51**	11 27.8	11 29.6	10 56.4	**153**	11.6
52	11 13.0	11 14.8	10 42.3	**156**	11.6	**52**	11 28.0	11 29.9	10 56.7	**156**	11.8
53	11 13.3	11 15.1	10 42.6	**159**	11.8	**53**	11 28.3	11 30.1	10 56.9	**159**	12.1
54	11 13.5	11 15.3	10 42.8	**162**	12.0	**54**	11 28.5	11 30.4	10 57.1	**162**	12.3
55	11 13.8	11 15.6	10 43.1	**165**	12.2	**55**	11 28.8	11 30.6	10 57.4	**165**	12.5
56	11 14.0	11 15.8	10 43.3	**168**	12.5	**56**	11 29.0	11 30.9	10 57.6	**168**	12.7
57	11 14.3	11 16.1	10 43.5	**171**	12.7	**57**	11 29.3	11 31.1	10 57.9	**171**	13.0
58	11 14.5	11 16.3	10 43.8	**174**	12.9	**58**	11 29.5	11 31.4	10 58.1	**174**	13.2
59	11 14.8	11 16.6	10 44.0	**177**	13.1	**59**	11 29.8	11 31.6	10 58.3	**177**	13.4
60	11 15.0	11 16.8	10 44.3	**180**	13.4	**60**	11 30.0	11 31.9	10 58.6	**180**	13.7

46^m^	Sol y planetas	Aries	Luna	**Dif.**	Correc.	**47^m^**	Sol y planetas	Aries	Luna	**Dif.**	Correc.
s	° ′	° ′	° ′		′	s	° ′	° ′	° ′		′
0	11 30.0	11 31.9	10 58.6	**0**	0.0	**0**	11 45.0	11 46.9	11 12.9	**0**	0.0
1	11 30.3	11 32.1	10 58.8	**3**	0.2	**1**	11 45.3	11 47.2	11 13.1	**3**	0.2
2	11 30.5	11 32.4	10 59.0	**6**	0.5	**2**	11 45.5	11 47.4	11 13.4	**6**	0.5
3	11 30.8	11 32.6	10 59.3	**9**	0.7	**3**	11 45.8	11 47.7	11 13.6	**9**	0.7
4	11 31.0	11 32.9	10 59.5	**12**	0.9	**4**	11 46.0	11 47.9	11 13.8	**12**	1.0
5	11 31.3	11 33.1	10 59.8	**15**	1.2	**5**	11 46.3	11 48.2	11 14.1	**15**	1.2
6	11 31.5	11 33.4	11 0.0	**18**	1.4	**6**	11 46.5	11 48.4	11 14.3	**18**	1.4
7	11 31.8	11 33.6	11 0.2	**21**	1.6	**7**	11 46.8	11 48.7	11 14.6	**21**	1.7
8	11 32.0	11 33.9	11 0.5	**24**	1.9	**8**	11 47.0	11 48.9	11 14.8	**24**	1.9
9	11 32.3	11 34.1	11 0.7	**27**	2.1	**9**	11 47.3	11 49.2	11 15.0	**27**	2.1
10	11 32.5	11 34.4	11 1.0	**30**	2.3	**10**	11 47.5	11 49.4	11 15.3	**30**	2.4
11	11 32.8	11 34.6	11 1.2	**33**	2.6	**11**	11 47.8	11 49.7	11 15.5	**33**	2.6
12	11 33.0	11 34.9	11 1.4	**36**	2.8	**12**	11 48.0	11 49.9	11 15.7	**36**	2.9
13	11 33.3	11 35.1	11 1.7	**39**	3.0	**13**	11 48.3	11 50.2	11 16.0	**39**	3.1
14	11 33.5	11 35.4	11 1.9	**42**	3.3	**14**	11 48.5	11 50.4	11 16.2	**42**	3.3
15	11 33.8	11 35.6	11 2.1	**45**	3.5	**15**	11 48.8	11 50.7	11 16.5	**45**	3.6
16	11 34.0	11 35.9	11 2.4	**48**	3.7	**16**	11 49.0	11 50.9	11 16.7	**48**	3.8
17	11 34.3	11 36.2	11 2.6	**51**	4.0	**17**	11 49.3	11 51.2	11 16.9	**51**	4.0
18	11 34.5	11 36.4	11 2.9	**54**	4.2	**18**	11 49.5	11 51.4	11 17.2	**54**	4.3
19	11 34.8	11 36.7	11 3.1	**57**	4.4	**19**	11 49.8	11 51.7	11 17.4	**57**	4.5
20	11 35.0	11 36.9	11 3.3	**60**	4.7	**20**	11 50.0	11 51.9	11 17.7	**60**	4.8
21	11 35.3	11 37.2	11 3.6	**63**	4.9	**21**	11 50.3	11 52.2	11 17.9	**63**	5.0
22	11 35.5	11 37.4	11 3.8	**66**	5.1	**22**	11 50.5	11 52.4	11 18.1	**66**	5.2
23	11 35.8	11 37.7	11 4.1	**69**	5.3	**23**	11 50.8	11 52.7	11 18.4	**69**	5.5
24	11 36.0	11 37.9	11 4.3	**72**	5.6	**24**	11 51.0	11 52.9	11 18.6	**72**	5.7
25	11 36.3	11 38.2	11 4.5	**75**	5.8	**25**	11 51.3	11 53.2	11 18.8	**75**	5.9
26	11 36.5	11 38.4	11 4.8	**78**	6.0	**26**	11 51.5	11 53.4	11 19.1	**78**	6.2
27	11 36.8	11 38.7	11 5.0	**81**	6.3	**27**	11 51.8	11 53.7	11 19.3	**81**	6.4
28	11 37.0	11 38.9	11 5.2	**84**	6.5	**28**	11 52.0	11 53.9	11 19.6	**84**	6.7
29	11 37.3	11 39.2	11 5.5	**87**	6.7	**29**	11 52.3	11 54.2	11 19.8	**87**	6.9
30	11 37.5	11 39.4	11 5.7	**90**	7.0	**30**	11 52.5	11 54.5	11 20.0	**90**	7.1
31	11 37.8	11 39.7	11 6.0	**93**	7.2	**31**	11 52.8	11 54.7	11 20.3	**93**	7.4
32	11 38.0	11 39.9	11 6.2	**96**	7.4	**32**	11 53.0	11 55.0	11 20.5	**96**	7.6
33	11 38.3	11 40.2	11 6.4	**99**	7.7	**33**	11 53.3	11 55.2	11 20.8	**99**	7.8
34	11 38.5	11 40.4	11 6.7	**102**	7.9	**34**	11 53.5	11 55.5	11 21.0	**102**	8.1
35	11 38.8	11 40.7	11 6.9	**105**	8.1	**35**	11 53.8	11 55.7	11 21.2	**105**	8.3
36	11 39.0	11 40.9	11 7.2	**108**	8.4	**36**	11 54.0	11 56.0	11 21.5	**108**	8.6
37	11 39.3	11 41.2	11 7.4	**111**	8.6	**37**	11 54.3	11 56.2	11 21.7	**111**	8.8
38	11 39.5	11 41.4	11 7.6	**114**	8.8	**38**	11 54.5	11 56.5	11 22.0	**114**	9.0
39	11 39.8	11 41.7	11 7.9	**117**	9.1	**39**	11 54.8	11 56.7	11 22.2	**117**	9.3
40	11 40.0	11 41.9	11 8.1	**120**	9.3	**40**	11 55.0	11 57.0	11 22.4	**120**	9.5
41	11 40.3	11 42.2	11 8.3	**123**	9.5	**41**	11 55.3	11 57.2	11 22.7	**123**	9.7
42	11 40.5	11 42.4	11 8.6	**126**	9.8	**42**	11 55.5	11 57.5	11 22.9	**126**	10.0
43	11 40.8	11 42.7	11 8.8	**129**	10.0	**43**	11 55.8	11 57.7	11 23.1	**129**	10.2
44	11 41.0	11 42.9	11 9.1	**132**	10.2	**44**	11 56.0	11 58.0	11 23.4	**132**	10.5
45	11 41.3	11 43.2	11 9.3	**135**	10.5	**45**	11 56.3	11 58.2	11 23.6	**135**	10.7
46	11 41.5	11 43.4	11 9.5	**138**	10.7	**46**	11 56.5	11 58.5	11 23.9	**138**	10.9
47	11 41.8	11 43.7	11 9.8	**141**	10.9	**47**	11 56.8	11 58.7	11 24.1	**141**	11.2
48	11 42.0	11 43.9	11 10.0	**144**	11.2	**48**	11 57.0	11 59.0	11 24.3	**144**	11.4
49	11 42.3	11 44.2	11 10.3	**147**	11.4	**49**	11 57.3	11 59.2	11 24.6	**147**	11.6
50	11 42.5	11 44.4	11 10.5	**150**	11.6	**50**	11 57.5	11 59.5	11 24.8	**150**	11.9
51	11 42.8	11 44.7	11 10.7	**153**	11.9	**51**	11 57.8	11 59.7	11 25.1	**153**	12.1
52	11 43.0	11 44.9	11 11.0	**156**	12.1	**52**	11 58.0	12 0.0	11 25.3	**156**	12.4
53	11 43.3	11 45.2	11 11.2	**159**	12.3	**53**	11 58.3	12 0.2	11 25.5	**159**	12.6
54	11 43.5	11 45.4	11 11.5	**162**	12.6	**54**	11 58.5	12 0.5	11 25.8	**162**	12.8
55	11 43.8	11 45.7	11 11.7	**165**	12.8	**55**	11 58.8	12 0.7	11 26.0	**165**	13.1
56	11 44.0	11 45.9	11 11.9	**168**	13.0	**56**	11 59.0	12 1.0	11 26.2	**168**	13.3
57	11 44.3	11 46.2	11 12.2	**171**	13.3	**57**	11 59.3	12 1.2	11 26.5	**171**	13.5
58	11 44.5	11 46.4	11 12.4	**174**	13.5	**58**	11 59.5	12 1.5	11 26.7	**174**	13.8
59	11 44.8	11 46.7	11 12.6	**177**	13.7	**59**	11 59.8	12 1.7	11 27.0	**177**	14.0
60	11 45.0	11 46.9	11 12.9	**180**	14.0	**60**	12 0.0	12 2.0	11 27.2	**180**	14.3

48^m	Sol y planetas	Aries	Luna	Dif.	Correc.	49^m	Sol y planetas	Aries	Luna	Dif.	Correc.
s	° ′	° ′	° ′		′	s	° ′	° ′	° ′		′
0	12 0.0	12 2.0	11 27.2	0	0.0	0	12 15.0	12 17.0	11 41.5	0	0.0
1	12 0.3	12 2.2	11 27.4	3	0.2	1	12 15.3	12 17.3	11 41.8	3	0.2
2	12 0.5	12 2.5	11 27.7	6	0.5	2	12 15.5	12 17.5	11 42.0	6	0.5
3	12 0.8	12 2.7	11 27.9	9	0.7	3	12 15.8	12 17.8	11 42.2	9	0.7
4	12 1.0	12 3.0	11 28.2	12	1.0	4	12 16.0	12 18.0	11 42.5	12	1.0
5	12 1.3	12 3.2	11 28.4	15	1.2	5	12 16.3	12 18.3	11 42.7	15	1.2
6	12 1.5	12 3.5	11 28.6	18	1.5	6	12 16.5	12 18.5	11 42.9	18	1.5
7	12 1.8	12 3.7	11 28.9	21	1.7	7	12 16.8	12 18.8	11 43.2	21	1.7
8	12 2.0	12 4.0	11 29.1	24	1.9	8	12 17.0	12 19.0	11 43.4	24	2.0
9	12 2.3	12 4.2	11 29.3	27	2.2	9	12 17.3	12 19.3	11 43.7	27	2.2
10	12 2.5	12 4.5	11 29.6	30	2.4	10	12 17.5	12 19.5	11 43.9	30	2.5
11	12 2.8	12 4.7	11 29.8	33	2.7	11	12 17.8	12 19.8	11 44.1	33	2.7
12	12 3.0	12 5.0	11 30.1	36	2.9	12	12 18.0	12 20.0	11 44.4	36	3.0
13	12 3.3	12 5.2	11 30.3	39	3.2	13	12 18.3	12 20.3	11 44.6	39	3.2
14	12 3.5	12 5.5	11 30.5	42	3.4	14	12 18.5	12 20.5	11 44.9	42	3.5
15	12 3.8	12 5.7	11 30.8	45	3.6	15	12 18.8	12 20.8	11 45.1	45	3.7
16	12 4.0	12 6.0	11 31.0	48	3.9	16	12 19.0	12 21.0	11 45.3	48	4.0
17	12 4.3	12 6.2	11 31.3	51	4.1	17	12 19.3	12 21.3	11 45.6	51	4.2
18	12 4.5	12 6.5	11 31.5	54	4.4	18	12 19.5	12 21.5	11 45.8	54	4.5
19	12 4.8	12 6.7	11 31.7	57	4.6	19	12 19.8	12 21.8	11 46.1	57	4.7
20	12 5.0	12 7.0	11 32.0	60	4.9	20	12 20.0	12 22.0	11 46.3	60	5.0
21	12 5.3	12 7.2	11 32.2	63	5.1	21	12 20.3	12 22.3	11 46.5	63	5.2
22	12 5.5	12 7.5	11 32.4	66	5.3	22	12 20.5	12 22.5	11 46.8	66	5.4
23	12 5.8	12 7.7	11 32.7	69	5.6	23	12 20.8	12 22.8	11 47.0	69	5.7
24	12 6.0	12 8.0	11 32.9	72	5.8	24	12 21.0	12 23.0	11 47.2	72	5.9
25	12 6.3	12 8.2	11 33.2	75	6.1	25	12 21.3	12 23.3	11 47.5	75	6.2
26	12 6.5	12 8.5	11 33.4	78	6.3	26	12 21.5	12 23.5	11 47.7	78	6.4
27	12 6.8	12 8.7	11 33.6	81	6.5	27	12 21.8	12 23.8	11 48.0	81	6.7
28	12 7.0	12 9.0	11 33.9	84	6.8	28	12 22.0	12 24.0	11 48.2	84	6.9
29	12 7.3	12 9.2	11 34.1	87	7.0	29	12 22.3	12 24.3	11 48.4	87	7.2
30	12 7.5	12 9.5	11 34.4	90	7.3	30	12 22.5	12 24.5	11 48.7	90	7.4
31	12 7.8	12 9.7	11 34.6	93	7.5	31	12 22.8	12 24.8	11 48.9	93	7.7
32	12 8.0	12 10.0	11 34.8	96	7.8	32	12 23.0	12 25.0	11 49.2	96	7.9
33	12 8.3	12 10.2	11 35.1	99	8.0	33	12 23.3	12 25.3	11 49.4	99	8.2
34	12 8.5	12 10.5	11 35.3	102	8.2	34	12 23.5	12 25.5	11 49.6	102	8.4
35	12 8.8	12 10.7	11 35.6	105	8.5	35	12 23.8	12 25.8	11 49.9	105	8.7
36	12 9.0	12 11.0	11 35.8	108	8.7	36	12 24.0	12 26.0	11 50.1	108	8.9
37	12 9.3	12 11.2	11 36.0	111	9.0	37	12 24.3	12 26.3	11 50.3	111	9.2
38	12 9.5	12 11.5	11 36.3	114	9.2	38	12 24.5	12 26.5	11 50.6	114	9.4
39	12 9.8	12 11.7	11 36.5	117	9.5	39	12 24.8	12 26.8	11 50.8	117	9.7
40	12 10.0	12 12.0	11 36.7	120	9.7	40	12 25.0	12 27.0	11 51.1	120	9.9
41	12 10.3	12 12.2	11 37.0	123	9.9	41	12 25.3	12 27.3	11 51.3	123	10.1
42	12 10.5	12 12.5	11 37.2	126	10.2	42	12 25.5	12 27.5	11 51.5	126	10.4
43	12 10.8	12 12.8	11 37.5	129	10.4	43	12 25.8	12 27.8	11 51.8	129	10.6
44	12 11.0	12 13.0	11 37.7	132	10.7	44	12 26.0	12 28.0	11 52.0	132	10.9
45	12 11.3	12 13.3	11 37.9	135	10.9	45	12 26.3	12 28.3	11 52.3	135	11.1
46	12 11.5	12 13.5	11 38.2	138	11.2	46	12 26.5	12 28.5	11 52.5	138	11.4
47	12 11.8	12 13.8	11 38.4	141	11.4	47	12 26.8	12 28.8	11 52.7	141	11.6
48	12 12.0	12 14.0	11 38.7	144	11.6	48	12 27.0	12 29.0	11 53.0	144	11.9
49	12 12.3	12 14.3	11 38.9	147	11.9	49	12 27.3	12 29.3	11 53.2	147	12.1
50	12 12.5	12 14.5	11 39.1	150	12.1	50	12 27.5	12 29.5	11 53.4	150	12.4
51	12 12.8	12 14.8	11 39.4	153	12.4	51	12 27.8	12 29.8	11 53.7	153	12.6
52	12 13.0	12 15.0	11 39.6	156	12.6	52	12 28.0	12 30.0	11 53.9	156	12.9
53	12 13.3	12 15.3	11 39.8	159	12.9	53	12 28.3	12 30.3	11 54.2	159	13.1
54	12 13.5	12 15.5	11 40.1	162	13.1	54	12 28.5	12 30.5	11 54.4	162	13.4
55	12 13.8	12 15.8	11 40.3	165	13.3	55	12 28.8	12 30.8	11 54.6	165	13.6
56	12 14.0	12 16.0	11 40.6	168	13.6	56	12 29.0	12 31.1	11 54.9	168	13.9
57	12 14.3	12 16.3	11 40.8	171	13.8	57	12 29.3	12 31.3	11 55.1	171	14.1
58	12 14.5	12 16.5	11 41.0	174	14.1	58	12 29.5	12 31.6	11 55.4	174	14.4
59	12 14.8	12 16.8	11 41.3	177	14.3	59	12 29.8	12 31.8	11 55.6	177	14.6
60	12 15.0	12 17.0	11 41.5	180	14.6	60	12 30.0	12 32.1	11 55.8	180	14.9

50m	Sol y planetas	Aries	Luna	Dif.	Correc.	51m	Sol y planetas	Aries	Luna	Dif.	Correc.
s	° ′	° ′	° ′		′	s	° ′	° ′	° ′		′
0	12 30.0	12 32.1	11 55.8	**0**	0.0	**0**	12 45.0	12 47.1	12 10.2	**0**	0.0
1	12 30.3	12 32.3	11 56.1	**3**	0.3	**1**	12 45.3	12 47.3	12 10.4	**3**	0.3
2	12 30.5	12 32.6	11 56.3	**6**	0.5	**2**	12 45.5	12 47.6	12 10.6	**6**	0.5
3	12 30.8	12 32.8	11 56.5	**9**	0.8	**3**	12 45.8	12 47.8	12 10.9	**9**	0.8
4	12 31.0	12 33.1	11 56.8	**12**	1.0	**4**	12 46.0	12 48.1	12 11.1	**12**	1.0
5	12 31.3	12 33.3	11 57.0	**15**	1.3	**5**	12 46.3	12 48.3	12 11.3	**15**	1.3
6	12 31.5	12 33.6	11 57.3	**18**	1.5	**6**	12 46.5	12 48.6	12 11.6	**18**	1.5
7	12 31.8	12 33.8	11 57.5	**21**	1.8	**7**	12 46.8	12 48.8	12 11.8	**21**	1.8
8	12 32.0	12 34.1	11 57.7	**24**	2.0	**8**	12 47.0	12 49.1	12 12.1	**24**	2.1
9	12 32.3	12 34.3	11 58.0	**27**	2.3	**9**	12 47.3	12 49.4	12 12.3	**27**	2.3
10	12 32.5	12 34.6	11 58.2	**30**	2.5	**10**	12 47.5	12 49.6	12 12.5	**30**	2.6
11	12 32.8	12 34.8	11 58.5	**33**	2.8	**11**	12 47.8	12 49.9	12 12.8	**33**	2.8
12	12 33.0	12 35.1	11 58.7	**36**	3.0	**12**	12 48.0	12 50.1	12 13.0	**36**	3.1
13	12 33.3	12 35.3	11 58.9	**39**	3.3	**13**	12 48.3	12 50.4	12 13.3	**39**	3.3
14	12 33.5	12 35.6	11 59.2	**42**	3.5	**14**	12 48.5	12 50.6	12 13.5	**42**	3.6
15	12 33.8	12 35.8	11 59.4	**45**	3.8	**15**	12 48.8	12 50.9	12 13.7	**45**	3.9
16	12 34.0	12 36.1	11 59.7	**48**	4.0	**16**	12 49.0	12 51.1	12 14.0	**48**	4.1
17	12 34.3	12 36.3	11 59.9	**51**	4.3	**17**	12 49.3	12 51.4	12 14.2	**51**	4.4
18	12 34.5	12 36.6	12 0.1	**54**	4.5	**18**	12 49.5	12 51.6	12 14.4	**54**	4.6
19	12 34.8	12 36.8	12 0.4	**57**	4.8	**19**	12 49.8	12 51.9	12 14.7	**57**	4.9
20	12 35.0	12 37.1	12 0.6	**60**	5.1	**20**	12 50.0	12 52.1	12 14.9	**60**	5.2
21	12 35.3	12 37.3	12 0.8	**63**	5.3	**21**	12 50.3	12 52.4	12 15.2	**63**	5.4
22	12 35.5	12 37.6	12 1.1	**66**	5.6	**22**	12 50.5	12 52.6	12 15.4	**66**	5.7
23	12 35.8	12 37.8	12 1.3	**69**	5.8	**23**	12 50.8	12 52.9	12 15.6	**69**	5.9
24	12 36.0	12 38.1	12 1.6	**72**	6.1	**24**	12 51.0	12 53.1	12 15.9	**72**	6.2
25	12 36.3	12 38.3	12 1.8	**75**	6.3	**25**	12 51.3	12 53.4	12 16.1	**75**	6.4
26	12 36.5	12 38.6	12 2.0	**78**	6.6	**26**	12 51.5	12 53.6	12 16.4	**78**	6.7
27	12 36.8	12 38.8	12 2.3	**81**	6.8	**27**	12 51.8	12 53.9	12 16.6	**81**	7.0
28	12 37.0	12 39.1	12 2.5	**84**	7.1	**28**	12 52.0	12 54.1	12 16.8	**84**	7.2
29	12 37.3	12 39.3	12 2.8	**87**	7.3	**29**	12 52.3	12 54.4	12 17.1	**87**	7.5
30	12 37.5	12 39.6	12 3.0	**90**	7.6	**30**	12 52.5	12 54.6	12 17.3	**90**	7.7
31	12 37.8	12 39.8	12 3.2	**93**	7.8	**31**	12 52.8	12 54.9	12 17.5	**93**	8.0
32	12 38.0	12 40.1	12 3.5	**96**	8.1	**32**	12 53.0	12 55.1	12 17.8	**96**	8.2
33	12 38.3	12 40.3	12 3.7	**99**	8.3	**33**	12 53.3	12 55.4	12 18.0	**99**	8.5
34	12 38.5	12 40.6	12 3.9	**102**	8.6	**34**	12 53.5	12 55.6	12 18.3	**102**	8.8
35	12 38.8	12 40.8	12 4.2	**105**	8.8	**35**	12 53.8	12 55.9	12 18.5	**105**	9.0
36	12 39.0	12 41.1	12 4.4	**108**	9.1	**36**	12 54.0	12 56.1	12 18.7	**108**	9.3
37	12 39.3	12 41.3	12 4.7	**111**	9.3	**37**	12 54.3	12 56.4	12 19.0	**111**	9.5
38	12 39.5	12 41.6	12 4.9	**114**	9.6	**38**	12 54.5	12 56.6	12 19.2	**114**	9.8
39	12 39.8	12 41.8	12 5.1	**117**	9.8	**39**	12 54.8	12 56.9	12 19.5	**117**	10.0
40	12 40.0	12 42.1	12 5.4	**120**	10.1	**40**	12 55.0	12 57.1	12 19.7	**120**	10.3
41	12 40.3	12 42.3	12 5.6	**123**	10.4	**41**	12 55.3	12 57.4	12 19.9	**123**	10.6
42	12 40.5	12 42.6	12 5.9	**126**	10.6	**42**	12 55.5	12 57.6	12 20.2	**126**	10.8
43	12 40.8	12 42.8	12 6.1	**129**	10.9	**43**	12 55.8	12 57.9	12 20.4	**129**	11.1
44	12 41.0	12 43.1	12 6.3	**132**	11.1	**44**	12 56.0	12 58.1	12 20.6	**132**	11.3
45	12 41.3	12 43.3	12 6.6	**135**	11.4	**45**	12 56.3	12 58.4	12 20.9	**135**	11.6
46	12 41.5	12 43.6	12 6.8	**138**	11.6	**46**	12 56.5	12 58.6	12 21.1	**138**	11.8
47	12 41.8	12 43.8	12 7.0	**141**	11.9	**47**	12 56.8	12 58.9	12 21.4	**141**	12.1
48	12 42.0	12 44.1	12 7.3	**144**	12.1	**48**	12 57.0	12 59.1	12 21.6	**144**	12.4
49	12 42.3	12 44.3	12 7.5	**147**	12.4	**49**	12 57.3	12 59.4	12 21.8	**147**	12.6
50	12 42.5	12 44.6	12 7.8	**150**	12.6	**50**	12 57.5	12 59.6	12 22.1	**150**	12.9
51	12 42.8	12 44.8	12 8.0	**153**	12.9	**51**	12 57.8	12 59.9	12 22.3	**153**	13.1
52	12 43.0	12 45.1	12 8.2	**156**	13.1	**52**	12 58.0	13 0.1	12 22.6	**156**	13.4
53	12 43.3	12 45.3	12 8.5	**159**	13.4	**53**	12 58.3	13 0.4	12 22.8	**159**	13.6
54	12 43.5	12 45.6	12 8.7	**162**	13.6	**54**	12 58.5	13 0.6	12 23.0	**162**	13.9
55	12 43.8	12 45.8	12 9.0	**165**	13.9	**55**	12 58.8	13 0.9	12 23.3	**165**	14.2
56	12 44.0	12 46.1	12 9.2	**168**	14.1	**56**	12 59.0	13 1.1	12 23.5	**168**	14.4
57	12 44.3	12 46.3	12 9.4	**171**	14.4	**57**	12 59.3	13 1.4	12 23.8	**171**	14.7
58	12 44.5	12 46.6	12 9.7	**174**	14.6	**58**	12 59.5	13 1.6	12 24.0	**174**	14.9
59	12 44.8	12 46.8	12 9.9	**177**	14.9	**59**	12 59.8	13 1.9	12 24.2	**177**	15.2
60	12 45.0	12 47.1	12 10.2	**180**	15.2	**60**	13 0.0	13 2.1	12 24.5	**180**	15.5

52^m	Sol y planetas	Aries	Luna	Dif.	Correc.	53^m	Sol y planetas	Aries	Luna	Dif.	Correc.
s	° ′	° ′	° ′		′	s	° ′	° ′	° ′		′
0	13 0.0	13 2.1	12 24.5	0	0.0	0	13 15.0	13 17.2	12 38.8	0	0.0
1	13 0.3	13 2.4	12 24.7	3	0.3	1	13 15.3	13 17.4	12 39.0	3	0.3
2	13 0.5	13 2.6	12 24.9	6	0.5	2	13 15.5	13 17.7	12 39.3	6	0.5
3	13 0.8	13 2.9	12 25.2	9	0.8	3	13 15.8	13 17.9	12 39.5	9	0.8
4	13 1.0	13 3.1	12 25.4	12	1.1	4	13 16.0	13 18.2	12 39.7	12	1.1
5	13 1.3	13 3.4	12 25.7	15	1.3	5	13 16.3	13 18.4	12 40.0	15	1.3
6	13 1.5	13 3.6	12 25.9	18	1.6	6	13 16.5	13 18.7	12 40.2	18	1.6
7	13 1.8	13 3.9	12 26.1	21	1.8	7	13 16.8	13 18.9	12 40.5	21	1.9
8	13 2.0	13 4.1	12 26.4	24	2.1	8	13 17.0	13 19.2	12 40.7	24	2.1
9	13 2.3	13 4.4	12 26.6	27	2.4	9	13 17.3	13 19.4	12 40.9	27	2.4
10	13 2.5	13 4.6	12 26.9	30	2.6	10	13 17.5	13 19.7	12 41.2	30	2.7
11	13 2.8	13 4.9	12 27.1	33	2.9	11	13 17.8	13 19.9	12 41.4	33	2.9
12	13 3.0	13 5.1	12 27.3	36	3.2	12	13 18.0	13 20.2	12 41.6	36	3.2
13	13 3.3	13 5.4	12 27.6	39	3.4	13	13 18.3	13 20.4	12 41.9	39	3.5
14	13 3.5	13 5.6	12 27.8	42	3.7	14	13 18.5	13 20.7	12 42.1	42	3.7
15	13 3.8	13 5.9	12 28.0	45	3.9	15	13 18.8	13 20.9	12 42.4	45	4.0
16	13 4.0	13 6.1	12 28.3	48	4.2	16	13 19.0	13 21.2	12 42.6	48	4.3
17	13 4.3	13 6.4	12 28.5	51	4.5	17	13 19.3	13 21.4	12 42.8	51	4.5
18	13 4.5	13 6.6	12 28.8	54	4.7	18	13 19.5	13 21.7	12 43.1	54	4.8
19	13 4.8	13 6.9	12 29.0	57	5.0	19	13 19.8	13 21.9	12 43.3	57	5.1
20	13 5.0	13 7.1	12 29.2	60	5.3	20	13 20.0	13 22.2	12 43.6	60	5.4
21	13 5.3	13 7.4	12 29.5	63	5.5	21	13 20.3	13 22.4	12 43.8	63	5.6
22	13 5.5	13 7.7	12 29.7	66	5.8	22	13 20.5	13 22.7	12 44.0	66	5.9
23	13 5.8	13 7.9	12 30.0	69	6.0	23	13 20.8	13 22.9	12 44.3	69	6.2
24	13 6.0	13 8.2	12 30.2	72	6.3	24	13 21.0	13 23.2	12 44.5	72	6.4
25	13 6.3	13 8.4	12 30.4	75	6.6	25	13 21.3	13 23.4	12 44.7	75	6.7
26	13 6.5	13 8.7	12 30.7	78	6.8	26	13 21.5	13 23.7	12 45.0	78	7.0
27	13 6.8	13 8.9	12 30.9	81	7.1	27	13 21.8	13 23.9	12 45.2	81	7.2
28	13 7.0	13 9.2	12 31.1	84	7.4	28	13 22.0	13 24.2	12 45.5	84	7.5
29	13 7.3	13 9.4	12 31.4	87	7.6	29	13 22.3	13 24.4	12 45.7	87	7.8
30	13 7.5	13 9.7	12 31.6	90	7.9	30	13 22.5	13 24.7	12 45.9	90	8.0
31	13 7.8	13 9.9	12 31.9	93	8.1	31	13 22.8	13 24.9	12 46.2	93	8.3
32	13 8.0	13 10.2	12 32.1	96	8.4	32	13 23.0	13 25.2	12 46.4	96	8.6
33	13 8.3	13 10.4	12 32.3	99	8.7	33	13 23.3	13 25.4	12 46.7	99	8.8
34	13 8.5	13 10.7	12 32.6	102	8.9	34	13 23.5	13 25.7	12 46.9	102	9.1
35	13 8.8	13 10.9	12 32.8	105	9.2	35	13 23.8	13 26.0	12 47.1	105	9.4
36	13 9.0	13 11.2	12 33.1	108	9.5	36	13 24.0	13 26.2	12 47.4	108	9.6
37	13 9.3	13 11.4	12 33.3	111	9.7	37	13 24.3	13 26.5	12 47.6	111	9.9
38	13 9.5	13 11.7	12 33.5	114	10.0	38	13 24.5	13 26.7	12 47.9	114	10.2
39	13 9.8	13 11.9	12 33.8	117	10.2	39	13 24.8	13 27.0	12 48.1	117	10.4
40	13 10.0	13 12.2	12 34.0	120	10.5	40	13 25.0	13 27.2	12 48.3	120	10.7
41	13 10.3	13 12.4	12 34.2	123	10.8	41	13 25.3	13 27.5	12 48.6	123	11.0
42	13 10.5	13 12.7	12 34.5	126	11.0	42	13 25.5	13 27.7	12 48.8	126	11.2
43	13 10.8	13 12.9	12 34.7	129	11.3	43	13 25.8	13 28.0	12 49.0	129	11.5
44	13 11.0	13 13.2	12 35.0	132	11.6	44	13 26.0	13 28.2	12 49.3	132	11.8
45	13 11.3	13 13.4	12 35.2	135	11.8	45	13 26.3	13 28.5	12 49.5	135	12.0
46	13 11.5	13 13.7	12 35.4	138	12.1	46	13 26.5	13 28.7	12 49.8	138	12.3
47	13 11.8	13 13.9	12 35.7	141	12.3	47	13 26.8	13 29.0	12 50.0	141	12.6
48	13 12.0	13 14.2	12 35.9	144	12.6	48	13 27.0	13 29.2	12 50.2	144	12.8
49	13 12.3	13 14.4	12 36.2	147	12.9	49	13 27.3	13 29.5	12 50.5	147	13.1
50	13 12.5	13 14.7	12 36.4	150	13.1	50	13 27.5	13 29.7	12 50.7	150	13.4
51	13 12.8	13 14.9	12 36.6	153	13.4	51	13 27.8	13 30.0	12 51.0	153	13.6
52	13 13.0	13 15.2	12 36.9	156	13.7	52	13 28.0	13 30.2	12 51.2	156	13.9
53	13 13.3	13 15.4	12 37.1	159	13.9	53	13 28.3	13 30.5	12 51.4	159	14.2
54	13 13.5	13 15.7	12 37.4	162	14.2	54	13 28.5	13 30.7	12 51.7	162	14.4
55	13 13.8	13 15.9	12 37.6	165	14.4	55	13 28.8	13 31.0	12 51.9	165	14.7
56	13 14.0	13 16.2	12 37.8	168	14.7	56	13 29.0	13 31.2	12 52.1	168	15.0
57	13 14.3	13 16.4	12 38.1	171	15.0	57	13 29.3	13 31.5	12 52.4	171	15.2
58	13 14.5	13 16.7	12 38.3	174	15.2	58	13 29.5	13 31.7	12 52.6	174	15.5
59	13 14.8	13 16.9	12 38.5	177	15.5	59	13 29.8	13 32.0	12 52.9	177	15.8
60	13 15.0	13 17.2	12 38.8	180	15.8	60	13 30.0	13 32.2	12 53.1	180	16.1

54^{m}	Sol y planetas	Aries	Luna	Dif.	Correc.	55^{m}	Sol y planetas	Aries	Luna	Dif.	Correc.
s	° ′	° ′	° ′		′	s	° ′	° ′	° ′		′
0	13 30.0	13 32.2	12 53.1	**0**	0.0	**0**	13 45.0	13 47.3	13 7.4	**0**	0.0
1	13 30.3	13 32.5	12 53.3	**3**	0.3	**1**	13 45.3	13 47.5	13 7.7	**3**	0.3
2	13 30.5	13 32.7	12 53.6	**6**	0.5	**2**	13 45.5	13 47.8	13 7.9	**6**	0.6
3	13 30.8	13 33.0	12 53.8	**9**	0.8	**3**	13 45.8	13 48.0	13 8.1	**9**	0.8
4	13 31.0	13 33.2	12 54.1	**12**	1.1	**4**	13 46.0	13 48.3	13 8.4	**12**	1.1
5	13 31.3	13 33.5	12 54.3	**15**	1.4	**5**	13 46.3	13 48.5	13 8.6	**15**	1.4
6	13 31.5	13 33.7	12 54.5	**18**	1.6	**6**	13 46.5	13 48.8	13 8.8	**18**	1.7
7	13 31.8	13 34.0	12 54.8	**21**	1.9	**7**	13 46.8	13 49.0	13 9.1	**21**	1.9
8	13 32.0	13 34.2	12 55.0	**24**	2.2	**8**	13 47.0	13 49.3	13 9.3	**24**	2.2
9	13 32.3	13 34.5	12 55.2	**27**	2.5	**9**	13 47.3	13 49.5	13 9.6	**27**	2.5
10	13 32.5	13 34.7	12 55.5	**30**	2.7	**10**	13 47.5	13 49.8	13 9.8	**30**	2.8
11	13 32.8	13 35.0	12 55.7	**33**	3.0	**11**	13 47.8	13 50.0	13 10.0	**33**	3.1
12	13 33.0	13 35.2	12 56.0	**36**	3.3	**12**	13 48.0	13 50.3	13 10.3	**36**	3.3
13	13 33.3	13 35.5	12 56.2	**39**	3.5	**13**	13 48.3	13 50.5	13 10.5	**39**	3.6
14	13 33.5	13 35.7	12 56.4	**42**	3.8	**14**	13 48.5	13 50.8	13 10.8	**42**	3.9
15	13 33.8	13 36.0	12 56.7	**45**	4.1	**15**	13 48.8	13 51.0	13 11.0	**45**	4.2
16	13 34.0	13 36.2	12 56.9	**48**	4.4	**16**	13 49.0	13 51.3	13 11.2	**48**	4.4
17	13 34.3	13 36.5	12 57.2	**51**	4.6	**17**	13 49.3	13 51.5	13 11.5	**51**	4.7
18	13 34.5	13 36.7	12 57.4	**54**	4.9	**18**	13 49.5	13 51.8	13 11.7	**54**	5.0
19	13 34.8	13 37.0	12 57.6	**57**	5.2	**19**	13 49.8	13 52.0	13 12.0	**57**	5.3
20	13 35.0	13 37.2	12 57.9	**60**	5.5	**20**	13 50.0	13 52.3	13 12.2	**60**	5.6
21	13 35.3	13 37.5	12 58.1	**63**	5.7	**21**	13 50.3	13 52.5	13 12.4	**63**	5.8
22	13 35.5	13 37.7	12 58.3	**66**	6.0	**22**	13 50.5	13 52.8	13 12.7	**66**	6.1
23	13 35.8	13 38.0	12 58.6	**69**	6.3	**23**	13 50.8	13 53.0	13 12.9	**69**	6.4
24	13 36.0	13 38.2	12 58.8	**72**	6.5	**24**	13 51.0	13 53.3	13 13.1	**72**	6.7
25	13 36.3	13 38.5	12 59.1	**75**	6.8	**25**	13 51.3	13 53.5	13 13.4	**75**	6.9
26	13 36.5	13 38.7	12 59.3	**78**	7.1	**26**	13 51.5	13 53.8	13 13.6	**78**	7.2
27	13 36.8	13 39.0	12 59.5	**81**	7.4	**27**	13 51.8	13 54.0	13 13.9	**81**	7.5
28	13 37.0	13 39.2	12 59.8	**84**	7.6	**28**	13 52.0	13 54.3	13 14.1	**84**	7.8
29	13 37.3	13 39.5	13 0.0	**87**	7.9	**29**	13 52.3	13 54.5	13 14.3	**87**	8.0
30	13 37.5	13 39.7	13 0.3	**90**	8.2	**30**	13 52.5	13 54.8	13 14.6	**90**	8.3
31	13 37.8	13 40.0	13 0.5	**93**	8.4	**31**	13 52.8	13 55.0	13 14.8	**93**	8.6
32	13 38.0	13 40.2	13 0.7	**96**	8.7	**32**	13 53.0	13 55.3	13 15.1	**96**	8.9
33	13 38.3	13 40.5	13 1.0	**99**	9.0	**33**	13 53.3	13 55.5	13 15.3	**99**	9.2
34	13 38.5	13 40.7	13 1.2	**102**	9.3	**34**	13 53.5	13 55.8	13 15.5	**102**	9.4
35	13 38.8	13 41.0	13 1.5	**105**	9.5	**35**	13 53.8	13 56.0	13 15.8	**105**	9.7
36	13 39.0	13 41.2	13 1.7	**108**	9.8	**36**	13 54.0	13 56.3	13 16.0	**108**	10.0
37	13 39.3	13 41.5	13 1.9	**111**	10.1	**37**	13 54.3	13 56.5	13 16.2	**111**	10.3
38	13 39.5	13 41.7	13 2.2	**114**	10.4	**38**	13 54.5	13 56.8	13 16.5	**114**	10.5
39	13 39.8	13 42.0	13 2.4	**117**	10.6	**39**	13 54.8	13 57.0	13 16.7	**117**	10.8
40	13 40.0	13 42.2	13 2.6	**120**	10.9	**40**	13 55.0	13 57.3	13 17.0	**120**	11.1
41	13 40.3	13 42.5	13 2.9	**123**	11.2	**41**	13 55.3	13 57.5	13 17.2	**123**	11.4
42	13 40.5	13 42.7	13 3.1	**126**	11.4	**42**	13 55.5	13 57.8	13 17.4	**126**	11.7
43	13 40.8	13 43.0	13 3.4	**129**	11.7	**43**	13 55.8	13 58.0	13 17.7	**129**	11.9
44	13 41.0	13 43.2	13 3.6	**132**	12.0	**44**	13 56.0	13 58.3	13 17.9	**132**	12.2
45	13 41.3	13 43.5	13 3.8	**135**	12.3	**45**	13 56.3	13 58.5	13 18.2	**135**	12.5
46	13 41.5	13 43.7	13 4.1	**138**	12.5	**46**	13 56.5	13 58.8	13 18.4	**138**	12.8
47	13 41.8	13 44.0	13 4.3	**141**	12.8	**47**	13 56.8	13 59.0	13 18.6	**141**	13.0
48	13 42.0	13 44.3	13 4.6	**144**	13.1	**48**	13 57.0	13 59.3	13 18.9	**144**	13.3
49	13 42.3	13 44.5	13 4.8	**147**	13.4	**49**	13 57.3	13 59.5	13 19.1	**147**	13.6
50	13 42.5	13 44.8	13 5.0	**150**	13.6	**50**	13 57.5	13 59.8	13 19.3	**150**	13.9
51	13 42.8	13 45.0	13 5.3	**153**	13.9	**51**	13 57.8	14 0.0	13 19.6	**153**	14.2
52	13 43.0	13 45.3	13 5.5	**156**	14.2	**52**	13 58.0	14 0.3	13 19.8	**156**	14.4
53	13 43.3	13 45.5	13 5.7	**159**	14.4	**53**	13 58.3	14 0.5	13 20.1	**159**	14.7
54	13 43.5	13 45.8	13 6.0	**162**	14.7	**54**	13 58.5	14 0.8	13 20.3	**162**	15.0
55	13 43.8	13 46.0	13 6.2	**165**	15.0	**55**	13 58.8	14 1.0	13 20.5	**165**	15.3
56	13 44.0	13 46.3	13 6.5	**168**	15.3	**56**	13 59.0	14 1.3	13 20.8	**168**	15.5
57	13 44.3	13 46.5	13 6.7	**171**	15.5	**57**	13 59.3	14 1.5	13 21.0	**171**	15.8
58	13 44.5	13 46.8	13 6.9	**174**	15.8	**58**	13 59.5	14 1.8	13 21.3	**174**	16.1
59	13 44.8	13 47.0	13 7.2	**177**	16.1	**59**	13 59.8	14 2.0	13 21.5	**177**	16.4
60	13 45.0	13 47.3	13 7.4	**180**	16.4	**60**	14 0.0	14 2.3	13 21.7	**180**	16.7

56m	Sol y planetas	Aries	Luna	Dif.	Correc.	57m	Sol y planetas	Aries	Luna	Dif.	Correc.
s	° ′	° ′	° ′		′	s	° ′	° ′	° ′		′
0	14 0.0	14 2.3	13 21.7	**0**	0.0	**0**	14 15.0	14 17.3	13 36.1	**0**	0.0
1	14 0.3	14 2.6	13 22.0	**3**	0.3	**1**	14 15.3	14 17.6	13 36.3	**3**	0.3
2	14 0.5	14 2.8	13 22.2	**6**	0.6	**2**	14 15.5	14 17.8	13 36.5	**6**	0.6
3	14 0.8	14 3.1	13 22.4	**9**	0.8	**3**	14 15.8	14 18.1	13 36.8	**9**	0.9
4	14 1.0	14 3.3	13 22.7	**12**	1.1	**4**	14 16.0	14 18.3	13 37.0	**12**	1.2
5	14 1.3	14 3.6	13 22.9	**15**	1.4	**5**	14 16.3	14 18.6	13 37.2	**15**	1.4
6	14 1.5	14 3.8	13 23.2	**18**	1.7	**6**	14 16.5	14 18.8	13 37.5	**18**	1.7
7	14 1.8	14 4.1	13 23.4	**21**	2.0	**7**	14 16.8	14 19.1	13 37.7	**21**	2.0
8	14 2.0	14 4.3	13 23.6	**24**	2.3	**8**	14 17.0	14 19.3	13 38.0	**24**	2.3
9	14 2.3	14 4.6	13 23.9	**27**	2.5	**9**	14 17.3	14 19.6	13 38.2	**27**	2.6
10	14 2.5	14 4.8	13 24.1	**30**	2.8	**10**	14 17.5	14 19.8	13 38.4	**30**	2.9
11	14 2.8	14 5.1	13 24.4	**33**	3.1	**11**	14 17.8	14 20.1	13 38.7	**33**	3.2
12	14 3.0	14 5.3	13 24.6	**36**	3.4	**12**	14 18.0	14 20.3	13 38.9	**36**	3.5
13	14 3.3	14 5.6	13 24.8	**39**	3.7	**13**	14 18.3	14 20.6	13 39.2	**39**	3.7
14	14 3.5	14 5.8	13 25.1	**42**	4.0	**14**	14 18.5	14 20.9	13 39.4	**42**	4.0
15	14 3.8	14 6.1	13 25.3	**45**	4.2	**15**	14 18.8	14 21.1	13 39.6	**45**	4.3
16	14 4.0	14 6.3	13 25.6	**48**	4.5	**16**	14 19.0	14 21.4	13 39.9	**48**	4.6
17	14 4.3	14 6.6	13 25.8	**51**	4.8	**17**	14 19.3	14 21.6	13 40.1	**51**	4.9
18	14 4.5	14 6.8	13 26.0	**54**	5.1	**18**	14 19.5	14 21.9	13 40.3	**54**	5.2
19	14 4.8	14 7.1	13 26.3	**57**	5.4	**19**	14 19.8	14 22.1	13 40.6	**57**	5.5
20	14 5.0	14 7.3	13 26.5	**60**	5.7	**20**	14 20.0	14 22.4	13 40.8	**60**	5.8
21	14 5.3	14 7.6	13 26.7	**63**	5.9	**21**	14 20.3	14 22.6	13 41.1	**63**	6.0
22	14 5.5	14 7.8	13 27.0	**66**	6.2	**22**	14 20.5	14 22.9	13 41.3	**66**	6.3
23	14 5.8	14 8.1	13 27.2	**69**	6.5	**23**	14 20.8	14 23.1	13 41.5	**69**	6.6
24	14 6.0	14 8.3	13 27.5	**72**	6.8	**24**	14 21.0	14 23.4	13 41.8	**72**	6.9
25	14 6.3	14 8.6	13 27.7	**75**	7.1	**25**	14 21.3	14 23.6	13 42.0	**75**	7.2
26	14 6.5	14 8.8	13 27.9	**78**	7.3	**26**	14 21.5	14 23.9	13 42.3	**78**	7.5
27	14 6.8	14 9.1	13 28.2	**81**	7.6	**27**	14 21.8	14 24.1	13 42.5	**81**	7.8
28	14 7.0	14 9.3	13 28.4	**84**	7.9	**28**	14 22.0	14 24.4	13 42.7	**84**	8.1
29	14 7.3	14 9.6	13 28.7	**87**	8.2	**29**	14 22.3	14 24.6	13 43.0	**87**	8.3
30	14 7.5	14 9.8	13 28.9	**90**	8.5	**30**	14 22.5	14 24.9	13 43.2	**90**	8.6
31	14 7.8	14 10.1	13 29.1	**93**	8.8	**31**	14 22.8	14 25.1	13 43.4	**93**	8.9
32	14 8.0	14 10.3	13 29.4	**96**	9.0	**32**	14 23.0	14 25.4	13 43.7	**96**	9.2
33	14 8.3	14 10.6	13 29.6	**99**	9.3	**33**	14 23.3	14 25.6	13 43.9	**99**	9.5
34	14 8.5	14 10.8	13 29.8	**102**	9.6	**34**	14 23.5	14 25.9	13 44.2	**102**	9.8
35	14 8.8	14 11.1	13 30.1	**105**	9.9	**35**	14 23.8	14 26.1	13 44.4	**105**	10.1
36	14 9.0	14 11.3	13 30.3	**108**	10.2	**36**	14 24.0	14 26.4	13 44.6	**108**	10.4
37	14 9.3	14 11.6	13 30.6	**111**	10.5	**37**	14 24.3	14 26.6	13 44.9	**111**	10.6
38	14 9.5	14 11.8	13 30.8	**114**	10.7	**38**	14 24.5	14 26.9	13 45.1	**114**	10.9
39	14 9.8	14 12.1	13 31.0	**117**	11.0	**39**	14 24.8	14 27.1	13 45.4	**117**	11.2
40	14 10.0	14 12.3	13 31.3	**120**	11.3	**40**	14 25.0	14 27.4	13 45.6	**120**	11.5
41	14 10.3	14 12.6	13 31.5	**123**	11.6	**41**	14 25.3	14 27.6	13 45.8	**123**	11.8
42	14 10.5	14 12.8	13 31.8	**126**	11.9	**42**	14 25.5	14 27.9	13 46.1	**126**	12.1
43	14 10.8	14 13.1	13 32.0	**129**	12.1	**43**	14 25.8	14 28.1	13 46.3	**129**	12.4
44	14 11.0	14 13.3	13 32.2	**132**	12.4	**44**	14 26.0	14 28.4	13 46.5	**132**	12.7
45	14 11.3	14 13.6	13 32.5	**135**	12.7	**45**	14 26.3	14 28.6	13 46.8	**135**	12.9
46	14 11.5	14 13.8	13 32.7	**138**	13.0	**46**	14 26.5	14 28.9	13 47.0	**138**	13.2
47	14 11.8	14 14.1	13 32.9	**141**	13.3	**47**	14 26.8	14 29.1	13 47.3	**141**	13.5
48	14 12.0	14 14.3	13 33.2	**144**	13.6	**48**	14 27.0	14 29.4	13 47.5	**144**	13.8
49	14 12.3	14 14.6	13 33.4	**147**	13.8	**49**	14 27.3	14 29.6	13 47.7	**147**	14.1
50	14 12.5	14 14.8	13 33.7	**150**	14.1	**50**	14 27.5	14 29.9	13 48.0	**150**	14.4
51	14 12.8	14 15.1	13 33.9	**153**	14.4	**51**	14 27.8	14 30.1	13 48.2	**153**	14.7
52	14 13.0	14 15.3	13 34.1	**156**	14.7	**52**	14 28.0	14 30.4	13 48.5	**156**	15.0
53	14 13.3	14 15.6	13 34.4	**159**	15.0	**53**	14 28.3	14 30.6	13 48.7	**159**	15.2
54	14 13.5	14 15.8	13 34.6	**162**	15.3	**54**	14 28.5	14 30.9	13 48.9	**162**	15.5
55	14 13.8	14 16.1	13 34.9	**165**	15.5	**55**	14 28.8	14 31.1	13 49.2	**165**	15.8
56	14 14.0	14 16.3	13 35.1	**168**	15.8	**56**	14 29.0	14 31.4	13 49.4	**168**	16.1
57	14 14.3	14 16.6	13 35.3	**171**	16.1	**57**	14 29.3	14 31.6	13 49.7	**171**	16.4
58	14 14.5	14 16.8	13 35.6	**174**	16.4	**58**	14 29.5	14 31.9	13 49.9	**174**	16.7
59	14 14.8	14 17.1	13 35.8	**177**	16.7	**59**	14 29.8	14 32.1	13 50.1	**177**	17.0
60	14 15.0	14 17.3	13 36.1	**180**	17.0	**60**	14 30.0	14 32.4	13 50.4	**180**	17.3

58m	Sol y planetas	Aries	Luna	Dif.	Correc.	59m	Sol y planetas	Aries	Luna	Dif.	Correc.
s	° '	° '	° '		'	s	° '	° '	° '		'
0	14 30.0	14 32.4	13 50.4	**0**	0.0	**0**	14 45.0	14 47.4	14 4.7	**0**	0.0
1	14 30.3	14 32.6	13 50.6	**3**	0.3	**1**	14 45.3	14 47.7	14 4.9	**3**	0.3
2	14 30.5	14 32.9	13 50.8	**6**	0.6	**2**	14 45.5	14 47.9	14 5.2	**6**	0.6
3	14 30.8	14 33.1	13 51.1	**9**	0.9	**3**	14 45.8	14 48.2	14 5.4	**9**	0.9
4	14 31.0	14 33.4	13 51.3	**12**	1.2	**4**	14 46.0	14 48.4	14 5.6	**12**	1.2
5	14 31.3	14 33.6	13 51.6	**15**	1.5	**5**	14 46.3	14 48.7	14 5.9	**15**	1.5
6	14 31.5	14 33.9	13 51.8	**18**	1.8	**6**	14 46.5	14 48.9	14 6.1	**18**	1.8
7	14 31.8	14 34.1	13 52.0	**21**	2.0	**7**	14 46.8	14 49.2	14 6.4	**21**	2.1
8	14 32.0	14 34.4	13 52.3	**24**	2.3	**8**	14 47.0	14 49.4	14 6.6	**24**	2.4
9	14 32.3	14 34.6	13 52.5	**27**	2.6	**9**	14 47.3	14 49.7	14 6.8	**27**	2.7
10	14 32.5	14 34.9	13 52.8	**30**	2.9	**10**	14 47.5	14 49.9	14 7.1	**30**	3.0
11	14 32.8	14 35.1	13 53.0	**33**	3.2	**11**	14 47.8	14 50.2	14 7.3	**33**	3.3
12	14 33.0	14 35.4	13 53.2	**36**	3.5	**12**	14 48.0	14 50.4	14 7.5	**36**	3.6
13	14 33.3	14 35.6	13 53.5	**39**	3.8	**13**	14 48.3	14 50.7	14 7.8	**39**	3.9
14	14 33.5	14 35.9	13 53.7	**42**	4.1	**14**	14 48.5	14 50.9	14 8.0	**42**	4.2
15	14 33.8	14 36.1	13 53.9	**45**	4.4	**15**	14 48.8	14 51.2	14 8.3	**45**	4.5
16	14 34.0	14 36.4	13 54.2	**48**	4.7	**16**	14 49.0	14 51.4	14 8.5	**48**	4.8
17	14 34.3	14 36.6	13 54.4	**51**	5.0	**17**	14 49.3	14 51.7	14 8.7	**51**	5.1
18	14 34.5	14 36.9	13 54.7	**54**	5.3	**18**	14 49.5	14 51.9	14 9.0	**54**	5.4
19	14 34.8	14 37.1	13 54.9	**57**	5.6	**19**	14 49.8	14 52.2	14 9.2	**57**	5.7
20	14 35.0	14 37.4	13 55.1	**60**	5.9	**20**	14 50.0	14 52.4	14 9.5	**60**	6.0
21	14 35.3	14 37.6	13 55.4	**63**	6.1	**21**	14 50.3	14 52.7	14 9.7	**63**	6.2
22	14 35.5	14 37.9	13 55.6	**66**	6.4	**22**	14 50.5	14 52.9	14 9.9	**66**	6.5
23	14 35.8	14 38.1	13 55.9	**69**	6.7	**23**	14 50.8	14 53.2	14 10.2	**69**	6.8
24	14 36.0	14 38.4	13 56.1	**72**	7.0	**24**	14 51.0	14 53.4	14 10.4	**72**	7.1
25	14 36.3	14 38.6	13 56.3	**75**	7.3	**25**	14 51.3	14 53.7	14 10.6	**75**	7.4
26	14 36.5	14 38.9	13 56.6	**78**	7.6	**26**	14 51.5	14 53.9	14 10.9	**78**	7.7
27	14 36.8	14 39.2	13 56.8	**81**	7.9	**27**	14 51.8	14 54.2	14 11.1	**81**	8.0
28	14 37.0	14 39.4	13 57.0	**84**	8.2	**28**	14 52.0	14 54.4	14 11.4	**84**	8.3
29	14 37.3	14 39.7	13 57.3	**87**	8.5	**29**	14 52.3	14 54.7	14 11.6	**87**	8.6
30	14 37.5	14 39.9	13 57.5	**90**	8.8	**30**	14 52.5	14 54.9	14 11.8	**90**	8.9
31	14 37.8	14 40.2	13 57.8	**93**	9.1	**31**	14 52.8	14 55.2	14 12.1	**93**	9.2
32	14 38.0	14 40.4	13 58.0	**96**	9.4	**32**	14 53.0	14 55.4	14 12.3	**96**	9.5
33	14 38.3	14 40.7	13 58.2	**99**	9.7	**33**	14 53.3	14 55.7	14 12.6	**99**	9.8
34	14 38.5	14 40.9	13 58.5	**102**	9.9	**34**	14 53.5	14 55.9	14 12.8	**102**	10.1
35	14 38.8	14 41.2	13 58.7	**105**	10.2	**35**	14 53.8	14 56.2	14 13.0	**105**	10.4
36	14 39.0	14 41.4	13 59.0	**108**	10.5	**36**	14 54.0	14 56.4	14 13.3	**108**	10.7
37	14 39.3	14 41.7	13 59.2	**111**	10.8	**37**	14 54.3	14 56.7	14 13.5	**111**	11.0
38	14 39.5	14 41.9	13 59.4	**114**	11.1	**38**	14 54.5	14 56.9	14 13.8	**114**	11.3
39	14 39.8	14 42.2	13 59.7	**117**	11.4	**39**	14 54.8	14 57.2	14 14.0	**117**	11.6
40	14 40.0	14 42.4	13 59.9	**120**	11.7	**40**	14 55.0	14 57.5	14 14.2	**120**	11.9
41	14 40.3	14 42.7	14 0.1	**123**	12.0	**41**	14 55.3	14 57.7	14 14.5	**123**	12.2
42	14 40.5	14 42.9	14 0.4	**126**	12.3	**42**	14 55.5	14 58.0	14 14.7	**126**	12.5
43	14 40.8	14 43.2	14 0.6	**129**	12.6	**43**	14 55.8	14 58.2	14 14.9	**129**	12.8
44	14 41.0	14 43.4	14 0.9	**132**	12.9	**44**	14 56.0	14 58.5	14 15.2	**132**	13.1
45	14 41.3	14 43.7	14 1.1	**135**	13.2	**45**	14 56.3	14 58.7	14 15.4	**135**	13.4
46	14 41.5	14 43.9	14 1.3	**138**	13.5	**46**	14 56.5	14 59.0	14 15.7	**138**	13.7
47	14 41.8	14 44.2	14 1.6	**141**	13.7	**47**	14 56.8	14 59.2	14 15.9	**141**	14.0
48	14 42.0	14 44.4	14 1.8	**144**	14.0	**48**	14 57.0	14 59.5	14 16.1	**144**	14.3
49	14 42.3	14 44.7	14 2.1	**147**	14.3	**49**	14 57.3	14 59.7	14 16.4	**147**	14.6
50	14 42.5	14 44.9	14 2.3	**150**	14.6	**50**	14 57.5	15 0.0	14 16.6	**150**	14.9
51	14 42.8	14 45.2	14 2.5	**153**	14.9	**51**	14 57.8	15 0.2	14 16.9	**153**	15.2
52	14 43.0	14 45.4	14 2.8	**156**	15.2	**52**	14 58.0	15 0.5	14 17.1	**156**	15.5
53	14 43.3	14 45.7	14 3.0	**159**	15.5	**53**	14 58.3	15 0.7	14 17.3	**159**	15.8
54	14 43.5	14 45.9	14 3.3	**162**	15.8	**54**	14 58.5	15 1.0	14 17.6	**162**	16.1
55	14 43.8	14 46.2	14 3.5	**165**	16.1	**55**	14 58.8	15 1.2	14 17.8	**165**	16.4
56	14 44.0	14 46.4	14 3.7	**168**	16.4	**56**	14 59.0	15 1.5	14 18.0	**168**	16.7
57	14 44.3	14 46.7	14 4.0	**171**	16.7	**57**	14 59.3	15 1.7	14 18.3	**171**	17.0
58	14 44.5	14 46.9	14 4.2	**174**	17.0	**58**	14 59.5	15 2.0	14 18.5	**174**	17.3
59	14 44.8	14 47.2	14 4.4	**177**	17.3	**59**	14 59.8	15 2.2	14 18.8	**177**	17.6
60	14 45.0	14 47.4	14 4.7	**180**	17.6	**60**	15 0.0	15 2.5	14 19.0	**180**	17.9

Anexo 3

Extracto de las Tablas Rápidas 2010

PUB. NO. 249

VOL. 1

SIGHT REDUCTION TABLES

FOR

AIR NAVIGATION

(SELECTED STARS)

EPOCH 2010.0

NATIONAL GEOSPATIAL-INTELLIGENCE AGENCY

CORRECTION FOR PRECESSION AND NUTATION FOR SURFACE NAVIGATION

Although designed for use in the air, this volume is being increasingly used for the reduction of astronomical sights at sea.

The altitudes and azimuths of stars as tabulated in this volume are calculated for the mean equinox of 2010.0. For strict accuracy it is necessary to apply to a position line or fix, deduced from these tables, a correction for the effects of precession and nutation. Table 5 gives such corrections, but only to the nearest minute of arc for use in air navigation.

The accompanying tables give the corrections for the years 2006-2014, to the nearest 0.1′ in distance and 1° in true bearing; they follow the design of Table 5 and should be used in the same way. It is suggested that they be used instead of Table 5 whenever the additional accuracy is required.

CORRECTION FOR PRECESSION AND NUTATION

LHA ♈	North latitudes							South latitudes						LHA ♈
	N 80°	N 70°	N 60°	N 50°	N 40°	N 20°	0°	S 20°	S 40°	S 50°	S 60°	S 70°	S 80°	
							2012							
°	′ °	′ °	′ °	′ °	′ °	′ °	′ °	′ °	′ °	′ °	′ °	′ °	′ °	°
0	**1.0** 026	**1.2** 041	**1.5** 051	**1.7** 057	**2.0** 061	**2.3** 065	**2.4** 067	**2.2** 065	**1.9** 060	**1.6** 055	**1.4** 047	**1.2** 035	**1.0** 018	0
30	**1.2** 049	**1.5** 058	**1.7** 063	**2.0** 067	**2.1** 069	**2.4** 071	**2.3** 070	**2.0** 067	**1.5** 059	**1.2** 052	**1.0** 038	**0.8** 017	**0.8** 349	30
60	**1.3** 072	**1.6** 075	**1.9** 078	**2.1** 079	**2.2** 080	**2.4** 080	**2.2** 079	**1.8** 077	**1.2** 070	**0.8** 061	**0.5** 040	**0.4** 351	**0.6** 311	60
90	**1.3** 093	**1.6** 093	**1.9** 092	**2.1** 092	**2.3** 092	**2.4** 092	**2.2** 092	**1.7** 093	**1.1** 094	**0.7** 097	**0.3** 106	**0.2** 241	**0.6** 262	90
120	**1.3** 115	**1.6** 110	**1.8** 107	**2.1** 105	**2.2** 104	**2.4** 103	**2.2** 104	**1.9** 107	**1.3** 115	**1.0** 124	**0.7** 143	**0.5** 179	**0.7** 216	120
150	**1.2** 138	**1.4** 127	**1.7** 121	**1.9** 117	**2.1** 114	**2.3** 111	**2.3** 112	**2.1** 114	**1.6** 121	**1.4** 128	**1.1** 139	**0.9** 157	**0.9** 181	150
180	**1.0** 162	**1.2** 145	**1.4** 133	**1.6** 125	**1.9** 120	**2.2** 115	**2.4** 113	**2.3** 115	**2.0** 119	**1.7** 123	**1.5** 129	**1.2** 139	**1.0** 154	180
210	**0.8** 191	**0.8** 163	**1.0** 142	**1.2** 128	**1.5** 121	**2.0** 113	**2.3** 110	**2.4** 109	**2.1** 111	**2.0** 113	**1.7** 117	**1.5** 122	**1.2** 131	210
240	**0.6** 229	**0.4** 189	**0.5** 140	**0.8** 119	**1.2** 110	**1.8** 103	**2.2** 101	**2.4** 100	**2.2** 100	**2.1** 101	**1.9** 102	**1.6** 105	**1.3** 108	240
270	**0.6** 278	**0.2** 299	**0.3** 074	**0.7** 083	**1.1** 086	**1.7** 087	**2.2** 088	**2.4** 088	**2.3** 088	**2.1** 088	**1.9** 088	**1.6** 087	**1.3** 087	270
300	**0.7** 324	**0.5** 001	**0.7** 037	**1.0** 056	**1.3** 065	**1.9** 073	**2.2** 076	**2.4** 077	**2.2** 076	**2.1** 075	**1.8** 073	**1.6** 070	**1.3** 065	300
330	**0.9** 359	**0.9** 023	**1.1** 041	**1.4** 052	**1.6** 059	**2.1** 066	**2.3** 068	**2.3** 069	**2.1** 066	**1.9** 063	**1.7** 059	**1.4** 053	**1.2** 042	330
360	**1.0** 026	**1.2** 041	**1.5** 051	**1.7** 057	**2.0** 061	**2.3** 065	**2.4** 067	**2.2** 065	**1.9** 060	**1.6** 055	**1.4** 047	**1.2** 035	**1.0** 018	360
							2013							
0	**1.4** 026	**1.7** 041	**2.0** 051	**2.3** 057	**2.6** 061	**3.0** 066	**3.1** 067	**2.9** 065	**2.5** 060	**2.2** 055	**1.8** 047	**1.5** 035	**1.3** 017	0
30	**1.6** 050	**2.0** 059	**2.3** 064	**2.6** 067	**2.9** 069	**3.1** 071	**3.1** 070	**2.7** 067	**2.0** 060	**1.7** 052	**1.3** 038	**1.1** 016	**1.0** 348	30
60	**1.7** 072	**2.1** 076	**2.5** 078	**2.8** 079	**3.0** 080	**3.1** 080	**2.9** 080	**2.4** 077	**1.6** 070	**1.1** 062	**0.7** 041	**0.5** 350	**0.8** 310	60
90	**1.7** 094	**2.2** 093	**2.5** 093	**2.8** 092	**3.0** 092	**3.1** 092	**2.9** 092	**2.3** 093	**1.4** 095	**0.9** 098	**0.4** 109	**0.2** 238	**0.7** 261	90
120	**1.7** 116	**2.1** 111	**2.4** 107	**2.7** 105	**3.0** 104	**3.1** 103	**3.0** 104	**2.5** 107	**1.7** 115	**1.3** 124	**0.9** 143	**0.7** 178	**0.9** 215	120
150	**1.5** 138	**1.9** 128	**2.2** 121	**2.5** 117	**2.8** 114	**3.1** 112	**3.1** 112	**2.8** 114	**2.2** 121	**1.8** 128	**1.5** 139	**1.2** 157	**1.1** 181	150
180	**1.3** 163	**1.5** 145	**1.8** 133	**2.2** 125	**2.5** 120	**2.9** 115	**3.1** 113	**3.0** 114	**2.6** 119	**2.3** 123	**2.0** 129	**1.7** 139	**1.4** 154	180
210	**1.0** 192	**1.1** 164	**1.3** 142	**1.7** 128	**2.0** 120	**2.7** 113	**3.1** 110	**3.1** 109	**2.9** 111	**2.6** 113	**2.3** 116	**2.0** 121	**1.6** 130	210
240	**0.8** 230	**0.5** 190	**0.7** 139	**1.1** 118	**1.6** 110	**2.4** 103	**2.9** 100	**3.1** 100	**3.0** 100	**2.8** 101	**2.5** 102	**2.1** 104	**1.7** 108	240
270	**0.7** 279	**0.2** 302	**0.4** 071	**0.9** 082	**1.4** 085	**2.3** 087	**2.9** 088	**3.1** 088	**3.0** 088	**2.8** 088	**2.5** 087	**2.2** 087	**1.7** 086	270
300	**0.9** 325	**0.7** 002	**0.9** 037	**1.3** 056	**1.7** 065	**2.5** 073	**3.0** 076	**3.1** 077	**3.0** 076	**2.7** 075	**2.4** 073	**2.1** 069	**1.7** 064	300
330	**1.1** 359	**1.2** 023	**1.5** 041	**1.8** 052	**2.2** 059	**2.8** 066	**3.1** 068	**3.1** 068	**2.8** 066	**2.5** 063	**2.2** 059	**1.9** 052	**1.5** 042	330
360	**1.4** 026	**1.7** 041	**2.0** 051	**2.3** 057	**2.6** 061	**3.0** 066	**3.1** 067	**2.9** 065	**2.5** 060	**2.2** 055	**1.8** 047	**1.5** 035	**1.3** 017	360
							2014							
0	**1.7** 026	**2.1** 041	**2.5** 051	**2.9** 057	**3.2** 061	**3.8** 066	**3.9** 067	**3.7** 065	**3.1** 060	**2.7** 055	**2.3** 047	**1.9** 035	**1.6** 017	0
30	**2.0** 050	**2.4** 059	**2.9** 064	**3.3** 067	**3.6** 069	**3.9** 071	**3.8** 070	**3.3** 067	**2.5** 060	**2.0** 052	**1.6** 038	**1.3** 016	**1.3** 348	30
60	**2.1** 072	**2.6** 076	**3.1** 078	**3.5** 079	**3.7** 080	**3.9** 080	**3.6** 080	**3.0** 077	**1.9** 070	**1.4** 062	**0.9** 041	**0.7** 350	**1.0** 310	60
90	**2.2** 094	**2.7** 093	**3.1** 093	**3.5** 092	**3.7** 092	**3.9** 092	**3.6** 092	**2.8** 093	**1.7** 095	**1.1** 098	**0.5** 109	**0.3** 238	**0.9** 261	90
120	**2.1** 116	**2.6** 111	**3.0** 107	**3.4** 105	**3.7** 104	**3.9** 103	**3.7** 104	**3.1** 107	**2.1** 115	**1.6** 124	**1.1** 143	**0.9** 178	**1.1** 215	120
150	**1.9** 138	**2.3** 128	**2.7** 121	**3.1** 117	**3.5** 114	**3.9** 112	**3.9** 112	**3.4** 114	**2.7** 121	**2.3** 128	**1.9** 139	**1.5** 157	**1.4** 181	150
180	**1.6** 163	**1.9** 145	**2.3** 133	**2.7** 125	**3.1** 120	**3.7** 115	**3.9** 113	**3.8** 114	**3.2** 119	**2.9** 123	**2.5** 129	**2.1** 139	**1.7** 154	180
210	**1.3** 192	**1.3** 164	**1.6** 142	**2.0** 128	**2.5** 120	**3.3** 113	**3.8** 110	**3.9** 109	**3.6** 111	**3.3** 113	**2.9** 116	**2.4** 121	**2.0** 130	210
240	**1.0** 230	**0.7** 190	**0.9** 139	**1.4** 118	**1.9** 110	**3.0** 103	**3.6** 100	**3.9** 100	**3.7** 100	**3.5** 101	**3.1** 102	**2.6** 104	**2.1** 108	240
270	**0.9** 279	**0.3** 302	**0.5** 071	**1.1** 082	**1.7** 085	**2.8** 087	**3.6** 088	**3.9** 088	**3.7** 088	**3.5** 088	**3.1** 087	**2.7** 087	**2.2** 086	270
300	**1.1** 325	**0.9** 002	**1.1** 037	**1.6** 056	**2.1** 065	**3.1** 073	**3.7** 076	**3.9** 077	**3.7** 076	**3.4** 075	**3.0** 073	**2.6** 069	**2.1** 064	300
330	**1.4** 359	**1.5** 023	**1.9** 041	**2.3** 052	**2.7** 059	**3.4** 066	**3.9** 068	**3.9** 068	**3.5** 066	**3.1** 063	**2.7** 059	**2.3** 052	**1.9** 042	330
360	**1.7** 026	**2.1** 041	**2.5** 051	**2.9** 057	**3.2** 061	**3.8** 066	**3.9** 067	**3.7** 065	**3.1** 060	**2.7** 055	**2.3** 047	**1.9** 035	**1.6** 017	360

The above table gives the correction to be applied to a position line or a fix for the effects of precession and nutation from the mean equinox of 2010.0. Each entry consists of the distance (in bold type) in nautical miles, and the direction (true bearing) in which the position line or fix is to be moved. The table is entered firstly by the year, then by choosing the column nearest the latitude and finally the entry nearest the LHA ♈ of observation; no interpolation is necessary, though in extreme cases near the beginning or end of a year (but not the end of 2009 or the beginning of 2010 when the corrections are zero) values midway towards those of the previous or following years may be taken.

Example. In 2014 a fix is obtained in latitude N 35° when LHA ♈ is 199°. Entering the table with the year 2014, latitude N 40°, and LHA ♈ 210° gives **2.5′** 120° which indicates that the fix is to be transferred 2.5 miles in true bearing 120°.

LAT 58°N

LHA ♈	Hc	Zn	Hc	Zn	Hc	Zn	Hc	Zn	Hc	Zn	Hc	Zn	Hc	Zn
	Dubhe		◆CAPELLA		ALDEBARAN		Hamal		◆Alpheratz		ALTAIR		◆VEGA	
0	30 11	008	42 42	068	24 59	099	48 39	133	61 06	176	22 03	251	36 44	286
1	30 15	008	43 11	069	25 30	100	49 02	134	61 08	178	21 33	251	36 14	287
2	30 20	009	43 41	070	26 01	101	49 25	135	61 09	180	21 03	252	35 44	288
3	30 25	009	44 11	070	26 33	101	49 47	137	61 08	181	20 32	253	35 13	289
4	30 30	010	44 41	071	27 04	102	50 08	138	61 07	183	20 02	254	34 43	289
5	30 36	010	45 11	072	27 35	103	50 29	139	61 05	185	19 31	255	34 13	290
6	30 42	011	45 41	072	28 06	104	50 50	141	61 02	187	19 01	256	33 44	291
7	30 48	011	46 12	073	28 36	105	51 10	142	60 57	189	18 30	257	33 14	291
8	30 54	012	46 42	074	29 07	106	51 29	143	60 52	190	17 59	258	32 44	292
9	31 01	012	47 13	074	29 38	107	51 48	145	60 46	192	17 27	259	32 15	293
10	31 08	013	47 43	075	30 08	108	52 06	146	60 39	194	16 56	259	31 46	294
11	31 15	014	48 14	076	30 38	109	52 23	148	60 31	196	16 25	260	31 17	294
12	31 23	014	48 45	076	31 08	110	52 40	149	60 21	197	15 54	261	30 48	295
13	31 31	015	49 16	077	31 38	111	52 56	150	60 11	199	15 22	262	30 19	296
14	31 39	015	49 47	078	32 07	112	53 11	152	60 01	201	14 51	263	29 51	296
	Dubhe		◆CAPELLA		ALDEBARAN		Hamal		◆Alpheratz		DENEB		◆VEGA	
15	31 47	016	50 18	079	32 37	113	53 26	153	59 49	203	49 44	281	29 22	297
16	31 56	016	50 49	079	33 06	114	53 40	155	59 36	204	49 13	281	28 54	298
17	32 05	017	51 20	080	33 35	115	53 53	156	59 23	206	48 42	282	28 26	299
18	32 14	017	51 52	081	34 04	116	54 05	158	59 08	208	48 11	283	27 58	299
19	32 24	018	52 23	082	34 32	117	54 17	159	58 53	209	47 40	284	27 30	300
20	32 33	018	52 55	082	35 01	118	54 28	161	58 37	211	47 09	284	27 03	301
21	32 44	019	53 26	083	35 29	119	54 38	163	58 21	212	46 38	285	26 36	301
22	32 54	019	53 58	084	35 56	120	54 47	164	58 03	214	46 07	286	26 09	302
23	33 05	020	54 29	085	36 24	121	54 55	166	57 45	215	45 37	286	25 42	303
24	33 16	020	55 01	085	36 51	122	55 02	167	57 26	217	45 07	287	25 15	304
25	33 27	021	55 33	086	37 18	123	55 09	169	57 07	219	44 36	288	24 49	304
26	33 38	021	56 05	087	37 44	124	55 15	170	56 47	220	44 06	289	24 23	305
27	33 50	022	56 36	088	38 10	125	55 20	172	56 26	221	43 36	289	23 57	306
28	34 02	022	57 08	089	38 36	126	55 24	174	56 05	223	43 06	290	23 31	306
29	34 14	023	57 40	089	39 02	127	55 27	175	55 43	224	42 36	291	23 06	307
	Dubhe		◆CAPELLA		ALDEBARAN		Hamal		◆Alpheratz		DENEB		◆VEGA	
30	34 27	024	58 12	090	39 27	128	55 29	177	55 20	226	42 06	291	22 40	308
31	34 40	024	58 43	091	39 52	130	55 30	178	54 57	227	41 37	292	22 15	309
32	34 53	025	59 16	092	40 16	131	55 31	180	54 34	228	41 07	293	21 51	309
33	35 06	025	59 47	093	40 40	132	55 30	182	54 10	230	40 38	293	21 26	310
34	35 20	026	60 19	094	41 03	133	55 29	183	53 45	231	40 09	294	21 02	311
35	35 34	026	60 50	095	41 26	134	55 26	185	53 20	232	39 40	295	20 38	311
36	35 48	027	61 22	096	41 49	135	55 23	187	52 55	234	39 11	295	20 14	312
37	36 02	027	61 54	097	42 11	137	55 19	188	52 29	235	38 42	296	19 51	313
38	36 17	028	62 25	098	42 33	138	55 14	190	52 03	236	38 14	297	19 27	314
39	36 31	028	62 57	099	42 54	139	55 08	191	51 36	237	37 46	297	19 04	314
40	36 47	029	63 28	100	43 14	140	55 02	193	51 09	239	37 17	298	18 42	315
41	37 02	029	63 59	101	43 35	141	54 54	195	50 42	240	36 49	299	18 19	316
42	37 17	030	64 31	102	43 54	143	54 46	196	50 14	241	36 22	299	17 57	316
43	37 33	030	65 02	103	44 13	144	54 36	198	49 47	242	35 54	300	17 36	317
44	37 49	031	65 33	104	44 32	145	54 26	199	49 18	243	35 26	301	17 14	318
	◆Dubhe		POLLUX		BETELGEUSE		◆ALDEBARAN		Hamal		Alpheratz		◆DENEB	
45	38 06	031	33 09	089	29 12	128	44 49	146	54 15	201	48 50	244	34 59	301
46	38 22	032	33 40	090	29 37	129	45 07	148	54 04	202	48 21	245	34 32	302
47	38 39	032	34 12	091	30 01	130	45 23	149	53 51	204	47 52	246	34 05	302
48	38 56	033	34 44	092	30 25	131	45 39	150	53 38	205	47 23	248	33 38	303
49	39 13	033	35 16	093	30 49	132	45 55	152	53 24	207	46 53	249	33 12	304
50	39 30	034	35 48	094	31 12	133	46 09	153	53 09	208	46 24	250	32 46	304
51	39 48	034	36 19	094	31 35	134	46 24	154	52 54	210	45 54	251	32 19	305
52	40 06	034	36 51	095	31 58	135	46 37	156	52 38	211	45 23	252	31 53	306
53	40 24	035	37 23	096	32 20	136	46 50	157	52 21	213	44 53	253	31 28	306
54	40 42	035	37 54	097	32 42	138	47 02	158	52 03	214	44 23	254	31 02	307
55	41 01	036	38 26	098	33 03	139	47 13	160	51 45	215	43 52	255	30 37	308
56	41 20	036	38 57	099	33 24	140	47 24	161	51 27	217	43 21	256	30 12	308
57	41 39	037	39 29	100	33 44	141	47 33	163	51 07	218	42 51	257	29 47	309
58	41 58	037	40 00	101	34 04	142	47 43	164	50 47	220	42 20	258	29 23	310
59	42 17	038	40 31	102	34 23	143	47 51	165	50 27	221	41 48	259	28 58	310
	◆Dubhe		POLLUX		BETELGEUSE		◆ALDEBARAN		Hamal		Alpheratz		◆DENEB	
60	42 37	038	41 02	103	34 42	144	47 59	167	50 06	222	41 17	260	28 34	311
61	42 57	039	41 33	104	35 00	145	48 05	168	49 44	224	40 46	260	28 10	312
62	43 17	039	42 04	105	35 18	147	48 11	170	49 22	225	40 15	261	27 47	312
63	43 37	040	42 35	106	35 35	148	48 17	171	48 59	226	39 43	262	27 23	313
64	43 57	040	43 05	106	35 52	149	48 21	173	48 36	227	39 12	263	27 00	314
65	44 18	041	43 36	107	36 08	150	48 25	174	48 12	229	38 40	264	26 37	314
66	44 38	041	44 06	108	36 24	151	48 28	175	47 48	230	38 08	265	26 15	315
67	44 59	041	44 36	109	36 39	153	48 30	177	47 24	231	37 37	266	25 52	316
68	45 21	042	45 06	111	36 53	154	48 31	178	46 59	232	37 05	267	25 30	316
69	45 42	042	45 35	112	37 07	155	48 32	180	46 33	233	36 33	268	25 08	317
70	46 03	043	46 05	113	37 20	156	48 31	181	46 08	235	36 01	268	24 47	318
71	46 25	043	46 34	114	37 32	157	48 30	183	45 41	236	35 30	269	24 26	318
72	46 47	044	47 03	115	37 44	159	48 28	184	45 15	237	34 58	270	24 05	319
73	47 09	044	47 32	116	37 56	160	48 26	186	44 48	238	34 26	271	23 44	320
74	47 31	045	48 00	117	38 06	161	48 22	187	44 21	239	33 54	272	23 23	320
	◆Dubhe		REGULUS		PROCYON		◆SIRIUS		ALDEBARAN		◆Alpheratz		DENEB	
75	47 54	045	16 51	094	28 47	133	12 09	154	48 18	188	33 22	273	23 03	321
76	48 16	045	17 22	095	29 10	134	12 23	155	48 13	190	32 51	273	22 43	322
77	48 39	046	17 54	096	29 32	135	12 36	156	48 07	191	32 19	274	22 24	322
78	49 02	046	18 26	097	29 54	136	12 48	157	48 00	193	31 47	275	22 05	323
79	49 25	047	18 57	098	30 16	137	13 00	158	47 53	194	31 16	276	21 46	324
80	49 48	047	19 29	099	30 37	138	13 12	159	47 45	196	30 44	277	21 27	324
81	50 12	048	20 00	100	30 58	140	13 23	160	47 36	197	30 12	278	21 09	325
82	50 35	048	20 31	101	31 19	141	13 34	161	47 26	198	29 41	278	20 50	326
83	50 59	048	21 02	101	31 38	142	13 44	162	47 16	200	29 10	279	20 33	326
84	51 23	049	21 34	102	31 58	143	13 54	163	47 05	201	28 38	280	20 15	327
85	51 47	049	22 05	103	32 17	144	14 03	164	46 53	203	28 07	281	19 58	328
86	52 11	050	22 35	104	32 35	145	14 11	165	46 40	204	27 36	282	19 41	328
87	52 35	050	23 06	105	32 53	146	14 20	166	46 27	205	27 05	282	19 25	329
88	52 59	050	23 37	106	33 11	147	14 27	167	46 13	207	26 34	283	19 09	330
89	53 24	051	24 07	107	33 28	149	14 34	168	45 58	208	26 03	284	18 53	331

LAT 58°N

LHA ♈	Hc	Zn	Hc	Zn	Hc	Zn	Hc	Zn	Hc	Zn	Hc	Zn	Hc	Zn
	Dubhe		◆REGULUS		PROCYON		SIRIUS		◆ALDEBARAN		Mirfak		◆DENEB	
90	53 49	051	24 38	108	33 44	150	14 41	169	45 43	209	66 12	267	18 37	331
91	54 14	052	25 08	109	34 00	151	14 47	170	45 27	211	65 40	268	18 22	332
92	54 39	052	25 38	110	34 15	152	14 52	171	45 11	212	65 08	269	18 08	333
93	55 04	052	26 08	111	34 30	153	14 57	172	44 54	213	64 36	270	17 53	333
94	55 29	053	26 38	111	34 44	154	15 01	173	44 36	214	64 04	271	17 39	334
95	55 54	053	27 07	112	34 57	155	15 05	174	44 18	216	63 33	271	17 25	335
96	56 20	054	27 36	113	35 10	157	15 08	175	43 59	217	63 01	272	17 12	335
97	56 45	054	28 05	114	35 22	158	15 11	176	43 39	218	62 29	273	16 59	336
98	57 11	054	28 34	115	35 34	159	15 13	177	43 19	220	61 57	274	16 46	337
99	57 37	055	29 03	116	35 45	160	15 15	178	42 59	221	61 26	275	16 34	337
100	58 03	055	29 31	117	35 55	161	15 16	179	42 38	222	60 54	275	16 22	338
101	58 29	055	29 59	118	36 05	163	15 16	180	42 16	223	60 22	276	16 10	339
102	58 55	056	30 27	119	36 14	164	15 16	181	41 54	224	59 51	277	15 59	340
103	59 22	056	30 55	120	36 23	165	15 15	182	41 32	226	59 19	278	15 48	340
104	59 48	056	31 22	121	36 31	166	15 14	183	41 09	227	58 48	278	15 37	341
	Alioth		◆REGULUS		PROCYON		BETELGEUSE		◆ALDEBARAN		Mirfak		◆DENEB	
105	45 11	053	31 49	122	36 38	168	37 54	200	40 46	228	58 16	279	15 27	342
106	45 37	053	32 16	123	36 44	169	37 43	202	40 22	229	57 45	280	15 17	342
107	46 02	054	32 42	124	36 50	170	37 31	203	39 58	230	57 14	280	15 08	343
108	46 28	054	33 08	125	36 55	171	37 18	204	39 33	231	56 42	281	14 59	344
109	46 54	055	33 34	126	37 00	173	37 05	205	39 08	232	56 11	282	14 50	345
110	47 20	055	34 00	128	37 03	174	36 51	206	38 43	234	55 40	282	14 42	345
111	47 46	056	34 25	129	37 07	175	36 36	208	38 17	235	55 09	283	14 34	346
112	48 13	056	34 49	130	37 09	176	36 21	209	37 51	236	54 38	284	14 27	347
113	48 39	057	35 14	131	37 11	178	36 06	210	37 24	237	54 07	284	14 20	347
114	49 06	057	35 37	132	37 12	179	35 50	211	36 58	238	53 37	285	14 13	348
115	49 33	058	36 01	133	37 12	180	35 33	212	36 31	239	53 06	286	14 07	349
116	50 00	058	36 24	134	37 12	181	35 16	214	36 03	240	52 35	286	14 01	350
117	50 27	059	36 47	135	37 10	183	34 58	215	35 36	241	52 05	287	13 55	350
118	50 54	059	37 09	136	37 09	184	34 39	216	35 08	242	51 35	288	13 50	351
119	51 22	060	37 30	137	37 06	185	34 20	217	34 39	243	51 04	288	13 45	352
	◆Kochab		ARCTURUS		◆REGULUS		PROCYON		BETELGEUSE		◆CAPELLA		DENEB	
120	51 37	025	14 03	076	37 52	139	37 00	186	34 01	218	62 48	262	13 41	352
121	51 51	026	14 34	077	38 12	140	36 59	188	33 41	219	62 16	263	13 37	353
122	52 04	026	15 05	078	38 33	141	36 55	189	33 21	220	61 45	264	13 33	354
123	52 18	026	15 36	079	38 53	142	36 50	190	33 00	221	61 13	265	13 30	355
124	52 32	026	16 07	080	39 12	143	36 44	191	32 39	223	60 41	266	13 27	355
125	52 47	027	16 39	080	39 30	145	36 37	192	32 17	224	60 10	266	13 25	356
126	53 01	027	17 10	081	39 49	146	36 30	194	31 55	225	59 38	267	13 23	357
127	53 15	027	17 41	082	40 06	147	36 22	195	31 32	226	59 06	268	13 21	358
128	53 30	027	18 13	083	40 23	148	36 14	196	31 09	227	58 34	269	13 20	358
129	53 45	028	18 45	084	40 40	149	36 04	197	30 46	228	58 03	270	13 19	359
130	53 59	028	19 16	085	40 56	151	35 55	199	30 22	229	57 31	271	13 19	000
131	54 14	028	19 48	085	41 11	152	35 44	200	29 58	230	56 59	272	13 19	000
132	54 29	028	20 20	086	41 26	153	35 33	201	29 33	231	56 27	272	13 19	001
133	54 44	028	20 51	087	41 40	154	35 21	202	29 08	232	55 56	273	13 20	002
134	54 59	028	21 23	088	41 53	156	35 09	203	28 43	233	55 24	274	13 22	003
	DENEB		◆VEGA		ARCTURUS		◆REGULUS		PROCYON		BETELGEUSE		◆CAPELLA	
135	13 23	003	11 18	028	21 55	089	42 06	157	34 56	205	28 17	234	54 52	275
136	13 25	004	11 32	028	22 27	090	42 18	158	34 42	206	27 51	235	54 20	276
137	13 28	005	11 48	029	22 58	090	42 29	160	34 28	207	27 25	236	53 49	276
138	13 30	005	12 03	030	23 30	091	42 40	161	34 14	208	26 59	237	53 17	277
139	13 34	006	12 19	031	24 02	092	42 50	162	33 58	209	26 32	238	52 46	278
140	13 37	007	12 36	031	24 34	093	42 59	164	33 43	210	26 04	239	52 14	279
141	13 41	008	12 53	032	25 05	094	43 08	165	33 26	212	25 37	240	51 43	279
142	13 46	008	13 10	033	25 37	095	43 16	166	33 09	213	25 09	241	51 12	280
143	13 51	009	13 27	034	26 09	096	43 23	168	32 52	214	24 41	242	50 40	281
144	13 56	010	13 45	034	26 40	096	43 30	169	32 34	215	24 13	243	50 09	282
145	14 01	010	14 03	035	27 12	097	43 35	170	32 15	216	23 45	244	49 38	282
146	14 07	011	14 21	036	27 44	098	43 41	172	31 56	217	23 16	245	49 07	283
147	14 14	012	14 40	037	28 15	099	43 45	173	31 37	218	22 47	246	48 36	284
148	14 20	013	14 59	037	28 46	100	43 48	174	31 17	219	22 18	247	48 05	284
149	14 28	013	15 19	038	29 18	101	43 51	176	30 56	221	21 49	248	47 34	285
	DENEB		◆VEGA		ARCTURUS		Denebola		◆REGULUS		POLLUX		◆CAPELLA	
150	14 35	014	15 38	039	29 49	102	41 55	143	43 53	177	52 01	232	47 04	286
151	14 43	015	15 59	039	30 20	103	42 14	144	43 55	178	51 36	234	46 33	287
152	14 51	016	16 19	040	30 51	104	42 32	146	43 55	180	51 10	235	46 03	287
153	15 00	016	16 40	041	31 22	105	42 50	147	43 55	181	50 44	236	45 33	288
154	15 09	017	17 01	042	31 52	105	43 07	148	43 54	182	50 17	237	45 02	289
155	15 19	018	17 22	042	32 23	106	43 23	150	43 52	184	49 50	238	44 32	289
156	15 28	018	17 43	043	32 53	107	43 39	151	43 50	185	49 23	240	44 02	290
157	15 39	019	18 05	044	33 24	108	43 54	152	43 47	186	48 55	241	43 32	291
158	15 49	020	18 28	045	33 54	109	44 09	153	43 43	188	48 28	242	43 03	291
159	16 00	020	18 50	045	34 24	110	44 23	155	43 38	189	47 59	243	42 33	292
160	16 11	021	19 13	046	34 53	111	44 36	156	43 32	191	47 31	244	42 04	293
161	16 23	022	19 36	047	35 23	112	44 48	157	43 26	192	47 02	245	41 35	293
162	16 35	023	19 59	047	35 52	113	45 00	159	43 19	193	46 33	246	41 05	294
163	16 47	023	20 23	048	36 21	114	45 12	160	43 12	195	46 04	247	40 36	295
164	17 00	024	20 46	049	36 50	115	45 22	161	43 03	196	45 34	248	40 08	295
	◆DENEB		VEGA		ARCTURUS		◆SPICA		REGULUS		◆POLLUX		CAPELLA	
165	17 13	025	21 11	050	37 19	116	14 40	143	42 54	197	45 05	250	39 39	296
166	17 27	025	21 35	050	37 47	117	14 59	144	42 45	198	44 35	251	39 10	297
167	17 41	026	21 59	051	38 15	118	15 18	145	42 34	200	44 05	252	38 42	297
168	17 55	027	22 24	052	38 43	119	15 36	146	42 23	201	43 34	253	38 14	298
169	18 09	027	22 49	052	39 11	120	15 54	147	42 11	202	43 04	254	37 46	299
170	18 24	028	23 15	053	39 38	121	16 11	148	41 59	204	42 33	255	37 18	299
171	18 39	029	23 40	054	40 05	123	16 27	149	41 46	205	42 03	256	36 50	300
172	18 55	030	24 06	055	40 32	124	16 44	150	41 32	206	41 32	256	36 23	300
173	19 11	030	24 32	055	40 58	125	16 59	151	41 18	208	41 01	257	35 55	301
174	19 27	031	24 58	056	41 24	126	17 15	152	41 03	209	40 30	258	35 28	302
175	19 43	032	25 25	057	41 49	127	17 29	153	40 47	210	39 59	259	35 01	302
176	20 00	032	25 52	057	42 15	128	17 44	154	40 31	211	39 27	260	34 35	303
177	20 17	033	26 18	058	42 39	129	17 58	155	40 14	212	38 56	261	34 08	304
178	20 35	034	26 46	059	43 04	130	18 11	156	39 57	214	38 25	262	33 42	304
179	20 52	034	27 13	060	43 28	132	18 24	157	39 39	215	37 53	263	33 16	305

44

LAT 58°N

LHA ♈	Hc	Zn	Hc	Zn	Hc	Zn	Hc	Zn	Hc	Zn	Hc	Zn	Hc	Zn
	♦DENEB		VEGA		ARCTURUS		♦SPICA		REGULUS		♦POLLUX		CAPELLA	
180	21 11	035	27 40	060	43 51	133	18 36	158	39 20	216	37 21	264	32 50	306
181	21 29	036	28 08	061	44 14	134	18 48	159	39 01	217	36 50	265	32 24	306
182	21 48	036	28 36	062	44 37	135	18 59	160	38 42	219	36 18	266	31 59	307
183	22 07	037	29 04	062	44 59	136	19 10	161	38 22	220	35 46	266	31 33	308
184	22 26	038	29 32	063	45 21	138	19 20	162	38 01	221	35 15	267	31 08	308
185	22 46	038	30 01	064	45 42	139	19 29	163	37 40	222	34 43	268	30 43	309
186	23 06	039	30 29	065	46 03	140	19 39	164	37 19	223	34 11	269	30 19	310
187	23 26	040	30 58	065	46 23	142	19 47	165	36 57	224	33 39	270	29 54	310
188	23 46	040	31 27	066	46 42	143	19 55	166	36 34	225	33 08	271	29 30	311
189	24 07	041	31 56	067	47 01	144	20 03	167	36 11	227	32 36	272	29 06	312
190	24 28	042	32 26	067	47 19	145	20 09	168	35 48	228	32 04	272	28 43	312
191	24 49	042	32 55	068	47 37	147	20 16	169	35 24	229	31 32	273	28 19	313
192	25 11	043	33 25	069	47 54	148	20 21	170	35 00	230	31 00	274	27 56	313
193	25 33	044	33 54	070	48 11	149	20 27	171	34 36	231	30 29	275	27 33	314
194	25 55	044	34 24	070	48 27	151	20 31	172	34 11	232	29 57	276	27 10	315
	♦DENEB		VEGA		Rasalhague		♦ARCTURUS		REGULUS		♦POLLUX		CAPELLA	
195	26 17	045	34 54	071	21 46	101	48 42	152	33 46	233	29 26	277	26 48	315
196	26 40	046	35 24	072	22 18	102	48 56	154	33 20	234	28 54	277	26 26	316
197	27 03	046	35 55	072	22 49	103	49 10	155	32 54	235	28 22	278	26 04	317
198	27 26	047	36 25	073	23 19	104	49 23	156	32 28	236	27 51	279	25 42	317
199	27 49	048	36 55	074	23 50	105	49 36	158	32 01	237	27 20	280	25 21	318
200	28 13	048	37 26	075	24 21	106	49 47	159	31 34	238	26 48	281	25 00	319
201	28 37	049	37 57	075	24 51	107	49 58	161	31 07	239	26 17	281	24 39	319
202	29 01	050	38 28	076	25 22	108	50 08	162	30 40	240	25 46	282	24 18	320
203	29 25	050	38 59	077	25 52	109	50 18	164	30 12	241	25 15	283	23 58	321
204	29 50	051	39 30	078	26 22	110	50 26	165	29 44	242	24 44	284	23 38	321
205	30 15	052	40 01	078	26 52	111	50 34	167	29 16	243	24 13	285	23 18	322
206	30 40	052	40 32	079	27 22	111	50 41	168	28 47	244	23 43	285	22 59	323
207	31 05	053	41 03	080	27 51	112	50 47	169	28 18	245	23 12	286	22 40	323
208	31 31	054	41 35	081	28 20	113	50 53	171	27 49	246	22 41	287	22 21	324
209	31 56	054	42 06	082	28 49	114	50 57	172	27 20	247	22 11	288	22 03	325
	♦DENEB		VEGA		Rasalhague		♦ARCTURUS		REGULUS		♦POLLUX		CAPELLA	
210	32 22	055	42 37	082	29 18	115	51 01	174	26 51	248	21 41	288	21 44	325
211	32 48	056	43 09	083	29 47	116	51 04	175	26 21	249	21 11	289	21 26	326
212	33 15	056	43 41	084	30 15	117	51 06	177	25 52	250	20 41	290	21 09	327
213	33 41	057	44 12	085	30 43	118	51 07	178	25 22	251	20 11	291	20 52	327
214	34 08	058	44 44	085	31 11	119	51 08	180	24 51	252	19 41	292	20 35	328
215	34 35	058	45 16	086	31 39	120	51 07	181	24 21	253	19 12	292	20 18	329
216	35 02	059	45 47	087	32 06	121	51 06	183	23 51	254	18 43	293	20 02	329
217	35 29	060	46 19	088	32 33	122	51 04	184	23 20	255	18 13	294	19 46	330
218	35 57	060	46 51	089	33 00	123	51 01	186	22 49	255	17 44	295	19 30	331
219	36 25	061	47 23	090	33 26	124	50 58	187	22 19	256	17 16	295	19 15	332
220	36 53	062	47 54	090	33 52	125	50 53	189	21 48	257	16 47	296	19 00	332
221	37 21	062	48 26	091	34 18	127	50 48	190	21 17	258	16 19	297	18 45	333
222	37 49	063	48 58	092	34 43	128	50 41	192	20 45	259	15 50	298	18 31	334
223	38 17	064	49 30	093	35 08	129	50 34	193	20 14	260	15 22	299	18 17	334
224	38 46	064	50 02	094	35 33	130	50 27	195	19 43	261	14 55	299	18 03	335
	DENEB		♦VEGA		Rasalhague		♦ARCTURUS		Denebola		Dubhe		♦CAPELLA	
225	39 14	065	50 33	095	35 57	131	50 18	196	33 57	240	61 13	303	17 50	336
226	39 43	065	51 05	096	36 21	132	50 09	198	33 29	241	60 46	303	17 37	336
227	40 12	066	51 36	097	36 45	133	49 59	199	33 01	242	60 19	303	17 25	337
228	40 41	067	52 08	098	37 08	134	49 48	201	32 33	243	59 53	304	17 12	338
229	41 11	067	52 40	099	37 30	135	49 36	202	32 05	244	59 26	304	17 00	338
230	41 40	068	53 11	099	37 52	136	49 24	204	31 36	245	59 00	304	16 49	339
231	42 10	069	53 42	100	38 14	138	49 11	205	31 08	246	58 34	305	16 38	340
232	42 39	070	54 13	101	38 35	139	48 57	206	30 39	247	58 07	305	16 27	341
233	43 09	070	54 45	102	38 56	140	48 43	208	30 09	247	57 41	305	16 17	341
234	43 39	071	55 16	103	39 16	141	48 28	209	29 40	248	57 16	306	16 07	342
235	44 09	072	55 46	105	39 36	142	48 12	210	29 10	249	56 50	306	15 57	343
236	44 40	072	56 17	106	39 55	144	47 55	212	28 40	250	56 24	306	15 48	343
237	45 10	073	56 48	107	40 14	145	47 38	213	28 10	251	55 59	307	15 39	344
238	45 40	074	57 18	108	40 32	146	47 20	215	27 40	252	55 33	307	15 30	345
239	46 11	074	57 48	109	40 49	147	47 02	216	27 10	253	55 08	308	15 22	345
	DENEB		♦VEGA		Rasalhague		♦ARCTURUS		Denebola		Dubhe		♦CAPELLA	
240	46 42	075	58 18	110	41 06	148	46 43	217	26 39	254	54 43	308	15 14	346
241	47 12	076	58 48	111	41 22	150	46 24	218	26 09	255	54 18	308	15 07	347
242	47 43	076	59 18	112	41 38	151	46 04	220	25 38	256	53 53	309	15 00	348
243	48 14	077	59 47	113	41 53	152	45 43	221	25 07	257	53 28	309	14 53	348
244	48 45	078	60 16	115	42 08	153	45 22	222	24 36	258	53 04	310	14 47	349
245	49 16	079	60 45	116	42 22	155	45 00	223	24 05	259	52 39	310	14 41	350
246	49 48	079	61 13	117	42 35	156	44 38	225	23 34	260	52 15	310	14 36	350
247	50 19	080	61 41	119	42 48	157	44 16	226	23 02	260	51 51	311	14 31	351
248	50 50	081	62 09	120	43 00	159	43 53	227	22 31	261	51 27	311	14 26	352
249	51 22	082	62 36	121	43 11	160	43 29	228	21 59	262	51 03	312	14 22	353
250	51 53	082	63 03	123	43 21	161	43 05	229	21 28	263	50 39	312	14 18	353
251	52 25	083	63 30	124	43 31	163	42 41	231	20 56	264	50 15	312	14 14	354
252	52 56	084	63 56	126	43 40	164	42 16	232	20 25	265	49 52	313	14 11	355
253	53 28	085	64 22	127	43 49	165	41 51	233	19 53	266	49 29	313	14 08	355
254	54 00	085	64 47	129	43 57	167	41 25	234	19 21	267	49 06	314	14 06	356
	Schedar		DENEB		♦ALTAIR		Rasalhague		♦ARCTURUS		Dubhe		♦CAPELLA	
255	35 41	038	54 31	086	31 01	128	44 04	168	40 59	235	48 43	314	14 04	357
256	36 01	038	55 03	087	31 25	129	44 10	169	40 33	236	48 20	315	14 03	358
257	36 21	039	55 35	088	31 50	131	44 15	171	40 07	237	47 57	315	14 02	358
258	36 41	039	56 07	089	32 14	132	44 20	172	39 40	238	47 35	315	14 01	359
259	37 01	040	56 38	089	32 37	133	44 24	173	39 12	240	47 13	316	14 00	000
260	37 22	041	57 10	090	33 00	134	44 28	175	38 45	241	46 51	316	14 01	000
261	37 42	041	57 42	091	33 23	135	44 30	176	38 17	242	46 29	317	14 01	001
262	38 03	042	58 14	092	33 45	136	44 32	177	37 49	243	46 07	317	14 02	002
263	38 25	042	58 45	093	34 07	137	44 33	179	37 21	244	45 46	318	14 03	003
264	38 46	043	59 17	094	34 29	138	44 33	180	36 52	245	45 24	318	14 05	003
265	39 08	043	59 49	095	34 50	139	44 33	182	36 23	246	45 03	318	14 07	004
266	39 30	044	60 21	096	35 10	140	44 31	183	35 54	247	44 42	319	14 09	005
267	39 52	044	60 52	097	35 30	142	44 29	184	35 25	248	44 21	319	14 12	005
268	40 14	045	61 24	098	35 50	143	44 27	186	34 55	249	44 01	320	14 15	006
269	40 37	045	61 55	099	36 09	144	44 23	187	34 25	250	43 40	320	14 19	007

LAT 58°N

LHA ♈	Hc	Zn	Hc	Zn	Hc	Zn	Hc	Zn	Hc	Zn	Hc	Zn	Hc	Zn
	♦CAPELLA		Alpheratz		♦ALTAIR		Rasalhague		♦ARCTURUS		Alkaid		Dubhe	
270	14 23	008	23 16	072	36 27	145	44 19	188	33 55	251	53 05	285	43 20	321
271	14 27	008	23 46	073	36 45	146	44 14	190	33 25	252	52 34	285	43 00	321
272	14 32	009	24 17	073	37 03	147	44 08	191	32 55	253	52 04	286	42 40	322
273	14 37	010	24 47	074	37 19	149	44 02	192	32 25	254	51 33	286	42 21	322
274	14 43	010	25 18	075	37 36	150	43 54	194	31 54	254	51 03	287	42 01	323
275	14 49	011	25 49	076	37 51	151	43 46	195	31 23	255	50 32	288	41 42	323
276	14 55	012	26 20	076	38 07	152	43 38	196	30 53	256	50 02	288	41 23	324
277	15 02	013	26 51	077	38 21	153	43 28	198	30 22	257	49 32	289	41 04	324
278	15 09	013	27 22	078	38 35	155	43 18	199	29 51	258	49 02	290	40 46	324
279	15 17	014	27 53	079	38 48	156	43 08	200	29 19	259	48 32	290	40 27	325
280	15 24	015	28 24	080	39 01	157	42 56	202	28 48	260	48 02	291	40 09	325
281	15 33	015	28 55	080	39 13	158	42 44	203	28 17	261	47 33	292	39 51	326
282	15 41	016	29 27	081	39 25	160	42 31	204	27 45	262	47 03	292	39 33	326
283	15 50	017	29 58	082	39 35	161	42 18	206	27 14	263	46 34	293	39 16	327
284	16 00	018	30 30	083	39 45	162	42 04	207	26 42	264	46 05	294	38 59	327
	♦CAPELLA		Alpheratz		♦ALTAIR		Rasalhague		♦ARCTURUS		Alkaid		Dubhe	
285	16 10	018	31 01	084	39 55	163	41 49	208	26 11	264	45 36	294	38 42	328
286	16 20	019	31 33	084	40 04	165	41 34	209	25 39	265	45 07	295	38 25	328
287	16 30	020	32 05	085	40 12	166	41 18	211	25 07	266	44 38	295	38 08	329
288	16 41	020	32 36	086	40 19	167	41 01	212	24 36	267	44 09	296	37 52	329
289	16 52	021	33 08	087	40 26	169	40 44	213	24 04	268	43 41	297	37 36	330
290	17 04	022	33 40	088	40 32	170	40 26	214	23 32	269	43 12	297	37 20	330
291	17 16	022	34 12	089	40 37	171	40 08	216	23 00	270	42 44	298	37 04	331
292	17 28	023	34 43	089	40 41	172	39 49	217	22 28	270	42 16	299	36 49	331
293	17 41	024	35 15	090	40 45	174	39 30	218	21 57	271	41 48	299	36 34	332
294	17 54	025	35 47	091	40 48	175	39 10	219	21 25	272	41 21	300	36 19	332
295	18 07	025	36 19	092	40 51	176	38 50	220	20 53	273	40 53	300	36 04	333
296	18 21	026	36 50	093	40 53	178	38 29	222	20 21	274	40 26	301	35 50	333
297	18 35	027	37 22	094	40 53	179	38 08	223	19 50	275	39 59	302	35 36	334
298	18 49	027	37 54	095	40 54	180	37 46	224	19 18	275	39 32	302	35 22	334
299	19 04	028	38 26	096	40 53	182	37 23	225	18 46	276	39 05	303	35 08	335
	CAPELLA		♦Alpheratz		Enif		ALTAIR		♦VEGA		Alphecca		♦Dubhe	
300	19 19	029	38 57	096	37 55	147	40 52	183	66 36	224	34 52	265	34 55	335
301	19 35	029	39 29	097	38 13	148	40 50	184	66 13	226	34 20	266	34 42	336
302	19 50	030	40 00	098	38 29	149	40 47	185	65 50	227	33 49	267	34 29	336
303	20 06	031	40 32	099	38 45	150	40 44	187	65 27	229	33 17	268	34 16	337
304	20 23	031	41 03	100	39 01	151	40 40	188	65 02	230	32 45	269	34 04	337
305	20 39	032	41 34	101	39 16	153	40 35	189	64 38	232	32 13	270	33 52	338
306	20 56	033	42 05	102	39 30	154	40 30	191	64 12	234	31 42	270	33 40	338
307	21 14	033	42 37	103	39 44	155	40 23	192	63 47	235	31 10	271	33 29	339
308	21 32	034	43 07	104	39 57	156	40 16	193	63 20	236	30 38	272	33 17	340
309	21 49	035	43 38	105	40 09	158	40 09	195	62 54	238	30 06	273	33 07	340
310	22 08	035	44 09	106	40 21	159	40 00	196	62 26	239	29 35	274	32 56	341
311	22 26	036	44 39	107	40 32	160	39 51	197	61 59	241	29 03	275	32 45	341
312	22 45	037	45 10	108	40 43	161	39 42	198	61 31	242	28 31	275	32 35	342
313	23 04	037	45 40	109	40 52	163	39 31	200	61 03	243	28 00	276	32 25	342
314	23 24	038	46 10	110	41 01	164	39 20	201	60 34	244	27 28	277	32 16	343
	CAPELLA		♦Hamal		Alpheratz		Enif		♦ALTAIR		VEGA		♦Alioth	
315	23 44	039	26 37	088	46 40	111	41 10	165	39 09	202	60 05	246	33 12	325
316	24 04	039	27 09	089	47 09	112	41 18	167	38 57	203	59 36	247	32 54	326
317	24 24	040	27 41	089	47 39	113	41 25	168	38 44	205	59 07	248	32 36	326
318	24 45	041	28 13	090	48 08	114	41 31	169	38 30	206	58 37	249	32 19	327
319	25 06	041	28 45	091	48 37	115	41 36	171	38 16	207	58 07	250	32 01	327
320	25 27	042	29 16	092	49 05	116	41 41	172	38 01	208	57 37	252	31 44	328
321	25 48	043	29 48	093	49 34	117	41 45	173	37 46	209	57 07	253	31 28	329
322	26 10	043	30 20	094	50 02	119	41 49	174	37 30	211	56 37	254	31 11	329
323	26 32	044	30 52	095	50 30	120	41 52	176	37 13	212	56 06	255	30 55	330
324	26 54	045	31 23	095	50 57	121	41 54	177	36 56	213	55 35	256	30 39	330
325	27 17	045	31 55	096	51 24	122	41 55	178	36 39	214	55 04	257	30 23	331
326	27 39	046	32 26	097	51 51	123	41 55	180	36 21	215	54 33	258	30 08	331
327	28 02	047	32 58	098	52 17	125	41 55	181	36 02	217	54 02	259	29 53	332
328	28 26	047	33 29	099	52 43	126	41 54	182	35 43	218	53 31	260	29 38	333
329	28 49	048	34 01	100	53 09	127	41 52	184	35 23	219	53 00	261	29 24	333
	CAPELLA		♦Hamal		Alpheratz		Enif		♦ALTAIR		VEGA		♦Alioth	
330	29 13	049	34 32	101	53 34	128	41 50	185	35 03	220	52 28	262	29 10	334
331	29 37	049	35 03	102	53 59	130	41 47	186	34 42	221	51 57	263	28 56	334
332	30 01	050	35 34	103	54 23	131	41 43	188	34 21	222	51 25	264	28 42	335
333	30 26	051	36 05	104	54 47	132	41 38	189	33 59	223	50 53	265	28 29	335
334	30 50	051	36 36	105	55 10	134	41 33	190	33 37	224	50 22	265	28 16	336
335	31 15	052	37 07	105	55 33	135	41 27	192	33 15	226	49 50	266	28 03	337
336	31 40	053	37 37	106	55 55	136	41 20	193	32 52	227	49 18	267	27 50	337
337	32 06	053	38 08	107	56 16	138	41 13	194	32 29	228	48 47	268	27 38	338
338	32 31	054	38 38	108	56 37	139	41 04	196	32 05	229	48 15	269	27 26	338
339	32 57	055	39 08	109	56 58	141	40 56	197	31 41	230	47 43	270	27 15	339
340	33 23	055	39 38	110	57 18	142	40 46	198	31 16	231	47 11	271	27 04	340
341	33 49	056	40 08	111	57 37	144	40 36	199	30 51	232	46 39	272	26 53	340
342	34 16	056	40 37	112	57 55	145	40 25	201	30 26	233	46 08	272	26 42	341
343	34 42	057	41 07	113	58 13	147	40 13	202	30 01	234	45 36	273	26 32	341
344	35 09	058	41 36	114	58 30	148	40 01	203	29 35	235	45 04	274	26 22	342
	CAPELLA		ALDEBARAN		♦Hamal		Alpheratz		♦ALTAIR		VEGA		♦Alioth	
345	35 36	058	17 03	086	42 04	116	58 46	150	29 09	236	44 32	275	26 12	343
346	36 03	059	17 35	087	42 33	117	59 02	152	28 42	237	44 01	276	26 03	343
347	36 31	060	18 07	088	43 01	118	59 16	153	28 15	238	43 29	276	25 54	344
348	36 58	060	18 39	088	43 29	119	59 30	155	27 48	239	42 58	277	25 45	344
349	37 26	061	19 10	089	43 57	120	59 43	157	27 21	240	42 26	278	25 37	345
350	37 54	062	19 42	090	44 25	121	59 55	158	26 53	241	41 55	279	25 28	346
351	38 22	062	20 14	091	44 52	122	60 07	160	26 25	242	41 23	280	25 21	346
352	38 50	063	20 46	092	45 18	123	60 17	162	25 57	243	40 52	280	25 13	347
353	39 18	064	21 17	093	45 45	124	60 27	164	25 28	244	40 21	281	25 06	347
354	39 47	064	21 49	094	46 11	125	60 35	165	25 00	245	39 49	282	24 59	348
355	40 16	065	22 21	094	46 37	127	60 43	167	24 31	246	39 18	283	24 53	349
356	40 45	066	22 53	095	47 02	128	60 49	169	24 02	247	38 47	283	24 47	349
357	41 14	066	23 24	096	47 27	129	60 55	171	23 32	248	38 17	284	24 41	350
358	41 43	067	23 56	097	47 51	130	61 00	172	23 03	249	37 46	285	24 36	350
359	42 12	068	24 27	098	48 15	132	61 04	174	22 33	250	37 15	286	24 31	351

45

LAT 40°N

LHA ♈	Hc	Zn	Hc	Zn	Hc	Zn	Hc	Zn	Hc	Zn	Hc	Zn	Hc	Zn
	♦CAPELLA		ALDEBARAN		♦Diphda		FOMALHAUT		ALTAIR		♦VEGA		Kochab	
0	34 06	056	26 24	090	31 10	168	18 58	194	26 55	258	29 58	297	27 39	348
1	34 44	056	27 10	091	31 19	169	18 46	195	26 09	259	29 17	298	27 29	348
2	35 22	056	27 56	091	31 28	170	18 34	196	25 24	260	28 36	298	27 20	348
3	36 01	057	28 42	092	31 35	171	18 21	197	24 39	261	27 56	299	27 11	349
4	36 39	057	29 28	093	31 42	172	18 07	198	23 54	261	27 16	299	27 02	349
5	37 18	057	30 13	093	31 48	173	17 53	199	23 08	262	26 36	300	26 53	349
6	37 56	058	30 59	094	31 53	174	17 38	199	22 23	263	25 56	300	26 45	349
7	38 35	058	31 45	095	31 57	175	17 22	200	21 37	263	25 16	301	26 37	350
8	39 14	058	32 31	095	32 00	177	17 06	201	20 51	264	24 37	301	26 28	350
9	39 53	058	33 17	096	32 02	178	16 49	202	20 05	265	23 57	301	26 21	350
10	40 33	059	34 02	097	32 04	179	16 31	203	19 20	265	23 18	302	26 13	351
11	41 12	059	34 48	098	32 04	180	16 13	204	18 34	266	22 39	302	26 05	351
12	41 51	059	35 33	098	32 04	181	15 54	205	17 48	267	22 01	303	25 58	351
13	42 31	060	36 19	099	32 02	182	15 35	205	17 02	267	21 22	303	25 51	351
14	43 11	060	37 04	100	32 00	183	15 15	206	16 16	268	20 44	304	25 44	352
	♦CAPELLA		BETELGEUSE		RIGEL		♦Diphda		Enif		♦DENEB		Kochab	
15	43 51	060	17 03	095	14 06	114	31 57	184	37 24	249	43 30	299	25 38	352
16	44 31	061	17 49	095	14 48	114	31 53	186	36 41	250	42 50	299	25 31	352
17	45 11	061	18 34	096	15 30	115	31 48	187	35 58	251	42 10	299	25 25	352
18	45 51	061	19 20	097	16 12	116	31 42	188	35 15	251	41 30	300	25 19	353
19	46 31	061	20 06	097	16 53	117	31 36	189	34 31	252	40 50	300	25 14	353
20	47 11	062	20 51	098	17 34	117	31 28	190	33 47	253	40 11	300	25 08	353
21	47 52	062	21 37	099	18 14	118	31 20	191	33 03	254	39 31	301	25 03	354
22	48 32	062	22 22	099	18 55	119	31 10	192	32 19	255	38 52	301	24 58	354
23	49 13	062	23 07	100	19 35	120	31 00	193	31 34	255	38 12	301	24 53	354
24	49 54	063	23 53	101	20 15	121	30 49	194	30 50	256	37 33	302	24 49	354
25	50 35	063	24 38	102	20 54	121	30 37	195	30 05	257	36 54	302	24 44	355
26	51 16	063	25 23	102	21 33	122	30 25	197	29 20	258	36 15	302	24 40	355
27	51 57	063	26 08	103	22 12	123	30 11	198	28 35	258	35 37	303	24 36	355
28	52 38	063	26 52	104	22 50	124	29 57	199	27 50	259	34 58	303	24 33	356
29	53 19	064	27 37	104	23 28	125	29 42	200	27 05	260	34 20	303	24 29	356
	♦CAPELLA		BETELGEUSE		RIGEL		♦Diphda		Alpheratz		♦DENEB		Kochab	
30	54 00	064	28 21	105	24 06	125	29 26	201	64 50	253	33 41	304	24 26	356
31	54 41	064	29 06	106	24 43	126	29 09	202	64 06	254	33 03	304	24 23	357
32	55 22	064	29 50	107	25 20	127	28 51	203	63 21	255	32 25	305	24 21	357
33	56 04	064	30 34	107	25 57	128	28 33	204	62 37	256	31 47	305	24 18	357
34	56 45	064	31 17	108	26 33	129	28 14	205	61 52	257	31 10	305	24 16	357
35	57 27	064	32 01	109	27 08	130	27 54	206	61 07	258	30 32	306	24 14	358
36	58 08	065	32 44	110	27 43	131	27 34	207	60 22	259	29 55	306	24 12	358
37	58 50	065	33 27	111	28 18	132	27 13	208	59 37	260	29 18	306	24 11	358
38	59 31	065	34 10	111	28 52	132	26 51	209	58 51	261	28 41	307	24 09	359
39	60 13	065	34 53	112	29 26	133	26 28	210	58 06	262	28 04	307	24 08	359
40	60 54	065	35 35	113	29 59	134	26 05	211	57 20	262	27 28	308	24 08	359
41	61 36	065	36 17	114	30 31	135	25 41	212	56 35	263	26 52	308	24 07	359
42	62 18	065	36 59	115	31 04	136	25 17	213	55 49	264	26 15	308	24 07	000
43	62 59	065	37 41	116	31 35	137	24 51	214	55 03	265	25 39	309	24 07	000
44	63 41	065	38 22	117	32 06	138	24 26	215	54 18	266	25 04	300	24 07	000
	♦Dubhe		POLLUX		SIRIUS		♦RIGEL		Diphda		♦Alpheratz		DENEB	
45	22 14	026	31 06	078	12 46	125	32 36	139	23 59	216	53 32	266	24 28	310
46	22 34	026	31 51	078	13 23	126	33 06	140	23 32	217	52 46	267	23 53	310
47	22 55	027	32 36	079	14 00	127	33 35	141	23 04	217	52 00	268	23 18	310
48	23 16	027	33 22	080	14 37	127	34 03	142	22 36	218	51 14	268	22 43	311
49	23 37	027	34 07	080	15 13	128	34 31	143	22 07	219	50 28	269	22 08	311
50	23 58	028	34 52	081	15 49	129	34 58	144	21 38	220	49 42	270	21 34	312
51	24 20	028	35 37	081	16 25	130	35 25	146	21 08	221	48 56	270	21 00	312
52	24 41	028	36 23	082	17 00	131	35 50	147	20 38	222	48 10	271	20 26	313
53	25 03	029	37 08	082	17 35	131	36 15	148	20 07	223	47 24	272	19 52	313
54	25 26	029	37 54	083	18 09	132	36 39	149	19 36	224	46 38	272	19 19	314
55	25 48	029	38 40	083	18 43	133	37 03	150	19 04	224	45 52	273	18 46	314
56	26 11	030	39 25	084	19 16	134	37 25	151	18 31	225	45 07	273	18 13	315
57	26 34	030	40 11	085	19 49	135	37 47	152	17 58	226	44 21	274	17 40	315
58	26 57	030	40 57	085	20 22	135	38 08	154	17 25	227	43 35	275	17 08	315
59	27 20	031	41 43	086	20 54	136	38 28	155	16 51	228	42 49	275	16 36	316
	♦Dubhe		POLLUX		PROCYON		♦SIRIUS		RIGEL		♦Hamal		Schedar	
60	27 44	031	42 29	086	29 45	110	21 25	137	38 47	156	61 12	244	54 01	314
61	28 08	031	43 14	087	30 28	111	21 57	138	39 05	157	60 30	245	53 28	314
62	28 32	032	44 00	088	31 11	112	22 27	139	39 23	158	59 49	246	52 55	314
63	28 56	032	44 46	088	31 54	113	22 57	140	39 39	160	59 06	247	52 22	314
64	29 20	032	45 32	089	32 36	113	23 26	141	39 55	161	58 24	248	51 49	314
65	29 45	032	46 18	089	33 18	114	23 55	142	40 10	162	57 41	249	51 16	314
66	30 09	033	47 04	090	34 00	115	24 24	142	40 23	163	56 58	250	50 43	314
67	30 34	033	47 50	091	34 41	116	24 51	143	40 36	165	56 14	251	50 10	314
68	30 59	033	48 36	091	35 23	117	25 18	144	40 48	166	55 31	252	49 37	314
69	31 25	033	49 22	092	36 04	118	25 45	145	40 58	167	54 47	253	49 04	314
70	31 50	034	50 08	093	36 44	119	26 11	146	41 08	168	54 03	254	48 31	314
71	32 16	034	50 54	093	37 24	120	26 36	147	41 17	170	53 18	255	47 58	314
72	32 41	034	51 40	094	38 04	120	27 00	148	41 24	171	52 34	256	47 25	314
73	33 07	034	52 25	095	38 43	121	27 24	149	41 31	172	51 49	257	46 52	314
74	33 33	035	53 11	096	39 22	122	27 48	150	41 37	174	51 04	258	46 19	314
	♦Dubhe		POLLUX		PROCYON		♦SIRIUS		RIGEL		♦Hamal		Schedar	
75	33 59	035	53 57	096	40 01	123	28 10	151	41 41	175	50 19	259	45 47	314
76	34 26	035	54 43	097	40 39	124	28 32	152	41 45	176	49 34	260	45 14	315
77	34 52	035	55 28	098	41 17	125	28 53	153	41 47	178	48 49	260	44 41	315
78	35 19	036	56 14	099	41 54	126	29 14	154	41 48	179	48 03	261	44 08	315
79	35 46	036	56 59	100	42 31	128	29 33	155	41 49	180	47 18	262	43 36	315
80	36 13	036	57 44	100	43 07	129	29 52	156	41 48	182	46 32	263	43 03	315
81	36 40	036	58 29	101	43 43	130	30 10	157	41 46	183	45 47	263	42 31	315
82	37 07	036	59 14	102	44 18	131	30 28	158	41 43	184	45 01	264	41 59	315
83	37 34	036	59 59	103	44 52	132	30 44	159	41 39	186	44 15	265	41 26	315
84	38 01	037	60 44	104	45 26	133	31 00	160	41 34	187	43 30	266	40 54	316
85	38 29	037	61 28	105	45 59	134	31 15	162	41 28	188	42 44	266	40 22	316
86	38 56	037	62 13	106	46 32	136	31 29	163	41 21	190	41 58	267	39 50	316
87	39 24	037	62 57	107	47 04	137	31 42	164	41 13	191	41 12	268	39 18	316
88	39 52	037	63 40	108	47 35	138	31 55	165	41 03	192	40 26	268	38 46	316
89	40 20	037	64 24	109	48 05	139	32 06	166	40 53	193	39 40	269	38 15	317

LAT 40°N

LHA ♈	Hc	Zn	Hc	Zn	Hc	Zn	Hc	Zn	Hc	Zn	Hc	Zn	Hc	Zn
	♦Dubhe		REGULUS		PROCYON		♦SIRIUS		RIGEL		ALDEBARAN		♦Mirfak	
90	40 47	037	28 49	099	48 35	141	32 17	167	40 42	195	60 21	224	61 14	303
91	41 15	038	29 34	100	49 04	142	32 27	168	40 30	196	59 49	225	60 35	303
92	41 43	038	30 20	100	49 32	143	32 36	169	40 17	197	59 16	227	59 57	303
93	42 12	038	31 05	101	49 59	145	32 44	170	40 02	199	58 42	228	59 18	303
94	42 40	038	31 50	102	50 25	146	32 51	172	39 47	200	58 07	230	58 39	303
95	43 08	038	32 35	102	50 50	147	32 57	173	39 31	201	57 32	231	58 01	303
96	43 36	038	33 20	103	51 14	149	33 03	174	39 14	202	56 55	233	57 22	303
97	44 05	038	34 04	104	51 38	150	33 07	175	38 57	203	56 19	234	56 44	303
98	44 33	038	34 49	105	52 00	152	33 11	176	38 38	205	55 41	235	56 05	303
99	45 01	038	35 33	106	52 21	153	33 14	177	38 18	206	55 03	236	55 26	303
100	45 30	038	36 17	106	52 41	155	33 15	178	37 58	207	54 24	238	54 48	303
101	45 58	038	37 01	107	53 00	156	33 16	180	37 36	208	53 45	239	54 09	303
102	46 27	038	37 45	108	53 18	158	33 16	181	37 14	209	53 06	240	53 30	303
103	46 55	038	38 29	109	53 34	160	33 15	182	36 51	211	52 26	241	52 52	303
104	47 23	038	39 12	110	53 50	161	33 13	183	36 27	212	51 45	242	52 13	303
	♦Kochab		Denebola		♦REGULUS		SIRIUS		RIGEL		♦ALDEBARAN		Mirfak	
105	31 23	016	22 40	090	39 55	111	33 10	184	36 03	213	51 04	243	51 35	303
106	31 37	017	23 26	090	40 38	111	33 06	185	35 38	214	50 23	244	50 57	303
107	31 50	017	24 12	091	41 21	112	33 02	186	35 12	215	49 41	245	50 18	304
108	32 03	017	24 58	092	42 03	113	32 56	188	34 45	216	48 59	246	49 40	304
109	32 17	017	25 44	092	42 45	114	32 50	189	34 18	217	48 17	247	49 02	304
110	32 30	017	26 30	093	43 27	115	32 42	190	33 50	218	47 34	248	48 24	304
111	32 44	018	27 16	094	44 09	116	32 34	191	33 21	219	46 52	249	47 46	304
112	32 58	018	28 02	094	44 50	117	32 25	192	32 51	220	46 08	250	47 08	304
113	33 12	018	28 48	095	45 31	118	32 15	193	32 21	221	45 25	251	46 30	304
114	33 27	018	29 33	096	46 11	119	32 04	194	31 51	222	44 41	252	45 52	305
115	33 41	018	30 19	096	46 51	120	31 52	195	31 20	223	43 58	253	45 14	305
116	33 55	018	31 05	097	47 31	121	31 40	196	30 48	224	43 14	254	44 36	305
117	34 10	019	31 50	098	48 10	122	31 26	198	30 16	225	42 29	255	43 59	305
118	34 25	019	32 36	099	48 48	123	31 12	199	29 43	226	41 45	255	43 21	306
119	34 40	019	33 21	099	49 26	124	30 57	200	29 09	227	41 00	256	42 44	306
	♦Kochab		Denebola		♦REGULUS		SIRIUS		RIGEL		♦ALDEBARAN		CAPELLA	
120	34 54	019	34 06	100	50 04	126	30 41	201	28 35	228	40 16	257	60 01	295
121	35 09	019	34 52	101	50 41	127	30 24	202	28 01	229	39 31	258	59 19	295
122	35 25	019	35 37	101	51 18	128	30 07	203	27 26	230	38 46	259	58 38	295
123	35 40	019	36 22	102	51 54	129	29 48	204	26 51	231	38 01	259	57 56	295
124	35 55	020	37 07	103	52 29	131	29 29	205	26 15	232	37 15	260	57 15	296
125	36 10	020	37 51	104	53 03	132	29 09	206	25 39	232	36 30	261	56 33	296
126	36 26	020	38 36	105	53 37	133	28 49	207	25 02	233	35 45	262	55 52	296
127	36 42	020	39 20	105	54 10	135	28 28	208	24 25	234	34 59	262	55 11	296
128	36 57	020	40 05	106	54 43	136	28 06	209	23 47	235	34 14	263	54 29	296
129	37 13	020	40 49	107	55 14	137	27 43	210	23 10	236	33 28	264	53 48	296
130	37 29	020	41 32	108	55 45	139	27 20	211	22 31	237	32 42	264	53 07	297
131	37 45	020	42 16	109	56 15	140	26 55	212	21 53	237	31 56	265	52 26	297
132	38 01	020	43 00	110	56 44	142	26 31	213	21 14	238	31 11	266	51 45	297
133	38 17	020	43 43	110	57 11	144	26 05	214	20 35	239	30 25	266	51 04	297
134	38 33	020	44 26	111	57 38	145	25 39	215	19 55	240	29 39	267	50 23	297
	Kochab		♦ARCTURUS		SPICA		REGULUS		♦SIRIUS		BETELGEUSE		♦CAPELLA	
135	38 49	021	20 23	082	10 06	114	58 04	147	25 13	216	37 35	244	49 42	298
136	39 05	021	21 09	082	10 48	115	58 29	148	24 46	217	36 53	245	49 02	298
137	39 21	021	21 54	083	11 30	115	58 52	150	24 18	218	36 11	246	48 21	298
138	39 37	021	22 40	084	12 11	116	59 14	152	23 49	219	35 29	247	47 40	298
139	39 54	021	23 26	084	12 52	117	59 35	154	23 20	220	34 47	248	47 00	299
140	40 10	021	24 11	085	13 33	118	59 55	156	22 51	220	34 04	249	46 20	299
141	40 26	021	24 57	085	14 14	118	60 13	157	22 21	221	33 21	249	45 39	299
142	40 43	021	25 43	086	14 54	119	60 30	159	21 50	222	32 38	250	44 59	299
143	40 59	021	26 29	087	15 34	120	60 46	161	21 19	223	31 55	251	44 19	300
144	41 15	021	27 15	087	16 14	121	61 00	163	20 47	224	31 11	252	43 39	300
145	41 32	021	28 01	088	16 53	121	61 12	165	20 15	225	30 27	253	42 59	300
146	41 48	021	28 47	088	17 32	122	61 23	167	19 43	226	29 43	253	42 20	300
147	42 05	021	29 33	089	18 11	123	61 32	169	19 10	226	28 59	254	41 40	301
148	42 21	021	30 19	090	18 50	124	61 40	171	18 36	227	28 15	255	41 01	301
149	42 37	021	31 05	090	19 28	124	61 46	173	18 02	228	27 31	256	40 21	301
	♦Kochab		ARCTURUS		♦SPICA		REGULUS		PROCYON		♦POLLUX		CAPELLA	
150	42 54	021	31 51	091	20 05	125	61 51	175	43 04	232	59 58	257	39 42	302
151	43 10	021	32 37	092	20 43	126	61 54	177	42 28	233	59 13	258	39 03	302
152	43 27	021	33 22	092	21 20	127	61 55	180	41 51	234	58 28	259	38 24	302
153	43 43	021	34 08	093	21 56	128	61 55	182	41 14	235	57 43	260	37 45	303
154	43 59	021	34 54	094	22 32	129	61 52	184	40 36	236	56 57	260	37 07	303
155	44 16	021	35 40	094	23 08	129	61 49	186	39 58	237	56 12	261	36 28	303
156	44 32	021	36 26	095	23 43	130	61 43	188	39 19	238	55 26	262	35 50	304
157	44 48	021	37 12	096	24 18	131	61 36	190	38 40	239	54 41	263	35 11	304
158	45 04	021	37 57	096	24 53	132	61 28	192	38 01	240	53 55	264	34 33	304
159	45 20	020	38 43	097	25 27	133	61 17	194	37 21	241	53 10	264	33 55	305
160	45 36	020	39 29	098	26 00	134	61 05	196	36 41	241	52 24	265	33 18	305
161	45 52	020	40 14	099	26 33	135	60 52	198	36 00	242	51 38	266	32 40	305
162	46 08	020	40 59	099	27 05	136	60 37	200	35 19	243	50 52	267	32 03	306
163	46 24	020	41 45	100	27 37	137	60 21	202	34 38	244	50 06	267	31 25	306
164	46 39	020	42 30	101	28 09	137	60 03	204	33 56	245	49 20	268	30 48	306
	♦Kochab		ARCTURUS		♦SPICA		REGULUS		PROCYON		♦POLLUX		CAPELLA	
165	46 55	020	43 15	102	28 39	138	59 44	205	33 15	246	48 34	269	30 11	307
166	47 11	020	44 00	102	29 10	139	59 24	207	32 32	247	47 48	269	29 35	307
167	47 26	020	44 45	103	29 39	140	59 02	209	31 50	248	47 02	270	28 58	308
168	47 41	019	45 29	104	30 08	141	58 39	211	31 07	248	46 16	271	28 22	308
169	47 56	019	46 14	105	30 37	142	58 15	212	30 25	249	45 31	271	27 46	308
170	48 12	019	46 58	106	31 05	143	57 50	214	29 42	250	44 45	272	27 10	309
171	48 26	019	47 42	107	31 32	144	57 24	216	28 58	251	43 59	272	26 34	309
172	48 41	019	48 26	108	31 58	145	56 56	217	28 15	252	43 13	273	25 58	309
173	48 56	019	49 10	108	32 24	146	56 28	219	27 31	252	42 27	274	25 23	310
174	49 10	018	49 54	109	32 49	147	55 59	220	26 47	253	41 41	274	24 48	310
175	49 25	018	50 37	110	33 13	149	55 28	222	26 03	254	40 55	275	24 13	311
176	49 39	018	51 20	111	33 37	150	54 57	223	25 19	255	40 09	275	23 38	311
177	49 53	018	52 02	112	34 00	151	54 25	225	24 35	255	39 24	276	23 04	312
178	50 07	017	52 45	113	34 22	152	53 52	226	23 50	256	38 38	277	22 29	312
179	50 21	017	53 27	114	34 43	153	53 19	228	23 05	257	37 52	277	21 55	312

80

LAT 40°N

LHA ♈	Hc	Zn	Hc	Zn	Hc	Zn	Hc	Zn	Hc	Zn	Hc	Zn	Hc	Zn
	◆VEGA		Alphecca		ARCTURUS		◆SPICA		REGULUS		◆POLLUX		CAPELLA	
180	17 49	054	43 53	090	54 08	116	35 04	154	52 45	229	37 07	278	21 21	313
181	18 26	054	44 39	090	54 50	117	35 23	155	52 10	230	36 21	278	20 48	313
182	19 04	055	45 24	091	55 31	118	35 42	156	51 34	231	35 36	279	20 15	314
183	19 42	055	46 10	092	56 11	119	36 00	157	50 58	233	34 50	279	19 41	314
184	20 20	056	46 56	092	56 51	120	36 18	159	50 21	234	34 05	280	19 09	315
185	20 58	056	47 42	093	57 31	121	36 34	160	49 44	235	33 20	280	18 36	315
186	21 36	057	48 28	094	58 09	123	36 49	161	49 06	236	32 35	281	18 04	316
187	22 15	057	49 14	094	58 48	124	37 04	162	48 27	237	31 50	282	17 32	316
188	22 53	058	50 00	095	59 26	125	37 18	163	47 48	238	31 05	282	17 00	317
189	23 32	058	50 46	096	60 03	127	37 30	165	47 09	239	30 20	283	16 28	317
190	24 12	059	51 31	097	60 39	128	37 42	166	46 29	241	29 35	283	15 57	317
191	24 51	059	52 17	097	61 15	130	37 53	167	45 49	242	28 50	284	15 26	318
192	25 30	060	53 02	098	61 50	131	38 03	168	45 08	243	28 06	284	14 56	318
193	26 10	060	53 48	099	62 24	133	38 12	169	44 27	244	27 21	285	14 25	319
194	26 50	061	54 33	100	62 57	135	38 19	171	43 46	245	26 37	285	13 55	319
	DENEB		◆VEGA		ARCTURUS		◆SPICA		REGULUS		◆POLLUX		Dubhe	
195	13 02	041	27 30	061	63 29	136	38 26	172	43 04	245	25 53	286	62 07	331
196	13 32	041	28 11	061	64 01	138	38 32	173	42 22	246	25 08	286	61 44	330
197	14 03	042	28 51	062	64 31	140	38 37	174	41 40	247	24 24	287	61 21	329
198	14 34	042	29 32	062	65 00	142	38 41	176	40 58	248	23 40	288	60 57	329
199	15 05	043	30 12	063	65 27	144	38 44	177	40 15	249	22 57	288	60 33	328
200	15 36	043	30 53	063	65 54	146	38 46	178	39 32	250	22 13	289	60 09	328
201	16 07	044	31 34	064	66 19	148	38 47	179	38 48	251	21 30	289	59 45	327
202	16 39	044	32 16	064	66 42	150	38 47	181	38 05	252	20 46	290	59 20	327
203	17 11	045	32 57	064	67 05	152	38 46	182	37 21	252	20 03	290	58 54	327
204	17 44	045	33 39	065	67 25	155	38 44	183	36 37	253	19 20	291	58 29	326
205	18 17	046	34 20	065	67 44	157	38 41	184	35 53	254	18 37	291	58 03	326
206	18 49	046	35 02	066	68 01	159	38 37	186	35 09	255	17 54	292	57 37	325
207	19 23	046	35 44	066	68 16	162	38 32	187	34 24	256	17 12	292	57 11	325
208	19 56	047	36 26	067	68 30	164	38 25	188	33 40	256	16 29	293	56 45	325
209	20 30	047	37 09	067	68 41	167	38 18	189	32 55	257	15 47	294	56 18	324
	DENEB		◆VEGA		Rasalhague		ANTARES		◆SPICA		REGULUS		◆Dubhe	
210	21 04	048	37 51	067	35 30	104	14 56	146	38 10	191	32 10	258	55 51	324
211	21 38	048	38 33	068	36 15	105	15 22	146	38 01	192	31 25	259	55 24	324
212	22 12	049	39 16	068	36 59	106	15 47	147	37 51	193	30 40	259	54 57	324
213	22 47	049	39 59	069	37 43	107	16 11	148	37 40	194	29 55	260	54 30	323
214	23 22	050	40 42	069	38 27	108	16 35	149	37 28	196	29 10	261	54 02	323
215	23 57	050	41 25	069	39 11	109	16 59	150	37 16	197	28 24	262	53 34	323
216	24 32	050	42 08	070	39 54	109	17 22	151	37 02	198	27 39	262	53 07	323
217	25 08	051	42 51	070	40 37	110	17 44	152	36 47	199	26 53	263	52 39	323
218	25 44	051	43 34	071	41 20	111	18 06	152	36 32	200	26 07	264	52 11	323
219	26 19	052	44 18	071	42 03	112	18 27	153	36 15	202	25 22	264	51 43	322
220	26 56	052	45 01	071	42 46	113	18 47	154	35 58	203	24 36	265	51 15	322
221	27 32	052	45 45	072	43 28	114	19 07	155	35 40	204	23 50	266	50 47	322
222	28 09	053	46 29	072	44 10	115	19 26	156	35 21	205	23 04	266	50 18	322
223	28 45	053	47 12	073	44 51	116	19 44	157	35 01	206	22 18	267	49 50	322
224	29 22	054	47 56	073	45 33	117	20 02	158	34 40	207	21 32	268	49 22	322
	DENEB		◆ALTAIR		Rasalhague		ANTARES		◆SPICA		Denebola		◆Dubhe	
225	29 59	054	18 51	094	46 13	118	20 19	159	34 19	208	41 23	252	48 54	322
226	30 37	054	19 36	095	46 54	119	20 36	159	33 57	209	40 39	253	48 25	322
227	31 14	055	20 22	096	47 34	120	20 51	160	33 34	211	39 55	254	47 57	322
228	31 52	055	21 08	096	48 14	121	21 07	161	33 10	212	39 11	255	47 28	322
229	32 29	056	21 54	097	48 53	122	21 21	162	32 46	213	38 26	256	47 00	322
230	33 07	056	22 39	098	49 32	123	21 35	163	32 20	214	37 42	256	46 31	322
231	33 46	056	23 25	098	50 10	124	21 48	164	31 54	215	36 57	257	46 03	322
232	34 24	057	24 10	099	50 48	125	22 00	165	31 28	216	36 12	258	45 34	322
233	35 02	057	24 55	100	51 25	127	22 11	166	31 01	217	35 27	259	45 06	322
234	35 41	057	25 41	100	52 01	128	22 22	167	30 33	218	34 42	259	44 38	322
235	36 20	058	26 26	101	52 37	129	22 32	168	30 04	219	33 57	260	44 09	322
236	36 59	058	27 11	102	53 13	130	22 41	169	29 35	220	33 11	261	43 41	322
237	37 38	058	27 56	102	53 47	132	22 50	170	29 06	221	32 26	262	43 13	322
238	38 17	059	28 41	103	54 21	133	22 58	171	28 35	222	31 40	262	42 44	322
239	38 56	059	29 25	104	54 54	134	23 05	172	28 04	223	30 55	263	42 16	322
	◆DENEB		ALTAIR		Nunki		◆ANTARES		ARCTURUS		◆Alkaid		Kochab	
240	39 36	059	30 10	105	12 06	140	23 11	173	59 28	235	64 59	303	54 56	352
241	40 15	060	30 54	105	12 35	141	23 16	174	58 50	236	64 21	303	54 49	351
242	40 55	060	31 38	106	13 04	142	23 21	175	58 12	237	63 42	302	54 42	351
243	41 35	060	32 23	107	13 32	143	23 25	176	57 33	239	63 03	302	54 34	351
244	42 15	061	33 06	108	13 59	144	23 28	177	56 53	240	62 24	302	54 27	350
245	42 55	061	33 50	109	14 26	144	23 30	178	56 13	241	61 45	302	54 19	350
246	43 35	061	34 33	109	14 53	145	23 32	179	55 33	242	61 06	302	54 10	349
247	44 15	061	35 17	110	15 19	146	23 33	180	54 52	243	60 27	302	54 02	349
248	44 56	062	36 00	111	15 44	147	23 33	180	54 11	244	59 48	302	53 53	349
249	45 36	062	36 42	112	16 09	148	23 32	181	53 29	246	59 09	302	53 43	348
250	46 17	062	37 25	113	16 33	148	23 30	182	52 47	247	58 29	302	53 34	348
251	46 58	063	38 07	114	16 57	149	23 28	183	52 05	248	57 50	302	53 24	347
252	47 38	063	38 49	115	17 20	150	23 25	184	51 22	249	57 11	302	53 14	347
253	48 19	063	39 31	115	17 43	151	23 21	185	50 39	250	56 32	302	53 03	347
254	49 00	063	40 12	116	18 05	152	23 16	186	49 56	251	55 53	302	52 53	346
	◆DENEB		ALTAIR		Nunki		◆ANTARES		ARCTURUS		◆Alkaid		Kochab	
255	49 41	064	40 53	117	18 26	153	23 11	187	49 13	251	55 14	302	52 42	346
256	50 23	064	41 34	118	18 47	154	23 05	188	48 29	252	54 35	302	52 30	346
257	51 04	064	42 14	119	19 07	155	22 58	189	47 45	253	53 56	302	52 19	345
258	51 45	064	42 54	120	19 27	155	22 50	190	47 01	254	53 17	302	52 07	345
259	52 27	064	43 33	121	19 45	156	22 41	191	46 17	255	52 38	302	51 55	345
260	53 08	065	44 12	122	20 03	157	22 32	192	45 32	256	51 59	302	51 43	344
261	53 50	065	44 51	123	20 21	158	22 22	193	44 47	257	51 20	302	51 31	344
262	54 31	065	45 29	124	20 38	159	22 11	194	44 03	258	50 41	302	51 18	344
263	55 13	065	46 07	126	20 54	160	22 00	195	43 18	258	50 02	303	51 05	344
264	55 55	065	46 44	127	21 09	161	21 48	196	42 33	259	49 24	303	50 52	343
265	56 37	066	47 21	128	21 24	162	21 35	197	41 47	260	48 45	303	50 39	343
266	57 19	066	47 57	129	21 38	163	21 21	198	41 02	261	48 06	303	50 25	343
267	58 01	066	48 32	130	21 51	164	21 07	199	40 17	261	47 28	303	50 12	343
268	58 43	066	49 07	131	22 04	165	20 52	200	39 31	262	46 50	303	49 58	342
269	59 25	066	49 41	133	22 16	166	20 36	201	38 46	263	46 11	304	49 44	342

LAT 40°N

LHA ♈	Hc	Zn	Hc	Zn	Hc	Zn	Hc	Zn	Hc	Zn	Hc	Zn	Hc	Zn
	◆Alpheratz		ALTAIR		Nunki		◆ANTARES		ARCTURUS		◆Alkaid		Kochab	
270	16 41	066	50 15	134	22 27	166	20 19	201	38 00	264	45 33	304	49 30	342
271	17 23	066	50 47	135	22 37	167	20 02	202	37 14	264	44 55	304	49 15	342
272	18 05	067	51 19	136	22 47	168	19 44	203	36 29	265	44 17	304	49 01	342
273	18 47	067	51 51	138	22 56	169	19 26	204	35 43	266	43 39	305	48 46	341
274	19 30	068	52 21	139	23 04	170	19 07	205	34 57	266	43 01	305	48 32	341
275	20 12	068	52 51	141	23 12	171	18 47	206	34 11	267	42 23	305	48 17	341
276	20 55	069	53 19	142	23 18	172	18 27	207	33 25	268	41 46	305	48 02	341
277	21 38	069	53 47	144	23 24	173	18 06	208	32 39	268	41 08	305	47 46	341
278	22 21	070	54 14	145	23 29	174	17 44	208	31 53	269	40 31	306	47 31	341
279	23 05	071	54 40	147	23 33	175	17 22	209	31 07	270	39 54	306	47 16	340
280	23 48	071	55 05	148	23 37	176	16 59	210	30 21	270	39 17	306	47 00	340
281	24 32	072	55 28	150	23 40	177	16 36	211	29 35	271	38 40	307	46 45	340
282	25 15	072	55 51	151	23 41	178	16 12	212	28 49	272	38 03	307	46 29	340
283	25 59	073	56 12	153	23 43	179	15 47	213	28 03	272	37 26	307	46 13	340
284	26 43	073	56 33	155	23 43	180	15 22	214	27 18	273	36 49	307	45 58	340
	◆Alpheratz		Enif		ALTAIR		◆Rasalhague		ARCTURUS		Alkaid		◆Kochab	
285	27 27	074	42 45	118	56 52	156	56 50	220	26 32	273	36 13	308	45 42	340
286	28 11	074	43 25	119	57 10	158	56 20	222	25 46	274	35 37	308	45 26	340
287	28 55	075	44 05	120	57 26	160	55 49	223	25 00	275	35 01	308	45 10	340
288	29 40	075	44 45	121	57 41	162	55 17	225	24 14	275	34 25	309	44 53	339
289	30 24	076	45 24	122	57 55	163	54 44	226	23 28	276	33 49	309	44 37	339
290	31 09	076	46 03	123	58 07	165	54 11	227	22 43	276	33 13	309	44 21	339
291	31 54	077	46 41	124	58 18	167	53 37	229	21 57	277	32 38	310	44 05	339
292	32 39	077	47 19	125	58 28	169	53 02	230	21 12	278	32 02	310	43 49	339
293	33 23	078	47 56	126	58 36	171	52 27	231	20 26	278	31 27	310	43 32	339
294	34 08	079	48 33	128	58 43	173	51 50	233	19 41	279	30 52	311	43 16	339
295	34 54	079	49 09	129	58 48	175	51 14	234	18 55	279	30 17	311	42 59	339
296	35 39	080	49 44	130	58 51	177	50 36	235	18 10	280	29 43	311	42 43	339
297	36 24	080	50 19	131	58 53	178	49 58	236	17 25	281	29 08	312	42 27	339
298	37 09	081	50 54	133	58 54	180	49 20	237	16 40	281	28 34	312	42 10	339
299	37 55	081	51 27	134	58 53	182	48 41	238	15 55	282	28 00	312	41 54	339
	◆Mirfak		Alpheratz		◆Enif		ALTAIR		Rasalhague		◆Alphecca		Kochab	
300	18 13	039	38 40	082	52 00	135	58 50	184	48 02	239	34 22	278	41 37	339
301	18 43	040	39 26	082	52 32	136	58 46	186	47 22	240	33 37	278	41 21	339
302	19 12	040	40 11	083	53 03	138	58 40	188	46 42	242	32 52	279	41 05	339
303	19 42	041	40 57	083	53 34	139	58 33	190	46 01	243	32 06	280	40 48	339
304	20 12	041	41 43	084	54 03	141	58 25	192	45 20	244	31 21	280	40 32	339
305	20 42	041	42 28	085	54 32	142	58 15	194	44 39	245	30 36	281	40 15	339
306	21 13	042	43 14	085	54 59	144	58 03	195	43 57	245	29 51	281	39 59	339
307	21 43	042	44 00	086	55 26	145	57 50	197	43 15	246	29 06	282	39 43	339
308	22 14	043	44 46	086	55 52	147	57 36	199	42 33	247	28 21	282	39 27	339
309	22 46	043	45 32	087	56 16	148	57 20	201	41 50	248	27 36	283	39 10	339
310	23 17	043	46 18	088	56 40	150	57 03	203	41 08	249	26 51	283	38 54	339
311	23 49	044	47 03	088	57 02	152	56 45	204	40 24	250	26 06	284	38 38	339
312	24 21	044	47 49	089	57 24	153	56 25	206	39 41	251	25 22	285	38 22	340
313	24 53	045	48 35	089	57 43	155	56 05	208	38 58	252	24 37	285	38 06	340
314	25 25	045	49 21	090	58 02	157	55 43	209	38 14	253	23 53	286	37 50	340
	◆Mirfak		Hamal		Diphda		◆FOMALHAUT		ALTAIR		◆VEGA		Kochab	
315	25 58	045	24 32	079	12 05	126	15 13	154	55 20	211	62 35	279	37 34	340
316	26 31	046	25 17	080	12 42	127	15 33	154	54 56	212	61 50	280	37 18	340
317	27 04	046	26 02	080	13 19	128	15 52	155	54 31	214	61 04	280	37 03	340
318	27 37	047	26 48	081	13 55	128	16 11	156	54 04	216	60 19	280	36 47	340
319	28 11	047	27 33	081	14 31	129	16 30	157	53 37	217	59 34	281	36 31	340
320	28 44	047	28 19	082	15 06	130	16 47	158	53 09	218	58 49	281	36 16	340
321	29 18	048	29 04	083	15 41	131	17 04	159	52 40	220	58 04	282	36 00	340
322	29 52	048	29 50	083	16 16	132	17 21	160	52 10	221	57 19	282	35 45	341
323	30 26	048	30 35	084	16 50	132	17 36	160	51 39	223	56 34	282	35 30	341
324	31 01	049	31 21	084	17 24	133	17 52	161	51 08	224	55 49	283	35 15	341
325	31 35	049	32 07	085	17 57	134	18 06	162	50 35	225	55 04	283	35 00	341
326	32 10	049	32 53	086	18 30	135	18 20	163	50 02	227	54 20	284	34 45	341
327	32 45	050	33 39	086	19 02	136	18 33	164	49 29	228	53 35	284	34 30	341
328	33 20	050	34 24	087	19 34	136	18 45	165	48 54	229	52 50	284	34 15	341
329	33 56	050	35 10	087	20 06	137	18 57	166	48 19	230	52 06	285	34 00	342
	◆CAPELLA		Hamal		Diphda		◆FOMALHAUT		ALTAIR		◆VEGA		Kochab	
330	16 37	043	35 56	088	20 36	138	19 08	167	47 44	231	51 21	285	33 46	342
331	17 09	044	36 42	089	21 07	139	19 18	168	47 07	233	50 37	285	33 32	342
332	17 41	044	37 28	089	21 37	140	19 28	168	46 31	234	49 53	286	33 17	342
333	18 13	045	38 14	090	22 06	141	19 36	169	45 53	235	49 09	286	33 03	342
334	18 45	045	39 00	091	22 35	142	19 45	170	45 15	236	48 25	287	32 49	342
335	19 18	045	39 46	091	23 03	143	19 52	171	44 37	237	47 41	287	32 35	343
336	19 51	046	40 32	092	23 31	143	19 59	172	43 58	238	46 57	287	32 21	343
337	20 24	046	41 18	093	23 58	144	20 05	173	43 19	239	46 13	288	32 08	343
338	20 57	047	42 04	093	24 24	145	20 10	174	42 39	240	45 29	288	31 54	343
339	21 31	047	42 50	094	24 50	146	20 14	175	41 59	241	44 46	289	31 41	343
340	22 05	048	43 35	095	25 15	147	20 18	176	41 19	242	44 02	289	31 28	343
341	22 39	048	44 21	095	25 40	148	20 21	177	40 38	243	43 19	289	31 15	344
342	23 13	049	45 07	096	26 04	149	20 23	178	39 57	244	42 35	290	31 02	344
343	23 48	049	45 53	097	26 27	150	20 25	179	39 16	245	41 52	290	30 49	344
344	24 23	049	46 38	097	26 50	151	20 26	179	38 34	246	41 09	291	30 37	344
	◆CAPELLA		ALDEBARAN		Diphda		◆FOMALHAUT		ALTAIR		◆VEGA		Kochab	
345	24 58	050	14 57	081	27 12	152	20 26	180	37 52	247	40 26	291	30 24	344
346	25 33	050	15 43	081	27 33	153	20 25	181	37 10	248	39 43	291	30 12	345
347	26 08	051	16 28	082	27 53	154	20 24	182	36 27	248	39 01	292	30 00	345
348	26 44	051	17 14	083	28 13	155	20 21	183	35 44	249	38 18	292	29 48	345
349	27 20	051	17 59	083	28 32	156	20 18	184	35 01	250	37 36	293	29 36	345
350	27 56	052	18 45	084	28 51	157	20 15	185	34 18	251	36 53	293	29 25	346
351	28 32	052	19 31	084	29 08	158	20 10	186	33 34	252	36 11	294	29 13	346
352	29 09	053	20 16	085	29 25	159	20 05	187	32 50	252	35 29	294	29 02	346
353	29 45	053	21 02	086	29 41	160	19 59	188	32 06	253	34 47	294	28 51	346
354	30 22	053	21 48	086	29 56	161	19 53	189	31 22	254	34 05	295	28 40	346
355	30 59	054	22 34	087	30 10	162	19 45	190	30 38	255	33 24	295	28 30	347
356	31 36	054	23 20	088	30 24	163	19 37	191	29 54	256	32 42	296	28 19	347
357	32 13	054	24 06	088	30 37	164	19 29	191	29 09	256	32 01	296	28 09	347
358	32 51	055	24 52	089	30 49	166	19 19	192	28 24	257	31 20	297	27 59	347
359	33 28	055	25 38	089	31 00	167	19 09	193	27 40	258	30 39	297	27 49	348

81

LAT 0°

LHA ♈	Hc	Zn	Hc	Zn	Hc	Zn	Hc	Zn	Hc	Zn	Hc	Zn	Hc	Zn
	Alpheratz		♦Mirfak		ALDEBARAN		♦ACHERNAR		FOMALHAUT		♦ALTAIR		DENEB	
0	60 47	004	23 46	033	19 59	072	29 32	165	56 58	205	27 27	280	27 08	323
1	60 50	002	24 19	033	20 56	072	29 48	166	56 32	207	26 28	280	26 32	323
2	60 51	000	24 52	033	21 53	072	30 02	166	56 04	208	25 29	280	25 56	322
3	60 51	359	25 24	032	22 50	072	30 16	167	55 36	209	24 30	280	25 19	322
4	60 48	357	25 55	032	23 47	072	30 30	167	55 06	210	23 31	280	24 41	321
5	60 44	355	26 27	031	24 44	072	30 43	168	54 35	212	22 32	280	24 04	321
6	60 38	353	26 58	031	25 41	072	30 55	168	54 03	213	21 33	280	23 26	321
7	60 30	352	27 28	030	26 38	071	31 07	169	53 30	214	20 33	280	22 48	320
8	60 20	350	27 59	030	27 35	071	31 18	170	52 56	215	19 34	279	22 10	320
9	60 09	348	28 28	030	28 32	071	31 29	170	52 21	216	18 35	279	21 31	320
10	59 55	346	28 58	029	29 28	071	31 38	171	51 45	217	17 36	279	20 52	320
11	59 40	345	29 27	029	30 25	071	31 48	171	51 09	218	16 37	279	20 13	319
12	59 24	343	29 55	028	31 22	071	31 56	172	50 31	219	15 37	279	19 34	319
13	59 06	341	30 23	028	32 18	070	32 04	173	49 53	220	14 38	279	18 55	319
14	58 46	340	30 51	027	33 15	070	32 12	173	49 14	221	13 39	279	18 15	318
	CAPELLA		ALDEBARAN		♦RIGEL		ACHERNAR		♦FOMALHAUT		Enif		♦Alpheratz	
15	17 30	041	34 11	070	25 57	099	32 18	174	48 34	222	40 25	283	58 24	338
16	18 09	041	35 07	070	26 57	099	32 24	175	47 54	223	39 27	283	58 01	337
17	18 48	041	36 03	069	27 56	099	32 30	175	47 13	223	38 28	283	57 37	335
18	19 27	040	37 00	069	28 55	099	32 35	176	46 32	224	37 30	283	57 12	334
19	20 06	040	37 56	069	29 54	099	32 39	176	45 50	225	36 31	282	56 45	333
20	20 44	040	38 51	069	30 53	100	32 42	177	45 07	226	35 33	282	56 16	331
21	21 22	039	39 47	068	31 53	100	32 45	178	44 24	226	34 34	282	55 47	330
22	22 00	039	40 43	068	32 52	100	32 47	178	43 40	227	33 35	282	55 16	329
23	22 38	039	41 38	068	33 51	100	32 48	179	42 56	228	32 37	282	54 45	328
24	23 15	038	42 34	067	34 50	100	32 49	180	42 12	228	31 38	282	54 12	326
25	23 53	038	43 29	067	35 49	100	32 49	180	41 27	229	30 39	282	53 38	325
26	24 29	038	44 24	067	36 48	100	32 48	181	40 41	229	29 40	281	53 04	324
27	25 06	037	45 19	066	37 47	100	32 47	182	39 55	230	28 42	281	52 28	323
28	25 42	037	46 14	066	38 46	101	32 45	182	39 09	230	27 43	281	51 52	322
29	26 18	037	47 09	065	39 45	101	32 42	183	38 23	231	26 44	281	51 14	321
	Mirfak		CAPELLA		♦ALDEBARAN		RIGEL		♦ACHERNAR		FOMALHAUT		♦Alpheratz	
30	36 54	017	26 54	036	48 03	065	40 44	101	32 39	184	37 36	231	50 36	320
31	37 11	016	27 29	036	48 57	064	41 43	101	32 35	184	36 49	232	49 57	319
32	37 27	016	28 04	035	49 51	064	42 42	101	32 30	185	36 02	232	49 18	318
33	37 43	015	28 39	035	50 45	063	43 41	101	32 25	185	35 14	233	48 38	317
34	37 58	014	29 13	034	51 38	063	44 40	102	32 19	186	34 26	233	47 57	317
35	38 12	013	29 47	034	52 32	062	45 38	102	32 12	187	33 38	234	47 15	316
36	38 25	012	30 20	034	53 24	061	46 37	102	32 05	187	32 49	234	46 33	315
37	38 38	012	30 53	033	54 17	061	47 36	102	31 57	188	32 01	234	45 50	314
38	38 50	011	31 25	033	55 09	060	48 34	102	31 48	189	31 12	235	45 07	314
39	39 01	010	31 57	032	56 01	059	49 33	103	31 39	189	30 23	235	44 24	313
40	39 11	009	32 29	031	56 52	059	50 31	103	31 29	190	29 33	235	43 40	312
41	39 20	009	33 00	031	57 43	058	51 30	103	31 19	190	28 44	236	42 55	312
42	39 29	008	33 31	030	58 34	057	52 28	104	31 07	191	27 54	236	42 10	311
43	39 36	007	34 01	030	59 24	056	53 26	104	30 56	192	27 04	236	41 24	310
44	39 43	006	34 30	029	60 13	055	54 25	104	30 43	192	26 14	237	40 39	310
	CAPELLA		♦PROCYON		SIRIUS		CANOPUS		♦ACHERNAR		Diphda		♦Hamal	
45	34 59	029	19 57	084	32 00	110	22 24	149	30 31	193	52 05	240	63 17	333
46	35 28	028	20 57	084	32 57	110	22 54	150	30 17	193	51 13	241	62 49	331
47	35 55	027	21 57	084	33 53	110	23 24	150	30 03	194	50 21	241	62 19	329
48	36 23	027	22 57	084	34 49	111	23 54	150	29 48	194	49 28	242	61 47	328
49	36 49	026	23 56	084	35 45	111	24 23	151	29 33	195	48 35	242	61 14	326
50	37 15	025	24 56	084	36 42	111	24 52	151	29 17	196	47 42	243	60 40	325
51	37 41	025	25 56	084	37 37	111	25 21	152	29 01	196	46 49	243	60 05	323
52	38 05	024	26 55	084	38 33	112	25 49	152	28 44	197	45 55	244	59 28	322
53	38 29	023	27 55	084	39 29	112	26 17	153	28 27	197	45 01	244	58 50	320
54	38 53	022	28 55	084	40 25	112	26 45	153	28 09	198	44 07	245	58 12	319
55	39 15	022	29 54	084	41 20	113	27 12	153	27 50	198	43 13	245	57 32	318
56	39 37	021	30 54	084	42 15	113	27 38	154	27 32	199	42 18	245	56 51	317
57	39 58	020	31 54	084	43 11	113	28 05	154	27 12	199	41 23	246	56 10	316
58	40 18	019	32 53	084	44 06	114	28 30	155	26 52	200	40 29	246	55 28	315
59	40 38	019	33 53	084	45 01	114	28 56	155	26 32	200	39 34	246	54 45	314
	CAPELLA		♦PROCYON		SIRIUS		CANOPUS		♦ACHERNAR		Diphda		♦Hamal	
60	40 57	018	34 53	084	45 55	114	29 20	156	26 11	201	38 39	247	54 01	313
61	41 14	017	35 52	084	46 50	115	29 45	156	25 50	201	37 43	247	53 17	312
62	41 31	016	36 52	083	47 44	115	30 08	157	25 28	201	36 48	247	52 32	311
63	41 48	015	37 52	083	48 38	116	30 32	157	25 06	202	35 53	248	51 46	310
64	42 03	014	38 51	083	49 32	116	30 54	158	24 44	202	34 57	248	51 00	309
65	42 17	013	39 51	083	50 26	117	31 17	159	24 21	203	34 01	248	50 13	309
66	42 31	013	40 50	083	51 19	117	31 38	159	23 57	203	33 06	248	49 26	308
67	42 43	012	41 50	083	52 12	118	31 59	160	23 33	204	32 10	249	48 38	307
68	42 55	011	42 49	083	53 05	119	32 20	160	23 09	204	31 14	249	47 50	306
69	43 06	010	43 49	083	53 58	119	32 40	161	22 45	204	30 18	249	47 02	306
70	43 16	009	44 48	083	54 50	120	32 59	162	22 20	205	29 22	249	46 13	305
71	43 24	008	45 48	083	55 42	121	33 18	162	21 55	205	28 26	250	45 24	305
72	43 32	007	46 47	082	56 33	121	33 36	163	21 29	205	27 29	250	44 34	304
73	43 39	006	47 47	082	57 24	122	33 53	163	21 03	206	26 33	250	43 44	304
74	43 45	005	48 46	082	58 14	123	34 10	164	20 37	206	25 37	250	42 54	303
	CAPELLA		♦POLLUX		PROCYON		SIRIUS		♦CANOPUS		Acamar		♦Hamal	
75	43 50	004	41 25	051	49 46	082	59 04	124	34 26	165	41 11	211	42 04	302
76	43 54	003	42 11	051	50 45	082	59 54	125	34 42	165	40 40	212	41 13	302
77	43 57	002	42 58	050	51 45	082	60 43	126	34 57	166	40 09	212	40 22	302
78	43 59	001	43 43	049	52 44	081	61 31	127	35 11	167	39 36	213	39 31	301
79	44 00	000	44 29	049	53 43	081	62 18	128	35 24	167	39 03	214	38 39	301
80	43 59	359	45 14	048	54 42	081	63 05	129	35 37	168	38 30	214	37 48	300
81	43 58	358	45 58	048	55 42	081	63 51	131	35 49	169	37 56	215	36 56	300
82	43 56	357	46 42	047	56 41	081	64 36	132	36 00	170	37 21	216	36 04	300
83	43 53	356	47 26	046	57 40	080	65 20	134	36 11	170	36 46	216	35 11	299
84	43 49	356	48 09	045	58 39	080	66 03	135	36 21	171	36 10	217	34 19	299
85	43 44	355	48 51	044	59 38	080	66 44	137	36 30	172	35 34	217	33 26	299
86	43 37	354	49 33	044	60 37	079	67 25	139	36 38	172	34 57	218	32 33	298
87	43 30	353	50 14	043	61 36	079	68 04	140	36 45	173	34 20	218	31 41	298
88	43 22	352	50 54	042	62 35	079	68 41	142	36 52	174	33 43	219	30 47	298
89	43 13	351	51 34	041	63 34	078	69 17	144	36 58	175	33 05	220	29 54	297

LAT 0°

LHA ♈	Hc	Zn	Hc	Zn	Hc	Zn	Hc	Zn	Hc	Zn	Hc	Zn	Hc	Zn
	POLLUX		♦REGULUS		Suhail		♦CANOPUS		Acamar		♦ALDEBARAN		CAPELLA	
90	52 13	040	27 08	077	29 37	142	37 03	175	32 26	220	63 36	310	43 03	350
91	52 51	039	28 06	076	30 13	143	37 08	176	31 47	221	62 50	309	42 52	349
92	53 28	038	29 04	076	30 49	143	37 11	177	31 08	221	62 02	307	42 40	348
93	54 05	037	30 02	076	31 25	144	37 14	178	30 29	221	61 14	306	42 27	347
94	54 40	036	31 01	076	32 00	144	37 16	178	29 49	222	60 26	305	42 13	346
95	55 15	035	31 59	076	32 35	145	37 17	179	29 09	222	59 36	304	41 59	345
96	55 48	033	32 57	076	33 09	145	37 18	180	28 28	223	58 46	303	41 43	345
97	56 21	032	33 55	076	33 43	146	37 18	181	27 47	223	57 56	302	41 27	344
98	56 52	031	34 53	075	34 17	146	37 16	181	27 06	223	57 05	302	41 09	343
99	57 22	029	35 51	075	34 50	147	37 14	182	26 25	224	56 14	301	40 51	342
100	57 51	028	36 49	075	35 22	148	37 12	183	25 43	224	55 22	300	40 32	341
101	58 19	027	37 47	075	35 54	148	37 08	184	25 01	224	54 30	299	40 13	340
102	58 45	025	38 45	075	36 26	149	37 04	185	24 19	225	53 37	299	39 52	340
103	59 10	024	39 43	074	36 56	149	36 59	185	23 37	225	52 45	298	39 31	339
104	59 33	022	40 41	074	37 27	150	36 53	186	22 54	225	51 52	297	39 09	338
	POLLUX		♦REGULUS		Suhail		♦CANOPUS		RIGEL		♦ALDEBARAN		CAPELLA	
105	59 55	021	41 39	074	37 56	151	36 46	187	62 36	252	50 58	297	38 46	337
106	60 15	019	42 36	074	38 25	151	36 39	188	61 38	253	50 04	296	38 23	337
107	60 34	017	43 34	073	38 54	152	36 30	188	60 41	253	49 11	296	37 58	336
108	60 51	016	44 31	073	39 21	153	36 21	189	59 44	254	48 16	295	37 34	335
109	61 06	014	45 29	073	39 48	154	36 12	190	58 46	254	47 22	295	37 08	334
110	61 19	012	46 26	073	40 15	154	36 01	190	57 48	254	46 28	294	36 42	334
111	61 31	010	47 23	072	40 40	155	35 50	191	56 50	255	45 33	294	36 15	333
112	61 40	008	48 20	072	41 05	156	35 38	192	55 52	255	44 38	294	35 48	332
113	61 48	007	49 17	072	41 29	157	35 25	193	54 54	256	43 43	293	35 20	332
114	61 54	005	50 14	071	41 53	158	35 12	193	53 56	256	42 48	293	34 51	331
115	61 58	003	51 11	071	42 15	158	34 58	194	52 58	256	41 52	292	34 22	331
116	62 00	001	52 07	070	42 37	159	34 43	195	52 00	257	40 57	292	33 52	330
117	62 00	359	53 04	070	42 58	160	34 28	195	51 01	257	40 01	292	33 22	329
118	61 58	357	54 00	069	43 18	161	34 12	196	50 03	257	39 05	292	32 51	329
119	61 54	355	54 56	069	43 37	162	33 55	197	49 04	257	38 09	291	32 20	328
	Dubhe		♦REGULUS		Suhail		♦CANOPUS		SIRIUS		BETELGEUSE		♦CAPELLA	
120	19 12	021	55 52	068	43 55	163	33 38	197	65 11	227	58 09	284	31 48	328
121	19 34	021	56 48	068	44 12	164	33 20	198	64 27	228	57 10	284	31 16	327
122	19 55	021	57 43	067	44 29	165	33 01	198	63 41	229	56 12	283	30 44	327
123	20 16	020	58 38	067	44 44	166	32 42	199	62 55	231	55 14	283	30 10	326
124	20 36	020	59 33	066	44 59	167	32 22	200	62 09	232	54 15	283	29 37	326
125	20 56	019	60 28	065	45 12	168	32 01	200	61 21	233	53 17	282	29 03	325
126	21 16	019	61 22	064	45 25	169	31 40	201	60 33	234	52 18	282	28 29	325
127	21 36	019	62 16	064	45 36	170	31 19	201	59 44	235	51 19	282	27 54	324
128	21 55	018	63 10	063	45 46	171	30 56	202	58 54	236	50 21	282	27 19	324
129	22 13	018	64 03	062	45 56	172	30 34	203	58 04	237	49 22	281	26 44	324
130	22 32	018	64 55	061	46 04	173	30 10	203	57 13	238	48 23	281	26 08	323
131	22 50	017	65 48	060	46 11	174	29 47	204	56 22	239	47 24	281	25 32	323
132	23 07	017	66 39	059	46 17	175	29 22	204	55 31	239	46 25	281	24 56	322
133	23 24	016	67 30	057	46 22	176	28 58	205	54 39	240	45 26	281	24 19	322
134	23 41	016	68 20	056	46 26	177	28 32	205	53 47	241	44 27	280	23 42	322
	Dubhe		♦SPICA		ACRUX		♦CANOPUS		SIRIUS		BETELGEUSE		♦POLLUX	
135	23 57	016	23 06	102	16 13	158	28 07	206	52 54	241	43 28	280	56 51	329
136	24 13	015	24 04	102	16 35	159	27 41	206	52 01	242	42 29	280	56 20	328
137	24 29	015	25 03	102	16 57	159	27 14	207	51 08	243	41 30	280	55 47	327
138	24 44	014	26 01	102	17 19	159	26 47	207	50 15	243	40 31	280	55 13	325
139	24 58	014	27 00	103	17 40	159	26 20	207	49 21	244	39 32	280	54 39	324
140	25 12	013	27 59	103	18 01	160	25 52	208	48 27	244	38 33	279	54 03	323
141	25 26	013	28 57	103	18 21	160	25 24	208	47 33	245	37 33	279	53 27	322
142	25 39	012	29 56	103	18 42	160	24 55	209	46 39	245	36 34	279	52 50	321
143	25 52	012	30 54	103	19 02	161	24 26	209	45 44	246	35 35	279	52 11	320
144	26 04	011	31 52	103	19 21	161	23 57	209	44 49	246	34 36	279	51 32	319
145	26 15	011	32 51	103	19 41	161	23 27	210	43 54	246	33 36	279	50 53	318
146	26 27	010	33 49	104	20 00	162	22 57	210	42 59	247	32 37	279	50 12	317
147	26 37	010	34 47	104	20 18	162	22 26	211	42 04	247	31 38	279	49 31	316
148	26 47	009	35 46	104	20 37	162	21 56	211	41 09	248	30 39	279	48 49	315
149	26 57	009	36 44	104	20 54	163	21 25	211	40 13	248	29 39	279	48 07	315
	♦Dubhe		ARCTURUS		♦SPICA		ACRUX		♦SIRIUS		PROCYON		POLLUX	
150	27 06	008	24 26	069	37 42	104	21 12	163	39 18	248	54 37	279	47 24	314
151	27 15	008	25 22	069	38 40	104	21 29	164	38 22	248	53 38	279	46 41	313
152	27 23	007	26 18	069	39 38	105	21 46	164	37 26	249	52 39	279	45 57	312
153	27 30	007	27 14	068	40 36	105	22 03	164	36 30	249	51 39	278	45 12	312
154	27 37	006	28 10	068	41 34	105	22 19	165	35 34	249	50 40	278	44 27	311
155	27 44	006	29 05	068	42 32	105	22 34	165	34 38	250	49 41	278	43 42	310
156	27 50	005	30 01	068	43 30	106	22 50	165	33 41	250	48 41	278	42 56	310
157	27 55	005	30 56	068	44 28	106	23 04	166	32 45	250	47 42	278	42 10	309
158	28 00	004	31 52	067	45 26	106	23 19	166	31 49	250	46 42	278	41 23	309
159	28 04	004	32 47	067	46 23	106	23 33	167	30 52	250	45 43	277	40 36	308
160	28 08	003	33 42	067	47 21	107	23 46	167	29 56	251	44 43	277	39 49	308
161	28 11	003	34 37	067	48 18	107	24 00	168	28 59	251	43 44	277	39 01	307
162	28 13	002	35 32	066	49 15	107	24 12	168	28 02	251	42 44	277	38 13	307
163	28 16	002	36 27	066	50 13	108	24 24	168	27 06	251	41 45	277	37 25	306
164	28 17	001	37 22	066	51 10	108	24 36	169	26 09	251	40 45	277	36 36	306
	Dubhe		♦ARCTURUS		SPICA		♦ACRUX		Suhail		PROCYON		♦POLLUX	
165	28 18	001	38 17	065	52 07	108	24 48	169	39 53	206	39 46	277	35 47	305
166	28 18	000	39 11	065	53 04	109	24 58	170	39 26	207	38 46	277	34 58	305
167	28 18	000	40 05	065	54 00	109	25 09	170	38 59	208	37 46	277	34 09	305
168	28 17	359	40 59	064	54 57	110	25 19	171	38 31	208	36 47	276	33 20	304
169	28 16	358	41 53	064	55 53	110	25 28	171	38 02	209	35 47	276	32 30	304
170	28 14	358	42 47	063	56 49	111	25 37	172	37 32	210	34 47	276	31 40	303
171	28 11	357	43 41	063	57 45	111	25 45	172	37 02	210	33 48	276	30 50	303
172	28 08	357	44 34	063	58 41	112	25 53	173	36 31	211	32 48	276	29 59	303
173	28 05	356	45 27	062	59 37	113	26 01	173	36 00	212	31 49	276	29 09	303
174	28 01	356	46 20	062	60 32	113	26 08	174	35 28	212	30 49	276	28 18	302
175	27 56	355	47 13	061	61 27	114	26 14	174	34 56	213	29 49	276	27 27	302
176	27 51	355	48 05	061	62 22	115	26 20	175	34 23	214	28 50	276	26 36	302
177	27 45	354	48 58	060	63 16	116	26 25	175	33 49	214	27 50	276	25 45	301
178	27 38	354	49 49	059	64 10	116	26 30	176	33 16	215	26 50	276	24 54	301
179	27 32	353	50 41	059	65 03	117	26 35	176	32 41	215	25 50	276	24 03	301

160

LAT 0°

LHA ♈	Hc	Zn	Hc	Zn	Hc	Zn	Hc	Zn	Hc	Zn	Hc	Zn	Hc	Zn
	♦ARCTURUS		ANTARES		RIGIL KENT		♦ACRUX		Suhail		♦REGULUS		Dubhe	
180	51 32	058	20 02	118	21 52	160	26 39	177	32 07	216	59 58	294	27 24	353
181	52 23	058	20 55	118	22 12	161	26 42	177	31 31	216	59 03	294	27 16	352
182	53 13	057	21 47	119	22 32	161	26 45	178	30 56	217	58 08	293	27 08	352
183	54 03	056	22 40	119	22 51	161	26 47	178	30 20	217	57 13	292	26 59	351
184	54 53	055	23 32	119	23 10	162	26 49	179	29 43	218	56 17	292	26 49	351
185	55 42	054	24 25	119	23 28	162	26 50	179	29 06	218	55 21	291	26 39	350
186	56 30	054	25 17	120	23 47	163	26 51	180	28 29	218	54 25	291	26 28	350
187	57 18	053	26 09	120	24 04	163	26 51	180	27 52	219	53 29	290	26 17	349
188	58 06	052	27 01	120	24 21	164	26 50	181	27 14	219	52 33	290	26 06	349
189	58 53	051	27 53	120	24 38	164	26 49	181	26 36	220	51 36	289	25 54	348
190	59 39	050	28 45	121	24 55	164	26 48	182	25 57	220	50 40	289	25 41	348
191	60 24	048	29 37	121	25 10	165	26 46	182	25 18	220	49 43	289	25 28	347
192	61 08	047	30 28	121	25 26	165	26 44	183	24 39	221	48 46	288	25 15	347
193	61 52	046	31 19	121	25 41	166	26 41	183	24 00	221	47 49	288	25 01	346
194	62 35	045	32 10	122	25 55	166	26 37	184	23 20	221	46 52	288	24 46	346
	♦Alphecca		Rasalhague		ANTARES		♦RIGIL KENT		ACRUX		♦REGULUS		Dubhe	
195	44 09	051	20 37	077	33 01	122	26 09	167	26 33	184	45 54	287	24 31	345
196	44 56	051	21 36	076	33 52	122	26 23	167	26 28	185	44 57	287	24 16	345
197	45 42	050	22 34	076	34 43	123	26 36	168	26 23	185	44 00	287	24 00	345
198	46 28	049	23 32	076	35 33	123	26 49	168	26 18	186	43 02	286	23 44	344
199	47 13	049	24 31	076	36 23	124	27 01	169	26 11	186	42 05	286	23 27	344
200	47 58	048	25 29	076	37 13	124	27 12	169	26 05	187	41 07	286	23 10	343
201	48 42	047	26 27	076	38 02	124	27 23	170	25 58	187	40 09	286	22 53	343
202	49 26	046	27 25	076	38 52	125	27 34	170	25 50	188	39 11	285	22 35	342
203	50 09	046	28 23	076	39 41	125	27 44	171	25 42	188	38 13	285	22 17	342
204	50 51	045	29 21	076	40 30	126	27 53	171	25 33	189	37 16	285	21 58	342
205	51 33	044	30 20	075	41 18	126	28 02	172	25 24	189	36 18	285	21 39	341
206	52 14	043	31 18	075	42 06	127	28 10	172	25 15	189	35 20	285	21 20	341
207	52 55	042	32 16	075	42 54	127	28 18	173	25 04	190	34 22	284	21 00	341
208	53 34	041	33 14	075	43 42	128	28 25	173	24 54	190	33 23	284	20 40	340
209	54 13	040	34 11	075	44 29	129	28 32	174	24 43	191	32 25	284	20 19	340
	♦VEGA		Rasalhague		ANTARES		♦RIGIL KENT		ACRUX		♦REGULUS		Dubhe	
210	15 59	049	35 09	075	45 15	129	28 38	174	24 31	191	31 27	284	19 58	340
211	16 44	049	36 07	074	46 01	130	28 44	175	24 19	192	30 29	284	19 37	339
212	17 29	049	37 05	074	46 47	131	28 48	176	24 07	192	29 31	284	19 16	339
213	18 15	049	38 03	074	47 33	131	28 53	176	23 54	193	28 32	284	18 54	339
214	19 00	049	39 00	074	48 17	132	28 57	177	23 41	193	27 34	283	18 32	338
215	19 44	048	39 58	074	49 02	133	29 00	177	23 27	193	26 36	283	18 09	338
216	20 29	048	40 55	073	49 45	134	29 03	178	23 13	194	25 37	283	17 47	338
217	21 14	048	41 53	073	50 29	134	29 05	178	22 58	194	24 39	283	17 24	337
218	21 58	048	42 50	073	51 11	135	29 06	179	22 43	195	23 40	283	17 00	337
219	22 42	047	43 47	072	51 53	136	29 07	179	22 28	195	22 42	283	16 37	337
220	23 26	047	44 45	072	52 34	137	29 07	180	22 12	195	21 43	283	16 13	336
221	24 10	047	45 42	072	53 15	138	29 07	181	21 56	196	20 45	283	15 49	336
222	24 53	046	46 39	072	53 54	139	29 06	181	21 39	196	19 46	283	15 25	336
223	25 37	046	47 35	071	54 33	140	29 05	182	21 22	197	18 48	283	15 00	336
224	26 20	046	48 32	071	55 11	141	29 03	182	21 05	197	17 49	283	14 35	335
	VEGA		♦ALTAIR		Nunki		ANTARES		♦RIGIL KENT		SPICA		♦ARCTURUS	
225	27 02	045	16 58	081	27 32	120	55 48	142	29 00	183	64 02	244	68 03	331
226	27 45	045	17 57	081	28 24	120	56 24	144	28 57	183	63 08	245	67 33	329
227	28 27	045	18 57	081	29 15	121	56 59	145	28 53	184	62 14	245	67 01	327
228	29 09	044	19 56	081	30 07	121	57 33	146	28 49	184	61 19	246	66 28	325
229	29 51	044	20 55	080	30 58	121	58 06	147	28 44	185	60 24	247	65 53	323
230	30 32	043	21 54	080	31 50	121	58 38	149	28 39	185	59 29	247	65 16	322
231	31 13	043	22 53	080	32 41	122	59 08	150	28 33	186	58 33	248	64 38	320
232	31 54	042	23 52	080	33 32	122	59 37	152	28 26	187	57 38	249	63 59	318
233	32 34	042	24 52	080	34 23	122	60 05	153	28 19	187	56 42	249	63 19	317
234	33 14	041	25 51	080	35 13	123	60 31	155	28 11	188	55 45	250	62 37	315
235	33 54	041	26 50	080	36 03	123	60 56	156	28 03	188	54 49	250	61 55	314
236	34 33	040	27 49	080	36 53	124	61 19	158	27 54	189	53 52	251	61 11	313
237	35 11	040	28 48	080	37 43	124	61 41	160	27 45	189	52 56	251	60 27	312
238	35 50	039	29 47	080	38 33	124	62 00	162	27 35	190	51 59	252	59 41	310
239	36 28	039	30 46	080	39 22	125	62 18	163	27 25	190	51 02	252	58 55	309
	VEGA		♦ALTAIR		Nunki		♦ANTARES		SPICA		♦ARCTURUS		Alkaid	
240	37 05	038	31 45	080	40 11	125	62 35	165	50 05	252	58 09	308	33 10	335
241	37 42	038	32 44	079	41 00	126	62 49	167	49 07	253	57 21	307	32 45	334
242	38 18	037	33 43	079	41 48	126	63 01	169	48 10	253	56 33	306	32 18	334
243	38 54	036	34 42	079	42 36	127	63 12	171	47 13	253	55 45	306	31 52	333
244	39 29	036	35 41	079	43 24	128	63 20	173	46 15	254	54 56	305	31 24	333
245	40 04	035	36 40	079	44 12	128	63 26	175	45 18	254	54 06	304	30 56	332
246	40 38	034	37 39	079	44 59	129	63 30	177	44 20	254	53 16	303	30 28	332
247	41 12	034	38 37	079	45 45	129	63 33	179	43 22	254	52 26	303	29 59	331
248	41 45	033	39 36	078	46 31	130	63 33	181	42 24	255	51 35	302	29 30	331
249	42 17	032	40 35	078	47 17	131	63 30	183	41 26	255	50 44	301	29 00	330
250	42 49	031	41 34	078	48 02	131	63 26	185	40 28	255	49 52	301	28 30	330
251	43 19	031	42 32	078	48 47	132	63 20	187	39 30	255	49 01	300	27 59	329
252	43 50	030	43 31	078	49 31	133	63 12	189	38 32	256	48 08	299	27 28	329
253	44 19	029	44 30	077	50 15	134	63 01	191	37 34	256	47 16	299	26 57	328
254	44 48	028	45 28	077	50 58	135	62 49	193	36 36	256	46 23	298	26 25	328
	♦VEGA		ALTAIR		♦Nunki		ANTARES		♦SPICA		ARCTURUS		Alkaid	
255	45 15	027	46 27	077	51 40	136	62 35	195	35 38	256	45 30	298	25 53	327
256	45 42	026	47 25	077	52 22	136	62 19	197	34 39	256	44 37	297	25 20	327
257	46 08	025	48 23	077	53 03	137	62 01	198	33 41	256	43 44	297	24 48	327
258	46 33	024	49 22	076	53 43	138	61 41	200	32 43	257	42 50	297	24 14	326
259	46 58	023	50 20	076	54 22	139	61 19	202	31 44	257	41 57	296	23 41	326
260	47 21	022	51 18	076	55 01	141	60 56	203	30 46	257	41 03	296	23 07	325
261	47 43	021	52 16	075	55 38	142	60 32	205	29 47	257	40 09	295	22 33	325
262	48 05	020	53 14	075	56 15	143	60 05	207	28 49	257	39 14	295	21 58	325
263	48 25	019	54 12	075	56 51	144	59 38	208	27 50	257	38 20	295	21 24	324
264	48 44	018	55 10	074	57 26	145	59 09	210	26 52	257	37 25	294	20 49	324
265	49 03	017	56 08	074	57 59	147	58 38	211	25 53	258	36 31	294	20 13	324
266	49 20	016	57 05	073	58 32	148	58 07	213	24 55	258	35 36	294	19 38	324
267	49 36	015	58 03	073	59 03	149	57 34	214	23 56	258	34 41	293	19 02	323
268	49 50	014	59 00	073	59 33	151	57 00	215	22 57	258	33 46	293	18 26	323
269	50 04	013	59 57	072	60 01	152	56 25	216	21 59	258	32 50	293	17 50	323

LAT 0°

LHA ♈	Hc	Zn	Hc	Zn	Hc	Zn	Hc	Zn	Hc	Zn	Hc	Zn	Hc	Zn
	VEGA		♦DENEB		FOMALHAUT		♦Peacock		Shaula		ANTARES		♦ARCTURUS	
270	50 17	011	32 21	033	13 24	120	26 09	159	52 25	188	55 49	218	31 55	293
271	50 28	010	32 53	032	14 15	121	26 31	159	52 16	190	55 12	219	31 00	292
272	50 38	009	33 25	032	15 07	121	26 52	160	52 05	191	54 34	220	30 04	292
273	50 47	008	33 56	031	15 59	121	27 12	160	51 53	192	53 55	221	29 09	292
274	50 54	007	34 27	030	16 50	121	27 33	161	51 39	193	53 15	222	28 13	292
275	51 00	005	34 57	030	17 41	121	27 53	161	51 25	195	52 35	223	27 17	292
276	51 05	004	35 27	029	18 33	121	28 12	162	51 09	196	51 53	224	26 21	291
277	51 09	003	35 56	029	19 24	122	28 31	162	50 52	197	51 12	225	25 26	291
278	51 11	002	36 24	028	20 15	122	28 49	163	50 34	198	50 29	226	24 30	291
279	51 12	000	36 52	027	21 06	122	29 07	163	50 14	199	49 46	226	23 34	291
280	51 12	359	37 19	027	21 57	122	29 24	164	49 54	200	49 02	227	22 38	291
281	51 11	358	37 46	026	22 48	122	29 40	164	49 32	202	48 18	228	21 41	291
282	51 08	357	38 12	025	23 38	123	29 57	165	49 10	203	47 33	229	20 45	291
283	51 04	355	38 37	025	24 29	123	30 12	165	48 46	204	46 48	229	19 49	290
284	50 58	354	39 01	024	25 19	123	30 27	166	48 22	205	46 02	230	18 53	290
	DENEB		Alpheratz		♦FOMALHAUT		Peacock		♦ANTARES		Rasalhague		♦VEGA	
285	39 25	023	11 08	060	26 09	123	30 41	166	45 16	231	65 33	302	50 51	353
286	39 48	022	12 00	060	26 59	124	30 55	167	44 29	231	64 42	301	50 44	352
287	40 11	021	12 52	060	27 49	124	31 08	168	43 42	232	63 50	300	50 34	351
288	40 32	021	13 44	060	28 39	124	31 21	168	42 55	233	62 57	299	50 24	349
289	40 53	020	14 36	060	29 28	125	31 33	169	42 07	233	62 04	298	50 12	348
290	41 13	019	15 28	060	30 18	125	31 44	169	41 19	234	61 11	297	49 59	347
291	41 32	018	16 19	060	31 07	125	31 55	170	40 30	234	60 17	296	49 45	346
292	41 50	017	17 11	059	31 56	126	32 05	171	39 41	235	59 23	295	49 30	345
293	42 08	017	18 03	059	32 44	126	32 15	171	38 52	235	58 29	295	49 14	344
294	42 25	016	18 54	059	33 33	126	32 24	172	38 03	236	57 34	294	48 56	343
295	42 40	015	19 46	059	34 21	127	32 32	172	37 13	236	56 39	293	48 38	341
296	42 55	014	20 37	059	35 09	127	32 39	173	36 24	236	55 44	293	48 18	340
297	43 09	013	21 28	058	35 57	128	32 46	174	35 33	237	54 48	292	47 57	339
298	43 22	012	22 19	058	36 44	128	32 52	174	34 43	237	53 53	292	47 35	338
299	43 34	011	23 10	058	37 31	128	32 58	175	33 53	238	52 57	291	47 13	337
	♦DENEB		Alpheratz		♦FOMALHAUT		Peacock		♦ANTARES		Rasalhague		VEGA	
300	43 45	010	24 01	058	38 18	129	33 03	176	33 02	238	52 01	291	46 49	336
301	43 55	009	24 52	058	39 05	129	33 07	176	32 11	238	51 05	290	46 25	335
302	44 04	008	25 42	057	39 51	130	33 11	177	31 20	239	50 08	290	45 59	334
303	44 12	007	26 33	057	40 37	131	33 13	178	30 29	239	49 12	289	45 33	333
304	44 20	006	27 23	057	41 22	131	33 16	178	29 37	239	48 15	289	45 05	333
305	44 26	005	28 13	056	42 07	132	33 17	179	28 45	239	47 18	289	44 37	332
306	44 31	004	29 03	056	42 52	132	33 18	180	27 54	240	46 21	288	44 08	331
307	44 35	003	29 53	056	43 36	133	33 18	180	27 02	240	45 24	288	43 39	330
308	44 38	002	30 42	055	44 19	134	33 17	181	26 10	240	44 27	288	43 08	329
309	44 40	001	31 31	055	45 03	134	33 16	182	25 18	240	43 30	287	42 37	328
310	44 41	000	32 21	055	45 45	135	33 14	182	24 25	241	42 33	287	42 05	328
311	44 41	359	33 09	054	46 27	136	33 11	183	23 33	241	41 36	287	41 33	327
312	44 40	358	33 58	054	47 09	137	33 08	184	22 41	241	40 38	287	41 00	326
313	44 38	357	34 47	054	47 50	137	33 04	184	21 48	241	39 41	286	40 26	325
314	44 34	356	35 35	053	48 30	138	32 59	185	20 55	242	38 43	286	39 52	325
	♦Alpheratz		♦FOMALHAUT		Peacock		Nunki		♦Rasalhague		VEGA		DENEB	
315	36 23	053	49 10	139	32 54	185	50 12	226	37 45	286	39 17	324	44 30	356
316	37 10	052	49 49	140	32 48	186	49 29	227	36 48	286	38 41	323	44 25	355
317	37 58	052	50 27	141	32 41	187	48 44	228	35 50	286	38 05	323	44 19	354
318	38 45	051	51 05	142	32 34	187	48 00	229	34 52	285	37 29	322	44 12	353
319	39 31	051	51 42	143	32 26	188	47 14	229	33 54	285	36 52	322	44 03	352
320	40 18	050	52 17	144	32 17	189	46 29	230	32 56	285	36 14	321	43 54	351
321	41 04	050	52 52	145	32 07	189	45 43	231	31 58	285	35 36	320	43 44	350
322	41 49	049	53 27	146	31 57	190	44 56	231	31 00	285	34 57	320	43 33	349
323	42 35	049	54 00	147	31 47	191	44 09	232	30 02	285	34 19	319	43 21	348
324	43 19	048	54 32	148	31 36	191	43 21	232	29 04	284	33 39	319	43 08	347
325	44 04	047	55 03	149	31 24	192	42 34	233	28 06	284	33 00	318	42 54	346
326	44 48	047	55 33	151	31 11	192	41 46	234	27 08	284	32 20	318	42 39	345
327	45 31	046	56 01	152	30 58	193	40 57	234	26 10	284	31 39	317	42 23	344
328	46 14	045	56 29	153	30 45	193	40 08	235	25 11	284	30 58	317	42 06	343
329	46 56	044	56 55	155	30 30	194	39 19	235	24 13	284	30 17	317	41 48	343
	♦Alpheratz		Diphda		♦FOMALHAUT		Peacock		♦ALTAIR		VEGA		DENEB	
330	47 38	044	45 52	116	57 20	156	30 15	195	56 44	286	29 36	316	41 30	342
331	48 19	043	46 46	117	57 44	158	30 00	195	55 47	286	28 54	316	41 11	341
332	49 00	042	47 40	117	58 06	159	29 44	196	54 49	286	28 12	315	40 51	340
333	49 40	041	48 33	118	58 27	161	29 27	196	53 51	285	27 30	315	40 30	339
334	50 19	040	49 26	118	58 46	162	29 10	197	52 53	285	26 47	315	40 08	338
335	50 57	039	50 19	119	59 04	164	28 53	197	51 55	285	26 04	314	39 46	338
336	51 35	038	51 11	119	59 20	165	28 35	198	50 57	284	25 21	314	39 22	337
337	52 12	037	52 03	120	59 34	167	28 16	198	49 59	284	24 38	314	38 59	336
338	52 48	036	52 55	121	59 47	169	27 57	199	49 01	284	23 54	313	38 34	335
339	53 23	035	53 46	121	59 58	170	27 37	199	48 02	283	23 10	313	38 09	335
340	53 57	034	54 37	122	60 07	172	27 17	200	47 04	283	22 26	313	37 43	334
341	54 30	033	55 28	123	60 14	174	26 56	200	46 05	283	21 42	312	37 16	333
342	55 02	032	56 18	124	60 20	176	26 35	201	45 07	283	20 58	312	36 49	333
343	55 33	031	57 08	125	60 24	177	26 14	201	44 08	282	20 13	312	36 21	332
344	56 03	029	57 57	125	60 26	179	25 52	202	43 10	282	19 28	312	35 52	331
	Alpheratz		♦Hamal		Acamar		♦ACHERNAR		FOMALHAUT		♦ALTAIR		DENEB	
345	56 32	028	38 46	059	22 40	134	24 43	158	60 26	181	42 11	282	35 23	331
346	57 00	027	39 37	059	23 23	135	25 05	158	60 24	183	41 12	282	34 54	330
347	57 26	025	40 29	058	24 05	135	25 27	159	60 20	184	40 14	282	34 24	329
348	57 51	024	41 20	058	24 48	135	25 49	159	60 15	186	39 15	282	33 53	329
349	58 14	022	42 10	057	25 30	136	26 10	159	60 08	188	38 16	281	33 22	328
350	58 36	021	43 01	057	26 11	136	26 31	160	59 59	190	37 17	281	32 50	328
351	58 57	019	43 51	056	26 53	136	26 51	160	59 48	191	36 18	281	32 18	327
352	59 16	018	44 41	056	27 34	137	27 11	161	59 35	193	35 19	281	31 45	327
353	59 33	016	45 30	055	28 15	137	27 31	161	59 21	195	34 20	281	31 12	326
354	59 49	014	46 19	055	28 56	138	27 50	162	59 05	196	33 21	281	30 38	326
355	60 03	013	47 08	054	29 36	138	28 08	162	58 48	198	32 22	281	30 04	325
356	60 15	011	47 57	053	30 16	138	28 26	163	58 29	199	31 23	280	29 30	325
357	60 26	009	48 45	053	30 56	139	28 43	163	58 08	201	30 24	280	28 55	324
358	60 35	008	49 32	052	31 35	139	29 00	164	57 46	202	29 25	280	28 20	324
359	60 42	006	50 19	051	32 14	140	29 17	164	57 23	204	28 26	280	27 44	323

LAT 18°S

LHA ♈	Hc	Zn	Hc	Zn	Hc	Zn	Hc	Zn	Hc	Zn	Hc	Zn	Hc	Zn
	♦Alpheratz		Hamal		ALDEBARAN		♦RIGEL		ACHERNAR		♦Peacock		Enif	
0	42 48	003	38 05	038	13 43	067	13 09	094	46 46	161	34 44	212	46 28	307
1	42 50	001	38 40	037	14 35	067	14 06	094	47 05	161	34 13	213	45 42	306
2	42 51	000	39 14	036	15 27	066	15 03	094	47 22	162	33 42	213	44 56	305
3	42 51	359	39 47	035	16 20	066	16 00	094	47 40	163	33 11	213	44 09	305
4	42 49	358	40 20	034	17 12	066	16 57	093	47 56	164	32 40	213	43 22	304
5	42 47	357	40 52	033	18 04	065	17 54	093	48 12	164	32 08	214	42 34	303
6	42 43	356	41 23	032	18 55	065	18 51	093	48 27	165	31 37	214	41 46	302
7	42 38	354	41 53	031	19 47	064	19 48	092	48 42	166	31 05	214	40 58	301
8	42 32	353	42 22	030	20 38	064	20 45	092	48 55	166	30 33	214	40 09	301
9	42 24	352	42 50	029	21 29	063	21 42	092	49 08	167	30 01	214	39 20	300
10	42 16	351	43 18	028	22 20	063	22 39	092	49 21	168	29 29	214	38 30	299
11	42 06	350	43 44	027	23 11	062	23 36	091	49 32	169	28 57	214	37 40	299
12	41 55	349	44 09	026	24 01	062	24 33	091	49 43	170	28 24	215	36 50	298
13	41 43	347	44 34	025	24 51	061	25 30	091	49 53	170	27 52	215	36 00	297
14	41 30	346	44 57	024	25 41	061	26 27	090	50 02	171	27 19	215	35 09	297
	♦Hamal		ALDEBARAN		RIGEL		♦CANOPUS		ACHERNAR		♦FOMALHAUT		Alpheratz	
15	45 19	022	26 31	060	27 24	090	19 36	141	50 10	172	59 57	242	41 16	345
16	45 40	021	27 20	060	28 21	090	20 13	141	50 18	173	59 07	242	41 01	344
17	46 00	020	28 09	059	29 19	089	20 49	140	50 25	174	58 16	243	40 45	343
18	46 19	019	28 58	059	30 16	089	21 25	140	50 31	174	57 25	243	40 27	342
19	46 37	017	29 47	058	31 13	089	22 02	140	50 36	175	56 35	243	40 09	341
20	46 53	016	30 35	057	32 10	088	22 38	140	50 40	176	55 43	244	39 50	340
21	47 08	015	31 23	057	33 07	088	23 14	140	50 44	177	54 52	244	39 29	339
22	47 22	014	32 10	056	34 04	088	23 51	140	50 46	178	54 01	244	39 08	338
23	47 35	012	32 57	055	35 01	087	24 27	140	50 48	179	53 10	244	38 46	337
24	47 46	011	33 44	055	35 58	087	25 03	140	50 49	180	52 18	245	38 23	336
25	47 57	010	34 31	054	36 55	087	25 40	141	50 49	180	51 26	245	37 59	335
26	48 05	008	35 17	053	37 52	086	26 16	141	50 48	181	50 35	245	37 34	334
27	48 13	007	36 02	053	38 49	086	26 52	141	50 46	182	49 43	245	37 08	333
28	48 19	005	36 47	052	39 46	086	27 28	141	50 44	183	48 51	245	36 41	332
29	48 24	004	37 32	051	40 42	085	28 04	141	50 40	184	47 59	246	36 14	331
	♦Hamal		ALDEBARAN		♦SIRIUS		CANOPUS		ACHERNAR		♦FOMALHAUT		Alpheratz	
30	48 27	003	38 16	050	22 18	101	28 40	141	50 36	185	47 07	246	35 46	330
31	48 29	001	39 00	050	23 14	101	29 16	141	50 31	186	46 15	246	35 17	329
32	48 29	000	39 42	049	24 10	101	29 52	141	50 25	186	45 23	246	34 47	328
33	48 29	359	40 26	048	25 06	100	30 28	141	50 18	187	44 31	246	34 17	327
34	48 27	357	41 08	047	26 02	100	31 04	141	50 11	188	43 39	246	33 45	326
35	48 23	356	41 50	046	26 59	100	31 39	141	50 02	189	42 47	246	33 13	326
36	48 18	354	42 30	045	27 55	100	32 15	142	49 53	190	41 55	246	32 41	325
37	48 12	353	43 11	044	28 51	100	32 50	142	49 43	190	41 03	246	32 08	324
38	48 04	352	43 50	043	29 47	099	33 26	142	49 33	191	40 10	246	31 34	323
39	47 55	350	44 29	042	30 44	099	34 01	142	49 21	192	39 18	246	30 59	322
40	47 45	349	45 07	041	31 40	099	34 36	142	49 09	193	38 26	246	30 24	322
41	47 33	348	45 44	040	32 36	099	35 10	143	48 56	194	37 34	246	29 48	321
42	47 21	346	46 21	039	33 33	098	35 45	143	48 42	194	36 42	246	29 12	320
43	47 06	345	46 57	038	34 29	098	36 19	143	48 28	195	35 50	246	28 35	319
44	46 51	344	47 32	037	35 26	098	36 53	143	48 13	196	34 57	246	27 58	319
	♦CAPELLA		BETELGEUSE		SIRIUS		♦CANOPUS		ACHERNAR		♦FOMALHAUT		Hamal	
45	18 51	024	39 45	063	36 22	098	37 27	144	47 57	196	34 05	246	46 34	342
46	19 14	024	40 36	063	37 19	098	38 01	144	47 40	197	33 13	246	46 17	341
47	19 37	023	41 26	062	38 15	097	38 35	144	47 23	198	32 21	246	45 58	340
48	19 59	023	42 17	061	39 12	097	39 08	144	47 05	198	31 29	246	45 38	339
49	20 21	022	43 07	061	40 09	097	39 41	145	46 47	199	30 37	246	45 16	338
50	20 42	021	43 56	060	41 05	097	40 14	145	46 28	200	29 45	246	44 54	336
51	21 02	021	44 45	059	42 02	097	40 46	146	46 08	200	28 53	246	44 30	335
52	21 22	020	45 34	058	42 59	096	41 18	146	45 48	201	28 01	245	44 06	334
53	21 41	019	46 22	057	43 55	096	41 50	146	45 27	202	27 09	245	43 40	333
54	22 00	019	47 10	057	44 52	096	42 22	147	45 06	202	26 17	245	43 14	332
55	22 18	018	47 58	056	45 49	096	42 53	147	44 44	203	25 25	245	42 47	331
56	22 35	017	48 45	055	46 46	096	43 24	148	44 22	203	24 34	245	42 18	330
57	22 52	017	49 31	054	47 43	095	43 54	148	43 59	204	23 42	245	41 49	329
58	23 08	016	50 17	053	48 39	095	44 24	148	43 36	204	22 50	245	41 19	328
59	23 23	015	51 02	052	49 36	095	44 54	149	43 12	205	21 59	245	40 48	327
	CAPELLA		BETELGEUSE		♦SIRIUS		CANOPUS		♦ACHERNAR		Diphda		♦Hamal	
60	23 38	015	51 47	051	50 33	095	45 23	149	42 48	205	43 33	262	40 16	326
61	23 52	014	52 30	050	51 30	094	45 52	150	42 23	206	42 37	262	39 43	325
62	24 05	013	53 14	049	52 27	094	46 20	151	41 58	206	41 40	262	39 10	324
63	24 18	012	53 56	047	53 24	094	46 48	151	41 33	207	40 44	262	38 36	323
64	24 30	012	54 38	046	54 21	094	47 15	152	41 07	207	39 47	261	38 01	322
65	24 41	011	55 18	045	55 18	094	47 42	152	40 40	208	38 51	261	37 25	321
66	24 52	010	55 58	044	56 15	093	48 08	153	40 14	208	37 55	261	36 49	320
67	25 01	009	56 37	042	57 12	093	48 34	154	39 47	208	36 58	261	36 12	319
68	25 10	009	57 15	041	58 09	093	48 59	154	39 19	209	36 02	261	35 34	318
69	25 19	008	57 52	039	59 06	093	49 23	155	38 52	209	35 06	260	34 56	318
70	25 26	007	58 28	038	60 03	092	49 47	156	38 24	210	34 10	260	34 17	317
71	25 33	006	59 02	036	61 00	092	50 10	156	37 55	210	33 13	260	33 38	316
72	25 39	006	59 35	035	61 57	092	50 33	157	37 27	210	32 17	260	32 58	315
73	25 44	005	60 07	033	62 54	092	50 55	158	36 58	211	31 21	260	32 18	315
74	25 49	004	60 38	031	63 51	091	51 16	159	36 29	211	30 25	259	31 37	314
	CAPELLA		POLLUX		♦PROCYON		Suhail		♦CANOPUS		ACHERNAR		♦Hamal	
75	25 52	003	28 57	042	44 16	063	32 23	131	51 36	159	36 00	211	30 55	313
76	25 55	003	29 35	041	45 07	063	33 07	131	51 56	160	35 30	211	30 13	312
77	25 57	002	30 12	041	45 57	062	33 50	131	52 14	161	35 00	212	29 31	312
78	25 59	001	30 49	040	46 47	061	34 33	131	52 32	162	34 30	212	28 48	311
79	26 00	000	31 25	039	47 37	060	35 16	131	52 50	163	34 00	212	28 05	310
80	25 59	000	32 01	038	48 26	059	35 59	131	53 06	164	33 29	212	27 22	310
81	25 59	359	32 36	037	49 15	058	36 42	131	53 21	165	32 59	213	26 37	309
82	25 57	358	33 10	037	50 04	058	37 25	131	53 36	166	32 28	213	25 53	309
83	25 54	357	33 44	036	50 52	057	38 08	132	53 50	167	31 57	213	25 08	308
84	25 51	356	34 17	035	51 39	056	38 50	132	54 03	168	31 26	213	24 23	307
85	25 47	356	34 49	034	52 26	055	39 33	132	54 14	169	30 54	213	23 38	307
86	25 43	355	35 21	033	53 12	054	40 15	132	54 25	170	30 23	214	22 52	306
87	25 37	354	35 52	032	53 58	053	40 57	133	54 35	171	29 52	214	22 06	306
88	25 31	353	36 22	032	54 43	051	41 39	133	54 44	172	29 20	214	21 19	305
89	25 24	353	36 52	031	55 27	050	42 21	133	54 52	173	28 48	214	20 33	305

LAT 18°S

LHA ♈	Hc	Zn	Hc	Zn	Hc	Zn	Hc	Zn	Hc	Zn	Hc	Zn	Hc	Zn
	POLLUX		♦REGULUS		Suhail		♦CANOPUS		ACHERNAR		♦ALDEBARAN		CAPELLA	
90	37 20	030	21 42	069	43 02	133	54 59	174	28 16	214	49 49	328	25 16	352
91	37 48	029	22 35	068	43 44	134	55 04	175	27 44	214	49 18	327	25 08	351
92	38 15	028	23 28	068	44 25	134	55 09	176	27 12	214	48 47	326	24 59	350
93	38 41	027	24 21	067	45 06	134	55 13	177	26 40	214	48 14	324	24 49	350
94	39 07	026	25 14	067	45 47	135	55 16	178	26 08	214	47 40	323	24 38	349
95	39 31	025	26 06	066	46 27	135	55 17	179	25 35	214	47 05	322	24 27	348
96	39 54	024	26 58	066	47 07	135	55 18	180	25 03	215	46 30	321	24 15	347
97	40 17	023	27 50	065	47 47	136	55 17	181	24 31	215	45 54	320	24 02	347
98	40 39	022	28 42	065	48 27	136	55 16	182	23 58	215	45 16	319	23 48	346
99	40 59	021	29 33	064	49 06	137	55 13	183	23 26	215	44 39	318	23 34	345
100	41 19	019	30 25	064	49 45	137	55 10	184	22 53	215	44 00	317	23 19	345
101	41 37	018	31 16	063	50 23	138	55 05	185	22 21	215	43 20	316	23 04	344
102	41 55	017	32 06	063	51 01	138	54 59	186	21 48	215	42 40	315	22 47	343
103	42 11	016	32 57	062	51 39	139	54 52	187	21 16	215	42 00	314	22 30	342
104	42 26	015	33 47	061	52 16	140	54 45	188	20 43	215	41 18	313	22 13	342
	POLLUX		♦REGULUS		♦ACRUX		CANOPUS		♦RIGEL		ALDEBARAN		CAPELLA	
105	42 40	014	34 37	061	19 42	152	54 36	189	62 40	288	40 36	312	21 55	341
106	42 54	013	35 27	060	20 09	152	54 26	190	61 45	287	39 54	311	21 36	340
107	43 06	011	36 16	059	20 36	152	54 15	191	60 51	286	39 11	311	21 17	340
108	43 16	010	37 05	059	21 03	152	54 04	192	59 56	285	38 27	310	20 57	339
109	43 26	009	37 54	058	21 30	152	53 51	193	59 00	284	37 43	309	20 36	338
110	43 34	008	38 42	057	21 57	152	53 37	194	58 05	284	36 59	308	20 15	338
111	43 42	007	39 30	057	22 24	152	53 23	195	57 10	283	36 14	308	19 53	337
112	43 48	005	40 17	056	22 51	152	53 07	196	56 14	283	35 28	307	19 30	337
113	43 53	004	41 05	055	23 18	152	52 51	197	55 18	282	34 42	306	19 07	336
114	43 56	003	41 51	054	23 45	152	52 34	198	54 22	281	33 56	305	18 44	335
115	43 59	002	42 37	054	24 12	152	52 16	199	53 26	281	33 09	305	18 20	335
116	44 00	001	43 23	053	24 39	152	51 57	200	52 30	280	32 22	304	17 55	334
117	44 00	359	44 08	052	25 06	152	51 38	200	51 34	280	31 35	303	17 30	334
118	43 59	358	44 53	051	25 32	152	51 17	201	50 38	279	30 47	303	17 05	333
119	43 56	357	45 37	050	25 59	152	50 56	202	49 41	279	29 59	302	16 38	332
	♦REGULUS		SPICA		♦ACRUX		CANOPUS		♦RIGEL		BETELGEUSE		POLLUX	
120	46 20	049	11 29	098	26 25	152	50 35	203	48 45	278	50 10	307	43 52	356
121	47 03	048	12 26	098	26 52	153	50 12	204	47 48	278	49 24	306	43 47	354
122	47 45	047	13 22	098	27 18	153	49 49	204	46 52	277	48 38	305	43 41	353
123	48 27	046	14 19	097	27 44	153	49 25	205	45 55	277	47 51	304	43 34	352
124	49 07	045	15 15	097	28 10	153	49 01	206	44 59	276	47 03	303	43 26	351
125	49 47	044	16 12	097	28 36	153	48 36	206	44 02	276	46 15	302	43 16	350
126	50 26	043	17 09	097	29 02	153	48 10	207	43 05	276	45 27	302	43 05	348
127	51 05	042	18 05	096	29 28	153	47 44	208	42 08	275	44 38	301	42 53	347
128	51 42	040	19 02	096	29 53	154	47 17	208	41 11	275	43 49	300	42 40	346
129	52 19	039	19 59	096	30 18	154	46 50	209	40 15	275	42 59	299	42 26	345
130	52 54	038	20 56	095	30 44	154	46 22	209	39 18	274	42 09	298	42 10	344
131	53 29	037	21 52	095	31 09	154	45 54	210	38 21	274	41 19	298	41 54	343
132	54 02	035	22 49	095	31 33	154	45 25	210	37 24	273	40 28	297	41 06	342
133	54 34	034	23 46	095	31 58	155	44 56	211	36 27	273	39 37	296	41 18	340
134	55 05	032	24 43	094	32 22	155	44 27	211	35 30	273	38 46	296	40 58	339
	REGULUS		♦SPICA		ACRUX		♦CANOPUS		SIRIUS		BETELGEUSE		♦POLLUX	
135	55 35	031	25 40	094	32 47	155	43 57	212	57 57	267	37 55	295	40 38	338
136	56 04	029	26 37	094	33 11	155	43 26	212	57 00	267	37 03	295	40 16	337
137	56 31	028	27 34	093	33 34	156	42 56	213	56 03	267	36 11	294	39 54	336
138	56 57	026	28 31	093	33 58	156	42 24	213	55 06	266	35 19	293	39 30	335
139	57 21	025	29 28	093	34 21	156	41 53	214	54 09	266	34 26	293	39 06	334
140	57 44	023	30 25	093	34 44	156	41 21	214	53 12	266	33 33	292	38 40	333
141	58 06	021	31 22	092	35 07	157	40 49	214	52 15	266	32 40	292	38 14	332
142	58 26	019	32 19	092	35 29	157	40 17	215	51 18	265	31 47	291	37 47	331
143	58 44	018	33 16	092	35 51	157	39 44	215	50 21	265	30 54	291	37 19	330
144	59 00	016	34 13	092	36 13	158	39 11	215	49 24	265	30 01	290	36 51	329
145	59 15	014	35 10	091	36 35	158	38 38	216	48 28	265	29 07	290	36 21	328
146	59 27	012	36 07	091	36 56	158	38 04	216	47 31	265	28 13	289	35 51	328
147	59 38	010	37 04	091	37 17	159	37 30	216	46 34	264	27 19	289	35 20	327
148	59 48	008	38 01	090	37 37	159	36 56	217	45 37	264	26 25	288	34 48	326
149	59 55	006	38 58	090	37 58	159	36 22	217	44 40	264	25 31	288	34 16	325
	REGULUS		♦ARCTURUS		SPICA		♦ACRUX		CANOPUS		SIRIUS		♦PROCYON	
150	60 00	004	16 59	063	39 55	090	38 17	160	35 48	217	43 44	264	48 22	301
151	60 03	002	17 50	062	40 52	089	38 37	160	35 13	217	42 47	264	47 33	300
152	60 05	000	18 40	062	41 49	089	38 56	161	34 39	218	41 50	263	46 43	299
153	60 04	358	19 30	061	42 46	089	39 15	161	34 04	218	40 54	263	45 53	298
154	60 02	357	20 20	061	43 43	088	39 33	162	33 29	218	39 57	263	45 02	297
155	59 57	355	21 10	060	44 40	088	39 51	162	32 53	218	39 00	263	44 12	297
156	59 51	353	22 00	060	45 38	088	40 08	162	32 18	218	38 04	263	43 20	296
157	59 43	351	22 49	059	46 35	087	40 25	163	31 43	219	37 07	262	42 29	295
158	59 33	349	23 38	059	47 32	087	40 42	163	31 07	219	36 11	262	41 37	295
159	59 21	347	24 26	058	48 28	087	40 58	164	30 31	219	35 14	262	40 45	294
160	59 07	345	25 15	058	49 25	086	41 14	164	29 55	219	34 18	262	39 53	293
161	58 51	343	26 03	057	50 22	086	41 29	165	29 20	219	33 21	261	39 00	293
162	58 34	341	26 51	057	51 19	085	41 44	165	28 44	219	32 25	261	38 08	292
163	58 15	340	27 38	056	52 16	085	41 58	166	28 08	219	31 28	261	37 15	292
164	57 54	338	28 25	055	53 13	085	42 12	166	27 31	219	30 32	261	36 22	291
	Denebola		♦ARCTURUS		SPICA		♦ACRUX		SIRIUS		♦PROCYON		REGULUS	
165	55 16	021	29 12	055	54 10	084	42 25	167	29 36	261	35 28	290	57 32	336
166	55 36	020	29 58	054	55 07	084	42 38	167	28 40	260	34 35	290	57 08	335
167	55 54	018	30 45	054	56 03	083	42 50	168	27 43	260	33 41	289	56 43	333
168	56 11	016	31 30	053	57 00	083	43 01	169	26 47	260	32 47	289	56 16	331
169	56 27	015	32 16	052	57 56	082	43 13	169	25 51	260	31 53	288	55 48	330
170	56 41	013	33 00	052	58 53	082	43 23	170	24 55	259	30 59	288	55 19	328
171	56 53	011	33 45	051	59 49	081	43 33	170	23 59	259	30 04	287	54 49	327
172	57 03	010	34 29	050	60 46	081	43 42	171	23 03	259	29 10	287	54 17	325
173	57 12	008	35 13	049	61 42	080	43 51	171	22 07	259	28 15	286	53 44	324
174	57 19	006	35 56	049	62 38	079	43 59	172	21 11	259	27 20	286	53 10	323
175	57 24	004	36 38	048	63 34	079	44 07	173	20 15	258	26 25	286	52 35	321
176	57 27	003	37 20	047	64 30	078	44 14	173	19 19	258	25 30	285	51 59	320
177	57 29	001	38 02	046	65 26	077	44 21	174	18 23	258	24 35	285	51 22	319
178	57 29	359	38 43	045	66 21	077	44 26	174	17 27	258	23 40	284	50 44	318
179	57 27	357	39 23	045	67 17	076	44 32	175	16 32	257	22 44	284	50 05	317

196

LAT 18°S

LHA ♈	Hc	Zn	Hc	Zn	Hc	Zn	Hc	Zn	Hc	Zn	Hc	Zn	Hc	Zn
	ARCTURUS		♦ANTARES		ACRUX		♦Suhail		Alphard		REGULUS		♦Denebola	
180	40 03	044	27 37	111	44 36	176	45 54	225	51 59	279	49 25	315	57 23	355
181	40 42	043	28 30	111	44 40	176	45 13	226	51 02	279	48 45	314	57 17	354
182	41 20	042	29 23	111	44 43	177	44 32	226	50 06	278	48 04	313	57 10	352
183	41 58	041	30 17	111	44 46	178	43 51	226	49 09	278	47 22	312	57 01	350
184	42 35	040	31 10	111	44 48	178	43 10	227	48 13	277	46 40	311	56 50	348
185	43 11	039	32 03	110	44 50	179	42 28	227	47 16	277	45 56	310	56 38	347
186	43 47	038	32 57	110	44 51	179	41 47	227	46 19	276	45 13	309	56 24	345
187	44 21	037	33 50	110	44 51	180	41 05	227	45 23	276	44 28	309	56 08	343
188	44 55	036	34 44	110	44 50	181	40 23	228	44 26	275	43 43	308	55 51	341
189	45 28	035	35 38	110	44 49	181	39 40	228	43 29	275	42 58	307	55 32	340
190	46 00	034	36 31	110	44 47	182	38 58	228	42 32	275	42 12	306	55 11	338
191	46 31	032	37 25	110	44 45	183	38 15	228	41 35	274	41 26	305	54 49	337
192	47 02	031	38 18	110	44 42	183	37 33	228	40 38	274	40 39	304	54 26	335
193	47 31	030	39 12	110	44 39	184	36 50	229	39 41	274	39 51	304	54 02	334
194	47 59	029	40 06	110	44 34	185	36 07	229	38 44	273	39 04	303	53 36	332
	ARCTURUS		♦Rasalhague		ANTARES		♦ACRUX		Suhail		♦REGULUS		Denebola	
195	48 26	028	15 32	071	40 59	110	44 29	185	35 24	229	38 16	302	53 08	331
196	48 52	026	16 26	070	41 53	110	44 24	186	34 41	229	37 27	301	52 40	329
197	49 17	025	17 20	070	42 47	110	44 18	186	33 58	229	36 38	301	52 10	328
198	49 40	024	18 13	070	43 41	110	44 11	187	33 15	229	35 49	300	51 40	327
199	50 03	022	19 07	069	44 34	110	44 04	188	32 31	229	35 00	300	51 08	325
200	50 24	021	20 00	069	45 28	110	43 56	188	31 48	229	34 10	299	50 35	324
201	50 44	020	20 53	068	46 22	110	43 48	189	31 04	230	33 20	298	50 01	323
202	51 02	018	21 46	068	47 15	110	43 39	189	30 21	230	32 29	298	49 26	322
203	51 19	017	22 39	067	48 09	110	43 29	190	29 38	230	31 39	297	48 50	321
204	51 35	015	23 31	067	49 03	110	43 19	191	28 54	230	30 48	297	48 13	319
205	51 49	014	24 24	067	49 56	110	43 08	191	28 11	230	29 57	296	47 36	318
206	52 02	012	25 16	066	50 50	110	42 57	192	27 27	230	29 05	295	46 57	317
207	52 14	011	26 08	066	51 44	110	42 45	192	26 43	230	28 13	295	46 18	316
208	52 24	009	27 00	065	52 37	110	42 32	193	26 00	230	27 22	294	45 38	315
209	52 33	008	27 52	065	53 31	110	42 19	193	25 16	230	26 30	294	44 58	314
	♦ARCTURUS		Rasalhague		♦ANTARES		RIGIL KENT		ACRUX		♦Suhail		REGULUS	
210	52 40	006	28 43	064	54 24	111	46 32	173	42 06	194	24 33	230	25 37	293
211	52 45	005	29 34	063	55 18	111	46 38	174	41 52	194	23 49	230	24 45	293
212	52 49	003	30 25	063	56 11	111	46 44	174	41 38	195	23 06	230	23 52	292
213	52 51	002	31 16	062	57 04	111	46 50	175	41 23	195	22 22	230	22 59	292
214	52 52	000	32 06	062	57 57	111	46 54	176	41 07	196	21 39	230	22 06	291
215	52 51	358	32 56	061	58 51	112	46 58	176	40 51	196	20 56	229	21 13	291
216	52 49	357	33 46	061	59 44	112	47 02	177	40 35	197	20 12	229	20 20	291
217	52 45	355	34 36	060	60 36	112	47 04	178	40 18	197	19 29	229	19 26	290
218	52 40	354	35 25	059	61 29	113	47 06	179	40 01	198	18 46	229	18 33	290
219	52 33	352	36 14	059	62 22	113	47 07	179	39 43	198	18 03	229	17 39	289
220	52 25	351	37 02	058	63 14	113	47 07	180	39 25	199	17 20	229	16 45	289
221	52 15	349	37 50	057	64 07	114	47 07	181	39 07	199	16 37	229	15 51	289
222	52 03	348	38 38	056	64 59	114	47 06	181	38 48	200	15 54	229	14 57	288
223	51 50	346	39 25	056	65 51	115	47 04	182	38 29	200	15 11	229	14 02	288
224	51 36	345	40 12	055	66 42	115	47 02	183	38 09	200	14 28	228	13 08	287
	Alphecca		♦VEGA		ALTAIR		♦Peacock		RIGIL KENT		♦SPICA		ARCTURUS	
225	44 31	011	13 49	041	13 17	076	19 32	145	46 59	184	66 14	283	51 20	343
226	44 41	010	14 26	040	14 12	076	20 05	145	46 55	184	65 18	283	51 03	342
227	44 50	009	15 02	040	15 08	075	20 38	145	46 50	185	64 22	282	50 45	340
228	44 58	007	15 39	039	16 03	075	21 11	145	46 45	186	63 26	281	50 25	339
229	45 05	006	16 15	039	16 58	074	21 44	145	46 39	186	62 30	280	50 04	338
230	45 10	005	16 50	038	17 53	074	22 17	145	46 33	187	61 34	280	49 42	336
231	45 14	004	17 25	038	18 47	074	22 50	145	46 25	188	60 38	279	49 18	335
232	45 17	002	18 00	037	19 42	073	23 23	145	46 17	188	59 42	279	48 53	334
233	45 19	001	18 34	036	20 37	073	23 56	145	46 09	189	58 45	278	48 27	332
234	45 19	000	19 07	036	21 31	072	24 29	145	45 59	190	57 49	278	48 00	331
235	45 18	358	19 41	035	22 25	072	25 02	145	45 49	190	56 52	277	47 32	330
236	45 16	357	20 13	035	23 20	072	25 34	145	45 39	191	55 55	277	47 03	329
237	45 13	356	20 46	034	24 14	071	26 07	145	45 28	192	54 59	276	46 33	328
238	45 08	355	21 17	034	25 08	071	26 40	145	45 16	192	54 02	276	46 02	326
239	45 02	353	21 49	033	26 01	070	27 12	145	45 03	193	53 05	275	45 30	325
	♦VEGA		ALTAIR		♦Peacock		RIGIL KENT		♦SPICA		ARCTURUS		Alphecca	
240	22 19	032	26 55	070	27 45	145	44 50	194	52 08	275	44 57	324	44 55	352
241	22 50	032	27 48	069	28 17	145	44 37	194	51 11	274	44 23	323	44 46	351
242	23 19	031	28 42	069	28 50	146	44 22	195	50 14	274	43 49	322	44 37	350
243	23 48	030	29 35	068	29 22	146	44 08	195	49 18	274	43 13	321	44 26	348
244	24 17	030	30 28	068	29 54	146	43 52	196	48 21	273	42 37	320	44 14	347
245	24 45	029	31 20	067	30 26	146	43 36	196	47 24	273	42 00	319	44 01	346
246	25 12	028	32 13	067	30 58	146	43 20	197	46 27	273	41 22	318	43 46	345
247	25 39	028	33 05	066	31 30	146	43 03	198	45 30	272	40 44	317	43 31	344
248	26 05	027	33 57	065	32 01	146	42 46	198	44 33	272	40 05	316	43 14	342
249	26 30	026	34 49	065	32 33	147	42 28	199	43 35	272	39 25	315	42 56	341
250	26 55	025	35 40	064	33 04	147	42 09	199	42 38	271	38 45	315	42 37	340
251	27 19	025	36 32	064	33 35	147	41 50	200	41 41	271	38 04	314	42 18	339
252	27 43	024	37 23	063	34 06	147	41 31	200	40 44	271	37 23	313	41 57	338
253	28 05	023	38 13	062	34 37	148	41 11	201	39 47	270	36 41	312	41 35	337
254	28 27	022	39 04	062	35 07	148	40 51	201	38 50	270	35 58	311	41 12	336
	♦VEGA		ALTAIR		♦Peacock		RIGIL KENT		♦SPICA		ARCTURUS		Alphecca	
255	28 49	021	39 54	061	35 38	148	40 30	201	37 53	270	35 15	311	40 48	335
256	29 09	021	40 44	060	36 08	148	40 09	202	36 56	269	34 32	310	40 23	334
257	29 29	020	41 33	060	36 38	149	39 47	202	35 59	269	33 48	309	39 57	333
258	29 48	019	42 22	059	37 07	149	39 25	203	35 02	269	33 03	309	39 31	332
259	30 06	018	43 11	058	37 37	149	39 03	203	34 05	268	32 18	308	39 03	331
260	30 24	017	43 59	057	38 06	150	38 40	204	33 08	268	31 33	307	38 35	330
261	30 40	017	44 47	057	38 35	150	38 17	204	32 11	268	30 47	306	38 05	329
262	30 56	016	45 34	056	39 03	150	37 54	204	31 14	268	30 01	306	37 35	328
263	31 11	015	46 21	055	39 31	151	37 30	205	30 17	267	29 15	305	37 05	327
264	31 25	014	47 08	054	39 59	151	37 06	205	29 20	267	28 28	305	36 33	326
265	31 39	013	47 53	053	40 27	151	36 42	205	28 23	267	27 41	304	36 01	325
266	31 51	012	48 39	052	40 54	152	36 18	206	27 26	266	26 53	303	35 28	324
267	32 03	011	49 23	051	41 20	152	35 53	206	26 29	266	26 06	303	34 54	323
268	32 13	010	50 07	050	41 47	153	35 27	206	25 32	266	25 18	302	34 20	323
269	32 23	010	50 51	049	42 13	153	35 02	207	24 35	266	24 29	302	33 45	322

LAT 18°S

LHA ♈	Hc	Zn	Hc	Zn	Hc	Zn	Hc	Zn	Hc	Zn	Hc	Zn	Hc	Zn
	♦VEGA		ALTAIR		♦FOMALHAUT		Peacock		RIGIL KENT		♦ANTARES		Alphecca	
270	32 32	009	51 34	048	21 53	115	42 38	154	34 36	207	67 34	244	33 09	321
271	32 40	008	52 15	047	22 45	115	43 04	154	34 10	207	66 43	245	32 33	320
272	32 48	007	52 57	046	23 37	115	43 28	155	33 44	207	65 51	245	31 56	319
273	32 54	006	53 37	044	24 28	115	43 53	155	33 18	208	64 59	246	31 18	319
274	32 59	005	54 16	043	25 20	115	44 17	156	32 51	208	64 07	246	30 40	318
275	33 04	004	54 55	042	26 12	115	44 40	156	32 24	208	63 15	247	30 02	317
276	33 07	003	55 32	040	27 04	115	45 03	157	31 57	208	62 22	247	29 23	316
277	33 10	002	56 09	039	27 56	115	45 25	157	31 30	209	61 30	247	28 43	316
278	33 12	001	56 44	038	28 48	114	45 47	158	31 03	209	60 37	248	28 03	315
279	33 12	000	57 19	036	29 40	114	46 08	158	30 35	209	59 44	248	27 22	314
280	33 12	359	57 52	035	30 32	114	46 29	159	30 07	209	58 51	248	26 41	314
281	33 11	358	58 23	033	31 24	114	46 49	160	29 40	209	57 58	249	26 00	313
282	33 09	358	58 54	031	32 16	114	47 08	160	29 12	209	57 05	249	25 18	313
283	33 06	357	59 23	030	33 08	114	47 27	161	28 43	210	56 12	249	24 36	312
284	33 02	356	59 51	028	34 00	114	47 45	162	28 15	210	55 18	249	23 53	311
	DENEB		♦FOMALHAUT		Peacock		RIGIL KENT		♦ANTARES		Rasalhague		♦VEGA	
285	22 36	019	34 52	114	48 03	162	27 47	210	54 25	249	53 00	324	32 57	355
286	22 54	018	35 44	114	48 20	163	27 18	210	53 31	250	52 26	323	32 52	354
287	23 12	018	36 36	114	48 36	164	26 50	210	52 38	250	51 51	322	32 45	353
288	23 29	017	37 29	114	48 52	165	26 21	210	51 44	250	51 15	320	32 38	352
289	23 45	016	38 21	114	49 06	165	25 52	210	50 51	250	50 38	319	32 29	351
290	24 01	016	39 13	114	49 21	166	25 23	210	49 57	250	50 00	318	32 20	350
291	24 16	015	40 05	114	49 34	167	24 55	210	49 03	250	49 22	317	32 10	349
292	24 30	014	40 57	114	49 47	168	24 26	211	48 10	250	48 42	316	31 59	348
293	24 44	013	41 50	114	49 58	168	23 57	211	47 16	250	48 02	315	31 47	347
294	24 57	013	42 42	114	50 09	169	23 28	211	46 22	250	47 21	314	31 34	347
295	25 09	012	43 34	114	50 20	170	22 58	211	45 29	250	46 40	313	31 20	346
296	25 20	011	44 26	114	50 29	171	22 29	211	44 35	250	45 57	312	31 06	345
297	25 31	010	45 18	114	50 38	172	22 00	211	43 41	250	45 14	311	30 50	344
298	25 41	010	46 10	114	50 46	173	21 31	211	42 47	250	44 31	310	30 34	343
299	25 50	009	47 02	114	50 53	173	21 02	211	41 54	250	43 47	309	30 17	342
	♦DENEB		Alpheratz		♦FOMALHAUT		Peacock		♦ANTARES		Rasalhague		VEGA	
300	25 59	008	13 41	053	47 54	114	50 59	174	41 00	250	43 02	308	30 00	341
301	26 06	007	14 26	052	48 46	115	51 04	175	40 06	250	42 17	307	29 41	341
302	26 13	007	15 11	052	49 38	115	51 09	176	39 13	250	41 31	306	29 22	340
303	26 19	006	15 56	051	50 30	115	51 12	177	38 19	250	40 45	306	29 02	339
304	26 25	005	16 40	051	51 21	115	51 15	178	37 25	250	39 58	305	28 41	338
305	26 29	004	17 24	050	52 13	115	51 17	179	36 32	250	39 11	304	28 19	337
306	26 33	003	18 08	050	53 04	116	51 18	179	35 38	250	38 24	303	27 57	337
307	26 36	003	18 52	049	53 56	116	51 18	180	34 45	250	37 36	303	27 34	336
308	26 39	002	19 35	049	54 47	116	51 17	181	33 51	250	36 48	302	27 11	335
309	26 40	001	20 17	048	55 38	116	51 15	182	32 57	250	35 59	301	26 46	334
310	26 41	000	21 00	048	56 29	117	51 13	183	32 04	250	35 10	301	26 21	334
311	26 41	000	21 42	047	57 20	117	51 09	184	31 11	249	34 21	300	25 56	333
312	26 40	359	22 23	047	58 11	117	51 05	185	30 17	249	33 31	299	25 29	332
313	26 38	358	23 05	046	59 02	118	51 00	186	29 24	249	32 41	299	25 02	332
314	26 36	357	23 45	045	59 52	118	50 54	186	28 30	249	31 51	298	24 35	331
	Alpheratz		♦Diphda		ACHERNAR		Peacock		♦ANTARES		VEGA		♦DENEB	
315	24 26	045	36 56	099	26 06	146	50 47	187	27 37	249	24 07	330	26 33	356
316	25 06	044	37 52	099	26 39	146	50 40	188	26 44	249	23 38	329	26 29	356
317	25 45	044	38 48	099	27 11	146	50 31	189	25 51	249	23 09	329	26 24	355
318	26 24	043	39 45	099	27 43	146	50 22	190	24 58	249	22 39	328	26 19	354
319	27 03	042	40 41	098	28 15	146	50 12	191	24 04	248	22 08	328	26 12	353
320	27 41	042	41 38	098	28 47	146	50 01	191	23 11	248	21 38	327	26 05	353
321	28 19	041	42 34	098	29 18	146	49 49	192	22 18	248	21 06	326	25 58	352
322	28 56	040	43 31	098	29 50	146	49 37	193	21 26	248	20 34	326	25 49	351
323	29 32	039	44 27	098	30 22	146	49 24	194	20 33	248	20 02	325	25 40	350
324	30 08	039	45 24	098	30 53	147	49 10	195	19 40	248	19 29	324	25 30	349
325	30 43	038	46 20	097	31 24	147	48 55	195	18 47	247	18 55	324	25 19	349
326	31 18	037	47 17	097	31 56	147	48 40	196	17 54	247	18 21	323	25 07	348
327	31 52	036	48 14	097	32 27	147	48 23	197	17 02	247	17 47	323	24 55	347
328	32 26	036	49 10	097	32 57	147	48 07	197	16 09	247	17 12	322	24 42	346
329	32 59	035	50 07	097	33 28	148	47 49	198	15 17	247	16 37	322	24 28	346
	♦Alpheratz		Diphda		♦ACHERNAR		Peacock		♦Nunki		ALTAIR		DENEB	
330	33 31	034	51 04	096	33 59	148	47 31	199	46 48	250	48 22	308	24 14	345
331	34 03	033	52 00	096	34 29	148	47 12	199	45 54	251	47 37	307	23 59	344
332	34 33	032	52 57	096	34 59	148	46 53	200	45 00	251	46 51	306	23 43	344
333	35 03	031	53 54	096	35 29	149	46 33	201	44 06	251	46 04	305	23 27	343
334	35 33	031	54 51	096	35 58	149	46 13	201	43 12	251	45 17	304	23 10	342
335	36 01	030	55 47	096	36 28	149	45 51	202	42 19	250	44 30	303	22 52	342
336	36 29	029	56 44	095	36 57	149	45 30	203	41 25	250	43 42	302	22 34	341
337	36 56	028	57 41	095	37 26	150	45 08	203	40 31	250	42 53	302	22 14	340
338	37 22	027	58 38	095	37 54	150	44 45	204	39 37	250	42 04	301	21 55	339
339	37 48	026	59 35	095	38 23	150	44 22	204	38 44	250	41 15	300	21 34	339
340	38 12	025	60 32	095	38 51	151	43 58	205	37 50	250	40 26	299	21 14	338
341	38 36	024	61 28	095	39 18	151	43 34	205	36 56	250	39 36	299	20 52	338
342	38 58	023	62 25	094	39 46	152	43 09	206	36 02	250	38 46	298	20 30	337
343	39 20	022	63 22	094	40 13	152	42 44	206	35 09	250	37 55	297	20 07	336
344	39 41	021	64 19	094	40 39	152	42 18	207	34 15	250	37 04	297	19 44	336
	Alpheratz		♦Hamal		♦ACHERNAR		Peacock		Nunki		♦ALTAIR		DENEB	
345	40 00	020	28 11	049	41 06	153	41 53	207	33 22	250	36 13	296	19 20	335
346	40 19	019	28 54	049	41 31	153	41 26	208	32 28	250	35 22	295	18 56	334
347	40 37	018	29 37	048	41 57	154	40 59	208	31 34	250	34 30	295	18 31	334
348	40 54	016	30 19	047	42 22	154	40 32	209	30 41	250	33 38	294	18 05	333
349	41 09	015	31 01	047	42 47	155	40 05	209	29 47	249	32 46	294	17 39	333
350	41 24	014	31 42	046	43 11	155	39 37	209	28 54	249	31 54	293	17 13	332
351	41 37	013	32 23	045	43 35	156	39 09	210	28 01	249	31 01	293	16 46	331
352	41 50	012	33 03	045	43 58	156	38 41	210	27 07	249	30 08	292	16 18	331
353	42 01	011	33 43	044	44 21	157	38 12	210	26 14	249	29 15	292	15 50	330
354	42 11	010	34 22	043	44 43	157	37 43	211	25 21	249	28 22	291	15 22	330
355	42 20	009	35 01	042	45 05	158	37 14	211	24 28	249	27 29	291	14 53	329
356	42 28	007	35 39	041	45 27	158	36 44	211	23 34	249	26 35	290	14 24	329
357	42 35	006	36 17	041	45 47	159	36 14	212	22 41	248	25 42	290	13 54	328
358	42 41	005	36 54	040	46 08	160	35 44	212	21 48	248	24 48	289	13 24	328
359	42 45	004	37 30	039	46 27	160	35 14	212	20 55	248	23 54	289	12 53	327

197

LAT 60°S

LHA ♈	Hc	Zn	Hc	Zn	Hc	Zn	Hc	Zn	Hc	Zn	Hc	Zn	Hc	Zn
	Diphda		◆RIGEL		CANOPUS		Miaplacid		◆RIGIL KENT		Peacock		◆FOMALHAUT	
0	47 11	016	12 42	084	41 04	127	43 06	162	34 46	202	62 34	253	57 50	334
1	47 19	014	13 12	083	41 28	126	43 16	161	34 35	202	62 05	252	57 37	333
2	47 26	013	13 42	083	41 53	126	43 26	161	34 24	201	61 37	252	57 23	331
3	47 32	011	14 11	082	42 17	125	43 36	160	34 13	201	61 08	251	57 08	330
4	47 38	010	14 41	081	42 42	125	43 46	160	34 03	200	60 40	251	56 52	328
5	47 42	009	15 11	080	43 07	124	43 56	160	33 52	200	60 12	250	56 36	326
6	47 47	007	15 40	079	43 32	123	44 07	159	33 42	199	59 43	250	56 19	325
7	47 50	006	16 10	078	43 57	123	44 17	159	33 33	199	59 15	249	56 02	324
8	47 53	004	16 39	077	44 22	122	44 28	158	33 23	198	58 47	248	55 43	322
9	47 54	003	17 08	076	44 48	121	44 40	158	33 14	197	58 20	248	55 25	321
10	47 56	001	17 37	075	45 13	121	44 51	157	33 05	197	57 52	247	55 05	319
11	47 56	000	18 06	075	45 39	120	45 03	157	32 57	196	57 24	247	54 45	318
12	47 56	359	18 35	074	46 05	120	45 14	157	32 48	196	56 57	246	54 25	316
13	47 54	357	19 04	073	46 31	119	45 26	156	32 40	195	56 29	246	54 04	315
14	47 53	356	19 32	072	46 57	118	45 39	156	32 33	195	56 02	245	53 43	314
	◆RIGEL		SIRIUS		CANOPUS		◆RIGIL KENT		Peacock		◆FOMALHAUT		Diphda	
15	20 01	071	16 13	095	47 24	118	32 25	194	55 35	245	53 21	312	47 50	354
16	20 29	070	16 43	095	47 51	117	32 18	194	55 08	244	52 58	311	47 47	353
17	20 57	069	17 13	094	48 17	117	32 11	193	54 41	243	52 36	310	47 43	352
18	21 25	068	17 43	093	48 44	116	32 04	192	54 14	243	52 12	309	47 38	350
19	21 53	067	18 13	092	49 11	115	31 58	192	53 48	242	51 49	307	47 32	349
20	22 20	066	18 43	091	49 38	115	31 52	191	53 21	242	51 25	306	47 26	347
21	22 48	065	19 13	090	50 06	114	31 46	191	52 55	241	51 00	305	47 19	346
22	23 15	064	19 43	089	50 33	114	31 41	190	52 28	241	50 35	304	47 12	345
23	23 42	063	20 13	089	51 01	113	31 36	190	52 02	240	50 10	302	47 03	343
24	24 08	062	20 43	088	51 28	112	31 31	189	51 36	240	49 45	301	46 54	342
25	24 35	061	21 13	087	51 56	112	31 26	189	51 11	239	49 19	300	46 44	340
26	25 01	060	21 43	086	52 24	111	31 22	188	50 45	239	48 53	299	46 34	339
27	25 27	059	22 13	085	52 52	110	31 18	187	50 19	238	48 26	298	46 23	338
28	25 53	058	22 43	084	53 20	110	31 14	187	49 54	237	48 00	297	46 11	336
29	26 18	057	23 13	083	53 49	109	31 11	186	49 29	237	47 33	296	45 59	335
	◆RIGEL		SIRIUS		CANOPUS		◆RIGIL KENT		Peacock		◆FOMALHAUT		Diphda	
30	26 43	056	23 42	082	54 17	108	31 08	186	49 04	236	47 06	294	45 46	334
31	27 08	055	24 12	082	54 46	108	31 05	185	48 39	236	46 38	293	45 32	332
32	27 33	054	24 42	081	55 14	107	31 02	185	48 14	205	40 10	292	45 18	331
33	27 57	050	25 11	080	55 43	106	31 00	184	47 50	235	45 43	291	45 03	330
34	28 21	052	25 41	079	56 12	106	30 58	183	47 25	234	45 14	290	44 48	328
35	28 44	051	26 10	078	56 41	105	30 56	183	47 01	234	44 46	289	44 32	327
36	29 08	050	26 39	077	57 10	104	30 55	182	46 37	233	44 18	288	44 15	326
37	29 31	049	27 09	076	57 39	104	30 54	182	46 13	233	43 49	287	43 58	325
38	29 53	048	27 38	075	58 08	103	30 53	181	45 49	232	43 20	286	43 41	323
39	30 15	047	28 07	074	58 37	102	30 53	181	45 26	231	42 52	285	43 22	322
40	30 37	046	28 35	073	59 07	102	30 53	180	45 02	231	42 23	284	43 04	321
41	30 59	045	29 04	072	59 36	101	30 53	179	44 39	230	41 53	283	42 45	320
42	31 20	044	29 33	071	60 05	100	30 53	179	44 16	230	41 24	282	42 25	318
43	31 40	043	30 01	070	60 35	100	30 54	178	43 53	229	40 55	281	42 05	317
44	32 00	042	30 29	069	61 05	099	30 55	178	43 31	229	40 25	280	41 44	316
	RIGEL		◆SIRIUS		CANOPUS		◆RIGIL KENT		Peacock		FOMALHAUT		◆Diphda	
45	32 20	041	30 57	068	61 34	098	30 56	177	43 08	228	39 56	279	41 23	315
46	32 39	039	31 25	067	62 04	097	30 58	177	42 46	228	39 26	278	41 02	314
47	32 58	038	31 52	066	62 34	097	31 00	176	42 24	227	38 56	278	40 40	313
48	33 17	037	32 20	065	63 04	096	31 02	176	42 02	226	38 27	277	40 17	311
49	33 35	036	32 47	064	63 33	095	31 04	175	41 41	226	37 57	276	39 55	310
50	33 52	035	33 14	063	64 03	094	31 07	174	41 19	225	37 27	275	39 32	309
51	34 09	034	33 41	062	64 33	094	31 10	174	40 58	225	36 57	274	39 08	308
52	34 25	033	34 07	061	65 03	093	31 14	173	40 37	224	36 27	273	38 44	307
53	34 41	032	34 33	060	65 33	092	31 17	173	40 16	224	35 57	272	38 20	306
54	34 57	030	34 59	059	66 03	091	31 21	172	39 56	223	35 27	271	37 56	305
55	35 12	029	35 25	058	66 33	090	31 26	172	39 35	223	34 57	270	37 31	304
56	35 26	028	35 50	057	67 03	089	31 30	171	39 15	222	34 27	270	37 06	303
57	35 40	027	36 16	056	67 33	089	31 35	170	38 55	221	33 57	269	36 40	301
58	35 53	026	36 40	055	68 03	088	31 40	170	38 35	221	33 27	268	36 15	300
59	36 06	024	37 05	054	68 33	087	31 46	169	38 16	220	32 57	267	35 49	299
	RIGEL		◆SIRIUS		Suhail		◆RIGIL KENT		Peacock		FOMALHAUT		◆Diphda	
60	36 18	023	37 29	053	42 36	106	31 51	169	37 57	220	32 27	266	35 22	298
61	36 30	022	37 53	052	43 05	105	31 57	168	37 37	219	31 57	265	34 56	297
62	36 40	021	38 16	051	43 34	105	32 04	168	37 19	219	31 27	264	34 29	296
63	36 51	020	38 39	050	44 03	104	32 10	167	37 00	218	30 58	264	34 02	295
64	37 01	018	39 02	048	44 32	103	32 17	166	36 42	217	30 28	263	33 35	294
65	37 10	017	39 24	047	45 02	102	32 24	166	36 24	217	29 58	262	33 07	293
66	37 18	016	39 46	046	45 31	102	32 32	165	36 06	216	29 28	261	32 40	292
67	37 26	015	40 07	045	46 00	101	32 39	165	35 48	216	28 59	260	32 12	291
68	37 34	013	40 28	044	46 30	100	32 47	164	35 31	215	28 29	259	31 44	290
69	37 40	012	40 49	043	46 59	099	32 56	164	35 14	215	28 00	259	31 15	289
70	37 46	011	41 09	041	47 29	098	33 04	163	34 57	214	27 30	258	30 47	288
71	37 52	010	41 29	040	47 59	098	33 13	163	34 40	213	27 01	257	30 19	287
72	37 56	008	41 48	039	48 28	097	33 22	162	34 24	213	26 32	256	29 50	286
73	38 01	007	42 06	038	48 58	096	33 31	161	34 07	212	26 03	255	29 21	286
74	38 04	006	42 25	037	49 28	095	33 41	161	33 52	212	25 34	255	28 52	285
	RIGEL		◆SIRIUS		Suhail		◆RIGIL KENT		Peacock		ACHERNAR		◆Diphda	
75	38 07	005	42 42	035	49 58	094	33 51	160	33 36	211	64 12	254	28 23	284
76	38 09	003	42 59	034	50 28	094	34 01	160	33 21	211	63 43	253	27 54	283
77	38 10	002	43 16	033	50 58	093	34 12	159	33 05	210	63 14	253	27 24	282
78	38 11	001	43 32	032	51 28	092	34 22	159	32 51	209	62 46	252	26 55	281
79	38 11	000	43 47	030	51 58	091	34 33	158	32 36	209	62 17	252	26 25	280
80	38 11	358	44 02	029	52 28	090	34 45	158	32 22	208	61 49	251	25 56	279
81	38 10	357	44 17	028	52 58	089	34 56	157	32 08	208	61 20	250	25 26	278
82	38 08	356	44 30	026	53 28	088	35 08	157	31 54	207	60 52	250	24 56	277
83	38 06	355	44 43	025	53 58	088	35 20	156	31 40	206	60 24	249	24 27	276
84	38 02	353	44 56	024	54 28	087	35 32	155	31 27	206	59 56	249	23 57	275
85	37 59	352	45 08	023	54 58	086	35 45	155	31 14	205	59 28	248	23 27	275
86	37 54	351	45 19	021	55 28	085	35 58	154	31 02	205	59 00	248	22 57	274
87	37 49	350	45 29	020	55 58	084	36 11	154	30 49	204	58 33	247	22 27	273
88	37 43	348	45 39	019	56 27	083	36 24	153	30 37	203	58 05	247	21 57	272
89	37 37	347	45 48	017	56 57	082	36 38	153	30 25	203	57 38	246	21 27	271

LAT 60°S

LHA ♈	Hc	Zn	Hc	Zn	Hc	Zn	Hc	Zn	Hc	Zn	Hc	Zn	Hc	Zn
	SIRIUS		Alphard		◆Suhail		RIGIL KENT		◆Peacock		ACHERNAR		◆RIGEL	
90	45 57	016	25 48	060	57 27	081	36 52	152	30 14	202	57 10	245	37 30	346
91	46 05	014	26 14	059	57 56	080	37 06	152	30 03	202	56 43	245	37 22	345
92	46 12	013	26 39	058	58 26	079	37 20	151	29 52	201	56 16	244	37 14	343
93	46 18	012	27 05	057	58 55	078	37 35	151	29 41	200	55 49	244	37 05	342
94	46 24	010	27 29	056	59 24	077	37 50	150	29 31	200	55 22	243	36 56	341
95	46 29	009	27 54	055	59 54	076	38 05	150	29 21	199	54 55	243	36 46	340
96	46 33	008	28 19	054	60 23	075	38 20	149	29 11	199	54 29	242	36 35	339
97	46 37	006	28 43	053	60 52	074	38 35	149	29 02	198	54 02	242	36 24	337
98	46 40	005	29 06	052	61 20	073	38 51	148	28 52	197	53 36	241	36 12	336
99	46 42	003	29 30	051	61 49	071	39 07	147	28 44	197	53 10	241	36 00	335
100	46 43	002	29 53	050	62 17	070	39 23	147	28 35	196	52 44	240	35 47	334
101	46 44	001	30 16	049	62 45	069	39 40	146	28 27	196	52 18	239	35 33	333
102	46 44	359	30 38	048	63 13	068	39 57	146	28 19	195	51 52	239	35 19	331
103	46 43	358	31 00	047	63 41	067	40 13	145	28 11	194	51 26	238	35 04	330
104	46 41	356	31 22	045	64 08	065	40 31	145	28 04	194	51 01	238	34 49	329
	Alphard		◆Gienah		RIGIL KENT		◆Peacock		ACHERNAR		◆RIGEL		SIRIUS	
105	31 43	044	20 37	090	40 48	144	27 57	193	50 36	237	34 34	328	46 39	355
106	32 04	043	21 07	089	41 06	144	27 50	193	50 10	237	34 17	327	46 36	354
107	32 24	042	21 37	088	41 23	143	27 44	192	49 45	236	34 01	326	46 32	352
108	32 44	041	22 07	087	41 41	143	27 38	191	49 21	236	33 43	324	46 28	351
109	33 03	040	22 37	086	42 00	142	27 32	191	48 56	235	33 26	323	46 23	349
110	33 22	039	23 07	085	42 18	142	27 26	190	48 31	235	33 08	322	46 17	348
111	33 41	038	23 37	084	42 37	141	27 21	190	48 07	234	32 49	321	46 10	347
112	33 59	037	24 07	084	42 56	141	27 16	189	47 43	234	32 30	320	46 03	345
113	34 17	035	24 36	083	43 15	140	27 12	188	47 19	233	32 10	319	45 55	344
114	34 34	034	25 06	082	43 34	140	27 08	188	46 55	232	31 50	318	45 46	343
115	34 51	033	25 36	081	43 53	139	27 04	187	46 31	232	31 30	317	45 37	341
116	35 07	032	26 05	080	44 13	139	27 00	187	46 07	231	31 09	316	45 27	340
117	35 22	031	26 35	079	44 33	138	26 57	186	45 44	231	30 48	314	45 16	339
118	35 37	030	27 04	078	44 53	138	26 54	185	45 21	230	30 26	313	45 05	337
119	35 52	028	27 33	077	45 13	137	26 51	185	44 58	230	30 04	312	44 53	336
	REGULUS		◆SPICA		RIGIL KENT		Peacock		◆ACHERNAR		RIGEL		◆SIRIUS	
120	13 36	032	13 58	088	45 34	137	26 49	184	44 35	229	29 42	011	44 41	335
121	13 51	031	14 28	007	45 54	136	26 47	183	44 12	229	29 19	310	44 27	333
122	14 07	031	14 58	087	46 15	136	26 46	183	43 50	228	28 56	309	44 14	332
123	14 22	030	15 28	086	46 36	135	26 44	182	43 28	228	28 33	308	43 59	331
124	14 36	029	15 58	085	46 57	135	26 43	182	43 06	227	28 09	307	43 44	329
125	14 51	028	16 28	084	47 19	134	26 43	181	42 44	227	27 45	306	43 29	328
126	15 04	027	16 58	083	47 40	134	26 42	180	42 22	226	27 21	305	43 13	327
127	15 17	026	17 28	082	48 02	133	26 42	180	42 01	225	26 56	304	42 56	326
128	15 30	025	17 57	081	48 24	133	26 42	179	41 39	225	26 31	303	42 39	324
129	15 42	024	18 27	080	48 46	132	26 43	179	41 18	224	26 06	302	42 21	323
130	15 54	023	18 56	079	49 08	132	26 44	178	40 58	224	25 40	301	42 03	322
131	16 06	022	19 26	079	49 30	131	26 45	177	40 37	223	25 14	300	41 44	321
132	16 16	021	19 55	078	49 53	131	26 47	177	40 16	223	24 48	299	41 25	319
133	16 27	020	20 25	077	50 16	131	26 49	176	39 56	222	24 22	298	41 05	318
134	16 37	019	20 54	076	50 39	130	26 51	175	39 36	222	23 55	297	40 45	317
	REGULUS		◆SPICA		RIGIL KENT		◆Peacock		ACHERNAR		CANOPUS		◆SIRIUS	
135	16 46	018	21 23	075	51 02	130	26 53	175	39 16	221	67 36	272	40 24	316
136	16 55	017	21 52	074	51 25	129	26 56	174	38 57	220	67 06	271	40 03	315
137	17 03	016	22 20	073	51 48	129	26 59	174	38 38	220	66 36	270	39 41	314
138	17 11	015	22 49	072	52 12	128	27 03	173	38 18	219	66 06	269	39 19	312
139	17 18	014	23 17	071	52 35	128	27 07	172	38 00	219	65 36	268	38 57	311
140	17 25	013	23 46	070	52 59	127	27 11	172	37 41	218	65 06	267	38 34	310
141	17 31	012	24 14	069	53 23	127	27 15	171	37 22	218	64 36	266	38 11	309
142	17 37	011	24 42	068	53 47	126	27 20	171	37 04	217	64 06	266	37 48	308
143	17 42	009	25 10	067	54 12	126	27 25	170	36 46	216	63 36	265	37 24	307
144	17 47	008	25 37	066	54 36	125	27 31	169	36 29	216	63 06	264	37 00	306
145	17 51	007	26 05	065	55 00	125	27 36	169	36 11	215	62 36	263	36 35	305
146	17 54	006	26 32	065	55 25	124	27 42	168	35 54	215	62 07	263	36 10	304
147	17 58	005	26 59	064	55 50	124	27 49	168	35 37	214	61 37	262	35 45	303
148	18 00	004	27 26	063	56 15	124	27 55	167	35 20	214	61 07	261	35 20	301
149	18 02	003	27 52	062	56 40	123	28 02	166	35 04	213	60 38	260	34 54	300
	REGULUS		◆SPICA		RIGIL KENT		◆Peacock		ACHERNAR		CANOPUS		◆SIRIUS	
150	18 04	002	28 18	061	57 05	123	28 10	166	34 47	213	60 08	260	34 28	299
151	18 05	001	28 44	060	57 30	122	28 17	165	34 31	212	59 39	259	34 02	298
152	18 05	000	29 10	059	57 56	122	28 25	164	34 16	211	59 09	258	33 35	297
153	18 05	359	29 36	058	58 21	121	28 33	164	34 00	211	58 40	258	33 08	296
154	18 04	358	30 01	057	58 47	121	28 42	163	33 45	210	58 11	257	32 41	295
155	18 03	357	30 26	056	59 13	120	28 50	163	33 30	210	57 41	256	32 14	294
156	18 01	356	30 50	054	59 39	120	29 00	162	33 15	209	57 12	256	31 47	293
157	17 59	355	31 14	053	60 05	120	29 09	161	33 01	208	56 43	255	31 19	292
158	17 56	354	31 38	052	60 31	119	29 19	161	32 47	208	56 14	254	30 51	291
159	17 53	353	32 02	051	60 57	119	29 29	160	32 33	207	55 45	254	30 23	290
160	17 49	352	32 25	050	61 24	118	29 39	160	32 19	207	55 17	253	29 55	289
161	17 44	351	32 48	049	61 50	118	29 49	159	32 06	206	54 48	252	29 27	288
162	17 39	350	33 11	048	62 17	117	30 00	158	31 53	206	54 20	252	28 58	288
163	17 34	349	33 33	047	62 44	117	30 11	158	31 40	205	53 51	251	28 29	287
164	17 28	348	33 55	046	63 10	117	30 23	157	31 27	204	53 23	250	28 01	286
	◆SPICA		ANTARES		◆Peacock		ACHERNAR		CANOPUS		◆SIRIUS		REGULUS	
165	34 16	045	26 22	098	30 35	157	31 15	204	52 55	250	27 32	285	17 21	347
166	34 37	044	26 52	097	30 47	156	31 03	203	52 27	249	27 03	284	17 14	346
167	34 57	043	27 22	096	30 59	155	30 52	203	51 59	248	26 33	283	17 07	345
168	35 17	041	27 52	095	31 12	155	30 40	202	51 31	248	26 04	282	16 58	344
169	35 37	040	28 22	094	31 24	154	30 29	201	51 03	247	25 35	281	16 50	343
170	35 56	039	28 51	094	31 38	154	30 18	201	50 36	247	25 05	280	16 41	342
171	36 15	038	29 21	093	31 51	153	30 08	200	50 08	246	24 36	279	16 31	341
172	36 33	037	29 51	092	32 05	153	29 58	200	49 41	245	24 06	278	16 21	340
173	36 51	036	30 21	091	32 19	152	29 48	199	49 14	245	23 36	277	16 10	339
174	37 08	035	30 51	090	32 33	151	29 38	198	48 47	244	23 06	276	15 59	338
175	37 25	033	31 21	089	32 47	151	29 29	198	48 20	243	22 37	276	15 48	337
176	37 41	032	31 51	088	33 02	150	29 20	197	47 53	243	22 07	275	15 36	336
177	37 57	031	32 21	088	33 17	150	29 11	197	47 26	242	21 37	274	15 23	335
178	38 12	030	32 51	087	33 33	149	29 02	196	47 00	242	21 07	273	15 10	334
179	38 27	029	33 21	086	33 48	148	28 54	195	46 33	241	20 37	272	14 57	333

280

LAT 60°S

LHA ♈	Hc	Zn	Hc	Zn	Hc	Zn	Hc	Zn	Hc	Zn	Hc	Zn	Hc	Zn
	◆SPICA		ANTARES		◆Peacock		ACHERNAR		CANOPUS		◆SIRIUS		Alphard	
180	38 41	027	33 51	085	34 04	148	28 46	195	46 07	240	20 07	271	31 22	315
181	38 54	026	34 21	084	34 20	147	28 39	194	45 41	240	19 37	270	31 01	313
182	39 07	025	34 51	083	34 36	147	28 32	194	45 15	239	19 07	269	30 39	312
183	39 19	024	35 21	082	34 53	146	28 25	193	44 50	239	18 37	269	30 17	311
184	39 31	022	35 50	081	35 10	146	28 18	192	44 24	238	18 07	268	29 54	310
185	39 42	021	36 20	080	35 27	145	28 12	192	43 59	237	17 37	267	29 31	309
186	39 53	020	36 49	079	35 44	144	28 06	191	43 34	237	17 07	266	29 07	308
187	40 03	019	37 19	078	36 02	144	28 00	191	43 09	236	16 37	265	28 44	307
188	40 12	017	37 48	078	36 20	143	27 55	190	42 44	236	16 07	264	28 20	306
189	40 21	016	38 17	077	36 38	143	27 49	189	42 19	235	15 37	263	27 55	305
190	40 29	015	38 47	076	36 56	142	27 45	189	41 55	234	15 08	263	27 30	304
191	40 36	014	39 16	075	37 15	142	27 40	188	41 31	234	14 38	262	27 05	303
192	40 43	012	39 44	074	37 33	141	27 36	188	41 06	233	14 08	261	26 40	302
193	40 49	011	40 13	073	37 52	140	27 32	187	40 43	233	13 39	260	26 15	301
194	40 54	010	40 42	072	38 12	140	27 29	186	40 19	232	13 09	259	25 49	300
	SPICA		◆ANTARES		Peacock		◆ACHERNAR		CANOPUS		Suhail		◆Alphard	
195	40 59	008	41 10	071	38 31	139	27 26	186	39 55	231	52 03	269	25 23	299
196	41 03	007	41 38	070	38 51	139	27 23	185	39 32	231	51 33	268	24 56	298
197	41 06	006	42 06	069	39 11	138	27 20	185	39 09	230	51 03	267	24 30	297
198	41 09	004	42 34	068	39 31	138	27 18	184	38 46	229	50 33	267	24 03	296
199	41 11	003	43 02	067	39 51	137	27 16	183	38 23	229	50 03	266	23 36	295
200	41 12	002	43 29	065	40 12	136	27 14	183	38 01	228	49 34	265	23 09	294
201	41 13	001	43 56	064	40 32	136	27 13	182	37 38	228	49 04	264	22 41	293
202	41 13	359	44 23	063	40 53	135	27 12	182	37 16	227	48 34	263	22 14	292
203	41 12	358	44 50	062	41 15	135	27 12	181	36 55	226	48 04	262	21 46	291
204	41 11	357	45 16	061	41 36	134	27 11	180	36 33	226	47 34	262	21 18	291
205	41 08	355	45 43	060	41 58	134	27 11	180	36 12	225	47 05	261	20 50	290
206	41 06	354	46 08	059	42 19	133	27 12	179	35 50	225	46 35	260	20 21	289
207	41 02	353	46 34	058	42 41	133	27 12	178	35 29	224	46 06	259	19 53	288
208	40 58	351	46 59	057	43 04	132	27 13	178	35 09	223	45 36	259	19 24	287
209	40 53	350	47 24	055	43 26	131	27 14	177	34 48	223	45 07	258	18 55	286
	ANTARES		◆Nunki		Peacock		ACHERNAR		◆CANOPUS		Suhail		◆SPICA	
210	47 49	054	30 29	090	43 49	131	27 16	177	34 28	222	44 38	257	40 48	349
211	48 13	053	30 59	090	44 11	130	27 18	176	34 08	222	44 08	256	40 42	348
212	48 36	052	31 29	089	44 34	130	27 20	175	33 48	221	43 39	256	40 35	346
213	49 00	051	31 59	088	44 57	129	27 23	175	33 28	220	43 10	255	40 28	345
214	49 23	049	32 29	087	45 21	129	27 25	174	33 09	220	42 41	254	40 19	344
215	49 45	048	32 59	086	45 44	128	27 29	174	32 50	219	42 13	253	40 11	342
216	50 08	047	33 29	085	46 08	128	27 32	173	32 31	219	41 44	253	40 01	341
217	50 29	046	33 59	084	46 32	127	27 36	172	32 13	218	41 15	252	39 51	340
218	50 50	044	34 28	083	46 56	127	27 40	172	31 54	217	40 47	251	39 41	339
219	51 11	043	34 58	082	47 20	126	27 45	171	31 36	217	40 19	250	39 30	337
220	51 31	042	35 28	082	47 44	125	27 49	171	31 19	216	39 50	250	39 18	336
221	51 51	040	35 58	081	48 09	125	27 54	170	31 01	215	39 22	249	39 05	335
222	52 10	039	36 27	080	48 34	124	28 00	169	30 44	215	38 54	248	38 52	334
223	52 29	038	36 57	079	48 58	124	28 05	169	30 27	214	38 27	248	38 39	333
224	52 47	036	37 26	078	49 23	123	28 11	168	30 10	214	37 59	247	38 25	331
	ANTARES		◆Nunki		Peacock		ACHERNAR		◆CANOPUS		Suhail		◆SPICA	
225	53 04	035	37 55	077	49 49	123	28 18	168	29 54	213	37 31	246	38 10	330
226	53 21	033	38 24	076	50 14	122	28 24	167	29 38	212	37 04	245	37 55	329
227	53 37	032	38 53	075	50 39	122	28 31	166	29 22	212	36 37	245	37 39	328
228	53 53	030	39 22	074	51 05	121	28 38	166	29 06	211	36 10	244	37 23	326
229	54 07	029	39 51	073	51 31	121	28 46	165	28 51	210	35 43	243	37 06	325
230	54 22	028	40 20	072	51 57	120	28 54	165	28 36	210	35 16	243	36 49	324
231	54 35	026	40 48	071	52 23	119	29 02	164	28 21	209	34 50	242	36 31	323
232	54 48	025	41 16	070	52 49	119	29 10	163	28 06	209	34 23	241	36 12	322
233	55 00	023	41 45	069	53 15	118	29 19	163	27 52	208	33 57	240	35 54	321
234	55 11	021	42 12	068	53 42	118	29 28	162	27 38	207	33 31	240	35 34	320
235	55 22	020	42 40	067	54 08	117	29 38	162	27 25	207	33 05	239	35 15	318
236	55 32	018	43 08	066	54 35	117	29 47	161	27 11	206	32 40	238	34 55	317
237	55 41	017	43 35	065	55 02	116	29 57	160	26 58	205	32 14	238	34 34	316
238	55 49	015	44 02	064	55 29	116	30 07	160	26 46	205	31 49	237	34 13	315
239	55 57	014	44 29	063	55 56	115	30 18	159	26 33	204	31 24	236	33 52	314
	◆ANTARES		Nunki		◆FOMALHAUT		ACHERNAR		CANOPUS		◆ACRUX		SPICA	
240	56 03	012	44 55	062	18 33	117	30 29	159	26 21	203	65 13	240	33 30	313
241	56 09	010	45 21	060	19 00	117	30 40	158	26 10	203	64 47	239	33 08	312
242	56 14	009	45 47	059	19 27	116	30 51	157	25 58	202	64 22	239	32 45	311
243	56 19	007	46 13	058	19 54	115	31 03	157	25 47	202	63 56	239	32 22	310
244	56 22	006	46 38	057	20 21	114	31 15	156	25 36	201	63 30	238	31 59	309
245	56 25	004	47 03	056	20 48	113	31 27	156	25 25	200	63 05	238	31 35	307
246	56 26	002	47 28	055	21 16	113	31 39	155	25 15	200	62 39	238	31 11	306
247	56 27	001	47 52	054	21 44	112	31 52	154	25 05	199	62 14	237	30 47	305
248	56 27	359	48 16	052	22 12	111	32 05	154	24 56	198	61 49	237	30 22	304
249	56 26	358	48 40	051	22 40	110	32 19	153	24 47	198	61 24	237	29 57	303
250	56 25	356	49 03	050	23 08	109	32 32	153	24 38	197	60 59	236	29 32	302
251	56 22	354	49 26	049	23 36	109	32 46	152	24 29	196	60 34	236	29 07	301
252	56 19	353	49 48	047	24 05	108	33 00	152	24 21	196	60 09	235	28 41	300
253	56 14	351	50 10	046	24 33	107	33 15	151	24 13	195	59 45	235	28 15	299
254	56 09	350	50 31	045	25 02	106	33 29	150	24 05	194	59 20	235	27 48	298
	ALTAIR		◆FOMALHAUT		ACHERNAR		CANOPUS		◆ACRUX		SPICA		◆ANTARES	
255	13 12	044	25 31	105	33 44	150	23 58	194	58 56	234	27 22	297	56 04	348
256	13 33	043	26 00	105	34 00	149	23 51	193	58 31	234	26 55	296	55 57	346
257	13 53	042	26 29	104	34 15	149	23 44	192	58 07	234	26 28	295	55 49	345
258	14 13	041	26 58	103	34 31	148	23 38	192	57 43	233	26 01	294	55 41	343
259	14 32	040	27 27	102	34 47	148	23 32	191	57 19	233	25 33	293	55 32	342
260	14 51	039	27 57	101	35 03	147	23 26	191	56 55	232	25 06	292	55 22	340
261	15 10	038	28 26	101	35 19	146	23 21	190	56 32	232	24 38	291	55 12	339
262	15 28	037	28 56	100	35 36	146	23 16	189	56 08	232	24 10	291	55 00	337
263	15 46	036	29 25	099	35 53	145	23 11	189	55 45	231	23 42	290	54 48	335
264	16 03	035	29 55	098	36 10	145	23 07	188	55 21	231	23 14	289	54 35	334
265	16 20	034	30 25	097	36 28	144	23 03	187	54 58	230	22 45	288	54 22	332
266	16 37	033	30 55	097	36 46	144	22 59	187	54 35	230	22 16	287	54 08	331
267	16 53	032	31 24	096	37 04	143	22 56	186	54 12	230	21 48	286	53 53	330
268	17 08	031	31 54	095	37 22	142	22 53	185	53 49	229	21 19	285	53 37	328
269	17 23	030	32 24	094	37 40	142	22 51	185	53 27	229	20 50	284	53 21	327

LAT 60°S

LHA ♈	Hc	Zn	Hc	Zn	Hc	Zn	Hc	Zn	Hc	Zn	Hc	Zn	Hc	Zn
	◆ALTAIR		FOMALHAUT		◆ACHERNAR		CANOPUS		RIGIL KENT		◆SPICA		ANTARES	
270	17 38	029	32 54	093	37 59	141	22 48	184	65 57	246	20 20	283	53 04	325
271	17 53	028	33 24	092	38 18	141	22 46	183	65 30	246	19 51	282	52 47	324
272	18 06	027	33 54	091	38 37	140	22 45	183	65 02	245	19 22	281	52 29	322
273	18 20	026	34 24	091	38 56	140	22 44	182	64 35	245	18 52	280	52 10	321
274	18 33	025	34 54	090	39 16	139	22 43	181	64 08	244	18 23	280	51 51	320
275	18 45	024	35 24	089	39 35	138	22 42	181	63 41	244	17 53	279	51 31	318
276	18 57	023	35 54	088	39 55	138	22 42	180	63 14	244	17 23	278	51 11	317
277	19 08	022	36 24	087	40 16	137	22 42	179	62 47	243	16 54	277	50 51	316
278	19 19	021	36 54	086	40 36	137	22 43	179	62 21	243	16 24	276	50 29	314
279	19 29	020	37 24	085	40 57	136	22 44	178	61 54	242	15 54	275	50 08	313
280	19 39	019	37 54	084	41 18	136	22 45	177	61 27	242	15 24	274	49 46	312
281	19 49	018	38 24	083	41 39	135	22 46	177	61 01	241	14 54	273	49 23	311
282	19 58	017	38 53	083	42 00	135	22 48	176	60 35	241	14 24	272	49 00	309
283	20 06	016	39 23	082	42 21	134	22 50	175	60 09	241	13 54	272	48 37	308
284	20 14	015	39 53	081	42 43	134	22 53	175	59 43	240	13 24	271	48 13	307
	◆ALTAIR		FOMALHAUT		◆ACHERNAR		CANOPUS		◆RIGIL KENT		ANTARES		Nunki	
285	20 21	014	40 22	080	43 05	133	22 56	174	59 17	240	47 49	306	56 17	358
286	20 28	012	40 52	079	43 27	132	22 59	173	58 51	239	47 24	305	56 15	357
287	20 34	011	41 21	078	43 49	132	23 03	173	58 25	239	46 59	303	56 13	355
288	20 40	010	41 50	077	44 12	131	23 07	172	58 00	238	46 34	302	56 10	354
289	20 45	009	42 20	076	44 34	131	23 11	172	57 34	238	46 09	301	56 06	352
290	20 49	008	42 49	075	44 57	130	23 15	171	57 09	237	45 43	300	56 02	350
291	20 53	007	43 18	074	45 20	130	23 20	170	56 43	237	45 17	299	55 56	349
292	20 57	006	43 46	073	45 43	129	23 26	170	56 18	237	44 50	298	55 50	347
293	21 00	005	44 15	072	46 06	129	23 31	169	55 53	236	44 24	297	55 43	346
294	21 02	004	44 43	071	46 30	128	23 37	168	55 29	236	43 57	296	55 35	344
295	21 04	003	45 12	070	46 54	128	23 44	168	55 04	235	43 29	295	55 26	342
296	21 05	002	45 40	069	47 18	127	23 50	167	54 39	235	43 02	293	55 17	341
297	21 06	001	46 08	068	47 42	126	23 57	166	54 15	234	42 34	292	55 07	339
298	21 06	000	46 35	067	48 06	126	24 04	166	53 51	234	42 07	291	54 56	338
299	21 06	359	47 03	066	48 30	125	24 12	165	53 27	233	41 39	290	54 44	336
	FOMALHAUT		◆ACHERNAR		CANOPUS		◆RIGIL KENT		ANTARES		Nunki		◆ALTAIR	
300	47 30	065	48 55	125	24 20	164	53 03	233	41 10	289	54 31	335	21 05	358
301	47 57	063	49 19	124	24 28	164	52 39	232	40 42	288	54 18	333	21 03	357
302	48 24	062	49 44	124	24 37	163	52 15	232	40 13	287	54 04	332	21 01	356
303	48 50	061	50 09	123	24 46	162	51 52	231	39 45	286	53 50	330	20 59	355
304	49 16	060	50 35	123	24 55	162	51 28	231	39 16	285	53 35	329	20 56	353
305	49 42	059	51 00	122	25 05	161	51 05	231	38 47	284	53 19	327	20 52	352
306	50 08	058	51 25	122	25 14	160	50 42	230	38 18	283	53 02	326	20 48	351
307	50 33	057	51 51	121	25 25	160	50 19	230	37 49	282	52 45	325	20 43	350
308	50 58	055	52 17	121	25 35	159	49 56	229	37 19	282	52 28	323	20 38	349
309	51 22	054	52 43	120	25 46	159	49 34	229	36 50	281	52 09	322	20 32	348
310	51 46	053	53 09	119	25 57	158	49 11	228	36 20	280	51 51	320	20 25	347
311	52 10	052	53 35	119	26 08	157	48 49	228	35 51	279	51 31	319	20 18	346
312	52 33	050	54 01	118	26 20	157	48 27	227	35 21	278	51 11	318	20 11	345
313	52 56	049	54 28	118	26 32	156	48 05	227	34 51	277	50 51	316	20 03	344
314	53 19	048	54 54	117	26 45	155	47 43	226	34 21	276	50 30	315	19 54	343
	◆FOMALHAUT		ACHERNAR		◆CANOPUS		RIGIL KENT		◆ANTARES		Nunki		ALTAIR	
315	53 41	046	55 21	117	26 57	155	47 22	226	33 51	275	50 09	314	19 45	342
316	54 02	045	55 48	116	27 10	154	47 00	225	33 22	274	49 47	313	19 36	341
317	54 23	044	56 15	116	27 24	153	46 39	225	32 52	273	49 24	311	19 26	340
318	54 43	042	56 42	115	27 37	153	46 18	224	32 22	272	49 02	310	19 15	339
319	55 03	041	57 09	115	27 51	152	45 57	224	31 52	272	48 38	309	19 04	338
320	55 23	039	57 36	114	28 05	152	45 36	223	31 22	271	48 15	308	18 53	337
321	55 42	038	58 04	114	28 20	151	45 16	223	30 52	270	47 51	306	18 40	336
322	56 00	037	58 31	113	28 34	150	44 56	222	30 22	269	47 27	305	18 28	335
323	56 17	035	58 59	112	28 49	150	44 36	222	29 52	268	47 02	304	18 15	334
324	56 34	034	59 27	112	29 05	149	44 16	221	29 22	267	46 37	303	18 01	333
325	56 51	032	59 55	111	29 20	148	43 56	221	28 52	266	46 12	302	17 47	332
326	57 06	031	60 23	111	29 36	148	43 37	220	28 22	266	45 46	301	17 33	331
327	57 21	029	60 51	110	29 52	147	43 17	220	27 52	265	45 20	300	17 18	330
328	57 35	028	61 19	110	30 09	147	42 58	219	27 22	264	44 54	298	17 03	329
329	57 49	026	61 47	109	30 25	146	42 39	219	26 52	263	44 27	297	16 47	328
	◆FOMALHAUT		ACHERNAR		◆CANOPUS		RIGIL KENT		◆ANTARES		Nunki		ALTAIR	
330	58 02	024	62 16	109	30 42	145	42 21	218	26 23	262	44 00	296	16 31	327
331	58 14	023	62 44	108	31 00	145	42 02	218	25 53	261	43 33	295	16 14	326
332	58 25	021	63 13	107	31 17	144	41 44	217	25 23	261	43 06	294	15 57	325
333	58 35	020	63 42	107	31 35	143	41 26	217	24 54	260	42 39	293	15 39	324
334	58 45	018	64 10	106	31 53	143	41 08	216	24 24	259	42 11	292	15 21	323
335	58 54	016	64 39	106	32 11	142	40 50	216	23 55	258	41 43	291	15 03	322
336	59 02	015	65 08	105	32 30	142	40 33	215	23 26	257	41 15	290	14 44	321
337	59 09	013	65 37	104	32 48	141	40 16	215	22 56	256	40 47	289	14 25	320
338	59 15	011	66 06	104	33 08	140	39 59	214	22 27	256	40 18	288	14 06	319
339	59 20	009	66 35	103	33 27	140	39 42	214	21 58	255	39 49	287	13 46	318
340	59 25	008	67 05	103	33 46	139	39 26	213	21 29	254	39 21	286	13 25	317
341	59 28	006	67 34	102	34 06	138	39 09	213	21 00	253	38 52	285	13 05	316
342	59 31	004	68 03	101	34 26	138	38 53	212	20 32	252	38 23	284	12 44	315
343	59 33	003	68 33	101	34 46	137	38 38	212	20 03	252	37 54	283	12 22	314
344	59 34	001	69 02	100	35 07	137	38 22	211	19 35	251	37 24	282	12 01	313
	◆Diphda		Acamar		CANOPUS		◆Miaplacid		RIGIL KENT		◆Nunki		FOMALHAUT	
345	43 57	035	48 48	089	35 28	136	41 09	168	38 07	210	36 55	281	59 34	359
346	44 15	034	49 18	088	35 48	135	41 15	168	37 52	210	36 25	280	59 33	358
347	44 31	033	49 48	087	36 10	135	41 22	167	37 37	209	35 56	279	59 31	356
348	44 47	032	50 18	086	36 31	134	41 28	167	37 22	209	35 26	278	59 29	354
349	45 03	030	50 48	085	36 53	134	41 35	166	37 08	208	34 57	277	59 25	352
350	45 17	029	51 18	085	37 15	133	41 42	166	36 54	208	34 27	277	59 21	351
351	45 32	028	51 48	084	37 37	132	41 50	165	36 40	207	33 57	276	59 16	349
352	45 45	026	52 18	083	37 59	132	41 57	165	36 26	207	33 27	275	59 09	347
353	45 58	025	52 47	082	38 21	131	42 05	165	36 13	206	32 57	274	59 02	346
354	46 11	024	53 17	081	38 44	131	42 13	164	36 00	206	32 27	273	58 54	344
355	46 22	022	53 47	080	39 07	130	42 22	164	35 47	205	31 57	272	58 46	342
356	46 34	021	54 16	079	39 30	129	42 30	163	35 34	205	31 27	271	58 36	341
357	46 44	020	54 45	078	39 53	129	42 39	163	35 22	204	30 57	270	58 26	339
358	46 54	018	55 15	077	40 17	128	42 48	162	35 10	204	30 27	269	58 15	337
359	47 03	017	55 44	076	40 40	128	42 57	162	34 58	203	29 57	269	58 03	336

281

TABLE 4 — GHA ϒ FOR THE YEARS 2006-2014

a. GHA ϒ AT 00^h ON THE FIRST DAY OF EACH MONTH

Year	Jan. 1	Feb. 1	Mar. 1	Apr. 1	May 1	June 1	July 1	Aug. 1	Sept. 1	Oct. 1	Nov. 1	Dec. 1
	° ′	° ′	° ′	° ′	° ′	° ′	° ′	° ′	° ′	° ′	° ′	° ′
2006	100 30	131 04	158 40	189 13	218 47	249 20	278 55	309 28	340 01	009 35	040 09	069 43
2007	100 16	130 49	158 25	188 59	218 33	249 06	278 40	309 14	339 47	009 21	039 54	069 29
2008	100 02	130 35	159 10	189 44	219 18	249 51	279 25	309 59	340 32	010 06	040 39	070 13
2009	100 47	131 20	158 56	189 29	219 03	249 37	279 11	309 44	340 18	009 52	040 25	069 59
2010	100 33	131 06	158 42	189 15	219 49	249 22	278 57	309 30	340 03	009 37	040 11	069 45
2011	100 18	130 52	158 27	189 01	218 35	249 08	278 42	309 16	339 49	009 23	039 56	069 31
2012	100 04	130 37	159 12	189 45	219 20	249 53	279 27	310 00	340 34	010 08	040 41	070 15
2013	100 49	131 22	158 58	189 31	219 05	249 39	279 13	309 46	340 19	009 53	040 27	070 01
2014	100 34	131 08	158 43	189 17	218 51	249 24	278 58	309 32	340 05	009 39	040 12	069 47

b. INCREMENT OF GHA ϒ FOR DAYS AND HOURS

Day	1	2	3	4	5	6	7	8	9	10	11	12	13	14	15	16
h	° ′	° ′	° ′	° ′	° ′	° ′	° ′	° ′	° ′	° ′	° ′	° ′	° ′	° ′	° ′	° ′
00	0 00	0 59	1 58	2 57	3 57	4 56	5 55	6 54	7 53	8 52	9 51	10 51	11 50	12 49	13 48	14 47
01	15 02	16 02	17 01	18 00	18 59	19 58	20 57	21 56	22 56	23 55	24 54	25 53	26 52	27 51	28 50	29 50
02	30 05	31 04	32 03	33 02	34 01	35 01	36 00	36 59	37 58	38 57	39 56	40 55	41 55	42 54	43 53	44 52
03	45 07	46 07	47 06	48 05	49 04	50 03	51 02	52 01	53 01	54 00	54 59	55 58	56 57	57 56	58 55	59 54
04	60 10	61 09	62 08	63 07	64 06	65 06	66 05	67 04	68 03	69 02	70 01	71 00	72 00	72 59	73 58	74 57
05	75 12	76 11	77 11	78 10	79 09	80 08	81 07	82 06	83 05	84 05	85 04	86 03	87 02	88 01	89 00	89 59
06	90 15	91 14	92 13	93 12	94 11	95 10	96 10	97 09	98 08	99 07	100 06	101 05	102 04	103 04	104 03	105 02
07	105 17	106 16	107 16	108 15	109 14	110 13	111 12	112 11	113 10	114 09	115 09	116 08	117 07	118 06	119 05	120 04
08	120 20	121 19	122 18	123 17	124 16	125 15	126 15	127 14	128 13	129 12	130 11	131 10	132 09	133 09	134 08	135 07
09	135 22	136 21	137 20	138 20	139 19	140 18	141 17	142 16	143 15	144 14	145 14	146 13	147 12	148 11	149 10	150 09
10	150 25	151 24	152 23	153 22	154 21	155 20	156 19	157 19	158 18	159 17	160 16	161 15	162 14	163 13	164 13	165 12
11	165 27	166 26	167 25	168 25	169 24	170 23	171 22	172 21	173 20	174 19	175 18	176 18	177 17	178 16	179 15	180 14
12	180 30	181 29	182 28	183 27	184 26	185 25	186 24	187 24	188 23	189 22	190 21	191 20	192 19	193 18	194 18	195 17
13	195 32	196 31	197 30	198 29	199 29	200 28	201 27	202 26	203 25	204 24	205 23	206 23	207 22	208 21	209 20	210 19
14	210 34	211 34	212 33	213 32	214 31	215 30	216 29	217 28	218 28	219 27	220 26	221 25	222 24	223 23	224 22	225 22
15	225 37	226 36	227 35	228 34	229 34	230 33	231 32	232 31	233 30	234 29	235 28	236 27	237 27	238 26	239 25	240 24
16	240 39	241 39	242 38	243 37	244 36	245 35	246 34	247 33	248 33	249 32	250 31	251 30	252 29	253 28	254 27	255 27
17	255 42	256 41	257 40	258 39	259 38	260 38	261 37	262 36	263 35	264 34	265 33	266 32	267 32	268 31	269 30	270 29
18	270 44	271 43	272 43	273 42	274 41	275 40	276 39	277 38	278 37	279 37	280 36	281 35	282 34	283 33	284 32	285 31
19	285 47	286 46	287 45	288 44	289 43	290 43	291 42	292 41	293 40	294 39	295 38	296 37	297 36	298 36	299 35	300 34
20	300 49	301 48	302 48	303 47	304 46	305 45	306 44	307 43	308 42	309 42	310 41	311 40	312 39	313 38	314 37	315 36
21	315 52	316 51	317 50	318 49	319 48	320 47	321 47	322 46	323 45	324 44	325 43	326 42	327 41	328 41	329 40	330 39
22	330 54	331 53	332 52	333 52	334 51	335 50	336 49	337 48	338 47	339 46	340 46	341 45	342 44	343 43	344 42	345 41
23	345 57	346 56	347 55	348 54	349 53	350 52	351 52	352 51	353 50	354 49	355 48	356 47	357 46	358 45	359 45	0 44

Day	17	18	19	20	21	22	23	24	25	26	27	28	29	30	31	32
h	° ′	° ′	° ′	° ′	° ′	° ′	° ′	° ′	° ′	° ′	° ′	° ′	° ′	° ′	° ′	° ′
00	15 46	16 45	17 44	18 44	19 43	20 42	21 41	22 40	23 39	24 38	25 38	26 37	27 36	28 35	29 34	30 33
01	30 49	31 48	32 47	33 46	34 45	35 44	36 44	37 43	38 42	39 41	40 40	41 39	42 38	43 37	44 37	45 36
02	45 51	46 50	47 49	48 49	49 48	50 47	51 46	52 45	53 44	54 43	55 43	56 42	57 41	58 40	59 39	60 38
03	60 54	61 53	62 52	63 51	64 50	65 49	66 48	67 48	68 47	69 46	70 45	71 44	72 43	73 42	74 42	75 41
04	75 56	76 55	77 54	78 53	79 53	80 52	81 51	82 50	83 49	84 48	85 47	86 47	87 46	88 45	89 44	90 43
05	90 59	91 58	92 57	93 56	94 55	95 54	96 53	97 53	98 52	99 51	100 50	101 49	102 48	103 47	104 46	105 46
06	106 01	107 00	107 59	108 58	109 58	110 57	111 56	112 55	113 54	114 53	115 52	116 52	117 51	118 50	119 49	120 48
07	121 03	122 03	123 02	124 01	125 00	125 59	126 58	127 57	128 57	129 56	130 55	131 54	132 53	133 52	134 51	135 51
08	136 06	137 05	138 04	139 03	140 02	141 02	142 01	143 00	143 59	144 58	145 57	146 56	147 56	148 55	149 54	150 53
09	151 08	152 08	153 07	154 06	155 05	156 04	157 03	158 02	159 02	160 01	161 00	161 59	162 58	163 57	164 56	165 55
10	166 11	167 10	168 09	169 08	170 07	171 07	172 06	173 05	174 04	175 03	176 02	177 01	178 01	179 00	179 59	180 58
11	181 13	182 12	183 12	184 11	185 10	186 09	187 08	188 07	189 06	190 06	191 05	192 04	193 03	194 02	195 01	196 00
12	196 16	197 15	198 14	199 13	200 12	201 11	202 11	203 10	204 09	205 08	206 07	207 06	208 05	209 05	210 04	211 03
13	211 18	212 17	213 17	214 16	215 15	216 14	217 13	218 12	219 11	220 11	221 10	222 09	223 08	224 07	225 06	226 05
14	226 21	227 20	228 19	229 18	230 17	231 16	232 16	233 15	234 14	235 13	236 12	237 11	238 10	239 10	240 09	241 08
15	241 23	242 22	243 21	244 21	245 20	246 19	247 18	248 17	249 16	250 15	251 15	252 14	253 13	254 12	255 11	256 10
16	256 26	257 25	258 24	259 23	260 22	261 21	262 20	263 20	264 19	265 18	266 17	267 16	268 15	269 14	270 14	271 13
17	271 28	272 27	273 26	274 26	275 25	276 24	277 23	278 22	279 21	280 20	281 19	282 19	283 18	284 17	285 16	286 15
18	286 31	287 30	288 29	289 28	290 27	291 26	292 25	293 25	294 24	295 23	296 22	297 21	298 20	299 19	300 19	301 18
19	301 33	302 32	303 31	304 30	305 30	306 29	307 28	308 27	309 26	310 25	311 24	312 24	313 23	314 22	315 21	316 20
20	316 36	317 35	318 34	319 33	320 32	321 31	322 30	323 29	324 29	325 28	326 27	327 26	328 25	329 24	330 23	331 23
21	331 38	332 37	333 36	334 35	335 35	336 34	337 33	338 32	339 31	340 30	341 29	342 28	343 28	344 27	345 26	346 25
22	346 40	347 40	348 39	349 38	350 37	351 36	352 35	353 34	354 34	355 33	356 32	357 31	358 30	359 29	0 28	1 28
23	1 43	2 42	3 41	4 40	5 39	6 39	7 38	8 37	9 36	10 35	11 34	12 33	13 33	14 32	15 31	16 30

TABLE 4 — GHA ♈ FOR THE YEARS 2006-2014

c. INCREMENT OF GHA ♈ FOR MINUTES AND SECONDS

	00ˢ	04ˢ	08ˢ	12ˢ	16ˢ	20ˢ	24ˢ	28ˢ		32ˢ	36ˢ	40ˢ	44ˢ	48ˢ	52ˢ	56ˢ	60ˢ	
m	° ′	° ′	° ′	° ′	° ′	° ′	° ′	° ′	m	° ′	° ′	° ′	° ′	° ′	° ′	° ′	° ′	m
00	0 00	0 01	0 02	0 03	0 04	0 05	0 06	0 07	00	0 08	0 09	0 10	0 11	0 12	0 13	0 14	0 15	00
01	0 15	0 16	0 17	0 18	0 19	0 20	0 21	0 22	01	0 23	0 24	0 25	0 26	0 27	0 28	0 29	0 30	01
02	0 30	0 31	0 32	0 33	0 34	0 35	0 36	0 37	02	0 38	0 39	0 40	0 41	0 42	0 43	0 44	0 45	02
03	0 45	0 46	0 47	0 48	0 49	0 50	0 51	0 52	03	0 53	0 54	0 55	0 56	0 57	0 58	0 59	1 00	03
04	1 00	1 01	1 02	1 03	1 04	1 05	1 06	1 07	04	1 08	1 09	1 10	1 11	1 12	1 13	1 14	1 15	04
05	1 15	1 16	1 17	1 18	1 19	1 20	1 21	1 22	05	1 23	1 24	1 25	1 26	1 27	1 28	1 29	1 30	05
06	1 30	1 31	1 32	1 33	1 34	1 35	1 36	1 37	06	1 38	1 39	1 40	1 41	1 42	1 43	1 44	1 45	06
07	1 45	1 46	1 47	1 48	1 49	1 50	1 51	1 52	07	1 53	1 54	1 55	1 56	1 57	1 58	1 59	2 00	07
08	2 00	2 01	2 02	2 03	2 04	2 05	2 06	2 07	08	2 08	2 09	2 10	2 11	2 12	2 13	2 14	2 15	08
09	2 15	2 16	2 17	2 18	2 19	2 20	2 21	2 22	09	2 23	2 24	2 25	2 26	2 27	2 28	2 29	2 30	09
10	2 30	2 31	2 32	2 33	2 34	2 35	2 36	2 37	10	2 38	2 39	2 40	2 41	2 42	2 43	2 44	2 45	10
11	2 45	2 46	2 47	2 48	2 49	2 50	2 51	2 52	11	2 53	2 54	2 55	2 56	2 57	2 58	2 59	3 00	11
12	3 00	3 01	3 02	3 04	3 05	3 06	3 07	3 08	12	3 09	3 10	3 11	3 12	3 13	3 14	3 15	3 16	12
13	3 16	3 17	3 18	3 19	3 20	3 21	3 22	3 23	13	3 24	3 25	3 26	3 27	3 28	3 29	3 30	3 31	13
14	3 31	3 32	3 33	3 34	3 35	3 36	3 37	3 38	14	3 39	3 40	3 41	3 42	3 43	3 44	3 45	3 46	14
15	3 46	3 47	3 48	3 49	3 50	3 51	3 52	3 53	15	3 54	3 55	3 56	3 57	3 58	3 59	4 00	4 01	15
16	4 01	4 02	4 03	4 04	4 05	4 06	4 07	4 08	16	4 09	4 10	4 11	4 12	4 13	4 14	4 15	4 16	16
17	4 16	4 17	4 18	4 19	4 20	4 21	4 22	4 23	17	4 24	4 25	4 26	4 27	4 28	4 29	4 30	4 31	17
18	4 31	4 32	4 33	4 34	4 35	4 36	4 37	4 38	18	4 39	4 40	4 41	4 42	4 43	4 44	4 45	4 46	18
19	4 46	4 47	4 48	4 49	4 50	4 51	4 52	4 53	19	4 54	4 55	4 56	4 57	4 58	4 59	5 00	5 01	19
20	5 01	5 02	5 03	5 04	5 05	5 06	5 07	5 08	20	5 09	5 10	5 11	5 12	5 13	5 14	5 15	5 16	20
21	5 16	5 17	5 18	5 19	5 20	5 21	5 22	5 23	21	5 24	5 25	5 26	5 27	5 28	5 29	5 30	5 31	21
22	5 31	5 32	5 33	5 34	5 35	5 36	5 37	5 38	22	5 39	5 40	5 41	5 42	5 43	5 44	5 45	5 46	22
23	5 46	5 47	5 48	5 49	5 50	5 51	5 52	5 53	23	5 54	5 55	5 56	5 57	5 58	5 59	6 00	6 01	23
24	6 01	6 02	6 03	6 04	6 05	6 06	6 07	6 08	24	6 09	6 10	6 11	6 12	6 13	6 14	6 15	6 16	24
25	6 16	6 17	6 18	6 19	6 20	6 21	6 22	6 23	25	6 24	6 25	6 26	6 27	6 28	6 29	6 30	6 31	25
26	6 31	6 32	6 33	6 34	6 35	6 36	6 37	6 38	26	6 39	6 40	6 41	6 42	6 43	6 44	6 45	6 46	26
27	6 46	6 47	6 48	6 49	6 50	6 51	6 52	6 53	27	6 54	6 55	6 56	6 57	6 58	6 59	7 00	7 01	27
28	7 01	7 02	7 03	7 04	7 05	7 06	7 07	7 08	28	7 09	7 10	7 11	7 12	7 13	7 14	7 15	7 16	28
29	7 16	7 17	7 18	7 19	7 20	7 21	7 22	7 23	29	7 24	7 25	7 26	7 27	7 28	7 29	7 30	7 31	29
30	7 31	7 32	7 33	7 34	7 35	7 36	7 37	7 38	30	7 39	7 40	7 41	7 42	7 43	7 44	7 45	7 46	30
31	7 46	7 47	7 48	7 49	7 50	7 51	7 52	7 53	31	7 54	7 55	7 56	7 57	7 58	7 59	8 00	8 01	31
32	8 01	8 02	8 03	8 04	8 05	8 06	8 07	8 08	32	8 09	8 10	8 11	8 12	8 13	8 14	8 15	8 16	32
33	8 16	8 17	8 18	8 19	8 20	8 21	8 22	8 23	33	8 24	8 25	8 26	8 27	8 28	8 29	8 30	8 31	33
34	8 31	8 32	8 33	8 34	8 35	8 36	8 37	8 38	34	8 39	8 40	8 41	8 42	8 43	8 44	8 45	8 46	34
35	8 46	8 47	8 48	8 49	8 50	8 51	8 52	8 53	35	8 54	8 55	8 56	8 57	8 58	8 59	9 00	9 01	35
36	9 01	9 02	9 03	9 04	9 05	9 06	9 07	9 08	36	9 10	9 11	9 12	9 13	9 14	9 15	9 16	9 17	36
37	9 17	9 18	9 19	9 20	9 21	9 22	9 23	9 24	37	9 25	9 26	9 27	9 28	9 29	9 30	9 31	9 32	37
38	9 32	9 33	9 34	9 35	9 36	9 37	9 38	9 39	38	9 40	9 41	9 42	9 43	9 44	9 45	9 46	9 47	38
39	9 47	9 48	9 49	9 50	9 51	9 52	9 53	9 54	39	9 55	9 56	9 57	9 58	9 59	10 00	10 01	10 02	39
40	10 02	10 03	10 04	10 05	10 06	10 07	10 08	10 09	40	10 10	10 11	10 12	10 13	10 14	10 15	10 16	10 17	40
41	10 17	10 18	10 19	10 20	10 21	10 22	10 23	10 24	41	10 25	10 26	10 27	10 28	10 29	10 30	10 31	10 32	41
42	10 32	10 33	10 34	10 35	10 36	10 37	10 38	10 39	42	10 40	10 41	10 42	10 43	10 44	10 45	10 46	10 47	42
43	10 47	10 48	10 49	10 50	10 51	10 52	10 53	10 54	43	10 55	10 56	10 57	10 58	10 59	11 00	11 01	11 02	43
44	11 02	11 03	11 04	11 05	11 06	11 07	11 08	11 09	44	11 10	11 11	11 12	11 13	11 14	11 15	11 16	11 17	44
45	11 17	11 18	11 19	11 20	11 21	11 22	11 23	11 24	45	11 25	11 26	11 27	11 28	11 29	11 30	11 31	11 32	45
46	11 32	11 33	11 34	11 35	11 36	11 37	11 38	11 39	46	11 40	11 41	11 42	11 43	11 44	11 45	11 46	11 47	46
47	11 47	11 48	11 49	11 50	11 51	11 52	11 53	11 54	47	11 55	11 56	11 57	11 58	11 59	12 00	12 01	12 02	47
48	12 02	12 03	12 04	12 05	12 06	12 07	12 08	12 09	48	12 10	12 11	12 12	12 13	12 14	12 15	12 16	12 17	48
49	12 17	12 18	12 19	12 20	12 21	12 22	12 23	12 24	49	12 25	12 26	12 27	12 28	12 29	12 30	12 31	12 32	49
50	12 32	12 33	12 34	12 35	12 36	12 37	12 38	12 39	50	12 40	12 41	12 42	12 43	12 44	12 45	12 46	12 47	50
51	12 47	12 48	12 49	12 50	12 51	12 52	12 53	12 54	51	12 55	12 56	12 57	12 58	12 59	13 00	13 01	13 02	51
52	13 02	13 03	13 04	13 05	13 06	13 07	13 08	13 09	52	13 10	13 11	13 12	13 13	13 14	13 15	13 16	13 17	52
53	13 17	13 18	13 19	13 20	13 21	13 22	13 23	13 24	53	13 25	13 26	13 27	13 28	13 29	13 30	13 31	13 32	53
54	13 32	13 33	13 34	13 35	13 36	13 37	13 38	13 39	54	13 40	13 41	13 42	13 43	13 44	13 45	13 46	13 47	54
55	13 47	13 48	13 49	13 50	13 51	13 52	13 53	13 54	55	13 55	13 56	13 57	13 58	13 59	14 00	14 01	14 02	55
56	14 02	14 03	14 04	14 05	14 06	14 07	14 08	14 09	56	14 10	14 11	14 12	14 13	14 14	14 15	14 16	14 17	56
57	14 17	14 18	14 19	14 20	14 21	14 22	14 23	14 24	57	14 25	14 26	14 27	14 28	14 29	14 30	14 31	14 32	57
58	14 32	14 33	14 34	14 35	14 36	14 37	14 38	14 39	58	14 40	14 41	14 42	14 43	14 44	14 45	14 46	14 47	58
59	14 47	14 48	14 49	14 50	14 51	14 52	14 53	14 54	59	14 55	14 56	14 57	14 58	14 59	15 00	15 01	15 02	59

Example. The value of GHA♈ for 2012 August 17 at $05^h\ 11^m\ 41^s$ UT is (a) 310° 00′ + (b) 090° 59′ + (c) 002° 55′ = 043° 54′.